Kittner · Starke · Wissel
Wasserversorgung

Wasserversorgung

5., überarbeitete Auflage

von
Prof. Dr.-Ing. habil. *Harry Kittner*
Dipl.-Ing. *Wolfgang Starke*
Dr.-Ing. *Dieter Wissel*

VEB VERLAG FÜR BAUWESEN · BERLIN

Distributed by

Verlag für Architektur
und technische Wissenschaften
Berlin

5., bearbeitete Auflage
© VEB Verlag für Bauwesen, Berlin 1985
Printed in GDR
Satz: Druckerei Neues Deutschland, Berlin
Druck: VEB Druckerei „Thomas Müntzer", Bad Langensalza
ISBN 3-433-01047-1

Vorwort zur fünften Auflage

Die 4. Auflage dieses Buches war schnell vergriffen. Sie fand Anerkennung bei den Studenten als Hochschullehrbuch für das umfangreiche Gebiet der Wasserversorgung, ebenso als Fachbuch bei den in Forschung und Praxis tätigen Wasserwirtschaftlern des In- und Auslandes.

Die komplexe Darstellung des sehr umfangreichen und viele Disziplinen berührenden Fachgebietes hat sich bewährt. Auf fast allen Teilgebieten sind Weiterentwicklungen zu verzeichnen, die eine Bearbeitung der vorigen Auflage erfordern, wobei in Abstimmung mit der inzwischen vorhandenen guten Spezialliteratur der Abschnitt Wassergewinnung komprimierter dargestellt und das Fachgebiet Wasseraufbereitung entsprechend dem dort eingetretenen hohen Entwicklungsstand ausführlicher behandelt wurde.

Wir danken dem Verlag für die Unterstützung, den Fachkollegen für die wertvollen Hinweise und wünschen dieser fünften Auflage wieder wohlwollende Aufnahme.

Die Autoren

Inhaltsverzeichnis

1.	**Planung – Entwurf – Betrieb**	15
1.1.	Volkswirtschaftliche Stellung und wasserwirtschaftliche Grundsätze	15
1.2.	Planung und Entwurf	20
1.2.1.	Planung	20
1.2.2.	Entwurf	23
1.3.	Betrieb	24
1.3.1.	Betriebsweisen	25
1.3.1.1.	Bereichssystem	25
1.3.1.2.	Führungssysteme	26
2.	**Wasserbedarf**	32
2.1.	Bestimmende Faktoren	32
2.2.	Entwicklung des Wasserbedarfs	33
2.3.	Größe des Trinkwasserbedarfs	35
2.3.1.	Ermittlung des Tagesbedarfs	35
2.3.2.	Verbrauchsschwankungen	37
2.4.	Größe des Löschwasserbedarfs	40
2.5.	Größe des Betriebswasserbedarfs	41
3.	**Wassergewinnung**	46
3.1.	Oberflächenwassergewinnung	46
3.1.1.	Bach- und Flußwassergewinnung	46
3.1.2.	Seewassergewinnung	48
3.1.3.	Regenwassergewinnung	49
3.2.	Quellwassergewinnung	49
3.2.1.	Quellentypen und deren Erschließung	49
3.2.2.	Quellwasserfassungen	52
3.3.	Grundwassergewinnung	54
3.3.1.	Bemerkungen zu den geohydrologischen Vorarbeiten	54
3.3.2.	Grundwasserfassungsanlagen	57
3.3.2.1.	Fassungsarten	57
3.3.2.2.	Berechnungsgrundlagen	61
3.3.2.2.1.	Grundwasserzufluß V_{GW}	62
3.3.2.2.2.	Grundwasserergiebigkeit $\dot{V}_E$	74
3.3.2.2.3.	Fassungsvermögen $\dot{V}_F$	84
3.3.2.3.	Herstellung von Bohrbrunnen	94
3.3.2.3.1.	Bohrtechnik	94
3.3.2.3.2.	Ausbau	96

3.3.2.3.3. Ergiebigkeitsberechnung und Bemessung an einem Beispiel 104
3.3.2.4. Herstellung von Schachtbrunnen und horizontalen Sickerleitungen 111
3.3.2.4.1. Schachtbrunnen 111
3.3.2.4.2. Horizontale Sickerleitungen 112
3.3.2.5. Horizontalfilterbrunnen (HFB) 114
3.3.2.6. Technologische Besonderheiten 115
3.3.2.6.1. Sonderausführungen der Fassungsanlagen 115
3.3.2.6.2. Uferfiltration 117
3.3.2.6.3. Künstliche Grundwasseranreicherung 119

3.4. Wasserschutzgebiete 119
3.4.1. Allgemeine Grundsätze 119
3.4.2. Wasserschutzgebiete für Oberflächenwässer, Fassungszone 121
3.4.3. Wasserschutzgebiete für Grundwasser 121

3.5. Wartung und Instandhaltung von Wasserfassungsanlagen 123
3.5.1. Korrosion 123
3.5.2. Inkrustation 124
3.5.3. Verhütung und Beseitigung der Inkrustation 126
3.5.4. Betriebsaufgaben zur Wartung und Instandhaltung 131

3.6. Wirtschaftlichkeitsbetrachtungen 132
3.6.1. Methodische Hinweise 132
3.6.2. Vergleich der einzelnen Fassungsarten 133

3.7. Betriebsweise von Wasserfassungsanlagen 135
3.7.1. Oberflächenwasserfassungen 135
3.7.2. Grundwasserfassungen 136

4. **Wassergüte** 141

4.1. Physikalische und chemische Eigenschaften des reinen Wassers 142

4.2. Beschaffenheit des in der Natur vorkommenden Wassers 142
4.2.1. Physikalische Beschaffenheit 146
4.2.2. Chemische Beschaffenheit 148
4.2.3. Biologisch-bakteriologische Beschaffenheit 158

4.3. Richtwerte für die Trink- und Betriebswasserqualität 159
4.3.1. Richtwerte für die Trinkwasserqualität 159
4.3.2. Richtwerte für die Betriebswasserqualität 160

4.4. Allgemeine hygienische Anforderungen an eine zentrale
     Trinkwasserversorgungsanlage 161

4.5. Werkstoffzerstörungen in Wasserversorgungsanlagen 162
4.5.1. Schutzschichtbildung 162
4.5.2. Schutzmaßnahmen 163

4.6. Wasseruntersuchungen 164
4.6.1. Darstellung der Analysenergebnisse 164
4.6.2. Probenentnahme 165
4.6.3. Untersuchungen, die nach Möglichkeit an Ort und Stelle durchzuführen sind . 166
4.6.4. Chemische, physikalische, physikalisch-chemische und elektrochemische Untersuchungen im Labor 166

5. **Wasseraufbereitung** 168

5.1. Verfahren der Wasseraufbereitung 169

5.1.1.	Überblick	169
5.1.2.	Gasaustausch	169
5.1.3.	Entfernung grob- und kolloiddisperser Stoffe	173
5.1.3.1.	Sieben	173
5.1.3.2.	Sedimentation	174
5.1.3.3.	Filtration	178
5.1.3.4.	Flockung	183
5.1.4.	Entfernung gelöster Stoffe	191
5.1.4.1.	Enteisenung	192
5.1.4.2.	Entmanganung	198
5.1.4.3.	Enthärtung	200
5.1.4.4.	Entsalzung	203
5.1.4.5.	Chemische Stabilisierung und Korrosionsschutz	207
5.1.4.6.	Entfernung von Geruch, Geschmack und Mikroverunreinigungen	210
5.1.5.	Grundwasseranreicherung als komplex wirkendes Wasseraufbereitungsverfahren	214
5.1.5.1.	Qualitätsverbesserung bei der Grundwasseranreicherung	215
5.1.5.2.	Verfahrenstechnik der Grundwasseranreicherung	216
5.1.6.	Desinfektion	217
5.1.6.1.	Chlorgasverfahren	217
5.1.6.2.	Hypochloritverfahren	220
5.1.6.3.	Chlordioxidverfahren	220
5.1.6.4.	Ozonverfahren	220
5.1.6.5.	Sonstige Verfahren zur Desinfektion	220
5.1.7.	Thermische Wasserbehandlungsverfahren	220
5.1.7.1.	Thermische Entgasung	221
5.1.7.2.	Entsalzung mit Verdampfern und Dampfumformern	221
5.1.8.	Weitere Verfahren der Wasseraufbereitung	223
5.1.8.1.	Entölung von Betriebswasser	223
5.1.8.2.	Chemische Entgasung	223
5.1.8.3.	Meerwasserentsalzung	224
5.1.8.4.	Entaktivierung	227
5.1.8.5.	Fluorierung	227
5.1.8.6.	Nitrateliminierung	228
5.1.8.7.	Sonstige Verfahren	229
5.2.	Anlagen zur Wasseraufbereitung	229
5.2.1.	Anlagen zum Gasaustausch	232
5.2.1.1.	Rohrgitterkaskaden	232
5.2.1.2.	Intensivbelüftung (Inkabelüftung)	233
5.2.1.3.	Druckbelüftung	234
5.2.1.4.	Sonderlösungen und Weiterentwicklungen zum Gasaustausch	234
5.2.2.	Grobreinigungsanlagen zur physikalischen Abtrennung	236
5.2.2.1.	Rechen	236
5.2.2.2.	Siebbandanlagen und Siebtrommeln	237
5.2.2.3.	Mikrosiebanlagen	237
5.2.2.4.	Sandfänge, Absetzbecken und Grobfilter	239
5.2.2.5.	Drehfilter	240
5.2.3.	Grobreinigungsanlagen zur Flockung und Fällung	241
5.2.3.1.	Rechteckige Absetzbecken	242
5.2.3.2.	Etagenabsetzbecken	243
5.2.3.3.	Röhrenabsetzbecken	244
5.2.3.4.	Schwebefilter	244
5.2.3.5.	Schlammkontaktanlagen mit Schlammkreislauf	247
5.2.4.	Filteranlagen	250

5.2.4.1.	Offene Schnellfilter	250
5.2.4.2.	Druckfilter	255
5.2.4.3.	Sonderformen und weitere Entwicklung	259
5.2.5.	Anlagen zur Entfernung von Geruch, Geschmack und Mikroverunreinigungen	263
5.2.5.1.	Behandlung des Wassers mit Aktivkohle	263
5.2.5.2.	Ozonanlagen	263
5.2.6.	Anlagen zur Desinfektion des Wassers	265
5.2.7.	Anlagen zur Grundwasseranreicherung	267
5.2.8.	Mischeinrichtungen	268
5.2.9.	Enthärtungs- und Entsalzungsanlagen	269
5.2.9.1.	Enthärtungsanlagen mit Fällverfahren	269
5.2.9.2.	Entkarbonisierung durch Säureimpfung	270
5.2.9.3.	Ionenaustauscheranlagen	270
5.2.10.	Thermische Wasseraufbereitungsanlagen	281
5.2.10.1.	Entgaser	281
5.2.10.2.	Anlagen zur Verdampfung	282
5.2.11.	Anlagen zur Chemikalienaufbereitung	284
5.2.11.1.	Übersicht über die eingesetzten Chemikalien	284
5.2.11.2.	Speicherung von Chemikalien	284
5.2.11.3.	Ansetzen der Chemikalienlösungen und -aufschwemmungen	285
5.2.11.4.	Dosierung von Chemikalien	287
5.2.12.	Schlammbehandlungsanlagen	289
5.3.	Gesamtkonzeption einer Wasseraufbereitungsanlage	291
5.4.	Beispiel für die Auslegung einer Wasseraufbereitungsanlage	295
5.5.	Betrieb von Wasseraufbereitungsanlagen	298
5.5.1.	Allgemeine Überwachungsarbeiten	298
5.5.2.	Mechanisierung und Automatisierung	299
6.	**Förderung von Flüssigkeiten und Gasen**	**302**
6.1.	Pumpen	302
6.1.1.	Hubkolbenpumpen	302
6.1.1.1.	Bauarten	302
6.1.1.2.	Antrieb	303
6.1.1.3.	Förderstrom, spezifische Förderarbeit und Förderhöhe	305
6.1.1.4.	Windkessel	306
6.1.1.5.	Wirkungsgrad	307
6.1.1.6.	Dosierpumpen	307
6.1.1.7.	Membran- und Flügelpumpen	309
6.1.1.8.	Vorteile, Nachteile und Verwendung von Hubkolbenpumpen	309
6.1.2.	Umlaufkolbenpumpen	311
6.1.3.	Kreiselradpumpen	311
6.1.3.1.	Bauarten	312
6.1.3.2.	Förderstrom, spezifische Förderarbeit und Förderhöhe	312
6.1.3.3.	Laufrad und spezifische Drehzahl	315
6.1.3.4.	Pumpengehäuse und Leitapparate	319
6.1.3.5.	Axialschub, Lager, Stopfbuchse	319
6.1.3.6.	Wirkungsgrad	320
6.1.3.7.	Selbstansaugende Kreiselradpumpen	321
6.1.3.8.	Kreiselpumpen für spezielle Fördermedien	323
6.1.3.9.	Vertikale Pumpen und Unterwassermotorpumpen	325
6.1.3.10.	Vorteile, Nachteile und Verwendung von Kreiselradpumpen	328
6.1.4.	Strahlpumpen	328

6.2.	Entwurf und Betrieb von Pumpenanlagen	330
6.2.1.	Grundlagen	330
6.2.2.	Berechnung der Förderhöhe	332
6.2.3.	Regelung von Kreiselpumpen	341
6.2.3.1.	Drosseln	341
6.2.3.2.	Drehzahlregelung	343
6.2.3.3.	Abdrehen des Laufrads	345
6.2.4.	Parallel- und Hintereinanderschalten von Pumpen	346
6.2.5.	Pumpensteuerung und -staffelung	356
6.2.5.1.	Anfahren und Abschalten von Pumpen	356
6.2.5.2.	Förderung in Speicherbehälter	358
6.2.5.3.	Förderung mit Druckkessel (Hydrophoranlagen)	361
6.2.5.4.	Förderung ins Versorgungsnetz	371
6.2.5.5.	Steuerung und Regelung von Dosierpumpen	374
6.2.6.	Bestellangaben für Pumpen	375
6.2.7.	Konstruktion von Pumpenanlagen	376
6.2.8.	Betriebsüberwachung	382
6.3.	Verdichter und Vakuumpumpen	384
6.3.1.	Hubkolbenverdichter	385
6.3.2.	Umlaufkolbenverdichter	386
6.3.3.	Kreiselradverdichter	387
6.3.4.	Vakuumpumpen	387
6.4.	Entwurf und Betrieb von Verdichteranlagen	389
6.4.1.	Thermodynamische Grundlagen	389
6.4.2.	Bemessung von Luftleitungen, Druckverluste und Förderdruck	391
6.4.3.	Anfahren, Abschalten, Steuern und Regeln von Verdichtern	395
6.4.4.	Bemessung von Schaltkesseln	395
6.4.5.	Vakuumanlagen	396
6.4.6.	Druckluftanlagen	399
6.4.7.	Bestellangaben für Verdichter	401
6.5.	Leistungsbedarf und elektrische Antriebe für Pumpen und Verdichter	401
6.5.1.	Kupplungsleistung der Pumpen	401
6.5.2.	Kupplungsleistung der Verdichter	402
6.5.3.	Anfahren der Pumpen und Verdichter	403
6.5.4.	Elektrische Antriebe	406
6.5.5.	Drehzahlregelung	409
7.	**Wasserspeicherung**	**412**
7.1.	Art der Wasserspeicher	412
7.2.	Lage der Wasserspeicher	413
7.3.	Bemessung der Größe der Wasserspeicher	414
7.4.	Bau und Ausrüstung von Erdhochbehältern	417
7.4.1.	Konstruktionsgrundlagen	421
7.4.2.	Ausrüstung	428
7.5.	Bau und Ausrüstung von Tief- und Löschwasserbehältern	431
7.6.	Bau und Ausrüstung von Wassertürmen	431
7.6.1.	Bauliche Grundsätze	431
7.6.2.	Ausrüstung	436
7.7.	Abnahme und Betrieb von Wasserspeichern	436

8. Wasserverteilung ... 438

- 8.1. Grundbegriffe ... 438
- 8.1.1. Rohrleitungsarten ... 438
- 8.1.2. Rohrnetzformen ... 439
- 8.1.3. Nennweiten und Druckstufen ... 440

- 8.2. Rohre ... 441
- 8.2.1. Gußeiserne Rohre ... 441
- 8.2.2. Stahlrohre ... 443
- 8.2.3. Asbestzementrohre ... 445
- 8.2.4. Beton-, Stahlbeton- und Spannbetonrohre ... 446
- 8.2.5. Plastrohre ... 447
- 8.2.6. Steinzeugrohre ... 450

- 8.3. Rohrverbindungen ... 451

- 8.4. Formstücke ... 453

- 8.5. Armaturen ... 455
- 8.5.1. Absperr- und Regelarmaturen ... 455
- 8.5.1.1. Hähne ... 455
- 8.5.1.2. Ventile ... 456
- 8.5.1.3. Ringkolbenventile ... 456
- 8.5.1.4. Schieber ... 457
- 8.5.1.5. Absperrklappen ... 462
- 8.5.1.6. Membran-Absperrarmaturen ... 463
- 8.5.2. Rückflußverhinderer ... 463
- 8.5.3. Druckregler ... 465
- 8.5.4. Schwimmerventile ... 468
- 8.5.5. Sicherheitsventile ... 468
- 8.5.6. Be- und Entlüftungsventile ... 470
- 8.5.7. Druckluftsperrventile ... 472
- 8.5.8. Hydranten ... 472
- 8.5.9. Ausbau- und Dehnungsstücke ... 472
- 8.5.10. Anbohrschellen und -brücken ... 474

- 8.6. Meßgeräte ... 474
- 8.6.1. Wassermesser ... 474
- 8.6.1.1. Wasserzähler ... 475
- 8.6.1.2. Durchflußmesser nach dem Wirkdruckprinzip ... 480
- 8.6.1.3. Strömungsmesser mit Schwebekegel ... 483
- 8.6.1.4. Induktive Durchflußmesser ... 484
- 8.6.2. Druckmesser ... 484
- 8.7. Entwurf von Rohrleitungen ... 485
- 8.7.1. Trassierung und Lagepläne ... 485
- 8.7.2. Rohrgrabentiefe, Gefälle, Längsschnitt ... 486
- 8.7.3. Be- und Entlüftung ... 488
- 8.7.4. Entleerung und Spülung ... 493
- 8.7.5. Anordnung von Absperrorganen und Hydranten im Rohrnetz ... 495
- 8.7.6. Hausanschlußleitungen ... 496
- 8.7.7. Kreuzung von Bahnen und Straßen ... 497
- 8.7.8. Düker, Rohrbrücken, Rohrleitungsaufhängungen an Brücken ... 499
- 8.7.9. Heberleitungen ... 501
- 8.7.10. Sammelkanäle ... 504
- 8.7.11. Rohrbruchsicherungen ... 505
- 8.7.12. Korrosionsschutz ... 505

8.7.13.	Versorgungsdruck und Druckzonen	507
8.8.	Statische Berechnung von Rohrleitungen	508
8.8.1.	Axialkräfte infolge Innendrucks	508
8.8.2.	Radialkräfte infolge Innen- oder Außendrucks	511
8.8.3.	Beanspruchung erdverlegter Rohrleitungen	512
8.8.4.	Temperaturspannungen – Längenänderung	514
8.8.5.	Biegespannungen gebogener Rohrleitungen	515
8.8.6.	Freitragende Rohrleitungen	515
8.9.	Bau von Rohrleitungen	516
8.9.1.	Rohrgraben	516
8.9.2.	Rohrverlegung	518
8.9.3.	Druckprüfung	519
8.9.4.	Spülung und Desinfektion	520
8.9.5.	Bestandspläne	522
8.10.	Betrieb von Rohrleitungen	523
8.10.1.	Wartung	523
8.10.2.	Rohrreinigung	524
8.10.3.	Schadensuche	525
8.10.4.	Reparatur und Sanierung	525
9.	**Hydraulische Berechnungen**	**529**
9.1.	Stoffeigenschaften	529
9.2.	Hydrostatik	530
9.2.1.	Hydrostatischer Druck	530
9.2.2.	Auftrieb	534
9.3.	Hydrodynamik	535
9.3.1.	Allgemeine Grundlagen	535
9.3.1.1.	Bewegungsarten	535
9.3.1.2.	Fließformen, *Reynolds*zahl	535
9.3.1.3.	Kontinuitätsgleichung	536
9.3.1.4.	Bernoulli-Gleichung, Druck- und Energielinie	537
9.3.1.5.	Allgemeine Fließformel von *Brahms* und *de Chezy*	538
9.3.2.	Stationäre Strömung in Druckrohrleitungen	539
9.3.2.1.	Rohrreibungsverluste	539
9.3.2.1.1.	Fließformen	540
9.3.2.1.2.	Kinematische Zähigkeit v	541
9.3.2.1.3.	Rauhigkeitsbeiwert	541
9.3.2.1.4.	Vereinfachte Berechnung von Rohrreibungsverlusten	543
9.3.2.2.	Einzelverluste in vollaufenden Kreisprofilen	544
9.3.2.3.	Reibungsverluste in Schlauchleitungen	546
9.3.3.	Hydraulische Berechnung von Druckrohrleitungen und -netzen	546
9.3.3.1.	Berechnungen von Rohrleitungen mit gleichförmiger Bewegung	547
9.3.3.2.	Berechnung von Rohrleitungen mit ungleichförmiger Bewegung infolge wechselnden Rohrdurchmessers	548
9.3.3.3.	Berechnung einfacher Ringleitungen	551
9.3.3.4.	Berechnung paralleler Rohrleitungen	553
9.3.3.5.	Berechnung von Versorgungsnetzen	555
9.3.3.5.1.	Berechnungsannahmen	555
9.3.3.5.2.	Verästelungsrohrnetze	560
9.3.3.5.3.	Vermaschte Rohrnetze	562
9.3.3.6.	Untersuchung vorhandener Rohrnetze	568

9.3.3.7.	Graphische Verfahren zur Berechnung hydraulischer Systeme	570
9.3.3.8.	Berechnung von Hausanschluß- und Verbrauchsleitungen	574
9.3.4.	Stationäre Strömung in offenen Gerinnen	575
9.3.4.1.	Gleichförmige Bewegung	576
9.3.4.2.	Ungleichförmige Bewegung	577
9.3.4.2.1.	Aufstau durch Einbauten	578
9.3.4.2.2.	Rückstau und Absenkung	579
9.3.4.2.3.	Fließwechsel zwischen Strömen und Schießen	580
9.3.4.2.4.	Abzugsrinnen	581
9.3.5.	Wehre und Überfälle	583
9.3.6.	Ausfluß aus Öffnungen und Gefäßen	587
9.3.7.	Hinweise zur Druckstoßberechnung	590
10.	**Gesetzliche Bestimmungen und Standards**	**597**
10.1.	Gesetzliche Bestimmungen	597
10.2.	Standards	599
10.2.1.	Begriffe, Wasserbedarf, Wasserversorgung allgemein	600
10.2.2.	Wassergewinnung	600
10.2.3.	Wassergüte	601
10.2.4.	Wasseraufbereitung	602
10.2.5.	Förderung von Flüssigkeiten und Gasen	602
10.2.6.	Wasserverteilung (Rohrleitungen, Hydraulik, Rohrleitungsstatik, Speicherung)	603
11.	**Anhang**	**605**
12.	**Sachwörterverzeichnis**	**654**

1. Planung – Entwurf – Betrieb

Der Neubau und die Rekonstruktion einer Wasserversorgungsanlage verlangen zunehmend die komplexe Betrachtung als Einheit von Planung, Entwurf und Betrieb. Kein Technologe der Wasserversorgung, kein Betriebsingenieur oder Meister wird künftig optimale Entscheidungen treffen können ohne Grundkenntnisse des Gesamtprozesses und seiner Randgebiete. Der folgende Abschnitt soll darum nicht in die Wasserversorgung einführen, wohl aber in die Systembetrachtung der Wasserversorgung. Die weitgehend allgemein gehaltenen Darstellungen tragen einerseits der noch unzureichend entwickelten Systemtheorie in der Wasserversorgung und andererseits der Vorbereitung der Praxis auf diese Probleme Rechnung. Nicht allein die gut funktionierende Teiltechnologie, sondern die optimale Auslegung und Funktionsfähigkeit der Gesamtanlage ist ein Kriterium für den wirtschaftlichen Erfolg. Diesem Ziel ist die Arbeit aller Fachkollegen unterstellt – die Arbeit des Kollektivleiters, des Spezialisten genauso wie diejenige des Betriebspraktikers.

1.1. Volkswirtschaftliche Stellung und wasserwirtschaftliche Grundsätze

Die beschleunigte volkswirtschaftliche Entwicklung hat besonders in der letzten Zeit zu einer stärkeren Konzentration der Wasserwirtschaft geführt. Damit ist auch die innere Verflechtung besonders auf dem Teilgebiet Wassernutzung gewachsen. Sichtbar wird dieser Prozeß durch die organisatorischen Maßnahmen zur Zusammenfassung der zahlreichen kleineren örtlichen Versorgungsbetriebe zu großen Bezirksbetrieben. Damit sind Vorteile in der Spezialisierung einheitlicher Betriebsführung und Materialwirtschaft verbunden. Technisch wird so der Zusammenschluß der Anlagen zu Verbundsystemen vorbereitet und verwirklicht. Unter diesen Voraussetzungen setzt sich der Produktionscharakter in der Wasserversorgung und Abwasserbehandlung stärker durch. Stärker entwickelt haben sich auch die Verflechtungen mit der Betriebswasserwirtschaft in der Industrie und mit den für die Wasserbereitstellung und Kontrolle verantwortlichen Hoheitsorganen. Die Wasserwirtschaft hat damit stärkere Konturen im Rahmen der Volkswirtschaft erhalten und ist in dieser ein wichtiger Zweig, wenn auch im strengen Sinne kein Wirtschaftszweig. Dieser international erkennbare Entwicklungsprozeß steht erst am Anfang. In einigen Ländern haben größere organisatorische Veränderungen stattgefunden und in Verbindung mit den ständig dringender hervortretenden Problemen des Umweltschutzes zur Bildung von staatlichen Ämtern und Ministerien geführt.

Die planmäßige Bewirtschaftung des ober- und unterirdischen Wassers nach Menge und Güte als volkswirtschaftlicher Komplex ist damit in einen umfassenden Rahmen gestellt. Bei vorbereitenden Maßnahmen zur Wasserbereitstellung und der Wassernutzung bemüht man sich darum verstärkt, durch ökonomische Regelungen volkswirtschaftliche Verhaltensweisen durchzusetzen. Gleichzeitig wird die Bewußtseinsbildung um den Wert des Grundstoffs Wasser in der Bevölkerung, Landwirtschaft und Industrie wirksam gefördert. Die enge Verflechtung der Wasserversorgung mit kommunalen, gewerblichen und industriellen Bedarfsträgern erschwert eindeutige ökonomische Entscheidungen. Ein wesentliches Mittel sind bessere Preisregelungen. Die vorrangige Befriedigung des Wasserbedarfs der Bevölkerung und der Konsumtionsbetriebe steht über ökonomischen Kriterien und Produktionsprinzipien.

Wasserwirtschaftliche Aufgaben
Der Grundstoff „Wasser" ist eine unentbehrliche, nicht ersetzbare Naturressource. „Wasser" ist allgemein Arbeitsgegenstand, Arbeitsmittel, Grund- oder Hilfsmaterial sowie Bestandteil und

Voraussetzung gesellschaftlich-konsumtiver Prozesse. Durch den gesellschaftlichen Aufwand für seine Bereitstellung sowie Erhöhung des Gebrauchswerts (Transport, Güteverbesserung) wird der Wert des Rohstoffs (Rohwasser) bzw. Produkts (Reinwasser) bestimmt. Wasser besitzt allgemein als Trinkwasser den höchsten Gebrauchswert (Veredlungsgrad). Noch höhere Gebrauchswerte verlangen bereits einige Sondernutzungen der Industrie (Fotochemie, Laborchemie). Diesen Anforderungen nachzukommen ist nicht Aufgabe der öffentlichen zentralen Wasserversorgung, sondern betriebseigener Nachbehandlungsanlagen. Zwischen Wert und Preis besteht ein kompliziertes sozialpolitisch-ökonomisches Verhältnis. Die Besonderheiten der Produktion von Trink- und Betriebswasser erschwert oft eine eindeutige ökonomische Regelung. Die Festlegung von Rohwasserpreisen und Wassernutzungsentgelten ist als erster Schritt zu werten. Dabei setzt sich die Einordnung der Wasserversorgung in die materielle extraktive Produktion ständig weiter durch. Nur ist das Ziel nicht ein möglichst hoher Gewinn, sondern eine Minimierung des Aufwandes für die Herstellung und den Transport bei voller Bedarfsdeckung. [1.6, 1.7]

Aus dieser Zielsetzung lassen sich folgende wasserwirtschaftliche Aufgaben ableiten:
- Wasserbereitstellung nach Menge und Güte (z. B. Schutz gegen Extremwerte des Wasserdargebots – Hochwasserschutz, Speicherung, Stauhaltung, Abflußreinigung, Überleitung, Be- und Entwässerung)
- öffentliche zentrale Trink- und Betriebswasserversorgung (z. B. Bilanzierung, planmäßige Erschließung, Gewinnung, Gebrauchswertverbesserung, Verteilung, Schutz des Wassers nach Menge und Güte, Bedarfslenkung)
- öffentliche zentrale Abwasserbehandlung (z. B. Erfassung, Ableitung, Reinigung, Verwertung, Wiederverwendung des kommunalen und industriellen Abwassers)
- Flußwasserklärung, Selbstreinigung
- Produktionsgewässer der Fischwirtschaft
- Verkehrsgewässer
- Sportgewässer (wassergebundene Erholung, Badegewässer)
- Küstenschutz (aktiver, passiver)
- Mitwirkung bei nichtöffentlichen Vorhaben der Wasserversorgung und Abwasserbehandlung (Eigenanlagen) (z. B. Genehmigung, Bilanzierung, Kontrolle, Beratung).

Besonders der Aufgabenkomplex Wasserbereitstellung ist ungemein vielseitig. Seine Problematik und Abstimmung berührt außer den Hoheitsorganen der Wasserwirtschaft zahlreiche Bereiche der Volkswirtschaft, wie Land- und Forstwirtschaft, Bergbau, Schiffahrt, Fischwirtschaft, Hygiene, Energiewirtschaft und Großindustrie. Für den Vorrang einer Nutzung oder eines Bedarfsträgers ist es oft entscheidend, zu prüfen, inwieweit das Wasser durch andere Energieträger ersetzt werden kann. Bei Verwendung von Wasser als Wärmeträger lassen sich im Umlaufbetrieb gegenüber dem Durchlaufverfahren bedeutende Einsparungen an Wasser, oft jedoch auf Kosten des Energieverbrauchs, erzielen. Nicht ersetzbare Nutzungen müssen gegenüber sonstigen Nutzungen den Vorrang erhalten. Nutzungen als Trink- oder Produktwasser bzw. Bewässerungswasser sind nicht ersetzbar. Die Verlegung von Gewinnungsanlagen ist grundsätzlich möglich, aber häufig mit hohen Kosten verbunden. *Oberstes Prinzip muß deshalb die planmäßige Erschließung und Erhaltung des Trinkwassers für die Bevölkerung und die lebensnotwendige Konsumtionsindustrie in der geforderten Menge und Güte sein.*

Darum wird es zunehmend erforderlich, Betriebswassernutzungen der Industrie aus dem Grundwasser auf die Entnahme von Oberflächenwasser oder uferfiltriertem Flußwasser umzustellen. Dies gilt ebenfalls für Bewässerungswasser der Landwirtschaft, dessen Entnahme aus dem Grundwasser nur so lange gestattet werden sollte, wie dadurch eine Trinkwassernutzung nicht beeinträchtigt wird.

Bei allen diesen Fragen ist Schematismus fehl am Platze, und es ist stets unter Wahrung der wasserwirtschaftlichen Grundsätze operativ nach Maßgabe des volkswirtschaftlichen Gesamtnutzens zu entscheiden. In der Praxis sind solche Fehlentscheidungen bekannt, deren Tragweite oft zu langfristigen wasserwirtschaftlichen Störungen führten. So wurde in einigen Ländern die Abwasserbehandlung im weiteren Sinne gegenüber der Wasserversorgung vernachlässigt. Die Folgen gehen über den allgemein sichtbaren Bereich hinaus, wenn man an gesundheitliche Ge-

1.1. Volkswirtschaftliche Stellung und wasserwirtschaftliche Grundsätze

fahren durch Genschädigung und die erheblichen Aufwendungen für intensivere Wasseraufbereitungsverfahren denkt. Es ist deshalb in vielen Industriestaaten an der Zeit, den aufgetretenen Widerspruch zwischen Wasserbereitstellung (Menge, Güte, Sicherheit) und Wassernutzung im Sinne einer optimalen Umweltgestaltung zu lösen. Die dafür notwendigen Aufwendungen sind sehr hoch, so daß in Verbindung mit der weiteren progressiven volkswirtschaftlichen Entwicklung die Wasserwirtschaft vor große Aufgaben gestellt ist. Die Wasserwirtschaft kann diese Aufgaben jedoch nur erfüllen, wenn ihrer volkswirtschaftlichen Bedeutung konsequent Rechnung getragen wird. Die Entwicklung eines „Wasserbewußtseins" ist dabei genauso wichtig wie die vollständige Information über volkswirtschaftliche Veränderungen innerhalb der abgestimmten langfristigen Pläne. Auch hier ist es wichtig, daß die wasserwirtschaftliche Planung stärker aus einer „Nachlaufregelung" zur „Vorwärtsregelung" kommt. Andererseits ergibt sich damit für die Wasserwirtschaft als volkswirtschaftlicher Partner die unbedingte Verpflichtung nach strenger Wissenschaftlichkeit ihrer Planungsunterlagen und stärkerer ökonomischer Fundierung. Dies ist ohne die Aufstellung leistungsfähiger Flußgebietsmodelle und die umfangreiche Verarbeitung des aus Messungen und Informationsbeziehungen (z. B. mit der Meteorologie, Industrie) gewonnenen Datenmaterials unmöglich. Mit zunehmender Kenntnis des Hauptsystems und exakter Formulierung der Teilsysteme setzen sich die kybernetischen Betrachtungsweisen in der Wasserwirtschaft stärker durch.

Die folgenden Ausführungen beschränken sich auf das Teilsystem Wasserversorgung.

Wasserversorgung
Innerhalb der Volkswirtschaft übt die Wasserversorgung eine Schlüsselstellung aus. In Bild 1.1 sind die wichtigsten Beziehungen des Wasserversorgungsbetriebs zu volkswirtschaftlichen Bedarfsträgern schematisch dargestellt. Die Wasserversorgung weist hierbei folgende Merkmale auf:

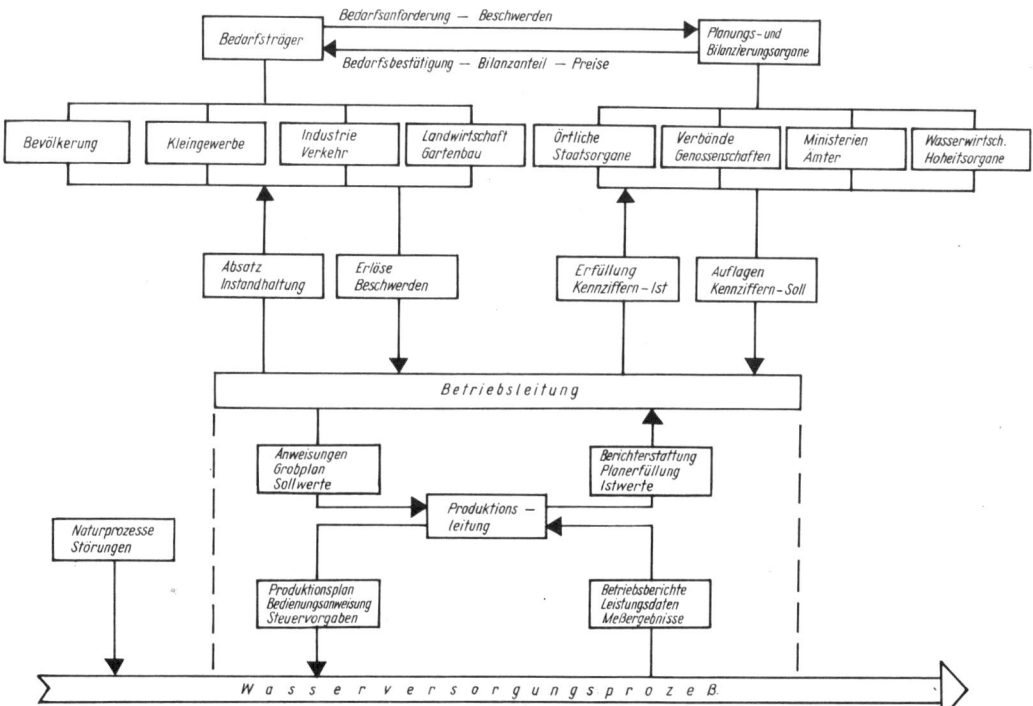

Bild 1.1 Hauptverbindungen des Wasserversorgungsbetriebs zu den Bedarfsträgern sowie Planungs- und Bilanzierungsorganen

- ständige Betriebsbereitschaft und Befriedigung des gesellschaftlich notwendigen Wasserbedarfs im Versorgungsgebiet
- weitgehend zeitgleiche Produktion und Konsumtion
- Störungen durch natürliche und volkswirtschaftliche Veränderungen besonders in Planung und Abrechnung
- anlagenintensive Produktion mit erheblichen Instandhaltungsaufgaben
- Lieferer- und Abnehmerbeziehungen in einem geschlossenen Kreislauf.

Den Charakter einer Hilfsproduktion hat dagegen die betriebseigene Wasserversorgung eines Industriebetriebs. Hier ist der Betrieb ein abgeschlossenes wasserwirtschaftliches Teilsystem, da er häufig Produzent und Verbraucher zugleich ist (Bild 1.2) [1.4].

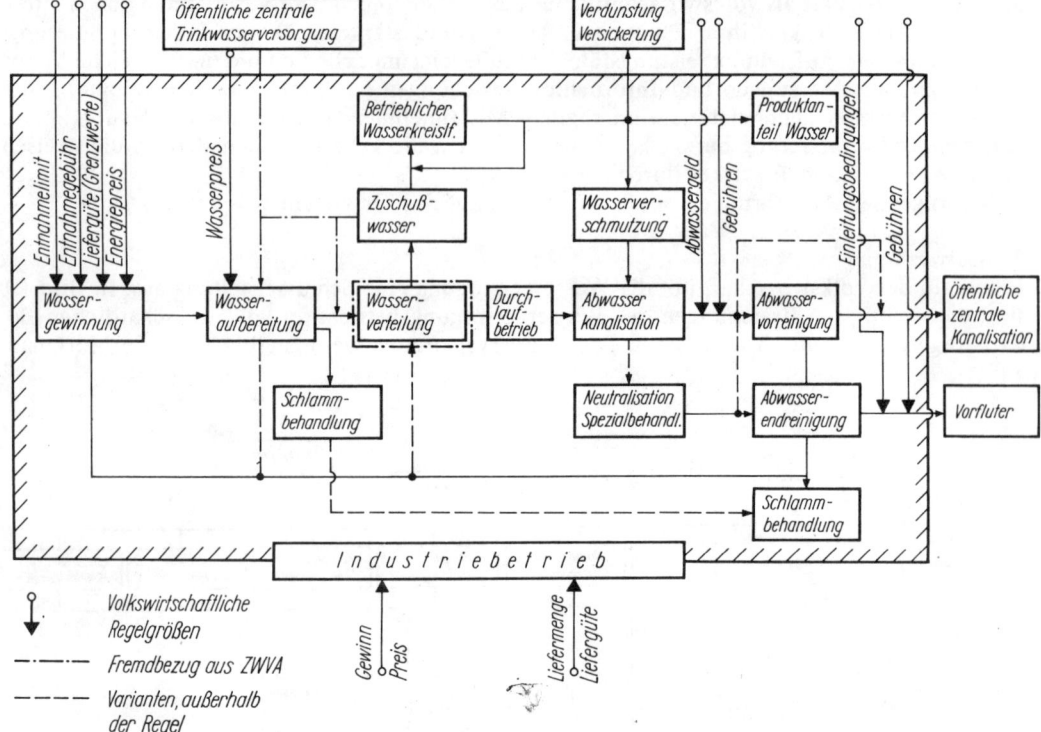

Bild 1.2 Grobschema der betrieblichen Wasserversorgung und Abwasserbehandlung als untergeordnete Hilfsproduktion

Die volkswirtschaftliche Stellung der Wasserversorgung kommt außerdem durch den Bilanzanteil zum Ausdruck.

In Bild 1.3 sind für den Stand 1980 die Hauptwerte des Wasserkreislaufs und der Wassernutzung für die DDR dargestellt. Besonders hervorzuheben ist der Anstieg für Bewässerungswasser der Landwirtschaft in den letzten Jahren. Möglicherweise werden dadurch in gewissen Gebieten die unterirdischen Abflußspenden positiv verändert, so daß darin noch eine Reserve liegt. Bei fortschreitender Entwicklung würde jedoch bis zum Jahr 2000 das gesamte nutzbare Grundwasserdargebot in Trockenjahren gefördert werden. Da dies im allgemeinen die Erschließung zahlreicher unwirtschaftlicher Standorte bedeutet und erhebliche Flächen als Trinkwasserschutzgebiete der unbehinderten landwirtschaftlichen Nutzung entzogen würden, bedarf es keiner Frage, daß sich der überwiegende Anteil am Förderungszuwachs aus der intensiveren Nutzung erschlossener Grundwassergebiete ergeben muß. Die Grundwasserbewirtschaftung, Untergrundspeicherung, Grundwasseranreicherung, gezielte Bewässerung und Abwasserversickerung

1.1. Volkswirtschaftliche Stellung und wasserwirtschaftliche Grundsätze

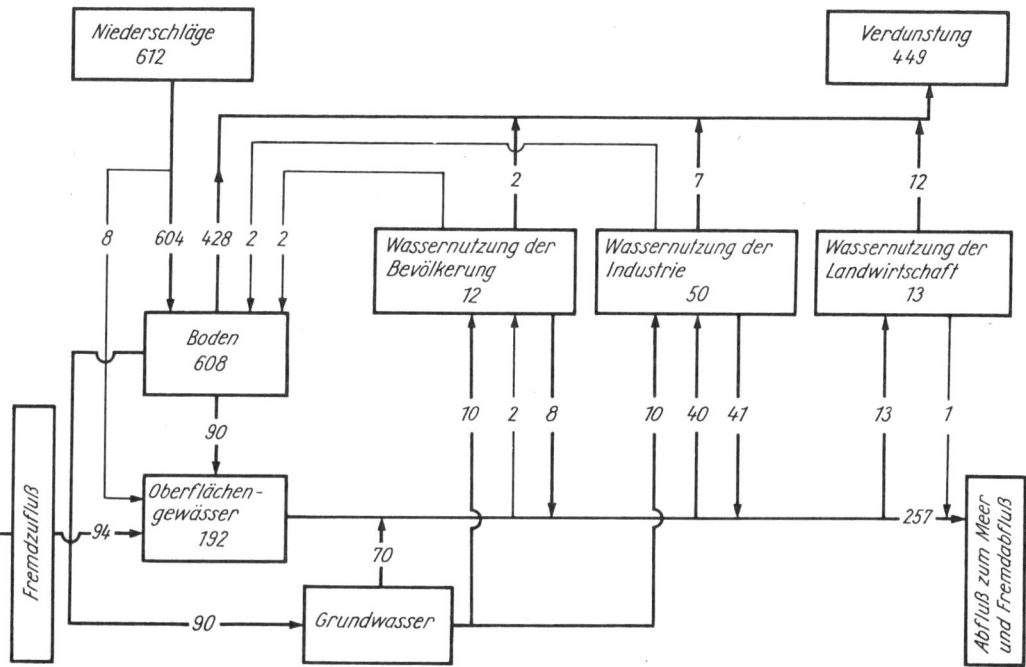

Bild 1.3 Wasserkreislauf und Wasserbilanz für die DDR (1980) [mm/a]

sowie intensivere, z. T. auch neuartige wirtschaftlichere Verfahren der Wasseraufbereitung sind einige der vorhandenen Möglichkeiten. Es zeigt sich immer deutlicher, daß derartige Maßnahmen ökonomischer sind als die Überleitung großer Wassermengen aus Wasserüberschuß- in Wassermangelgebiete in Form von Fernwasserversorgungen. In diesem Zusammenhang hat die Meerwasserentsalzung für Mitteleuropa noch keine wirtschaftliche Bedeutung.

Abschließend sollen einige Betriebsgrundsätze der Wasserversorgung zusammengestellt werden:

— Die Wasserversorgung gehört zum Bereich der materiellen extraktiven Produktion und trägt charakteristische Merkmale der Grundstoffindustrie.
— Der Werbung für das Produkt Trink- oder Betriebswasser sind rohstoffseitig, wasserwirtschaftlich sowie aus Gründen volkswirtschaftlicher Proportionen (Investitionen) Grenzen gesetzt.
— Die teilweise Nutzung des Produkts als nicht ersetzbares Lebensmittel sowie die teilweise Beimengung gesundheitsprophylaktischer Stoffe schafft direkte Beziehungen zur Lebensmittelindustrie, Humanmedizin und Sozialversorgung, wodurch der Versorgungscharakter der Produktion bedingt ist.
— Die ökonomische Struktur der Wasserversorgung entspricht der Eigenerwirtschaftung der verauslagten Umlaufmittel durch wirtschaftliche Rechnungsführung. Eine höhere Rentabilität ist weniger durch Mehrproduktion, sondern durch relative Selbstkostensenkung zu erreichen.
— Durch das ungünstige hohe Masse-Preis-Verhältnis des Produkts kommt einerseits nur Rohrleitungstransport in Betracht. Andererseits sind erdverlegte Rohrleitungen in Bau und Unterhaltung aufwendig und nur bei großen spezifischen Durchsatzmengen wirtschaftlich. Dadurch wird der Transport über große Entfernungen (Umverteilung aus Wasserüberschuß- in Wassermangelgebiete) schnell unwirtschaftlich und nur bei großen Mengen tragbar. Aus ökonomischen Gründen ist die Speicherung des Produkts (Lagerhaltung) stark eingeschränkt. Gegenwärtig erfolgt in der Regel nur ein Tagesausgleich zwischen Produktion und Abnahme. (Durch Methoden der Untergrundspeicherung bzw. durch Großbehälter soll die Rohstoff-

und Produktspeicherung verbessert, d. h. die Kontinuität des Prozesses erhöht werden.)
- Die Kontinuität des Wasserversorgungsprozesses und der gegenüber der Industrie hohe Mechanisierungsgrad der Produktion bedingen einen sehr geringen Anteil lebendiger Arbeit am Produkt. Die weitere Automatisierung bis zum bedienungstechnischen Minimum verursacht hohe zusätzliche Kosten, jedoch keine wesentliche Arbeitskräfteeinsparung. Die Vorteile ergeben sich durch bessere Produktionsorganisation, Materialeinsparung und erhöhte Versorgungssicherheit. Die wichtigsten Aufgaben liegen auf dem Gebiet der Wartung und Instandhaltung des hohen Anlagenfonds.
- Die Wasserversorgung zeigt eine starke territoriale Aufgliederung. Dadurch wird u. a. die einheitliche Ausstattung mit Meßwerterfassungs-, -übertragungs- und -verarbeitungseinrichtungen erschwert. Mit zunehmender Prozeßautomatisierung werden die Messung, Kontrolle und Optimierung der Prozeßparameter ständig notwendiger.

1.2. Planung und Entwurf

1.2.1. Planung

Jede Wasserversorgungsanlage ist ein integrierter Bestandteil des wasserwirtschaftlichen Systems eines Flußgebiets. Die Planung einer Wasserversorgungsanlage leitet sich deshalb vor allem aus dem wasserwirtschaftlichen Entwicklungsplan ab. In Mitteleuropa wird diese Situation bedeutend vereinfacht, da nur in wenigen Fällen komplette Wasserversorgungsanlagen neu geplant werden. Häufig handelt es sich hierbei um Erweiterungen in Form neuer Wasserwerke, Rohrnetzausbau oder Rekonstruktionen von Teiltechnologien. Es ist notwendig, auch Teilvorhaben komplex abzustimmen, da sich durch die ständige unkontrollierte Erhöhung des Ausbaugrads größere Störungen der gesamtwasserwirtschaftlichen Situation ergeben können. In der komplexen volkswirtschaftlichen Abstimmung derartig langfristiger und einschneidender Vorhaben, wie sie Wasserversorgungsanlagen darstellen, liegt eine große Verantwortung aller in der Planung tätigen Fachkollegen. Die Planungszeiträume sind unterschiedlich, sollten aber, von langfristigen Konzeptionen abgesehen, nicht 30 Jahre überschreiten. Dieser Zeitraum muß dann in verschiedene Schärfestufen der Planung eingeteilt werden.

Planungsunterlagen
In den Wasserwirtschaftsorganen werden getrennt nach Flußgebieten hauptsächlich folgende Unterlagen gesammelt:
1. vollständige Darstellung der Wassernutzung einschließlich der Sondernutzungen
2. langfristige Pläne der übrigen Zweige der Volkswirtschaft
3. Ermittlung der Mangel- und Überschußgebiete unter besonderer Beachtung der Ballungsräume von Industrie und Bevölkerung
4. Speicher- und Ausgleichsmöglichkeiten
5. Feststellung des Wasserdargebots, getrennt in ober- und unterirdischen Abfluß (hydrologisches Kartenwerk)
6. Kartierung der Grundwasservorkommen (geohydrologische Struktur, Fließbild, Ergiebigkeit)
7. Trinkwasserschutzgebiete
8. Wasserfassungsanlagen (Flußwasserentnahmen, Grundwasserfassungen, Speicherentnahmen u. a.)
9. Wasseranalysen und Wassergütekarten.

Die vollständige Sammlung der aufgeführten Unterlagen bildet die Grundlage jeder wasserwirtschaftlichen Aussage. Diese Unterlagen sind kein totes Material, sondern von großer Wichtigkeit und die Voraussetzung für zielgerichtetes rationelles Arbeiten. Ein entscheidender Faktor ist allerdings die folgerichtige Interpretation durch den Bearbeiter.

Vorarbeiten zur Planung
Ein großer Teil der vorstehend erwähnten Unterlagen muß zunächst durch mühevolle Vorarbei-

1.2. Planung und Entwurf

ten gewonnen werden. Dazu sind oft erhebliche Aufwendungen an Mitteln und Arbeitszeit erforderlich, die zunächst keinen unmittelbaren Nutzen erkennen lassen und demzufolge häufig zurückgestellt werden.

Ausreichende und rechtzeitig begonnene Vorarbeiten sind die wichtigste Voraussetzung für den Bau einer Wasserversorgungsanlage. Dies gilt sowohl für Planungsarbeiten als auch für technologisch-hydrologische Voruntersuchungen. Es wird dringend vor kurzsichtiger Sparsamkeit oder überhasteter Durchführung der Vorarbeiten gewarnt. Die Praxis kennt zahlreiche Beispiele, wo die Unterschätzung dieser Vorarbeiten zu erheblichen Schwierigkeiten führte. Aber auch Muster für weitsichtige Planungen ließen sich aufführen. Besonders wird in diesem Zusammenhang auf die geohydrologischen Vorarbeiten zur Wassererschließung hingewiesen. Dies gilt verstärkt für die Einrichtung von Schutzzonen. Ähnlich wie im Speicherbau die Stauräume, so sind häufig auch in der Grundwassererschließung die günstigsten Wassergewinnungsgebiete genutzt, so daß im zunehmenden Maße Einzugsgebiete und geologische Formationen für die Wassergewinnung herangezogen werden müssen, die umfangreiche geohydrologische Vorarbeiten unter Hinzuziehung von Spezialisten zur Lösung von Teilfragen erfordern. Es hat sich gezeigt, daß die Koordinierung dieser Zusammenarbeit von der Wasserwirtschaft vorgenommen werden muß.

Nachdrücklich wird an dieser Stelle auf die dringend notwendige Bewirtschaftung des Grundwassers und dessen planmäßige Erkundung und Erschließung hingewiesen. Diese Aufgaben werden teilweise noch unterschätzt und recht unvollkommen wahrgenommen. Es sind Fälle bekannt, wo unkontrollierte Wasserentnahmen starke Auswirkungen auf verschiedene Nutzer durch Überbeanspruchung der Grundwasservorkommen zur Folge hatten. Außerdem können durch ungenügende Planungen und Vorstellungen der Wasserwirtschaft wichtige Grundwasserschutzgebiete verbaut werden.

Ergebnisse der Planung

Das Endergebnis der wasserwirtschaftlichen Planung ist der wasserwirtschaftliche Entwicklungsplan eines Flußgebiets. Auf dessen Grundlage bauen sich dann die sogenannten gebietswirtschaftlichen Versorgungspläne auf. Diese berücksichtigen die gesamte volkswirtschaftliche Entwicklung des betreffenden Gebietes, ausgedrückt in der Planung der Wasserversorgung von Bevölkerung, Industrie sowie Land- und Forstwirtschaft. Hier sind schon Einzelheiten über die Wasserbeschaffungsmöglichkeiten, deren Bilanzierung und Verwendung vorhanden. Ferner soll ein gebietswirtschaftlicher Versorgungsplan die grundsätzliche technische Lösung und eine Grobbilanzierung des Wasserbedarfs bzw. Wasserdargebots enthalten. Dies ist darum von Bedeutung, weil gegebenenfalls rechtzeitig Vorkehrungen zu treffen sind, um Wasser aus Überschußgebieten in Mangelgebiete überzuleiten. Meistens wird dieses Problem in einer Studie geklärt. Überhaupt sollte der wasserwirtschaftlichen Studie erhöhte Bedeutung beigemessen werden. Sie kann an Hand von Variantenuntersuchungen die wirtschaftlichste technische Lösung ermitteln. Der Studie soll für das Betrachtungsgebiet ein hydrologisches oder geohydrologisches Übersichtsgutachten zugrunde liegen, das die gewinnbaren Wassermengen in ihrer Größenordnung festlegt. Dieses Gutachten soll sich auf bereits vorliegende Unterlagen stützen. Bohrungen und detaillierte Untersuchungen sind in diesem Stadium nicht beabsichtigt. Wesentliche Hilfe kann hierbei die in letzter Zeit zu hoher Anwendungsreife entwickelte Modelltechnik (Elektroanalogie), besonders die Methode der indirekten Erkundung bieten. Allgemein sollen folgende Punkte dargestellt werden:

1. meteorologische, hydrologische und geologische Verhältnisse des Gebietes
2. gegenwärtige Wassernutzungen
3. Wassereinzugsgebiete
4. gewinnbare Wassermengen
5. Erweiterung bestehender Wasserversorgungsanlagen und Vorschlag für neue Wassergewinnungen
6. Wasserhaushalt des Gebietes – Wasserbilanz
7. Wassergüte
8. Wasserschutzgebiete.

Auf dieser Grundlage sowie auf einem bestätigten Flächennutzungsplan des Versorgungsgebiets wird dann der gebietswirtschaftliche Versorgungsplan aufgebaut. Daraus folgen spezielle Aufgabenstellungen und eingehende hydrologische bzw. geohydrologische Untersuchungen für die Wassererschließung. Erst wenn diese Unterlagen vorliegen, kann die weitere Planung bzw. Projektierung veranlaßt werden. Das Verfahren ist durch detaillierte Verordnungen und Anordnungen festgelegt. Entsprechend den Anforderungen der Volkswirtschaft unterliegt das Verfahren zur Vorbereitung und Durchführung der Investitionen einer laufenden Ergänzung und Verbesserung, so daß im einzelnen hierauf nicht eingegangen wird. Es sind die jeweils geltenden gesetzlichen Bestimmungen einzusehen.

Vorstehend ist ein Weg aufgezeigt, wie die Planung einer Wasserversorgungsanlage erfolgen sollte. Häufig liegen jedoch keine wasserwirtschaftlichen Entwicklungspläne, wasserwirtschaftlichen Studien und gebietswirtschaftlichen Versorgungspläne vor. Dringende volkswirtschaftliche Bedürfnisse mit kurzer Terminstellung lassen oft keine Zeit für die Aufstellung dieser Planungsunterlagen. Für den Umfang einer Versorgungsgruppe können das Ergebnis geohydrologischer Untersuchungen, die Aufgabenstellung eines Planträgers und allgemeine wasserwirtschaftliche Perspektiven von Bedeutung sein. In diesem Stadium ist es besonders wichtig, enge Verbindung mit der Territorialplanung zu halten. Außerdem müssen die Anforderungen der Industrie eine Abstimmung und Berücksichtigung erfahren.

Ausbaugröße – Wirtschaftlichkeit

Es hat sich als zweckmäßig erwiesen, die Ausbaugröße einer Wasserversorgungsanlage in zwei Ausbaustufen für einen perspektivischen Wasserbedarf auszulegen, der eine Entwicklung der Nutzer auf etwa 30 Jahre erfaßt. Dies führt mitunter bei der Festlegung des Industriebedarfs zu Schwierigkeiten, da nur in wenigen Fällen deren Entwicklung über diesen Zeitraum bekannt ist. Trotzdem muß eine Festlegung erfolgen, weil die Wasserverteilungsanlagen in der endgültigen Größe eingebaut werden müssen, während besonders bei größeren Anlagen Wassergewinnung, Wasserförderung, Wasseraufbereitung und Wasserspeicherung in Ausbaustufen getrennt werden können. Geohydrologische Untersuchungen sind in jedem Falle für den Endausbau bzw. für die hydrologisch dauernd gewinnbare Wassermenge durchzuführen. Eine dargebotsabhängige Entnahme und die Speicherung im Grundwasserraum sind bei der Festlegung der Ausbaugröße zu beachten.

Nach einem allgemeinen ökonomischen Grundprinzip werden dann diese Maßnahmen als vordringlich bezeichnet, die mit einem Minimum an Betriebskosten die größte Kapazitätserhöhung bringen. Da die Wassergüte jedoch eine wesentliche Voraussetzung für die Erhaltung der Volksgesundheit ist, können eine Verbesserung der Wassergüte sowie die Beseitigung bestehender unhygienischer Zustände ebenfalls bestimmend sein. Auch sind volkswirtschaftliche und politische Notwendigkeiten entscheidend für die Dringlichkeit des Baus, und es wird sogar Fälle geben, wo diese Gesichtspunkte die Wirtschaftlichkeit einer Wasserversorgungsanlage zurücktreten lassen.

Die wirtschaftliche Ausbaugröße einer Wasserversorgungsanlage hängt einschneidend von der Länge der Zuführungsleitungen, der Wasserabnahme, deren Schwankungsbereich sowie von der erforderlichen Wasseraufbereitung ab. Grundlegende Beschränkungen erfolgen durch ungünstige geohydrologische Verhältnisse.

Vom Standpunkt der Anlagekosten ist eine zentrale Wasserversorgungsanlage eines Ortes, die auf eine örtliche Wassergewinnung aufbaut, sehr oft die vorteilhafteste Lösung. Dies gilt jedoch nur so lange, wie ein Wasservorkommen zur Verfügung steht, das eine in Güte und Menge ausreichende Wassergewinnung erlaubt. Es sind Fälle bekannt, in denen durch Bergbau sowie massive Versickerung schädlicher Stoffe größerer Wassergewinnungsgebiete, ja oft ganze Landschaften für eine Wassergewinnung aus örtlichen Vorkommen ausfallen. Nur in den seltensten Fällen ist dann eine Grundwassergewinnung aus tieferen Grundwasserstockwerken möglich. Die Heranführung von Fernwasser aus Wasserüberschußgebieten in großzügig ausgebauten Verbundsystemen ist die einzig mögliche Lösung. In gegebenen Fällen muß man prüfen, ob nicht Bergbauwasser wirtschaftlicher genutzt werden können. Auch hier ist das Grundprinzip, örtliche Wasservorkommen auszubauen und mit Grundlast zu fahren, verwirklicht. Die Fern-

1.2. Planung und Entwurf

wasserversorgung übernimmt in diesen Fällen nur den Mehrbedarf. Volkswirtschaftliche Erwägungen in Verbindung mit Sicherheitsvorkehrungen führen mitunter dazu, daß der umgekehrte Fall günstig erscheint. In letzter Zeit hat sich wieder in Verbindung mit technologischen Fortschritten in der Grundwasseranreicherung und Wasseraufbereitung die stärkere Nutzung örtlicher Wasservorkommen als Alternative zur Fernwasserversorgung angeboten. Die Wirtschaftlichkeit ist mitunter trotz der hohen Aufbereitungskosten gegeben. Man wird daher jeden Fall gesondert abwägen müssen [1.1].

Die Perspektive der Wasserversorgung sieht vor, letztlich alle Gemeinden an zentrale Wasserversorgungsanlagen anzuschließen. Aus diesem Grund wird nur noch bei Betrieben und in Sonderfällen die Einzelwasserversorgung angewendet. Zahlreiche Wasserversorgungsanlagen der Gemeinden und Städte werden zu Gruppenwasserversorgungsanlagen zusammengefaßt, die gegebenenfalls im Verbundsystem arbeiten oder Zusatzwasser aus Fernleitungen erhalten.

Der Verbundbetrieb bedingt zwar hohe Anlage- und Erschließungskosten, hat jedoch erhebliche betriebstechnische Vorteile. Besonders wirtschaftlich im Großbetrieb, läßt sich eine weitgehende Automatisierung der Förderung und Aufbereitung ermöglichen, die zur Einsparung von Arbeitskräften führt. Weitere Vorteile sind:
– bessere Wartung und Instandhaltung der Wasserversorgungsanlagen (Spezialbrigaden),
– zahlreiche kleinere Wasserfassungen werden durch Großwasserfassungen ersetzt,
– an Stelle der vielen kleineren Trinkwasserschutzgebiete treten wenige größere, deren einwandfreier Schutz gewährleistet ist,
– durch technologisch und wirtschaftlich günstigere Aufbereitungsverfahren wird die Wassergüte erhöht,
– weitgehende Mechanisierung der Bau- und Unterhaltungsarbeiten.
Als Nachteile werden folgende Faktoren gesehen:
– hohe Anlagekosten,
– bei Schäden werden u. U. größere Gebiete beeinflußt,
– erhöhter Energiebedarf für die Heranführung des Wassers zum Verbraucher,
– größere Wasserverluste durch lange Zuleitungen.

Bei der Vielfalt der Einflüsse auf die Wirtschaftlichkeit einer Wasserversorgungsanlage wird es vorkommen, daß sich angegebene Vorteile in Nachteile verwandeln. Daher werden in einer ökonomischen Untersuchung die volkswirtschaftliche Notwendigkeit nachgewiesen und eine Wirtschaftlichkeitsberechnung aufgestellt.

Abschließend hierzu erscheint es angebracht, noch einmal auf die grundlegende Bedeutung der wasserwirtschaftlichen Planung hinzuweisen. Dies gilt verstärkt für Gebiete intensiver Wassernutzung. Die Bedeutung dieser Planung in der Wasserversorgung kommt nicht zuletzt dann zum Ausdruck, wenn man bedenkt, daß die in der Planung festgehaltenen Entwicklungszahlen von Bevölkerung und Industrie die Grundlage der Wasserbedarfsberechnung bilden. Nach deren Ergebnissen werden sämtliche technischen Berechnungen vorgenommen.

1.2.2. Entwurf

Der Entwurf einer Wasserversorgungsanlage in ihren vielschichtigen Zusammenhängen ist ein kompliziertes technologisches Problem. Die Aufgabe ist deshalb komplex nur noch durch ein Spezialistenkollektiv unter Federführung eines erfahrenen Wasserversorgungstechnologen zu lösen. Die wesentlichsten Fachdisziplinen – teilweise in Form von Betrieben – sind
– Meteorologie, Hydrogeologie, Wasserwirtschaft
– Wasserversorgungstechnik (Wassergewinnung, Wasseraufbereitung, Rohrnetztechnik, Hydraulik)
– Wasserchemie, Wasserhygiene
– Hoch- und Tiefbau, Anlagenbau.
Eine noch stärkere Differenzierung ergibt sich bei der Betriebswasserversorgung.

Von großer Bedeutung für die Wahl der günstigsten Variante ist die enge Zusammenarbeit des
– Projektanten

– Ausführenden
– Betreibers

von der Projektphase bis zur Übergabe der Anlage. Dabei kommt es nicht nur auf die Wahl und Abstimmung der Technologien, sondern vielmehr auf technologische und organisatorische Einzelheiten an. Die Funktionsfähigkeit der Anlage im späteren Betrieb hängt öfters direkt von diesen Einzelheiten (z. B. Chemikalientransport, Lagerung, Auswahl und Anordnung von Meßeinrichtungen, Konzentration von Steuerorganen, Schlammbeseitigung u. a.) ab.

Frühzeitig ist es notwendig, die verschiedenen Aufsichtsbehörden (Bauaufsichtsbehörde, Hygieneorgane, Wasserwirtschaftsämter) zu konsultieren, um nachträgliche Änderungen zu vermeiden. Wesentliche Fragen der Genehmigung und uneingeschränkten Anwendung üblicher technologischer Lösungen sind heute in den einzelnen Staaten durch Administrative in Form von Gesetzen, Verordnungen, Richtlinien und nicht zuletzt durch die Normung geregelt. Für kleinere Wasserwerke und nahezu alle technologischen Einheiten (Brunnen, Filter, Behälter, Rohr- und Gefäßsysteme, Förderanlagen, Chemikalienstationen u. a.) liegen außer Standards bewährte Typungsunterlagen vor. In Form von Angebotslösungen werden von den Bau- und Ausrüstungsfirmen Sortimente zur Wahl gestellt. Im allgemeinen enthalten diese Angebotslösungen die ökonomischsten Bauweisen in einer optimalen Ausrüstungsvariante. Die Vielfalt der Praxisfälle läßt es jedoch mitunter angebracht erscheinen, in Ausnahmefällen von den anzustrebenden einheitlichen Bauweisen und Abmessungen abzuweichen.

Neue wissenschaftliche Erkenntnisse werden über das System der Standardisierung und Typung durchgesetzt. Die hohen Investitionen der Wasserversorgung erfordern, in steigendem Maße ökonomischere Lösungen einzusetzen. Dies ist schon deshalb notwendig, weil – ähnlich wie bei Industrieanlagen – die Raten für den moralischen Verschleiß in einigen Teiltechnologien (Wasseraufbereitung, BMSR-Technik, Instandsetzungsverfahren) absolut ansteigen. Dieses Bestreben hat mitunter zu einer übereilten Einführung von Bauweisen und Verfahren geführt, die sich nicht ausreichend praktisch bewährt haben.

Nicht nur durch eine vordergründige Ökonomie, sondern durch Einbeziehung der Langlebigkeit von wasserwirtschaftlichen Anlagen, der Instandhaltungsprobleme und Fragen der Versorgungssicherheit sollte der Einsatz neuartiger Lösungen bestimmt werden. Die Leichtbauweisen, Freibauweisen und Kompaktbauweisen müssen auch in diesem Zusammenhang betrachtet werden. Allzu enge Parallelen zur Gestaltung von Industriewerken sind deshalb in der Wasserversorgung nicht angebracht. Zweifellos ist es nur noch bedingt richtig, eine Wasserversorgungsanlage als überwiegend kulturelle Einrichtung zu betrachten. Durch die Korrektur dieser Auffassung sind viele übertriebene Aufwendungen ästhetisch-hygienischer Natur verschwunden, die aus unmittelbaren Verbindungen zur Lebensmittelindustrie (Trinkwasser) entstanden. Man sollte allerdings nicht das andere Extrem anstreben und allzu nüchterne, primitive Zweckbauten errichten. Es ist zu erwarten, daß nach Abschluß zahlreicher Experimentalobjekte in der Wasserversorgung angemessene architektonische und konstruktive Grundsätze gewonnen werden.

1.3. Betrieb

Unter Berücksichtigung des entsprechenden technologischen Entwicklungsstandes der Wasserversorgungsanlage findet man ein System von methodischen Richtlinien zum Betriebsablauf sowie gewisse Regeln über die Gewinnung, Weiterleitung und Verarbeitung betrieblicher Informationen, die sich historisch herausgebildet haben. In dieses System sind Erfahrungsgrundsätze, oft in Beziehung zur konkreten Anlage, vielfältig eingeflossen.

Diesen durchweg manuellen Verhaltensweisen liegt kein eigentliches wissenschaftlich begründetes Modellsystem des technologischen und kybernetischen Prozesses der Wasserversorgung zugrunde. Deshalb ist der Informationsfluß meist nicht rationell durchdacht, wenig verflochten und die Reaktionsgeschwindigkeit bei plötzlichen Zustandsänderungen im System gering. Die allgemeine Verbesserung der Lebensbedingungen als Folge der progressiven volkswirtschaftlichen Entwicklung in den meisten Ländern stellt auch die Wasserversorgung vor große Aufgaben. So werden verstärkt Garantien für eine

1.3. Betrieb

- angemessene Versorgungssicherheit
- Einhaltung festgelegter Wassermengen- und Wassergütewerte
- ständige Erhöhung der Arbeitsproduktivität (d. h. spezifische Reduzierung der Bedienungs- und Instandhaltungskräfte)
- ständige Selbstkostensenkung

gefordert. Damit ist sicher, daß bedeutende Umstellungen der Produktionsorganisation vorgenommen werden müssen, d. h., die Wasserversorgung muß zur durchgängigen Systemautomation in dem wichtigsten Produktionssystem finden. Damit kann in einem wichtigen volkswirtschaftlichen Teilsystem mit hohem Fondsanteil die Wahrscheinlichkeit, daß es in komplizierten Situationen zu Fehlentscheidungen, Reaktionsträgheit oder unwirtschaftlichen Fahrweisen kommt, auf ein hinreichendes Maß beschränkt werden. Der spezifische Charakter der Versorgungsaufgabe in Verbindung mit der Komplexität des Prozesses erschwert im Gegensatz zur Fertigungsindustrie die technische Realisierung und ökonomische Bewertung dieser Maßnahmen erheblich. Deshalb ist international zwar eine deutliche, aber teilweise noch zögernde Entwicklung zur Systemautomatisierung in der Wasserversorgung festzustellen.

1.3.1. Betriebsweisen

1.3.1.1. Bereichssystem

Die gegenwärtig noch weitverbreitete Betriebsweise geht von Verantwortungsbereichen aus. In einem Verantwortungsbereich, d. h. einem Wasserwerk, mehreren Wasserwerken oder ganzen Wasserversorgungsanlagen, erfolgt die Betriebsführung – von Havariesituationen abgesehen – durch den Leiter. Durch die Strukturpläne der Wirtschaftseinheiten werden die Unterstellungsverhältnisse, Weisungs- und Funktionslinien aufgezeigt. Seltener sind noch Geschäftsverteilungspläne mit verbaler Beschreibung der Aufgaben, Verantwortung usw. vorhanden. Diese grundlegenden, teilweise recht allgemein gehaltenen Pläne werden durch ein System von Richtlinien und Betriebsanweisungen erweitert, die vielfältig mit allen Gefahren der Bürokratie belastet sind. Daneben bestehen spezifische Meldeordnungen und Regelungen zum Berichtswesen. Berücksichtigt man noch den Planungs- und Abrechnungsfaktor, so haben wir eine relativ starre manuell aufwendige Organisationsform, die nicht geeignet ist, komplizierte verflochtene Pro-

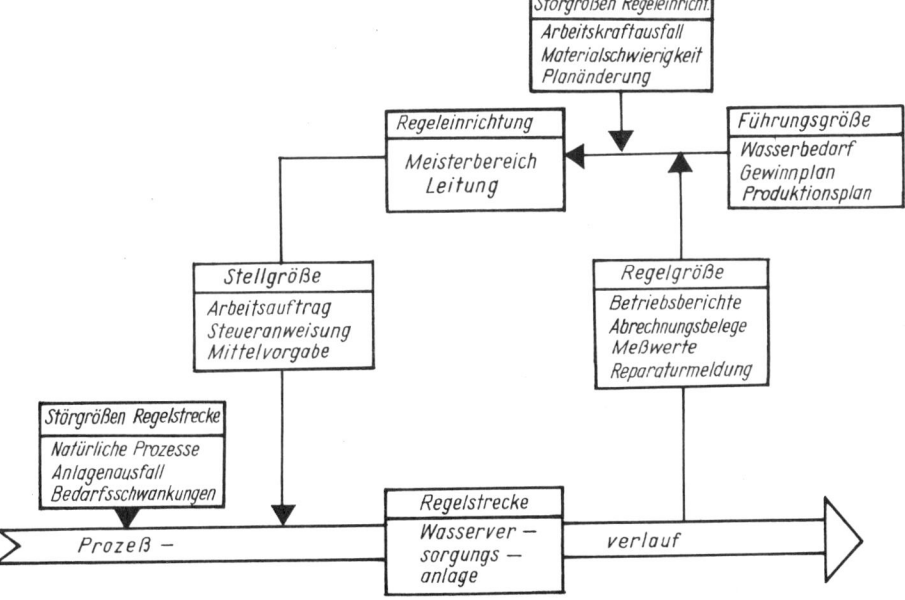

Bild 1.4 Regelkreis für das konventionelle Bereichssystem

zesse effektiv zu beherrschen. Die Durchsicht dieser Grundlagen in den Betrieben ergab, daß nur sehr wenige Administrative auf die direkte Führung des Prozesses Bezug nahmen. Besonders unzureichend ausgebildet sind die kurzfristigen Rückkopplungen vom Prozeßergebnis (Abrechnung) zum Steuerkomplex (Bedienung) im Normalbetrieb und schon gar nicht in Störungsfällen. Die Führungsgrößen des Prozesses in Form von Kennziffern sind zu global und langfristig, als daß konkrete aktuelle Schlüsse gezogen werden könnten. Im Normalfall gibt es bestimmte durch Erfahrung begründete Entscheidungskriterien, z. B.
— Einhaltung von Behältergrenzständen abhängig von Witterung, Wochentagen, Reparaturfällen usw.,
— Einhaltung bestimmter Pumpenstaffelungen abhängig von den Spitzenbelastungszeiten der Energieversorgung, dem Energietarif u. a.,
— Einbeziehung der Lauf- und Regenerierungszeiten in der Wasseraufbereitungsanlage,
— Inbetriebnahme der Wasserfassungsanlagen, vorwiegend in der Rangfolge der Rohwassergüte und des minimalen Chemikalieneinsatzes.

Seltener erfolgt eine Steuerung nach Druckgrenzwerten oder vorausschauend unter Einbeziehung der Entwicklung im Versorgungsgebiet während der nächsten 24 Stunden. Prinzipiell läßt sich für die beschriebene Betriebsweise der Regelkreis nach Bild 1.4 angeben. Die wesentlichen Bedienungs- und Wartungsaufgaben sind in Tafel 1.1 zusammengestellt. Kostenfaktoren werden rückwirkend bei dieser Betriebsweise in direkter Optimierungsabsicht nicht verwendet. Für Kleinanlagen oder übersichtliche Großanlagen hat sich diese Betriebsweise bewährt und dürfte durch die laufende Vervollkommnung der Regeleinrichtungen eine weitere Anpassung erfahren.

1.3.1.2. Führungssysteme

Mit zunehmender Größe und Verflechtung der Wasserversorgungsanlagen werden die herkömmlichen Bereichssysteme unsicherer und insgesamt uneffektiver. Die Wahrscheinlichkeit, daß es in komplizierten Situationen zu unwirtschaftlichen Fahrweisen bzw. zu Fehlentscheidungen kommt, steigt absolut an. Die Ablösung der konventionellen Betriebsführung durch ein Organisationssystem Prozeßführung ist dann angebracht, wenn der technologische Entwicklungsstand (Verbundwasserversorgung, Automatisierungsgrad, hoher Grundfonds), die Lenkungs- und Leitungsprozesse (Informationsbedarf, Informationsverflechtung, Instabilität der Rohstoffparameter) und die äußeren Anforderungen des Territoriums und Flußgebiets an das Produktionssystem einen Zustand herbeiführen, der in konventioneller Weise die Erfüllung der Hauptaufgaben nicht mehr garantiert. Daraus folgt, daß eine gewisse Größe und Komplexität des Produktionssystems notwendig ist, um nichttriviale Lösungen außerhalb einer Prozeßdatenverarbeitung anzuwenden und Nutzeffekte zu sichern, die die erheblichen Aufwendungen für die Vorbereitung und Realisierung des Organisationssystems begründen. Teilweise ergeben sich in der öffentlichen Wasserversorgung andere Zielgrößen als in der Fertigungsindustrie, wo im allgemeinen die Geschwindigkeit der Prozesse, die hohen Rohstoffkosten, die Gewinnmaximierung, Marktanpassung, Arbeitskräfteeinsparung u. a. eine höhere Qualität der Produktionslenkung verlangen. Der technologischen Weiterentwicklung der Produktionsanlage sind somit Organisationssysteme gleichwertig zur Seite zu stellen, da künftig nur die Einheit von Produktions- *und* Organisationssystem effektive Lösungen ergibt.

Das Produktionssystem Wasserversorgung ist ein wesentlicher Teil des gesamten Betriebes. Dem Produktionssystem sind
— die Wasserversorgungsanlage
— das Organisationssystem Prozeßführung
— ein Teil der Arbeitskräfte des Betriebes (Leiter, technische Kräfte, Produktionsarbeiter, Abrechnungskräfte)
zugeordnet. Der Begriff „Prozeßführung" wird somit als die Anwendung eines Organisationssystems für die effektivste Regelung des Produktionsprozesses im Teilsystem Wasserversorgung und Abwasserbehandlung anderer übergeordneter Systeme (Flußgebiet, Territorium) definiert.
Als Bestandteile des Organisationssystems Prozeßführung sind zu nennen:
— *systemgebundene* Bedienungs- und Instandhaltungskräfte
— ein Informationssystem (Meßwert- und Datenerfassungseinrichtungen, Datenübertragungs-

1.3. Betrieb

Tafel 1.1. Wichtigste Bedienungs- und Wartungsaufgaben im Bereichssystem

	Täglich bis wöchentlich	Wöchentlich bis monatlich	Monatlich bis jährlich
Wassergewinnung	– Quellschüttung messen – Oberflächenwassertemperatur messen (Lufttemperatur messen) – Rohwasserförderung messen – Behälterstandsentwicklung (Rohwassersammelbehälter, Sammelbrunnen) – Schalt- und Regeleinrichtungen kontrollieren – Rohwassergüte kontrollieren	– unbeeinflußten Grundwasserstand messen – Fördereinrichtungen überprüfen (Dichtigkeit, Laufgeräusche, Stromaufnahme) – Absenkungen messen – Leistungsvergleiche (Entnahme, Absenkung, unbeeinflußter Grundwasserspiegel) – automatische Meßwerterfassungseinrichtungen kontrollieren und nachstellen	– Leistungszustand der Wassererfassungen messen – typische Rohwasseranalysen anfertigen – Bauzustandsüberprüfung – Schutzzonenbegehung – Brunnenregenerierung – Saug- oder Steigrohre reinigen, Pumpen auswechseln – Arbeitsschutzkontrolle
Wasseraufbereitung	– Reinwassergüte kontrollieren – Filterwiderstand messen – Chemikalienvorrat kontrollieren	– Filtermaterialverbrauch (Füllhöhe) – Chemikalienvorrat überprüfen	– Aufbereitungstechnologie überprüfen (Rohwasseränderungen) – Analysenauswertung (Trend, Schwankung) – Auswechselung korrodierter und inkrustierter Teile – Bauzustandsüberprüfung – Arbeitsschutzkontrolle
Wasserverteilung	– Laufzeiten der Pumpen aufzeichnen – Leistungswerte feststellen – verbrauchte Produktionshilfsstoffe anfordern – Behälterstände – Druckwerte aufzeichnen und vergleichen – Rohrbruchbeseitigung – besondere Vorkommnisse	– Verbrauchssituation überprüfen (Druckmangel, unerkannte Lässigkeiten)	– Rohrbruchstatistik – Neuverlegung von Rohren – Planunterlagen korrigieren – Arbeitsschutzkontrolle – Leitungsbegehung, Schilderkontrolle – Schieberkontrolle – Behälterüberläufe prüfen – Spülen von Leitungen – Behälterreinigung – Hydrantenkontrolle
Abrechnung	– Betriebsberichte (Journale) führen – Wartungstermine überprüfen – Arbeitskraftaufwand (Stundenberichte)	– Materialverbrauch abrechnen – Energieverbrauch kontrollieren – Chemikalienverbrauch kontrollieren – Plan-Ist-Vergleich	– Energieverbrauch abrechnen – Jahresabrechnung – Zustandsbericht – technische Auswertung

einrichtungen, Datenverarbeitungsanlagen, Datenbank bzw. Archiv, Informationsverteilungsmodelle)
– ein mathematisches Modell des Prozesses und Programmsystems.
Mit dem Einsatz eines Prozeßführungssystems ist die Lösung folgender Aufgaben im Reproduktionsprozeß der Wasserversorgung verbunden:
– zielsichere Entscheidungen, Planung und Kontrolle durch die produktionsverbundenen Leitungsebenen des Betriebes
– Erhöhung der Versorgungssicherheit durch zyklische Kontrolle wichtiger Teilfunktionen und kurzfristige Einleitung von Gegenmaßnahmen bei Störungen
– Vorhersage von Prozeßzuständen und deren ökonomische Ausnutzung

- kurzfristige Stabilisierung des Produktionssystems in Fällen der Notversorgung (Naturkatastrophen, Zivilverteidigung)
- schrittweise Optimierung des Betriebsplans (wirtschaftliche Lastverteilung, Optimierung abgeschlossener Teilprozesse)
- Lenkung der planmäßig vorbeugenden Instandhaltung (Lebensdauerüberwachung von Verschleißteilen, optimaler Einsatz und Lagerhaltung von Ersatzteilen sowie Produktionsstoffen)
- Führung des Produktionsarchivs und Aktualitätskontrolle der Bestandsdokumentation
- Einschränkung des Beleg- und Berichtswesens
- positive Beeinflussung der Rekonstruktions- und Erweiterungsmaßnahmen.

Das wesentlichste Merkmal eines *Prozeßführungssystems* ist nicht, wie oft angenommen, die Prozeßrechneranlage, sondern die Ausbildung eines übergeordneten Regelkreises in Form einer Struktureinheit Produktionssteuerung (Dispatcher). Diese Gruppe ist *operativ* für die Lenkung des Produktionsprozesses verantwortlich und muß dazu entsprechende Vollmachten besitzen. Schematisch sind die Zusammenhänge in Bild 1.5 dargestellt. Es bedarf keiner Frage, daß die Hauptzentrale und bei großen Systemen auch die Unterzentralen (Wasserwerke) mit den moder-

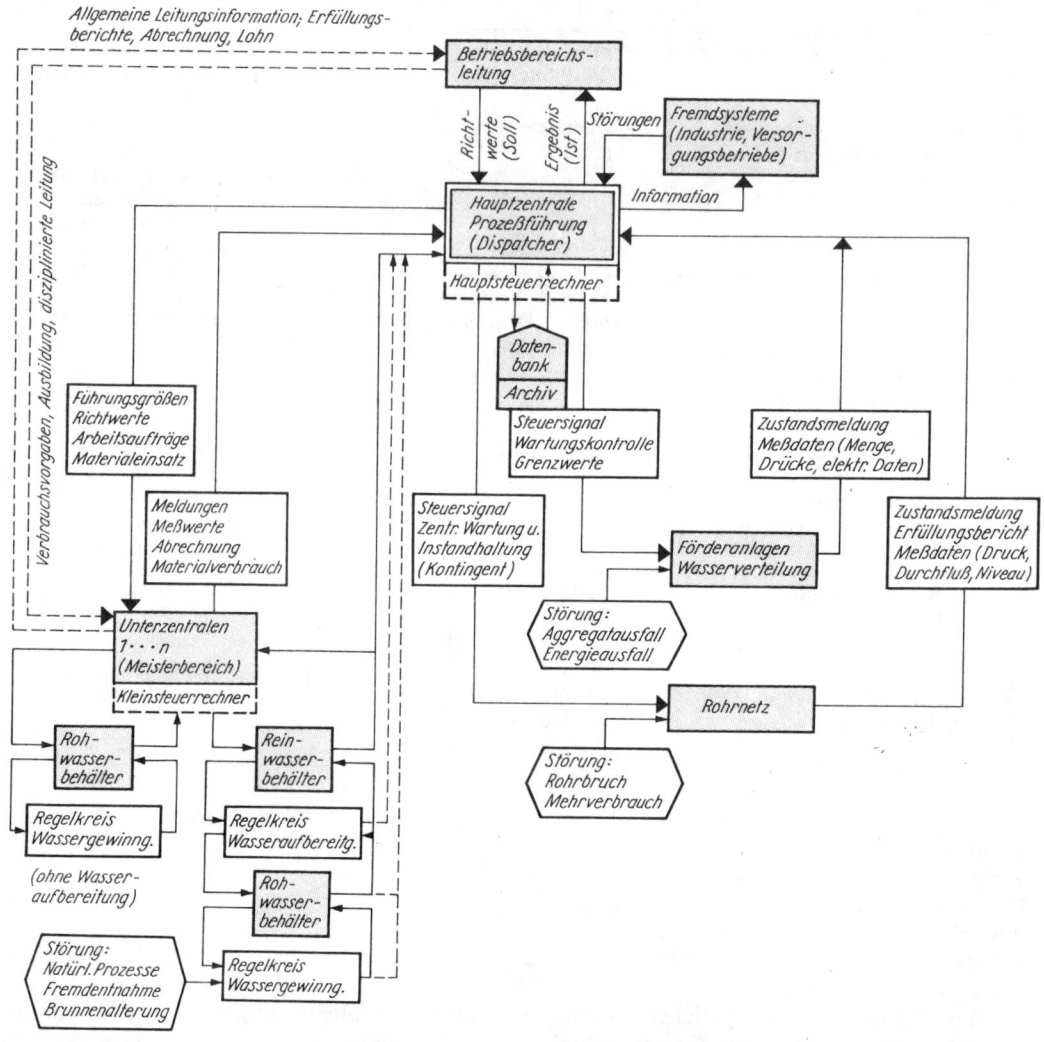

Bild 1.5 Hauptregelungen eines Organisationssystems Prozeßführung

1.3. Betrieb

nen Hilfsmitteln der Prozeß*steuerung* ausgerüstet werden, wenn das System einen bestimmten Ausbaugrad erreicht hat (Prozeßanalyse, Meßwerterfassung, Modellerarbeitung), der dies ökonomisch zuläßt. In der Einsatzvorbereitung der Industrie haben sich drei Einsatzstufen für Prozeßrechenanlagen bewährt:

I. Prozeßdatenerfassung – Prozeßdatenverarbeitung
(Erfassung der prozeßveränderlichen Meßdaten, Anfertigung von Meßwertprotokollen, Bildung von Kennziffern, Störwertanzeige, Bilanzierung, Grenzwertkontrolle)

II. Modellsteuerung
(neben Einsatzstufe I Vorwärtssteuerung für Normalbetrieb auf der Grundlage eines vereinfachten Prozeßmodells [mathematisches Modell oder eventuell elektrisches Analogiemodell], selbsttätige Regelung des Gesamtprozesses oder wichtiger Teilprozesse)

III. Prozeßoptimierung – Prozeßführung
(komplexes Steuer- und Regelmodell des Prozesses für Normalbetrieb und außergewöhnliche Situationen).

Obwohl nicht prinzipiell abhängig, ergibt sich doch meistens aus der Einsatzstufe der Grad der Prozeßkopplung. Man unterscheidet die drei Grade der Prozeßkopplung nach Bild 1.6. Der Off-line-Betrieb ist im Grunde genommen keine vorteilhafte Lösung und für Prozeßrechner abzulehnen bzw. nur als kurzfristige Übergangsvariante denkbar. Häufig begegnet man in Verbindung mit der Echtzeitsteuerung von Prozeßrechnern (realtime) der Vorstellung von einem gemischten EDV-PR-Betrieb. Auf Grund der spezifischen Besonderheiten des Prozeßrechenbetriebs sind sich alle Fachleute über die Nachteile einer derartigen Kombination einig, so daß davon abzuraten ist. Trotz zahlreicher Parallelen zur Industrie muß jedes Anwendungsgebiet, also auch die Wasserversorgung, seine besonderen Randbedingungen berücksichtigen. Die dargelegten Aufgaben, verbunden mit den spezifischen Bedingungen des Wasserversorgungsprozesses, führen zu folgenden Grundsätzen:

– Das vorgesehene Organisationssystem Prozeßführung muß dem technologischen Entwicklungsstand der Produktionsanlagen und den Aufgaben der Betriebsabteilungen optimal angepaßt sein.
– Die Gewährleistung der Versorgungssicherheit verlangt in den technologischen Komplexen Wassergewinnung, Wasserbehandlung und Wasserverteilung stets die bedarfsweise Handsteuerung mit örtlicher Anzeige der Regelgrößen.

Eine Anzahl Grundregelkreise mit geschachtelten Zweipunktnachlaufregelungen garantiert in konventioneller Weise einen Inselbetrieb. Die Kopplung der Grundregelkreise erfolgt

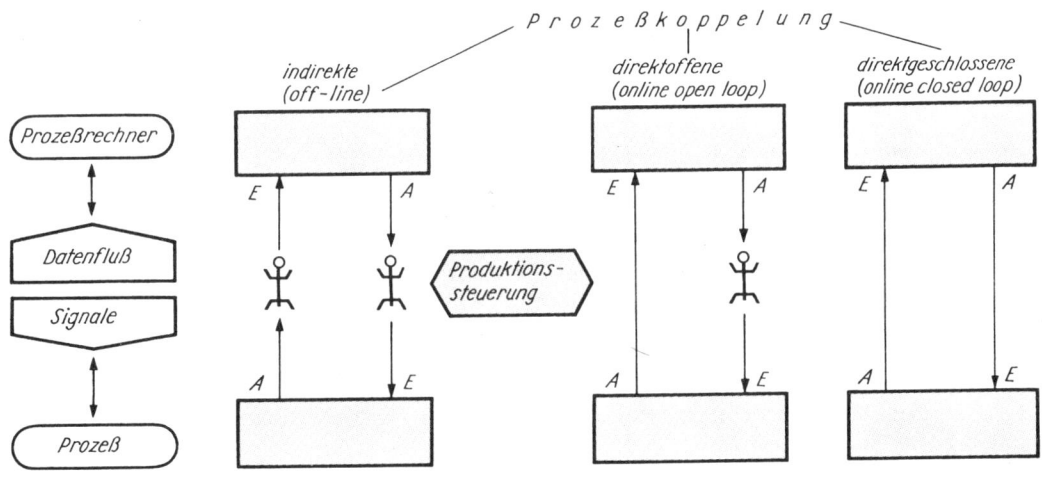

Bild 1.6 Möglichkeiten der Prozeßkopplung von Prozeßrechenanlagen

meist über Behälter (Puffer) wasserstandsabhängig. Unveränderbare oder periodisch festlegbare Abläufe können durch konstante Zeitsteuerglieder (z. B. Steuerwalzen) realisiert werden.
- Die neue Qualität der Prozeßführung verlangt die Ausbildung eines übergeordneten Regelkreises eines Versorgungsgebiets (z. B. Ballungsgebiete).

Wichtige Regelgrößen der Grundregelkreise sowie weitere Prozeßveränderliche (teilweise als System von Meßwerterfassungseinrichtungen bzw. Handeingaben) werden zu einer Hauptzentrale übertragen. Dazu kommen Fremdbeziehungen mit anderen Organisationssystemen (Industrie, Meteorologie, Wasserwirtschaft, Statistik u. a.) sowie Datensätze aus der Betriebsabrechnung. Die Steuerwertausgabe schließt den Regelkreis durch die direkte Ansteuerung der Grundregelkreise oft jedoch durch eine Einflußnahme auf deren Soll-Werte (Nachstellung, Vorhersage). Die in Bild 1.5 dargestellte Variante wird am häufigsten verwendet, da eine direkte Ansteuerung der Reinwasserförderung sowie der Regeleinrichtungen der Wasserverteilung enthalten ist.
- Jede Prozeßführungsvariante kann sowohl im Rahmen einer prozeßoffenen Dispatchersteuerung als auch im prozeßgekoppelten Betrieb mit Prozeßrechenanlagen konzipiert werden.

Typisch ist der schrittweise Übergang von der Dispatchersteuerung zum prognostisch erkennbaren vollautomatischen Betrieb.
- Kennzeichnende Kriterien für den erreichten Entwicklungsstand der Prozeßführung sind außer der vorhandenen technologischen und regelungstechnischen Ausrüstung
• Leistungsfähigkeit des mathematischen Modellsystems (Prozeßmodell in algorithmischer Form)

  Hinweise: Kosten-Nutzen-Verhältnis; parametrische oder stochastische Konzeption; selbstadaptierendes System; Dateneingangskontrolle; Datenersetzung bei Meßwertausfällen; Effektkontrolle der Rechenprogramme; heuristische Programmierung – Erfahrungsaufnahme; Archivierungsproblem – Reproduktion von wichtigen Primärdaten; Integrationsgrad der Datenverarbeitung
• Leistungsfähigkeit der Organisation zur Wartung und Instandhaltung von Anlagen zur Meßwerterfassung, Übertragung und Verarbeitung sowie der Steuer- und Regeleinrichtungen
• sinnvolle Proportionen zwischen dem vorhandenen Organisationssystem und dem Produktionssystem (nicht das aufgepfropfte „hochmoderne" Prozeßrechensystem ohne entsprechenden anlagentechnischen Hintergrund, sondern das organisch gewachsene Prozeßführungssystem bringt den betrieblichen Erfolg).

Es ist nicht möglich, die vorstehenden Ausführungen direkt auf die Prozeßführung von Betriebswasserversorgungen zu übertragen. In diesem Fall besteht ein Modell des Produktionsprozesses, dem stets die Betriebswasserversorgung als Teilmodell mit dem Charakter einer Hilfsproduktion unterstellt ist. Da sich bezüglich der Wasserverwendung für jeden Industriebetrieb andere Verhältnisse ergeben, ist eine allgemeine Darstellung unmöglich. Trotzdem werden einige Darlegungen erste Hilfe bei der gedanklichen Erfassung der Problematik bieten. Die Wasserverwendung im Produktionsprozeß erfolgt als Kühlwassernutzung (Energieträger) oder Prozeßwasser (chemisch-physikalische Eigenschaften). Während Kühlwasser teilverschmutzt abgeleitet oder wiederverwendet wird, ist Prozeßwasser allgemein stark verschmutzt und bedarf einer Reinigung. In jedem Fall treten Wasserverluste durch Rückkühlung, Produktwasser, Wasservergeudung u. a. auf. Im praktischen Betrieb lassen sich Kühlwasserkreisläufe und Prozeßwasserverteilung nicht immer scharf trennen. Besonders in älteren, historisch gewachsenen Industrieanlagen sind jedoch zahlreiche Verflechtungen zwischen Kühlwasser- und Prozeßwasserverteilungsanlagen vorhanden, da es mitunter wirtschaftlicher ist, nur Teilmengen am Einsatzort auf den notwendigen Gütegrad aufzubereiten (Enthärtung, Temperaturkonstanz, Entkeimung, Vollentsalzung u. a.). Erst in Auswertung einer Entflechtungsbilanz lassen sich in Verbindung mit den Güteanforderungen konkrete Vorschläge zur wirtschaftlichen Wasserverwendung unterbreiten und die Anlagen optimal projektieren.

Die geringen internationalen Fortschritte der vergangenen Jahre lassen erkennen, daß die endgültige Durchsetzung der Prozeßführung in den wichtigsten Wasserversorgungsanlagen nicht das Problem von einzelnen Fachkollegen, sondern einer ganzen Generation wird. Man darf sich nicht darüber hinwegtäuschen, daß vor allem in der Wasserversorgung und Abwasser-

1.3. Betrieb

behandlung eine Anzahl grundsätzlicher Aufgaben zu lösen sind, die intensiver langfristiger Forschungsarbeiten und einiger progressiver Entscheidungen bedürfen. Einige dieser Aufgaben sollen abschließend genannt werden:
- Meßwerterfassungseinrichtungen für Wasserspiegelniveau, Durchfluß, Druck und typische Wassergüteparameter in einer industriegerechten Ausführung, d. h. Austauschbarkeit von Teileinheiten (Baukastensystem), extrem geringer manueller Wartungs- und Instandhaltungsaufwand, robuste Bauweise, anpassungsfähige Stromversorgung (Netz, Dauerbatterien), automatische Nullpunktnachstellung, digitale normierte Ausgangssignale, hohe Lebensdauer, angemessener Preis
- Ausrüstungskonfigurationen für Zentralwarten (Hauptzentrale, Unterzentralen) einschließlich informationsverarbeitender Systeme
- Methoden bzw. Empfehlungen zur Festlegung von Meßorten in Abhängigkeit von der Technologie und den Kosten, Festlegung der Meßzyklen
- Aufstellung leistungsfähiger mathematischer Modelle des Produktionsprozesses zur Optimierung der Teilprozesse, Endziel ist die Betriebsoptimierung des Gesamtprozesses nach vorgegebenen Zielfunktionen
- Aufstellung allgemein verwendbarer Informationskataloge und Informationsverteilungsmuster (Benummerungssysteme)
- verbesserte Organisationsmittel zur Archivierung und Reproduktion von Produktionsdaten und der Bestandsdokumentation.

Von der optimalen Lösung dieser Fragen in Übereinstimmung mit den Aufgaben der Wasserversorgung im jeweiligen Territorium hängt der erreichbare Stand der Prozeßführung im Produktionssystem ab.

Die größten Schwierigkeiten ergeben sich in allen Wirtschaftszweigen bei der Organisation der Meßwert- und Datenerfassung, um so mehr in der Wasserversorgung mit ihren weitverzweigten Produktionsanlagen. Da die Zeiträume für den moralischen Verschleiß in der Wasserversorgung weit über denen der Industrie liegen, ergeben sich ständige Schwierigkeiten mit einheitlichen Ausrüstungsvarianten.

Literaturverzeichnis

[1.1] *Eichler, W.:* Zum Problem der wirtschaftlichen Lastverteilung am Beispiel der Fernwasserversorgung Elbaue–Ostharz. Dissertation TU Dresden, Sektion Wasserwesen, 1969.
[1.2] *Franz, J.:* Aktuelle Fragen bei zentraler Steuerung und Überwachung von Wasserversorgungen. GWF – Wasser/Abwasser 122 (1981) H. 2.
[1.3] *Grombach, P.:* Neuere Entwicklungen auf dem Gebiet der Wasserwerkssteuerung. GWF 117 (1976) H. 2, S. 55–63.
[1.4] *Heidorn, F.; Langmaack, H.; Sawatzki, P.:* Rationelle Wassernutzung und -verwendung als Gegenstand der Betriebswasserwirtschaft. Technik, 33. Jg., H. 8, S. 426–429.
[1.5] *Naumann, J.:* Zentrale Überwachung und Steuerung in der Wasserverteilung. WWT (1974) H. 6, S. 50–56.
[1.6] *Schaake, U.:* Der volkswirtschaftliche Nutzen wasserwirtschaftlicher Maßnahmen. WWT 17 (1967) H. 2, S. 66–69.
[1.7] *Schaake, U.:* Zur Ökonomie von Wasserbereitstellung, Abwasserbehandlung und Hochwasserschutz. WWT 20 (1970) H. 8, S. 253–258.

2. Wasserbedarf

Der Wasserbedarf ist der zu einem bestimmten Zeitpunkt zu erwartende Wasserverbrauch eines Versorgungsgebiets. Der Wasserverbrauch ist die tatsächlich abgegebene Wassermenge, wobei eventuell der Bedarf nicht gedeckt wurde.

Die Entwicklungstendenzen eines Versorgungsgebiets werden von vielen Faktoren beeinflußt. Es treten dabei oft Entwicklungssprünge in einzelnen Gebieten und auch in ganzen Ländern auf, die eine vorausschauende Planung stark erschweren, ja ab und zu auch zu Fehlplanungen geführt haben. Mit diesen Schwierigkeiten müssen wir auch in Zukunft rechnen, da sich alle Einflußfaktoren über Jahrzehnte hinaus doch nicht voll übersehen lassen.

Da die Auswirkungen einer falschen Wasserbedarfsermittlung besonders groß sind, muß man die Entwicklungstendenzen immer wieder überprüfen und besonders sorgfältig an diese Aufgabe herangehen. Der Anteil der Industrie und anderer Großabnehmer beeinflußt dabei den Wasserbedarf in vielen Fällen entscheidend. Es ist deshalb immer zu überprüfen, ob der Aufbau einer getrennten Industriewasserversorgung Vorteile bringt. Gutes Wasser steht meist nicht in ausreichenden Mengen zur Verfügung, deshalb muß dieses vorrangig für die Bevölkerung, die Lebensmittelindustrie und die Tierhaltung reserviert bleiben.

Große Bedeutung hat in zunehmendem Maße die Senkung des Wasserverbrauchs. Hier gilt es, in noch stärkerem Maße als bisher alle Möglichkeiten auszunutzen, um die Versorgung in Wassermangelgebieten und in Verbrauchsspitzenzeiten zu sichern.

Der Wasserverschwendung kann nicht nur mit ökonomischen Mitteln, sondern vor allem auch durch Aufklärungsarbeit bei den Abnehmern entgegengewirkt werden. Die Senkung der Wasserverluste ist eine weitere wichtige Möglichkeit. Die größte Bedeutung hat die Mehrfachnutzung des Wassers, vor allem durch Einrichtung von Wasserkreisläufen in der Industrie. Damit wird außerdem gleichzeitig der Abwasseranfall entscheidend gesenkt. In Zukunft sollte auch der Nutzung des gereinigten häuslichen Abwassers durch dessen Einbeziehung in die industriellen Wasserkreisläufe stärkere Beachtung geschenkt werden.

2.1. Bestimmende Faktoren

Die folgenden Faktoren beeinflussen den Wasserbedarf in hohem Maße.

Anzahl der zu versorgenden Einwohner
Die Zunahme der Bevölkerung ist in den einzelnen Versorgungsgebieten verschieden groß und tritt oft sprunghaft bei entsprechenden Anlässen, z. B. dem Bau neuer Industrieunternehmen, auf. Es muß auch teilweise, besonders bei ländlichen Versorgungsgebieten, mit einer rückläufigen Bevölkerungsbewegung gerechnet werden.

Anzahl der zu versorgenden Vieheinheiten
Die Entwicklung des Viehbestandes läßt sich meist in den einzelnen Versorgungsgebieten zuverlässig voraussehen.

Industrielle Entwicklung
Dieser Einfluß ist besonders groß und deshalb sorgfältig zu untersuchen. Jeder Industriezweig hat für seine Produkte spezifische Wasserbedarfskennziffern. Der tatsächliche Wasserverbrauch weicht jedoch auf Grund der verschiedenen Produktionstechnologien oft erheblich von diesen Kennziffern ab. Die Senkung des spezifischen Wasserbedarfs in der Industrie vermindert auch

Klima
Versorgungsgebiete mit hohen mittleren Jahrestemperaturen haben einen höheren spezifischen Wasserbedarf. Treten nur hohe Sommertemperaturen auf, so entsteht eine große Wasserbedarfsspitze, während der mittlere jährliche Wasserbedarf davon nur unwesentlich beeinflußt wird.

Lebensstandard und Lebensgewohnheiten
Ein erhöhter Lebensstandard führt z. B. durch Einbau von Bädern, Kühlanlagen und Fernheizungen zu einer wesentlichen Bedarfssteigerung. Auch der Einfluß der Lebensgewohnheiten ist nicht zu unterschätzen. Starker Fernsehempfang kann z. B. zu hohen Bedarfsspitzen führen, da hierdurch die mit erhöhtem Wasserverbrauch verbundenen Hausarbeiten in vielen Haushalten zusammengedrängt zum fast gleichen Zeitpunkt erledigt werden.

Ortskanalisation, Grünflächen und Gärten
Der Bau einer Ortskanalisation erhöht durch die Anschlußmöglichkeit von Wasserklosetts und Bädern den Wasserbedarf erheblich. Das Bewässerungswasser für Grünflächen und Gärten kann zu hohen Verbrauchsspitzen führen; eine erhebliche Entlastung bringen Eigenversorgungsanlagen, besonders bei größeren Gartenanlagen.

Versorgungsdruck
Zu hoher Versorgungsdruck führt zur Erhöhung des Wasserverbrauchs durch Wasserverluste und Verschwendung.

Vorhandene Eigenwasserversorgung
Besonders industrielle Eigenwasserversorgungen sind von erheblichem Einfluß auf den Wasserbedarf.

Wasserpreis und Überwachung
Pauschalabrechnungen ohne Wasserzählung und niedriger Wasserpreis führen zu Verbrauchssteigerungen. Eine Überwachung der Abnahmemengen und der Rohrnetzverluste sowie die Aufklärung der Abnehmer über die Bedeutung der Wasserverschwendung führen zur Senkung des Wasserverbrauchs. Erhöhte Wasserpreise für Trinkwasser, das als Betriebswasser genutzt wird, sind immer mit Wassereinsparungen verbunden.

2.2. Entwicklung des Wasserbedarfs

Wenn man die Entwicklung des Wasserbedarfs untersucht, so muß man zwei Zielstellungen unterscheiden:
– Wasserbedarf für größere Versorgungsgebiete, z. B. Flußgebiete, zum Zwecke der Bewirtschaftung und Bilanzierung
– Wasserbedarf für einzelne Versorgungsgebiete zur Bemessung der technischen Anlagen.
Im ersten Fall sind alle Bedarfsträger, also z. B. auch die Landwirtschaft mit dem Bewässerungswasser, die Industrie und die Schiffahrt, zu erfassen.

Der gegenwärtige Wasserbedarf und seine zukünftige Entwicklung sind quantitativ und qualitativ z. Z. unzureichend methodisch erfaßbar — zumindest in der Komplexität, wie dies objektiv notwendig ist.

Wertet man den Anstieg des Wasserverbrauchs in den vergangenen 60 Jahren aus, so kann im Mitteleuropa etwa mit einer Verdoppelung im Zeitraum von 30 Jahren gerechnet werden. Die Abweichungen nach oben und unten sind im Einzelfall allerdings erheblich. Es sind inzwischen eine Vielzahl Verfahren zur Aufstellung von Wasserbedarfsprognosen entwickelt worden, die von der gefühlsmäßigen Schätzung bis zur exakt erscheinenden mathematischen Berechnung reichen. Keine dieser Methoden befriedigt, da Wasserbedarfsprognosen eng mit der allgemeinen wirtschaftlichen Entwicklung verbunden sind und die tatsächliche Entwicklung damit nicht vorausgesagt werden kann.

Die erste Frage ist die Länge des *Prognosezeitraums*. Er ist nicht nur von der Lebensdauer der Anlagen (z. B. Rohrleitungen 60 bis 100 Jahre), sondern auch vom technischen Fortschritt, von der Preisentwicklung und dem möglichen Umfang der Investitionen abhängig. Über diese Zusammenhänge besteht bis heute noch weitestgehend Unklarheit. Stillschweigend akzeptiert man meist einen Prognosezeitraum von 30 bis 40 Jahren und versucht, das damit verbundene Risiko durch entsprechende Ausbaustufen aufzufangen.

Wir unterscheiden zwischen globalen und sektorenweisen Prognosen. Bei der ersten Methode wird der Gesamtwasserbedarf ohne Datailuntersuchungen abgeschätzt. Bei der besseren sektorenweisen Prognose erfolgt eine Untergliederung nach Verbrauchergruppen. In [2.1] werden die verschiedenen Prognoseverfahren, die sich der mathematischen Statistik und Wahrscheinlichkeitsrechnung bedienen, einer Kritik unterzogen und u. a. festgestellt, daß
— das Ergebnis eine Schätzung mit mehr oder weniger großem Streuungsbereich ist
— die Mathematik lediglich Hilfsmittel ist und die inhaltliche Seite dadurch nicht verbessert wird
— der zugrunde gelegte Zeiteinfluß wichtig, aber nicht allein entscheidend ist.

Trotz dieser Kritik wird man auch in Zukunft mathematisch-statistische Berechnungsmethoden zur Prognose heranziehen. Dazu gehören die Korrelationsanalyse, die Regressionsanalyse und verstärkt entsprechende Rechenprogramme zur Bewältigung des Analysenmaterials.

Ohne Analyse der wirtschaftlichen, kommunal-politischen und städtebaulichen Entwicklung des Versorgungsgebiets ist diese Aufgabe nicht lösbar. Das gleiche gilt für die ständige Aktualisierung des Prognoseergebnisses.

Eichler [2.1] schlägt neben Trenduntersuchungen die Verflechtungsbilanz, als ein spezielles, mathematisch-ökonomisches Planungsmodell, vor. Offen bleibt auch hier die Entwicklung der Anzahl der Verbraucher und deren spezifischer Bedarf.

Es ist noch ein erheblicher Umfang an Forschungsarbeiten notwendig, um zu sicheren Prognoseergebnissen zu gelangen. Die Gesamtplanung aller Zweige der Volkswirtschaft über lange Zeiträume ist dafür eine wichtige Voraussetzung. Entscheidende Fragen sind auch Zeitpunkt und Umfang der verstärkten Einführung wassersparender Produktionsmethoden in der Industrie und die Höhe und der Zeitpunkt einer „Sättigungsgrenze" des spezifischen Wasserbedarfs der Bevölkerung. Bei einer Steigerung der Bruttoproduktion von 300 % rechnet man z. B. bereits jetzt im Mittel nur mit einer Erhöhung des Wasserbedarfs um etwa 100 %. Diese wenigen Bemerkungen zeigen deutlich die Wichtigkeit und die Schwierigkeit derartiger Untersuchungen. In diesem Zusammenhang sind natürlich auch Fragen der *Wasserbedarfsschwankungen* von großem Interesse, da diese sich auf die Größenfestlegung der Einzelanlagen wesentlich auswirken.

Zur Zeit schwankt für zentrale Wasserversorgungsanlagen das Verhältnis

$$\frac{\text{max. } V_d}{\text{mittl. } V_d} \text{ etwa zwischen 1,1 und 2,3.}$$

Für diese großen Unterschiede sind vor allem der Industrieanteil und die Größe des Spreng-

Tafel 2.1. Tägliche Wasserverbrauchsschwankungen einer Großstadt [2.4]

Wochentag	Gesamtverbrauch 10^6 m³	Mittl. V_d m³	Prozent vom mittl. V_d auf ein Jahr bezogen
13 Arbeitstage mit Spitzenverbrauch	3,25	250 000	122
238 Arbeitstage ohne Sonnabende	51,15	215 000	104
52 Sonnabende	10,30	198 000	97
56 Sonn- und Feiertage	9,50	170 000	82
7 Festtage	1,06	151 000	73
366 Tage	75,26	206 000	100

und Bewässerungswassers verantwortlich. Im Prognosezeitraum ist kaum mit einem Rückgang dieses Verhältnisses zu rechnen.

Ähnlich liegt die Problematik bei der Höhe des maximalen Stundenbedarfs (max. V_h). Hierzu liegen noch relativ wenig repräsentative Untersuchungen vor. Durch die Tendenz der Zunahme einheitlicher Lebensgewohnheiten kann es auch zur Erhöhung von max. V_h für den Bevölkerungsanteil kommen.

Der Anteil der Industrie am Gesamtwasserbedarf zentraler Versorgungsanlagen ist sehr unterschiedlich (z. B. Straußberg 9 %, Leipzig 21 % und Aue 55 %). Damit nimmt mit steigendem Industrieanteil auch die Nutzung des am Wochenende in der Regel geringeren Wasserbedarfs der Industrie durch zusätzliche Speicherung an Bedeutung zu.

Tafel 2.1 zeigt an einem Beispiel den Einfluß der Industrie an den Wochenenden und Feiertagen. Gleichzeitig wird der nur kurzzeitige Spitzenverbrauch deutlich. Der maximale Tagesbedarf war hier zum Vergleich 271 000 m³.

2.3. Größe des Trinkwasserbedarfs

Die in der Literatur angegebenen Bedarfswerte schwanken z. T. so erheblich, daß eine Übernahme ohne örtliche Überprüfung unverantwortlich ist. Nur Verbrauchsmessungen in großem Umfang gestatten aussagefähige Angaben. Dabei hat sich gezeigt, daß der Wasserbedarf für die Bevölkerung in erster Linie vom *sanitären Ausstattungsgrad* der Wohnungen und nicht, wie bisher angenommen, von der Größe der Ortschaft abhängt.

In diesem Zusammenhang wird auf die vorliegenden Empfehlungen im Abschnitt 11. ausdrücklich hingewiesen. Die folgenden Ausführungen dienen lediglich der Orientierung des Lesers. Es werden die folgenden Bezeichnungen verwendet:

V_d Tagesbedarf in m³
mittl. V_d mittlerer Tagesbedarf in m³
max. V_d maximaler Tagesbedarf in m³
V_h Stundenbedarf in m³
mittl. V_h mittlerer Stundenbedarf in m³
max. V_h maximaler Stundenbedarf in m³
V_a Jahresbedarf in m³
V_L Löschwasserbedarf in m³
V_{Lh} stündlicher Löschwasserbedarf in m³

$$u = \frac{\text{max. } V_d}{\text{mittl. } V_d}$$

$$z = \frac{\text{max. } V_h}{\text{mittl. } V_d}$$

2.3.1. Ermittlung des Tagesbedarfs

Der Wasserbedarf wird am zweckmäßigsten getrennt nach einzelnen Verbrauchergruppen ermittelt.

Tafel 2.2. Wasserbedarfswerte für Einzelzwecke

Bedarfsart	Wassermenge
Trinken, Kochen und Reinigen	20 … 30 l/Ed
1 Wannenbad	200 … 300 l
1 Brausebad	50 … 80 l
1 Klosettspülung	8 … 12 l
1 Wagenwäsche	100 … 200 l
Sprengen von Straßen, Gärten und Grünanlagen	1 … 2 l/m²d

a) Verbrauchergruppe: Bevölkerung
Tafel 2.2 zeigt einige Wasserbedarfswerte für Einzelzwecke. Tafel 2.3 zeigt Richtwerte für die Verbrauchergruppe a entsprechend dem sanitären Ausstattungsgrad der Wohnungen.

b) Verbrauchergruppe: Viehhaltung
Der Wasserbedarf dieser Verbrauchergruppe ist in der Regel nur bei ländlichen Versorgungsgebieten getrennt zu erfassen, da hier der Einfluß wesentlich ist. Die Werte hängen stark von der Art der Tierhaltung ab. Tafel 2.4 zeigt einige dieser Richtwerte. Die unteren Richtwerte gelten für die herkömmliche Haltung, die oberen für die modernen Formen, wie z. B. die Schwemmentmistung. Zu beachten ist dabei die Umrechnung in Großvieheinheiten (GV).

Im allgemeinen ist bei dieser Verbrauchergruppe der mittlere und maximale Verbrauch annähernd gleich groß.

c) Verbrauchergruppe: öffentlicher Sektor
Tafel 2.5 enthält einige Richtwerte zur Orientierung.

d) Verbrauchergruppe: Wasserverluste im Rohrnetz
Hier werden nur die echten Rohrnetzverluste berücksichtigt, die durch Rohrdefekte, undichte

Tafel 2.3. Wasserbedarfswerte für die Bevölkerung

Sanitärtechnischer Ausstattungsgrad	Mittl. V_d l/Ed	u	Max. V_d l/Ed
Wohnungen mit WC, Bad bzw. Dusche und zentraler Warmwasserversorgung	160	1,4…1,6	220…260
Wohnungen mit WC, Bad bzw. Dusche	140	1,4…1,6	200…220
Wohnungen mit WC, ohne Bad und ohne Dusche	80	1,4…1,6	110…130
Wohnungen ohne WC und Bad	60	1,5	90
Wohnungen in Ein- und Zweifamilienhäusern mit guter sanitärer Ausstattung und Gartenbewässerung	150	2,0	300

Tafel 2.4. Wasserbedarfswerte für die Viehhaltung

Tierart	l/GVd	GV/Tier
Milchkühe im Stall	60…120	1,0
Jung- und Mastrinder im Stall	30… 70	0,6
Rinder auf der Weide	50… 75	0,6…1,0
Pferde	35… 70	1,0
Schweine	60…100	0,12
Geflügel	70…120	0,004
Milchbehandlung	120	

Tafel 2.5. Wasserbedarfswerte für den öffentlichen Sektor in l/d

Verbraucher	Nutzungseinheit	Wasserbedarf
Grünflächen	m²	1…3
Schulen	Schüler	2…60
Ambulatorien	Patient	6…10
Hotels	Gast	50…400
Gaststätten	Gast	20…200
Krankenhäuser	Bett	250…600
Kinderkrippen	Kind	60…180
Kindergarten	Kind	40…60
Schwimmbäder	Besucher	150…180

2.3. Größe des Trinkwasserbedarfs

Behälter und Armaturen auftreten. Die sogenannten unechten Rohrnetzverluste entstehen durch Fehlmessungen der Wasserzähler. Sie können durch richtige Bemessung und regelmäßige Überprüfung entscheidend gesenkt werden. Die Rohrnetzverluste schwanken auf Grund der verschiedenen Betriebsbedingungen und des Netzzustandes erheblich. Es wird empfohlen, bei der Wasserbedarfsermittlung, soweit keine genauen Betriebswerte vorliegen, etwa 8 bis 12 % des mittleren Tagesbedarfs zusätzlich anzusetzen. Durch starke Überalterung der vorhandenen Rohrnetze liegen die tatsächlichen echten Verluste z. Z. teilweise noch höher.

e) Verbrauchergruppe: Eigenbedarf

Die erforderliche Wassermenge zur Spülung des Rohrnetzes und zur Reinigung der Behälter wird bei max. V_d und max. V_h nicht besonders berücksichtigt, da sie normalerweise nicht an verbrauchsreichen Tagen benötigt wird. Der Eigenverbrauch der Aufbereitungsanlagen ist auf Grund der vorhandenen Technologie erfaßbar. Dieser Wert liegt zwischen 2 und 3 % des mittleren Tagesbedarfs.

2.3.2. Verbrauchsschwankungen

Ähnlich der Energieversorgung treten auch bei der Wasserversorgung erhebliche Verbrauchsschwankungen auf. Zuerst können diese bei der Betrachtung verschiedener Jahresverbrauchsmengen V_a festgestellt werden. Ähnlich verhält es sich innerhalb eines Jahres bei den monatlichen Verbrauchsmengen. Diese Differenzen sind in erster Linie auf klimatische Unterschiede zurückzuführen. Der Verbrauch liegt in trocknen Jahren wesentlich über dem in kühlen und feuchten Jahren.

Innerhalb der Sommermonate tritt dann meist nur an einigen Tagen der höchste Tagesverbrauch max. V_d des Jahres auf. Die Wassergewinnung, die Aufbereitung, die Zuleitung und die Speicherung sind für diesen höchsten Tagesbedarf zu bemessen, natürlich unter Beachtung eines evtl. möglichen Wochenausgleichs. Aus Gründen der Wirtschaftlichkeit der Wasserversor-

Tafel 2.6. Wasserverbrauchsschwankungen der Stadt Dresden (1980)

Monat	Monatlicher Verbrauch m³	Monatlicher Verbrauch, mittlerer Verbrauch
Januar	$5,9 \cdot 10^6$	1,03
Februar	$5,7 \cdot 10^6$	0,99
März	$5,9 \cdot 10^6$	1,04
April	$5,8 \cdot 10^6$	1,02
Mai	$6,2 \cdot 10^6$	1,09
Juni	$5,6 \cdot 10^6$	0,99
Juli	$5,5 \cdot 10^6$	0,96
August	$5,4 \cdot 10^6$	0,96
September	$5,3 \cdot 10^6$	0,94
Oktober	$5,6 \cdot 10^6$	0,99
November	$5,6 \cdot 10^6$	0,98
Dezember	$5,7 \cdot 10^6$	1,01
	$68,2 \cdot 10^6 \, [m^3]$	

$$\text{Mittlerer Monatsverbrauch} = \frac{68,2 \cdot 10^6}{12} = 5,683 \cdot 10^6 \, [m^3]$$

$$\frac{\text{Höchster Monatsverbrauch}}{\text{Niedrigster Monatsverbrauch}} = \frac{6,2 \cdot 10^6}{5,3 \cdot 10^6} = 1,17$$

$$\text{Mittlerer Tagesverbrauch} = \frac{68,2 \cdot 10^6}{365} = 0,187 \cdot 10^6 \, [m^3]$$

$$\text{Höchster Tagesverbrauch} = 0,230 \cdot 10^6 \, [m^3]$$

$$\frac{\text{Höchster Tagesverbrauch}}{\text{Mittlerer Tagesverbrauch}} = \frac{0,230 \cdot 10^6}{0,187 \cdot 10^6} = 1,23$$

gungsbetriebe wird immer wieder gefordert, max. V_d durch Mittelbildung des Verbrauchs an mehreren Tagen zu reduzieren. Da dies in der Regel mit Verbrauchseinschränkungen verbunden ist, kann man diesem Verfahren nicht zustimmen. Durch die Festlegung eines für das betreffende Versorgungsgebiet spezifischen „Normtages" für max. V_d wird überhöhten Anforderungen vorgebeugt und die Versorgungssicherheit genauer ausgewiesen [2.3].

Innerhalb eines Tages treten wiederum erhebliche Verbrauchsschwankungen auf. Nachts geht der Bedarf wesentlich zurück, während ähnlich der Stromabnahme ausgesprochene Stundenspitzen bei der Bemessung des Versorgungsnetzes und teilweise auch bei der Förderung zu berücksichtigen sind.

Monatliche Verbrauchsschwankungen
Betrachtet man die Verteilung der Jahresförderung bei voller Bedarfsdeckung auf die einzelnen Monate, so treten entsprechend den örtlichen Verhältnissen mehr oder weniger große Unterschiede auf. Die Förderung der Sommermonate liegt dabei in der Regel erheblich über der der Wintermonate. In den Großstädten wirken das größere Versorgungsgebiet und die Großabnehmer ausgleichend. Tafel 2.6 zeigt den Monatsverbrauch der Stadt Dresden im Verhältnis zum mittleren Monatsverbrauch. An diesem Beispiel sind, bedingt durch den erheblichen Anteil der Industrie, nur geringe monatliche Verbrauchsschwankungen feststellbar. Der Industrieanteil ist in den letzten Jahren durch gezielte Maßnahmen laufend zurückgegangen und betrug 1980 noch 33 %. Interessant ist der hohe Verbrauch im Mai durch die Gartenbewässerung. Zu beachten ist auch, daß in einzelnen Versorgungsgebieten nicht immer die volle Bedarfsdeckung erreicht wurde und der Sommer kühl und niederschlagsreich war.

Verbrauchsschwankungen an den einzelnen Wochentagen
Die Größe dieser Schwankungen entscheidet über die Wirtschaftlichkeit von Wochenspeichern. In der Regel hängt dies vom Anteil der Industrie ab, deren Verbrauch am Wochenende oft stark zurückgeht. Ohne Industrie beträgt in Städten im Mittel der Verbrauch Montag bis Donnerstag 13 %, Freitag 15 %, Sonnabend 19 % und Sonntag 15 % des Wochenverbrauchs.

Verbrauchsschwankungen innerhalb eines Tages
Die in der Praxis auftretenden Verbrauchsspitzen lassen sich nach Größe, Dauer und Häufig-

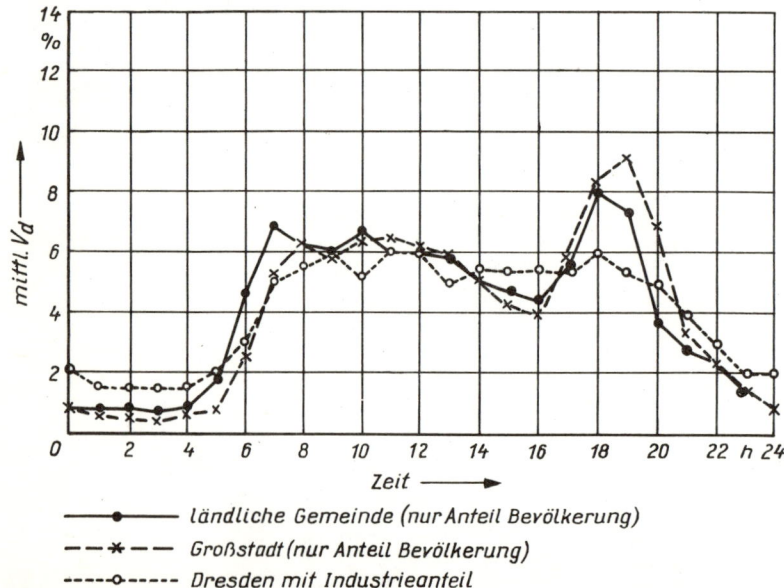

Bild 2.1 Stündlicher Wasserverbrauch in Prozent des Tagesverbrauchs

2.3. Größe des Trinkwasserbedarfs

keit auf theoretischem Wege nicht ermitteln. Meßergebnisse zeigen, daß hier starke Abhängigkeiten zur Größe des Versorgungsgebiets bestehen.

Je kleiner die Zahl der Anschlüsse ist, um so größer sind die Verbrauchsschwankungen. Hier sind wenige Erkenntnisse vorhanden und deshalb detaillierte Untersuchungen dringend notwendig. Zur Zeit ist es allgemein üblich, max. V_h als Verbrauchsspitze zu akzeptieren. Dies führt bei kleineren Versorgungsgebieten zur Unterdimensionierung des Rohrnetzes. Hier wird auf einen Vorschlag verwiesen, bei dem max. V_h in Abhängigkeit von Gleichzeitigkeitsfaktoren berechnet wird [2.2].

Bild 2.1 zeigt für verschiedene Versorgungsgebiete die stündlichen Verbrauchsschwankungen. Abweichungen nach oben und unten treten häufig auf. Nach Möglichkeit sollte man immer auf örtliche Untersuchungen zurückgreifen. Eine ausgesprochene Abendspitze beim Bevölkerungsbedarf, die nur bei einem erheblichen Industrieanteil stärker reduziert wird, ist in Bild 2.1 deutlich zu sehen.

Besonders für Wirtschaftlichkeitsuntersuchungen im Zusammenhang mit der Pumpenauslegung, dem Pumpenbetrieb und dem Betriebsregime sind genauere Kenntnisse über die Schwankungen des Wasserverbrauchs notwendig. Dies sollte am besten durch Messungen an bestehenden Systemen untersucht werden. Dabei sind vor allem *typische Verbrauchssituationen* zu erfassen, das sind solche mit den größten Häufigkeiten. Für die umfangreichen Auswertungsarbeiten gibt es entsprechende Programmdokumentationen [2.3]. Zu beachten sind auch die unterschiedlichen Energietarife. Ermittelt werden die Tageshäufigkeiten, die Tagesverbrauchsganglinien und die Stundenhäufigkeiten.

Bild 2.2 zeigt die Stundenhäufigkeiten für ein ausgewähltes Beispiel, getrennt nach Normal- und Hochtarifzeiten. Bei den ausgesprochenen Häufigkeitsspitzen sind die Pumpen besonders wirtschaftlich auszulegen.

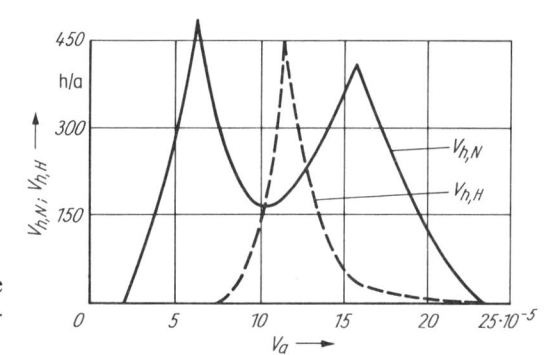

Bild 2.2 Beispiel einer Verbrauchsganglinie als Stundenhäufigkeit für Normal- und Hochtarifzeiten

Oft wird max. V_h auf den maximalen Tagesbedarf bezogen: max. $V_h = a \cdot$ max. V_d. Da aber max. V_d im Einzelfall stark schwankt, ist ein Bezug auf mittl. V_d des Jahres zweckmäßiger.

Liegen keine Meßergebnisse vor, so können die folgenden z-Werte zur Ermittlung von max. V_h empfohlen werden (max. $V_h = z \cdot$ mittl. V_d).

a) Verbrauchergruppe: Bevölkerung
Wohnungen mit WC, Bad und
zentraler Warmwasserversorgung $z = 0{,}10 \ldots 0{,}13$
Wohnungen mit und ohne WC und Bad $z = 0{,}12 \ldots 0{,}16$

Wohnungen in Ein- und Zweifamilien-
häusern mit guter sanitärer Ausstattung und Gartenbewässerung $z = 0{,}17 \ldots 0{,}20$

b) Verbrauchergruppe: Viehhaltung
Konventionelle Haltung $z = 0{,}14$
Moderne Haltung $z = 0{,}20$

c) *Verbrauchergruppe: öffentlicher Sektor* $\qquad z = 0,10$

d) *Verbrauchergruppe: Wasserverluste* $\qquad z = 0,0417$

e) *Verbrauchergruppe: Eigenbedarf*
Dieser Bedarf fällt nur im Wasserwerk an und belastet nicht max. V_h.

Beispiel einer Wasserbedarfsberechnung
Eine Landgemeinde mit einem kleinen einschichtig arbeitenden Industriebetrieb soll an eine benachbarte Gruppenwasserversorgung angeschlossen werden. Nach Abstimmung mit der territorialen Entwicklung sind folgende Ausgangsgrößen für die Perspektive von 30 Jahren gegeben:

Einwohnerzahl 1250, Landambulatorium mit 100 Besuchern/d, Kindertagesstätte ohne Küchenbetrieb mit 90 Kindern, 500 Stück Großvieh und ein Industriebetrieb mit mittl. $V_d = 40$ m³/d und max. $V_d = 50$ m³/d. Besondere Brandschutzschwerpunkte bestehen nicht. Die Löschwasserversorgung erfolgt aus Feuerlöschbehältern. Die Summe des Wasserbedarfs von Kleinverbrauchern, Landambulatorium und Kindertagesstätte ist vernachlässigbar klein.

Für die Berechnung s. die Zusammenstellung der Tafel 2.7.

Tafel 2.7. Berechnung des Wasserbedarfs

Verbrauchergruppe	Zahl	Mittl. V_d spez. Bed. l/Ed	m³	max. V_d spez. Bed. l/Ed	m³	u
Einwohner	1 250	100	125,0	140	175,0	1,40
Großvieh	500	120	60,0	120	60,0	1,00
Industriebetrieb	1		40,0		50,0	1,25
			225,0		285,0	
Verluste (8 %)			18,0		18,0	
Gesamtsumme			243,0		303,0	

Der spezifische Wasserbedarf von 100 l/Ed für die Bevölkerung ergibt sich aus dem perspektivischen sanitärtechnischen Ausstattungsgrad (100 % WC und 30 % Bad). Es ergaben sich nunmehr folgende Werte:

$$\text{mittl. } V_d = 243,0 \text{ m}^3$$
$$\text{max. } V_d = 303,0 \text{ m}^3$$

Bei der Ermittlung von max. V_h ist zu beachten, daß lediglich die Bedarfsspitzen für die Bevölkerung und das Großvieh zeitlich zusammenfallen ($z = 0,12$ bzw. $z = 0,20$ gegen 18 Uhr), während zu dieser Zeit für den Industriebetrieb $z = 0,05$ ist.

Damit wird max. $V_h = 0,12 \cdot 125,0 + 0,2 \cdot 60,0 + 0,05 \cdot 40,0 + 0,0417 \cdot 18,0 = \underline{30,25 \text{ m}^3}$.

Von der Gruppenwasserversorgung sind

$$\text{max. } V_d = \underline{303,00 \text{ m}^3} \text{ bzw.}$$
$$\text{max. } V_h = \underline{30,25 \text{ m}^3}$$

abzugeben.

2.4. Größe des Löschwasserbedarfs

Im Brandfall bestimmt bei kleinen Versorgungsgebieten die Löschwassermenge den erforderlichen Rohrquerschnitt. Es sind deshalb aus wirtschaftlichen Gründen genaue Voruntersuchungen über die Höhe des Löschwasserbedarfs unumgänglich. In jedem Falle ist eine Abstimmung mit den Brandschutzorganen notwendig.

2.5. Größe des Betriebswasserbedarfs

Tafel 2.8. Richtzahlen für den Löschwasserbedarf

Anzahl der Einwohner	Löschwasserbedarf l/s
$\leq$ 20 000	20
20 000 ... 60 000	25
60 000 ... 120 000	41,6
> 120 000	53,2

Tafel 2.8 gibt Richtzahlen für den Löschwasserbedarf an.

Es ist weiter festgelegt, daß in allen Städten, Gemeinden und Betrieben für die Brandbekämpfung Löschwasser für mindestens 3 Stunden zur Verfügung stehen muß.

Da bei kleinen Versorgungsgebieten das Löschwasser den Rohrquerschnitt bestimmt, sollte die Entnahme in solchen Fällen nicht aus dem öffentlichen Netz erfolgen. Hier sind Feuerlöschteiche, Vorfluter, Feuerlöschbehälter und Feuerlöschbrunnen zu benutzen. Dem geschlossenen Feuerlöschbehälter ist wegen der zuverlässigen Betriebsbereitschaft in der Regel der Vorzug zu geben. Die Wiederauffüllung der Feuerlöschbehälter und Feuerlöschteiche ist in 24 Stunden zu gewährleisten.

Eine direkte Brandbekämpfung aus den Hydranten ohne Zwischenschaltung einer Feuerlöschpumpe ist wegen des erforderlichen großen Netzdrucks normalerweise nicht möglich. Zur einwandfreien Entnahme des Feuerlöschwassers mit einer Löschwasserpumpe ist im Brandfall am Hydranten noch ein Vordruck von 15 m sicherzustellen. Treten an Einzelpunkten hierbei Schwierigkeiten auf, so sind entsprechende Sondervereinbarungen mit den Brandschutzorganen zu treffen.

Der Rohrnetzberechnung für den Brandfall sind der Löschwasserbedarf und 50 % des maximalen Stundenbedarfs zugrunde zu legen. Auch hier können Sonderregelungen erforderlich werden, etwa bei der Notwendigkeit, die Produktion eines wichtigen Betriebes auch während eines Brandes sicherzustellen. Bei Großstädten ist die volle Bedarfsdeckung auch im Brandfall zu gewährleisten.

Bei Gruppenwasserversorgungen mit n Gemeinden kann die Anzahl der gleichzeitigen Brandfälle mit $\sqrt{n}$ angenommen werden. Besteht die Möglichkeit des zweiseitigen Zuflusses der Löschwassermenge zum Brandherd, so ist dies bei der Belastung des Rohrnetzes zu beachten.

In allen Versorgungsgebieten können Schwerpunkte des Brandschutzes zu Sonderfestlegungen zwingen. Das gilt auch für Stadtrandgebiete, deren perspektivische Entwicklung festliegt. Hier sollte man kleinere Löschwassermengen aus wirtschaftlichen Gründen anstreben.

2.5. Größe des Betriebswasserbedarfs

Die Ermittlung des Wasserbedarfs der Industrie ist vielfach schwierig und verlangt besondere Sorgfalt und Produktionskenntnisse. Die Durchsetzung einer volkswirtschaftlich effektiven Wassernutzung in der industriellen Produktion erfordert Wasserbedarfsnormen, die sowohl vom Weltstand der betreffenden Technologie als auch vom angespannten Wasserhaushalt ausgehen. Diese Position zielt auf eine Senkung des spezifischen Wasserverbrauchs je Produktionseinheit hin. Bei bestehenden Anlagen muß natürlich die Möglichkeit für die Rekonstruktion der Produktionstechnologie richtig eingeschätzt werden. Auf Grund der verschiedenen Produktionstechnologien ist die Schwankungsbreite des spezifischen Wasserbedarfs trotz gleichen Endprodukts oft noch sehr groß. Mit Hilfe von Wasserbedarfsnormen sind schließlich auch Vergleichsuntersuchungen in einzelnen Wirtschaftszweigen mit dem Ziel der Bedarfssenkung möglich. Damit können nicht nur der Wasserbedarf gesenkt, sondern vielfach auch die Gesamtkosten je Produktionseinheit reduziert werden.

In Tafel 2.9 sind einige Orientierungswerte für den Betriebswasserbedarf zusammengestellt. Wir erkennen auch hier wieder die starke Streuung dieser Werte.

Es ist in zunehmendem Maße Aufgabe des Wasserwirtschaftlers, bereits bei der Vorbereitung der Produktionstechnologie wassersparende Produktionsverfahren durchzusetzen. Sehr häufig

Tafel 2.9. Orientierungswerte für den Betriebswasserbedarf

Industriezweig	Produktionseinheit PE	Wasserbedarf m³/PE
Rohbraunkohle	t	0,5... 15
Braunkohlenbrikett	t	1... 5
Steinkohle	t	2,5... 25
Steinkohlenkoks	t	1,5... 42
Braunkohlenhydrierwerk		
Benzin, Dieselöl, Öl	t	30... 40
Steinkohlenhydrierwerk		
Benzin	t	30... 70
Gas	1000 m³	5... 10
Teer	t	10... 12
Dampfkraftwerk		
Durchlaufbetrieb	1000 kWh	150...250
Kreislaufbetrieb	1000 kWh	8... 9
Dieselmotoren	1 kWh	15... 25
Hüttenwerk, insgesamt		
Roheisen	t	65...220
Allgemeiner Maschinenbau	t	5... 10
Armaturen- und Apparatebau	t	25... 30
Chemischer Großbetrieb, insgesamt	t	50
Zement	t	0,5
Glas	t	12... 24
Pappen- und Papierfabrik ohne Wasserkreislauf	t	400...3 000
Pappen- und Papierfabrik mit Wasserkreislauf		
Feinpapier	t	60... 100
Zeitungspapier	t	70
Karton	t	14
Kunstleder	m²	0,02
Kunstseide, Viskose	t	400...900
Zellwolle	t	230...550
Sulfitzellstoff	t	250...300
Wäscherei	t	30... 70
Bleicherei	t	60... 100
Gerberei	m²	0,4... 1,5
Ölmühle	t	10... 20
Konserven	t	2... 18
Brennerei	t	30... 60
Schlachthof	t	30
Molkerei mit Kühlwasser	hl	0,3... 0,4
Brauerei	hl	1,2... 2,5
Zuckerfabrik, Durchlaufbetrieb	t	15... 30

bietet sich dabei der Übergang von der Wasserkühlung zur Luftkühlung an. Der Kühlwasserbedarf läßt sich oft auch dadurch reduzieren, daß die Wärmeübertragungskonstruktion verbessert wird. Eine andere Möglichkeit der Wassereinsparung ist z. B. durch die pneumatische Förderung von Feststoffen an Stelle des hydraulischen Transports möglich.

Vor allem ist in Zukunft noch konsequenter die *Mehrfachnutzung* durchzusetzen. Dem Aufbau von Wasserkreisläufen in der Industrie kommt deshalb eine immer größere Bedeutung zu. Dabei darf nicht an der Betriebsgrenze haltgemacht werden. Vielfach bietet die Kooperation mit Nachbarbetrieben, aber auch mit dem örtlichen Wasserversorgungsbetrieb erhebliche Vorteile.

2.5. Größe des Betriebswasserbedarfs

Das sehr komplexe Problem der Wasserkreisläufe soll nachstehend an einigen einfachen Beispielen des *Kühlwasserkreislaufs* dargestellt werden.

Kühlwasser wird nicht nur in Dampfkraftwerken zur Kondensation des Dampfes, sondern auch zur Kühlung von Verbrennungskraftmaschinen, Verdichtern, Lagern und Reaktoren eingesetzt, darüber hinaus in Klimaanlagen und an vielen anderen Stellen. Aufbau und Umfang der Kühlwasserkreisläufe sind damit sehr unterschiedlich. In gewissem Umfange ist auch noch die Durchlaufkühlung in Anwendung. Die dafür erforderlichen Wassermengen sind allerdings erheblich. So beträgt z. B. beim Dampfkraftwerk das zur Dampfkondensation notwendige Kühlwasser bei einer Leistung von 4000 MW etwa 200 m³/s. Bei der Kreislaufkühlung sind für das Zusatzwasser in diesem Falle dagegen nur etwa 9 m³/s erforderlich. Neben der dem Vorfluter entnehmbaren Wassermenge ist bei der Entscheidung für das eine oder das andere Verfahren vor allem auch seine Wassergüte zu beachten und der nach der Aufwärmung entstehende Zustand.

Hierzu sind sehr umfassende wasserwirtschaftliche Untersuchungen unumgänglich.

Vielfach kommt es auch zur Kombination von Durchlauf- und Kreislaufkühlung (Bild 2.3).

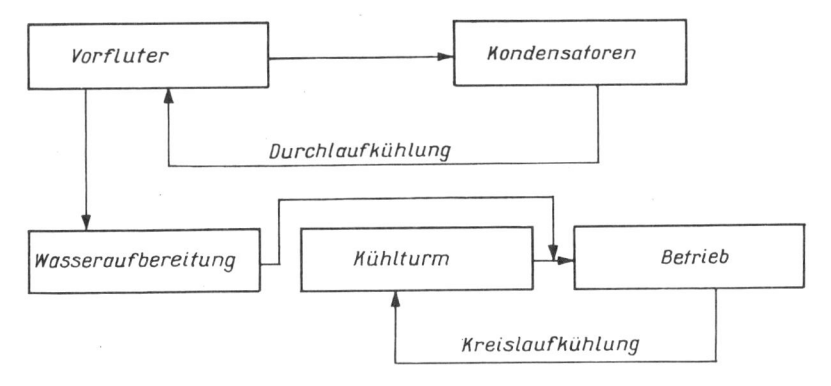

Bild 2.3 Kombination von Durchlauf- und Kreislaufkühlung

Da bei der Kreislaufkühlung Wasserverluste (V) durch Verdunstung und mitgerissene Wassertropfen auftreten, kommt es zu einer Anreicherung der Wasserinhaltsstoffe. Dies zwingt zur Einspeisung von Zusatzwasser (Z) und zur sogenannten Absalzung (L), um Werkstoffangriffe und Ablagerungen im Kühlwasserkreislauf weitestgehend zu vermeiden.

Die erforderliche Zusatzwassermenge beträgt demnach

$$Z = V + L.$$

Im allgemeinen liegt Z zwischen 3 und 4 % der Kühlwasserkreislaufmenge. V beträgt etwa 2 %, während die Absalzung L sowohl von der Güte des Zusatzwassers als auch von der im Kühlwasserkreislauf zulässigen Grenzgüte bestimmter Inhaltsstoffe abhängig ist (s. Abschn. 4.).

Die Absalzung läßt sich mit der folgenden Massenbilanz ermitteln:

$$(V + L)\, s = L \cdot g$$

s Konzentration eines bestimmten Stoffes im Zulauf
g zulässige Grenzkonzentration eines bestimmten Stoffes im Kühlwasserkreislauf.

Daraus folgt:

$$L = V \frac{s}{g - s}$$

Beispiel
Gegeben: $V = 50$ m³/h
$s = 20$ mg/l
$g = 120$ mg/l bei Phosphatimpfung

Gesucht: $L = 50 \dfrac{20}{120-20} = 10 \text{ m}^3/\text{h}$

Das Zuschußwasser ist

$Z = V + L = 50 + 10 = \underline{60 \text{ m}^3/\text{h}}.$

Die Kühlwassermenge läßt sich in bestimmten Fällen durch den Aufbau getrennter Kühlwasserkreisläufe reduzieren, wenn unterschiedliche Kühlwassertemperaturen auftreten. Durch das Hintereinanderschalten von zwei Kühltürmen entsteht eine größere Abkühlung, die ebenfalls wieder mit einer Verringerung der Kühlwassermenge verbunden ist.

Große Bedeutung für die Reduzierung des Kühlwasserbedarfs hat der Übergang zur Luftkühlung, da hier keine Wasserverluste mehr auftreten. Es handelt sich um einen geschlossenen Kühlwasserkreislauf mit reiner Konvektionskühlung über große Wärmeaustauschflächen.

In diesem Zusammenhang ist auch auf die Kombinationsmöglichkeit mit Kältemaschinen und Dampfstrahlkühlern hinzuweisen.

Wesentlich sind auch die Kühlwasserkreisläufe in metallurgischen Betrieben. Bild 2.4 zeigt als Beispiel den Kühlwasserkreislauf für Hochofengruppen. Hier sind zwei Kreisläufe gekoppelt. Im oberen Teil des Hochofens erfolgt die Kühlung mittels geschlossener Kühlkästen, ohne daß eine Verschmutzung eintritt. Im unteren Teil tritt durch die Berieselung der Außenwand eine starke Verschmutzung auf, die zu einer Filtration zwingt. Die Trennung in zwei Kreisläufe bringt in diesem Fall auch Einsparung an Förderhöhe für den unteren Wasserkreislauf.

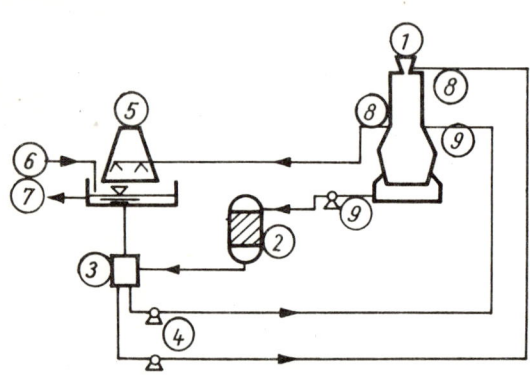

Bild 2.4 Kühlwasserkreislauf einer Hochofengruppe
1 Hochofengruppe; *2* Druckfilter; *3* Sammelbecken; *4* Kreiselpumpen; *5* Kühlturm; *6* Zuschußwasser; *7* Absalzung; *8* oberer Kreislauf; *9* unterer Kreislauf

Eine große Bedeutung haben die Kühlwasserkreisläufe in Walzwerken. Die Verschmutzung tritt hier vor allem durch den mitgeführten Walzzunder ein. Eine erhebliche Wassereinsparung ist durch die Einführung der sogenannten Verdampfungskühlung möglich. Hierzu werden z. B. bei SM-Öfen geschlossene Kühlelemente an besonders stark wärmeabführenden Stellen eingebaut und mit Kühlwasser von Kesselspeisewasserqualität beschickt. Das erhitzte und z. T. verdampfte Wasser wird zu Heizzwecken oder zur Stromerzeugung benutzt. Aus der Vielzahl weiterer möglicher Wasserkreisläufe in der Industrie sollen hier lediglich noch die Kreisläufe in Sand- und Kieswäschen, in Zuckerfabriken, in Galvanikbetrieben, in der Textilindustrie, bei Fahrzeugwaschanlagen und in der chemischen Industrie genannt werden. In der weiteren Einführung und Intensivierung neuer und vorhandener Wasserkreisläufe liegen auf dem Sektor des Industriewasserbedarfs noch wesentliche Reserven.

Literaturverzeichnis

[2.1] *Eichler, W.:* Zum Problem der wirtschaftlichen Lastverteilung am Beispiel der Fernwasserversorgung Elbaue–Ostharz. Dissertation TU Dresden, Sektion Wasserwesen, 1969.

[2.2] *Feurich, H.:* Arbeitsblätter zur Berechnung von Kaltwasserleitungen für Wohnbauten. Gesundheits-Ingenieur 70 (1955) 11/12.

[2.3] *Keil, U.:* Ausgewählte Optimierungsprobleme bei der Rekonstruktion und Erweiterung vorhandener Wasserverteilungssysteme. Dissertation TU Dresden, Sektion Wasserwesen, 1981.

[2.4] *Kottmann, A.:* Ein Vergleich der Gleichzeitigkeitsverfahren in der Wasser-, Gas- und Stromversorgung. GWF 112 (1971) 12, S. 589–591.

3. Wassergewinnung

3.1. Oberflächenwassergewinnung

3.1.1. Bach- und Flußwassergewinnung

Bachwasser
Bachwasser wird im Gebirge zur Trinkwasserversorgung ländlicher Gemeinden herangezogen. Soweit waldreiche unbebaute Einzugsgebiete vorliegen, stellt Bachwasser ein Trinkwasser hoher Qualität dar, das nur wenig hinter gutem Grundwasser zurücksteht. Als Mangel sind die Gefahr der Verunreinigung, das Temperaturverhalten, die häufig festgestellte Armut an Nährsalzen und Spurenelementen zu bezeichnen. Hinzu kommt, daß umfangreiche Nutzungseinschränkungen in Trinkwasserschutzgebieten ausgesprochen werden müssen.

Quantitative Untersuchungen auf der Grundlage von Wasserhaushaltsberechnungen beginnen mit Abflußmessungen am Bachlauf. Daneben sind Niederschlagsmessungen durchzuführen. Die Ganglinien der Wasser- und Lufttemperatur geben wertvolle Aufschlüsse. In Tabellenform oder graphischer Auftragung empfiehlt es sich, diese Messungsergebnisse gegenüberzustellen und auszuwerten. Für längere Bachläufe ist es vorteilhaft, die Abflüsse und Temperaturen abschnittsweise zu messen.

Folgende Unterlagen müssen vorliegen:
– geohydrologische Übersichtskarte mit Bachlauf, Nebenbächen und Teichen. Darin werden Oberflächenbedeckung, geologische Formationen und Flächennutzung eingetragen.
– Als Deckblatt werden die Gewässer und deren Einzugsgebietsgrenzen dargestellt.
– Zur Vervollständigung sollen die Niederschlagsgebiete, Meßstellen usw. enthalten sein.
– Tabellen oder Diagramme über Abflüsse, Niederschläge, Wasser- und Lufttemperaturen
– Vergleich der Niederschläge und Temperaturen des Betrachtungszeitraums mit langjährigen Beobachtungen der nächsten Stationen.

Qualitative Untersuchungen schließen mit einer Meßreihe chemischer und bakteriologischer Untersuchungsergebnisse ab, die, graphisch ausgewertet, die Zusammenhänge aufzeigen. Häufig ist die Schwebstoff- und Geschiebeführung zu berücksichtigen. Gegebenenfalls sind biologische Untersuchungen zu veranlassen. Neben erwähnter graphischer Auftragung der Hauptwerte der chemischen und biologischen Untersuchungen ist noch die Anfertigung eines Deckblatts mit den eingetragenen Trinkwasserschutzzonen zu empfehlen.

Flußwasser
Flußwasser wird auf Grund seiner starken Qualitätsschwankungen vorwiegend für die Betriebswasserversorgung verwendet. Oft ist die Verschmutzung des Flußwassers so groß, daß keine wirtschaftliche Nutzung für die Wasserversorgung möglich ist. Um Wasser mit geringem Schwebstoffgehalt zu gewinnen, einen besseren Temperaturverlauf zu erzielen und die Aufbereitung des Wassers einfacher auszulegen, versucht man, soweit es die geologischen Formationen erlauben, Uferfiltrat zu erschließen. Zunehmend wird Flußwasser zur Grundwasseranreicherung eingesetzt.

Quantitative Untersuchungen
Für Flüsse liegen fast ausnahmslos Wasserhaushaltsberechnungen, langjährige Wasserstandsbeobachtungen und Abflüsse einzelner Profile vor. Hierauf kann zurückgegriffen werden.
Festlegen der wasserwirtschaftlichen Hauptzahlen für das ober- und unterhalb liegende Flußprofil

3.1. Oberflächenwassergewinnung

Aufnehmen des Flußprofils an der Entnahmestelle und Interpolation der Werte (bei großer Entfernung der Profile mit Abflußwerten, Durchführung von Abflußmessungen und Wasserstandsbeobachtungen im Entnahmeprofil)
für Auswahl des Entnahmeprofils beachten: Wassertiefe, Strömung, Geschiebeführung; Prallufer, Wehre, Schiffsliegeplätze; Badeanstalten, Abwassereinleitung; Ganglinien der Wasserstände und Abflüsse für die letzten Jahre und langjährige Reihe
bei Festlegung der Entnahme NNQ und Mindestwasserführung beachten
geplante größere Wasserentnahmen und Speicherbau im Oberlauf berücksichtigen.

Qualitative Untersuchungen
Temperaturganglinien
Ganglinien der Hauptwerte der Wassergüte
Sink- und Schwebstofführung
Eisführung
bakteriologische und biologische Untersuchungen.

Wasserfassungsanlagen
Hierbei besteht die Fassungsanlage aus dem Entnahmebauwerk, zu dem Grob- und Feinrechen, Entnahmekopf und Absetzbecken oder -schacht gehören. Die Entnahmestelle kann am Ufer, aber auch im Fluß selbst liegen. Sie ist besonders vor Beschädigung durch Treibwerk, Fahrzeuge, Auskolkung und Zufrieren zu sichern. Mitunter ist es vorteilhaft, für eine Wasserversorgungsanlage aus Sicherheitsgründen zwei Entnahmestellen vorzusehen.

Bachwasserfassungen
Sie sind häufig nur möglich, wenn über ein Wehr die benötigte Wassermenge abgezweigt und durch eine Rohrleitung oder ein abgedecktes Gerinne dem Absetzbecken zugeführt wird.
In engen Tälern und bei günstigen biochemischen Voraussetzungen des Wassers wird mitunter folgende Lösung angewendet. Der Bach wird zu einem oder mehreren Teichen aufgestaut. Diese erhalten durch Einbau von Wehren oberhalb der Teiche eine Hochwasserentlastung. Das Hochwasser wird im verlegten Bachlauf außerhalb der Teiche abgeführt. Durch entsprechende Flora (Algen, Wassergräser) und Fauna (Mikroorganismen, Fische) wirken die Teiche wasserreinigend in Verbindung mit einer guten Belüftung des Wassers im Bachlauf. Das Rohwasser wird dann aus dem untersten Teich durch ein Entnahmebauwerk entnommen.

Flußwasserfassungen
Auch für die Konstruktion der Entnahmebauwerke in Flüssen sind zahlreiche Ausführungen bekannt (Bild 3.1). Häufig wird nur überschläglich berechnet, wobei alle nebensächlichen Konstruktionsglieder konstruktiv gewählt werden. Wichtig ist die Schweb- und Sinkstofführung für die Wahl der Geschwindigkeiten und das Zusetzen der Seiher. Die Strömungsgeschwindigkeit soll besonders am Entnahmekopf nicht zu hoch gewählt werden, damit sich dieser nicht versetzt. Das Entnahmebauwerk soll daher strömungstechnisch so ausgebildet sein, daß möglichst

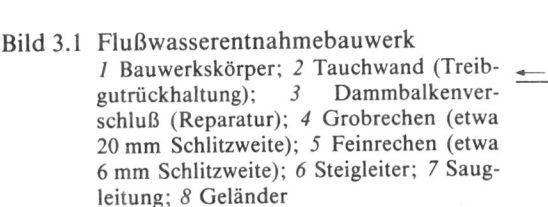

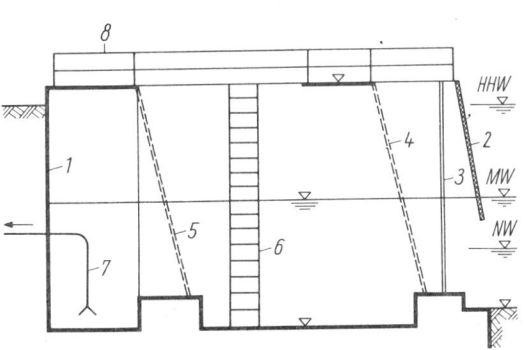

Bild 3.1 Flußwasserentnahmebauwerk
1 Bauwerkskörper; *2* Tauchwand (Treibgutrückhaltung); *3* Dammbalkenverschluß (Reparatur); *4* Grobrechen (etwa 20 mm Schlitzweite); *5* Feinrechen (etwa 6 mm Schlitzweite); *6* Steigleiter; *7* Saugleitung; *8* Geländer

keine Hereinziehung der Schweb- und Sinkstoffe eintritt. Nicht vergessen sollte man die Anordnung von Schwimmbalken oder einer Tauchwand am Pralluferr. Wichtig sind ferner Geschiebeabweiser. In vielen Fällen ist ein Sandfang zu empfehlen.

Häufig werden Modellversuche durchgeführt. Die hohe Schwebestoffführung in Verbindung mit Temperaturforderungen hat dazu geführt, daß möglichst Uferfiltrat verwendet wird.

3.1.2. Seewassergewinnung

Zur Seewassergewinnung eignen sich vorwiegend nährstoffarme, tiefe Seen mit ausreichendem Zulauf. Das Einzugsgebiet der Zuläufe sollte wenig besiedelt und ausreichend bewaldet sein. Liegt eine ausreichende Wassertiefe vor, so ist der Temperaturverlauf günstig. Gewinnbar ist allgemein nur der mittlere jährliche Zulauf abzüglich der Verluste, während das Volumen des Sees ausgleichend wirkt. Eine Ausbildung als Mehrjahresspeicher ist möglich. Besonders sorgfältige langjährige Vorarbeiten über Niederschlag, Zu- und Abflüsse, Spiegelschwankungen, Verdunstung, Wassergüte, Temperatur usw. sind erforderlich. Analog liegen die Verhältnisse bei Talsperren.

Quantitative Untersuchungen
Grundkarte mit See und sämtlichen Zuläufen
Einzugsgebiete, Niederschlagsgebiete, Abflußmeßstellen, Bebauung und Flächennutzung eintragen
Aufnehmen einzelner Quer- und Längsprofile durch den See
Abfluß- und Zugangslinien, Seespiegelschwankungen messen
aus Niederschlag und Seezulauf über Untersuchungszeitraum auf Verdunstung und Speicherung des Einzugsgebiets schließen
Differenz vom Zulauf und Ablauf gibt im Vergleich mit Verdunstungsmessungen die Seeverdunstung
Untersuchungen mindestens über Zeitraum von 5 Jahren durchführen.

Qualitative Untersuchungen
Temperaturganglinien in verschiedenen Tiefen
Beobachtungen über Eisverhältnisse
limnologische Untersuchungen (Wasserchemie, Biologie, Bakteriologie) in verschiedenen Punkten und Tiefen
Windverhältnisse und Temperatur.

Vorstehende Untersuchungen und deren Auswertung erfolgen durch Anfertigung eines hydrologischen Gutachtens oder hydrologischen Nachweises. Diese Unterlagen werden von den zuständigen Stellen der Wasserwirtschaft erarbeitet und durch Gutachten von Spezialisten für die Lösung bestimmter Teilaufgaben untermauert. Die Vorarbeiten gelten als abgeschlossen, wenn deren Auswertung die sichere Berechnung, den Bau und Betrieb der geplanten Wasserfassungsanlage garantiert.

Seewasserfassungen
Zur Konstruktion und Berechnung des Entnahmebauwerks gelten sinngemäß Ausführungsbeispiele und Bemerkungen für die Wasserfassung aus Flüssen. Die Fassungsanlage wird hierbei, wenn günstigste Einnahmestelle und -tiefe festliegen, durch einen Entnahmekopf gebildet. Die Rohrleitung wird entweder über eine Rohrbrücke oder auf dem Seegrund verlegt. Die Entnahmestelle ist vor Beschädigung und Anschwemmung von Holz usw. zu schützen. Komplizierter ist es, den Entnahmekopf schwimmend anzuordnen. Seltener wird durch entsprechende Pumpen direkt aus dem See gepumpt. Bei Talsperren werden Entnahmeeinrichtungen mit wahlweiser Entnahmehöhe angewendet.

3.1.3. Regenwassergewinnung

Das Regenwasser gewinnt als Grundlage der Wasserversorgung nur für die Einzelversorgung im Gebirge, an der Küste und in tropischen Ländern Bedeutung. Die Regenwasserversorgung ist die primitivste Art der Wasserversorgung, da sie besonders abhängig von Niederschlagsschwankungen ist und eine größtenteils unbefriedigende Wasserqualität zeigt. Die quantitativen Untersuchungen erstrecken sich auf die Bestimmung der Häufigkeit und Verteilung der Niederschläge. Wichtig ist es, den Abfluß und die Verdunstung glatter Flächen (Auffangflächen) zu kennen. Für die Niederschlagsbestimmung sind Regenmesser an geeigneten Orten und Höhen anzubringen. Besonders wird auf die Wind- und Temperatureinwirkungen hingewiesen. Mehrjährige Beobachtungen sind unbedingt erforderlich.

3.2. Quellwassergewinnung

Quellen sind natürliche Grundwasseraustritte unter oder über der Erdoberfläche infolge besonderer geologischer Lagerungsverhältnisse. In Spalten und Klüften verwitterter und tektonisch stark beanspruchter Gebirge stehen oder zirkulieren häufig Wässer, die nicht unmittelbar den Quellwässern zuzurechnen sind. Sie werden als Spalten- oder Kluftwässer bezeichnet. Ihre Nutzung setzt in noch stärkerem Maße als bei Quellen eine genaue Kenntnis des Gesteinskomplexes und sorgfältige geohydrologische Untersuchungen voraus. Aus verschiedenen noch zu erläuternden Gründen sollte man Quell- und Kluftwässer nur dann für die Wasserversorgung nutzen, wenn durch ungünstige geohydrologische Bedingungen keine andere Lösung, z. B. Brunnen, verbleibt. Häufig werden Sickerleitungen und Schrote, die in engen Gebirgstälern und am Hangfuß oberflächennahes Grundwasser oder Kluftwasser fassen, als Quellfassung bezeichnet. Die Anzahl dieser Anlagen ist sehr groß. Trotzdem sollen diese hier nicht gesondert behandelt werden, da es sich prinzipiell um Grundwasserfassungsanlagen handelt. Eine klare Grenze läßt sich nicht immer angeben.

3.2.1. Quellentypen und deren Erschließung

In Auswirkung der geothermischen Tiefenstufe sind die Temperaturen des Quellwassers unterschiedlich und lassen Schlüsse über dessen Herkunft zu. Im Sprachgebrauch unterscheidet man kalte, warme und heiße Quellen. Quellen mit $t > 20\,°C$ heißen Thermen. Für die Trinkwasserversorgung dürften 20 °C die obere Grenze darstellen. Es sind die verschiedensten Einteilungsprinzipien bekannt. Nach geohydrologischen Gesichtspunkten wird folgende Einteilung für zweckmäßig erachtet:

Schichtquellen entstehen durch Erosionsanschnitte, z. B. Flußterrassen und Ausstreichen wasserstauender Horizonte.

Überfallquellen treten an den Rändern größerer Gundwasserbecken und Mulden auf. Sie stellen anschaulich den ungenutzten unterirdischen Abfluß dar.

Stauquellen ergeben sich, wenn Grundwasser auf Sohlschichten entlangfließt und durch Grundwasserstauer ein Aufstau und Austritt erzwungen wird. Profilverengungen und wasserstauende Einlagerungen sind häufig die Ursache.

Verwerfungsquellen sind praktisch Stauquellen, deren Aufstau infolge Verwerfung der Schichten bedingt wird.

Spaltenquellen treten häufig in Gebirgen mit starker Klüftung (Kalkstein) auf. Hierzu gehören auch die Karstquellen. Sie sind oft stark niederschlagsabhängig und erheblichen Veränderungen der Wasserqualität unterworfen.

Auftriebsquellen ergeben sich, wenn Grundwasser unter Spannung (hydrostatisch) infolge Schichtverengung bzw. Lagerungsstörungen aufsteigt oder durch Gase (Wasserdampf, Kohlensäure usw.) aufgetrieben wird.

In Bild 3.2 werden einige Lagerungsmöglichkeiten und Quellaustritte dargestellt. Es sind fast alle möglichen Kombinationen der Quellentypen bekannt.

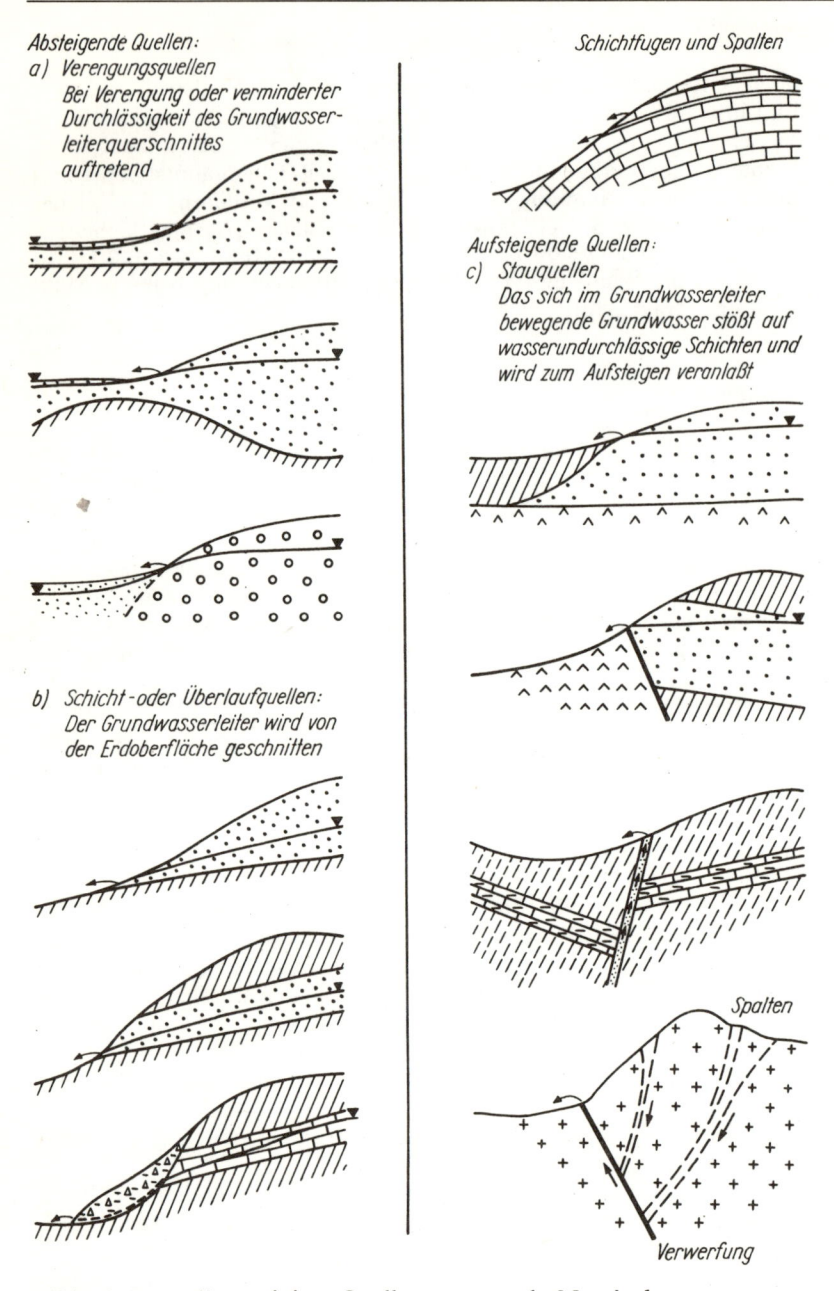

Bild 3.2 Darstellung einiger Quellentypen nach *Marcinek*

Keineswegs sollte man eine Quelle ihrer Auschaulichkeit und Wirtschaftlichkeit wegen nutzen, sondern, soweit es die geologischen Bedingungen erlauben, den Bau von Grundwasserfassungsanlagen als Brunnen oder Sickerleitungen anstreben. Häufig ist darum die örtliche Gewinnung von Grundwasser wirtschaftlicher als eine Heranführung des „Quellwassers" aus größerer Entfernung. Mitunter werden alte Dränungen für Quellen ausgegeben. Regeln für das Aufsuchen von Quellen bestehen nicht. Neben gründlichen geohydrologischen Kenntnissen sind Erfahrungen und Ortskenntnis wertvoll. Man beachte kritisch die Hinweise der Ortsansässigen.

3.2. Quellwassergewinnung

Bei umgegangenem Bergbau ist oft die einzige Möglichkeit, die Wasserversorgung auf Stollenwasser aufzubauen. Auch hier sind längere Messungen und Untersuchungen erforderlich, die in enger Zusammenarbeit mit der Obersten Bergbehörde erfolgen müssen.

Die *Schürfarbeiten* sind nur von Fachleuten vorzunehmen. Diese Forderung ist grundlegend, da durch unsachgemäßes Arbeiten abdichtende Schichten verletzt werden können und das Wasser in tiefere Schichten versinken kann. Außerdem ist keine Erhöhung der Ergiebigkeit des Quellengebiets durch das Aufschürfen zu erwarten. Lediglich eine Konzentration der Haupt- und Nebenquellen sowie eine Verringerung des Austrittswiderstandes wirken sich günstig aus. Nebenquellen sollte man nur bei größerer Entfernung von der Hauptquelle und ausreichender Schüttung getrennt fassen; andernfalls ist eine gemeinsame Fassung anzustreben. Bei Überfall- und Stauquellen lassen sich oft oberhalb der Quelle Brunnen abteufen. Während der Schürfung sind fortgesetzt Skizzen über Schichtfolge und Quellverlauf anzufertigen. Schichtquellen werden durch Schlitze entlang der Schichtgrenze aufgeschürft. Der Schürfgraben ist so anzulegen, daß beim Aushub eine ausreichende Deckschicht über der Quelle verbleibt. Die Sohlschicht muß unverletzt bleiben. Stauquellen erfahren meist eine punktale Aufschürfung an der Aufbruchstelle. Wie bei Auftriebsquellen wird ein Schacht oder eine Schürfgrube mit Ausbau und Wasserhaltung abgeteuft. Überfallquellen können punktal oder in Schlitzen aufgeschürft werden. Es ist ratsam, eine Absenkung der Quelle herbeizuführen, da dann die Gewähr besteht, daß alles Wasser gefaßt wird und Nebenquellen versiegen. *Quellenschüttungsmessungen* über längere Zeit sind eine wichtige Vorarbeit. Zwischen Aufschürfen und engültigem Ausbau bzw. Nutzung einer Quelle sollte mindestens ein Abflußjahr, besser mehrere, liegen. Diese Zeit ist notwendig, um hinreichende geohydrologische Untersuchungen über Schüttmengen, Zuflußgebiet, Wasserqualität usw. anzustellen. Ein übereilter Ausbau ohne diese Voruntersuchungen hat fast immer seine kostspieligen Folgen gezeigt. Am einfachsten in der Durchführung, aber von grundlegender Bedeutung sind die regelmäßigen Messungen der Quellschüttung. Bei kleinen Schüttungen (< 5 l/s) genügen ein austariertes Meßgefäß und eine Stoppuhr zur Mengenmessung. Zur leichteren Messung wird dazu die Quelle eingedämmt und mit einem Abflußrohr von ausreichender Größe (Maximalabfluß) versehen. Bei Quellschüttungen über 5 l/s und besonders für längere Meßperioden baut man Meßwehre ein. Ein Lattenpegel bzw. Meßpfahl ergibt die Überfallhöhe h über Wehroberkante. Aus Kurvenscharen für die jeweiligen Wehrbreiten lassen sich die Schüttungen in Abhängigkeit von h ablesen. Für extrem große Schüttungen und profiliertes Gewässerbett nimmt man mittels Meßflügels Abflußmengenkurven auf, die im vorliegenden Profil den Abfluß als Funktion des Wasserstandes darstellen. Die Schüttungen sollten mindestens wöchentlich, aber bei starken Schwankungen und niederschlagsabhängig 2tägig gemessen werden. Die Schüttungsmengen sind graphisch aufzutragen. Daneben ist es bei Auftriebs-, Verwerfungs- und Überfallquellen bedeutsam, daß deren Schüttung in einigen Fällen sekundär von Schwankungen des Luftdrucks beeinflußt wird. Bei Stau-, Verwerfungs- und Auftriebsquellen wird man mitunter Pumpversuche ansetzen müssen. Diese sind besonders sorgfältig durchzuführen. Anstiegsmessungen mit Aufstellung von Füllkurven lassen wichtige Rückschlüsse auf die Speicherfähigkeit und den Wasserandrang des Gesteins zu. Gegebenenfalls sind die Pumpversuche in hydrologisch ungünstigen Zeiten erforderlich. Grundlage für die Bemessung der Wasserversorgungsanlage ist die minimale Quellschüttung je Tag, die gleich oder größer als die Wasserbedarfsgröße sein muß.

Einzugsgebiet der Quelle

Um das Einzugsgebiet abzugrenzen, sind sorgfältige geologische und hydrologische Untersuchungen nötig. Einen ersten Schluß wird man stets aus der Schüttungsmenge und deren Schwankungen ziehen können. Bedeutende Erkenntnisse vermitteln oft die Ergebnisse sinnvoll angesetzter Färbeversuche. Selten wird man aus den Oberflächenformen und dem oberirdischen Einzugsgebiet Vergleiche bekommen. Dabei läßt sich das Einzugsgebiet von Schicht- und Überfallquellen relativ leicht ermitteln. Nur in wenigen Fällen wird man darin Erfolg bei Stau-, Verwerfungs-, Spalten- und Auftriebsquellen haben. Man mag daraus die Bedeutung einer langjährigen Schüttungsmessung erkennen. Selbst bei Kenntnis des Einzugsgebiets und seiner Größe ist die Menge des unterirdischen Abflusses nicht unmittelbar zu erfassen. Aus diesem

Grunde begnügt man sich meistens mit Quellschüttungsmessungen, die in Abhängigkeit von oder parallel mit Niederschlag, Luft- und Wassertemperatur sowie chemischen Hauptwerten aufgetragen werden. Für die Auswertung dieser Ganglinien muß man einige Erfahrung haben. Besonders vorsichtig sei man bei der analogen Übertragung der Erkenntnisse von Quellmessungen aus anderen Gebieten zur Maximal- und Minimalbestimmung. Mitunter werden Quellen von Brunnenfassungen beeinflußt.

Zwischen Schwankungen der Quellschüttungsmenge, der Abhängigkeit vom Niederschlag und der physikalischen sowie chemischen Beschaffenheit des Quellwassers besteht ein loser Zusammenhang. Danach ist es charakteristisch, daß Quellen, die mit sehr geringer Verzögerung auf Niederschläge ansprechen, erheblichen Temperaturschwankungen und chemischen Veränderungen unterworfen sind. In jedem Fall sind daher folgende Untersuchungen vorzunehmen: a) in Verbindung mit den Schüttungsmessungen Temperaturmessungen des Wassers und der Luft; b) desgleichen Entnahme von Wasserproben und deren chemische, in besonderen Fällen und nach starken Niederschlägen (Verzögerung beachten!) auch bakteriologische Untersuchung; c) Bestimmung des Trübungsgrads bzw. Schwebstoffgehalts. Die Untersuchungswerte sind graphisch und in Verbindung mit den Meßwerten der quantitativen Untersuchungen aufzutragen. Daraus ergeben sich wesentliche Zusammenhänge. Bei Temperaturschwankungen um den Mittelwert von 4 °C sollte man deren Ursache genauer untersuchen. Ähnliches gilt für größere chemische Veränderungen. Unbedingt ist im Rahmen der Voruntersuchungen die Zustimmung der Hygieneinspektion zur Nutzung der Quelle für Trinkwasserzwecke einzuholen. Gegebenenfalls ist ein Quellschutzgebiet (Einzugsgebiet) festzulegen einschließlich der notwendigen Schutzbestimmungen oder Sanierungsmaßnahmen.

3.2.2. Quellwasserfassungen

Aus der Vielzahl der baulichen Varianten lassen sich besonders zwei Bauarten abgrenzen, die eine Fassung fast aller Quellentypen erlauben. Daher werden nachfolgend Fassungsanlagen für Schicht- und Überfallquellen sowie Fassungsanlagen für Stau-, Spalten- und Auftriebsquellen unterschieden. Hierzu geben die Bilder 3.4 und 3.5 Beispiele bewährter Konstruktionen. Die einfachste Art der Fassung, die sogenannte Schlitzfassung, wird in Bild 3.3 gezeigt. Sie wird durch eine Sickerleitung gebildet. Allen gezeigten Konstruktionen gemeinsam ist die Leitungsführung, die vorsieht, Entleerung, Entnahme, Überlauf und Belüftung getrennt vorzunehmen. Entnahmeleitungen müssen einen Saugkorb erhalten. Die Entnahme- und Sammelschächte führt man besser tiefer als erforderlich herunter und bildet einen Sandfang aus. Die Trennung in Entnahme- und Sammelschächte ist besonders bei verschiedenen Austrittsstellen zu empfehlen. Armaturen und Wassermeßvorrichtungen sollen im Sammelschacht, besser in einem beson-

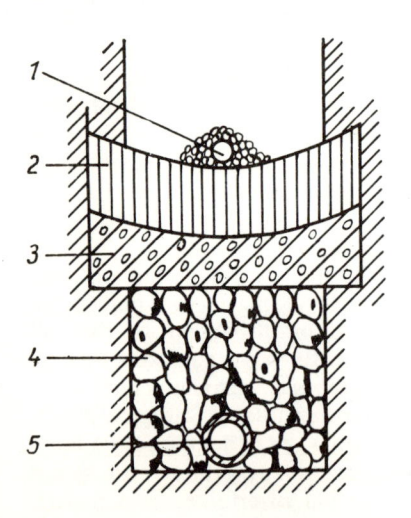

Bild 3.3 Schlitzfassung im Festgestein
1 Dränrohr; *2* Ton; *3* Beton; *4* Steinschlag; *5* Sickerleitungsrohr

3.2. Quellwassergewinnung

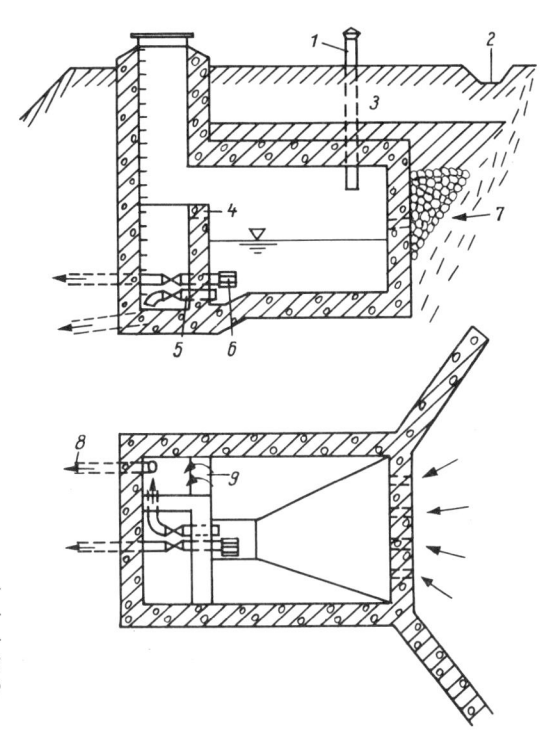

Bild 3.4 Fassung einer Schichtquelle
1 Entlüftung; *2* Abfanggraben für Oberflächenwasser; *3* Lehmschlag; *4* Überfallkante; *5* Entleerungsleitung; *6* Entnahmeleitung und Seiher; *7* klüftiger Fels; *8* Auslauf ins Freie mit Froschklappe; *9* Überlauf

deren Schacht, angeordnet sein. Die Wassermessung kann sowohl durch Meßwehre als auch durch Wassermesser erfolgen. Einsteigöffnungen und Türen erhalten durchweg eine Dichtung durch Falze mit Gummiringen sowie einen Verschluß. Die Konstruktion hat so zu erfolgen, daß Kleintiere und Insekten keinen Zutritt zu den Wasserkammern haben. Letztlich kann eine Untergrundspeicherung durch Einbau von Stauwänden aus Ton oder Beton erreicht werden, die in Zeiten geringer Schüttung ausgleichend wirkt. Die Fassung dieser Quellen ist standortgebunden. Nur wenn die Quelle an ihrer Aufbruchstelle gefaßt wird, kann man einen Erfolg erwarten. Stau- und Auftriebsquellen bilden häufig Tümpel. Diese müssen abgeschachtet, zur Baugrube hergerichtet und vertieft werden. Meistens sind die Arbeiten ohne Wasserhaltung nicht möglich. In die Baugrube wird der Quellschacht derart eingebaut, daß außerhalb des Schachtes mit der Deckschicht gut abgedichtet wird und kein Wasser am Schacht bzw. in Nähe der Quelle an Tiefpunkten aufstößt. Es ist nicht zu empfehlen, wenn nicht das gesamte Quellwasser benötigt wird, den Quellschacht als Puffer zu benutzen. Hier erscheint ein Überlauf, der nicht zu hoch angeordnet wird, angebrachter. Er muß die gesamte Quellschüttung aufnehmen können. Die Fassung wirkt ähnlich einem Schachtbrunnen mit offener Sohle und wasserdurchlässiger Wandung. Wird aus Stau- und Auftriebsquellen gepumpt, können die Quellschächte tiefer heruntergeführt werden. Sammelschächte werden nur zur Vereinigung mehrerer Quellschächte angelegt. Armaturen und Wassermeßvorrichtungen erhalten am besten einen besonderen Schacht. Über Einzelheiten der Konstruktion gibt Bild 3.5 Aufschluß. Die fassungstechnische Berechnung einer Quellfassung erstreckt sich auf die Bemessung eventueller Absetzbecken und Kiesschüttungen. Für den Einbau der Tauchwände und Beckengrößen ist maßgebend, daß die Durchflußgeschwindigkeit < 1 mm/s bleibt. Über die Bemessung der Kiesschüttung s. Abschn. 3.3.2.2.3. Die der Berechnung zugrunde zu legenden Wassermengen ergaben sich aus langjährigen Messungen der Quelle oder aus Pumpversuchen. Darauf bauen sich alle weiteren hydraulischen Berechnungen der Rohrleitung, des Überlaufs, der Speicher usw. auf.

Die bekannteste *Sonderausführung* ist der Fassungsstollen. Hierbei handelt es sich um bergmännisch vorgetriebene und fest eingebaute Stollen, deren Wände und Decken besondere Wassereintrittsöffnungen aufweisen. Häufig bauen Wasserversorgungsanlagen auf Stollenwässern

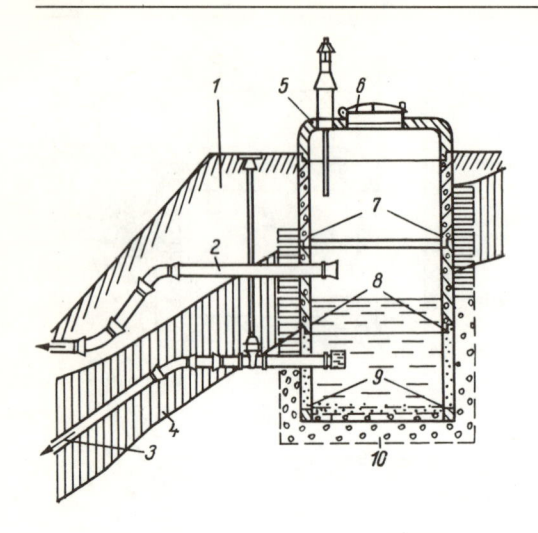

Bild 3.5 Fassung einer Stauquelle
1 Aufschüttung; *2* Überlauf; *3* Entnahme; *4* Grundwasserstauer; *5* Be- und Entlüftung; *6* Schachtdeckel; *7* Schachtrohr; *8* Tonabdichtung; *9* Einkornbetonrohr; *10* Kiesschüttung

alter Schachtanlagen auf. Diese Schächte bzw. Stollen sind dann nur in der üblichen Weise verbaut. Seltener als aus dem Förderschacht wird das Wasser durch die Mundlöcher der Stollen oder Tiefbohrungen auf dem Stollen bzw. durch Lichtlöcher gewonnen. Abhängig von umgegangenem Bergbau und Tiefenlage der Stollen ergibt sich die Wasserqualität. Stollen erlauben in der Regel eine totale Fassung des zusickernden Wassers und lassen sich gut anstauen. Letzteres bewirkt einen günstigen Mengen- und Temperaturausgleich bei oberflächennahen und niederschlagsabhängigen Stollen. Tiefliegende Stollen haben einen ausgeglicheneren Gang der Temperatur und des Chemismus des Wassers. Günstig wirkt sich häufig aus, daß Trockenperioden sich erst Monate später bemerkbar machen, so daß zwischen Wasserverbrauch und Wasserdargebot ein natürlicher Ausgleich stattfindet. Besonders bei diesen aufwendigen Großfassungen müssen gründliche und langjährige geohydrologische Untersuchungen angestellt werden.

3.3. Grundwassergewinnung

3.3.1. Bemerkungen zu den geohydrologischen Vorarbeiten

Die Problematik seiner Entstehung, Neubildung und Bewegung bewirkt, daß das Grundwasser im Blickpunkt zahlreicher Fachdisziplinen und Interessen liegt. Wenn sich auch vorwiegend

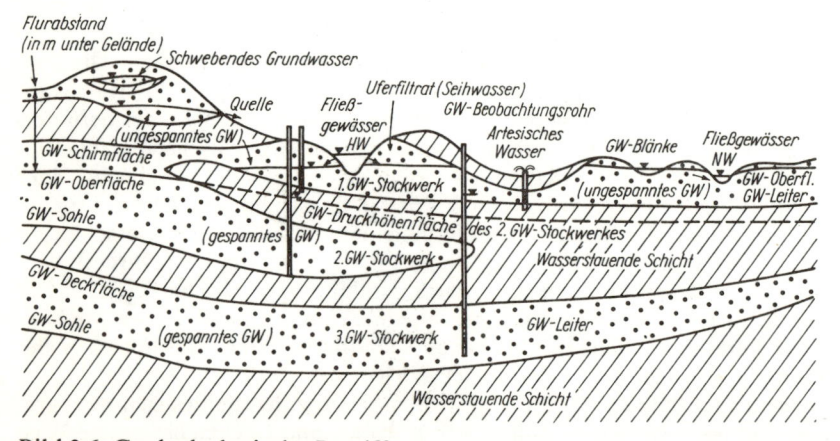

Bild 3.6 Geohydrologische Begriffe

3.3. Grundwassergewinnung

Hydrogeologen und Wasserwirtschaftler mit der Grundwassererschließung beschäftigen, so sind bestimmte Teilaufgaben nur unter Mitwirkung des Hygienikers, Meteorologen, Chemikers und Biologen zu lösen. Zur einheitlichen Terminologie werden in Bild 3.6 einige geohydrologische Grundbegriffe erläutert. Günstigste Standorte für eine Oberflächenwassergewinnung sind meist unmittelbar durch die hydrographischen Verhältnisse am Gewässerbett, See und Speicherbecken gegeben. Die erforderlichen Hinweise hierfür wurden bereits im Abschn. 3.1. gebracht. Nicht so leicht zu überschauen sind die Grundwasserverhältnisse eines Gebietes. Wir unterscheiden zwischen reinen Grundwasserfassungen und Quellen, die als Grundwasseraustritte unter besonderen geologischen Bedingungen gekennzeichnet sind. Offensichtlich treten auch bei der Mehrzahl der Quellen kaum Variationsmöglichkeiten für deren Aufschürfungsorte auf. Stoff dieses Abschnitts sind daher die standortbestimmenden Einflüsse für Grundwasserfassungsanlagen und deren Einzugsgebiete.

Hauptsächlich als Ergebnis der Untersuchungen der angewandten Geologie, z. B. Lagerstättenerkundung, sind heute die wichtigsten geohydrologischen Einheiten in zahlreichen Ländern erforscht. Für große Gebiete liegen geologische, hydrologische und hydrogeologische Kartenwerke vor. In einzelnen Ländern oder deren Teilgebieten werden diese oft großmaßstäblichen Karten durch Spezialkarten auf Meßtischblattbasis (M. 1:25 000) verdichtet. Standortbestimmende Einflüsse für die Anlage einer Grundwasserfassung sind vorwiegend durch
geologisch-geographische
hydrologisch-wasserwirtschaftliche
hygienisch-wasserchemische und
technologisch-wirtschaftliche Bedingungen
gegeben. Von vornherein besteht ein Unterschied darin, ob es sich um die Erweiterung einer bestehenden Fassungsanlage handelt oder um geohydrologische Vorarbeiten für ein neues Wasserwerk.

Die geohydrologischen Untersuchungen beginnen mit einer Überprüfung der bestehenden Anlagen. Geologisch ist der Bereich der alten Fassung bereits durch frühere Untersuchungen bekannt. Nur in wenigen Fällen liegt aber das Einzugsgebiet der Fassungsanlage fest. Im Idealfall sollen für die Fassungsanlage folgende Unterlagen vorliegen:
– hydrologische Gutachten
– geohydrologische Gutachten
– Schichtenverzeichnisse und Bodenprofile
– Ergebnisse von Pumpversuchen der früheren geohydrologischen Vorarbeiten
– Grundwasseranalysen
– Karten der Grundwasserhöhengleichen und Grenzen der ober- bzw. unterirdischen Einzugsgebiete
– Brunnenausbauzeichnungen.
Diese Unterlagen sind häufig vom Bau der Anlage her vorhanden.

Es ist wertvoll und führt zu erheblichen Einsparungen an Kosten und Zeit, wenn vom örtlichen Wasserwirtschaftsbetrieb nachstehende Betriebsergebnisse beigebracht werden:
– Lageplan mit sämtlichen Brunnen, Pegeln, deren Meßpunkten und NN-Höhen
– Lageplan der Grundwasserpegel und Abflußmeßstellen im Einzugsgebiet mit NN-Höhen der Meßpunkte
– Listen oder Diagramme der Wasserförderung, möglichst für die einzelnen Brunnen getrennt
– Listen oder Diagramme über Grundwasserstandsmessungen und Abflußmessungen
– Listen oder Diagramme über chemische Grundwasseranalysen
– bei Uferfiltratgewinnung:
  Am Flußpegel sind Wasserstand und Wassergüte laufend zu bestimmen. Wichtig: Ganglinien der Flußwasser-, Luft- und Grundwassertemperatur.
– Ergebnisse über laufende Niederschlagsmessungen und eventueller Versickerungsmessungen.
Von den vorstehenden Unterlagen ist oft nur ein verschwindend kleiner Teil greifbar. Sehr häufig ist der Fall, daß durch Unkenntnis der Zusammenhänge wohl die Messungen durchgeführt werden, aber zu unsinnigen Zeiten und völlig zusammenhanglos. Besonders nachteilig wirkt sich das Fehlen von Entnahmen sowie Pegelrohren in der äußeren Kiesschüttung und in etwa

5 m Entfernung vom Brunnen aus. Zahlreiche ältere Brunnen sind überhaupt nicht im Betriebszustand meßbar. Bei dem bestehenden Arbeitskräftemangel wird man die laufende Betriebskontrolle nur noch vollständig mittels automatischer Meßgeräte in Verbindung mit der Fernwirktechnik durchführen können.

Die Auswertung der Unterlagen durch den Geohydrologen wird zeigen, wieweit eine Leistungssteigerung der Fassungsanlage möglich ist. Ob eine Verdichtung der Brunnenfilter und eine Erhöhung des Filterwiderstandes eingetreten ist, kann aus den Pegelmessungen abgeleitet werden. Seltener ist eine Überbeanspruchung des Grundwasservorkommens, die zu einem laufenden Absinken der Grundwasseroberfläche führt. Sie läßt sich leicht nachweisen. Einflüsse dieser Art sind dann in einem zu kleinen Zufluß oder als Einwirkung Dritter zu suchen. Die wichtigste Maßnahme zur Leistungserhöhung ist die Grundwasseranreicherung. Im Falle, daß wichtige Unterlagen und Meßergebnisse fehlen, müssen diese durch Leistungspumpversuche an der Fassung oder an geeigneten einzelnen Brunnen erbracht werden. Gegebenenfalls sind das Einzugsgebiet und die Zuflußverhältnisse oberhalb der Fassungsanlage durch Pegelbohrungen und geohydrologische Methoden zu untersuchen. Erst nachdem das Nährgebiet der bestehenden Fassungsanlage und deren Entnahmebreite festliegt, kann an eine territoriale Erweiterung gedacht werden. Daraus ergibt sich dann auch eindeutig die Fehlmenge gegenüber dem in der Aufgabenstellung geforderten Wasserbedarf. Für die Durchführung der geohydrologischen Vorarbeiten im Erweiterungsgebiet sind folgende Besonderheiten zu beachten:
– Eine Leistungsminderung der bestehenden Anlage durch gegenseitige Beeinflussung soll möglichst nicht auftreten.
– Das zusätzlich erforderliche Einzugsgebiet der geplanten Fassungsanlage muß vorhanden sein.
– Die technologische Lösung und Wasserqualität der geplanten Fassungsanlage sollen sich in die bestehenden Verhältnisse einfügen.
– Die Grenzen für erforderliche Trinkwasserschutzgebiete sind im Hinblick auf Bebauung und Verschmutzung des Untergrundes einzuhalten.
– Die Fassungsanlage soll geohydrologisch günstig und möglichst oberhalb von Verschmutzungsmöglichkeiten liegen (Bebauung, Kanalisation, Industrie usw.).

Sind die obenstehenden Forderungen nicht voll erfüllt, so ist es oft besser, eine Versorgungsgruppe durch ein größeres Werk außerhalb der Bebauungsgrenzen mit Trinkwasser zu versorgen. Besonders bei ungünstiger Wasserqualität sollte man vorteilhaft Wasserwerke im Stadtgebiet auf Betriebswasserversorgung der Industrie umstellen.

Wesentlich einfacher und unkomplizierter gestalten sich die geohydrologischen Vorarbeiten für Neuaufschlüsse. In unserem dichtbesiedelten mitteleuropäischen Raum sind Variationen der Wassergewinnungsgebiete begrenzt, da hydrogeologischer Aufbau, Bebauung, Nutzung und hydrochemische Beschaffenheit nur in wenigen Fällen optimal zusammenfallen. Oft wird man auf Grund der Wirtschaftlichkeit der Anlage Kompromisse an Bebauung und Nutzung machen müssen. Dies drückt sich letztlich in verschärften Schutzbestimmungen aus. Aufbauend auf vorhandene geologische und hydrogeologische Karten, werden einzelne günstig erscheinende Gebiete festgelegt. Durch Sichtung und Auswertung der Unterlagen der Dienststellen von Wasserwirtschaft, Geologie, Meteorologie und Hygiene erfolgt eine Vorauswahl. Diese wird durch erste Vorgutachten oder Bohrprojekte belegt. Häufig bilden großräumig durchgeführte hydrogeologische Erkundungen die Grundlage spezieller Untersuchungen. Mitunter sind bereits Vorschläge über Untersuchungsgebiete in der Aufgabenstellung des Planträgers enthalten. Sämtliche bekannten Aufschlüsse und Gebietsgrenzen werden nun in eine Arbeitskarte auf Meßtischblattbasis eingetragen. Niemals sollte man unterlassen, eine gründliche Begehung der Gebiete zu unternehmen. Es sind dabei folgende Einzelheiten zu beachten und in die Karte einzutragen:
– geobotanische Merkmale in Form von standortkennzeichnenden Pflanzen bzw. Pflanzengemeinschaften
– Bodenbedeckung, bodenkundliche Kartierung, Versickerungsbedingungen, land- und forstwirtschaftliche Nutzung
– geologische Merkmale, wie Gruben, Steinbrüche, Einschnitte, Störungszonen und Morphologie

3.3. Grundwassergewinnung

- Abflüsse, Abflußquerschnitte, Wassernutzung
- hydrochemische und hygienische Verhältnisse
- Untersuchung und Auswahl für Plan der Grundwasserhöhengleichen geeigneter Brunnen
- Befragung Ortskundiger und ansässiger Brunnenbauer
- technologische Gesichtspunkte, z. B. Zuführungsleitungen, Wasserwerkstandorte, Stromzuführung, Folgeeinrichtungen
- Abstimmung mit der Landesplanung und der wasserwirtschaftlichen Planung über vorhandene und geplante Bebauung.

Danach muß es möglich sein, eine Auswahl der Untersuchungsgebiete zu treffen und das Bohrprogramm aufzustellen. Oft ist es vorteilhaft und mit Einsparungen verbunden, wenn geophysikalische Methoden hinzugezogen werden. Die Verfahren und deren Aussagekraft sind jedoch in ihrer Anwendung beschränkt, so daß vorher Absprachen zwischen Geologen, Geohydrologen und Geophysikern notwendig sind. Besonders ist eine wirtschaftliche Grenze gegeben, da letztlich für exakte Aufschlüsse und Angaben über Ergiebigkeit und Wassergüte Untersuchungsbohrungen trotzdem erforderlich sind. Grundsatz ist: Mit einer minimalen Bohrmeterzahl und Anzahl von Pumpstunden soll die geohydrologische Erschließung so weit vorangetrieben werden, daß der dauernd gewinnbare unterirdische Abfluß (Grundwasserdargebot) auf Grund der Infiltrationsbedingungen bzw. Uferfiltratbildung sowie der Standort der Fassungsanlage im großen festliegen. Weitere Standortbohrungen, spezielle geohydrologische, bodenphysikalische und wasserchemische Untersuchungen und die Berechnung der Fassungsanlagen erfolgen erst, wenn eine Zwischenauswertung befriedigende Ergebnisse zeigt, die einen Ausbau rechtfertigen. Danach sind noch die Trinkwasserschutzgebiete und Maßnahmen zur Grundwasserbewirtschaftung festzulegen. Hierzu s. besonders die Abschnitte 3.3. und 3.7.

Die geohydrologischen Vorarbeiten für Horizontalfilterbrunnen (HFB) unterscheiden sich nur im Standortbereich von den Vorarbeiten für Brunnenreihen. Beim Horizontalfilterbrunnen handelt es sich vorwiegend um ein fassungstechnisches Problem. Die Anordnung der Filterstränge läßt tiefe Absenkungen und bedeutende Spitzenförderungen zu. Wie jede andere Fassungsanlage besitzt der HFB seine Grenzen jedoch in der mittleren Grundwasserneubildung des Einzugsgebiets bzw. der Zuflüsse von den Rändern des Absenkungsgebiets. Werden diese Grenzen überschritten, können nur aufwendige Grundwasseranreicherungen den laufenden Spiegelabsenkungen Einhalt gebieten. Unter diesen Gesichtspunkten müssen die geohydrologischen Vorarbeiten folgende Fragen klären:
- allgemein-geohydrologische Erkundung des gesamten Einzugsgebiets und Auswahl geeigneter Standorte
- Standorterkundung
- Pegelbohrungen und Einrichtungen im Absenkungsbereich des Brunnens zur späteren Betriebskontrolle.

Generell ist das Bestreben vorhanden, mit wenigen sorgfältig ausgewählten Feldversuchen eine umfassende Auswertung und Variationsrechnung vorzunehmen, so daß der größte Teil der Auswertung als Laborarbeit anfällt und die Unsicherheit der Parameterbestimmung eingekreist wird.

3.3.2. Grundwasserfassungsanlagen

3.3.2.1. Fassungsarten

Trotz zahlreicher Sonderkonstruktionen haben sich vier Fassungsarten herausgebildet und behauptet. Diese sind in der Reihenfolge ihrer Anwendung:
- Bohrbrunnen
- Schachtbrunnen
- Sickerleitungen
- Horizontalfilterbrunnen.

In den Bildern 3.7 bis 3.10 sind die wesentlichsten Funktionsteile dargestellt.

Bohrbrunnen werden im Locker- und Festgestein mit praktisch unbegrenzter Tiefe und bis zu etwa 2000 mm Anfangsbohrdurchmesser angewendet. Der Ausbau ist, abhängig von den hydro-

3. Wassergewinnung

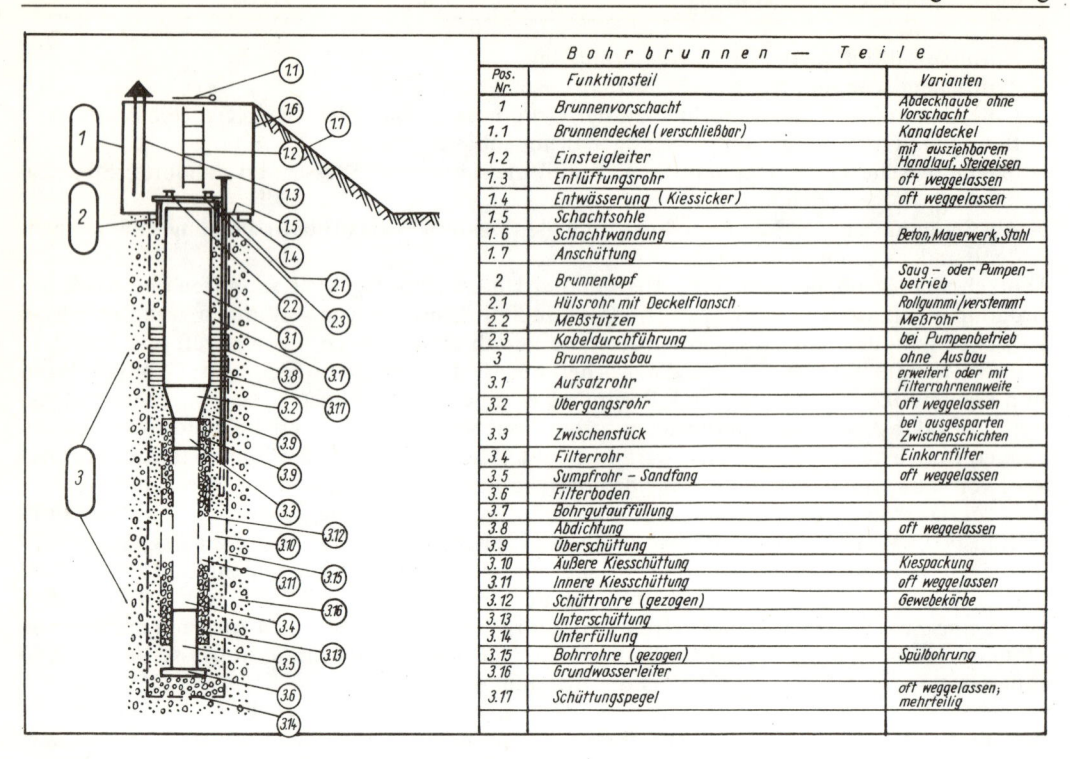

\multicolumn{3}{c}{Bohrbrunnen — Teile}		
Pos. Nr.	Funktionsteil	Varianten
1	Brunnenvorschacht	Abdeckhaube ohne Vorschacht
1.1	Brunnendeckel (verschließbar)	Kanaldeckel
1.2	Einsteigleiter	mit ausziehbarem Handlauf, Steigeisen
1.3	Entlüftungsrohr	oft weggelassen
1.4	Entwässerung (Kiessicker)	oft weggelassen
1.5	Schachtsohle	
1.6	Schachtwandung	Beton, Mauerwerk, Stahl
1.7	Anschüttung	
2	Brunnenkopf	Saug- oder Pumpenbetrieb
2.1	Hülsrohr mit Deckelflansch	Rollgummi/verstemmt
2.2	Meßstutzen	Meßrohr
2.3	Kabeldurchführung	bei Pumpenbetrieb
3	Brunnenausbau	ohne Ausbau
3.1	Aufsatzrohr	erweitert oder mit Filterrohrnennweite
3.2	Übergangsrohr	oft weggelassen
3.3	Zwischenstück	bei ausgesparten Zwischenschichten
3.4	Filterrohr	Einkornfilter
3.5	Sumpfrohr – Sandfang	oft weggelassen
3.6	Filterboden	
3.7	Bohrgutauffüllung	
3.8	Abdichtung	oft weggelassen
3.9	Überschüttung	
3.10	Äußere Kiesschüttung	Kiespackung
3.11	Innere Kiesschüttung	oft weggelassen
3.12	Schüttrohre (gezogen)	Gewebekörbe
3.13	Unterschüttung	
3.14	Unterfüllung	
3.15	Bohrrohre (gezogen)	Spülbohrung
3.16	Grundwasserleiter	
3.17	Schüttungspegel	oft weggelassen; mehrteilig

Bild 3.7 Zusammenstellung der Funktionsteile eines Bohrbrunnens

\multicolumn{3}{c}{Schachtbrunnen — Teile}		
Pos. Nr.	Funktionsteile	Varianten
1	Schachtdecke	Konus
1.1	Abdeckung	Stahlbeton, Stahlblech
1.2	Einsteigluke	Kanaldeckel
1.3	Entlüftung	oft weggelassen
1.4	Steigleiter	ausziehbar
1.5	Anschüttung	betoniert
2	Schacht	
2.1	Schachtwandung	Beton, Mauerwerk geschlossen, offen
2.2	Schachtsohle	betoniert, Kiesschüttung
2.3	Zwischenpodest	nur bei großen Brunnen
2.4	Meßrohr	bei tiefem Wasserspiegel
2.5	Abdichtung	

Bild 3.8 Zusammenstellung der Funktionsteile eines Schachtbrunnens

3.3. Grundwassergewinnung

Sickerleitungsteile

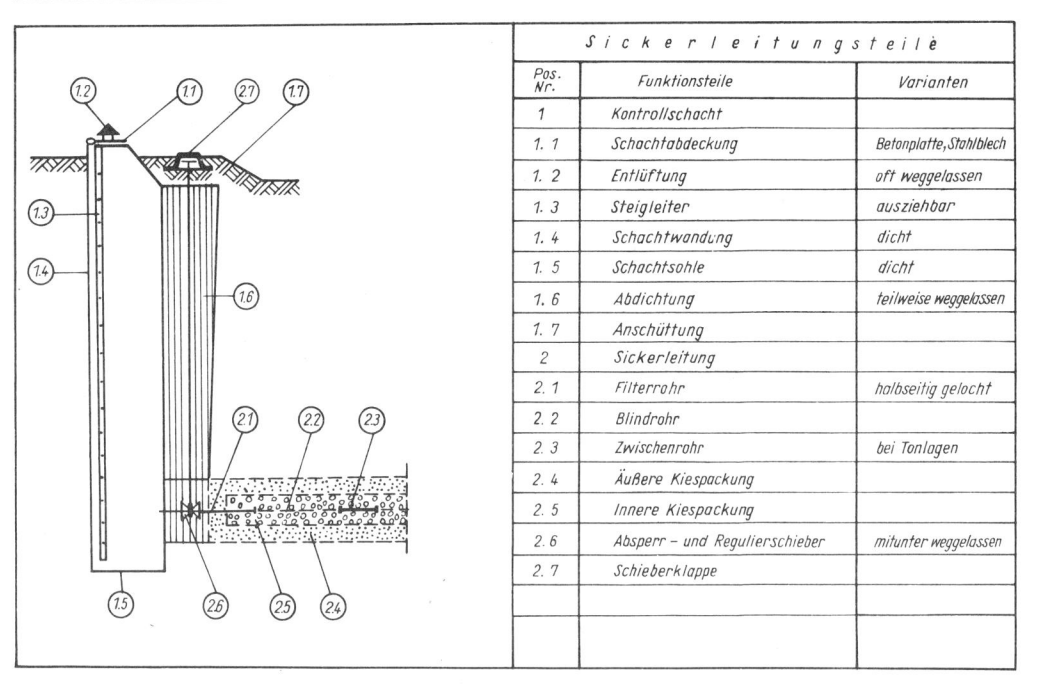

Pos. Nr.	Funktionsteile	Varianten
1	Kontrollschacht	
1.1	Schachtabdeckung	Betonplatte, Stahlblech
1.2	Entlüftung	oft weggelassen
1.3	Steigleiter	ausziehbar
1.4	Schachtwandung	dicht
1.5	Schachtsohle	dicht
1.6	Abdichtung	teilweise weggelassen
1.7	Anschüttung	
2	Sickerleitung	
2.1	Filterrohr	halbseitig gelocht
2.2	Blindrohr	
2.3	Zwischenrohr	bei Tonlagen
2.4	Äußere Kiespackung	
2.5	Innere Kiespackung	
2.6	Absperr- und Regulierschieber	mitunter weggelassen
2.7	Schieberklappe	

Bild 3.9 Zusammenstellung der Funktionsteile einer Sickerleitung

Horizontalfilterbrunnen-Teile

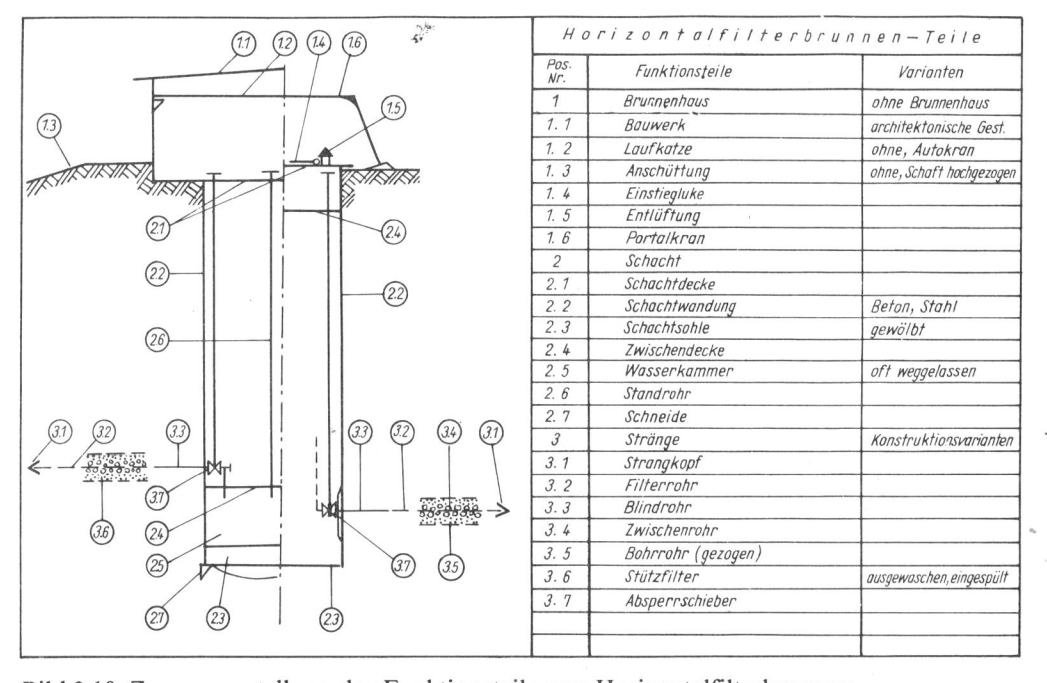

Pos. Nr.	Funktionsteile	Varianten
1	Brunnenhaus	ohne Brunnenhaus
1.1	Bauwerk	architektonische Gest.
1.2	Laufkatze	ohne, Autokran
1.3	Anschüttung	ohne, Schaft hochgezogen
1.4	Einstiegluke	
1.5	Entlüftung	
1.6	Portalkran	
2	Schacht	
2.1	Schachtdecke	
2.2	Schachtwandung	Beton, Stahl
2.3	Schachtsohle	gewölbt
2.4	Zwischendecke	
2.5	Wasserkammer	oft weggelassen
2.6	Standrohr	
2.7	Schneide	
3	Stränge	Konstruktionsvarianten
3.1	Strangkopf	
3.2	Filterrohr	
3.3	Blindrohr	
3.4	Zwischenrohr	
3.5	Bohrrohr (gezogen)	
3.6	Stützfilter	ausgewaschen, eingespült
3.7	Absperrschieber	

Bild 3.10 Zusammenstellung der Funktionsteile von Horizontalfilterbrunnen

geologischen Verhältnissen des Speichergesteins, sehr variabel. Gleichermaßen anpassungsfähig sind die Konstruktion und der vielfältige Materialeinsatz. Damit ist eine bessere Anpassung als bei den anderen Fassungsarten gegeben. Heute werden etwa 80 bis 90 % aller Ausbaufälle mit Bohrbrunnen gelöst, was die besondere Behandlung in Abschn. 3.3.2.3. rechtfertigt.

Obwohl noch zahlreiche *Schachtbrunnen* in Betrieb sind, werden kaum weitere Neuanlagen in dieser Weise gebaut. Der Grund sind die umständliche, manuell aufwendige Herstellung, geringe Anpassungsmöglichkeiten der Filterkonstruktion, Tiefenbegrenzung, hohe Kosten u. a. mit den unwesentlichen Vorteilen eines größeren Wasservorrats und größeren Raumes für die Förderorgane. Die Anwendung von Schachtbrunnen ist deshalb bei etwa 8 m Tiefe begrenzt.

Die Vorzüge des Schachtbrunnens mit denen der Sickerleitung als konzentrierte Großwasserfassung vereinigt der *Horizontalfilterbrunnen*. Diese Fassungsart ist, ähnlich wie der Bohrbrunnen, technologisch sehr anpassungsfähig. Trotzdem liegen heute ihre wesentlichsten Vorteile nicht in der Erschließung besonderer hydrogeologischer Formationen, sondern stärker auf betriebstechnischer Seite, z. B. Standort, Automation, Erschließungskosten, Schutzgebiete. Infolge der hohen Investitionen und des begrenzten stufenweisen Ausbaus wird die Fassungsart unter ihrer eigentlichen Bedeutung eingesetzt. Mit Überschreitung eines verfahrenstechnischen Optimums für die Schachttiefe – etwa 40 m – wird die Fassungsart schnell unwirtschaftlich gegenüber einer Bohrbrunnenreihe. Durch den Einsatz der modernen Schlitzwandtechnik wird nicht nur für Flachfassungen im Gebirge, sondern auch im Lockergestein in Tiefen bis zu 10 m die *Sickerleitung* wieder diskutabel. Diese Fassungsart bietet eine Anzahl Vorteile bei der Ausnutzung schmaler Grundwasserströme und geringmächtiger Schichten.

Generell gilt, daß oft noch zuwenig Variantenvergleiche durchgeführt werden und damit nicht immer die optimale Lösung gewählt wird. Dadurch kommt es nicht nur zu höheren Investitionkosten, sondern in stärkerem Maße zu technologischen Schwierigkeiten und erhöhten Kosten im Betrieb.

Alle weiteren Wasserfassungen, die unter Ausnutzung der vielfältigen Möglichkeiten der modernen Bohrtechnik als Schräg- und Diagonalbrunnen, Tellerbrunnen, Bohrbrunnen mit erwei-

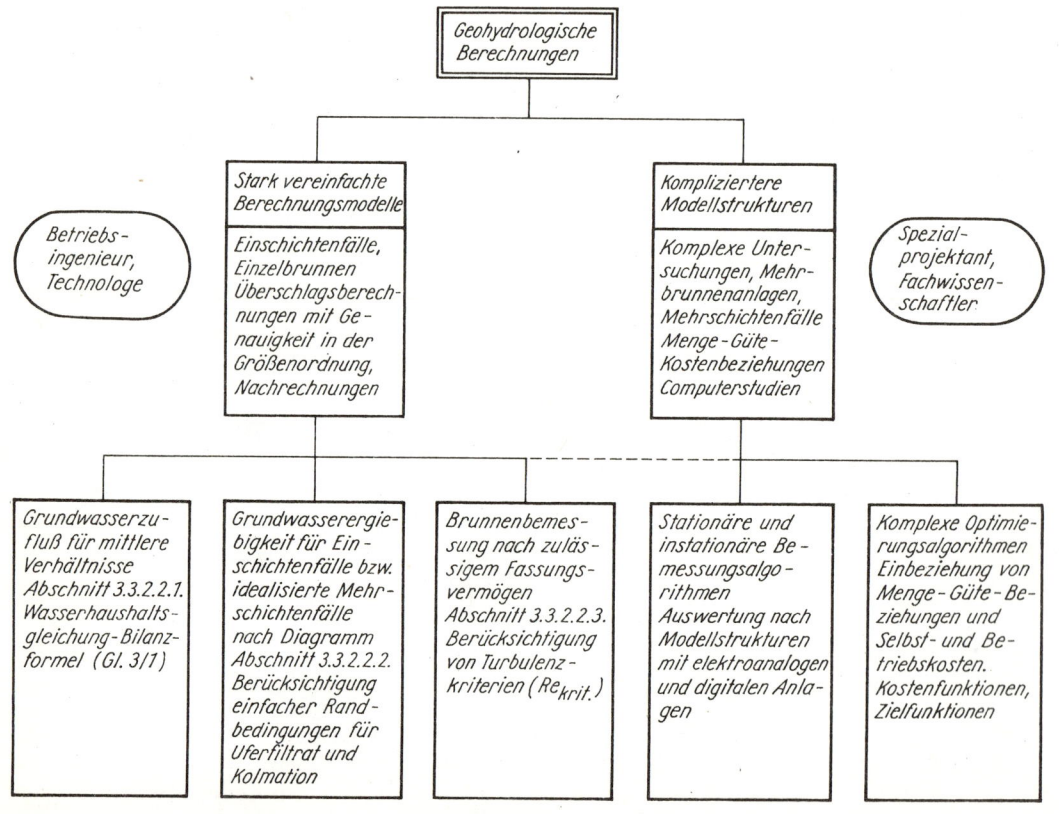

Bild 3.11 Schema der Berechnungsmöglichkeiten

3.3. Grundwassergewinnung

tertem Filter hergestellt werden, sowie die Grundwassergewinnung mit zusätzlicher Saug- oder elektroosmotischer Wirkung treten in der praktischen Anwendung stark zurück.

3.3.2.2. Berechnungsgrundlagen

Die praktischen Erfordernisse bei der Berechnung von großen Wasserfassungsanlagen zur Wasserversorgung, Tagebauentwässerung sowie zur Trockenlegung von Baugruben haben zu einer bedeutenden Erweiterung und Verbesserung der Berechnungsgrundlagen geführt. Die methodischen Forschungen führten innerhalb der Geohydrologie zu einem Sachgebiet Geohydraulik. Eine umfassende Darstellung der Berechnungsgrundlagen ist deshalb nur noch in besonderen Handbüchern der Fachgebiete möglich. Für weitergehende Betrachtungen wird auf folgende Spezialliteratur verwiesen [3.9; 3.13; 3.15; 3.40; 3.58]. Das Bild 3.11 soll dem Technologen Hinweise geben, welche Probleme sich noch mit dem gebotenen Stoff dieses Abschnitts lösen lassen und wann ein Spezialist diese Arbeiten übernehmen muß. Man erkennt, daß für kompliziertere geohydrologische Verhältnisse, Mehrschichtenfälle im Fassungsbereich und besonders Zustandsgrößen aus kurzzeitigen instationären Veränderungen sehr schnell die Grenzen der hier gebotenen Berechnungsgrundlagen erreicht sind. Meistens ist es dann erforderlich, das Modell zu verfeinern und elektroanaloge bzw. numerische Lösungsverfahren anzuwenden. Diese Aufgaben gehören aber auf jeden Fall in das Arbeitsgebiet einer Spezialeinrichtung, d. h. einer Hochschule oder eines Spezialprojektanten.

Zwischen der Entnahme $\dot{V}$ und dem Grundwasserzufluß $\dot{V}_{GW}$ an den äußeren Berandungen des Strömungsgebiets, z. B. Deckflächen, Speisekonturen, stellt sich ein definiertes hydrodynamisches Gleichgewicht ein. Eine wesentliche Bedingung, daß der Prozeß einen stationären Gleichgewichtszustand erreicht, ist durch die Bilanzformel nach Gl. (3.1) gegeben. Die Glieder der Bilanzformel sind in der Regel keine Konstanten, sondern raumzeitliche Funktionen infolge der hohen Pufferwirkung des Grundwasserleiters. In jedem Fall einer Berechnung von Grundwasserfassungen ist zu prüfen, ob die nachstehende Abschätzung eingehalten ist:

$$\dot{V}_{GW} \geqq \dot{V}_E \geqq \dot{V}_{Fzul} \geqq \dot{V} \tag{3.1}$$

$\dot{V}_{GW}$ Grundwasserzufluß (Grundwasserneubildung im Bereich des Absenkungstrichters und randseitiger Zufluß)
$\dot{V}_E$ Ergiebigkeit der Fassungsanlage
$\dot{V}_{Fzul}$ zulässiges Fassungsvermögen der Fassungsanlage
$\dot{V}$ aktuelle Entnahme.

Am Beispiel dieser Bilanzformel werden die wesentlichsten Berechnungsgrundlagen dargestellt. Es ist logischer, von links nach rechts zu prüfen, als umgekehrt von einer vorgefaßten Entnahme auszugehen. Um Mißverständnissen vorzubeugen, wird nochmals darauf hingewiesen, daß die Größen der Gleichung (3.1) nur bedingt Zahlenwerte darstellen und allgemein als Audrücke für Funktionen oder stochastische Größen aufzufassen sind.

Ein Leistungsanteil der Förderpumpe wird zur Überwindung der verschiedensten Trägheits-, Reibungs- und Kapillarkräfte im Verlaufe des Fließwegs verbraucht, d. h. thermodynamisch umgesetzt. Dieser Leistungsanteil erreicht den Betrag

$$\Delta N = \dot{V} \cdot \varrho \cdot g \cdot s_{Br}$$

$\dot{V}$ Entnahme
ϱ Dichte
g Erdbeschleunigung
s_{Br} Absenkung im Brunnen

Die potentiellen Energieanteile sind
– Übergangswiderstände an durchlässigen äußeren Berandungen, z. B. Gewässerbett, Schichtgrenzen
– Strömungswiderstände im Grundwasserleiter (Bewegungsgleichungen)
– Strömungswiderstände infolge unvollkommener innerer Berandungen, z. B. hydrodynamische Störungen durch Abweichung des Fassungsumrisses von Strom- und Potentiallinienverlauf, Anisotropieeffekte

- Filterwiderstand des Brunnenfilters (Kiesschüttung, Filterrohre)
- Rohrreibungswiderstand im Filterrohr durch Wandreibung und Einbauten.

3.3.2.2.1. Grundwasserzufluß V_{GW}

Die Berechnung des Grundwasserzuflusses ist bisher nur innerhalb einer Größenordnung und mit akzeptabler Genauigkeit für lange Zeiträume möglich. Für ein beliebiges Einzugsgebiet gilt streng:

$$N + Z_o + Z_u = A_L + A_{GW} + V_L + V_{GW} + \psi \cdot \Delta l + \varphi \cdot \Delta h \tag{3.2}$$

Zugänge	N	Niederschlagshöhe in mm, in l/s km²
	Z_o	oberirdischer Zufluß an den Rändern des Gebietes
	Z_u	unterirdischer Zufluß an den Rändern des Gebietes
	A_L	oberirdischer Abfluß aus dem Gebiet
	A_{GW}	unterirdischer Abfluß aus dem Gebiet, durch Entnahme nicht oder nur zeitweise gewinnbar
Abgänge	V_L	Gebietsverdunstung ohne Verdunstung aus dem Grundwasser oberflächennaher Standorte
	V_{GW}	zusätzliche Verdunstung durch erhöhte Grundwasserstände
	$\psi \cdot \Delta l$	Untergrundspeicherung im Bodenwasserraum (Deckschichten)
Speichergrößen	ψ	effektiv nutzbarer Porenanteil
	Δl	Höhe der Bodensäule
	$\varphi \cdot \Delta h$	Untergrundspeicherung im Grundwasserraum
	φ	effektiv entwässerbarer Porenanteil
	Δh	Grundwasserstandsänderung

Zwischen den verschiedenen Bilanzanteilen bestehen komplizierte funktionale Zusammenhänge. Außer N, Z_o, V_L können alle anderen Glieder durch eine Grundwasserentnahme verändert werden. Es ist deshalb zunächst notwendig, das unterirdische Einzugsgebiet der Wasserfassung zu bestimmen. Die Grenzen dieses Gebietes ergeben sich durch die Ausarbeitung eines geohydrologischen Modells, z. B. Grund- und Aufrißverfahren, Isometrie, unter Zuhilfenahme aller verfügbaren hydrogeologischen und wasserwirtschaftlichen Unterlagen, wie Schichtenfolgen, Störungszonen, Einlagerungen, Grundwasserleiter, Deckschichten, Stauer, Grundwasseroberfläche, Schwankungsbereich, Vorfluter, Gewässerbett, Wasserspiegellagen, Schwankungen, Anschluß der Grundwasserspiegellagen, Ausweisung von Überschwemmungs-, Grundwassernähr- und -zehrgebieten, Flächennnutzung.

Es ist Wert darauf zu legen, daß die äußeren Berandungen durch natürliche Grenzen, wie markante unterirdische Wasserscheiden, Oberflächengewässer mit ausreichender Speisungskontur, hydrogeologische Stauer u. a., nicht aber durch veränderliche Absenkungsgrenzen gebildet werden.

Für dieses Modell kann nun die Bilanz nach Gl. (3.2) aufgestellt werden. Zunächst ist zu prüfen, welche Glieder im betrachteten Fall Null werden. Dies kann für Z_o, Z_u, A_L, V_{GW} und bei geschickter Wahl des Bilanzzeitraums, so daß Bodenspeicherung für $\psi \cdot \Delta l$ und Grundwasserstandsänderung für $\varphi \cdot \Delta h$ konstant bzw. Null sind, der Fall sein. Dadurch kann die Berechnung bedeutend vereinfacht werden. Zur Ermittlung der einzelnen Glieder der Gleichung ergeben sich folgende Hinweise:

Für größere Gebiete (> 10 km²) wird der *Niederschlag* als Gebietsmittelwert über n Stationen in n zugeordneten Teilgebieten A bestimmt:

$$N_m = \frac{\Sigma (A_n \cdot N_n)}{\Sigma A_n} \text{ in mm oder l/s km}^2 \tag{3.3}$$

Bei starker Höhengliederung des Geländes wird mit den Normalhöhen der einzelnen Stationen eine Regressionsgleichung zwischen N und Seehöhe abgeleitet, die zur Interpolation von Zwischenwerten zu verwenden ist. In diesem Fall zeichnet man Isohyeten und berechnet den Niederschlag durch Planimetrieren der Schichtflächen. Die Zeitverschiebung, Verdunstung und sonstige Probleme der absetzbaren Niederschläge (Schnee, Reif, Tau u. a.) werden im allgemei-

3.3. Grundwassergewinnung

nen nicht berücksichtigt. Ein größerer Fehler tritt nur in Gebirgsräumen auf. Dort läßt sich das beschriebene vereinfachte Verfahren ohnehin nicht anwenden. Bei der Auswahl der Meßwertreihen sind die Häufigkeit und der Verlauf extremer Witterungsperioden zu beachten. Außer der Bilanz für ein mittleres Jahr empfiehlt es sich, die Verhältnisse für eine typische Folge von Trockenjahren zu untersuchen. Soweit die Meßwerte nicht den meteorologischen Jahrbüchern und Klimaatlanten zu entnehmen sind, können diese in beliebiger Zusammenstellung von den Dienststellen für Meteorologie und Klimakunde bezogen werden. Man sollte dabei die dort vorhandenen Möglichkeiten der elektronischen Datenverarbeitung nutzen. Zur Vertiefung sollte unbedingt bei *Dyck* [3.18] nachgelesen werden.

Die Abflußgröße läßt sich nur durch Messungen zuverlässig bestimmen. Soweit nicht bereits Abflußganglinien der betreffenden Vorfluter vorliegen und eine Übertragung der Werte möglich erscheint, müssen Abflußmeßstellen ausgebaut (Meßwehre, Regelprofile) und Schlüsselkurven aufgenommen werden. Um brauchbare Werte zu erhalten, wird ein Meßfehler von $\leq \pm 5\%$ für Mittelwasserstände und darunter angestrebt, was besonders bei Verkrautung Schwierigkeiten bereitet. In den Fällen, wo eine fortlaufende Reihe von Meßwerten nicht möglich ist, sollten besondere Abflußperioden ausgewählt und die Meßstellen möglichst synchron abgelesen werden.

Innerhalb des Gebietes ist auf Grundwasserübertritte in den Vorfluter und umgekehrt Versikkerung von Oberflächenwaser in das Grundwasser zu achten.

Bei der Festlegung des unterirdischen Durchflusses ist man ebenfalls auf umfangreiche Messungen angewiesen. Aus den Bohrergebnissen, Korngrößenanalysen und dem Strömungsbild des Grundwassers müssen die Zu- und Abflußprofile bekannt sein. Alles weitere ist darauf beschränkt, die Grundwasserfließgeschwindigkeit (Filtergeschwindigkeit) zu bestimmen und die Durchflußgleichung zu verwenden.

Ziel der Berechnung ist es, zunächst unabhängig von der Fassungsart oder Absenkung den Grundwasserdurchfluß in einem bestimmten Profil parallel einer Hydroisohypse zu ermitteln. Dazu steht die folgende Gleichung zur Verfügung:

$$\dot{V}_D = v_m \cdot A_m = k_{fm} \cdot J_{om} \cdot H_m \cdot B_m = \sum_{1}^{n} k_{fn} \cdot J_{on} \cdot H_n \cdot B_n \tag{3.4}$$

$\dot{V}_D$ Durchfluß in m³/s
k_f Durchlässigkeitsbeiwert in m/s
J_o natürliche Grundwassergefälle
H Grundwassermächtigkeit in m
B Durchflußbreite in m

Es hängt von den unterschiedlichen Größen der einzelnen Faktoren ab, ob man in Gl. (3.4) Mittelwerte einsetzt. (Index *m*) oder den Querschnitt in Lamellen (Index *n*) aufteilt, die Teildurchflüsse errechnet und summiert.

In Bild 3.12 sind die Größen in ihrer Bedeutung eingetragen.

Eine weitgehend aufgegliederte Durchflußberechnung (Tafel 3.1) wird nachstehend an Hand des Profils in Bild 3.11 gezeigt. Das gleiche hätte sich ergeben, wenn man die Mittelwerte für k_f, J, B und H eingesetzt hätte.

Die Berechnung des k_f-Wertes erfolgt in diesem Fall meistens aus den Ergebnissen der Korngrößenanalyse nach *Beyer* [3.4] oder aus Durchlässigkeitsuntersuchungen im Filtergerät.

In jedem Falle ist die einwandfreie *Entnahme der Bodenproben* von grundlegender Bedeutung.

Die nachstehenden Ausführungen beschränken sich auf die Entnahme von gestörten nichtbindigen Erdproben. Stark bindiges Material wird infolge der geringen Wasserdurchlässigkeit nicht untersucht. Die Probenentnahme auf der Baustelle hat so zu erfolgen, daß der gesamte Feinanteil der Schicht erfaßt wird und im Ergebnis eine Durchschnittsprobe vorliegt. Voraussetzung hierfür sind ein geschultes Bohrpersonal und die erforderlichen Einrichtungen auf der Baustelle, die keineswegs aufwendig sind und häufig nur aus Mangel an Verständnis vom Ausführenden nicht angeschafft werden. Sie bestehen aus folgenden Geräten:

1. größere abwaschbare Unterlage, z. B. Bahnen aus dem Plast PVC-weich oder Segeltuch.

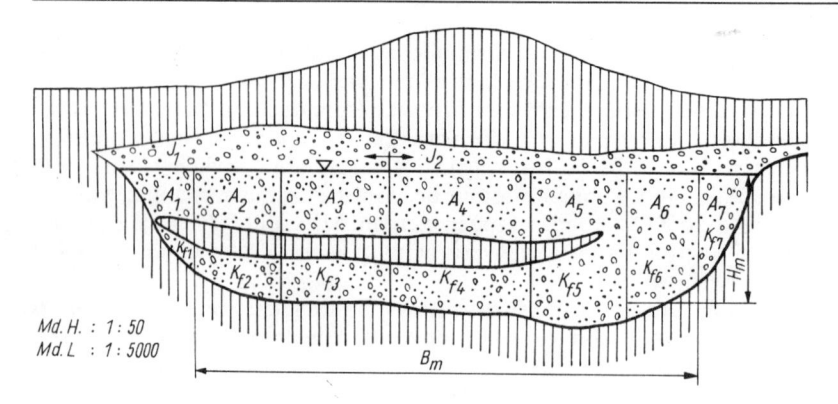

Bild 3.12 Berechnung des Grundwasserdurchflusses in Lamellen

Tafel 3.1. Durchflußberechnung

Lamelle Nr.	B_n m	H_n m	A_n m²	$A_{n(red)}$ m²	$k_{fn} \cdot 10^{-3}$ m/s	$I_n \cdot 10^{-3}$	$\dot{V}_n \cdot 10^{-3}$ m³/s
1	60	10,0	480	480	0,6	↑	0,64
2	145	20,0	2 900	2 250	0,9	2,2	4,47
3	175	21,5	3 760	3 060	1,2	↓	8,10
4	235	23,0	5 400	4 340	1,3	↑	25,40
5	155	25,0	3 880	3 700	0,8	↑	13,30
6	115	21,0	2 420	2 420	1,7	4,5	18,50
7	55	11,0	605	605	0,6	↓	1,64
$\sum 1...7$			19 565	16 855			72,05

2. zwei oder drei Mischkästen mit Überlauf und Feinsieb.
Der Kasten soll etwa 0,4 bis 0,5 m³ fassen. Bewährt hat sich dünnes Stahlblech in geschweißter Bauart. Er erhält einen Überlauf, dem auswechselbar ein Feinsieb vorgeschaltet ist.
3. genügend dichte Probenbeutel, besser Behälter, zum Transport.
Die Proben werden nun derart entnommen, daß das Bohrwerkzeug auf die Bahnen bei geringem Feinanteil und Wassergehalt oder in die Kästen entleert wird. Nachdem einige Bohrwerkzeuge, die die gesamte Schicht erfassen, entleert wurden und sich die Feinanteile abgesetzt haben, wird kräftig durchgemischt und eine Probe entnommen.
Es ist mindestens eine Probe je Schicht und bei Schichtdicken von mehreren Metern eine Probe je Meter zu entnehmen. Die Proben sind vor Beschädigungen durch Unbefugte bzw. Witterungseinflüsse zu schützen. Für eine doppelte, eindeutige und haltbare Beschriftung am und im Behälter ist Sorge zu tragen. Beim Transport ist zu beachten, daß nur abgeschlossene Probenserien einer oder mehrerer Bohrungen übernommen werden. Die Übernahme hat an Hand einer Probenliste als Protokoll zu erfolgen. Im allgemeinen wird zur Probenentnahme eine Anweisung des Auftraggebers vorliegen. Weitere Einzelheiten sind in [3.8] enthalten.

Zur *Korngrößenbestimmung* bietet die Verfahrenstechnik zahlreiche Verfahren an. In der Wassertechnik wird allgemein wegen der Einfachheit die Siebanalyse verwendet. Bei Erdstoffen, die feinsandig bis schluffig vorliegen, werden mitunter sogenannte Naßsiebungen vorgezogen. Hierbei wird das Material einfach mittels Wasserstrahls durch den Siebsatz gespült. Bei bindigen, schluffigen und tonigen Erdstoffen muß man Schlämmanalysen durchführen.

Der Bereich der Siebanalyse reicht allgemein von 0,06 bis 20 mm Korndurchmesser. Damit lassen sich alle wasserdurchlässigen Lockersedimente erfassen. Die Siebanalyse ist ein statistisches Verfahren – ein Sachverhalt, der von der Probenentnahme bis zur endgültigen Auswertung stets beachtet werden sollte. Die Interpretierbarkeit der Siebkurven in doppelt- oder halblogarithmischer Auftragung (Bild 3.13) als Durchgangssummenkurven ist deshalb unter dem

3.3. Grundwassergewinnung

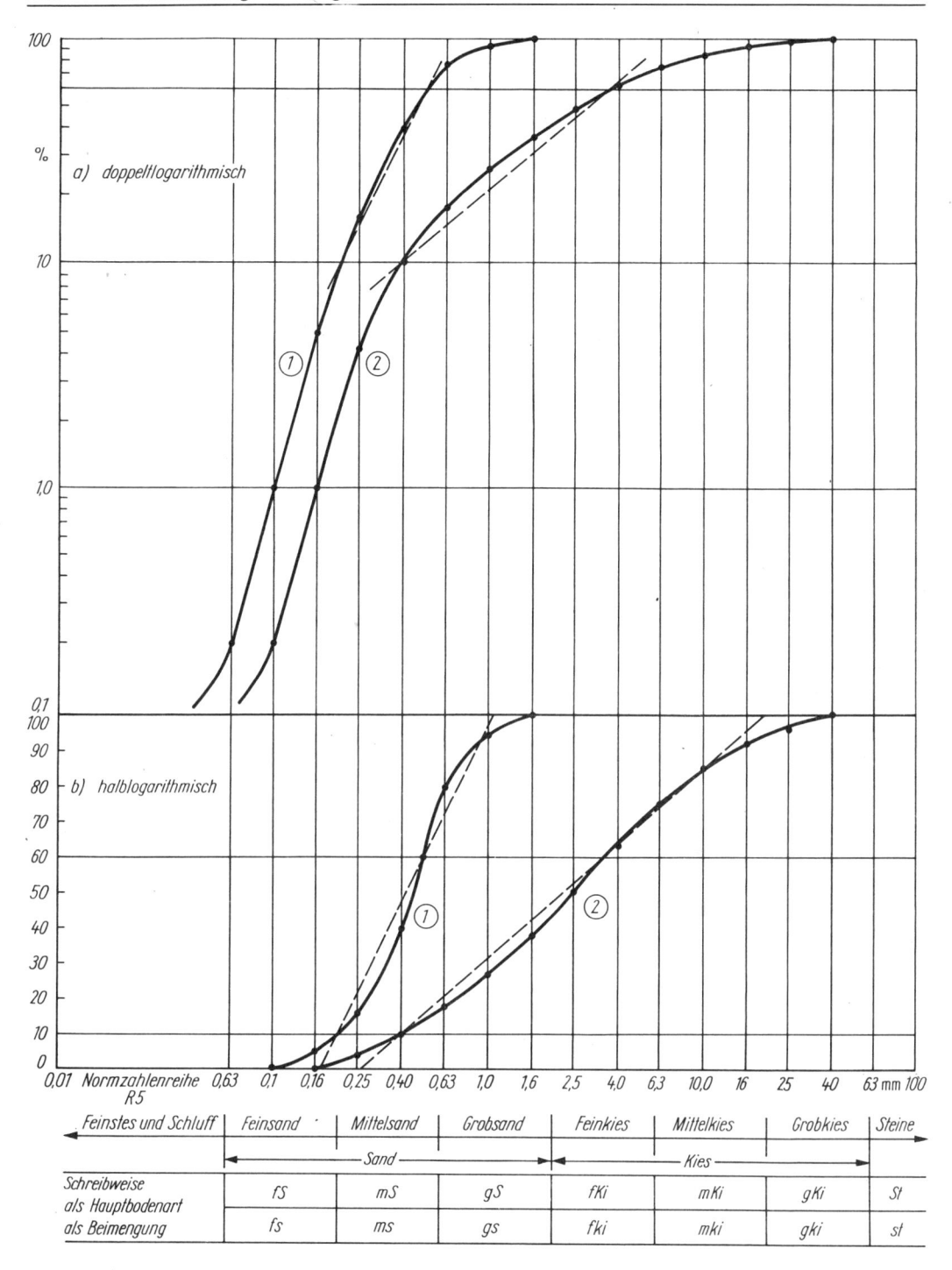

Bild 3.13 Kornverteilungskurven in doppelt- und halblogarithmischer Auftragung
(1) gleichförmiger Erdstoff ($U = 2,6$)
(2) ungleichförmiger Erdstoff ($U = 9,0$)

Aspekt einer statistisch exakten Versuchsdurchführung zu sehen. So sind bestimmte Anforderungen an die Vorbehandlung von feinsandigen, schluffigen und durch bindige Stoffe verbackenen Proben zu stellen, genauso an den Aufbau eines Siebsatzes und die technischen Hilfsmittel, wie Siebrüttelmaschinen, Schnellwaagen und genaue Vorschriften über die Durchführung von Siebversuchen. Die Durchführung ist jeweils in staatlichen Standards geregelt und bleibt Speziallabors vorbehalten. Die Abstufung der Siebe erfolgt am besten nach einer geometrisch aufgebauten Normenreihe, beispielsweise der Normenreihe R5. Es wird keine Körnung ausgelassen und ein gleichmäßiger Aufbau und gleiche Genauigkeit in allen Korngruppen garantiert. Die doppeltlogarithmische Darstellung bietet besonders zur Aufgliederung der Feinanteile günstige Möglichkeiten und sollte besonders für Entsandungsprobleme herangezogen werden.

Neben der Kornverteilungskurve erfahren die Analysen mitunter eine Auswertung in der Häufigkeitskurve. Es werden die einzelnen Durchgänge als Flächen über der Kornkurve aufgetragen. Die *Kornform* hat im Zusammenhang mit der Lagerungsdichte nichtbindiger Erdstoffe Bedeutung für die Durchlässigkeit in natürlichen und künstlichen Filtern. Sie wird am einfachsten aus dem Verhältnis der drei Hauptdurchmesser $a:b:c$ bestimmt. Weitere Verfahren sind die Fallgeschwindigkeit in Flüssigkeit, Abrollen auf schiefer Ebene sowie mathematische Verfahren, die von der idealen Kugelgestalt ausgehen. Allgemein gilt: Zunahme der Kugelgestalt mit abnehmender Korngröße d_m. Wichtig für die Beurteilung der Lagerungsdichte, Durchlässigkeit und Entsandung der Brunnen ist der sogenannte *Ungleichförmigkeitsgrad U*. Es gilt

$$U = \frac{d_{60}}{d_{10}} \tag{3.5}$$

d_{60} Korndurchmesser bei 60 % Siebdurchgang
d_{10} Korndurchmesser bei 10 % Siebdurchgang.
Man unterscheidet:
$U < 5$ gleichförmiges Material
$U \geq 5 \dots 15$ ungleichförmiges Material
$U > 15$ sehr ungleichförmiges Material.
Die Ungleichförmigkeit eines Materials hat großen Einfluß auf dessen Porengehalt bzw. Durchlässigkeit.

Für verschiedene Ungleichförmigkeiten und Lagerungsdichten natürlicher Sande und Kiese fanden Beyer u. a. [3.4] die Beziehung nach Bild 3.13.

Obwohl häufig in den Formeln mit dem einfach zu bestimmenden Korndurchmesser d_{10} anstelle des wirksamen Korndurchmessers d_w gerechnet wird, muß letzterer die Bezugsbasis bleiben. Er wird zur k_f-Wertermittlung aus Kornverteilungskurven und Bestimmung der Reynoldszahl Re benötigt.

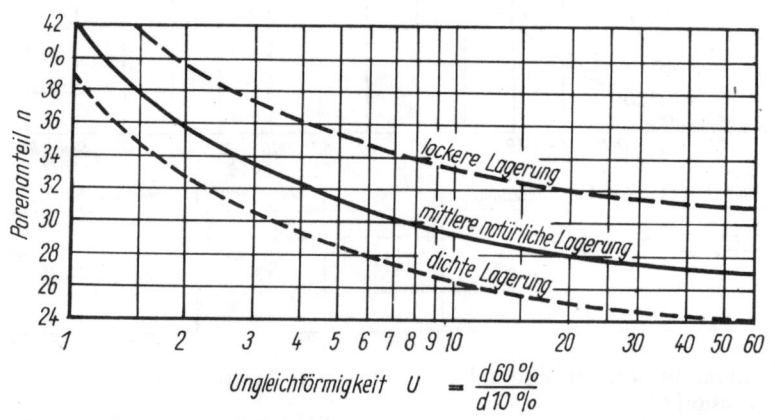

Bild 3.14 Zusammenhang zwischen Porenanteil und Ungleichförmigkeitsgrad für Sande und Kiese nach [3.4]

3.3. Grundwassergewinnung

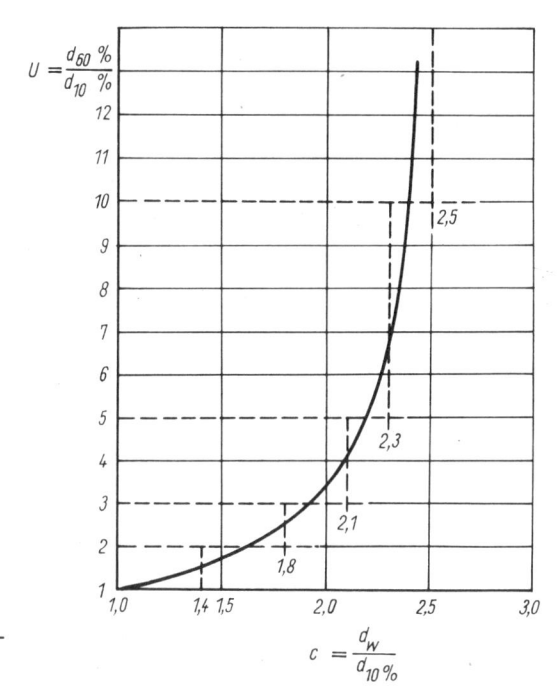

Bild 3.15 Zusammenhang zwischen Ungleichförmigkeitsgrad U und $d_w/d_{10\%}$

$$c = \frac{d_w}{d_{10\%}}$$

Beyer [3.4] hat in seinen Untersuchungen eine Abhängigkeit zwischen d_w, d_{10} und U nachgewiesen, deren Kenntnis die Bestimmung von d_w bedeutend vereinfacht.

Die technische Bedeutung des k_f-Wertes hat dazu geführt, daß zahlreiche empirische Formeln aufgestellt wurden, die eine Errechnung des Durchlässigkeitsbeiwerts aus nahezu allen bodenphysikalischen Einflußgrößen gestatten. Besonders zahlreich sind die Beziehungen, die eine Ableitung aus dem Porenraum vorsehen. Sie haben sich in der Praxis nicht durchgesetzt, da die Bestimmung des Porenraums abhängig von der natürlichen Lagerungsdichte schwierig ist und keine befriedigende Genauigkeit der k_f-Werte erreicht wird. Sämtliche Formeln erfassen nur einen Teil der funktionalen Abhängigkeit des k_f-Wertes von bodenphysikalischen Größen. Sie gelten daher häufig nur in einem engbegrenzten Bereich. Der Bestimmung der Gültigkeitsgrenzen und Übertragbarkeit auf natürliche Grundwasserleiter dienten zahlreiche Arbeiten. Danach haben sich Beziehungen der Form

$$k_f = C \cdot d_w^2 \tag{3.6}$$

als besonders geeignet erwiesen. Die Angaben für den Wert C schwanken sehr stark ($= 20 \ldots 170$).

Beyer [3.4] hat, ausgehend von Gl. (3.6), eine Untersuchung zahlreicher Bodenproben abgeschlossen. Gl. (3.6) wird dadurch verbessert, daß der Zusammenhang zwischen U, d_w und d_{10} nachgewiesen und berücksichtigt werden konnte. Weitere Einflüsse auf k_f durch n, w_h und Kornform wurden untersucht. Es ergab sich, daß die Einflüsse der Änderung dieser Größen ge-

Tafel 3.2. Größenordnung der k_{f10}-Werte bei den verschiedenen Bodenarten

Bodenart	T, su	Su, t	Su, fs	fS	mS	gS	fKi
k_{f10}-Wert in	10^{-10}	10^{-10}	10^{-6}	10^{-5}	10^{-4}	10^{-3}	10^{-2}
m/s		10^{-7}	10^{-5}	10^{-4}	10^{-3}	10^{-2}	

ring bzw. die Größen selbst schwer bestimmbar sind. Die Verwendung von U und d_{10} liefert brauchbare Werte.

Es gilt

$$k_f = C(U)\, d_{10}^2 \text{ in m/s} \tag{3.7}$$

(d_{10} in m).

Bild 3.16 zeigt die Werte $C(U)$. Durch den Vergleich der Methode mit den Ergebnissen der Feldversuche nach *Thiem* sowie der Färbeversuche ist eine Übertragungsmöglichkeit gesichert.

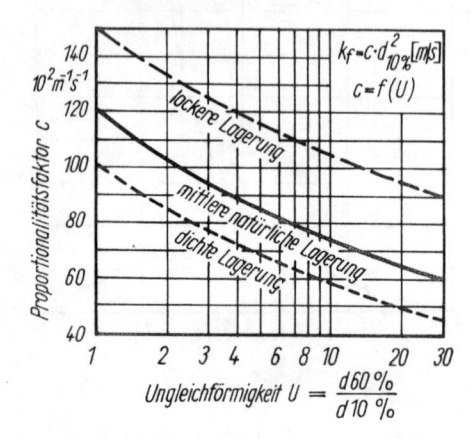

Bild 3.16 Proportionalitätsfaktor $C = f(U)$ für diluviale Sande und Kiese

An Bedeutung verloren hat in den bodenphysikalischen Laboratorien die Bestimmung des k_f-Wertes für Sande und Kiese im Durchlässigkeitsprüfgerät. Der manuelle Aufwand ist sehr hoch, und der für die nichtgestörten Bodenproben erzielte Genauigkeitsgrad steht dazu in keinem günstigen Verhältnis. Hier wird in diesem Zusammenhang nur die Berechnungsformel mitgeteilt, da in Verbindung mit Versuchsanordnungen bei Lysimetern und Versickerungsbecken danach gerechnet wird.

$$k_f = \frac{\dot{V} \cdot \Delta l}{A \cdot \Delta h} \cdot c \tag{3.8}$$

$$c = \frac{\eta_2}{\eta_1} \text{ bzw. } \frac{v_2}{v_1} \quad (\textit{Temperaturkorrektur})$$

Mitunter werden die Durchlässigkeitsbeiwerte bestimmter Schichtenfolgen zur Berechnung der Durchflußwiderstände benötigt.

Für eine Schicht erhält man

$$J = \frac{\Delta h}{\Delta l} = \frac{v}{k_f} = \frac{\dot{v} \cdot c}{A \cdot k_f} \tag{3.9}$$

mit

$$c = \frac{\eta_2}{\eta_1} \text{ bzw. } \frac{v_2}{v_1} \quad (\textit{Temperaturkorrektur})$$

Die Berechnung von k_f-Werten aus dem Durchlässigkeitsversuch im Durchlässigkeitsprüfgerät wird durch die nicht zu definierenden Einbaubedingungen der gestörten Proben kaum noch verwendet.

In diesem Zusammenhang ist die Berechnung der Profildurchlässigkeit für Schichtenfolgen mit horizontaler oder vertikaler Strömungsrichtung von Bedeutung (Bild 3.17). Genaugenommen ist der k_f-Wert in einer natürlichen Kiessandschicht nicht immer gleich. Abgesehen von ört-

3.3. Grundwassergewinnung

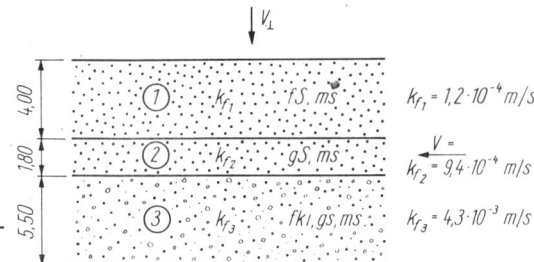

Bild 3.17 Beispiel zur Berechnung der Profildurchlässigkeit

$k_{f_1} = 1{,}2 \cdot 10^{-4}\, m/s$

$v = 9{,}4 \cdot 10^{-4}\, m/s$

$k_{f_3} = 4{,}3 \cdot 10^{-3}\, m/s$

lichen Abweichungen, ist infolge der fluviatilen Ablagerung ein Richten der Körner erfolgt. Dadurch sind die k_f-Werte in vertikaler Strömungsrichtung fast überall kleiner als in horizontaler Richtung. Hinzu kommt der nicht zu vernachlässigende Einfluß der Schichten auf die Profildurchlässigkeit. Man erhält für die Mittelwerte die folgenden leicht einzusehenden Schwerpunktformeln:

$$k_{fm} = \frac{\sum (k_f \cdot M)}{\sum M} \tag{3.10}$$

und

$$k_f = \frac{\sum M}{\sum \left(\frac{M}{k_f}\right)}. \tag{3.11}$$

Nach Bild 3.17 sollen die prinzipiellen Unterschiede an einem Beispiel gezeigt werden.

Schicht-Nr.	Schichtdicke	1000 k_{f10}	1000 $k_{f10} \cdot M$	$\frac{M}{1000\, k_{f10}}$
1	4,00	0,12	0,48	33,33
2	1,80	0,94	1,69	1,91
3	5,50	4,3	23,65	1,27
Σ	11,30		25,82	36,51
k_{fm}			$2{,}28 \cdot 10^{-3}$	$0{,}31 \cdot 10^{-3}$ m/s
			Gl. (3.10)	Gl. (3.11)

Bei wenigen Schichten und erheblichen Durchlässigkeitsunterschieden ergeben sich größere Unterschiede in den mittleren k_f-Werten nach den Gln. (3.10) und (3.11). Für Mehrschichtenfälle ist zu beachten, daß die Profildurchlässigkeit wasserstandsabhängig ist. Spiegelabsenkungen in Nähe eines Entnahmebauwerks führen daher zu Widerstandsveränderungen. Ferner beachte man die Temperaturabhängigkeit der Durchlässigkeitsbeiwerte, so daß bei größeren Abweichungen mit $c = \frac{v_2}{v_1}$ zu korrigieren ist. Gleichermaßen ist es aber auch möglich, die Geschwindigkeitsgröße direkt durch Tracerversuche zu messen und die Durchflußgleichung in ihrer einfachsten Form $\dot{V} = v \cdot A$ anzuwenden. Die Verfahren zur Bestimmung der Grundwassergeschwindigkeit teilen sich in drei Gruppen:
– Entfernungsversuche
– Verdünnungsversuche
– Direktmessung.

Für die ersten beiden Verfahrensgruppen werden Tracermaterialien verwendet, die nachstehende Anforderungen erfüllen sollen:

Die Tracersubstanz muß sich noch in großer Verdünnung chemisch, physikalisch oder biologisch mengenmäßig nachweisen lassen.

Die Tracersubstanz darf mit dem Wasser und seinen Inhaltstoffen keine Verbindungen eingehen und muß gut löslich sein.

Die Tracersubstanz darf nicht im Grundwasserleiter adsorbiert werden und keine erhöhte Ausbreitungsgeschwindigkeit durch Diffusion oder Dissoziation zeigen.

Die Tracersubstanz soll zur sicheren Anteilsbestimmung natürlicherweise höchstens in Spuren im Grundwasser vorhanden sein.

Die Tracersubstanz soll nicht toxisch wirken und spätestens zum Zeitpunkt der Nutzung des Grundwassers unschädlich sein.

Die Tracersubstanz soll vielseitig verwendbar und preisgünstig sein. Diese Bedingungen werden nicht immer gleich gut von den verschiedensten Stoffen erfüllt. Man unterscheidet:
- Salze ($NaCl$, $K_3[Fe(CN)_6]$, NH_4Cl, $CaOCl$ usw.)
- Farbstoffe (Uranin, Eosin usw.)
- oberflächenaktive Stoffe
- organische Stoffe, z. B. vorwiegend Mikroorganismen, wie Bakterium prodigiosum oder Bakterium pyocyaneum
- radioaktive Isotope ^{131}J, ^{82}Br, ^{24}Na, ^{3}H.

Von den Farbstoffen hat sich am besten Uranin, jedoch nicht in tonigen Böden, bewährt, während organische Stoffe nur bei sehr großen Poren bzw. Klüften und kurzen Meßstrecken einsetzbar sind.

Weitere Einzelheiten werden nicht mitgeteilt; es wird auf die angegebene Literatur verwiesen. Dies erscheint zulässig, da die Arbeiten in jedem Falle von Spezialisten ausgeführt werden [3.34].

Tafel 3.3. Die Arten der Grundwasserfließgeschwindigkeiten

Begriff	Ermittlung der Bestimmungsgröße	Formel	Bedeutung
v_b Bahngeschwindigkeit Wahre Geschwindigkeit eines Wasserteilchens (wahre Weglänge/Fließzeit)	wahre Weglänge in m (nicht bestimmbar) Fließzeit aus Tracerversuch in s	da nur die Zeit, aber nicht der Weg bekannt ist – nicht bestimmbar	physikalisch-chemisch-biologische Prozesse Grundwasserdynamik
v_a Abstandsgeschwindigkeit Wahre Geschwindigkeit eines Wasserteilchens in der Hauptfließrichtung (Abstand a-b: Fließzeit)	Abstand a-b-Messung in m Fließzeit aus Tracerversuch in s	$v_a = \dfrac{l}{t}$ in m/s $l = a - b$	Verweildauer v_{max} für Verschmutzungen durch Öl, Detergentien usw. v_a mittel $\cong v_p$
v_f Durchgangs- oder Filtergeschwindigkeit Keine physikalische Bedeutung – Rechenwert (Durchfluß/Fläche)	Durchflußmessung im m^3/s Flächen-Messung in m^2	$v_f = \dfrac{\dot{V}}{A}$ in m/s	Durchflußermittlung
v_p Porengeschwindigkeit (Durchflußmenge/Porenfläche)	Durchflußmessung in m^3/s Porenfläche indirekt bestimmbar durch Messung $A_p = A \cdot n$ in m^2	$v_p = \dfrac{\dot{V}}{A_p} =$ $\dfrac{\dot{V}}{A \cdot n}$ in m/s n Porenraum	Verweildauer mittlere Verweildauer $t_n = \dfrac{l \cdot A_p}{\dot{V}}$ $= \dfrac{l \cdot A \cdot n}{\dot{V}}$ in s bzw. $t_m = \dfrac{l^2 \cdot n}{k_f \cdot \Delta h}$ in s

3.3. Grundwassergewinnung

Tafel 3.4. Größenordnungen der Grundwasserfließgeschwindigkeiten

Bodenart	T,su	Su,t	Su, fs	fS	mS	gS	fKi
v_a in m/d	0	0,05	0,1	0,2	0,5	5,0	> 20
	.	.	.	.	.		
	.	.	.	.	.		
	0,1	0,2	0,5	5,0	20,0		

Die Problematik der Grundwasserfließgeschwindigkeit hat schon oft zu Definitionsschwierigkeiten und Verwechslungen geführt. Aus diesem Grund sind die gebräuchlichen Arten nach *Beyer* [3.4] in Tafel 3.3 dargestellt. Neben der Filtergeschwindigkeit v_f als Rechengröße besitzt für alle Fragen der Güteveränderung des Grundwassers die Abstandsgeschwindigkeit v_a Bedeutung (Tafel 3.4). Mangels genauerer Werte wird im allgemeinen mit der Porengeschwindigkeit v_p gerechnet und diese der mittleren Abstandsgeschwindigkeit v_{am} gleichgesetzt. Eine genauere Ermittlung der maßgebenden Abstandsgeschwindigkeiten ist nur durch Tracerversuche möglich. Letztlich kann die Bestimmung der Profildurchlässigkeit durch Pumpversuche und ihre Auswertung erfolgen. Hierzu existiert eine umfangreiche Theorie [3.11; 3.13; 3.15; 3.31; 3.37; 3.40]. Durch Pumpversuche werden die wirklichkeitsnahesten, zugleich aber auch die „teuersten" k_f-Werte erhalten. Dieser Nachteil, verbunden mit einer langwierigen Versuchsdurchführung, hat zu einer Beschränkung der Pumpversuche auf wenige markante Stellen geführt. Diese sind daher überwiegend auf den eigentlichen Fassungsstandort beschränkt, so daß man für die Bestimmung des randseitigen Durchflusses mit den beschriebenen Methoden auskommen muß.

Wohl am problematischsten von allen Wasserhaushaltsgrößen ist die *Bestimmung der Verdunstung*. Aus der Bearbeitung der vielschichtigen Zusammenhänge ist eine eigene Literatur hervorgegangen (s. *Dyck* [3.18]).

In den nachstehenden Ausführungen werden diese Fragen nur soweit behandelt, wie dadurch Überschlagsrechnungen möglich werden.

Man unterteilt in
- Verdunstung freier Wasserflächen (Evaporation)
- Verdunstung unbewachsenen Bodens (aktuelle oder potentielle Evaporation)
- Verdunstung der Pflanzen (Transpiration)
- Verdunstung des bewachsenen Bodens oder Standortverdunstung (aktuelle oder potentielle Evapotranspiration)
- Landes- oder Gebietsverdunstung.

Tafel 3.5. Verdunstungswerte freier Wasserflächen

Monat	Kühler, von Felsen umgebener Gebirgssee		Windoffener Flachlandsee		Stauhaltung, windgeschützt		Windgeschützter Flachlandsee	
Einheit	mm	%	mm	%	mm	%	mm	%
Januar	43	5,6	27	2,9	24	3,8	25	3,7
Februar	58	7,6	29	3,1	25	3,9	27	4,0
März	58	7,6	44	4,7	45	7,1	46	6,9
April	60	7,9	60	6,4	57	9,0	58	8,6
Mai	75	9,8	121	12,9	80	12,6	85	12,6
Juni	92	12,1	155	16,6	93	14,5	90	13,4
Juli	118	15,6	156	16,7	102	16,1	115	17,0
August	80	10,5	136	14,5	80	12,6	90	13,4
September	63	8,2	86	9,2	59	9,3	65	9,7
Oktober	50	6,6	54	5,8	34	5,4	36	5,3
November	35	4,6	38	4,0	21	3,3	20	3,0
Dezember	30	3,9	30	3,2	15	2,4	16	2,4
Jahr	762	100	936	100	635	100	673	100

Bei Arbeiten zur Wassererschließung wird mitunter die Verdunstung von Speicherbecken, Seen, Teichen oder Wasserläufen benötigt. Im allgemeinen ist es bei der geforderten Genauigkeit der Berechnungen nicht möglich, mit Schätzwerten zu arbeiten. Soweit keine Versuchswerte vorliegen, wird empfohlen, ein meteorologisches Gutachten einzuholen. Lediglich zur Orientierung werden in Tafel 3.5 einige Werte angegeben, da eine Übertragung nur mit äußerster Vorsicht möglich ist. Die Werte werden durch zahlreiche Faktoren verändert, insbesondere durch Wasserpflanzen, Wassertiefe und Farbe des Seegrundes bei flachen Seen. Die maximalen Tageswerte liegen je nach Art des Sees zwischen 4 und 11 mm/d. Selbst unter ungünstigen Verhältnissen dürfte die obere Grenze der Jahresverdunstung 1000 mm/a in Mitteleuropa nicht überschreiten.

Diese ist im allgemeinen am kleinsten und beträgt durchschnittlich nur 50 bis 60 % des bewachsenen Bodens. Von besonderer Bedeutung ist es, zu unterscheiden, ob ein optimal ausreichender Wassernachschub vorliegt und die Verdunstungskraft voll ausgenutzt werden kann (potentielle Evaporation) oder ob das Wasserangebot durch fehlende Niederschläge bzw. tiefliegende Grundwasseroberfläche beschränkt ist (aktuelle Evaporation). Letzterer Fall ist der vorherrschende.

Zur Erhaltung der Stoffwechselvorgänge und um sich vor Überhitzung zu schützen, verdunstet die Pflanze abhängig von der Art, dem Alter, den klimatischen Bedingungen und dem Wasserangebot z. T. erhebliche Mengen Wasser. Hauptverdunstungsflächen sind hierbei die Blätter. Blattpflanzen verdunsten im allgemeinen mehr als Nadelgewächse. Seltener aus der Luftfeuchtigkeit, dem Tau oder durch Interzeption, sondern größtenteils über die Wurzeln decken die Pflanzen ihren Wasserbedarf. Hierbei wird das freie ungespannte Porenwasser und bei Tiefwurzlern Grundwasser genutzt. Grundwasserstand, Bodendurchlässigkeit, Kapillarität und nicht zuletzt die Nährstoffzufuhr (Düngung) sind für den Wasserverbrauch maßgebende Größen. Die Größe der Transpiration ist täglichen Schwankungen unterworfen und verändert sich mit dem Alter der Bestände (Ackernutzung, Wald). Sie steigt in der Wachstumsperiode an, um während der Reifung wieder abzusinken. Bei den zahlreichen Arten, Einflußgrößen und meßtechnischen Schwierigkeiten sind bisher nur Relativwerte bekannt, die dazu noch standortabhängig sind. Einzelheiten sind speziellen, vorwiegend landwirtschaftlichen Veröffentlichungen zu entnehmen [3.16; 3.30].

Die Verdunstung bewachsener Flächen wird als Evapotranspiration bezeichnet. Entsprechend den Erklärungen bei der Bodenverdunstung unterscheidet man auch hier in potentielle und in aktuelle Evapotranspiration. Im allgemeinen ist die Evapotranspiration der Messung durch Lysimeteranlagen und Berechnungen über den Wasserhaushalt bzw. spezielle Verdunstungsformeln zugänglich. Obwohl bereits sehr viele Messungen und Veröffentlichungen vorliegen sowie Lysimeteranlagen in großer Anzahl gebaut werden, kann nur in besonderen Fällen auf die Werte zurückgegriffen werden. Einerseits sind diese standortbedingt durch die Untersuchungsmethode beeinflußt, und andererseits fehlen hinreichende Untersuchungen zur Übertragung der Ergebnisse auf vergleichbare Teilflächen in anderen Flußgebieten. Untersuchungen, die die Wirkung des Förderbetriebs auf die Verdunstungs- bzw. Versickerungsgröße berücksichtigen, sind noch in den Anfängen.

Auf Grund der Problematik geht man bei praktischen Untersuchungen von den leichter erfaßbaren Abflußgrößen aus, die durch Messung bestimmt werden. Die Verdunstung kann dann als Verlustgröße der Differenz in der Wasserhaushaltsgleichung angenähert gleichgesetzt werden. Zu Einzelheiten wird empfohlen, unter [3.16; 3.58] nachzulesen, wo weitere Literaturangaben zu finden sind.

Die Gebietsverdunstung ergibt gewogene Mittelwerte der einzelnen Standortverdunstungen über ein größeres Flußgebiet. Im allgemeinen bestehen im mitteleuropäischen Raum gute Kenntnisse über die Größe und Abweichung der Gebietsverdunstung, auf die zurückgegriffen werden kann [3.58]. Die Grundlage dieser Ermittlungen bilden statistische Gesetzmäßigkeiten des Wasserhaushalts größerer abgeschlossener Flußgebiete, in denen hinreichende Reihen des Niederschlags und langjährige Abflußbeobachtungen an den Wasserläufen vorliegen. Die durchschnittliche Gebietsverdunstung beträgt für die DDR etwa 450 mm/a.

In der Wassererschließung können die Formeln nur für großräumige Überschlagsrechnungen

3.3. Grundwassergewinnung

oder notfalls für erste Näherungen in Gebieten > 500 km², die offensichtlich mittleres Verhalten zeigen, verwendet werden. Für den Normalfall der Wassererschließung mit $A_E \leq 500$ km² müssen spezielle Untersuchungen über das Gebietsverhalten vorgenommen werden. Praktisch behilft man sich unter Verwendung des erarbeiteten Modells, z. B. Flächennutzung, Bodenbeschaffenheit, Neigung, Flurabstand, Deckschichtengliederung u. a., indem man typische Flächen ausgliedert und mit den Werten für die Standortverdunstung bewertet. Offene Wasserflächen (Seen, Talsperren) und Gebiete mit oberflächennahem Grundwasser (Zehrflächen) können mit den potentiellen Werten belegt werden. Zum Vergleich mit den Gebietswerten wird man das gewogene Mittel bestimmen. Abhängig von der Gebietsstruktur können die Werte zwischen 350 und 500 mm/a schwanken.

Für die Wasserdurchlässigkeit von ausschlaggebender Bedeutung ist der Porenraum. Abhängig davon, ob die Porenräume mit Wasser oder mit Wasser und Luft gefüllt sind, spricht man von einem Zweiphasen- bzw. Dreiphasensystem. Die Größe des Porenraums ist von Korngröße, Korngrößenverteilung und Lagerungsdichte abhängig. Zur Angabe des Porenraums dient der Porenanteil n oder die Porenziffer e.

Die Porengehalte n für natürliche Böden schwanken sehr stark. Etwa folgende Wertebereiche liegen fest:

Sande und Kiese	20 bis 40 %
Lehme	40 bis 55 %
Tone	50 bis 70 %
Torf	80 bis 95 %
Erstarrungsgestein	2 bis 5 %

Innerhalb dieser Intervalle treten starke Streuungen durch die Ungleichförmigkeit auf, die bei rolligen Böden in enger Korrelation zur Lagerungsdichte steht. Nach *Beyer* u. a. [3.4] ergibt sich die Abhängigkeit nach Bild 3.14. In diesem Zusammenhang ist jedoch nicht nur der absolute Porenraum, sondern vielmehr der nutzbare, entwässerbare Porenraum n_e von Interesse. Dieser ergibt sich aus der Differenz des absoluten Porenraums n und der Haftwasseranteile n_{ow} (Wasserhaltewert) zu

$$n_e = n - n_{ow} \text{ in Vol.-\%} \tag{3.12}$$

bei Entwässerung bzw.

$$n_a = n - (n_{ow} + n_{ol}) \tag{3.13}$$

bei Auffüllung.

Es hängt vom Porendurchmesser und der Auffüllgeschwindigkeit ab, wie groß der Anteil der eingeschlossenen Lufträume n_{ol} bei Wiederauffüllung werden kann, so daß mitunter $n_e \approx n_a$ wird. Infolge der langwierigen versuchsmäßigen Bestimmung der Werte ist es von großer Bedeutung, daß *Beyer* u. a. [3.5] eine Abhängigkeit vom Durchlässigkeitsbeiwert k_f gefunden haben, die in Bild 3.18 dargestellt ist.

Für Überschlagsrechnungen kann $n_e = n_a = \varphi$ gesetzt werden [s. Gl.(3.2)]. Bei Speicherberechnungen ist mit der langen Entwässerungszeit der Böden zu rechnen, die sich umgekehrt zum k_f-Wert verhält und bei feinkörnigem Material mehr als ein Jahr betragen kann. Eine allgemeingültige Beziehung der Zeitfunktion besteht noch nicht. Bei Grundwasserstandsänderungen sind die benötigten Zeiträume im allgemeinen vorhanden, so daß mit keinen wesentlichen Stau- und Rückhalteeffekten zu rechnen ist. Es muß jedoch noch darauf hingewiesen werden, daß die angegebene Beziehung $\varphi \cdot \Delta h$ nur im Bereich kleiner Änderungen von Δh proportional verläuft. Die Elastizität des Wassers, Gesteins, der Luftdruck sowie die Partialdrücke gelöster Gase sind hierbei vernachlässigt und bewirken bei größeren Standrohrspiegelunterschieden (> 1 m) eine komplizierte Änderung von φ.

Bisher keiner exakten Berechnung zugänglich ist die Bodenspeicherung $\psi \cdot \Delta l$. Das vorliegende Dreiphasensystem Luft–Wasser–Gestein (+ Biomasse) kann nur über Analogwerte der Bodenfeuchte und die Witterungsvorgeschichte eingeschätzt bzw. global erfaßt werden.

Es hat nicht an Versuchen gefehlt, die schwierig zu bestimmenden Bilanzteile der Gl.(3.2) zu umgehen und Korrelationsbeziehungen zwischen den Wasserhaushaltsgrößen auszunutzen. Bei

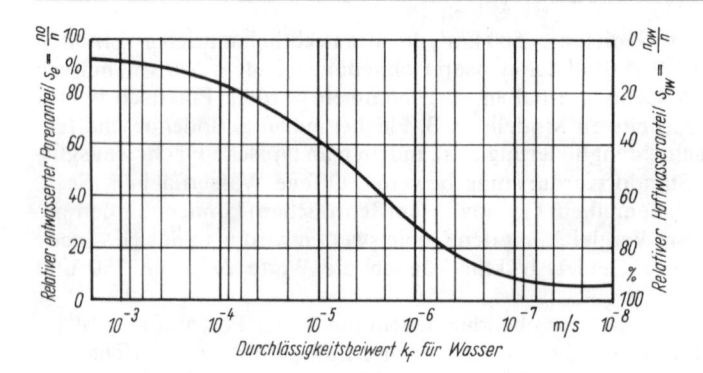

Bild 3.18 Abhängigkeit des relativen entwässerbaren Porenanteils n_e vom Durchlässigkeitsbeiwert k_f

allen Vorteilen der Methode sollte man sich stets in kleinen Gebieten der möglichen Abweichungen von den oft großräumig aufgefaßten Beziehungen bewußt sein. Für kurze Zeiträume ist die exakte Lösung des Problems der Grundwasserneubildung bisher nicht gegeben.

3.3.2.2.2. Grundwasserergiebigkeit $\dot{V}_E$

Nachdem eine der Fassungsarten und die fassungstechnischen Parameter festgelegt sind, kann die Ergiebigkeit berechnet werden. Im Anfangsstadium ist die Ergiebigkeit $\dot{V}_E$ unabhängig vom Grundwasserzufluß $\dot{V}_{GW}$. Mit fortschreitender Förderung wird der statistische Zusammenhang enger, wobei die Ausgleichswirkung des Grundwasserleiters bedeutend sein kann. Die Ergiebigkeit ist Null, wenn keine Absenkung vorliegt; sie erreicht ihr Maximum, wenn die Absenkung ihren Größtwert annimmt. Die Ergiebigkeit wird durch die Bewegungsgesetze der Filterströmung in der Lösungsvariante des Anwendungsfalls beschrieben. Der Anwendungsfall wird durch Fassungsart, Umrißfigur der Brunnen im Fassungsgebiet (innere Berandung), äußere Randkonturen, wie undurchlässige Berandungen, teildurchlässige Konturen oder freie Wasserflächen, charakterisiert. Die Umrißfigur der Fassung ergibt in Verbindung mit der Absenkung des Grundwassers eine hydraulische Senke, der das Grundwasser zuströmt. Die explizite Form des komplexen instationären Modells zwischen inneren und äußeren Berandungen ist die Grundwasserergiebigkeit. Die Erscheinung der Sickerstrecke gehört demnach zur Grundwasserergiebigkeit genauso wie die Zusatzwiderstände für den Eintritt des Wassers in den Grundwasserleiter, z. B. Kolmation, Schichtübergangswiderstände.

Nachdem alle Bilanzglieder der Gl. (3.2) bekannt sind und der Grundwasserzufluß in erster Näherung festliegt, wird die Fassungsanlage technisch konzipiert. Unter der Einwirkung der Wasserentnahme wird in Abhängigkeit von einigen geohydraulischen Faktoren und den Grundrißfiguren von Gebiet und Fassungsanlage der Wasserhaushalt des Gebietes beeinflußt, d. h. der Grundwasserzufluß verändert. Dies ist dann der Fall, wenn
- Oberflächengewässer durch die Absenkung zusätzliche Versickerung aufweisen
- Zehrflächen durch erhöhte Absenkung zu Nährflächen werden, z. B. Stauungsgebiete, anmoorige Wiesen
- Grundwasserscheiden verschoben werden
- aufsteigende Tiefenwässer zusätzlich gewonnen werden
- durch tiefere Durchwurzelung, Austrocknung u. a. die Infiltration gegenüber Verdunstung und oberirdischen Abfluß erhöht wird
- durch Trinkwasserschutzgebiete und Ertragsminderung die Flächennutzung umgestellt bzw. zusätzlich bewässert wird.

Bei großen Wasserfassungen treffen fast immer einige dieser Bedingungen zu, so daß in einer Anpassungsstufe (zweite Berechnungsstufe) der Grundwasserzufluß wechselseitig mit der Ergiebigkeitsberechnung abgestimmt werden muß. Diese an sich folgerichtige Aufgabe wird in der Praxis oft nicht oder nur teilweise erfüllt, so daß sich im Dauerbetrieb der späteren Fassungsan-

3.3. Grundwassergewinnung

lage unliebsame Überraschungen einstellen. Dabei ist für den perspektivischen Ausbau der Wasserversorgungsanlage (Wasserverteilung, Ausbaustufen) eine Unterschätzung mitunter genauso unangenehm wie eine Überschätzung des Grundwasserzuflusses. In dieser Stufe sind auch natürliche und betriebsbedingte Änderungen der Grundwassergüte zu erwägen. Oft entstehen durch die Gefahr einer Güteverschlechterung Entnahmebeschränkungen oder Änderungen der Art und Lage von Wasserfassungen. Man erkennt, daß vielfältige Überlegungen notwendig sind, bevor die Ergiebigkeit berechnet wird.

Zur Ergiebigkeitsberechnung stehen heute eine umfangreiche analytische Theorie [3.11; 3.13; 3.43; 3.44] sowie bedeutende Hilfsmittel der modelltechnischen Lösungsverfahren [3.15; 3.29; 3.39] bzw. Digitalrechner zur Verfügung. Damit ist die Bearbeitung komplizierter Probleme endgültig aus dem Rahmen der Wasserversorgungstechnologie herausgetreten und bleibt Spezialisten überlassen (s. auch Tafel 3.1). Der erfahrene Wasserversorgungstechnologe übernimmt deshalb zunehmend Koordinierungsaufgaben. Nur dadurch gelingt es, die Spezialgruppen zu einer abgestimmten praktischen Lösung zu bringen.

Die folgenden Berechnungsverfahren und Erläuterungen wichtiger Fakten beschränken sich auf wenige unumgängliche Normalfälle.

Standrohrspiegel

Von großer Bedeutung für die ingenieurmäßige Berechnung und kartenmäßige Darstellung einer Grundwasserabsenkung ist die Messung von Standrohrspiegeln. In der Nähe von Entnahmebauwerken (Brunnen, Gräben) und größeren Flüssen oder Versickerungsbecken ergeben sich Potentialstörungen, d. h., die im ungestörten Grundwasserleiter praktisch senkrecht zu den horizontalen Stromlinien verlaufenden Äquipotentiallinien sind stark geneigt oder gekrümmt, so daß sich bei der Messung von Standrohrspiegeln in Peilrohren eine Potentialdifferenz bemerkbar macht, die orts- und tiefenabhängig ist. Die Nichtbeachtung dieser Tatsache, bereits beim Einbau der Peilrohre, kann zu erheblichen Fehlern in der Ergiebigkeitsberechnung und bei der Aufstellung von Plänen mit Grundwasserhöhengleichen führen [3.13].

Dieser Fall tritt als Normalfall bei Grundwasserströmungen im Falle von Absenkungs- und Aufstauvorgängen auf. Bild 3.19 zeigt den Ausschnitt eines derartigen Strömungsnetzes mit den entsprechenden Standrohren.

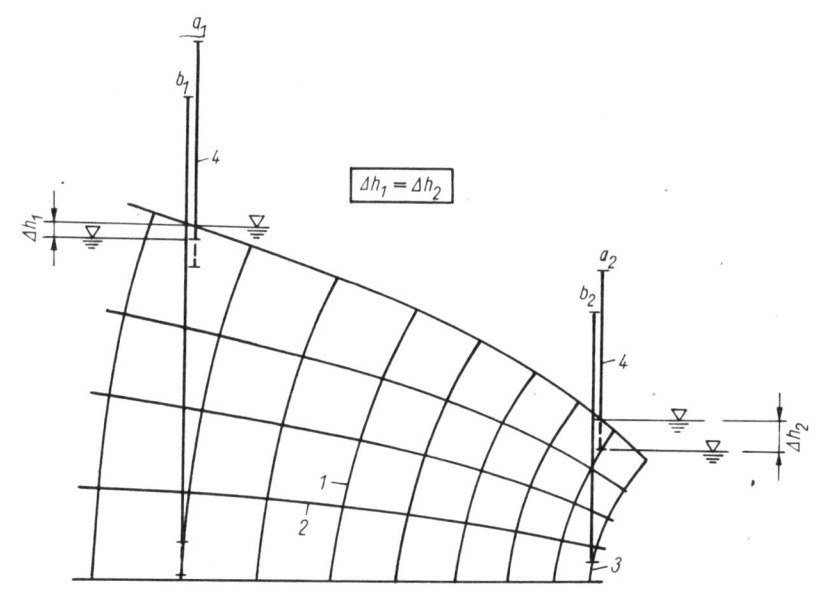

Bild 3.19 Potentialnetzausschnitt für gekrümmte Stromlinien
1 Äquipotentiallinien; *2* Stromlinien; *3* Pegelfilter; *4* Pegelrohr (dicht)

Für die Standrohrspiegeldifferenz gilt ebenfalls

$$\Delta h = \frac{\Delta \varphi}{k_f}$$

Insbesondere kann man aus der geodätischen Höhenänderung der Potentiallinien die Standrohrspiegelhöhen für Zwischenpunkte bestimmen. Es folgt, daß die Formeln, die mit Standrohrspiegelgefällen arbeiten, nur Standrohrspiegel entlang einer Stromlinie verwendet werden können. Es wird empfohlen, hierzu unter [3.13] nachzulesen. Sofern nicht, wie allgemein üblich, mit Standrohren (Pegel) gearbeitet wird, sondern mit Druckmeßeinrichtungen, liegt der Porenwasserdruck als Meßgröße an, der mit dem Standrohrspiegel h durch

$$h = z + \frac{p}{\varrho \cdot g}$$

in Verbindung steht. Standrohrspiegel werden vielseitig verwendet. Eine der wesentlichsten Anwendungen ist die Aufstellung von Karten der Grundwasserhöhengleichen (Isohypsen) und daraus abgeleiteten Plänen, z. B. Differenzplan, Flurabstandskarten, Isoklinenpläne u. a. In den Bildern 3.20 und 3.21 ist beispielhaft ein Isohypsenplan einem Differenzplan gegenübergestellt. Man erkennt die instruktive Wirkung des Differenzplans für Bewirtschaftungsaufgaben.

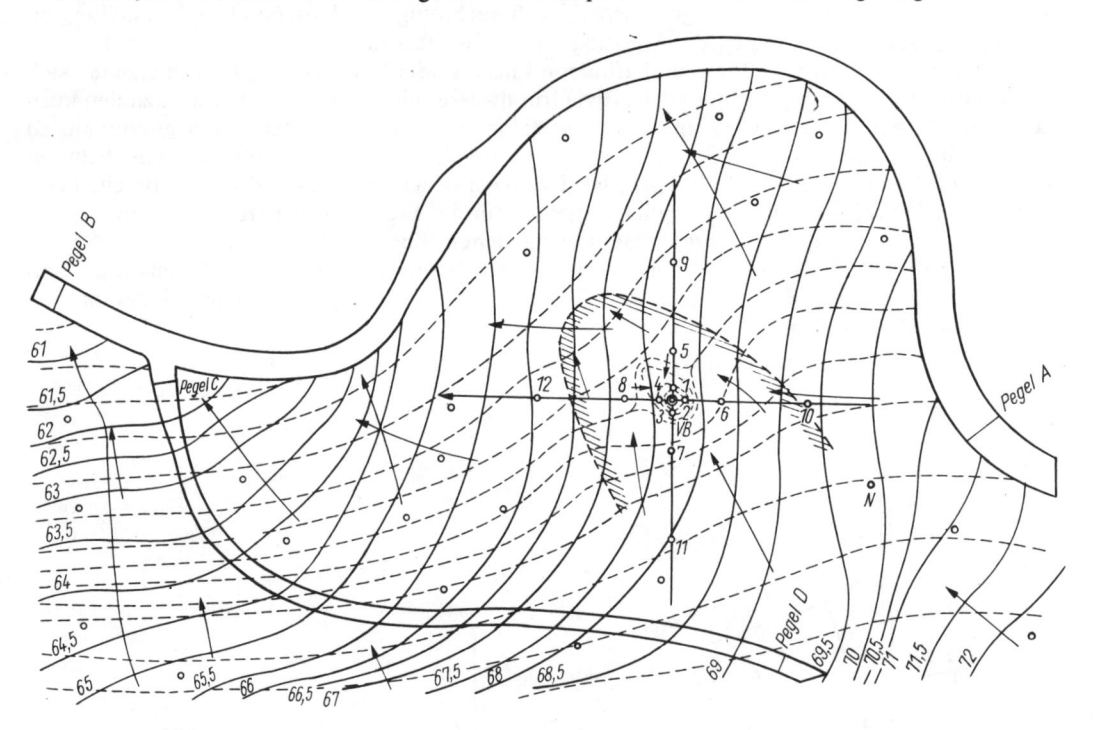

Bild 3.20 Plan der Grundwasserhöhengleichen in Flußnähe bei Hochwasser bzw. Niedrigwasser und Versuchsbrunnenbetrieb
——— Hochwasser; − − − − − Niedrigwasser

Berechnungskennwerte und Bezeichnungen
Die wichtigsten Bezeichnungen zur Berechnung eines Brunnens als Einschichtenfall sind in Bild 3.22 eingetragen. Für die Variante B1 gilt gleichermaßen φ_{01}, wenn $l < M$ von der Sohle des Grundwasserleiters beginnt. Mehrschichtenfälle können durch Einführung der Profildurchlässigkeit näherungsweise behandelt werden. Hier nicht behandelt wird die Speisung des Grundwasserleiters über eine obere oder untere Kontur (liegende oder hängende Schichten).

3.3. Grundwassergewinnung

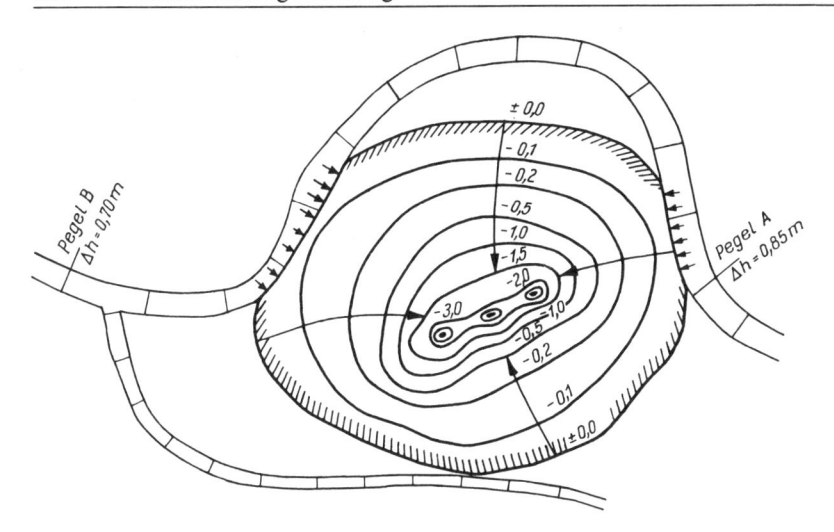

Bild 3.21 Plan der Grundwasserhöhendifferenzen als Vergleich zweier zeitlich unterschiedlicher Absenkungszustände mit beginnender Uferfiltration

Bild 3.22 Anströmung eines Kiesfilterbrunnens im Bereich der Sickerstrecke

		Ausbauvarianten	
$\varphi_1 \approx \varphi_{01}$		gespanntes Grundwasser	ungespanntes Grundwasser
A	0	1	2
B	φ_{01} nach Bild 3.24 mit $\varphi_{01} = \varphi_{01}(l/M; H, M)$ $l/M = 0{,}5, r_0 = 0{,}20\,m$ $l/M = 0{,}9, r_0 = 0{,}50\,m$	1	2
C	φ_{01} nach Bild 3.24 mit $l_1 = c+l;\ M,H \Rightarrow \varphi_{l_1}$ $l_2 = c;\ M,H \Rightarrow \varphi_{l_2}$ $l_3 = l/2;\ M,H \Rightarrow \varphi_{l_3}$ $l_4 = c+l/2;\ M,H \Rightarrow \varphi_{l_4}$ $\varphi_{01} = \left(\frac{c}{l}+1\right)^2 \cdot \varphi_{l_1} + \left(\frac{c}{l}\right)^2 \cdot \varphi_{l_2} + 0{,}5\left[\varphi_{l_3} - \left(\frac{2c}{l}+1\right)\varphi_{l_4}\right]$	1	2

Die *Schichtmächtigkeit M* ist bei gespannten Grundwässern eine geometrisch definierte konstante Größe. Anders verhält es sich mit der *Grundwassermächtigkeit H*, die als Differenz zwischen einer freien Oberfläche und einer wasserstauenden Sohlschicht bzw. einer durch den Strömungszustand beeinflußbaren Geschwindigkeitsgrenze definiert ist. H ist deshalb eine quasikonstante Größe. Ein gespanntes Grundwasser ist folglich im Bereich $H/M > 1$ anzutreffen. Der *spezifische Speicherkoeffizient S_0* beschreibt in diesem Bereich zutreffend das Druckspeicherverhalten (Elastizität) des Bodenkörpers. Bei artesischem Wasser liegt die freie Oberfläche über Gelände. Von grundlegender Bedeutung ist der Durchlässigkeitsbeiwert k_f. Die Sedimentablagerung durch Fließvorgänge hat zu einer höheren Durchlässigkeit in Fließrichtung (horizontal) gegenüber der Normalen zu dieser Richtung (vertikal) geführt, was makroskopisch auch durch die Schichtung des Grundwasserleiters gezeigt wird, der k_f-Wert ist eine geohydraulische Grundgröße und vektoriell betrachtet eine Konstante. Die Definition erfolgt durch den allgemeinen Approximationsansatz der Filterströmung, das sogenannte Widerstandsgesetz:

$$I = av + bv^2 + \ldots + zv^n \qquad (3.14)$$

mit $a = 1/k_f$ bei Vernachlässigung aller höheren Glieder und statistischer Verteilung der Einflußgrößen (Kräfte, Raumgrößen). Zum gleichen Endergebnis gelangt man aus einer Vereinfachung der Bewegungsgleichungen [3.13] für die gesättigte Filterströmung (Zweiphasensystem).

$$v = -k_f I = -k_f \frac{\partial h}{\partial r} = -k_f \,\mathrm{grad}\, \bar{h} \qquad (3.15)$$

v   Geschwindigkeitsvektor
k_f Durchlässigkeitsbeiwert
I Grundwassergefälle
grad $\bar{h}$ ⎫
$\frac{\partial h}{\partial r}$ ⎬   Gradient $\bar{h}$
    ⎭

    Abweichungen von diesem Gesetz (*Darcy* 1856) deuten auf eine Überschreitung der Gültigkeitsgrenzen hin. Durch den linearen Einfluß ist die genaue Bestimmung des k_f-Wertes von unmittelbarer Bedeutung für das Rechenergebnis. Es ergeben sich die Größenordnungen nach Tafel 3.2. Für praktische Ergiebigkeitsberechnungen wird der Brunnenradius r_0 benötigt. Auf Grund des großen Durchlässigkeitsunterschieds zwischen Grundwasserleiter und Kiesschüttung (etwa 1:100) ist die Bohrungswandung eine Äquipotentialfläche. Bei Bohrbrunnen kann deshalb der Bohrungsradius als *Brunnenradius* r_0 gelten. Nach Intensiventsandungen tritt eine gewisse Vergrößerung von r_0 ein.
    Eine weitere wichtige geohydraulische Erscheinung ist die *Sickerstrecke* S_i. Aus Untersuchungen zur Anströmung von Gräben und Brunnen fand man sehr früh schon (*Ehrenberger* 1928) eine Differenz zwischen freier Oberfläche und Graben- bzw. Brunnenwasserspiegel, die nicht durch Eintrittswiderstände zu klären war. Inzwischen ist die Sickerstrecke als hydrodynamisches Phänomen gut untersucht und berechenbar [3.13; 3.43]. Obwohl eine freie Oberfläche vorliegt, ist die Sickerstrecke keine Stromlinie. Die Erscheinung der Sickerstrecke ist im Grunde genommen recht kompliziert und kann daher hier nicht ausreichend erläutert werden.
    Die Sickerstrecke ist hydrodynamisch bedingt und abhängig von den geometrischen Verhältnissen des Brunnens im Grundwasserleiter, jedoch unabhängig vom Brunnenausbau. Sie hängt vom Verhältnis der Absenkung s_0 zur Grundwasermächtigkeit H ab und zusätzlich von der

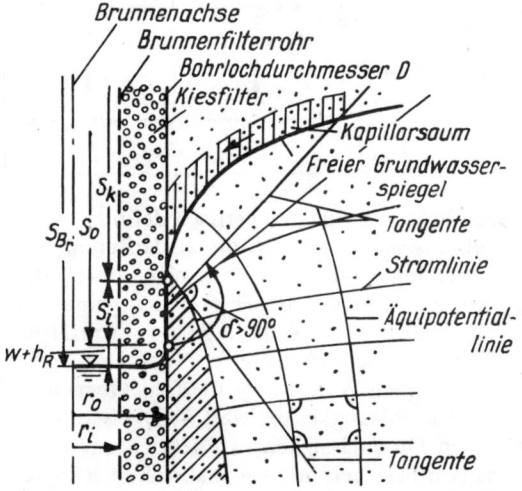

Bild 3.23 Definitionsskizzen zur Ergiebigkeitsberechnung

3.3. Grundwassergewinnung

Brunnenschlankheit H/r_0. Geometrieabhängig besteht ein Unterschied in der Größe von S_i bei vollkommenen und unvollkommenen Brunnen. Es läßt sich beweisen, daß die Sickerstrecke in jedem Falle einer Absenkung s_0 existiert und die Werte $0 \leq S_i \leq c$ annimmt, wobei der Größtwert c erreicht wird, wenn der Brunnen bis Filterunterkante leer gepumpt ist.

In Bild 3.23 ist angedeutet, wie mit größer werdender Absenkung zwischen der Form der schraffierten Potentialfläche und der tatsächlichen Zylinderfläche des Brunnens eine zunehmende Diskrepanz ($\delta > 90°$) entsteht, deren Ausgleich die Sickerstrecke bewirkt.

Von den bekannten Näherungsformeln zur Berechnung der Größenordnung der Sickerstrecke liegen die besten Erfahrungen mit der Formel von *Schestakow* vor.

$$S_i = \sqrt{\left(0{,}73 \lg \frac{\sqrt{\dot{V}_E/k_f}}{r_o} - 0{,}51\right) \frac{\dot{V}_E}{k_f} + h_o^2} - h_o \qquad (3.16)$$

S_i Sickerstrecke
$\dot{V}_E$ Entnahme
k_f Durchlässigkeitsbeiwert
r_0 Brunnenradius
h_0 Wasserstand im Radius r_0 } an der Bohrungswandung

Je schlanker ein Brunnen ausgeführt wird, desto größer sind die Sickerstrecke und der notwendige Energieaufwand, da das Wasser um eine größere Höhe s_0 gehoben werden muß. Dies ist von wirtschaftlichem Einfluß, so daß aus diesen Gründen $s_0 \leq 0{,}4$ bis $0{,}5\,H$ im allgemeinen einzuhalten ist. Bei größeren Absenkungen ist die Brunnenschlankheit besser kleiner zu wählen. Die Sickerstrecke muß deshalb beim Ausbau des Brunnens beachtet werden. Ferner muß die Geschwindigkeitsverteilung über den Filter bekannt sein. Hierzu s. Abschn. 3.3.2.2.3.

In gespannten Wässern tritt keine Sickerstrecke auf, da dort keine freie Oberfläche vorliegt.

Verglichen mit der Größe der Sickerstrecke ist der Filterwiderstand w klein und kann bei Kiesfiltern und normalen Betriebsverhältnissen unberücksichtigt bleiben (< 5 cm). Nur bei Gewebefiltern bzw. Verkrustung erreicht er beachtliche Größen (bis zu mehreren Metern). Der Einfluß der geometrischen Größen (D, L, vollkommener oder unvollkommener Brunnen) auf das Strömungsbild eines Brunnens wird mit zunehmender Entfernung kleiner. Dort wird die Strömung vorwiegend durch die hydrodynamischen Größen und äußere Randbedingungen bestimmt. Dies gilt im übertragenen Sinne nicht nur für einzelne Vertikalfilterbrunnen, sondern auch für Brunnengruppen mit gegenseitiger Beeinflussung und Horizontalfilterbrunnen. In Fällen, wo die Geschwindigkeit gleichverteilt in vertikaler Richtung über den Durchflußquerschnitt angenommen werden kann, läßt sich die *Profildurchlässigkeit* verwenden. Bezogen auf die Mächtigkeiten M bzw. H gilt

$$T = k_{fm} \cdot M \text{ in m}^2/\text{s (gespanntes Wasser)} \qquad (3.17)$$

und

$$T = k_{fm} \cdot H \text{ (ungespanntes Wasser)} \qquad (3.18)$$

Ein Vorteil bei der Benutzung der Kenngröße ergibt sich allerdings erst nach der unmittelbaren Bestimmung aus Pumpversuchen. In diesem Fall sind k_{fm} und M bzw. H nicht einzeln zu bestimmen, wodurch die Fehlermöglichkeiten verringert werden. Für die Berechnung instationärer Verhältnisse ist die geohydraulische Zeitkonstante a von Bedeutung. Die geohydraulische Zeitkonstante ist definiert durch den Quotienten aus

$$a = \frac{S}{T} \text{ in s/m}^2 \qquad (3.19)$$

Während T die vorstehend erwähnte Profildurchlässigkeit bedeutet, ist S der Speicherkoeffizient. Der Parameter S ist nur näherungsweise durch Pumpversuche oder Laboruntersuchungen zu bestimmen. Soweit nicht genauere Untersuchungen nach [3.13] durchgeführt werden, gilt

a) für ungespanntes Grundwasser

$$S = \frac{n_e + n_a}{2} \approx n_e \text{ mit } n_e/n = f(k_f) \text{ nach Bild 3.17} \tag{3.20}$$

b) für gespanntes Grundwasser

$$S \approx \bar{S}_0 \, M \tag{3.21}$$

wobei $\bar{S}_0$ ein Mittelwert für den spezifischen Speicherkoeffizienten S_0 ist [3.13]. Mit Angaben aus [3.13] folgt überschläglich für wassergesättigte Sandkörper

$$S_0 \approx 10^{-5}\,(5\,n + 1)\,[\text{m}^{-1}] \tag{3.22}$$

Berücksichtigt man noch bei ungespanntem Grundwasser einen raumzeitlichen Mittelwert von $H_m = H - 0{,}5\,s_{Br}$ im Wert von T nach Gl. (3.19), so erhält man für die geohydraulische Zeitkonstante folgende Näherungswerte:

a) für ungespanntes Grundwasser

$$a = \frac{S}{T} \approx \frac{n_e}{\bar{k}_f\,(H - 0{,}5_{S0})}\,[\text{s}/\text{m}^2] \tag{3.23}$$

b) für gespanntes Grundwasser

$$a = \frac{S}{T} \approx \frac{\bar{S}_0\,M}{T} \approx \frac{5n + 1}{10^5 \cdot k_f} \tag{3.24}$$

Infolge der erheblichen Vereinfachungen ist die Bestimmung von a aus Feldversuchen vorzuziehen. Damit sind alle wesentlichen Kennwerte, die für die Ergiebigkeitsberechnung benötigt werden, besprochen. Weitergehende Darstellungen, besonders die für ein tieferes Verständnis der Vorgänge notwendigen mathematischen Ableitungen, sollten in der Spezialliteratur [3.9; 3.13] eingesehen werden.

Ergiebigkeitsberechnung
Die Berechnung der Ergiebigkeit erfolgt heute allgemein nach instationären Berechnungsmethoden, die in einer geschlossenen Theorie den stationären Endzustand als Grenzübergang für den Zeitpunkt $t \to \infty$ beinhalten. Im praktischen Wasserversorgungsbetrieb kommt es oft auf einen schnell berechenbaren Näherungswert an, da die vielfältigen instationären Übergangsstadien nur bei vollständiger Erfassung praktisch interessant sind und in diesem Fall der manuelle Berechnungsaufwand erheblich wird. Die Ergiebigkeit ist definitionsgemäß unabhängig von den Ausbauparametern eines Brunnens. Sie ist durch die statistischen Feldparameter, hydrodynamische Randbedingungen und die hydraulische Senke bestimmt.

Bei der Nachrechnung bestehender Fassungsanlagen ist der tatsächliche Brunnenwiderstand $\Delta h = w + h_R$ von der Absenkung s_{Br} abzuziehen, so das gilt

$$s_0 = s_{Br} - (w + h_R)$$

s_0 Absenkung an der Bohrungswandung im Abstand r_0 (Bild 3.23)
s_{Br} *Absenkung in der Bohrungsachse (Brunnenabsenkung)*
W Filterwiderstand
h_R Reibungswiderstand im Filterrohr

Außerdem ist die Sickerstrecke Si nach Bild 3.23 zu berücksichtigen.
Aus den Grundgleichungen für Einzelbrunnen

$$\Phi_n - \Phi = \frac{\dot{V}_E}{4\pi \cdot \bar{k}_f}\,\varphi_{(r;\,t)} \qquad (\dot{V}_E = \text{konst.}) \tag{3.25}$$

3.3. Grundwassergewinnung

oder Brunnengruppen

$$\Phi_n - \Phi = \frac{\sum\limits_{i=1}^{n} \dot{V}_{Ei} \cdot \varphi_{(r_i;\,t)}}{4\pi \cdot \bar{k}_f} \qquad (\dot{V}_E = \text{konst.}) \tag{3.26}$$

folgen mit $\Phi = Mh - M^2/s$ für gespanntes Grundwasser und $\Phi = h^2/2$ für ungespanntes Grundwasser die Gleichungen

$$MH - \frac{M^2}{2} - \left(Mh - \frac{M^2}{2}\right) = \frac{\dot{V}_E \cdot \varphi}{4 \cdot \pi \cdot \bar{k}_f} = M(H-h) = M \cdot s,$$

d. h.
$$\dot{V}_E = \frac{4\pi \bar{k}_f \cdot M \cdot s}{\varphi} \qquad (\varphi = \varphi_1 + \varphi_2) \tag{3.27}$$

bzw.
$$S = \frac{\sum\limits_{i=1}^{n} \dot{V}_{Ei} \cdot \varphi_i}{4\pi \bar{k}_f \cdot M} \tag{3.28}$$

für gespanntes Grundwasser und

$$H^2/2 - h^2/2 = \frac{\dot{V}_E \cdot \varphi}{4\pi \cdot \bar{k}_f} = \frac{(H^2 - h^2)}{2} = \frac{(2H-s)s}{2}$$

d. h.
$$\dot{V}_E = \frac{2\pi \bar{k}_f (2H - s)\,s}{\varphi} \tag{3.29}$$

bzw.
$$s = H - \sqrt{H^2 - \frac{\sum\limits_{i=1}^{n} \dot{V}_{Ei} \cdot \varphi_i}{2\pi \bar{k}_f}} \tag{3.30}$$

für ungespanntes Grundwasser.
Setzt man $\beta = s/M$ bzw. s/H, so folgt aus den Gln. (3.27) bis (3.30)

$$\dot{V}_E = \frac{4\pi \bar{k}_f \cdot M^2 \cdot \beta}{\varphi} \tag{3.31}$$

$$\beta = \frac{\sum\limits_{i=1}^{n} \dot{V}_{Ei} \cdot \varphi_i}{4\pi \bar{k}_f \cdot M^2} \tag{3.32}$$

$$\dot{V}_E = \frac{2\pi \bar{k}_f \cdot H^2 (2\beta - \beta^2)}{\varphi} \tag{3.33}$$

$$\beta = 1 - \sqrt{1 - \frac{\sum\limits_{i=1}^{n} \dot{V}_{Ei} \cdot \varphi_i}{2\pi \cdot \bar{k}_f \cdot H^2}} \tag{3.34}$$

In den Gleichungen bedeuten
$\dot{V}_E$ Ergiebigkeit
$\bar{k}_f$ mittleren Durchlässigkeitsbeiwert
M Schichtmächtigkeit des Grundwasserleiters
H Schichtmächtigkeit des Grundwassers über einer fiktiven Sohle bzw. Druckhöhe des Grundwassers im Ruhezustand
β Absenkungsverhältnis s/M bzw. s/H am Aufpunkt, für den die spezifische Potentialdifferenz φ berechnet wurde

φ spezifische Potentialdifferenz
$$\varphi = \varphi_1 + \varphi_2$$
φ_1 Anteil infolge unvollkommenen Ausbaus des Brunnens (Bild 3.23)
(bei vollkommenem Ausbau $\varphi_1 = 0$)
$\varphi_1 = \varphi_{01} + \varphi_{t1}$; φ_{01} stationärer Anteil
                             φ_{t1} instationärer Anteil,
                             ($\lim_{t \to \infty} \varphi_{t1} \to 0$)

φ_2 Anteil durch äußere Berandungen und Zeit ($\lim \varphi_2 \to c$)
n Brunnennummer $t \to \infty$

Die Gln. (3.31) bis (3.34) sind in den Bildern 3.27 bis 3.30 als Diagramme dargestellt. Damit lassen sich eine Vielzahl praktischer Fälle mit hinreichender Genauigkeit schnell und unkompliziert lösen. Bei der nicht sehr hohen Genauigkeit, mit der oft die k_f-Werte, die geohydraulische Zeitkonstante a und weitere Parameter vorliegen, bzw. im Hinblick auf die einschneidenden Beschränkungen durch den Brunnenausbau sowie das Fassungsvermögen erscheint die Methode ausreichend genau.

Für die Anwendung der Diagramme ist die vorherige Ermittlung des φ-Wertes notwendig. Hierzu ist von vornherein zu entscheiden, ob s_0 oder s berechnet werden sollen und welcher Ausbaufall nach Bild 3.23 vorliegt. Für diese Fälle gilt

$s_0(r_0): \varphi = \varphi_{01} + \varphi_2$ (unvollkommener Brunnen)
          $\varphi = \varphi_2$ (vollkommener Brunnen)
$s_{(r)}: \varphi = \varphi_2$

Ermittlung von φ_{01}

Für φ_{01} gilt hinreichend genau das Diagramm nach Bild 3.24. Es wurde aufgestellt für $r_0 = 0{,}20$ m; $0{,}50$ m und Verhältnisse $l/M \approx l/H = 0{,}5$; $0{,}9$. Im allgemeinen ist φ_{01} klein gegen

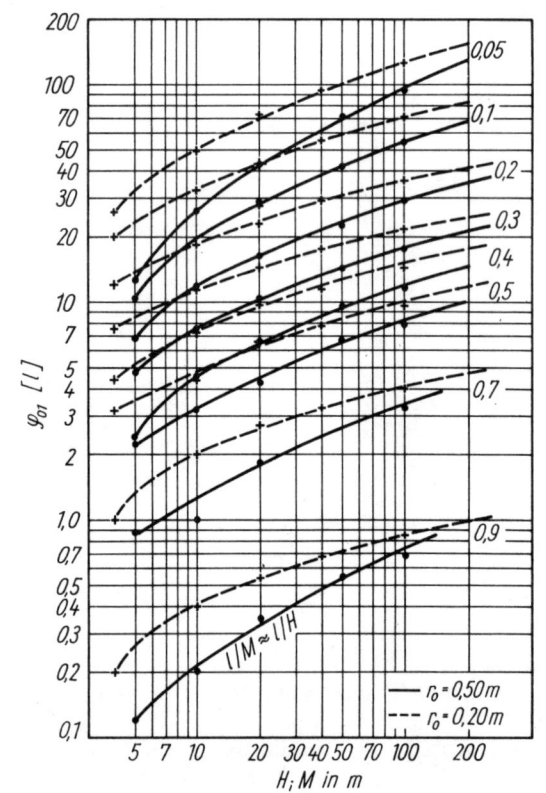

Bild 3.24 Ermittlung der spezifischen Potentialdifferenz φ_{01} für unvollkommenen Brunnenausbau für $l/M \approx l/H = 0{,}05$ bis $0{,}9$

3.3. Grundwassergewinnung

φ_2, so daß sich geringe Ungenauigkeiten nicht stark auswirken. Im Zweifelsfall ist der kleinere Wert einzusetzen, da hierdurch die Sicherheit erhöht wird. Für Ausbaufälle nach Bild 3.22, Fall C 1/2, ist bei Abweichungen von $l/M = 0{,}5$; $0{,}9$ gegebenenfalls die Tabelle 1 aus [3.40] anzuwenden.

Ermittlung von φ_2

Der Anteil φ_2 läßt sich einfach aus Bild 3.25 als $\varphi_2(\sigma)$ ablesen. Der Parameter a wird aus Feldversuchen oder Näherungsformeln abgeleitet. Mit r ist der Abstand des Aufpunktes, für den die Absenkung s berechnet wird, von der jeweiligen Achse des Brunnens n bezeichnet. Der Zeitparameter t kann frei gewählt werden. Für quasisstationäre Verhältnisse genügt es, $t = 3{,}15 \cdot 10^7\,s \triangleq 1\,a$ anzusetzen.

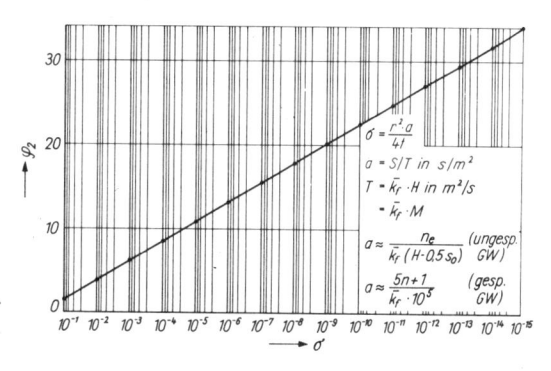

Bild 3.25 Ermittlung der spezifischen Potentialdifferenz $\varphi_2 = \varphi_2(\sigma)$

$$\sigma = \frac{r^2 \cdot a}{4t}$$
$$a = S/T \text{ in } s/m^2$$
$$T = \bar{k}_f \cdot H \text{ in } m^2/s$$
$$= \bar{k}_f \cdot M$$
$$a \approx \frac{n_e}{\bar{k}_f(H - 0{,}5\,s_0)} \quad \text{(ungesp. GW)}$$
$$a \approx \frac{5n+1}{\bar{k}_f \cdot 10^5} \quad \text{(gesp. GW)}$$

Berechnungsfall	Spezifische Potentialdifferenz φ_2
(Brunnen mit ∞-Rändern)	$\varphi_{2i} \to \varphi_{2i}(\sigma_{r_i})$; $i = 1\cdots n$ $\sigma_{r_i} = \dfrac{r_i^2 \cdot a}{4t}$
Aufpunkt P, $h = \text{const}$	$\varphi_{2i} \to \varphi_{2i}(\sigma_r) - \varphi_{2i}(\sigma_p)$ $\sigma_{p_i} = \dfrac{\rho_i^2 \cdot a}{4t}$
Aufpunkt P, $\dot{V} = \text{const}$ bzw. 0	$\varphi_{2i} \to \varphi_{2i}(\sigma_r) + \varphi_{2i}(\sigma_p)$
Kreis R, $h = \text{const}$	$\varphi_2 = 2\ln\dfrac{R}{r}$; $t > 0{,}7\,R^2 \cdot a$
Kreis R, $\dot{V} = \text{const}$ bzw. 0	$\varphi_2 = \left(\dfrac{r}{R}\right)^2 + 2\ln\dfrac{R}{r} - 1{,}5 + \dfrac{4t}{aR^2}$ $t > 0{,}3\,aR^2$

Bild 3.26 Berechnungsfälle für die spezifische Potentialdifferenz φ_2

Für $t < 0{,}3$ bzw. $0{,}7\,aR^2$ gelten andere komplizierte Beziehungen [3/40]. Dies gilt auch für die Berücksichtigung kolmatierter, d.h. teildurchlässiger unvollkommener Berandungen.

Die bisherigen Bemerkungen zur Ermittlung des Anteils φ_2 bedürfen einer Ergänzung, wenn der vorausgesetzte flächenhaft unendlich ausgedehnte Grundwasserleiter randseitig einen Zufluß oder eine undurchlässige Begrenzung erfährt. Die Verhältnisse ändern sich auch bei Zu- oder Abflüssen im Liegenden oder Hangenden des Grundwasserleiters. Diese Fälle sind in der speziellen Fachliteratur eingehend dargestellt [3.13; 3.40]. Hier werden nur einige für praktische Berechnungen notwendige und einfache Fälle in Bild 3.26 angegeben. Die Anwendung der Diagramme wird in einem komplexen Beispiel im Abschn. 3.3.2.3.3., Bemessung, gezeigt.

3.3.2.2.3. Fassungsvermögen $\dot{V}_F$

Nach dem Austritt des Grundwassers aus der inneren Randbegrenzung des Grundwasserleiters treten weitere Strömungswiderstände auf, die als Filterwiderstand bei ausgebauten Brunnen und in jedem Fall als Wandreibungswiderstände der Rohrströmung im Filterrohr bzw. der Bohrungswandung bei unverrohrten Brunnen zu erklären sind. Der hydraulische Nachweis der Entnahme ist demzufolge als Fassungsvermögen definiert. Damit wird die konstruktive Lösung einbezogen, wodurch der Begriff umfassend wird. Die logische Trennung von Grundwasserzufluß, Ergiebigkeit und Fassungsvermögen ist deshalb zweckmäßig, weil die oft Zeitfunktionen, z. B. Kolmation, Infiltration, Brunnenalterung, unterliegenden Eingangs- und Ausgangsfunktionen $\dot{V}_{GW}$ und $\dot{V}_F$ im Hinblick auf die quasikonstanten Transformationsbedingungen der Grundwasserergiebigkeit besser abgeschätzt werden können. Diese Betrachtung drückt die zunehmende Komplexität des Grundwassers von der Bildung bis zur Hebung aus.

Nach Bild 3.27 setzt sich die Absenkung S_{Br} wie folgt zusammen:

$$S_{Br} = \underbrace{\overbrace{s_k + S_i}^{\text{Anteil } \dot{V}_E} + w + h_R}_{\dot{V}_F}$$

Im Normalfall eines neu ausgebauten Brunnens liegt bei Entnahme das Fassungsvermögen nur wenige Prozent unter der Ergiebigkeit. Mit zunehmendem Fassungsvermögen steigt der Brunnenwiderstand $\Delta h = w + h_R$ progressiv an, so daß bei völliger Absenkung des Brunnens $S_{Br} = H$ bzw. $S_{Br} = l_0$ (unvollkommener Brunnen) das maximale Fassungsvermögen $\dot{V}_{Fmax}$ erreicht wird. Die Kenntnis von $\dot{V}_{Fmax}$ hat jedoch für die Wasserversorgung wenig praktische Bedeutung, daß es unökonomisch ist, einen Brunnen völlig abzusenken. Aus Gründen der frühzeitigen Brunnenalterung und der hohen Einströmungsverluste definiert man ein zulässiges Fassungsvermögen $\dot{V}_{Fzul}$ nach optimalen Kriterien. Bei der Festlegung des zulässigen Fassungsvermögens sind folgende Einflüsse zu beachten:

Sandführung (Suffosion, Erosion), Filterverdichtung (Kolmation)
Bei der Bemessung eines Brunnenfilters geht man von einer durchaus erwünschten Suffosion (Kontaktsuffosion, innere Suffosion der Kiesschüttung) aus. Der mit der Kontaktsuffosion an der Grenzfläche zwischen Grundwasserleiter und Kiesschüttung (Bild 3.31, Felder 1 und 2) eingeleitete Vorgang findet als innere Suffosion seine Fortsetzung (Bild 3.31, Felder 3 und 4). Das geometrische Suffosionskriterium nach [3.13]

$$\eta_g = \frac{d_{min}}{F_s \, d_K} = \frac{d_{o/3}}{0{,}11 \, \sqrt[6]{U} \, d_{17}} \geq 1{,}5 \tag{3.35}$$

$$\eta_h = \frac{J_{Krit}}{J_{vorh}} = \frac{4{,}4 \cdot 10^{-4} \sqrt[6]{U} \left[(1-n)(2{,}65-1)(0{,}82 - 1{,}8\,n + 0{,}0062) \right]}{J_{vorh}}$$

wird dann unterschritten, und es tritt ein zusätzliches hydraulisches Kriterium auf. In diesem Fall muß noch

$$\frac{(U-5) \dfrac{d_{17}}{d_{10}} \sqrt{\dfrac{7{,}5\,n}{C(U)}}}{J_{vorh}} \geq 2 \tag{3.36}$$

3.3. Grundwassergewinnung

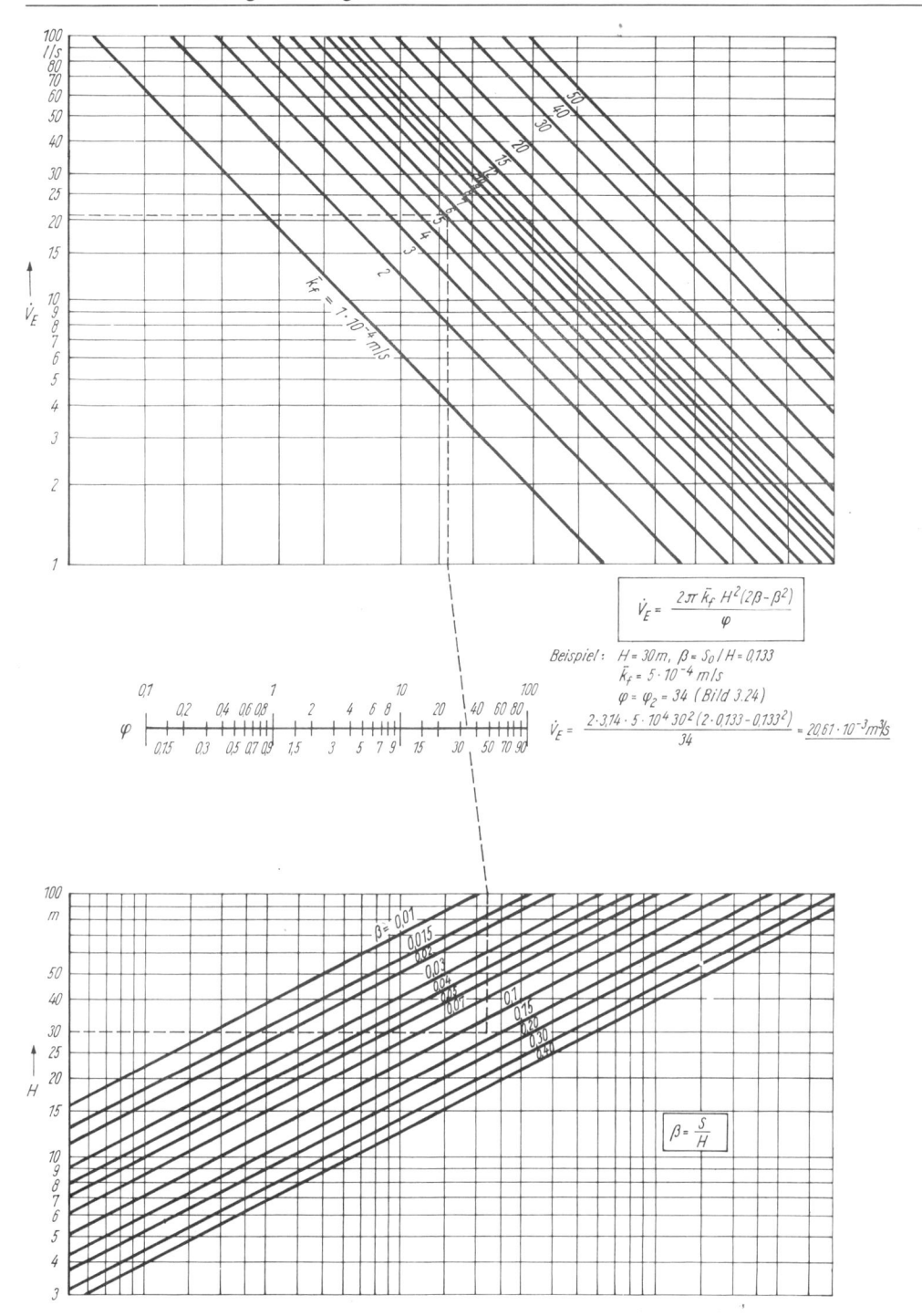

$$\dot{V}_E = \frac{2\pi \bar{k}_f H^2 (2\beta - \beta^2)}{\varphi}$$

Beispiel: $H = 30\,m$, $\beta = S_0/H = 0{,}133$
$\bar{k}_f = 5 \cdot 10^{-4}\, m/s$
$\varphi = \varphi_2 = 34$ (Bild 3.24)

$$\dot{V}_E = \frac{2 \cdot 3{,}14 \cdot 5 \cdot 10^{-4} \cdot 30^2 (2 \cdot 0{,}133 - 0{,}133^2)}{34} = 20{,}61 \cdot 10^{-3}\, m^3/s$$

$\beta = \dfrac{S}{H}$

Bild 3.27 Diagramm zur Auswertung der Gl. (3.33) für die Ergiebigkeitsberechnung von Einzelbrunnen im ungespannten Grundwasser

$$\dot{V}_E = \frac{4\pi \bar{k}_f \cdot M^2 \beta}{\varphi}$$

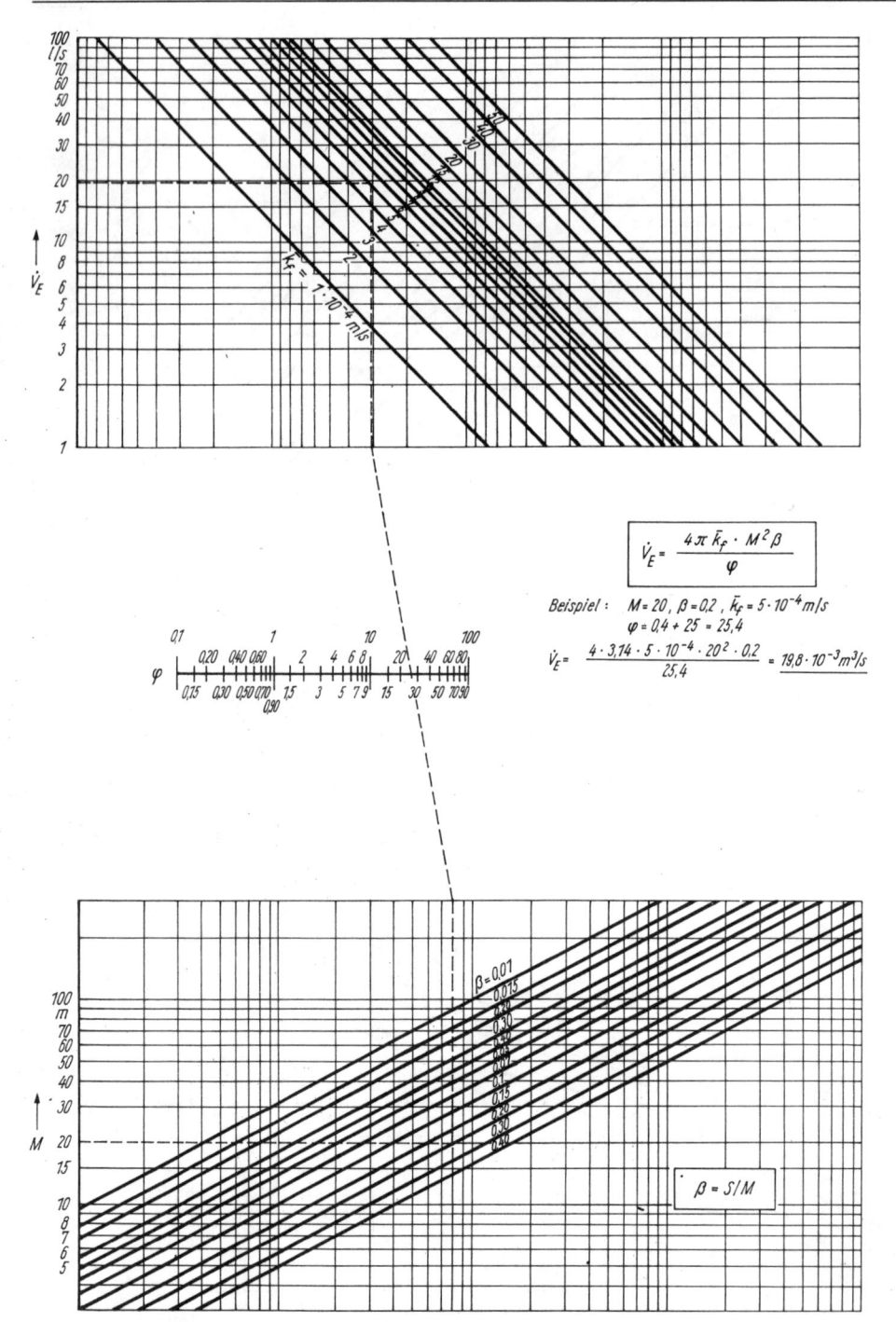

Beispiel: $M = 20$, $\beta = 0{,}2$, $\bar{k}_f = 5 \cdot 10^{-4}$ m/s
$\varphi = 0{,}4 + 25 = 25{,}4$

$$\dot{V}_E = \frac{4 \cdot 3{,}14 \cdot 5 \cdot 10^{-4} \cdot 20^2 \cdot 0{,}2}{25{,}4} = \underline{19{,}8 \cdot 10^{-3} \, m^3/s}$$

$\beta = S/M$

Bild 3.28 Diagramm zur Auswertung der Gl. (3.31) für die Ergiebigkeitsberechnung von Einzelbrunnen im gespannten Grundwasser

3.3. Grundwassergewinnung

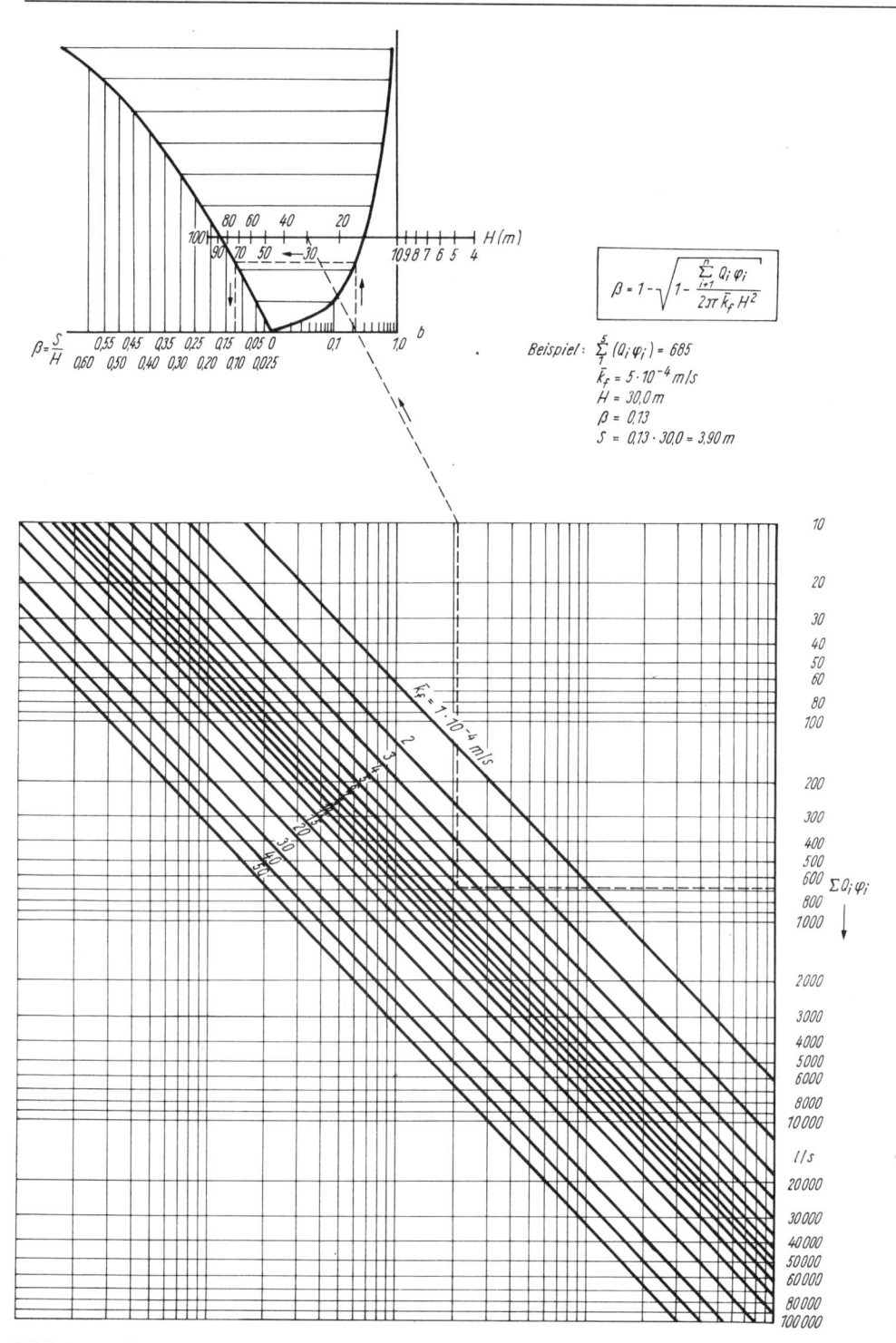

$$\beta = 1 - \sqrt{1 - \frac{\sum\limits_{i+1}^{n} Q_i \varphi_i}{2\pi \bar{k}_f H^2}}$$

Beispiel: $\sum\limits_{1}^{\xi}(Q_i \varphi_i) = 685$
$\bar{k}_f = 5 \cdot 10^{-4}$ m/s
$H = 30,0$ m
$\beta = 0,13$
$S = 0,13 \cdot 30,0 = 3,90$ m

Bild 3.29 Diagramm zur Auswertung der Gl. (3.34) für die Ergiebigkeitsberechnung von Brunnengruppen im ungespannten Grundwasser

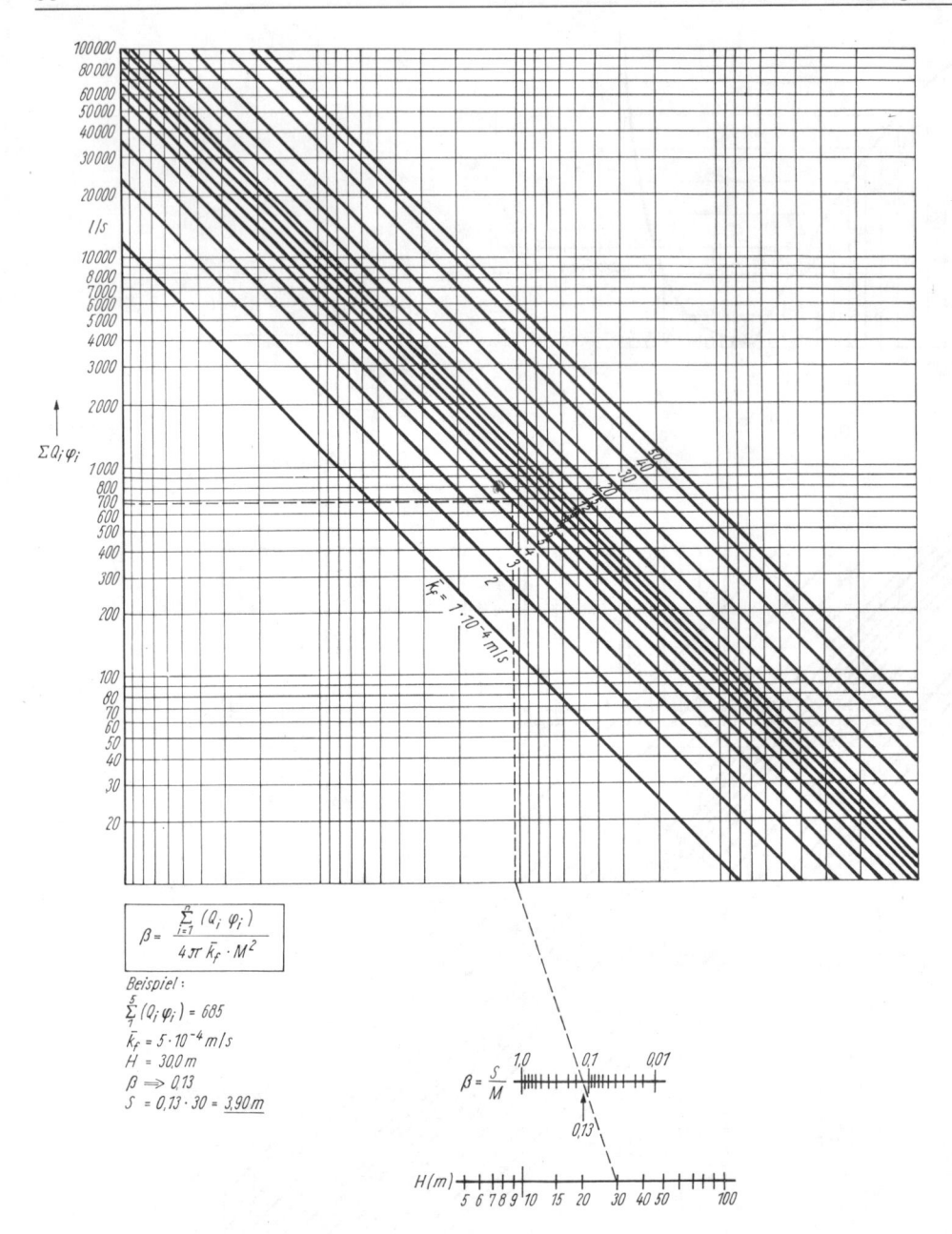

Bild 3.30 Diagramm zur Auswertung der Gl. (3.32) für die Ergiebigkeitsberechnung von Brunnengruppen im gespannten Grundwasser

erfüllt sein. Bodenschichten mit $U < 8$ sind im allgemeinen suffosionssicher.

Gl. (3.36) ist in [3.13] begründet und wird hier vereinfacht für mittlere Verhältnisse zugeschnitten, so daß gelten

$d_{0/3}$, d_{17} Korndurchmesser bei 0 bis 3 % bzw. 17 % Siebdurchgang; d_0 wählt man, wenn keine Sandführung; d_3 wenn eine Entsandung erwünscht bzw. technisch vorgesehen ist.

3.3. Grundwassergewinnung

F_s $F_s = 0,6$ für den Durchgangsfaktor ist ein sicherer Wert, der bereits Erschütterungen, pulsierende Strömungen, Kornbrückenbildung u. a. berücksichtigt.

d_k $d_k = 0,455 \sqrt[6]{U} \, e \, d_{17}$ ist der Porenkanaldurchmesser; U die Ungleichförmigkeit [s. Gl.(3.5)] und e die Porenziffer, wobei $e = 0,4$ für mitteldichte Lagerung gewählt wurde.

Eine erwähnenswerte Kontaktsuffosion tritt von vornherein nicht auf, wenn gilt

$$\eta_g = \frac{d_{min}^I + d_s^I}{2 \cdot 0,6 \, d_K^{II}} = \frac{d_o^I + 0,11 \sqrt[6]{U^I} \, d_{17}^I}{0,50 \, (1 + 0,05 \, U^{II}) \sqrt[6]{U^{II}} \, d_{17}^{II}} \geq 1,5 \qquad (3.37)$$

Gl.(3.37) gilt sicher für eine stetige Kornverteilungskurve der Schicht I und geschütteten Kies der Schicht II.

Die Gl.(3.36) gilt für waagerechte Durchströmung des Filterkörpers, stetige Kornverteilungskurven, Normalbedingungen ($t = 10\,°C$, $g = 9,81\,m/s^2$) und ein Kies-Wasser-System mit $\varrho_w = 1,0\,g/cm^3$, $\varrho_s = 2,65\,g/cm^3$ in einer mitteldichten Lagerung mit $e = 0,4$. Außer den bekannten Werten U, n, d_{17} und d_{10} des Grundwasserleiters ist $C = f(U)$ aus Bild 3.15 in der dort angegebenen Größe einzusetzen. In Fällen, wo durch
– zu hoch gewählte Filterfaktoren [s. Gl.(3.38)]
– geringe Ungleichförmigkeit
– hohe Gefällewerte
ungünstige Bedingungen vorliegen (Bild 3.31, Felder 5 und 6), kommt es über eine Kontakterosion zu einer Zerstörung des Stützgerüstes des Grundwasserleiters, Kornumlagerungen und schließlich innerer Erosion (Bild 3.31, Felder 7 und 8). Trotz zahlreicher Untersuchungen [3.61] ist die praktische Berechnung der vorhandenen geometrischen und hydraulischen Kriterien gegen Kontakterosion schwierig. Infolge der praktisch sicher einzuhaltenden Voraussetzungen bei

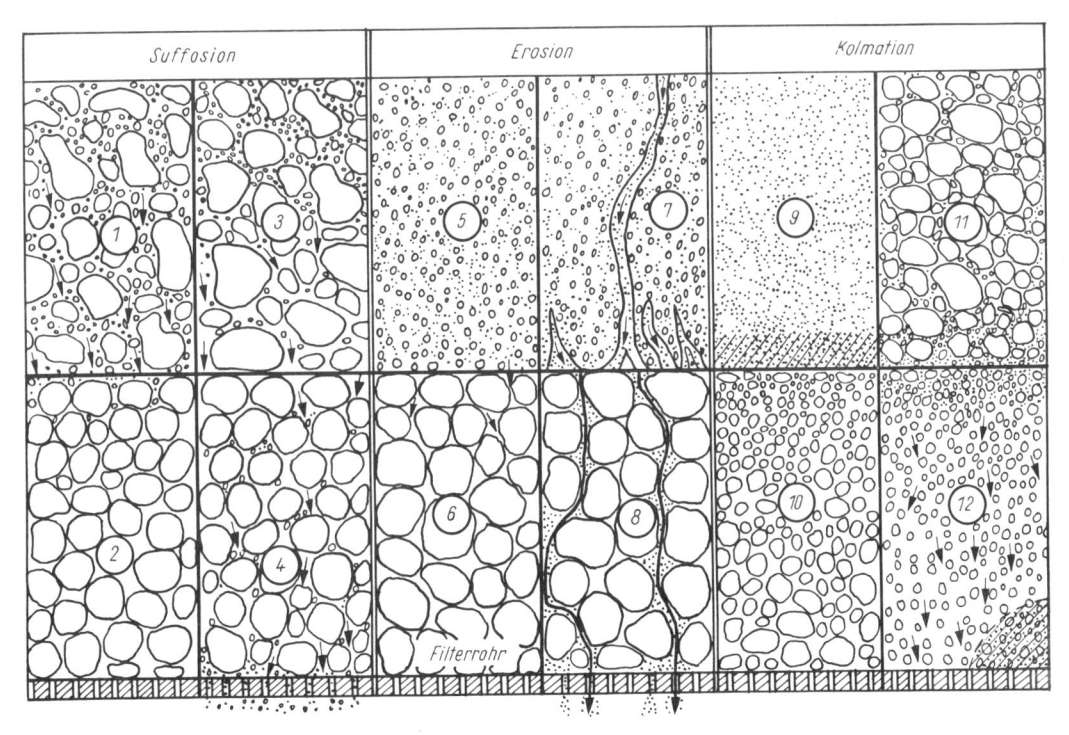

Bild 3.31 Versandungseffekte in Brunnenfiltern
    1 bis *4* Suffosion; *5* bis *8* Erosion; *9* bis *10* Kolmation an der Kontaktfläche; *11* bis *12* innere Kolmation

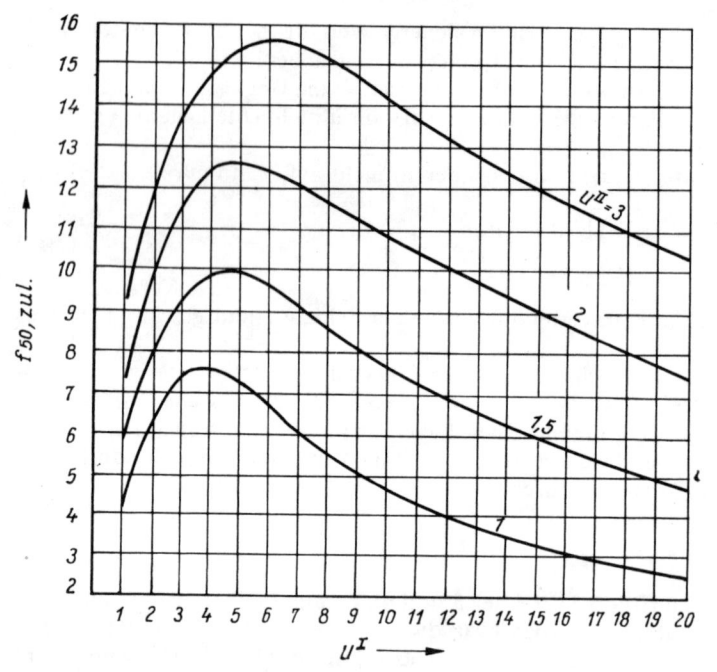

Bild 3.32 Diagramm zur Bestimmung des Filterfaktors

den hydraulischen Grenzwerten ist das geometrische Kriterium aus Sicherheitsgründen anzunehmen. Durch die Filterregel nach Gl. (3.38) und das folgende Bild 3.32 nach [3.40] wird sowohl das geometrische Kriterium gegen Kontakterosion als auch der vorerwähnte Suffosionsfall erfaßt.

$$0{,}675\, a^* + \frac{e^I}{e^{II}} \sqrt[6]{U^I \cdot U^{II}}\, d_{17} \leq d_{50}^{II} \leq f_{50,\,zul} \cdot d_{50}^I \tag{3.38}$$

Außer der Erosionssicherheit ist zu gewährleisten, daß an der Kontaktfläche zwischen Grundwasserleiter und Kiesschüttung sowie am Filterrohr keine mechanische Kolmation (Bild 3.31, Felder 9 bis 12) auftritt. Durch ein hydraulisches Kriterium ist die innere Kolmation in der Kiesschüttung zu verhindern. Bei Ausnutzung der Filterregel Gl. (3.38) ist eine Kolmation an der Kontaktfläche geometrisch nicht möglich. Ferner ergibt bereits der Geschwindigkeitsvergleich, daß eine innere Kolmation der Kiesschüttung nicht auftritt. Es ist somit lediglich die Bedingung für die Schlitzweite des Filterrohrs bzw. Maschengröße bei Gewebe anzugeben, um eine Kolmation am Filterrohr zu verhindern.

Es gilt

$$\eta_k = \frac{d_k \cdot F_k}{\eta \cdot d_s} = \frac{2{,}56\, F_K^I\, d_{17}^{II}}{d_{17}^I} \sqrt[6]{\frac{U^{II}}{U^I}} > 1{,}5 \tag{3.39}$$

wobei $e^I = 0{,}4$, $e^{II} = 0{,}9$, $\eta = 1{,}5$ und für F_k^I in Abhängigkeit von d_s zu setzen ist:
$d_s = 0{,}1,\ 0{,}2,\ 0{,}3,\ 0{,}4,\ 0{,}5,\ 1{,}0,\ 1{,}5$
$F_k^I = 0{,}19,\ 0{,}23,\ 0{,}26,\ 0{,}28,\ 0{,}30,\ 0{,}36,\ 0{,}40$

Für die Bemessung der Schlitzweite s ergibt sich

$$\eta = \frac{d_{\text{maßg}}}{F_k \cdot s} \geq 1{,}2,\ \text{d. h.}$$

$$s \leq \frac{d_{\text{maßg}}}{1{,}2 \cdot F_k} \tag{3.40}$$

3.3. Grundwassergewinnung

Mit $d_{maßg} = d_{60}$ des Filterkieses und $F_k = 1{,}0$ erhält man die ausreichend sichere Beziehung

$$s \leq 0{,}84\, d_{60} \text{ bzw. } 0{,}84 \cdot d_{10} \tag{3.41}$$

wenn nur Unterkorn des Filterkieses die Schlitze passieren darf. Ferner muß das größte Korn, das den Filterkies durchdringt, von den Schlitzen hindurchgelassen werden. Aus der Kornverteilungslinie des Filterkieses bzw. durch Interpolation bei linearem Verlauf in halblogarithmischer Auftragung auch rechnerisch ermittelt man d_{17}.

Rechnerisch: $\quad d_x = d_y \left(\dfrac{d_{60}}{d_{10}} \right)^{(y-x)/50}$

In bekannter Weise folgt dann

$$d_s = 0{,}27 \sqrt[6]{U} \cdot e \cdot d_{17} \tag{3.42}$$

wobei wegen der Kolmationssicherheit Gl. (3.35) und Suffosionssicherheit Gl. (3.39) um einen Faktor $\eta^2 = 1{,}5^2 \approx 2$ zu erhöhen ist, so daß gilt

$$2\, d_s \leq s \leq 0{,}84\, d_{60} \text{ (bzw. } d_{10}) \tag{3.43}$$

Strömungswiderstände im Kiesfilter und Filterrohr (w, h_R)
Unter Beachtung der vorstehenden Kriterien wird man durch Entsanden der Filterabschnitte nach Fertigung des Brunnens bzw. Einhaltung geometrischer Kriterien nach Möglichkeit keine Begrenzung des zulässigen Fassungsvermögens durch Versandungseffekte vornehmen. Nachdem die Konstruktion des Brunnenfilters in dieser Weise vorgewählt wurde, ist es möglich, die Strömungswiderstände zu berechnen. Aus diesen Gründen sowie wegen unvermeidbarer Kolmationen bzw. Inkrustationen empfiehlt es sich, die Durchflußkanäle (Porenkanäle, Filtergewebe, freie Durchflußfläche) im Bereich der oberen Grenze zu wählen. Andererseits können

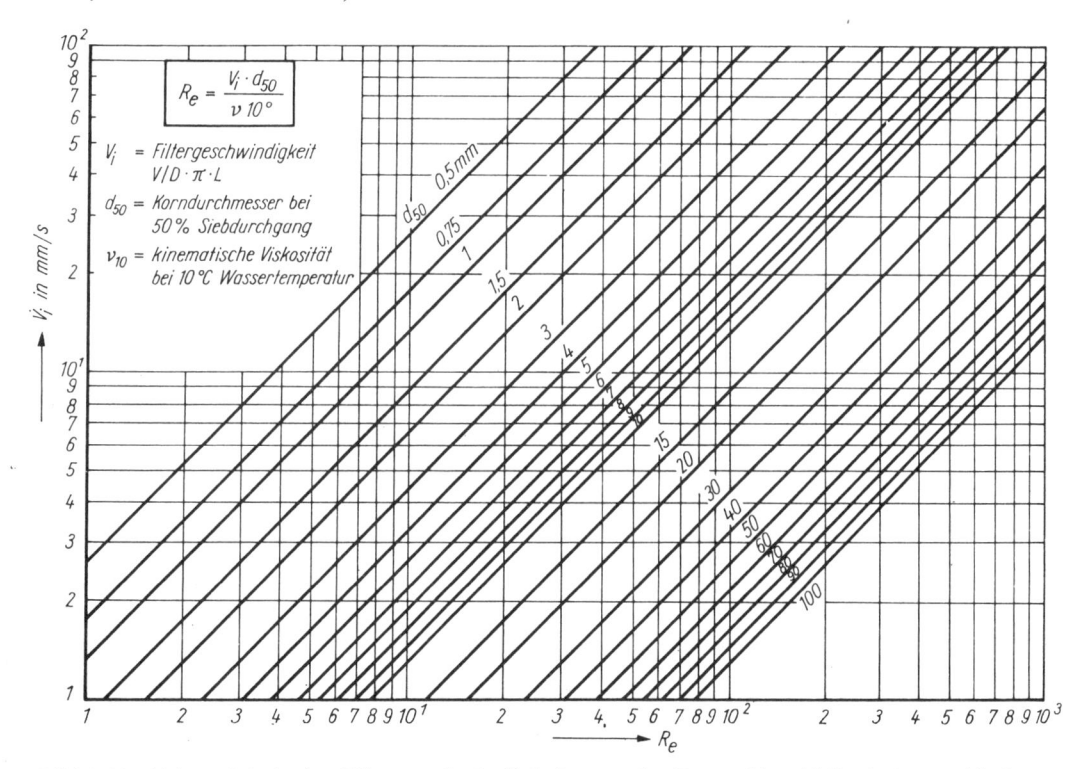

Bild 3.33 Abhängigkeit der Filtergeschwindigkeit von der Reynoldszahl Re bei verschiedenen Korndurchmessern d_{50}

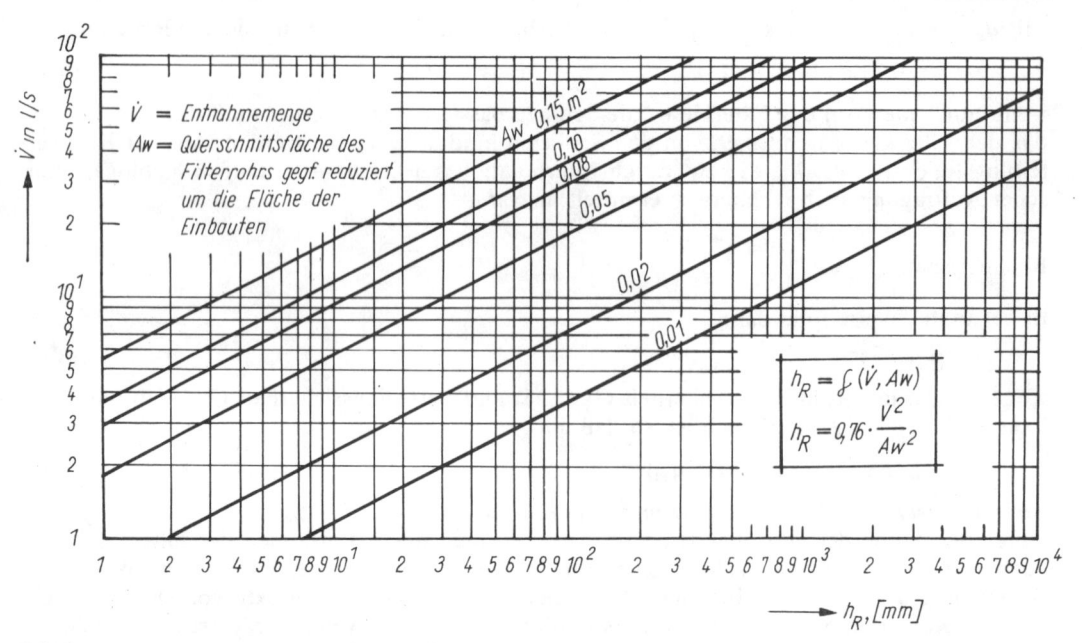

Bild 3.34 Rohrreibungswiderstand in Filterrohren in Abhängigkeit von der Entnahmemenge und der Durchflußfläche

sich durch strömungstechnische Untersuchungen an Unstetigkeitsstellen konstruktive Änderungen ergeben. Letztere Probleme werden in Verbindung mit einem praktischen Beispiel in Abschn. 3.3.2.3.3. behandelt. Die genaue Berechnung der Strömungswiderstände in Brunnen ist eine komplizierte Aufgabe, lohnt sich jedoch nur bei stark belasteten Brunnenfiltern und geschichtetem Grundwasserleiter mit großen Durchlässigkeitsunterschieden. In der Mehrzahl der Praxisfälle wird man mit den Diagrammen nach den Bildern 3.33 bis 3.36 auskommen. In Bild 3.33 ist die Hilfsgröße Re (Reynoldszahl) zur Überprüfung des Strömungszustandes Bild 3.36 und als Zwischengröße für Bild 3.35 in Abhängigkeit von der Filtergeschwindigkeit v_i dargestellt. Damit läßt sich schnell mit Hilfe von Bild 3.35 der Filterwiderstand w für Kiesschüttungen ermitteln. Gleichermaßen einfach gestattet Bild 3.34 für Filterlängen $\geq 1{,}0$ m die überschlägliche Ermittlung des Rohrreibungswiderstandes h_R im Filterrohr. Die theoretische Grundlage für das Näherungsverfahren ist in [3.40] näher erläutert. Eine bemerkenswerte Einschränkung des Fassungsvermögens durch Strömungswiderstände tritt nur bei sehr kurzen Filterlängen (< 2 m), feinen Kiesschüttungen, engen Filterrohren mit UWM-Pumpen im Sandfang und abnorm hohen Fördermengen auf.

Inkrustationen
Durch die im Grundwasser gelösten Stoffe und Mikroorganismen kommt es häufig zur Inkrustation des Brunnenfilters. Die in komplizierter Weise von Entnahme, Filtergeschwindigkeit, Güteschwankungen, Betriebsweise u. a. abhängenden chemisch-biologischen Prozesse sind in Abschn. 3.5. näher beschrieben. Eine zusammenfassende Darstellung ist in [3.8; 3.60] gegeben. Es hat sich gezeigt, daß eine starke Herabsetzung des Fassungsvermögens, wie sie in früherer Fachliteratur [3.55] empfohlen wurde, zu unwirtschaftlichen Lösungen führte, ohne eine wesentliche Verhinderung der Verockerung – als Hauptursache der Inkrustation – darzustellen. Im Grunde genommen hat die Forschung auf diesem praktisch wichtigen Gebiet erst eingesetzt, und man beginnt, die Wirkungsmechanismen zu verstehen. Eine mathematische Behandlung ist deshalb noch nicht möglich. Unabhängig davon, wann und in welcher Form die Zeitfunktion der Brunnenalterung formuliert wird, steht fest, daß die Zielsetzung niemals in einer Entnahmebegrenzung zur Erhöhung der Lebensdauer oder gar einer Bemessung auf den Endzustand be-

3.3. Grundwassergewinnung

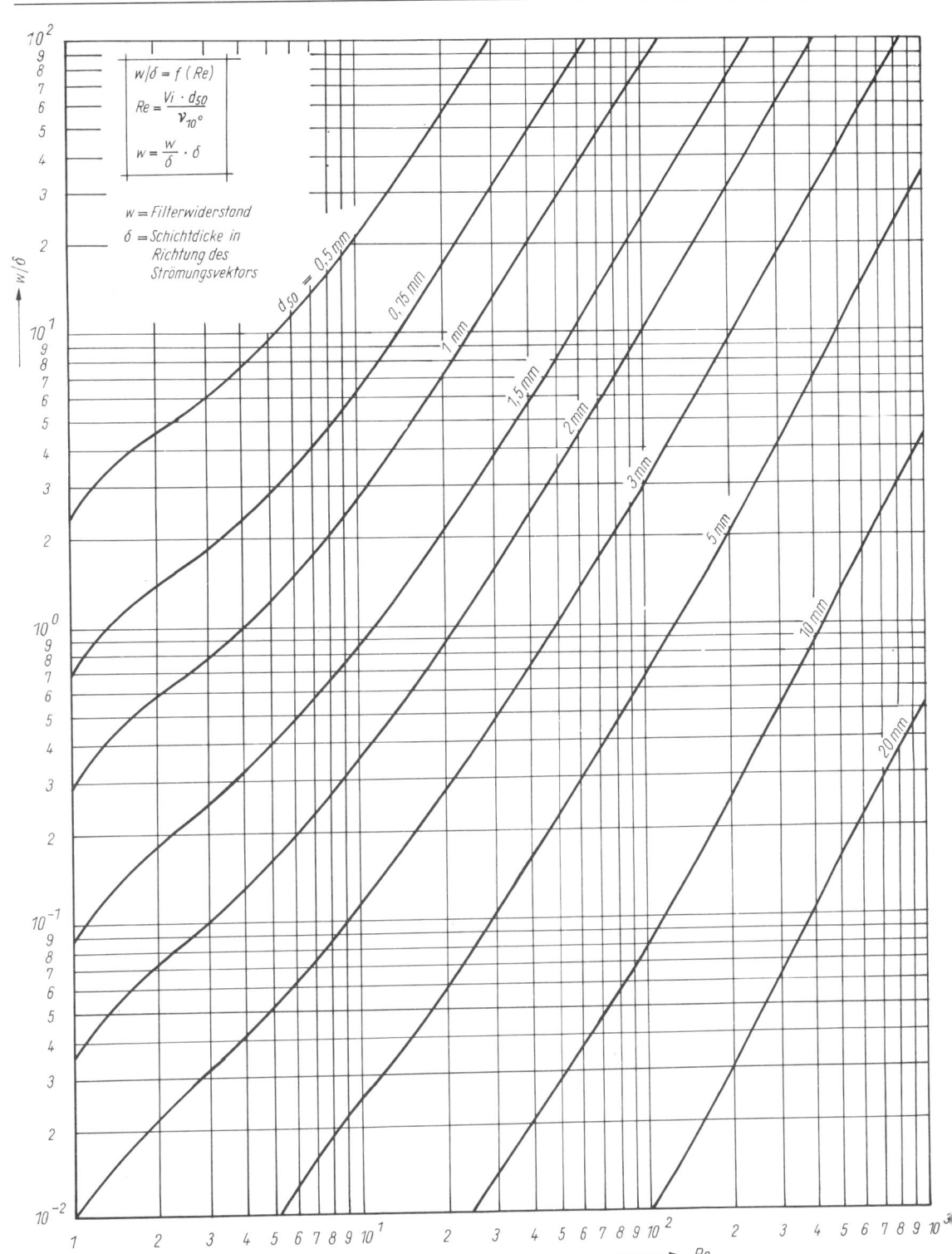

Bild 3.35 Filterwiderstand der Kiesschüttung in Abhängigkeit von der Filtergeschwindigkeit und der Korngröße

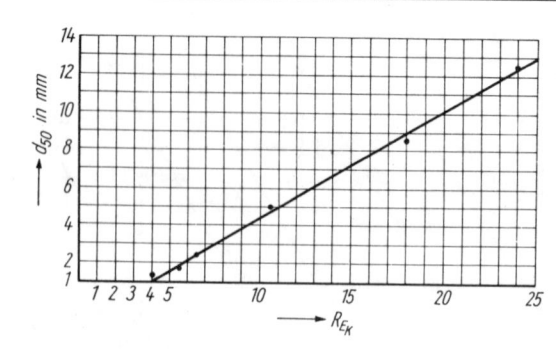

Bild 3.36 Kritische Reynoldszahl Re_k von natürlichem Filterkies ($n = 0{,}40$) nach Ludewig [3.41]

stehen kann, sondern durch zweckentsprechende Standortwahl, optimalen Brunnenausbau, Betriebsweise und nicht zuletzt effektive Schutz- und Regenerierungsverfahren eine Wirtschaftlichkeit erreicht wird. In diesem Sinne sollte durch die Inkrustation keine Beschränkung des Fassungsvermögens, wohl aber ein fachgerechter optimaler Ausbau des Brunnens gefordert werden. Die hierzu nötigen Einzelheiten werden in Abschn. 3.3.2.3.2. beschrieben.

3.3.2.3. Herstellung von Bohrbrunnen

3.3.2.3.1. Bohrtechnik

Bohrbrunnen werden unter Anwendung der Methoden der Tiefbohrtechnik, wie sie beispielsweise für geologische Erkundungsbohrungen entwickelt werden, abgeteuft. Da es sich bei der Wassergewinnung um ein spezielles Problem handelt, treten Methoden und Geräte in abgewandelter Form auf. Neben der Stauchbohrung sind folgende Bohrverfahren im Brunnenbau eingeführt: Freifallbohrungen, Schlagbohrungen, pennsylvanische Seilbohrungen, Kernbohrungen, Rotary-Bohrungen, Saug-Spül-Bohrungen.

Stauchbohrungen finden vorwiegend im Lockergestein ihre Anwendung. In nicht zu großen Tiefen und für Durchmesser bis 1000 mm wird mit Kiespumpe, Ventilbohrer oder Brunnengreifer (Einseilgreifer) am Seil gearbeitet. Hindernisse und undurchlässige Schichten müssen dann mit Bohrmeißeln am steifen Gestänge durchbohrt werden. Gebohrt wird mit Hand- oder Maschinenwinde. Beim Bohren in bindigen Schichten werden oft Schnecken-, Spiral- oder Tellerbohrer benutzt. Die so gelockerten Bodenschichten können nun mit Hilfe der Rohr- oder Ventilschappe herausgeholt werden. Sobald sich Nachfall zeigt oder der Grundwasserspiegel erreicht wird, muß eine Hilfsverrohrung teleskopartig eingebaut werden, deren Anfangsdurchmesser von der beabsichtigten Rohrtiefe, den anstehenden Bodenschichten und dem verlangten Enddurchmesser abhängig ist. *Bohrwerkzeuge* werden in Rohre, Gestänge und Fangwerkzeuge unterteilt [3.8]. *Bohrergebnisse* sind die Unterlagen, die in jedem Falle von der Bohrfirma dem Auftraggeber zu liefern sind. Hierzu gehören: Schichtverzeichnisse mit Angaben der entnommenen Bodenproben, Skizzen oder Höhenangaben über den Einbau von Grundwasserpegeln, Beobachtungen über Wasserspiegelveränderungen beim Bohren, Liste über Wasserstandsmessungen jeweils morgens vor Beginn der Bohrarbeit. Besondere Bedeutung ist der ordnungsgemäßen Entnahme der Bodenproben beizumessen. Neben der Entnahme von gestörten bzw. ungestörten Proben für Laboruntersuchungen nach Anweisung sollen stets Proben in Fächerkisten und jeweils eimergroßen Haufen an der Bohrstelle abgelegt werden.

Freifallbohrungen können als Schwengel- oder Seilfreifallbohrungen für alle praktisch vorkommenden Tiefen im Brunnenbau durchgeführt werden. Hierzu ist eine Freifallvorrichtung am Gestänge oder eine Seiltrommel erforderlich. Vorwiegend wird dieses Bohrverfahren für schwere bohrfähige Gesteine verwendet. Zahlreich ist aber auch die Anwendung des Verfahrens mit Ventilbohrer und Schwerstange zur Bohrung der Lockergesteine. Stauch- und Freifallbohrungen sind bei uns die üblichsten Bohrverfahren.

Schnell- und Seilschlagbohrungen sowie *pennsylvanische Seilbohrungen* haben trotz ihrer Vorzüge bei uns bisher wenig Bedeutung erlangt. Sie werden daher nicht näher erläutert.

3.3. Grundwassergewinnung

Auch *Kernbohrungen* gewinnen im Brunnenbau kaum Interesse, da deren größter Bohrdurchmesser im allgemeinen mit 250 mm beschränkt ist.

Das *Rotary-Bohrverfahren* hat für Wasserhaltungsbrunnen der Braunkohlentagebaue in letzter Zeit Bedeutung erlangt. Hierbei handelt es sich um ein Drehbohrverfahren, ähnlich der Kernbohrung, das mit Drehbohrmeißeln (Rollenmeißel, Fischschwanzmeißel usw.) arbeitet. Die Meißel werden über Gestänge mittels Drehtisches in Rotation versetzt und bewirken einen erheblichen Bohrfortschritt. Rotary-Bohrverfahren sind Spülverfahren. Die Spülung erfolgt als Dickspülung mit $\rho > 1$. Am häufigsten werden hierzu Tonaufschlämmungen verwendet, die das Bohrgut auf Grund ihrer hohen Masse transportieren. Infolge hydrostatischen Druckes und Verfestigung der Bohrlochwandung steht diese auch im feinen Material, so daß ohne Verrohrung, von einem kurzen Standrohr abgesehen, gebohrt wird. Die Spülungsverluste sind allgemein gering. Es kann direkt oder indirekt gespült werden. Allgemein werden im Rotary-Bohrverfahren Bohrungen von 200 bis 400 mm Durchmesser abgeteuft, die bei Bedarf durch Erweiterungsbohrer bis zu 1000 mm Durchmesser aufgebohrt werden.

Rotary-Bohrmethoden sind für die vorwiegend geringen Tiefen der Wasserversorgungsbrunnen (< 20 m) nicht wirtschaftlich.

Von Wichtigkeit ist das sogenannte *Saug-Spül-Bohrverfahren*. Das Saugbohrverfahren arbeitet mit Klarwasserspülung, die als indirekte Spülung eingebracht wird. Gegenüber Rotary-Bohrungen, wo die Dickspülung zwischen Bohrlochwandung und Gestänge gedrückt wird und im Gestänge aufsteigt, hat die Saugbohrmethode einen freien Zulauf, dessen Spülungsmittel stets

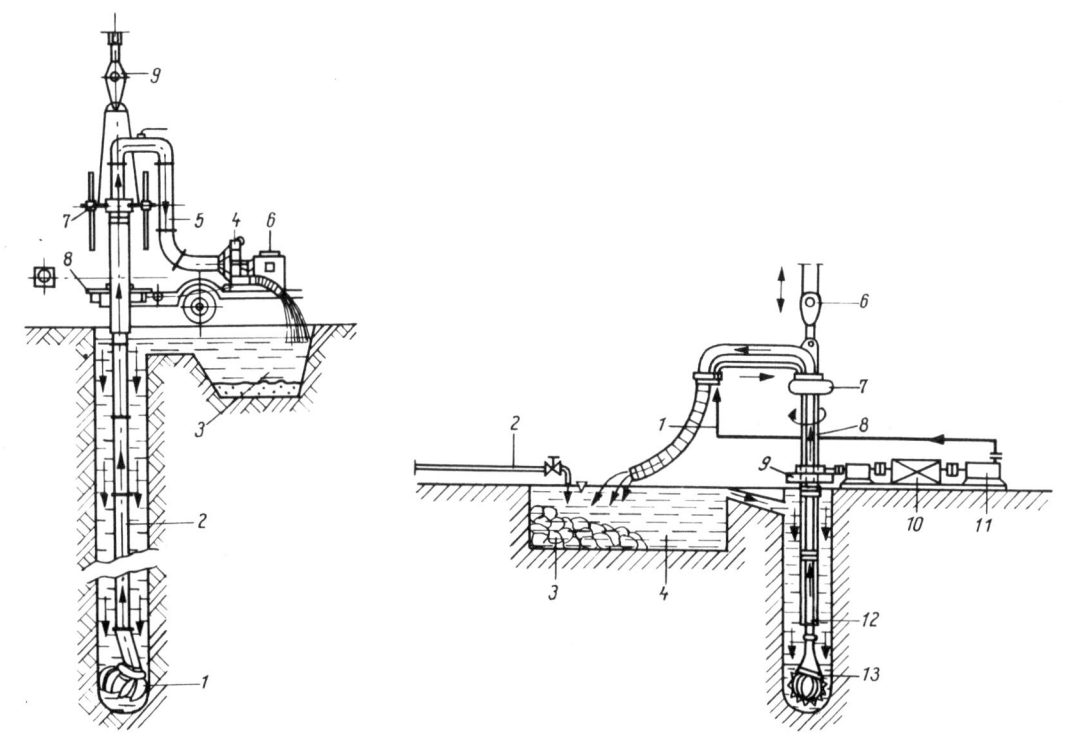

Bild 3.37 Schematische Darstellung von Saug-Spül-Bohranlagen
  a) Saugbohrung
  1 Rollmeißel; *2* Gestänge; *3* Spülteich; *4* Saugpumpe; *5* Saugschlauch; *6* Motor; *7* Gestängeführung; *8* Drehtisch; *9* Aufhängung
  b) Lufthebe (Airlift)
  1 Preßluftzufuhr; *2* Wasserzuleitung; *3* Bohrung; *4* Spülgrube; *5* Hohlbohrgestänge mit angeschweißten Preßluftrohren; *6* Gehänge; *7* Spülkopf; *8* Mitnehmerstange; *9* Drehtisch; *10* Antriebsmaschine; *11* Kompressor; *12* Luftheber; *13* Zublin-Rollmeißel

in Spiegelhöhe des Schlammteichs ($\approx$ Geländehöhe) gehalten wird. Das Bohren geht derart vor sich, daß ein rotierender Spülkopf (Rollenmeißel usw.) aufgeschlämmtes Bohrgut und Wasser ansaugt und in den vorbereiteten Schlammteich zutage fördert. Von diesem fließt, wie erwähnt, nach kurzer Absetzzeit das Wasser der Bohrung zu. In durchlässigen Schichten ergibt sich ein Spülungsverlust, der durch Zusatzwasser abgedeckt werden muß. Hiervon hängt die Standfestigkeit der Bohrung ab, da ohne Verrohrung gebohrt wird und ein hydrostatischer Überdruck von mindestens 5 m WS gehalten werden muß. Dies sowie die Heranführung von Zusatzwasser bereiten oft Schwierigkeiten und stellen den Einsatz der Geräte in Frage. Man hilft sich dann, indem die Anfangsstrecke von etwa 8 bis 10 m trocken gebohrt und verrohrt wird, bzw. man bohrt den ersten Brunnen trocken und benutzt diesen zur Wasserlieferung beim Bohren der nächsten. Größere Steine stören den Bohrvorgang erheblich. Der Ausbau des Brunnens kann bei sorgfältiger Arbeit in gleicher Qualität wie mit Trockenbohrungen hergestellt werden. Die Bohrungsdurchmesser sind nicht sehr begrenzt. So sind bereits im Saugbohrverfahren Durchmesser von 2000 mm und mehr erreicht worden. Das Verfahren hat außer in Lockersedimenten auch in Schichtgesteinen Erfolg gezeigt.

Hier hat sich besonders eine Variante des Saugbohrens, der sogenannte Luftheber, bewährt. Das Fördergut wird hierbei nicht durch eine Saugpumpe angesaugt, sondern genauso wie bei der Mammutpumpe (Airlift) mittels eingeblasener Druckluft gehoben. Die Wirkung ist besonders gut bei tiefen Bohrungen.

Bild 3.37a/b zeigt schematisch den Aufbau einer Saugbohranlage und eines Lufthebers. Letzterem ist künftig besonders bei Tiefbrunnen größte Bedeutung beizumessen.

Die vorstehenden Ausführungen über Bohrverfahren können nur die allernotwendigsten Hinweise bringen. Sämtliche Verfahren sind in mehr oder weniger abgewandelter Form bekannt, so daß auf das Schrifttum verwiesen werden muß. Grundsätzlich sollten dem Bau von Bohrbrunnen nach sämtlichen Bohrverfahren entsprechende Versuchsbohrungen im Trockenbohrverfahren vorausgehen. Diese gestatten eine einwandfreie Standorterkundung, so daß die geohydraulischen Grundwerte für den Brunnenausbau bekannt sind. An der Hauptbohrung selbst und am allerwenigsten bei Rotary- oder Saugbohrungen ist es dann noch möglich, Untersuchungen oder Veränderungen im Ausbau vorzunehmen. Soweit einige Trockenbohrungen vorhanden sind, lassen sich im gleichförmigen Gebirge durch Saugbohrungen Kosteneinsparungen erzielen, indem Pegel oder Zwischenbohrungen eingespült werden.

3.3.2.3.2. Ausbau

Ein Bohrbrunnen besteht aus folgenden Einzelteilen: 1. Filterboden; 2. Sandfang oder Sumpfrohr; 3. Filterrohr; 4. Filtergewebe; 5. Kiesschüttung; 6. Aufsatzrohr; 7. Brunnenkopf; 8. sonstige Einzelteile.

Filterboden. Der Filterboden dient dazu, den Filter bzw. das Sumpfrohr nach unten abzuschließen. Am häufigsten werden Gußeisen- oder Stahlplatten verwendet. Die Platten erhalten zentrisch ein Linksgewinde bzw. Bügel zur Befestigung des Gestänges

Sandfang oder Sumpfrohr. Für größere Bohrbrunnen empfiehlt es sich, anschließend an Unterkante Filter einen Sandfang vorzusehen. Dieser kann in die Sohlschicht eingelassen werden und besteht meistens aus einem Vollrohr von 1 m Länge. Die funktionelle Bedeutung des Sandfangs besteht darin, den Filterbereich von Absetzstoffen frei zu halten, die im Laufe des Betriebes durch Sandeintrieb, Ausfällungen usw. auftreten. Bei beschränkter Filterlänge und unterlagerndem Festgestein werden Brunnen ohne Sandfang gebaut, um Zeit und Kosten zu sparen. Dies bedingt jedoch eine einwandfreie Entsandung vor Inbetriebnahme.

Filterrohre. Von unmittelbarem Einfluß auf die Funktionsfähigkeit des Brunnens ist der Filter. Die richtige Berechnung und Dimensionierung eines Brunnenfilters ist nicht nur wissenschaftlich höchst problematisch, sondern verlangt außerdem eine große Erfahrung. Grundsätzlich werden zwei Arten der Brunnenfilter unterschieden: Gewebefilter, Kiesfilter. Für die beiden Grundtypen der Filter (Gewebe- und Kiesfilter) ist eine große Anzahl Filterrohre entwickelt worden. Die eigentliche technologische Bedeutung besitzt die Perforation, da die hydraulischen Eigenschaften des Filterrohrs sowohl für die Größe der Eintrittswiderstände als auch für das Entsandungs- und Inkrustationsverhalten maßgebend sind. Ferner gehören die statische Fe-

3.3. Grundwassergewinnung

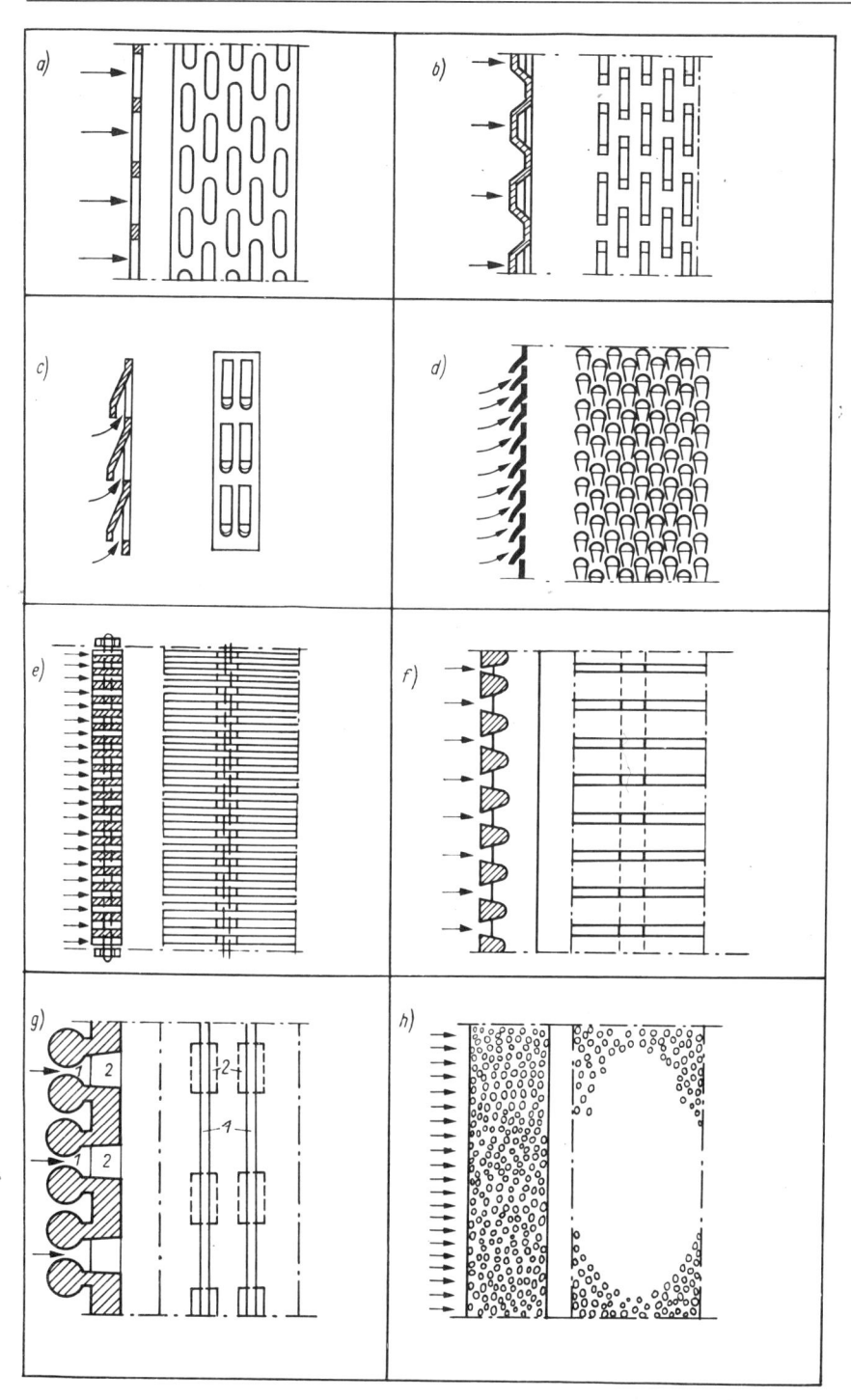

Bild 3.38 Die wichtigsten Brunnenfilterkonstruktionen (Perforationsarten)
a) Schlitzfilter-Langlochung (seltener Rechteck-, Kreislochung); b) Schlitzbrückenfilter; c) Hochleistungslochung nach *Schneider;* d) Prägelochung (Conidur-Lochung); e) Ringfilter; f) Johnson-Filter; g) Steinzeug-Stabfilter; h) Einkornfilter

stigkeit sowie herstellungstechnische Probleme, wie Rohrverbindungen, Nennweiten, Wanddikken u. a., zu diesem Komplex. Diese Eigenschaften unterliegen durch die technische Weiterentwicklung sowie Standardisierung einer ständigen Veränderung, so daß auf die Lieferangebote bzw. Berechnungsgrundlagen der Firmen verwiesen wird. Bei der Konstruktion eines Filterrohrs ist zu beachten, daß neben einer strömungstechnisch einwandfreien Ausführung die Summe der Flächen der Eintrittsschlitze nicht kleiner ist als das Porenvolumen der umgebenden Kiesschichten. Hierfür sind Durchlaßflächen von 10 bis 40 % erforderlich. Einfache, besonders kreisförmige Lochungen sind infolge Kornverklemmung ungeeignet.

Stahlfilter mit Schlitzlochung nach Bild 3.38a. Die Filter sind für kleine Bohrbrunnen, Abessinierbrunnen und Grundwasserbeobachtungen bestimmt und mit oder ohne Rammspitze erhältlich. Als Filteraufsatzrohr gelangt häufig Stahlgewinderohr zur Verwendung. Neuerdings werden anstatt Stahlfilter in den geringen Nennweiten oft solche aus PVC, Polyäthylen oder vergütetem Holz mit bestem Erfolg verwendet. Auf Grund der offensichtlichen statischen und hydraulischen Nachteile sollten diese Filter nicht für Produktionsbrunnen oder höchstens bei untergeordneten Brunnen verwendet werden.

Stahlfilter mit Schlitzbrückenlochung. Seit langem hat sich für größere Brunnenfilter die sogenannte Schlitzbrückenlochung bewährt. Die statischen und hydraulischen Vorteile dieser Lochung nach Bild 3.38b sind so offensichtlich, daß sie als Grundlage der Normung verwendet wurde. Aus Festigkeitsgründen wird vorwiegend Stahl verwendet. Der Korrosionsschutz erfolgt durch Anstriche mit Speziallacken (Epoxidharzlacke, chlorierte Kautschukpräparate u. a.), besser durch Überzüge aus Bitumen, Plasten (PE) oder Hartgummi. Entscheidend ist das Aufbringungsverfahren der Schutzüberzüge, da besonders die scharfkantigen Schlitze sicher und ablösungsfrei überzogen werden müssen. Durch die elektrophoretische Aufbringung, Wirbelsinterverfahren bzw. Spezialemaillen und Einbrennlacke sind in letzter Zeit zuverlässige Methoden entwickelt worden. In rohstoffreichen Ländern haben sich auch Filterrohre aus korrosionsbeständigen hochlegierten Stählen sowie Legierungen aus Nichteisenmetallen durchgesetzt. Im allgemeinen werden zu den einzelnen Filterrohren die passenden Aufsatzrohre mit gleichartigem Korrosionsschutz angeboten.

Während die Schlitzlochung bevorzugt für Gewebefilter verwendet wird, dient der Schlitzbrückenfilter überwiegend als Stützkörper für Kiesfilter bzw. aufgeklebte Kiespackungen. Kiesfilter werden als Kiesschüttungs- oder Kiespackungsfilter grundsätzlich ohne Gewebe hergestellt. Bei ihrer Konstruktion waren oft besondere hydraulische Gesichtspunkte, wie Vermeidung von Wirbelströmung, möglichst gerader Eintritt des Wasserfadens, Anpassung der Schlitzweiten an das Filterkorn und freie Durchflußfläche, von Bedeutung. Eine vorteilhafte Lochung wurde in jüngster Zeit mit dem *Hochleistungsschlitzfilter nach Schneider* geschaffen (Bild 3.38c). Der Stahlfilter erhält einen Polyäthylenüberzug, der den tropfenähnlich reihenförmig gestanzten, kiesabweisenden Nasen eine strömungstechnisch günstige Form bei größten Schlitzweiten (6 mm) und freien Durchlaßflächen (35 %) bietet. Das Filterrohr wird mit gutem Erfolg bei der Intensiventsandung von Höchstleistungsbrunnen verwendet [3.56].

Vorwiegend für Filter geringerer Nennweite und Leichtbleche bzw. Plaste hat sich eine *Prägelochung* – als Conidur-Lochung bezeichnet – bewährt. Die von Küchenmaschinen und Lüftungsblechen bekannte Jalousieprägung wird mit breiteren Schlitzen auch für größere Nennweiten verwendet. Eine einfache Prägelochung ist in Bild 3.38d dargestellt.

In stärkerem Maße beginnen sich durch die Montagevorteile sowie die Herstellung im Preßverfahren die früher bekannten *Ring-* bzw. *Segmentfilter* einzuführen (Bild 3.38e). Hierbei werden Plastringe bzw. Ringsegmente mit oder ohne Zwischenscheiben zur Schlitzweitenveränderung zu einzelnen Filterschüssen auf der Baustelle verbunden. Die Ringe können absolut maßhaltig und mit günstigem hydraulischem Querschnitt hergestellt werden. Über die Brauchbarkeit des Filters entscheiden letztlich nur die Güte der Verbindungsmittel und der Montageaufwand.

Unter Verwendung von rost- und säurebeständigem Stahl ist im sogenannten Johnson-Filter eine sehr gute Konstruktion entstanden (Bild 3.38f). Die hydraulisch optimal gestalteten parabelförmigen endlosen Querrippen werden auf ebenso geformte oder kreisförmige Längsrippen

3.3. Grundwassergewinnung

maschinell spiralförmig aufgewickelt und verschweißt. Die Filterschüsse werden durch stabile Rohrringe (Schraubverbindung) begrenzt.

Mit dem Steinzeug-Stabfilter in Bild 3.38g ist eine abgerundete Filterkonstruktion entstanden, wo einige Vorzüge des Johnson-Filters mit den Konstruktionsmitteln des Steinzeugs verwirklicht sind. Der Filter wird hier auf Grund seiner vielseitigen Verwendung in der DDR aufgeführt. Trotz zahlreicher Versuche, das Steinzeug als Filterwerkstoff abzulösen, ist dies bisher nicht gelungen. Die Ursachen sind außer in spezifischen Fragen der Liefersituation im Preis und in günstigen Materialeigenschaften zu suchen.

Bei der vorgestellten Konstruktion des Bitterfelder Steinzeugfilters ist die Trennung in Einlaßschlitze *1* und Eintrittsschlitze *2* vorteilhaft, wobei die Eintrittsschlitze so verstochen sind, daß in Strömungsrichtung eine Erweiterung erfolgt.

Eine optimale Lösung des Filterproblems für zahlreiche Fälle stellen die sogenannten *Einkornfilter* dar (Bild 3.38h). Den Vorzug verdient der stützkörperfreie Filter, bei dem der Filterkörper Eigenfestigkeit besitzt und die Aufgabe des Stützkörpers übernimmt. Diese statistisch-hydraulische Aufgabe in einer Filterpackung vereinigt, ermöglicht die optimale fertigungstechnische, rohstoffseitige, hydraulische, einbautechnische und demzufolge preisgünstige Lösung.

Der Aufbau des Filters ist denkbar einfach. Ausgesuchter runder Quarzkies wird mit einem Bindemittel (Zement, Gummi, Kunstharz) so vermischt, in Formen gebracht und abgebunden, daß ein Filterkörper entsteht, der hohen Ansprüchen an Festigkeit, Korrosionsbeständigkeit, Elastizität, Dichte und Durchlässigkeit gerecht wird. Dabei kann der Filter ein- oder mehrschichtig aufgebaut werden. Zwischen Dichte, Festigkeit und Einbautiefe besteht eine Abhängigkeit, so daß hohe Dichten bei gegebener Einbautiefe hohe Festigkeiten verlangen. Da hohe Festigkeiten hochwertige teuere Bindemittel erfordern, ist dies von ökonomischer Bedeutung. Bei Verwendung von Quarzkies sind Einbautiefen

bei Zementbindung von $\leq$ 20 bis 30 m
bei Gummibindung von $\leq$ 80 m
bei Kunststoffbindung von $\leq$ 300 m

erreichbar. Die Filterrohre werden in den Nennweiten von NW 40 bis 600 mm hergestellt. Die Wanddicken betragen 15 bis 50 mm. Die Stoßverbindung erfolgt im allgemeinen durch Gummimuffen und Bandagen. Vom hydraulischen Standpunkt und im Hinblick auf neuere Untersuchungen über Brunnenverockerung ist der Filter bestens geeignet. Ein Zwischenglied zwischen Schlitz- und Quarzfilter stellen die Filterrohre mit Kiesbelag (Stützkörper aus Stahl oder Asbestzement, Filterkörper aus kunstharzgebundenem Quarzkies) dar, die die erste Kiesschüttung erübrigen. Für untergeordnete Zwecke, wie Grundwasserabsenkung, Streckenentwässerung im Bergbau usw., werden Einkornfilter aus Splittbeton hergestellt, deren Durchlässigkeit auffallend geringer ist. Den Einkornfiltern wird künftig noch große Bedeutung zukommen.

Sonstige Filtermaterialien. Abschließend sollen nur noch einige Filtermaterialien genannt werden, die sich gut bewährt haben. Es handelt sich hierbei um Filterkonstruktionen aus Hartbeton, Asbestzement und Preßholz (Homogenholz). Zunehmende Bedeutung gewinnen mit der Entwicklung neuer Kunststoffe, der Verbesserung vorkommender Plasterzeugnisse und mit günstigeren Preisen die Kunststoffilterrohre. Hohe Festigkeiten, aber auch höhere Preise weisen gegenüber Thermoplasten (PVC, PE) besonders glasfaserverstärkte Kunstharzprodukte auf. Im einzelnen kann hier auf diese Filterrohre nicht eingegangen werden. Die Abmessungen, Preise und Masse sind den entsprechenden Normblättern bzw. Preisanordnungen und Angeboten der Lieferfirmen zu entnehmen [3.7; 3.8].

Vorstehend wurde versucht, einen Abriß der bekanntesten Brunnenfilter zu geben. Vollständigkeit wurde dabei nicht angestrebt. Mag daraus ersichtlich werden, daß es Aufgabe des Ingenieurs sein muß, für die vorgefundenen geohydrologischen Verhältnisse den Filter optimal auszuwählen und zu berechnen. Auch der Einkornfilter ist kein Universalfilter, obwohl er zahlreichen Ansprüchen gerecht wird.

Filtergewebe haben die Aufgabe, in Gewebefiltern eine bestimmte, bei der Wahl des Gewebes zu beachtende Körnung zurückzuhalten. Um diese Funktion zu erfüllen, reichen drei Gewebearten aus, die in Bild 3.39 dargestellt sind. Als Material für die Gewebe diente früher ausschließlich Metall, wie Kupfer, Messing, verzinntes Kupfer, Bronze usw. Infolge der gleichwertigen Ei-

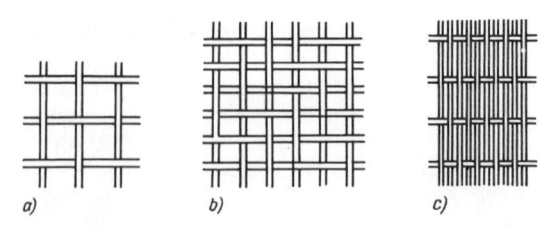

Bild 3.39 Filtergewebearten
a) Siebgewebe in Leinenbindung;
b) Siebgewebe in Köperbindung;
c) Tressengewebe in Leinenbindung

genschaften werden heute Kunststoffgewebe eingebaut. Einfaches Gewebe ist dabei als Unterlags- oder Schüttgewebe zu verwenden. Als Filtergewebe eignet es sich nicht. Tressengewebe sollte nur in gleichförmigen Fein- bis Mittelsanden angewendet werden, aber nicht in Grobsanden oder Kiesen. Das Gewebe wird unterschiedlich bezeichnet, am häufigsten nach Nummern. So bezeichnet z. B. Nr. 16: sechzehn Kettfäden auf einen französischen Zoll (27 mm). Aus dem Fadendurchmesser bzw. Versuch muß dann die Maschenweite ermittelt werden. Allgemein gilt: Die größere Nummer charakterisiert das feinere Gewebe. Die Maschenweite kann am besten durch Vergleich mit Prüfsiebgewebe bestimmt werden. Filtergewebe wird allgemein in Breiten von 750, 1000, 1500 und 2000 mm als Meterware geliefert.

Kiesschüttungen bzw. -packungen sind Filterschichten aus möglichst gleichförmigem Kies oder Sand, die konzentrisch um das Filterrohr angeordnet werden. Sie können als einfache oder mehrfache Kiesschüttung ausgeführt werden. Praktischen Gründen zufolge wird man nicht mehr als drei Schüttungen, selbst bei Feinsanden, vorsehen. Ein Kiesfilter schafft den Übergang vom gewachsenen Boden zum Filterrohr in hydraulisch günstiger Weise. Diesem Gesichtspunkt

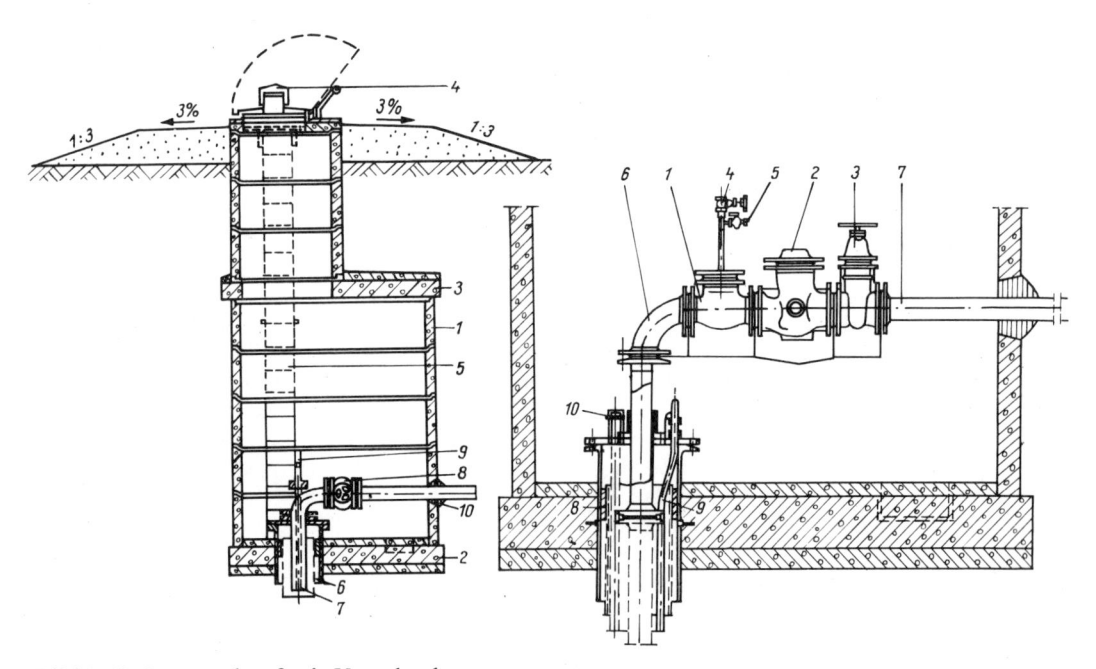

Bild 3.40 Brunnenkopf mit Vorschacht
a) für Sauge- oder Heberbetrieb ohne Wasserzähler und grundwasserfrei
  1 Schachtringe aus Beton; *2* Schachtsohle; *3* Betonplatte; *4* Quellschrotabdeckung mit Lüftungsstutzen; *5* Steigleiter; *6* Brunnenkopf; *7* Saugrohr; *8* Schieber; *9* Peilrohr; *10* Rohrdurchführung (Tonabdichtung)
b) für Unterwassermotorpumpenbetrieb mit Wasserzähler
  1 Rückschlagklappe; *2* Wasserzähler; *3* Schieber; *4* Muffenschieber; *5* Zapfhahn; *6* Rohrkrümmer; *7* Druckleitung; *8* Brunnenkopf; *9* Kabel; *10* Peilrohr

3.3. Grundwassergewinnung

muß die Kiesschüttung Rechnung tragen. Nicht jeder Kies ist als Filterkies geeignet. Die Klassifizierung und die Anforderungen an Filterkies sind genormt. Hierzu s. Abschn. 11.

Von der Qualität des Filterkieses und dessen fachgerechtem Einbau hängt maßgeblich die Lebensdauer des Brunnens ab.

Aufsatzrohre sind Vollrohre, die in gleichen oder bei Verwendung von Übergangsstücken größerer Nennweite den Filter bis zum Brunnenkopf fortsetzen. Diese Aufsatzrohre können aus dem gleichen Material bestehen, müssen es aber nicht. Wichtig ist, daß die Aufsatzrohre den gleichen Schutz gegen Korrosion erhalten wie die Filterrohre. Wird ein Filter in das Vollrohr eingebaut, so daß nur das Mantelrohr (Bohrrohr) vorhanden ist, so bezeichnet man dessen Einbau als „verloren".

Der Brunnen ist eigentlich nach Einbau des Filters und der Aufsatzrohre funktionsfähig. Zahlreiche Brunnen der Braunkohlenentwässerung und der Landwirtschaft werden in dieser Weise ohne Brunnenkopf betrieben. Es liegt nun im Ermessen des Bauherrn, einen sogenannten Brunnenkopf vorzusehen. Dieser kann vom einfachen Abschluß oder Schacht bis zum Pumpenhaus reichen. Am häufigsten in der Wasserversorgungstechnik ist der Abschluß des Brunnens in Form eines Schachtes, der in Betonfertigteilen, Ortbeton oder Mauerwerk ausgeführt wird und die Armaturen, Meßvorrichtungen, evtl. auch Schaltanlagen usw. aufnimmt. Abhängig vom höchsten Grundwasserstand ist dieser gegen Auftrieb oder Überfluten zu sichern. Mitunter ist es vorteilhaft, den Schacht hochzuziehen und kegelförmig anzuschütten. Oberster Grundsatz muß es sein, bei der Ausbildung des Brunnenkopfs neben seiner technischen Funktion einen einwandfreien hygienischen Abschluß gegen einsickernde Tagewässer und Verunreinigungen zu garantieren. Zahlreiche Trinkwasserinfektionen und -verschmutzungen sind auf die Nichtbeachtung dieser Forderung an Brunnenköpfe zurückzuführen.

Neuere Untersuchungen haben den Inhalt, die relativ aufwendigen Brunnenschächte einzusparen, den Brunnenkopf in Geländehöhe und jederzeit leicht zugänglich anzuordnen. Der Schutz gegen Temperaturschwankungen und sonstige Witterungseinflüsse erfolgt durch kombinierte Brunnenköpfe mit Doppelwandung bzw. einfache Abdeckhauben. Der Anwendungsbereich ist auf günstige Fälle beschränkt.

Sonstige Zubehörteile sind Einzelteile der Stoßverbindungen und Zentriervorrichtungen.

Den nachfolgenden Ausführungen ist es vorbehalten, die Kombination der verschiedenen Konstruktionselemente zu den einzelnen Bauweisen der Bohrbrunnen zu erläutern. Diese werden weitgehend eingeschränkt; es wird deshalb auf die Spezialliteratur verwiesen [3.7; 3.8; 3.51].

Für die oft verwendete Konstruktion nach Bild 3.41 ergeben sich folgende Einsatzbedingungen:
- Grundwasserspiegel bis max. 0,5 m unter Gelände
- zulässige Bodenpressung im Gründungsbereich $\geq 1,0$ kp/cm^2
- Lasteintragung am Abdeckflansch $\leq 3,5$ Mp
- Betriebsdruck der Förderleitung am Abdeckflansch ≤ 10 kp/cm^2
- Förderstrom 90 bis max. 120 m^3/h.

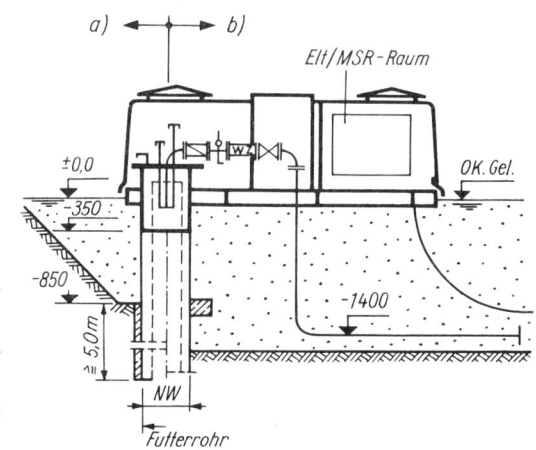

Bild 3.41 Obertägiger Brunnenabschluß für Unterwassermotorpumpenbetrieb
 a) Futterrohr NW 530 bis 820, einbetoniert
 b) Futterrohr NW 530 bis 820, nicht einbetoniert

Einbau von Schutzrohren für Bestrahlungssonden als Leistung des Brunnenausbaus ist möglich.

Nicht einsetzbar ist der Brunnenabschluß im Hochwasservorland bei der Gefahr von Überflutungen.

Bohrbrunnen ohne Filter lassen sich nur im standfähigen Gebirge verwirklichen. In Festgesteinen, besonders in Buntsandsteinen und Kreide, finden wir zahlreiche Tiefbrunnen, die nur mit einem kurzen Standrohr ausgebaut sind. Eine Versandung tritt bei diesen Brunnen leicht auf, kann jedoch durch Abpumpen bzw. durch Ventile beseitigt werden. Dort, wo es die geohydrologischen Gegebenheiten erlauben, ist es vorteilhaft, ohne Filter zu arbeiten.

Der Kiesfilter hat den Gewebefilter fast völlig verdrängt. Nur noch für Wasserhaltungsbrunnen, Versuchsbrunnen und untergeordnete Zwecke kommen Gewebefilter in Frage. Einzelheiten hierzu dürfen daher entfallen.

Zur Gruppe der *Kiesfilter* zählen die Kiesschüttungs-, Kiespackungs- und in erweitertem Sinne die Einkornfilter, da diese den gleichen Gesetzmäßigkeiten unterliegen. Prinzipiell sind Bohrverfahren und Ausbau bis auf die Filterausbildung die gleichen wie beim Gewebefilter. Allgemein gilt, daß der Bohrungsdurchmesser im Filterbereich für das gleiche Filterrohr infolge der Kiesschüttung wesentlich größer sein muß. Grundsätzlich sollte man ein oder zwei Peilrohre in die äußere Kiesschüttung unter Beachtung von [3.13] einbauen. Schlechthin sind an einen Kiesfilter folgende Anforderungen zu stellen:
- nach Klarpumpen bzw. Entsanden sandfreies Arbeiten
- möglichst geringer Filterwiderstand
- optimale Ausbildung gegen Korrosion, Verockerung und Versinterung
- genügende statische Festigkeit des Filterrohrs gegen Beulen und Knicken durch Erddruck sowie besondere Lastfälle (Transportfall, Einbaufall)
- wirtschaftlicher Preis und Einbau.

In Bild 3.42 sind alle wichtigen Einzelheiten über Mindestdicke der Schüttungen, Überschüttung, differenzierte Schüttung, Schüttrohr bzw. Schüttkorb angegeben. Hauptaufgabe der hier gebrachten Ausführungen soll es daher sein, die Dimensionierung eines Kiesfilters zu zeigen. Es verbleibt somit die Forderung, zwischen Filterrohraußendurchmesser und Bohrungsnennweite optimal für Leistung und Alterung des Brunnens eine n-fache Kiesschüttung einzubringen. Die Korngrößen des Filterkieses sowie die Zahl n der Schüttungen sind von den Korngrößen im Grundwasserleiter, deren Verteilung und Ungleichförmigkeit, Schichtung sowie den Filterschlitzweiten abhängig. Stets muß das Stützkorn des Grundwasserleiters zurückgehalten werden. Die Bemessung erfolgt in Abschn. 3.3.2.3.3., wozu sich noch einige konstruktive Hinweise erforderlich machen:

Durch den Zweck des Brunnens und die Förderanlage wird die Auswahl der Ausbauteile beeinflußt. Bei der Bemessung geht man davon aus, daß eine vorgewählte technische Lösung unter Einhaltung festgelegter Sicherheitskriterien nachgerechnet und gegebenenfalls verändert wird. Ökonomische Untersuchungen erfolgen durch Variantenvergleiche. Im allgemeinen müssen zur Auswahl der technischen Variante zur Verfügung stehen:
- maximale Ergiebigkeit $\dot{V}_{Emax}$, Förderplan
- Höhenkoten (tiefster abgesenkter Wasserspiegel an der Bohrungswandung $h_{(r_0)}$, Brunnensohle, Gelände, Schichtgrenzen, fördertechnische Zwangspunkte
- Größen der Förderorgane
- Betriebsweise, geplante Meßeinrichtungen, Angaben über Korrosions- und Inkrustationsgefahr bzw. Wassergüteänderungen
- ökonomische Daten über Bodenwert, Bodennutzungsentgelte, Folgeeinrichtungen, Preise, Abschreibungen.

Mit einem Schätzwert für den Brunnenwiderstand Δh ist die Filterrohrlänge L zu wählen. Filterrohrlänge = Differenz, tiefster Brunnenwasserspiegel – Brunnensohle abzüglich Sandfanglänge, Zwischenrohre, $\geq 1{,}0$ m Sicherheitsstrecke (Filterbelüftung, Einlauf Förderorgan), Filterrohrstrecken sind den Schichtdurchlässigkeiten anzupassen. Bei feinkörnigen, schwer durchlässigen Schichten Zwischenrohre ohne Kiesschüttung mit schwerdurchlässigem Material verfüllen.

3.3. Grundwassergewinnung

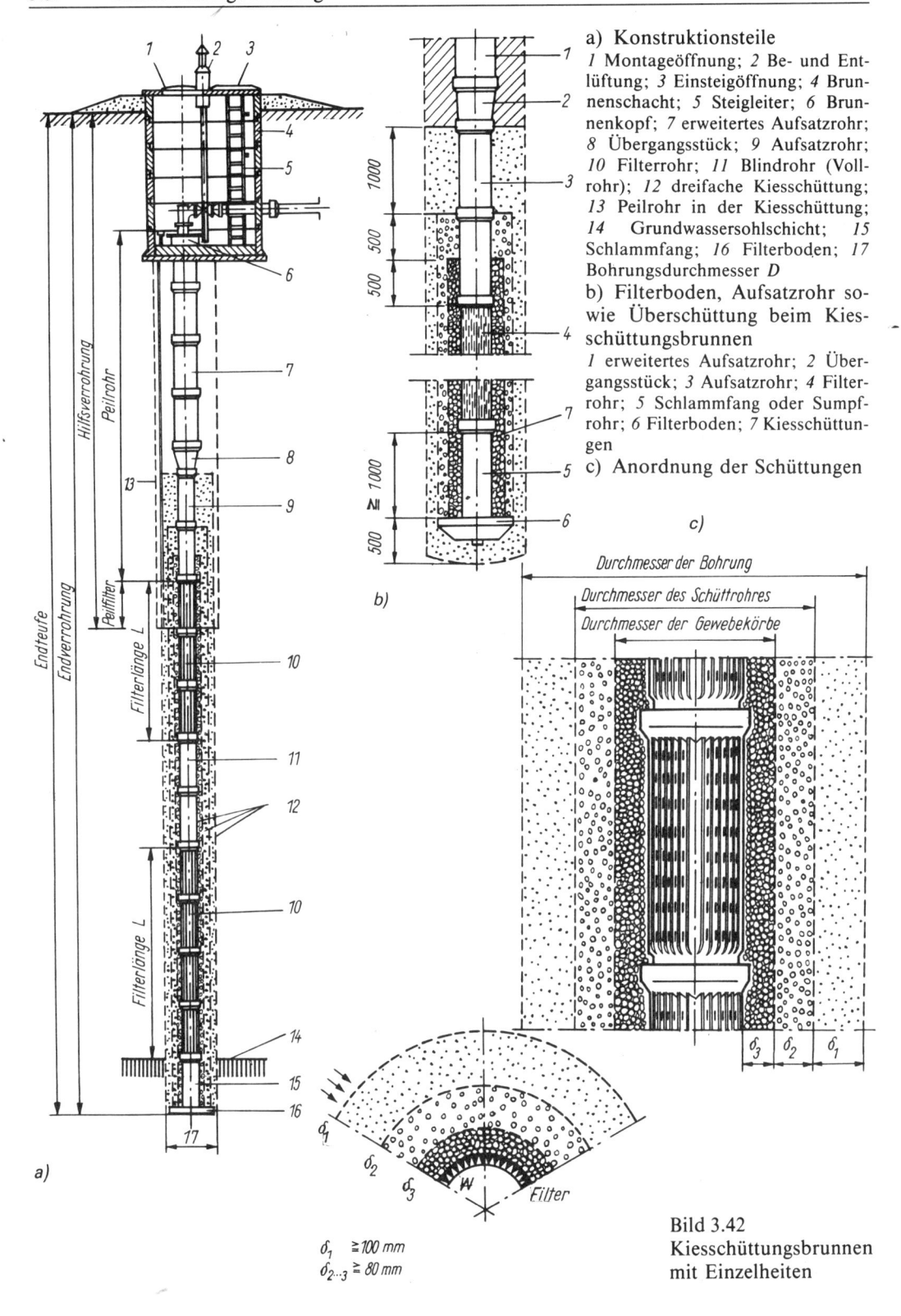

a) Konstruktionsteile

1 Montageöffnung; 2 Be- und Entlüftung; 3 Einsteigöffnung; 4 Brunnenschacht; 5 Steigleiter; 6 Brunnenkopf; 7 erweitertes Aufsatzrohr; 8 Übergangsstück; 9 Aufsatzrohr; 10 Filterrohr; 11 Blindrohr (Vollrohr); 12 dreifache Kiesschüttung; 13 Peilrohr in der Kiesschüttung; 14 Grundwassersohlschicht; 15 Schlammfang; 16 Filterboden; 17 Bohrungsdurchmesser D

b) Filterboden, Aufsatzrohr sowie Überschüttung beim Kiesschüttungsbrunnen

1 erweitertes Aufsatzrohr; 2 Übergangsstück; 3 Aufsatzrohr; 4 Filterrohr; 5 Schlammfang oder Sumpfrohr; 6 Filterboden; 7 Kiesschüttungen

c) Anordnung der Schüttungen

$\delta_1 \geq 100$ mm
$\delta_{2...3} \geq 80$ mm

Bild 3.42
Kiesschüttungsbrunnen mit Einzelheiten

Filterrohre nach Wassergüte, Standfestigkeit, geplanter Lebensdauer, Preis, Lieferbarkeit, Einbaugröße u. a. auswählen. Filterrohrnennweite nach Förderorgandurchmesser und Fließgeschwindigkeit (v_{max} = 1 bis 2 m/s), Anzahl und Dicke der Kiesschüttungen, Bohrungsdurchmesser auswählen und auf Nenndurchmesser aufrunden. Schüttrohr- bzw. Schüttkorbdurchmesser berücksichtigen.

Bei Brunnentiefen > 50 m Einkorn- bzw. Kiespackungsfilter vorsehen. Keine Schüttungen anordnen – wegen Verklemmungs- und Entmischungsgefahr.

Durchmesseränderungen zwischen Vollrohren und Filterrohr oder Filterrohre unterschiedlicher Durchmesser möglichst vermeiden. Verlorenen Einbau nur bei eindeutigen ökonomischen Vorteilen vorsehen. Bei Übergängen konische Übergangsformstücke aus Vollrohr einsetzen.

Zwischenrohre unter 2 m Länge sind zu vermeiden.

Durch den Ausbau der geeigneten Schichten, entsprechende Über- und Unterschüttung ($\geq 0{,}50$ m) und Verfüllung der Vollrohrstrecken mit schwerem durchlässigem Material aus der anliegenden Bodenschicht ist eine Vertikalströmung in der Kiesschüttung zu verhindern. Geschwindigkeitsspitzen sind durch differenzierte Schüttungen auszugleichen, z. B. bei Übergängen Filterrohr – Vollrohr bzw. Schichtgrenzen mit großen Durchlässigkeitsunterschieden.

Filteroberkanten sind unter Beachtung der Gesamtsituation möglichst tief zu legen und die Filterlängen nicht größer als hydrodynamisch notwendig zu bemessen. Aus wirtschaftlichen Gründen sollen allgemein die Durchströmungsverluste $\Delta h = w + h_R \leq 0{,}1\, s_{Br}$ betragen.

Durch den nicht berechenbaren Einfluß der Inkrustation liegt kein eindeutiges Bemessungskriterium fest. Wie groß Δh maximal ansteigen kann, ist letztlich eine Frage der Energiekosten und der Funktion der Förderanlage überhaupt.

3.3.2.3.3. Ergiebigkeitsberechnung und Bemessung an einem Beispiel

Ein Bohrbrunnen zur Grundwassergewinnung im ungespannten Grundwasser, der mit konstantem Förderstrom $\dot{V}$ betrieben wird, soll als vollkommener Brunnen und unvollkommener Brunnen berechnet werden.

Hierzu sind gegeben:

$s_0 = 4{,}0$ m $\quad\quad H = 30{,}0$ m $\quad\quad r_1 = 30{,}0$ m
$n_e = 0{,}15$ $\quad\quad r_0 = 0{,}50$ m $\quad\quad T = 1{,}500 \cdot 10^{-2}$ m²/s
$\lambda = 50$ m $\quad\quad a = 1{,}071 \cdot 10^{-7}$ s/m²
$R = 300$ m $\quad\quad \bar{k}_f = 1 \cdot 10^{-4}$ m/s
$c = 5{,}0$ $\quad\quad l = 15{,}0$ m

Berechnung der Ergiebigkeit $\dot{V}_E$ für den vollkommenen Brunnenausbau

$$\beta_0 = \frac{s_0}{H} = \frac{4{,}0}{30{,}0} = 0{,}133$$

$\varphi_1 = 0 \; \varphi = \varphi_2$ für $t = 3{,}15 \cdot 10^7$ s nach Bild 3.25

$$\sigma_{r_0} = \frac{r_0^2 \cdot a}{4\,t} = \frac{0{,}5^2 \cdot 1{,}071}{10^7 \cdot 4 \cdot 3{,}15 \cdot 10^7} = 2{,}125 \cdot 10^{-16}$$

φ_2 für $\sigma = 10^{-15} \Rightarrow 34$

$\dot{V}_E = \dot{V}_E (H, \beta, \varphi, k_f)$ nach Bild 3.27

$\dot{V}_E = 21{,}0$ l/s (Die Rechnung ergibt 20,61 l/s.)

Befindet sich der Brunnen $\lambda = 50$ m von einer durchlässigen Berandung $h =$ konst. entfernt (größerer Flußlauf), so erhält man für φ:

$\varphi = \varphi_2 = \varphi_2 (\varrho_{r_0}) - \varphi_2 (\sigma_\varrho) \quad$ mit $\varrho = 2\lambda$

$\sigma_{r_0} = 2{,}125 \cdot 10^{-16} \approx 10^{-15}$

$$\sigma_\varrho = \frac{100^2 \cdot 1{,}071}{10^7 \cdot 4 \cdot 3{,}15 \cdot 10^7} = 850 \cdot 10^{-14} = 8{,}5 \cdot 10^{-12}$$

nach Bild 3.25 $\varphi_2 (\sigma_{r_0}) = 34 \quad \varphi_2 = 9$
$\quad\quad\quad\quad\quad\quad \sigma_2 (\sigma) = 25$

$\dot{V}_E$ nach Bild 3.27 $\Rightarrow 77{,}5$ l/s (Die Rechnung ergibt 77,86 l/s.)

3.3. Grundwassergewinnung

Man erkennt den ergiebigkeitssteigernden Einfluß des Gewässers. Bei einer Kreiskontur mit h = konst. und $R = 300$ m ergibt sich

$$\varphi = \varphi_2 = 2 \ln \frac{R}{r_0}; \; t > 0{,}7 \cdot R^2 \cdot a = 0{,}7 \cdot 300^2 \cdot 1{,}071 \cdot 10^{-7}$$

$$= 6{,}7 \cdot 10^{-3} \, s \ll 3{,}15 \cdot 10^{-7} \, s$$

$$\varphi = 2 \cdot \ln \frac{300}{0{,}5} = 12{,}794$$

$\dot{V}_E$ nach Bild 3.27 $\Rightarrow 56{,}0$ l/s (Die Rechnung ergibt 54,77 l/s.)
Auch hier ist noch eine deutliche Steigerung zu verzeichnen. Außerdem soll an diesem Beispiel die Berechnung für eine Brunnengruppe mit konstanter Förderung $\dot{V}_E$ gezeigt werden. Nach Bild 3.29 sind $\dot{V}_E$ und s_0 im mittelsten Brunnen bei $\dot{V}_E = 21{,}0$ l/s zu berechnen.
Gewählt werden fünf Brunnen in Reihe mit einem Abstand von $\varrho = 50{,}0$ m.

$$\sum_{i=1}^{5} \varphi = \sum_{i=1}^{5} \varphi_2$$

$\sigma_3 = \sigma_{r_0} = 2{,}125 \cdot 10^{-16} \approx 10^{-15}; \; \varphi_3 = 34$

$\sigma_{2/4} = \dfrac{50^2 \cdot 1{,}071}{10^7 \cdot 4 \cdot 3{,}15 \cdot 10^7} = 2{,}13 \cdot 10^{-12}; \; \varphi_{2/4} = 26{,}2$

$\sigma_{1/5} = \dfrac{100^2 \cdot 1{,}071}{10^7 \cdot h \cdot 3{,}15 \cdot 10^7} = 8{,}5 \cdot 10^{-12}; \; \varphi_{1/5} = 25$

$\Sigma_1^5 \dot{V}_i \varphi_i = 400$ (s. Bild 3.29); $\beta_3 = 0{,}133$
Da $\dot{V}_i =$ konst., gilt $\dot{V}_i \Sigma_1^5 \varphi_i = 400$ und

$$\dot{V}_{E1 \ldots 5} = \frac{400}{34 + 2(26{,}2 + 25)} = 2{,}93 \, \text{l/s} < 21{,}0 \, \text{l/s}$$

Man sieht, wie durch die Bedingung $s_3 = 4{,}0$ m und die gegenseitige Beeinflussung der Brunnen die Ergiebigkeit stark zurückgeht. Andererseits ergibt sich mit $\dot{V}_{E1 \ldots 5} = 21{,}0$ l/s
$\dot{V}_{E1 \ldots 5} \Sigma \varrho_{1 \ldots 5} = 21{,}0 \cdot 34 + 2 (26{,}5 + 25) = 2877$
Aus Bild 3.29 folgt $\beta \approx 1$, d. h., Brunnen 3 wurde völlig abgesenkt, was praktisch nicht möglich ist. Für die Randbrunnen 1 und 5 ergibt sich

$\varphi_1 = 34$ $\sigma_1 = 10^{-15}$

$\varphi_2 = 26{,}2$ $\sigma_2 = 2{,}13 \cdot 10^{-12}$

$\varphi_3 = 25$ $\sigma_3 = 8{,}5 \cdot 10^{-12}$

$\varphi_4 = 24{,}2$ $\sigma_4 = \dfrac{150^2 \cdot 1{,}071}{10^7 \cdot 4 \cdot 3{,}15 \cdot 10^7} = 1{,}9 \cdot 10^{-11}$

$\varphi_5 = 23{,}6$ $\sigma_5 = \dfrac{200^2 \cdot 1{,}071}{10^7 \cdot 4 \cdot 3{,}15 \cdot 10^7} = 3{,}4 \cdot 10^{-11}$

$\Sigma \varphi_{1 \ldots 5} = 133$
$\dot{V}_{E1 \ldots 5} \Sigma \varphi_{1/5} = 21{,}0 \cdot 133 = 2793$, d. h., $\beta \approx 1$ nur geringfügig kleiner. Mit $5 \cdot 21{,}0 = 105$ l/s ist das Gebiet überfordert. Geht man auf $\dot{V}_{E1 \ldots 5} = 5{,}0$ l/s zurück, so folgt für Brunnen 3
$\dot{V}_{E1 \ldots 5} \overset{5}{\underset{1}{\Sigma}} \varrho_{1/5} = 5{,}0 \cdot 137{,}0 = 685; \; \beta = 0{,}14$ und
$s_3 = 0{,}14 \cdot 30 = 4{,}20$ m
Man erkennt, wie mit Hilfe der Diagramme schnell eine Vielzahl Fälle durchgespielt werden können. Rechenfehler sind weitgehend ausgeschlossen. Die berechneten Werte sind auf Grund der angenommenen Randbedingungen als Näherungswerte aufzufassen, die so gut und so schlecht sind, wie die Randbedingungen zutreffen. Eine praktisch wertvolle, strenggenommen niemals zutreffende Randbedingung ist der flächenhaft unendlich ausgedehnte Grundwasserleiter ohne Speisung durch Randkonturen. Deshalb erhält man, wie aus Bild 3.25 ersichtlich, für diesen Fall eine mit der Zeit t absinkende Förderung bzw. ansteigende Absenkung.
Berechnung der Ergiebigkeit $\dot{V}_E$ für einen unvollkommenen Brunnenausbau
– Ausbauvariante B2 (s. Bild 3.22)
$l/H = 15{,}0/30{,}0 = 0{,}5$

$\beta_0 = \dfrac{4,0}{30,0} = 0,133$

$\varphi = \varphi_{01} + \varphi_2$; $t = 3,15 \cdot 10^7 \, s$

$\sigma_{r_0} = 2,125 \cdot 10^{-16} \Rightarrow \varphi_2 = 34$

$\varphi_{01} = \varphi_{01}(l/H; r_0)$ aus Bild 3.24; $\varphi_{01} = 5,1$

$\varphi = 5,1 + 34 = 39,1 > 34$

Man sieht, daß gegenüber dem vollkommenen Ausbau eine Ergiebigkeitsminderung um 13 % eintritt. Die weitere Rechnung ist genauso wie beim vollkommenen Brunnen.
– Ausbauvariante C 2

$l = 15,0 \, m$; $c = 5,0 \, m$; $H = 30,0 \, m$; $r_0 = 0,50 \, m$

Nach Bild 3.24 folgt

$$\varphi_{ol} = \left(\frac{c}{l} + 1\right)^2 \varphi_{l_1} + \left(\frac{c}{l}\right)^2 \cdot \varphi_{l_2} + 0,5 \left[\varphi_{l_3} - \left(\frac{2c}{l} + 1\right)\varphi_{l_4}\right]$$

$l_1 = c + l = 20,0 \, m$; $\varphi_{l_1} = 3$; $l_1/H = 0,66$

$l_2 = c = 5,0 \, m$; $\varphi_{l_2} = 24$; $l_2/H = 0,17$

$l_3 = l/2 = 7,5 \, m$; $\varphi_{l_3} = 15$; $l_3/H = 0,25$

$l_4 = c + l/2 = 12,5 \, m$; $\varphi_{l_4} = 7$; $l_4/H = 0,42$

$$\varphi_{ol} = \left(\frac{5}{15} + 1\right)^2 \cdot 3 + \left(\frac{5}{15}\right)^2 \cdot 24 + 0,5 \left[15 - \left(\frac{2\cdot 5}{15} + 1\right)7\right]$$

$\phantom{\varphi_{ol}} = 5,333 + 2,667 + 1,667 = 9,667$

$\varphi_2 = 34,0$

$\varphi = 9,667 + 34,000 = 43,667$

Diese Ausbauvariante bringt eine Ergiebigkeitsminderung von 22 % gegenüber vollkommenem Ausbau und ist nur anzuwenden, wenn die Schichtenfolge oder ausbautechnische Forderungen dies verlangen. Genauso, wie in den vorstehenden Beispielen die Ergiebigkeit oder die Absenkung für die Brunnenmantel berechnet wurde, kann unter Verwendung des jeweiligen φ_n für einen beliebigen Punkt P_n die Spiegelabsenkung oder aus einer gewählten Absenkung s_n die Ergiebigkeit des Brunnens oder der Brunnengruppe unter den Randbedingungen berechnet werden.

Für P_1 mit $r_1 = 30 \, m$, $s_1 = 0,30 \, m$ vom Brunnen entfernt, ergibt sich beim vollkommenen Brunnen ($\varphi = \varphi_2$)

$$\sigma_1 = \frac{30^2 \cdot 1,071}{10^7 \cdot 4 \cdot 3,15 \cdot 10^7} = 7,65 \cdot 10^{-13}$$

Nach Bild 3.25 folgt $\varphi_2 = 27,4$ und für

$\beta_1 = \dfrac{s_1}{H} = \dfrac{0,30}{30,0} = 0,01$ aus Bild 3.29 $\dot{V}_E = 2,65 \, l/s$

Andererseits ergibt sich für $\dot{V}_E = 21,0 \, l/s$ umgekehrt bei P_1 ein

$\beta_1 = 0,1$, d. h. $s_1 = 0,1 \cdot 30 = 3,0 \, m$

Nach $t = 3,15 \cdot 10^5 \, s = 3,65 \, d \Rightarrow \sigma_1 = 7,65 \cdot 10^{-11} \Rightarrow \varphi_2 = 22,8$, und man erhält $\beta_1 = 0,085$; $s_1 = 0,085 \cdot 30 = 2,55 \, m$.

Der gegenwärtige Erkenntnisstand erlaubt die funktionssichere Bemessung eines Bohrbrunnens nach geohydraulischen Kriterien. Die Bauteile sind praktisch unbegrenzt korrosionsbeständig. Die Optimierung ist bisher nur durch Variantenvergleiche möglich. Zur Anwendung dynamischer nichtlinearer Optimierungsverfahren fehlen noch ausreichende Zielfunktionen. In den meisten Fällen wird nur der Anfangszustand berechnet. Die zeitabhängige Leistungsminderung durch Brunnenalterung kann nur durch Reservekapazitäten und die noch nicht sichere Vorhersage bei Anwendung der Schutz- und Regenerierungsverfahren erfaßt werden. Forderungen nach einer noch genaueren Erfassung des Anfangszustandes sind ohne die exakte Formulierung der Leistungsminderung nicht sinnvoll. Unter dieser Einschränkung wird die Bemessung eines Bohrbrunnenfilters an dem folgenden Beispiel gezeigt.

3.3. Grundwassergewinnung

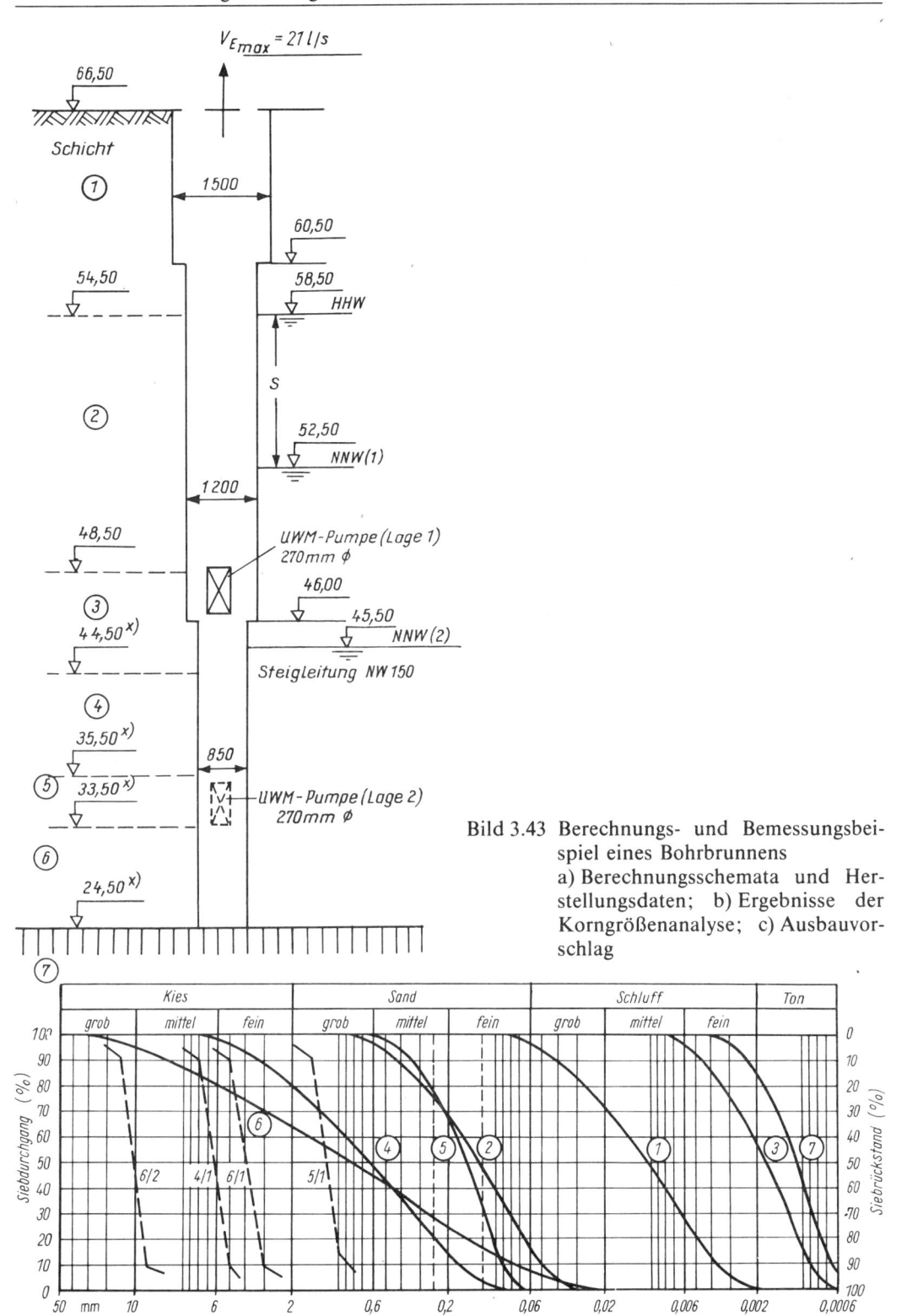

Bild 3.43 Berechnungs- und Bemessungsbeispiel eines Bohrbrunnens
a) Berechnungsschemata und Herstellungsdaten; b) Ergebnisse der Korngrößenanalyse; c) Ausbauvorschlag

3. Wassergewinnung

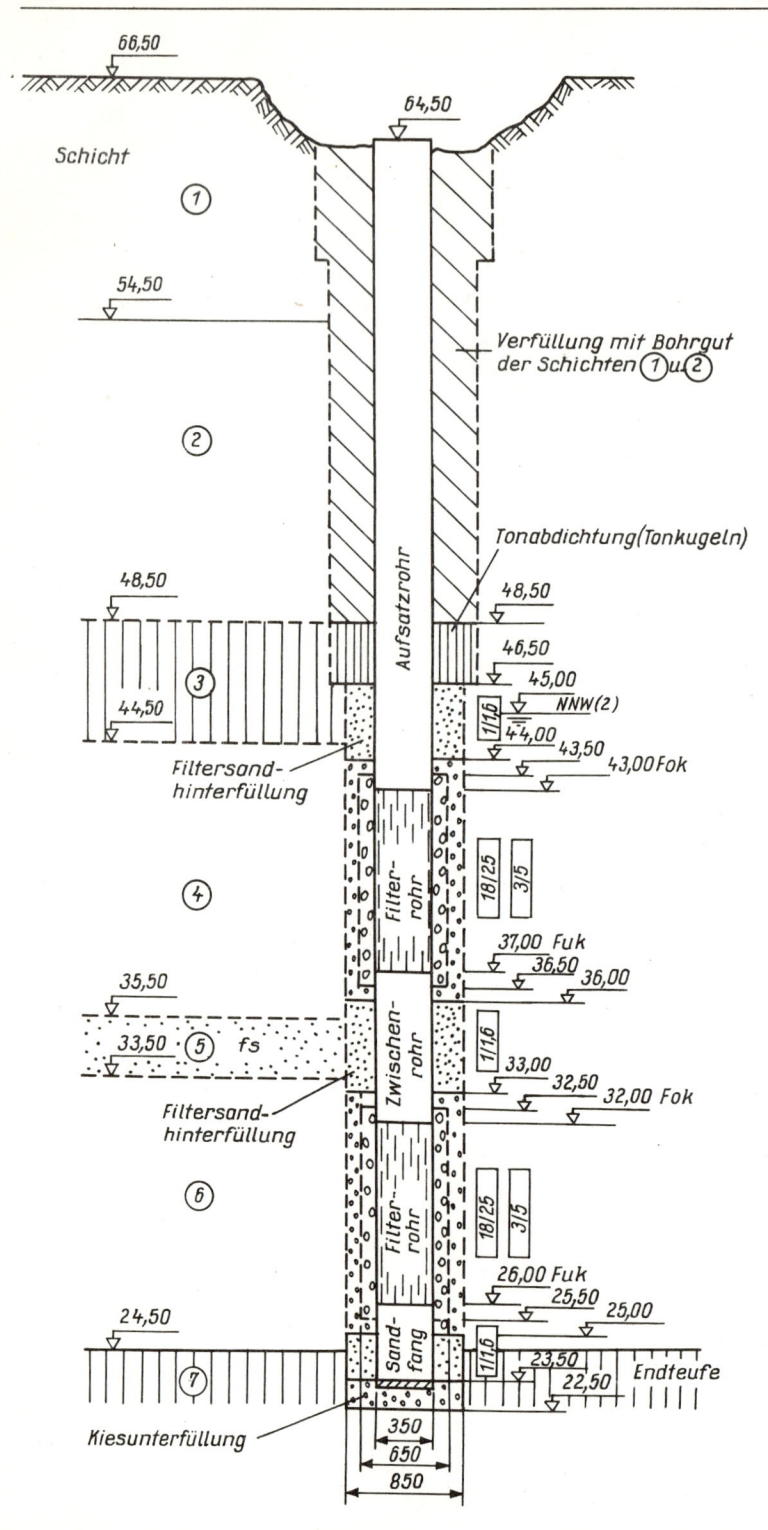

3.3. Grundwassergewinnung

Gegeben:
Einzelheiten nach Bild 3.43 a/b.
Gesucht:
a) Brunnenausbau mit Steinzeug-Stabfiltern (ohne Verockerungsgefahr, ohne Intensiventsandung)
b) maximales Fassungsvermögen, Strömungswiderstände
c) Maßnahmen bei Verockerungsgefahr
d) Ausbauskizze nach Bild 3.43 c.

Zu a)
Die Unterwassermotorpumpe befindet sich anfangs in Lage *1* und soll nach späterer Grundwasserabsenkung in Lage *2* umgebaut werden. Konstruktiv werden die Erdstoffschichten *4* und *6* mit Filtern, die Schicht *5* mit einem Vollrohr ausgebaut.
Filterlänge $L = (43,00 - 37,00) + (32,00 - 26,00) = 12,00$ m. Filterrohrdurchmesser D: max. Pumpendurchmesser + Meßrohrdurchmesser = 270 mm + 48 mm = 318 mm, gewählt: $D = 350$ mm (exzentrische Lage).
Filtergeschwindigkeit:
$$v_i = \frac{\dot{V}_{E\,max}}{D \cdot \pi \cdot L} = \frac{21 \cdot 10^{-3}}{0,35 \cdot 3,14 \cdot 12,00} = 1,59 \cdot 10^{-3} \text{ m/s}$$

Kiesschüttung:

Schicht bzw. Siebkurve	d_{10}	d_{17}	d_{50}	d_{60}	U^I	n	$e^1 (e^1 = n/1-n)$
4	0,18	0,22	0,64	0,90	5,00	0,32	0,472
5	0,09	0,10	0,17	0,19	2,11	0,36	0,563
6	0,075	0,14	0,85	1,70	22,70	0,27	0,370

$U^{II} \approx 1,4$ geschätzt, da Korngruppe noch unbekannt.

$e^{II} \approx 0,9 \sqrt[3]{U^{II}} = 0,9 \sqrt[3]{1,4} = 1,01$; $d_s = 0,27 \, e' \sqrt[6]{U^I} \, d_{17}$

Schicht	4	5	6
$d_s =$	0,036	0,0172	0,0236 mm

Folglich $0,01 < d_s < 0,05$, d. h. $a'' = 4$.
Nach Bild 3.32 ergibt sich für

Schicht	4	5	6
$f_{50zul} =$	9,7	8,0	4,5

und mit Gl. (3.38)

$0,675 \cdot 4,0 \cdot \dfrac{0,472}{1,01} \sqrt[6]{5 \cdot 1,4} \cdot 0,22 \leq d_{50}^{II} \leq 9,7 \cdot 0,64 \, \triangleq \, 0,388 = d_{50}^{II} \leq 6,2 \, \triangleq \, 5/8$

$0,675 \cdot 4,0 \cdot \dfrac{0,563}{1,01} \sqrt[6]{2,11 \cdot 1,4} \cdot 0,10 \leq d_{50}^{II} \leq 8,0 \cdot 0,17 \, \triangleq \, 0,182 \leq d_{50} \leq 1,36 \, \triangleq \, 1/1,6$

$0,675 \cdot 4,0 \cdot \dfrac{0,370}{1,01} \sqrt[6]{22,7 \cdot 1,4} \cdot 0,14 \leq d_{50}^{II} \leq 4,5 \cdot 0,85 \, \triangleq \, 0,250 \leq d_{50}^{II} \leq 3,82 \, \triangleq \, 3/5$

Es ist in jedem Fall zu empfehlen, ein Vollrohr im Bereich der Schicht *5* anzuordnen. Es werden deshalb folgende Kiesschichten gewählt:
Schicht *6*: 3/5 mm; $U^{II} = 1,4$; $d_{50}^{II} = 4,0$ mm; $d_{17}^{II} = 3,2$ mm
Außendurchmesser Filterrohr NW 350: 475 mm;
$\delta_1 = \dfrac{1}{2}(850 - 475) = 187,5$ mm

Mit Schüttkörben bzw. Schüttrohren NW 650 ist eine 2fache Kiesschüttung mit $\delta_1 = 100$ mm, $\delta_2 = 88$ mm Dicke möglich. Die Korngröße der zweiten Schüttung ergibt sich mit $U^{III} = 1,4$ analog nach Bild 3.32

$d_{50}^{III} \leq f50_{zul} \cdot d_{50}^{II} = 6,5 \cdot 4,0 = 26,0$ mm
gewählt: 18/25 mm, $U^{III} = 1,27$, $d_{50}^{III} = 21$ mm
Bei diesem Korndurchmesser ist in der Tiefe nur eine Packung möglich. Die Berechnung der Filterrohrschlitzweite s ergibt nach Gl. (3.43) $2 \cdot 0,82 \leq 2 \leq 0,84 \cdot 3,0 = 2,52$ mm bei einer Schüttung und Steinzeugfilter. Die Bedingung ist damit auch für die zweite Schüttung erfüllt.
Schicht 4: 5/8 mm; $U^{II} = 1,40$; $d_{50}^{II} = 6,5$ mm
Die Korngröße einer zweiten Schüttung wird gleich derjenigen von Schicht 6 bzw. zu $d_{50}^{III} = 6,5 \times d_{50}^{II+} = 6,5 \cdot 6,5 = 42$ mm, d. h. 25/35 mm gewählt. Für die Filterrohrschlitzweite s folgt wieder

$2 \cdot 1,34 \leq s \leq 0,84 \cdot 5$
$2,7 \leq s \leq 4,2$

Dieser Bedingung genügen die Steinzeugfilterrohre nicht mehr. Entweder es werden Rohre mit einer Schlitzweite von 3 bis 4 mm angefertigt, generell ein anderes Filterrohr (Schlitzbrückenfilter) gewählt oder die feinere Schüttung 3/5 der Schicht 6 auch für die Schicht 4 verwendet. Wir entscheiden uns für die letztere Lösung, die außer der unkomplizierten Herstellung (Unter- bzw. Überschüttung) im Zwischenrohrbereich der stärkeren Einströmung im oberen Filterabschnitt höhere Widerstände entgegensetzt und damit die Strömungsspitzen auf eine größere Fläche verteilt.
Der Nachweis gegenüber dem geometrischen Suffosionskriterium [s. Gl. (3.35)] ergibt für
Schicht 4: $\eta_g = 4,45 > 1,5$
Schicht 6: $\eta_g = 1,69 > 1,5$,
was zumindest bei Schicht 4 zu erwarten war, da generell Schichten mit $U^1 < 8$ bis 10 nicht suffosionsgefährdet sind. Eine wesentliche Entsandung ist somit nicht zu erwarten. Damit entfallen auch alle weiteren hydraulischen und geometrischen Grenzbedingungen.
Es ist nun noch abzusichern, daß es durch Druckunterschiede zwischen Schicht 4 und 6 nicht zur Kontakterosion und Durchbrüchen aus Schicht 5 kommt. Im Bereich des Vollrohrs mit 0,5 m Unter- und Überschüttung ist deshalb von 38,00 bis 41,00 m NN eine Schüttung = 1/1,6 einzubringen. Da $d_{s_5} < d_{s_4}$ bzw. d_{s_6} ist, kann keinerlei Verstopfung eintreten.

Mit $\dfrac{d_{50/4/6}^{II}}{d_{50/5}^{II}} = \dfrac{4,0}{1,3} = 3,08 < 6,5$

ist der Sperrfaktor ebenfalls unproblematisch. Man erhält somit die Konstruktion nach Bild 3.43 c. Die Über- bzw. Unterschüttungsstrecken betragen jeweils 0,50 m. Durch die gewählte Abstufung an den Filterrohrenden ergibt sich eine gleichmäßigere Einströmung.
Zu b)

$v_{i_1} = \dfrac{21 \cdot 10^{-3}}{0,64 \cdot 3,14 \cdot 14,00} = 0,74 \cdot 10^{-3}$ m/s, $R_{e_1} < 3,0$; $d_{50} = 4,0$ mm

$v_{i_2} = \dfrac{21 \cdot 10^{-3}}{0,475 \cdot 3,14 \cdot 12,0} = 1,17 \cdot 10^{-3}$ m/s, $R_{e_2} = 18$; $d_{50} = 22,0$ mm nach Bild 3.33

Damit ergibt sich nach Bild 3.34 w/δ für
Schüttung 1: $w/\delta = 2,7 \cdot 10^{-2}$, $w_1 = 2,7$ mm
Schüttung 2: $w/\delta = 2,5 \cdot 10^{-3}$, $w_2 = 0,2$ mm
$w = 2,9$ mm

Den Reibungswiderstand h_R erhält man nach Bild 3.35 für die
Pumpenlage 1:
$A_w = 0,35^2 \cdot 3,14/4 = 0,096$ m² und $V = 21$ l/s
$h_R = 35$ mm
Pumpenlage 2:
$A_{w,1} = 0,09$ m², $A_{w,2} = \dfrac{3,14}{4}(0,35^2) = 0,039$ m²
$h_{R1} = 35$ mm
$h_{R2} = 250$ mm
$h_R = 285$ mm

Der Gesamtwiderstand Δh wird somit ungünstigenfalls
$\Delta h = 287$ mm $\approx 0{,}30$ m
Berechnung der Sickerstrecke S_i [s. Gl. (3.16)]

$$S_i = \sqrt{\left(0{,}73 \lg \frac{\sqrt{\dot{V}_E/k_f}}{r_o} - 0{,}51\right) \frac{\dot{V}_E}{k_f} + h_o^2} - h_o$$

$$= \sqrt{\left(0{,}73 \lg \frac{\sqrt{\frac{21 \cdot 10^4}{10^3 \cdot 5}}}{0{,}5} - 0{,}51\right) \frac{21{,}0 \cdot 10^4}{10^3 \cdot 5} + 26{,}0^2} - 26{,}0$$

$S_i = 0{,}353$ m

Der Wasserspiegel im Brunnen liegt somit bei
54,50 − 4,0 − 0,35 − 0,30 = 49,85 m
(HHW) (s_0) (S_i) (h)

Dadurch tritt keine Beschränkung des Fassungsvermögens auf, so daß $\dot{V}_{F_{max}} = \dot{V}_{E_{max}} = 21$ l/s gilt. Die tiefste Absenkung bei Pumpenlage 2 ergibt sich unter Berücksichtigung dieses Wertes mit 45,00 m NN, d. h. 2,00 m über Filteroberkante.
Bei Verockerungsgefahr ist es zu empfehlen, je einen Schüttungspegel in die äußere Schüttung mit dem Filterstück bei 43,00 m NN und bei 32,00 m NN einzubauen. Damit lassen sich relative Werte für Δh zur Überwachung der Verockerung messen. Die Peilrohre sind gegenüberliegend bis zur Filterunterkante 26,00 m NN mit geschlossenem Boden herunterzuführen und dienen neben der Spiegelmessung zur Aufnahme von Bestrahlungssonden bzw. für Stoßchlorung oder Säuerung nach Abschn. 3.5.3. In letzterem Fall ist ein besonderer Filterausbau nötig. Der Brunnenausbau kann ebenfalls verändert werden. Soweit man nicht eine schlankere Pumpe einsetzt, sollte bei Inkrustationsgefahr der Zwischenraum durch ein Filterrohr NW 400 vergrößert werden. Vergrößert man dann nicht den Bohrungsdurchmesser auf NW 1000, so wählt man nur eine Schüttung in der obersten Korngruppe, z. B. Schicht *4* mit 5/8 und Schicht *6* mit 3/5. Die Filtersandhinterfüllungen und Strömungsübergänge sind optimal abzustimmen, um Geschwindigkeitsspitzen zu vermeiden.

3.3.2.4. Herstellung von Schachtbrunnen und horizontalen Sickerleitungen

3.3.2.4.1. Schachtbrunnen

Schachtbrunnen sind abgesenkte oder von Sohle hochgezogene Schächte aus Mauerwerk, Beton oder Stahlbeton mit wasserdurchlässiger Sohle bzw. Wandung zur Fassung von Grundwasser. Noch lange vor den neueren Bohrbrunnen wurden Schachtbrunnen zur Wasserfassung verwendet. Auf Grund des großen Platz- und Materialbedarfs, der langen Bauzeit und der unwirtschaftlichen Herstellung in größeren Tiefen (> 8 m) bleibt die Anwendung des Schachtbrunnens heute nur noch auf einige Sonderfälle und Einzelwasserversorgung beschränkt.
Schachtbrunnen wurden mitunter aus folgenden Gründen bevorzugt:
– großes Speichervolumen, wodurch oft Ausgleichsbehälter entfallen können und der maximale Stundenbedarf aus den Brunnen abgedeckt wird
– günstige Fassungsbedingungen durch große Eintrittsfläche, geringe Eintrittsgeschwindigkeit und demzufolge hohe Lebensdauer
– leichte Überprüfung und Reinigung des Brunnens
– bei starker Wechsellagerung von Wasserstauer und Wasserleiter, geringer Mächtigkeit bzw. Ergiebigkeit oder Auftrieb aus Spalten oft einzig mögliche Fassungsart.

Diese Vorzüge bewirken, daß der Schachtbrunnen heute noch bis zu Tiefen von 8 m in für Bohrbrunnen ungünstigen geohydrologischen Verhältnissen zur Einzelwasser- oder Industriewasserversorgung angewendet wird. Hauptsächlich wurden früher die großen Schachtbrunnen $D_i > 4$ m und Sohltiefen > 8 m als Sammelbrunnen in Wasserwerken, mit Heberleitungen und Bohrungen kombiniert, verwendet. Dies hat mitunter beim Übergang zum Betrieb mit Brunnenpumpen zu Schwierigkeiten geführt, so daß man heute besser an ihrer Stelle dichte Sammelschächte vorsieht. Zu den bereits erwähnten Nachteilen kommen solche hygienischer Art. Diese bestehen darin, daß sich oft die Abdichtung des Schachtes gegen eindringende Sickerwässer schwierig gestaltet, was im Zusammenhang mit hygienisch ungünstigen Standorten häufig zu Qualitätsminderungen des Wassers geführt hat. Allgemein muß eine gegen jede Verunreinigung und Sickerwasser dichte Abdeckung des Schachtes gefordert werden. Um dies leichter zu ermöglichen und um Baukosten zu sparen, wird oft der Schacht über HHW mit geringem Durchmesser hochgezogen. Der Bohrbrunnen ist in allen diesen Einzelheiten dem Schachtbrunnen überlegen. Über Anwendung und Wirtschaftlichkeit dieser Fassungsanlagen wird ergänzend in Abschn. 3.6. einiges ausgeführt.

Vom Zweck des Brunnens und besonders von den geohydrologischen Gegebenheiten wird es abhängen, ob nur die Sohle oder Wandung bzw. beide wasserdurchlässig ausgebildet werden. Außerdem sind Schichtung, Wasserandrang und Sohltiefe von Bedeutung, wenn über die Absenkung des Brunnenschachtes als Senkbrunnen oder Aufmauerung im Vorschacht mit Wasserhaltung entschieden wird. Die Grundkonstruktion kleinerer Schachtbrunnen mit offener Wandung bzw. offener Sohle aus vorgefertigten Betonringen wird im Bild 3.44 gezeigt.

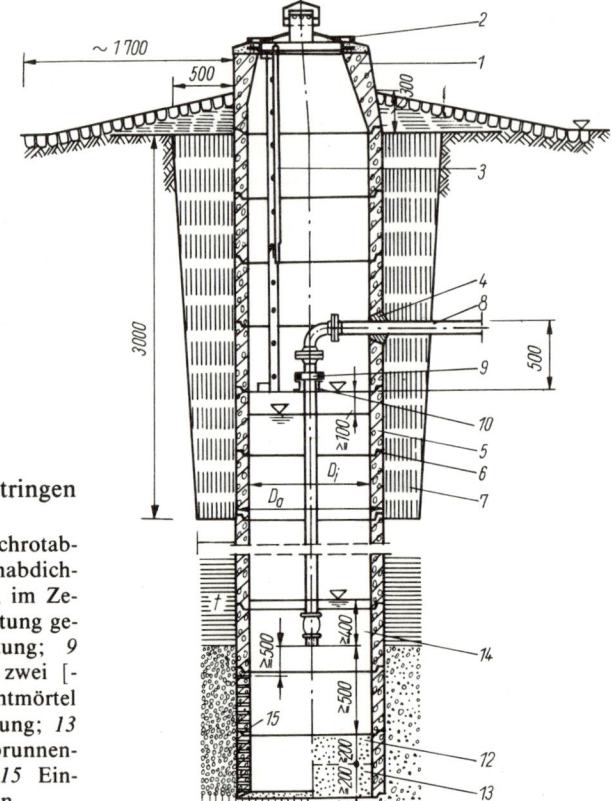

Bild 3.44 Schachtbrunnen mit Schachtringen und Saugbetrieb
1 Schachthals (Konus); *2* Quellschrotabdeckung; *3* Steigleiter; *4* Tonabdichtung; *5* Schachtringe; *6* Fugen, im Zementmörtel versetzen; *7* Abdichtung gegen Sickerwässer; *8* Saugleitung; *9* Rohrschelle; *10* Auflageträger, zwei [-Profile; *11* Fugen, ohne Zementmörtel versetzen; *12* innere Kiesschüttung; *13* äußere Kiesschüttung; *14* Rohrbrunnenfußventil mit Gewindemuffe; *15* Eintrittsschlitze, besser Einkornbeton

3.3.2.4.2. Horizontale Sickerleitungen

Kombiniert mit Entnahmeschächten hat die Sickerleitung in jungen Flußtälern und geringmächtigen Grundwasserleitern ihr Anwendungsgebiet behauptet. Sie ist dort geohydrologisch den oft fälschlich angeordneten Vertikalfilterbrunnen überlegen. Trotz aller Bedenken gegen Sickerleitungen steht fest, daß diese für Tiefen < 8 m in vielen Fällen geohydrologisch optimale Fassungsbedingungen schaffen. In Tiefen > 8 m werden sich allgemein für die Herstellung und

3.3. Grundwassergewinnung

Wartung der Fassung bauliche Schwierigkeiten ergeben. Hinzu kommt, daß man in diesen Tiefen vielfach Horizontalfilterbrunnen vorteilhafter anwenden kann. Mitunter wird der Einwand gebracht, daß Sickerleitungen dazu verleiten, Raubbau an Grundwasser zu treiben, da das Fassungsvermögen die Grundwasserneubildung wesentlich übersteigt. Wie in allen Fällen, so gilt auch hier, daß Sickerleitungen auf der Grundlage fundierter Wasserhaushaltsberechnungen betrieben werden müssen. Gegenüber Brunnenfassungen lassen sich folgende Vor- und Nachteile aufzeigen:

- gleichmäßige, über die gesamte Fassungsbreite reichende Absenkung
- bei richtiger Tiefenlage optimale Ausnutzung des Durchflußprofils
- durch gleichmäßige linienhafte und geringere Absenkung gegenüber tieferer punktaler Absenkung bei Brunnen günstiger infolge geringerer Schäden der Landwirtschaft durch Spiegelsenkung
- durch gleichmäßige, nicht allzu tiefe Absenkungen hydrochemisch günstige Fassung, da Druckentlastung des Grundwassers gering ist, Turbulenzerscheinungen vermieden werden und hydrochemische Veränderungen auf einem Minimum bleiben (s. Abschn. 3.5.)
- Belüftung der Sickerstränge nicht möglich
- lange Lebensdauer bei geringer Wartung
- hygienisch günstig, da eine unmittelbare Verunreinigung der Filter nicht möglich. Fassungsgebiete können geringer bemessen werden.
- vorteilhaft bei Uferfiltration und künstlicher Grundwasseranreicherung
- Nachteilig wirken sich material- und arbeitsaufwendige Herstellung aus.
- auf Grund der Verlegung bei Wasserhaltung im Rohrgraben für größere Tiefen und hohen Wasserandrang unwirtschaftlich
- Reinigung und Absperrung nur für Teilstrecken möglich, die durch Entnahmeschächte begrenzt sind
- als Freispiegelleitung Belüftung der Sickerrohre (Verockerungsgefahr).

Aus den aufgeführten Vor- und Nachteilen wird ersichtlich, daß man in Fällen, wo optimale geohydrologische Verhältnisse vorliegen und der wirtschaftliche Vergleich etwa gleiche Kosten für Schachtbrunnen und Sickerleitungen ergibt, letztere wählen sollte.

Auch für den Bau von Sickerleitungen sind sorgfältige geohydrologische Vorarbeiten notwendig. Diese sollen alle geohydrologische Fragen lösen und neben der Berechnung der Grundwerte vor allem Korngrößenanalysen und Schichtenaufbau in der Trasse liefern. Je nach Gleichmäßigkeit des Profils wird man Trassenbohrungen in Abständen von 10 bis 50 m anordnen. Häufig beobachtet man, daß an den Enden der Sickerleitungen Schachtbrunnen angeordnet werden.

Diese Lösung ist falsch und zudem unnötig. Grundsätzlich sind hier geschlossene Schächte vorzusehen, die für Wasserentnahme, Armaturen sowie Reinigung gleichermaßen von Bedeutung sind. Der Abstand dieser Zwischenschächte wird zwischen 50 und 100 m betragen. Die Sickerleitung ist möglichst senkrecht zur festgestellten Hauptfließrichtung anzuordnen. In klein-

Bild 3.45 Sickerleitung im Lockergestein mit vorgesetzter Stauwand zur Untergrundspeicherung
1 äußere Kiespackung; *2* innere Kiespackung; *3* Stauwand (Lehm oder Ton); *4* Wasserstauer; *5* Tonabdichtung; *6* anstehender Grundwasserleiter; *7* Dränrohr; *8* Sickerrohr

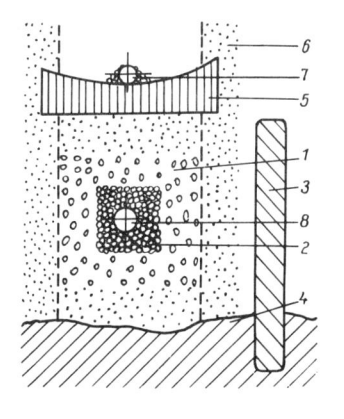

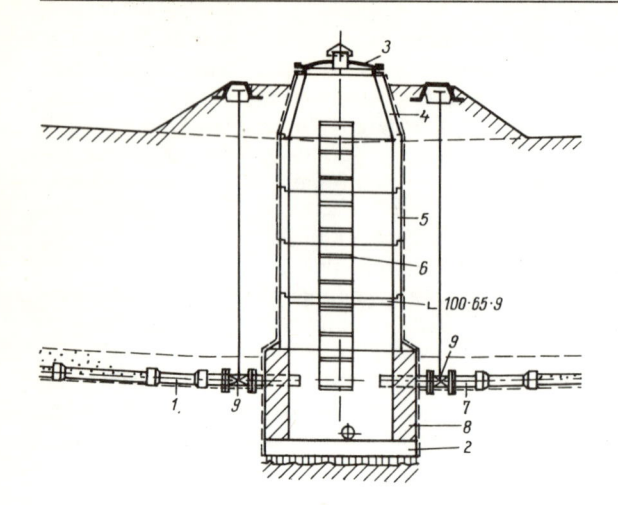

Bild 3.46 Sammel- bzw. Kontrollschacht einer Sickerleitung
1 Steinzeugdoppelmuffe; *2* wasserdichter Sohlenbeton; *3* Schachtabdeckung mit Lüftungsstutzen; *4* Schachtkonus; *5* Schachtring; *6* Steigeisen; *7* Stahlrohr mit Vorschweißflansch; *8* Mauerwerk (VMZ 250, außen verputzt); *9* Keilflachschieber

eren, abgeschlossenen Einzugsgebieten und schmalen Grundwasserströmen wird eine totale Fassung angestrebt. Die kann erreicht werden, indem man die Sickerleitung quer zum Grundwasserstrom auf der Sohle des Grundwasserleiters verlegt oder Stauwände bzw. Bodenverdichtung (Injektion) vorsieht. Die einfachste Lösung sind Stauwände, die durch Aufschlitzen und Ausfüllung mit Bodenmaterial $k_f < 10^{-6}$ m/s oder Beton hergestellt werden. Bild 3.45 veranschaulicht das Verfahren. In jedem Falle sollte man eine zweifache, bei feinem und gleichförmigem Material eine dreifache Kiesschüttung vorsehen. Sie wird nach den gleichen Regeln wie für Bohrbrunnen bemessen und ist dort erläutert. Ein weiteres Konstruktionsbeispiel für Sickerleitungen wird im Bild 3.46 gezeigt.

Die exakte Berechnung einer Sickerleitung ist schwierig, da
- die Leitung eine ungleichmäßige Anströmung im Bereich ihrer Längenausdehnung und von den Stirnseiten erfährt
- die Fließgeschwindigkeit im Rohr zum Entnahmeschacht hin zunimmt
- die Anströmung stark geometrieabhängig ist und
- durch die Form und Größe der Einlaßschlitze bzw. die eintretenden Wassermengen veränderliche Rauhigkeitsverhältnisse geschaffen werden.

Es liegt somit ein räumlicher Strömungszustand vor, wie er auch beim Horizontalfilterbrunnen auftritt. Da zur Erfassung der zaheichen Einflußgrößen keine exakte Theorie vorliegt, behilft man sich bei größeren Leitungen mit Modellversuchen, z. B. elektrodynamische Analogiemodelle, oder indem man die Zuströmung näherungsweise als ebenes Problem erfaßt, was bei Verhältnissen $L/D \gg 1$ zulässig ist. In günstigen Modellfällen und überschläglich läßt sich die Ergiebigkeit nach den geohydraulischen Formeln für eine Grabenanströmung berechnen [3.13; 3.51]. In der Berechnung des Fassungsvermögens tritt kaum ein Unterschied zu den Brunnenfiltern auf.

3.3.2.5. Horizontalfilterbrunnen (HFB)

Während Quellfassungen, Sickerleitungen, Schachtbrunnen und in einfacher Weise auch Bohrbrunnen noch in handwerklicher Weise hergestellt werden können, sind Horizontalfilterbrunnen Ingenieurtiefbauten zur Gewinnung größerer Grundwassermengen. Mit den im Abschn. 3.6. beschriebenen Vorteilen ist durch die konzentrierte Gewinnung an einem Standort und die relativ hohen Investitionskosten ein erhöhtes Risiko verbunden, das nur große Betriebe tragen

3.3. Grundwassergewinnung

Tafel 3.6. Herstellungsverfahren für Horizontalfilterbrunnen

Schaffung eines natürlichen Filters		Einbringen eines künstlichen Filters	
während des Vortriebes	nach Beendigung des Vortriebes	während des Vortriebes	nach Beendigung des Vortriebes
1. Verfahren nach *Ranney* 2. Verfahren nach *Nebolsine* 3. Verfahren nach *Fehlmann*	Verfahren nach *Fehlmann* und *Elvers*	Verfahren nach *Bolze*	1. Preußag-Verfahren (Verfahren nach *Besigk*) 2. Verfahren nach *Fehlmann*

können. Deshalb werden Horizontalfilterbrunnen noch zu selten angewendet, obwohl technisch und verfahrensmäßig die notwendigen Grundlagen und Erfahrungen vorliegen.

Die Zielsetzung des vorliegenden Buches erlaubt nicht mehr als eine kurze Information zu dieser Fassungsart. Die Grundelemente des HFB sind der Schacht und die mittels der verschiedenen Herstellungsverfahren vorgetriebenen radial und sternförmig nach außen gerichteten Filterstränge. Die Technologie zum Strangvortrieb ist unterschiedlich für die einzelnen Verfahren. Tafel 3.6 zeigt eine Zusammenstellung der Herstellungsverfahren.

Dort, wo keine größere Kolmation durch erhöhtes Spiegelgefälle zu befürchten ist, sind HFB besonders im Deichvorland größerer Ströme zur Betriebswassergewinnung eingesetzt worden. Bei Überflutungen ergeben sich hierbei Vorteile, wie Bild 3.47 zeigt.

Die Berechnung der Ergiebigkeit, des Fassungsvermögens und die Bemessung von HFB sind in einfacher Weise nicht möglich und müssen von Spezialisten vorgenommen werden. Gleichzeitig ist es notwendig, durch Modellversuche die komplizierten Strömungsverhältnisse in Brunnennähe zu untersuchen. Es wird auf die Arbeiten von *Falcke* [3.21], *Offerhaus* [3.48] und *Rükkert* [3.50] verwiesen.

Der Schacht ist wohl jenes Konstruktionsglied des HFB, von dem dessen Wirtschaftlichkeit am stärksten abhängt. Seine Bauart und Größe sind für die Leistung des Brunnens, d. h. für seine geohydrologische und hydraulische Wirkung, ohne Bedeutung. Jedoch beeinflussen die Tiefenlage der auszubauenden Schicht und Sohlschicht sowie der benötigte Arbeitsraum zum Vortreiben der Stränge sehr wesentlich Gesamtkosten und Bauzeit des Brunnens. Es ist daher seit langem das Betreben, die Baukosten und die Bauzeit für den Schacht durch Verringerung des Durchmessers und der Wanddicke herabzusetzen. Da die Tiefenlage geohydrologisch gegeben ist, wird dies bei tieferen Brunnen ($T > 15$ m) infolge der erschwerten Arbeitsbedingungen und der erforderlichen Auflast kaum Erfolg haben. Nur unwesentlich erhöhte Baukosten in Verbindung mit erheblichen Vorteilen für Betrieb und Wartung des Brunnens bietet die Unterteilung des Schachtes in Wasserkammer und Arbeitskammer nach *Remde* [3.49]. Er schlägt vor, die begehbare Arbeitskammer unter die Wasserkammer zu legen. Vorteilhafter erscheint die umgekehrte Lösung nach Bild 3.48.

3.3.2.6. Technologische Besonderheiten

3.3.2.6.1. Sonderausführungen der Fassungsanlagen

Im allgemeinen reichen die vorstehend beschriebenen Wasserfassungsanlagen zur fassungstechnischen Lösung der geohydrologischen Probleme aus. Eng begrenzt auf einige Spezialfälle, sind Sonderausführungen bekannt, die unter bestimmten geohydrologischen Gegebenheiten wirtschaftliche und fassungstechnische Vorteile aufweisen. Berechnungsmethoden lehnen sich an die für Vertikalfilterbrunnen bzw. Horizontalfilterbrunnen an. Spezielle Methoden zur Berechnung der Fassungsanlagen sind nicht bekannt. Grundsätzlich gilt auch für diese Fassungsanlagen der Satz, daß sich durch die Art der Fassung keine Erhöhung der Grundwasserergiebigkeit erzeugen läßt. Neben dem kombinierten Schacht- und Bohrbrunnen, einer Lösung, die oft bei älteren Schachtbrunnen zur Ausnutzung von H angewendet wird, sind vor allem die Diagonalfilterbrunnen, Schrägfassungen und Tellerbrunnen zu nennen. Sie werden selten angewendet, so daß eine ausführliche Beschreibung unterbleiben kann. Einzelheiten sind der Literatur zu entnehmen [3.8].

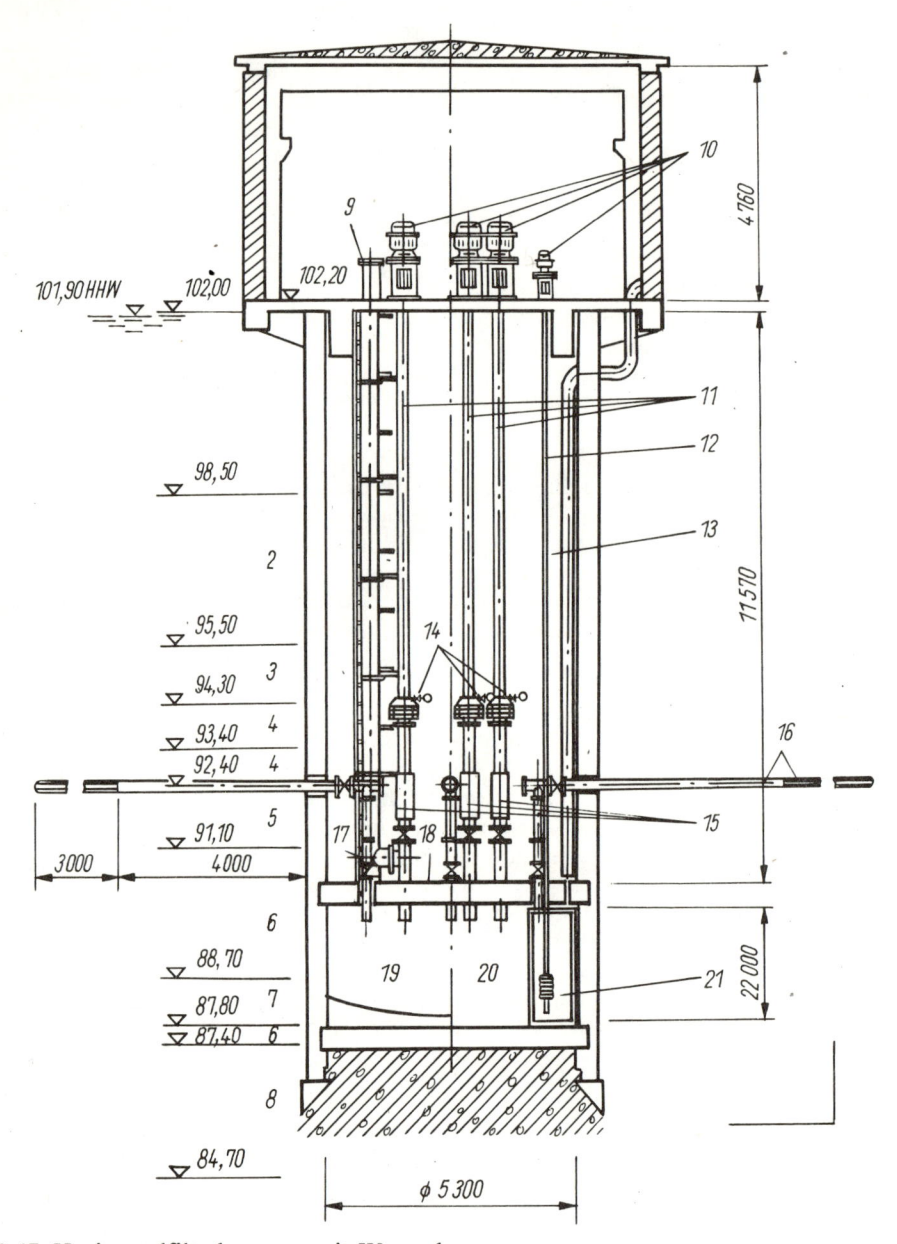

Bild 3.47 Horizontalfilterbrunnen mit Wasserkammer
1 Aufschüttung (Muldenschotter); 2 Mittelkies; 3 Mittelgrobkies; 4 tiefster abgesenkter Wasserspiegel; 5 Grobsand, starke Geröllschicht; 6 Ton; 7 Mittelsand, schluffig; 8 Grobsand; 9 Standrohr; 10 Tiefkreiselpumpe; 11 Druckleitung; 12 Druckleitung; 13 trockener Arbeitsraum; 14 Kontaktmanometer; 15 flexible Rohrverbindung; 16 Vollrohr bzw. Filterrohr; 17 Wasserzähler; 18 Einstiegluke; 19 Wasserkammer; 20 Entwässerung; 21 Entwässerungssumpf

3.3. Grundwassergewinnung

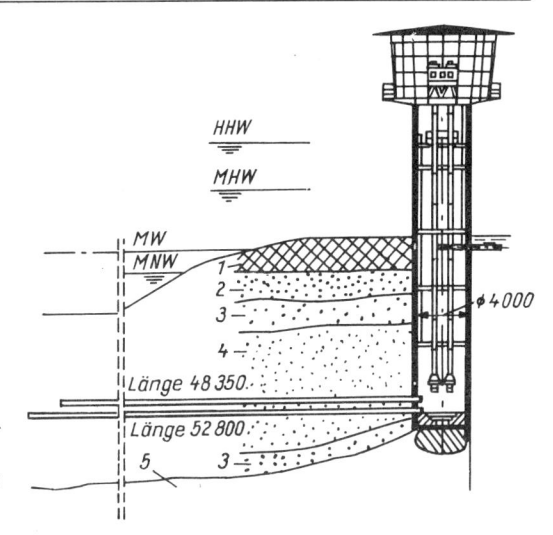

Bild 3.48 Horizontalfilterbrunnen für Uferfiltration
1 Auffüllung; *2* Mittelkies; *3* Sand; *4* Mittelgrobkies, Steine, Ton

3.3.2.6.2. Uferfiltration

Uferfiltrat ist Grundwasser, das in Nähe der Oberflächengewässer durch Versickerung von Oberflächenwasser in den Untergrund gebildet wird. Es weist daher noch weitgehend die Eigenschaften des Oberflächenwassers auf, wobei eine direkte Abhängigkeit hinsichtlich Menge und Güte von der Entfernung der Fassungsanlage vom Gewässerbett gegeben ist. Seitens des Wasserhaushalts wird Uferfiltrat als Oberflächenwasser betrachtet. Gegenwärtig werden erhebliche Mengen Uferfiltrat für die Trinkwasserversorgung verwendet. Dies ist entwicklungsmäßig und hydrologisch bedingt, da die Niederterrassen der Flüsse häufig die günstigsten Fassungsbedingungen abgeben. Durch die Verschmutzung der Vorfluter soll Uferfiltrat vorwiegend als Betriebswasser verwendet werden.

Jede Uferfiltratfassung fördert auch eine gewisse Menge echtes hangseitig zuströmendes Grundwasser. Sie soll für Betriebswasserfassungen klein sein ($< 5\%$). Die Bestimmung des Uferfiltrats ist an keine besonderen Formeln gebunden; die bekannten Formeln treten lediglich in modifizierter Form auf. Es werden damit Besonderheiten des Gefälleeinflusses, der Wasserstandsschwankungen, der vorwiegend einseitigen Anströmung der Fassungsanlage usw. erfaßt. Bekannte Formeln bauen häufig auf der Annahme eines völlig durchlässigen Gewässerbetts und gleicher Höhenlage von Gewässersohle und Grundwassersohlschicht auf. Die Ergiebigkeit des Uferfiltrats hängt von folgenden Faktoren ab:
– Durchlässigkeit des Gewässerbetts
– Durchlässigkeit und Mächtigkeit des Grundwasserleiters
– Art und Entfernung der Wasserfassung vom Ufer
– erzeugter Potentialunterschied
– Wasserführung und Wasserstand bei MNQ, MNW bzw. KNQ, KNW.

Hierbei stellt die quantitative Erfassung der Durchlässigkeit der Verschlammungszone das Hauptproblem der Uferfiltration dar. Die Probleme der Uferfiltration sind wissenschaftlich und methodisch teilweise ungeklärt, obwohl eine große Anzahl von Arbeiten zu speziellen hydraulischen und wasserchemischen Fragen vorliegt. Es ist nicht möglich, hier auf die vielschichtigen Zusammenhänge sowohl in quantitativer als auch in qualitativer Beziehung einzugehen. Die Untersuchung des zeitlichen Verlaufs der Flußbettkolmation, des Temperaturausgleichs sowie der komplizierten hydrochemisch-mikrobiologischen Umwandlungsvorgänge muß deshalb als unerläßliche Bemessungsgrundlage in Form von Gutachten für jede konkrete Fassungsanlage bearbeitet werden.

Die bei der Uferfiltration ablaufenden qualitativen Veränderungen des Oberflächenwassers bis zum Brunnen lassen sich bisher kaum zuverlässig in determinierter Weise bestimmen. Obwohl an die oft nicht vollständig vorliegenden Meßreihen der Gütekriterien gebunden, ist es die

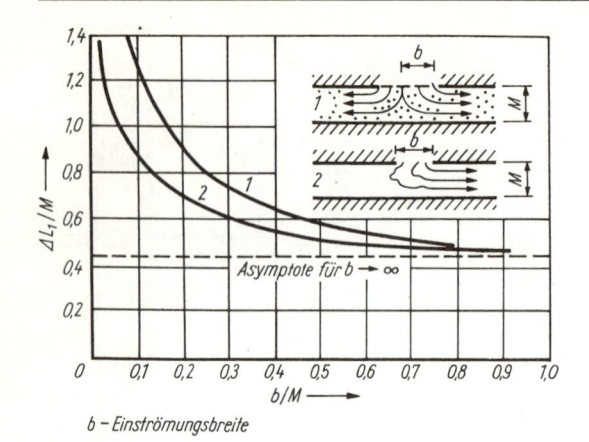

Bild 3.49 Diagramm zur Ermittlung der Zusatzlänge ΔL_1

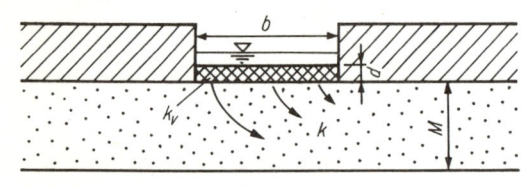

Bild 3.50 Definitionsskizze zur Berechnung der Zusatzlänge ΔL_2

d – Dicke der kolmatierten Schicht
k_v – vertikaler k-Wert der kolmatierten Schicht
k – k-Wert des Untergrundes

beste Methode, für konkrete Fragestellungen stochastische Übertragungsfunktionen abzuleiten. Für stationäre Endzustände lassen sich die hydraulischen Fragen der Uferfiltration, die vorwiegend aus unvollkommenen äußeren Berandungen der Infiltrationskontur bzw. deren Kolmation durch Schweb- und Sinkstoffe herrühren, am einfachsten durch Zusatzwiderstände in den Berechnungsgleichungen erfassen. Die Speisekontur wird damit einfach um eine fiktive Länge ΔL von der Fassungsanlage abgerückt, d. h. es gilt $\lambda + \Delta L$ (s. Abschn. 3.3.2.2.2.). Man erhält für den Fall *unvollkommene Berandung* die Bestimmung von L_1 nach Bild 3.49. Aus $\Delta L_1/M$ ergibt sich mit der Schichtmächtigkeit M der Wert für ΔL_1. Für den Fall *kolmatierte Flußsohle* erhält man mit Bezeichnungen aus Bild 3.50 nach den folgenden Formeln die Zusatzlänge ΔL_2. Im kombinierten Fall ergibt sich $L = L_1 + L_2$.

$$L_2 \begin{cases} = \sqrt{\dfrac{k_h M d}{k_v}} & \text{für } b \to \infty \text{ und } k_h > 50\, k_v & (3.44) \\[2ex] = \sqrt{\dfrac{k_h M d}{k_v}}\, t_h \sqrt{\dfrac{b^2 k_v}{k_h M d}} & \text{für } b \lesssim M \text{ und } k_h > 50\, k_v & (3.45) \\[2ex] = \Delta L_1 + \dfrac{k_h M d}{k_v b} & \text{für } b \ll M & (3.46) \end{cases}$$

Bei Brunnen, die längere Zeit im Überschwemmungsgebiet betrieben werden, so daß eine bedeutende Zusickerung entlang der oberen Randkontur des Grundwasserleiters erfolgt, läßt sich bei Kenntnis der Feldparameter der Ergiebigkeitsanstieg durch Berücksichtigung der Speiseverhältnisse in der spezifischen Potentialdifferenz φ_2 berechnen. Da im definierten Sinne (s. Bild 3.22) kein einfacher Fall mehr vorliegt, wird auf die Spezialliteratur bzw. die Fachbereichstandards verwiesen [3.13; 3.40].

3.3.2.6.3. Künstliche Grundwasseranreicherung

Während Uferfiltrat auf natürlichem Wege entsteht bzw. durch Absenkung des Grundwasserspiegels erreicht wird, geht man bei künstlicher Grundwasseranreicherung davon aus, daß Oberflächenwasser oder Grundwasser anderer Einzugsgebiete flächenhaft oder punktal versickert wird, was zu einer Spiegelaufhöhung führt. Bei Uferfiltrat treten nur Fassungsanlagen auf, während bei der Grundwasseranreicherung zusätzliche Versickerungsanlagen erforderlich werden. Die künstliche Grundwasseranreicherung steht damit, abhängig von der Güte des versickernden Wassers und der Bauweise der Anlage, der natürlichen Grundwasserneubildung, der Uferfiltration oder Abwasserbehandlung nahe.

Grundwasseranreicherungsanlagen sind anwendbar, wenn folgende Bedingungen erfüllt sind:
- keine ökonomisch vertretbare Möglichkeit der vollständigen Wasserbedarfsdeckung durch Grund- oder Oberflächenwasser
- Nachlassen der Leistung von Uferfiltratfassungen infolge Kolmation und/oder
- Qualitätsminderung des bisher gefaßten Grundwassers bzw. Oberflächenwassers durch Schadstoffe
- Verfügbarkeit von zur Infiltration geeignetem Oberflächenwasser
- Vorhandensein wasserdurchlässiger Lockergesteine (geringmächtige undurchlässige Deckschichten sind möglich).

Die Grundwasseranreicherung erfolgt vorrangig über Sandbecken oder über Pflanzenbecken. Weitere Möglichkeiten sind Schluckbrunnen, Infiltrationsgräben und Infiltration über nicht vorbereitete Flächen. Im Winter kommt es durch den Temperaturrückgang des Wassers und sinkende Bioaktivität zu einem Rückgang von Infiltrationsspende und Qualität. Bei Sandbecken führt die Infiltration zu einer Kolmation der obersten Schicht, die eine Regenerierung durch Abtragen notwendig macht. Pflanzenbecken erfordern zur Regenerierung Trockenlegung und Mahd. Die Grundwasseranreicherung hat so zu erfolgen, daß ein volkswirtschaftliches Optimum erreicht wird. Bei der Flächeninanspruchnahme ist neben der Grundwasseranreicherung nach Möglichkeit auf eine land- oder forstwirtschaftliche Nutzung mit hohen Erträgen zu orientieren. Die Entscheidung, ob Sand- oder Pflanzenbecken bevorzugt werden, hängt u. a. ab von
- der Größe der benötigten Flächen (regenerierbare Sandbecken ermöglichen eine höhere Infiltrationsspende als Pflanzenbecken)
- dem Vorhandensein oder der Beschaffbarkeit geeigneten Pflanzenmaterials
- der Infiltrationswassermenge
- ökonomischen Betrachtungen (bei Anlagen unter 10 000 m^2 Infiltrationsfläche sind Pflanzenbecken wirtschaftlich).

Die Grundwasseranreicherung ist als komplex wirkende Aufbereitung im Untergrund überwiegend eine Wasserbehandlungsmaßnahme. Deshalb sind wesentliche Bemerkungen zur Technologie und Güteverbesserung im Abschn. 5. enthalten. Mit zunehmender Intensivnutzung der Grundwasserleiter wird die Grundwasseranreicherung technologisch weiter ausgebaut, so daß weitergehende Güteveränderungen im Rahmen einer Untergrundaufbereitung erzielt werden.

Nur auf besonders eingehenden geohydrologischen und ökonomischen Untersuchungen aufbauend sollte man derartige Anlagen errichten.

Da man beim Bau von Grundwasseranreicherungsanlagen unbedingt auf die Mitarbeit von Spezialisten zurückgreifen wird, erscheint es zulässig, hinsichtlich der Einzelheiten auf Spezialliteratur [3.36] und einschlägige Fachbereichstandards zu verweisen.

3.4. Wasserschutzgebiete

3.4.1. Allgemeine Grundsätze

Trinkwasserschutz ist eine besondere auf die konkrete Wassergewinnungsanlage ausgerichtete Form des Umweltschutzes der Gewässer. In Gebieten mit intensiver Gewässernutzung ist es deshalb zu einem Sicherheitsprinzip geworden, über die Grundforderungen des Umweltschutzes hinaus gestaffelte Wasserschutzgebiete mit Nutzungsbeschränkungen auszuweisen. Den volkswirtschaftlichen Verlusten durch Nutzungsbeschränkungen stehen die sozialpolitisch-kulturellen-gesundheitlichen Komplexe der Trinkwassernutzung, die sich oft nicht ökonomisch ausdrücken lassen, sowie verringerte Aufwendungen der Wasserversorgungsbetriebe für komplizierte Aufbereitungsanlagen gegenüber. Es existiert bereits seit 1906 eine „Anleitung für die Einrichtung, den Betrieb und die Überwachung öffentlicher Wasserversorgungsanlagen, welche nicht ausschließlich technischen Zwecken dienen". Der Umfang der Bestimmungen und Maßnahmen in den einzelnen Ländern hat sich abhängig vom Grad der Gewässerverunreinigung und Flächennutzung seither ständig erweitert. Trotzdem lassen sich auch in neuerer Zeit Trinkwasserbeeinflussungen nicht völlig ausschließen. Nicht zufällig sind es vorwiegend Wassergewinnungsanlagen für Oberflächenwasser, deren Verunreinigung Anlaß hierzu war. Die Ursachen sind darin zu suchen, daß Oberflächengewässer der Verunreinigung durch Fäkalien, Kadaver und chemische Abfallstoffe weit stärker ausgesetzt sind als Grundwasser, wo durch Tiefenlage des Grundwassers, Aufenthaltsdauer, Temperatur und das Rückhaltevermögen des Bodens gegenüber Keimen günstigere Voraussetzungen gegeben sind. Wasserläufe und Seen, die für Trinkwasserzwecke genutzt werden, haben ausschließlich eine hohe Selbstreinigungskraft. Diese wird jedoch nur bei ausreichender Belüftung und genügend langer Fließstrecke wirksam. Es muß daher neben einer allen hygienischen Anforderungen gerecht werdenden Entnahmestelle bzw. einem Entnahmebauwerk dafür gesorgt werden, daß geringfügige Verschmutzungen durch Selbstreinigung und Verdünnung kompensiert werden. Unter diesen Gesichtspunkten müssen die Entnahmestellen und Trinkwasserschutzgebiete festgelegt werden.

In letzter Zeit sind stärker als die Trinkwasserinfektion Verunreinigungen durch chemische Verbindungen und Spurenstoffe sowie radioaktive Substanzen in Erscheinung getreten. Das Rückhalte- und Ausgleichsvermögen der Grundwasserleiter gegenüber diesen Stoffen wurde örtlich überschritten. Eine Erhöhung der Wassergüte-Grenzwerte und Toxizitätskriterien löst nicht die Probleme. Obwohl in den seltensten Fällen dadurch akute Gefahren auftreten, kann die erhöhte Zuführung schädlicher Stoffe zu chronischen Erkrankungen und langfristigen genetischen Veränderungen führen. Die Festlegung eindeutiger Kriterien ist sehr kompliziert und Gegenstand mehrjähriger interdisziplinärer Forschungen. Trinkwasserschutzgebiete sind in der Regel konzentrisch aufgebaut. Damit wird berücksichtigt, daß die meisten verunreinigenden Stoffe im Fließgewässer bzw. Untergrund in Raum und Zeit verdünnt, sorbiert und abgebaut werden. Die Nutzungsbeschränkungen und Verbote tragen diesem Prinzip ebenfalls Rechnung und steigen mit Annäherung an die Fassungsanlage an. Bisher hat sich in verschiedenen Ländern einheitlich für Wasserschutzgebiete ein Dreiteilung in

Fassungszone (Schutzzone *I*)
engere Schutzzone (Schutzzone *II*)
weitere Schutzzone (Schutzzone *III*)

durchgesetzt. Dabei soll die Fassungszone den Schutz gegen die direkte Verunreinigung der Fassungsanlage bzw. Entnahmestelle gewährleisten. Mit der engeren Schutzzone soll ein wirksamer Schutz gegen pathogene Keime (z. B. Bakterien, Viren) sowie eine Ausgleichswirkung (z. B. Verdünnung, Diffusion, Filtration, Adsorption) erreicht werden. Durch die weitere Schutzzone wird eine analoge Wirkung für größere Verunreinigungen durch schwer abbaubare Industrieabfälle, Mineralöle, radioaktive Stoffe, Detergentien u. a. angestrebt. Die Bemessung der Schutzzonen einer Wasserfassung sowie die Festlegung von Nutzungsbeschränkungen ist relativ zu sehen und steht in enger Beziehung zu natürlichen Gegebenheiten, Verwendungszweck, volkswirtschaftlicher Bedeutung und der Wirkungsweise der Aufbereitungsanlagen. Die folgenden Bestimmungen lassen deshalb Raum für eine Berücksichtigung spezifischer Faktoren innerhalb einer gemeinsamen Empfehlung (Schutzzonenvorschlag) der Organe der Wasserwirtschaft, Hygiene und Geologie. In jedem Fall ist eine gründliche Ortsbesichtigung der Gebiete (Schutzzonenbegehung) erforderlich. Eine juristische Festlegung erfolgt generell durch Beschluß des örtlichen Staatsorgans. Die gemeinsame Arbeit aller Beteiligten wird innerhalb von Schutzzonenkommissionen geleistet.

3.4. Wasserschutzgebiete

3.4.2. Wasserschutzgebiete für Oberflächenwässer, Fassungszone

Der wesentlichste Einfluß kann während der Projektierung der Fassungsanlage durch die optimale Auswahl der Entnahmestelle, Anordnung und Formgebung des Entnahmebauwerks genommen werden. Darüber hinaus wird ein Uferstreifen ausgewiesen, dessen Breite bis zu 200 m betragen kann. Bei Wasserläufen erstreckt sich die Fassungszone mindestens 100 m stromaufwärts, während bei Speichern, natürlichen Seen und Teichen noch unabhängig von der Morphologie der Uferzone (Gefälle, Geländeabsätze, Humusdecke, Bewuchs u. a.) und Grundriß diese Zone parallel zur höchsten Staulinie den Grundriß voll oder teilweise umgibt.

Die Fassungszone soll die Entnahmestelle vor allem gegen eine direkte Verunreinigung durch organische Düngung, menschliche und tierische Abgänge (z. B. beim Zutritt Unbefugter, durch Wild- oder Haustiere, wirtschaftliche Nutzung) und Eintragung von Chemikalien schützen. Die Schutzzone ist daher möglichst einzuzäunen, zu beschildern und mit Trinkwasser-Schutzwald oder schnellwachsenden Gehölzen aufzuforsten. Dadurch wird eine laufende monatliche Kontrolle und Instandhaltung nicht überflüssig.

Im Anschluß an die Fassungszone ist eine „engere Schutzzone" auszuweisen. Sie dient dem Ausgleich von Verunreinigungen aus der „weiteren Schutzzone" bis zur Fassungszone. In diesem Rahmen sind Nutzungsbeschränkungen für die Zuflüsse des Entnahmegewässers und seiner Uferzonen auszusprechen. Durch die exponentiell mit dem Abstand von der Fassungszone anwachsende Flächengröße sind Nutzungsbeschränkungen sehr sorgfältig nach volkswirtschaftlichen Gesichtspunkten abzuwägen. In den jeweiligen Bestimmungen sind teilweise Mindestabstände angegeben, die aber nicht bedenkenlos hinzunehmen sind. Einzäunung, Aufforstung sowie Beschilderung sind im allgemeinen nicht zu fordern; Bebauung, Abwasserbehandlung und -ableitung, Flächennutzung, Lagerung von Roh- und Fertigungsprodukten u. a. sind in Vereinbarungen bzw. Auflagen mit den Nutzern abzustimmen. Das gleiche gilt für die Ausweisung von Nutzern dort, wo sich diese Bedingungen nicht ökonomisch realisieren lassen. Der Verhütung massiver Einleitung von Schadstoffen im Einzugsgebiet des Entnahmegewässers dient die „weitere Schutzzone". In diesem Rahmen sind die Forderungen an Industriestandorte, Großlager, kerntechnische Anlagen sowie Sanierungsmaßnahmen größerer Gebiete festzulegen und zu überwachen. Die Koordinierung erfolgt durch die Zusammenarbeit mit den verantwortlichen staatlichen Einrichtungen für die Standortgenehmigung und die Gewässerüberwachung.

3.4.3. Wasserschutzgebiete für Grundwasser

Durch die hohe Ausgleichswirkung des Grundwasserleiters besitzen Grundwasserfassungen in der Regel einen besseren Schutz gegen Verunreinigungen. Dies gilt jedoch mit starken Einschränkungen bei klüftigen Festgesteinskörpern, geringmächtigen oder fehlenden Deckschichten und selten bei Quellfassungen. Kompliziert gestaltet sich die Festlegung der Größe der Quellschutzgebiete. Hinsichtlich der Verunreinigung gelten die gleichen Gefahren wie bei Oberflächenwasser. Vom Quellentyp und von der Aufenthaltszeit des Wassers im Untergrund hängt es vorwiegend ab, wie eine Quelle auf Verunreinigung anspricht. Selbstverständlich ist die Forderung nach unbedingtem Schutz der Quellfassung in einer Umgebung von etwa 20 m vor Verunreinigungen durch Dritte. Soweit der Ausbau keinen hinreichenden Schutz (Deckschichten) gewährleistet, ist das sogenannte Fassungsgebiet (Zone *I*) einzuzäunen. Weiter ist es von größter Bedeutung, das Einzugsgebiet der Quelle zu kennen, das bei grobstückigem Material und Kluftwasser zu Schutzzone *II* erklärt werden muß.

Einer Verunreinigung am stärksten ausgesetzt bei nahezu völlig fehlender Reinigungswirkung der Gesteine sind die Spaltenquellen – besonders die Karstquellen. Häufig muß das Quellschutzgebiet saniert werden. Die Anforderungen an die Reinhaltung des Schutzgebiets sind die gleichen wie für Oberflächenwasser. Eine landwirtschaftliche Nutzung ohne Einschränkung ist im allgemeinen in größerer Entfernung von der Fassung zugelassen. In diesem Falle richtet man eine Schutzzone *III* ein. Innerhalb der Schutzzone *III* kann das Gelände landwirtschaftlich genutzt werden. Besonders ist auf die Versickerung der Abwässer von Bevölkerung und Industrie (Fäkalien, Öle, Phenole usw.) zu achten.

Nicht weniger vielschichtig gestaltet sich die Festlegung von Schutzgebieten bei Festgesteinen, soweit es sich nicht um abgeschirmte Tiefenwässer handelt. In beiden Fällen ist die genaue Kenntnis des Fließwegs und der hydrogeologischen Situation unerläßlich. In geeigneten Fällen sind bereits im Erkundungsstadium Untersuchungen über Isotopenverhältnisse, Tracerversuche und chemische Abbauwirkungen in Verbindung mit Witterungsabläufen durchzuführen. Ausreichende Beurteilungsmöglichkeiten liegen nur bei den allgemein gut erforschten Strömungs- und Reinigungsverhältnissen in Lockergesteinskörpern vor. Im allgemeinen ist die Reinigungswirkung im Grundwasserleiter geringer als im Bereich der Bodenpassage der Deckschichten. Die Ursachen sind in dem oft geringeren bzw. fehlenden Sauerstoffgehalt, größerer Durchlässigkeit (geringere innere Oberfläche) und weniger günstigen mikrobiologischen Voraussetzungen zu suchen. Dadurch geht die Reinigungswirkung nach Überschreiten der natürlichen Kapazität der Deckschichten zurück bzw. läßt sich nicht sofort wieder herstellen. Damit erklärt sich die große Bedeutung der Deckschichten bei der Bemessung von Grundwasserschutzgebieten.

Die Bemessung und die Festlegung von Nutzungsbeschränkungen der Fassungszone hängen nicht von den Verunreinigungsmöglichkeiten mit horizontaler, sondern vertikaler Fließbewegung ab. Die Kenndaten der Deckschichten in der Umgebung der Fassungsanlagen (Mächtigkeit, Schichtung, Durchlässigkeit, Kornverteilung, Oberflächenneigung, Muldenbildung u. a.) und besonders die Art der Fassungsanlagen, ihrer Kopfausbildung (z. B. Anschüttung), sind maßgebend.

Keimfreiheit entsprechend den Trinkwasseranforderungen ist allgemein unbedenklich und bei dem hohen Verhältnis zwischen Entnahmemenge und Sickerwassermenge undiskutabel. Die Fassungszone sollte dann eingezäunt und einem absoluten Schutz unterworfen werden.

Soweit diese Bedingungen nicht erfüllt werden und eine geschlossene Deckschicht nicht zu garantieren ist, kann die Fassungszone bis zu 100 m im Umkreis der Fassungsanlagen ausgedehnt werden. Extremfälle dieser Art sind zu untersuchen und wissenschaftlich zu begründen. Von Bedeutung ist die Sicherung der Nutzungsrechte für den Endausbau in allen Fällen, wo mit

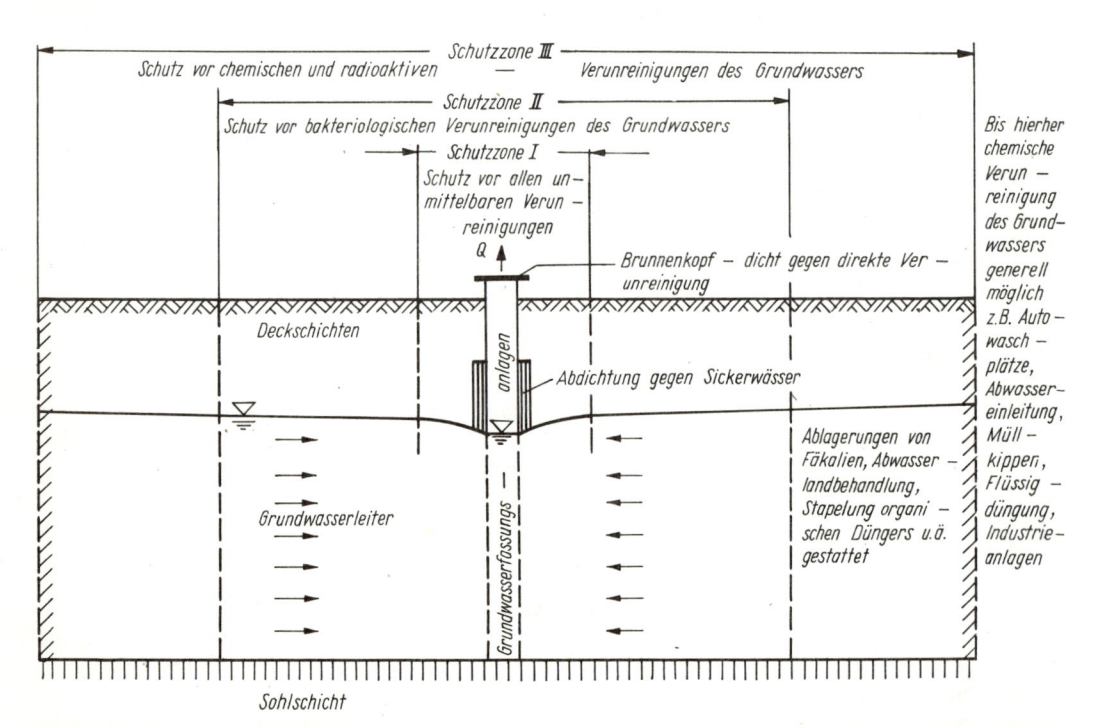

Bild 3.51 Aufbau und Bedeutung der Trinkwasserschutzzonen für Grundwasserfassungsanlagen im Lockergestein

einem stufenweisen Ausbau zu rechnen ist. Die schrittweise Ausweitung der Fassungszone und eventuell der engeren Schutzzone mit Erhöhung der Anlagenkapazität ist prognostisch zu berücksichtigen. Generell muß bei den Mengen- und Stoffbilanzen von den projektierten Kapazitäten und Hochwasserständen, jedoch nicht von den oft niedrigeren tatsächlichen Entnahmen ausgegangen werden.

Die kritische Durchsicht von Fachliteratur und Bestimmungen zur Schutzzonenfestlegung ergibt nur für die Fassungszone gewisse einheitliche Auffassungen. Durch die vielfältigen Einflüsse erhält man zur Bemessung der engeren und weiteren Schutzzone eine große Streubreite. Durch die an sich unbegründete Gliederung in günstige, mittlere und ungünstige Untergrundbeschaffenheit sowie die davon abhängige Angabe von Richtwerten und Verboten wird eine bestimmte Größenordnung festgelegt, um größere Fehler auszuschließen.

Man sollte jedoch stets die Vielfalt der Einflußfaktoren der Schutzzonenfestlegung bedenken und dabei den unmittelbaren Zusammenhang zwischen den Möglichkeiten des Eindringens von Verschmutzungsstoffen mit dem Vorhandensein derartiger Substanzen und ihrem Verhalten bei den gegebenen Untergrundverhältnissen beachten und entsprechend bewerten. Die Praxis zeigt, daß es sehr fraglich erscheint, wenn von unerfahrenen Bearbeitern Vorschläge unterbreitet werden. Andererseits bedeuten die allgemeinen Empfehlungen für erfahrene Kollegen mit ausreichender Detailkenntnis weder eine wesentliche Hilfe noch ernstliche Beschränkung. Sonderfälle treten auf bei der Uferfiltration, Grundwasseranreicherung, Untergrundspeicherung, den Tiefgrundwässern mit hydrogeologisch eindeutiger Abschirmung gegen Grundwässer des oberen Stockwerks, artesischen Wässern mit fernliegendem, nicht eindeutig bekanntem Einzugsgebiet u. a. In diesen Fällen ist oft die Einrichtung einer Fassungszone ausreichend.

Genauso wichtig wie die Einrichtung eines Wasserschutzgebiets ist dessen regelmäßige Überwachung. In der Praxis sind besonders die Kleinanlagen gefährdet, da oft nicht das geeignete Personal zur Verfügung steht und diese Aufgaben nebenher erledigt werden. Vom volkswirtschaftlichen und hygienischen Standpunkt ist deshalb eine Konzentration der Wasserversorgung auf größere Verbundwasserversorgungen mit Großwasserfassungen und eindeutiger Überwachung zu unterstützen.

3.5. Wartung und Instandhaltung von Wasserfassungsanlagen

In gleicher Weise wie bei allen anderen Bauwerken finden wir an Wasserfassungsanlagen natürliche Alterungserscheinungen. Nur in Ausnahmefällen sind Ermüdungserscheinungen im Material infolge statischer oder dynamischer Belastung die Ursache. Die Bauwerke für Wasserfassungsanlagen sind meist konstruktiv überbemessen, so daß allgemein geringe Beanspruchungen vorliegen. Die Alterungserscheinungen sind vorwiegend auf Korrosion oder Inkrustation zurückzuführen.

3.5.1. Korrosion

Ursachen, Wirkungskomplexe und Verhütung der Korrosion als erheblicher volkswirtschaftlicher Verlustquelle sind sehr vielschichtig und umfangreich. Allgemein werden alle unbeabsichtigten von der Oberfläche ausgehenden Werkstoffzerstörungen unter der Wirkung reinchemischer bzw. elektrochemischer Reaktionen als Korrosion bezeichnet. Einige Ausführungen über den Korrosionsschutz bei Rohrleitungen sind in Abschn. 8. enthalten. In den folgenden Darlegungen werden Korrosionsfragen nicht behandelt, obwohl die Korrosion in ihrer Beziehung zur Alterung von Wasserfassungen vielfältige Verbindungen aufweist [3.8].

In allen Fällen sind die Materialarten, Herstellungssorten sowie die Vielfalt der Rohwässer und Einsatzbedingungen von entscheidendem Einfluß, so daß sich schwerlich generelle Richtwerte angeben lassen. Der Praktiker sollte die angegebene Spezialliteratur soweit durchsehen, daß es möglich ist, Korrosionsvorgänge klar von Inkrustationsvorgängen zu unterscheiden, was bezüglich der Abhilfemaßnahmen oft von Bedeutung ist. Ohne die klare Trennung der Ursachen können mitunter aufwendige Instandhaltungsmaßnahmen (Reinigung, Ausbesserung u. a.)

nutzlos oder gar schädigend sein. Bei einwandfreier fachgerechter Konstruktion und optimalem Materialeinsatz, d. h. optimal im Sinne der Gesamtkosten für Anschaffung und Betrieb, braucht es bei Wassergewinnungsanlagen keine Korrosionsschäden mehr zu geben.

3.5.2. Inkrustation

Durch die vielfältigen Ursachen und Erscheinungsformen sind die Inkrustationen schwerer zu erfassen als Korrosion. Man versteht darunter Ablagerungen der verschiedensten Art auf den Oberflächen der Werkstoffe, ohne daß deren Oberfläche angegriffen wird. Bei nicht korrosionsfesten Materialien tritt oft noch eine zusätzliche Korrosion in Erscheinung, wodurch die Trennung erschwert ist und für die Korrosion begünstigende Umstände vorliegen. Grundsätzlich lassen sich drei Hauptursachen für die Inkrustation in Wassergewinnungsanlagen nennen:
a) Ablagerung von Partikeln
b) Ausfällung gelöster und kolloiddisperser Stoffe
c) Bewuchs durch biologische Kulturen.

Obwohl es nur wenige Fälle gibt, wo nicht alle drei Ursachen vorkommen, überwiegt meistens ein Einfluß, so daß eine Gliederung möglich erscheint.

In den Sieb- oder Rechenanlagen der Oberflächenwassergewinnungen und auch in den Filtern der Grundwasserfassungen treten oft Ablagerungen von Sand-, Schluff- und Tonpartikeln sowie im ersteren Falle von Flocken (Schwebestoffen) auf. Der Eintrieb dieser Stoffe wirkt generell verstopfend und verstärkt bedeutend die Wirkungen der chemisch-biologischen Ursachen. Durch die Betriebsweise (gleichmäßige Entnahme) bestehen nur sehr begrenzte Möglichkeiten zur Verhinderung dieses generell als „Versandung" bezeichneten Vorgangs. Fehler bei der Standortwahl und Bemessung der Anlagen sind kaum rückgängig zu machen.

Im Brunnen ordnet man deshalb spezielle Sandfänge (Sumpfrohr) an, die jedoch nicht die Wirkung der Absetzanlagen bei Oberflächenwasserfassungen haben. Außer bei Kolmation und bestimmten Suffosionsfällen in Brunnenfiltern sind die Ablagerungen leicht zu entfernen, bedingen jedoch eine laufende Wartung der Fassungsanlagen. Weniger die höheren Betriebskosten als vielmehr der laufende Arbeitskräfteeinsatz sowie eine Unsicherheit im Betriebsablauf wirken sich störend aus. Die Kenntnisse zur Bemessung von Brunnenfiltern [3.13; 3.40] sind soweit gesichert, daß bei sorgfältigen Voruntersuchungen Störungen durch plötzliche Leistungsabfälle oder Sandmitführung im Förderstrom nicht auftreten können. Die wichtigsten Einzelheiten für Brunnen werden in Abschn. 3.3.2.2.3. mitgeteilt.

Nicht so offensichtlich und bisher keiner exakten Berechnung zugänglich sind die Verhältnisse bei den Ausscheidungen aus dem Rohwasser auf chemischer Basis. Die Ursachen sind nahezu vollständig durch die chemische Zusammensetzung des Rohwassers und dessen Veränderungen bestimmt. Deshalb tritt dieses Problem auch bei Oberflächenwassergewinnungsanlagen zurück, während es für Grundwassergewinnungsanlagen oft dominierend ist. Ausfällungen in Grundwässern können sein
– Eisenverbindungen
– Manganverbindungen
– Kalzium- und Magnesiumverbindungen.

Die Ausfällung von Eisen- und Mangansalzen in Verbindung mit der Inkrustation wird als „Verockerung" und diejenige der Kalzium- und Magnesiumsalze als „Versinterung" bezeichnet. Damit werden die als Korrosion eingeleiteten bzw. in gleicher Weise durch Lösevorgänge im Untergrund ablaufenden Prozesse bis zur stabilen Endstufe mit dem niedrigsten Energiepotential fortgeführt. Verockerung und Versinterung schließen sich größtenteils aus und sind nur in einem Übergangsbereich, in der Umgebung der Grenze des Kalk-Kohlensäure-Gleichgewichts, gemischt denkbar.

Die Basis für alle Verockerungsvorgänge – die biologische Komponente eingerechnet – ist stets die Konzentration der im anströmenden Rohwasser gelösten Stoffe. Durch ihr Zusammenwirken – nicht ihre Anteile – wird das Wesen der Verockerung bestimmt.

Ein Trivialfall ist die Verockerung unter der Einwirkung sauerstoffreicher Wässer. Gelöstes Eisen im Rohwasser ist dann nur in geringem Maße vorhanden. Der Fall ist nur in unmittelba-

3.5. Wartung und Instandhaltung von Wasserfassungsanlagen

rer Verbindung mit einem Korrosionsvorgang möglich. Bei diesem schlechthin als „Rosten" bezeichneten Vorgang wird durch den reichlich vorhandenen Sauerstoff am Ort des Entstehens das aus der Korrosion frei gewordene Fe^{2+}-Ion momentan zum Fe^{3+}-Ion oxydiert, worauf über die anschließend einsetzende Hydrolyse in mehreren Stufen ein sehr wasserhaltiges Eisen-III-Oxidhydrat ($Fe_2O_3 \cdot n\ H_2O$) entsteht, dessen Wassergehalt milieuabhängig abnimmt.

Die Porosität garantiert den unbehinderten Stoffaustausch, so daß der Vorgang ständig unter der Rostschicht weiter fortschreitet. Der Dichteunterschied zwischen metallischem Eisen und dem Verockerungsprodukt von 3 bis 7 Dichteeinheiten führt bei Raumbegrenzungen zu den gefürchteten Absprengungen durch Rost. Bei Fehlern im hydraulischen Aufbau der Förderanlagen bzw. unüberlegten Umbauten ist es vorgekommen, daß bereits belüftetes Rohwasser aus den Sammelbehältern bzw. Rohrleitungen in Betriebspausen in die Brunnen zurücklief. Dadurch kommt es auf der gleichen Basis zu beachtlichen Verockerungen der Filter und Rohrleitungen. Allerdings hängt dieser Vorgang nicht allein vom Sauerstoffgehalt, sondern in komplizierter Weise auch vom pH-Wert, dem Kalk-Kohlensäure-Gleichgewicht, Sulfat- und Chloridionen u. a. ab, so daß keine absolute Beurteilung möglich ist.

Für Wassergewinnungsanlagen von größerem Interesse sind allerdings die Verockerungen in sauerstofffreien, zumindestens sauerstoffarmen Eisen- und Mangangrundwässern. Die rein chemisch-hydraulische Erklärung der Verockerung ist hier sehr unbefriedigend und gelingt erst durch die Annahme erheblicher biologisch-chemischer Komplexe (Umwandlung, Katalyse). Tatsächlich haben spezielle Forschungen in den vergangenen Jahren die Beweise für die Richtigkeit dieser Annahme geliefert [3.32; 3.60].

Die komplizierten Zusamenhänge sind in der angegebenen Literatur nachzulesen. An dieser Stelle muß es ausreichen, die wichtigsten Einflußgrößen der Verockerung zu nennen.
– Notwendige Bedingungen für die Verockerung sind mindestens ein Redoxsystem der Art

$Fe^{2+} \rightleftharpoons Fe^{3+} + e^-$
$Mn^{2+} \rightleftharpoons Mn^{3+} + e^-,\ Mn^{3+} \rightleftharpoons Mn^{4+} + e^-$
$(Mn^{2+} \rightleftharpoons Mn^{4+} + e^-)$

anorganische oder organische Kohlenstoffdonatoren sowie Elektronenakzeptoren (z. B. CO_2, CH_4, $C_6H_{12}O_6$ bzw. S^{-2}, SO_4^{-2}, NO_3^-, PO_4^{-3})
physiologischer pH-Bereich (etwa 2 bis 9)
ausreichender Nährstoffnachschub, d. h. hinreichende Durchflußgeschwindigkeit (konzentrationsabhängig).
– Hinreichende Bedingungen für die Verockerung sind mindestens Spuren gelösten Sauerstoffs im Wasser (μg) oder Möglichkeiten der Ersatzreaktionen durch reduzierend wirkende Bakterien (SO_4^{-2}, NO_3^-, HCO_3^-).
– Begünstigende Bedingungen für die Verockerung treten ein, wenn
Eisen- und Manganbakterien anwesend sind
keine bakterizid wirkenden Medien vorliegen
große und rauhe Kontaktflächen vorhanden sind (enge Porenkanäle)
ungeschütztes Eisen und Lokalelemente elektrochemische Zusatzwirkungen hervorbringen
relativ geringe Filtergeschwindigkeiten auftreten (Reaktionszeit).

Oft beginnt die Verockerung mit teilweise unbemerkten Sauerstoffeinbrüchen in die fassungsnahe Grundwasserzone. Die Ursachen sind in plötzlichen starken Absenkungen, schwankenden Entnahmen oder Starkniederschlägen bzw. künstlicher Infiltration zu suchen. Damit wird ein biologisch-chemisches Milieu (Bakterienkulturen, Katalyse) mit großer Nachwirkung geschaffen, selbst wenn die ursprünglichen Bedingungen nicht mehr vorliegen. Erfahrungsgemäß steigt deshalb mit zunehmender Ersatzbrunnendichte eines Brunnenfeldes die Verockerungsgeschwindigkeit an. Logisch klar ist die häufig beobachtete Tatsache, daß die Verockerungsrate nicht direkt vom Eisen- und Mangangehalt des Grundwassers abhängig ist. Grundwässer mit sehr geringen Eisengehalten (< 0,5 mg/l) und sehr hohen Eisengehalten (> 10 mg/l) verockern selten, da im ersten Fall meistens der Sauerstoffgehalt und pH-Wert erhöht, im letzten Fall die Wässer sauerstofffrei mit niedrigen pH-Werten zu finden sind. Die häufigsten Verockerungsfälle lassen sich im Übergangsbereich von 1 bis 8 mg/l Fe-II und pH-Werten von etwa 6,5 bis 7,2 nachweisen. Abhängig von der Kombination der verschiedenen Einflußfaktoren können Verockerungen sehr schnell (z. B. bei Brunnen in 1 bis 2 Jahren bis zum völligen Leistungsrückgang) oder langsam verlaufen, so daß es zu merklichen Leistungsabfällen erst nach Jahrzehnten kommt. Unter den Ausbau- und Betriebsbedingungen bei Bohrbrunnen in der DDR kann ein Mittelwert zwischen 10 und 15 Jahren angenommen werden.

Gegenüber der Verockerung tritt die Versinterung als Leistungsminderung durch Abscheidung von Kalzium- und Magnesiumkarbonaten praktisch stark zurück. Die Versinterung läßt sich chemisch gut erklären, was auch mit den praktischen Beobachtungen hinreichend übereinstimmt. Versinterung und Verockerung schließen sich oft aus, da kalkabscheidende Wässer meist einen pH-Wert und Sauerstoffgehalte aufweisen, bei denen Eisen nur noch in Spuren und kaum Magan in Lösung gehalten werden kann. Soweit Verockerungsbildner überhaupt im Wasser vorhanden waren, mußte die Verockerung bereits im Grundwasserleiter erfolgen, d. h. unmittelbar nach der Kalkaufnahme. Zur Versinterung kommt es dann, wenn das Wasser infolge besonderer Umstände plötzlich freie Kohlensäure bis unter die zugehörige Kohlensäure (s. Abschnitte 4. und 5.) entzogen bekommt. Solche Bedingungen können sein
– plötzliche Druckentlastung durch große Absenkungen
– Einblasen von Luft (d. h. Auswaschen des CO_2)
– örtliche Überschreitung des Löslichkeitsprodukts ($K_L^{12\,°C} = 2{,}6 \cdot 10^{-5}$) durch CO_2-Assimilation von Bakterien
– Einleitung von Fremdwässern (Infiltration oder aufsteigende Wässer infolge Förderbetrieb).
Diese Bedingungen finden sich in Lockergesteinskörpern nicht so häufig wie im Festgestein. Tatsächlich erstrecken sich Versinterungen stärker auf Tiefbrunnen in entsprechenden Sand- und Kalksteinformationen. Unter den Betriebsbedingungen eines Tiefbrunnens stehen auch häufig erst die großen Reaktionszeiten zur Verfügung, die nötig sind, um die Sinterbildungen zu ermöglichen.

Der Bewuchs durch biologische Kulturen von Mikroorganismen ist eine sehr wesentliche Ursache der Inkrustation. Da das Wasser in jedem Falle die benötigten Nährstoffe enthält, lassen sich die stark verflochtenen biologisch-chemischen Wechselwirkungen z. B. bei der Verockerung nicht mehr exakt trennen. Durch die Synthese einer Vielzahl hochwirksamer Enzyme ist es den Mikroorganismen möglich, chemische Gleichgewichte zu verschieben und beachtliche Ausbeuten an Verockerungsprodukten unter Bedingungen zu erreichen, wo dies rein chemisch unmöglich erscheint. Die Bakterien üben die Rolle eines „Biokatalysators" aus, wobei nicht nur der Bau- und Betriebsstoffwechsel, sondern auch die alkalische Wirkung der Schleimhüllen (Anlagerung) sowie die Bildung von „Kristallisationskernen" zu beachten ist. Dort, wo keine Ausfällung erfolgt, können bei Massenentwicklungen (z. B. bei Nitrat- und Phosphatstößen) große Mengen schleimiger Massen entstehen, die verstopfend und geschmacksverschlechternd wirken. Makroskopisch ist der Bewuchs durch eine Vielzahl niederer Pilze sowie bestimmter Pflanzen und Kleintiere zu nennen. Letzterer makroskopisch wahrnehmbarer Bewuchs kann Schichtdicken von mehreren Zentimetern erreichen und hat vor allem bei Oberflächenwassergewinnungsanlagen zu Betriebsstörungen und Güteverschlechterungen geführt.

3.5.3. Verhütung und Beseitigung der Inkrustation

Die Beseitigung von Inkrustationen ist so alt wie die Wassergewinnung selbst und wird allgemein als Regenerierung bezeichnet. Die zahlreichen Verfahren zur Regenerierung besonders der Brunnen lassen sich in mechanische, chemische und kombinierte einteilen. Untersuchungen in letzter Zeit haben ergeben, daß der nachhaltigste Erfolg mit den kombinierten Verfahren erreicht wird.

Aus den betrieblichen Nachteilen der Regenerierung, wie manueller Arbeitsaufwand, Außerbetriebnahme, ungünstige Arbeitsbedingungen, Unsicherheiten im Betriebsablauf u. a., und den ständig geringeren Regenerierungserfolgen bei mehrmaliger Regenerierung hat sich mit zunehmender Erkenntnis des Ursachenkomplexes der Brunnenverockerung die Möglichkeit der Verhütung durch den Einsatz spezifischer Schutzverfahren [3.60] ergeben. Damit erhält man in einem wichtigen Teilkomplex der Brunnenalterung – der Brunnenverockerung – die Möglichkeit

3.5. Wartung und Instandhaltung von Wasserfassungsanlagen 127

einer prophylaktischen Behandlung, so daß die Regenerierung entfällt bzw. hinausgeschoben wird.

Unter der Voraussetzung, daß der Brunnen nach dem neuesten Stand der Erkenntnisse konstruiert, bemessen und ausgebaut wurde (s. Abschn. 3.3.2.3.3.), kann in den Fällen, wo eine Verockerung durch Betriebserfahrungen mit vorhandenen Brunnen oder die vorliegenden Wassergüten zu befürchten ist, ein *Schutzverfahren* eingesetzt werden. Von den bisher diskutierten Wirkungsprinzipien haben sich nur Verfahren mit bakterizider Wirkung bewährt. Besonders sind zwei Verfahren zu nennen:
– die Gammabestrahlung der Brunnenfilter
– die Stoßchlorung der Brunnen.

Verfahren der Gammabestrahlung der Brunnenfilter
Durch das ständige Anliegen eines ausreichend großen Strahlenfeldes im Verockerungsbereich kommt es zu einer laufenden Hemmung der Bakterienentwicklung. Angeschwemmte Bakterien werden in kurzer Zeit teilungsunfähig und abgetötet, d. h. autolytisch aufgelöst. Die Dosisleistung ist ökonomisch und durch die Nebenwirkung begrenzt. Das verfahrenstechnische Problem besteht in einer Optimierung der Dosisleistung und gleichmäßigen Verteilung der Feldgrößen. Demzufolge erhalten alle ortsfesten Stoffe (Ausbaustoffe, Eisen- und Manganbakterien, Schlammanlagerungen) ansteigend hohe, alle strömenden Stoffe (Bakterien, Wasserinhaltsstoffe, Wasser) vernachlässigbar kleine Strahlendosen; Sauerstoff erhöht die Strahlenwirkung, aber auch die chemische Verockerungsrate, so daß es auf die konkreten Einsatzbedingungen ankommt. In Einsatzfällen mit bereits vorliegenden Verockerungen tritt bei hohen Dosisleistungen eine „Mineralisation" des Schlammes in Erscheinung. Der Verockerungsvorgang wird nicht nur gestoppt, sondern umgekehrt eine Leistungssteigerung erreicht (biologisch-kolloidchemischer Abbau).

Diskutable Nebenwirkungen der Gammabestrahlung außerhalb des Schutzeffekts ergeben sich durch
– strahlenchemische Veränderung der Wasserinhaltsstoffe
– strahlenchemische Veränderung von Brunnenausbaustoffen
– Gasfreisetzung durch Radiolyse.

Die mögliche Aktivierung von Stoffen oder Kontamination durch radioaktive Substanzen sind keine Nebenwirkungen.

Die *Aktivierung* von Stoffen tritt bei den verwendeten Nukliden nicht auf.

Kontaminationen sind nur bei Freisetzung von radioaktiven Stoffen möglich. Die Freisetzung radioaktiven Stoffes wird durch konstruktive Maßnahmen und ein Überwachungssystem verhindert.

Innerhalb der angegebenen Grenzen der Bemessungsrichtwerte ist gewährleistet, daß Veränderungen des Wassers, der gelösten Stoffe sowie von üblichen Ausbaustoffen im Bereich einer Nebenwirkung bleiben. Bei hohen Dosisleistungen (> 100 Gy/h), anormalen Wassergüten und Ausbaustoffen (Brunnenfilter) aus Hochpolymeren im Strahlenfeld ist im Einsatzprojekt eine Abschätzung der Lebensdauer dieser Stoffe vorzunehmen.

Der Aufbau toxischer Verbindungen durch Strahlung tritt im allgemeinen nicht auf und bleibt auf Sonderfälle und abnorme, außerhalb von Trinkwassergüten liegende Beimengungen beschränkt. In derartigen Fällen sind theoretische Nachweise oder Bestrahlungsversuche innerhalb der Projektierungsphase nötig.

Die konstruktive Ausführung der Gammabestrahlungsanlagen unterliegt der Genehmigungspflicht durch die staatlichen Organe des Strahlenschutzes. Die Technologie für die Anwendung und die konstruktive Ausführung sind festgelegt, und Veränderungen müssen genehmigt werden.

Für die Planung, Vorbereitung, Bauausführung sowie Wartung und Kontrolle von Gammabestrahlungsanlagen sind ausschließlich Spezialkräfte einzusetzen. Für die Betreiber ergibt sich im Rahmen der Strahlenschutzgenehmigung eine begrenzte Verantwortung.

Das Verfahren kann prinzipiell bei allen verockerungsgefährdeten Trink- und Betriebswasser-

brunnen sowie Brunnen zur Wasserhaltung angewendet werden. Für den richtigen Einsatz des Verfahrens müssen folgende Hinweise beachtet werden:
- Es muß der Nachweis der biologischen Verockerung vorliegen.
- Der Einbau der Gammabestrahlungsanlagen in Fassungen mit UWM-Pumpen darf nur in Schutzrohren erfolgen. Die Schutzrohre dürfen nicht in Plast ausgeführt sein. Der Einbau bei Brunnenneubauten mit UWM-Pumpen darf nur in der Kiesschüttung erfolgen, d. h., die Brunnen müssen mit der notwendigen Anzahl von Schutzrohren für Gammabestrahlungsanlagen in der Kiesschüttung ausgerüstet sein.
- Die auszurüstenden Brunnen müssen in einwandfreiem bautechnischem Zustand und die Gammabestrahlungsanlage zugriffsicher sein.
- Die bautechnischen Angaben, insbesondere Lage der Filter und Einströmbereiche, müssen den realen Verhältnissen exakt entsprechen.
- Es muß gewährleistet sein, daß ein Abschirmraum von 4 m über der obersten Strahlenquelle vorhanden ist.
- An den Brunnen muß gesichert sein, daß nicht über eine Maximaltiefe, die vom Projektanten festgelegt wird, abgesenkt wird.
- Die auszurüstenden Brunnen müssen jederzeit mit schwerer Technik (LKW, Autodrehkran) zugänglich sein.
- Der Brunnenkopf muß lotrecht zugänglich sein.
- Da Plaste und Elaste durch die radioaktive Strahlung zerstört werden, ist die Ausrüstung von Brunnen mit organischen Ausbaumaterialien nur bedingt möglich.
- Das Rohwasser muß einen Chloridgehalt < 200 mg/l besitzen.
- Über bestrahlte Pumpenkabel muß ein Nachweis geführt werden. Die Bestrahlung darf 5 Jahre nicht überschreiten.

Die Wirkung des Verfahrens hängt wesentlich von der Dosisleistung ab. Da das Optimalitätskriterium für jede Fassungsanlage verschieden sein kann, ist mit mittleren Werten zu bemessen. Die Bemessung hat durch den Spezialprojektanten zu erfolgen, der auch der Erfahrensträger auf diesem Gebiet ist. Da die Strahlung nach zwei Halbwertszeiten auf 1/4 der Ausgangsleistung gesunken ist, muß in der Mehrzahl der Fälle eine Nachladung erfolgen.

Sonderfälle sind der Einbau von Gammasonden in andere Brunnenarten. Für den Einbau von Gammasonden in Horizontalfilterbrunnen wurde eine Prinziplösung mit den gleichen Geräten vorgeschlagen. Ebenfalls ist der Schutz von Brunnenpumpen gegen Verockerung denkbar und im Erprobungsstadium.

Durch die einfache und robuste Technologie wird für jeden Sonderfall letztlich eine Lösung gefunden, deren Festlegung konkret in der jeweiligen Einsatzdokumentation erfolgt.

Der Nutzen des Schutzverfahrens gegen Brunnenverockerung ergibt sich aus der Summe der Einsparungen durch die Vorteile des Verfahrens, vermindert um den Betrag des Aufwandes für die Bestrahlungsanlage und die verbrauchte Aktivität. Über die Höhe des Nutzens entscheiden die realen Einsatzbedingungen eines jeden Objekts.

Vorteile des Verfahrens, die sich in Einsparungen ausdrücken lassen, sind
- Verlängerung der effektiven Nutzungsdauer; Investeinsparung
- Einsparungen an elektrischer Energie, Material und Arbeitskraft
- störungsfreier Betrieb von Wasserfassungen bei extremer Wartungsarmut
- Einsparungen durch erhöhte Standorterschließung für Ersatzbrunnen.

In einer Reihe von praktischen Anwendungen in Wasserwerken läßt sich für mittlere Verhältnisse eine Verdopplung der Nutzungsdauer bei behandelten Brunnen gegenüber Brunnen ohne Behandlung nachweisen. Hemmend für die Anwendung des Verfahrens wirken sich die in letzter Zeit stark ansteigenden Preise für die Radionuklide aus.

Verfahren der Stoßchlorung in Brunnen
Die Gammabestrahlung der Brunnenfilter wurde eigentlich aus den Nachteilen, die der Stoßchlorung anhaften, entwickelt. Selbst wenn man davon ausgeht, daß beide Verfahren gleiche Wirkungseffekte zeigen, was sicherlich nicht zutrifft, besitzt die Stoßchlorung folgende Nachteile:

3.5. Wartung und Instandhaltung von Wasserfassungsanlagen

- Die Brunnen müssen monatlich von einer Spezialbrigade behandelt werden.
- Die Brunnen müssen bei der Behandlung einige Tage stillgelegt werden.
- Es werden größere Mengen Chlorlösung in den Untergrund gepumpt, die chemisch reagieren und zu Kontaktausfällungen führen.
- Die Brunnen müssen nach der Behandlung wieder abgepumpt werden.
- Während bei der Gammabestrahlung die wesentlichsten Kosten durch die eingesetzten Radionuklide entstehen, treten bei der Stoßchlorung die hauptsächlichen Kosten in Form von Transportleistungen und für manuelle Arbeit auf.

Unter den wirtschaftlichen Bedingungen in Mitteleuropa kommt deshalb die Stoßchlorung nur in Sonderfällen zur Anwendung, so daß generell keine weitreichenden Erfahrungen vorliegen.

Die theoretischen und praktischen Grundlagen beider Verfahren sind so umfangreich und speziell, daß auf die entsprechende Fachliteratur verwiesen werden muß [3.8; 3.60].

Die *mechanische Reinigung* der Filterrohre wird allgemein nur im Sinne einer Vorreinigung angewendet. Sie ist notwendig als Vorstufe einer nachfolgenden chemischen Behandlung, um den Chemikalien einen Kontakt mit den äußeren Filterbereichen zu ermöglichen und Chemikalien einzusparen.

Von den zahlreichen Verfahren mit besonderen mechanischen Vorrichtungen (Stichel, Kratzen u. a.) haben sich nur die mit Schaumgummikörper und Rundbürsten zur Ablösung weicher Ockerschichten bewährt. Diese Körper werden der Nennweite des Filterrohrs angepaßt (etwa 10 bis 20 % größer), an einem Gestänge befestigt und im Filter auf und ab bewegt.

Die Ablösungsprodukte werden nach Beendigung der mechanischen Reinigung durch eine entsprechende Pumpe bzw. Ventile aus dem Schlammfang entfernt. Besser geeignet erscheint allerdings die pneumatisch-hydraulische Vorreinigung. In diesem Falle werden, teilweise kombiniert mit Bürsten, besondere Spritzköpfe mit schräg angeordneten Spritzdüsen eingeführt (Bild 3.52), denen über ein Hohlgestänge Druckwasser (> 50 kp/cm^2) zugeführt wird. Zum Aus-

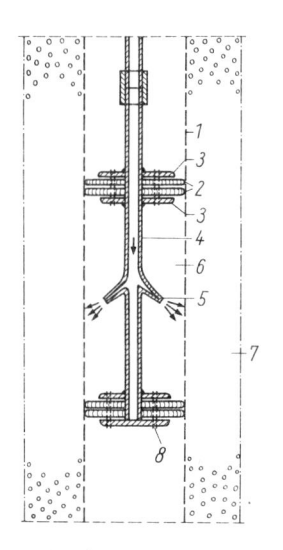

Bild 3.52 Spritzkopf zur Vorreinigung
1 Filterrohr; *2* Gummischeiben; *3* Los- bzw. Schweißflansche; *4* Hohlgestänge; *5* Spritzdüsen; *6* Arbeitsraum; *7* Kiesschüttung; *8* Verschraubung

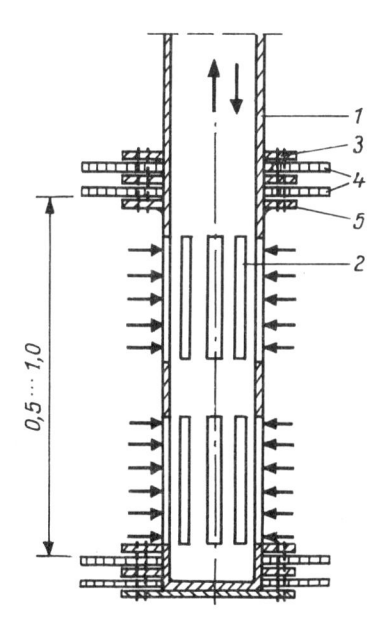

Bild 3.53 Entsandungsseiher
1 Hohlgestänge bzw. Saugrohr; *2* Eintrittsschlitze; *3* Los- bzw. Schweißflansche; *4* Gummischeiben; *5* Verschraubung

pumpen mit gleichzeitiger Reinigungswirkung wird häufig das Air-lift-Prinzip (Mammutpumpe) eingesetzt. Der Einsatz ist jedoch entsprechend dem Wirkungsgradverlauf der Mammutpumpe von der Tauchtiefe abhängig. Bei kleineren Tauchtiefen (< 10 m) erscheint es dann günstiger, mit Injektoren (Wasserstrahlpumpe) zu arbeiten (s. Abschn. 6.). Die Wirkung dieses Verfahrens kann bedeutend verstärkt werden durch den zusätzlichen Einsatz besonderer Entsandungsseiher (Bild 3.53). Damit wird die Leistung der Pumpe auf einen kleinen Filterabschnitt von der Länge des Seihers begrenzt, wodurch eine intensive Saugwirkung entsteht. Es liegt nahe, die Saugwirkung durch eine Wassergegenspülung in Form einer Wechselspülung zu verstärken, so daß eventuelle Kornverklemmungen und Kornbrücken beseitigt werden. In diesem Falle wird aus einem Überlaufbehälter in Geländehöhe mittels eines Schnellschlußschiebers plötzlich die gesamte Wassermenge der Filterstrecke zugeführt. Die Wirkung kann durch eine zusätzliche Pumpe noch erhöht werden.

In bestimmten Fällen, wo diese relativ aufwendigen Vorrichtungen nicht zur Verfügung stehen und mit einfacheren Mitteln das Ziel erreicht werden soll, ist der weitverbreitete Entsandungskolben von Nutzen. Dazu kann die Vorrichtung nach Bild 3.52 benutzt bzw. ein besonderer Kolben entsprechend dem unteren Teil angefertigt werden. Durch Einführen des paßgerechten Kolbens in das Filterrohr und kräftiges rhythmisches Auf- und Abbewegen entsteht eine Sog- und Druckbewegung, so daß die Filterabschnitte nacheinander gereinigt werden. Diese einfache Maßnahme hat sich auch schon oft bei neuen Brunnen zur Leistungssteigerung anstatt einer gründlicheren Entsandung bewährt. Nach Abschluß der mechanischen Reinigung ist der Brunnen auszuventilen und klarzupumpen.

Neben der erläuterten Standardmethode sind aus der Fachliteratur Reinigungsmethoden bekannt geworden, die in Sonderfällen zum Erfolg führten. Die Verfahren sind jedoch nicht generell einsetzbar und an bestimmte Voraussetzungen gebunden. Es sollen deshalb nur drei Möglichkeiten
— Dampfeinblasen (Geiserwirkung)
— Ultraschall bzw. elektrohydraulischer Effekt, durch Unterwasser-Stoßschallentladungen, Vibrationserreger
— Einsetzen einer Kette von Kleinsprengladungen (Torpedierung)
erwähnt werden. Für den Einsatz dieser Verfahren sind Spezialisten notwendig.

Die *chemische Behandlung* sollte man als Ergänzung (Feinreinigung) der mechanischen Reinigung auffassen. Die chemische Behandlung ohne Vorreinigung führt aus verständlichen Gründen zu sehr geringen Erfolgen und ist daher abzulehnen. Der Einsatz chemischer Mittel kommt bei Verockerung und Versinterung zur Anwendung. Im Falle der Beseitigung von Filterverstopfungen durch nichtlösbare Teilchen (innere Suffosion, Kolmation) reichen die mechanischen Verfahren aus. Eine Möglichkeit, auf chemischen Wege den durch feinste Teilchen (Ton, Schluff) verstopften Filter zu reinigen, besteht in der Wechselspülung mit Polyphosphaten. Das Verfahren wurde bisher selten angewendet, so daß keine großen Erfahrungen bestehen. Da im allgemeinen Säure zur Lösung der Inkrustationsprodukte verwendet wird, spricht man vom „Säuern" des Brunnens. Die verwendete Säure muß stark verdünnt noch wirksam bleiben, hinreichend billig sein, die Inkrustationsprodukte schnell und vollständig lösen sowie eventuell die Verwendung von Zusätzen gestatten, um nachteilige Begleiterscheinungen, wie Schäumen, Metallkorrosion u. a., abzuschwächen. Voraussetzung ist ein entsprechend säurefester Ausbau des Brunnens. Soweit dies nicht von vornherein gegeben ist, kann der Säureangriff durch sogenannte Inhibitoren (Sparbeizen) herabgesetzt werden.

Praktisch haben sich in der folgenden Reihenfolge bewährt:
— Salzsäure T, arsenfrei
— Amidosulfonsäure T, pulverförmig, besser pelletisiert
— Schwefelsäure T.

Zur Orientierung werden einige Reaktionsabläufe bei der Säurebehandlung angegeben:
$$CaCO_3 + 2\,HCl \rightarrow CaCl_2 + CO_2 + H_2O$$
$$Fe_2O_3 + 6\,HCl \rightarrow 2\,FeCl_3 + 3\,H_2O$$
$$Fe(HCO_3)_2 + 2\,HCl \rightarrow FeCl_2 + 2\,H_2O$$
$$FeS + 2\,HCl \rightarrow FeCl_2 + H_2S$$

3.5. Wartung und Instandhaltung von Wasserfassungsanlagen

Man erkennt, wie besonders in Gegenwart von Karbonaten beträchtliche Mengen Kohlendioxid und bei Sulfiden zusätzlich Schwefelwasserstoff frei werden. Dadurch und generell im Umgang mit Säure sind die einschlägigen Arbeitsschutzbestimmungen und Verarbeitungsvorschriften der Hersteller genauestens zu beachten. In dieser Hinsicht ist die Amidosulfonsäure durch ihre einfachere ungefährlichere Handhabung der Salzsäure und auch der Schwefelsäure überlegen. Außerdem ist der Metallangriff herabgesetzt, aber auch die Reaktionszeit. Bei Verokkerung durch Eisen wird ein Zusatz von 50 Masse-% Natriumchlorid zur besseren Lösung empfohlen. Die anzuwendenden Säurekonzentrationen und Mengen müssen durch eine Vorberechnung ermittelt werden. Diese Festlegungen verlangen Erfahrungen, sind abhängig von der Art der Inkrustation, der Intensität der mechanischen Vorreinigung und orientieren sich am wassergefüllten Volumen des Filterraums. Damit wird deutlich, daß allgemeine Richtwerte wenig nützen, sondern stets der konkrete Anwendungsfall zu beachten ist.

Damit und im Hinblick auf die notwendigen Geräte und Vorrichtungen, Erfahrungen im Umgang mit Säuren sowie gute brunnenbautechnische Kenntnisse wird deutlich, daß die Regenerierung mit Säure Spezialfirmen überlassen werden sollte. Die Auswertung von Schadensfällen hat stets gezeigt, wie berechtigt diese Forderung ist. Aus diesem Grunde unterbleibt auch hier die detaillierte Beschreibung der Arbeitsabläufe beim Ansetzen, Einbringen, Verteilen, Spülen und Auspumpen der Säure, die im Bedarfsfalle der Spezialliteratur [3.8] zu entnehmen sind.

Die praktischen Erfahrungen der vergangenen Jahre haben gezeigt, daß die nachhaltigen Erfolge der Regenerierung mit einer optimalen Kombination der beschriebenen pneumatisch-hydraulischen und chemischen Behandlung erreicht werden. Dies hat dazu geführt, daß Instandsetzungstechnologien erarbeitet wurden, deren Prinzip, eine stufenweise und rollende Reinigung ganzer Brunnenreihen, zum wirtschaftlichen Einsatz führt. Beispielsweise ergibt sich

Stufe 1 Vorreinigung durch pneumatisches Bürsten
Stufe 2 pneumatisch-hydraulische Wechselspülung
Stufe 3 abschnittsweises Klarpumpen mit Entsandungsseiher.

Zwischen den einzelnen Stufen ist ebenfalls ein Sauberpumpen bzw. Ausventilen des Sumpfrohrs notwendig. Durch die zeitliche Staffelung der Verfahrensstufen auf verschiedene Brunnen sowie eine Leistungsmessung der Brunnen vor und nach Regenerierung treten keine Wartezeiten und eine effektive Auslastung der Arbeitskräfte und Vorrichtungen auf.

Durch die Anwendung der Schutzverfahren gegen Brunnenverockerung kann in den Fällen, wo Verockerung die Inkrustationsursache ist, die doch recht umständliche Regenerierung aufgeschoben oder in günstigen Fällen völlig unterlassen werden.

3.5.4. Betriebsaufgaben zur Wartung und Instandhaltung

Wassergewinnungsanlagen sind selten begangene Anlagenteile. Ihre an sich hohe Betriebssicherheit, ihr einfacher robuster Aufbau und die nicht exponierte Lage führen häufig zu einer Vernachlässigung von Wartung und Instandhaltung gegenüber anderen Anlagenteilen. In den folgenden Ausführungen wird versucht, eine Aufzählung der wichtigsten Betriebsaufgaben zu diesem Abschnitt zu bringen.

Berichtswesen
– Eintragungen über laufende Messungen an den Wassergewinnungsanlagen (z. B. Schüttung, Entnahme, Kontrollpegel, Wasser- und Lufttemperaturen, Niederschläge, Wasserprobenentnahme)
– graphische Darstellung typischer Meßwerte
– Eintragungen über maschinentechnische Daten in den Betriebsbericht.

Bauzustandsüberprüfung
– Begehung der Wassergewinnungsanlage, Feststellung baulicher Mängel, wie Geländeveränderungen, Setzungen, Anstriche, Putz- und Betonabsprengung, Verschlußorgane, Regen- und Schwitzwasserstau, Kleintierbefall, Überlaufeinrichtungen bei Quellen, Gummidichtungen u. a.

– Ablotung von Brunnen (Sandeintrieb; Filterkies!)
– visuelle Betrachtung von Unterwasserteilen (Brunnenfiltern, Stauanlagen, Wasserkammern)
– Saug- oder Steigrohre kontrollieren (Verstopfung, Korrosion).

Leistungskontrolle
– In typischen hydrologischen Situationen:
Leistungsüberprüfung der Brunnen (Absenkung, Filterwiderstand, Entnahme, Flußbettkolmation, Isohypsen-, Differenzenplan, Kontrollpegel)
– Messung der Quellschüttung
– Maßnahmen zur Regenerierung
– Vergleichsmessungen mit automatisierten Meßanlagen und eventuelle Nacheichung.

Schutzzonenbegehung
– Gebietszustand festhalten
– Einhaltung der festgelegten Bestimmungen für die verschiedenen Schutzzonen (Zäune, Kanäle, Bebauung u. a.)
Ausmerzung von Schädlingen.

Arbeitsschutzkontrolle
– Überprüfung der Vollständigkeit und Lesbarkeit der Hinweisschilder
– Einsatzfähigkeit der Arbeitsschutzmittel (Gurte, Seile, Sicherheitslampen, Gummianzüge, Frischluftanlagen u. a.) überprüfen
– Überprüfung der elektrischen und meßtechnischen Anlagen.
Diese Aufgaben sind nach Größe, Anfälligkeit und Bedeutung der Anlage in einem betrieblich festzulegenden Zyklus von mindestens 1 Jahr durchzuführen und das Ergebnis schriftlich niederzulegen. Nur durch die laufende Kontrolle und sofortige Abstellung von Mängeln ist die einwandfreie Wartung und Instandhaltung der Wassergewinnungsanlagen gewährleistet, besonders in Zeiten hoher Belastung, wo sich Versäumnisse dieser Art bald rächen.

3.6. Wirtschaftlichkeitsbetrachtungen

3.6.1. Methodische Hinweise

Die Wirtschaftlichkeit einer Wasserfassung ist niemals abstrakt zu sehen, sondern stets in Verbindung mit den technisch möglichen Varianten und als Teilkomplex der gesamten Wasserversorgungsanlage. Die in Abschn. 1. dargelegte Problematik spiegelt sich in der Wirtschaftlichkeit der Teilanlage wider. Das Betriebskostenminimum der Wassergewinnung ist ohne die Kriterien der Wasseraufbereitung und Wasserverteilung keine hinreichende Zielfunktion.

Im Zusammenhang mit der Entwicklung einer Theorie der Prozeßführung in der Wasserversorgung erfolgt die Optimierung von Ausführungsvarianten bei neuen Wasserfassungen sowie des Betriebsablaufs bestehender Wassergewinnungsanlagen. Bei der Aufstellung der Zielfunktion ergeben sich noch bedeutende Schwierigkeiten durch nicht eindeutige Kriterien und zahlreiche Nebenbedingungen. Die mathematischen Modelle der Wassergewinnung sind sehr komplex und bei nicht zu starker Vereinfachung von nichtlinearer Form. Der geschlossenen Anwendung der Methoden der Optimierungsrechnung sind aus diesen Gründen Grenzen gesetzt.

Praktisch geht man heute von folgenden Zielsetzungen aus.
– Wassergewinnung und Wasseraufbereitung sollen in Menge und Güte optimal aufeinander abgestimmt sein.
– Das Selbstkostenminimum der technologischen Wassergewinnung und Wasseraufbereitung ist eine Zielfunktion. Wichtige Nebenbedingungen sind
  Bedienungsaufwand und Automatisierungskosten (Arbeitskräfteeinsatz), Wartung und Instandhaltung (technologische Anlage sowie Meß- und Regeleinrichtungen)
  Erschließungskosten (z. B. Trinkwasserschutzgebiete, Wegebau, Bodennutzungsgebühr)

3.6. Wirtschaftlichkeitsbetrachtungen

Versorgungssicherheit (z. B. Reservekapazitäten, unterirdische Speicherung).
- Die maximale Entnahme ist in zwingenden Fällen mitunter eine Zielfunktion. Die ökonomischen Faktoren sowie die Wassergüte sind dabei keine begrenzenden Nebenbedingungen (Notstand, überbelastete Anlagen).

Man erkennt, wie extrem formulierte Nebenbedingungen die Zielfunktion beeinflussen, so daß, abhängig von den konkreten örtlichen Bedingungen, eine große Streubreite in den Entscheidungen vorliegt. Der überwiegende Teil der Kostenfaktoren läßt sich nicht oder nur mit einem hohen Aufwand quantitativ darstellen. Erfahrungen werden deshalb noch sehr stark zur Entscheidungsbildung herangezogen. In der Praxis hat sich folgendes Vorgehen bewährt, da eine schrittweise Kontrolle ermöglicht wird:

Schritt 1: Auswertung der hydrogeologischen Erkundungsergebnisse und Ausarbeitung von technologischen Varianten (Standorte, Wassergüte, Fassungsarten, Fördereinrichtungen u. a.)

Schritt 2: Kostenermittlung für die konzipierten Varianten auf der Grundlage von Kennziffern und Richtwerten

Schritt 3: Entscheidung für die günstigste Variante

Schritt 4: komplexe technologische-ökonomische Durchrechnung und Verfeinerung der gewählten Lösung.

Das Verfahren erlaubt bei Verdichtung der Betriebserfahrungen mit den gewählten Lösungen eine Korrektur und außerdem die ständige Verbesserung der funktionellen Zusammenhänge. Letztlich wird damit die mathematisch geschlossene Optimierung vorbereitet.

3.6.2. Vergleich der einzelnen Fassungsarten

Von größeren unwirtschaftlichen Mehrjahresspeichern abgesehen, sind Oberflächenwasserfassungen stets billiger als Grundwasserfassungen. Unkompliziert und standortgebunden gestalten sich Quellfassungen; ihr Ausbau ist meist mit geringen Aufwendungen verbunden. Auch hier üben Aufbereitungs- und Energiekosten wesentlichen Einfluß aus. Nicht selten werden kilometerweit entfernte Quellen genutzt und das Wasser in langen Zuleitungen herangeführt, obwohl in der Nähe der Ortschaft Möglichkeiten zur Gewinnung von Grundwasser durch Brunnen bestehen. Man sollte daher keinesfalls Quellen bedenkenlos nutzen, sondern im gesamten Gebiet erst Klarheit in geohydrologischer Hinsicht anstreben und daraufhin die optimale Lösung auswählen. Bei geeigneten geohydrologischen Gegebenheiten und nicht zu ungünstiger Grundwasserqualität stellen Brunnen eine zweckmäßigere Lösung dar. Sie bieten hydrologisch und wasserchemisch die größtmögliche Sicherheit bei wirtschaftlich günstigem Ausbau. Durch die hohen Kosten der Fernleitungen und des Transports ist nicht bedenkenlos die Heranführung guten Rohwassers über große Entfernungen vorzuziehen. Die Fortschritte der Wasseraufbereitung, besonders der Grundwasseranreicherung, gestatten nach einer Spezialbehandlung oder einfachen Bodenpassage, ein gleich gutes Wasser herzustellen. Die Selbstkosten sind oft noch geringer, trotz der schlechteren Rohwassergüten und des nicht unerheblichen technologischen Aufwands. Da jedoch Talsperren Mehrzweckbauwerke sind, mit den Aufgaben Hochwasserschutz, Abflußregulierung, Trinkwassergewinnung, Güteverbesserung u. a., ist eine einfache Entscheidung generell unmöglich.

Sickerleitungen haben gegenüber Schachtbrunnen in flachen Grundwasserleitern eine Anzahl Vorzüge, deren wesentlichste in Abschn. 3.3.2. mitgeteilt worden sind. Erst in Tiefen > 6 bis 8 m unter Gelände führt die Sickerleitung in Verbindung mit hohem Wasserandrang zu unwirtschaftlichen Lösungen. Größere Sickerleitungen sind nur für zentrale Wasserversorgungsanlagen tragbar. Einzelwasserversorgungen werden Schacht- oder Bohrbrunnen bevorzugen. Im Vergleich zwischen Sickerleitung und Schachtbrunnen im Lockergestein bis 8 m Tiefe sollte man technologisch der Sickerleitung den Vorzug geben. Die Wirtschaftlichkeit des Baus der Sickerleitung hängt sehr wesentlich vom Mechanisierungsgrad der Erdarbeiten ab. Lediglich im Festgestein bzw. Gesteinszersatz erscheint es noch vorteilhaft, Schachtbrunnen zu bauen. Den Bereich der nichtbindigen Lockergesteine haben sich fast ausnahmslos Brunnen erobert, die bohrtechnisch hergestellt werden. Hierbei ist als wichtigster Vertreter der Vertikalfilterbrunnen

(Bohrbrunnen) zu nennen. Seine schnelle und wenig materialaufwendige Herstellung hat ihn zu der wichtigsten Fassungsart werden lassen. Seine Wirtschaftlichkeit und Anpassungsfähigkeit gegenüber allen anderen Fassungsanlagen in mächtigeren Grundwasserleitern steht außer Zweifel, hängt aber noch direkt von Bohrverfahren und Ausbau ab.

Nach Erscheinen der ersten Veröffentlichungen über Bau und Betrieb von Horizontalfilterbrunnen war man vielerorts geneigt anzunehmen, daß nun der Vertikalfilterbrunnen in Brunnenreihen überholt, unwirtschaftlich und demzufolge für Großwasserfassungen abzulehnen sei. Diese Überbewertung der Vorzüge des Horizontalfilterbrunnens ohne objektive wirtschaftliche Betrachtung war z. T. eine Folge patentrechtlicher Bestrebungen. Neuerdings wurden von verschiedenen Seiten *(Schneider, Hünerberg, Bieske, Nemecek, Beyer)* Zweckmäßigkeit und Wirtschaftlichkeit der Horizontalfilterbrunnen gegenüber Vertikalfilterbrunnen untersucht. Danach kann man heute sagen, daß jede Fassungsart für bestimmte geohydrologische Verhältnisse und je nachdem, welchen betrieblichen Zweck sie erfüllen soll, einen optimalen Anwendungsbereich hat. Eine Universalfassungsanlage gibt es nicht. Weniger auf Grund der hydraulischen Vorteile als hinsichtlich der günstigeren betriebstechnischen Verhältnisse (geringer Platzbedarf, einfache Wartung, hohe Lebensdauer, kleinere Schutzzone, günstige Steuermöglichkeiten, größere Pumpen mit günstigem Wirkungsgrad, Ausnutzung bestimmter Schichten) wählt man heute den Horizontalfilterbrunnen.

Nachstehend werden, um dem Leser einen Vergleich zu ermöglichen, Vor- und Nachteile des Horizontalfilterbrunnens gegenüber Vertikalfilterbrunnen dargestellt:

Vorteile:
– wirtschaftliche Erschließung geringmächtiger Grundwasserleiter und freie Wahl des Ausbaus geohydrologisch und hydrochemisch günstiger Schichten
– konzentrierte Fassung des Grundwassers an einer Stelle
– kontinuierliche Anpassung der Belastung der Filterstränge an die jeweilige Förderleistung
– leichte Bedienung, Überwachung und Wartung der Fassungsanlage durch Konzentration der Anlagenteile am Standort und unmittelbare Beobachtung (Taucher, Fernsehsonde, Unterwasserkamera)
– vollautomatischer Betrieb durch Fernwirktechnik bei geringen Anlagekosten
– kurze großdimensionierte Rohrleitungen an Stelle zahlreicher kleiner bemesser Leitungen, große Förderpumpen an Stelle zahlreicher kleiner. Dadurch ergeben sich geringere Rohrreibungsverluste und kleinerer Energieverbrauch.
– hohes Fassungsvermögen und große Lebensdauer bei guten Ersatzmöglichkeiten der Stränge; Fassungsvermögen bleibt bei vergrößerter Absenkung oder Absinken des Grundwasserspiegels erhalten; leichte Regenerierung und Reinigung der Fassungsanlage
– nur geringe Abhängigkeit der Förderung von Grundwasserstandsschwankungen; erst bei stärkerem Absinken der Grundwasseroberfläche Belüftung der Filter
– große Leistungen bei Uferfiltratgewinnung und künstlicher Grundwasseranreicherung; Vortreiben der Stränge unter Flußsohle
– kurzzeitige hohe Belastung ohne Schaden für die Fassungsanlage möglich
– bei entsprechender Ausrüstung und Erfahrung der Baufirma im Normalfall und bei größeren Fördermengen geringere Erstellungs- und Betriebskosten
– hohe Betriebssicherheit und einfache hygienische Überwachung
– Je nach örtlichen Verhältnissen (Tiefenlage und Länge der Stränge, Absenkungsbereich) können die erforderlichen Trinkwasserschutzzonen kleiner bemessen bzw. Schutzbestimmungen nachgelassen werden.

Nachteile:
– Handelt es sich um eng gebänderte Grundwasserleiter, deren zwischenliegende Wasserstauer größere Flächenausdehnung haben, so ist oft nur die Ausnutzung einer oder mehrerer Schichten, selten des gesamten Profils möglich, wobei noch Auskolkungen auftreten können.
– Durch die Schachttiefen und Stranglängen sind hinsichtlich der Baukosten Grenzen gesetzt.
– Um eine große Zuflußbreite zu erfassen, muß eine tiefere Absenkung im Schacht erzeugt werden, die höhere Förderkosten und Druckentlastung des Grundwassers bedingt.
– bei Betriebsstörungen Ausfall einer größeren oder einzigen Wassergewinnungsanlage

– bei Kolmationsgefahr an Flüssen und Seen ungeeignet.

Aus der Gegenüberstellung von Vorzügen und Nachteilen dieser Fassungsart ergibt sich einerseits, daß doch für viele Fälle die Anwendung des Horizontalfilterbrunnens Vorteile bietet. Andererseits deutet sich ein bestimmter optimaler Anwendungsbereich an, der bei *Schneider* [3.52] aufgeführt ist.

Sicherlich wird man aus wirtschaftlichen Gründen den Bau von Horizontalfilterbrunnen in der üblichen Bauweise bei einer Leistung < 150 l/s vermeiden. Grundsätzlich gilt, daß sowohl Horizontalfilterbrunnen als auch Vertikalfilterbrunnen vollwertig einander gegenüberstehende Fassungsanlagen sind, die jeweils nach geohydrologischen und betrieblichen Verhältnissen im Anwendungsbereich die günstigste Lösung darstellen. Seitens der Grundwasserwirtschaft ist die Brunnenreihe häufig dem Horizontalfilterbrunnen durch breitere Fassung überlegen. Dies gilt gleichermaßen für mächtige Grundwasserleiter, tiefliegende Grundwasserleiter und für zahlreiche Fälle der Gewinnung von Uferfiltrat.

Betriebsbedingt wird oft im Bereich, wo beide Fassungsanlagen anwendbar sind, im allgemeinen der Vergleich zugunsten des HFB gegenüber einer Brunnenreihe ausfallen. Ferner liegen die Förder- und Unterhaltungskosten für Brunnenreihen durchschnittlich 30 bis 60 % höher als bei HFBs gleicher Leistung. Die geohydrologischen Vorarbeiten sind aber aufwendiger als bei Brunnenreihen und können in ungünstigen Fällen bis zu 30 % der Anlagekosten betragen. Die Untersuchungen ergeben, daß der Hauptteil aller HFBs in Gebieten mit $k_f = 5 \cdot 10^{-4}$ bis $5 \cdot 10^{-3}$ (67 %) stehen, wobei etwa 70 % k_f-Werte $\geq 1{,}0 \cdot 10^{-3}$ aufweisen. Die bevorzugten Teufenbereiche sind $H = 5$ bis 25 m, mit einem Maximum bei $H = 5$ bis 10 m und dann gleichmäßig abfallend bis etwa $H = 30$ m. Brunnen mit $H < 5$ m bzw. $H > 30$ m sind kaum wirtschaftlich vertretbar und daher selten. Eine Möglichkeit, die untere Wirtschaftlichkeitsgrenze zu verlagern, bietet eine typisierte Herstellung als Kleinhorizontalfilterbrunnen. Nicht zuletzt soll an dieser Stelle darauf hingewiesen werden, daß sich die Grenzen der Anwendungsbereiche noch mit der Senkung an Baukosten und Bauzeit verschieben werden. Variable, den geohydrologischen Gegebenheiten angepaßte Bauweisen müssen dabei für beide Fassungsanlagen vorausgesetzt werden. Ein wichtiges Mittel, diese Grenzen zugunsten des Vertikalfilterbrunnens zu verschieben, sind dabei moderne Bohrverfahren, industriell vorgefertigte Filtereinheiten, Intensiventsandung sowie Verbesserung der Leistung und Lebensdauer der Tiefbrunnenpumpen. Da in der Geohydrologie kein Fall dem anderen gleicht, muß im Ergebnis der geohydrologischen Vorarbeiten sorgfältig die volkswirtschaftlich zweckmäßigste Fassungsart ausgewählt werden, wobei den Betrachtungen die Erkenntnis zugrunde liegt, daß keine auch noch so moderne Fassung die Grundwasserergiebigkeit erhöhen kann.

Abschließend soll noch die Stellung der sogenannten Sonderausführungen betrachtet werden. Diese Sonderausführungen, sei es als Diagonalfassung, Schrägfassung, Tellerbrunnen, Bohrbrunnen mit erweitertem Filterraum usw., mögen für einige spezielle Fälle ihre Vorteile haben. Trotzdem sind diese Probleme häufig genauso wirtschaftlich mit den normalen Fassungsarten zu lösen, so daß eine direkte Notwendigkeit des Baus dieser Fassungen nicht besteht. Da es sich um patentgeschützte Ausführungen handelt, werden verständlicherweise Vorteile nachgewiesen, die nicht immer offensichtlich sind. Man wird ihre Anwendung daher nur empfehlen, wenn gründliche geohydrologische und wirtschaftliche Untersuchungen dies zulassen.

3.7. Betriebsweise von Wasserfassungsanlagen

3.7.1. Oberflächenwasserfassungen

Die Betriebsweise der Wasserfassungen hängt insgesamt von der Technologie der Wasserversorgungsanlage ab. Abhängig von den Speichermöglichkeiten (Rohwassersammelbehälter, Tagesspeicher, Jahresspeicher, Mehrjahresspeicher) findet eine Bewirtschaftung des Speichers statt. Auf der Grundlage komplizierter mathematisch-statistischer Modelle des Abflußvorgangs lassen sich für Großspeicher Speicherbewirtschaftungspläne aufstellen. Die vorliegende Theorie ist hochentwickelt und hier nicht darstellbar. Eine Einführung ist durch die Arbeiten in [3.14] gegeben.

Durch Hinzunahme der jahreszeitlich stark schwankenden Wassergüte bemüht man sich gegenwärtig, die Modelle zu erweitern. Mit abnehmender Bewirtschaftungsmöglichkeit erstreckt sich die Betriebsweise lediglich auf eine Zuflußregelung mit Überlauf, wie sie bei Kleinwasserfassungen üblich ist. Solche Wasserfassungen sind gegenüber Wassermangelsituationen sehr störempfindlich. Bei Einspeisung von Oberflächenwasser oder Quellwasser in Wasserversorgungsanlagen mit zusätzlicher Grundwassergewinnung lassen sich bei geeignetem Ausbau der Zuleitungen in abflußreichen Perioden oft mit geringem Aufwand die Grundwasserleiter schonen bzw. anreichern. Die bessere Überbrückung von Bedarfsspitzen im Sommer sowie Einsparungen an Energie und Aufbereitungsmitteln sind dann gegeben.

3.7.2. Grundwasserfassungen

Weitaus größere Möglichkeiten, durch eine ausgewogene Betriebsweise betriebliche Vorteile zu erreichen, bestehen bei den in Menge und Güte differenzierteren Grundwasserfassungen. Die Grundwasserbewirtschaftung als betriebliches und regionales Problem tritt immer stärker in den Vordergrund. Wichtigste Voraussetzung der Grundwasserbewirtschaftung ist die Betrachtung nach Flußgebieten. Hierzu werden im allgemeinen die geographischen Einzugsgebiete der Hauptvorfluter herangezogen, wobei man von der Annahme ausgeht, daß sich für die großen Flüsse ober- und unterirdisches Einzugsgebiet nicht wesentlich verschieben. Diese Annahme trifft oft zu, jedoch muß die Flußgebietsbilanzierung sowohl für oberirdische als auch für unterirdische Abflüsse Überleitungen aus oder in fremde Einzugsgebiete beachten. Wie auf allen Gebieten der angewandten Hydrologie, so ist auch für die Bewirtschaftung des Grundwassers eine große fachliche Erfahrung, gestützt durch Archivmaterial, unerläßlich. Dies will besagen, daß ein häufigerer Wechsel der Bearbeiter und eine Dezentralisation der geohydrologischen und hydrologischen Unterlagen der Grundwasserbewirtschaftung großen Schaden zufügt. Eine Konzentration und enge Verbindung zwischen Grundwassererschließung, Grundwassergewinnung und Grundwasserbewirtschaftung ist daher vom fachlichen und volkswirtschaftlichen Standpunkt aus unbedingt zu fordern. Diese Voraussetzungen sind häufig nur unvollkommen erfüllt. Fast in allen Fällen wird anfangs die Grundwasserbewirtschaftung mehr oder weniger auf folgende Unterlagen zurückgreifen können:
- oberirdisches und unterirdisches Einzugsgebiet des Hauptvorfluters
- oberirdisches Einzugsgebiet der Nebenflußer
- unterirdische Einzugsgebiete der Nebenvorfluter und Wasserfassungsanlagen
- geologische Übersicht des Flußgebiets
- meteorologisch-klimatische und hydrologische Daten einzelner Gebiete und Standorte
- Werte und Reihen über Flußwasser- und Grundwassergüte
- Grobbilanzierung des Wasserhaushalts und Einzelheiten über Wassernutzungen
- gewässerkundliche bzw. geohydrologische Meßwerte und Berechnungen für Teilgebiete
- Förderungen aus Grundwasserfassungsanlagen sowie Speicherung und Entnahme aus Oberflächenwasser.

Unter Verwendung einer geeigneten, nicht zu kleinmaßstäblichen Grundkarte (1:10 000 bis 1:50 000) mit Deckblättern und Eintragung der Meßergebnisse kann die Grundwasserbewirtschaftung durchgeführt werden. Man wird diese Karten zunächst für besonders gut erkundete Gebiete und Ballungsräume der Industrie und Bevölkerung aufstellen. Grundsätzlich solle man graphische Darstellungen bevorzugen und eine Trennung der Karten und Auswertungen in solche, die räumliche Veränderungen (Gruppe *I*), und solche, die Veränderungen mit der Zeit (Gruppe *II*) erfassen, vornehmen.

Zu Beginn der Arbeiten wird man bestrebt sein, Unterlagen der Gruppe *I* zusammenzutragen und auszuwerten. Hierzu gehören:
- Deckblatt mit Niederschlagsmeßstellen, deren Einflußgebiete und Eintragung von Isolinien der langjährigen Mittel, Gebietsmittel und Mittel der letzten 20 Jahre sowie Höhenlagen der Stationen

3.7. Betriebsweise von Wasserfassungsanlagen

- Deckblatt mit mittleren und extremen Abflüssen der Flußläufe für die gleichen Zeiträume und abhängig vom Einzugsgebiet
- Deckblatt mit eingetragenen Grundwasserfassungsanlagen, Speichern und Oberflächenwasserentnahmen (> 10 l/s·d), Katalog sämtlicher Wassernutzer an Trink-, Betriebs- und Bewässerungswasser
- Deckblatt der Grundwasserisohypsen und -differenzen für einzelne Gebiete und markante Wasserstände (MNW, MW, MHW), vorhanden für Ruhespiegel und im Beanspruchungszustand der Wasserfassungsanlagen
- Deckblatt mit Eintragung geohydrologischer Einheiten und Teileinzugsgebiete
- Deckblätter mit klimatologischen Daten und Isolinien, wie Temperatur, Sättigungsdefizit, Verdunstung, Energieeinstrahlung usw.
- Deckblätter mit bewässerten Flächen und Flurabstandskurven des Grundwassers
- Deckblatt mit Darstellung der Niederschlagshäufigkeit und Regenstärke.

Noch weitere Unterlagen sind denkbar, jedoch wird es dem Geschick des Bearbeiters überlassen, mit dem geringsten Aufwand an Material einen umfassenden Überblick zu gewinnen.

Es bedarf an sich keines Hinweises, daß die Unterlagen laufend für vergleichbare Daten aufgestellt werden müssen. Man wird bestrebt sein, die Unterlagen mit zunehmender Bewirtschaftung für kurze Zeiträume aufzustellen, um den Gebietswasserhaushalt im Bereich intensiver Grundwassernutzung besser zu überschauen. Erst danach können über die Unterlagen der Gruppe *I* weitere Meßwerte – die der Gruppe *II* – erarbeitet werden. Während der größte Teil der Unterlagen von Gruppe *I* Deckblätter und Pläne sein werden, wird meistens die Darstellung als Diagramm auf Funktionspapier für nachfolgende Unterlagen gewählt.
Hierzu gehören:
- Grundwasserstandsganglinien
- Grundwasserstandshäufigkeitslinien
- Niederschlagslinien
- Niederschlagshäufigkeitslinien
- Wasserstandsganglinien der Flüsse
- Wasserstandsdauerlinien der Flüsse
- Wasserstandshäufigkeitslinien der Flüsse.

Auch hier kommt eine große Bedeutung den Differenzenlinien zu, die anschaulich über die Ausweitung eines Einzugsgebiets einer Grundwasserentnahme Auskunft geben und ein eventuelles Absinken bzw. Ansteigen der Grundwasseroberfläche erkennen lassen. Hierin wird auch der einzig gangbare Weg gesehen, um den Grundwasserhaushalt mehrerer Grundwasserstockwerke im Zusammenhang mit ruhenden Grundwasservorräten aufzuschlüsseln. Um die erforderlichen Aussagen zu leisten, wird man in einigen Gebieten die vorhandenen Pegelnetze verbessern und verdichten müssen. Besonders wichtig erscheint der Bau von Kleinlysimetern und Versickerungsmessern in den einzelnen Einzugsgebieten. Die hierfür erforderlichen Kosten sind, gemessen am Nutzen der Einrichtungen, gering.

Die Erarbeitung von Unterlagen der Gruppe *I* und besonders der Gruppe *II* wird bedeutend vereinfacht, wenn man die Hilfsmittel der Meßwertverarbeitung und -speicherung mit elektronischen Datenverarbeitungsanlagen berücksichtigt. Gespeichert werden auf Schlitzlochkarten, Lochstreifen bzw. Magnetbändern nur die Grundwerte, deren Auffinden durch Karteien mit Kerb- oder besser Sichtlochkarten erleichtert wird. Mit Hilfe der entsprechenden Rechenprogramme können aus den Grundwerten sämtliche benötigten Ergebnisse kurzfristig ermittelt und variiert werden.

Die praktischen Erfahrungen zeigen, daß generell dieser als konventionell zu bezeichnende Stand noch nicht erreicht ist. Dadurch ist es nur in den seltensten Fällen möglich, exakte Aussagen über Bewirtschaftungsgrößen oder gar Vorhersagen dieser Werte zu machen. Es zeigt sich aber ständig deutlicher, daß für einen guten Betriebsplan (Förderprogramm) und zur Prozeßführung derartige Unterlagen benötigt werden. Bei der Aufstellung von mathematischen Grundwasserleitermodellen und speziellen Bewirtschaftungsmodellen zur Optimierung der Entnahmen ergeben sich erhebliche Schwierigkeiten durch fehlende Beobachtungs- und Bestandsunterlagen. Selbst bei Vorliegen aussagekräftiger Modelle wird man auf die Führung dieser Unterlagen nicht völlig verzichten können.

Die Durchführung der wesentlichen Maßnahmen unter Abschnitt „Durchführung der Grundwasserbewirtschaftung" und deren wissenschaftliche Auswertung ermöglichen den Wasserwirtschaftsstellen unter Berücksichtigung der Ergebnisse der Grundwassererschließung und -gewinnung eine klare, zielgerichtete Ausarbeitung ihrer Perspektiv- und Gebietsversorgungspläne. Außerdem können wesentliche Aussagen für die Projektierung von Bauvorhaben bzw. deren Standorte gemacht werden, so daß in deren Verlauf Mittel und Zeit eingespart werden. Rationell und einfach lassen sich, auf den Unterlagen aufbauend, aussagekräftige Gutachten für alle Zweige der Volkswirtschaft erarbeiten, was bisher nicht immer möglich war. Hauptaufgabe der Grundwasserbewirtschaftung ist es, die laufende Abstimmung und Kontrolle der Grundwasserentnahmen mit den Nutzern herbeizuführen und auf dieser Grundlage die Annahmen und Berechnungen bei der Grundwassererschließung an der bestehenden Fassungsanlage zu überprüfen und zu korrigieren. Hierin liegt sowohl praktisch als auch wissenschaftlich der größte Wert der Grundwasserbewirtschaftung.

Die Betriebsweise der Grundwasserfassungen im Rahmen der durch die Erkenntnisse der Grundwasserbewirtschaftung vorhergesagten Kennwerte hängt stark vom jeweiligen Anwendungsfall ab. Voraussetzung ist fast immer ein Überschuß an Fassungskapazität sowie stark unterschiedliche Wassergüten einzelner Fassungen. Dadurch ergeben sich unterschiedliche ökonomische Bewertungen und die hinreichend schnelle Entleerung unterirdischer Speicher. Oft findet man derartige Verhältnisse in den Flußterrassen im wechselseitigen Einsatz von Uferfiltratfassungen und Fassungen, die den landseitigen Zufluß erfassen. Bohrbrunnen, die für Speicherzwecke genutzt werden, müssen nach heutigen Erkenntnissen in besonderer Weise ausgebaut sein, d. h. tiefer Filtereinbau, optimaler Schichtenausbau, großer Filterdurchmesser, überlastungssicher, inkrustationsgeschützt u. a.

Literaturverzeichnis

[3.1] *Abweser/Fehlmann:* Grundlagen für den Bau von Horizontalbrunnen. Schweizerische Bauzeitung 69 (1951) 31.

[3.2] TGL 36430/01 bis /03: Grundwasseranreicherung.

[3.3] *Bamberg, F.; Adam, Ch.:* Vorschläge zur Methodik der Untersuchung von Lockergesteinsproben, insbesondere für die Hydrologie. Wissensch.-Techn. Informationsdienst der VVB Feste Minerale, Berlin 6 (1965) H. 5, S. 116–124.

[3.4] *Beyer, W.:* Beitrag zur Ermittlung maßgebender Fließgeschwindigkeiten. Dissertation TU Dresden, 1963.

[3.5] *Beyer, W.; Schweiger, K.-H.:* Zur Bestimmung des entwässerbaren Porenanteils der Grundwasserleiter, WWT 19 (1969) H. 2.

[3.6] *Beyer, W.:* Zur Analyse der Grundwasserfließbewegung. Wiss. Zeitschrift der TU Dresden (1967) H. 4.

[3.7] *Bieske, E.:* Bohrbrunnen, München: Verlag Oldenbourg 1953.

[3.8] *Bieske, E.:* Handbuch des Brunnenbaues, Bd. 1–3. Berlin: Verlag R. Schmidt 1958, 1960, 1965.

[3.9] *Bocever, F. M.; Verigin, N. N.:* Metodičeskoje posobije po rašcetam ekspluatacionnych zapacov podsemnych vod dlja vodosnabzenija (Methodisches Lehrbuch zur Berechnung der Grundwasserreserven für die Wasserversorgung). Moskva 1961.

[3.10] *Bosold, H.:* Beitrag zur Theorie des vollkommenen Brunnens. Dissertation Hochschule für Bauwesen Leipzig, 1963.

[3.11] *Busch, K.-F.; Luckner, L.:* Beitrag zur angewandten Brunnenhydraulik. Bergbautechnik 18 (1968) H. 1.

[3.12] *Busch, K.-F.:* Das Wasserhaltevermögen des Bodens. WWT 6 (1956) H. 4, S. 116–121.

[3.13] *Busch, K.-F.; Luckner, L:* Geohydraulik. Leipzig: VEB Deutscher Verlag für Grundstoffindustrie 1972.

[3.14] *Busch, K.-F.,* u. a.: Ingenieurtaschenbuch Bauwesen, Bd. III. Leipzig: Teubner-Verlag 1965.

3.7. Betriebsweise von Wasserfassungsanlagen

[3.15] *Busch, K.-F.; Peukert, D.; Luckner, L.*: Informationsverarbeitende Systeme in der Grundwasserhydraulik. Angewandte Geologie 16 (1970) H. 9/10, S. 381–395.
[3.16] *Dammann, W.*: Meteorologische Verdunstungsmessung, Näherungsformeln und die Verdunstung in Deutschland. Die Wasserwirtschaft 55 (1965) H. 10, S. 315–321.
[3.17] *Davidenkoff, R. R.*: Dimensionierung von Kiesschüttungsfiltern im Brunnenbau. BBR 45 (1968) H. 1.
[3.18] *Dyck, S.*: Angewandte Hydrologie, Teil 1 und 2. Berlin: VEB Verlag für Bauwesen 1980.
[3.19] *Eichler, W.*: Zum Problem der wirtschaftlichen Lastverteilung am Beispiel der Fernwasserversorgung Elbaue–Ostharz. Dissertation TU Dresden, Sektion Wasserwesen, 1969.
[3.20] *Engelhardt*: Der Porenraum der Sedimente. Berlin: Springer-Verlag 1960.
[3.21] *Falcke, F. K.*: Modellversuche am Brunnen mit horizontalen Fassungssträngen unter besonderer Berücksichtigung der geometrischen und physikalischen Veränderungen. Dissertation TH Karlsruhe, 1952.
[3.22] *Fuchs, G.*: Die wirksamste Abstufung von künstlichen Kiesschüttungen in den Filterstrecken bei Bohrbrunnen. Mitt. des Inst. f. Wasserw. und Wasserb. der TU Berlin (West) 60 (1964) S. 65–95.
[3.23] *Gavrilko, V. M.*: Fil'try-vodozabornych, vodoronizitel'nych i gidrogeologičeskich skvàzin (Filter für Wassergewinnung, Wasserabsenkung und hydrogeologische Bohrungen). Moskva 1962.
[3.24] *Geiseler, W. D.*: Über die Strömungsvorgänge bei Vertikalfilterrohrbrunnen mit einfacher Kiesschüttung unter besonderer Berücksichtigung der Leistungssteigerung durch Entsanden. Dissertation TU Berlin (West), 1967.
[3.25] *Glugla, G.; Tiemer, K.*: Ein verbessertes Verfahren zur Berechnung der Grundwasserneubildung. WWT 21 (1971) H. 10. S. 349–353.
[3.26] *Glugla, G.*: Zur Berechnung des aktuellen Wassergehaltes und Gravitationsabflusses im Boden. Dissertation Karl-Marx-Universität Leipzig, 1969.
[3.27] *Glugla, G.*: Zur Ermittlung der Grundwasserneubildung unter Berücksichtigung der Beziehungen zwischen Wärme- und Wasserhaushalt. WWT 20 (1970) H. 12, S. 397–403.
[3.28] *Glugla, G.*: Zur Problematik der Grundwasserneubildung. Mittl. des Instit. für Wasserwirtschaft, Berlin 1966.
[3.29] *Hackeschmidt, M.*: Die Elektroanalogie, ein Mittel zur Lösung komplizierter Feldprobleme. Habilitation TU Dresden, 1965.
[3.30] *Haude, W.*: Zur Bestimmung der Verdunstung auf möglichst einfache Weise. Mitt. des Dt. Wetterdienstes Nr. 11, Bd. 2, Bad Kissingen 1955.
[3.31] *Herrmann, L.*: Beitrag zur Lösung nichtstationärer Probleme der horizontalebenen Grundwasserbewegung mit Hilfe diskreter Analogiemodelle. Dissertation der TU Dresden, 1971.
[3.32] *Jäckel, G.*: Ergiebigkeitsminderung von Brunnen infolge Verockerung. WWT 9 (1959) H. 3, S. 116–123.
[3.33] *Koehne*: Grundwasserkunde. Stuttgart: Schweizerbartsche Verlagsbuchhandlung 1948.
[3.34] *Krätzschmar, H.*: Beitrag zur Bestimmung der Grundwasserfließgeschwindigkeit und -richtung. TU Dresden, 1965.
[3.35] *Löffler, H.*: Technologie und Wassergüteverbesserung bei der Grundwasseranreicherung. WWT 17 (1967) H. 10, S. 351.
[3.36] *Löffler, H.*: Zur Technologie und Bemessung offener Infiltrationsanlagen für die Grundwasseranreicherung. Dissertation TU Dresden, Sektion Wasserwesen, 1969.
[3.37] *Luckner, L.*: Beitrag zur Lösung von Grundwasserströmungsproblemen mit komplizierten Randbedingungen durch elektrische Kontinuummodellversuche. Dissertation TU Dresden, 1968.
[3.38] *Luckner, L; Peukert, D.; Löffler, H.*: Beitrag zur Berechnung des durch Sickergräben, Brunnenreihen oder Dränleitungen gewinnbaren Infiltrats aus Oberflächengewässern. WWT 19 (1969) H. 2.
[3.39] *Luckner, L.; Quast, J.; Kaden, St.*: Beitrag zur Lösung von Grundwasserströmungsproblemen durch Analog- und Digitalrechner. Bergbautechnik 20 (1970) H. 1.

[3.40] *Luckner, L.*, u. a.: Bemessungsgrundlagen für Brunnen von Grundwassergewinnungsanlagen. Werkstandard WAPRO 1.42, Halle 1970.
[3.41] *Ludewig, D.*: Die Gültigkeitsgrenzen des Darcyschen Gesetzes bei Sanden und Kiesen. WWT 15 (1965) H. 12, S. 415–421.
[3.42] *Nahrgang, G.; Falcke, F. K.*: Modellversuche über die Strömungsvorgänge an Horizontalbrunnen. GWF 95 (1954) H. 4, S. 111–119.
[3.43] *Nahrgang, G.*: Über die Anströmung von Vertikalbrunnen mit freier Oberfläche im einförmig homogenen sowie im geschichteten Grundwasserleiter. Schriftenreihe des Dt. Arbeitskr. Wasserforschung, H. 6. Berlin: Verlag E. Schmidt 1965.
[3.44] *Nahrgang, G.*: Zur Theorie des vollkommenen und unvollkommenen Brunnens. Berlin, Göttingen, Heidelberg: Springer-Verlag 1954.
[3.45] *Natermann, E.*: Das Wasserhaushaltsdreieck. GWF 96 (1955) 22, S. 728–737.
[3.46] *Natermann, E.*: Die Ermittlung der Grundwasserleistung eines Flußgebietes (A_u-L-Verfahren). Hannover: Landesstelle für Gewässerkunde 1953/54.
[3.47] *Natermann, E.*: Vom Grundwasser tiefgründiger Sandböden. Bes. Mitt. z. Dt. Gewässerk., Jahrb. der Landesstelle für Gewässerkunde. Hannover 1963.
[3.48] *Offerhaus, P.*: Die Horizontalfassungsbrunnen in Theorie und Praxis. Dissertation TH Karlsruhe, 1961.
[3.49] *Remde, C.*: Neuartiger Schacht für Horizontalfilterbrunnen. GWF 100 (1959) H. 34, S. 875/876.
[3.50] *Rückert, H.*: Die Bemessung von Horizontalfilterbrunnen. Dissertation TH Leipzig, 1978.
[3.51] *Schneider/Thiele/Truelsen*: Die Wassererschließung. Essen: Vulkanverlag 1952.
[3.52] *Schneider, H.*: Vertikalbrunnen – Horizontalbrunnen. BBR 12 (1961) H. 9, S. 412–429.
[3.53] *Stack, H.*: Hydraulische Untersuchungen an zwei Horizontalfilterbrunnen. GWF 99 (1958) H. 12, S. 265–268.
[3.54] *Truelsen, Chr.*: Bohrbrunnendimensionierung zur Verhinderung ihrer Verockerung und Verkrustung. GWF 99 (1958) H. 9, S. 185–188.
[3.55] *Truelsen, Chr.*: Neue Erkenntnisse zur Verhinderung der Verockerung und Alterung von Bohrbrunnen. BBR 9 (1958) H. 11, S. 493–499.
[3.56] *Truelsen, Chr.; Ahorner, L.*: Wie erreicht man Bohrbrunnen-Höchstleistungen. GWF 10 (1960) H. 10, S. 232–238.
[3.57] *Wechmann, A.*: Hydraulik. Berlin: VEB Verlag Technik 1955.
[3.58] *Wechmann, A.*: Hydrologie. Berlin: VEB Verlag für Bauwesen 1964.
[3.59] *Weidenbach*: Die geologischen Grundlagen für die Festlegung von Schutzbezirken bei Wasserversorgungsanlagen. GWF (1951) H. 18.
[3.60] *Wissel, D.; Gerstner, W.*: Die Gammabestrahlung der Brunnenfilter – ein wirksames Schutzverfahren gegen Brunnenverockerung. WWT 23 (1973) H. 6, S. 191–200.
[3.61] *Ziems, J.*: Beitrag zur Kontakterosion nichtbindiger Erdstoffe. Dissertation TU Dresden, Sektion Wasserwesen, Bereich Wasserbau, 1969.
[3.62] *Zweck, H.*: Versuchsergebnisse über die Zusammensetzung von Filtern. Vortr. d. Baugrundtag, S. 161–173. Hamburg 1958.

4. Wassergüte

In der Natur gibt es kein chemisch reines Wasser. Das Regenwasser nimmt bereits aus der Atmosphäre verschiedene Stoffe auf, die die Eigenschaften des Wassers mehr oder weniger stark verändern. Beim Durchfließen der Bodenschichten geht dieser Vorgang weiter, so daß fast immer eine Qualitätsverbesserung durch eine Wasseraufbereitung vor der Nutzung durch den Menschen notwendig wird. Noch viel einschneidender sind die Qualitätsveränderungen der Oberflächengewässer durch Eingriffe des Menschen in den natürlichen Wasserhaushalt, z. B. durch die Einleitung von häuslichen und industriellen Abwässern.

In den letzten Jahrzehnten ist es fast überall zu einer bedeutenden Verschlechterung des oberirdischen und auch unterirdischen Wassers gekommen. Als Folge haben sich große Schwierigkeiten bei der Bereitstellung guten Trink- und Betriebswassers ergeben. Aus diesen Gründen besitzt das Gebiet der Wassergüte entscheidende Bedeutung innerhalb der Wasserwirtschaft und hier wieder speziell innerhalb der Wasserversorgung.

Die *Grundlagen der Wassergüte* sind vor allem durch *Hydrochemiker, Hydrobiologen* und *Hygieniker* zu bearbeiten. Zu diesen Grundlagen gehören u. a. die analytische Erfassung und Beurteilung der Wasserinhaltsstoffe, die Bilanzierung der stofflichen Beschaffenheit der Gewässer unter besonderer Berücksichtigung der in ihnen ablaufenden Vorgänge und verfahrenstechnische Voruntersuchungen für die Wasserbehandlungsanlagen. Eine enge Zusammenarbeit mit anderen Disziplinen, vor allem mit den Anlagenentwicklern und -betreibern, ist unumgänglich.

Es geht in Zukunft besonders auch um eine bessere Beherrschung der zunehmenden direkten und indirekten *Wiederverwendung des Wassers*. Bild 4.1 zeigt eine derartige Verflechtung zwischen Gewässer und Nutzung an einem einfachen Beispiel. Unsere Kenntnisse der spezifischen Wassergüteprobleme bei der Mehrfach- und Kreislaufnutzung des Wassers sind teilweise noch sehr lückenhaft. Dieses an Bedeutung zunehmende Gebiet der Wassergütewirtschaft ist deshalb wesentlich intensiver zu erforschen. Schwerpunkte sind solche Stoffgruppen im Wasser, die physiologisch für Mensch, Tier und Pflanze unmittelbar oder mittelbar bedenklich erscheinen und in den bisherigen Vorschriften zur Trinkwassergüte ungenügend oder nicht erfaßt werden. Es handelt sich dabei vorrangig um organische Stoffe (Biozide, polyzyklische Aromate, Phenole, Pflanzentoxine usw.) und Viren. Die Störwirkungen sind neben Farbe, Geruch, Geschmack vor allem auch kanzerogene und mutagene Erscheinungen bzw. Viruskrankheiten.

Auf diese Zusammenhänge wird im Abschn. 4.3. nochmals eingegangen, da diese Fragen für viele Entscheidungen von großer Bedeutung sein können.

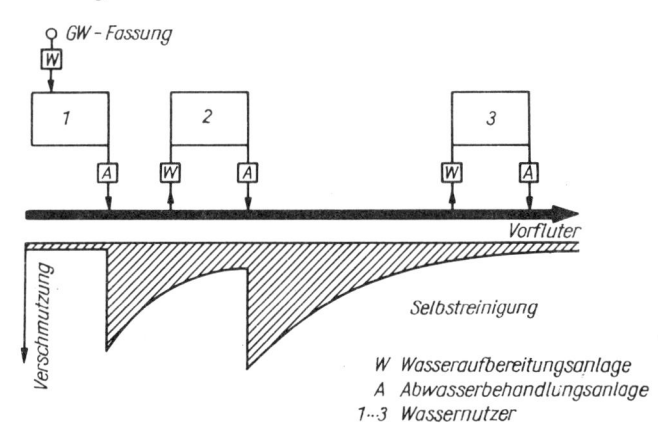

Bild 4.1 Nutzungsverflechtungen

W Wasseraufbereitungsanlage
A Abwasserbehandlungsanlage
1...3 Wassernutzer

4.1. Physikalische und chemische Eigenschaften des reinen Wassers

Wasser zeigt gegenüber anderen Flüssigkeiten eine Reihe auffallender anomaler Eigenschaften, die u. a. im Bau des Wassermoleküls begründet sind. Am bekanntesten ist sein Dichtemaximum bei 4 °C als eine der wichtigsten Voraussetzungen für das Leben auf der Erde.

Im Abschnitt 11 sind in mehreren Tafeln wichtige Eigenschaften des reinen Wassers, ausgewählter Gase und die Löslichkeit in der Wasserbehandlung eingesetzter Chemikalien zu finden. Die Grundlagen hierzu und weitere Ausführungen sind in den verschiedenen Handbüchern nachlesbar /4.1, 4.2, 4.3 und 4.4/.

Wasser ist in der Regel ein gutes Lösungsmittel. Die Löslichkeit ist vom Druck und von der Temperatur stark abhängig.

Gase sind in kaltem Wasser in größeren Mengen, feste Stoffe dagegen leichter in warmem Wasser löslich.

4.2. Beschaffenheit des in der Natur vorkommenden Wassers

Das in der Natur vorkommende Wasser zeichnet sich durch seine vielfältigen und nach Art sowie Menge stark unterschiedlichen Inhaltsstoffe aus. Neben den gegebenenfalls enthaltenen Wasserorganismen und größeren Sink- bzw. Schwebestoffen können seine Inhaltsstoffe in verschiedenen Dispersionsgraden vorliegen: suspendiert, kolloid oder molekular dispers gelöst. In Tafel 4.1 ist eine entsprechende Klassifizierung vorgenommen worden.

Tafel 4.1. Klassifizierung der Inhaltsstoffe natürlicher Wässer

	Grobdisperse Suspensionen		Kolloiddisperse Suspensionen oder Lösungen	Molekulardisperse Lösungen
	makroskop. Bereich	mikroskop. Bereich		
Teilchengröße	> 0,05 mm	0,05 bis 0,5 · 10^{-3} mm	$0,5 \cdot 10^{-3}$ bis $1 \cdot 10^{-6}$ mm	$< 1 \cdot 10^{-6}$ mm
Erkennbarkeit	visuell	im Mikroskop bei Auflicht	im Mikroskop nicht erkennbar, indirekt durch Lichtstreuung (Tyndalleffekt)	unsichtbar auch im Ultramikroskop, kein Tyndalleffekt.
Analysenverfahren zur Bestimmung	Absetzen im Imhofftrichter Filtration über hartes Filterpapier Sedimentation im Zentrifugalfeld Filtration über Membranfilter indirekt durch Lichtabsorption		indirekt durch Streulichtmessung	stoffspezifische Analysenverfahren

Während im natürlichen Grundwasser die Inhaltsstoffe in der Regel nur im echt gelösten Zustand auftreten, finden wir im Uferfiltrat und nach der künstlichen Grundwasseranreicherung auch oft kolloiddisperse Stoffe. In den Oberflächengewässern sind alle Dispersionsgrade vorhanden.

Im Bild 4.2 ist der *natürliche Wasserkreislauf* im Verfahrensschema dargestellt. Daraus sind die Güteveränderungen erkennbar. Sie werden durch vielfältige Eingriffe des Menschen, z. B. durch die industrielle und landwirtschaftliche Produktion, überlagert und verschärft.

Niederschlagswasser
Das Niederschlagswasser löst aus der Luft Bestandteile dieses Gasgemisches – im wesentlichen

4.2. Beschaffenheit des in der Natur vorkommenden Wassers

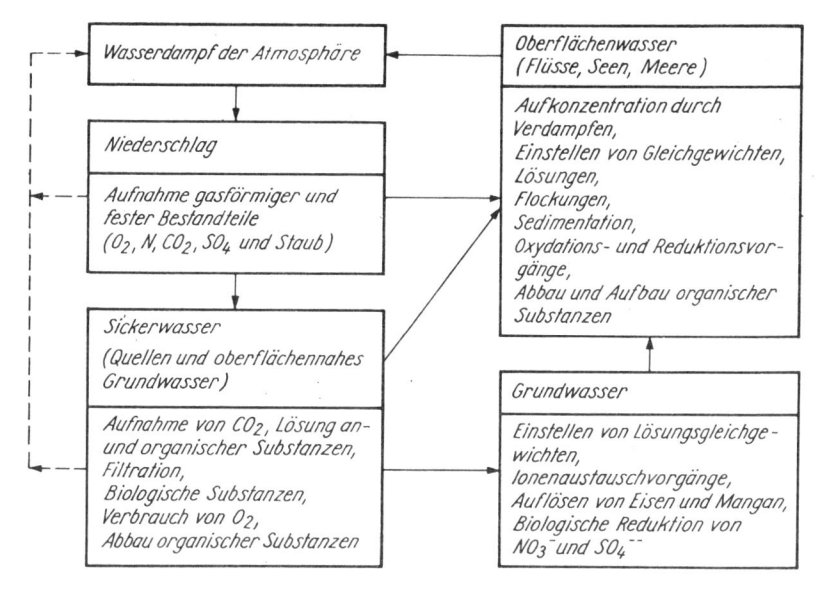

```
┌ ─ ─▶ │ Wasserdampf der Atmosphäre │ ◀──── │ Oberflächenwasser          │
│      └────────────────────────────┘       │ (Flüsse, Seen, Meere)      │
│                    │                      ├────────────────────────────┤
│                    ▼                      │ Aufkonzentration durch     │
│      ┌────────────────────────────┐       │ Verdampfen,                │
│      │ Niederschlag               │       │ Einstellen von Gleichge-   │
│      ├────────────────────────────┤       │ wichten,                   │
├ ─ ─  │ Aufnahme gasförmiger und   │       │ Lösungen,                  │
│      │ fester Bestandteile        │       │ Flockungen,                │
│      │ (O₂, N, CO₂, SO₄ und Staub)│       │ Sedimentation,             │
│      └────────────────────────────┘       │ Oxydations- und Reduktions-│
│                    │                      │ vorgänge,                  │
│                    ▼                      │ Abbau und Aufbau organi-   │
│      ┌────────────────────────────┐       │ scher Substanzen           │
│      │ Sickerwasser               │       └────────────────────────────┘
│      │ (Quellen und oberflächen-  │                     ▲
│      │ nahes Grundwasser)         │       ┌────────────────────────────┐
│      ├────────────────────────────┤       │ Grundwasser                │
│      │ Aufnahme von CO₂, Lösung   │       ├────────────────────────────┤
│      │ an- und organischer        │       │ Einstellen von Lösungs-    │
│      │ Substanzen,                │──────▶│ gleichgewichten,           │
└ ─ ─  │ Filtration,                │       │ Ionenaustauschvorgänge,    │
       │ Biologische Substanzen,    │       │ Auflösen von Eisen und     │
       │ Verbrauch von O₂,          │       │ Mangan,                    │
       │ Abbau organischer          │       │ Biologische Reduktion von  │
       │ Substanzen                 │       │ NO₃⁻ und SO₄⁻⁻             │
       └────────────────────────────┘       └────────────────────────────┘
```

Bild 4.2 Der natürliche Wasserkreislauf im Verfahrensschema

Stickstoff, Sauerstoff und Kohlendioxid. Außerdem werden die örtlich stark unterschiedlichen Luftbeimengungen, wie Ammoniak, Salpetersäure, Schwefelwasserstoff, Schwefeldioxid, Staub, Ruß usw., aufgenommen.

Meerwasser
Alle oberirdischen und unterirdischen Abflüsse gelangen mit ihren Inhaltsstoffen in das Meer. Die Wassergüte ist deshalb örtlich stark unterschiedlich. Hauptbestandteil ist allerdings der durch Vulkanismus entstandene Meeressalzgehalt. Auch hier gibt es starke Unterschiede, z. B. Nordsee 3,5 % (35 g/l) und Ostsee als „Binnenmeer" mit großen salzarmen Zuflüssen nur 0,8 % (8 g/l) Salzgehalt.

Grund- und Quellwasser
Ein Teil des Niederschlagswassers versickert und reichert sich dabei weiter mit den vorhandenen wasserlöslichen Stoffen an, das ist vor allem das Kohlendioxid. Dadurch nimmt die Lösungsfähigkeit weiter zu, und man findet im Grundwasser örtlich stark unterschiedliche Mengen an gelöstem Kalzium, Magnesium, Eisen, Mangan, Chloriden, Sulfaten, Hydrogenkarbonaten, aber auch Nitrite, Nitrate, Phosphate, Silikate, Huminsäure und Schwefelwasserstoff. Darüber hinaus können durch Abwasserinfiltration noch viele andere, z. T. stark störende Verunreinigungen auftreten.

Oberflächenwasser
In Abhängigkeit vom Einzugsgebiet, von der Abwassereinleitung und Selbstreinigungskraft des Gewässers ist örtlich und zeitlich mit außerordentlich unterschiedlicher Wassergüte zu rechnen. Ein wichtiger Gütekennwert von Oberflächenwässern ist z. B. sein Sauerstoffgehalt, der vor allem Auskunft über die Selbstreinigungskraft gibt. Die Schwankungen in der Belastung der Gewässer mit organischen Stoffen machen sich auch durch eine Veränderung der Kleinlebewelt bemerkbar. Es gibt bestimmte Leitorganismen (Saprobien), die den Gewässerzustand gut charakterisieren. Daraus wurde das sogenannte Saprobiensystem abgeleitet, das eine Klassifizierung des Gewässerzustandes gestattet [4.5].

Mit diesen wichtigen Fragen beschäftigt sich vor allem die *Hydrobiologie*. In ihr werden die Wechselbeziehungen zwischen den Wasserorganismen und ihren Umweltfaktoren untersucht.

Während die chemische Analyse Augenblickswerte der Wasserbeschaffenheit liefert, spiegelt die biologische Analyse einen langfristigen Zustand des Gewässers wider, weil jede Lebensgemeinschaft eine gewisse Zeitspanne zu ihrer Formierung benötigt. Die Aussagekraft einer biologischen Analyse ist deshalb von großer Bedeutung.

Darüber hinaus zwingt die *Wassergütebewirtschaftung*, die Gewässer detaillierter zu klassifizieren (s. auch Abschn. 10.2.). Für Talsperren und wasserwirtschaftliche Speicher sind sechs **Beschaffenheitsklassen** festgelegt worden.

Die Einordnung geschieht nach folgenden Gesichtspunkten:
1. hydrographische und territoriale Kriterien
   (Tiefe, Volumen, Einzugsgebiet, Besiedlungsdichte, Tierbestand und Nutzung)
2. trophische Kriterien
   (Sauerstoffgehalt, Nährstoffe, Produktionsverhältnisse und Trophiegrad)
3. Salzgehalt und hygienisch relevante Kriterien
   (Salzgehalt, NH_4, Fe, Mn, Huminsäure, NO_3).

Die sechs Beschaffenheitsklassen sind auch gut den *Nutzungsmöglichkeiten* zuzuordnen. Der Ingenieur hat damit eine erste Einschätzungsmöglichkeit für die Aufwendungen und die Betriebsstabilität der Wasseraufbereitung. Große Bedeutung in diesem Zusammenhang hat der Phosphateintrag in das Gewässer. Er dominiert in vielen Fällen und bestimmt die Beschaffenheitsklasse. Er spielt damit oft die Hauptrolle bei den Sanierungsmaßnahmen.

Tafel 4.2. Klassifizierung typischer Fließgewässer nach organischer Belastung und Sauerstoffhaushalt

Klasse Saprobitätsgrad		1 oligo- saprob	2 β-meso- saprob	3 α-meso- saprob	4 poly- saprob	5 hyper- saprob	6 abiotisch
Kriterien der Wasserbeschaffenheit							
Saprobienindex S		$\leq$ 1,75	$\leq$ 2,5	$\leq$ 3,25	$\leq$ 4,0	—	Vergiftete Gewässer
O_2-Konzentration[2])	mg/l	$\geq$ 7	$\geq$ 6	$\geq$ 4	$\geq$ 2	< 2	ohne biologische
O_2-Defizit[2])	%-Luft- sättigung	$\leq$ 25	$\leq$ 40	$\leq$ 55	$\leq$ 75	> 75	Leistung,
BSB_2[4]) vorzugsweise in schwach belasteten Gewässern	% der O_2- Konzen- tration	$\leq$ 40	$\leq$ 65	$\leq$ 90	> 90	> 90	charakterisiert durch abiotische Verhältnisse,
BSB_2[4]) dito	mg/l O_2	$\leq$ 2	$\leq$ 5	$\leq$ 10	> 10	> 10	nicht vorhandene Selbstreinigung
BSB_5[4]) vorzugsweise in stark belasteten Gewässern	mg/l O_2	$\leq$ 4	$\leq$ 10	$\leq$ 20	$\leq$ 40	> 40	und Giftgehalt
CSV-Mn[3])[5])	mg/l O_2	$\leq$ 5	$\leq$ 10	$\leq$ 30	$\leq$ 50	> 50	
CSV-Cr[3])[5])	mg/l O_2	$\leq$ 8	$\leq$ 25	$\leq$ 80	$\leq$ 120	> 120	
NH_4^+	mg/l	$\leq$ 0,5	$\leq$ 2	$\leq$ 4	$\leq$ 10	> 10	
gelöste Sulfide und H_2S	mg/l	n.n.	n.n.	n.n.	$\leq$ 0,1	> 0,1	
Gesamtbakterienzahl	je ml	$\leq 10^6$	$\leq 3 \cdot 10^6$	$\leq 10^7$	$\leq 5 \cdot 10^7$	$> 5 \cdot 10^7$	
Koloniezahl	je ml	$\leq 10^3$	$\leq 10^4$	$\leq 10^5$	$\leq 10^6$	$> 10^6$	
Koliformen	je ml	$\leq 10^2$	$\leq 5 \cdot 10^2$	$\leq 5 \cdot 10^3$	$< 5 \cdot 10^4$	$> 5 \cdot 10^4$	

2) ohne Berücksichtigung von Analysenergebnissen aus den Nacht- und Morgenstunden
3) nicht zu bewerten in Moorwässern
4) wahlweise, mindestens eines von beiden
5) wahlweise, mindestens eines von beiden

4.2. Beschaffenheit des in der Natur vorkommenden Wassers

Ähnlich der Vorgehensweise bei den Talsperren werden auch die *Fließgewässer* nach den hier dominierenden Kriterien klassifiziert und die Nutzungsmöglichkeiten zugeordnet. In Tafel 4.2 ist die Klassifizierung nach der organischen Belastung und dem Sauerstoffgehalt vorgenommen worden.

Einige Wasseranalysen sollen die Hauptunterschiede zwischen einem stark belasteten Oberflächenwasser, einem Talsperrenwasser und einem Grundwasser deutlich machen.

In Tafel 4.3 wurden einige Untersuchungsergebnisse der Elbe zusammengestellt. Die Entnahmestellen liegen dabei in verhältnismäßig geringer Entfernung voneinander. Die zu beobachtenden Unterschiede sind auf die Strömungsverhältnisse an den einzelnen Entnahmestellen zurückzuführen. Es wurden die Kleinst- und Größtwerte festgehalten, um die großen Güteschwankungen eines Oberflächenwassers deutlich zu machen. Tafel 4.4 zeigt die Roh- und Reinwassergüte des sehr weichen Talsperrenwassers von Dresden-Coschütz, Tafel 4.5 die des Grundwasserwerks Tettau in der Niederlausitz.

Tafel 4.3. Wassergütemerkmale der Elbe in Dresden

Wassergütemerkmal		Entnahmeort Fähre Laubegast	Fähre Hosterwitz	WW Saloppe
Farbgrad	mg/l Pl.	40 bis 140	40 bis 80	44 bis 80
Trübungsgrad	TE/l	3,5 bis 205	3,0 bis 150	3,0 bis 150
kalkaggressive Kohlensäure	mg/l	16	11	7,5
Sauerstoff	mg/l	0,5 bis 12,0	2,1 bis 12,5	2,7 bis 12,5
CSV_{Mn}	mg/l	10,1 bis 101	10,1 bis 43	10,4 bis 39,2
Schwebestoffe	mg/l	30 bis 1095	25 bis 800	30 bis 900
wasserdampflösliche Phenole	mg/l	< 0,01 bis 0,15	< 0,01 bis 0,10	< 0,01 bis 0,11
Gesamtkeimzahl	ml	4 200 bis 383 000	3 000 bis 528 000	1 400 bis 916 000
Colititer		0,1 bis 0,0001	0,1 bis 0,01	0,1 bis 0,001
org. C	mg/l		12,3	
UV 254 nm			0,19	

Tafel 4.4. Wassergütemerkmale des Talsperrenwasserwerkes Dresden-Coschütz

Wassergütemerkmal		Rohwasser	Reinwasser
Temperatur	°C	0,7 bis 16,3	2,4 bis 16,4
Salzgehalt aus Leitfähigkeit	mg/l	132 bis 170	145 bis 190
pH-Wert		6,05 bis 6,70	8,2 bis 8,5
Gesamthärte	mg/l	38,0 bis 61,0	38,0 bis 61,0
Karbonathärte	mg/l	3,4 bis 8,4	5,0 bis 11,0
freie Kohlensäure	mg/l	2,2 bis 5,5	0
CSV_{Mn}	mg/l	1,3 bis 2,6	1,0 bis 2,1
CSV_{Cr}	mg/l	4,0	3,5
Eisen	mg/l	< 0,02 bis 0,23	< 0,02 bis 0,06
Mangan	mg/l	< 0,02 bis 0,10	< 0,02 bis 0,05
Ammonium	mg/l	< 0,10 bis 0,10	< 0,10
Nitrit	mg/l	< 0,01 bis 0,02	< 0,01
Nitrat	mg/l	18 bis 23	18 bis 23
Chloride	mg/l	14 bis 18	14 bis 18
Sulfate	mg/l	30 bis 40	31 bis 42
Kieselsäure	mg/l	5 bis 7	5 bis 6
Sauerstoff	mg/l	6,4 bis 11,6	6,3 bis 11,8

Tafel 4.5. Wassergütemerkmale des Grundwasserwerkes Tettau

Wassergütemerkmal		Rohwasser	Reinwasser
pH-Wert		5,5	8,2
Abdampfrückstand	mg/l	270	280
Chlorid	mg/l	28,8	34,5
Sulfat	mg/l	74,0	65,0
Nitrat	mg/l	2,0	2,0
Eisen	mg/l	18,0	0,1
Mangan	mg/l	0,4	0,05
Gesamthärte	mg/l	52,0	78,0
Karbonathärte	mg/l	9,6	30,0
freie Kohlensäure	mg/l	75,0	2,5
Sauerstoff	mg/l	0	9,5
CSV_{Mn}	mg/l	3,8	3,2

4.2.1. Physikalische Beschaffenheit

Temperatur

Die Temperatur des Oberflächenwassers, aber auch in gewissem Umfange des Grundwassers, wird wesentlich von der mittleren Lufttemperatur und damit von der Höhenlage des Wassergewinnungsgebiets bestimmt.

In Mitteleuropa beträgt in etwa 10 m Tiefe die mittlere Jahrestemperatur des Grundwassers 9,5 °C. Aber auch bei völlig ungestörten Verhältnissen sind hier mehr oder weniger starke Abweichungen je nach der Lage des Wassergewinnungsgebiets möglich. Nur durch langjährige Temperaturmessungen in den betreffenden Gewinnungsgebieten sind charakteristische mittlere Temperaturangaben möglich.

Mit zunehmender Tiefe der Grundwasserentnahme steigt auch die Wassertemperatur an. Die geothermische Tiefenstufe ist die Tiefe in Metern, innerhalb der beim Eindringen in die Erde die Temperatur um 1 °C zunimmt. Der häufig angegebene Durchschnittswert von 1°C je 33 m ist nur als Richtwert anzusehen. Bei der Gewinnung von uferfiltriertem und künstlich angereichertem Grundwasser ist die laufende Temperaturmessung ein wichtiges Mittel zur Überwachung der Wassergüte. Bei zu kurzer Aufenthaltszeit liegt im Winter die Temperatur unter dem Jahresmittel von natürlichem Grundwasser, im Sommer darüber; Temperaturschwankungen zwischen 3 und 20 °C werden bei Wassergewinnungsgebieten, die sich vorwiegend auf Uferfiltration stützen und die nur kurze Filterlaufzeiten aufweisen, gemessen. Derartige große Temperaturschwankungen können trotzdem mit einem ausreichenden Reinigungseffekt des Wassers verbunden sein. Temperaturen, die in gewissen Grenzen über oder unter den gewünschten Richtwerten von 5 bis 15 °C liegen, treten in vielen Wasserversorgungsanlagen auf und sollten heute nicht mehr überbewertet werden, da man Leitungswasser kaum noch direkt genießt. Eine Ausnahme bei dieser Beurteilung bildet die Viehtränkung, da hier sehr tiefe Temperaturen zweifellos schädlich sind.

Für Quellfassungen haben die gleichen Gesichtspunkte Gültigkeit. Hier treten Temperaturschwankungen, z. B. durch Starkregen, oft sehr plötzlich auf und geben gute Hinweise für die zu erwartende Wasserqualität.

Bei der Gewinnung von Oberflächenwasser spielt die Temperatur eine wesentlich größere Rolle. Bei der Wasserentnahme aus flachen Vorflutern und Seen treten besonders große Temperaturschwankungen auf. Bei der Trinkwasserversorgung kommt es dann in allen Fällen im Sommer zu unerwünscht hohen und im Winter zu unerwünscht tiefen Wassertemperaturen. Bei tiefen Seen oder Talsperren tritt eine Umschichtung des Wassers ein, da bei 4 °C das Wasser seine größte Dichte besitzt und zum Boden sinkt. Aus diesem Grunde ordnet man die Entnahmemöglichkeiten in verschiedenen Tiefen an. Außer der Temperatur sind hier noch zusätzlich die anderen Güteeigenschaften des Wassers in den verschiedenen Tiefen zu berücksichtigen, z. B. das Auftreten größerer Planktonmengen — ebenfalls in Abhängigkeit von Tiefe und Temperatur.

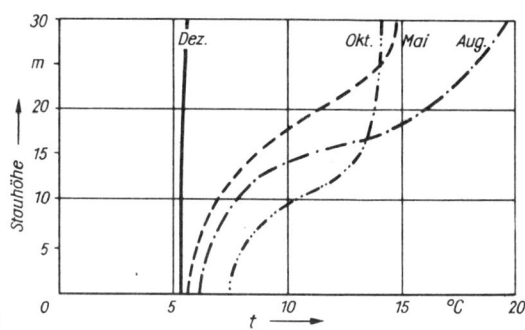

4.2. Beschaffenheit des in der Natur vorkommenden Wassers

Bild 4.3 Temperaturverlauf in einer Talsperre

Bild 4.3 zeigt charakteristische Temperaturlinien einer Talsperre im Laufe eines Jahres. Die Bewirtschaftung und Überwachung von See- und Talsperrenwasserversorgungen erfordern deshalb größte Aufmerksamkeit.

Farbe

Zur Trinkwasserversorgung ist „farbloses" Wasser erwünscht. Bei großer Schichthöhe tritt ein blauer Farbton auf. Im Grundwasser finden wir aber oft andere Verfärbungen, die auf bestimmte Verunreinigungen zurückzuführen sind.

Nicht gelöstes Eisen erzeugt einen rotbraunen Farbton. Huminstoffe bewirken meist eine Gelbfärbung. Bei Planktongehalt des Wassers entsteht oft ein grünlicher Farbton. Die Farbe von Oberflächenwasser hängt in der Hauptsache von den Abwassereinleitern und der Art des Einzugsgebiets ab; man findet hier meist eine graue bis schwarze Färbung. Bei Starkregen verändert sich diese Farbe durch das Abschwemmen von Bodenteilchen. Quellwasser kann seine Farbe dadurch ebenfalls verändern, wenn keine genügende Bodenfiltration eintritt.

Trübung

Suspendierte Stoffe und Kolloide sind die Ursache für eine Trübung des Wassers. Solche Stoffe sind neben Schlamm und abgeschwemmten Bodenteilchen vor allem auch Eisen- und Aluminiumhydroxide, aber auch Plankton.

Plötzliches Auftreten z. B. bei Quellwasser ist ein Zeichen nicht ausreichender Bodenfiltration nach größeren Niederschläge. Trübungen führen zu unerwünschten Absetzungen in Rohrleitungen. Trübes Wasser ist unappetitlich und oft auch bakteriologisch bedenklich, da die Trübstoffe als „Schlepper" dienen. Die Trübung wird durch Teilchen verschiedener Größe und Form verursacht. Die Ergebnisse von Trübungsmessungen können deshalb nicht ohne weiteres miteinander verglichen werden.

Tatsache ist, daß wegen der Komplexität der Güteeinschätzung eines Wassers durch die Trübung die Bedeutung dieses Kriteriums in den letzten Jahren außerordentlich gestiegen ist.

Geruch

Trinkwasser soll geruchslos sein, da es sonst widerlich und zum Genuß ungeeignet ist. Der Geruch kann z. B. erdig, muffig, jauchig oder faulig sein. Aber auch typisch chemische Gerüche sind möglich, wie z. B. nach Schwefelwasserstoff, Chlor, Öl, Ammoniak und Chlorphenol. Bei Planktonentwicklung in Oberflächenwässern ist der Geruch des Wassers oft ein Zeichen für eine bestimmte Planktonart. Es treten dort z. B. Erdgeruch bei Blaualgen und Fischgeruch bei der Kieselalge auf.

Da die Geschmackswahrnehmung häufig vom Geruchssinn beeinflußt wird, ist die Geruchsprüfung vor der Geschmacksprüfung vorzunehmen. Eine quantitative Bestimmung wird durch die Ermittlung der Schwellenwerte erreicht. Dies geschieht durch Verdünnung des Probewassers mit geruchsfreiem Wasser.

Geschmack
Verschiedene Verunreinigungen erzeugen Geschmacksveränderungen im Wasser.

Bei Oberflächenwässern hängt dies wieder wesentlich von der Art der Abwassereinleiter ab. Aber auch Grundwasser schmeckt verschiedenartig. Eisen- und manganhaltiges Wasser schmeckt oft tintig. Torfig schmeckendes Wasser zeigt einen hohen Gehalt an Huminstoffen an, und bei einem hohen Salzgehalt schmeckt das Wasser salzig oder bitter. Weiche Wässer schmecken fade, harte angenehm. Aber auch Chlor und Chlorphenol erzeugen bestimmte Geschmacksempfindungen.

Zur quantitativen Erfassung wird wie beim Geruch der Schwellenwert herangezogen. Geschmacksuntersuchungen dürfen selbstverständlich nur vorgenommen werden, wenn Vergiftungs- und Infektionsgefahren ausgeschlossen werden können.

Radioaktivität
Radioaktivität tritt auch im Wasser durch Zerfall radioaktiver Stoffe auf. Die natürliche Radioaktivität des Grundwassers ist unschädlich, da die Aktivität der radioaktiven Stoffe hier klein ist. Sie wird bei radioaktiven Wässern sogar zu Heilzwecken ausgenutzt.

Die künstliche Radioaktivität entsteht durch Kontamination, d. h. radioaktive Verseuchung über das Abwasser und die Luft. Solange eine bestimmte Toleranzgrenze nicht überschritten wird, ist eine erhöhte künstliche Radioaktivität unbedenklich.

Die im Wasser befindlichen radioaktiven Stoffe üben eine schädigende Wirkung aus, wenn sie vom Menschen aufgenommen werden und eine spezifische Anreicherung in bestimmten Organen erfolgt. So wird z. B. das Kalzium der Knochensubstanz durch Strontium 90 ausgetauscht, wodurch eine Schädigung bei der Neubildung roter Blutkörperchen im Knochenmark auftritt.

Leitfähigkeit
Die Ionen sind die Träger der chemischen Reaktionen und der elektrischen Leitfähigkeit. Die Leitfähigkeit wird vor allem zur Messung der Dampfreinheit und des Salzgehalts in Kesselspeisewässern, Kesselwässern und Kondensaten herangezogen.

Sie dient aber auch in Einzelfällen der Kontrolle und der Steuerung bei der Trinkwasseraufbereitung. Durch die zunehmende Salzbelastung der Rohwässer nimmt die Bedeutung dieses Kriteriums zu.

4.2.2. Chemische Beschaffenheit

Die von den einzelnen Rohwässern aufgenommenen chemischen Stoffe sind in ihrer Zahl und Konzentration außerordentlich unterschiedlich. In diesem Abschnitt wird nur auf die wichtigsten näher eingegangen und dabei das chemische Verhalten des Wassers untersucht [4.4].

Kohlensäure
Bereits das Niederschlagswasser nimmt aus der Luft Kohlendioxid (CO_2) auf und reichert sich damit beim Durchfließen der Bodenschichten durch das bei den biochemischen Abbauprozessen im aeroben Milieu entstehende CO_2 weiter an. Oberflächenwässer sind meist arm und Grundwässer in der Regel reich an Kohlensäure. Trotzdem wird in der Praxis meist auch von Kohlensäure gesprochen, wenn Kohlendioxid gemeint ist.

Freie Kohlensäure ist fast ausschließlich als CO_2 gelöst und nur zu etwa 0,7 % als hydratisierte Kohlensäure (H_2CO_3) vorhanden. Der Gehalt des Wassers an Kohlensäure ist in der Aufbereitungspraxis und in den Verteilungsanlagen von großem Einfluß.

Kohlensäure ist z. B. in der Lage, das in der Natur vorkommende Kalziumkarbonat [$CaCO_3$] im Wasser aufzulösen und in das Hydrogenkarbonat [$Ca(HCO_3)_2$] umzuwandeln. Das in den Karbonaten und Hydrogenkarbonaten enthaltenen CO_2 wird als *gebundene Kohlensäure* bezeichnet. Die Hydrogenkarbonate zerfallen wieder beim Kochen in Karbonate und CO_2. Man unterscheidet deshalb die an das Karbonat gebundene Kohlensäure als *festgebundene* Kohlen-

4.2. Beschaffenheit des in der Natur vorkommenden Wassers

säure und die in der gleichen Menge noch einmal erforderliche Kohlensäure zur Bildung des Hydrogenkarbonats als *halbgebundene* Kohlensäure.

Die gebildeten Hydrogenkarbonate würden aber auch schon ohne Kochen des Wassers wieder zerfallen, wenn nicht eine bestimmte Menge Kohlensäure, die sogenannte *freie zugehörige*, dies verhindern würde. Ist die erforderliche freie zugehörige Kohlensäure und darüber hinaus keine weitere freie Kohlensäure mehr vorhanden, so spricht man vom sogenannten *Kalk-Kohlensäure-Gleichgewicht*. Weitere Mengen an Kohlensäure verhindern die Bildung der notwendigen Schutzschicht in metallischen Rohrleitungen. Dieser Teil wird als *freie überschüssige* Kohlensäure bezeichnet. In Bild 4.4 sind die einzelnen Arten der Kohlensäure schematisch dargestellt.

Bild 4.4 Arten der im Wasser enthaltenen Kohlensäure
1 ganzgebundene CO_2; *2* halbgebundene CO_2; *3* zugehörige freie CO_2; *4* überschüssige freie CO_2

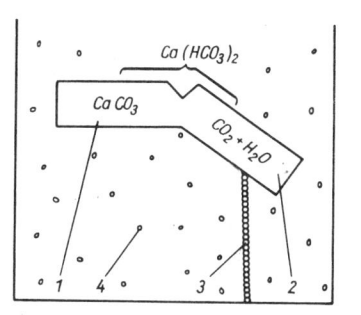

Das Wasser ist aggressiv, sobald freie überschüssige Kohlensäure vorhanden ist. Es wird dann der freie Kalk im Beton oder die gebildete Rostschutzschicht in metallischen Rohren angegriffen. Man bezeichnet deshalb die freie überschüssige Kohlensäure auch als *schutzschichtverhindernde* Kohlensäure. *Metallaggressiv* ist die gesamte freie, also auch die zugehörige Kohlensäure. Kalkaggressiv ist nur ein Teil der freien überschüssigen Kohlensäure, da nach dem Angriff dieser Kohlensäure auf Kalk wieder $Ca(HCO_3)_2$ entsteht, das zu seiner Stabilisierung eine weitere Menge an freier zugehöriger Kohlensäure benötigt. Die beim Fahren im Kalk-Kohlensäure-Gleichgewicht in metallischen Rohrleitungen entstehende Schutzschicht besteht aus Kalziumkarbonatkristallen mit Einlagerungen von Magnesium- und Eisenverbindungen. Die Menge der vorhandenen Kohlensäure ist also in technischer Hinsicht sehr wichtig, da damit sowohl Fragen des Werkstoffangriffs als auch der Wasseraufbereitung berührt werden. Der Genuß von kohlensäurehaltigem Wasser ist angenehm und keinesfalls gesundheitsschädlich. Es soll bei der Aufbereitung immer versucht werden, das sogenannte Kalk-Kohlensäure-Gleichgewicht wegen der damit verbundenen Vorteile zu erreichen. Dabei ist jedoch zu beachten, daß das Kalk-Kohlensäure-Gleichgewicht stark temperaturabhängig ist. So wird z. B. bei der Erwärmung eines im Gleichgewicht stehenden Wassers in Warmwasseranlagen ein Teil des Hydrogenkarbonats zerfallen müssen (Teilentkarbonisierung), um die bei höheren Temperaturen erforderliche größere Menge an zugehöriger freier CO_2 zur Verfügung zu haben. Die Folge solcher Störungen sind $CaCO_3$-Abscheidungen im Warmwassersystem.

Sauerstoff

Oberflächenwasser enthält meist genügende Mengen an gelöstem Sauerstoff $[O_2]$, soweit keine größere Sauerstoffzehrung durch Oxydation organischer Substanz eingetreten ist. Er gelangt aus der Atmosphäre durch die Wasseroberfläche. Turbulenz und Diffusion beschleunigen diesen Vorgang. Grundwässer sind oft völlig sauerstofffrei. Sowohl bei vielen Aufbereitungsprozessen als auch bei der Bildung von Schutzschichten in metallischen Rohrleitungen wird Sauerstoff benötigt. Zur Schutzschichtbildung sind etwa 3 bis 6 mg/l O_2 erforderlich. Für Kesselspeisewasser wird wegen der hohen Korrosionsgefahr dagegen sauerstofffreies Wasser verlangt.

Schwefelwasserstoff

Schwefelwasserstoff (H_2S) ist in sonst hygienisch einwandfreiem Grundwasser öfter zu finden. Er entsteht u. a. durch Reduktionsvorgänge im Boden ($FeS_2 + 2\,CO_2 + 2\,H_2O \rightleftarrows$

Fe(HCO$_3$)$_2$ + H$_2$S + S). Bedenklich wird er durch Versickerung fäkalischer Abfallstoffe in den Untergrund. Schwefelwasserstoff erzeugt einen unangenehmen Geruch des Wassers und macht es ungenießbar; durch offene Belüftung läßt er sich verhältnismäßig leicht bei der Aufbereitung entfernen. Schwefelwasserstoff kann in hohen Konzentrationen zu Werkstoffangriffen durch Bildung von Schwefelsäure führen.

Eisen
Eisen tritt ziemlich häufig im Quell- und Grundwasser auf. Es entsteht durch Lösungsvorgänge aus eisenhaltigen Mineralien im Boden. Meist ist es von kleineren Mengen Mangan begleitet. Tritt Sauerstoff an die gelösten Verbindungen heran, so kann es zur Bildung des unlöslichen Eisen(III)-Hydroxids kommen. Diese Form ist als rostbrauner Schlamm in den Vorflutern und Rohrleitungen zu finden.

Eisenhaltiges Wasser ist für den menschlichen und gewerblichen Gebrauch ungeeignet, obwohl es nicht gesundheitsschädlich ist. Es schmeckt bei Fe > 0,5 mg/l tintig, und durch das Ausfällen des Eisens entsteht eine gelbliche Farbe, die z. B. Wäsche gelb färbt und bei der Papierherstellung sowie in Molkereien zu großen Schwierigkeiten führt.

In den Rohrleitungen kommt es zu Ablagerungen und damit zur Verringerung der Förderfähigkeit. Eisenwerte über 0,1 mg/l wirken störend; in solchen Fällen muß das Wasser aufbereitet werden. Ein Gehalt von 0,2 bis 0,5 mg/l Fe im Rohwasser wird als gering, von 0,5 bis 1,0 mg/l als hoch und über 1,0 mg/l als sehr hoch bezeichnet. Besonders extreme Eisengehalte treten in Braunkohlengebieten auf. Werte bis zu 50 mg/l und mehr sind hier keine Seltenheit. Die Ablagerung (Verockerung) von unlöslichen Eisenverbindungen in Rohrleitungen und in Brunnen wird in vielen Fällen durch Vermehrung von Eisenbakterien verstärkt.

Mangan
Mangan tritt häufig als Begleiter des Eisens durch im Boden vorhandene manganhaltige Brauneisenerznester auf, allerdings meist in geringerer Menge. Die Entfernung bereitet oft größere Schwierigkeiten. Mengen über 0,05 mg/l wirken beim Gebrauch ähnlich störend wie erhöhter Eisengehalt. Mangan hat in einigen Fällen zu einem Massenwachstum von Manganbakterien in wasserführenden Anlagen aller Art geführt. Hohe Manganwerte sind z. B. in den Rohwässern von Dresden-Tolkewitz mit 0,45 mg/l und Senftenberg mit 2,4 mg/l nachweisbar.

Stickstoffverbindungen
Ammoniak (NH$_3$) gelangt in der Regel bei der Desinfektion durch das Chlor-Ammoniak-Verfahren in das Wasser. Es reagiert im Wasser unter Bildung von Ammoniumionen (NH$_4^+$).

Ammoniumionen (NH$_4^+$) dringen durch industrielle Abwässer, durch anorganische Düngung und vor allem als Abbauprodukt organischer Stickstoffverbindungen in den Boden.

Die Bildung von Ammoniumionen ist auch durch Reduktion von Nitraten möglich.

Nitritionen (NO$_2^-$) sind als Zwischenprodukt bei der Oxydation von Ammoniumionen und organischen Stickstoffverbindungen anzusehen. Ihre Beurteilung ist also immer im Zusammenhang mit den anderen Stickstoffverbindungen zu betrachten. Nitritionen können auch mit Aminen bzw. Amiden zu sogenannten Nitrosaminen und Nitrosamiden reagieren. Diese können krebserregend wirken. Amine gelangen u. a. durch industrielle Abwässer in das Wasser. Nitritionen sollen deshalb nicht im Wasser nachweisbar sein.

Nitrationen (NO$_3^-$) sind die letzte Oxydationsstufe der Stickstoffverbindungen. Ihr Gehalt ist sowohl in den Oberflächengewässern als auch in vielen Grundwässern angestiegen. Wegen der möglichen Reduktion zu Nitriten, die dann bei Säuglingen zur Methämoglobinämie (Blausucht) führen kann, ist ein Nitratgehalt über 40 mg/l nicht zulässig. Ähnlich kritisch ist die ebenfalls durch Reduktion zu Nitriten und anschließend mögliche Nitrosaminbildung beim Menschen einzuschätzen.

Chloride
Chloride (Cl$^-$) sind unschädlich. Höhere Mengen beeinflussen jedoch den Geschmack. Etwa ab 250 mg/l schmeckt das Wasser salzig. Es tritt aber oft bei diesen Mengen noch eine Gewöhnung

ein. Im Zusammenhang mit anderen Verschmutzungsfaktoren kann ein erhöhter Chloridgehalt auf organische Verschmutzung hinweisen. Grundwasserfassungen in Meeresnähe leiden oft unter stark erhöhtem Chloridgehalt. Die Bewirtschaftung solcher Gewinnungsgebiete erfordert deshalb eine laufende Überwachung, um Einbrüche von Meereswasser zu vermeiden. Werte von 1000 mg/l Cl können in solchen Fällen auftreten. Der dauernde Genuß solcher Wässer soll zu Nierenerkrankungen führen. Aber auch in der Nähe von Salzlagerstätten kommt es zur Chloriderhöhung im Wasser. Erhöhte Werte zeigen u. a. die Wässer von Merseburg mit 330 mg/l und Bernburg mit 604 mg/l. Zu beachten ist auch die Zunahme der Metallkorrosion, besonders bei weichen Wässern.

Sulfate

Sulfate (SO_4^{2-}) über etwa 200 mg/l sind teilweise bereits gesundheitsschädlich. Werte über 1000 mg/l sind sehr bedenklich. Erhöhter Sulfatgehalt kann in Zusammenhang mit anderen Faktoren auf fäkalische Verschmutzung hinweisen. Sehr häufig ist ein erhöhter Sulfatgehalt jedoch auf besondere geologische Verhältnisse zurückzuführen. In dem Braunkohlengebiet der Lausitz werden z. T. Grubenwässer mit einem Sulfatgehalt von 1000 mg/l und mehr gefördert. Bei Betonbauwerken ist bei einem Sulfatgehalt des Wassers über etwa 300 mg/l eine genaue Untersuchung und die Anwendung geeigneter Schutzmaßnahmen zu empfehlen, da es durch die eventuelle Bildung des Kalziumsulfoaluminates zu starken Betonzerstörungen kommen kann.

Phosphate

Phosphate (PO_4^{3-}) deuten oft auf direkte fäkalische Verschmutzung hin. Werte über 0,3 mg/l sind meist hierfür ein untrügliches Zeichen. Der Mensch scheidet z. B. etwa 4,5 g Phosphat an einem Tag aus. Kunstdünger kann ebenfalls den Phosphatgehalt des Grundwassers erhöhen, wenn die oberen Bodenschichten nicht mehr adsorptionsfähig sind. Phosphate können in Stahl- und Gußrohrleitungen zu einer wirksamen natürlichen Schutzschicht führen. Die Phosphate sind in der Regel der Minimumfaktor für die Algenentwicklung in den Seen und Talsperren. Die weitgehende Zurückhaltung durch Phosphatfällung in den Kläranlagen und den Vorsperren ist deshalb eine der wichtigsten Aufgaben der Gewässersanierung.

Härte

Die *Gesamthärte* (GH) eines Wassers ist die Summe der im Wasser vorhandenen Erdalkaliionen. Dazu gehören vor allem die des Kalziums und Magnesiums. Sehr selten sind Strontium und Barium zu berücksichtigen.

Als *Karbonathärte* (KH) wird der Anteil der Erdalkaliionen bezeichnet, der den im Wasser gelösten Karbonat- und Hydrogenkarbonationen äquivalent ist (KH ≦ GH). Diese Bezeichnung ist jedoch nicht ganz korrekt; dafür sollte in Zukunft der sogenannte *Säureverbrauch* (Alkalität) in mval/l angegeben werden. Aus dem Säureverbrauch (m-Wert) ist die Karbonathärte nur errechenbar (KH = $m \cdot 2,8$), wenn $2,8 \cdot m \leq$ Gesamthärte ist und außer Karbonat- und Hydrogenkarbonationen keine Stoffe im Wasser gelöst sind, die ebenfalls einen Säureverbrauch haben.

Als *Nichtkarbonathärte* (NKH) wird der Anteil der Erdalkaliionen bezeichnet, der in den meisten Fällen der Differenz zwischen Gesamthärte und Karbonathärte entspricht und bei dem man einen Teil der im Wasser gelösten Sulfate, Chloride, Nitrate, Phosphate, Silikate und anderen Anionen als zugehörig betrachtet.

In der Literatur und vor allem in der Praxis wird noch mit sogenannten Härtegraden gearbeitet.

1 °dH ≙ 10 mg/l CaO ≙ 0,1783 mmol/l Ca^{2+}
≙ 0,3671 mval/l

Bei einem hohen Gehalt an Kalzium- und Magnesiumionen sprechen wir von hartem, im anderen Fall von weichem Wasser.

Für die Einteilung der Wässer nach ihrer Härte (GH) gelten etwa folgende Abstufungen:

sehr weich	5,6 °dH ≙	56 mg/l CaO
weich	5,6 bis 11,2 °dH ≙	56 mg/l CaO bis 112 mg/l CaO
mittelhart	11,2 bis 16,8 °dH ≙	112 mg/l CaO bis 168 mg/l CaO
hart	16,8 bis 22,4 °dH ≙	168 mg/l CaO bis 224 mg/l CaO
sehr hart	22,4 °dH ≙	> 224 mg/l CaO

Im folgenden wird die Härte in mg/l angegeben. Der Bezug ist CaO.

Regenwasser ist sehr weich und nimmt beim Durchfließen der Bodenschichten begierig Salze aller Art auf; es kommt damit zu einer Aufhärtung des Wassers. Sie ist entsprechend der geologischen Situation verschieden groß. In Granit, Basalt, Sandstein und Schiefer finden wir z. B. weiche und in Mergel und Kalkstein sehr harte Wässer. In den Talsperren des Erzgebirges und Thüringens treten sehr weiche Wässer von nur wenigen Härtegraden auf. Besonders hohe Härten zeigen die Wässer von Bernburg mit 480 mg/l und Burgheßler mit 1020 mg/l. Es gibt auch Wässer, die überhaupt keine KH aufweisen, z. B. einige Grubenwässer in der Lausitz, in denen freie Schwefelsäure nachweisbar ist. Durch Müllablagerungen und deren Auslaugen durch das Regenwasser ist es wiederholt örtlich zu einer erheblichen Aufhärtung des Grundwassers gekommen.

Trinkwasser soll möglichst eine GH von etwa 150 mg/l aufweisen; die KH soll dabei 20 bis 60 mg/l betragen. Diese KH ist neben Sauerstoff erforderlich, um eine Schutzschicht in metallischen Rohren zu erzeugen. Sehr weiches Wasser schmeckt fade, und auch zu hartes Wasser führt in vielen Fällen zu Geschmacksbeeinträchtigungen. Gesundheitsschädlich sind solche extremen Härten aber nicht.

Hartes Wasser bindet beim Waschen große Mengen Seife nutzlos ab. Bei hoher KH kommt es beim Kochen zu Ausflockungen und Trübungen, da die zugehörige freie Kohlensäure entweicht und die Hydrogenkarbonate zerfallen. Außerdem führt dies zur Bildung des gefürchteten Kesselsteins. Kesselspeisewasser stellt deshalb besonders hohe Ansprüche an die Wassergüte; hier wird z. B. bei Dampfkesseln mit einem Druck von $40 \cdot 10^5$ PA eine Härte von weniger als 1 mg/l verlangt. Hartes Wasser beeinflußt auch den Geschmack von Kaffee und Tee. Die Härte des Wassers hat also einen großen Einfluß beim Verbraucher, besonders in der Industrie. Trotzdem gibt es heute wegen der hohen Kosten bei uns noch keine Enthärtungsanlage für die zentrale Trinkwasserversorgung.

Fluor
Fluorwerte über etwa 1,3 mg/l F^+ sind gesundheitsschädlich und führen zur Zerstörung von Zahnschmelz, zu Flecken und Zahnverformungen. Werte unter etwa 1,0 mg/l F^+ fördern die Zahnkaries. Heute wird deshalb bereits im großen Umfang künstlich fluoriertes Trinkwasser abgegeben.

Chemischer Sauerstoffverbrauch
Der chemische Sauerstoffverbrauch (CSV) wird definiert als die auf Sauerstoff umgerechnete Masse an Oxydationsmitteln, die bei der Oxydation organischer Inhaltsstoffe benötigt wird. Es ist also eine Summenbestimmung und geeignet, das betreffende Rohwasser nach diesen Gesichtspunkten grob einzuschätzen.

Als Oxydationsmittel wird vor allem Kaliumpermanganat ($KMnO_4$) eingesetzt (Kaliumpermanganatverbrauch). Ein anderes Oxydationsmittel ist das Kaliumdichromat (CSV-Cr). Die Ergebnisse sind unterschiedlich, da die Oxydationsstärken voneinander abweichen. In der Regel ist der Kaliumpermanganatverbrauch geringer.

Organische Wasserinhaltsstoffe
Sie können durch Giftwirkung, Geschmacksbeeinträchtigung, Verfärbung und durch Oberflächenwirkung stark stören. Eine Verminderung der Oberflächenspannung führt z. B. bei der Belüftung zu stark störender Schaumbildung. Was unter dem Sammelbegriff „organische Stoffe" verstanden wird, ist oft recht unterschiedlich. Sowohl lebende Organismen als auch unbelebte Stoffe in gelöster und ungelöster Form gehören dazu. Im engeren Sinne interessieren nur die unbelebten Stoffe, da nur sie den Vorfluter in der Regel belasten. Sie bestehen aus unzähligen

4.2. Beschaffenheit des in der Natur vorkommenden Wassers

Einzelverbindungen, die neben Kohlenstoff vorwiegend Wasserstoff, aber auch Schwefel, Phosphor, Stickstoff und Sauerstoff enthalten. Sie werden im Vorfluter abgebaut (Selbstreinigung). Es handelt sich dabei um ein komplexes Zusammenwirken physikalischer, chemischer und biologischer Prozesse. Endprodukte sind vor allem CO_2, H_2O, SO_4, PO_4 und NO_3. Die Geschwindigkeit des biochemischen Abbaus ist sehr unterschiedlich. Während häusliche Abwässer biochemisch leicht abbaubar sind und keine toxischen Wirkungen auftreten, werden z. B. Mineralölprodukte und Zellstoffabwässer nur sehr schwer biologisch verändert. Dabei treten teilweise bereits Giftwirkungen auf. Extrem verhalten sich Pestizide. Sie sind nicht abbaubar und giftig.

Diese Problematik nimmt weiter an Bedeutung zu, da ständig neue organische Verbindungen angewendet werden und damit in die Vorfluter und auch in das Grundwasser gelangen.

Die folgenden Stoffe sind von besonderem Interesse:

Huminsäuren sind hochmolekulare organische Verbindungen, die hygienisch unbedenklich sind, aber das Wasser verfärben und durch Komplexverbindung z. B. mit Eisen dessen Oxydation erschweren. Huminsäuren findet man im Moorboden und in der Braunkohle.

Lignine entstehen bei der Gewinnung von Zellulose aus Holz, wenn mit saurem Sulfitaufschlußverfahren gearbeitet wird. Die damit entstehende abnorme organische Belastung der Gewässer führt zu vielfältigen Störungen bei der Selbstreinigung und bei der Wasserbehandlung. Ihre Reduzierung am Ort des Entstehens ist eine der wichtigsten Aufgaben der Gewässersanierung.

Tenside sind grenzflächenaktive Substanzen, die vor allem in den Wasch-, Netz- und Reinigungsmitteln enthalten sind. Der sich auf die Handelsprodukte beziehende Begriff Detergentien ist hier einzuordnen. Durch die mit dem Abwasser in die Gewässer gelangenden verschiedenen Formen der Tenside kommt es zur Schaumbildung und damit zur Behinderung des Sauerstoffeintrags. Die Selbstreinigung geht erheblich zurück. In Zukunft sollen vor allem biologisch abbaubare Tenside zum Einsatz kommen. Tenside verändern auch den Geschmack des Wassers und sollen kanzerogene Wirkungen hervorrufen.

Pestizide sind Pflanzenschutzmittel und gelangen ebenfalls in zunehmendem Umfange in die Gewässer. Zu den Pestiziden gehören die Insektizide, Herbizide und die Fungizide. Sie werden in verschiedene Verbindungsklassen unterteilt. Es gibt inzwischen eine außerordentlich große Zahl spezifisch wirkender Handelsprodukte. Einige der wichtigsten sind Lindan, Toxaphen und Aldrin. Die Kenntnisse über die Stoffe selbst, ihre Analytik und die gesundheitlichen Auswirkungen sind teilweise noch lückenhaft. Für einzelne Stoffgruppen liegen ausreichende Erkenntnisse und Grenzwertforderungen vor [4.6]. Im Trinkwasser sind die folgenden Grenzwerte nicht zu überschreiten:

DDT + DDD + DDE = 0,003 mg/l
Lindan = 0,001 mg/l
Toxaphen = 0,001 mg/l

Da diese Stoffe chemisch und biologisch schwer abbaubar sind, führt dies in der Natur zu ihrer Anreicherung. Besonders kritisch sind die im Fettgewebe von Mensch und Tier aufgenommenen Chlor-Kohlenwasserstoffe, zu denen der größte Teil der Insektizide gehört. Aus diesem Grunde wird in gewissem Umfang eine Ablösung dieser Stoffe durch weniger giftige versucht. Da die Analyse einzelner Pestizide teilweise extrem schwierig ist, werden auch *Summenbestimmungsmethoden* herangezogen. Dazu gehört der Chloroformextrakt (CCE). Er soll unter 0,2 mg/l CCE liegen und wird durch Filtration des Wassers über Aktivkohle erhalten.

Benzine und Mineralöle können durch vorschriftswidrige Lagerung, Transport und Raffination in das Wasser gelangen. Bereits bei Verdünnungen von 1:1 000 000, d. h. bei 1 mg/l, wird das Wasser durch Geschmacks- und Geruchsbelastung unbrauchbar.

Phenole sind sogenannte aromatische Verbindungen. Sie stammen aus den Abwässern von Kokereien, Schwelereien, Gaswerken und der chemischen Industrie. Sie entstehen auch durch Zersetzung von Holz und Laub. Algen können ebenfalls Phenole bilden. Bereits sehr kleine Konzentrationen können zu erheblichen Geschmacks- und Geruchsbeeinträchtigungen führen. Besonders unangenehm ist die Bildung von Chlorphenolen bei der Chlorung des Wassers. Der Grenzwert für Trinkwasser ist 0,001 mg/l Phenol.

Polyzyklische aromatische Kohlenwasserstoffe (PAK) sind komplizierte Verbindungen mit zwei und mehr Benzolringen als Grundkörper. Sie befinden sich z. B. in den Abgasen verschiedener Industriebetriebe und von Kraftfahrzeugen. Sie können ebenfalls in das Wasser gelangen. Einige PAK sind kanzerogen. Es wird ein Grenzwert im Trinkwasser von 0,0002 mg/l vorgeschlagen.

Schwermetallionen haben wichtige Aufgaben bei vielen biochemischen Prozessen zu erfüllen. Sie wirken in höheren Konzentrationen jedoch toxisch. Viele haben eine ausgesprochene Langzeitwirkung und führen dann meist zu chronischen Vergiftungen. Es kommt auch beim Vorhandensein mehrerer Schwermetallionen zur Überlagerung der Schadwirkungen. *Quecksilberverbindungen* sind in diesem Zusammenhang zu nennen. Es sind akute Gifte und besonders gefährlich, da sie sich im Organismus anreichern und speichern. Der Grenzwert liegt bei 0,005 mg/l Hg. Weitere kritische Schwermetallionen sind *Kadmium* (Grenzwert 0,01 mg/l Cd^{2+}), *Blei* (Grenzwert 0,05 mg/l Pb^{2+}), *Kupfer* (Grenzwert 0,05 mg/l Cu^{2+}) und *Zink* (Grenzwert 5 mg/l Zn^{2+}).

Haloformverbindungen, z. B. das Chloroform, entstehen im Wasser durch Reaktion des Chlors mit organischen Inhaltsstoffen. Sie können kanzerogen wirken. Die Anwendung größerer Chlormengen ist deshalb in Zukunft kritischer zu untersuchen.

pH-Wert

Wasser dissoziiert teilweise:

$$H_2O \rightleftarrows H^+ + OH^-$$

Die Konzentration c_{H^+} bzw. c_{OH^-} dient als Maß für die *Azidität* bzw. *Alkalität*.

Es besteht die folgende Abhängigkeit zum Ionenprodukt K_w:

$$c_{H^+} \cdot c_{OH^-} = K_w$$

Das Ionenprodukt ist stark temperaturabhängig.

t °C	K_w mol/l
0	$0,115 \cdot 10^{-14}$
10	$0,293 \cdot 10^{-14}$
20	$0,681 \cdot 10^{-14}$
25	$1,008 \cdot 10^{-14}$
30	$1,471 \cdot 10^{-14}$
40	$2,916 \cdot 10^{-14}$
60	$9,614 \cdot 10^{-14}$

In *reinem* Wasser ist bei 25 °C die Konzentration der H-Ionen gleich der OH-Ionen.

$$c_{H^+} = c_{OH^-} = 10^{-7} \text{ mol/l}$$

Aus praktischen Gründen wird der sogenannte *p*H-Wert eingeführt und wie folgt definiert:

$$pH = -\lg c_{H^+}$$

*p*H-Wert 7 bedeutet danach bei *reinem* Wasser *Neutralität*.

Das Wasser ist infolge seiner geringen elektrolytischen Dissoziation in der Lage, mit bestimmten Reaktionspartnern als schwache Säure oder als schwache Base zu reagieren, z. B.

$$HCl + H_2O \rightleftarrows H_3O^+ + Cl^-$$
$$NH_3 + H_2O \rightleftarrows NH_4^+ + OH^-$$
$$CO_2 + 2H_2O \rightleftarrows H_3O^+ + HCO_3^-$$

Durch Einwirkung von Wasser auf Nichtmetall- oder Metalloxide entstehen Säuren oder Basen.

4.2. Beschaffenheit des in der Natur vorkommenden Wassers

$$SO_2 + H_2O \rightleftarrows H_2SO_3$$
$$CaO + H_2O \rightleftarrows Ca(OH)_2$$

Diese wenigen Beispiele zeigen, daß sich die verschiedensten Gleichgewichte ausbilden können. Durch Zusätze weiterer Inhaltsstoffe, z. B. bei der Wasseraufbereitung, sind erhebliche Verschiebungen dieser Gleichgewichte zu erwarten. Diese Prozesse lassen sich mit dem Massenwirkungsgesetz und den Gesetzen der Thermodynamik beschreiben.

In der Wasseraufbereitung spielen vor allem die Puffersysteme, das Kalk-Kohlensäure-Gleichgewicht und von Redoxpotentialen und pH-Werten abhängige Prozesse eine Rolle.

Pufferung

Durch die in natürlichen Wässern gelösten Stoffe und entstandenen Gleichgewichtssysteme existieren mehr oder weniger starke Puffersysteme, die einer pH-Änderung großen Widerstand entgegensetzen. Sie sind also gegenüber Säure- und Basenzusätzen wenig empfindlich.

Am Beispiel des Puffersystems Kohlensäure–Natriumkarbonat wird die Wirkung näher erläutert, da die Kohlensäure mit ihren Salzen normalerweise die Hauptursache für die Pufferung in natürlichen Wässern ist. Kohlensäure wirkt als schwache Säure:

$$H_2CO_3 \rightleftarrows H^+ + HCO_3^-$$
$$HCO_3^- \rightleftarrows H^+ + CO_3^{2-}$$

Das Natriumkarbonat dissoziiert vollständig:

$$Na_2CO_3 \rightarrow 2\,Na^+ + CO_3^{2-}$$

Die Konzentration an Karbonationen ($c_{CO_3^{2-}}$) nimmt dadurch zu und verschiebt die Reaktionsgleichungen der Kohlensäure stark nach links. Die Folge ist eine geringe Wasserstoffionenkonzentration und die Einstellung eines entsprechenden pH-Wertes.

Gelangen in dieses System durch Säuren weitere Wasserstoffionen, so werden die Gleichgewichte gestört und die Dissoziationskonstanten überschritten.

$$\frac{c_{H^+} + c_{HCO_3^-}}{c_{H_2CO_3}} > K_{D1} \quad \text{und} \quad \frac{c_{H^+} + c_{CO_3^{2-}}}{c_{HCO_3^-}} > K_{D2} \tag{4.1}$$

Um das Gleichgewicht wiederherzustellen, treten nur so lange Karbonat- und Hydrogenkarbonationen mit Wasserstoffionen zusammen, bis die Dissoziationskonstanten k_{D1} und K_{D2} wieder erreicht werden. Der pH-Wert hat sich somit kaum verändert. Erst wenn die Karbonationen fast vollständig verbraucht sind, ist eine Änderung zu erwarten.

Führen wir Hydroxylionen durch Basen zu, so werden sie durch die Wasserstoffionen der Reaktionsgleichungen der Kohlensäure neutralisiert, die laufend nachgeliefert werden, um die Störung des Gleichgewichts auszugleichen. Eine wesentliche pH-Verschiebung tritt erst ein, wenn fast alle Kohlensäure neutralisiert ist.

In der Aufbereitungspraxis bedeutet dies, daß Wässer mit hoher Karbonathärte gut gepuffert sind und einer pH-Wert-Verschiebung großen Widerstand entgegensetzen. Weiche Wässer werden dagegen, z. B. durch geringer Erhöhung des CO_2-Gehaltes, einen tiefen pH-Wert einnehmen und korrosiv wirken.

Kalk-Kohlensäure-Gleichgewicht

Auf die große Bedeutung der Kohlensäure in Wasserversorgungsanlagen und die einzelnen Formen ist am Beginn des Abschnitts 4.2.2. bereits eingegangen worden. Das sogenannte *Kalk-Kohlensäure-Gleichgewicht* liegt dann vor, wenn keine kalkaggressive Kohlensäure vorhanden ist, d. h. auch, daß die freie Kohlensäure der zugehörigen entspricht. Es kommt also weder zu Kalkausscheidungen noch zu Kalkangriffen. *Tillmans* hat bereits 1912 das Kalk-Kohlensäure-Gleichgewicht dargestellt:

$$c_{CO_2;z} = K_T \cdot c_{HCO_3^-}^2 \cdot c_{Ca^{2+}} \tag{4.2}$$

K_T Tillmannssche Konstante
$c_{CO_2;z}$ Konzentration des zugehörigen freien CO_2
$c_{HCO_3^-}$ Konzentration der Hydrogenkarbonationen
$c_{Ca^{2+}}$ Konzentration der Kalziumionen

K_T ist außerordentlich temperaturabhängig.

Diese Tillmanssche Beziehung bezieht sich nur auf Wässer, in denen die Mengen der vorhandenen Kalzium- und Hydrogenkarbonationen einander äquivalent sind. Außerdem wurde der Eigen- und Fremdelektrolyteinfluß damals nicht berücksichtigt.

Das Kalk-Kohlensäure-Gleichgewicht wurde von *Hässelbarth* [4.8] wie folgt korrigiert:

$$c_{CO_2;z} = \frac{K_T}{f_T} \cdot c_{HCO_3^-}^2 \cdot c_{Ca^{2+}} \qquad (4.3)$$

Der Korrekturfaktor f_T läßt sich aus der Ionenstärke μ berechnen. Dabei ist $\mu = \frac{1}{2} \Sigma n \cdot z_i$

n ist die Konzentration der Elektrolyte in Mol/l und z_i die Wertigkeit.

$$\lg f_T = \frac{3\sqrt{\mu} + 1{,}7\mu}{1 + 5{,}3\sqrt{\mu} + 5{,}5\mu} \qquad (4.4)$$

f_T ist in Abhängigkeit von der Ionenstärke in Abschn. 11. tabelliert.

Strenggenommen müßte die Ionenstärke aus der Konzentration der einzelnen Anionen und Kationen berechnet werden. Man unterscheidet dabei

1.1-Elektrolyte (Anionen und Kationen einwertig, z. B. NaCl)
2.1-Elektrolyte (Anionen einwertig und Kationen zweiwertig, z. B. $CaCl_2$, Na_2SO_4, $Ca(HCO_3)_2$)
2.2-Elektrolyte (Anionen und Kationen zweiwertig, z. B. $CaSO_4$).

Die Ionenstärke von 2.1-Elektrolyten wird als $\mu_{2,1}$, die von 2.2-Elektrolyten als $\mu_{2,2}$ bezeichnet.

Beispiel
Analysenergebnis
$c_{Ca^{2+}} = 3{,}0$ mval/l $c_{SO_4^{2-}} = 2{,}9$ mval/l
$c_{Mg^{2+}} = 1{,}8$ mval/l $c_{Cl^-} = 0{,}15$ mval/l
$c_{HCO_3^-} = 1{,}9$ mval/l

Die anzunehmenden Bindungen entsprechen der folgenden Reihenfolge:

Kationen	Anionen
Ca^{2+}	HCO_3^-
Mg^{2+}	SO_4^{2-}
Na^+	Cl^-
K^+	NO_3^-

Für das vorgegebene Beispiel bedeutet dies:

Ca^{2+} HCO_3^-
                      1,9 mval/l   2.1-Elektrolyt
3,0 mval/l
                      SO_4^{2-}
Mg^{2+} 2.2-Elektrolyt
                      2,9 mval/l
1,8 mval/l

Es liegen also vor:
1,9 mval/l als 2.1-Elektrolyt ($Ca[HCO_3]_2$)
2,9 mval/l als 2.2-Elektrolyt ($CaSO_4$, $MgSO_4$)
0,15 mval/l als 1.1-Elektrolyt (NaCl) wird vernachlässigt.

Aus Tafel 11.11:
$\mu_{2,1} = 2{,}85 \cdot 10^{-3}$
$\mu_{2,2} = 5{,}80 \cdot 10^{-3}$
$\Sigma\mu = 8{,}65 \cdot 10^{-3}$

4.2. Beschaffenheit des in der Natur vorkommenden Wassers

Daraus folgt aus Tafel 11.12: $f_T = 1{,}55$ und $K_T = 1{,}34 \cdot 10^{-2}$ (10 °C)

$$c_{CO_2;z} = \frac{1{,}34 \cdot 10^{-2}}{1{,}55} \cdot 1{,}9^2 \cdot 3{,}0 = 0{,}093 \text{ mval } CO_2$$

Neben der Arbeit von *Hässelbarth* liegt auch ein graphisches Näherungsverfahren von *Böhler* vor [4.8].

Gleichgewichts-pH-Wert
Dies ist der pH-Wert, der dem Kalk-Kohlensäure-Gleichgewicht entspricht. Bei natürlichen Wässern liegt er fast immer über 7,0.
Nach [4.7] ist

$$pH_{Gleichgewicht} = p_k^* - \lg c_{HCO_3^-} - \lg c_{Ca^{2+}} + \lg f_L \qquad (4.5)$$

Dabei ist
p_k^* Langliersche Konstante, die von der Temperatur abhängig ist (s. Abschn. 11.).

$$\lg f_L = \frac{2{,}5 \, \mu}{1 + 5{,}3 \, \sqrt{\mu} + 5{,}5 \, \mu}$$

Diese Werte sind wieder im Abschn. 11. tabelliert.

Beispiel
Analyse entspricht dem behandelten Beispiel des Kalk-Kohlensäure-Gleichgewichts.
Nach Tafel 11.13:

$$p_k^* = 8{,}64$$
$$\lg f_L = 0{,}151$$
$$\begin{aligned} pH_{Gleichgewicht} &= 8{,}64 - \lg 1{,}9 - \lg 3{,}0 + 0{,}15 \\ &= 8{,}64 - 0{,}28 - 0{,}48 + 0{,}15 \\ &= 8{,}03 \end{aligned}$$

Als Maß für die Aggressivität oder die Kalkausscheidung eines Wassers wird oft der Sättigungsindex S benutzt.

$$S = pH_{gemessen} - pH_{Gleichgewicht} \qquad (4.6)$$

$S > 0$ Neigung zu Kalkausscheidungen
$S < 0$ Neigung zur Aggressivität

Tafel 4.6. Angenäherter Gleichgewichts-pH-Wert für 10 °C

KH mg/l	GH mg/l	NKH mg/l	$pH_{Gleichgew.}$
	10	5	10,1
5	30	25	9,6
	100	95	9,1
	30	10	9,0
20	50	30	8,8
	100	80	8,5
	60	10	8,3
50	100	50	8,1
	150	100	8,0
	100	20	7,8
80	150	70	7,8
	200	100	7,7
	200	50	7,4
150	300	150	7,1
	500	350	7,0

Bei der Beurteilung sollte man aber immer auch die Fehlergröße bei der Messung des pH-Wertes und der freien Kohlensäure beachten. Übertriebene Genauigkeiten sind hier fehl am Platze. Außerdem hat der praktische Betrieb vieler Anlagen gezeigt, daß wenige Milligramm je Liter überschüssige freie Kohlensäure zu keinen Werkstoffangriffen führen. So kann man durchaus in Abhängigkeit von der Karbonathärte noch die folgenden Mengen an freier überschüssiger Kohlensäure im Reinwasser zulassen:

KH mg/l	$c_{CO_2\text{überschüssig}}$ mg/l
< 30	≤ 2
30...60	≤ 3
> 60	≤ 4

Zur Orientierung werden die nach Gl. (4.5) errechneten Gleichgewichts-pH-Werte in Abhängigkeit von der Karbonat- und Nichtkarbonathärte für 10 °C in Tafel 4.6 angegeben. In Sonderfällen (z. B. hoher NaCl-Gehalt und abweichende Temperatur) ist die exakte Berechnung unumgänglich.

4.2.3. Biologisch-bakteriologische Beschaffenheit

Bei diesem Fragenkomplex ist fast immer ausschließlich der Spezialist – der Hydrobiologe oder der Hygieniker – allein kompetent.

In den Oberflächenwässern finden laufend biologische Prozesse statt, bei denen durch das Zusammenwirken von Mikroorganismen, Pflanzen und Tieren eine Vielzahl von Stoffumwandlungen ablaufen. Wir sprechen in diesem Fall vom *Selbstreinigungsprozeß* im Gewässer [4.5].

Als Nährstoffe für bestimmte Organismen, die sich massenhaft entwickeln können, dienen erhöhte Mengen an Stickstoff und vor allem an Phosphaten. Wir sprechen bei einem derartigen Massenwachstum von einer *Eutrophierung* des Gewässers. Dadurch kommt es oft zu Geschmacksstörungen, zu Verfärbungen und auch zur Bildung von toxischen Mikroverunreinigungen. Bckämpft werden solche Erscheinungen durch Abwasserreinigungsanlagen zur Reduzierung der Nährstoffkonzentration und durch Kupfersulfatzugaben bzw. Algizidanwendungen im Gewässer.

Teilweise treten an einigen Stellen auch Dreikantmuscheln und Moostierchen in großer Anzahl auf und verlangen zusätzliche Aufbereitungsmaßnahmen.

Auf Langsam-, Enteisenungs- und Entmanganungsfiltern wünscht man die Mitwirkung von Bakterien, die die bei der Oxydation frei werdende Energie für die Syntheseprozesse ihres Stoffwechsels nutzen. In Filteranlagen können sich Algen unter besonderen Bedingungen entwickeln und zu Geschmacksveränderungen führen.

Die Oberflächenwässer können auf Grund der biologischen Untersuchungen in die bereits behandelten Saprobienstufen eingeteilt werden.

Der Colititer läßt eine weitere Klassifizierung zu. In Tafel 4.7 sind die entsprechenden Werte zusammengestellt.

Trinkwasser ist unser wichtigstes Lebensmittel und soll deshalb nicht nur rein und appetitlich sein, sondern muß frei von gesundheitsschädlichen Stoffen und vor allem frei von Krankheitserregern oder *pathogenen Keimen* sein. Durch Trinkwasser können Typhus-, Paratyphus-, Ruhr-, Cholera-, Milzbrand- und andere Krankheitserreger übertragen werden. Diese Gefahr ist auch

Tafel 4.7. Saprobienstufen

Saprobienstufe	Colititer
polysaprobe Stufe	0,0001...0,000001
α-mesosaprobe Stufe	0,01...0,001
β-mesosaprobe Stufe	1,0...0,1
oligosaprobe Stufe	> 1,0

heute noch akut; dies zeigen z. B. schwerwiegende Typhusepidemien in Ländern mit noch unzureichenden hygienischen Verhältnissen der Wasserversorgung. Aber auch in Europa treten immer wieder in kleinerem Umfange derartige Störungen auf.

Da es oft sehr schwierig ist, die einzelnen Krankheitserreger spezifisch einwandfrei im Wasser festzustellen, führt man normalerweise folgende Nachweise:
- Bestimmung der Gesamtkeimzahl und
- Bestimmung des Bacterium coli.

Die *Gesamtkeimzahl* ist ein guter Indikator für die allgemeine Verschmutzung des Wassers und für die Reinigungskraft der durchflossenen Bodenschichten bei natürlichem und uferfiltriertem Grundwasser, ohne daß damit ein Nachweis des Vorhandenseins von Krankheitserregern erbracht werden kann. Die Möglichkeit des Vorkommens von Krankheitserregern wird indirekt durch den Nachweis von *Bacterium coli* (Escherichia coli) erkannt. Es handelt sich dabei um einen ungefährlichen Darmbewohner von Mensch und Tier, der aber eindeutig auf eine fäkalische Verschmutzung hinweist. Der *Colititer* (z. B. Colititer 100 ml) sagt aus, daß in der genannten Wassermenge (also z. B. in 100 ml) Bacterium coli noch nachweisbar ist, während in kleineren Wassermengen dieser Nachweis nicht mehr gelingt. In besonderen Fällen wird heute die bakteriologische Untersuchung erweitert. Dazu gehört u. a. auch der Nachweis von fäkalen Streptokokken. In diesem Zusammenhang ist auch auf die zunehmende Bedeutung der virologischen Untersuchung hinzuweisen. Bekannt ist hier die Übertragung der Hepatitis durch den Hepatitisvirus im Trinkwasser.

Zu beachten ist bei der Auswertung eines bakteriologischen Befundes, daß es sich immer um ein Momentanbild handelt. Dies gilt besonders bei Quellwasser und uferfiltriertem Grundwasser. Durch starke Niederschläge oder extreme Wasserstände kann sich der bakteriologische Befund vollkommen ändern. Besonders bedenklich sind dabei Gewinnungsanlagen mit stark schwankenden Keimzahlen. Bei der hygienischen Beurteilung sind sowohl die chemisch-physikalischen Kennwerte als auch die bakteriologischen und biologischen Befunde heranzuziehen; nicht zuletzt ist das Einzugsgebiet der Wasserfassung an Ort und Stelle genau zu untersuchen. Nur bei Beachtung aller Zusammenhänge können solche Wässer einwandfrei hygienisch beurteilt werden.

Wegen der vielen Verschmutzungsmöglichkeiten, besonders auch durch betriebliche Maßnahmen, wie Reinigung einzelner Anlagen und Rohrnetzmontagen, besteht für alle zentralen Wasserversorgungsanlagen die Pflicht, ausreichende Desinfektionsanlagen betriebsbereit zu halten.

4.3. Richtwerte für die Trink- und Betriebswasserqualität

Aus den Ausführungen in Abschn. 4.2. ist zu ersehen, daß die Festlegung eindeutiger Richtwerte für die Wasserqualität sehr schwierig ist. Man muß die einzelnen Werte immer im Zusammenhang mit anderen Verschmutzungsfaktoren und mit der Zweckbestimmung des betreffenden Wassers sehen.

4.3.1. Richtwerte für die Trinkwasserqualität

Die Voraussetzungen für die Trinkwasserversorgung sind in den einzelnen Ländern sehr unterschiedlich. Einige Länder besitzen ausreichende Mengen an gutem Grundwasser, während andere auf Flüsse und Seen zurückgreifen müssen, die teilweise bereits stark mit Abwasser und Verunreinigungen aus der Luft belastet sind. Trotzdem sollten auch für solche schwierigen Rohwasserverhältnisse gleich hohe Güteanforderungen an das Trinkwasser gestellt werden.

Immer ist zu beachten, daß keine bakteriologische und chemische Untersuchung die genaue Kenntnis über das Einzugsgebiet des verwendeten Wassers und über das Versorgungsnetz ersetzen kann. Man muß auch beachten, daß die Untersuchung einer einzigen Wasserprobe nur einen im Augenblick der Probeentnahme gültigen Wert ergibt, während Verunreinigungen häufig intermittierend erfolgen. *Ein einwandfreies bakteriologisches Ergebnis ist also keine Garantie für einen bakteriologisch einwandfreien Dauerzustand.*

Man versucht immer wieder, die Eignung z. B. von Oberflächenwasser für eine Trinkwassergewinnung an Hand von Analysenergebnissen einzuschätzen. Das ist nur unter Beachtung vieler weiterer Faktoren sinnvoll. Dazu gehören auch die biologischen und bakteriologischen Gütemerkmale und ökonomische Kriterien für die Aufbereitungskosten. Es wird in diesem Zusammenhang auf [4.5] und Tafel 4.2 verwiesen. Da die Diskussionen über die „Eignung" der verschiedenen Rohwasser für die Trinkwasseraufbereitung nicht befriedigend abgeschlossen sind, wird hier auf einen derartigen Klassifizierungsversuch verzichtet. Da die Einflüsse sehr komplex sind, sollte die Beurteilung immer dem Spezialisten vorbehalten bleiben.

Die in den einzelnen Ländern gültigen *Normen für die Trinkwassergüte* sind aus den bereits erwähnten Gründen nicht völlig einheitlich. Hinzu kommen laufende Ergänzungen, die durch neue Erkenntnisse ausgelöst werden. Von besonderer Bedeutung sind die Vorschläge der Weltgesundheitsorganisation, die z. B. „Einheitliche Anforderungen an die Beschaffenheit, Untersuchung und Beurteilung von Trinkwasser in Europa" herausgegeben hat [4.6]. In diesem Zusammenhang wird auf die z. Z. gültigen Gütenormen hingewiesen, die auszugsweise in Abschn. 11. aufgenommen wurden.

Allgemeingültig können die Anforderungen an ein gutes Trinkwasser folgendermaßen zusammengefaßt werden:
− Trinkwasser muß frei von Krankheitserregern und Stoffen sein, die die Gesundheit schädigen können.
− Trinkwasser muß keimarm sein.
− Trinkwasser soll farblos, klar, kühl und frei von fremdartigem Geruch und Geschmack sein.
− Trinkwasser soll nicht zu hart sein.
− Trinkwasser soll keine Werkstoffangriffe hervorrufen und zu keinen Ablagerungen und Inkrustationen führen. Es soll im Kalk-Kohlensäure-Gleichgewicht stehen.
− Trinkwasser soll stets in genügender Menge zur Verfügung stehen.

4.3.2. Richtwerte für die Betriebswasserqualität

Die Qualitätsforderungen der Industrie, Landwirtschaft und anderer Sonderabnehmer an Betriebswasser sind nicht einheitlich, da der Verwendungszweck sehr verschiedenartig ist.

Überall dort, wo sanitäre Anlagen zu versorgen sind und das Wasser mit Lebensmitteln in Berührung kommt, ist Trinkwasserqualität zu fordern. Wenn der Anteil des übrigen Betriebswassers klein ist, wird man ein einheitliches Versorgungsnetz anstreben. Im anderen Falle ist eine gesonderte Betriebswasserversorgung oft günstiger.

Auch die Festlegung einheitlicher Qualitätsforderungen für das Betriebswasser bestimmter Abnehmergruppen ist schwierig, da verschiedene Produktionsverfahren differenzierte Qualitätsforderungen stellen. Aus diesem Grunde müssen immer gesonderte Untersuchungen in jedem einzelnen Betrieb durchgeführt werden. Es soll deshalb hier nur kurz auf einige wichtige Abnehmergruppen eingegangen werden.

Betriebe der Nahrungs- und Genußmittelindustrie, Fleischereien und die Photoindustrie benötigen *Trinkwasserqualität*, oft verbunden mit noch größeren Einzelforderungen, die z. B. den Eisen- und Mangangehalt sowie die Härte betreffen.

Der größte Teil des von der Industrie benötigten Wassers wird zu *Kühlzwecken* verwendet.

Ein *einwandfreies Kühlwasser* soll keine oder fast keine Stoffe enthalten, die
− zum Werkstoffangriff führen
− zur Rohrquerschnittsverengung bzw. Kühlflächenverschmutzung führen
− wrasenflüchtig sind und zu einer Belastung der Umgebung führen.

Abschn. 11. zeigt einige wichtige Gütekriterien für das Kühlwasser der Durchflußkühlung und der Rückkühlung. Weitere Einzelheiten sind in der Spezialliteratur nachlesbar [4.9]. Auf einige Besonderheiten wird im Rahmen der Kühlwasseraufbereitung noch näher eingegangen.

Wesentlich höhere Ansprüche werden an das *Kesselspeisewasser* gestellt. Die damit verbundenen Probleme sind so vielfältig, daß sich die Kesselspeisewasserchemie zu einer selbständigen Fachdisziplin entwickelt hat [4.9].

Das Kesselwasser soll so beschaffen sein, daß Korrosionen und Inkrustationen auf der Wasserseite des Kessels, in den Leitungssystemen und in den Turbinen vermieden werden. Dabei ist zwischen dem *Speisewasser* für die Kessel und dem im Kessel befindlichen *Kesselwasser* zu unterscheiden.

Unter den stark veränderten Temperatur- und Druckverhältnissen der verschiedenen Kesseltypen führen bereits relativ geringe Konzentrationen an Härtebildnern und organischen bzw. anorganischen Kolloiden zu wärmedämmenden Inkrustationen. Aus den Hydrogenkarbonationen entstehen Hydroxidionen und Kohlendioxid.

$$HCO_3^- \rightarrow OH^- + CO_2$$

Der Kohlendioxiddampf führt besonders bei Anwesenheit von Sauerstoff zu erheblichen Korrosionen.

Im Abschn. 11. sind auszugsweise einige wichtige Gütekennwerte für Kesselspeisewasser und Kesselwasser zusammengestellt. Um diese Grenzwerte einzuhalten, sind spezielle Verfahren der Wasseraufbereitung unumgänglich.

Der Bedarf an *Badewasser* stellt eine andere wichtige Verbrauchergruppe dar. Die Forderungen sind hier ebenfalls nicht ganz einheitlich; sie sollten deshalb immer mit einem erfahrenen Hygieniker abgestimmt werden. Das hierfür charakteristischste Gütemerkmal sind der Colititer und die Keimzahl.

Die Fischzucht stellt ebenfalls bestimmte Qualitätsanforderungen; hier ist besonders der Sauerstoffgehalt von Interesse.

Die Landwirtschaft fordert für *Bewässerungswasser*, daß es frei von Pflanzengiften ist, die Struktur des Bodens nicht verändert und möglichst keine pathogenen Keime und Askarideneier enthält.

Für *Feuerlöschzwecke* wird normalerweise keine besondere Wasserqualität verlangt; es soll möglichst keine Schlammengen und Sperrstoffe aufweisen.

Zusammenfassend ist festzustellen, daß die Güteanforderungen für Betriebswasser außerordentlich verwendungszweckspezifisch sind und daß dadurch eine genaue Abstimmung mit dem Betreiber der Anlagen bzw. dessen Hersteller unumgänglich ist.

4.4. Allgemeine hygienische Anforderungen an eine zentrale Trinkwasserversorgungsanlage

Wasser ist unser wichtigstes Lebensmittel; aus diesem Grunde müssen die hygienischen Forderungen an Trinkwasserversorgungsanlagen besonders streng sein. Es gibt deshalb eine Reihe gesetzlicher Grundlagen, in denen die einzelnen Maßnahmen festgelegt sind. Eine Zusammenstellung befindet sich im Abschn. 10.

Die wichtigste Festlegung ist dabei die hygienische Überwachung aller zentralen Trinkwasserversorgungsanlagen durch die Gesundheitsbehörden. Neubauten und Änderungen bedürfen grundsätzlich der Zustimmung des Gesundheitswesens. Von diesen Organen werden laufend die erforderlichen chemischen und bakteriologischen Untersuchungen des Trinkwassers durchgeführt. Darüber hinaus sind die Beschäftigten in zentralen Trinkwasserversorgungsanlagen klinisch und bakteriologisch zu überwachen.

Sämtliche zentralen Trinkwasserversorgungsanlagen sind so einzurichten, daß das Wasser desinfiziert werden kann. Die Desinfektion hat zu erfolgen:
1. bei positivem Colibefund
2. bei Gewinnungsanlagen mit Oberflächenwasser und bakteriologisch nicht einwandfreiem Uferfiltrat und Grundwasser
3. bei Anlagen mit beschädigter Gewinnungs- und Aufbereitungsanlage
4. bei besonderen Vorkommnissen, die auf eine eingetretene oder mögliche gesundheitsschädliche Verunreinigung des Wassers schließen lassen.

Für Trinkwassergewinnungsanlagen sind *Schutzgebiete* unter Hinzuziehung der Gesundheitsbehörden, Geologen und Hydrologen festzulegen und zu überwachen.

Der Schutz des Grund- und Quellwassers wird durch die zunehmende Industrialisierung, Abwassereinleitung, Ablagerung von Abfallstoffen, den Transport und die Lagerung großer Ölmengen immer schwieriger und zugleich dringlicher. Die Vielseitigkeit und die schwer überschaubaren Zusammenhänge dieser Problematik bedingen die Zusammenarbeit mit erfahrenen Hygienikern.

4.5. Werkstoffzerstörungen in Wasserversorgungsanlagen

Die Werkstoffzerstörung hat eine große volkswirtschaftliche Bedeutung, da enorme Werte verlorengehen, Rohstoffe vergeudet werden und die Betriebssicherheit der Anlagen leidet. Die Wassergüte ist eine der Ursachen für die Werkstoffzerstörungen. Wegen des Umfangs und der Wichtigkeit des Stoffes wird auf die Literatur [4.10; 4.11; 4.12] hingewiesen. Besonders gefährdet sind Stahlrohrleitungen, während Beton- und Asbestzementrohre wesentlich weniger angegriffen werden. Bei Kunststoffrohren gibt es nur in Sonderfällen Angriffsmöglichkeiten.

Im Rohrleitungsbau kann der Rohrangriff von außen durch aggressive Stoffe im Boden und im Wasser erfolgen. Andere Ursachen sind z. B. Werkstoffangriffe durch Fremdströme. Gerade gegen die Rohrangriffe von außen sind in den letzten Jahrzehnten gute Fortschritte erzielt worden, z. B. durch die Einführung sehr zuverlässiger Rohraußenisolierungen und durch die Anwendung des Katodenschutzes. In einigen Ländern besteht heute bereits die allgemeine Vorschrift, metallische Rohrleitungen katodisch zu schützen. Der Werkstoffangriff bei warmem Wasser, also in Heizungs- und Dampfkesselanlagen, kann besonders gefährliche Folgen haben.

4.5.1. Schutzschichtbildung

Das *Kalk-Kohlensäure-Gleichgewicht* ist die Hauptvoraussetzung einer Schutzschichtbildung im Inneren *metallischer* Rohrleitungen. In diesem Zustand befindet sich eine geradeso große Menge freier zugehöriger Kohlensäure im Wasser, wie notwendig ist, um die gelösten Kalziumhydrogenkarbonate in Lösung zu halten. Es ist also keine freie überschüssige Kohlensäure vorhanden. Zur Berechnung des Kalk-Kohlensäure-Gleichgewichts s. Abschn. 4.2.2.

Haase [4.7] erläutert die Schutzschichtbildung in metallischen Rohrleitungen wie folgt: Voraussetzung für eine ausreichende Schutzschichtbildung ist das Vorhandensein von etwa 4 bis 6 mg/l gelöstem Sauerstoff. Metalle haben das Bestreben, sich im Wasser als Ionen zu lösen. Dieser Vorgang ist mit dem Austausch elektrischer Ladungen verbunden. Dabei sammeln sich Wasserstoffionen an der Metallfläche an, um ihre Ladung auszutauschen. Der Sauerstoff im Wasser löst diesen Wasserstoffilm auf, und es entsteht innerhalb der Wandzone durch Depolarisation eine entsprechende Menge an Hydroxylionen, die einen hohen pH-Wert, die sogenannte Wandalkalität, erzielen. Dadurch wird teilweise die zur Stützung der Hydrogenkarbonate erforderliche Menge an zugehöriger freier Kohlensäure abgebunden; Karbonate werden ausgefällt. Das ausgefällte Kalziumkarbonat verbindet sich mit dem entstandenen, ebenfalls unlöslichen Eisenoxidhydrat zu einer dünnen und undurchlässigen Schutzschicht an den ungeschützten metallischen Stellen der Rohrwand.

Drei wichtige Bedingungen für die Bildung einer Kalk-Rost-Schutzschicht sind zu erfüllen:
– Kalk-Kohlensäure-Gleichgewicht
– Sauerstoffgehalt größer als 4 mg/l
– Mindestkarbonathärte
  20 mg/l bei einer Wassergeschwindigkeit $v \geq 1{,}0$ m/s
  60 mg/l bei einer Wassergeschwindigkeit $v = 0{,}5$ bis $1{,}0$ m/s.

Damit wird gleichzeitig die ganze Problematik der Schutzschichtbildung im praktischen Rohrnetzbetrieb deutlich. Die Geschwindigkeiten sind sowohl örtlich als auch zeitlich sehr unterschiedlich. Beim Vermischen verschiedener Reinwasserarten im Rohrnetz treten nicht beeinflußbare Verschiebungen des Kalk-Kohlensäure-Gleichgewichts auf. Bei weichen Rohwässern ist eine Aufhärtung auf die geforderte Mindestkarbonathärte sehr aufwendig. Nicht zu vergessen ist bei der Erwärmung des Wassers im Haushalt und in den Heizzentralen die völlige Ver-

4.5. Werkstoffzerstörungen in Wasserversorgungsanlagen

schiebung des Kalk-Kohlensäure-Gleichgewichts, die dort zwangsläufig zu Kalkausscheidungen führt.

Trotz dieser Schwierigkeiten ist es richtig, das Kalk-Kohlensäure-Gleichgewicht, unter Zulassung der im Abschn. 4.2.2. genannten Mengen an überschüssiger freier Kohlensäure, im Reinwasser anzustreben, da sich die Kombination dieser Fahrweise mit den Schutzisolierungen im Rohrinneren in der Praxis fast immer bewährt hat. Dagegen ist in der Regel eine künstliche, mit hohen Kosten verbundene Aufhärtung unzweckmäßig. Hier muß man sich auf die Rohrinnenisolierung allein verlassen oder nach anderen geeigneten Schutzschichtbildnern für den Einzelfall suchen.

Schutzschichten können sich auch durch einen bestimmten natürlichen Phosphatgehalt des Wassers bilden, obwohl solche Wässer sonst metallaggressiv sind und nicht im Kalk-Kohlensäure-Gleichgewicht stehen. Heute gibt man deshalb z. T. bereits künstlich Zusätze an Phosphaten und auch an Silikaten zur Schutzschichtbildung zu. Dabei kommt es z. B. bei Phosphatzusätzen zur Bildung festhaftender Überzüge, die aus Eisenphosphatverbindungen bestehen. Es ist noch nicht möglich, hierfür allgemeingültige Angaben über die Größe und Zweckmäßigkeit solcher Zusätze zu machen. In solchen Fällen führen praktisch nur Großversuche zum Ziele, da jedes Wasser etwas anders reagiert.

4.5.2. Schutzmaßnahmen

Das Lebensalter einer zentralen Wasserversorgungsanlage hängt oft in großem Maße davon ab, ob Werkstoffe der einzelnen Anlagenteile angegriffen werden oder nicht. Da die Baukosten für das Rohrleitungsnetz in fast allen Fällen den größten Anteil ausmachen, ist gerade der Schutz von Rohrleitungen äußerst wichtig.

Gegen Angriffe von außen gibt es bei *metallischem Rohrmaterial* bewährte Schutzmaßnahmen. Sie bestehen vorwiegend aus bituminösen Anstrichen und Schutzbinden. Außerdem ist die Anwendung des Katodenschutzes möglich; dieses Verfahren ist allerdings nur wirtschaftlich, wenn gleichzeitig ein guter bituminöser Rohrschutz vorhanden ist. In letzter Zeit wurde ein sehr zuverlässiger Außenschutz durch Kunststoffe entwickelt.

Als Innenisolierung haben sich ebenfalls bituminöse Schutzüberzüge bewährt. Je nach dem Angriffsgrad des Wassers sind sie verschieden dick auszubilden. Bei Stahlrohren hat sich die Ausschleuderung mit einer mehrere Millimeter dicken gefüllten Bitumenmasse bewährt. Voraussetzung für diese bituminösen Schutzüberzüge ist jedoch immer die einwandfreie Vorbehandlung des Rohres, d. h. die Entrostung und Entzunderung. Bei Neuanlagen und bei Überholungen des Rohrnetzes wird verstärkt das Ausschleudern mit schwachen Zementmörtelschichten angewendet. Dadurch wird die Lebensdauer der Rohre erheblich verlängert.

Beton wird nicht nur von Kohlensäure angegriffen, sondern oft auch durch überhöhten Sulfatgehalt des Wassers. Als weitere betonaggressive Stoffe können Huminsäuren, Magnesiumsalze, Schwefelwasserstoff und Sulfide auftreten. Sie sind aber in gefährlich hohen Mengen in der Wasserversorgung selten anzutreffen. Bei der Benutzung der Abwässer aus Braunkohlentagebauen muß man sogar teilweise mit dem Auftreten freier Schwefelsäure rechnen.

Der beste Schutz gegen diese Angriffe ist vor allem ein besonders dichter Beton. Er widersteht Kohlensäuregehalten bis etwa 20 mg/l bei fließendem Wasser, bei stehendem Wasser sogar darüber. Dieser Wert kann noch ansteigen, wenn es sich um stehendes Grundwasser handelt. Darüber hinaus sind gute Schutzanstriche, dickere Betonabmessungen und die Verwendung besonders kalkarmer Zemente zu empfehlen. Ablagerungen auf dem Beton, z. B. von Eisenhydroxidschlamm in Betonrohrleitungen, können ebenfalls zu einer Abminderung des Betonangriffs beitragen.

Kalkaggressive Kohlensäure ist bei weitem nicht so gefährlich wie ein überhöhter Sulfatgehalt im Wasser.

Die Wirkung der Sulfate besteht darin, daß sie mit einem bestimmten Anteil des Zements, dem Trikalziumaluminat, eine stark kristallwasserhaltige Verbindung, das sogenannte Trikalziumsulfoaluminat, eingehen. Diese neue Verbindung nimmt einen größeren Raum ein und zerstört den Beton unter Treiberscheinungen. Allgemein gilt ein Sulfatgehalt über 300 mg/l als schwach und über 1000 mg/l als stark betonschädlich. Es empfiehlt sich, bei Werten über 300 mg/l auf jeden Fall ein entsprechendes Baustoffgutachten hinzuzuziehen. Grundwasser mit hohem Sulfatgehalt findet man besonders in der Nähe von Müllkippen, Schutt- und Schlackenhalden. Im Falle eines erhöhten Sulfatgehalts ist ein dichter Beton ebenfalls ein gutes Schutzmittel. Bei stark überhöhten Werten genügt dies aber keinesfalls. Völlig vermeiden lassen sich Sulfatangriffe, wenn man den Beton mit sulfatbeständigem Zement herstellt.

Das *Asbestzementrohr* wird heute in großem Umfang verwendet. Hier gilt hinsichtlich eines Werkstoffangriffs im Prinzip das gleiche wie beim Betonrohr. Trotz des hohen Zementanteils hat sich dieses Rohr auch bei schwach aggressiven Wässern ohne zusätzliche Schutzmaßnahmen gut bewährt.

Werkstoffangriffe erstrecken sich in der Wasserversorgung aber nicht nur auf Rohrleitungen und auf Betonbauwerke; sie treten besonders stark bei der Wassergewinnungsanlage auf. Grundwässer sind in vielen Fällen aggressiv, so daß nur einwandfrei geschütztes Filterrohrmaterial im Brunnenbau verwendet werden kann. Dazu gehören Steinzeug- und Hartporzellanfilter und mit Kunststoff- oder Gummiüberzügen versehene Filterrohre.

Die Rohwasserpumpen unterliegen ebenfalls oft der Korrosion. Deshalb sind korrosionsfeste Werkstoffe zu verwenden bzw. ist die Anlage zusätzlich katodisch zu schützen.

In Chemikalienanlagen werden teilweise aggressive Chemikalien verwendet, z. B. Chlor, Schwefelsäure, Aluminiumsulfat, Eisensulfat u. a. Zur Fortleitung dieser aggressiven Lösungen hat sich das Kunststoffrohr gut bewährt. Die erforderlichen Dosierpumpen sowie die Lagerbehälter können ebenfalls entsprechend geschützt werden.

4.6. Wasseruntersuchungen

Wasseruntersuchungen werden von den Organen des Gesundheitswesens zur Überwachung der Wasserversorgungsanlagen durchgeführt; außerdem sind laufende Untersuchungen durch betriebseigene Kräfte zur Sicherung eines einwandfreien Betriebsablaufs notwendig. Die Organe des Gesundheitswesens können auch geeignete zentrale Laboratorien der Wasserversorgungsbetriebe mit der Durchführung der hygienischen Überwachung beauftragen.

Obwohl die Wasseruntersuchung in erster Linie eine Aufgabe des Hydrochemikers und Bakteriologen ist, müssen im Betrieb auch von den technischen Kräften laufend bestimmte Einzeluntersuchungen durchgeführt werden. In den folgenden Abschnitten wird deshalb der hierfür unbedingt notwendige Stoff behandelt. Dabei muß natürlich auf viele Sonderfälle verzichtet werden; dies betrifft besonders die weiteren Störungsmöglichkeiten durch einzelne Inhaltsstoffe des Wassers während der Untersuchung. Hier ist die Einarbeitung durch einen erfahrenen Chemiker unerläßlich.

Die Konzentration der Wasserinhaltsstoffe ist in der Regel sehr gering. Sie liegt in einer Größenordnung < 1 g/l $= 0,1$ %. Gehalte von $0,01$ % und weniger werden in der analytischen Chemie bereits als „Spur" bezeichnet, so daß Wasseranalysen sehr oft mit einer Spurenanalyse verbunden sind. Die gebräuchlichste Maßeinheit ist deshalb mg/l $= 0,0001$ % oder sogar μg/l.

Das bedeutet, daß nur fachgerechtes Arbeiten zu einem zuverlässigen Ergebnis führt.

4.6.1. Darstellung der Analysenergebnisse

Analysenergebnisse werden vielfach nicht korrekt angegeben. So sind die anorganischen Inhaltsstoffe in der Ionenform darzustellen, und dabei muß die Wertigkeit erkennbar sein. Konzentrationsangaben sind zusammenhängend zu schreiben, also z. B. 10 mg/l Cl^- und nicht 10 mg Cl^-/l. Man soll außerdem auf die Angaben Null (0) oder negativ verzichten und dafür die entsprechende Nachweisgrenze angeben.

Es sind verschiedene *Konzentrationsangaben* möglich.

Masseprozente. Der Masseanteil des gelösten Stoffes wird zur Masse der gesamten Lösung ins Verhältnis gesetzt.

4.6. Wasseruntersuchungen

$$\text{Masseprozente} = \frac{\text{gelöster Stoff in g}}{\text{Lösung in g}} \cdot 100$$

Eine 5%ige NaCl-Lösung enthält in 100 g dieser Lösung 5 g NaCl.

Volumenprozente. Der Volumenanteil des gelösten Stoffes wird zum Volumen der Lösung ins Verhältnis gesetzt.

$$\text{Volumenprozente} = \frac{\text{gelöster Stoff in ml}}{\text{Lösungen in ml}} \cdot 100$$

Diese Form wird bei Lösungen von Flüssigkeiten in Flüssigkeiten angewendet.

mol/kg Molzahl des gelösten Stoffes, bezogen auf 1 kg des reinen Lösungsmittels (1 Mol = Molekularmasse des Stoffes in Gramm).

mol/l Hier bezieht man die Molzahl des gelösten Stoffes auf 1 Liter der Lösung.

val/kg und val/l Hier wird an Stelle der Molzahl das Äquivalent benutzt (1 val = 1 Äquivalent = 1 Mol/Wertigkeit). Durch die Angabe val/l oder mval/l vereinfacht sich die Aufstellung von Anionen- und Kationenbilanzen erheblich.

g/l und mg/l Dies ist z. Z. noch die häufigste Konzentrationsangabe. Es ist die Menge eines Stoffes in g bzw. mg, die sich in einem Liter Lösung befindet.

Die Umrechnung von mg/l und mval/l erhält man durch Division mit dem Äquivalentgewicht des betreffenden Stoffes.

Beispiel

$$30 \text{ mg/l Cl}^- \triangleq \frac{30}{35,5} = 0,85 \text{ mval/l}$$

Auch für die *Härtegrade* ist mval/l exakter.

1 °dH = 10 mg/l CaO = 7,14 mg/l Ca

1 mval/l Kalziumhärte = 20,04 mg/l Ca = 2,8 °dH

Umrechnung von deutschen Härtegraden in mval/l erfolgt durch Division des Härtegrads durch 2,8.

4.6.2. Probenentnahme

Man kann nur dann mit einem einwandfreien Resultat einer Wasseruntersuchung rechnen, wenn die Probenentnahme sachgemäß erfolgt. Es wird deshalb auf die entsprechenden Ausführungen in der Literatur [4.1; 4.4] besonders hingewiesen.

Bestimmte Untersuchungen sind am besten an Ort und Stelle zu machen, und für einzelne Verfahren empfehlen sich bestimmte Zusätze zur Fixierung sofort nach der Entnahme. Für eine große physikalisch-chemische Untersuchung werden zwei hellfarbige Glasflaschen mit je einem Liter Inhalt benötigt. Sie müssen selbstverständlich vollkommen sauber sein. Für die Bestimmung des Sauerstoffgehalts empfiehlt sich die Verwendung einer speziellen Sauerstoffflasche mit einem schrägen Glasstopfen und einem Inhalt von etwa 200 ml. Das gleiche gilt auch, wenn man die kalkaggressive Kohlensäure direkt bestimmen will sowie für noch andere Spezialuntersuchungen. Man benutzt heute vielfach praktische Kunststoffflaschen; dabei ist allerdings die Reinigungskontrolle etwas schwieriger.

Die Flaschen sollen möglichst, zumindest aber bei der Bestimmung der freien Kohlensäure und des Sauerstoffs, unter Luftabschluß gefüllt werden. Zu diesem Zweck wird ein gereinigter Schlauch über den Entnahmestutzen gezogen, durch den das Wasser einige Zeit ablaufen soll. Dann wird die Flasche langsam durch den bis auf den Flaschenboden reichenden Schlauch aufgefüllt. Strudelbildung ist zu vermeiden; der Wasserinhalt soll sich durch Überlaufen mehrmals erneuern. Nach dem Entfernen des Schlauches ist der schräge Glasstopfen so aufzusetzen, daß keine Luftblasen in der Flasche verbleiben.

Will man Wasser für eine bakteriologische Untersuchung entnehmen, so sind sterile Gefäße notwendig. Bei der Entnahme aus einem Zapfhahn muß dieser abgeflammt werden und etwa 5 Minuten lang vor der Probenentnahme ablaufen.

Wichtig ist die eindeutige Beschriftung der Proben. Datum und Entnahmeort mit eventuell notwendigen Erläuterungen sind dabei festzuhalten. Die Probe soll möglichst innerhalb von 24 Stunden verarbeitet werden, sie ist nicht der Lichteinwirkung auszusetzen und kühl zu lagern.

Sollen Probenentnahmen, Transport und Lagerung von Nichtfachleuten ausgeführt werden, so ist eine eingehende Unterweisung erforderlich.

4.6.3. Untersuchungen, die nach Möglichkeit an Ort und Stelle durchzuführen sind

Zuverlässige Ergebnisse sind nur zu erzielen, wenn die zu untersuchenden Proben wirklich repräsentativ sind. Zu beachten ist außerdem, daß durch Filtration einer getrübten Probe vielfach wichtige Inhaltsstoffe vom Filter adsorbiert werden. Heute sind die Analysenmethoden bis auf wenige Ausnahmen standardisiert [4.1].

Einige Untersuchungen sollten sofort bei der Probenentnahme durchgeführt werden, da sonst größere Fehler unvermeidlich sind; dazu gehören die Untersuchungen auf
- Temperatur
- Geruch
- Geschmack
- Färbung
- Durchsichtigkeit
- freie und kalkaggressive Kohlensäure
- pH-Wert.

Zur Bestimmung des Sauerstoffs ist eine Konservierung der Probe vor Ort notwendig.

4.6.4. Chemische, physikalische, physikalisch-chemische und elektrochemische Untersuchungen im Labor

Auch hier sind nur die standardisierten Untersuchungsmethoden [4.1] zulässig. Dabei ist festzustellen, daß die chemischen Methoden immer stärker von physikalischen Meßverfahren abgelöst werden.

Zu den rein physikalischen Methoden gehören u. a. die Bestimmung von Dichte, Viskosität, Wärmeleitfähigkeit und Brechungsindex.

Zu den physikalisch-chemischen Methoden zählen die elektrische Leitfähigkeit und das elektrochemische Potential.

Entscheidend ist, daß die gemessenen Größen einen eindeutigen funktionellen Zusammenhang zum Stoffkennwert des Produkts, der Zusammensetzung des Produkts oder zur Konzentration einer bestimmten Komponente des Produkts aufweisen.

Heute werden zusätzlich spektrophotometrische, flammenphotometrische Methoden und solche der Spektralanalyse und Potentiometrie benutzt.

Während bisher vor allem die pH-Messung in dieser Form erfolgte, werden heute ionenselektive Elektroden für die Härte, Kalzium, Chlorid, Natrium, Nitrat und andere Stoffe eingesetzt.

Um spezielle organische Inhaltsstoffe zu erfassen, bedient man sich auch chromatographischer Verfahren.

Diese kurzen Bemerkungen machen deutlich, daß immer mehr moderne Untersuchungsmethoden zur Anwendung kommen, die teilweise noch nicht standardisiert sind. Diese Situation zeigt auch, daß die Anforderungen an eine exakte Bearbeitung und damit an die Laborausstattungen stark gewachsen sind.

Gleichzeitig darf aber nicht vergessen werden, daß besonders bei der Überwachung kleinerer Wasseraufbereitungsanlagen viele Untersuchungsmethoden an Ort und Stelle von Nichtspezialisten ohne größere Laborausrüstungen realisiert werden müssen. Das gilt auch für bestimmte Versuchsarbeiten an der Praxisanlage. Hier ist eine genaue Abstimmung mit dem erfahrenen Hydrochemiker unerläßlich.

Das gilt vor allem für folgende Untersuchungen:
- pH-Messungen
- Eisen- und Manganbestimmungen
- Trübungsmessungen
- Bestimmung des Farbgrads

- Geruchs- und Geschmacksuntersuchungen
- Kohlensäurebestimmung
- Chlornachweis
- Bestimmung der organischen Wasserinhaltsstoffe.

Darüber hinaus ist eine Reihe weiterer Untersuchungen notwendig, um das Ansetzen und Dosieren der verschiedensten Aufbereitungschemikalien zu überwachen.

Der Aufwand für wasseranalytische Untersuchungen ist im letzen Jahrzehnt insgesamt erheblich angestiegen. Die oft schwierige Gütesituation der Rohwässer und die stärkere Einführung hochintensiver Aufbereitungsverfahren zwingt zu neuen analytischen Methoden und vor allem zu häufigeren Untersuchungen. Außerdem steigt das Bedürfnis, die Anlagen im größeren Umfange zu automatisieren und sie vielfach direkt in Abhängigkeit von den Gütefaktoren zu steuern. Dies führt zwangsläufig auch zur stärkeren *Automatisierung der Wasseranalytik* selbst. Auf diesem Gebiet liegen heute die ersten großtechnischen Erfahrungen vor. Dabei darf nie der damit verbundene stärkere Wartungsaufwand durch den Spezialisten unterschätzt werden.

Literaturverzeichnis

[4.1] Autorenkollektiv: Ausgewählte Methoden der Wasseruntersuchung. Jena: VEB Gustav Fischer Verlag 1971.

[4.2] Autorenkollektiv: Einheitliche Anforderungen an die Beschaffenheit, Untersuchung und Beurteilung von Trinkwasser in Europa. Stuttgart: Gustav Fischer Verlag 1971.

[4.3] *D'Ans, J.; Lax, E.:* Taschenbuch für Chemiker und Physiker. Berlin: Springer-Verlag 1949.

[4.4] *Böhler, E.:* Zur praktischen Anwendung des Kalk-Kohlensäure-Gleichgewichtes. WWT (1969) S. 61.

[4.5] *Clausnitzer, E.; Böhme, H.; Grulich, G.:* Erweiterte Kriterien zur Beurteilung der Wasserbeschaffenheit in Fließgewässern. WWT (1981) S. 308–320.

[4.6] *Fair, G.; Geyer, J.:* Wasserversorgung und Abwasserbehandlung. Berlin: VEB Verlag für Bauwesen 1961.

[4.7] *Haase, L. W.:* Werkstoffzerstörung und Schutzschichtbildung im Wasserfach. Weinheim: Verlag Chemie 1951.

[4.8] *Hässelbarth, V.:* Das Kalk-Kohlensäure-Gleichgewicht in natürlichen Wässern unter Berücksichtigung des Eigen- und Fremdelektrolyteinflusses. GWF (1963) S. 89.

[4.9] *Lienig, D.:* Wasserinhaltsstoffe. Berlin: Akademie-Verlag 1979.

[4.10] *Liesche, H.; Paschke, K.-H.:* Beton in aggressiven Wässern. Berlin: VEB Verlag für Bauwesen 1965.

[4.11] *Mörbe, K.; Morenz, W.; Pohlmann, H.-W.; Werner, H.:* Praktischer Korrosionsschutz. Berlin: VEB Verlag für Bauwesen 1980.

[4.12] *Salinger, Chr.-M.:* Kraftwerkschemie. Leipzig: VEB Deutscher Verlag für Grundstoffindustrie 1971.

[4.13] *Uhlmann, D.:* Hydrobiologie. Jena: VEB Gustav Fischer Verlag 1975.

5. Wasseraufbereitung

Bei der Erschließung neuer Wasservorkommen wird man heute nicht ohne eine Aufbereitung auskommen, da Rohwässer mit Reinwasserqualität nicht mehr zur Verfügung stehen. Aber auch viele bestehende Wasserwerke müssen ihre Aufbereitungsanlagen verbessern oder erweitern, da sich die Rohwasserqualität fast überall verschlechtert hat und größere Durchsatzleistungen verlangt werden. So ist z. B. bei vielen Grundwasserwerken der Eisen- und Mangangehalt angestiegen, und in vielen Talsperren ist die Biomassenproduktion durch zu hohe Nährstoffzufuhr angewachsen. Beim Uferfiltrat findet man eine Erhöhung des chemischen Sauerstoffverbrauchs, des Farbgrads und der Geruchs- und Geschmacksschwelle. Diese Situation wird verschärft durch höhere Güteansprüche an das Trinkwasser. Von besonderer Bedeutung sind in diesem Zusammenhang die im Abschn. 4. erörterten Mikroverunreinigungen. Die Aufwendungen für die Wasseraufbereitung sind aus diesen Gründen heute vielfach größer geworden.

Die hohen Kosten und die meist schwierige Entscheidung für ein bestimmtes Aufbereitungssystem und seine Bemessung zwingen heute zu sorgfältigen Voruntersuchungen. Einzelne Wasseranalysen und nicht ausreichend gesicherte Erfahrungswerte für die Bemessung genügen dafür nicht mehr.

Von besonderer Bedeutung ist die Einschätzung der zu erwartenden Wasserqualität. Dies ist vielfach kompliziert und nicht völlig überraschungsfrei. Ohne die Auswertung von langjährigem Untersuchungsmaterial und die Beachtung der Veränderung der Wasserqualität in ähnlich gelagerten Fassungsanlagen ist eine gesicherte Aussage unmöglich. Dabei muß natürlich auch der Einfluß der territorialen Entwicklung auf die zu erwartende Wasserqualität beachtet werden.

Bieten sich mehrere Standorte für die Fassung an, und dies ist in der Regel der Fall, so ist zumindest bei größeren Kapazitäten und schwer überschaubaren Güteverhältnissen eine Zusammenarbeit mit dem Hydrochemiker, dem Hydrobiologen, dem Hygieniker und dem Hydrologen unumgänglich. Die Mehrfachnutzung, z. T. unter Einbeziehung einer Grundwasseranreicherung, bietet vielfach eine größere Versorgungssicherheit und ist auch oft kostengünstiger als die Fernwasserversorgung. Das führt dann in der Regel zu komplizierten Wasseraufbereitungsanlagen.

Bei der Optimierung des Aufbereitungsverfahrens kann nur bei bestimmten Aufbereitungsstufen, z. B. bei der Enteisenung über Schnellfilter, auf Bemessungsverfahren zurückgegriffen werden. In vielen Fällen stützt man sich auf Erfahrungswerte, besser auf die Ergebnisse von Aufbereitungsversuchen. Nur durch intensive Vorarbeiten ist es möglich, Fehllösungen zu vermeiden und zu einer optimalen Auslastung der neuen Anlage zu kommen. Das gleiche gilt auch für den Betrieb bestehender Anlagen und deren Rekonstruktion. Grundsätzlich bieten sich Laborversuche, halbtechnische Versuche und Versuche an der großtechnischen Anlage an. Auf diesem Gebiet liegen gute Erfahrungen bei einzelnen Betrieben vor, die es noch besser zu nutzen gilt. Der Einsatz transportabler Versuchsanlagen hat stark zugenommen. Die notwendigen Mittel und die erforderliche Zeit für diese Vorarbeiten müssen zur Verfügung stehen. Diese Aufwendungen zahlen sich später immer aus.

Das zu wählende Aufbereitungsverfahren richtet sich natürlich nicht nur nach der Rohwassergüte und der geforderten Reinwasserqualität. Auch Fragen der Bau- und Betriebskosten, der Kapazität, des Bau- und Ausrüstungsanteils und der Betriebsweise sind dafür mitentscheidend.

In diesem Abschnitt wird sowohl die Trinkwasser- als auch die Betriebswasseraufbereitung behandelt. Hierfür gibt es noch keine einheitliche Begriffsbestimmung. Die *Technologie* der Wasseraufbereitung ist die praktische Anwendung der Erkenntnisse der verschiedenen Wissenschaften (Physik, Chemie, Biologie, Mathematik) bei der Aufbereitung des Wassers und der Gestaltung des Produktionsablaufs der Anlage. Das *Aufbereitungsverfahren* erfaßt alle Prozesse,

5.1. Verfahren der Wasseraufbereitung

um ein Wasser mit definierten Eigenschaften zu erhalten. Es setzt sich aus einzelnen Verfahrensstufen zusammen. Die apparatetechnische Umsetzung des Verfahrens ergibt die *Aufbereitungsanlagen*.

5.1. Verfahren der Wasseraufbereitung

5.1.1. Überblick

Die Qualität des Rohwassers wird in der Regel bereits bei der Bodenpassage wesentlich verbessert. Diese Erfahrung nutzte man bei den ersten Wasseraufbereitungsanlagen aus. Es entstanden so Verfahren wie z. B. die Langsamsandfiltration. Erst vor etwa 80 Jahren wurden neue Verfahren entwickelt und die Leistungsfähigkeit erheblich gesteigert. Heute gibt es eine Reihe von Hochleistungsverfahren, bei denen man von einer bereits erreichten Verfahrensoptimierung sprechen kann. Es kommen immer neue Verfahren und Anlagen hinzu, so daß auch auf diesem Gebiet eine ständige Weiterentwicklung deutlich erkennbar ist. Dieser Trend ist natürlich zu beachten und verlangt z. T. bereits jetzt konstruktive Lösungen für Wasserwerke, die die Einführung neuer Verfahren und auch Erweiterungen ermöglichen.

Um die gewünschte Reinwasserqualität zu erreichen, sind in der Regel mehrere Verfahren zu kombinieren. Diese Verfahren setzen sich meist wieder aus verschiedenen Verfahrensstufen zusammen. Die wesentlichsten sind

— *Sieben:* Entfernung von vorwiegend grobdispersen Inhaltsstoffen mittels engmaschiger Siebgewebe, deren Maschenweite kleiner als die zu entfernenden Inhaltsstoffe ist
— *Adsorption:* Anlagerung von Stoffen an Phasengrenzflächen, z. B. Adsorption von organischen Inhaltsstoffen an Aktivkohle
— *chemische Stabilisierung:* Überführung von störenden Wasserinhaltsstoffen durch Chemikalienzugabe in eine nicht störende Form, z. B. Härtestabilisierung durch Phosphatzugabe
— *Desinfektion:* Reduzierung des Gehaltes an unerwünschten Mikroorganismen bis auf eine nichtschädliche Konzentration
— *Fällung:* Überführung gelöster Substanzen aus dem Wasser in eine schwerlösliche abscheidbare Form durch Chemikalienzugabe, z. B. Fällung von Fe^{2+} durch Luftsauerstoff als $Fe_2O_3 \cdot x H_2O$
— *Filtration:* Entfernung von gelösten, kolloiddispersen und grobdispersen Inhaltsstoffen durch Adsorption, Absieben und Absetzen in einem porösen Filterbett, z. B. Adsorption von Fe^{2+} an mit Fe-Oxidhydraten belegtem Kies
(Daneben können noch chemische und biologische Vorgänge ablaufen.)
— *Flockung:* Prozeß der Entstabilisierung und Vergrößerung von vorwiegend kolloiddispersen Wasserinhaltsstoffen bis zu makroskopischen Ausmaßen durch Zugabe geeigneter Flokkungsmittel bei gleichzeitigem Energieeintrag (Turbulenz), so daß eine physikalische Abtrennung aus dem Wasser möglich ist
— *Gasaustausch:* Austreibung oder Anreicherung von Gasen in Wasser in Richtung des Gleichgewichts auf Grund eines Konzentrationsgefälles (Diffusion), z. B. Anreicherung von O_2
— *Ionenaustausch:* Austausch einer äquivalenten Menge anderer Ionen gleichen Ladungsvorzeichens mit Hilfe spezifischer Kunstharze, z. B. Entsalzung mit Wofatiten
— *Sedimentation:* Abtrennen von grobdispersen Stoffen aus dem Wasser durch Absinken unter dem Einfluß der Schwerkraft, z. B. Abtrennen von Flocken in Absetzbecken
— *Verdampfen:* Überführung des Lösungsmittels Wasser in die Dampfform durch Wärmezufuhr, z. B. Verdampfen zur Herstellung von Kesselspeisewasser.
Dies sind die wichtigsten Verfahrensstufen; weitere Hinweise s. [5.11].

5.1.2. Gasaustausch

Beim Gasaustausch handelt es sich entweder um den Vorgang der *Entgasung* oder um den der *Begasung* des Wassers.

Zur Entgasung gehört z. B. die Entfernung freier Kohlensäure zur Verhinderung von Werkstoffangriffen im Kaltwasserbereich und die des Sauerstoffs zur Vermeidung von Korrosion im Kesselspeisewasserkreislauf. Grundwasser muß in der Regel mit Sauerstoff begast werden, um das Fe^{2+} zu oxydieren und die Schutzschichtbildung in metallischen Rohren zu erreichen.

Der Gasaustausch ist ein Stoffübergang in Richtung des Gleichgewichtszustandes auf Grund eines vorhandenen Konzentrationsgefälles (Diffusion).

Einen wesentlichen Einfluß hat die *Löslichkeit* des betreffenden Gases. Sie wird nach dem Henry-Dalton-Gesetz beschrieben:

$$c_s = \alpha \cdot \bar{p} \tag{5.1}$$

c_s Sättigungskonzentration des betreffenden Gases in der flüssigen Phase
α Löslichkeitskoeffizient
$\bar{p}$ Partialdruck des betreffenden Gases in der Gasphase

Der Partialdruck ist

$$\bar{p} = (p_{vorh} - p_D) \cdot \frac{V_o}{V} \tag{5.2}$$

p_{vorh} vorhandener Druck in der Gasphase
p_D Dampfdruck
$\dfrac{V_o}{V}$ Volumenkonzentration des betreffenden Gases in der Gasphase

Die Konzentration ist also proportional ihrem Partialdruck $\bar{p}$ in der Gasphase. Der Absorptionskoeffizient ist stark temperaturabhängig. Die Löslichkeit ist außerdem für jede Gasart unterschiedlich.

Die Bilder 5.1 und 5.2 zeigen die starke Abhängigkeit der Löslichkeit des Luftsauerstoffs und der Luftkohlensäure vom Druck und von der Temperatur.

Bei 100 °C und Atmosphärendruck (0,1 MPa) ist die Löslichkeit beider Gase Null. Mit zunehmendem Druck nimmt bei der gleichen Temperatur die Löslichkeit wieder stark zu. Dies führt z. B. beim Kesselspeisewasser zur Korrosion. Gleichzeitig wird die bessere Entgasung im Unterdruckbereich deutlich.

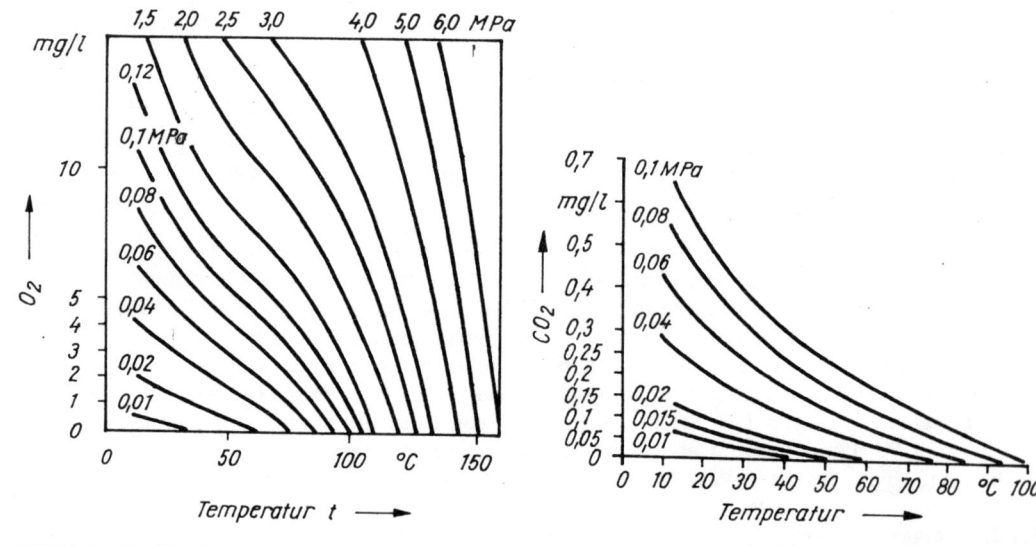

Bild 5.1. Löslichkeit von Luftsauerstoff (20,96 Vol.-%) in Wasser in Abhängigkeit von Druck und Temperatur

Bild 5.2 Löslichkeit von Luftkohlensäure (0,03 Vol.-%) in Wasser in Abhängigkeit von Druck und Temperatur

5.1. Verfahren der Wasseraufbereitung

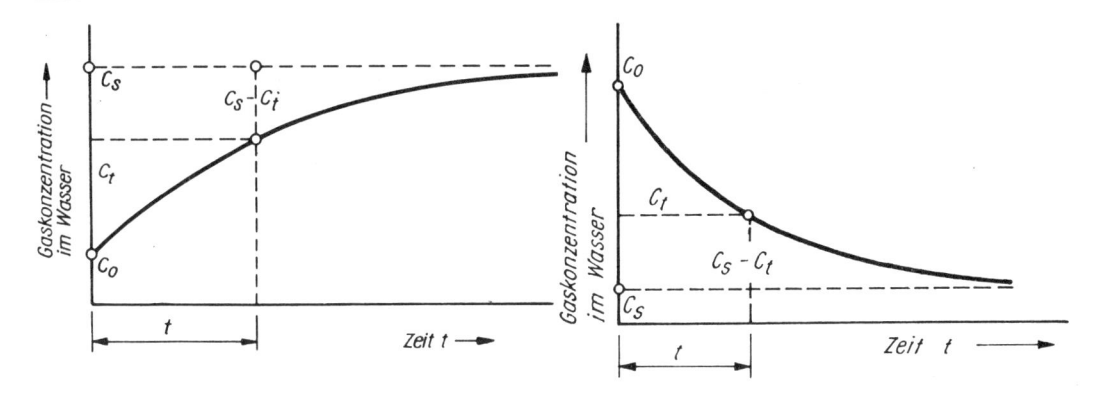

Bild 5.3 Schema der Gasaufnahme

Bild 5.4 Schema des Gasaustrages

Die Geschwindigkeit des Gasaustausches entspricht einer reaktionskinetischen Gleichung erster Ordnung:

$$\frac{dc}{dt} = K^+(c_s - c) \tag{5.3}$$

Die Geschwindigkeit des Gasaustausches kann sowohl größer als auch kleiner als Null sein. Das bedeutet, daß die im Wasser gelöste Gasmenge sowohl größer als auch kleiner als die Sättigungskonzentration sein kann und damit das Gas entweder in die Flüssigkeit eingetragen (Absorption) oder ausgetragen (Desorption) wird.

Die in der Zeiteinheit absorbierte Gasmenge $\frac{dc}{dt}$ ist gleich dem Produkt aus dem Sättigungsdefizit $(c_s - c)$ und der Geschwindigkeitskonstante K^+.

$$K^+ = K\frac{A}{V} \tag{5.4}$$

K^+ enthält das Verhältnis der Gas-Flüssigkeits-Grenzfläche A zum Flüssigkeitsvolumen V. K ist ein Gasübergangskoeffizient.

Sauerstoff $\quad K = 0{,}0096\,(T - 237)$
Stickstoff $\quad K = 0{,}0103\,(T - 240)$
Luft $\quad\quad K = 0{,}0099\,(T - 239)$

Dabei ist T die Temperatur in K.

Die Integration von Gl. (5.3) ergibt

$$c_t - c_o = (c_s - c_o)(1 - e^{-K^+}) \tag{5.5}$$

Die Bilder 5.3 und 5.4 zeigen das Schema des Gaseintrags und des Gasaustrags. *Haney* [5.22] hat diesen Vorgang mit Hilfe der Grenzflächenfilmbildung gut beschrieben. Die Gasaufnahme erfolgt dabei in drei Etappen:
– Diffusion der zu lösenden Gase an die Berührungsfläche Gas–Flüssigkeit
– Übergang der Gasteilchen durch die an der Berührungsfläche entstehenden zwei Grenzflächenfilme
– Diffusion der gelösten Gasteilchen in das Innere der Flüssigkeit bzw. in die Gasphase.

Geschwindigkeitsbestimmend ist, A/V konstant gesetzt, der Übergang durch den Grenzflächenfilm der Flüssigkeit. An diesem Film adsorbierte oberflächenaktive Stoffe können den Gasdurchgang behindern.

In der Wasseraufbereitung geht es meist um die Aufnahme von Luftsauerstoff und um die Entfernung von Kohlensäure. Die mechanische Entsäuerung ist vorteilhaft, da keine Chemikalien zugesetzt werden müssen und keine Aufhärtung eintritt. Während bei offenen Anlagen die

O_2-Anreicherung nahezu bis zur Sättigung erfolgt, wird der CO_2-Gehalt meist nur um 50 bis 80 % reduziert. Dies ist zweifellos oft auf die zu starke Anreicherung des CO_2 im Luftraum an der Phasengrenzschicht zurückzuführen. Nach Gl.(5.1) ergeben sich für 10 °C folgende Werte:

CO_2-Gehalt in der Umgebungsluft	in %	Löslichkeit des CO_2 im Wasser in mg/l
Luft unter Normalverhältnissen	0,03	0,7
Luft in Verdüsungsräumen und in Rohrgitterkaskaden, mit gutem Luftaustausch	0,15	3,5
Wie vor, mit schlechtem Luftaustausch	0,5	11,7

Wird also ein niedriger CO_2-Gehalt gewünscht, so ist auf einen guten Luftaustausch, auf große Austauschflächen und dünne Wasserfilme zu achten. *Axt* [5.9] macht den großen Einfluß des Luftaustausches mit dem im Bild 5.5 dargestellten Vergleich zwischen CO_2 und O_2 deutlich. Für den Austauschgrad wird für den CO_2-Austrag wesentlich mehr Luft benötigt als für den O_2-Eintrag. Hier bieten sich besonders solche Verfahren an, bei denen neben einer laufenden Neubildung von Phasengrenzflächen (Zerstäubung, Verrieselung oder Durchtritt von Luftblasen) Austauschluft in genügender Menge und mit geringer CO_2-Konzentration zur Verfügung steht. Dazu gehören Gleich- und Gegenstromkolonnen. Die letztere ist vorteilhafter, weil CO_2-arme Luft am Systemausgang eingebracht wird und damit ein großes Konzentrationsgefälle zur Verfügung steht.

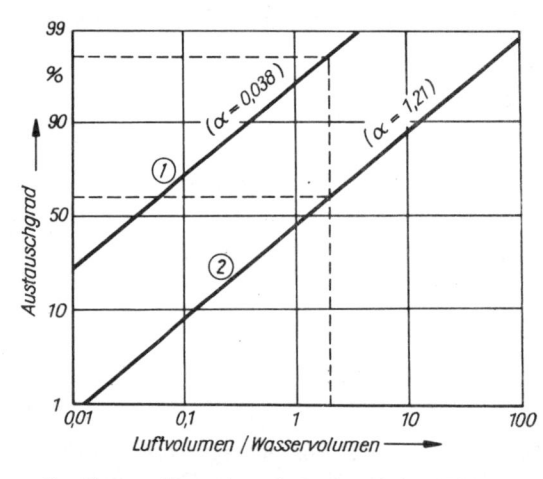

Bild 5.5 Austausch-Wirkungsgrad für CO_2 und O_2 bei idealer Vermischung in Abhängigkeit vom Volumenverhältnis Luft/Wasser

In diesem Zusammenhang gewinnt der Gasaustausch auch für flüchtige organische Stoffe an Bedeutung. Dies kann z. B. zur Entlastung der kostenaufwendigen Aktivkohlefiltration führen. Die möglichen Effekte sind nur über Belüftungsversuche abschätzbar [5.9].

Gl. (5.1) zeigt, daß die Löslichkeit von Gasen mit dem Gesamtdruck der Gasphase steigt. Das ist vorteilhaft für den Gaseintrag unter Druck, z. B. bei Sauerstoff und Ozon. Befriedigende Ergebnisse verlangen einen hohen Turbulenzgrad zur Bildung großer Phasengrenzflächen. Gl. (5.1) und Bild 5.5 zeigen außerdem, daß eine Entsäuerung unter Druck undiskutabel ist, da das Verhältnis Luftvolumen zu Wasservolumen in der Regel < 0,1 ist und damit der theoretisch erreichbare Austauschgrad weit unter 10 % liegt.

5.1. Verfahren der Wasseraufbereitung

5.1.3. Entfernung grob- und kolloiddisperser Stoffe

Im Abschn. 4. sind die Eigenschaften der dispersen Inhaltsstoffe in Abhängigkeit von der Partikelgröße dargestellt. Oberflächenwasser wird besonders bei Starkregen erheblich mehr durch grob- und kolloiddisperse Stoffe belastet. Aber auch bei normaler Wasserführung können z. B. durch den Abwasserpilz extrem große Teilchen auftreten (10 bis 50 mm). Ähnlich liegen die Dinge in Talsperren bei Massenentwicklungen von Algen (0,1 bis 0,3 mm). Es ist deshalb relativ schwierig, die Aufbereitungsverfahren diesen wechselnden Rohwassergüten optimal anzupassen. Versuche zu verschiedenen Jahreszeiten sind aus diesem Grunde zur Erfassung der Dynamik der Rohwassergüte unumgänglich.

Gelegentlich müssen für schnellsedimentierbare Stoffe, wie z. B. bei Sand, spezielle Sandfänge vorgesehen werden. In der Regel sind die Teilchen aber kleiner und leichter, so daß *Sedimentationsverfahren* mit längeren Absetzzeiten notwendig sind. Vor solchen Sedimentationsverfahren sind bei Oberflächenwasser immer *Siebverfahren* vorzusehen, um extrem grobe Verunreinigungen, z. B. Holz und Laub, in Rechenanlagen oder auch wesentlich kleinere Partikel, z. B. Kieselalgen, mit feinmaschigen Sieben zu entfernen.

Der Aufbereitungseffekt *mechanisch wirkender Kiesfilter* hängt außerordentlich stark von der Größe der durchströmten Poren im Filterbett, von der Schichthöhe und von Sekundäreffekten ab. Bei relativ feinem Sand und kleinen Filtergeschwindigkeiten bildet sich auf der Sandoberfläche in der Regel eine *biologisch wirksame Sekundärfilterschicht,* in der auch fein- und kolloiddisperse Teilchen zurückgehalten werden. Dies wird in Langsamsandfiltern und bei den Grundwasseranreicherungsbecken ausgenutzt.

Bei Schnellfiltern ist diese Sekundärfilterschicht unerwünscht, da sie zu großen Filterwiderständen und kurzen Filterlaufzeiten führt. In solchen Fällen ist eine Vorreinigung notwendig.

Die größte Bedeutung bei der Entfernung suspendierter Stoffe haben die *Flockungsverfahren,* da mit ihnen sowohl grob- als auch kolloiddisperse Stoffe aus dem Wasser entfernt werden können.

5.1.3.1. Sieben

Mit den in der Wasseraufbereitung eingesetzten Siebverfahren können zunächst nur Partikel zurückgehalten werden, die größer als die Sieböffnung sind. Es handelt sich damit um ein zweidimensionales Verfahren. Die einfachste Form ist das Absieben mit Hilfe von *Grob- und Feinrechenanlagen,* die periodisch gereinigt werden und eine Schlitzweite von 2 bis 50 mm besitzen. Eine wesentlich größere Bedeutung haben Siebverfahren, die mit *Siebgeweben* der Maschenweiten von 0,63 bis 2,5 mm arbeiten, um Teilchen über etwa 1,0 mm zurückzuhalten. Um noch kleinere Partikel entfernen zu können, verwendet man sogenannte *Mikrosiebgewebe* mit Maschenweite von 0,01 bis 0,1 mm.

Eine Sonderstellung nehmen *Kerzen- und Anschwemmfilter* ein. Kerzenfilter bestehen aus porösem keramischem Material unterschiedlicher Porenweite, mit denen grobdisperse Teilchen,

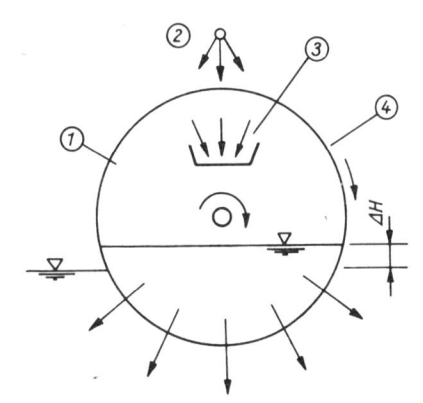

Bild 5.6 Prinzipielle Wirkungsweise einer Siebanlage
1 abgesiebte Schmutzstoffe; *2* Spülwasser; *3* Spülabwasser; *4* Siebgewebe

bei extrem kleiner Porenweite auch Partikel mit 0,005 mm Größe abgesiebt werden können. Bei Anschwemmfiltern wird auf ein grobmaschiges Stützgewebe eine Filterschicht (z. B. Kieselgur) aufgeschwemmt, die je nach Zusammensetzung auch sehr kleine Partikel zurückhalten kann.

Bild 5.6 zeigt die prinzipielle Wirkungsweise einer Siebanlage. Das Wasser durchströmt dabei ein im Wasser bewegtes Siebgewebe von innen nach außen. Die Schmutzstoffe lagern sich innen ab. Das Siebgewebe verstopft immer mehr. Durch Abspritzen von außen nach innen mit Reinwasser wird das Gewebe schließlich in der obersten Stellung gereinigt. Die Maschenweite richtet sich nach dem angestrebten Reinigungseffekt. Eine weitere Anpassungsmöglichkeit besteht noch in der Regelung der Drehzahl, der Eintauchtiefe und des Durchsatzes. Die folgenden groben Richtwerte gestatten eine erste Einschätzung:

Maschenweite des Gewebes mm	Flächenbelastung, auf gesamte Trommeloberfläche bezogen $m^3/m^2 \cdot h$	Einsatzgebiet
0,01 bis 0,1	10 bis 100	Mikrosiebanlage zur Entfernung von Plankton
0,63 bis 2,5	300 bis 800	Siebanlagen als Grobreinigungsstufe

Die Bemessung, besonders der Mikrosiebanlagen, ist an Versuche gebunden. Liegen ausreichende Praxiserfahrungen vor, so kann auch im Labortest der empfohlene Filterindex [5.12] zur Bemessung mit herangezogen werden.

Bild 5.7 zeigt die prinzipielle Wirkungsweise eines Anschwemmfilters. Der Bemessung sind in jedem Fall Versuche zugrunde zu legen.

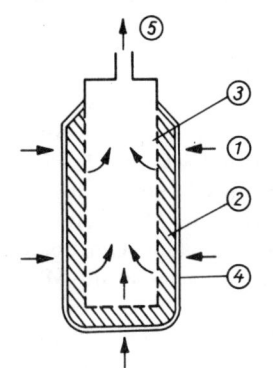

Bild 5.7 Prinzipielle Wirkungsweise einer Anschwemmfilteranlage
1 Rohwasser; *2* Anschwemmfilterschicht; *3* Stützgewebe; *4* zurückgehaltene Schmutzstoffe; *5* Reinwasser

5.1.3.2. Sedimentation

Sedimentationserscheinungen sind in der Natur häufig bei geringen Wassergeschwindigkeiten zu beobachten, z. B. in den Innenkurven von Vorflutern, vor Stauanlagen, in Teichen, Seen und Talsperren. In den Sedimentationsanlagen der Wasseraufbereitung und Abwasserreinigung wird die Fließgeschwindigkeit soweit herabgesetzt, daß die zu entfernenden Partikel absinken und sich auf dem Beckenboden ablagern. Ausgangspunkt der Bemessung ist das Sinken eines Einzelteilchens in einer ruhenden Flüssigkeit. Nach einer Anlaufstrecke sinkt das Teilchen mit konstanter Sinkgeschwindigkeit v_0 ab. Es besteht ein Gleichgewicht zwischen Masse, Auftrieb und Strömungswiderstand [5.16].

$$v_0 = \sqrt{\frac{4}{3} \cdot \frac{g}{\lambda_w} \left(\frac{\rho_F - \rho}{\rho} \right) \cdot d} \qquad (5.6)$$

5.1. Verfahren der Wasseraufbereitung

v_0 Sinkgeschwindigkeit des Einzelteilchens im ruhenden Wasser in cm/s
g Erdbeschleunigung in cm/s^2
λ_w Widerstandsbeiwert
ρ Dichte der Flüssigkeit in g/cm^3
ρ_F Dichte der Partikel in g/cm^3
d Korndurchmesser der Partikel in cm
v kinematische Zähigkeit der Flüssigkeit in cm^2/s

Gl. (5.6) gilt nur für gedrungene, fest begrenzte Teilchen, also z. B. nicht für Hydroxidflocken. Der Widerstandsbeiwert λ_w ist von den Strömungsverhältnissen und der Temperatur, d. h. von der Reynoldszahl Re abhängig:

Für das Einzelteilchen gilt:

$$\lambda_w = f(\text{Re}), \quad \text{Re} = \frac{v_0 \cdot d}{v}$$

Es ergeben sich folgende drei Bereiche:
a) laminarer Bereich: Stokessches Gesetz

$$10^{-4} < \text{Re} < 1, \quad \lambda_w = \frac{24}{\text{Re}}$$

b) Übergangsbereich:

$$1 < \text{Re} < 10^4,$$

$$\lambda_w = \frac{24}{\text{Re}} + \frac{3}{\sqrt{\text{Re}}} + 0{,}34 \tag{5.7}$$

c) turbulenter Bereich: Newtonsches Gesetz

$$\text{Re} > 10^4 \quad \lambda_w = 0{,}4$$

Bild 5.8 zeigt berechnete Sinkgeschwindigkeiten nach Gl. (5.6).

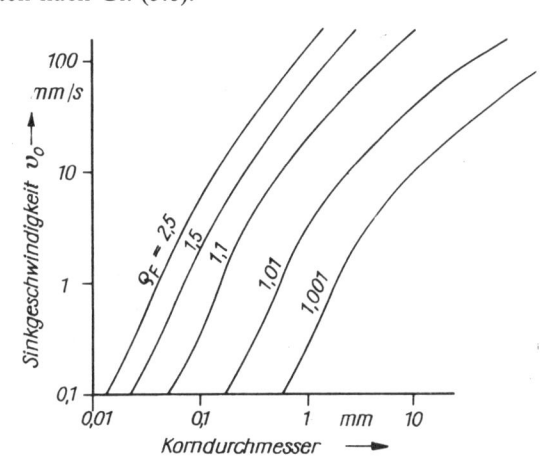

Bild 5.8 Sinkgeschwindigkeit v_0 kugelförmiger Teilchen bei $t = 10\,°C$

Bei nicht kugelförmigen Teilchen ist der Strömungswiderstand größer. Im wesentlichen setzen sich die absetzbaren Stoffe in Sedimentationsanlagen der Trinkwasser- und Abwasserbehandlung im laminaren Bereich und im Übergangsbereich ab. Eine direkte praktische Nutzung der Gl. (5.6) scheitert, da Form und Oberfläche der Partikel von der Kugelform verschieden sind und Größe, Form und Dichte sich während des Sedimentierens verändern können.

Bei allen Rohwässern sind Partikel unterschiedlicher Größe, Form und Dichte abzutrennen. Es handelt sich damit um einen theoretisch nicht erfaßbaren Sedimentationsvorgang. Zur ersten

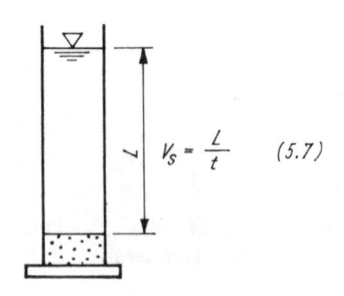

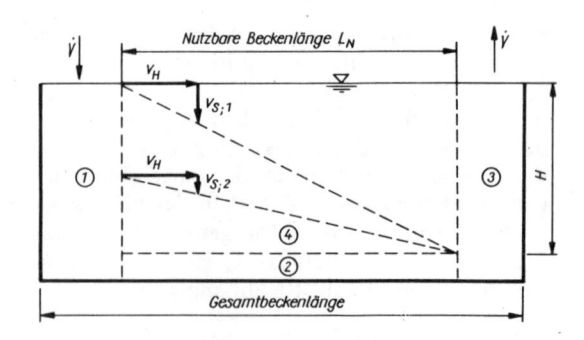

Bild 5.9 Ermittlung der Sinkgeschwindigkeit mittels Standzylinder

Bild 5.10 Schema des Absetzvorganges bei horizontalen Absetzbecken
 1 Einlaufbereich; *2* Schlammstapelraum; *3* Auslaufbereich; *4* Absetzbereich

Einschätzung der Sinkgeschwindigkeit wird der Versuch mittels Standzylinders (Bild 5.9) empfohlen. Die Übertragung der gefundenen Sinkgeschwindigkeiten auf die Großanlage bleibt dabei immer problematisch. Es sind aber in der Regel zumindest Entscheidungen über den Einsatz von Flockungsmitteln zur Erhöhung der Sinkgeschwindigkeit und zur Verbesserung der Ablaufgüte möglich.

In der Wasseraufbereitungspraxis wird meist mit *horizontalen, kontinuierlich durchflossenen Absetzbecken* gearbeitet. Dabei wird die Sinkgeschwindigkeit v_s mit der horizontalen Fließgeschwindigkeit v_H überlagert. Bild 5.10 zeigt das Wirkungsprinzip. Die Störzonen des Ein- und Auslaufbereichs bleiben bei der Berechnung der nutzbaren Beckenlänge L_N unberücksichtigt. L_N wird um so größer, je tiefer das Becken *(H)* ist. Das gleiche gilt für das erforderliche nutzbare Beckenvolumen V_N.

$$V_N = \dot{V} \cdot t = \frac{\dot{V} \cdot H}{v_s} \tag{5.8}$$

t Absetzzeit
v_s Sinkgeschwindigkeit, wird auch als Oberflächenbelastung bezeichnet

$$v_s = \frac{\dot{V}}{A} \tag{5.9}$$

Dabei ist A die Oberfläche des Beckens in m³/m² · h = m/h.

Bild 5.10 zeigt den Absetzvorgang in *ungestörter* Form. In der Praxis ist die Sinkgeschwindigkeit immer kleiner als im ruhenden Wasser $v_s < v_o$. Die Ursachen dafür sind Dichteströmungen, Windeinfluß, noch vorhandene Strömungsstörungen aus der Einlauf- und der Auslaufzone sowie Störung des Sedimentationsvorgangs durch Teilchen mit unterschiedlicher Sinkgeschwindigkeit, die sich beim Absetzvorgang überholen. Dies führt zu mehr oder weniger großen *Kurzschlußströmungen*. Die tatsächliche Aufenthaltszeit (t_p) ist deshalb immer kürzer als die theoretische. Um diese Verhältnisse genauer charakterisieren zu können, wird gelegentlich der *hydraulische Wirkungsgrad* η_H genutzt.

$$\eta_H = \frac{t_p}{t} \tag{5.10}$$

Derartige Betrachtungen sind aber ohne größere praktische Bedeutung, da das Ergebnis keine brauchbare Einschätzung des Aufbereitungseffekts gestattet. Die übliche Bestimmung der tatsächlichen Aufenthaltszeit t_p mit Hilfe von Tracern ist außerdem relativ ungenau. In bestimmten Fällen kann ein schlechterer hydraulischer Wirkungsgrad sogar zu besseren Aufbereitungsergebnissen führen, da z. B. Turbulenz bei Flocken größere Sinkgeschwindigkeiten erbringen kann. Bei der Beurteilung von Absetzanlagen ist allein der *Absetzwirkungsgrad* η_A maßgebend.

Größere Kurzschlußströmungen führen trotzdem in der Regel zu einer Verschlechterung der Absetzwirkung. Durch Verkleinerung des Beckenquerschnitts kann dieser Einfluß vermindert

5.1. Verfahren der Wasseraufbereitung

werden; die Strömung wird stabiler. Ein Kriterium für die *Stabilität der Strömung* ist die Froudezahl.

$$Fr = \frac{v_H^2}{R \cdot g} \geq 10^{-5} \qquad (5.11)$$

$R = \dfrac{A}{U}$ hydraulischer Radius in m

A durchströmte Beckenquerschnittsfläche in m²
U benetzter Beckenumfang in m

Für eine ungestörte Sedimentation ist eine laminare Strömung im Absetzbereich zu fordern. Kriterium hierfür ist die Reynoldszahl Re.

$$Re = \frac{v_H \cdot R}{\nu} \leq 580 \qquad (5.12)$$

Die Beziehungen Gln. (5.11) und (5.12) sind hinsichtlich des Einflusses von v_H gegenläufig. Nach den neuesten Erkenntnissen spielt die Stabilität der Strömung die entscheidende Rolle [5.46]. Bei zu kleinem v_H treten Instabilitäten in horizontalen Absetzanlagen auf, die den Absetzwirkungsgrad verschlechtern. Flache, schmale und lange Absetzbecken erfüllen am besten die Forderungen der Stabilität der Strömung. Der Einbau von Zwischendecken führte zu den sogenannten *Etagenabsetzbecken* (s. Abschn. 5.2.3.2.). Noch größere Durchsatzleistungen und Absetzeffekte sind in vielen Fällen durch Anwendung von *Plattenabscheidern* oder *Rohrbündeln* erreichbar. Die Absetzwege sind bei diesen Konstruktionen wesentlich kürzer (s. Abschn. 5.2.3.3.).

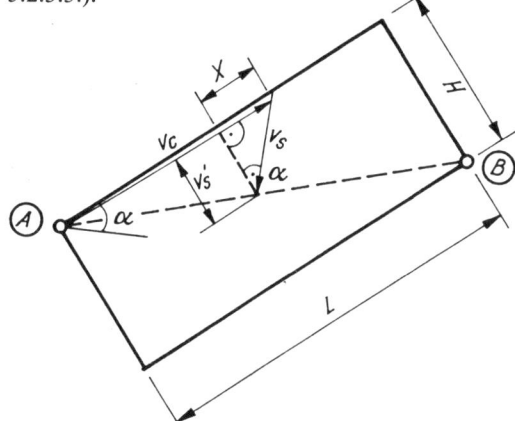

Bild 5.11 Sedimentation am Plattenabscheider

Im Bild 5.11 ist die Sedimentation an einem Plattenabscheider dargestellt [5.29]. Es besteht die Aufgabe, ein Partikel, das im Punkt A den Plattenabscheider erreicht, bis zum Punkt B zur Sedimentation zu bringen.
Es verhält sich

$$\frac{L}{H} = \frac{v_c - x}{v_s}, \quad \cos a = \frac{v_s'}{v_s}, \quad v_s = v_s \cdot \cos a \quad \sin a = \frac{x}{v_s}$$

$$\frac{L}{H} = \frac{v_c - v_s \cdot \sin a}{v_s \cdot \cos a}$$

Abstand, Länge und Durchsatz werden fast immer im Versuch ermittelt, da die Sedimentation, besonders auch bei Flocken, nicht immer in der dargestellten linearen Form verläuft. Die Sinkgeschwindigkeit vergrößert sich oft noch zwischen den Platten. Gelegentlich werden zusätzlich Querrippen eingebaut, um Turbulenz zur weiteren Partikelvergrößerung und damit Erhöhung der Sinkgeschwindigkeit v_s zu erreichen. Der abgesetzte Schlamm rutscht nach einer gewissen Alterung nach unten. Die dafür notwendige Schräglage des Plattenabscheiders richtet sich nach den Schlammeigenschaften. Sie beträgt meist etwa 60°. Diese Konstruktionen werden im zunehmenden Umfang, besonders auch bei Intensivierungsvorhaben, an bestehenden Anlagen eingebaut. In Einzelfällen konnte damit der Durchsatz verdoppelt werden.

In gewissem Umfange werden neben den horizontal durchströmten *rechteckigen* Absetzbecken auch *horizontal durchströmte runde* Anlagen gebaut. Sie sind den Rechteckbecken unterlegen, da durch laufende Geschwindigkeitsänderungen Instabilität der Strömung auftritt.

Bei der Bemessung von Absetzbecken ist zusätzlich zu beachten, daß der bereits abgelagerte Schlamm nicht durch die Schleppkraft des Wassers wieder mitgerissen wird. Bei Flockenschlamm soll aus diesem Grund $v_H < 1{,}0$ cm/s angesetzt werden; bei den Sandfängen ist noch ein v_H von 30 cm/s möglich. Es fehlen insgesamt noch mehr gesicherte Versuchsergebnisse.

Zusammenfassend muß festgestellt werden, daß heute trotz der dargestellten Bemessungsmöglichkeiten eindeutige Aussagen über den erreichbaren Absetzeffekt fehlen. Da auch halbtechnische Versuche nur bedingt Aussagen über die Praxisanlagen liefern, führen lediglich langwierige vergleichende Untersuchungen an Großanlagen, eventuell gekoppelt mit Labortests, zu weiteren Erkenntnissen.

5.1.3.3. Filtration

Die Filtration *(Suspensionsfiltration)* über gekörntes Filtermaterial ist ein räumlich wirkendes Verfahren, obwohl bei sehr kleinen Korndurchmessern und faserartigen Bestandteilen durch Bildung einer *Sekundärfilterschicht* ein zusätzlicher Siebeffekt auftritt. Er ist in der Regel unerwünscht, da er mit einer schnellen Zunahme des Filterwiderstands verbunden ist. Derartige Verunreinigungen sind vorher durch Absetz- oder Siebverfahren zu entfernen. Ausnahmen von dieser Regel bilden die Langsamfilter der Grundwasseranreicherung mit Durchsatzleistungen von nur 1 bis 3 m^3/m$^2 \cdot$ d und Korndurchmessern unter 0,5 mm.

Die Rückhaltung der suspendierten Stoffe über die *Filterschichthöhe* erfolgt durch *Transport- und Festhaltemechanismen* [5.20]. Zwischenmolekulare Kräfte zwischen dem Filtermaterial und den daran vorbeifließenden suspendierten Stoffen führen zu deren Anziehung. Da die Reichweite dieser Kräfte nur gering ist, müssen die suspendierten Partikel sehr nahe an die Kornoberfläche herangeführt werden. Durch die häufige Richtungsänderung im durchströmten Kiesbett ist dies für viele Partikel der Fall. Lediglich Teilchen von etwa 1 bis 3 µm Durchmesser werden nur ungenügend an die Filtermaterialoberfläche herantransportiert. Sie erscheinen im Filtrat. Durch Zusatz von Flockungsmitteln *(Flockungsfiltration)* können sie an die entstehenden Oxidhydratflocken adsorbiert und mit diesen zusammen im Filterbett zurückgehalten werden. Das Absetzen von Partikeln an Stellen geringer Fließgeschwindigkeit ist möglich; der Anteil am gesamten Filtereffekt ist allerdings in der Regel gering.

Als *Filtermaterial* wird meist Quarzkies und -sand eingesetzt. Da die Schlammaufnahme des Filterbetts dem Porenvolumen proportional ist, sind Einkornschüttungen am geeignetsten. Sie sind aber praktisch nicht lieferbar, so daß zumindest Kies und Sand mit einem *engen Siebband* angestrebt wird.

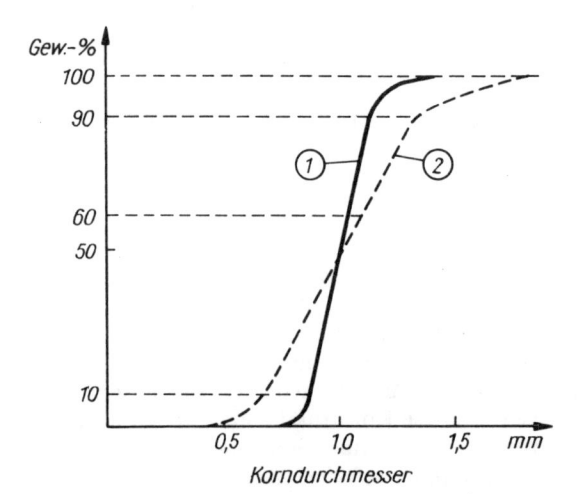

Bild 5.12 Siebanalyse
1 brauchbarer Filtersand,
$$U = \frac{1{,}05}{0{,}8} = 1{,}31;$$
2 unbrauchbarer Filtersand,
$$U = \frac{1{,}10}{0{,}65} = 1{,}7$$

5.1. Verfahren der Wasseraufbereitung

Bild 5.12 zeigt zwei Siebanalysen zum Vergleich. Der *Ungleichförmigkeitsgrad* soll $U \leq 1{,}5$ sein:

$$U = \frac{d_{60\%}}{d_{10\%}}$$

Filtermaterial mit hohem Unterkornanteil (Sand 2) führt zu kürzeren Filterlaufzeiten. *Nowack* [5.36] hat den Einfluß der Ungleichförmigkeit auf die Filterleistung bei der Enteisenung untersucht und dabei für einen Filtersand mit einem $U = 2{,}1$ eine spezifische Eisenaufnahme von 0,259 kg/m^3 Fe und bei $U = 1{,}29$ eine solche von 1,180 kg/m^3 Fe erreicht. Diese Zusammenhänge werden noch zuwenig beachtet. Qualitätsgerechtes Filtermaterial ist die wichtigste Voraussetzung für eine Leistungssteigerung bei der Filtration.

Bei der Benutzung von Filterbemessungsgleichungen oder bei Versuchsauswertungen muß das Korngemisch durch eine stellvertretende Korngröße d_w charakterisiert werden. Dies erfolgt teilweise noch in sehr verschiedener Form. An Hand der Siebanalyse wird d_w wie folgt definiert:

$$d_w = \frac{d_{10} + d_{90}}{2}$$

d_w wirksamer Korndurchmesser in mm
d_x Korndurchmesser für $x\%$ Siebdurchgang in mm

Die *Ablagerung der suspendierten Teilchen* im Filterbett führt zu einer Reduzierung des freien Porenraums. Damit steigen die tatsächliche Filtergeschwindigkeit und der Filterwiderstand an. Vielfach bilden sich aus den Ablagerungen aktive Schmutzbeläge, die selbst weitere Schmutzpartikel zurückhalten. Die Folge ist eine gewisse Filtratverbesserung in den ersten Stunden der Filterlaufzeit. Mit der Erhöhung der tatsächlichen Filtergeschwindigkeit verstärkt sich auch die Scherspannung auf die bereits abgelagerten Partikel. Dadurch kommt es zu einem Abreißen eines Teiles dieser Ablagerungen und zu ihrem Transport in tiefere, noch nicht so stark verschmutzte Filterschichten, in denen sie erneut adsorbiert werden. Zwischen Ablagerung und Ablösen von Partikeln stellt sich schließlich ein dynamisches Gleichgewicht ein. Letztlich tritt eine Verschlechterung der Filtratgüte ein, die sich bei der Suspensionsfiltration vor allem durch eine Trübung des Filtrats zeigt. Kontinuierliche Trübungsmessungen zeigen diesen Zeitpunkt an, so daß dann die *Regenerierung* des Filters eingeleitet werden kann.

Bild 5.13 zeigt links die Veränderung der Konzentration der suspendierten Stoffe über Schichthöhe und Filterlaufzeit.

Es gibt sehr viele Bemühungen, den Vorgang der Suspensionsfiltration in einer *allgemeingültigen Theorie* zu erfassen [5.35]. Überprüfungen dieser z. T. sehr komplizierten und voneinander abweichenden Bemessungsverfahren zeigen, daß sie in der Regel nur für die untersuchten Rohwasserparameter gültig sind. Aus diesem Grunde können sie für die praktische Nutzung nur bedingt empfohlen werden [5.20]. In der Regel führt also nur der Versuch zum Ziele.

Die *räumlich-zeitliche Veränderung* der Suspensionskonzentration hängt sowohl von der Filtergeschwindigkeit und dem Korndurchmesser als auch von der Konzentration und den filtertechnischen Eigenschaften der Suspension ab. Die grobdispersen Stoffe, wie Fasern, Kieselalgen usw., werden in Kiesfiltern gut zurückgehalten. Vor allem die kolloiddispersen Stoffe werden dagegen kaum reduziert. In diesen Fällen müssen geeignete Flockungsmittel zugesetzt werden. Auf diese Reaktionen wird im Abschn. 5.1.3.3. näher eingegangen. Diese Flockungsmittel werden entweder direkt in den Filterzulauf dosiert (Flockungsfiltration) oder dem Rohwasser in Grobaufbereitungsanlagen zugesetzt. Im letzten Falle gelangen nur die noch nicht abgesetzten Flocken auf die nachgeschalteten Filter.

Bild 5.13 zeigt im *Filterwiderstandsdiagramm* den räumlich-zeitlichen Verlauf der Drücke im Filterbett an einem offenen Schnellfilter. Beim Anfahren stellt sich durch den Druckverlust die Drucklinie $A-C$ ein. Die Schmutzstoffe werden während der Filtration vorwiegend in den oberen Filterschichten zurückgehalten, so daß auch dort der Filterwiderstand stärker anwächst. Unterhalb der Linie $D'-E'-F'-G'$ ist ein paralleler Verlauf zu $A-C$ erkennbar. Diese Filterschichten sind also noch nicht belastet. Daraus erkennt man die „Verstopfungstiefe" des Filters. Nach 9 Stunden tritt im Beispiel des Bildes 5.13 im oberen Bereich bereits Unterdruck auf, der zu Ent-

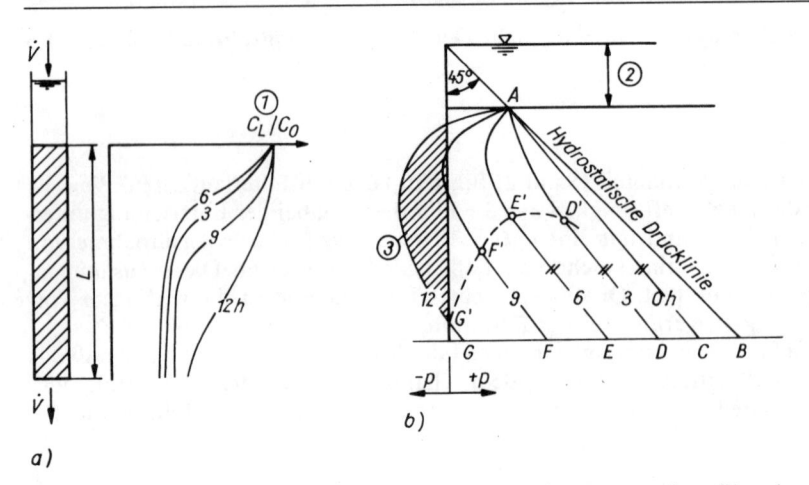

Bild 5.13 Betriebsverhalten von Kiesfiltern bei der Suspensionsfiltration
   a) Veränderung der suspendierten Stoffe über die Schichthöhe
   b) Filterwiderstandsdiagramm
   1 C_0: Konz. im Rohwasser; C_L: Konz. in der Tiefe L; *2* Überstau; *3* Unterdruck

gasungen führen kann, so daß der Gesamtfilterwiderstand noch rascher ansteigt. Je größer der Überstau ist, desto später tritt dies ein. Hier wird ein Vorteil der Druckfilter gegenüber dem offenen Schnellfilter deutlich.

In der Regel steigt bei der Suspensionsfiltration der *Gesamtfilterwiderstand* mit der Laufzeit exponentiell an. Den Unterschied zwischen Druckfiltern und offenen Filtern macht Bild 5.14 deutlich.

$$\Delta H_t = \Delta H_{t=0} + e^{K \cdot t} \tag{5.13}$$

$\Delta H_{t=0}$ Anfangsfilterwiderstand
ΔH_t Filterwiderstand zur Laufzeit t
K Filterbeiwert, abhängig von d_w, der Filtergeschwindigkeit v_F und der Rohwassergüte

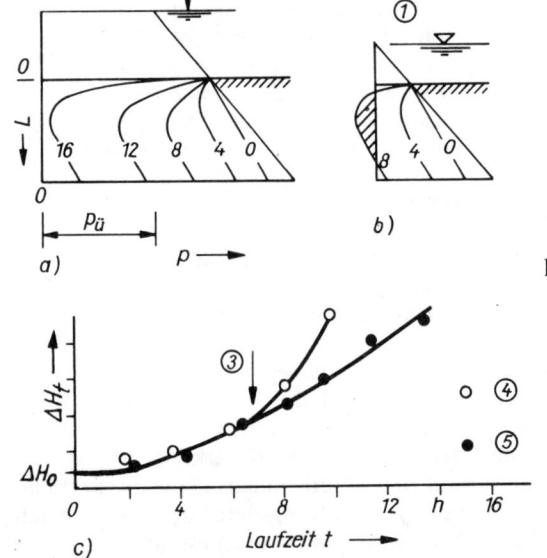

Bild 5.14 Filterwiderstandsdiagramm für offene und Druckfilter
   a) Filterwiderstandsdiagramm – Druckfilter
   b) Filterwiderstandsdiagramm – offene Filter
   c) Gesamtfilterwiderstandsdiagramm
   1 Überstau; *2* Überdruck; *3* Beginn Unterdruck in offenen Filtern; *4* offene Filter; *5* Druckfilter

5.1. Verfahren der Wasseraufbereitung

Bild 5.15
Filtratgüte und Filterwiderstand bei der Suspensionsfiltration
1 Filtratgüte; *2* Filterwiderstand; *3* Grenzfilterwiderstand; *4* Filtratgrenzgüte; *5* opt. Filterlaufzeit

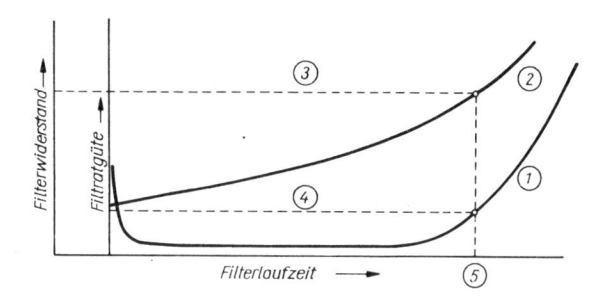

Auf halblogarithmischem Papier stellt sich die Abhängigkeit (5.13) als Gerade dar (ΔH logarithmisch; t linear). Dadurch ist eine Extrapolation von Versuchswerten z. B. von 12 auf 24 Stunden leicht möglich. Es gibt auch Abweichungen von dieser exponentiellen Abhängigkeit. So steigt z. B. bei der Fe^{3+}-Filtration der Filterwiderstand linear an.

Die *optimale Auslegung* eines Filters ist dann erreicht, wenn der nach ökonomischen Kriterien festgelegte *Grenzfilterwiderstand* zur gleichen Filterlaufzeit eintritt wie die zugelassenen *Filtratgrenzgüte*. Bild 5.15 zeigt den typischen Verlauf der Filtratgüte und des Filterwiderstands. Voraussetzung für diese Filteroptimierung ist die Detailuntersuchung der wichtigsten Einflußfaktoren auf den Filterprozeß. Dazu gehören vor allem der Korndurchmesser, die Filtergeschwindigkeit, die Filterlaufzeit, die Filterbettiefe und eventuell zugegebene Flockungsmittel. Bild 5.16 macht diese Zusammenhänge noch einmal für den Einflußfaktor d_w an einem Beispiel deutlich. In diesem Fall werden für $d_w = 0,85$ mm und eine Filterlaufzeit von 17 Stunden optimale Verhältnisse erreicht.

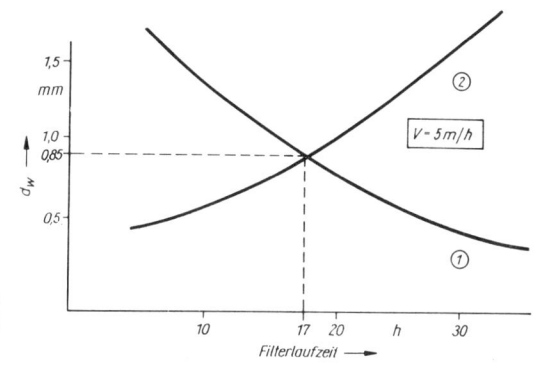

Bild 5.16 Filteroptimierung nach d_w
1 mögliche Filterlaufzeit nach der Grenzgüte; *2* mögliche Filterlaufzeit nach dem Grenzfilterwiderstand

In Tafel 5.1 werden zur ersten Orientierung einige Bemessungsrichtwerte angegeben. Zur Optimierung des Einzelfalls sind innerhalb der angegebenen Bereiche entsprechende Filterversuche durchzuführen.

Die in der Tafel 5.1 genannten Richtwerte beziehen sich auf die in *Europa* vorwiegend eingesetzten *Einschichtfilter* mit relativ großem Korndurchmesser und hoher Filterschichthöhe. Die sogenannten *amerikanischen* Filter arbeiten vielfach mit Schichthöhen unter 0,8 m und einem d_w zwischen 0,4 und 0,7 mm. Um bei diesen Filterparametern noch wirtschaftliche Filterlaufzeiten zu erreichen, wird bei offenen Filtern die in Europa übliche Überstauhöhe von etwa 0,3 bis 0,8 m auf 2 bis 3 m erhöht.

Nach Erreichen des Grenzfilterwiderstands bzw. der Filtratgrenzgüte müssen die Kiesfilter *regeneriert* werden. Bei den in Europa vorherrschenden Einschichtfiltern wird eine *kombinierte Luft-Wasser-Spülung* angewendet. Übliche Spülung:
- 1 Minute Luft mit Spülgeschwindigkeit $v_L = 60$ bis 70 m/h
- 10 bis etwa 20 Minuten Luft und Wasser mit Spülgeschwindigkeit $v_L = 60$ bis 70 m/h und $v_W = 12$ m/h
- 5 Minuten Wasser mit Spülgeschwindigkeit $v_W = 12$ m/h.

Tafel 5.1. Bemessungsrichtwerte für Kiesfilter (Suspensionsfiltration)

Rohwassergüte	Filter-schicht L m	Filter-geschwindigkeit v_F m/h	wirksamer Korndurchmesser der Filterschicht d_w mm	eingesetzt als
Flußwasser, sehr faserhaltig, ohne Vorreinigung	$\leq 1,5$	4...8	4,0	Vorfilter
Flußwasser, kaum faserhaltig, ohne Vorreinigung	$\leq 2,5$	4...8	1,8...2,5	Filter für Betriebswasseraufbereitung
Planktonhaltiges Seenwasser mit vorgeschalteter Mikrosiebanlage	$\leq 2,5$	3...6 5...10	1,3 1,0...1,3	Hauptfilterstufe für Trinkwasseraufbereitung
Ablauf einer Grobaufbereitungsanlage (z. B. Schwebefilter)	$\leq 2,5$	6...10	1,3...1,7	Filter für Feinreinigung von Trink- und Betriebswasser
Oberflächenwasser mit Flockungsmittel	s. 5.1.3.4.			Flockungsfilter

Bei dieser Rückspülung kommt es zu keiner nennenswerten Expansion des Filterbetts. Bei den amerikanischen Filtern wird meist nur mit Wasser regeneriert. Die Expansion beträgt 15 bis 50 % der Filterschichthöhe [5.17].

Die Praxis zeigt, daß es bei vielen Filteranlagen, die nur mit Wasser regeneriert werden, zu Betriebsschwierigkeiten durch die Bildung von nicht mehr regenerierbaren „Schmutznestern" im Filterbett kommt. Aus diesem Grunde wird auch bei diesen Anlagen immer häufiger mit Luftzusätzen gearbeitet.

Repräsentative vergleichende Untersuchungen zwischen beiden Systemen fehlen noch. Ein gewisser Trend zu „Kompromißlösungen" ist erkennbar, um die Vorteile beider Verfahren besser nutzen zu können.

Einschichtfilter werden in den tieferen Schichten kaum ausgenutzt. Aus diesem Grunde werden in zunehmendem Maße sogenannte *Mehrschichtfilter* angewendet. Dabei wird bei der fast ausschließlich üblichen *Abwärtsfiltration* die Feinsandschicht mit einem gröberen, spezifisch leichteren Material, meist Anthrazit oder Blähton, überschichtet. Dadurch erhöht sich die Schlammaufnahmefähigkeit. Gleichzeitig sinkt der Gesamtfilterwiderstand, und es sind größere Filtergeschwindigkeiten bzw. Filterlaufzeiten möglich. Mit Mehrschichtfiltern sind natürlich auch bessere Filtratgüten durch Verkleinerung des Korndurchmessers der Unterschicht oder durch die jetzt mögliche Anwendung der Flockungsfiltration zu erreichen. Die Mehrschichtfiltration ist ein Hochleistungsverfahren, bei dem höhere Ansprüche an die Filteroptimierung gestellt werden müssen. Ein besonderes Problem ist die richtige Abstimmung der Korndurchmesser der Ober- und Unterschicht, der Schichthöhen und der Materialdichten. Dabei sind die zusätzlichen Einflüsse wechselnder Rohwassergüte bei diesem Verfahren besonders zu beachten. Nicht in jedem Falle sind Mehrschichtfilter dem Einschichtfilter überlegen. Oft genügt die nachträgliche Filteroptimierung eines vorhandenen Einschichtfilters.

Bild 5.17 zeigt die veränderten Druckdiagramme. In Einzelfällen werden auch Mehrschichtfilter im *Aufwärtsstrom* angewendet. Hier kann Filtermaterial gleicher Dichte eingesetzt werden. Problematisch ist bei dieser Konstruktion die Verstopfungsgefahr des Filterbodens bei Rohwässern mit fasrigen Partikeln.

Bei der Mehrschichtfiltration ist die Anwendung der Luft-Wasser-Spülung in der üblichen Form nicht möglich, da sich die Schichten miteinander vermischen würden. Meist wird in diesem Falle nur mit Wasser rückgespült, wobei das Filterbett um etwa 20 bis 30 % expandieren

5.1. Verfahren der Wasseraufbereitung

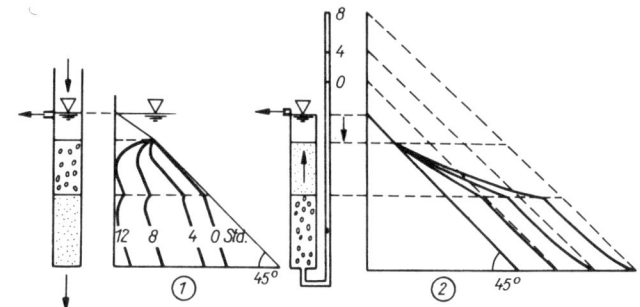

Bild 5.17
Druckdiagramm bei Mehrschichtfiltern
1 Zweischichtfilter – Abwärtsfiltration;
2 Zweischichtfilter – Aufwärtsfiltration

soll. Die Spülgeschwindigkeit ist von der Korngröße und der Dichte des Filtermaterials abhängig. Der Verzicht auf die Luftanwendung verstärkt natürlich die Gefahr der Bildung von Schmutznestern im Filterbett. Aus diesem Grunde empfiehlt sich, in größeren Abständen mit Luft zusätzlich zu regenerieren und anschließend nur mit Wasserspülung das Filtermaterial wieder zu klassieren. Die Rückspülzeit nur mit Wasser beträgt meist weniger als 5 Minuten. Die notwendige Spülgeschwindigkeit liegt etwa zwischen 30 und 70 m/h.

5.1.3.4. Flockung

Die Flockung hat in der Wasseraufbereitung in den letzten Jahrzehnten erheblich an Bedeutung gewonnen, da mit diesem Verfahren sowohl die höheren Güteansprüche an Trink- und Betriebswasser erfüllt werden können als auch die Durchsatzleistungen der Anlagen weiter steigerbar sind. Es geht bei der Flockung vor allem um die Reduzierung *kolloidaler* organischer und anorganischer Verbindungen. Diese stabilen, einsinnig aufgeladenen Kolloide stoßen sich gegenseitig ab und sind in diesem Zustand nicht zu größeren abscheidbaren Partikeln zu vereinigen. Auch grobdisperse Inhaltsstoffe mit nur kleinen Sinkgeschwindigkeiten erhalten bessere Sedimentationseigenschaften. In Sonderfällen können auch echt gelöste Stoffe reduziert werden. Zu den entfernbaren Stoffen gehören u. a. Kohlenhydrate, Fette, silikatische Trübstoffe, Eiweißstoffe, Huminstoffe, Ligninsulfosäuren, Mineralöle und Tenside.

Die Wasserbehandlung durch Flockung ist in ihren Grundlagen vor allem durch *Walther* und *Winkler* [5.45] näher untersucht worden. Diese Arbeiten gestatten einen tieferen Einblick in die einzelnen Teilprozesse. Da diese Ergebnisse keine durchgehende mathematische Behandlung gestatten, sind vor allem gezielte Versuche zur *Verfahrensoptimierung* von erstrangiger Bedeutung. Problematisch ist außerdem für viele Fälle die *Anlagenoptimierung,* da die Übertragbarkeit von Laboruntersuchungen und halbtechnischen Versuchen auf Großanlagen nicht ohne weiteres möglich ist.

Als Flockungsmittel werden eingesetzt:
– der *Hydrolyse unterliegende Metallsalze,* z. B. Aluminiumsulfat, Eisen(III)-chlorid und Eisen(II)-sulfat
– synthetische, modifizierte natürliche und unveränderte natürliche *organische Polymere.* Sie werden allein oder in Kombination mit Metallsalzen eingesetzt.
– das anorganische anionische Polymer „*aktivierte Kieselsäure*". Es wird in der Regel zusammen mit Metallsalzen benutzt.
– Kalkhydrat. Es wird allein oder in Kombination mit Metallsalzen und Polymeren verwendet.
In Sonderfällen können auch, in der Regel mit Polymeren kombiniert, bestimmte Tone, Bentonite, Aschen und andere Abprodukte eingesetzt werden.

Der Gesamtprozeß der Flockung läßt sich im allgemeinen in vier *Prozeßschritte* unterteilen:
– intensive kurzzeitige *Vermischung* des Flockungsmittels mit dem Rohwasser
– *Entstabilisierung* der kolloiden Inhaltsstoffe
– Flockungsbildungsprozeß durch *Transportvorgänge*
– *Abtrennung der Flockung* durch Sedimentation oder Filtration.

Art und Menge der einzusetzenden Flockungsmittel hängen in besonderem Maße von der Stabi-

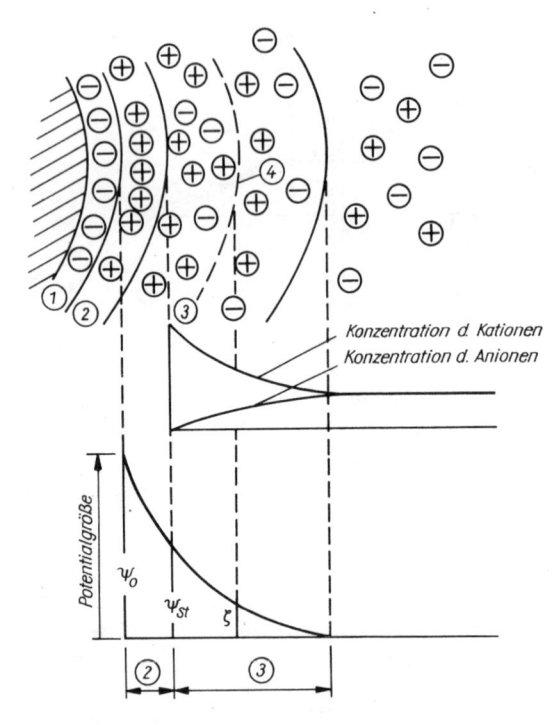

Bild 5.18 Ionenverteilung an einem negativ geladenen Kolloidteilchen
1 adsorbierte Anionenschicht; *2* Gegenionenschicht (Kationen) – Sternschicht; *3* Gouy-Chapmanschicht bis zum Anionen-Kationengleichgewicht reichend; *4* Scherfläche bei Elektrophorese

lität der *kolloiden* Inhaltsstoffe ab. Sie läßt sich durch die Ionenverteilung an den Kolloidteilchen einschätzen.

Bild 5.18 zeigt die prinzipiellen Zusammenhänge. An Phasengrenzflächen findet ein Übergang von Ladungsträgern statt. Die Partikel der dispersen Phase erhalten durch Elektronen oder spezifisch adsorbierte Ionen eine Grenzflächenladung. Diese Ladung wird auf der Seite des Dispersionsmittels durch eine gleich große Anzahl entgegengesetzt geladener Teilchen kompensiert. Diese Gegenionen bilden keine kompakte Schicht; sie sind diffus und dynamisch um das Kolloidteilchen gruppiert.

Der sich einstellende Schichtenaufbau unmittelbar am Kolloidteilchen sowie in seiner Umgebung führt zu thermodynamischen bzw. elektrischen Potentialen, die schematisch im Bild 5.18 dargestellt sind. Das sogenannte Nernstpotential ψ_0 umfaßt das Potential von der Schicht der adsorbierten Anionen bis zum Ende der sogenannten Gouy-Chapman-Schicht; das Sternpotential ψ_{St} ist das Potential zwischen der Stelle der höchsten Dichte der Ladungen der Kationen in der Sternschicht und dem Ende der Gouy-Chapman-Schicht.

Sowohl das Nernstpotential ψ_0 als auch das Sternpotential ψ_{St} sind nicht meßbar. Man versucht nun auf experimentellem Wege, mit Hilfe des sogenannten *Zetapotentials* die *Stabilität des Kolloids* einzuschätzen. Beim Anlegen einer Gleichspannung wandern die Kolloidpartikel in die eine Richtung und die weniger fest in der Doppelschicht verankerten Gegenionen in die andere. Dieser Vorgang (Elektrophorese) läßt sich im Ultramikroskop verfolgen. Aus der gemessenen Wanderungsgeschwindigkeit läßt sich schließlich das Zetapotential berechnen. Beim Wandern des Kolloids wird außer der festhaftenden Sternschicht auch noch ein kleiner Teil der Gouy-Chapman-Schicht mitgerissen. So entsteht eine Art Scherfläche gegenüber dem restlichen unbeweglich bleibenden Teil dieser Schicht. Die Lage der Scherfläche ist für die Größe des Zetapotentials verantwortlich. Das Zetapotential ist sowohl von der Ionenkonzentration als auch von der Ionenwertigkeit abhängig. Damit besteht die Möglichkeit, derartige kolloide Systeme durch Zugabe entsprechender Ladungsträger zu verändern. Es muß allerdings festgestellt werden, daß das Zetapotential keinesfalls geeignet ist, den Flockungsvorgang zuverlässig darzustellen. Die Meßmethode der Wanderungsgeschwindigkeit zur Ermittlung des Zetapotentials ist zeitaufwendig und umständlich. Nur in wenigen Einzelfällen wird deshalb dieses Verfahren als

5.1. Verfahren der Wasseraufbereitung

Steuergröße für den Flockungsprozeß eingesetzt. Eine wesentlich größere Bedeutung haben in diesem Zusammenhang Laborflockungsversuche [5.45].

Wirkmechanismen und Reaktionen
Der für das Flockungsverfahren entscheidende Prozeßschritt der *Entstabilisierung* kann vorwiegend durch die folgenden Mechanismen erfolgen [5.45]:
- *spezifische Koagulation:* Beseitigung der Abstoßungskräfte der Kolloide durch Adsorption oder chemische Bindung von entgegengesetzt geladenen Gegenionen bzw. Gegenkolloiden, die sich aus dem Flockungsmittel bilden
- *Einschlußflockung:* Abbau der Abstoßungskräfte durch vorwiegend mechanischen Einschluß der Kolloide in das ausfallende Aluminium- oder Eisenhydroxid
- *Flockulation:* Überwindung der Abstoßungskräfte durch Anlagerung von brückenbildenden Polymerflockungsmitteln.

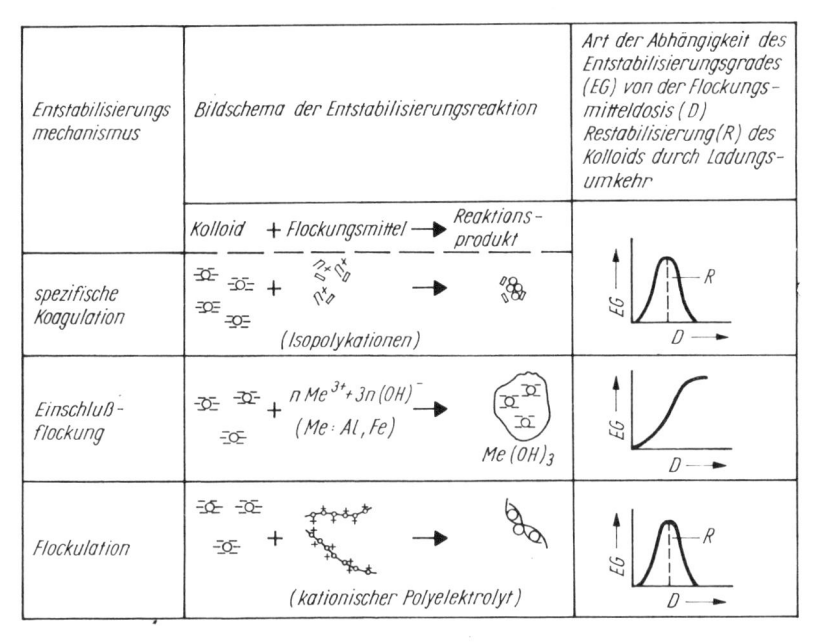

Entstabilisierungs-mechanismus	Bildschema der Entstabilisierungsreaktion	Art der Abhängigkeit des Entstabilisierungsgrades (EG) von der Flockungs-mitteldosis (D) Restabilisierung (R) des Kolloids durch Ladungs-umkehr
	Kolloid + Flockungsmittel → Reaktions-produkt	
spezifische Koagulation	(Isopolykationen)	EG ↑, Kurve mit R, D →
Einschluß-flockung	$nMe^{3+} + 3n(OH)^-$ (Me: Al, Fe) → $Me(OH)_3$	EG ↑, S-Kurve, D →
Flockulation	(kationischer Polyelektrolyt)	EG ↑, Kurve mit R, D →

Bild 5.19 Charakterisierung der Hauptarten der Entstabilisierung negativ geladener kolloidaler Wasserinhaltsstoffe

Im Bild 5.19 sind nach [5.45] die typischen Merkmale der Entstabilisierung dargestellt. Bei der Flockung natürlicher Rohwässer laufen vielfach mehrere Entstabilisierungsmechanismen gleichzeitig ab.
Transportvorgänge führen zum Kontakt der Partikel, die aus der Entstabilisierung entstanden sind. Sie haben für die Bildung abscheidbarer Flocken eine große Bedeutung. In der ersten, der sogenannten *perikinetischen Phase* sind die Flocken kleiner als 1 μm und unterliegen damit noch der Brownschen Molekularbewegung. Die entstehenden Mikroflocken sind nicht sichtbar. Erst in der anschließenden, der sogenannten *orthokinetischen Phase* entwickeln sich durch *Eintrag von Bewegungsenergie* abscheidbare Makroflocken.
Die Transportvorgänge sind für die Bildung abtrennbarer Flocken geschwindigkeitsbestimmend.
Durch Flockung können teilweise auch gelöste Inhaltsstoffe entfernt werden, und zwar auf Grund von Fällungs-, Ligandenaustausch- und Adsorptionsreaktionen [5.45]. So werden z. B. durch Kalkzugabe Orthophosphationen entfernt. Aber auch durch Aluminium- und Eisenhydroxid können gelöste Stoffe adsorptiv fixiert werden.

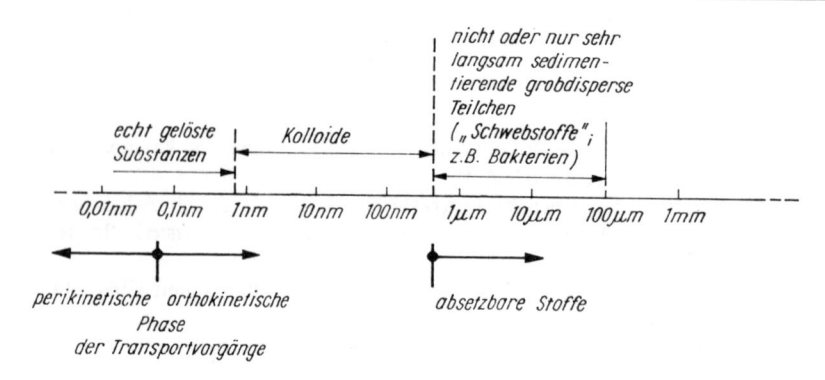

Bild 5.20 Bereiche der Größen von Wasserinhaltsstoffen

Im Bild 5.20 sind die Größenbereiche der entsprechenden Inhaltsstoffe und Flockungsphasen dargestellt. Ab etwa 0,1 mm besitzen die entstandenen Partikel bei ausreichender Dichte die notwendige Sinkgeschwindigkeit.

Eine große Bedeutung hat bei der Flockung neben der Flockungsmittelart und -menge der pH-Wert. Für diese drei Größen existieren Optima. Bei der Anwendung mehrerer Flockungsmittel spielen auch die Reihenfolge und der zeitliche Abstand der Dosierung der verschiedenen Substanzen eine Rolle.

Der *Restgehalt der Flockungsmittel* im Reinwasser kann für die Prozeßoptimierung ebenfalls von Bedeutung sein. In diesem Zusammenhang spielt auch die *Löslichkeit* der Flockungsmittel eine große Rolle. Sie ist stark pH-Wert-abhängig (Bild 5.21).

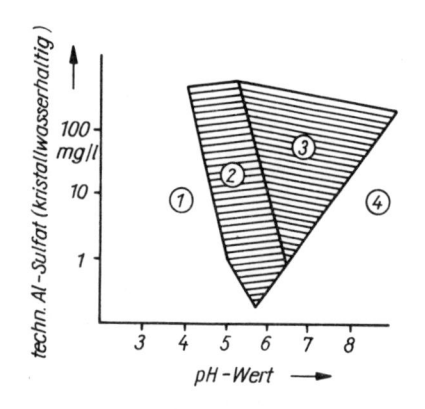

Bild 5.21 Zustandsdiagramm von Al-Verbindungen
1 Al^{3+}; *2* lösliche mehrkernige Komplexe; *3* $Al(OH)_3$; *4* $[Al(OH)_4]^-$

Bei der Lösung des Flockungsmittels $Al_2(SO_4)_3 + n\,H_2O$ bildet sich nach Dissoziation und Hydratiation des Kations das Ion $[Al(H_2O)_6]^{3+}$. Dieses Ion ist nur bei pH-Werten > 3 beständig. Ist der pH-Wert des Wassers höher, so entstehen durch Abgabe von H-Ionen schwächer geladene Komplexe:

$$[Al(H_2O)_6]^{3+} + H_2O \rightleftharpoons [Al(H_2O)_5OH]^{2+} + H_2O + H^+$$

Entsprechend dem pH-Wert des Reinwassers und seiner Pufferkapazität entstehen weitere Zwischenstufen bis zum ungeladenen Aluminiumhydroxid $[Al(H_2O)_3(OH)_3]$. Da dieses Produkt im Gleichgewicht zu den positiv geladenen Komplexen steht und diese in das Gitter des ungeladenen Aluminiumhydroxids eingebaut sind, ist das letztere noch mehr oder weniger positiv geladen. Es befindet sich zunächst noch im kolloidalen Zustand und kann die negativ geladenen Schmutzstoffe entstabilisieren. Eine zu hohe Dosierung an Flockungsmitteln, verbunden mit tieferem pH-Wert, kann zu einer erneuten, aber positiven Aufladung und damit zu Effektverschlechterung führen. Bei hohen pH-Werten (> 8,0) bilden sich negativ geladene, lösliche Alu-

5.1. Verfahren der Wasseraufbereitung

minate, z. B. $[Al_2(OH)_7]^-$. Damit wird die Entstabilisierung verhindert, und das Aluminium erscheint im Filtrat.

Die *Koagulation* wird allgemein als *optimaler Flockungsmechanismus* eingeschätzt. Die notwendigen Flockungsmittelmengen sind gering, und der anfallende Schlamm ist relativ wasserarm. Die Koagulation verlangt jedoch die genaue Einhaltung einer optimalen Flockungsmitteldosis. Wird zuviel dosiert, tritt eine *Restabilisierung* (s. Bild 5.19) und damit eine schlechtere Reinwasserqualität ein. Die Koagulation ist damit empfindlich gegen Konzentrationsänderungen, Art und Größenverteilung der Inhaltsstoffe und des Salzgehalts. Die wirksamen, hochvalenten Makroionen der Al- und Fe-Salze werden außerdem nur bei *niedrigen pH-Werten* gebildet. Bei gut gepufferten Wässern ist in solchen Fällen eine erhebliche Säurezugabe notwendig. Aus all diesen Gründen spielt die Koagulation in der Wasseraufbereitungspraxis keine dominierende Rolle.

Die *Einschlußflockung* verlangt größere Flockungsmittelmengen. Sie ist bei höheren *pH*-Werten realisierbar. Der anfallende Schlamm ist relativ wasserreich und schwer entwässerbar. Eine Restabilisierung bei Überdosierung tritt nicht ein (s. Bild 5.19). In vielen Fällen liegt der durch Laborversuche zu ermittelnde optimale *p*H-Wert bei den Al-Salzen zwischen etwa 5,5 und 7,0 und bei den Fe-Salzen über 7,5. Ausnahmen von dieser Regel sind nicht selten. Bild 5.22 zeigt den typischen Flockungsverlauf mit Metallsalzen. Der Unterschied zwischen Koagulation und Einschlußflockung wird nochmals deutlich.

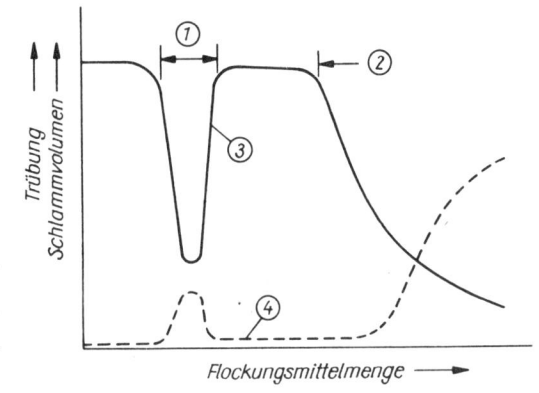

Bild 5.22 Typischer Flockungsverlauf mit Metallsalzen
1 Koagulation; *2* Einschlußflockung; *3* Trübung im Klarwasser; *4* Schlammmenge

Tafel 5.2. *Richtwerte für die notwendigen Flockungsmittelmengen*

Flockungsmittel	Notwendige Flockungsmittelmenge in mg/l			
	Grobaufbereitung		Flockungsfiltration	
	CSV-Mn $\leq$ 30 mg/l	CSV-Mn > 30 mg/l	CSV-Mn $\leq$ 30 mg/l	CSV-Mn > 30 mg/l
$Al_2(SO_4)_3 + nH_2O$	20...60	60...120	5...20	20...40
$FeSO_4 + 7H_2O$	15...40	40...80	5...15	15...30
$FeCl_3$	10...30	30...50	5...10	10...20

In Tafel 5.2 sind einige grobe Richtwerte für die Flockungsmittelmengen auf Grund praktischer Erfahrungen zusammengestellt.

Zur Bildung des Hydroxids der Metallsalze sind Hydroxylionen notwendig. In der Regel enthält das zu behandelnde Rohwasser dafür genügend Hydrogenkarbonate. Ist dies nicht der Fall, so wird $Ca(OH)_2$ oder $NaOH$ zugesetzt.

Die entsprechenden Reaktionen lassen sich summarisch mit genügender Genauigkeit wie folgt darstellen:

$Al_2(SO_4)_3 + 3\ Ca(HCO_3)_2 \rightarrow 2\ Al(OH)_3 + 3\ CaSO_4 + 6\ CO_2$

$Al_2(SO_4)_3 + 3\ Ca(OH)_2 \rightarrow 2\ Al(OH)_3 + 3\ CaSO_4$

$2\ FeCl_3 + 3\ Ca(HCO_3)_2 \rightarrow 2\ Fe(OH)_3 + 3\ CaCl_2 + 6\ CO_2$

$2\ FeCl_3 + 3\ Ca(OH)_2 \rightarrow 2\ Fe(OH)_3 + 3\ CaCl_2$

$2\ FeSO_4 + 3\ Ca(HCO_3)_2 + Cl_2 \rightarrow 2\ Fe(OH)_3 + 2\ CaSO_4 + CaCl_2 + 6\ CO_2$

An diesen Beispielsreaktionen ist erkennbar, daß eine beachtliche Reduzierung der Karbonathärte mit entsprechender Zunahme der Nichtkarbonathärte eintritt. Gleichzeitig sinkt der pH-Wert durch die entstehende Kohlensäure. Wird $Ca(OH)_2$ oder NaOH zugesetzt, so kommt es zur Neutralisation.

Die *Flockulation* allein führt nur bei wenigen Rohwässern zu den gewünschten Aufbereitungseffekten. Das Flockungsmittel liegt vorwiegend in „eindimensionaler" kolloidaler Form vor und *verknüpft* offenbar die zu entfernenden kolloiden Schmutzstoffe durch Brückenbildung miteinander. Die Makroionen der *kationischen Polyelektrolyte* sind Träger positiver Ladungen, die der *anionischen Polyelektrolyte* Träger negativer Ladungen. Daneben gibt es Polymere, die sowohl negative als auch positive Ladungen besitzen. Die maximale Ausdehnung der Moleküle beträgt 500 nm und mehr. Form und Wirkung der einzelnen Handelsprodukte sind sehr unterschiedlich. Ohne spezifische Untersuchungen und Beratung durch die Produzenten ist ihr wirtschaftlicher Einsatz nicht zuverlässig einschätzbar. Eine Überdosierung führt zur Restabilisierung. Die entstehenden Flocken sind voluminös. Bei der Flockulation werden polymere Flokkungsmittel allein eingesetzt. Meist werden sie aber mit Metallhydroxiden gekoppelt zugegeben. Der beim Zusatz von Polymeren entstehende *Brückenbildungseffekt* wirkt sich außerordentlich günstig auf die Bildungs- und Sedimentationsgeschwindigkeit der Flocken aus. Die billigere aktivierte Kieselsäure ist dabei den Polymeren auf Polyacrylamidbasis häufig überlegen. Das neuentwickelte, hochviskose Stipix AD-K hat sich der aktivierten Kieselsäure (AK) oft als überlegen gezeigt. Hier ist in Zukunft mit weiteren außerordentlich wirksamen Stoffen zu rechnen. Die AK wird aus Wasserglaslösung durch pH-Wert-Absenkung mittels saurer Chemikalien, z. B. Schwefelsäure, hergestellt. Dabei bilden sich bandförmige Riesenmoleküle. Wird zuviel Säure zugesetzt, so geliert der Ansatz. Die erforderlichen Mengen an Polymeren betragen je nach Rohwasserqualität und Temperatur etwa 0,5 bis 5,0 mg/l.

Reaktionskinetik bei Flockungsvorgängen

Bei der Flockung laufen verschiedene Reaktionsschritte hintereinander oder nebeneinander ab, die spezifische Anforderungen an die Durchführung des Verfahrens stellen und auch entscheidenden Einfluß auf die Wirkungsweise haben.

Es wurde in großem Umfange versucht, *Modellgleichungen* für die Flockungsprozesse aufzustellen [5.45]. Dies hat das tiefere Verständnis des Einflusses der zahlreichen Einflußfaktoren verstärkt. Die vielfältigen und schwankenden Parameter der sehr unterschiedlichen Rohwässer gestatten allerdings keine Verfahrensoptimierung. Eine größere Bedeutung für die Steuerung und die Kontrolle des Flockungsprozesses haben *empirisch* ermittelte Gleichungen. Sie sind für bestimmte Rohwässer, vielfach auch im Zusammenhang mit festgelegten Anlagentypen, ermittelt worden und berücksichtigen meist nur wenige entscheidende Einflußparameter.

Wichtig bei der Verfahrensoptimierung ist die *komplexe Untersuchung des gesamten Aufbereitungsprozesses* einschließlich der ökonomischen Parameter und der stabilen Betriebsweise. Vermischung, Entstabilisierung, Flockungsbildung, Abtrennung von Flocken und Schlammbehandlung sind nicht getrennt voneinander zu untersuchen.

Eine große Rolle spielt bei den ersten drei Phasen der *Energieeintrag*. Von ihm hängen in erheblichem Umfange die Eigenschaften der Flocken, ihre Bildungsgeschwindigkeit und der Aufbereitungseffekt ab. Neben der Flockungsdosis und dem pH-Wert gibt es also auch *Optima für den Energieeintrag*. Besonders bei der Auswertung von Laborflockungsversuchen, aber auch bei Großanlagen hat man versucht, hierzu verallgemeinerungsfähige Aussagen zu formulieren [5.45]. Am häufigsten wird dabei die Campzahl als Produkt aus dem Geschwindigkeitsgradienten $\bar{G}$ in s^{-1} und der Zeitdauer t in s herangezogen: $Ca = \bar{G} \cdot t$. Da nicht die Höhe der Campzahl, sondern deren Anteil in den einzelnen Phasen entscheidend ist, sollte der Verlauf des Energieeintrags über die Zeit herangezogen werden. Bild 5.23 zeigt diese Verhältnisse. Problematisch bleibt die Übertragung solcher Laborflockungsergebnisse auf Großanlagen. Va-

5.1. Verfahren der Wasseraufbereitung

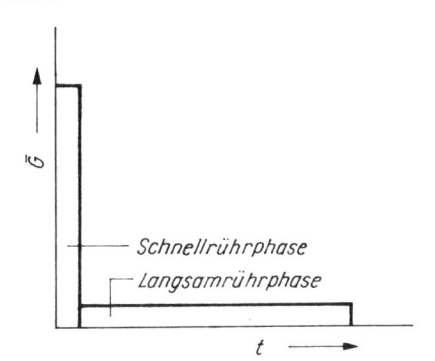

Bild 5.23 Geschwindigkeitsgradientenweg bei der klassischen Flockung

riationen des Energieeintrags, dazu gehören besonders auch veränderte Rohwassereinleitungsbedingungen, an Großanlagen haben in Einzelfällen zu bedeutend besseren Aufbereitungseffekten und auch zu größeren Durchsätzen geführt. In diesem Zusammenhang muß nochmals auf die Vermischungsphase aufmerksam gemacht werden. Zu langes Mischen hat zum Zerschlagen bereits entstandener Flocken geführt [5.14]. Besonders sorgfältig sind die Mischbedingungen bei der zusätzlichen Anwendung von Flockulanten zu untersuchen.

Flockungsversuche

Die optimale Flockung kann nur durch Versuche ermittelt werden. Als erste Untersuchungsstufe wird heute mit sogenannten *Reihenrührwerken* im Labormaßstab gearbeitet. Bild 5.24 zeigt ein derartiges Untersuchungsgerät, das im Reihenrührversuch sowohl die optimale Chemikalienmenge als auch gleichzeitig reaktionskinetische Werte, wie die Flockenbildung und die Sedimentationsgeschwindigkeit, erfaßt [5.37]. Eingebaute Trübungsmesser gestatten mit Hilfe von Schreibern eine gute Versuchsauswertung.

Bild 5.24
Reihenrührwerk mit Trübungsmeßeinrichtung
1 Riemenantrieb, drehzahlgeregelt; *2* Chemikaliendosiereinrichtung; *3* Geber des Trübungsmessers; *4* Thermostatenwanne; *5* Reaktionsbehälter; *6* Empfänger des Trübungsmessers

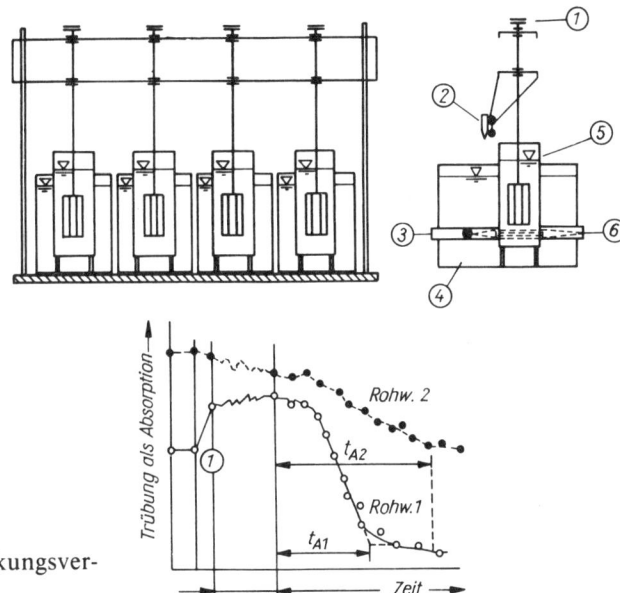

Bild 5.25 Trübungsverlauf im Flockungsversuch
1 Mischen; *2* Flocken; *3* Sedimentation

Bild 5.25 zeigt den typischen Verlauf der Trübung im Flockungsversuch mit dem in Bild 5.24 dargestellten Reihenrührwerk. Die untersuchten zwei Rohwässer zeigen nach der Chemikalienzugabe bei Rohwasser *2* eine Abnahme, bei Rohwasser *1* einen Anstieg der Trübung. Dabei

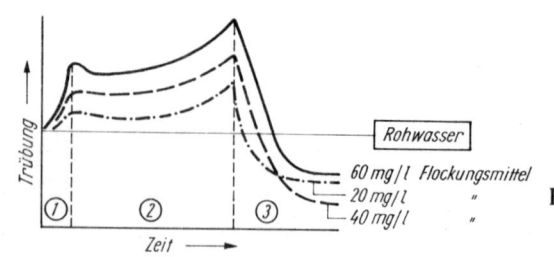

Bild 5.26 Flockungsversuch

1 Mischphase; *2* Rührphase; *3* Sedimentationsphase

handelt es sich beim Rohwasser *1* um ein weniggetrübtes Rohwasser. Die Sedimentationsphase zeigt einen typischen S-förmigen Verlauf. Nach der Sedimentationszeit t_A ist dieser Vorgang praktisch beendet, da sich die noch in Schwebe befindlichen Teilchen nicht mehr absetzen lassen. Mit dieser Untersuchungsmethode sind vergleichbare Ergebnisse natürlich nur dann zu erzielen, wenn einheitliche Arbeitsvorschriften eingehalten werden. Dazu gehören die Drehzahl, die Dauer der Misch- und Flockungsphase, die Rührerform, die Konzentration der Chemikalienlösungen usw. Bild 5.26 zeigt das Ergebnis eines Flockungsversuchs, bei dem der Einfluß der Flokkungsmitteldosis zu testen war. In diesem Falle konnten mit 40 mg/l die besten Effekte erreicht werden.

Offen ist z. Z. noch weitestgehend die Übertragungsfunktion von diesen Laborversuchen auf kontinuierlich arbeitende halbtechnische und großtechnische Anlagen. Halbtechnische Versuche konnten bisher lediglich mit den sogenannten Schwebefiltern erfolgreich auf großtechnische Anlagen übertragen werden [5.18].

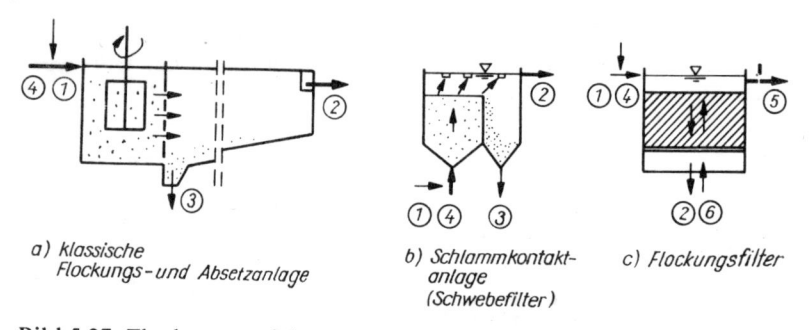

Bild 5.27 Flockungsverfahren

1 Rohwasser; *2* Klarwasser; *3* Schlamm; *4* Chemikalien; *5* Spülabwasser; *6* Spülwasser

Das Flockungsverfahren im Betrieb

Hier laufen prinzipiell die gleichen Vorgänge wie beim Flockungsversuch ab. In jedem Fall geht es um die Bildung und die Abtrennung gut sedimentierbarer Flocken (Bild 5.27).

In den *klassischen* Flockungsanlagen sind zwei Becken, für die Flockung und für die Sedimentation getrennt, miteinander gekoppelt. Im Flockungsbecken erfolgt durch Rührer eine Umwälzung, um die Flockenbildung durch erhöhte Kollosionen zu unterstützen. Die Schlammkonzentration im Flockenbecken ist mit 0,2 bis 3 % Flockenvolumen relativ niedrig.

Bei den *Schlammkontaktanlagen* wird durch die Ausbildung eines Schwebefilters bzw. durch Schlammrückführung eine höhere Schlammkonzentration von 10 bis 20 % Flockenvolumen und damit eine große Gesamtoberfläche der Flocken, die einer hohen Adsorptionskapazität gleichkommt, erzielt. Diese Verfahren führen gegenüber der klassischen Flockung meist zu Chemikalieneinsparungen und in der Regel zu günstigeren Reinigungseffekten.

Flockungsfiltration

Hier wird das Flockungsmittel erst kurz vor dem Filter zugegeben, so daß im Überstauraum des Filters im wesentlichen nur Mikroflocken entstehen. Sie vergrößern sich erst im Filterbett und

5.1. Verfahren der Wasseraufbereitung

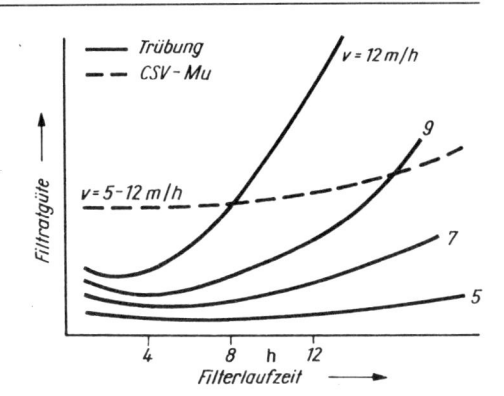

Bild 5.28 Typischer Verlauf der Flockungsfiltration von Oberflächenwasser

werden dort als Makroflocken abgetrennt. Die Haupteinflußfaktoren auf die Filtratgüte und den Filterwiderstand sind die Rohwasserqualität, die Art und Menge des Flockungsmittels, der Korndurchmesser und die Filtergeschwindigkeit. Die Laufzeit wird durch den Grenzfilterwiderstand und die Grenzfiltratgüte bestimmt (s. Bild 5.15). Polymere verhindern oft Flockendurchbrüche. Sie sind allerdings auch mit höheren Filterwiderständen verbunden. Die Bemessungsparameter sind nur mit halbtechnischen Versuchen zu ermitteln (Bild 5.28). Dieses sehr wirtschaftliche Verfahren ist natürlich an gewisse Randbedingungen gebunden. So müssen z. B. Fasern vorher entfernt werden, da es sonst zu einer schnellen Oberflächenverstopfung kommt. Auch abfiltrierbare Stoffe über etwa 200 mg/l und hohe Flockungsmittelmengen führen zu unwirtschaftlich kurzen Filterlaufzeiten. Beim Einsatz von Metallsalzen liegt der Grenzwert z. B. beim Al-Sulfat etwa bei 40 mg/l.

Bei einer Filterschichthöhe von 1,5 bis 2,5 m können die folgenden groben Richtwerte für die Kieskörnung und die Filtergeschwindigkeit angegeben werden:
Flußwasser $v = 3$ bis 8 m/h und $d = 2,0$ bis $3,15$ mm
Uferfiltrat $v = 6$ bis 10 m/h und $d = 1,2$ bis $1,6$ mm.

Mit der Einführung der *Mehrschichtfiltration* ergeben sich noch höhere Durchsätze, Laufzeiten und auch bessere Filtratgüten.

Die *Optimierung* der Flockungsfiltration wird über Laborflockungsversuche und halbtechnische Filterversuche realisiert. Dieser Weg ist zeitaufwendig und hat deshalb immer wieder zu Vorschlägen der theoretischen Untersuchung dieses Verfahrens geführt [5.20]. Für einige Rohwässer konnten die Ansätze nach *Görbing* [5.20] genügend genau bestätigt werden. Die Brauchbarkeit ist aber bei dem jeweiligen Rohwasser neu zu überprüfen. Besondere Bedeutung hat diese Methode bei dem Gütekriterium der Trübung und bei der Ermittlung des Filterwiderstands. Der Versuchsaufwand kann insgesamt erheblich reduziert werden, da nach einem ersten Filterversuch die Optimierung mittels errechenbarer Filterbeiwerte theoretisch ermittelt werden kann. Das Ergebnis wird dann mit einem Bestätigungsversuch überprüft.

Neben den bereits behandelten und noch weiter zu intensivierenden Flockungsverfahren bemüht man sich um die Entwicklung und praktische Einführung völlig anderer Wirkprinzipien. Dazu gehört z. B. die *Elektroflockung*. In einem Gleichstromfeld kommt es hier an den entsprechenden Elektroden zu Reaktionsprodukten, die eine Ausflockung auslösen. Auch *Magnetfelder* sollen eine positive Wirkung auf die Flockung ausüben. Diese Verfahren befinden sich im Entwicklungsstadium. Ihre großtechnische Nutzung ist noch nicht übersehbar.

5.1.4. Entfernung gelöster Stoffe

In der Trinkwasseraufbereitung hat die Reduzierung von Eisen und Mangan bei den störenden gelösten Stoffen die größte Bedeutung. Hinzu kommen bei der Betriebswasseraufbereitung vor allem die Enthärtung und die Entsalzung.

5.1.4.1. Enteisenung

Da bei der Trinkwasseraufbereitung vorrangig Grundwasser verwendet wird, ist im Rohwasser kaum gelöster Sauerstoff vorhanden, und das Eisen tritt meist in zweiwertiger Form, also echt gelöst, auf. Diese Zusammenhänge werden im sogenannten Stabilitätsfelddiagramm unter Benutzung des Redoxpotentials deutlich (Bild 5.29). Näheres über Redoxreaktionen s. [5.17].

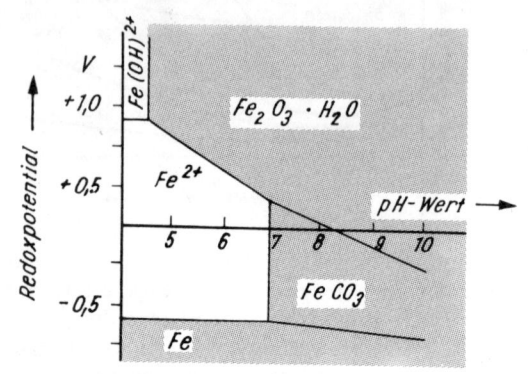

Bild 5.29 Stabilitätsdiagramm von Fe-Verbindungen nach [5.13] – schraffierte Flächen: schwer lösliche Formen

Es gibt grundsätzlich zwei verschiedene Möglichkeiten der Enteisenung:
– direkte Oxydation mit Luftsauerstoff oder anderen Oxydationsmitteln
– Fällung zum Fe^{2+}-Oxidhydrat durch Zugabe von OH-Ionen und anschließende Oxydation.

In beiden Fällen handelt es sich um Fällungsreaktionen, die sich durch die folgenden vereinfachten Summenformeln darstellen lassen:

Direkte Oxydation

$$4\,Fe^{2+} + O_2 + 2\,(x + 2)\,H_2O \rightarrow 2\,Fe_2O_3 \cdot x\,H_2O + 8\,H^+ \tag{5.14}$$

Fällung zum $Fe(OH)_2$ und Oxydation

$$\begin{array}{r}4\,Fe^{2+} + 8\,OH^- \rightarrow 4\,Fe(OH)_2 \\ \underline{4\,Fe(OH)_2 + O_2 + 2\,(x - 2)\,H_2O \rightarrow 2\,Fe_2O_3 \cdot x\,H_2O} \\ 4\,Fe^{2+} + O_2 + 8\,OH^- + 2\,(x - 2)\,H_2O \rightarrow 2\,Fe_2O_3 \cdot x\,H_2O \end{array} \tag{5.15}$$

Für die Praxis der Enteisenung ist wichtig, daß bei der *direkten Oxydation* der Prozeß relativ *langsam* und stark *pH-abhängig* verläuft. Bei der Fällung mit OH-Ionen und anschließender Oxydation handelt es sich dagegen praktisch um *Momentanreaktionen*.

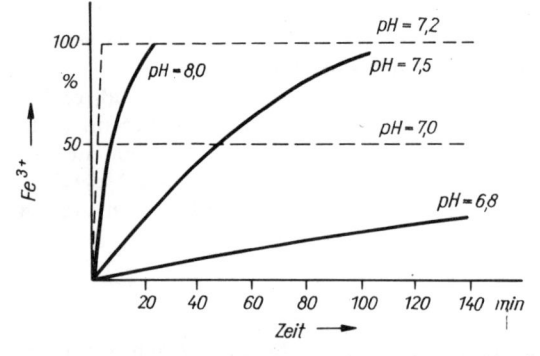

Bild 5.30 Oxydation des Eisens
——— direkte Oxydation; Rohwasser -pH-Wert
- - - Oxydation nach Fällung zum $Fe(OH)_2$; pH-Wert nach Fällung

Bild 5.30 zeigt die zwei möglichen Formen der Oxydation an einem Beispiel. Man erkennt die starke pH-Wert-Abhängigkeit nach Gl. (5.16) bei der direkten Oxydation in homogener Phase. Die Oxydation nach der Fällung mit OH-Ionen verläuft dagegen außerordentlich schnell, und der erreichbare Fe^{3+}-Anteil ist lediglich von der Menge der zugegebenen OH-Ionen abhängig.

5.1. Verfahren der Wasseraufbereitung

Der Reaktionsmechanismus ist im Detail selbstverständlich nicht mit den einfachen Summenformeln beschreibbar. Er ist sehr kompliziert, differenziert und auch bei weitem noch nicht geklärt. Die bisherigen Ergebnisse [5.24] gestatten keine unmittelbare Auslegung des Verfahrens.

Direkte Oxydation bei Filtration über Kies-Fe^{2+}-Filtration
Nach *Just* hängt die Oxydationsgeschwindigkeit von der Fe^{2+}-Konzentration, dem Sauerstoffgehalt des Wassers und vor allem von der Wasserstoffionen-Konzentration ab [5.44]:

$$-\frac{[d\,Fe^{2+}]}{d\,t} = K\,\frac{[Fe^{2+}]\cdot[O_2]}{[H^+]^2} \tag{5.16}$$

Diese Beziehung gilt allerdings nur für eine Homogenreaktion. Ist bei dieser Oxydation bereits Fe^{3+}-Oxidhydrat vorhanden, so wird der Vorgang *katalytisch stark beschleunigt*. Dies ist z. B. an der Oberfläche von eingearbeitetem Kies, der mit einer dunkelbraunen Hülle von Fe^{3+}-Oxidhydrat überzogen ist, der Fall. Dieser Einarbeitungsprozeß ist beim Anfahren von Enteisenungsfiltern zu beachten.

Holluta und *Velten* [5.44] haben durch Untersuchungen an Enteisenungsfiltern gewisse Vorstellungen über den Rückhaltemechanismus in Enteisenungsfiltern entwickelt, die aber eine Filterbemessung nicht gestatten. Aus sehr umfassenden Filterversuchen, die an zahlreichen Praxisanlagen überprüft wurden, hat *Kittner* [5.24] auf der Grundlage der Exponentialfunktion

$$Fe_L = Fe_0 \cdot e^{-\lambda L} \tag{5.17}$$

für die Fe^{2+}-Filtration die folgende Bemessungsgleichung gefunden:

$$v_E = 0{,}8\left[(3{,}0\cdot pH - 18{,}6)\cdot\frac{t^{0{,}8}}{Fe_0^{0{,}1}\cdot\ln(Fe_0/Fe_L)}\cdot\frac{L}{d_w}\right]^{1{,}28} \tag{5.18}$$

v_E Filtergeschwindigkeit für die FE-Reduzierung im Filterbett in m/h
Fe_0 Fe-Gehalt im Filterzulauf in mg/l
Fe_L Fe-Gehalt nach L Meter Filterschicht in mg/l
d_w wirksamer Korndurchmesser in mm
t Wassertemperatur in °C

Gl. (5.18) gilt unter Beachtung der folgenden Randbedingungen:
v_E ≤ 30 m/h
Fe_0 0,5 bis 10 mg/l
Anteil an Fe^{3+} im Filterzulauf $\leq 30\,\%$
*p*H-Wert im Filterzulauf 6,8 bis 7,3
t 6 bis 18 °C
O_2-Gehalt im Filterzulauf ≥ 5 mg/l bei $Fe_0 \leq\ 4$ mg/l
   ≥ 7 mg/l bei $Fe_0 \leq\ 6$ mg/l
   ≥ 8 mg/l bei $Fe_0 \leq 10$ mg/l
Filtermaterial   eingearbeiteter Fe-Kies
Karbonathärte ≥ 120 mg/l CaO, sonst *p*H-Wert-Korrektur

Bild 5.31 zeigt den Enteisenungsverlauf nach Gl. (5.18) an einem Beispiel und macht den Einfluß von Fe_0, v und L auf Fe_L deutlich. Nach Gl. (5.14) wird bei der Oxydation H^+ frei. Bei wenig gepufferten, also weichen Wässern tritt dann eine spürbare *pH-Wert-Absenkung* ein, die den Enteisenungsvorgang verlangsamt. Im Beispiel des Bildes 5.31 ist dies nicht der Fall; es handelt sich also um ein gut gepuffertes Wasser. Die exakte Handhabung der Bemessungsgleichung für die Fe^{2+}-Filtration ist in [5.24] und in den betreffenden Standards des Abschnitts 10. zu finden, dazu gehört auch die *p*H-Wert-Korrektur.

Bemessungsgleichng (5.18) zeigt eine starke Abhängigkeit vom *p*H-Wert, was bereits im Bild 5.30 deutlich wurde. Rechnerisch tritt bei einem *p*H-Wert von 6,2 auch bei eingearbeitetem Kies keine Enteisenung mehr ein. Bei der praktischen Überprüfung mußte festgestellt werden, daß bei *p*H-Werten unter 6,7 teilweise höhere Enteisenungsgeschwindigkeiten als nach Gl. (5.18) auftreten. Diese Unterschiede sind teilweise auf die Oxydation von Fe^{2+} durch Mikroorganis-

Bild 5.31 Beispiel einer Fe^{2+}-Filtration

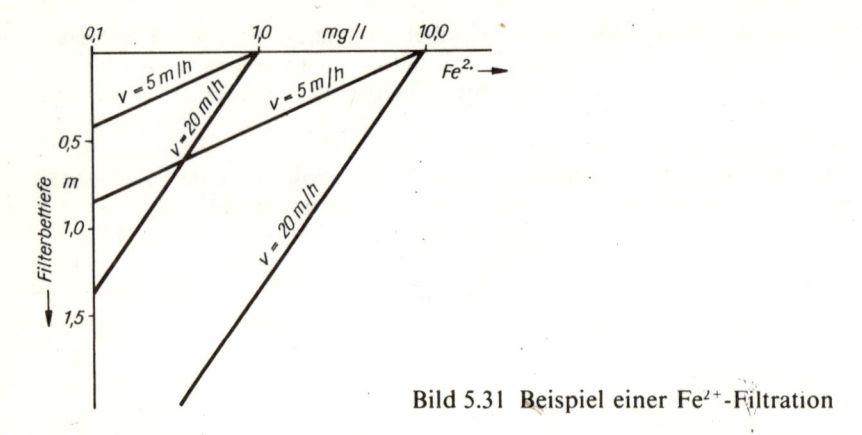

men zurückzuführen, die offenbar im sauren Milieu physiologisch besonders günstige Lebensbedingungen finden. Der quantitative Einfluß der Mikroorganismen konnte im Versuch erfaßt werden. Der pH-Wert-Bereich unter 6,8 ist in der Regel für Kies und Sand als Filtermaterial uninteressant, da solche Rohwässer sowohl enteisent als auch entsäuert werden müssen. In solchen Fällen wird das Rohwasser vor der Enteisenung über Kies mechanisch entsäuert und damit der pH-Wert angehoben, oder es wird bei kleineren Anlagen halbgebrannter Dolomit als Filtermaterial eingesetzt.

Die Bemessungsgleichung (5.18) hat inzwischen eine breite Anwendung gefunden. Die Filterparameter konnten optimiert werden, und bei vielen Anlagen waren dadurch erhebliche Leistungssteigerungen möglich. Das Ergebnis dieser Bemessung liegt auf der *sicheren Seite*. Die Einflußfaktoren sind in den Praxisanlagen teilweise noch vielfältiger und mit der vorgestellten Bemessungsgleichung nicht voll erfaßbar. Dazu gehören die biologische Mitwirkung auch bei höheren pH-Werten, die Intensität der Rückspülung, der Systemdruck in der Anlage, Betriebsunterbrechungen, Art der Belüftung und andere Einflüsse. Um auch diese eventuell vorhandenen Leistungsreserven bei der Bemessung, vor allem von bestehenden Anlagen, ausnutzen zu können, werden *Versuche vor Ort empfohlen*. Bild 5.32 gestattet die Bestimmung der hydraulisch zulässigen Filtergeschwindigkeit. In den in Abschn. 10. aufgenommenen Standards ist der gesamte Bemessungsablauf, auch für längere Filterlaufzeiten, fixiert.

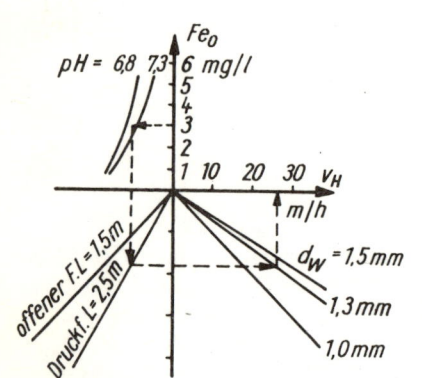

Bild 5.32 Hydraulisch zulässige Filtergeschwindigkeit v_H für Filterkies bei einer Laufzeit von 24 h

Bei der Bemessungsgleichung (5.18) ist die *Filterlaufzeit* noch nicht berücksichtigt. Die Filtratgüte ist bei der katalytischen Oxydation am Kieskorn über die Laufzeit praktisch konstant, so daß die Aufnahme in Gl. (5.18) unnötig ist.

Durch die Zurückhaltung des Eisens im Filterbett tritt eine Verschlammung und damit eine Zunahme des Filterwiderstands mit der Filterlaufzeit ein. Die Laufzeiten werden um so kürzer, je kleiner das d_w des Filterkieses und je höher der pH-Wert und der Fe_0-Gehalt sind. Bei der Be-

5.1. Verfahren der Wasseraufbereitung

messung muß deshalb ein *Optimum* zwischen v_E nach Gl. (5.18) und der *hydraulisch zulässigen Geschwindigkeit* v_H gefunden werden.

$Fe^{2+/3+}$-Filtration über Kies
Steigt der Fe^{3+}-Anteil im Rohwasser beim Eintreten in den Filterkies über etwa 30 % an, so ist dies fast immer mit einer weiteren Leistungssteigerung verbunden.
Dies tritt meist dann auf, wenn bei $KH > 120$ mg/l CaO,
– eine hocheffektive mechanische Entsäuerung und Belüftung vorgeschaltet wurde sowie
– eine Verweilzeit von mindestens 10 Minuten nach der Belüftung vorhanden ist.
In diesem Falle ist ein halbtechnischer Versuch zu fahren. Das Verfahren wird nach den Standards im Abschn. 10. optimiert.

Fe^{2+}-Filtration über Kies bei extrem niedrigen pH-Werten
Bei der Entwässerung von Braunkohlentagebauen fallen in großen Mengen Rohwässer mit z. T. sehr hohen Eisengehalten von 30 bis 100 mg/l und pH-Werten unter 6,0 an. Sie werden als Betriebswasser und im zunehmenden Umfange auch als Trinkwasser genutzt. Sie wurden bisher durch Kalkzugabe, Grobaufbereitung und Filtration aufbereitet. Es ist aber auch möglich, solche Wässer durch intensive mechanische Entsäuerung und Belüftung und alleinige, meist mehrstufige Filtration über Kies bis zur Trinkwasserqualität aufzubereiten. Diese Verfahren haben sich bereits bewährt. Zur Auslegung sind Versuche notwendig. Der Rückhaltemechanismus wird vor allem auf die mikrobiologische Enteisenung zurückgeführt.

Filtration über halbgebrannte Dolomite
Halbgebrannte Dolomite, z. B. Decarbolith und Akdolit, bestehen vorwiegend aus MgO und $CaCO_3$. Es handelt sich also um ein alkalisch wirkendes Filtermaterial, das der Entsäuerung des Wassers dient. Nach Inbetriebnahme eines mit halbgebranntem Dolomit gefüllten Filters tritt zunächst ein starker pH-Wert-Anstieg auf. Dies ist vor allem durch das anfangs in großen Mengen vorhandene sehr aktive MgO bedingt. Diese Anfangsalkalität klingt mit der Betriebszeit ab. Dabei verarmt das Filtermaterial an dem aktiveren MgO. Es verschiebt sich also das Verhältnis MgO zu $CaCO_3$. Ist das Eisen als Fe^{2+} im Wasser, wird ähnlich wie beim Kies das Filtermaterial zusätzlich mit Fe^{3+}-Oxidhydraten umhüllt. Die Vorgänge sind bei der Enteisenung mit halbgebranntem Dolomit deshalb wesentlich komplizierter als bei Kies. *Die katalytische Oxydation* wird durch eine *Fällung als Fe(OH)$_2$* durch die aktive Komponente MgO mit anschließender Oxydation überlagert. Ein Filter aus halbgebranntem Dolomit enteisent im Gegensatz zum Kiesfilter von Anfang an, wobei die Fällung als $Fe(OH)_2$ überwiegt. Mit längerer Betriebszeit verstärkt sich dann die katalytische Oxydation.

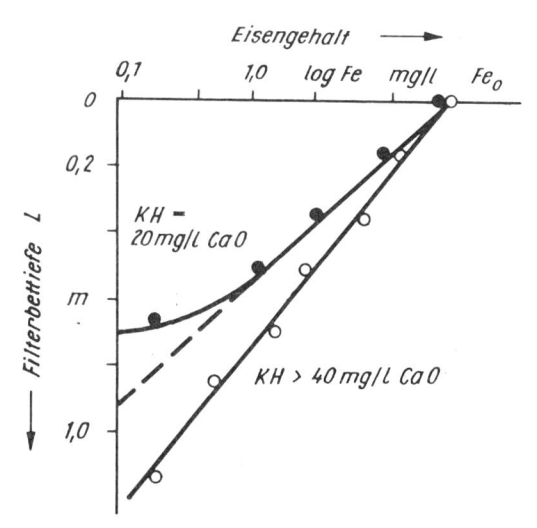

Bild 5.33 Enteisenung durch Filtration über halbgebrannten Dolomit-Einfluß der Karbonathärte

Der Enteisenungsverlauf entspricht nur bei härteren Wässern ($KH > 40$ mg/l) dem Exponentialgesetz (5.19). Bei weichen Wässern tritt durch die chemische Entsäuerung ein starker pH-Wert-Anstieg ein, der wiederum die Enteisenung in den tieferen Filterschichten beschleunigt. Diese Zusammenhänge zeigt Bild 5.33.

Auch für die Enteisenung über halbgebrannte Dolomite liegt eine Bemessungsgleichung vor, die von der Praxis bestätigt wurde. Sie basiert auf der Arbeit von *Wiegleb* [5.47]:

$$v_E = \left[K \, \frac{2 \cdot e^{0.04 \, t}}{(l + 0.1 \, KH)^{0.3}} \cdot \frac{\ln (0.22 \cdot pH)}{Fe_0^{0.25} \cdot \ln (Fe_0/Fe_L)} \cdot \frac{f_T \cdot L_n}{d_W} \right]^{1.50} \quad (5.19)$$

Die folgenden Randbedingungen sind zu erfüllen:
$v_E \leq 30$ m/h
Fe_0 0,5 bis 20 mg/l
Anteil an Fe^{3+} im Filterzulauf max. 20 %
Eisengehalt im Filterablauf 0,1 bis 0,2 mg/l bei $KH \leq 40$ mg/l CaO
Fe_L beliebig bei $KH \geq 40$ mg/l CaO
pH-Wert 5,5 bis 7,3
Wassertemperatur t 3 bis 7 °C
nutzbare Filterschichthöhe L_n 1,0 bis 3,0 m
Karbonathärte ≤ 150 mg/l CaO
Filterlaufzeit ≤ 48 h
Filtermaterial gealterter halbgebrannter Dolomit
Aktivitätskonstante K 59 für Decarbolith aus Schachtofen
f_T Faktor, der bei pH 7,2 die Filtratverschlechterung über die Laufzeit berücksichtigt.

Bei der Filtration über halbgebrannte Dolomite ist sowohl eine *Verschlechterung* als auch eine *Verbesserung der Filtratgüte* mit der Filterlaufzeit möglich. Verschlechterungen sind bei weichen Wässern feststellbar, da durch die zunehmende Ablagerung von Fe^{3+}-Oxidhydrat die Entsäuerungsgeschwindigkeit nachläßt und der pH-Wert-Anstieg geringer wird. Verbesserungen sind bei harten Wässern und höheren pH-Werten beobachtbar. Gl. (5.19) berücksichtigt den ungünstigsten Betriebszustand.

Da halbgebrannte Dolomite bei der chemischen Entsäuerung einem *Materialverzehr* unterliegen, muß das Filtermaterial nach einem Verbrauch von etwa 10 % nachgefüllt werden. In die Berechnung geht deshalb nur die nutzbare Filterschichthöhe L_n ein. Da bei der Enteisenung über halbgebrannte Dolomite ebenfalls eine Verschlammung des Filterbetts eintritt, kann der ansteigende Filterwiderstand der begrenzende Faktor für die zulässige Filtergeschwindigkeit werden. Die hydraulisch zulässige Filtergeschwindigkeit v_H muß deshalb auch hier nachgewiesen werden [5.47]. Es ist einzusehen, daß halbgebrannte Dolomite dem Filterkies bei der Fe^{2+}-Filtration vor allem bei weichen und sauren Wässern überlegen sind. Der pH-Grenzwert liegt etwa bei 6,7. Der exakte Bemessungsablauf und der Vergleich mit der Fe^{2+}-Filtration über Kies wird nach den Standards im Abschn. 10. durchgeführt.

Fällung als Fe(OH)₂,
Oxydation und Abscheidung in Grobaufbereitungsanlagen
Bei hohen Eisengehalten, etwa über 10 mg/l, sind sowohl über Kies als auch über halbgebrannte Dolomite nur relativ geringe Filtergeschwindigkeiten möglich. In solchen Fällen wird man besonders bei großen Kapazitäten in der Regel aus wirtschaftlichen Gründen Grobaufbereitungsanlagen vorschalten. Dabei sind die inzwischen vorliegenden Praxiserfahrungen mit Mehrschichtfiltern mit einzubeziehen.

Aus Bild 5.29 ist zu erkennen, daß durch Erhöhung des pH-Wertes über die $Fe(OH)_2$-Bildung das abscheidbare Fe^{3+}-Oxidhydrat gebildet werden kann. Dieser Fällungsvorgang wird durch Kalkhydrat oder Natronlauge erreicht. Es gilt die Summenreaktionsgleichung (5.15). Für 1 mg Fe^{2+} wird 1 mg CaO oder 1,43 mg NaOH benötigt. Der Reaktionsablauf entspricht prinzipiell dem in Abschn. 5.1.3.4. behandelten Flockungsverfahren. Man unterscheidet die folgenden Phasen, die nacheinander und z. T. auch nebeneinander ablaufen:

5.1. Verfahren der Wasseraufbereitung

- Vermischung
- chemische Reaktion nach Gl. (5.15)
- perikinetische Phase der Flockung
- orthokinetische Phase der Flockung
- Abtrennung der Flocken.

Ähnlich der Flockung mit Eisensalzen werden bei der Fällung des im Rohwasser enthaltenen Eisens besonders gute Effekte bei *pH-Werten über 8,0* erzielt. Das hat den weiteren Vorteil, daß bei diesen hohen pH-Werten gleichzeitig eine gute Entmanganung erfolgt. Im übrigen wird bei harten Wässern dabei meist das Kalk-Kohlensäure-Gleichgewicht verlassen, so daß zusätzlich eine Teilentkarbonisierung auftritt. In der Regel werden die optimalen Flockungsverhältnisse im Versuch ermittelt. Dabei läßt sich die Sinkgeschwindigkeit v_s der Fe^{3+}-Oxidhydrat-Flocken z. B. durch Zusatz von Polymeren vergrößern. Während v_s bei Fällung mit Kalkhydrat oder Natronlauge und einem pH-Wert zwischen 8,0 und 8,5 etwa zwischen 0,6 und 1,0 mm/s liegt, läßt sich durch Zusatz von Polymeren dieser Wert auf 1,0 bis 1,5 mm/s steigern.

Fischer [5.18] hat umfassende Untersuchungen zur Bemessung des Schwebefilterverfahrens bei der Enteisenung durchgeführt, die eine wertvolle Hilfe bei den Vorarbeiten für die Verfahrensoptimierung darstellen.

Fe^{3+}-Filtration

Da bei der Enteisenung durch Flockung und Sedimentation nur ein Effekt von etwa 80 bis 85 % erzielbar ist, müssen die im Ablauf auftretenden Fe^{3+}-Oxidhydrat-Flocken in einem nachgeschalteten Filter abfiltriert werden. Teilweise liegt das Fe^{3+}-Oxidhydrat noch in feindisperser oder sogar in kolloider Form vor. Da bei dem hohen pH-Wert halbgebrannte Dolomite als Filtermaterial ausscheiden, kommt nur Sand in Betracht.

Die Flocken werden im wesentlichen durch Adsorption im Filterbett zurückgehalten. Der Sand belegt sich mit Fe^{3+}-Oxidhydraten, ohne daß dieser Belag einen aktivierenden Einfluß ausübt. Derartige Filter sind also bei der Inbetriebnahme voll funktionsfähig. Die Fe^{3+}-Filtration ist eine Suspensionsfiltration. Dabei dringen die Partikel immer tiefer in das Filterbett ein, so daß es schließlich zu einer Filtratverschlechterung kommt. In Abhängigkeit von den wichtigsten Einflußfaktoren, wie Eisengehalt, pH-Wert, Korndurchmesser, Filterbettiefe, Temperatur und Filtergeschwindigkeit, ergeben sich mit der Filterlaufzeit stark verändernde Filtratgüten. Bild 5.34 zeigt einige typische Filtratkurven. *Mankel* [5.32] hat das Problem umfassend untersucht und schlägt ein praxisreifes Bemessungsverfahren vor. Diese Beziehungen haben bis zu einem pH-Wert von etwa 8,3 Gültigkeit, da bei wesentlicher Überschreitung des Gleichgewichts-pH-Wertes eine Teilentkarbonisierung eintritt und damit andere Zusatzreaktionen beachtet werden müssen. Dabei hat sich herausgestellt, daß die Fe^{3+}-Filtration auch ohne Vorschaltung einer Grobaufbereitung, also lediglich durch Zugabe von Kalk oder Natronlauge direkt vor den Filtern, in einer Reihe von Fällen wirtschaftliche Vorteile bringt.

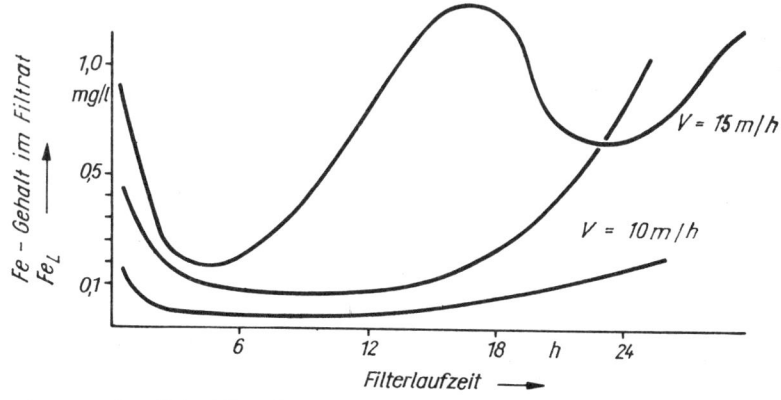

Bild 5.34 Typische Filtratkurven der Fe^{3+}-Filtration

In der Literatur und gelegentlich auch in der Praxis wird über Schwierigkeiten bei der Enteisenung durch „humingebundenes" Eisen geklagt. In den meisten Fällen konnten die Ursachen am labilen Filtrierverfahren nach Bild 5.34 gefunden werden. Es gibt aber einige Sonderfälle, bei denen das Eisen an Huminsäure oder andere organische Substanzen gebunden ist, die die Oxydation des Eisens behindern. In diesem Fall sind starke Oxydationsmittel, z. B. Chlor oder Kaliumpermanganat, notwendig. In solchen Fällen führen nur gezielte Versuche zu Bemessungsgrundlagen.

Technisch-ökonomischer Vergleich
Die zur Verfügung stehenden Bemessungsmöglichkeiten [5.25] gestatten den technisch-ökonomischen Vergleich der Aufbereitungskomplexe:
– Enteisenung
– Entmanganung
– Entsäuerung.

Das von *Rebohle* [5.39] vorgelegte Ergebnis erfaßt zwölf Verfahrenskombinationen und gestattet die Auswahl der Vorzugsvariante nach den Variablen Fe_o, Mn_o, $c_{CO_{2o}}$, KH und der Anlagenkapazität. Damit liegt für diesen wichtigen Aufbereitungskomplex eine Gesamtoptimierung mit dem Ziel der *Betriebskostenminimierung* vor.

5.1.4.2. Entmanganung

Mangan stört im Rohrnetz durch Inkrustationen und beim Nutzer besonders durch Verfärbungen. Es tritt im Grundwasser und vor allem bei Uferfiltraten meist gemeinsam mit Eisen auf. Bei der Bodenpassage finden biologische und chemisch-physikalische Abbauprozesse der organischen Inhaltsstoffe des infiltrierten Oberflächenwassers statt. Da der gelöste Sauerstoff vielfach nicht für diese Abbauvorgänge ausreicht, werden andere Oxydationsquellen, vor allem die im Boden lagernden manganhaltigen Minerale, erschlossen. Das Ergebnis dieser Redoxvorgänge ist echt gelöstes Mn^{2+}. In dieser Form finden wir das Mangan auch meist in Flußwässern und Seen. Nur bei stark oxydierendem Zustand in fließenden Gewässern entstehen schwer lösliche Mn-Verbindungen in kolloidaler Form.

Sehr oft wird nach Inbetriebnahme von Grundwasserfassungsanlagen, besonders bei Uferfiltraten, zunächst manganfreies Rohwasser gefördert. Sobald sich aber dann reduzierte Verhältnisse – sauerstoffarmes Milieu – einstellen, kommt es fast immer zum Anstieg des Mangangehaltes. In Grundwässern liegt der Mn-Gehalt überwiegend zwischen 0,2 und 0,5 mg/l [5.28].

Ähnlich liegen die Verhältnisse in vielen Talsperren. Hier werden im reduzierten Hypolimnion Manganwerte von 5 mg/l und mehr gemessen. Diese Schichten sind im Betrieb durch höhengestaffelte Entnahme möglichst zu meiden.

Die Entmanganung bereitet größere Schwierigkeiten als die Enteisenung, da schwerlösliche Verbindungen erst bei höheren pH-Werten bzw. höheren Oxydationspotentialen entstehen. Die theoretische Erfassung des Entmanganungsvorgangs wird durch die verschiedenen Wertigkeitsstufen des Mangans erheblich erschwert.

Adsorptiv-autokatalytische Filterverfahren
Es handelt sich um das am häufigsten eingesetzte Verfahren. Als Filtermaterial wird an erster Stelle *Sand*, bei kleineren Anlagen und gleichzeitiger Notwendigkeit der Entsäuerung auch *halbgebrannter Dolomit* eingesetzt.

Der Reaktionsmechanismus am Filterkorn ist noch nicht aufgeklärt. Die Hypothesen gehen vom Ionenaustausch bis zur katalytisch beschleunigten Oxydation am Braunsteinbelag des Filtermaterials [5.28].

Summarisch betrachtet, verläuft die Entmanganung in Filtern mit Sand nach folgenden Gleichungen:

$$2\,Mn^{2+} + 4\,HCO_3^{2-} + H_2O + O_2 \rightarrow 2\,Mn(OH)_4 + 4\,CO_2$$

5.1 Verfahren der Wasseraufbereitung

oder

$$2\, Mn^{2+} + 2\, SO_4^{2-} + 6\, H_2O + O_2 \rightarrow 2\, Mn(OH)_4 + 4\, H^+ + 2\, SO_4^{2-}$$
$$Mn(OH)_4 \rightarrow MnO_2 + 2\, H_2O$$

Voraussetzung für eine gute Entmanganung ist in jedem Falle eingearbeitetes, mit Manganoxiden MnO_2 belegtes Filtermaterial. Tritt gleichzeitig Eisen als Fe^{2+} auf, so bildet sich ein Kiesbelag aus Eisen- und Manganoxiden, der eine geringere Aktivität als ein Belag aus reinem Manganoxid zeigt. Etwas anders verhält sich Fe^{3+}. Bei einem Eisengehalt bis etwa 2 mg/l tritt praktisch keine Beeinflussung der Belagaktivität auf.

Da bei etwa 50 % aller Entmanganungsanlagen gleichzeitig Eisen in der zweiwertigen Form zu filtrieren ist, sollte die Enteisenung und Entmanganung in *getrennten Filterstufen* vorgenommen werden. Damit sind wesentlich bessere Bedingungen für die Bildung des Filterkornbelags, für hohe Filtergeschwindigkeiten und für optimale Filterlaufzeiten gegeben. Die Entmanganung im Filterbett ist ebenfalls mit einer Exponentialfunktion beschreibbar.

$$Mn_L = Mn_0 \cdot e^{-\lambda L} \tag{5.20}$$

Es liegt für Filtersand eine *praxisreife Bemessungsgleichung* von *Lamm* vor [5.28], die die Aktivität des Filtermaterials, die Filtergeschwindigkeit, den Korndurchmesser, die Temperatur, die Karbonathärte, den pH-Wert und noch einige andere Einflußfaktoren berücksichtigt. Dabei ist die pH-Wert-Erhöhung bis zum Kalk-Kohlensäure-Gleichgewicht vor der Entmanganung immer anzustreben. Eine Überschreitung dieses Wertes führt zur Teilentkarbonisierung und zur Gefahr der Filterverbackung. Die sich im Filterbett abscheidenden Manganverbindungen sind wesentlich wasserärmer, als dies bei der Enteisenung der Fall ist. Deshalb ist auch der Filterwiderstand bei Entmanganungsfiltern extrem klein. Dies gestattet die Anwendung sehr kleiner Korndurchmesser und führt auch zu längeren Filterlaufzeiten. Der Sandbelag wird mit zunehmender Betriebszeit dicker – der Sand „wächst". Dies zwingt dann zur teilweisen Herausnahme. Bei Neuanlagen lohnt es, eingearbeiteten Entmanganungssand dem unbelegten Filter zumindest zuzumischen, um die sonst oft recht lange Einarbeitungsphase wesentlich zu verkürzen. Entmanganungsfilter können zur Bildung einer aktiven Braunsteinschicht (MnO_2) auch künstlich durch Zugabe von Manganverbindungen eingearbeitet werden:

$$3\, Mn^{2+} + 2\, Mn^{7+}O_4^- + 2\, H_2O \rightarrow 5\, MnO_2 + 4\, H^+$$

Wegen weiterer wichtiger Zusammenhänge wird nochmals auf [5.28] verwiesen. Im übrigen können während der Einlaufphase zusätzliche Oxydationsmittel, wie z. B. Chlor, Ozon und $KMnO_4$, eingesetzt werden. Dies führt aber zur Beeinflussung der Belagbildung und auch des Filterwiderstands. Hier kann nur über Versuche das Optimum gefunden werden.

Als Filtermaterial bieten sich bei der adsorptiv-autokatalytischen Entmanganung auch halbgebrannte Dolomite an. Dabei ist natürlich zu beachten, daß die Entsäuerungsaktivität des Materials durch die Belegung mit Manganoxiden stark zurückgeht. Eine zweistufige Anlage, getrennt für die Entsäuerung und die Entmanganung, ist dann oft günstiger.

In der Literatur wird oft auf die Mitwirkung von Mikroorganismen bei der Entmanganung über Filter hingewiesen. Das ist zweifellos bei vielen Anlagen der Fall. Allerdings scheint bei pH-Werten in der Nähe des Kalk-Kohlensäure-Gleichgewichts die quantitative Mitwirkung nur gering zu sein. *Hässelbarth* und *Lüdemann* gehen auf die biologische Entmanganung näher ein, ohne jedoch zu praktischen Bemessungshinweisen zu kommen [5.21].

Weitere Entmanganungsverfahren

Gelegentlich werden *Oxydationsmittel* vor der Filtration *ständig* zugegeben. Dies gestattet vielfach die Anwendung niedriger pH-Werte von 7,0 bis 7,4. In der letzten Zeit ist relativ oft Ozon eingesetzt worden. Allerdings wird hierbei meist noch die Reduzierung der organischen Substanzen angestrebt. Bei großem Ozonüberschuß kann folgende Summengleichung angegeben werden [5.23]:

$$2\, Mn(HCO_3)_2 + 5\, O_3 + Ca(HCO_3)_2 \rightarrow Ca(MnO_4)_2 + 6\, CO_2 + 5\, O_2 + 3\, H_2O$$

Es erfolgt also eine Umsetzung zu Permanganat.

Nach [5.23] wird mit Werten bis 1,8 g/m³ O_3 gearbeitet. Nach einer etwa einstündigen Reaktionszeit in einem Zwischenbehälter wird das Wasser mit 35 m/h über zweistufige Aktivkohlefilter geleitet. Das Permanganat wird mit der Aktivkohle zu unlöslichem Manganoxidhydrat umgesetzt und abfiltriert. Bei derartigen kombinierten Verfahren sind Versuche unumgänglich.

Das gilt auch bei der Entmanganung durch teilweise Ausfällung der Härtebildner. Bei der Zugabe von Kalk über das Kalk-Kohlensäure-Gleichgewicht tritt eine Teilentkarbonisierung ein. Das Mangan wird adsorptiv an das gefällte Karbonat gebunden und mit einem Effekt von über 50 % im Absetzbecken abgetrennt. Der Rest wird in nachgeschalteten Filtern zurückgehalten. Dabei treten gleichzeitig eine Entfärbung des Rohwassers und eine Reduzierung der organischen Inhaltsstoffe auf. Nur über Versuche können Effekt und Wirtschaftlichkeit dieses Verfahrens eingeschätzt werden.

5.1.4.3. Enthärtung

Im Abschn. 4. wurde bereits auf die Bedeutung der Härte des Wassers eingegangen. So darf vor allem bei Kesselspeisewasser und Kühlwasser die Härte bestimmte Werte nicht überschreiten, um Inkrustationen in den Betriebsanlagen zu vermeiden. Aber auch von anderen Nutzern wird weiches Wasser bevorzugt. Das gleiche gilt für die Nutzung im Haushalt.

Bei Trinkwasseraufbereitungsanlagen werden Enthärtungsverfahren allein mit dem Ziel der Wasserenthärtung aus ökonomischen Gründen z. Z. nur in wenigen Sonderfällen angewendet. Gelegentlich wird auch zur Unterstützung der Entmanganung die Teilentkarbonisierung genutzt. Es ist aber damit zu rechnen, daß in Zukunft Enthärtungsverfahren stärker angewendet werden. Immerhin liefern etwa 15 % aller Wasserwerke Trinkwasser mit einer Gesamthärte z. T. weit über 200 mg/l CaO.

Bei den verschiedenen Enthärtungsverfahren wird vor allem die Fällung der härtebildenden Inhaltsstoffe des Wassers benutzt. Im wesentlichen sind die folgenden Verfahren in Anwendung:
– Entkarbonisierung
– Kalk-Soda-Verfahren
– Soda-Ätznatron-Verfahren
– Trinatriumphosphatverfahren.

Bei diesen Enthärtungsverfahren tritt zwangsläufig gleichzeitig eine *Teilentsalzung* ein, so daß eine Verbindung mit Abschn. 5.1.4.4. die Folge ist. Die Trennung wurde aus anlagentechnischer Sicht vorgenommen.

Entkarbonisierung

Die Entkarbonisierung ist das älteste Verfahren der Wasserenthärtung. Es wird nur die Kabonathärte reduziert, während die Nichtkarbonathärte unverändert bleibt. Durch Zugabe von Kalkmilch oder Kalkwasser wird die freie und zugehörige Kohlensäure neutralisiert, d. h. in Kalziumkarbonat übergeführt, sowie die halbgebundene Kohlensäure als Kalzium- bzw. Magnesiumkarbonat gefällt.

Reaktion:

$$CO_2 + Ca(OH)_2 \rightarrow CaCO_3 + H_2O$$
$$Ca(HCO_3)_2 + Ca(OH)_2 \rightarrow 2\ CaCO_3 + 2\ H_2O$$
$$Mg(HCO_3)_2 + Ca(OH)_2 \rightarrow CaCO_3 + MgCO_3 + 2\ H_2O$$

Während $CaCO_3$ wenig löslich ist und als Schlamm ausfällt, ist das $MgCO_3$ löslich und hydrolysiert nur langsam.

$$MgCO_3 + H_2O \rightarrow Mg(OH)_2 + CO_2$$

Das $Mg(OH)_2$ ist schwer löslich und fällt als Schlamm aus. Bei einem hohen Anteil an Mg-*KH* verläuft die Reaktion deshalb wesentlich langsamer.

Die Fällungsgeschwindigkeit vergrößert sich mit folgenden Faktoren:
– Erhöhung der Wassertemperatur

5.1. Verfahren der Wasseraufbereitung

- Verbesserung der Vermischung des Fällungsmittels mit dem Wasser
- Erhöhung der Kontakte zwischen dem zu enthärtenden Wasser mit bereits entstandenen Fällungsprodukten oder Sandkörnern, die beide als Keime für die Einleitung der Fällung dienen.

In der Praxis wird aus diesen Gründen oft zusätzlich Wärme zugeführt. In anderen Anlagen, den sogenannten Schnellreaktoren, wird das zu enthärtende Wasser in konischen Reaktionsgefäßen mit einer im Wasser schwebenden Kontaktmasse ständig in Berührung gebracht. Die Reaktionszeiten gehen dadurch erheblich zurück. Das Kontaktmaterial besteht meist aus Quarzsand mit d_w = 0,3 bis 0,5 mm. Die Fällungsprodukte werden in kristalliner Form angelagert, so daß der Quarzsand bis zu einem Durchmesser von 2 bis 5 mm anwächst. Er wird dann als praktisch wasserfreies Material aus den Schnellreaktoren herausgenommen.

Der Kalkbedarf in g/m³ errechnet sich folgendermaßen:

$$CaO = KH + (Mg\text{-}KH) + C$$

KH Karbonathärte in mg/l CaO
$Mg\text{-}KH$ Magnesiumkarbonathärte in mg/l
C freie CO_2 in mg/l; 7,9 mg/l $CO_2 \triangleq$ 10 mg/l CaO

Die berechnete Kalkmenge ist genau einzuhalten, um die Bildung langsam reagierender Zwischenprodukte zu vermeiden. Die erzielbare Rest-KH liegt zwischen 5 und 30 mg/l.

In Ausnahmefällen wird anstelle von Kalkhydrat auch die teurere Natronlauge eingesetzt (s. auch Abschn. 5.4.4.5.).

Kalk-Soda-Verfahren

Beim Kalk-Soda-Verfahren wird neben Kalziumhydroxid Natriumkarbonat (Na_2CO_3) benutzt und dadurch sowohl die Karbonathärte als auch die Nichtkarbonathärte reduziert. Es handelt sich also um eine *Vollenthärtung*.

Die Kalkzugabe führt zu den bereits behandelten Reaktionsgleichungen.

Reaktionen durch die Na_2CO_3-Zugabe:

$$CaSO_4 + Na_2CO_3 \rightarrow CaCO_3 + Na_2SO_4$$
$$MgSO_4 + Na_2CO_3 \rightarrow MgCO_3 + Na_2SO_4$$
$$MgSO_4 + Na_2CO_3 \rightarrow MgCO_3 + Na_2SO_4$$

Der Kalkbedarf ist nach Gl. (5.20) zu berechnen. Der Bedarf an Na_2CO_3 in g/m³ ist:

$$Na_2CO_3 = 1,89 \, NKH \qquad (5.21)$$

Werden Kalk und Soda im Überschuß dosiert, so entsteht neben Kalziumkarbonat auch Natronlauge:

$$Ca(OH)_2 + Na_2CO_3 \rightarrow CaCO_3 + 2\,NaOH$$

Dies führt zu störenden *p*H-Wert-Erhöhungen.

Zur Beschleunigung der Fällung wird fast immer bei einer Temperatur von 60 bis 80 °C gearbeitet.

Das Kalk-Soda-Verfahren ist im Betrieb aufwendig und verstärkt die Gefahr der Sodaspaltung im Kesselspeisewasserkreislauf. Unter hohem Druck werden im Kesselspeisewasserkreislauf Natriumhydrogenkarbonat ($NaHCO_3$) und Soda (Na_2CO_3) gespalten. Diese Stoffe sind entweder von Natur aus im Wasser vorhanden oder entstehen durch die Wasseraufbereitung, z. B. bei der Phosphatfällung.

Hydrogenkarbonatspaltung:

$$2\,NaHCO_3 \rightarrow Na_2CO_3 + CO_2 + H_2O$$

Die Reaktion setzt bei etwa 40 °C ein und ist bei 100 °C abgeschlossen. Aus 100 mg $NaHCO_3$ entstehen 26 mg CO_2. Durch das flüchtige CO_2 werden dampfseitig Korrosionen ausgelöst, wenn das CO_2 nicht vorher entfernt wird.

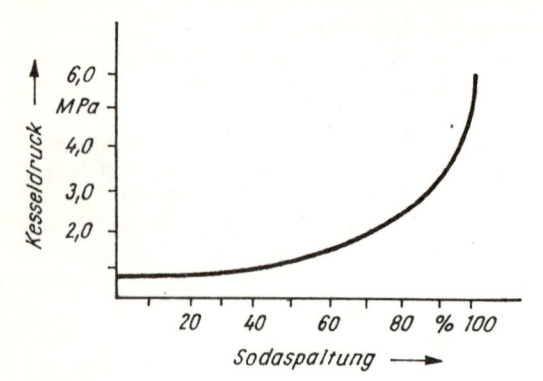

Bild 5.35 Sodaspaltung

Sodaspaltung:

$$2\ Na_2CO_3 + H_2O \rightarrow 2\ NaOH + CO_2$$

Bild 5.35 zeigt die starke Druckabhängigkeit des Vorgangs. Im Dampf entsteht wieder CO_2 und im Kesselwasser eine hohe Alkalität durch die Natronlauge, die zum Schäumen des Kesselwassers und damit zur Dampfverunreinigung führt.

Gelegentlich wird an Stelle des Kalkes beim Kalk-Soda-Verfahren Natronlauge eingesetzt. Man spricht dann vom *Ätznatron-Soda-Verfahren*. Dieses Verfahren ist teurer.

Wegen des aufwendigen und auch labilen Betriebes werden beide Verfahren heute bei Neuanlagen nur noch selten eingesetzt. Die erzielbare Restgesamthärte liegt zwischen 20 und 50 mg/l CaO.

Trinatriumphosphatverfahren
Mit diesem Fällungsverfahren wird die Gesamthärte reduziert. Als Vollenthärtung ist das Verfahren teuer und deshalb in dieser Form wenig verbreitet. Als Restenthärtung, z. B. nach dem Kalk-Soda-Verfahren, ist es in Anwendung.

Trinatriumphosphat ($Na_3PO_4 \cdot 12\ H_2O$), das 17 % P_2O_5 enthält, reagiert folgendermaßen:

$$3\ Ca(HCO_3)_2 + 2\ Na_3PO_4 \rightarrow Ca_3(PO_4)_2 + 6\ NaHCO_3$$
$$3\ CaSO_4 + 2\ Na_3PO_4 \rightarrow Ca_3(PO_4)_2 + 3\ Na_2SO_4$$

In diese Gleichungen kann auch Mg eingesetzt werden. Die entstehenden Ca- und Mg-Phosphate sind schwer löslich und fallen als Schlamm aus.

Das Verfahren ist mit einer Aufsalzung verbunden, was bei Anwendung als Nachenthärtung unbedenklich ist. Das gleiche gilt für die Sodaspaltung.

Erforderliche Phosphatmenge in g/m^3:
$$P_2O_5 = 1{,}7\ GH \tag{5.22}$$

Die Temperatur soll über 50 °C betragen. Da hier nur extrem kurze Reaktionszeiten von 5 Minuten notwendig sind, wird bei der Nachenthärtung direkt in den Zulauf des Kesselspeisewassersammelbehälters eingespeist. Der dort anfallende Schlamm wird diskontinuierlich abgezogen. Gelegentlich wird bei genügendem Alkaliüberschuß statt Trinatrium- auch Dinatrium- oder Mononatriumphosphat verwendet. Die erreichbare Resthärte beträgt 1 bis 3 mg/l.

Phosphatimpfung
Sie gehört nicht zur eigentlichen Enthärtung, soll aber hier kurz behandelt werden, da mit der ihr vor allem bei *Kühlwasseranlagen* oft auf eine Enthärtung verzichtet werden kann. Normalerweise muß bei einer $KH > 80$ mg/l enthärtet werden. Mit der sogenannten Phosphatimpfung kann dieser Grenzwert bis auf etwa 120 mg/l CaO ansteigen. Während zudosierte *Orthophosphate* (H_3PO_4) mit den Härtebildnern feinkristalline Niederschläge bilden, die abgeschlämmt werden müssen, bilden zudosierte *Polyphosphate* (HPO_3) **stabile Komplexverbindungen** mit den Härtebildnern, aber auch mit Eisen- und Manganionen. Es kommt also nicht zu Ausfällungen.

5.1. Verfahren der Wasseraufbereitung

Eine stöchiometrische Zudosierung ist dabei unnötig. In der Regel wird im Kreislaufwasser ein sogenannter Phosphatspiegel bis 2 g/m^3 P$_2$O$_5$ gehalten. Mit dieser Methode lassen sich oft auch Inkrustationen auflösen. Die Phosphatimpfung ist sehr verbreitet. In Einzelfällen wird sie auch schon zum Inlösunghalten von Eisen und Mangan, soweit es sich um kleine Werte handelt, erfolgreich eingesetzt. Eine Phosphatimpfung von Natronlauge verhindert Karbonatausfällungen an der Zugabestelle der NaOH-Lösung.

Säureimpfung
Die Säureimpfung nimmt bei der Kühlwasserenthärtung an Bedeutung zu, besonders dort, wo billige Abfallsäure zur Verfügung steht.
Reaktionen:

$$Ca(HCO_3)_2 + 2 HCl \rightarrow CaCl_2 + 2 CO_2 + 2 H_2O$$
$$Ca(HCO_3)_2 + H_2SO_4 \rightarrow CaSO_4 + 2 CO_2 + 2 H_2O$$

In diese Gleichungen kann auch Mg eingesetzt werden.

Es wird also die Karbonathärte reduziert. Gleichzeitig erhöht sich die Nichtkarbonathärte, was bei Kühlwasser in der Regel unbedenklich ist. Kritischer ist die entstehende große Kohlensäurekonzentration. Sie kann heute rein mechanisch mit hocheffektiven Entsäuerungsanlagen, z. B. mit mehrstufigen Rohrgitterkaskaden, entfernt werden. In vielen Fällen begnügt man sich auch mit ihrer teilweisen Entfernung durch „Ausrieseln" in den Kühltürmen. Eine genaue Säuredosierung und die Einhaltung einer Mindestkarbonathärte von etwa 20 mg/l CaO sind unumgänglich.

Es gibt noch eine Reihe *Sonderverfahren,* die in diesem Zusammenhang zu nennen sind.

Bei der sogenannten *Rekarbonisierung* wird dem Kühlwasser CO$_2$ zugeführt, um die durch die Erwärmung entstandene Verschiebung des Kalk-Kohlensäure-Gleichgewichts auszugleichen und damit CaCO$_3$-Ausfällungen zu vermeiden. Zu diesem Zweck wird das Kühlwasser in Rauchgasen verrieselt. Dabei geht das CO$_2$ im Kühlwasser in Lösung. Schwierigkeiten entstehen durch die gleichzeitige Schmutzaufnahme und die geringe Anpassungsfähigkeit des Verfahrens.

Mit der sogenannten *magnetischen Wasserbehandlung* kann das Ausfällen der Karbonathärte im Kühlwasser und in Warmwasserheizungs- und Warmwasserversorgungsanlagen nicht verhindert werden. Die Fällungsprodukte fallen aber durch die Behandlung in amorpher abschlämmbarer Form an. Sie können damit aus den Anlagen herausgenommen und festhaftende störende Inkrustationen vermieden werden. Oft gelingt es auch, alte Inkrustationen dadurch mit abzutragen. Heute sind vor allem Dauermagnete in Anwendung, die als geschlossene Reaktionsgefäße direkt in die Rohrleitung eingebaut werden. Vor dem Einsatz ist ein Versuch zu empfehlen, da gelegentlich der Effekt durch bisher nicht bekannte Störeinflüsse ausbleibt. Der Reaktionsmechanismus zwischen dem Magnetfeld und dem die Feldlinien kreuzenden Wasser bzw. seinen Inhaltsstoffen ist noch weitestgehend ungeklärt. Offenbar wirkt das Magnetfeld im Stadium der Fällung der Härtebildner auf deren Kristallisation, so daß feinkristalline abschlämmbare Partikel entstehen [5.26]. Das Verfahren ist inzwischen auch bei vielen anderen Inkrustationsproblemen erfolgreich eingesetzt worden. Darüber hinaus wurden in Einzelfällen auch Effektverbesserungen bei der Flotation, Filtration, Flockung und Sedimentation erreicht. Die Entwicklung sollte weiter aufmerksam verfolgt werden. In jedem Fall sind Versuche zu empfehlen.

5.1.4.4. Entsalzung

Bei den im Abschn. 5.1.4.3. behandelten Fällungsverfahren der Enthärtung findet gleichzeitig auch eine Teilentsalzung statt. Diese Verfahren sind jedoch nicht in der Lage, die Enthärtung vollständig durchzuführen, so daß seit etwa 50 Jahren nach wirkungsvolleren Verfahren gesucht wurde. Hinzu kommen wesentlich höhere Güteanforderungen an den Salzgehalt bei Kesselspeisewasser, bedingt durch die Anwendung erheblich größerer Betriebsdrücke und Temperaturen.

Als ein außerordentlich vielseitiges und wirkungsvolles Entsalzungsverfahren hat sich inzwischen seit über 40 Jahren das *Ionenaustauschverfahren* in der Praxis bestätigt. Es ist durch die Entwicklung spezifischer Ionenaustauschermassen für die verschiedensten Aufbereitungsaufgaben geeignet. So gibt es auch spezielle Anwendungen für die Enthärtung. Da der Betrieb in der Regel stabiler als der der behandelten Fällungsverfahren ist, werden Ionenaustauscher immer mehr bevorzugt.

Zu den Entsalzungsverfahren gehören auch *thermische Verfahren*. Sie werden aber aus anlagentechnischen Gründen gesondert im Abschn. 5.1.7. behandelt.

Ionenaustauschverfahren

Ionenaustauschreaktionen sind seit über 100 Jahren, besonders in der Bodenkunde, bekannt. Vor allem Zeolithe sind Träger derartiger Reaktionen. Vor 70 Jahren wurden auf dieser Grundlage sogenannte Natriumpermutite speziell für die Wasserbehandlung entwickelt. Danach folgten Kohlenaustauscher, die aber nur Kationen austauschen konnten. Eine entscheidende Verbesserung brachte 1938 die Entwicklung der ersten *Kunstharzionenaustauscher*. Inzwischen steht eine breite Palette spezifisch wirkender Fabrikate zur Verfügung.

Die Kunstharzionenaustauscher bestehen aus
— Gerüstbildner
— Vernetzer
— Ankergruppen.

Gerüstbildner und Vernetzer bilden durch Polykondensation oder Polymerisation das chemisch und mechanisch stabile quellfähige Grundgerüst. Am häufigsten verwendet man Polymerisationsharze, wie sie z. B. beim Umsatz von Styrol mit Divinylbenzol entstehen. In den letzten Jahren sind Harze mit sogenannter *Kanalstruktur* entwickelt worden, bei denen die Poren erweitert sind und die Zwischensubstanz verdichtet ist. Dadurch verbessert sich das Adsorptions- und Desorptionsverhalten gegenüber hochmolekularen organischen Wasserinhaltsstoffen, die sonst den Ionenaustausch erheblich behindern.

Die *Ankergruppen* machen das Kunstharz hydrophil und damit zum Ionenaustausch fähig. Sie sind als sogenannte Festionen mit dem Grundgerüst verbunden.

Es werden vorwiegend folgende Ankergruppen verwendet:
— schwach saure Kationenaustauscher (z. B. Wofatit CP): Carbonsäuregruppen
— stark saure Kationenaustauscher (z. B. Wofatit KPS): Sulfonsäuregruppen
— schwach basische Anionenaustauscher (z. B. Wofatit AK 40): primäre, sekundäre und tertiäre Aminogruppen
— stark basische Anionenaustauscher (z. B. Wofatit SBW): quaternäre Ammoniumgruppen.

Kationenaustauscherharze werden in der Natrium- oder in der Wasserstofform, Anionenaustauscherharze in der Regel in der Hydroxylform eingesetzt. Diese Gegenionen sind im Quellwasser des Gerüstes frei beweglich.

Der *Austauschvorgang* ist eine Gleichgewichtsreaktion entsprechend dem Massenwirkungsgesetz. Die Geschwindigkeit dieses Vorgangs wird durch die Diffusion der Ionen im Porensystem bestimmt. Der Austauschvorgang ist *reversibel*, d. h., daß die Ionenaustauscher durch Zuführung der entsprechenden Gegenionen regeneriert werden können.

Beim *Kationenaustausch* werden *Na-Austauscher* (Na_2-AS) zur *Wasserenthärtung* eingesetzt. Es ergeben sich dabei z. B. die folgenden Reaktionen:

$$Ca(HCO_3)_2 + Na_2\text{-AS} \rightarrow 2\ NaHCO_3 + Ca\text{-AS}$$
$$Mg(HCO_3)_2 + Na_2\text{-AS} \rightarrow 2\ NaHCO_3 + Mg\text{-AS}$$
$$CaCO_4 + Na_2\text{-AS} \rightarrow Na_2SO_4 + Ca\text{-AS}$$
$$CaCl_2 + Na_2\text{-AS} \rightarrow 2\ NaCl + Ca\text{-AS}$$

Es entstehen leichtlösliche Natriumsalze. Da der Ablauf neutral reagiert, bezeichnet man die Anwendung der Natriumaustauscher auch als *Neutralaustausch*.

Die Austauscher in der Wasserstoff- und in der Hydroxylform dienen der *Entsalzung*.

Beim *stark sauren* Kationenaustauscher werden *alle* Kationen durch Wasserstoffionen ersetzt.

Es ergeben sich dabei z. B. die folgenden Reaktionen:

5.1. Verfahren der Wasseraufbereitung

$$Ca(HCO_3)_2 + H_2\text{-AS} \rightarrow 2\,H_2CO_3 + Ca\text{-AS}$$
$$Mg(HCO_3)_2 + H_2\text{-AS} \rightarrow 2\,H_2CO_3 + Mg\text{-AS}$$
$$CaSO_4 + H_2\text{-AS} \rightarrow H_2SO_4 + Ca\text{-AS}$$
$$2\,NaCl + H_2\text{-AS} \rightarrow 2\,HCl + Na_2\text{-AS}$$

Der Ablauf ist *stark sauer*.

Beim *schwach sauren Kationenaustauscher* werden nur die Kationen der wenig dissoziierten schwachen Säuren, z. B. die der Kohlensäure, gegen Wasserstoffionen ausgetauscht. Sie dienen deshalb vor allem der Hydrogenkarbonatspaltung.

Reaktion:

$$Ca(HCO_3)_2 + H_2\text{-AS} \rightarrow 2\,H_2CO_3 + Ca\text{-AS}$$
$$Mg(HCO_3)_2 + H_2\text{-AS} \rightarrow 2\,H_2CO_3 + Mg\text{-AS}$$

Stark basische Anionenaustauscher tauschen wieder alle Anionen gegen Hydroxylionen aus:

$$H_2SO_4 + (OH)_2\text{-AS} \rightarrow 2\,H_2O + SO_4\text{-AS}$$
$$2\,HCl + (OH)_2\text{-AS} \rightarrow 2\,H_2O + Cl_2\text{-AS}$$
$$2\,H_4SiO_4 + (OH)_2\text{-AS} \rightarrow 2\,H_2O + 2\,H_3SiO_4\text{-AS}$$

Die *schwach basischen Anionenaustauscher* können nur die Anionen starker Säuren, aber nicht die Anionen wenig dissoziierter Säuren, z. B. die der Kieselsäure, austauschen:

$$H_2SO_4 + (OH)_2\text{-AS} \rightarrow 2\,H_2O + SO_4\text{-AS}$$
$$2\,HCl + (OH)_2\text{-AS} \rightarrow 2\,H_2O + Cl_2\text{-AS}$$

Ionenaustauscher besitzen auf Grund ihrer chemischen Struktur eine bestimmte *Selektivität*. Es besteht eine gewisse Rangordnung für den Austausch der verschiedenen Kationen bzw. Anionen. Beim *stark sauren Kationenaustauscher* werden z. B. die Kationen der folgenden Reihe in der abnehmender Stärke gebunden:

$$Fe^{3+};\ Al^{3+};\ Ba^{2+};\ Cr^{2+};\ Ca^{2+};\ Cu^{2+};\ Zn^{2+};\ Mg^{2+};\ Mn^{2+};\ NH_4^+;\ K^+;\ Na^+;\ H^+$$

Für *stark basische Anionenaustauscher* ergibt sich folgende Reihe:

$$SO_4^{2-};\ NO_3^-;\ Br^-;\ NO_2^-;\ Cl^-;\ HCO_3^-;\ SiO_2^-;\ OH^-$$

Diese Selektivität führt im Austauscher beim Beladungsvorgang zu Zonen, in denen bestimmte Ionen bevorzugt gebunden werden. Diese Zonen wandern in der Reihenfolge der Selektivität

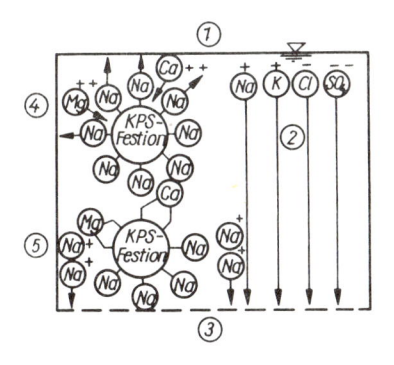

Bild 5.36 Neutralaustausch
  1 Rohwasser; *2* diese Ionen passieren den Austauscher unverändert; *3* Weichwasser, neutral; *4* Verdrängung der Gegenionen durch die Kationen des Wassers; *5* vollzogener Austausch der Ionen am gleichen Austauschkorn wie bei *4*.

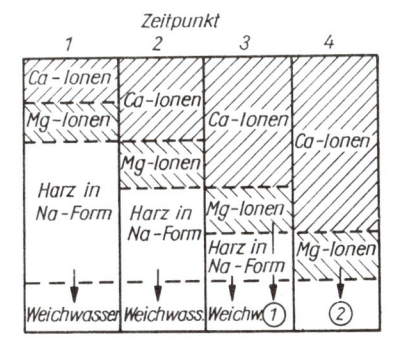

Bild 5.37 Zonenwanderung der Ionen im Neutralaustauscher
  1 Härteschlupf; *2* Härtedurchbruch im Weichwasser

des Harzes durch das Filter hindurch. Bild 5.36 zeigt im Schema den *Neutralaustausch*, dargestellt am Wofatit KPS in der Na-Form. Bild 5.37 macht die Zonenwanderung der Ca- und Mg-Ionen im Neutralaustauscher deutlich. Die Mg-Ionen werden durch die Ca-Ionen immer weiter nach unten verdrängt.

Ionenaustauscher werden bei der Wasseraufbereitung in der Regel im Filterverfahren eingesetzt. Um sie möglichst voll ausnutzen zu können, müssen sie vor zusätzlichen Verschmutzungen, wie z. B. mechanischen Verunreinigungen, Öl, hochmolekularen organischen Stoffen, Eisen und Mangan, geschützt werden. Es ist also eine entsprechende Vorbehandlung durch Flokkung, Flockungsfiltration oder Aktivkohlebehandlung unumgänglich.

Das Problem der *Harzverschmutzung* ist durch die Entwicklung sogenannter „nichtverschmutzender" Harze etwas entschärft worden. Durch ein zusammenhängendes Netz von Wasserkanälen im Harz wird der weitestgehende Zutritt der auszutauschenden Ionen gewährleistet. Man spricht dabei von Kunstharzionenaustauschern mit *Kanalstruktur*. Allerdings geht bei diesen Harztypen die Austauschkapazität insgesamt zurück.

Grundlage für die *Bemessung* sind die Vollanalyse des Rohwassers und die geforderte Reinwasserqualität. Zur Bestimmung der Austauschmenge in l wird zunächst die *Laufzeit* festgelegt und über die sogenannte *nutzbare Volumenkapazität* des gewählten Harzes die Austauschermenge ermittelt.

$$M = \frac{\dot{V} \cdot I \cdot t}{NVK} \tag{5.23}$$

M Austauschermenge in m^3
$\dot{V}$ Wasserdurchsatz in m^3/h
I Ionengehalt des Wasser in val/l
t Laufzeit zwischen zwei Regenerierungen in h
NVK nutzbare Volumenkapazität des Austauschers in val/l

Der Beladungszustand der Ionenaustauscher wird in der Regel durch Messung der Leitfähigkeit, des *p*H-Wertes und des *m*-Wertes verfolgt. Die Gesamtkapazität eines Austauschers setzt sich aus *nutzbarer Kapazität*, *Blindkapazität* und *Restkapazität* zusammen.

Die *nutzbare Volumenkapazität (NVK)* ist diejenige Äquivalentmenge an ausgetauschten Ionen je Volumeneinheit des Austauschers, die nach der betriebsüblichen Regenerierung bis zum gewählten Durchbruchspunkt aufgenommen wird. Aus ökonomischen Gründen wird der Austauscher nie restlos regeneriert. Die verbleibende Anfangsbeladung wird als *Blindkapazität* bezeichnet. Die *Restkapazität* ist die Differenz zwischen Durchbruchspunkt und völliger Beladung, bei der die Qualität des Zulaufs gleich der Ablaufqualität ist.

Es gibt noch einige andere wichtige Kenngrößen beim Einsatz von Ionenaustauschern zu beachten:
– Korngrößenverteilung: In der Regel bewegt sich der Korngrößenbereich in den Grenzen von 0,3 bis 1,3 mm. Der Abriebverlust liegt im Jahr bei etwa 5 %.
– thermische Beständigkeit: Unter thermischer Beständigkeit versteht man die maximale Einsatztemperatur.
– chemische Resistenz: Die chemische Resistenz der Ionenaustauscher wird vor allem durch ihre *p*H-Wert-Beständigkeit gekennzeichnet.
– Strömungswiderstand: auf 1 m Schichthöhe bezogener hydrodynamischer Widerstand
– Bettstreckung: auf die Schichthöhe in Ruhezustand bezogene relative Erhöhung des Ionenaustauscherbetts bei Rückspülung mit Wasser
– Atmungsdifferenz: Volumenunterschied eines Ionenaustauschers in zwei verschiedenen Belastungszuständen (H^+/Na^+).

Vom Hersteller werden außerdem für den Beladungsvorgang bestimmte Filtergeschwindigkeiten vorgeschrieben. Sie liegen in der Regel zwischen 5 und 50 m/h.

Der *Regenerierungsvorgang* besteht aus drei Teilschritten:
– *Rückspülung*
Die zurückgehaltenen Schmutzstoffe einschließlich des Harzabriebs sind zu entfernen und das Harz aufzulockern. Zu diesem Zweck wird der Austauscher in der Regel im Gegenstrom

5.1. Verfahren der Wasseraufbereitung

mit Wasser der vorhergehenden Austauscherstufe gespült. Die Spülgeschwindigkeit ist von der Dichte und dem Korndurchmesser des Harzes abhängig und liegt zwischen 5 und 10 m/h. Die Spüldauer beträgt etwa 15 Minuten. Wegen der eintretenden Bettstreckung kann der Austauscher nur etwa zur Hälfte mit Harz gefüllt werden.

— *Regenerierung*
Kationenaustauscher werden mit etwa 10%iger Salzsäure in die Wasserstofform zurückgeführt.

Reaktionen:

$$Ca\text{-}AS + 2\,HCl \rightarrow H_2\text{-}AS + CaCl_2$$
$$Mg\text{-}AS + 2\,HCl \rightarrow H_2\text{-}AS + MgCl_2$$

Anionenaustauscher werden mit etwa 5%iger Natronlauge in die Hydroxylform zurückgeführt.

Reaktionen:

$$SO_4\text{-}AS + 2\,NaOH \rightarrow (OH)_2\text{-}AS + Na_2SO_4$$
$$Cl_2\text{-}AS + 2\,NaOH \rightarrow (OH)_2\text{-}AS + 2\,NaCl$$

Für die Salzform (Na_2-AS) wird zur Regenerierung eine 5- bis 15%ige Natriumchloridlösung verwendet.

Reaktionen:

$$Ca\text{-}AS + 2\,NaCl \rightarrow Na_2\text{-}AS + CaCl_2$$
$$Mg\text{-}AS + 2\,NaCl \rightarrow Na_2\text{-}AS + MgCl_2$$

Um die Regenerierung in möglichst kurzer Zeit abzuschließen, muß bei starken Austauschern mit einem erheblichen *Regeneriermittelüberschuß* gearbeitet werden. Bei schwachen Austauschern genügt ein Überschuß von etwa 110 % der theoretischen Menge.
Die Regenerierdauer ist erheblich und beträgt etwa 30 bis 90 Minuten.

— *Auswaschen*
Der Regeneriermittelüberschuß ist nach der Regenerierung mit dem Ablauf der vorhergehenden Austauscherstufe auszuwaschen. In der Praxis benötigt man für Kationenaustauscher die fünffache, für Anionenaustauscher etwa die zehnfache Menge des Harzvolumens an Wasser.
Das beim Rückspülen, Regenerieren und Auswaschen ablaufende Wasser muß vor der Ableitung neutralisiert werden. Zu diesem Zweck wird meist ein Pufferbecken mit chargenweiser Neutralisation vorgesehen.
Weitere Ausführungen, z. B. über die zur Verfügung stehenden Harztypen, die Kombination der einzelnen Austauscherstufen und Weiterentwicklungen, werden im Abschn. 5.2. behandelt.

5.1.4.5. Chemische Stabilisierung und Korrosionsschutz

Hierzu gehören vor allem die Neutralisation des Wassers mit Kalk und Natronlauge sowie die Filtration über halbgebrannte Dolomite. Außerdem sind Phosphat- und Silikatzusätze zur Schutzschichtbildung zu behandeln.
Durch Zusatz alkalischer Chemikalien kann die Kohlensäure abgebunden werden. Damit ist ein Anstieg der HCO_3^--Konzentration, die meist mit der Karbonathärte identisch ist, verbunden. Dies ist vor allem bei harten Wässern unerwünscht, so daß hier die Möglichkeit einer mechanischen Entsäuerung zu überprüfen ist. Bei weichen Wässern ist die Aufhärtung dagegen erwünscht, da damit die Kalkaggressivität vermindert und die Bildung einer Kalk-Rostschutzschicht in metallischen Rohrleitungen begünstigt wird.
Die Aufhärtung ist bei den einzelnen Chemikalien unterschiedlich. Bei der Zugabe von Natronlauge tritt keine *KH*-Aufhärtung ein.

Reaktion:

Kalkhydrat $\qquad Ca(OH)_2 + 2\,CO_2 \rightarrow Ca(HCO_3)_2$

Natronlauge $\quad 2\,NaOH + 2\,CO_2 \rightarrow 2\,NaHCO_3$

Halbgebrannter $\quad CaCO_3 + MgO + 3\,CO_2 + 2\,H_2O \rightarrow Ca(HCO_3)_2 + Mg(HCO_3)_2$
Dolomit

Daraus ergeben sich für die Abbindung von 1 mg/l CO_2 die folgenden Güteveränderungen:

	ΔHCO_3	ΔCa	ΔMg
Kalkhydrat	0,63 mg/l	0,63 mg/l	0,00 mg/l
Natronlauge	0,63 mg/l	0,00 mg/l	0,00 mg/l
Halbgebrannter Dolomit	1,00 mg/l	0,60 mg/l	0,40 mg/l

Zugabe von Natronlauge erhöht die Nichtkarbonathärte.

Die angegebenen Güteveränderungen für halbgebrannte Dolomite entsprechen gealtertem Material und sind deshalb nicht identisch mit der theoretischen Reaktionsgleichung.

Entsäuerung mit Kalkhydrat und Natronlauge

Ist eine Grobaufbereitung vorhanden, so wird aus ökonomischen Gründen meist das billigere Kalkhydrat eingesetzt. Es wird *Kalkmilch* als *Aufschwemmung* mit bis zu 50 kg/m³ CaO verwendet. Die Kalkmilch enthält neben dem wirksamen Bestandteil $Ca(OH)_2$ noch $CaCO_3$ und Sand. Diese werden in der Grobaufbereitung zurückgehalten und unterstützen dabei den Flockungs- und Sedimentationsvorgang. Eine Zugabe direkt vor Filtern ist in der Regel abzulehnen, da es sowohl zu einer zusätzlichen Belastung als auch zu Verbackungen kommen kann. In diesem Fall ist das Kalkhydrat in Form des *Kalkwassers* als *echte Lösung* zuzugeben. Da die Löslichkeit praktisch nur bis etwa 1,0 kg/m³ CaO ausnutzbar ist, werden Lösegefäße großer Abmessungen notwendig. Beim Einsatz von Kalkmilch muß durch die Lösezeit des Kalkhydrats mit etwas längeren Reaktionszeiten gerechnet werden.

Natronlauge ist wesentlich teurer, erfordert aber einen erheblich geringeren Aufwand für die Dosierung. Vor allem bei kleineren Kapazitäten wird aus diesem Grunde Natronlauge dem Kalkwasser oft vorgezogen.

Bei der Zugabe von Kalkhydrat und Natronlauge ist Voraussetzung für eine schnelle Reaktion eine intensive Vermischung mit dem Rohwasser.

Die notwendige Reaktionszeit ist außerdem bei der Anordnung von pH-Wert-Meßgeräten zur Automatisierung der Dosierung zu beachten.

Filtration über halbgebrannte Dolomite

Bei der Filtration über halbgebrannte Dolomite sinkt der Wartungsaufwand, da hier nur Filterspülungen und ein Nachfüllen von frischem Material notwendig sind, wenn etwa 10 % verbraucht wurden. Auf der anderen Seite erhöht sich der Ausrüstungsaufwand durch die Filter. In gewissen Belastungsgrenzen ist bei diesem Verfahren automatisch ein fast konstanter Entsäuerungseffekt erreichbar.

Die Entsäuerung verläuft nach einem Exponentialgesetz:

$$C_L = C_0 \cdot e^{-\lambda L_n}$$

Bei der Entwicklung einer Bemessungsvorschrift ist die Veränderung der chemischen Zusammensetzung des Materials während des Betriebes zu beachten. Die Materialalterung ist erheblich und vor allem durch die schnellere Abnahme des aktiveren MgO-Anteils gegenüber dem $CaCO_3$-Anteil des Filtermaterials bedingt.

Bild 5.38 zeigt diese Zusammenhänge.

Die folgende Bemessungsgleichung hat sich in der Praxis bewährt [5.48]:

$$v_C = A \cdot \frac{e^{0,05\,t}}{(1 + 0,1\,KH) \cdot C_0^{0,5} \cdot \ln(C_0/C_L) \cdot (Ca/Mg)^{0,1}} \cdot \frac{L_n}{d_w} \quad (5.24)$$

v_c Filtergeschwindigkeit bei der Entsäuerung in m/h
A Aktivitätskonstante

5.1. Verfahren der Wasseraufbereitung

C_0 CO_2-Gehalt im Filterzulauf in mg/l
C_L CO_2-Gehalt im Filterablauf in mg/l
KH Karbonathärte im Filterzulauf in mg/l CaO
Ca, Mg   Ca- bzw. Mg-Härte in mg/l CaO
t Temperatur in °C
L_n nutzbare Schichthöhe in m
d_w wirksamer Korndurchmesser in mm

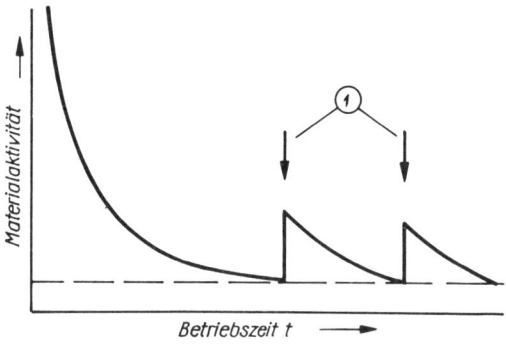

Bild 5.38 Materialalterung bei halbgebrannten Dolomiten
1 Nachfüllung

Da in der Regel C_L der zugehörigen freien Kohlensäure im Kalk-Kohlensäure-Gleichgewicht entsprechen soll, ist dieser Wert genau zu berechnen.

Die *Materialaktivität* ist außerdem vom gleichzeitig vorhandenen Eisen- und Mangangehalt im Rohwasser abhängig, da ein Teil des halbgebrannten Dolomits von den abgeschiedenen Oxidhydraten des Eisens und Mangans bedeckt wird. Für „gealtertes" Decarbolith, das im Schachtofen hergestellt wurde, haben die folgenden Werte Gültigkeit:

Aktivitätskontakte A	Fe_0 mg/l
120	0,1
70	2,0
50	5,0
35	10,0

Bei der Bemessungsgleichung (5.24) sind die folgenden Randbedingungen zu beachten:
v_c = 1 bis 20 m/h
t = 3 bis 17 °C

KH < 100 mg/l Bei höheren Karbonathärten besteht besonders bei intermittierendem Betrieb durch Entkarbonisierung Verbackungsgefahr.
C_0 = 5 bis 60 mg/l Bei höheren Werten ist aus wirtschaftlichen Gründen das Wasser vorher mechanisch zu entsäuern.
Ca/Mg = 0,5 bis 5,0

Neben der *Entsäuerung* muß für die Bemessung des Filters bei *vorhandenem Eisen* auch der *Enteisenungsverlauf* nachgewiesen werden. Die Enteisenung wird dabei in der Regel schneller als die Entsäuerung verlaufen. Dabei ist sowohl die Kopplung mit einer vorgeschalteten mechanischen Entsäuerung als auch mit einer nachgeschalteten Natronlaugedosierung denkbar.

Filter mit halbgebrannten Dolomiten sind an wechselnde Rohwasserqualität, Durchsatzleistung und Materialaktivität nicht anpaßbar obwohl sich kleinere Veränderungen in der Reinwasserqualität kaum auswirken. Besonders problematisch sind die Einarbeitungsphase und Stillstandszeiten, da es zu stark überhöhten pH-Werten kommen kann. In der *Einarbeitungsphase* kann dieses Problem leicht durch eine Teilschüttung ausgeglichen werden. Weitere Betriebshinweise gibt *Wiegleb* [5.48].

Haupteinsatzgebiet halbgebrannter Dolomite ist die mit der Entsäuerung gleichzeitig durchzuführende Enteisenung oder Entmanganung. Sie werden deshalb auch in der Zukunft besonders bei kleineren Kapazitäten in größerem Umfang eingesetzt werden. Dabei ist besonders auf die Produktion noch feinkörnigeren und „aktiveren" Materials zu orientieren.

Korrosionsschutz durch Phosphat- und Silikatzusätze
Zur Ausbildung einer Rostschutzschicht in metallischen Rohrleitungen ist nicht nur die Einhaltung des Kalk-Kohlensäure-Gleichgewichts notwendig, sondern es sind auch bestimmte Werte für die Karbonathärte, den Sauerstoffgehalt und die Fließgeschwindigkeit einzuhalten. In vielen Fällen sind diese Forderungen aber nicht immer erfüllbar. Es hat sich gezeigt, daß Wässer, die einen erhöhten natürlichen Kieselsäure- oder Phosphatgehalt besitzen, trotz aggressiver Eigenschaften eine Schutzschicht in metallischen Rohrleitungen bilden können. Durch Dosierung derartiger Zusätze hat man damit teilweise sehr günstige Ergebnisse erzielt. Eindeutige Bemessungsgrundsätze gibt es bis heute noch nicht, so daß im Einzelfall nur nach einem Langzeitversuch entschieden werden sollte.

Die Phosphatzugabe im größeren Maßstab hat den nicht zu unterschätzenden Nachteil, daß der erhöhte Phosphatgehalt im Abwasser im Vorfluter zur verstärkten Eutrophierung führen kann.

Über die Möglichkeit der Phosphatimpfung speziell im Kühlwasserkreislauf wurde bereits im Abschn. 5.1.4.4. berichtet. Dort ging es vor allem um die Härtestabilisierung zur Vermeidung von Inkrustationen; die Phosphatimpfung zur Schutzschichtbildung im Kaltwassernetz und gleichzeitig zur Härtestabilisierung im Warmwassrnetz ist jetzt auch in einigen zentralen Trinkwasserversorgungsanlagen eingesetzt worden.

Wesentlich aktueller ist vor allem die Phosphatdosierung vor *Warmwasserbereitern*. Sie wird heute bereits in zahlreichen Anlagen mit Erfolg angewendet und führt in der Regel zu einem zuverlässigen Schutz der Anlagen sowohl vor Korrosionen als auch vor Inkrustationen.

Genau arbeitende verbrauchsabhängige Dosiereinrichtungen sind eine wichtige Voraussetzung, um den aus hygienischer Sicht zugelassenen maximalen P_2O_5-Gehalt von 5 mg/l nicht zu überschreiten.

5.1.4.6. Entfernung von Geruch, Geschmack und Mikroverunreinigungen

Auf die fast ausschließlich in der Trinkwasseraufbereitung wichtige Problematik der Belastung mit geruchs- und geschmacksstörenden Stoffen sowie Mikroverunreinigungen wurde bereits im Abschn. 4. hingewiesen. Diese Stoffe können zum größten Teil entweder durch *Adsorption* aus dem Wasser eliminiert oder oxydiert werden.

Bei den Oxydationsverfahren entstehen aber teilweise auch giftige Endprodukte, wie z. B. bei den Pestiziden. Es muß deshalb außerordentlich sorgsam abgewogen werden, welches Behandlungsverfahren im Einzelfall gewählt werden soll. Im übrigen sind die Kenntnisse sowohl über die Einschätzung dieser Stoffe als auch über die Eliminierungseffekte bei den verschiedenen Behandlungsverfahren z. Z. noch unbefriedigend, so daß in der Regel Versuche zu empfehlen sind.

Bei besonders stark belasteten Rohwässern sind meist kombinierte Verfahren notwendig. Im übrigen werden mit diesen Verfahren auch gleichzeitig der Farbgrad und der chemische Sauerstoffverbrauch verbessert.

Adsorptionsverfahren
Unter *Sorption* ist die Aufnahme eines gasförmigen, dampfförmigen oder gelösten Stoffes (Sorbat) durch eine angrenzende kondensierte Phase (Sorbens) zu verstehen. Es liegt eine *Absorption* vor, wenn dieses Sorbat homogen im Sorbens verteilt ist, z. B. beim Lösen von Gasen im Wasser. Reichert sich das Sorbat nur an der Oberfläche des Sorbens an, dann spricht man von *Adsorption*. Sorptionsvorgänge verlaufen bis zu einem Gleichgewichtszustand; ihre Umkehrung ist die *Desorption*.

In der Wasseraufbereitung erfolgt die *Adsorption* gelöster Wasserinhaltsstoffe auf festen Grenzflächen. Die Adsorptionskräfte entstehen durch unabgesättigte Bindungskräfte an der

5.1. Verfahren der Wasseraufbereitung

Oberfläche; damit ist die Adsorptionskapazität der Oberflächengröße direkt proportional. Große Oberflächen sind durch sehr kleine Partikelgrößen oder durch eine hohe Porosität des Festkörpers, wie z. B. bei Aktivkohle, erreichbar.

In der Wasseraufbereitung wird für Adsorptionsaufgaben vorzugsweise die *Aktivkohle* in Form der *Kornkohle* oder in *Pulverform* eingesetzt. In diesem Zusammenhang muß aber auch noch einmal die Flockung genannt werden, da mit ihr echte Adsorptionsprozesse verbunden sind.

Seit über 30 Jahren gibt es darüber hinaus spezifische *Adsorberharze*, die organische Wasserinhaltsstoffe entfernen, der Entchlorung und der Restenteisenung dienen. Im Gegensatz zur gekörnten Aktivkohle lassen sich die beladenen Harze im Filter regenerieren. Allerdings sind die Materialkosten höher, so daß Adsorberharze in der Wasseraufbereitungspraxis nur wenig angewendet werden.

Aktivkohle ist ein hochporöses Material, das durch Verkohlung organischer Substanzen, wie Torf, Holz und Kohle, entstanden ist. Die innere Oberfläche ist sehr groß und beträgt bis zu 1000 m^2/g. Die *Kinetik der Adsorption* ist ein theoretisch schwierig zu behandelndes Problem, da z. B. die Adsorbierbarkeit organischer Stoffe an Aktivkohle stark von der Art ihrer funktionellen Gruppen abhängt. Während z. B. Kohlenwasserstoffe gut adsorbiert werden, trifft dies für Alkohole, Karbonsäure und Amine weniger zu. Weiteren Einfluß haben der pH-Wert und die Molekularmasse. Um zu einer Bemessung von Aktivkohleanlagen zu kommen, sind deshalb Versuche unumgänglich.

Der Sorptionsvorgang verläuft in verschiedenen Stufen [5.43]:
- *Transport* der zu adsorbierenden Moleküle an die Kohle, *Anreicherung und Adsorption im Grenzfilm*. Dieser Schritt ist entscheidend für die Art der adsorbierten Moleküle. Am leichtesten werden Stoffe adsorbiert, die die Grenzflächenspannung erniedrigen und sich so in der Phasengrenze anreichern. Mit diesem Schritt wird meist auch die Geschwindigkeit der Gesamtreaktion bestimmt. Kleine Korndurchmesser führen damit zu kürzeren Reaktionszeiten.
- *Diffusion* der adsorbierten Moleküle durch das Porensystem des Kohlekorns bis zu den aktiven Zentren, an denen die Moleküle adsorbiert werden
- *Adsorption* der Moleküle an den aktiven Zentren im Mikroporenraum
- *Desorption* von bereits adsorbierten Molekülen infolge Verdrängung durch besser adsorbierbare Substanzen. Dadurch können z. B. geruchsaktive Stoffe plötzlich wieder im Filtrat erscheinen.
- *biochemischer Abbau* der adsorbierten Substanzen bei Anwesenheit von Sauerstoff. Dadurch kann die Beladbarkeit der Kohle gegenüber der reinen Adsorption erhöht werden.

Da die Korngröße der *Pulverkohle* $\leq$ 0,1 mm ist, erreicht man große Adsorptionsgeschwindigkeiten und damit trotz geringer Reaktionszeiten eine relativ gute Ausnutzung der Beladbarkeit. Besonders fein gemahlene Pulverkohle erhöht die Adsorptinsfähigkeit. Damit können die Zugabemengen bis zu 30 % gesenkt werden. Die erforderliche Kohledosis und die geeignetste Kohlesorte werden wie bei der Flockung mit dem Reihenrührwerk ermittelt. Die Kinetik zur Ermittlung der Restkonzentration ausgewählter Stoffe oder Stoffgruppen entspricht im allgemeinen der folgenden Beziehung:

$$C = C_o \cdot e^{-aP} \tag{5.25}$$
$$\ln \frac{C}{C_o} = -aP$$

C erzielte Restkonzentration
C_o Rohwasserkonzentration
a Materialkennwert der untersuchten Kohle
P dosierte Aktivkohlemenge

Bild 5.39 zeigt das Ergebnis vergleichender Versuche mit drei verschiedenen Aktivkohlen und unterschiedlichen Dosierungen. Der Versuch A' macht die bessere Ausbeute der Kohle A unter den Bedingungen eines Schlammkontaktverfahrens deutlich. Es sind in diesem Fall Einsparungen von etwa 30 % möglich.

Die Pulverkohle wird entweder vor *Grobaufbereitungsanlagen* oder vor *Schnellfiltern* zugege-

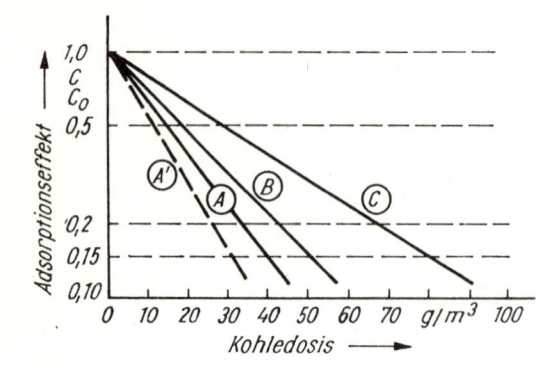

Bild 5.39 Leistungsvergleich von pulverförmigen A-Kohlen
A, B und C verschiedene Sorten; A-Kohle im Schlammkontaktverfahren

ben. In der Regel wird die Kohle durch die in der Grobaufbereitung gleichzeitig ablaufenden Flockungs- und Sedimentationsprozesse geringfügig weniger ausgenutzt. Dafür ist ihre Abtrennung problemlos. Bei der kontinuierlichen Zugabe vor den Filtern beträgt die mittlere Belastungszeit meist über 12 Stunden. Diese Form ist der Zugabe der gesamten Kohlemenge sofort nach der Filterspülung unbedingt vorzuziehen. Selbstverständlich erhöht sich durch die Dosierung der Pulverkohle der Filterwiderstand. Gleichzeitig besteht die Gefahr, daß Kohlepartikel durch das Filterbett bis in das Filtrat gelangen. Hier ist eine versuchstechnische Abstimmung aller Einflußfaktoren unumgänglich. Die erforderliche Dosis hängt stark von der Rohwasserqualität ab und liegt meist zwischen 5 und 20 g/m³. Die Zurückhaltung im Filterbett läßt sich durch die gleichzeitige Zugabe geringer Flockungsmittelmengen, z. B. von 5 mg/l technischem Aluminiumsulfat, wesentlich verbessern [5.42].

Die Zugabe erfolgt als Aufschwemmung mit 50 kg/m³ Aktivkohle. Da eine Rückgewinnung kaum realisierbar ist, wird aus wirtschaftlichen Gründen Pulverkohle meist nur bei kurzzeitig stärker belasteten Rohwässern bzw. bei Kohlemengen unter etwa 20 g/m³ eingesetzt.

Muß ständig eine Adsorption erfolgen, so wird in der Regel *gekörnte Aktivkohle* in Filtern verwendet. Im Gegensatz zur Pulverkohle ist sie *regenerierbar*. Dies ist z. Z. nur durch Ausbau und Behandlung beim Hersteller möglich. Der Verlust beträgt dabei etwa 20 %. An einer Regenerierung im Wasserwerk wird noch gearbeitet.

Auch für die Bemessung von Aktivkohlefiltern sind versuchstechnische Untersuchungen unumgänglich. Dabei ist wichtig, daß die Aktivkohle als letzte Filterstufe nicht zusätzlich durch Eisen, Mangan, Chlor und andere Stoffe belastet wird. Hier ist mit möglichst kleinen Korndurchmessern und großen Schichthöhen zu arbeiten. Die oberen Zonen des Filterbetts erschöpfen sich zuerst. Dieser Vorgang erfaßt dann auch die tieferen Schichten und verläuft um so schneller, je größer die Filtergeschwindigkeiten gewählt werden. Üblich sind Geschwindigkeiten von 5 bis 30 m/h bei Schichthöhen zwischen 1,5 und 2,0 m. Die Laufzeiten betragen in der Regel mehr als 3 Monate. In vielen Fällen hat sich eine Reaktionszeit von 5 Minuten mit der gekörnten Aktivkohle bewährt.

Gelegentlich tritt eine Verkeimung von Aktivkohle auf. Hier ist eine stärkere Rückspülung, eventuell gekoppelt mit einer zeitweisen leichten Chlorung, anzuwenden.

Oxydationsverfahren
Als Oxydationsmittel zur Entfernung von Geruch, Geschmack und Mikroverunreinigungen wird neben Chlor, Chlordioxid und Kaliumpermanganat vor allem Ozon eingesetzt. Aus Zweckmäßigkeit wird das Chlorverfahren im Abschn. 6.1.6.1. im Rahmen der Desinfektion behandelt.

Ozon ist unverdünnt ein farbloses, stark riechendes Gas, das an Ort und Stelle in Ozongeneratoren durch elektrische Entladung in Luft oder Sauerstoff hergestellt wird und dabei nur in Verdünnung mit diesen Gasen anfällt.

Die Lösung des Ozons in Wasser folgt dem Henry-Daltonschen Gesetz. Die Konzentration des Ozons im Wasser ist damit proportional dem Partialdruck des Ozons in der Gasphase. Da

5.1. Verfahren der Wasseraufbereitung

das Ozon nur in etwa 1- bis 5%iger Konzentration hergestellt werden kann, beträgt die Löslichkeit des Ozons z. B. bei 0,1 MPa Gesamtdruck nur 4,2 mg/l und bei 0,5 PMa Gesamtdruck 21,4 mg/l. Ozon besitzt ein außerordentlich starkes Oxydationsvermögen, das höher ist als das des Chlors, der unterchlorigen Säure und des Chlordioxids.

Mit dem Ozon gelangen keine Substanzen in das Wasser, die Geruch und Geschmack beeinträchtigen. Das ist bei Chlorbehandlungen dagegen oft der Fall. In Ausnahmefällen sind die entstehenden Oxydationsprodukte hygienisch bedenklich. Entsprechende Spezialuntersuchungen sind in jedem Fall zu empfehlen. Wenn ein Teil des Ozons nicht sofort durch Oxydation verbraucht wird, so entsteht:

$$O_3 + H_2O \rightarrow H_2O_2 + O_2$$

Das Wasserstoffperoxid wirkt weiter oxydierend auf die Wasserinhaltsstoffe oder zerfällt in Wasser und Sauerstoff. Nachteilig ist, daß durch den schnellen Ozonzerfall keine nachhaltige mikrobizide Wirkung im Rohrnetz erreichbar ist. Dem ist aber durch eine zusätzliche „Sicherheitschlorung" leicht Abhilfe zu schaffen.

Für die Oxydation organischer Spurenstoffe werden etwa 0,5 bis 3,0 mg/l Ozon benötigt. Auch hier sind zumindest Laborversuche notwendig, um den Effekt und die notwendige Dosis feststellen zu können. Die Praxis zeigt, daß Ozon nicht in jedem Falle die gewünschten Ergebnisse bringt. Oft wirkt in solchen Fällen eine Adsorption mit Aktivkohle besser. In der Regel stellt die Ozonierung die letzte Aufbereitungsstufe dar, nachdem vorher die leicht abscheidbaren Inhaltsstoffe bereits entfernt sind. Bei besonders schwierig zu behandelnden Rohwässern wird auch die Ozonierung mit der Adsorption durch Aktivkohle gekoppelt [5.23]. *Chlordioxid* (ClO_2) ist ein gelbes, stechend riechendes Gas, das sehr reaktionsfähig ist und explodieren kann. Es muß deshalb an Ort und Stelle hergestellt und in flüssiger Phase verarbeitet werden. Ausgangsstoff dafür ist Natriumchlorid ($NaClO_2$). Am häufigsten wird Chlor zur Umsetzung des Natriumchlorids verwendet:

$$2\ NaClO_2 + Cl_2 \rightarrow 2\ ClO_2 + NaCl$$

Um eine vollständige Umsetzung zu erreichen, muß mit einer etwa dreifachen Überdosierung der Chlormenge gearbeitet werden. Das entspricht etwa 1 g Chlor für 1 g Natriumchlorid.

Chlordioxid hat sich in der Praxis vor allem bei Phenolen bewährt, da es hier nicht zu der mit der Chloranwendung verbundenen, unangenehm riechenden Chlorphenolverbindung kommt. Nachteilig ist nicht nur die relativ komplizierte Herstellung an Ort und Stelle, sondern auch die

Tafel 5.3. Einschätzung verschiedener Aufbereitungsverfahren bei der Reduzierung von Mikroverunreinigungen

Stoffe	A-Kohle	Flokkung	Ozon	Chlor	Kaliumpermanganat	Chlordioxid	Sedimentation	Schnellfiltration	Belebungsverfahren	Grundwasseranreicherung
Biozide	5	3	1	1	1	–	–	–	–	4
Kanzerogene	5	4	5	1	–	4	2	2	3	4
unspez. org. Spurenstoffe	5	4	3	1	–	–	2	2	2	3
Pflanzentoxine	2	3	2	1	–	–	–	–	–	4
Viren	–	4	4	2	–	–	1	1	1	5

5 Reduzierung > 90 %
4 Reduzierung 65 %–90 %
3 Reduzierung 40 %–65 %
2 Reduzierung 15 %–40 %
1 Reduzierung < 15 %
– es liegen keine Ergebnisse vor

Gefahr der Anreicherung des Wassers mit Chloritionen (ClO_2^-), die gesundheitsschädlich sind. Gelegentlich wird auch der kombinierte Einsatz von Chlordioxid und Chlor zur Verminderung der Chlordioxidmenge empfohlen. Im allgemeinen wird Chlordioxid nur in Havariesituationen kurzzeitig mit Zustimmung der Hygieneorgane eignsetzt.

Kaliumpermanganat ($KMnO_4$) wird als Oxydationsmittel nicht nur in der Einarbeitungsphase der Entmanganung eingesetzt, sondern auch zur Entfernung von geruchs- und geschmacksverursachenden Wasserinhaltsstoffen. Dieses Verfahren ist in den USA stark, in Europa dagegen wenig verbreitet und verlangt in jedem Fall vergleichende Versuche. Da das $KMnO_4$ als Lösung dosiert werden kann, ist der technologische Aufwand gering.

Einschätzung verschiedener Aufbereitungsverfahren
bei der Reduzierung von Mikroverunreinigungen
Konkrete Vergleiche liefern ausschließlich Versuche mit dem betreffenden Rohwasser. Zu beachten sind unbedingt die jeweiligen Verfahrensparameter. Zur ersten Einschätzung dient die folgende, teilweise noch unvollständige Zusammenstellung in der Tafel 5.3.

Die gute Wirkung der Aktivkohle, der Flockung und der im Abschn. 5.1.5. behandelten Grundwasseranreicherung (GWA) wird deutlich.

5.1.5. Grundwasseranreicherung als komplex wirkendes Wasseraufbereitungsverfahren

Viele Wasserwerke nutzen *Uferfiltratfassungen,* um durch die Bodenpassage eine Qualitätsverbesserung des Oberflächenwassers zu erreichen. In den meisten Fällen wird dabei die Güte eines natürlichen Grundwassers nicht erzielt. Bei vielen Anlagen geht außerdem im Laufe des Betriebes die Leistung dieser Fassungen durch Bodenverschlammung zurück. Während der Bodenpassage werden suspendierte Wasserinhaltsstoffe im Porenraum zurückgehalten und die organischen Substanzen teilweise mikrobiologisch abgebaut. Damit sinkt der Sauerstoffgehalt, und es steigt gleichzeitig die CO_2-Konzentration an. Dadurch wird bei vielen Anlagen das im Untergrund vorhandene Eisen und Mangan gelöst. Bei starkem Sauerstoffschwund kann es sogar zur Nitratreduktion kommen.

Da diese Prozesse kaum beeinflußbar sind, hat man bereits seit etwa 100 Jahren das Verfahren der *Grundwasseranreicherung* entwickelt. Am Anfang stand dabei die komplexe Qualitätsverbesserung nicht im Vordergrund. Die besonders in den letzten 30 Jahren erheblich an Bedeutung zugenommene Mehrfachnutzung des Wassers, besonders in industriellen Ballungsgebieten, hat zu einer häufigeren Anwendung und zur wissenschaftlichen Erforschung, vor allem der Wassergütebeeinflussung, geführt.

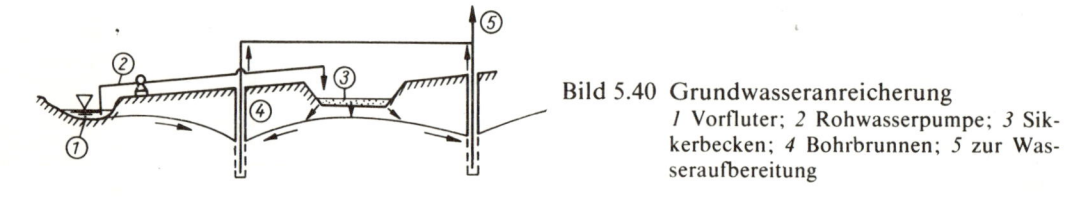

Bild 5.40 Grundwasseranreicherung
1 Vorfluter; *2* Rohwasserpumpe; *3* Sickerbecken; *4* Bohrbrunnen; *5* zur Wasseraufbereitung

Die Versickerung des Oberflächenwassers in den Untergrund geschieht bei diesem Verfahren entweder über *Sickerbecken* oder *Sickerbrunnen.* Die Anwendung der Sickerbrunnen verlangt eine sehr intensive Aufbereitung des zu versickernden Wassers, da der Brunnen praktisch nicht regenerierbar ist. Aus diesem Grund werden heute fast ausschließlich Sickerbecken angewendet. Bild 5.40 zeigt das Verfahren im Schema. In den meisten dieser Grundwasseranreicherungsanlagen wird heute das Oberflächenwasser vorher grob aufbereitet, um möglichst lange Betriebszeiten und einen geringen Regenerieraufwand erreichen zu können. *Löffler* [5.31] hat mit seinen komplex angelegten Untersuchungen gezeigt, daß bei nicht zu stark belasteten Rohwässern auf eine derartige Vorreinigung verzichtet werden sollte. Es genügt in diesem Fall eine Be-

5.1. Verfahren der Wasseraufbereitung

lüftung über Rohrgitterkaskaden, damit ein weitgehender aerober Abbau der organischen Stoffe möglich wird. Die offenen Sickerbecken lassen eine Regenerierung der verschlammten obersten Sandschichten zu. In vielen Fällen gestattet außerdem die Speicherkapazität des Untergrunds nur dann zu versickern, wenn das Oberflächenwasser wenig verschmutzt ist.

Nach [5.30] ist es möglich, die Beckenabmessungen und den Aufbau der Sandschichten in Abhängigkeit von der Betriebsweise und der Rohwasserqualität zu optimieren. Die Grundwasseranreicherung ist gegenüber den chemisch-physikalischen Aufbereitungsverfahren in folgenden Punkten überlegen oder gleichwertig:
– Speicherwirkung
– Konzentrationsausgleich durch Pufferwirkung
– Temperaturvergleichmäßigung
– Eliminierung von Keimen und Viren
– Reduzierung der biochemisch abbaubaren Inhaltsstoffe, der Trübstoffe, radioaktiver Stoffe, der Biozide, Kanzerogene, Detergentien und Phenole.

Die Verbesserung der Wasserqualität und die Betriebssicherheit sind größer als bei der Uferfiltration. Die Grundwasseranreicherung mit nachgeschalteter Wasseraufbereitung ist außerdem im Regelfall wirtschaftlicher und betriebssicherer als die Fernwasserversorgung.

Organisch *stark belastete Rohwässer* zwingen vor der eigentlichen Grundwasseranreicherung zu einer wirkungsvollen Grobaufbereitung und vor der Reinwasserabgabe zu einer Nachaufbereitung, zumindest in Form einer Adsorptions- und Oxydationsstufe mit anschließender Desinfektion. Dies entspricht etwa dem Verfahrenszug im Bild 5.41.

Bild 5.41 Aufbereitungsschema eines stark belasteten Oberflächenwassers bei Grundwasseranreicherung

5.1.5.1. Qualitätsverbesserung bei der Grundwasseranreicherung

Befriedigende Güteverbesserungen sind auf die Dauer nur erreichbar, wenn die Erfahrungen mit den heute kaum noch angewendeten *Langsamfiltern* wieder genutzt werden. Dies verlangt die Verwendung eines sehr feinkörnigen Sandes und führt damit zu einer Konzentration der zurückzuhaltenden Schmutzstoffe in den obersten Zentimetern der Sandschicht. Dies löst auf der anderen Seite eine schnelle Verstopfung aus und zwingt zu einem wirtschaftlichen Regenerierungsverfahren. In der oberen 1 bis 5 cm dicken Verschmutzungszone bildet sich eine *Sekundärfilterschicht* aus den fixierten Schmutzstoffen, die wiederum die Voraussetzung für einen intensiven mikrobiologischen Abbau in dieser Schicht bildet. Hier werden Stoffe bis zur kolloiddispersen Größenanordnung zurückgehalten.

In der Regel ist das nach einem Fließweg von 50 bis 150 m an der Fassung ankommende Wasser frei von trübenden Stoffen, und die Belastung mit Bakterien und Viren entspricht den

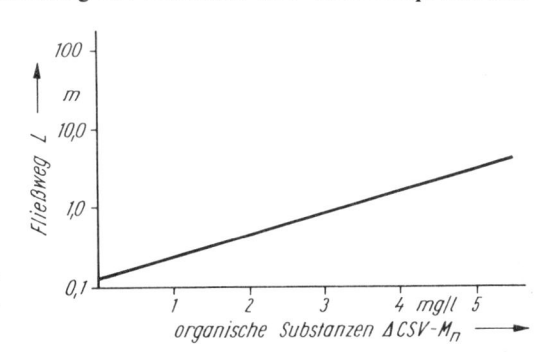

Bild 5.42 Reduzierung des chemischen Sauerstoffverbrauches bei der Grundwasseranreicherung

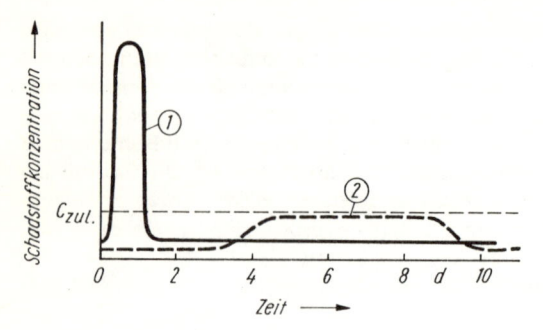

Bild 5.43 Vergleichmäßigung von Schadstoffkonzentration im Vorfluter durch Grundwasseranreicherung
1 Rohwasser; *2* Filtrat

Anforderungen an Trinkwasser. Die Reduzierung der organischen Substanzen, gemessen am chemischen Sauerstoffverbrauch, ist von der Fließzeit im Boden abhängig. Bild 5.42 zeigt diese Verhältnisse an einem Beispiel und macht deutlich, daß extrem lange Fließzeiten keine nennenswerten Reduzierungsraten bringen.

Radioaktive Stoffe, besonders die an suspendierte Partikel adsorbierten, werden bei der Bodenpassage vollkommen zurückgehalten. Aber auch gelöste Radionuklide, besonders solche mit kleinen Halbwertszeiten, werden durch die Speicherwirkung in ihrer Konzentration stark verringert.

Ähnliche Verhältnisse treten bei Havarien in der Industrie und im Verkehr auf, wenn *abbauresistente* Stoffe in die Vorfluter gelangen. Derartige Konzentrationsstöße werden bei der Bodenpassage stark vergleichmäßigt (Bild 5.43).

Die Reduzierung der heute stark an Bedeutung zunehmenden Mikroverunreinigungen ist bei diesem Verfahren unterschiedlich. In vielen Fällen wird man auf eine nachträgliche Oxydation oder Adsorption nicht verzichten können.

5.1.5.2. Verfahrenstechnik der Grundwasseranreicherung

In der Regel werden Sickerbecken bevorzugt. Hier gibt es zwei prinzipielle Lösungen:
– Sandbecken
– Pflanzbecken.

Die Konzentration der Schmutzstoffe in den oberen Zentimetern der Sandbecken verlangt den Einbau eines feinkörnigen Sandes. Folgende Empfehlungen können gegeben werden [5.31]:
– Sand 0,1 bis 0,3 mm bei Wasser mit wenig grob- und kolloiddispersen Stoffen

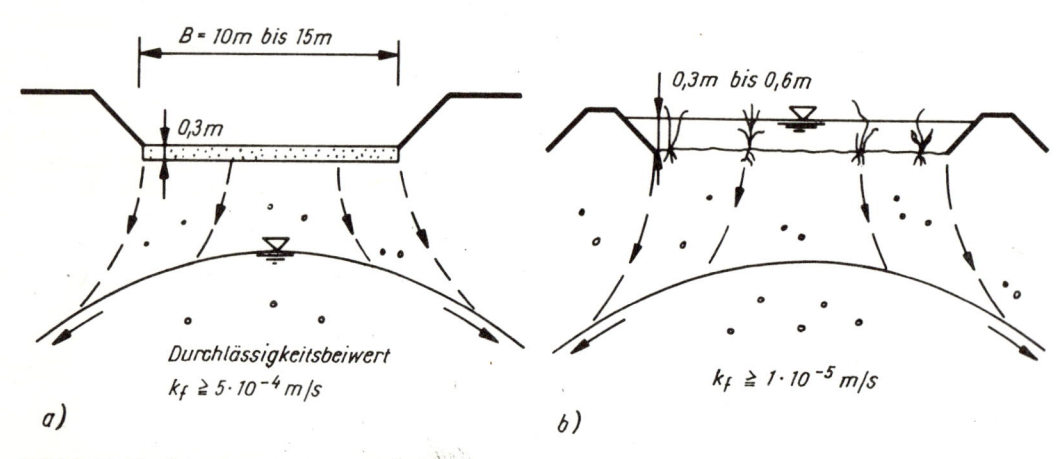

Bild 5.44 Verfahrenstechnische Möglichkeiten der Grundwasseranreicherungsanlagen
    a) Sandbecken, Beckenbelastung: $v = 0{,}5$ m/d bis 5 m/d
    b) Pflanzenbecken, Beckenbelastung: $v = 0{,}1$ m/d bis $0{,}6$ m/d

5.1. Verfahren der Wasseraufbereitung

— Sand 0,3 bis 0,5 mm bei Wasser mit hohem Gehalt an grob- und kolloiddispersen Stoffen. Die Dicke der Sandschicht soll etwa 0,3 bis 0,4 m betragen. Die optimale Betriebszeit hängt von der Rohwassergüte, dem Korndurchmesser des Sandes und der Sickerleistung ab. Bei einem hohen Mechanisierungsgrad der Regenerierung können relativ kurze Betriebszeiten von wenigen Tagen akzeptiert werden. Eine Optimierung der technologischen Parameter von Sandbecken ist mit Hilfe von Kleinstfilterversuchen in jedem Falle zu empfehlen. Bild 5.44 zeigt die wichtigsten Parameter sowohl für die Sandbecken als auch für die Pflanzenbecken. Pflanzenbecken sind besonders dann wirtschaftlich, wenn nur zur Abdeckung des Spitzenverbrauches angereichert werden muß. Eine Regenerierung entfällt bei Pflanzenbecken. Die Schmutzstoffe werden „mineralisiert" und die Pflanzenbecken „wachsen". Beim Betrieb dieser Beckenart müssen gewisse Trockenzeiten zum Erhalt der Grasnarbe eingehalten werden.

5.1.6. Desinfektion

Trinkwasser als eines der wichtigsten Lebensmittel darf Keime nur in einer so geringen Konzentration enthalten, daß eine Gefährdung des Menschen ausgeschlossen ist. Auf den direkten Nachweis pathogener Keime wird in der Regel verzichtet. Zur Feststellung einer gefährlichen Verunreinigung dient vor allem die Bestimmung der koliformen Bakterien sowie in bestimmten Fällen der sogenannten Enterokokken. Aus diesen Indikatoren kann dann auf eine mögliche Verunreinigung des Wassers mit pathogenen Mikroorganismen geschlossen werden.

Bei den chemisch-physikalischen Aufbereitungsverfahren ist eine Reduzierung der Keimzahl nur um etwa eine Zehnerpotenz möglich. Dies reicht aber nicht aus, um die gesetzlich vorgeschriebenen außerordentlich niedrigen Konzentrationen zu garantieren. Bei der Grundwasseranreicherung ist die Keimzahlreduzierung in der Regel außerordentlich gut, sie beträgt hier etwa fünf Zehnerpotenzen. Das aus solchen Anlagen gewonnene Grundwasser entspricht den bakteriologischen Güteanforderungen.

Zur sicheren Desinfektion des Wassers werden meist *Oxydationsmittel* eingesetzt. Vorher müssen die suspendierten Partikel aus dem Wasser entfernt werden, um zu verhindern, daß diese Bakterien und Viren umhüllen („Schlepperwirkung") bzw. einen großen Anteil der Oxydationsmittel binden. Die Wirkung der Oxydationsmittel ist eine Zeitreaktion; geschwindigkeitsbestimmend ist die Diffusion in das Zellinnere der Bakterien und Viren. Diese notwendige Reaktionszeit muß vor Abgabe an den ersten Wasserverbraucher zur Verfügung stehen.

5.1.6.1. Chlorgasverfahren

Das Chlorgasverfahren ist seit vielen Jahren die *gebräuchlichste Desinfektionsmethode*. Gleichzeitig wird es auch oft zur oxydativen Zerstörung von Geruchs- und Geschmacksstoffen eingesetzt. In diesem Abschnitt wird deshalb das Chlorgasverfahren für beide Einsatzgebiete behandelt.

Die Löslichkeit des Chlors im Wasser beträgt etwa 7 mg/l. Auch unterhalb dieser Löslichkeitsgrenze kommt es infolge des vorhandenen Partialdruckgefälls zu Entgasungserscheinungen. Ansetzen und Dosieren sollte deshalb nur in *geschlossenen* Systemen erfolgen. Beim heutigen allgemein üblichen sogenannten indirekten Chlorgasverfahren wird zunächst eine Chlorlösung hergestellt, die dann dem zu behandelnden Wasser zudosiert wird.

Folgende Reaktionen treten auf:
a) $Cl_2 + H_2O \rightleftharpoons HCl + HOCl$
b) $HOCl \rightleftharpoons H^+ + OCl^-$
c) $HCl \rightleftharpoons H^+ + Cl^-$
d) $OCl^- + H_2O \rightleftharpoons HOCl + OH^-$
e) $Cl_2 + 2\, OH \rightleftharpoons OCl^- + Cl + H_2O$
f) $HOCl \rightleftharpoons H^+ + Cl^- + O$

Das Chlor reagiert zunächst mit Wasser zu Chlorwasserstoff (HCl) und unterchloriger Säure (HOCl). Danach kommt es zu den weiteren Reaktionen b bis f. Die Reaktion a verläuft fast vollständig, so daß nur relativ wenig Chlor im Wasser unverändert bleibt. Da die unterchlorige

Säure in ihrer undissoziierten Form eine stärkere Oxydationswirkung als das Chlor und das Hypochloriton (OCl^-) hat, ist die Dissoziationsreaktion b von besonderer praktischer Bedeutung. Sie ist stark pH-Wert-abhängig. Tafel 5.4 zeigt die entsprechenden Werte. Mit steigendem pH-Wert müssen damit größere Chlormengen zugegeben werden, um zu ausreichenden Desinfektionseffekten zu kommen. Die Reaktionen d und e spielen gegenüber den Reaktionen a und b nur eine geringe Rolle. Nach der Reaktion f entsteht außerdem in geringem Umfang noch atomarer Sauerstoff, der sofort andere Inhaltsstoffe oxydiert.

Tafel 5.4. *Abhängigkeit der unterchlorigen Säure vom pH-Wert*

pH-Wert	HOCl %
6,4	90
7,0	70
7,5	40
8,0	20
8,4	10

Die oxydierenden Eigenschaften des Chlors beruhen damit indirekt auf der unterchlorigen Säure, dem Hypochloriton, dem atomaren Sauerstoff und in geringem Umfang auf der direkten Wirkung des Chlormoleküls.

Um eine praktisch vollständige Abtötung der Bakterien zu erreichen, muß nach einer bestimmten Einwirkungszeit noch ein Überschuß an Chlor vorhanden sein. In der Regel kann man damit nach 30 Minuten rechnen, wenn dann noch ein Chlorüberschuß von 0,1 bis 0,2 mg/l nachweisbar ist. Bei hohen Keimzahlen im Rohwasser verlängert sich die Einwirkungszeit. Bei der Abtötung der Bakterien tritt zunächst eine sehr schnelle Reduzierung in Form des sogenannten „Keimsturzes" ein. Die weitere Abtötung erfolgt dann viel langsamer. Durch Chlor werden auch Viren inaktiviert, allerdings oft nicht im notwendigen Umfang. Durch vorherige Flockung und Filtration kann aber in der Regel der geforderte Grenzwert erzielt werden.

Chlor wird auch oft zur *Algenbekämpfung*, z. B. in Kühlwasserkreisläufen, eingesetzt. Hier tritt aber meist eine Gewöhnung dieser Organismen an das Chlor ein. Mit der sogenannten *Stoßchlorung* kann in solchen Fällen das gewünschte Ziel erreicht werden. Bei der Stoßchlorung werden z. B. in Abständen von 8 Stunden Chlorkonzentrationen von mehreren Milligramm je Liter 15 Minuten lang zudosiert.

Im Trinkwassernetz muß eine *Wiederverkeimung* vermieden werden. Aus diesem Grunde wird allgemein bei bakteriologisch bedenklichem Wasser an den Endsträngen noch ein Chlorgehalt von 0,1 mg/l angestrebt. Da im Rohrnetz durch Oxydationsvorgänge eine *Chlorzehrung* auftritt, wird im Wasserwerk eine Chlordosis von 0,2 bis 0,5 mg/l zugegeben. Über 0,5 mg/l ruft bereits eine starke Geruchsbeeinträchtigung bei den Verbrauchern hervor, die bei höherer Chlorzehrung das Chlorgasverfahren nicht mehr zuläßt. Das gleiche gilt für phenolhaltiges Reinwasser, da sich in diesem Falle unangenehm riechende und geschmacksbeeinträchtigende Chlorphenole bilden. Abhilfe kann in solchen Fällen mit dem *Chloraminverfahren* geschaffen werden.

In ammoniumhaltigen Wässern wird die Wirkung des Chlors erheblich verzögert, da mit Chlor und der unterchlorigen Säure verschiedene Chloramine gebildet werden. Für Ammoniak entstehen z. B. die folgenden Reaktionen:

$$NH_3 + HOCl \rightleftharpoons NH_2Cl + H_2O$$
$$NH_2Cl + HOCl \rightleftharpoons NHCl_2 + H_2O$$
$$NHCl_2 + HOCl \rightleftharpoons NCl_3 + H_2O$$
$$NH_3 + Cl_2 \rightleftharpoons NH_2Cl + H^+ + Cl^-$$
$$NH_2Cl + Cl_2 \rightleftharpoons NHCl_2 + H^+ + Cl^-$$
$$NHCl_2 + Cl_2 \rightleftharpoons NCl_3 + H^+ + Cl^-$$

5.1. Verfahren der Wasseraufbereitung

Nur Mono- und Dichloramin (NH_2Cl und NCl_3) entwickeln einen oxidativen Effekt. Sie sind relativ beständig und werden auch als „gebundener Chlorüberschuß" bezeichnet.

Beim Chloraminverfahren werden zunächst Ammoniak bzw. Ammoniumsalze und anschließend Chlor zugegeben. Mit diesem Verfahren ist Trinkwasser auch in Rohrnetzen mit höherer Chlorzehrung keimfrei zu halten. Allerdings erhöht sich die notwendige Reaktionszeit auf etwa 1 Stunde. Gelegentlich wird deshalb dieses Verfahren mit einer sogenannten Vorchlorung kombiniert angewendet.

Praktisch werden Chlor und Ammoniak dem Wasser im Verhältnis 4:1 bis 8:1 zugesetzt. Die Anwendung erfolgt in Gasform. Da beide Gase stark gesundheitsschädlich sind, müssen die entsprechenden Arbeitsschutzvorschriften exakt eingehalten werden.

Wird einem ammoniumhaltigen Wasser in steigendem Maße Chlor zugesetzt, so nimmt der Restchlorgehalt zu, bis bei dem Molverhältnis > 1 der Ammoniumstickstoff über Monochloramin zu elementarem Stickstoff oxydiert wird nach

$$NH_4^+ + HOCl \rightarrow NH_2Cl + H_2O + H^+$$
$$2\,NH_2Cl + HOCl \rightarrow N_2 + 3\,H^+ + 3\,Cl^- + H_2O$$

Dabei sinkt das Restchlor im Brechpunkt auf ein Minimum bei dem Molverhältnis 2:1, um danach, weil der gesamte Ammoniumstickstoff oxydiert ist, wieder mit der Chlordosis linear anzusteigen. Die Kinetik dieser Brechpunktreaktion ist nur im Versuch feststellbar und erheblich vom pH-Wert abhängig.

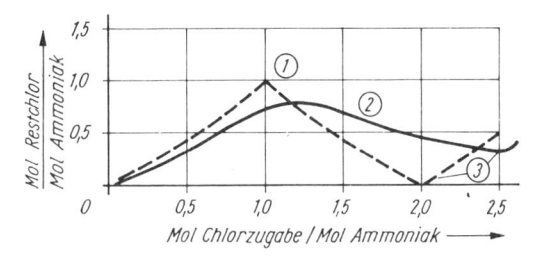

Bild 5.45 Schema der Brechpunktchlorung
 1 theoretischer Verlauf; *2* praktischer Verlauf; *3* Brechpunkt

Diese Methode bringt bei sehr verschmutztem Rohwasser beachtliche Vorteile. Das über dem Brechpunkt vorhandene „freie wirksame Chlor" wirkt außerdem viel rascher und intensiver bakterizid und virusinaktivierend als das unterhalb des Brechpunktes vorhandene „gebundene wirksame Chlor".

In diesem Zusammenhang sei noch auf die sogenannte *Hochchlorung* hingewiesen. Hier wird dem Wasser soviel Chlor zugesetzt, daß der Restchlorgehalt höher ist als zur Desinfektion mit Chlor gefordert wird. Diese Methode wird ebenfalls zur Oxydation von Geschmacks- und Geruchsstoffen sowie zur Oxydation von schwer oxydierbarem Eisen und Mangan eingesetzt.

Sowohl die Brechpunkt- als auch die Hochchlorung führen nach der Behandlung des Wassers oft zu einem Chlorüberschuß > 0,5 mg/l. Hier muß dann anschließend eine *Entchlorung* erfolgen. In der Regel werden dafür Aktivkohlefilter eingesetzt. Dabei oxydiert das Chlor den Kohlenstoff zu Kohlendioxid.

$$C + 2\,Cl_2 + 2\,H_2O \rightarrow CO_2 + 4\,HCl$$

Der Chlorüberschuß läßt sich auch durch Reduktion des Chlors mit Natriumthiosulfat, schwefliger Säure oder Natriumsulfat beseitigen. Heute ist auch eine rein mechanische Entfernung durch intensive Entgasungsverfahren denkbar.

Nach neueren Untersuchungen wurde bei organisch stark belasteten Rohwässern festgestellt, daß die Anwendung von Chlor über die Desinfektion hinaus zu *hygienisch kritischen Oxydationsprodukten* führen kann. Das betrifft die stärkere Vorchlorung des Rohwassers, die Hochchlorung und die Brechpunktchlorung. Dies ist der Grund für die erkennbare deutliche Reduzierung dieser Verfahren in der Praxis und ihr teilweiser Ersatz durch Flockungs- und Adsorptionsverfahren. Auch der zu beobachtende Trend zur stärkeren Ozonanwendung ist in diesem Zusammenhang zu nennen.

5.1.6.2. Hypochloritverfahren

Die Anwendung des Chlorgasverfahrens bereitet besonders bei kleinen Anlagen Schwierigkeiten, da die genaue Dosierung kleiner Zusätze nicht sicher genug möglich und auch der Ausrüstungsaufwand relativ hoch ist. Die in diesem Fall am häufigsten eingesetzte *Natriumhypochloritlösung* wird meist durch Einleitung von Chlor in Natronlauge hergestellt und als 15%ige Lauge gehandelt.

Im Wasser hydrolisiert die Lösung und reagiert dadurch stark alkalisch:

$$Na^+ + OCl^- + H_2O \rightleftarrows Na^+ + OH^- + HOCl$$

Die unterchlorige Säure zerfällt weiter:

$$HOCl \rightleftarrows H^+ + Cl^- + O$$

Die Lösung ist aus diesem Grunde nur etwa 4 Wochen lagerfähig. Sonst entsprechen die weiteren Reaktionen den bereits beim Chlorgasverfahren behandelten.

5.1.6.3. Chlordioxidverfahren

Dieses Verfahren wird nur selten zur reinen Desinfektion eingesetzt und wurde bereits im Abschn. 5.1.4.5. behandelt. Seine Anwendung liegt vor allem auf dem Gebiet der Oxydation von Geschmacks- und Geruchsstoffen. Es behält noch seine Bedeutung bei der Desinfektion phenolhaltiger Trinkwasser, da hier keine unangenehm riechenden Oxydationsprodukte entstehen. Es sollte trotzdem nur in Ausnahmefällen angewendet werden, da bei dem sehr komplizierten Reaktionsmechanismus im Wasser gesundheitsschädliche Produkte entstehen können.

5.1.6.4. Ozonverfahren

Das Verfahren wurde ebenfalls bereits im Abschn. 5.1.4.5. behandelt. Da der Einsatz von Ozon hohe Kosten verursacht, ist die Anwendung nur mit der Zielstellung der Desinfektion der Ausnahmefall. Der schnelle Zerfall des Ozons bietet keine Sicherheit gegen eine Wiederverkeimung im Rohrnetz. Wird Ozon zur Beseitigung von Geschmack, Geruch und Mikroverunreinigungen eingesetzt, so ist eine anschließende „Sicherheitschlorung" zu empfehlen.

5.1.6.5. Sonstige Verfahren zur Desinfektion

Neben dem *Abkochen* und *Pasteurisieren,* das nur in Notfällen zur Behandlung beim Verbraucher in Betracht kommt, ist die desinfizierende Wirkung *extremer pH-Wert-Zustände* zu nennen. Das gilt für pH-Werte > 9 oder < 3. Praktisch kommt nur der hohe pH-Wert-Bereich im Zusammenhang mit der Entkarbonisierung in Betracht.

Metallionen wirken keimtötend im Wasser. Man spricht dabei von einer *oligodynamischen* Wirkung. Trübungen stören stark; deshalb arbeitet man nur mit gut aufbereitetem Wasser. Es werden hauptsächlich Silbersalze, gegebenenfalls auch in chlorhaltigen Verbindungen, verwendet. Bekannt ist z. B. das Präparat *Cumasina,* das sich in vielen Fällen bewährt hat. Diese Mittel sind erheblich teurer und kommen deshalb nur für Sonderfälle und kleine Leistungen in Frage, z. B. bei der Entkeimung von Lebensmitteln, zur Haltbarmachung von Trinkwasser auf Schiffen, für die Desinfektion kleiner Wassermengen in den Tropen und bei ähnlichen Fällen. Nachteilig ist auch die erforderliche mehrstündige Kontaktzeit für die Anwendung bei der laufenden Trinkwasserdesinfektion. Zur Trinkwasserdesinfektion werden etwa 50 g/m³ Cumasina-NC und zur Behälter- und Rohrleitungssanierung 100 g/m³ eingesetzt. Auch zur Brunnensanierung haben sich Dosierungen von 100 g/m³ Brunneninhalt in Form von Cusmasina-aktiv bewährt. Das präparierte Wasser soll dabei etwa 10 Stunden einwirken.

Die *ultravioletten* Strahlen des Sonnenlichts wirken ebenfalls keimtötend. Durch künstliche Bestrahlung klaren Wassers ist eine Desinfektion mit dieser Methode durchaus möglich.

5.1.7. Thermische Wasserbehandlungsverfahren

Diese Verfahren werden sehr häufig bei der Kesselspeisewasseraufbereitung eingesetzt. Die Verfahrensgrundlagen sind sehr spezifisch und sollen hier nur vom Prinzip her behandelt werden. Es wird auf [5.6; 5.8] hingewiesen.

5.1. Verfahren der Wasseraufbereitung

Gelegentlich werden auch bei anderen Verfahren, z. B. bei der Enthärtung mit dem Kalk-Soda-Verfahren, höhere Temperaturen zur Beschleunigung von Fällungsvorgängen angewendet. Entweder wird hier Dampf oder Heißwasser dem zu behandelnden Wasser direkt zugemischt, oder es wird über Wärmeaustauscher eine Temperaturerhöhung erzwungen.

Ein anderes Anwendungsgebiet ist die Meerwasserentsalzung durch die mehrfache Destillation. Darauf wird im Abschn. 5.1.8. eingegangen.

In diesem Abschnitt werden behandelt
– thermische Entgasung
– Entsalzung mit Verdampfern und Dampfumformern.

5.1.7.1. Thermische Entgasung

Das aggressive Verhalten des Sauerstoffs und Kohlendioxids im Dampfkraftbetrieb zwingt zu deren weitestgehender Entfernung. Die Löslichkeit dieser Gase hängt vom Partialdruck dieser Gase ab. Die Kinetik des Gasaustausches beschreibt das *Ficksche Diffusionsgesetz* [5.22]. Beim Sieden wird der Dampfdruck gleich dem Gesamtdruck, so daß dann für andere Gase der Partialdruck zu Null wird, das Wasser hat damit für andere Gase kein Löslichkeitsvermögen mehr. Hierauf beruht das Prinzip der thermischen Entgasung. Ob der Siedezustand unter Druck oder bei Unterdruck erreicht wird, ist für den Vorgang und den Effekt nicht entscheidend.

Der eingesetzte Heizdampf hat bei der thermischen Entgasung mehrere Aufgaben zu erfüllen [5.6]:
– Heizmedium für das zu entgasende Wasser auf Temperaturen $\geq$ Siedepunkt
– Zerteilungsmittel für das zu entgasende Wasser
– Trägerdampf für den Sauerstoff bis in den Abschwaden hinein.

Bild 5.46 zeigt das Verfahren im Prinzip.

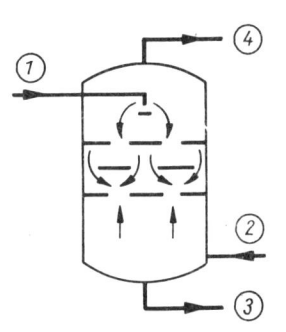

Bild 5.46 Thermische Entgasung
1 zu entgasendes Wasser; *2* Heizdampf;
3 entgastes Wasser; *4* Abschwaden

Das zu entgasende Wasser wird in den Entgaser oben eingeleitet, verteilt und über Rieseleinrichtungen geführt. Von unten strömt Heizdampf ein, der im Gegenstrom die ausgeschiedenen Gase nach oben abführt.

Nach [5.6] sind für die Bemessung und den Betrieb folgende Grundsätze zu beachten:
– gleichmäßige, feine Verteilung und laufende Zerteilung von Wasser und Heizdampf
– schnelle Aufwärmung des Wassers bis zum ökonomischen Optimum von etwa 130 bis 160 °C
– wirksame und zuverlässige Ableitung des Abschwadens, der ein Gemisch aus Dampf und ausgetriebenen Gasen darstellt
– ausreichende Kontaktzeit, um auch Restgasmengen noch durch Diffusion entfernen zu können
– Verhinderung eines nachträglichen Eindringens von Gas in die nachgeschalteten Anlagen
– genaue Abstimmung der Heizdampfzufuhr mit dem Wasserdurchsatz.

Mit dem Verfahren der thermischen Entgasung ist bei Beachtung dieser Grundsätze ein praktisch gasfreies Wasser erreichbar.

5.1.7.2. Entsalzung mit Verdampfern und Dampfumformern

Salzfreies Zusatzwasser für den Kesselspeisewasserkreislauf kann durch die bereits behandelten chemischen Enthärtungs- und Entsalzungsverfahren (s. Abschnitte 5.1.4.3. und 5.1.4.4.) gewon-

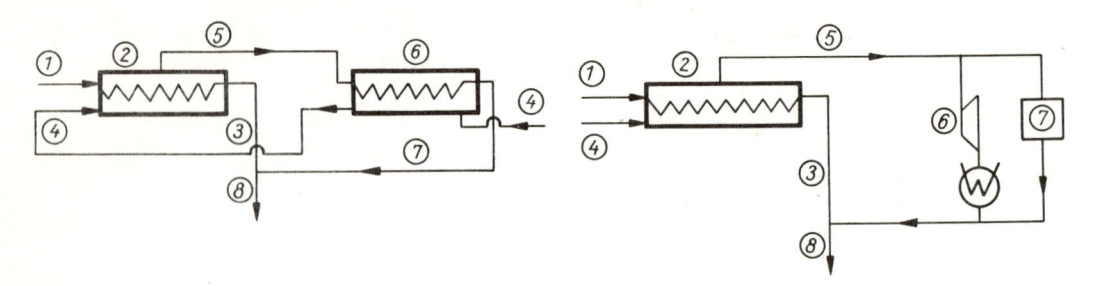

Bild 5.47 Verdampfer
1 Turbinenentnahmedampf; *2* Verdampfer; *3* Primärkondensat; *4* Verdampferspeisewasser; *5* Sekundärdampf; *6* Speisewasservorwärmer; *7* Sekundärdestillat; *8* Ableitung zum Kesselspeisewassersammelbehälter

Bild 5.48 Dampfumformer
1 Turbinenentnahmedampf; *2* Dampfumformer; *3* Primärkondensat; *4* Dampfumformerspeisewasser; *5* Sekundärdampf; *6* Turbine mit Kondensator; *7* Heizungsanlage; *8* Ableitung zum Kesselspeisewassersammelbehälter

nen werden. Mit steigendem Salzgehalt des Rohwassers werden diese Verfahren aber unwirtschaftlich. Etwa bei einem Salzgehalt >600 mg/l werden aus diesem Grunde *Verdampfer* eingesetzt. Selbstverständlich spielen hier auch noch andere Kriterien eine Rolle, so z. B. die Kosten für den Heizdampf.

Neben dem Verdampfer kommen auch noch *Dampfumformer* zum Einsatz, die die *Zusatzaufgabe* haben, neben Zusatzwasser für den Kesselspeisewasserkreislauf noch *Heizdampf* zu produzieren. Beide arbeiten nach dem Prinzip der direkten Verdampfung von Speisewasser an wärmeabgebenden Heizflächen, wobei als Heizmedium schwach überhitzter, niedriggespannter Entnahmedampf dient.

Bild 5.47 zeigt das Verfahren des *Verdampfers* im Prinzip. Der Turbinenentnahmedampf kommt in den Verdampfer und kondensiert durch Verdampfen von Verdampferspeisewasser. Der entstehende sogenannte Sekundärdampf wird als Heizdampf in einem Speisewasservorwärmer eingesetzt und dort zu Destillat kondensiert. Das Primärkondensat und das Sekundärdestillat werden zusammen dem Kesselspeisewasserkreislauf als Zusatzwasser zugeführt. Bild 5.48 zeigt das Verfahren des *Dampfumformers* im Prinzip. Der in den Dampfumformer eingeleitetes Turbinenentnahmedampf kondensiert durch Verdampfen von Dampfumformerspeisewasser. Der erzeugte Sekundärdampf wird als Produktionsmittel abgegeben. In diesem Beispiel wird eine Turbine mit Dampf beschickt und eine Heizungsanlage betrieben. Aus diesen Anlagen kommt Sekundärkondensat zurück. Das Primärkondensat und das Sekundärkondensat dienen wieder zusammen als Zusatzwasser.

An das *Speisewasser* für Verdampfer und Dampfumformer sind bestimmte Güteforderungen zu stellen, um eine zu starke Verschmutzung dieser Anlagen zu vermeiden und um auch den Verdampfungsvorgang nicht negativ zu beeinflussen.

Das Speisewasser soll Korrosionen ausschließen und die Heizflächen möglichst sauber halten.

Als Speisewasser kann also in der Regel kein Rohwasser eingesetzt werden. Folgende Gütekennwerte sind einzuhalten:

pH-Wert ≥ 7
CSV-Mn $\leq 5{,}5$ mg/l
Öl ≤ 1 mg/l
GH ≤ 1 mg/l CaO
freies CO_2 ≤ 10 mg/l

Das Speisewasser muß praktisch frei von Trübstoffen sein; es wird vorenthärtet und meist auch vorentgast.

Durch das Verdampfen reichert sich das Inhaltswasser stark mit Salzen an. Um den Dampf weitgehend salzfrei zu halten, muß „abgesalzt" werden. In der Regel liegen die Grenzwerte für den Salzgehalt zur Berechnung der Absalzung je nach Anlagentyp bei 10 000 bis 15 000 mg/l NaCl.

Der Salzgehalt des Verdampferdestillats liegt bei einwandfreier Betriebsweise unter 1 mg/l.

5.1.8. Weitere Verfahren der Wasseraufbereitung

Mit den bisher dargestellten Verfahren sind die wichtigsten behandelt. Darüber hinaus sind aber in Einzelfällen noch weitere Verfahren zur Lösung von sehr speziellen Aufgaben notwendig. Zu einigen von ihnen folgen in diesem Abschnitt einführende Hinweise. Es muß immer damit gerechnet werden, daß für neuauftauchende Probleme auch neue Verfahren gesucht oder aus anderen Bereichen, z. B. von der Verfahrenstechnik, übernommen werden müssen. Es ist deshalb dringend geboten, die Fachliteratur laufend zu verfolgen. So wurde z. B. auf die Behandlung der Abwässer aus Wasseraufbereitungsanlagen verzichtet. Darauf wird bei der anlagentechnischen Behandlung später eingegangen.

5.1.8.1. Entölung von Betriebswasser

Dieses Problem ist vor allem bei der Kühlwasser- und Kesselspeisewasserversorgung zu lösen. Im Rohwaser tritt Öl sehr selten auf und wird dann in der Regel in genügendem Umfang in den vorhandenen Aufbereitungsanlagen zurückgehalten.

In den Kühlwasser- und vor allem den Kesselspeisewasserkreisläufen tritt die Ölverschmutzung z. B. durch Maschinenschmieröl auf. Das Öl bildet mit anderen Inkrustationen wärmestauende Beläge, z. B. an der Kesselwandung. Diese Ablagerungen führen zu einer geringeren Kühlung dieser Flächen, so daß Verformungen und Risse auftreten können. Gelegentlich gibt es auch Rohrverstopfungen durch kugelförmige Zusammenballungen von Öl und Phosphatschlamm. Öl blockiert auch Ionenaustauschermassen durch Adsorption. Im Prinzip werden heute folgende Verfahren angewendet:
— *Ölabscheider* in Form von Absetzbecken. Die Aufenthaltszeit beträgt 30 bis 60 Minuten. Abtrennung des aufgeschwommenen Öles — Eine Nachentölung ist unumgänglich.
— *Abdampfentöler* sind in die Dampfleitungen eingeflanschte Zentrifugalabscheider, bei denen sich das Öl an geneigten Prallblechen ablagert, dann abfließt und diskontinuierlich abgelassen wird.
— Die *Aktivkohleentölung* nutzt das gute Adsorptionsvermögen dieser Kohlen aus. Eine Regenerierung der Aktivkohle ist nicht möglich. Eine wöchentliche Spülung mit heißem Wasser erhöht das Aufnahmevermögen. Für die Adsorption sind Temperaturen nahe 100 °C am günstigsten. Das Ölaufnahmevermögen beträgt etwa 25 %, bezogen auf die Masse der Aktivkohle. Der Ölgehalt im Zulauf soll < 10 mg/l sein. Der Restölgehalt beträgt etwa 0,5 mg/l. Die Filtergeschwindigkeit liegt im allgemeinen zwischen 3 und 5 m/h.
— Die *Anschwemmfiltration* mit der Zielstellung der Entölung wird vor allem bei der Kondensataufbereitung eingesetzt. Gleichzeitig werden auch andere Verschmutzungen, z. B. Rostteilchen, abfiltriert. Diese Filter und besonders die Filterhilfsmittel werden immer weiter entwickelt. Sie sind heute teilweise bereits vollautomatisiert und der Aktivkohleentölung überlegen.

5.1.8.2. Chemische Entgasung

Der im Kesselspeisewasser zugelassene Restsauerstoffgehalt wird bei der thermischen Entgasung meist nicht völlig erreicht, so daß in vielen Fällen eine chemische Restentgasung notwendig wird. Der *Eisenspanfilter* hat sich in der Praxis zur Entgasung von Heißdampf und von Rückführkondensaten teilweise bewährt. In Druckfilter wird Stahlwolle eingebracht, die in Anwesenheit von Wasser mit Sauerstoff reagiert.

$$4 \, Fe + 3 \, O_2 + x \, H_2O \rightarrow 2 \, Fe_2O_3 \cdot x \, H_2O$$

Die erforderliche Berührungsdauer, um die Reaktion abzuschließen, beträgt etwa 5 bis 20 Minuten; dies entspricht einer Filtergeschwindigkeit von etwa 5 bis 20 m/h.

Die Filter verschlammen; sie müssen deshalb mit Wasser rückgespült werden. Außerdem ist die Stahlwolle in größeren Abständen nachzufüllen. Der Betrieb bleibt etwas labil. Wegen dieser Nachteile kommt dieses Verfahren bei Neuanlagen nicht mehr zur Anwendung.

Die *Sulfitentgasung* besteht in einer Dosierung von Natriumsulfit:

$$2\,Na_2SO_3 + O_2 \rightarrow 2\,Na_2SO_4$$

Das zu entgasende Wasser wird durch die Bildung von Natriumsulfat aufgesalzt.

Die benötigten *Sulfitmengen* sind beachtlich:

$$O_2 : Na_2SO_4 = 1 : 7{,}9$$

Außerdem muß mit einem Überschuß von etwa 100 % gearbeitet werden, um die Reaktion vollständig abzuschließen. Die Reaktionstemperatur soll $\geq 80\,°C$, der pH-Wert etwa 7 und die Reaktionszeit etwa 30 Minuten betragen. Es wird kontinuierlich entweder vor dem thermischen Entgaser oder in den Zulauf des Kesselspeisesammelbehälters zudosiert. Das Verfahren ist leicht zu handhaben. Es muß gelegentlich durch die damit verbundene Aufsalzung ausscheiden.

Die *Hydrazinentgasung* ist als chemisches Entgasungsverfahren am meisten verbreitet. Hydrazin ist eine farblose, ölige und an der Luft rauchende Flüssigkeit, die ebenfalls kontinuierlich vorwiegend in den Zulauf zum Speisewassersammelbehälter dosiert wird. Es tritt folgende Reaktion ein:

$$N_2H_6(OH)_2 + O_2 \rightarrow N_2 + 4\,H_2O$$

Es tritt dabei keine Aufsalzung auf, und die notwendigen Mengen sind relativ klein:

$$N_2H_4 : O_2 = 1 : 1$$

Die Reaktionstemperatur soll $> 50\,°C$, die Reaktionszeit etwa 1 bis 2 Minuten und der pH-Wert > 7 sein. Außerdem ist ein gewisser Überschuß im Kesselwasser anzustreben, der etwa 0,1 mg/l betragen soll. Das Verfahren wirkt sehr zuverlässig. Die damit verbundenen Chemikalienkosten sind relativ hoch.

5.1.8.3. Meerwasserentsalzung

In den letzten 20 Jahren ist für viele Länder, besonders in den ariden und semiariden Gebieten der Erde, die Frage der Gewinnung von Trink- und Betriebswasser immer dringlicher geworden. Die Bemühungen, Meerwasser zu entsalzen, haben bereits in der Antike eingesetzt. Aber erst seit etwa 20 Jahren stehen ausgereifte Konstruktionen für Entsalzungsanlagen zur Verfügung, die z. T. im Alternativfall durchaus mit den klassischen Aufbereitungsverfahren konkurrieren können [5.7]. Die Entwicklung zu noch leistungsfähigeren Anlagen geht weiter. Dabei ist nicht absehbar, ob ein z. Z. noch unwirtschaftliches Verfahren später durch seine Weiterentwicklung durchaus attraktiv werden kann.

Von den Verfahren zur Meerwasserentsalzung sind die folgenden erwähnenswert:
– Ionenaustausch
– Elektrodialyse
– umgekehrte Osmose
– Ausfrierverfahren
– Destillation.

Ionenaustausch

Das Verfahren wurde bereits im Abschn. 5.1.4.4. behandelt. Es ist in der Kesselspeisewasseraufbereitung und auch bei spezifischen Problemen der Abwasserbehandlung stark in Anwendung. Mit steigendem Ionengehalt erhöhen sich die Kosten erheblich. Aus diesem Grunde sind Ionenaustauscher auf kleine Kapazitäten und niedrige Salzgehalte, wie dies z. B. für Brackwasser zutrifft, beschränkt. In [5.1] wird über den Einsatz eines Ionenaustauschers berichtet, dessen aktive Gruppen mit Silber beladen sind. Die Regenerierung erfolgt dann mit Ammoniak, das wieder rückgewinnbar ist, so daß niedrige Betriebskosten entstehen. Derartige Ionenaustauscher, sogenannte Silberzeolithaustauscher, werden u. a. seit 40 Jahren, in kleine handliche Gummibeutel verpackt, zur Trinkwasserbeschaffung von Schiffbrüchigen verwendet.

5.1. Verfahren der Wasseraufbereitung

Elektrodialyse
Dieses Verfahren ist ebenfalls aus wirtschaftlichen Gründen auf salzarmes Rohwasser beschränkt. Bei der Einwirkung von elektrischem Strom wandern bekanntlich die im Wasser vorhandenen Ionen entsprechend ihrer elektrischen Ladung zur Anode oder zur Katode. Durch eingebaute Trennwände, die jeweils nur für eine bestimmte Ionenart durchlässig sind, kann durch das Verfahren der Elektrodialyse salzarmes Wasser gewonnen werden.

Umgekehrte Osmose
Bei der Osmose tritt aus einer Flüssigkeit mit niederer Konzentration das Lösungsmittel durch eine nur für das Lösungsmittel, nicht aber für den gelösten Stoff durchlässige Trennwand (semipermeable Membran) in die Flüssigkeit mit höherer Konzentration über. Die Flüssigkeitsmenge nimmt auf dieser Seite zu; es entsteht hier der sogenannte osmotische Druck. Wird auf die konzentrierte Lösung ein Druck ausgeübt, der stärker ist als der osmotische Druck, so tritt Lösungsmittel durch die Membran in die verdünntere Lösung über. Damit entsteht dort ein salzarmes Lösungsmittel. Bild 5.49 verdeutlicht diese Zusammenhänge.

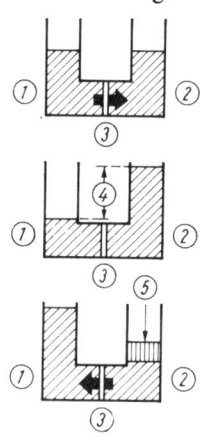

Bild 5.49 Prinzip der Umkehrosmose
1 entsalztes Wasser; *2* Salzwasser; *3* Membran; *4* osmotischer Druck; *5* Druck

Dieses Verfahren ist inzwischen technisch ausgereift und für kleine und große Durchsatzleistungen erfolgreich in Anwendung. Es wird vielfach auch als *Ultra- oder Hyperfiltration* bezeichnet. Zunächst wird das Meerwasser durch Filterung von grobdispersen Verunreinigungen befreit. Mit etwa 3 bis 6 MPa wird dann das Salzwasser durch die Zellen für die umgekehrte Osmose gedrückt. Das Süßwasser fließt außen ab, und mit der noch unter hohem Druck stehenden Lauge kann über einen Turbogenerator Strom gewonnen werden. Ein wichtiges Problem sind die Membranen, die meist aus Zelluloseazetat oder Polyamiden gefertigt werden. Besonders leistungsfähig sind die entwickelten Hohlraumfasern.

Ausfrierverfahren
Beim Gefrieren salzhaltiger Lösungen kristalliert salzfreies Lösungsmittel aus. Eis, das sich aus Salzwasser ausscheidet, ist also theoretisch salzfrei. Das Schmelzwasser ist damit Süßwasser. Das Polareis ist z. B. eine riesige Süßwasserquelle für die Menschen. Es gibt immer wieder Vorschläge, diese Eisberge in die Wassermangelgebiete abzuschleppen und dort das Schmelzwasser zu nutzen. Es ist nicht übersehbar, ob diese Variante der „Entsalzung" des Meerwassers praktisch einmal realisierbar wird.

Das Ausfrieren ist technisch inzwischen gelöst, aber bisher nur in kleineren Anlagen eingesetzt.

Im Prinzip wird das Meerwasser zunächst durch das erschmolzene Süßwasser und die Sole vorgekühlt. In dem Ausfrierteil herrscht Unterdruck, so daß ein Teil des Wassers verdampft. Durch den Entzug der Verdampfungswärme kühlt sich die Flüssigkeit weiter ab, und es bilden sich Eiskristalle. Das Gemisch von Sole und Eiskristallen wird in einem besonderen Verfahren getrennt. Die Kristalle werden zu Süßwasser geschmolzen.

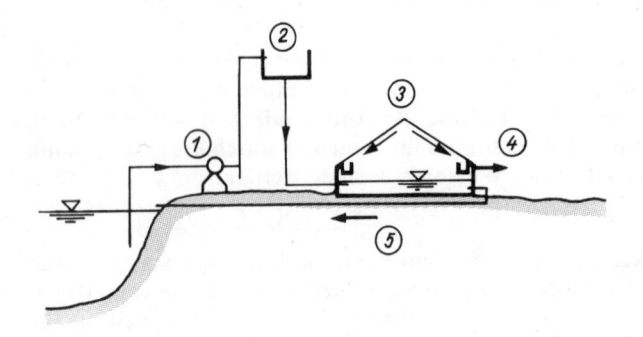

Bild 5.50 Destillation durch Sonnenbestrahlung
1 Meerwasserpumpe; *2* Absetzbecken; *3* Verdampfungsbecken; *4* Süßwasser; *5* Solerücklauf

Destillation
Die Destillationsverfahren sind z. Z. am weitesten entwickelt und am meisten großtechnisch in Anwendung.
Das einfachste Verfahren ist die *Verdampfung durch Sonnenbestrahlung*. Damit sind in ariden Gebieten etwa 1 bis 6 l/m² und Tag zu gewinnen. Bild 5.50 zeigt das Verfahren im Schema. Das Wasser wird zum Entschlammen über einen Hochbehälter gepumpt. In den nachgeschalteten Verdampfungsbecken, die mit Glas oder mit Kunststoffolie überdeckt sind, wird das Kondenswasser abgeführt und die Sole in das Meer abgelassen. Die laufenden Energiekosten beschränken sich auf die Pumpkosten. Die Anlagenkosten sind bei diesem Verfahren sehr hoch. Die Anwendung wird deshalb auf kleine Kapazitäten beschränkt bleiben.
Bei der *Druckdestillationsanlage* entsprechend Bild 5.51 wird das Salzwasser im Verdampfer *I* verdampft und der Dampf nach Verdampfer *II* abgesaugt, wo ein Teil kondensiert. Die Brüden werden komprimiert, also mit höherem Druck und höherer Temperatur nach *I* zurückgeführt, um dort an der Außenseite der Verdampferrohre zu kondensieren. Die dabei entstehende Wärme bringt die Sole in *I* zum Verdampfen. Durch den Rücklauf der Sole wird in *II* die Temperatur der Flüssigkeit erhöht, so daß es hier zu weiterer Dampfbildung kommt.

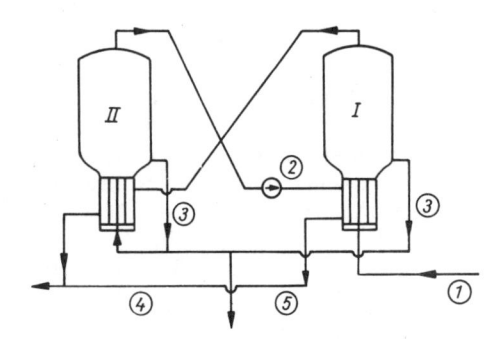

Bild 5.51 Druckdestillationsanlage
1 Salzwasser; *2* Kompressor; *3* Solerücklauf; *4* Süßwasser; *5* Soleablauf

Derartige Druckdestillationsanlagen sind in kleiner Stückzahl in Betrieb. Sie scheinen aber den mit Unterdruck arbeitenden Systemen unterlegen zu sein.
Bei den *Verdampferanlagen, die mit Unterdruck* arbeiten, unterscheidet man zwei Systeme:
– Langrohrverdampferanlagen
– Multiflashverdampferanlagen.
Die *Langrohrverdampferanlagen* sind mehrstufige Anlagen, die mit sehr langen schlanken Verdampfereinheiten unter vermindertem Druck arbeiten. Sie sind relativ wenig in Anwendung.
Das z. Z. *wichtigste Verfahren ist die Multiflashverdampfung*. Hier wird ebenfalls vielstufig mit Unterdruck und mit flachen Kammern gearbeitet. Bild 5.52 zeigt das Verfahren im stark vereinfachten Schema. Das Meerwasser wird vorher grob gereinigt, und durch Zusatz von Phosphat- und Antischaummitteln werden vor allem Inkrustationen weitestgehend vermieden.
Bei allen Meerwasserentsalzungsanlagen spielen besonders Korrosionen eine entscheidende Rolle. In der Regel begegnet man ihnen durch Verwendung korrosionsfester Stähle, was die Ko-

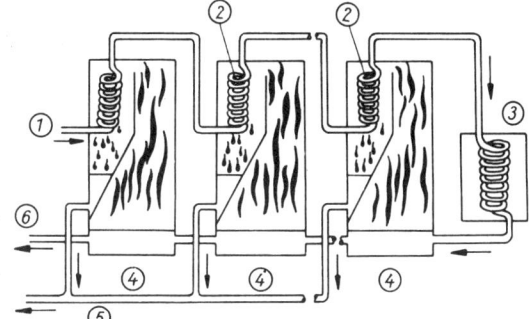

Bild 5.52 Das Multiflash-Verdampfungs-Verfahren im vereinfachten Schema
1 Meerwasser; *2* Kondensator; *3* Aufheizung; *4* Verdampfung; *5* Süßwasser; *6* Sole

sten entscheidend beeinflußt. Das Inkrustations- und Korrosionsproblem ist neben der Optimierung der komplizierten Wärmeaustauschprozesse Schwerpunkt der Forschung und Entwicklung auf diesem Gebiet.

Inzwischen liegen im Weltmaßstab große Erfahrungen vor. Es werden heute zahlreiche bewährte Konstruktionen angeboten. Dabei gibt es fertig montierte Kleinanlagen und Großanlagen, die 100 000 m^3/d und mehr produzieren. Die Kosten sinken stark mit zunehmender Kapazität und niedrigen Energiekosten. Es kann durchaus damit gerechnet werden, daß die Meerwasserentsalzung in bestimmten Fällen auch in Europa mit den konventionellen Verfahren konkurrieren kann, vorausgesetzt, daß die Energiekosten nicht weiter ansteigen und die Transportkosten bis zum Verbraucher klein bleiben. Wegen des geringen Salzgehalts dürften solche Möglichkeiten zuerst an der Ostsee nutzbar werden.

5.1.8.4. Entaktivierung

Radioaktive Stoffe wurden bereits vor vielen Jahren im Wasser festgestellt. Diese natürliche Radioaktivität liegt in der Regel weit unter den zugelassenen Grenzwerten. Kernwaffentests, die Nutzung der Kernenergie und der zunehmende Einsatz radioaktiven Materials in vielen Zweigen der Wirtschaft und der Wissenschaft verlangen nicht nur Schutzmaßnahmen vor Ort, sondern vor allem auch den Schutz unserer Vorfluter und des Grundwassers.

So hat man z. B. bei den Kernenergieanlagen in den letzten Jahren sehr spezifische Wasserbehandlungsverfahren entwickelt, die ausschließen, daß aus den Wasserkreisläufen Abwässer nach außen gelangen, deren Radioaktivität über der Toleranzgrenze liegt. In den Anlagen entstehen außerordentlich viele und differenziert zu behandelnde Radionuklide. Die mit den einzelnen Aufbereitungsverfahren erreichbaren Effekte sind damit zwangsläufig auch unterschiedlich. Dies ist bei der Einschätzung der einzelnen Verfahren unbedingt zu beachten.

Grundsätzlich können mit den Verfahren der Flockung, Sedimentation und Sandfiltration nur diejenigen Spaltprodukte entfernt werden, die an suspendierten Teilchen adsorbiert sind. Gelöste Spaltprodukte sind durch Ionenaustausch, Ultrafiltration und Verdampfer abzutrennen. Bei Optimierung des Flockungsprozesses lassen sich in der Regel Trenneffekte über 90 % erreichen. Mit nachgeschalteter Flockungsfiltration sind meist die gewünschten Grenzwerte für die an suspendierte Teilchen angelagerten Nuklide erzielbar. Das Problem der Entaktivierung ist also technisch zuverlässig lösbar [5.1]. Für die Aufbereitung stark belasteter Rohwässer in Havariefällen stehen für kleine Kapazitäten sowohl für den militärischen als auch für den zivilen Sektor leistungsfähige mobile Anlagen zur Verfügung, die das Wasser auch entaktivieren.

5.1.8.5. Fluorierung

Ein Fluorgehalt im Trinkwasser von etwa 1,0 bis 1,3 mg/l schränkt die Zahnkaries besonders bei Kindern und Jugendlichen stark ein. Da meist im Trinkwasser der natürliche Fluorgehalt unter 0,5 mg/l liegt, kann durch Zugabe von fluoridhaltigen Chemikalien der gewünschte Wert eingestellt werden. Nach langjährigen Diskussionen über die rechtliche Situation, die Zuverlässigkeit des Verfahrens und die medizinischen Aspekte sind viele Länder zur Fluorierung des Trinkwassers übergegangen, obwohl einige andere Länder noch heute das Verfahren ablehnen.

In den USA z. B. wird die Fluorierung seit 30 Jahren in großem Umfange praktiziert und der Erfolg nachgewiesen. Die genaue Dosierung der Chemikalien ist heute zuverlässig möglich, so daß schädliche Überdosierungen sicher ausgeschaltet werden können.

Verwendet wird vor allem Natriumsilikonfluorid, das als Pulver im Handel ist. Es wird chargenweise als Lösung angesetzt und dann dem Reinwasser mengenproportional zudosiert. Da diese Chemikalien giftig sind, müssen die entsprechenden Arbeitsschutzbestimmungen streng beachtet werden. Die Kosten derartiger Zusätze sind sehr gering; sie betragen etwa 0,10 M je Einwohner und Jahr. Es gibt auch bereits zuverlässig arbeitende Trockendosieranlagen.

Gelegentlich kommen im Rohwasser über 1,5 mg/l erhöhte Fluorkonzentrationen vor, die eine *Entfluorierung* fordern. Bei der Flockung mit Aluminiumsulfat sind sehr große Mengen notwendig, und bei der Anwendung von Aktivkohle sind pH-Werte < 3 erforderlich. Es gibt darüber hinaus noch die Möglichkeit der Entfluorierung bei der Wasserenthärtung, wenn die Magnesiumhärte groß ist, da das Magnesiumhydroxid adsorptiv wirkt.

5.1.8.6. Nitrateliminierung

Die Belastung vieler Rohwässer mit Stickstoffverbindungen durch Abwassereinleitungen und vor allem durch die Land- und Forstwirtschaft hat in den letzten 20 Jahren bedenklich zugenommen. Diese Entwicklung setzt sich weiter fort. Entsprechende Gegenmaßnahmen, wie Abwasserbehandlungen, Durchsetzung der Schutzzonenordnung und vor allem optimierte Stickstoffdüngung, laufen an. Diese Auswirkungen sind vor der Entscheidung, die Nitrateliminierung im Zuge der Trinkwasseraufbereitung durchzuführen, so genau wie möglich einzuschätzen, um Fehlinvestitionen zu vermeiden.

Bei Kapazitäten < 100 m^3/d ist es in der Regel sinnvoller, Ersatzfassungen oder Fremdeinspeisungen zu realisieren.

Es stehen drei Verfahren für die Nitrateliminierung zur Verfügung:
– biochemisch-bakteriologisches Verfahren
– biochemisch-makrophytisches Verfahren
– Ionenaustauschverfahren.

Die Denitrifikation durch Bodenbakterien ist bereits lange bekannt. Sie verläuft optimal unter anaeroben Bedingungen. Für die Reduktion sind Energieträger in Form organischer Kohlenstoffverbindungen einzusetzen, z. B. Methanol.

$$6\,NO_3^- + 5\,CH_3OH \rightarrow 3\,N_2 + 5\,CO_2 + 7\,H_2O + 6\,OH^-$$

In der Regel werden Filter ohne Rückspülung mit großen Füllkörpern angewendet. Das Verfahren ist nur für mittlere und große Kapazitäten geeignet. Da die Abläufe nicht trübstofffrei sind, ist eine Nachbehandlung notwendig. Das Verfahren befindet sich noch in der Erprobung. Zur Bemessung sind Versuche notwendig.

Das *biochemisch-makrophytische* Verfahren beruht auf der Fähigkeit höherer Pflanzen, organische Substanzen abzubauen. Verwendet werden Pflanzenbecken mit geeigneten Grassorten, in denen das Wasser versickert wird. Neben der Nitratassimilation durch die höheren Pflanzen wird das Nitrat auch durch die mikrobielle Aktivität der Bodenschichten reduziert. Dieses Verfahren verlangt große Flächen und fällt während der kalten Jahreszeit praktisch aus. Die Anwendung ist also nur in Sonderfällen möglich.

Wesentlich breiter und vor allem betriebsstabiler ist das Ionenaustauschverfahren. Zum Einsatz kommen stark basische Anionenaustauscher, z. B. das Wofatit SBK.

$$(Wofatit/NR_3Cl^-) + Na^+NO_3^- \rightleftharpoons (Wofatit/NR_3NO_3) + Na^+Cl^-$$

Im behandelten Trinkwasser entsteht eine zur Nitratabnahme adäquate Zunahme des Chloridgehalts. Die Regenerierung des erschöpften Austauschers wird mit Kochsalzlösung durchgeführt.

Wiegleb [5.49] hat diese Problematik umfassend untersucht und ein Bemessungsverfahren entwickelt. Inzwischen ist die erste großtechnische Anlage in Betrieb genommen worden. Das Verfahren ist betriebsstabil und relativ kostenaufwendig.

5.1.8.7. Sonstige Verfahren

Wie bereits früher festgestellt wurde, gibt es immer wieder einzelne Rohwässer, die, über die bereits behandelten Verschmutzungsprobleme hinaus, spezifische Verunreinigungen aufweisen und damit zu besonderen Aufbereitungsverfahren zwingen. Auf der anderen Seite werden immer wieder neue Verfahren entwickelt und angeboten, die z. T. völlig andere technologische Lösungswege beschreiten und zu neuen progressiven Gesamtlösungen führen. Oft muß man auf ein örtlich vorhandenes Wasservorkommen zurückgreifen, das nicht durch ein anderes ersetzt werden kann und zusätzliche Aufbereitungsverfahren verlangt, deren Kosten z. T. erheblich über den sonst üblichen liegen. Dazu gehört z. B. die Entarsenierung zu nutzender Stollenwässer stillgelegter Bergwerke. Generell muß dazu gesagt werden, daß gerade in solchen Fällen sehr qualifizierte Vorarbeiten unerläßlich sind.

Genauso problematisch sind oft angebotene neue Verfahren einzuschätzen. Hier wird häufig kritiklos und zu optimistisch ein Verfahren akzeptiert, ohne daß seine volle Bewährung unter Praxisbedingungen nachgewiesen wurde. Man sollte auch grundsätzlich darauf verzichten, in jedem Falle unter Versuchsbedingungen erzielte „Spitzenbelastungen" voll auf die Großanlage zu übertragen. Die hier möglichen, kaum beeinflußbaren Schwankungen der vielen Betriebseinflüsse führen dann meist zu labiler Betriebsweise und erhöhten Kosten. Auf *Stabilität und einfache Betriebsweise* sollte niemals verzichtet werden.

5.2. Anlagen zur Wasseraufbereitung

In diesem Abschnitt werden die einzelnen Anlagen, mit denen die unter Abschn. 5.1. behandelten Verfahren realisiert werden, dargestellt. Im Abschn. 5.3. sollen vor allem die Kombinationsmöglichkeiten erörtert werden. Gewisse Schwierigkeiten machen die vielfältigen Verflechtungen. Aus diesem Grunde wird in der Tafel 5.5 zuerst einmal ein Gesamtüberblick zur *Trinkwasseraufbereitung* gegeben. Gegliedert wird in
- Grobaufbereitungsanlagen
- Feinreinigungsanlagen
- Anlagen zur Entfernung von unangenehmem Geruch und Geschmack sowie Mikroverunreinigungen
- Anlagen zur Desinfektion
- Anlagen zur Grundwasseranreicherung.

Selbstverständlich ist eine derartige Schematisierung stark vereinfacht und nicht in der Lage, auf bestimmte Sonderprobleme und Zusammenhänge für den Einzelfall hinzuweisen. Das gilt z. B. besonders für die Sonderstellung der Grundwasseranreicherung. In Einzelfällen kann diese einige Aufbereitungsstufen völlig ersetzen; in vielen Fällen sind aber noch Anlagen zur Feinreinigung, zur Entfernung von Geruchs- und Geschmacksstörungen sowie von Mikroverunreinigungen und zur Desinfektion notwendig.

Eine besondere Stellung nehmen ein
- Mischeinrichtungen
- Anlagen zur Chemikalienaufbereitung
- Anlagen zur Schlammbehandlung.

Sie sind praktisch in jeder Wasseraufbereitungsanlage notwendig und mit den anderen Anlagen oft in komplizierter Weise verbunden.

In der Tafel 5.6 wird ein Überblick zur Aufbereitung von *Betriebswasser* gegeben. Wegen der enormen Vielfalt der möglichen Verfahrenskombinationen ist hier eine Beschränkung auf das Kühl- und Kesselspeisewasser erfolgt. Dabei wurden die Vorbehandlungsanlagen, die im wesentlichen denen der Trinkwasseraufbereitung entsprechen, der Übersicht wegen weggelassen.

Auf technologische Details und Berechnungsverfahren muß in diesem Abschnitt im wesentlichen verzichtet werden, da dies einen viel zu großen Raum einnehmen würde. Es wird auf Prinzipskizzen orientiert, und besonders bekannte und bewährte Anlagen werden bevorzugt dargestellt. Es ist unumgänglich, gerade auf diesem Gebiet die Fachliteratur, die Firmenangebote und

Tafel 5.5. *Schema der Trinkwasseraufbereitung*

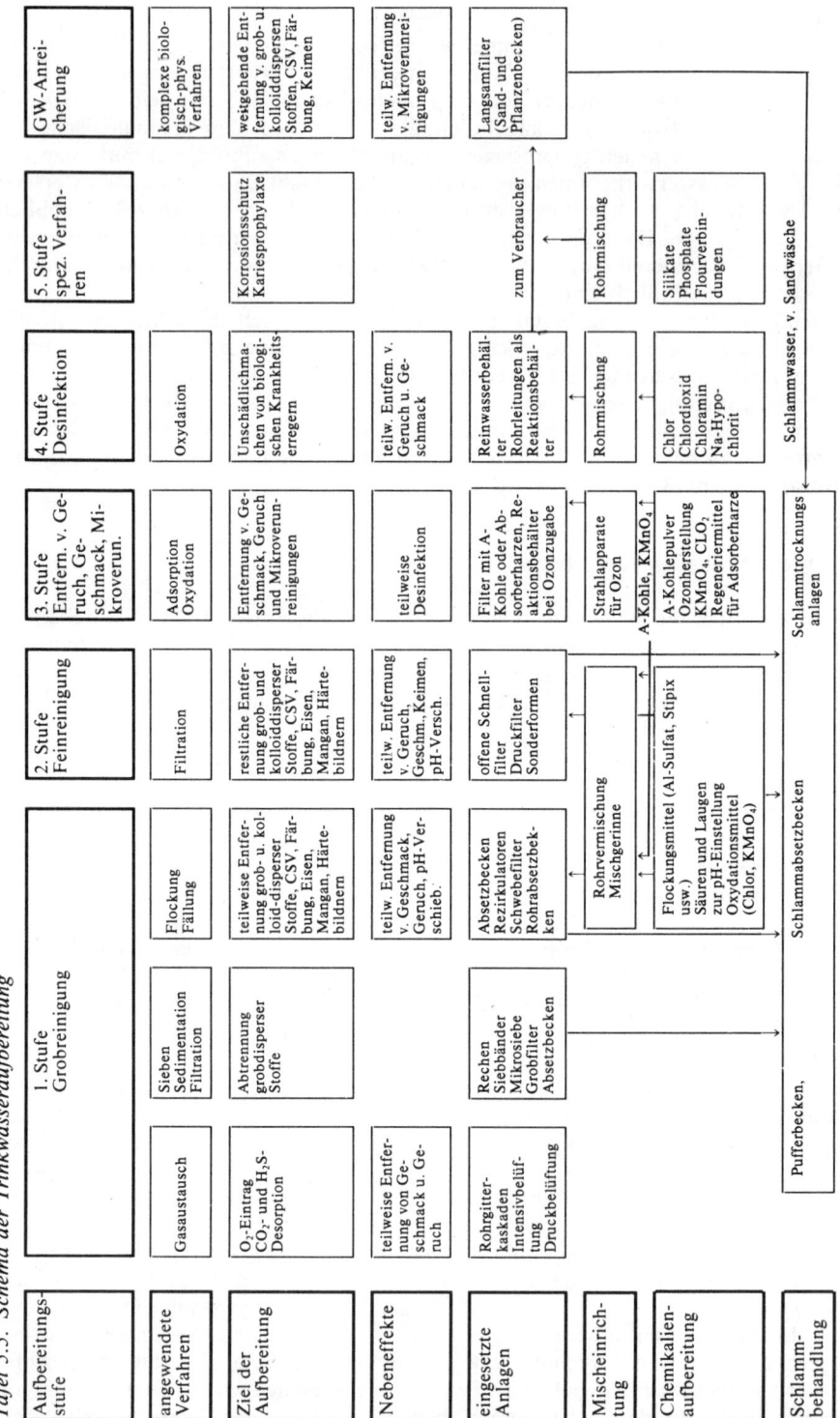

Aufbereitungs-stufe	1. Stufe Grobreinigung			2. Stufe Feinreinigung	3. Stufe Entfern. v. Geruch, Geschmack, Mikroverun.	4. Stufe Desinfektion	5. Stufe spez. Verfahren	GW-Anreicherung
angewendete Verfahren	Gasaustausch	Sieben Sedimentation Filtration	Flockung Fällung	Filtration	Adsorption Oxydation	Oxydation		komplexe biologisch-phys. Verfahren
Ziel der Aufbereitung	O_2-Eintrag CO_2- und H_2S-Desorption	Abtrennung grobdisperser Stoffe	teilweise Entfernung grob- u. kolloid-disperser Stoffe, CSV, Färbung, Eisen, Mangan, Härtebildner	restliche Entfernung grob- und kolloiddisperser Stoffe, CSV, Färbung, Eisen, Mangan, Härtebildnern	Entfernung v. Geschmack, Geruch und Mikroverunreinigungen	Unschädlichmachen von biologischen Krankheitserregern	Korrosionsschutz Kariesprophylaxe	weitgehende Entfernung v. grob- u. kolloiddispersen Stoffen, CSV, Färbung, Keimen
Nebeneffekte	teilweise Entfernung von Geschmack u. Geruch		teilw. Entfernung v. Geschmack, Geruch, pH-Verschieb.	teilw. Entfernung v. Geruch, Geschm., Keimen, pH-Versch.	teilweise Desinfektion	teilw. Entfern. v. Geruch u. Geschmack		teilw. Entfernung v. Mikroverunreinigungen
eingesetzte Anlagen	Rohrgitterkaskaden Intensivbelüftung Druckbelüftung	Rechen Siebbänder Mikrosiebe Großfilter Absetzbecken	Absetzbecken Rezirkulatoren Schwebefilter Rohrabsetzbek.	offene Schnellfilter Druckfilter Sonderformen	Filter mit A-Kohle oder Absorberharzen, Reaktionsbehälter bei Ozonzugabe	Reinwasserbehälter Rohrleitungen als Reaktionsbehälter		Langsamfilter (Sand- und Pflanzenbecken)
Mischeinrichtung			Rohrvermischung Mischgerinne		Strahlapparate für Ozon	Rohrmischung	Rohrmischung	
Chemikalienaufbereitung			Flockungsmittel (Al-Sulfat, Stipix usw.) Säuren und Laugen zur pH-Einstellung Oxydationsmittel (Chlor, $KMnO_4$)		A-Kohle, $KMnO_4$ A-Kohlepulver Ozonherstellung $KMnO_4$, ClO_2 Regeneriermittel für Adsorberharze	Chlor Chlordioxid Chloramin Na-Hypochlorit	Silikate Phosphate Flourverbindungen	
Schlammbehandlung	Pufferbecken,		Schlammabsetzbecken		Schlammtrocknungsanlagen			Schlammwasser, v. Sandwäsche

zum Verbraucher

5.2. Anlagen zur Wasseraufbereitung

Tafel 5.6. Schema der Betriebswasseraufbereitung für Kühl- und Kesselspeisewasser

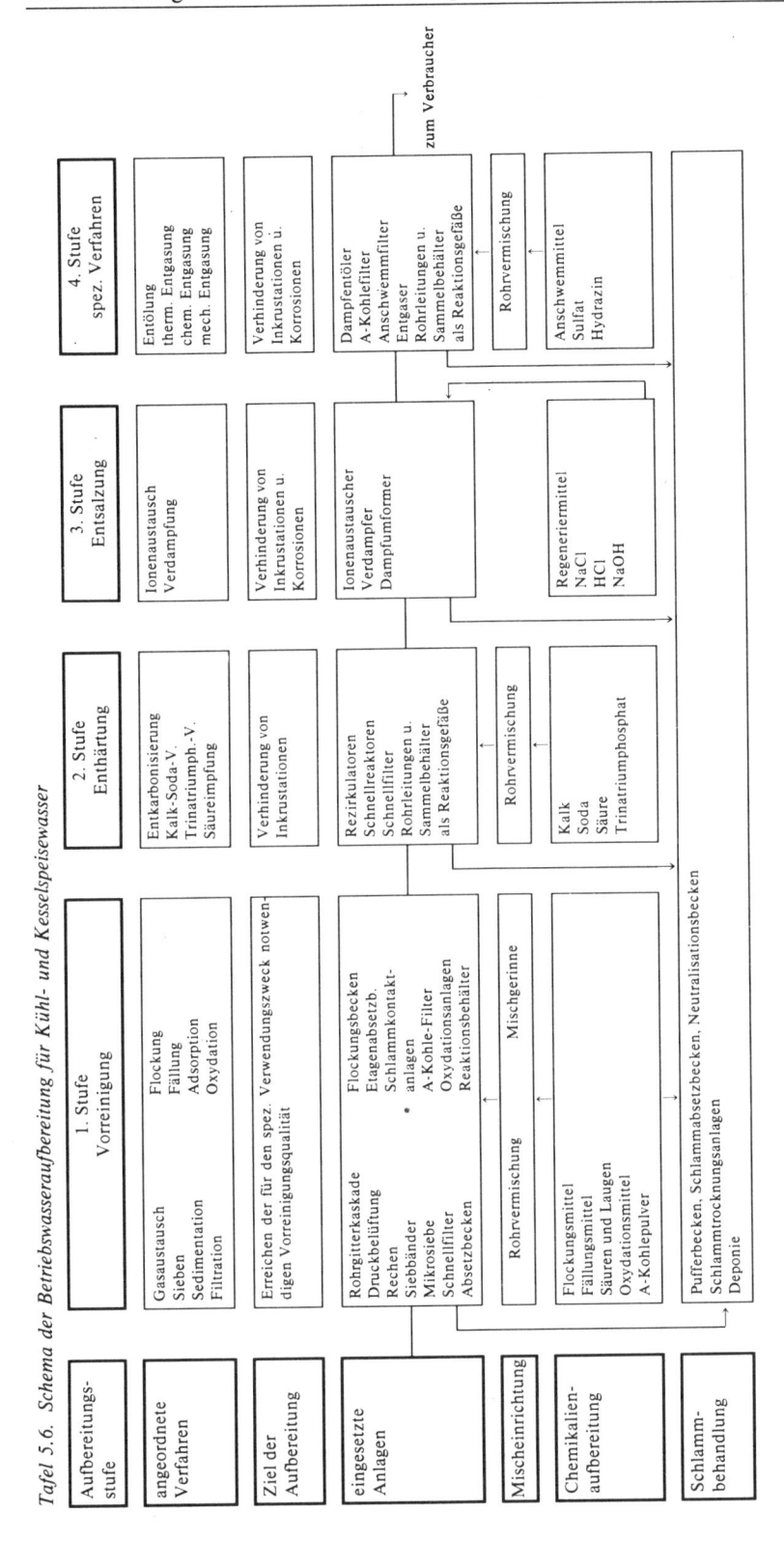

Aufbereitungs-stufe	1. Stufe Vorreinigung	2. Stufe Enthärtung	3. Stufe Entsalzung	4. Stufe spez. Verfahren
angeordnete Verfahren	Gasaustausch Sieben Sedimentation Filtration Flockung Fällung Adsorption Oxydation	Entkarbonisierung Kalk-Soda-V. Trinatriumph.-V. Säureimpfung	Ionenaustausch Verdampfung	Entölung therm. Entgasung chem. Entgasung mech. Entgasung
Ziel der Aufbereitung	Erreichen der für den spez. Verwendungszweck notwendigen Vorreinigungsqualität	Verhinderung von Inkrustationen	Verhinderung von Inkrustationen u. Korrosionen	Verhinderung von Inkrustationen u. Korrosionen
eingesetzte Anlagen	Rohrgitterkaskade Druckbelüftung Rechen Siebbänder Mikrosiebe Schnellfilter Absetzbecken Flockungsbecken Etagenabsetzb. Schlammkontakt-anlagen A-Kohle-Filter Oxydationsanlagen Reaktionsbehälter	Rezirkulatoren Schnellreaktoren Schnellfilter Rohrleitungen u. Sammelbehälter als Reaktionsgefäße	Ionenaustauscher Verdampfer Dampfumformer	Dampfentöler A-Kohlefilter Anschwemmfilter Entgaser Rohrleitungen u. Sammelbehälter als Reaktionsgefäße
Mischeinrichtung	Mischgerinne	Rohrvermischung	Rohrvermischung	Rohrvermischung
Chemikalien-aufbereitung	Flockungsmittel Fällungsmittel Säuren und Laugen Oxydationsmittel A-Kohlepulver	Kalk Soda Säure Trinatriumphosphat	Regeneriermittel NaCl HCl NaOH	Anschwemmittel Sulfat Hydrazin
Schlamm-behandlung	Pufferbecken, Schlammabsetzbecken, Neutralisationsbecken Schlammtrocknungsanlagen Deponie			zum Verbraucher

die entsprechenden Richtlinien sehr intensiv zu verfolgen. Dabei sollte man immer versuchen, sein Urteil durch eigene Untersuchungen zu untermauern.

5.2.1. Anlagen zum Gasaustausch

Entsprechend der bei der Darstellung der Verfahren vorgenommenen Trennung der thermischen Gasaustauscher von den „kalten" Verfahren werden auch hier diese zwei Gruppen getrennt behandelt. Ein hoher Wirkungsgrad wird bei der *Desorption* von Gasen nur bei ausreichender Zufuhr von Frischluft, einer großen Gasaustauschfläche, der ständigen Erneuerung der Phasengrenzflächen und einem geringen Gesamtdruck der Gasphase erreicht. Beim *Gaseintrag* dagegen steigt der Effekt mit dem Druck im System. Man unterscheidet zwischen „offenen" Anlagen zum Gasaustausch und Druckbelüftungsanlagen. Bei offenen Anlagen, die in erster Linie zur mechanischen Entsäuerung eingesetzt werden, herrscht der normale Luftdruck. Die Sauerstoffanreicherung erfolgt dabei bis nahe an die Sättigung. Dies ist meist in dieser Höhe unnötig und später in Warmwasseranlagen sogar nachteilig. Bei den Druckbelüftungsanlagen ist das Wasser in der Regel lediglich mit dem notwendigen Sauerstoff bis etwa 5,0 mg/l anzureichern.

In den einzelnen Ländern gibt es z. Z. bei den offenen Anlagen eine Vielzahl unterschiedlicher Lösungen [5.51]. Während bisher besonders die verschiedensten Verdüsungsverfahren bevorzugt wurden, stehen heute mit den *Rohrgitter-* und *Wellbahnkaskaden* Anlagen zur Verfügung, deren Flächenbelastung kaum noch überbietbar sein dürfte. Bei der Beurteilung von Anlagen zum Gasaustausch sind nicht nur die Anlagen- und Energiekosten, sondern auch die unterschiedlichen Unterhaltungskosten zu beachten. Bei den meisten Rohwässern kommt es gerade an Stellen hoher Turbulenz zu störenden Inkrustationen von Fe^{3+}-Oxidhydraten und teilweise auch von Kalk. Das betrifft vor allem alle Düsensysteme. Aber auch bei den Kaskaden ist dies nicht vermeidbar. Es muß darauf geachtet werden, daß diese Teile gut zugänglich und leicht regenerierbar sind. Ist nur Sauerstoff anzureichern, so genügen bereits Venturigerinne, Überfälle und ähnliche Lösungen, um einen Sauerstoffeintrag von etwa 5 mg/l zu erzielen. Tafel 5.7 gibt einen kurzen Überblick zur Leistung einiger Anlagen.

5.2.1.1. Rohrgitterkaskaden

Bild 5.53 zeigt eine einstufige Konstruktion. Sie wird im Fertigungsbetrieb komplett hergestellt und lediglich im Wasserwerk angeschlossen. Diese Konstruktion ist im wesentlichen aus Plast und damit vollkommen korrosionssicher. Bei den mehrstufigen Kaskaden, bei denen die Einzelsysteme übereinander angeordnet sind, wird Stahl eingesetzt. Dies verlangt sorgfältigen Korro-

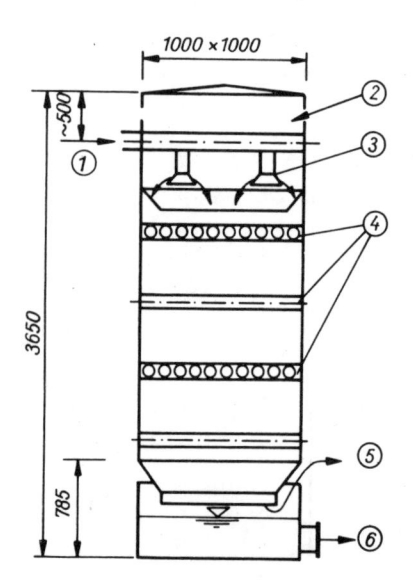

Bild 5.53 Rohrgitterkaskade
1 Wasserzulauf; *2* Lufteintritt; *3* Pralltellerdüsen, ND 75 und 100; *4* Rohrgitter; *5* Luftaustritt; *6* Wasserablauf

5.2. Anlagen zur Wasseraufbereitung

sionsschutz. Die Kaskaden werden fast ausschließlich im Freien aufgestellt. Bei der vorrangigen Entsäuerung von Grundwasser führt dies auch im Winter kaum zu Komplikationen. Beim Einbau in Gebäuden ist eine künstliche Belüftung nicht zu umgehen.

Kaskaden sind nicht nur bei Neuanlagen, sondern auch bei Rekonstruktionen zu empfehlen, da die dann frei werdenden großen Flächen der meist vorhandenen Verdüsungsanlagen anderweitig nutzbar werden. Zumindest sinkt bei deren Ablösung der erhebliche Unterhaltungsaufwand.

In der Entwicklung und z. T. bereits in Betrieb sind Wellbahnkaskaden, bei denen an Stelle der eingebauten Rohrbündel Kunststoffbahnen mit Querrippen eingesetzt werden. Diese Entwicklung ist weiter sorgfältig zu verfolgen.

Der Entsäuerungseffekt in Kaskaden schwankt in Abhängigkeit von der Konstruktion, dem Aufstellungsort, dem Durchsatz und anderen nicht sofort erkennbaren Einflüssen. Gegebenenfalls sind Versuche vorher zu empfehlen.

Tafel 5.7. Leistungsvergleich verschiedener Entsäuerungsverfahren

Verfahren	erforderliche Druckhöhe in m	Belastung in $m^3/m^2 \cdot h$	mittlere CO_2-Reduzierung in %
Kreiskraftverdüsung	11	5 bis 10	60
Pralltellerverdüsung	4	5 bis 10	60
Intensivbelüftung			
einstufig	1	50	60
zweistufig	1	25	95
Rohrgitterkaskade			
einstufig	5	200	50
dreistufig	9	200	75
Wellbahnkaskade	8	300	80

5.2.1.2. Intensivbelüftung (Inkabelüftung)

Bild 5.54 zeigt eine einstufige Anlage im Prinzip. Das zu entsäuernde Wasser wird über eine gelochte Platte geleitet, durch die Druckluft nach oben steigt. Im entstehenden schaumartigen Luft-Wasser-Gemisch bilden sich ständig neue Phasengrenzflächen aus. Bei einem Luft-Wasser-Verhältnis von 40:1 kann in jedem Fall der gewünschte Entsäuerungseffekt durch Variation der Flächenbelastung und damit der Reaktionszeit erreicht werden; er beträgt maximal 95 %. Die optimale Schaumhöhe ist durch ein Regelschütz am Ablauf einstellbar. Die notwendige Druckluft kann bei der erforderlichen geringen Druckhöhe von etwa 0,4 m von einfachen Kreislüftern erzeugt werden. Diese Intensivbelüftungsanlagen sind dann der Rohrgitterkaskade vorzuziehen, wenn nur beschränkte Bauhöhen zur Verfügung stehen bzw. wenn nur ein geringes hydraulisches Gefälle vorhanden ist und eine zusätzliche Förderstufe vermieden werden soll. Das Verfahren ist kostenaufwendiger.

Bild 5.54 Intensivbelüftung
1 Wasserzulauf; *2* Luft; *3* Lochboden; *4* Luft-Wasser-Gemisch; *5* Wasserablauf; *6* Regelschütz

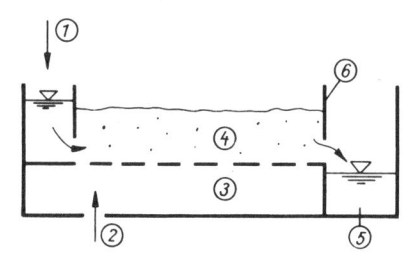

5.2.1.3. Druckbelüftung

Bei diesen Verfahren wird Luft unter Druck in Luft-Wasser-Mischer eingepreßt, um eine Mindestsauerstoffkonzentration von etwa 5,0 mg/l zu erreichen. In der Praxis geschieht dies meist mit Hilfe sogenannter *Luftzumischer*. Das sind in die Rohrleitung eingeflanschte, mit Vermischungsschikanen versehene, erweiterte Rohrstücke. Vielfach wird mit zuviel Luft gearbeitet, die nur ungenügend in Lösung geht. Verschiedentlich führt die dann nur mangelhafte Entfernung der Überschußluft zu Störungen in den nachgeschalteten Anlagen, z. B. den Druckfiltern und Rohrleitungen. *Wingrich* [5.51] hat den Gesamtkomplex untersucht und die Bemessungsverfahren hierzu entwickelt. Entscheidend ist eine *ausreichende Turbulenz* im Luftzumischer. Dann genügen etwa 40 l/m³ Luftzugabe, um 5 mg/l Sauerstoff einzutragen. Zu beachten ist selbstverständlich auch der mit stärkerer Turbulenz steil ansteigende hydraulische Gerätewiderstand.

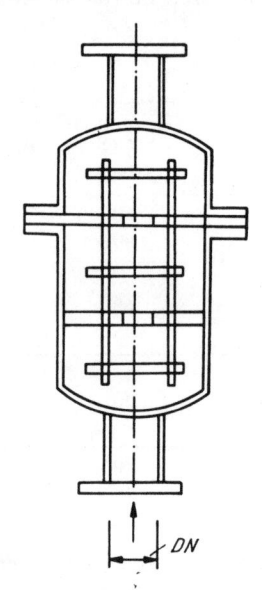

Bild 5.55 Luftzumischer

Im Abschn. 6. ist die prinzipielle Anordnung einer Druckbelüftungsanlage zu sehen. Bild 5.55 zeigt einen Luftzumischer im Schnitt. Die notwendige Druckluft wird von einem Kompressor erzeugt, der, über ein Kontaktmanometer gesteuert, einen Druckluftkessel speist. Mit dieser Anordnung kann unter Zwischenschaltung von Magnetventilen eine ausreichend genau durchsatzproportionale Dosierung auch für schwankenden Wasserdurchfluß erreicht werden. Wichtig ist bei der Druckbelüftung die Abführung der nicht gelösten Luft vor den nachgeschalteten Anlagen durch zuverlässig arbeitende Entlüftungseinrichtungen. Bild 5.56 zeigt ein Bemessungsdiagramm von *Wingrich*, aus dem alle Bemessungswerte für eine Druckbelüftungsanlage mit Luftzumischer ablesbar sind.

Druckhöhenverluste über 5 m sind in jedem Falle unwirtschaftlich. Besteht zwischen der Luftzugabestelle und Druckfilter eine ausreichende Vermischung durch Rohrleitungen und Krümmer, so kann in Sonderfällen auf den Einbau eines Luftzumischers verzichtet werden. In der Regel ist damit eine Sauerstoffanreicherung von mindestens 3 mg/l erreichbar [5.52].

5.2.1.4. Sonderlösungen und Weiterentwicklungen zum Gasaustausch

Wie bereits erwähnt, gibt es in den einzelnen Ländern außerordentlich viele individuelle Lösungen, besonders bei den offenen Anlagen. Sie sind aber trotz vieler optimistischer Darstellungen den hier beschriebenen unterlegen. Bei außergewöhnlichen Anlagenbedingungen hat das eine oder andere Verfahren noch eine gewisse Berechtigung. So ist z. B. bei alten *Rieslern* mit kreuzweise gepackten Klinkern zusätzlich eine beachtliche NH_4-Reduzierung von etwa 50 % feststellbar. Hier wirken Mikroorganismen mit. Genaue Variantenuntersuchungen sind in jedem Falle

5.2. Anlagen zur Wasseraufbereitung

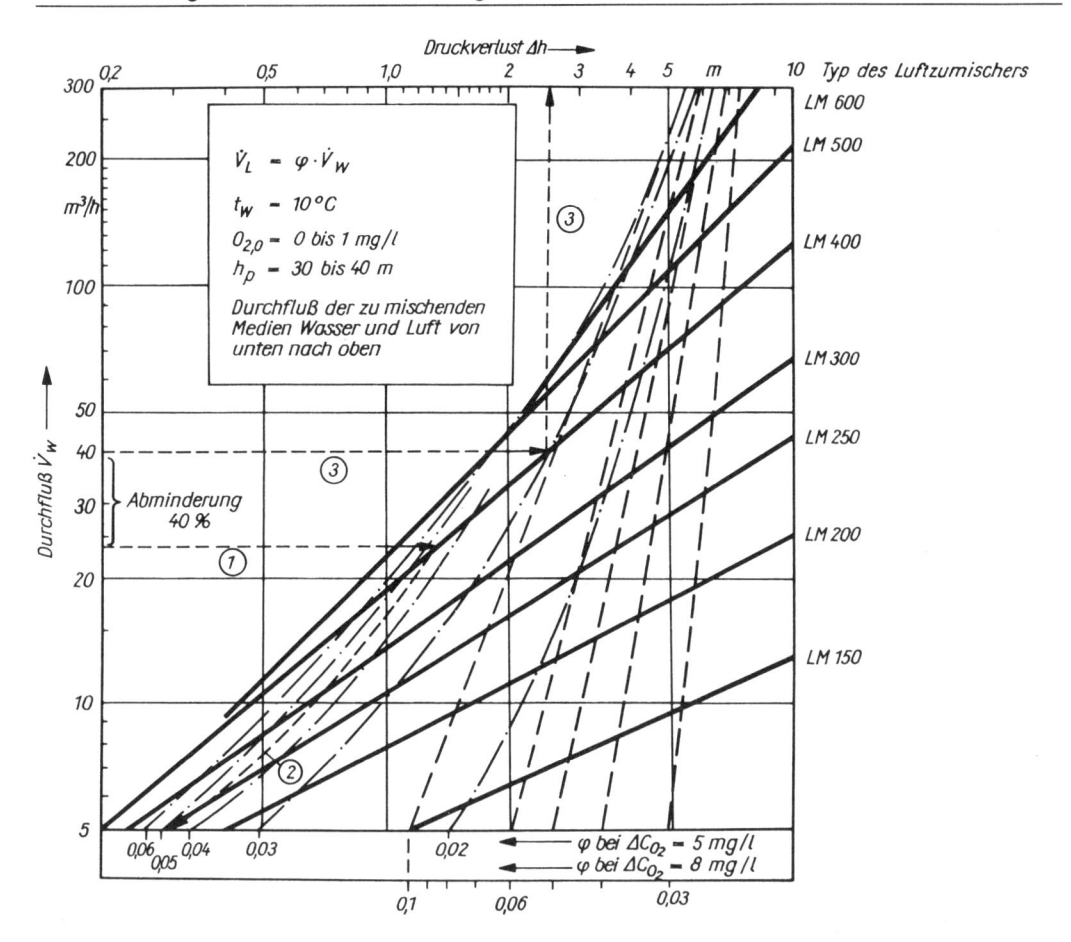

Einfluß des Systemdruckes (h_P):

h_P in m	10	20	30	40	50
Abminderung bei ΔC=5mg/l	40	10	0	0	10
von $\dot{V}_W$ in % bei ΔC=8mg/l	60	20	0	0	20

Einfluß der Wassertemperatur t_W:

t_W in °C	2	4	6	8	10	12	14	16	18
ΔC in mg/l	5,3	5,2	5,1	5	5	5	4,9	4,8	4,7
	8,9	8,6	8,4	8,2	8	7,8	7,6	7,4	7,1

Beispiel: Geg.: $\dot{V}_W$ = 40 m³/h, h_P = 10 m
Ermittelt: Abminderung für $\dot{V}_W$ bei
ΔC = 5 mg/l : 40 %
① LM 400
② $\varphi = 0,045 = \dfrac{\dot{V}_W}{\dot{V}_L}$
$\dot{V}_L$ = 1,8 m³/h
③ Δh = 2,50 m

Einfluß des O_2 - Anfangsgehaltes:
Es gilt für konstante Bedingungen $\Delta C = \dfrac{C_S - C_0}{k_A}$
Bei t_W = 10°C ist k_A = 2,25 für ΔC_0=5 mg/l
k_A = 1,41 für ΔC_0=8 mg/l

Bild 5.56 Bemessungsdiagramm für Druckbelüftungsanlagen mit Luftzumischer nach Standard Abschn. 10. [5.52]

notwendig. Mit Weiterentwicklungen ist trotz des jetzt erreichten hohen Standes zu rechnen. Dazu gehört die bereits erwähnte *Wellbahnkaskade*. Mit diesem System sind offenbar auch leichtflüchtige geschmacks- und geruchsstörende Stoffe in bestimmten Fällen entfernbar. Diese Konstruktion hat sich auch bereits bei der Entsäuerung im System mit Ionenaustauscheranlagen gut bewährt.

5.2.2. Grobreinigungsanlagen zur physikalischen Abtrennung

Mechanisch wirkende Grobreinigungsanlagen dienen der Aufbereitung von Oberflächenwässern als Entlastung der meist nachgeschalteten Feinreinigung. Mit diesen Anlagen, zu denen Rechen, Siebanlagen, Grobfilter, Sandfänge und mechanisch wirkende Absetzbecken gehören, werden Laub, Fasern, Algen, Sand und andere grobdisperse Stoffe entfernt.

5.2.2.1. Rechen

Die Anwendung handgereinigter Rechen ist heute nur noch bei geringen Kapazitäten und in Ausnahmefällen zu verantworten. Ansonsten sind unbedingt Rechen mit *mechanischer Reinigung* zu bevorzugen. Die Rechenbreiten betragen 1,5 bis 3,5 m für eine Einheit. Grobrechen haben eine Schlitzweite von 20 bis 50 mm, Feinrechen von 2 bis 5 mm. Die Neigung der steil stehenden Rechen beträgt etwa 15° zur Senkrechten. Zur Vermeidung zu großer hydraulischer Durchgangsverluste soll die Fließgeschwindigkeit im Zuflußgerinne nur 0,4 bis 0,7 m/s betragen. Bei kleineren Geschwindigkeiten muß mit Sandablagerungen gerechnet werden. Im Winter sind Betriebsstörungen durch Vereisung möglich, wenn die Rechen nicht ständig betrieben und unterhalten werden. Außerdem ist in vielen Fällen eine Beheizung, z. B. durch Dampf, oder eine Überbauung der Rechenanlage notwendig.

Der *Grob- und Schlitzrechen* mit mechanischer Reinigung hat heute weitestgehend den einfachen Rechen abgelöst. Bild 5.57 zeigt einen Grobrechen mit an umlaufenden Ketten befestigten

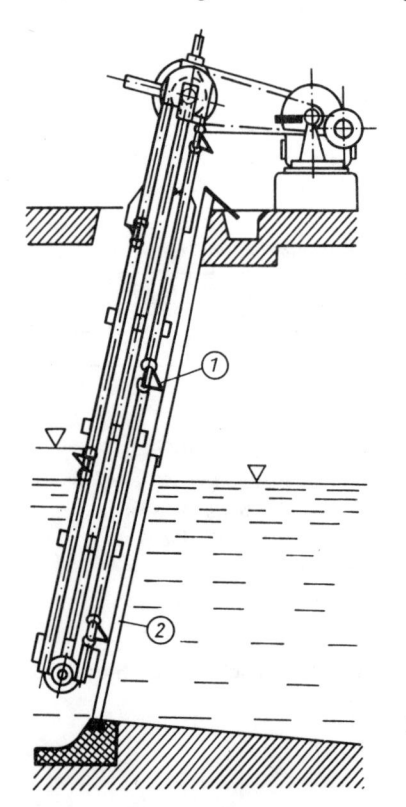

Bild 5.57 Grobrechen mit mechanischer Reinigung
1 Kammwagen; *2* Stabrechen

5.2. Anlagen zur Wasseraufbereitung

Kammwagen. Beim Grobrechen wird ein normaler Stabrechen, beim Schlitzrechen ein Spezialsieb verwendet.

Der Schlitzrechen wird durch umlaufende, an Ketten geführten Bürsten gereinigt. Der Rechenreiniger läuft normalerweise nur zeitweise; die Steuerung wird über die Wasserspiegeldifferenz vor und nach dem Rechen geregelt.

5.2.2.2. Siebbandanlagen und Siebtrommeln

Werden höhere Anforderungen an den Reinigungseffekt gestellt, so ist der Einsatz von *Siebbändern und Siebtrommeln* mit *innerer* Beaufschlagung zu überprüfen. Bei derartigen Anlagen werden Siebgewebe mit 0,63 bis 2,5 mm Maschenweite eingesetzt. Sie sind besonders wirkungsvoll zur Entfernung gröberer Fasern zum Schutz nachgeschalteter Filteranlagen verwendbar.

Siebbandanlagen sind auch bei wechselnden Wasserständen im Zulaufgerinne einsetzbar. Bild 5.58 zeigt ein derartiges System. Die Siebbandanlagen haben umlaufende Siebfelder aus eingesetzten, auswechselbaren Siebrahmen mit Gewebe. Die innen angesetzten Schmutzstoffe werden oben durch eine Abspritzvorrichtung entfernt. Die Breite der Siebbänder beträgt 1,5 bis 3,0 m. Die Durchsatzleistungen sind hoch und hängen von dem Rohwasser, dem Wasserstand, der Siebfläche und der Maschenweite ab.

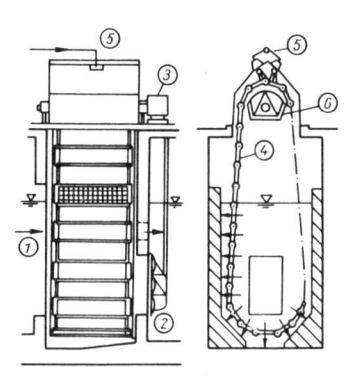

Bild 5.58 Siebbandanlage
1 Zulauf; *2* Notauslaß; *3* Motor; *4* Siebband; *5* Spritzwasser; *6* Schlammwasser

Siebtrommeln kommen nur bei geringen Wasserspiegelschwankungen im Zulaufgerinne mit einer Kapazität bis 2000 m³/h zum Einsatz. Die Reinigung erfolgt ebenfalls durch Abspritzen mit Reinwasser. Die Siebe sind auch hier in leicht auswechselbare Rahmen eingespannt. Zu beachten ist außerdem, daß wie bei allen anderen Anlagen während Reparaturen eine Reserveeinheit zur Verfügung steht.

5.2.2.3. Mikrosiebanlagen

Die Gewebebespannung hat bei diesen Anlagen Maschenweiten zwischen 0,01 und 0,2 mm. Damit sind wesentlich kleinere Partikel zurückzuhalten, wie z. B. Plankton, Larven der Dreikantmuschel und feine bis grobdisperse Stoffe aller Art. Oxidhydratflocken, auch mit größerem Durchmesser, sind nicht absiebbar, da sie durch die Scherkräfte beim Sieben zerschlagen werden bzw. durch ihre instabile Form sich so „strecken", daß sie durch die Maschenöffnungen gespült werden.

Im Bild 5.59 ist eine derartige Anlage (System *Wangner*) dargestellt. Das Rohwasser fließt der Mikrosiebfiltertrommel axial von der Stirnseite zu. Die Trommel selbst ist in der Regel in ein Stahlbetonbecken eingebaut und gegen den Rohwasserzuführungskanal so abgedichtet, daß der Zulauf nur in das Trommelinnere erfolgen kann. Im Inneren der Trommel steht das zu reinigende Rohwasser etwa 15 cm über dem Außenwasserspiegel, dessen Höhe durch eine Ablaufregelung beeinflußt werden kann. Durch dieses Wasserspiegelgefälle fließt das Wasser nach außen und wird beim Durchfließen des in der Regel mit Rahmen auf die Trommel aufgespannten Mikrosiebgewebes gereinigt. Der Reinigungseffekt hängt im wesentlichen von der Zusammensetzung des Rohwassers, der Maschenweite des Gewebes, dem hydraulischen Gefälle und der Trommeldrehzahl ab. Die Schmutzstoffe werden an der Bespannungsinnenseite angelagert,

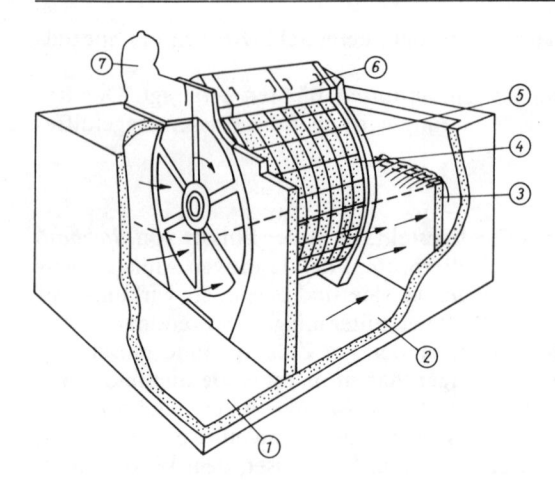

Bild 5.59 Mikrosiebanlage System *Wangner*
1 Rohwasserkanal; *2* Reinwasserbecken; *3* Ablauf; *4* Mikrosiebgewebe; *5* rotierende Trommel; *6* Rückspülung; *7* Antrieb, stufenlos regelbar

durch die Drehbewegung nach oben gebracht und dort mit Hilfe eines Spülsystems nach innen in die Spülwasserrinne abgeschwemmt. Das Spülwasser gelangt von dort über die Hohlwelle nach außen; in der Regel liegt der Spülwasserverbrauch unter 2 % der Rohwassermenge. Das Spülwasser ist über eine Verteilungsleitung und spezielle, meist in zwei Reihen versetzt angeordnete Flachstrahldüsen so auf das Gewebe aufzuspritzen, daß die Bespannung gleichmäßig und ausreichend gereinigt wird. Spülwasserbedarf und Spüldruck sind mit der Bespannung, dem Grad der Verschmutzung und der Drehzahl abzustimmen.

In Bild 5.60 ist das *Passavantsystem* dargestellt. Zur Erhöhung der nutzbaren Filterfläche ist die Gaze auf aufgeschraubte Siebkörbe gespannt.

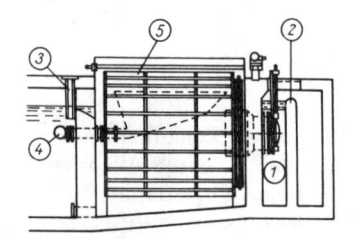

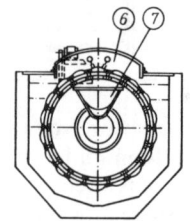

Bild 5.60 Mikrosiebanlage System *Passavant*
1 Rohwasserzulauf; *2* Notüberlauf; *3* Ablauf, regelbar; *4* Spülwasserablauf; *5* Abspritzvorrichtung; *6* Abdeckhaube; *7* Spülwasserauffangtrichter

Das *Gewebe* besteht bei beiden Systemen aus Metall oder Plast. Metallgewebe sind in der Regel wesentlich teurer und zeichnen sich durch hohe Festigkeit und Korrosionssicherheit aus. Aber auch Kunststoffe haben sich in Einzelfällen durchaus bewährt. Muß vor den Mikrosieben zusätzlich Chlor eingesetzt werden, so sind die in der Regel hochvergüteten Metallgewebe auf ihre Eignung zu testen. In der Regel wird Tressengewebe mit inneren Maschenweiten zwischen etwa 0,03 und 0,06 mm eingesetzt. Zur Filtration sehr kleiner Schwebeteilchen organischen oder anorganischen Ursprungs sind noch feinere Gewebe notwendig. In solchen Fällen sind bereits Maschenweiten von 0,005 und 0,01 mm verwendet worden. Polyamidgewebe quellen bei Wasserlagerung und verlieren durch Lichteinwirkung an Festigkeit. Sie sind deshalb vor dem Aufspannen zu wässern und durch Abdeckhauben gegen Lichteinwirkung zu schützen. Bei der Verwendung von Stützgeweben zum Schutz des Mikrosiebgewebes gegen zu starke mechanische Beanspruchung ist eine möglichst große Maschenweite zu wählen, um eine Beeinträchtigung des Spülprozesses zu vermeiden und das Ansammeln von Luftblasen zwischen Mikrosiebgewebe und Stützgewebe auszuschließen.

Der maximale Durchmesser von Mikrosiebanlagen beträgt 3,0 m, die Trommellänge bis 5,0 m. Bei ebenen Siebrahmen ist die *freie Siebgewebefläche* 60 bis 75 % der theoretischen Mantelfläche der Siebtrommel, bei Einsatz halbkreisförmiger Siebkörbe dagegen etwa 95 %. Allerdings sind einige wesentliche Nachteile der letzten Konstruktion nicht zu unterschätzen. Dazu gehören die aufwendigere Konstruktion, das teilweise Abschwemmen der abgesiebten Partikel beim Auftauchen des Siebkorbs aus dem Wasser und das ungünstigere Abspritzen durch den laufend veränderten Spritzwinkel.

Die Belastung der Mikrosiebfilteranlagen schwankt in Abhängigkeit von Rohwasser und Gewebe etwa zwischen 20 und 80 $m^3/m^2 \cdot h$. Der Anwendungsbereich erstreckt sich von der Vorfiltration stark mit Plankton belasteter Talsperrenwässer und schwebestoffhaltiger Oberflächenwässer bis zur Reinigung der verschiedensten Abwässer. Mikrosiebfilter haben sich besonders bei der Behandlung stark planktonhaltiger Rohwässer bewährt; der Reinigungseffekt liegt hier in der Regel über 90 %. Damit tritt eine entscheidende Entlastung der Schnellfilter ein, deren Filtergeschwindigkeit und Laufzeit bedeutend erhöht werden können [5.10]. Es werden aber auch Wässer anderer Schwebestoffzusammensetzung mit Reinigungseffekt zwischen 40 und 70 % erfolgreich behandelt. Besteht das Rohwasser überwiegend aus feinflockigen Schwebestoffen, die bekanntlich Form und Größe bei mechanischer Beanspruchung stark verändern, so ist mit der Mikrosiebfiltration nur ein geringer Effekt zu erwarten. In der Regel wird deshalb auch bei Zugabe von Flockungsmitteln vor Mikrosiebfiltern keine Verbesserung der Reinigungswirkung erreicht. Mikrosiebe haben sich dagegen gut zur Filtration von Belebtschlamm, zur Reinigung von Kreislaufwässern in Industriebetrieben und auch zur Feststoffabscheidung spezieller Stoffe im Produktionsprozeß verschiedener Industriezweige bewährt. Bei der Verwendung von Polyamidgeweben ist zur Verringerung von Verschleißerscheinungen das Vorschalten von Rechen und Sandfängen zu empfehlen.

5.2.2.4. Sandfänge, Absetzbecken und Grobfilter

Sandfänge sind bei der Nutzung von Oberflächenwasser zur Entlastung der Fördereinrichtungen und der nachgeschalteten Aufbereitungsanlagen in bestimmten Fällen notwendig. Sie unterscheiden sich teilweise von den in der Abwasserreinigung üblichen Konstruktionen, da in Wasseraufbereitungsanlagen z. B. der Schlamm im zurückgebliebenen Sand weniger stört, starke Wasserspiegelschwankungen in Kauf genommen werden müssen und die Förderleistung in der Regel relativ konstant ist. Geschlossene Bauarten werden deshalb bei der Wasseraufbereitung bevorzugt. Bei den offenen Bauarten sind der Langsandfang, der Rundsandfang, der Quersandfang und der Tiefsandfang zu nennen. Für die Wasseraufbereitung ist der im Bild 5.61 dargestellte spiralförmig durchflossene Rohrsandfang zu empfehlen [5.38]. Hier ist ein Korndurchmesser bis zu etwa 0,2 mm sicher abscheidbar. Der Sand sammelt sich am Rohrboden an und wird hydraulisch ausgespült.

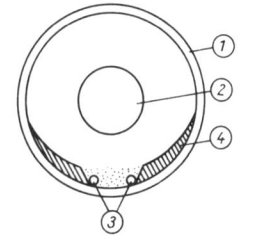

Bild 5.61 Rohrsandfang
1 Betonrohr; *2* Auslauf; *3* Spülrohre; *4* Aufbeton

Mechanisch wirkende Absetzbecken sind relativ selten in Wasseraufbereitungsanlagen zu finden. Sie sind aber sehr vorteilhaft bei Flußwasser, das zeitweise größere Mengen an grobdispersen Stoffen, z. B. durch Bodenabschwemmungen, führt. Damit können 80 bis 90 % dieser Stoffe, gemessen als „Abfiltrierbares", zurückgehalten werden. Dies gestattet dann eine Nachschaltung von Filteranlagen. Der Wartungsaufwand ist im Gegensatz zu Siebband- und Mikrosiebanlagen wesentlich geringer.

Grobfilter dienen der Entlastung der Feinfilter durch Reduzierung der grobdispersen Stoffe. Sie arbeiten in der Regel ohne Chemikalienzusätze. Die Filtergeschwindigkeiten liegen zwischen 4 und 8 m/h. Es wird relativ grober Filterkies von 2 bis 5 mm eingesetzt. Bei grobfasrigen Stoffen und Bodenpartikeln bildet sich sehr oft eine Sekundärfilterschicht aus, so daß geringe

Schichthöhen ausreichen. Eingesetzt werden die noch zu behandelnden Druckfilter und offenen Schnellfilter. Zur Aufbereitung von Betriebswasser genügen Grobfilter in Einzelfällen als einzige Aufbereitungsstufe. Selbstverständlich sind diesen Anlagen meist noch Rechen vorzuschalten. Problematisch ist die Verschlammungsgefahr der Filterdüsen, da das Filtrat nicht frei von Schwebestoffen, Eisen oder Organismen ist. Deshalb sind große Schlitzweiten in den Filterdüsen vorzusehen.

Um die behandelten Anlagen mit ihren Einsatzbereichen gegeneinander grob abgrenzen zu können, wurden in Tafel 5.8 die entsprechenden Werte zusammengestellt. Dabei ist unbedingt zu beachten, daß die Auswahl darüber hinaus in starkem Maße von den nachgeschalteten Aufbereitungsstufen beeinflußt wird.

Tafel 5.8. Einsatzbereiche von Grobreinigungsanlagen zur physikalischen Abtrennung grobdisperser Stoffe

Anlagen	Flächen-belastung $m^3/m^2 \cdot h$	Kapazität einer Einheit m^3/h	geeignet zur Entfernung von
Rechenanlagen	–	bis 7 000	Laub, Holz u. ä.
Siebbandanlagen	300 bis 800	1 500 bis 14 000	gröberen Fasern;
Siebtrommeln	300 bis 800	500 bis 2 000	nicht für Sand- und Bodenpartikel
Mikrosiebtrommeln	10 bis 50	75 bis 1 750	feineren Fasern; Plankton; bedingt für Feinsand und Bodenpartikeln
Langabsetzbecken	1 bis 6	100 bis 1 000	vorwiegend mineralischen Partikeln
Rundabsetzbecken		300 bis 5 000	über etwa 0,05 mm, sowie Fasern
Grobfilter	4 bis 8	10 bis 300	Fasern und groben mineralischen Partikeln

5.2.2.5. Drehfilter

Mit dem Drehfilter, der im Bild 5.62 dargestellt ist, steht ein hochproduktiver maschineller Filter zur Verfügung. Damit ist auch gleichzeitig ein zu beachtender Entwicklungstrend zur maschinellen Filtration erkennbar. Diese Drehfilter arbeiten unter Druck und werden direkt in die Rohrleitung eingeflanscht. Sie sind mit Filterelementen ausgerüstet, die der Rohwassergüte anpaßbar sind. So stehen grob- und feingeschlitzte Plastelemente, ebensolche Siebelemente und grob- bzw. feinporige Sinterelemente aus Metall und Plast zur Verfügung. Inzwischen liegen ausgezeichnete Ergebnisse für verschiedene Kreislaufwässer der Industrie, wie z. B. Zunderkreislaufwasser, vor. Ähnlich gute Ergebnisse wurden bei der Grobfiltration von verschiedenen Oberflächenwässern erzielt.

Das Rohwasser durchfließt die Filterelemente in der sich drehenden Filtertrommel von außen nach innen. Während einer Umdrehung werden die Elemente im Bereich der sogenannten Spülleiste von innen nach außen mit Spülwasser rückgespült. Das Schlammwasser wird außen in einer abgetrennten Kammer gefaßt und abgeführt. Die Spülverluste liegen unter 5 % der

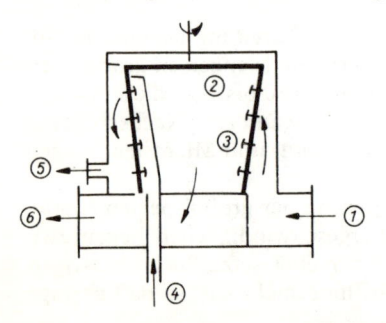

Bild 5.62 Arbeitsschema eines Drehfilters
1 Rohwasserzulauf; *2* Filtertrommel; *3* Filterelemente; *4* Rückspülwasser; *5* Schlammwasserablauf; *6* Reinwasserablauf

Modell einer Druckfilteranlage

Offene Schnellfilter

Mikrosiebfilter

Wasseraufbereitungsanlage mit liegenden Druckfiltern – Außenansicht

Wasseraufbereitungsanlage mit liegenden Druckfiltern – Innenansicht

5.2. Anlagen zur Wasseraufbereitung

Durchsatzleistung. Es kann kontinuierlich, aber auch diskontinuierlich, automatisch gesteuert von einem vorgegebenen Filterwiderstand, rückgespült werden. Bei diskontinuierlicher Rückspülung kann sich ein Sekundärfilter auf den Filterelementen ausbilden. Damit sind eine teilweise erhebliche Verbesserung der Filtratgüte und eine Reduzierung des Spülwasserbedarfs möglich. Bei faserhaltigen Rohwässern sind die geschlitzten und siebartigen Filterelemente nicht zuverlässig rückspülbar. In vielen Fällen werden Drehfilter im Kühlwasserzulauf besonders gefährdeter Kühlelemente als „Polizeifilter" eingesetzt.

Diese Drehfilter werden ab Anschlußnennweite 80 mm geliefert. Die größten haben 800 mm Anschlußweite. Die Durchsatzleistungen sind selbstverständlich vom Typ der verwendeten Filterelemente stark abhängig. Die Bemessung ist z. Z. nur über Versuche möglich. In geeigneten Fällen sollte diese Variante der Grobreinigung unter allen Umständen mit untersucht werden.

5.2.3. Grobreinigungsanlagen zur Flockung und Fällung

Noch heute werden in gewissem Umfange für das *Mischen, die Flockenbildung und das Abtrennen* der Flocken *getrennte* Anlagen gebaut, obwohl sowohl die theoretischen Erkenntnisse als auch die praktischen Erfahrungen gegen ein solches Vorgehen sprechen. Selbstverständlich ist das Prinzip der anlagentechnischen Zusammenfassung zu sogenannten *Kompaktanlagen* z. B. bei der Rekonstruktion alter Anlagen nicht immer durchgängig zu realisieren. Man muß sich aber der Nachteile solcher Lösungen bewußt sein.

Bei Neuanlagen gibt es keine Gründe mehr, das System der Kompaktanlage abzulehnen; denn nur mit dieser Lösung sind die einzelnen verfahrenstechnischen Forderungen weitestgehend erfüllbar. Dazu gehören die Bildung einer gut sedimentierbaren Flocke, das zerstörungsfreie Überleiten in die Sedimentationsanlage und die schnelle und möglichst vollständige Abtrennung in der Sedimentationsanlage.

Es ist unmöglich, die vielen unterschiedlichen z. Z. in Betrieb befindlichen Anlagenvarianten darzustellen und zu bewerten. Hier wird bewußt nur auf die Kompaktanlagenlösung orientiert. Das schließt selbstverständlich nicht aus, daß bei der Rekonstruktion alter Anlagen dort bewährte andere Lösungen, auch wenn sie mit modern gestalteten Anlagen nicht konkurrieren können, beibehalten werden, da ein Um- oder Neubau oft wirtschaftlich nicht vertretbar ist.

Die Mischeinrichtungen werden, da sie auch für andere Anlagen notwendig sind, gesondert im Abschn. 5.2.8. behandelt.

Vertikal durchströmte Anlagen werden in der Wasseraufbereitung praktisch nicht eingesetzt. Eine Ausnahme bilden die Schwebefilteranlagen und Röhrenabsetzbecken.

Auch die horizontal durchströmten *Rundbecken* werden wegen ihres meist schlechteren Effekts und der höheren Kosten immer weniger angewendet. Bild 5.63 zeigt eine derartige Lösung. Das Rohwasser läuft dem zentralen Verteilerbauwerk in einem Rohrdüker zu, wird dort durch spezifische Einrichtungen gleichmäßig verteilt und fließt mit immer kleiner werdender Geschwindigkeit der am Beckenaußenrand angeordneten einfachen oder doppelten Ablaufrinne zu. Der Schlamm wird kontinuierlich oder diskontinuierlich mit sicher arbeitenden Entschlammungsgeräten, die als Brückenkonstruktionen auf dem zentralen Verteilerbauwerk und auf der Beckenwand gelagert sind, entfernt. Der Platzbedarf ist gegenüber Rechteckbecken, besonders bei mehreren Einzelbecken, größer. Für jedes Rundbecken ist ein eigenes Räumgerät notwendig. Mit dieser Konstruktion lassen sich auch schwer fließfähige Schlammarten zuverlässig entfernen. Die Flockungs- bzw. Fällungsmittel werden in den Beckenzulauf dosiert und vermischt.

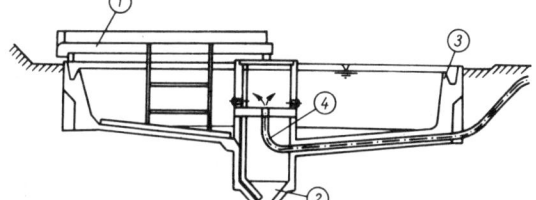

Bild 5.63 Rundbecken
1 Schlammräumer; *2* Schlammsammelraum; *3* Ablaufrinne; *4* Zulauf

Der Flockungsprozeß selbst findet im Zulauf und im Rundbecken statt. Die Bedingungen für einen optimalen Ablauf sind damit bei dieser Anlage nicht gegeben. Das Rundbecken ist dann zu empfehlen, wenn der Schlammanfall außerordentlich groß ist und die Räumung in Rechteckbecken Schwierigkeiten bereitet.

Wesentlich günstigere Lösungen ergeben sich bei der Anwendung von Rechteckbecken, die mit den Flockungsbecken direkt gekoppelt werden.

5.2.3.1. Rechteckige Absetzbecken

Bild 5.64 zeigt eine Kompaktlösung zwischen einem Flockungs- und rechteckigen Absetzbecken im Längsschnitt. Die Chemikalien werden dem Rohwasser vor Eintritt in die Anlage in der Rohrleitung zugemischt. Im Flockungsbecken sind vertikale Rührer mit Rührbalken angeordnet. Nach Bildung absetzfähiger Flocken wird das Wasser durch das angeordnete Beruhigungs-

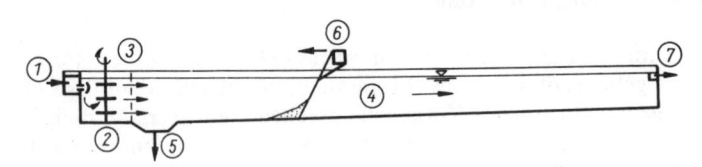

Bild 5.64 Rechteckiges Absetzbecken
    1 Rohwasserzulauf; *2* Flockungsbecken mit vertikaler Rühreinrichtung; *3* Beruhigungsgitter; *4* Sedimentationsteil; *5* Entschlammung; *6* Längsräumung; *7* Ablauf

gitter gleichmäßig verteilt und ohne Schädigung der Flocken in den Absetzteil eingeleitet. Der Beckenquerschnitt ist relativ klein. Das Becken ist flach, schmal und lang und erfüllt damit die Anforderungen an eine stabile Strömung. Bevorzugte Abmessungen für das Absetzbecken sind
— Beckenbreite   4,0 bis 6,0 m
— Wassertiefe   1,5 bis 2,5 m
— Beckenlänge   25,0 bis 50,0 m.

Bei den *Flockungsbecken* sind die Art und Auslegung der Rühreinrichtungen sehr unterschiedlich. Hier fehlen Grundlagen und vor allem auch großtechnische Gegenüberstellungen der verschiedenen Varianten. Neben den im Bild 5.64 dargestellten vertikalen Rührwerken gibt es unterschiedliche horizontal angeordnete Konstruktionen und auch vertikal bewegte Paddelkonstruktionen. Bild 5.65 zeigt das Arbeitsprinzip dieser drei Systeme. In Europa werden die vertikalen Rührwerke bevorzugt. Bei ihnen soll die Umfangsgeschwindigkeit der Rührbalken zwischen 0 und 50 m/min regelbar sein. Das Optimum ist nur im Betrieb zu ermitteln [5.7].

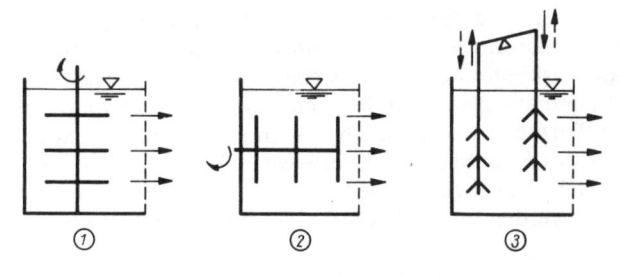

Bild 5.65 Rührwerke im Flockungsbecken
    1 vertikales System; *2* horizontales System; *3* vertikal bewegtes Paddelsystem

Bei den *Schlammräumeinrichtungen* rechteckiger Absetzbecken gibt es ebenfalls unterschiedliche Lösungen. Am häufigsten wird der *Längsräumer* mit Räumschild eingesetzt (Bild 5.64). Diese Lösung hat sich fast überall gut bewährt. Mit einem Längsräumer können durch Einschalten einer Querfahrbühne mehrere Rechteckbecken bedient werden. Der Ausrüstungsaufwand

5.2. Anlagen zur Wasseraufbereitung

sinkt dadurch erheblich. Die früher gelegentlich gebauten *Trichterbecken* haben heute keine Berechtigung mehr. Bei ihnen ist die Absetzbeckensohle durch eine größere Anzahl von Schlammabzugstrichtern unterteilt. Der Schlamm muß dann mit Hilfe des Wasserdrucks im Absetzbecken abfließen. Dabei gibt es immer wieder Entschlammungsprobleme. Bei Rechteckbecken werden auch ab und zu *Bandkratzer* zur Räumung eingesetzt. Hier sind an einer langsam umlaufenden Kette Bandkratzer befestigt, die den Schlamm meist kontinuierlich zum Schlammsammeltrichter transportieren. Diese Einrichtungen haben sich meist bewährt. Der Ausrüstungsaufwand und die Unterhaltung sind aber in der Regel größer als beim Längsräumer. Zur Schlammräumung werden darüber hinaus noch eine Reihe anderer Lösungen angewendet, u. a. auch das streifenweise *Absaugen des Schlammes* von der Beckensohle mit Hilfe einer entsprechenden Schlammpumpe, die auf einem Räumwagen montiert ist. In Schwebefiltern, Pulsatoren und Rohrabsetzbecken haben sich auch hydraulisch günstig ausgebildete Schlammrinnen gut bewährt.

5.2.3.2. Etagenabsetzbecken

Bild 5.66 zeigt eine Sonderform des Rechteckbeckens, das sogenannte Etagenabsetzbecken, das sich in dieser und auch in anderen Konstruktionsvarianten bewährt hat. Der Flockungsteil entspricht Bild 5.64. Der Absetzteil ist durch das Einziehen einer Zwischendecke und einer oberen Decke hinsichtlich des Sedimentationseffekts verbessert. Seine Bemessung basiert auf der aus

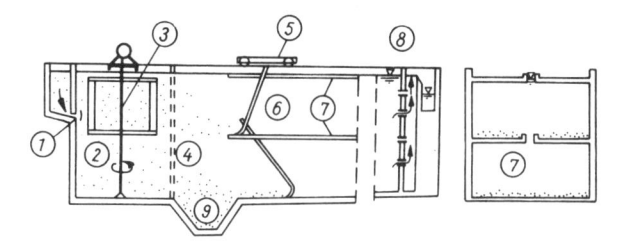

Bild 5.66 Etagenabsetzbecken
1 Stengeleinlauf; *2* Flockungsteil; *3* Rührwerke; *4* Beruhigungsgitter; *5* Räumerbrücke; *6* Absetzteil; *7* Zwischendecke; *8* Ablauf; *9* Schlammtrichter

einem Flockungsversuch ermittelten Sinkgeschwindigkeit. Sie entspricht der Oberflächenbelastung des Einzelbeckens. Sie liegt in der Regel zwischen 2 und 4 m/h; in Einzelfällen sind bereits 6 m/h erreicht worden. Durch den kürzeren Sinkweg im Einzelbecken ist eine größere Oberflächenbelastung als im einfachen Absetzbecken möglich. Bei dieser Konstruktion führt der große benetzte Umfang des Beckenquerschnittes zu großen Froudezahlen. Die Strömung ist damit stabil, und Strömungsstörungen werden minimiert. Selbstverständlich ist es auch hier nicht möglich, die tatsächlich auftretenden Verhältnisse vorher genau zu erfassen. Dazu gehören die tatsächliche Flockensinkgeschwindigkeit in der Großanlage, die Größe der Störzonen und andere Störfaktoren. Durch Messungen an Großanlagen können weitere Verbesserungen

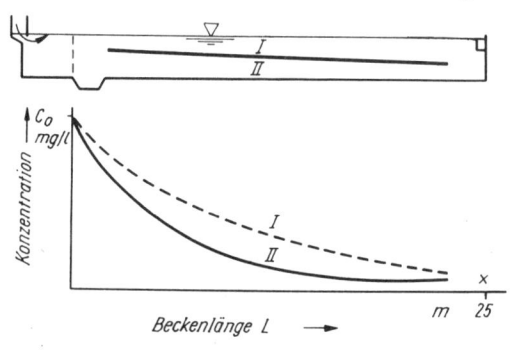

Bild 5.67 Güteuntersuchungen an einem Etagenabsetzbecken

für Konstruktion und Betrieb abgeleitet werden. Bild 5.67 zeigt ein derartiges Meßergebnis, das folgende Schlüsse zuläßt:
- Das obere Becken *I* ist offenbar höher belastet als das untere Becken *II*, da der Güteverlauf über die Beckenlänge ungünstiger ist.
- Durch Einbau einer Leiteinrichtung am Einlauf beider Becken ist dieses unterschiedliche Verhalten auszuschließen. Daraus ergeben sich eine bessere Ablaufgüte bzw. eine mögliche Verkürzung der Beckenlänge.

Es sind inzwischen auch Becken mit drei Etagen in Betrieb. Die Entschlammungsprobleme werden damit größer. Das Etagenabsetzbecken wird in der Zukunft in den meisten Fällen durch Röhrenabsetzbecken oder ähnliche Konstruktionen abgelöst werden.

Bei Unterbelastung von normalen Rechteckbecken und Etagenbecken sinkt die Stabilität der Strömung, so daß es trotz längerer Aufenthaltszeit durch stärker wirkende Störungen zur Güteverschlechterung am Beckenablauf kommen kann. Bei nachgeschalteten Filtern ist dies in der Regel durch die in diesem Fall geringere Filtergeschwindigkeit ohne Bedeutung.

5.2.3.3. Röhrenabsetzbecken

Bild 5.68 zeigt das Schema eines Röhrenabsetzbeckens, eine interessante Weiterentwicklung auf dem Gebiet der Grobaufbereitung. Durch den Einbau von Rohrbündeln oder Wabenelementen aus Plast wird eine Sedimentationsanlage dem Flockungsteil nachgeschaltet, die eine außerordentlich geringe „Absetztiefe" besitzt. Die Länge der Anlage kann dadurch erheblich verkürzt werden. Versuche ergaben etwa folgende Parameter:
- Rohrlänge   0,8 bis 1,2 m
- Rohrdurchmesser   50 bis 100 mm
- Rohrneigung   etwa 60°.

Damit ergeben sich Aufenthaltszeiten von etwa 20 Minuten für den Absetzteil. Der Sedimentationseffekt ist sehr gut. Bei der dargestellten Konstruktion läuft der Schlamm entgegengesetzt der Rohwasserfließrichtung nach unten und wird kontinuierlich oder diskontinuierlich abgezogen. Es gibt auch Lösungen, bei denen die Rohre nur sehr schwach geneigt verlegt sind, die zum Zeitpunkt der Filterspülung durch Entleeren entschlammt werden. Das Röhrenabsetzbecken ist sowohl für Neuanlagen als auch besonders für Rekonstruktionen geeignet. Mit dieser neuen Anlage wurde deutlich, daß auch auf dem Gebiet der Sedimentation die Entwicklung noch nicht abgeschlossen ist.

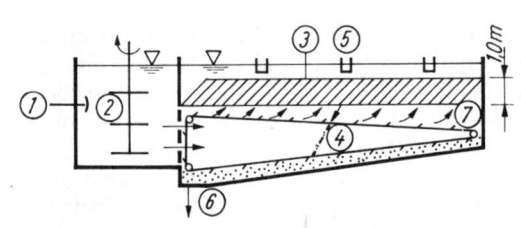

Bild 5.68 Horizontales Röhrenabsetzbecken
1 Zulauf; *2* Flockungsbecken; *3* Rohreinbauten; *4* ablaufender Schlamm; *5* Reinwasserabzug; *6* Beckenentschlammung; *7* Bandräumer

5.2.3.4. Schwebefilter

Bei diesen Anlagen handelt es sich um *vertikal durchflossene Flockungs- und Absetzanlagen*, die zur Gruppe der *Schlammkontaktverfahren* zählen. Auch hier gibt es eine Reihe unterschiedlicher Konstruktionen, von denen die folgenden drei dargestellt werden:
- Schwebefilter
- Flocker
- Pulsator.

Beim Schwebefilter, Typ „Korridor", werden entsprechend Bild 5.69 die Chemikalien vor Eintritt in die Anlage dem Rohwasser zugemischt. Das zu behandelnde Wasser wird von unten, möglichst gleichmäßig auf den Beckenquerschnitt verteilt, eingeleitet. Die durch die eingetretene Flockung entstandenen Partikel werden durch das nach oben strömende Wasser zum größeren Teil in Schwebe gehalten, so daß es zu den gewünschten Kontakten zwischen „Schlamm"

5.2. Anlagen zur Wasseraufbereitung

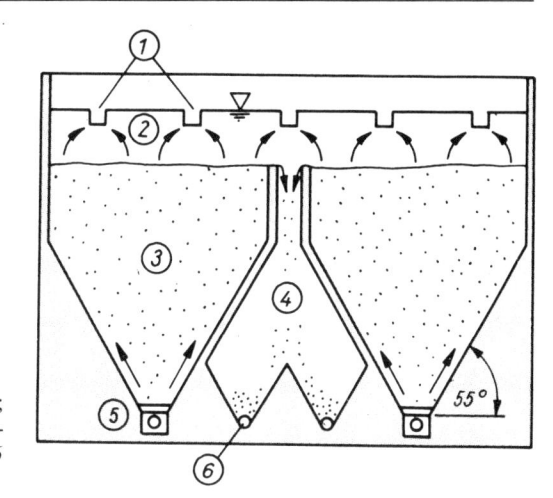

Bild 5.69 Schwebefilter, Typ „Korridor"
1 Klarwasserabzug; *2* Klarwasserzone; *3* Schwebefilterzone; *4* Schlammeindikkungszone; *5* Rohwasserzuführung; *6* Schlammabzug

und Rohwasser kommt und die Flockenbildung weiter unterstützt wird. Die Höhe der Schwebefilterzone beträgt etwa 2,0 m. An der Oberkante dieser Zone wird der Überschußschlamm in die Schlammeindickungszone übergeleitet, wo er nach einer mehrstündigen Alterung diskontinuierlich abgezogen wird. Da an dieser Überleitungsstelle sich der Querschnitt erweitert, führt der damit verbundene Geschwindigkeitssprung zu einer meist gut ausgebildeten Trennschicht zwischen Schlammwasser und Reinwasser. Die Klarwasserzone stellt lediglich einen Sicherheitsraum dar und kann bei aufmerksamer Betriebsweise bis auf 1,0 m reduziert werden. Diese Konstruktion wird meist in rechteckiger Bauweise ausgeführt und wurde gegenüber der im Bild 5.69 dargestellten Variante inzwischen verschiedentlich in den Konstruktionsdetails modifiziert ausgeführt. Eine höhere Belastung von mindestens 30 % wurde mit der im Bild 5.70 dargestellten Konstruktion erreicht. Durch Rückführung und Überleitung eines Teilstroms in die zwei Außensektionen wird die Kontakthäufigkeit und damit die Flockensinkgeschwindigkeit weiter erhöht [5.34]. Es kommt zur schnellen Schlammtrennung zwischen den als „Plattenabscheider" wirkenden Einbauten. Fällt Schwerschlamm an, z. B. Sand und Kalk, so ist eine sichere Entfernung vom Boden der Schwebefilterzone zu gewährleisten.

Die Belastung der Schwebefilteranlagen ist in erster Linie abhängig von der Rohwasserqualität, der Temperatur und der Aktivität der zugesetzten Flockungsmittel. Nicht zu unterschätzen ist außerdem der Einfluß der Strömungsverhältnisse in der Anlage. So haben sich z. B. Verteilungsgitter über der Rohwasserverteilungsleitung stabilisierend auf das Schwebefilter und güteverbessernd auf den Ablauf ausgewirkt. Die wirtschaftlich vertretbare Aufstiegsgeschwindigkeit schwankt in Abhängigkeit von den verschiedenen Einflußfaktoren etwa zwischen 0,6 und 1,5 mm/s in der Reinwasseraufstiegszone. Meist liegt die wirtschaftlich vertretbare Belastung

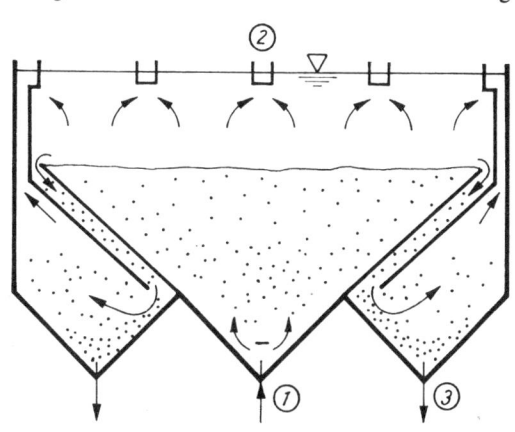

Bild 5.70 Schwebefilter-Weiterentwicklung
1 Rohwasser; *2* Reinwasser; *3* Schlammwasser

unter der maximal möglichen Belastung, da bei höheren Aufstiegsgeschwindigkeiten der Aufwand für die Flockungsmittel ansteigt. Auf der anderen Seite ist es in der Regel unwirtschaftlich, einen besonders hohen Reinigungseffekt erreichen zu wollen, da dann die meist nachgeschalteten Schnellfilter unterbelastet arbeiten.

Der Reinigungseffekt ist in der Regel sehr gut und liegt über dem von Flockungs- und Absetzbecken. So wird z. B. bei der Enteisenung der Fe-Gehalt von 10 mg/l auf 2 mg/l und von 30 mg/l auf etwa 4 mg/l reduziert. *Fischer* [5.18] hat umfassende Untersuchungen über die Wirkungsweise von Schwebefiltern besonders bei der Enteisenung durchgeführt und die maßgebenden Einflußfaktoren zum erstenmal quantitativ erfaßt. Der Enteisenungseffekt hängt dabei in erster Linie von der Flockungsaktivität, der Flockendichte, der Aufstiegsgeschwindigkeit, dem Rohwassereisengehalt und der Höhe der Schwebefilterzone, also der Reaktionszeit im Schwebefilter, ab. Die *Flockungsaktivität* charakterisiert alle auf die Flockung wirkenden Einflüsse, wie das Flockungsvermögen des Rohwassers, die Art und Menge der Flockungsmittel, den pH-Wert und die Temperatur. Von allen Faktoren hat die Flockungsaktivität den größten Einfluß auf den *Aufbereitungseffekt*. Die *Aufstiegsgeschwindigkeit* ist in erster Linie von der Sinkgeschwindigkeit der Partikel im Verband des Schwebefilters abhängig. Es liegt damit ein *Optimierungsproblem* zwischen Aufbereitungseffekt und Aufstiegsgeschwindigkeit vor. Es fehlen noch tiefergehende wissenschaftliche Erkenntnisse, um diese Problemstellung ohne Versuche befriedigend klären zu können.

Schwebefilter sind nur bis etwa 60 % der maximal möglichen Aufstiegsgeschwindigkeit *unterbelastbar*, da Dichte und Höhe des Schwebefilters davon stark abhängen. Eine hohe Verdichtung des Schwebefilters führt zu Kurzschlußströmungen und damit zu einer erheblichen Verschlechterung der Reinwassergüte. Starke Belastungsschwankungen sind deshalb weitestgehend zu vermeiden. Eine gewisse Anpassung ist durch eine Unterteilung in mehrere Einzelanlagen möglich.

Das Ein- und Anfahren von Schwebefiltern ist ebenfalls näher untersucht worden [5.18]. Durch langsame Steigerung der Belastung, eventuell höhere Flockungsmittelzugabe oder Überleitung von aktivem Altschlamm können diese Vorgänge beschleunigt werden. Schwebefilteranlagen bedürfen deshalb einer etwas größeren Überwachung als einfache Flockungs- und Absetzanlagen.

Schwebefilter dieses Typs haben sich nicht nur bei Grundwässern, die sich durch mehr oder weniger konstante Rohwassergüte auszeichnen, bestens bewährt, sondern auch bei relativ großen Güteschwankungen von Oberflächenwässern. Besonders bemerkenswert ist der geringe Ausrüstungsanteil dieser Systeme.

Im Bild 5.71 ist eine weitere Konstruktion, der sogenannte *Flocker*, dargestellt. Die Anwen-

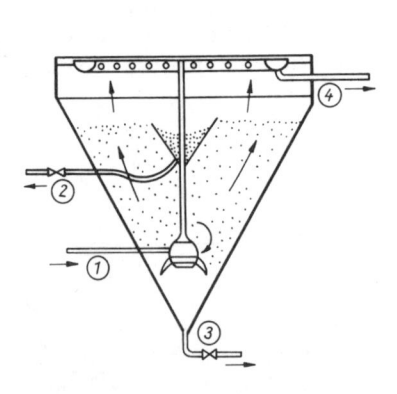

Bild 5.71 Flocker
1 Rohwasser; *2* Entschlammung; *3* Schwerschlamm; *4* Reinwasser

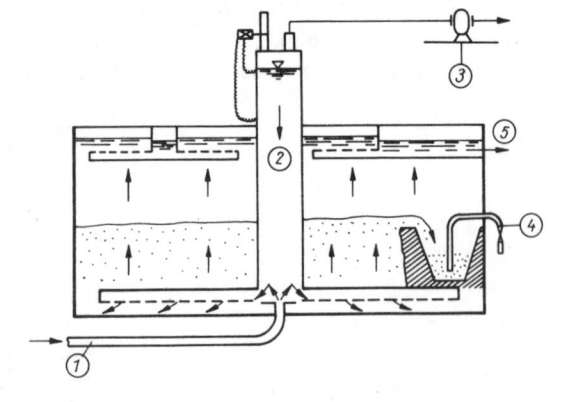

Bild 5.72 Pulsator
1 Rohwasser; *2* Unterdruckkammer; *3* Vakuumpumpe; *4* Entschlammung; *5* Reinwasser

5.2. Anlagen zur Wasseraufbereitung

dung ist im wesentlichen auf kleinere Kapazitäten beschränkt. Das Rohwasser wird in ein spezielles Verteilungssystem radial in den Schwebefilterraum eingeleitet und nochmals entlüftet. Der Schlammabzug erfolgt über eine höhenveränderliche Schlammtasche.

Im Bild 5.72 ist der sogenannte *Pulsator* dargestellt. Die Nachteile des einfachen Schwebefilters hinsichtlich seiner Empfindlichkeit gegen Belastungsschwankungen sollen hier weitestgehend ausgeschaltet sein. Die Kontaktfolge im Schwebefilter wird außerdem dadurch erhöht, daß durch einen periodisch anspringenden Heber oder eine zeitweise unter Vakuum stehende Wasserkammer zusätzlich bestimmte Rohwassermengen in gewissen Abständen zugegeben werden. Der Schwebefilter dehnt sich unter diesen Belastungsstößen aus und sinkt danach wieder zusammen, ohne aber zu zerreißen. Diese zusätzliche Bewegung der Schlamm- und Flockungsteilchen erhöht die Kontaktfolge und soll die mittlere Aufstiegsgeschwindigkeit in solchen Anlagen weiter erhöhen.

Vergleichende Versuche [5.18] zeigten, daß der Reinigungseffekt nur unwesentlich verbessert werden kann. Die periodisch auftretenden Geschwindigkeitsspitzen erhöhen aber die Strömungsstabilität und führen damit zu einer besseren Dichteverteilung im Schwebefilter. Dadurch ist man in der Lage, konstruktiv auf den konischen Einlaufbereich im Schwebefilter zu verzichten, was sich beim Umbau von Absetzanlagen in Pulsatoranlagen als vorteilhaft erweist. Nachteilig sind beim Pulsator die zur Rohwasserverteilung notwendige Vielzahl an Verteilungsrohren und die Gefahr der Schwerschlammansammlung am Beckenboden. Eine Weiterentwicklung ist der *Superpulsator* im Bild 5.73. Die Aufstiegsgeschwindigkeit konnte durch Einbau eines sogenannten *Plattenabscheiders*, der auch kleinere Partikel noch zum Absetzen zwingt, weiter gesteigert werden. Querrippen an diesen im Abstand von etwa 30 cm verlegten Platten verbessern durch Turbulenz die Flockenbildung und Flockendichte. An diesem Beispiel wird der große Einfluß der Strömungsverhältnisse auf Effekt und Durchsatz deutlich.

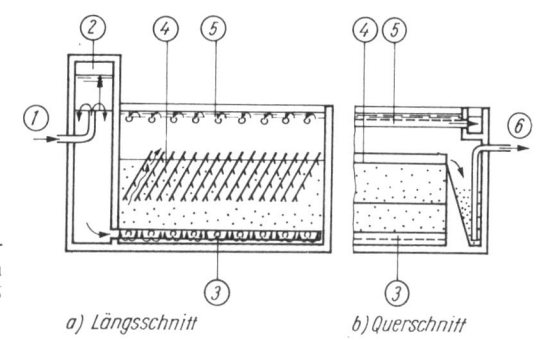

Bild 5.73 Super-Pulsator (patentiert)
1 Rohwasserzulauf; *2* Unterdruckkammer; *3* Rohwasserverteilung; *4* Platten mit Querrippen; *5* Klarwasserabzug; *6* Entschlammung

a) Längsschnitt   b) Querschnitt

5.2.3.5. Schlammkontaktanlagen mit Schlammkreislauf

Auch in dieser Gruppe gibt es eine große Anzahl verschiedener Entwicklungen. In den meisten Fällen finden die Vermischung der Chemikalien mit dem Rohwasser, die Fällung und Flockung und das Absetzen in einem Aggregat statt. Zum Teil werden auch Mischanlagen oder Vorflokker zusätzlich vor die eigentliche Schlammkontaktanlage gestellt.

Von der Vielzahl der in den einzelnen Ländern eingesetzten Anlagen sollen drei Typen erläutert werden.

Im Bild 5.74 ist der *Accelator* im Schnitt sichtbar. Seine Funktionsweise ist folgende: Das Rohwasser wird in einen Rohwasserverteilungsring eingeleitet und auf die primäre Misch- und Reaktionszone verteilt. Durch eine große Rührpumpe kommt es zu einer guten Vermischung der meist in diesem Raum dosierten Chemikalien mit dem zu reinigenden Wasser. Die Drehzahl der Pumpe ist zwischen zwei und sechs Umdrehungen je Minute regelbar. Es kommt zu einer Flockenbildung, aber nicht zu Absetzungen, da die Rührpumpe den Raum vollständig beherrscht. Der obere Teil der Rührpumpe wirkt als vertikale Förderpumpe und drückt das Zwei- bis Fünffache des Rohwassers in die sekundäre Misch- und Reaktionszone. Gleichzeitig wird das Umlaufwasser aus der Rücklaufzone angesaugt. In der sekundären Misch- und Reaktions-

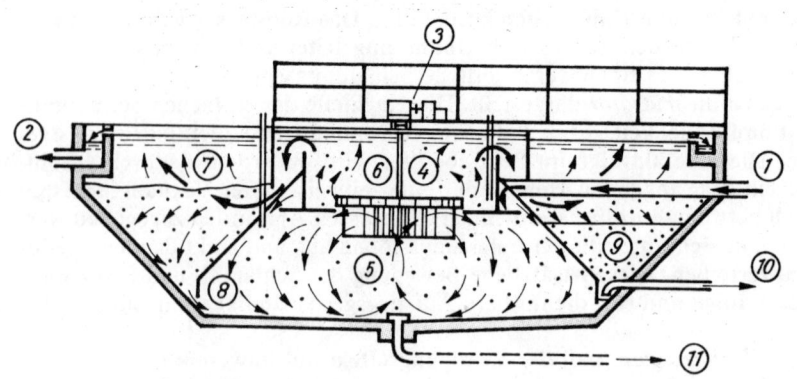

Bild 5.74 Accelator
1 Rohwasser; *2* Klarwasser; *3* Antrieb; *4* Rührpumpe; *5* primäre Misch- und Reaktionszone; *6* sekundäre Misch- und Reaktionszone; *7* Klarwasserzone; *8* Schlammrücklauf; *9* Schlammeindickung; *10* Entschlammung; *11* Entleerung.

zone können nochmals Chemikalien zugesetzt werden. Das Umlaufwasser tritt dann über Leiteinrichtungen in die Trennzone über. Dort wird das Mehrfache des Rohwasserstroms über die Rücklaufzone nach unten gezogen, während das Rohwasser zum Klarwasserabfluß aufsteigt. Diese plötzliche Veränderung der Fließrichtung und der Wassergeschwindigkeit bewirkt eine gute Trennung zwischen Reinwasser und dem spezifisch schweren Umlaufwasser. Der Überschußschlamm wird in sogenannten Schlammtaschen zurückgehalten, und zwar dadurch, daß an einigen Stellen, meist zusammengefaßt auf einem Viertel der Gesamtfläche, der Rücklauf verhindert wird. Der Schlamm wird periodisch und automatisch entsprechend den vorliegenden Betriebsbedingungen abgezogen.

Der Accelator ist sehr vielseitig einsetzbar. Praktisch können sämtliche Rohwässer und auch die verschiedensten Abwässer damit aufbereitet werden. Eine Sonderlösung stellt der Aeroaccelator dar, der dem biologischen Abbau der verschiedenen Abwässer dient. Kleine Anlagen werden z. T. völlig als Stahlkonstruktionen gebaut, während größere wirtschaftlicher als Stahlbetonaggregate errichtet werden. Lediglich die Rührpumpe und eventuell die Leiteinrichtungen bestehen dabei noch aus Stahl.

Durch den hohen Ausrüstungsanteil sind die Anlagenkosten höher als bei den Schwebefiltern. Bei Schwerschlamm kommt es gelegentlich zu störenden Ablagerungen in der primären Misch- und Reaktionszone. Aus diesem Grunde wird der Accelator auch als Variante mit Grundräumer gebaut.

Bild 5.75 zeigt im Schema den *Kontakt-Flocculator*. Hier gibt es zwei Abweichungen von den bisher besprochenen Konstruktionen. Das mit Chemikalien vermischte und im Zustand der

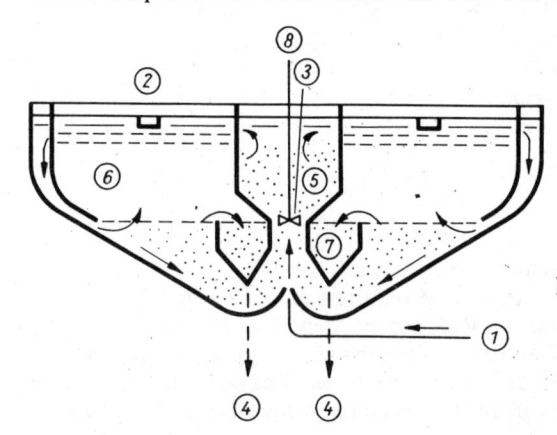

Bild 5.75 Kontakt-Flocculator
1 Rohwasser; *2* Klarwasser; *3* Chemikaliendosierung; *4* Schlammabzug; *5* Misch- und Reaktionszone; *6* Klarwasserzone; *7* Schlammsammelraum; *8* Umwälzpumpe

5.2. Anlagen zur Wasseraufbereitung

Flockung befindliche Rohwasser wird über Rohrleitungen nach außen in eine Rückführeinrichtung geleitet und wieder nach unten geführt. Der Überschußschlamm fließt in einen zentral angeordneten Schlammsammelraum.

Im Bild 5.76 ist ein *Rezirkulator* dargestellt, bei dem der Schlamm unten in einer Schlammrinne gesammelt und von dort abgezogen wird. In einer Variante ist ein umlaufender Schlammräumer eingebaut.

Bild 5.76 Rezirkulator
1 Rohwasser; *2* primäre Misch- und Reaktionszone; *3* Rührpumpe; *4* sekundäre Misch- und Reaktionszone; *5* Klarwasser; *6* Schlammrinne; *7* Schlammabzug

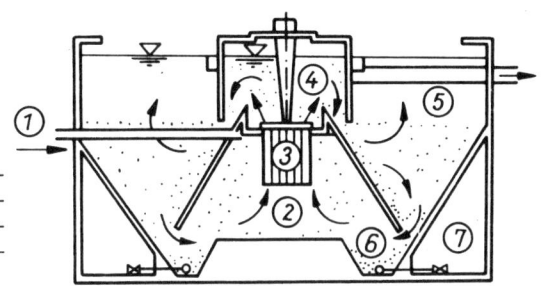

Mit den hier vorgestellten Anlagen ist die Auswahlmöglichkeit keinesfalls erschöpft. Dabei haben sich in den einzelnen Ländern aus den verschiedensten Gründen einige Typen besonders durchgesetzt. Es ist deshalb auch unmöglich, objektive Wertungen vorzunehmen. Ein wichtiges Kriterium sind die Anlagenkosten. Hier kann man fast ohne Einschränkungen sagen, daß die kombinierten Flockungs- und Absetzanlagen – vor allem, wenn die Absetzanlagen mit Einbauten wie Rohrbündeln oder Plattenabscheidern ergänzt werden – am billigsten und die Schlammkontaktanlagen mit Schlammwasserkreislauf am teuersten sind. Bevor man sich also

Tafel 5.9. Gegenüberstellung Etagenabsetzbecken, Rohrabsetzbecken, Schwebefilter und Schlammkreislaufverfahren

Anlagentyp	Flächenbelastung $m^3/m^2 \cdot h$	Anlagenkosten	geeignet für
Etagenabsetzbecken	2 bis 4	niedrig	Aufbereitung von Grund- und Oberflächenwasser mit leicht entfernbarem Schlamm
Rohrabsetzbecken	4 bis 8	mittel	Aufbereitung von Grund- und Oberflächenwasser mit leicht entfernbarem Schlamm
Schwebefilter	3 bis 6	mittel	Aufbereitung von Grund- und Oberflächenwasser. Empfindlich bei starken Belastungsschwankungen
Schlammkreislaufverfahren	3 bis 6	hoch	Aufbereitung von Grund- und Oberflächenwasser. Wasser mit schwer entfernbarem Schlamm. Unempfindlich bei Belastungsschwankungen.

für die letzte Gruppe entschließt, müssen die besonderen Vorteile im Einzelfall nachgewiesen werden. Vom Reinigungseffekt her werden die Vorteile dieser Gruppe meist überschätzt. Sie sind, zusammengefaßt, nur in Sonderfällen, z. B. bei stark schwankender Rohwassergüte und Rohwasserdurchfluß sowie außergewöhnlich großem Schlammanfall, gerechtfertigt. Der größte Teil aller Aufgaben läßt sich mit gut gestalteten Flockungs- und Absetzbecken, Röhrenabsetzbecken und Schwebefiltern lösen. Tafel 5.9 enthält eine Gegenüberstellung.

5.2.4. Filteranlagen

Filteranlagen sind in der Regel Kernstück jeder Wasseraufbereitungsanlage. Noch heute sind einige der am Anfang dieser Entwicklung gebauten *Langsamfilter* in Betrieb. Sie arbeiten mit Filtergeschwindigkeiten von etwa 0,1 bis 0,2 m/h und sind nicht rückspülbar. Die Regenerierung erfolgt durch Abschälen der oberen stark verschmutzten wenige Zentimeter dicken Sandschicht mit einem d_w von etwa 0,3 bis 0,5 mm. Es handelt sich um eine *Oberflächenfiltration*, meist unter Mitwirkung von Mikroorganismen. Der Aufbereitungseffekt ist bei nicht zu stark verschmutztem Rohwasser gut. Der große Flächenbedarf und die aufwendige Regenerierung zwangen fast überall zur Ablösung dieser Anlagen durch *hochbelastete regenerierbare Schnellfilter*. Bei dem in Zukunft wesentlich häufiger zu erwartenden Bau von Grundwasseranreicherungsanlagen werden wesentliche Konstruktionsgrundsätze und Erfahrungen mit Langsamfiltern wieder genutzt werden.

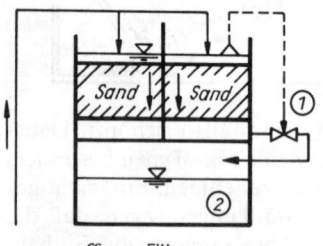

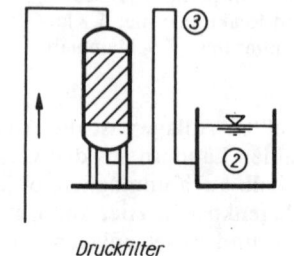

Bild 5.77 Gegenüberstellung von offenen Schnellfiltern und Druckfiltern
  a) offener Schnellfilter
  b) Druckfilter
    1 Ablaufregler; *2* Reinwasserbehälter; *3* belüftete Rohrschleife

Schnellfilter können entweder im freien Gefälle durchflossen oder unter Druck betrieben werden. Man unterscheidet deshalb die *offenen Schnellfilter* von den *Druckfiltern*. Bild 5.77 zeigt die unterschiedliche Wirkungsweise. Neben diesen Filteranlagen mit porösem Filterbett aus Sand, Anthrazit, halbgebrannten Dolomiten und anderem Filtermaterial gibt es noch eine Reihe von Sonderformen und Weiterentwicklungen.

5.2.4.1. Offene Schnellfilter

Offene Schnellfilter bestehen in der Regel aus Stahlbetonkonstruktionen mit dem darin befindlichen Filterbett und den zugehörigen Rohrleitungssystemen. Die Konstruktionsvarianten sind auch hier sehr zahlreich. Im Prinzip kann man aber zwei Systeme unterscheiden:
— europäisches Filtersystem mit relativ großem Korndurchmesser, großer Schütthöhe und kleiner Wasserüberstauhöhe
— amerikanisches Filtersystem mit kleinem Korndurchmesser, kleiner Schütthöhe und großer Wasserüberstauhöhe.

Die Bilder 5.78 und 5.79 zeigen eine in der Vergangenheit sehr häufig gebaute Konstruktion, den Wabag-Doppelfilter. Die europäischen Filter werden in der Regel mit einer kombinierten *Luft-Wasser-Spülung* regeneriert. Es wird meist mit 12 m³/m²·h Wasser und etwa 60 m³/m²·h Luft gearbeitet. Während der Filterung fließt das Rohwasser über den Rohwasserzulaufkanal oder die Rohwasserzuleitung den einzelnen Filtern zu und wird über Rohwasserkanäle auf die Filterfläche verteilt. Das zu filtrierende Wasser tritt durch das Sandbett und den Filterboden in den Reinwasserabzugskanal. Bei der Rückspülung wird das Spülwasser durch diesen Reinwasserabzugskanal nach oben durch den Filterboden gedrückt und durch die eingebauten Polsterrohrdüsen (Bild 5.80) gleichmäßig auf das Filterbett verteilt. Die Spülluft wird über einen seitlich einbetonierten Luftkanal unter den Filterboden zugeführt, der einwandfrei horizontal zu verlegen ist. Die zugeführte Luft sammelt sich unter dem Filterboden an und verdrängt das

5.2. Anlagen zur Wasseraufbereitung

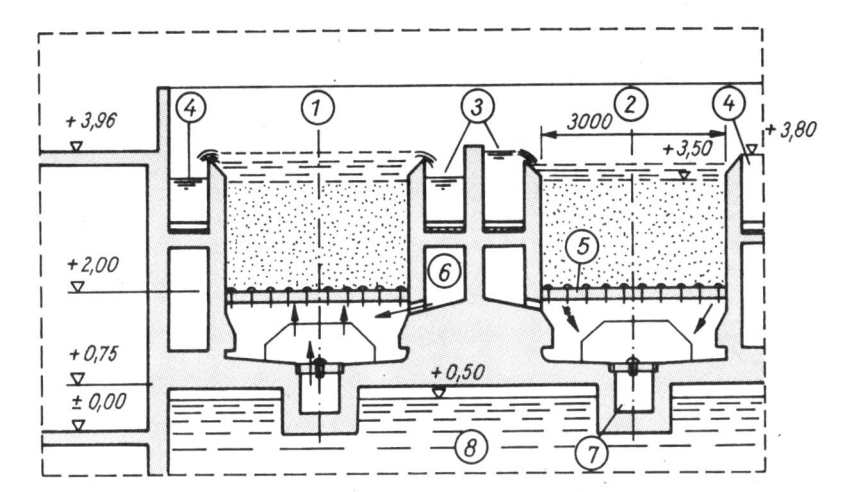

Bild 5.78 Wabag-Doppelfilter im Querschnitt
1 Spülung; *2* Filterung; *3* Rohwasser- und Schlammkanal; *4* Schlammkanal; *5* Filterboden; *6* Spülluftkanal; *7* Reinwasserabfluß- und Spülwasserkanal; *8* Reinwasserbehälter

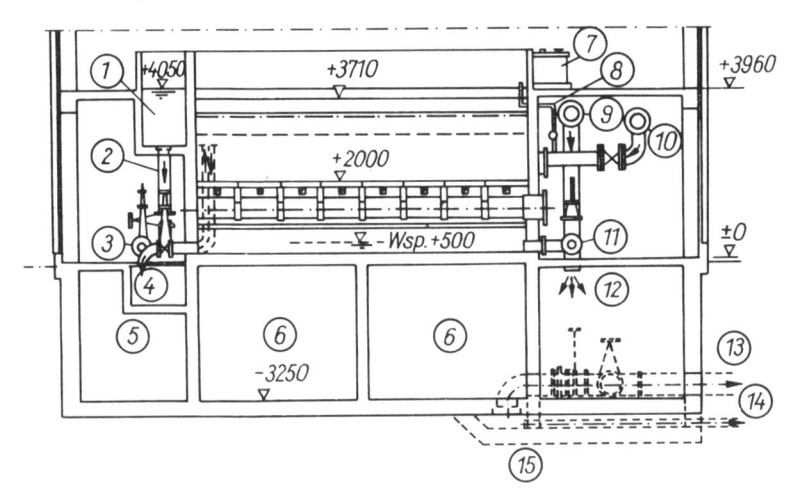

Bild 5.79 Wabag-Doppelfilter im Längsschnitt
1 Rohwasserkanal; *2* Rohwasser; *3* Spülwasser; *4* Vorfiltrat; *5* Spülabwasserkanal; *6* Reinwasserbehälter; *7* Bedienungsgang; *8* Filterbodenentlüftung; *9* Spülwasser; *10* Spülluft; *11* Reinwasser; *12* Reinwassersammelkanal; *13* Reinwasserleitung; *14* Entleerungsleitung; *15* Schieberkammer

Wasser, bis sie den Schlitz im Polsterrohr erreicht und durch die Polsterrohrdüse in das Filterbett gelangt. Diese Art der Zuführung und Verteilung von Spülwasser und Spülluft hat sich gut bewährt. Der Wabag-Filterboden besteht bei den offenen Schnellfiltern aus den im Abstand vom 1 m angeordneten Filterstegen und den Filterplatten; beide werden in Stahlbeton hergestellt. In den Filterplatten sind Mutterbuchsen aus Hartporzellan für die Polsterrohrdüsen einbetoniert. Es werden 40 bis 90 Polsterrohrdüsen je Quadratmeter eingeschraubt und in der Regel ohne Stützschichten mit Quarzsand umschüttet. Die Schlitzbreite im Düsenkopf beträgt meist 0,6 oder 0,8 mm; Stützschichten sind deshalb nur bei Körnungen unter etwa 0,8 mm notwendig.

Teilweise verläßt man wegen des relativ hohen Aufwands für den Düsenfilterboden diese Lösung und hat den sogenannten düsenlosen Filterboden entwickelt. In Bild 5.81 wird ein entsprechendes System dargestellt. Die Luft wird hier mit Luftverteilungsleitungen den unter den

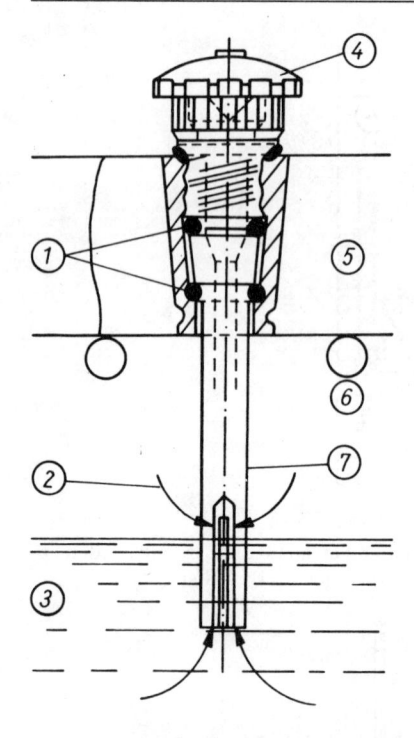

Bild 5.80 Polsterrohrdüse
1 Dichtungsmaterial; *2* Druckluft; *3* Spülwasser; *4* Düsenkopf; *5* Filterplatte; *6* Luftzuführung; *7* Polsterrohr

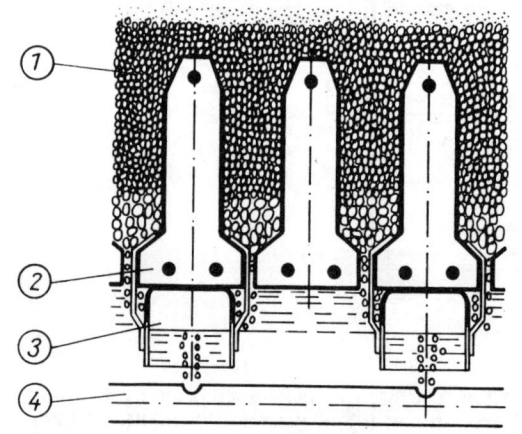

Bild 5.81 Düsenloser Filterboden
1 Kiesschüttung; *2* Filterbodenelemente aus Spannbeton; *3* Luftverteilerkasten aus Kunststoff; *4* Luftzuführungsrohr

Stahlbetonträgern angeordneten Luftverteilungskästen aus Kunststoff zugeführt. Dreieckförmige Aussparungen in den Luftkästen übernehmen die Luftverteilung. Durch Schlitze zwischen den Trägern treten das Spülwasser und die Luft dann in eine Stützschicht zur gleichmäßigen Verteilung ein.

Das Rohwasser wird in der Regel bei den Wabag-Schnellfiltern an der Rückseite mit Rohren oder Kanälen zugeführt. Die Spülwasserabführung und der Abschlag des Vorfiltrats geschehen ebenfalls über Rohrleitungen in den Schlammwasserkanal an der Rückseite der Filter. Der Reinwasserabzug, die Spülwasser- und Spülluftzuführung erfolgen über Rohrleitungen an der Filterfront. Die Betätigung der Steuerschieber geschieht fast ausschließlich noch mit hydraulisch gesteuerten Abschlußorganen. Die Bedienung wird dabei in einem Steuerpult zusammengefaßt. Von hier aus werden der Filter auf seinen Filterwiderstand und die Steuerung des gesamten Rückspülvorgangs überwacht. Die Filterleistung wird meist in Abhängigkeit von der Veränderung des Filterwiderstands geregelt, d. h. konstant gehalten. Es werden verschiedene

5.2. Anlagen zur Wasseraufbereitung

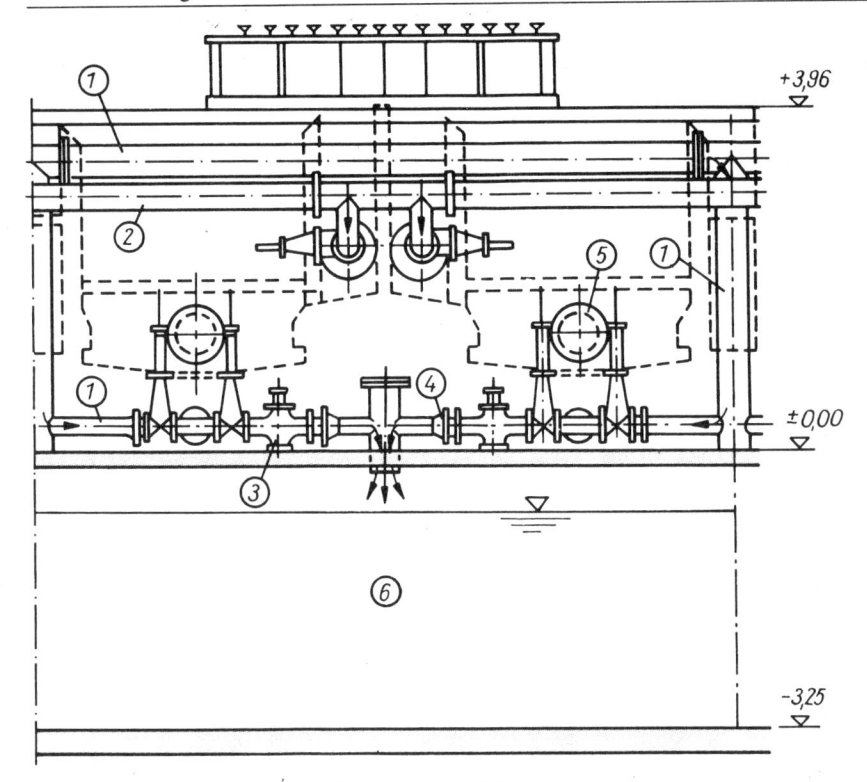

Bild 5.82 Filterfront eines offenen Schnellfilters
1 Spülwasser; *2* Spülluft; *3* Filterablaufregler; *4* Reinwasser; *5* Mannloch; *6* Reinwassersammelkanal

Systeme angewendet. Normalerweise hat man einen gleichmäßigen Filterzulauf, so daß nur der Ablauf zu regeln ist. Der Durchflußquerschnitt der sogenannten Filterablaufregler im Reinwasserablauf wird z. B. bei dem einen System in Abhängigkeit von dem zu messenden Durchfluß automatisch mit Hilfe des Meßwirkdrucks verändert. In dem anderen System wird über eine Hilfssteuerung und ein Schwimmerventil ein konstanter Oberwasserspiegel im Filter, ebenfalls durch Veränderung des Durchflußquerschnitts des Filterablaufreglers, gehalten. Bei Ausfall der Rohwasserförderung verhindert der Filterablaufregler das Leerlaufen des Filters durch vollständigen Abschluß. In Bild 5.82 wird ein Ausschnitt der Armaturen und Rohrleitungen einer Filterfront von Schnellfiltern dargestellt. Es ist ein deutlicher Trend zur Ablösung der hydraulisch betriebenen Schieber und Ablaufregler durch pneumatisch betätigte Klappen erkennbar. Die Steuerung geschieht elektrisch. Dies führt neben Materialeinsparungen vor allem zu instandhaltungs- und automatisierungsfreundlichen Lösungen.

In der Regel wird unter dem Schnellfilter der Reinwasserbehälter angeordnet. Das über die Filterleistungsregler ablaufende Reinwasser gelangt in einen Reinwassersammelkanal und von dort meist über eine Schieberkammer in die Reinwasserbehälter. In Bild 5.83 ist ein Reinwasserbehälter im Grundriß unter einer offenen Schnellfilteranlage schematisch dargestellt. Bei der Festlegung der Konstruktion ist in der Regel auf die Aufrechterhaltung einer Teilkapazität im Falle von Betriebsstörungen zu achten.

Durch Einführung der Montagebauweise können die Hallenaußenwände nicht mehr auf den Behälterwänden gegründet werden, so daß unter den Filterumgängen der Reinwasserbehälter entfallen muß. Diese Reduzierung und die meist größeren Filtergeschwindigkeiten zwingen oft zur zusätzlichen Anordnung eines Außenbehälters.

Eine wesentliche Weiterentwicklung stellt die im Bild 5.84 dargestellte Neukonstruktion dar [5.5]. Es handelt sich um eine einfache Stahlbetonlösung ohne eingebaute Rinnen und Ka-

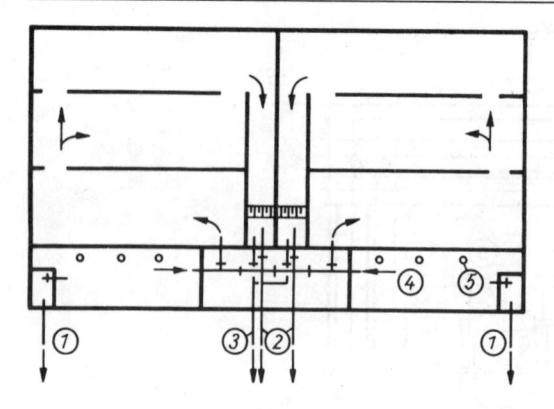

Bild 5.83 Reinwasserbehälter unter einem Schnellfilter
1 Überlauf und Entleerung; *2* Reinwasserablauf; *3* Entleerung; *4* Reinwassersammelkanal; *5* Filterabläufe

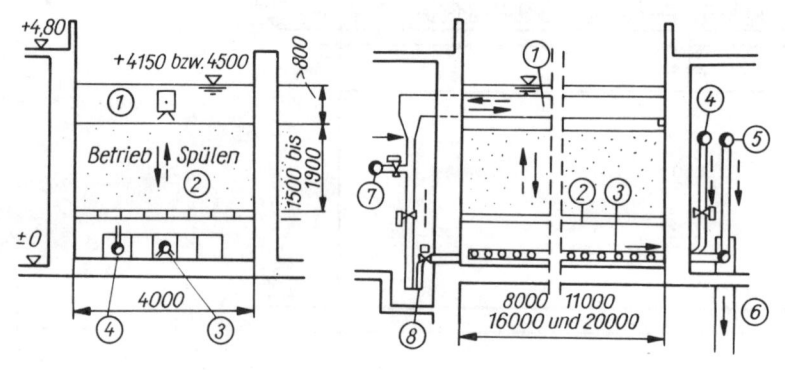

Bild 5.84 Neukonstruktion für offene Schnellfilter
1 Roh- und Schlammwasserrinne; *2* Düsenboden; *3* Reinwasser- bzw. Spülwasserleitung; *4* Spülluftleitung; *5* Spülwasserzuführung; *6* Reinwasserableitung; *7* Rohwasserzuführung; *8* Erstfiltrat

näle. Die Filterfläche wird um 30 % größer, ohne daß die Baukosten ansteigen. Die Überstauhöhe wird gleichzeitig auf über 0,8 m erhöht, so daß höhere Filterwiderstände aufgenommen werden können. In Hallen mit 24 m Spannweite sind Einschichtfilter von 16 m Länge und Mehrschichtfilter von 15 m Länge unterzubringen.

Die Qualität des Filtrats wird oft durch „pulsierendes Arbeiten" der Filterablaufregler negativ beeinflußt. Dieser Anlagenteil ist deshalb sorgfältig zu warten. Eine interessante Alternativlösung ist die „Heberregelung" der Firma Degrémont, die sich durch einfache Konstruktion und Betriebsstabilität auszeichnet [5.2].

Bild 5.85 zeigt die typische Konstruktion eines *amerikanischen offenen Schnellfilters*. Das Rohwasser wird bei dieser Lösung ohne Verteilungseinrichtungen an der Stirnseite des Filterbeckens eingeleitet. Der Reinwasserabzug geschieht über Stützschichten und ein gelochtes Rohrsystem. Rückgespült wird in der Regel nur durch Wasser, dabei muß der Filtersand zur ausreichenden Reinigung bis zu *50 % expandieren*. Zur Vermeidung von Sandverlusten werden die Schlammwasserrinnen entsprechend hoch über dem Filtersand angeordnet. Diese Filterkonstruktionen sind vielfältig variiert worden. Dabei geht man jetzt immer mehr zu Filterböden mit porösen Platten oder Düsen über, da sich Vermischungen zwischen den Stützschichten und dem Filtersand in vielen Fällen nicht vermeiden lassen. Die Rückspülung allein mit Wasser befriedigt nicht in allen Fällen, so daß zusätzlich Oberflächenspülungen mit Wasser und teilweise auch mit Luft eingesetzt werden. Die *Spülwassergeschwindigkeit* ist abhängig von dem Korndurchmesser d, der Temperatur und der notwendigen Expansion. Bei 10 °C beträgt die Spülwassergeschwindigkeit bei 25 % Expansion für $d = 0,6$ mm etwa 22 m/h und für $d = 1,0$ mm etwa 42 m/h. Diese Werte steigen bei 50 % Expansion auf 38 m/h bzw. auf 78 m/h an. Allge-

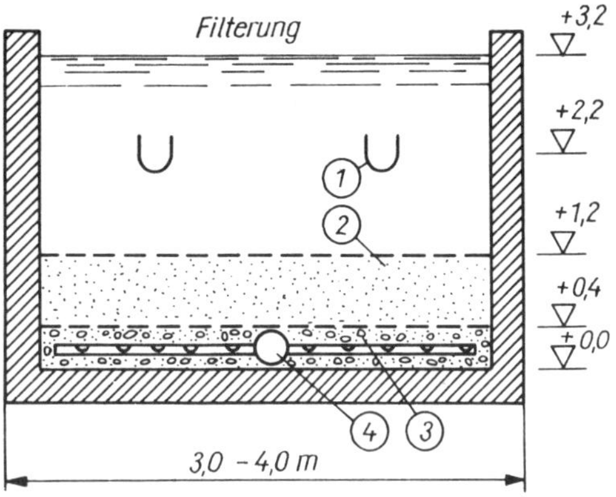

5.2. Anlagen zur Wasseraufbereitung

Bild 5.85 Offenes Schnellfilter — amerikanisches System
1 Schlammwasserrinnen; *2* Filtersand; *3* Stützschichten; *4* Abzugssystem und Spülwasserverteilung

meingültige technisch-ökonomische Vergleiche zwischen dem amerikanischen und europäischen Filtersystem sind außerordentlich schwierig und liegen bis heute noch nicht vor. Grundsätzlich kann aber festgestellt werden, daß bei guter Gestaltung und Bemessung unseres Systems Nachteile nicht erkennbar sind. Es liegt in der Regel kein Grund vor, das amerikanische Filtersystem unserem vorzuziehen. In einigen Details nähern sich die zwei Filtersysteme. So wird in Europa jetzt oft der Filterkorndurchmesser verkleinert und die Überstauhöhe vergrößert, während bei den amerikanischen Filtern der Düsenboden und die kombinierte Luft-Wasser-Spülung häufiger zu finden sind.

5.2.4.2. Druckfilter

Die Verwendung geschlossener Schnellfilter ist mit einem oft entscheidenden Vorteil verbunden — das ist die Vermeidung einer zusätzlichen Förderstufe. Besonders bei einfach aufzubereitenden Rohwässern kann durch Zwischenschaltung einer Druckfilteranlage direkt mit der Rohwasserpumpe gefördert werden. Die Filtergeschwindigkeiten geschlossener Anlagen liegen durch die mögliche Anwendung eines größeren Filterwiderstands im Durchschnitt höher als die bei offenen Filtern.

Geschlossene Schnellfilter können in verschiedenen Konstruktionsvarianten zum Einsatz kommen. Es werden z. Z. überwiegend *stehende* Schnellfilter gebaut; *liegende* Anlagen sind nur vereinzelt in den letzten Jahren zur Ausführung gekommen. Hier ist aber ein Trend zur stärkeren Anwendung erkennbar, da sich bei dieser Lösung die Freibauweise auch für große Durchsatzleistungen wirtschaftlich realisieren läßt. In Bild 5.86 sind die vier möglichen Konstruktionsvarianten im Schema dargestellt. Bei dem *zweistufigen* System werden besonders bei stark verschmutzten Rohwässern über dem oberen Filterboden gröbere Filterkiese zur Vorreinigung eingesetzt. Beim *Zweikammersystem* sind zur Einsparung an Grundfläche zwei getrennte Filtersysteme in einem Druckfilter übereinander angeordnet. Es ist Parallelbetrieb und Hintereinanderschaltung möglich. Liegende Druckfilter sind etwa ab 3,0 m Durchmesser einsetzbar. Die Längen betragen bis zu 25,0 m. Stehende Druckfilter sind zwischen 0,4 und 5,0 m Durchmesser in der Produktion. Ab 2,0 m Durchmesser werden die Bedienungsschieber meist hydraulisch oder pneumatisch bedient. In Bild 5.87 ist ein *Einstufenfilter* in Reihenschaltung mit hydraulischer Bedienung dargestellt; daraus ist die Anordnung der einzelnen Rohrleitungen und der Spülwasserabführung erkennbar. Bild 5.88 zeigt ein standardisiertes *Zweistufenfilter*. Diese Konstruktion wird immer mehr durch die einfachere Mehrschichtfiltration abgelöst. Die Filter werden von einer Schalttafel aus bedient, die vor jeder Filtereinheit angeordnet ist. Mit Hilfe einer sogenannten Zentralsteuerarmatur ist eine weitere Vereinfachung des manuellen Rückspülvorgangs gegeben, da für jede Phase des Rückspülvorgangs die betreffenden Schieber hydraulisch durch ein Kommando betätigt werden. Auch bei den Druckfiltern setzt sich immer mehr die automatische Spülung vom zentralen Steuerpult aus durch.

Wichtig ist eine einwandfreie Entlüftung der Anlage durch zentrale Entlüftung vor einer Fil-

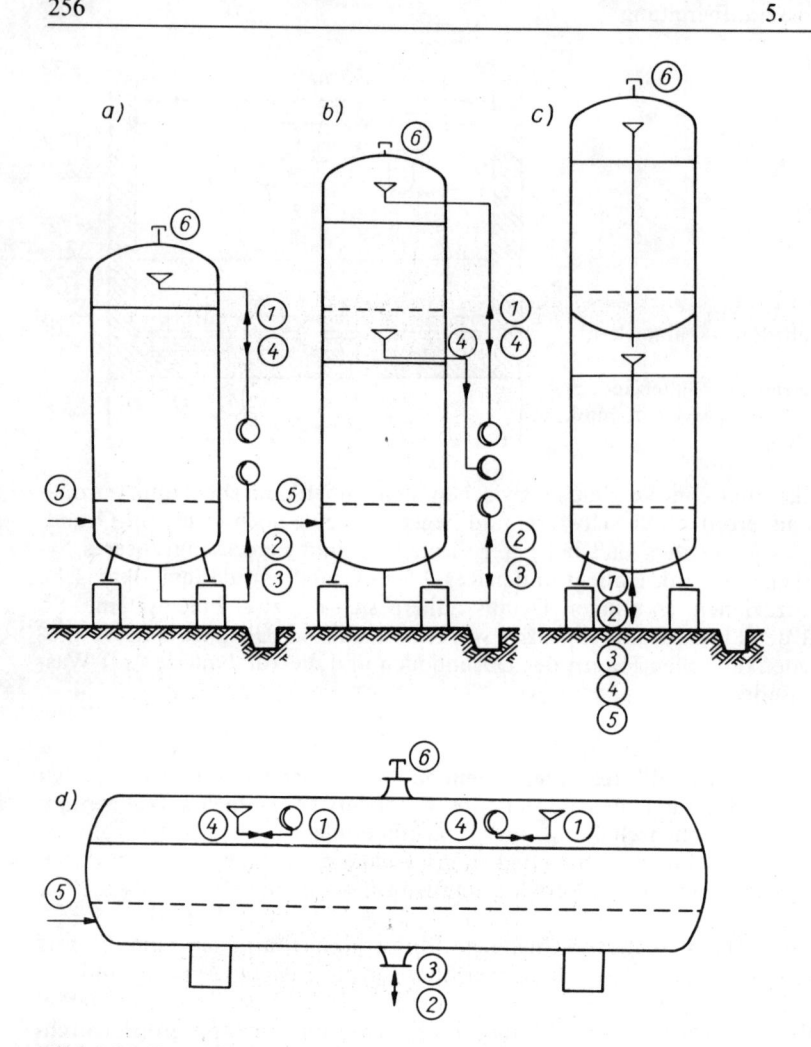

Bild 5.86 Druckfilter
a) Einstufenfilter; b) Zweistufenfilter; c) Zweikammerfilter; d) liegendes Einstufenfilter
1 Rohwasser; *2* Reinwasser; *3* Spülwasser; *4* Schlammwasser; *5* Spülluft; *6* Entlüftung

terreihe oder durch Einzelentlüftung auf jedem Filterkessel, da es sonst zu Filterstörungen durch Mitreißen von Luftblasen in das Filterbett kommen kann.

Die *gleichmäßige Belastung* der einzelnen Filter trotz unterschiedlicher Filterwiderstände ist bei geschlossenen Filteranlagen nur durch Regelung des Durchflusses möglich. Bei vielen Anlagen fehlen derartige Regler. Die zeitweilige Über- und Unterbelastung der Filter über die Laufzeit ist bei den meisten Rohwässern und vor allem bei einer größeren Filteranzahl ohne entscheidenden Nachteil; damit kann auf eine Regelung verzichtet werden. Das Leerlaufen geschlossener Filter wird durch den Einbau einer hochgezogenen belüfteten Ablaufschleife in der Reinwasserabzugsleitung verhindert.

Während noch vor wenigen Jahren geschlossene Filter fast immer in Filterhallen untergebracht wurden, geht man heute immer mehr zur *Freibauweise* über. Zum Teil ragen die Filterkessel lediglich über das Filterhallendach hinaus. Oft stehen die Anlagen aber auch völlig frei, und nur die Rohrleitungen werden in Kanälen zu einem geschlossenen Bedienungsgang geführt. Bei diesen Konstruktionen ist auf einen sicheren Winterbetrieb zu achten, und die Anla-

Wasserbehälter in Montagebauweise

Wasserwerk in Teilfreibauweise

Rohwasserpumpwerk

Wasserturm eines Industriebetriebes

Einlaufbauwerk einer Flußwasserentnahme mit mechanischer Vorreinigung

5.2. Anlagen zur Wasseraufbereitung

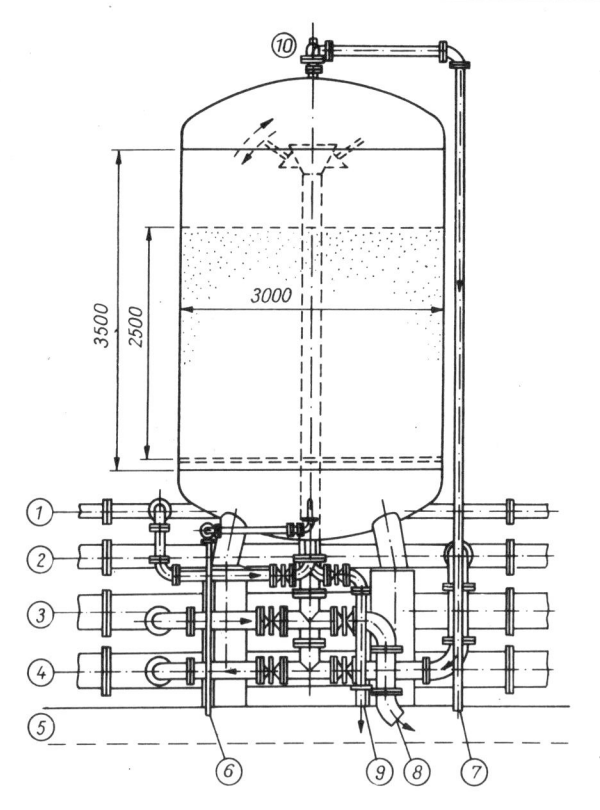

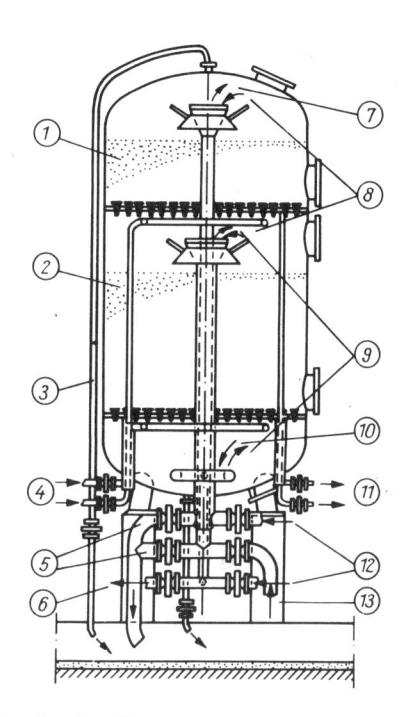

Bild 5.87 Einstufendruckfilter in Reihenschaltung
1 Spülluft; *2* Spülwasser; *3* Rohwasser; *4* Reinwasser; *5* Schlammwasserkanal; *6* Filterbodenentlüftung; *7* Entlüftung mit Hand; *8* Schlammwasser; *9* Entleerung; *10* automatisches Entlüftungsventil

Bild 5.88 Zweistufenfilterung
1 Filterkies, grob; *2* Filterkies, fein; *3* Entlüftung; *4* Spülluft; *5* Schlammwasser; *6* Reinwasser; *7* Rohwasserverteilung; *8* Schlammwasserabführung; *9* Spülwasserverteilung; *10* Reinwasserabführung; *11* Filterbodenentlüftung; *12* Spülwasser; *13* Rohwasser

gen sind vor Werkstoffangriffen zuverlässig zu schützen. In der Regel ist eine Isolierung der Filterkessel gegen Einfrieren nicht notwendig. Die Freibauweise senkt die Investitionskosten wesentlich.

Der Filterbetrieb kann heute weitestgehend *automatisiert* werden. Als Kriterium für die Beendigung der Filterperiode und die Einleitung des Rückspülvorgangs werden in der Regel der *Filterwiderstand* oder die *Laufzeit*, seltener die *Filtratgüte*, herangezogen. Das Rückspülprogramm wird teilweise von einer zentralen Steuereinheit elektrisch an den Einzelfilter übertragen und dort durch hydraulische oder auch pneumatische Betätigung der Absperrorgane realisiert. Die einzelnen Rückspülphasen sind durch Veränderung des Rückspülprogramms in bestimmten Grenzen veränderlich zu gestalten. Im Bedarfsfalle muß die Filterspülung von Hand gesteuert werden können.

Bei der *Gegenüberstellung offener und geschlossener Schnellfilter* werden Vor- und Nachteile der zwei Systeme oft nicht richtig eingeschätzt. Bei Leistungen über etwa 250 m³/h sind entsprechende Variantenuntersuchungen immer zu empfehlen. Dabei sind die folgenden Punkte genau zu beachten:

— Bei geschlossenen Filtern ist einstufiger Pumpbetrieb möglich. Es gibt aber nur wenige Fälle, bei denen dies zu empfehlen ist.

- Geschlossene Filter lassen sich in der Regel mit höheren Filtergeschwindigkeiten bemessen, da größere Schütthöhen möglich sind und in bestimmten Fällen der Einsatz kleinerer Korngrößen hydraulisch möglich wird und Vorteile bringt.
- Der Stahlbedarf geschlossener Filter liegt wesentlich über dem offener Filter, einschließlich des Bewehrungsstahls.
- Bei größeren Kapazitäten steigt bei geschlossenen Anlagen mit Ausnahme der liegenden Druckfilter die Anzahl der Filtereinheiten und damit der Armaturen, Formstücke und Rohrleitungen stark an. Der Unterhaltungsaufwand liegt bei geschlossenen Systemen höher.
- Offene Schnellfilter erfordern einen höheren Bauaufwand; geschlossene Filter können durch Vormontage die Bauzeit verkürzen.
- Der Filter- und Rückspülvorgang läßt sich beim offenen Filter im Gegensatz zu den geschlossenen Anlagen gut kontrollieren.
- In der Regel liegen die Investkosten offener Schnellfilter bei Leistungen über etwa 500 m^3/h unter denen der geschlossenen Anlagen, auch wenn eine um 50 % höhere Filtergeschwindigkeit für die letzteren angenommen wird. Bei sehr großen Kapazitäten beträgt die Differenz etwa 30 %.

Die *Rückspülung* von Schnellfiltern wird in vielen Anlagen ohne Beachtung auf die Auswirkungen im Filtrationsprozeß zu schematisch durchgeführt. Sehr oft sind die Spülzeiten zu lang, so daß nicht nur weniger Wasser filtriert werden kann, sondern auch die Wassergüte oft schlechter ist als bei einem nicht so intensiv gespülten Filter. Eine gewisse Restverschmutzung unterstützt in der Regel den Filtervorgang durch Aktivierung der Kornoberfläche.

Bei der Luft-Wasser-Spülung hat sich folgender Ablauf bewährt:
- 1 bis 2 Minuten Luftspülung nur zur Auflockerung des Filterbetts
- 10 bis 20 Minuten Luft-Wasser-Spülung zum Ausspülen der Schmutzstoffe
- 3 bis 5 Minuten Wasserspülung zur weitestgehenden Verdrängung der Schmutzstoffe aus dem Überstauraum.

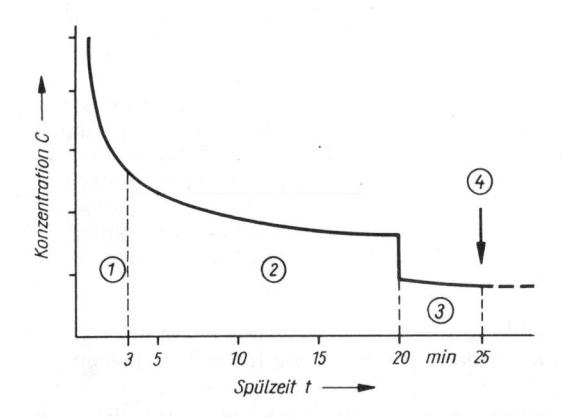

Bild 5.89 Rückspülung von Schnellfiltern
1 Luftspülung; *2* Luft-Wasser-Spülung; *3* Wasserspülung; *4* Beendigung der Spülung

Bild 5.89 zeigt die Konzentration des Spülabwassers über die Spülzeit. Eine Verlängerung der Klarspülung ist auch in diesem Zusammenhang falsch. In Einzelfällen arbeitet man auch gelegentlich mit sogenannten *Kurzspülungen*, um den besonders durch oberflächenhafte Verschmutzungen stark angestiegenen Filterwiderstand zu reduzieren. Nach ein oder zwei Kurzspülungen schließt sich dann eine normale Regenerierung an. Zusammenfassend ist festzustellen, daß eine Optimierung der Rückspülung nur durch Betriebsauswertungen für jeden Einzelfall möglich ist.

Ein weiteres Problem ist das sogenannte *Vorfiltrat*. Bei vielen Schnellfiltern wird nach der Regenerierung in den ersten Minuten eine schlechtere Filtratgüte erzielt, so daß dieses Vorfiltrat meist in den Spülabwasserkanal abgeschlagen wird. Sind mehrere Filtereinheiten vorhanden, so ist der Einfluß dieser kurzzeitigen Filtratverschlechterung praktisch durch die Vermischung mit den anderen Filterabläufen ohne Bedeutung.

Außerordentlich wichtig sowohl für die Bemessung als auch für den Betrieb ist die *wirtschaftlichste Filterlaufzeit. Kurze Filterlaufzeiten gestatten meist größere Filtergeschwindigkeiten*. Sie er-

5.2. Anlagen zur Wasseraufbereitung

höhen aber auch den Bedienungsaufwand für die häufigere Regenerierung. Durch Automatisierung der Regenerierung ist in Zukunft mit einer Verkürzung der Filterlaufzeiten zu rechnen. Heute wird vielfach noch eine Laufzeit von 24 bis 48 Stunden angestrebt. Eine Reduzierung auf etwa 12 Stunden bei gleichzeitiger Automatisierung ist in Zukunft durchaus denkbar. Kleinanlagen, die nicht ständig besetzt sind, verlangen entweder eine Automatisierung der Filterregenerierung oder Laufzeiten über mehrere Tage.

5.2.4.3. Sonderformen und weitere Entwicklung

Für die Aufbereitung kleiner Wassermengen werden z. T. sogenannte *Filterkerzen* verwendet. Es sind damit *ungelöste* Verunreinigungen aller Art weitgehend entfernbar. Es handelt sich um poröses keramisches Filtermaterial mit einheitlicher Korngröße; es werden Kornabstufungen zwischen 25 und 200 µm verwendet. Der Reinigungseffekt beruht auf Sieb- und Adsorptionswirkung. Der Filtrationseffekt kann außerdem durch Schlammkontaktwirkung verbessert werden. Bei Eisen und kleinen Aufbereitungsmengen haben sich derartige Anlagen bei der Enteisenung wegen der nichtbeherrschbaren Regenerierung nicht bewährt. Auf den Filterkerzen bildet sich ein Filterkuchen aus, der einen sich laufend erhöhenden Filterwiderstand zur Folge hat. Bewährt haben sich Filterkerzen bei der Aufbereitung von Wässern, die vor allem mit festen Schmutzstoffen belastet sind. Bild 5.90 zeigt eine derartige Anlage.

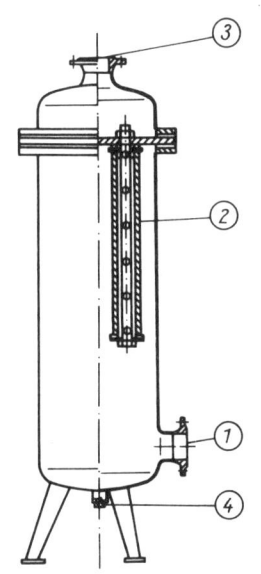

Bild 5.90 Kerzenfilter
1 Zulauf; *2* Filterkerze; *3* Ablauf; *4* Entleerung

Bei den *Anschwemmfiltern* handelt es sich um geschlossene Filter, in denen sich als Einsatz feinmaschige Edelstahlgewebe befinden, die als Träger für das eigentliche Filtermaterial dienen. In Bild 5.91 ist die Funktion erkennbar. Dem Rohwasser werden vor dem Filter spezifische Filterhilfsmittel zugesetzt. Sehr verbreitet sind Mischungen aus Kieselgur und Asbestmehl. Auch Zusätze von Aktivkohle, Zellulose und anderen Stoffkombinationen haben sich bewährt. Die entstehende Suspension wird unter Druck auf die Filtergewebe aufgeschwemmt. Beim Durchfließen der Filterschicht stehen hier nur sehr kurze Reaktionszeiten zur Verfügung. Trotzdem sind mit diesem System gute Erfolge erzielt worden. Die Regenerierung bei nachlassender Filtratgüte oder zu hohem Filterwiderstand wird durch Ausbau des Filtereinsatzes, Abspritzen und auch Rückspülung mit Wasser und Luft im Filter selbst realisiert. In den letzten Jahren sind auf diesem Gebiet bemerkenswerte Neuentwicklungen bekannt geworden, die sehr hohe Filterleistungen garantieren und oft den klassischen Aufbereitungsanlagen gegenüber wesentliche Vorteile zeigen. Der gesamte Filterbetrieb kann voll automatisiert werden. In jedem Falle sind Versuche notwendig, weil Belastung und Filterhilfsmittel spezifisch ermittelt werden müssen.

Die *Trockenfiltration* wird teilweise bei stark O_2-zehrenden, vor allem zusätzlich noch zu ent-

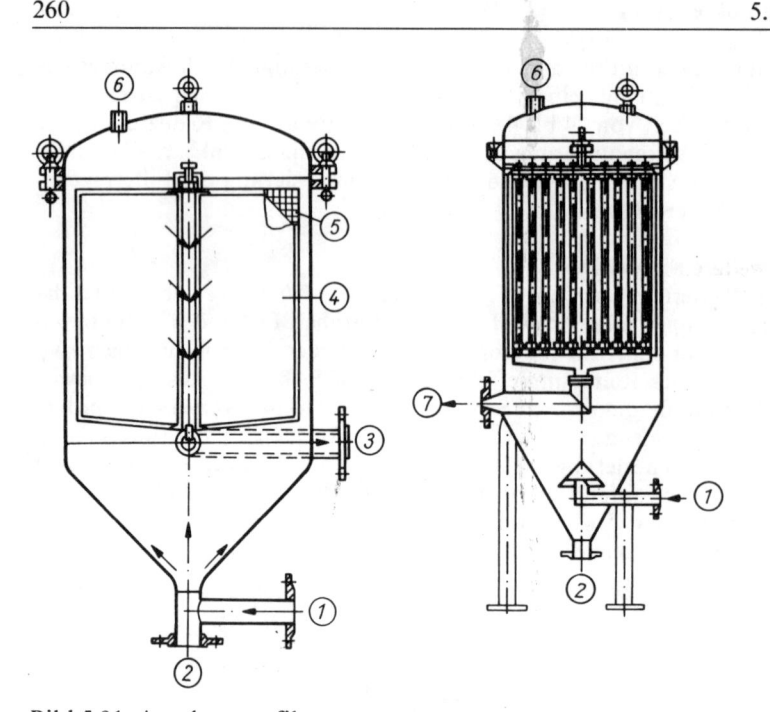

Bild 5.91 Anschwemmfilter
1 Einlauf; *2* Entleerung; *3* Filtratauslauf; *4* Feingewebe; *5* grobes Stützgewebe; *6* Entlüftung; *7* Auslauf

eisenden Wässern in den Niederlanden angewendet. Das Filtermaterial steht nicht im Wasserüberstau. Das Rohwasser wird über der Filterfläche gleichmäßig verteilt und durchrieselt das Filtermaterial, während in der Regel zusätzlich Druckluft im Gleich- oder Gegenstrom durch das Filtermaterial gedrückt wird. Damit sind z. T. gute Erfolge bei schwer oxydierbarem Eisen, Mangan und NH_4-haltigen Grundwässern gemacht worden. Diese Betriebsweise führt aber oft zu labilen Filtratgüten, so daß zusätzlich klassische Enteisenungsfilter nachgeschaltet werden müssen. Aus diesem Grunde dürfte die Anwendung auf Sonderfälle beschränkt bleiben.

Die *Mehrschichtfiltration* ist ein echter Fortschritt zur weiteren *Intensivierung* der Filteranlagen. Da die Konzentration der Schmutzstoffe während der Filtration über die Filterbetthöhe laufend abnimmt, sammeln sich in den tieferen Schichten des Filterbettes auch wesentlich weniger Verschlammungen an. Die Schlammaufnahme und damit auch die Filterlaufzeit hängen somit in großem Maße von der Aufnahmefähigkeit der oberen Filterschicht ab. Beim geschlossenen Zweistufenfilter wird diesem Umstand dadurch Rechnung getragen, daß in der ersten Filterstufe größeres Filtermaterial mit einer höheren Schlammaufnahmefähigkeit eingebaut wird. Zur Vereinfachung dieses Zweistufenbetriebs sind Mehrschichtfilter entwickelt worden, bei denen ohne Zwischenböden verschieden große Korndurchmesser unmittelbar übereinander angeordnet werden. Bei Spülbeendigung müssen sich die Körnungen selbsttätig klassieren. Mit Mehrschichtfiltern sind z. T. wesentlich größere Filtergeschwindigkeiten und Filterlaufzeiten erreichbar. Auch Güteverbesserungen sind in vielen Fällen möglich. Diese Konstruktionen verlangen Versuche zur Bemessung, besonders zur genauen Abstimmung der verschiedenen Korndurchmesser, Schichthöhen und Rückspülbedingungen unter Berücksichtigung der Dichte des Filtermaterials. Bei der Anwendung von *Blähton* mit einer Naßdichte von etwa 1,65 t/m³ als *Oberschicht* bieten sich folgende Kornabstufungen an:

Unterkorn Sand	Oberkorn Blähton
$d_w = 1{,}0$ mm	$d_w = 1{,}32$ bis $2{,}67$ mm
$d_w = 1{,}25$ mm	$d_w = 1{,}96$ bis $3{,}45$ mm

5.2. Anlagen zur Wasseraufbereitung

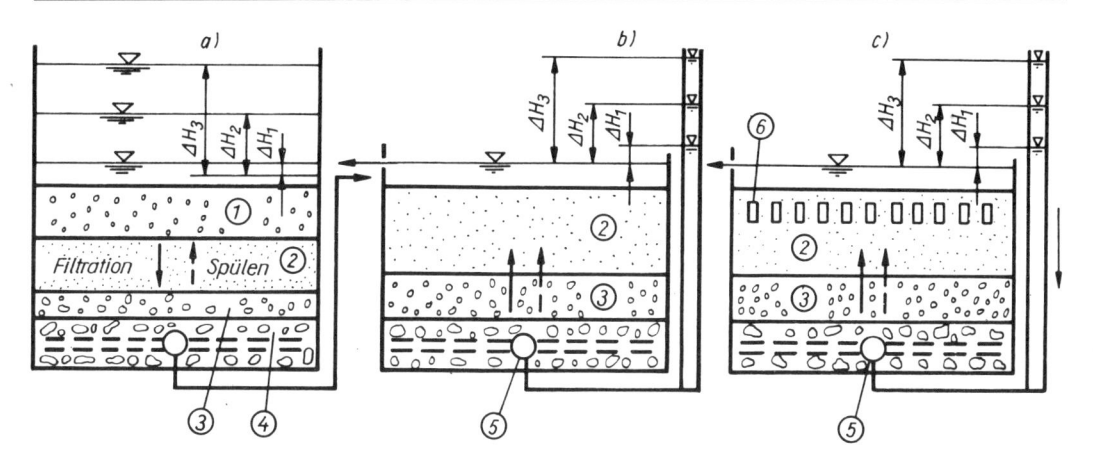

Bild 5.92 Bauformen von Mehrschichtfiltern
a) amerikanisches Schnellfilter; b) Filtration im Aufwärtsstrom; c) Gitterfilter
1 Anthrazit, Blähton oder Kunststoff; *2* Feinsand; *3* Mittelkies; *4* Grobkies; *5* Drainagesystem; *6* Gitter

Die Rückspülung wird als *Vorspülung* mit Luft allein und mit einer *Wasserstarkstromspülung*, die mindestens 50 m/h betragen muß, realisiert. Damit ist eine ausreichende Klassierung der zwei Filterschichten gesichert. Mit kleineren Naßdichten der Oberschicht sind die Spülwassergeschwindigkeiten reduzierbar, oder es sind noch größere Korndurchmesser einsetzbar [5.4].

Bild 5.92 zeigt drei spezielle Konstruktionsmöglichkeiten für Mehrschichtfilter. Für die bereits dargestellten europäischen offenen Schnellfilter und Druckfilter sind Umrüstungen zu Mehrschichtfiltern in größerem Umfang erfolgreich realisiert worden. Zu beachten sind die größeren Anschlußdurchmesser für die Spülwasser- und Spülabwasserrohrleitungen.

Bei den amerikanischen Schnellfiltern wird meist der Feinsand mit einem gebrochenen Anthrazit überschüttet. Selbstverständlich kann auch anderes leichtes Filtermaterial verwendet werden. Bei der *Filtration im Aufwärtsstrom* kann gleich schweres Material zum Einbau kommen. Hier ist natürlich darauf zu achten, daß das Verteilungssystem durch das Rohwasser nicht verstopft. Beim *Gitterfilter* wird ein „Aufbrechen" des Filterbetts durch den erforderlichen hydraulischen Druck weitestgehend verhindert. Gitterfilter und Aufwärtsfilter sind relativ wenig verbreitet. Das besondere Problem der Rückspülung mit so großen Wassergeschwindigkeiten, daß eine Klassierung des Filtermaterials gesichert ist, muß besonders beachtet werden. Dabei sollte nach Möglichkeit auch auf eine zusätzliche Luftspülung in größeren Abständen nicht verzichtet werden, da bei reiner Wasserspülung relativ oft im Laufe der Betriebszeit „Schmutznester" auftreten, die dann zum Ausbau des gesamten Filtermaterials zwingen können.

Von der Vielzahl der z. T. bereits in größeren Stückzahlen betriebenen Neuentwicklungen, die sowohl größere Filtergeschwindigkeiten als besonders auch eine einfache Automatisierung des Filterbetriebs gestatten, sollen noch drei kurz vorgestellt werden.

Bild 5.93 zeigt den *automatischen Schwerkraftfilter* in der Variante ASF-H. Dabei sind zwei Filterkammern übereinander angeordnet. Es gibt die Variante ASF-V, bei der die Anlage in zwei oder mehr Kammern vertikal unterteilt ist, um vor allem das Spülabwasser zu reduzieren. Das Rohwasser fließt von oben nach unten durch das Filtermaterial und den Düsenboden in die Steigleitung zum Verbraucher. Gleichzeitig füllt sich das oben angeordnete Spülwassersammelbecken mit Reinwasser auf. Durch den ansteigenden Filterwiderstand wird außerdem das Hebersystem gefüllt. Bei dem konstruktiv vorgegebenen Grenzfilterwiderstand springt der Heber an und zieht das gesammelte Spülwasser sehr schnell von unten nach oben durch das Filterbett. Das Rohwasser wird während der Regenerierung mit nach oben abgezogen. Die Rückspülung wird also unabhängig von der wechselnden Rohwassergüte und Durchsatzleistung allein vom Filterwiderstand gesteuert. Der Filter besitzt außerdem keine Armaturen zur Steuerung der ein-

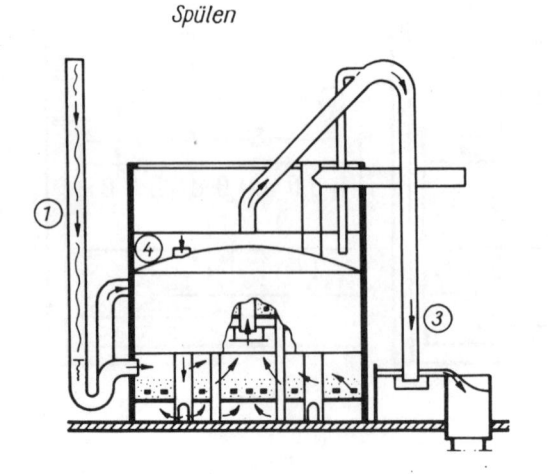

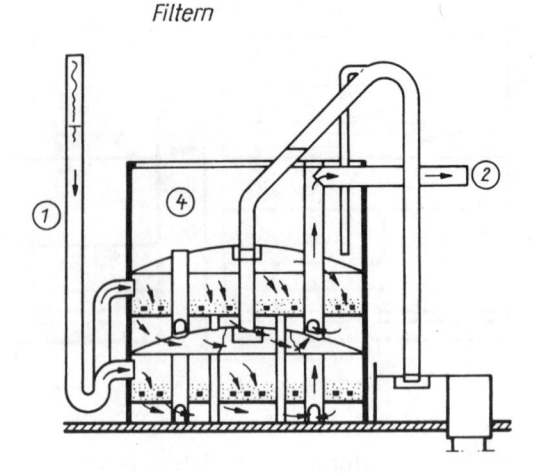

Bild 5.93 Schwerkraftfilter
 1 Rohwasser; *2* Reinwasser; *3* Spülabwasser; *4* Spülwasser

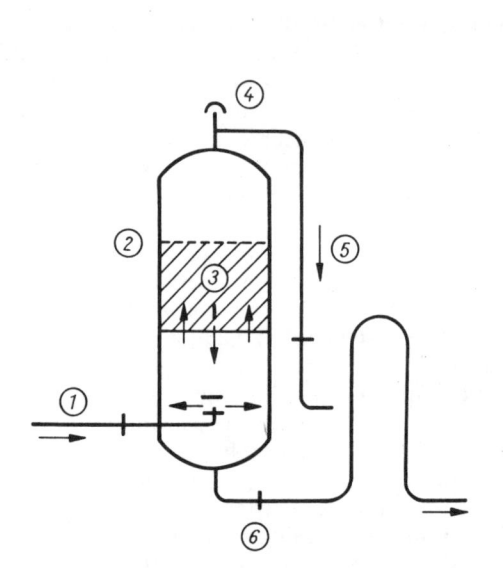

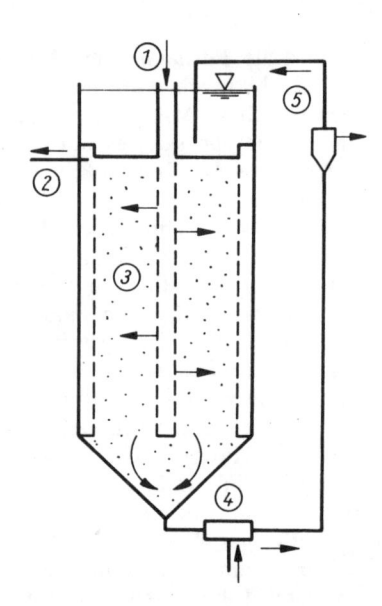

Bild 5.94 Schwimmkornfilter
 1 Rohwasser; *2* Filterboden; *3* Filtermaterial, schwimmfähig; *4* Ent- und Belüftung; *5* Reinwasser; *6* Spülabwasser

Bild 5.95 Horizontalfilter
 1 Rohwasser; *2* Reinwasser; *3* Filtermaterial; *4* Injektor für kontinuierliche Sandregenerierung; *5* Sandrückführung; *6* Hydrozyklon zur Sandreinigung

zelnen Betriebsphasen. Eine Gesamteinschätzung dieser Anlage ist wegen fehlender Vergleichsuntersuchungen noch nicht möglich.

Im Bild 5.94 wird der schematische Aufbau eines *Schwimmkornfilters* dargestellt. Meist wird geschäumtes Polystyrol als Filtermaterial verwendet, das gegen den oben angeordneten Düsenboden aufschwimmt. Bei Erreichen eines bestimmten Grenzfilterwiderstands wird das meist pneumatisch gesteuerte Schlammventil geöffnet. Damit entleert sich der Überstauraum, und der Filter wird mit diesem Wasser von oben nach unten rückgespült. Die Regenerierung ist damit

5.2. Anlagen zur Wasseraufbereitung

sehr einfach zu automatisieren. Es können deshalb kurze Filterlaufzeiten in Kauf genommen und hohe Filtergeschwindigkeiten erzielt werden.

Im Bild 5.95 ist ein *horizontal durchflossener Filter mit kontinuierlicher Rückspülung* dargestellt. Mit Hilfe eines Injektors wird laufend Filtersand entnommen und nach Reinigung im Zyklon oben wieder zugegeben. Das Hauptproblem liegt in der Verstopfungsgefahr des zentralen Rohwasserverteilungsrohrs.

5.2.5. Anlagen zur Entfernung von Geruch, Geschmack und Mikroverunreinigungen

5.2.5.1. Behandlung des Wassers mit Aktivkohle

Die Verfahren wurden bereits im Absatz 5.1.4.6. behandelt.

Pulverförmige Aktivkohle wird vor Grobaufbereitungsanlagen oder vor Schnellfiltern zugegeben. Es werden also die bereits behandelten Anlagen benutzt. Aufbereitung und Dosierung werden im Abschnitt 5.2.11. behandelt.

Wird *gekörnte Aktivkohle* eingesetzt, so werden meist Druckfilter, in Sonderfällen auch offene Schnellfilter angeordnet. Sie werden nur mit Wasser rückgespült. In der Regel genügen hierfür maximal 24 m/h, um eine Expansion von etwa 50 % zu erreichen. Auf eine in größeren Abständen zusätzliche Luftspülung sollte man nicht verzichten, wenn sich dies in Einzelfällen als zweckmäßig erweist. Eine gleichzeitige Wasserrückspülung ist dabei wegen des Kohleaustrags selbstverständlich ausgeschlossen. Die Filter müssen über der Expansionshöhe noch einen Sicherheitsraum von 0,5 m besitzen, um unter allen Umständen Materialverluste zu vermeiden.

Die gekörnte Aktivkohle ist teuer und muß nach ihrer Erschöpfung regeneriert werden. Dazu sind Zusatzanlagen an den Filtern für die meist *hydraulische Räumung* mit Wasserstrahlpumpen notwendig. Dies muß ohne größere mechanische Beanspruchung realisiert werden, um erhöhten Abrieb zu vermeiden.

5.2.5.2. Ozonanlagen

Wegen der besonderen Spezifik werden hier die Mischeinrichtungen und Chemikalienanlagen nicht getrennt behandelt. Ozon kann nur kontinuierlich im Wasserwerk hergestellt werden, da es sich um ein instabiles, explosibles Gas handelt. Ozonanlagen bestehen aus folgenden Teilsystemen:
– Luftreinigung
– Lufttrocknung
– Ozonerzeugung
– Ozoneintragung.

Da der in der Luft enthaltene Staub zur katalytischen Zersetzung des Ozons führt, ist eine *Luftreinigung* mit Elektro- oder Ölfiltern als erste Stufe notwendig. Feuchte Luft verringert die Ozonausbeute und verkürzt die Nutzungsdauer des Ozonerzeugers. Die notwendige *Lufttrocknung* erfordert Adsorptionsmittel, z. B. Silikagel. Sehr oft wird dieses Verfahren mit der Abkühlung der Luft kombiniert, da durch die Unterschreitung des Taupunktes ebenfalls die Luftfeuchtigkeit zurückgeht. Die *Ozonerzeugung* selbst geschieht durch stille elektrische Entladung aus der Luft oder auch aus Sauerstoff. Die angelegte Spannung beträgt 12 bis 15 kV.

Der Energiebedarf in W/g Ozon ist erheblich [5.3]:

Luftaufbereitung	10 bis 50
Ozonerzeugung	15 bis 30
Ozoneintrag	25 bis 40

Gesamtbedarf im Mittel 50 bis 70

Die Anlagen werden ständig weiterentwickelt. Es wird heute von einzelnen Herstellern der gesamte Energiebedarf mit 30 W/g Ozon angegeben. Bild 5.96 zeigt die anlagentechnische Konzeption mit zwei Trockenstufen [5.2].

Das Ozon kann im *offenen* und *geschlossenen* System ins Wasser eingetragen werden (Bild

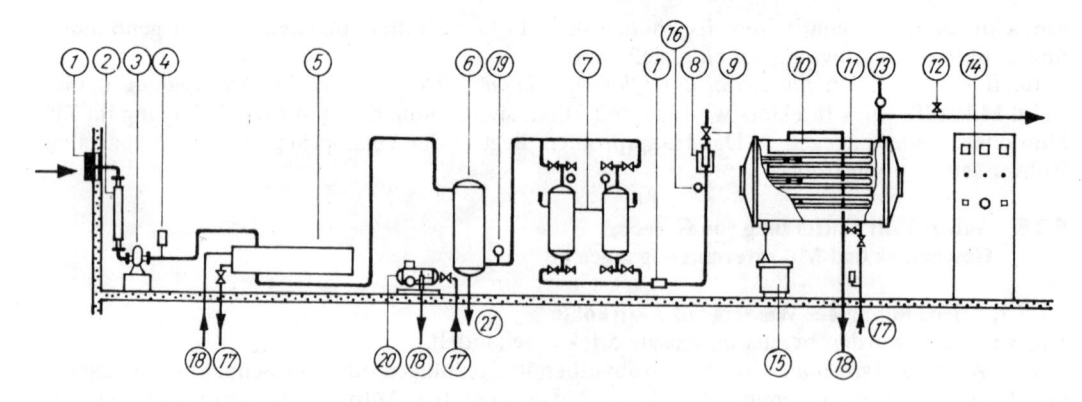

Bild 5.96 Ozonanlage mit zwei Trocknungsstufen
1 Luftfilter; *2* Schalldämpfer; *3* Verdichter; *4* geeichtes Überdruckventil; *5* Wärmeaustauscher; *6* Kühlanlage; *7* Trockner mit Adsorptionsmittel; *8* Strömungsmesser für Luft mit elektrischem Kontakt; *9* Regelventil; *10* Ozonisator; *11* Ozonerzeugungsrohre; *12* Probeentnahme von ozonisierter Luft; *13* Druckregler; *14* Schaltschrank mit Spannungsumformer; *15* Hochspannungstrafo; *16* Hygrometer; *17* Zuleitung von Kühlwasser; *18* Ableitung von Kühlwasser; *19* Thermostat; *20* Kompressor für Kühlmittel; *21* Abfluß von Kondensat

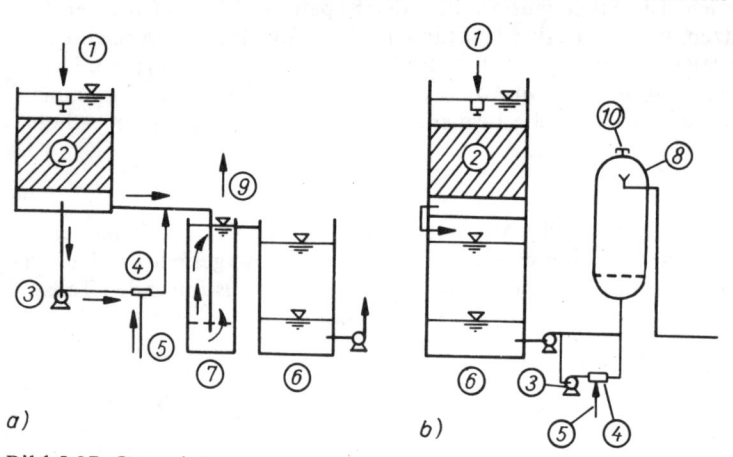

Bild 5.97 Ozoneintragung
a) offenes System; b) geschlossenes System
1 Rohwasser; *2* Filtermaterial; *3* Druckerhöhungspumpe; *4* Injektor; *5* ozonhaltige Luft; *6* Reinwasserbehälter; *7* offener Reaktionsbehälter mit $t = 15$ min; *8* geschlossener Reaktionsbehälter mit $t = 5$ min; *9* ozonhaltige Abluft mit etwa 10 % Ozonverlust; *10* Entlüftung mit etwa 3 % Ozonverlust

5.97). Es wird besonders gut mittels Injektors im Nebenstrom eingetragen. Beim geschlossenen System beträgt die Ozonausbeute bis zu 95 %, und es entfällt eine Pumpenstufe.

Mit dem Teilstrom wird ein Ozon-Luft-Wasser-Gemisch in das Rohwasser zugegeben. Nach der Lösung des Ozons im Wasser schließt sich die Oxydationsreaktion an. Damit diese abgeschlossen wird, sind vor der Abgabe des Wassers Reaktionsgefäße zwischenzuschalten. Dazu gehören längere Rohrleitungen, Durchgangsbehälter oder, wenn notwendig, besondere Reaktionsbehälter.

Über die Kosten der Ozonbehandlung lassen sich allgemeingültige Aussagen nicht machen. Sie hängen vor allem von der Zugabemenge und den Energiekosten ab. Vergleiche mit der oft alternativ möglichen Aktivkohleanwendung sind immer objektspezifisch notwendig. Bild 5.98 zeigt eine gelegentlich notwendige Kombination der Ozon- und Aktivkohleanlage.

5.2. Anlagen zur Wasseraufbereitung

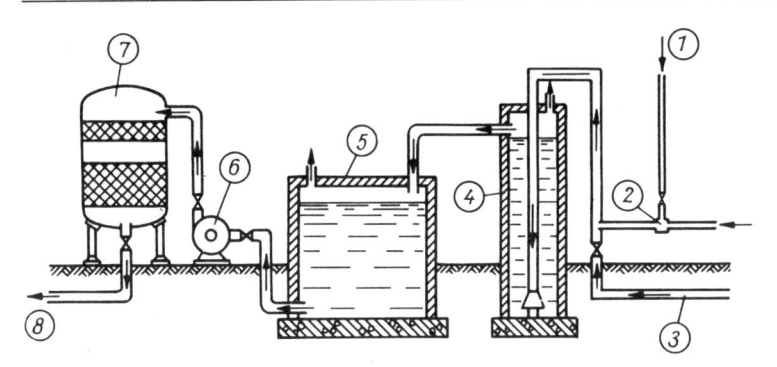

Bild 5.98 Schema der Aufbereitung mit Ozon und Aktivkohle
  1 ozonhaltige Luft vom Ozonerzeuger; *2* Injektor; *3* Rohwasser; *4* Begasungsbehälter; *5* Zwischenbehälter; *6* Reinwasserpumpe; *7* A-Kohlefilter, zweistufig; *8* Reinwasser

5.2.6. Anlagen zur Desinfektion des Wassers

Die Desinfektionsmittel und die Herstellung der Dosierlösungen werden wegen ihrer Spezifik bereits hier dargestellt. Chlor ist das häufigste Desinfektionsmittel. Die Kosten sind außerordentlich niedrig und die Betriebsweise einfach und stabil.

Chlor wird im flüssigen Zustand unter einem Druck von etwa 0,5 MPa in Flaschen mit 45 kg Inhalt und in Fässern mit 500 oder 1000 kg geliefert. Nach der Entspannung entsteht das grüngelbe schwere Chlorgas mit stechendem Geruch; es wirkt in größeren Konzentrationen tödlich. Deshalb bestehen strenge Arbeitsschutzrichtlinien für den Umgang mit Chlorgas, die beim Bau und Betrieb solcher Anlagen zu beachten sind. Bei Erwärmung der Chlorgasgefäße steigt der Druck stark an; deshalb ist eine direkte Bestrahlung zu vermeiden. Bei Temperaturen um 10 °C entsteht außerdem unwirksames Chlorhydrat, das die Anlagen verstopft; die Raumtemperatur soll aus diesem Grunde über 15 °C liegen. In der Regel genügt auch eine elektrische Vorwärmung des Lösewassers. Chlorgas ist schwerer als Luft und sammelt sich deshalb bei Undichtigkeiten der Chloranlage am Boden der betreffenden Räume an. Die Verdunstungswärme bei der Vergasung des flüssigen Chlorgases ist beachtlich, so daß bei großen Entnahmemengen (> 2500 g/h Cl und Chlorflasche) und tiefen Raumtemperaturen Chlorgefäße, Ventile und Leitungen vereisen können.

Die einzelnen Fachfirmen bieten z. T. voneinander abweichende Dosiereinrichtungen für Chlorgas an. Bild 5.99 zeigt eine Chlorgasdosierung, die Chlorwasser herstellt. Die Leistung dieser dargestellten Anlage liegt zwischen 100 und 2500 g/h; Chlorgas und Lösewasser werden dabei durch Strömungsmesser gemessen. Die Anlage besteht fast ausschließlich aus PVC, so daß Werkstoffangriff entfällt. Bei anderen Dosiersystemen wird das Wasser durch Meßkapillare auf Grund des auftretenden Druckverlustes gemessen. In Zukunft wird sich die Chlorgasdosierung im Vakuum, als eine weitere Anlagenvariante, durchsetzen. Weitere Einzelheiten über Funktion, Leistungsfähigkeiten und Einbau von Chlorgas- und Ammoniakanlagen sind den Spezialkatalogen der Fachfirmen zu entnehmen. Ist eine Chlordosis über 2500 g/h erforderlich, so sind zwei Flaschen anzuschließen; bei Leistungen über 5000 g/h Cl_2 kommt nur die Verwendung von Chlorfässern in Frage. Aber auch bei kleineren Leistungen kann die Verwendung von Chlorfässern bereits wirtschaftlicher sein.

Das Chlorwasser wird am zweckmäßigsten wegen der Reaktionszeit vor dem Reinwasserbehälter in die Zulaufleitung zugegeben, in Sonderfällen auch in die Druck- und Saugleitungen. Es sind in der Regel etwa 30 Minuten Einwirkungszeit notwendig. Bei der Zugabe an der Reinwasserpumpe darf der erste Abnehmer erst nach dieser Fließzeit angeschlossen werden. Bei der Zugabe in den Reinwasserbehälter ist auf eine gute Vermischung zu achten.

Werden noch zusätzlich Ammoniak oder Ammoniumsalze zugegeben, so soll dies in der Regel vor der Chlorzugabe geschehen. Bei kurzen Kontaktzeiten und starkbelasteten Wässern wird

Bild 5.99 Chloranlage

1 Chlorwasser; *2* Chlorfilter; *3* Chlorrückschlagventil; *4* Doppelbogen; *5* Mischrohr; *6* Wasseranschlußstück; *7* Entleerungsventil; *8* Chlorflaschenventil; *9* Chlorflasche; *10* Federrohr; *11* Chloranschlußstück; *12* Chlormanometer; *13* Chloreinstellventil; *14* Sicherheitsschleife; *15* Wassereinstellventil; *16* Wasservorwärmer; *17* Kontaktthermometer; *18* Schwimmerreguliergefäß; *19* Wasserventil; *20* Lochscheibe; *21* Rückschlagventil; *22* Injektor; *23* Absperrventil

in der umgekehrten Reihenfolge verfahren. Die Dosierung der Zugabemenge geschieht am einfachsten durch Handeinstellung. Zur Rationalisierung des Betriebes ist aber eine Automatisierung unbedingt anzustreben. Bei konstanten Förderströmen der Pumpen können durch Magnetventilsteuerung die Pumpen automatisch mit einer Chlorgasdosierung gekoppelt werden. Besser sind natürlich die automatisch arbeitende durchflußabhängige Dosierung oder die in Abhängigkeit vom Chlorgehalt arbeitenden Anlagen.

Wird beim *Chloraminverfahren* Ammoniak eingesetzt, so können die üblichen Chlorgasgeräte auch zur Dosierung des Ammoniaks benutzt werden.

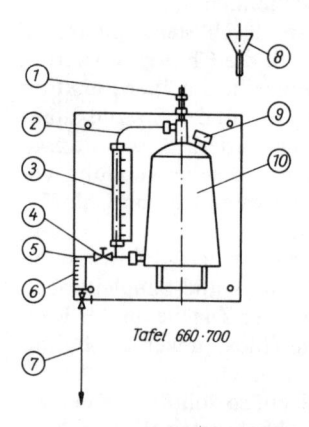

Bild 5.100 Natriumhypochloritanlage (Mariottsches Gefäß)

1 Belüftungsrohr; *2* Rohrbogen; *3* Flüssigkeitsstand; *4* Einstellhahn; *5* Ablauf; *6* Einstellgefäß; *7* zur Bechlorungsstelle; *8* Fülltrichter; *9* Füllöffnung; *10* Vorratsbehälter

5.2. Anlagen zur Wasseraufbereitung

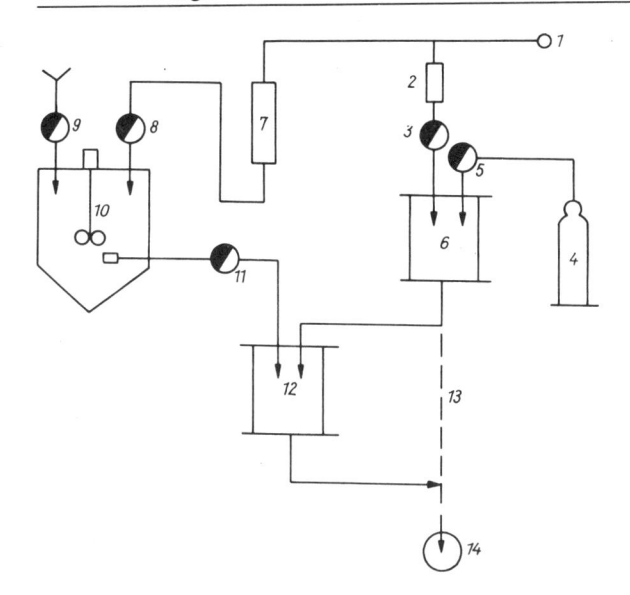

Bild 5.101
Chlordioxidanlage
1 Lösewasser; *2* Lösewasservorwärmer; *3* Dosierung Lösewasser; *4* Vorrat Chlorgas flüssig; *5* Dosierung Chlorgas; *6* Mischkammer für Chlorlösung; *7* Lösewasser-Enthärtung (nur bei Bedarf); *8* Dosierung Lösewasser; *9* Dosierung Natriumchlorit; *10* Lösebehälter für Natriumchlorit; *11* Dosierung Natriumchlorit-Lösung; *12* Mischkammer zur Chlordioxid-Bildung; *13* Umgehungsleitung für einfache Chlorung des Wassers; *14* Zugabe der Chlordioxidlösung zum Wasser

Der Nachweis des Chlorüberschusses gehört mit zu den laufenden Betriebsuntersuchungen. Eine einfache Methode arbeitet mit Orthotolidin und den von den Fachfirmen mitgelieferten Farbvergleichsgeräten. Der Nachweis kann auch durch elektrische Messungen der Potentialdifferenz zwischen zwei Elektroden aus verschiedenen Metallen erfolgen.

Bei kleinen Kapazitäten ergeben sich teilweise Schwierigkeiten bei der Dosierung von weniger als 15 g/h Cl_2. Hier werden meist *Natriumhypochloritanlagen* empfohlen. Bild 5.100 zeigt eine derartige Anlage, deren Vorratsbehälter als Mariottesches Gefäß arbeitet und damit einen konstanten Ausfluß garantiert. Neben dieser Lösung gibt es auch zuverlässige Chlordosierungsanlagen unter Vakuum arbeitend für sehr kleine Kapazitäten. Es laufen auch Bemühungen, besonders kleine Chlormengen auf elektrolytischem Wege vor Ort herzustellen.

Das seltener eingesetzte *Chlordioxidverfahren* wurde im Abschn. 5.1.4.5. beschrieben. Bild 5.101 zeigt das Schema einer derartigen Anlage unter Verwendung von Natriumchlorit und Chlorgas. Das Chlordioxid entsteht immer aus Natriumchlorit und einer Säure, z. B. Chlorwasser, Natriumhypochloritlösung, Schwefelsäure oder Salzsäure. Bei der Herstellung des Chlordioxids und bei der Lagerung der erforderlichen Chemikalien sind die entsprechenden Arbeitsschutzvorschriften streng zu beachten. Da Chlordioxid zuerst die vorhandenen organischen Substanzen oxydiert und erst dann Keime abtötet, ist zur Verbilligung in bestimmten Fällen eine Kombination mit einer Chlorwasserzugabe zu empfehlen.

5.2.7. Anlagen zur Grundwasseranreicherung

Im Abschn. 5.1.5. wurden die zwei wichtigsten Anlagentypen der Grundwasseranreicherung, die Pflanzenbecken und die Sandbecken, bereits genannt. *Pflanzenbecken* verlangen ebenes Gelände und erfordern nur geringe Baukosten. Sie sind auch noch bei Druchlässigkeitsbeiwerten bis $1 \cdot 10^{-5}$ m/s einsetzbar und können 30 bis 90 cm hoch überstaut werden. Zur Erhaltung der Grasnarbe sind sie in bestimmten Abständen trockenzulegen. Diese Zeiten schwanken etwa zwischen einmal 7 Tage im Jahr bis dreimal 14 Tage im Jahr.

Die höherbelasteten *Sandbecken* müssen in Abhängigkeit von der Rohwassergüte und der Versickerungsleistung mehr oder minder häufig gereinigt werden. Unter Beachtung der Bemessungsgrundsätze und Benutzung des entwickelten Regeneriergeräts [5.31] kann auch stark belastetes Flußwasser mit Vorreinigung zur Versickerung gebracht werden. Bild 5.102 zeigt dieses Regeneriergerät im Schema. Der verschmutzte Sand wird über die gesamte Beckenbreite durch Schürftrichter hydraulisch aufgenommen, anschließend in einem sogenannten Klassierer vom

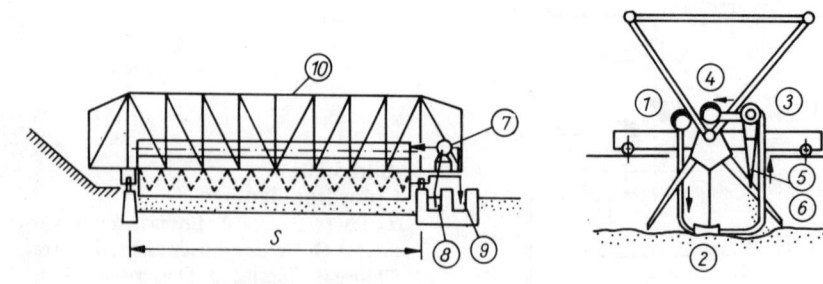

Bild 5.102 Regeneriergerät für Sickerbecken
1 Spülwasserleitung; *2* Sandaufnahme mittels Injektor; *3* Schlammabscheider; *4* Schlammabzug; *5* Sandrücklauf; *6* Abgleichleiste; *7* Kreiselpumpe; *8* Rohwasserkanal = Spülwasserzuführung; *9* Schlammkanal; *10* Fahrbrücke

Schlamm getrennt und sofort wieder eingebaut. Folgende Parameter charakterisieren die Leistungsfähigkeit der voll mechanisierten Anlage:

Schürftiefe	1 bis 10 cm
Regeneriergeschwindigkeit	40 bis 300 m/h
Spülwasserbedarf	100 m^3/h bei 10 m Beckenbreite
Strombedarf	70 kW bei 10 m Beckenbreite.

Die Länge der Becken sollte 200 m nicht überschreiten. Mit Hilfe von Querfahrbühnen lassen sich mehrere Becken mit einem Regeneriergerät bedienen.

Bei Kapazitäten kleiner als etwa 5000 m^3/d ist aus wirtschaftlichen Gründen zu überprüfen, ob Pflanzenbecken einsetzbar sind oder ob die Regenerierung durch Aufnahme des Sandes mittels geeigneter Planierraupen günstiger ist. Das Waschen erfolgt dann in einer Sandwäsche bei weitestgehender Mechanisierung aller Arbeiten. Die Fassungsbrunnen liegen entsprechend den örtlichen Gegebenheiten 50 bis 150 m von den Becken entfernt.

5.2.8. Mischeinrichtungen

Teilweise ist man noch heute der Ansicht, daß zum Mischen der Chemikalien im Wasser möglichst sogenannte Zwangsmischer mit mehreren Minuten Aufenthaltszeit einzusetzen sind. Unabhängig davon, daß die Kosten und der Energiebedarf für solche Anlagen erheblich sind, konnte festgestellt werden, daß zu langes und intensives Mischen nachgeschaltete Flockungsverfahren negativ beeinflußt. Bei der Untersuchung der Reaktionskinetik von Flockungsvorgängen im Abschn. 5.1.3.4. wurde deutlich, daß bereits nach etwa einer Minute nach Zugabe der Flockungsmittel die orthokinetische Phase der Flockenbildung beginnt. Bei zu hoher Turbulenz werden die sich bildenden Flocken laufend wieder zerschlagen.

Im Bild 5.103 wird die *Rohrmischung* nach *Claus* [5.14] dargestellt. Die Chemikalienlösung wird über ein Verteilungsrohr mit entsprechenden Bohrungen in die Rohwasserleitung eingedrückt. Die Turbulenz sorgt für die Vermischung. Die Fließgeschwindigkeit muß deshalb größer als 0,6 m/s sein.

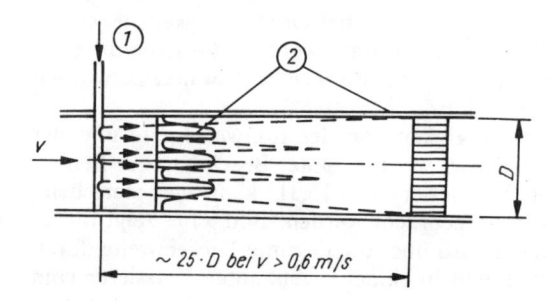

Bild 5.103 Rohrmischeinrichtung
1 Chemikalienlösung oder -aufschwemmung; *2* Konzentrationsprofile

5.2. Anlagen zur Wasseraufbereitung

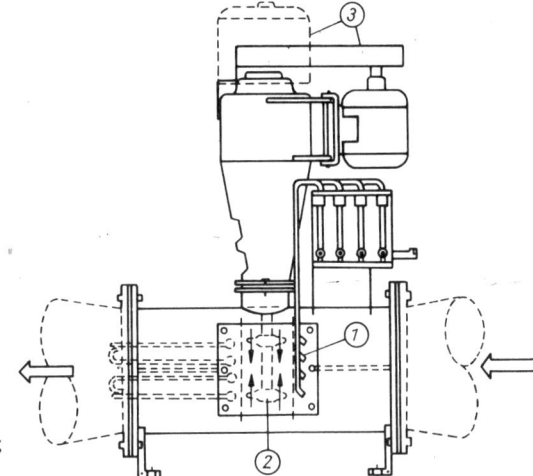

Bild 5.104 Rohrzwangsmischer
1 Chemikalienzuführung; *2* Propeller;
3 Antrieb

Die Rohrmischung ist mit einem engen Verweilzeitspektrum verbunden, d. h., die Aufenthaltszeit aller Wasserteilchen in der Mischstrecke ist nahezu gleich. Die Zahl der Bohrungen ist vom Rohrdurchmesser abhängig. Die Mischstrecke beträgt etwa 25mal Rohrdurchmesser. Sind z. B. Krümmer in der Rohrleitung eingebaut, so kann die Mischstrecke weiter verkürzt werden. Bei der Zugabe stark alkalischer Chemikalien, z. B. Natronlauge oder Kalkmilch, ist eine örtliche Überalkalisierung möglich. Da dann mit gewissen Karbonatausscheidungen gerechnet werden muß, wird empfohlen, die Mischstrecke absperrbar zu gestalten und mit einer Schutzauskleidung zu versehen. Damit ist eine Reinigung, z. B. mit verdünnter Säure, möglich. Außerdem sollte in der Regel eine zweite Mischstrecke als Reserve vorgesehen werden. Im übrigen kann in Ausnahmefällen, bei größeren Schwierigkeiten die erforderliche Mischstrecke zu realisieren, der im Bild 5.55 dargestellte Luftzumischer benutzt werden. Allerdings ist dann durch dessen hydraulischen Gerätewiderstand laufend ein zusätzlicher Energieaufwand notwendig.

Unklar ist noch, ob die Rohrvermischung bei der Zugabe von Polymeren intensiv genug ist. Hier könnte eine Verringerung der Flockensinkgeschwindigkeit in gewissem Umfange auftreten. Sollte sich dies bestätigen, so ist an den Einsatz von Luftzumischern oder an in die Rohrleitung eingebaute schnellaufende *Zwangsmischer* zu denken. Im Bild 5.104 ist eine derartige Variante dargestellt. Bei größeren Kapazitäten wird gelegentlich an Stelle von Rohrleitungen auch mit offenen Gerinnen gearbeitet. Hier ist eine zur Rohrvermischung analoge Lösung mit Hilfe einer Querschnittseinengung, wie z. B. beim Venturimeßgerinne, möglich.

5.2.9. Enthärtungs- und Entsalzungsanlagen

5.2.9.1. Enthärtungsanlagen mit Fällverfahren

Bei den im Abschn. 5.1.4.3. behandelten Enthärtungsverfahren nehmen die Fällungsverfahren einen wichtigen Platz ein. An erster Stelle ist in diesem Zusammenhang die *Entkarbonisierung* zu nennen. Am Beginn der Anlagenentwicklung stand dabei die im Bild 5.105 im Prinzip dargestellte *altdeutsche Entkarbonisierung*. Die Reaktionszeit beträgt etwa 3 Stunden. Teilweise werden auch horizontal durchflossene Rund- und Rechteckbecken oder Rezirkulatoren eingesetzt. In diesem Falle sind zuverlässig arbeitende Räumgeräte notwendig. In den Reaktionsgefäßen werden über 90 % des ausfallenden Schlammes zurückgehalten; der Rest wird in nachgeschalteten Schnellfiltern abgetrennt. Die Restkarbonathärte liegt etwa zwischen 10 und 30 mg/l CaO. Vorteile:
— stabiler Betrieb bei Durchsatzschwankungen
— unempfindlich gegen organische und kolloide Inhaltsstoffe
— unkomplizierter Betrieb.

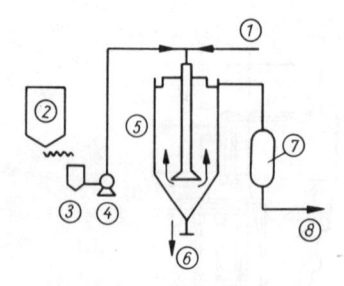

Bild 5.105 Altdeutsche Entkarbonisierung
1 Rohwasserzulauf; *2* Kalkbunker; *3* Kalkmilchansetzgefäß; *4* Kalkmilchpumpe; *5* Entkarbonisierungsreaktor; *6* Entschlammung; *7* Schnellfilter; *8* entkarboniertes Wasser

Nachteile:
- großer Flächenbedarf und hohe Anlagenkosten
- große Restkarbonathärte, wenn Mg-KH > 20 mg/l CaO ist
- hohe Wasserverluste bei der Entschlammung.

Der Einsatz von Polymeren und die gezielte Anwendung des Schlammkontaktverfahrens, auch der zusätzliche Einbau von Plattenabscheidern, haben zu Leistungssteigerungen geführt. Bei der Anwendung von Schnellreaktoren geht die erforderliche Reaktionszeit auf etwa 15 Minuten zurück. Bild 5.106 zeigt eine Schnellentkarbonisierungsanlage. Das Reaktormaterial, meist Quarzsand von etwa 0,5 mm Durchmesser, dient als Anlagerungsmaterial für das Kalziumkarbonat. Kolloide im Rohwasser behindern den Anlagerungsvorgang. Die Restkarbonathärte liegt zwischen 3 und 20 mg/l CaO.

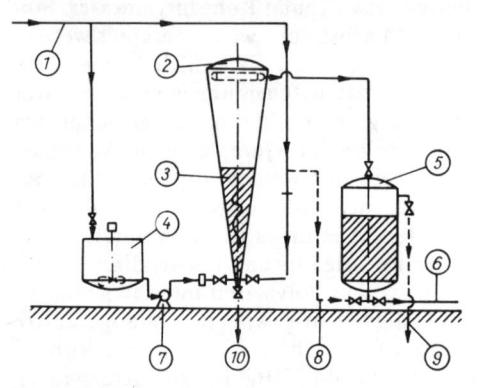

Bild 5.106 Schnellentkarbonisierungsanlage
1 Rohwasser; *2* Schnellreaktor; *3* Reaktormaterial; *4* Kalkmilchaufbereitung; *5* Schnellfilter; *6* Reinwasser; *7* Kalkmilchpumpe; *8* Spülwasser; *9* Spülabwasser; *10* Entschlammung

Vorteile:
- geringer Flächenbedarf und niedrige Anlagenkosten
- niedrige Restkarbonathärte
- geringe Wasserverluste.

Nachteile:
- empfindlich gegen Lastschwankungen und kolloide Inhaltsstoffe.

Das *Kalk-Soda-Verfahren* dient der Vollenthärtung und benutzt im Prinzip die im Bild 5.105 gezeigten Anlagen. Zur Beschleunigung der Reaktion wird das Rohwasser in der Regel vorher auf 60 bis 80 °C aufgewärmt. Wegen des aufwendigen und labilen Betriebes wird das Verfahren nur noch selten eingesetzt.

5.2.9.2. Entkarbonisierung durch Säureimpfung

Das im Abschn. 5.1.4.3. beschriebene Verfahren nimmt an Bedeutung zu, wenn billige Abfallsäure zur Verfügung steht. Die entstehende Kohlensäure kann mit mechanischen Entsäuerungsverfahren, wie z. B. mit der mehrstufigen Rohrgitterkaskade, im erforderlichen Umfang entfernt werden. Bild 5.107 zeigt den prinzipiellen Anlagenaufbau.

5.2.9.3. Ionenaustauscheranlagen

Das Ionenaustauschverfahren ist im Abschn. 5.1.4.4. behandelt worden. Es ermöglicht eine Viel-

5.2. Anlagen zur Wasseraufbereitung

Bild 5.107 Entkarbonisierung durch Säureimpfung
1 Säurebehälter; *2* Dosierpumpe; *3* Rohwasser; *4* mehrstufige Rohrgitterkaskade; *5* entkarbonisiertes Wasser

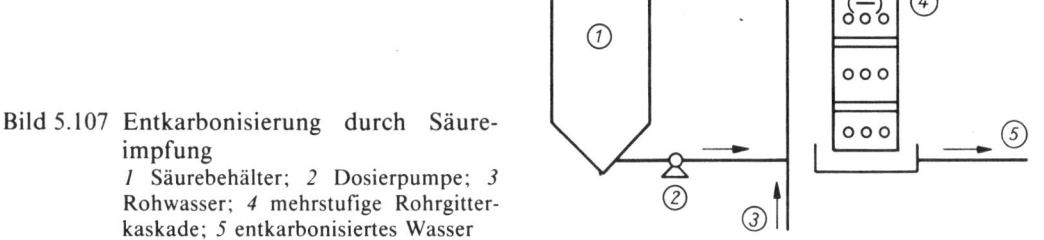

zahl von Anlagenlösungen. Aufbau und Umfang der Austauscheranlagen sind von der erforderlichen Kapazität, der Rohwassergüte, der täglichen Betriebszeit und der gewünschten Weichwassergüte abhängig. Darüber hinaus sind auch die Fragen der Betriebssicherheit und der Kosten maßgebend. Für jeden Fall ergibt sich daraus eine bestimmte optimale Anlagenvariante. Aus der Vielzahl der möglichen Lösungen werden zur Einführung einige typische behandelt.
So werden für die *Enthärtung* in großem Umfang Na_2-Austauscher im sogenannten *Neutralaustausch* eingesetzt, die u. a. zu den im Bild 5.108 dargestellten Anlagenlösungen führen. Im Bildteil a ist eine Na_2-Austauscheranlage mit Salzlöser zu sehen, bei der durch Zuordnung eines Weichwasserbehälters auf einen Reserveaustauscher verzichtet werden kann. Im Bildteil b ist eine zweistufige Enthärtung mit Reserveaustauscher in der ersten Stufe dargestellt. In der zweiten Stufe findet eine Nachenthärtung statt, die einen sicheren Betrieb und das volle Beladen der ersten Stufe gestattet.

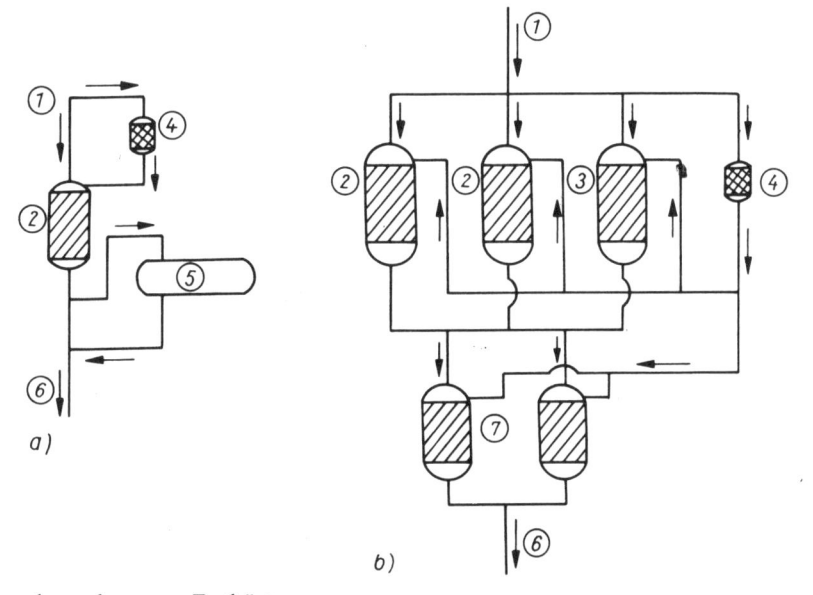

Bild 5.108 Ionenaustauscheranlage zur Enthärtung
1 Rohwasser; *2* Na-Austauscher im Betrieb; *3* Na-Austauscher in Reserve; *4* Salzlöser; *5* Weichwasserspeicher; *6* Weichwasser; *7* Na-Austauscher zur Nachenthärtung

Der Kochsalzbedarf zur Regenerierung liegt bei etwa 330 % des theoretischen Bedarfes oder für 10 mg/l CaO bei etwa 70 g/m³ NaCl. Bei der Anwendung geringerer Kochsalzmengen geht die Leistung des Austauschermaterials zurück (Bild 5.109). Die optimale Konzentration der Kochsalzsole liegt bei 8 bis 15 % NaCl. Hierbei ist die höhere Konzentration nur bei den Austauschern mit höherer Kapazität erforderlich. Das Verhältnis Austauschermaterial zu Solevolumen bei der Regenerierung soll größer als 1:1,5 sein.

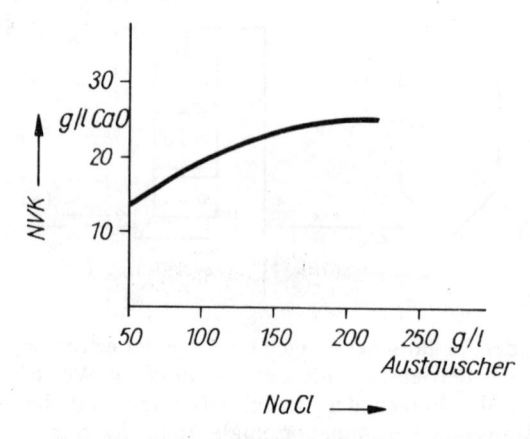

Bild 5.109 Auswirkung der angewandten Kochsalzmenge auf die NVK des Austauschers

Soll nur eine *Entkarbonisierung* erreicht werden, so werden schwach saure Kationenaustauscher in Form von H_2-Austauschern eingesetzt. Im Prinzip führt das zu ähnlichen Anlagenlösungen. Die entstehende Kohlensäure wird zweckmäßigerweise anschließend mechanisch ausgetrieben. Die Regenerierung erfolgt in diesem Falle mit HCl oder H_2SO_4. Verwendet wird eine 1,5- bis 2%ige HCl oder eine 0,7- bis 1%ige H_2SO_4.

Bei der Enthärung im Neutralaustausch tritt keine Entsalzung auf. Es entstehen Natriumhydrogenkarbonate, die bei höheren Temperaturen wieder störende Kohlensäure frei machen. Damit sind die Grenzen der Enthärtungsverfahren aufgezeigt. Es wären weitergehende *Teilentsalzungsanlagen* notwendig, bei denen keine Hydrogenkarbonate mehr im Filtrat auftreten.

Praktisch haben sich zwei Anlagenschaltungen bewährt:
— Teilstromschaltung
— Einstromschaltung.

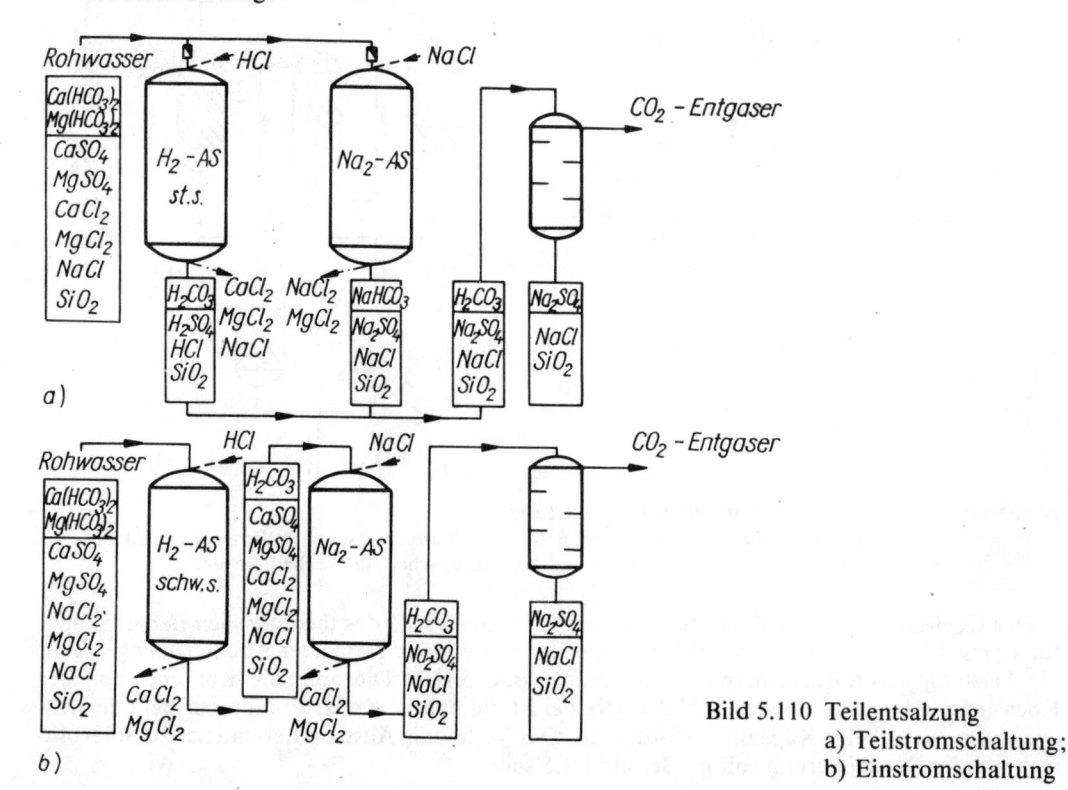

Bild 5.110 Teilentsalzung
a) Teilstromschaltung;
b) Einstromschaltung

5.2. Anlagen zur Wasseraufbereitung

Bild 5.110 zeigt im Teil a die *Teilstromschaltung*. In diesem Fall wird ein stark saurer H_2-Austauscher parallel mit einem Na_2-Austauscher betrieben. Der Ablauf beider Austauscher wird vermischt. Dabei tritt eine Neutralisation der Mineralsäuren durch das Natriumhydrogenkarbonat ein. Die entstehende Kohlensäure wird anschließend im Entgaser entfernt. Der Durchsatz ist so zu regeln, daß nur die angegebenen Endprodukte auftreten.

Bild 5.110 zeigt im Teil b die *Einstromschaltung*. Im schwach sauren H_2-Austauscher werden nur die Hydrogenkarbonate entfernt. Der Na_2-Austauscher wird also stärker belastet. Es wird damit weniger teure Salzsäure zur Regenerierung benötigt. Der Na_2-Austauscher kann entlastet werden, indem ihm ein CO_2-Entgaser vorgeschaltet wird. Das ist ein Vorteil gegenüber der Teilstromabschaltung. Beide Anlagenschaltungen führen zur Enthärtung und Teilentsalzung.

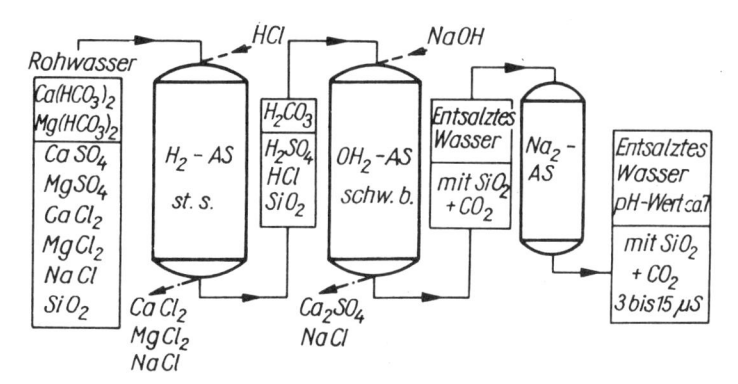

Bild 5.111 Entsalzungsanlage ohne Entkieselung

Erst die Kombination des Kationenaustauschers mit dem Anionenaustauscher gestattet die vollständige Entfernung der Salze im Rohwasser. Bild 5.111 zeigt eine *Entsalzungsanlage ohne Entkieselung*. Bei dieser Schaltung ist dem stark sauren H_2-Austauscher ein schwach basischer $(OH)_2$-Austauscher nachgeschaltet. Im Ablauf sind nur noch SiO_2, das bekanntlich in der Selektivitätsreihe weit hinten steht, und CO_2 enthalten. Ein nachgeschalteter Na_2-Austauscher garantiert einen pH-Wert um 7,0, da er in der Lage ist, gefährliche Kationendurchbrüche aufzufangen. Dieser nachgeschaltete Austauscher wird auch als „Polizeiaustauscher" bezeichnet. Durchgeschlüpfte Anionen kann natürlich dieser Na_2-Austauscher nicht abfangen. Um den Anionenaustauscher auch in diesem Fall voll ausfahren zu können und den Salzgehalt besonders niedrig zu halten, wird in diesem „Polizeiaustauscher" ein Gemisch aus einem stark sauren Kationenaustauscher und einem stark basischen Anionenaustauscher im Verhältnis 1:2 eingesetzt. In diesem Fall spricht man von einem *Mischbettaustauscher*. Schwierigkeiten entstehen bei der Regenerierung, da in *einem Reaktionsgefäß* das Na_2-Austauscher-Material mit NaCl und das $(OH)_2$-Austauscher-Material mit NaOH regeneriert werden müssen. Bild 5.112 zeigt diesen Vorgang im Schema.

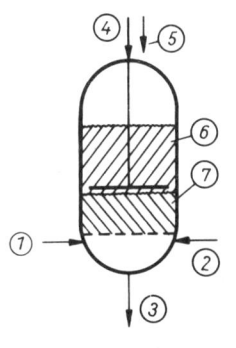

Bild 5.112 Mischbettaustauscher
1 Spülluft; *2* Spülwasser; *3* Filtrat; *4* NaCl; *5* NaOH; *6* $(OH)_2$-AS; *7* Na_2-AS

274 5. Wasseraufbereitung

Zu Beginn der Regenerierung wird mit Spülwasser das Harzgemisch getrennt. Oben befindet sich das leichtere $(OH)_2$-Austauscher-Material und unten das schwere Na_2-Austauscher-Material. Dann wird von oben nach unten mit NaOH regeneriert. Dabei entsteht NaCl, das als Regenerierungsmittel in das Na_2-Austauscher-Material eintritt. In der Regel macht sich noch eine Nachregenerierung mit zusätzlich zugeführtem NaCl notwendig. Zu diesem Zweck ist ein Rohrverteilungssystem kurz über der unteren Schicht eingebaut. Am Schluß wird mit Luft und Wasser wieder eine homogene Vermischung beider Harze erzielt.

Muß zusätzlich das Wasser noch entkieselt werden, so wird dem Kationen- und Anionenaustauscher noch ein zweiter stark saurer Kationenaustauscher nachgeschaltet. Bild 5.113 zeigt eine mögliche Anlagenschaltung für diese Aufgabenstellung. In diesem Fall ist an letzter Stelle der stark saure Kationenaustauscher durch einen Mischbettaustauscher in der H_2- und $(OH)_2$-Form ersetzt.

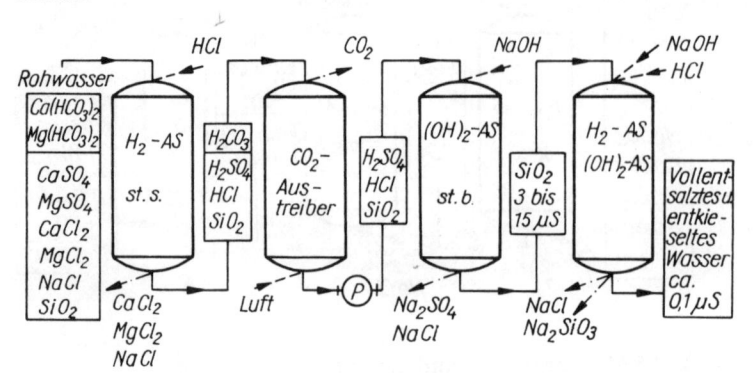

Bild 5.113 Vollentsalzung

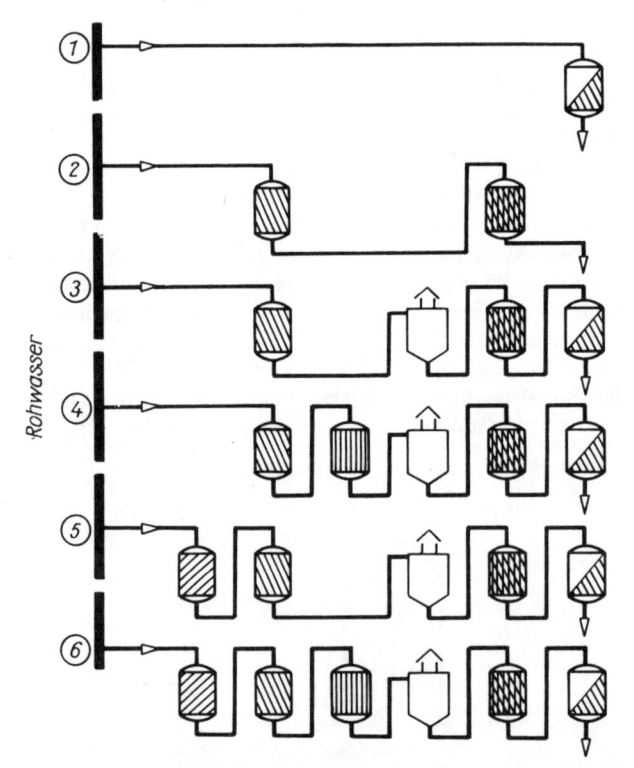

Bild 5.114 Schaltungen von Vollentsalzungsanlagen

5.2. Anlagen zur Wasseraufbereitung

Die bisher gezeigten Anlagenschaltungen sind in Abhängigkeit von den örtlichen Bedingungen noch weiter modifizierbar. Bild 5.114 zeigt zum Überblick sechs mögliche Schaltungen von Vollentsalzungsanlagen, ohne daß damit eine Vollständigkeit erreicht wird. Zu den dargestellten Schaltungen folgende Erläuterungen:

Schaltung *1:* Der alleinige Einsatz des Mischbettaustauschers ist nur üblich bei sehr niedrigem Salzgehalt und kleinen Leistungen.

Schaltung *2:* Sie wird bei Wässern mit sehr wenig Hydrogenkarbonaten und auch wenig Anionen von Mineralsäuren angewendet, weil sonst der Regeneriermittelbedarf sehr groß ist. Der erreichbare Restsalz- und Kieselsäuregehalt ist bei dieser Schaltung relativ hoch, reicht aber in vielen Fällen aus.

Schaltung *3:* Diese Schaltung ist bei mittlerem Hydrogenkarbonatgehalt und mittlerem Anteil an Anionen der starken Mineralsäuren sowie nicht zu großer Leistung angebracht.

Schaltung *4:* Gegenüber der Schaltung *3* ist hier ein schwach basischer Anionenaustauscher hinzugekommen, der eine Reduzierung des Natronlaugebedarfs bewirkt. Die Schaltung ist bei mittlerem Hydrogenkarbonatanteil und höherem Anteil an Anionen der starken Mineralsäuren auch für mittlere und große Leistungen zweckmäßig.

Schaltung *5:* Durch den Einsatz der zwei Kationenaustauscher wird eine Chemikalienersparnis erreicht, wenn das Wasser einen mittleren oder hohen Hydrogenkarbonatanteil und einen niedrigen bis mittleren Anteil an Anionen der starken Mineralsäuren hat. Diese Schaltung ist in diesem Fall für mittlere bis große Leistungen vorteilhaft.

Schaltung *6:* Sie ist für Wasser mit mittleren und hohen Belastungen bis zu größten Leistungen anzuwenden.

Wesentlich für die Effektivität und die Betriebssicherheit ist die Auswahl der optimalen Schaltung und die zweckmäßigste Anordnung der einzelnen Austauschergruppen in *Straßen*- bzw. *Ringsysteme*. Die Anlagen sollen übersichtlich bleiben, eine ausreichende Regenerierre-

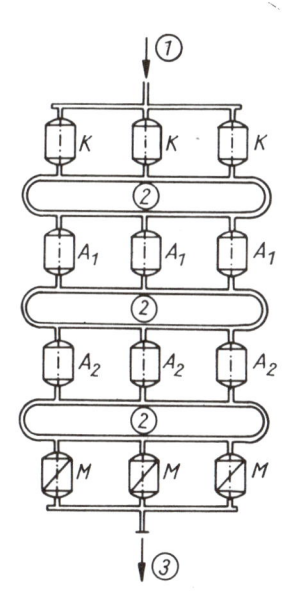

Bild 5.115 Schaltung einer Vollentsalzung mit Ringleitung
 1 Rohwasser; *2* Ringleitung; *3* Deionat

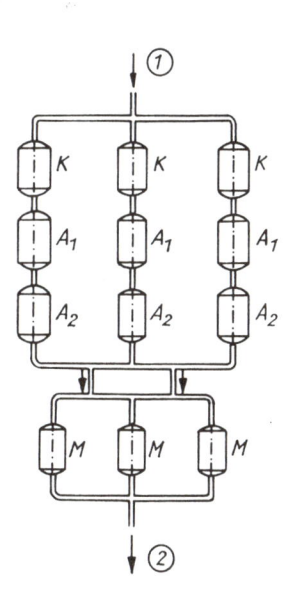

Bild 5.116 Gruppenschaltung einer Vollentsalzung in drei Zügen mit getrennter Mischbettgruppe
 1 Rohwasser; *2* Deionat

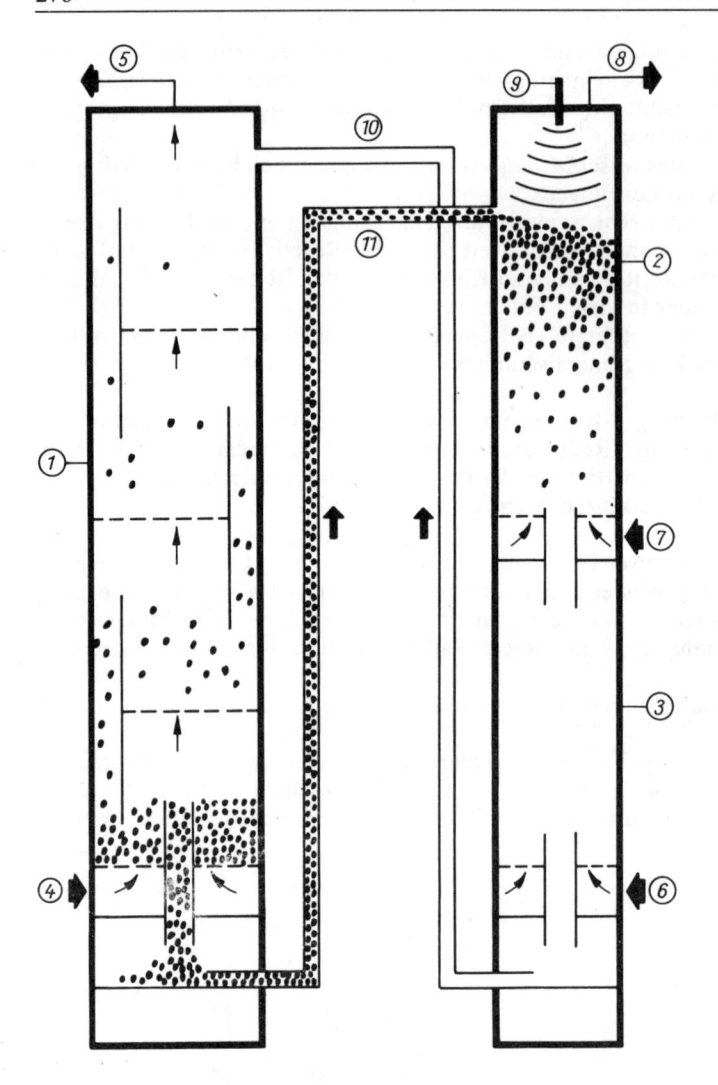

Bild 5.117 Kontinuierlich arbeitende Ionenaustauscheranlage
1 Beladungskolonne; 2 Regenerierkolonne; 3 Waschkolonne; 4 Rohwasser; 5 enthärtetes Wasser; 6 Waschwasser; 7 Regeneriermittel; 8 Sole; 9 Leitfähigkeitsmessung; 10 regeneriertes Ionenaustauschermaterial; 11 beladenes Ionenaustauschermaterial

serve besitzen und möglichst unempfindlich gegenüber Störungen sein. Im Prinzip gibt es vier Varianten:
— System der *Straßenschaltung* mit zwischengeschalteten Ringleitungen. Auf diese Weise kann jeder Filter bis an die Grenze seiner nutzbaren Volumenkapazität ausgefahren werden. Der Aufwand ist erheblich und stellt hohe Anforderungen an die Bedienung (Bild 5.115).
— Die *Gruppenschaltung* der drei Straßen mit getrennter Mischbettgruppe wird in Bild 5.116 gezeigt.
— Bei der Vollentsalzung mit *vorgeschalteter Entkarbonisierung* im Schnellreaktor tritt eine erhebliche Entlastung der Ionenaustauscher auf.
— Mit der sogenannten *Sparschaltung* werden bei hohen Kationen- bzw. Anionenkonzentrationen unnötige Wasserverluste vermieden [5.40].
Der Betrieb und die Auslegung von Ionenaustauscheranlagen verlangen weitere Spezial-

5.2. Anlagen zur Wasseraufbereitung

Tafel 5.10. Kenndaten von Ionenaustauschermaterial

Austauschertyp	Charakteristik	Kornform	Korngröße mm	NVK val/l	v_F m/h	max. Einsatz-Temp. °C	Verwendungszweck	Regeneriermittelbedarf g/l
Wofatit KPS	K, stark sauer	Kugeln	0,3...1,2	1,4 (Na) 1,25 (H)	5...50 5...50	120	Neutralaust. H_2-Austausch	NaCl 270 HCl 125
Wofatit CV	K, schwach sauer	Granulat	0,3...1,5	0,9		120	Hydrogenkarbonatspaltung	HCl 38 H_2SO_4 52
Wofatit KS 10	K, stark sauer m. Kanalstrukt.	Kugeln	0,3...1,2	1,0	2...75	120	wie KPS bei erhöhtem Geh. an org. Subst.	NaCl 250 HCl 150
Duolit C 20	K, stark sauer	Kugeln	0,3...1,2	...1,6 (Na)	5...50	150	Neutralaust. H_2-Austausch	NaCl 400 HCl 200
Duolit CC 2	K, schwach sauer	Kugeln	0,3...1,2	...4,0	5...50	110	Hydrogenkarbonatspaltung	HCl 140 H_2SO_4 180
Wofatit SBK	A, stark bas.	Kugeln	0,3...1,5	0,82	5...50	40	$(OH)_2$-Aust.	NaOH 120
Wofatit SBW	A, stark bas.	Kugeln	0,3...1,5	0,4	5...50	60	$(OH)_2$-Aust. spez. Entkieselung	NaOH 120
Wofatit AD 41	A, schwach bas.	Kugeln	0,3...1,2	1,0	5...50	50	$(OH)_2$-Aust.	NaOH 60
Duolit A 101 D	A, stark bas.	Kugeln	0,3...1,2	...0,7	5...50	60	$(OH)_2$-Aust.	NaOH 200
Amberlit JR-45	A, schwach bas.	Kugeln	0,3...0,85	...1,35	5...50	100	$(OH)_2$-Aust.	NaOH 56

kenntnisse und Erfahrungen [5.1]. Besonders größere Anlagen sind weitgehend zu automatisieren, um einen sicheren und wirtschaftlichen Betrieb zu gewährleisten.

Sowohl die Ionenaustauschermassen als auch besonders die Regenerierverfahren werden immer weiter entwickelt. So werden neben der bereits behandelten, z. Z. noch überwiegend praktizierten *Regenerierung im Gleichstrom* besonders die *Gegenstromregenerierung*, die *Stufenregeneration* und die *externe Regeneration* weiterentwickelt. Einzelheiten hierzu s. [5.1; 5.40]. Die neuen Regenerierverfahren senken den Waschwasserbedarf und erhöhen in der Regel auch die nutzbare Volumenkapazität des Harzes.

Im Bild 5.117 ist eine *kontinuierlich* arbeitende Ionenaustauscheranlage im Schema dargestellt. Diese Anlagen werden z. Z. in zunehmendem Maße für kleinere Leistungen eingesetzt und sind voll automatisiert.

In Tafel 5.10 sind zur Übersicht einige Kenndaten von verschiedenem Ionenaustauschermaterial zusammengestellt, die eine wichtige Grundlage für die Bemessung und den Betrieb derartiger Anlagen bilden.

In einem *vereinfachten Bemessungsbeispiel* soll nachfolgend eine Vollentsalzungsanlage ausgelegt werden.

Aufgabenstellung: Aufbereitung von Kesselspeisewasser für ein Heizwerk mit einer stündlichen Dampferzeugung von maximal 110 t/h, normal 55 t/h und minimal 25 t/h.

Güteforderungen an das *Kesselspeisewasser:*

Resthärte	≤ 10 mg/l CaO
CO_2 gesamt	≤ 30 mg/l
Öl	≤ 2 mg/l
O_2	≤ 30 µg/l
pH-Wert	≥ 7

Gesamtsalzgehalt: nach Kesselinhaltswasser

Güteforderungen an das *Kesselinhaltswasser:*

P_2O_5	≤ 20 mg/l
SiO_2	≤ 60 mg/l

Gesamtsalzgehalt ≤ 2500 mg/l

Rohwassergüte:

pH-Wert	6,8	
GH	158	mg/l CaO
KH	52	mg/l CaO
freies CO_2	35	mg/l
gebundenes CO_2	37	mg/l
CSV-Mn	8	mg/l
NH_4^+	0,15	mg/l
NO_3^-	40	mg/l
Cl^-	70	mg/l
SO_4^{2-}	122	mg/l
Fe^{2+}	0,18	mg/l
Mn^{2+}	1,00	mg/l
SiO_2	23	mg/l

Entsprechend den Untersuchungen zum Heizwerkbetrieb sind gegeben:

Zusatzwasserbedarf:

max. $\dot{V}_2$ = 41,32 m³/h
mittl. $\dot{V}_2$ = 27,7 m³/h
min. $\dot{V}_2$ = 10,3 m³/h

Das Wasser ist *vorzubehandeln* durch
− mechanische Entsäuerung durch Rohrgitterkaskade

5.2. Anlagen zur Wasseraufbereitung

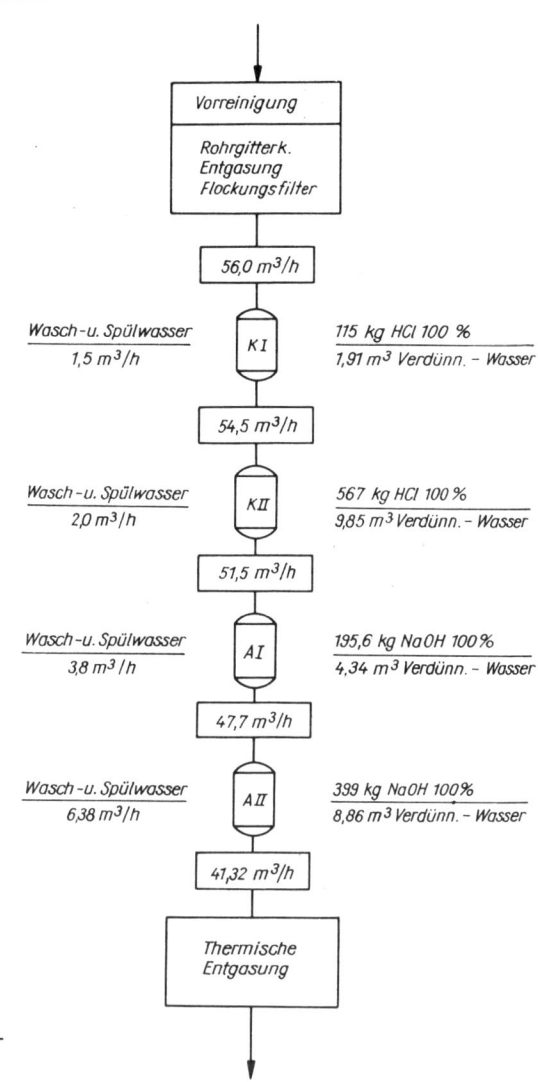

```
                    ↓
              ┌──────────────┐
              │ Vorreinigung │
              ├──────────────┤
              │ Rohrgitterk. │
              │  Entgasung   │
              │Flockungsfilter│
              └──────┬───────┘
                     │
                ┌─────────┐
                │56,0 m³/h│
                └─────────┘
                     │
Wasch-u. Spülwasser  ⬭ K I   115 kg HCl 100 %
────────────────────         ──────────────────────
     1,5 m³/h                1,91 m³ Verdünn.-Wasser
                     │
                ┌─────────┐
                │54,5 m³/h│
                └─────────┘
                     │
Wasch-u. Spülwasser  ⬭ K II  567 kg HCl 100 %
────────────────────         ──────────────────────
     2,0 m³/h                9,85 m³ Verdünn.-Wasser
                     │
                ┌─────────┐
                │51,5 m³/h│
                └─────────┘
                     │
Wasch-u. Spülwasser  ⬭ A I   195,6 kg NaOH 100 %
────────────────────         ──────────────────────
     3,8 m³/h                4,34 m³ Verdünn.-Wasser
                     │
                ┌─────────┐
                │47,7 m³/h│
                └─────────┘
                     │
Wasch-u. Spülwasser  ⬭ A II  399 kg NaOH 100 %
────────────────────         ──────────────────────
     6,38 m³/h               8,86 m³ Verdünn.-Wasser
                     │
                ┌──────────┐
                │41,32 m³/h│
                └──────────┘
                     │
              ┌──────────────┐
              │  Thermische  │
              │   Entgasung  │
              └──────┬───────┘
                     ↓
```

Bild 5.118 Bemessungsergebnis für eine Vollentsalzungsanlage

– Entmanganung mit eingearbeitetem Entmanganungskies
– Flockungsfiltration zur Senkung des CSV-Mn.
Die Vollentsalzung wird nach Bild 5.118 augelegt.

Die Gesamtdurchsatzleistung der Anlage setzt sich aus dem Zusatzwasser und der Summe des für die Regenerierung der einzelnen Stufen erforderlichen Wassers zusammen. Es wird eine Straßenschaltung konzipiert und die gesamte Straße so ausgelegt, daß der Erschöpfungszustand gleichzeitig eintritt.

Die *Gesamtanlage* besteht aus
– Vorreinigung
– Kationenaustauscher *I*, schwach sauer
– Kationenaustauscher *II*, stark sauer
– Anionenaustauscher *I*, schwach basisch
– Anionenaustauscher *II*, stark basisch
– thermischer Entgaser.

Auf eine Rieslerstufe und das damit verbundene Überpumpen vor dem Anionenaustauscher wurde hier verzichtet.

Ionenaufstellung

Kationen

Ca^{2+}	85 mg/l	≙	4,24 mval/l
Mg^{2+}	17 mg/l	≙	1,20 mval/l
NH_4^+	0,15 mg/l	≙	⎫
Fe^{2+}	0,18 mg/l	≙	⎬ 0,20 mval/l
Mn^{2+}	0,10 mg/l	≙	⎭
Rest als Na^+ berechnet	53,80 mg/l	≙	2,34 mval/l
			8,00 mval/l

Anionen

SO_4^{2-}	122 mg/l	≙ 2,50 mval/l
Cl^-	70 mg/l	≙ 1,97 mval/l
NO_3^-	40 mg/l	≙ 0,65 mval/l
HCO_3^{2-}	117 mg/l	≙ 2,11 mval/l
$HSiO_3^-$	59 mg/l	≙ 0,77 mval/l
		8,00 mval/l

Es ist allgemein üblich, die durch Analysenfehler und vor allem durch das Nichtbestimmen der Na-Ionen entstehende Differenz zwischen Kationen und Anionen als Na-Ionen zu berechnen. Um auf einen „Polizeifilter" verzichten zu können, wird in diesem Fall zur Verhinderung eines Na-Ionen-Schlupfes dem Kationenaustauscher *II* eine zusätzliche Salzbelastung von 10 %, das sind 0,8 mval/l, zugeschlagen.

Die Berechnung erfolgt in Richtung vom letzten zum ersten Austauscher, um den zusätzlichen Wasserbedarf für die Regenerierung mit erfassen zu können.

Anionenaustauscher A II

$\dot{V}_{AII\,max}$ = 41,32 m³/h
$\dot{V}_{AII\,min}$ = 10,30 m³/h
t = 12 h Laufzeit vorgegeben
I_{AII} = 2,88 mval/l (lt. Ionenaufstellung für HCO_3^{2-} und $HSiO_3^-$)

Austauscherharz SBK $\quad NVK$ = 0,75 mval/l
Sicherheitsfaktor
wegen
Entkieselungseffekt $\quad S$ = 1,5
Filtergeschwindigkeit $\quad v$ = 5 bis 50 m/h

Harzmenge

$$V_{AII} = \frac{\dot{V} \cdot t \cdot I \cdot S}{NVK}$$

$$= \frac{41,32 \cdot 12 \cdot 2,88 \cdot 1,5}{0,75} = 2850 \text{ l SBK}$$

gewählter Durchmesser $\quad$ 1600 mm; $A = 2$ m²

erforderliche Schütthöhe $\quad H_2 = \dfrac{2,85}{2} = 1,43$ m

gewählte Mantelhöhe $\quad$ = 3000 mm

$$v_{max} = \frac{\dot{V}_{max}}{A} = \frac{41,32}{2} = 20,4 \text{ m/h} < 50 \text{ m/h}$$

$$v_{min} = \frac{\dot{V}_{min}}{A} = \frac{10,3}{2} = 5,15 \text{ m/h} > 5 \text{ m/h}$$

5.2. Anlagen zur Wasseraufbereitung

Rückspülwassermenge

$$V_R = 2 \cdot V_{AII} = 2 \cdot 2{,}85 = 5{,}7 \text{ m}^3$$

Waschwassermenge

$$V_W = 25 \cdot V_{AII} = 25 \cdot 2{,}85 = 71{,}25 \text{ m}^2$$

Die weitere Berechnung der übrigen Austauscher erfolgt analog. Dabei erhöht sich die erforderliche Durchsatzleistung entsprechend den Regenerierwassermengen. Für den Anionenaustauscher *I* ist die Anionenbelastung $8{,}00 - 2{,}88 = 5{,}12$ mval/l. Der schwach saure Kationenaustauscher *I* wird nur durch die den HCO_3-Ionen zugeordneten Kationen belastet, das sind 2,11 mval/l. Der Kationenaustauscher *II* erhält die restliche Kationenbelastung zusätzlich zu dem Sicherheitszuschlag für den Ionenschlupf, das sind $8{,}00 - 2{,}11 + 0{,}8 = 6{,}69$ mval/l. Es ergeben sich schließlich die im Bild 5.118 dargestellten Bemessungswerte. Gleichzeitig ist dort der Regeneriermittelbedarf und das Verdünnungswasser aufgenommen.

5.2.10. Thermische Wasseraufbereitungsanlagen

Die Verfahren der thermischen Wasseraufbereitung wurden im Abschn. 5.1.7. behandelt.

5.2.10.1. Entgaser

Die thermische Entgasung ist bei den dampferzeugenden und -verwertenden Betrieben unumgänglich, um Korrosionen durch Kohlensäure und Sauerstoff weitestgehend auszuschalten. Der Entgasungseffekt ist vor allem von der Temperatur, der Reaktionszeit und der Gasaustauschfläche abhängig.

Gelegentlich wird bei nicht allzu hohen Güteforderungen an das entgaste Wasser noch zusätzlich eine *Speisewasserrinne* in den Kesselspeisewasserbehälter nach Bild 5.119 eingebaut. Durch das Verrieseln des Wassers über die Einlaufkante tritt eine merkliche Teilentgasung ein.

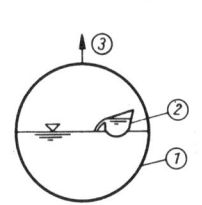

Bild 5.119 Thermische Entgasung mit Speisewasserrinne
1 Speisewassersammelbehälter; *2* Speisewasserrinne; *3* Dampfabzug

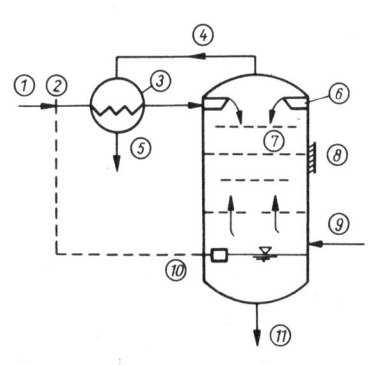

Bild 5.120 Rieselentgaser
1 Speisewasser; *2* Regelventil; *3* Speisewasservorwärmer; *4* Dampf-Luft-Gemisch; *5* Kondensat; *6* Verteilungsrinne; *7* Pralleinbauten; *8* Behälterisolierung; *9* Heizdampf; *10* Schwimmerregelung für Zulaufventil; *11* Ablauf zum Speisewasserbehälter

Die eigentlichen Entgaser lassen sich entsprechend ihrem Konstruktionsprinzip einteilen in
- Rieselentgaser
- Düsenentgaser
- Aufkochentgaser und
- Entspannungsentgaser.

Außerdem unterscheidet man entsprechend dem Entgasungsdruck zwischen
— Überdruck- und Vakuumentgaser.

Mit Vakuumentgasern kann man gleiche Entgasungsleistungen erzielen wie mit Überdruckentgasern. Die Einbauten sind kaum unterschiedlich. Überdruckentgaser werden wesentlich stärker angewendet. Bild 5.120 zeigt den prinzipiellen Aufbau eines *Rieselentgasers*. Das vom Wasserstand im Entgaser geregelte Zulaufwasser wird in einem Vorwärmer aufgeheizt und im Entgaser durch Verteilungs- und Pralleinbauten mit dem nach oben strömenden Dampf vermischt und weiter erwärmt. Das Dampf-Luft-Gemisch wird oben abgeführt und im Vorwärmer kondensiert. Dieses Kondensat wird in den Kesselspeisewasserzulauf zurückgeführt. Noch wirkungsvoller arbeiten in der Regel Rieselentgaser mit *Füllkörpereinbauten*. Als Füllkörper werden meist zylinderförmige Hohlkörper aus Edelstahl oder Keramik verwendet. Bei Keramik kann es zur Kieselsäureauflösung kommen.

Bei *Düsenentgasern* wird zur Erzielung einer großen Berührungsfläche zwischen Dampf und Wasser das zu entgasende Wasser durch Düsen fein zerstäubt und damit die Siedetemperatur schnell erreicht. Es existieren die unterschiedlichsten Konstruktionsvarianten. Zum Teil gibt es auch Kombinationen mit dem Rieselentgaser und dem Aufkochentgaser.

Bei der *Aufkochentgasung* wird der Dampf meist unmittelbar in das zu entgasende Wasser eingeblasen. Dazu wird der Kesselspeisewasserbehälter benutzt, in den von unten über Düsen der Dampf eingeleitet wird. In der Regel wird wegen des oft nicht ausreichenden Effekts die Aufkochentgasung z. B. mit der Rieselentgasung verbunden (Bild 5.121).

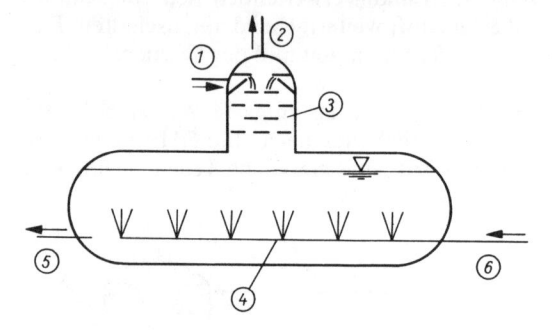

Bild 5.121 Rieselentgaser mit Aufkochentgaser im Speicher
1 Rohwasser; *2* Luft-Dampf-Gemisch; *3* Rieselentgaser; *4* Aufkochentgaser; *5* zur Kesselspeisewasserpumpe; *6* Dampf

Beim *Entspannungsentgaser* muß das zu entgasende Wasser beim Eintritt eine gegenüber der Sattdampftemperatur im Entgasungsraum höhere Temperatur aufweisen. Mit dem durch die Entspannung entstehenden Dampf werden auch die Gase ausgeschieden. Diese Anlagen sind nicht sehr verbreitet.

Wegen der Berechnung der Entgaser wird auf die Spezialliteratur hingewiesen [5.6]. Gute Entgaseranlagen erreichen Werte unter 0,02 mg/l O_2 und unter 1,0 mg/l CO_2.

5.2.10.2. Anlagen zur Verdampfung

Das prinzipielle Verfahren und seine Einordnung wurden im Abschn. 5.1.7. erläutert. Verdampfer für *indirekte* Verdampfung durch Entspannung des Wassers werden nur in Sonderfällen, z. B. bei der Seewasserverdampfung auf Schiffen, eingesetzt. Bei dieser wird eine Verdampfung direkt an der Heizfläche vermieden, da sonst bei der hohen Salzbelastung eine starke Verkrustung auftreten würde.

Prinzipiell unterscheidet man zwei unterschiedliche Anlagen:
— Umlaufverdampfer oder -umformer und
— Tauchverdampfer oder -umformer.

Bild 5.122 stellt einen *Umlaufverdampfer* dar. Dabei strömt das zu verdampfende Speisewasser im Rohrsystem des Erhitzers. Diese Lösung ist thermisch günstiger als der Tauchverdampfer und wird deshalb bevorzugt eingesetzt. Da heute oft Destillatqualitäten mit weniger als 1 mg/l Restsalzgehalt gefordert werden, ist auch auf diesem Gebiet eine wesentliche Weiterentwicklung eingetreten. So werden Umlaufverdampfer meist mit zwei Erhitzern und gesondertem

5.2. Anlagen zur Wasseraufbereitung

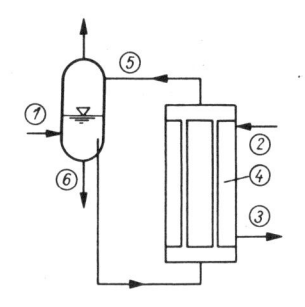

Bild 5.122 Umlaufverdampfer
1 Speisewasser; *2* Heizdampf; *3* Kondensat; *4* Rohrsystem des Erhitzers; *5* Dampfableitung; *6* Absalzung

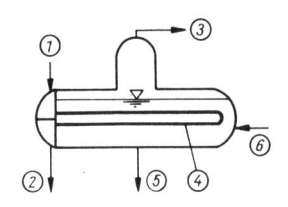

Bild 5.123 Tauchverdampfer
1 Heizdampf; *2* Kondensat; *3* Dampfableitung; *4* Heizrohre; *5* Absalzung; *6* Speisewasser

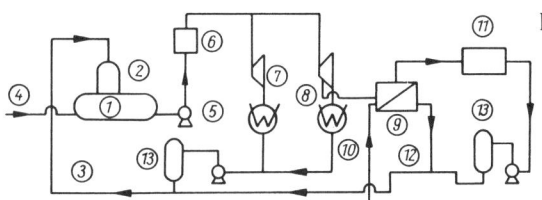

Bild 5.124 Kombinationsbeispiel eines Kesselspeisewasserkreislaufes
1 Speisewasserbehälter; *2* Rieselentgaser; *3* Zusatzspeisewasser; *4* Zusatzspeisewasser aus chem. Aufbereitung; *5* Speisewasserpumpe; *6* Dampferzeuger; *7* Kondensationsturbine; *8* Kondensationsturbine mit Heizdampfentnahme; *9* Dampfumformer; *10* Dampfumformerspeisewasser, entkarbonisiert; *11* Heizung; *12* Destillat; *13* Aufbereitung

Dampfraum gebaut, die durch wirkungsvolle Einbauten sowohl hohe Eindickungen von 8000 mg/l zulassen als auch einen extrem niedrigen Salzgehalt im Destillat garantieren.

Bild 5.123 zeigt das Prinzip des *Tauchverdampfers*. Bei dieser Konstruktion durchströmt der Heizdampf das Rohrsystem. Die Heizfläche ist gegenüber dem Umlaufverdampfer größer. Der Anwendungsbereich der Tauchverdampfer liegt vor allem bei der Seewasserverdampfung. Teilweise kann das Heizbündel durch Öffnen des Tauchverdampfers zum Reinigen im ganzen herausgezogen werden.

Zwischen Verdampfern und Dampfumformern gibt es praktisch keine konstruktiven Unterschiede. Dampfumformer sind Verdampfer, in denen der erzeugte Dampf als Arbeitsdampf weiter verwendet wird. Die zweckmäßigste Einordnung und Auslegung der Verdampfer und Dampfumformer z. B. im Kraftwerksbetrieb verlangt eingehende Variantenvergleiche. Berechnungsgrundlagen sind in [5.6] zu finden. Einen wichtigen Platz nehmen bei diesen Untersuchungen auch mehrstufige Verdampferanlagen ein. Mit zunehmender Verdampferzahl steigt die mögliche Destillatmenge. Im Bild 5.124 ist ein einfaches Kombinationsbeispiel einer thermischen Wasseraufbereitung dargestellt. Das *Kesselspeisezusatzwasser* setzt sich in diesem Falle zusammen aus
— aufbereitetem Kondensat einer Kondensationsturbine
— Destillat aus einem Dampfumformer
— aufbereitetem Rückflußkondensat aus einer Dampfheizungsanlage und Zusatzwasser aus der chemischen Aufbereitung.

Ein schwieriges Problem ist die Abgrenzung der Verdampfung gegen die chemischen Wasseraufbereitungsverfahren [5.27]. Dabei spielt die energiewirtschaftliche Seite eine entscheidende Rolle. Beide Verfahren belegen bestimmte Einsatzgebiete. Trotz Weiterentwicklung aller Anlagen, besonders auch der Ionenaustauscher, wird angenommen, daß die thermischen Verfahren zumindest ihre jetzige Bedeutung beibehalten werden.

5.2.11. Anlagen zur Chemikalienaufbereitung

Zur Wasseraufbereitung werden die verschiedensten Chemikalien benötigt. Sie müssen dem Wasser in genau dosierten Mengen zugegeben werden und sind aus Gründen ihrer Beständigkeit, Löslichkeit und Reinheit entsprechend aufzubereiten. Es werden in diesem Abschnitt die wichtigsten Chemikalien behandelt. Daraus sind auch für andere Chemikalien die Aufbereitungsmethoden ableitbar. Für Chlor, Ammoniak, Chlordioxid, Ozon und Natriumhypochlorit wurden die notwendigen Angaben bereits gemacht.

Mit welchen Chemikalien, welcher Dosis und Konzentration bei den einzelnen Aufbereitungsverfahren die besten Ergebnisse zu erreichen sind, ist am zuverlässigsten durch den halbtechnischen Aufbereitungsversuch festzustellen. Ist dies nicht möglich oder bei einfachen Rohwässern nicht erforderlich, so sollte man zumindest durch einfache Laborversuche die günstigsten Verhältnisse feststellen; dies gilt besonders für die Anwendung von Flockungsmitteln. Die Ermittlung der Kalkmengen bei der Entsäuerung, bei der Anwendung von Flockungsmitteln und bei der Enteisenung ist dagegen befriedigend genau rechnerisch erfaßbar. Besonders bei der Regenerierung von Ionenaustauschern sind die optimalen Bedingungen nur im praktischen Betrieb feststellbar.

Bei der Festlegung der Ausbaugröße von Chemikalienanlagen sollte man immer daran denken, daß durch weitere Verschlechterung des Rohwassers und eventuellen Kapazitätserhöhungen später erhöhte Chemikalienmengen und vielleicht auch noch andere Chemikalien notwendig werden können. Es sollte in der Regel genügend Platz für die Aufbereitung zusätzlicher Chemikalien vorhanden sein.

5.2.11.1. Übersicht über die eingesetzten Chemikalien

Im Abschn. 11. sind die wichtigsten Wasseraufbereitungschemikalien zusammengestellt. Daraus gehen die Lieferform, das Verhalten gegen Stahl und Beton und die übliche Konzentration bei der Dosierung hervor. Im gleichen Abschnitt sind weitere wichtige Kenndaten für die folgenden Chemikalien zusammengestellt:
– Aluminiumsulfat
– Eisensulfat
– Eisenchlorid
– Kalkhydroxid
– Natronlauge
– Salzsäure
– Schwefelsäure.

Damit sind die notwendigen Berechnungen für die Bemessung der Ansatzgefäße, der Dosierpumpen usw. möglich. Für die Betriebspraxis ist es vorteilhaft, diese Grundlagen noch weiter aufzubereiten und die Berechnung, z. B. durch Anfertigung von Verdünnungskurven und andere graphische Bemessungsmethoden, zu erleichtern. Dies sind wichtige Hilfsmittel zur Rationalisierung der Betriebsführung.

5.2.11.2. Speicherung von Chemikalien

Die Bevorratungszeiten sind objektspezifisch unterschiedlich und besonders von den Transportmöglichkeiten abhängig. Sie betragen etwa 14 bis 100 Tage. Eine eingehende Untersuchung ist unbedingt zu empfehlen, da davon die Gesamtkosten wesentlich beeinflußt werden können. Sind nur kleinere Vorratsmengen zu speichern, so ist es zweckmäßig, die Chemikalien in der *Transportverpackung* zu bevorraten. Das ist bei Kalk, Säuren, Natronlauge, Flockungsmitteln, $KMnO_4$ und Aktivkohle möglich.

Die *Naßbunkerung* ist für viele Fälle die geeignetste Form der Speicherung. Sie ist z. B. bei Natronlauge, Wasserglas, Stipix und Schwefelsäure durch die Anlieferung in flüssiger Form unumgänglich. Die Chemikalien dürfen sich dabei nicht zersetzen. Aber auch in fester Form angeliefertes Aluminiumsulfat oder Eisenchlorid werden oft im Wasserwerk gelöst und naß gebunkert.

Meist werden Speicher aus Stahl, die mit oder ohne Schutzauskleidung produziert werden,

5.2. Anlagen zur Wasseraufbereitung

eingesetzt. Es sind stehende, in der Mehrzahl aber liegende zylindrische Kessel mit Nutzinhalten bis 90 m^3. Der Lagerung in Gebäuden wird die Freiaufstellung immer mehr vorgezogen. Selbstverständlich ist die Temperaturabhängigkeit der Löslichkeit bei der Freiaufstellung zu beachten. Gelegentlich können die Aluminium- und Eisensalze von örtlichen Produzenten auch als Lösung bezogen werden. Die Bunkerung geschieht dann auch in Stahlspeichern, die eine entsprechende Schutzauskleidung erhalten müssen. Aber auch in fester Form angelieferte Salze werden im Wasserwerk aufgelöst und in hochkonzentrierter Form gebunkert. Zum Lösen wird eine Umwälzeinrichtung in Betrieb genommen. Die entstehende Lösungswärme kann in Einzelfällen zum künstlichen Abführen der entstehenden Dämpfe durch Belüftung zwingen. Bei der Bunkerung von Natriumchlorid in flüssiger Form wird zur Verhinderung von störenden Ausscheidungen auch gelegentlich Dampf zur Umwälzung und Lösung eingesetzt. Werden aggressive Medien in Stahlspeichern gebunkert, so muß eine ausgekleidete Wanne vorgesehen werden, in der der Speicher steht. Bei sehr großen Anlagen werden zur Naßbunkerung auch säurefest ausgekleidete Stahlbetonbehälter verwendet. Bei diesen großen Abmessungen werden zum Lösen auch Rührwerke in Form von Turbomischern eingesetzt.

Die Vorteile der Naßbunkerung von Flockungsmitteln liegen darin, daß der Transport und die Lagerung von Flüssigkeiten einfacher ist, ein Ansatz längere Zeit reicht, nur geringe Kontrollarbeiten anfallen und die gebunkerte Lösung in der Regel direkt dosiert wird.

Die Naßbunkerung ist oft mit dem Nachteil größerer Speicher verbunden. Auch das notwendige Auflösen in fester Form angelieferter Chemikalien zwingt zu einem höheren Bedienungsaufwand.

Bei kleinen Anlagen werden die flüssigen Chemikalien oft noch in Glasballonen, Kanistern oder Fässern geliefert und gelagert. Aber auch in diesen Fällen ist eine zentrale Anlieferung in größeren Containern immer häufiger. Die Speicherung im Wasserwerk geschieht oft in diesen Containern.

Die *Trockenbunkerung* ist für Kalkhydrat durchgängig realisiert. Nur in Ausnahmefällen wird noch in Säcken angeliefert und gelagert.

Kalkhydrat wird mit Spezialsilofahrzeugen angefahren und pneumatisch in Stahlbunker, die immer mehr im Freien aufgestellt werden, geblasen. Die staubhaltige Abluft wird über Filter oder Naßstaubabscheider gereinigt. Auf den Bau von teuren Stahlbetonsilos kann heute verzichtet werden. Neben Kalkhydrat werden in Einzelfällen auch pulverförmiges Aluminiumsulfat und Aktivkohle trocken gebunkert.

Gegen Verbackungen, Brückenbildungen und Verstopfungen werden Druckluft und Rüttler eingesetzt.

Die Bunker sind mit einer sicher arbeitenden Niveaukontrolle auszurüsten.

5.2.11.3. Ansetzen der Chemikalienlösungen und -aufschwemmungen

Die festen Chemikalien oder hochkonzentrierten bzw. zähflüssigen Lösungen werden in Chemikalienansetzgefäßen gelöst bzw. verdünnt. Zum Umwälzen sind die in Bild 5.125 dargestellten *Ansetzgefäße* mit schnellaufenden Mischern ausgerüstet. Meist werden die Ansetzgefäße so ausgelegt, daß sie nur einmal am Tag beschickt werden müssen. Auch hier sind aus Sicherheitsgründen immer zwei Einheiten vorzusehen. Die Zuführung fester Chemikalien zu den Ansetzge-

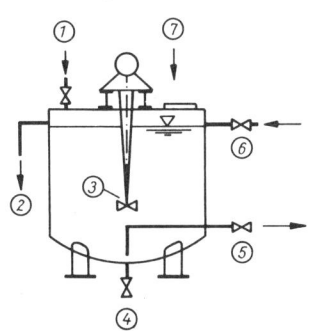

Bild 5.125 Ansetzgefäß
1 Lösewasser; *2* Überlauf; *3* Rührwerk; *4* Entleerung; *5* Entnahme; *6* Rücklauf; *7* Einfüllöffnung

fäßen geschieht über Förderschnecken, Bandwaagen und sogenannte Zellradschleusen. Die Einstellung der gewünschten Konzentration ist in der Regel leicht und genau genug realisierbar. Über Dichtemessungen wird die Konzentration festgestellt und, wenn erforderlich, durch Lösewasser korrigiert. Selbstverständlich sind sämtliche Rohrleitungen, Armaturen, Formstücke und Pumpen korrosionsfest auszuführen. Die Benutzung von Plast nimmt deshalb in Chemikalienanlagen zu. Eisensalze werden ungern benutzt, da es hier zu Abscheidungen in Form von Eisenoxidhydratschlamm in den Anlagen kommt. Dies ist aber bei guter Gestaltung und Betriebsweise weitestgehend vermeidbar. Wegen der besseren Schlammverwertung und der guten Flokkungseffekte sollte in Zukunft stärker auf Eisensalze orientiert werden. Eisenchlorid ist sehr teuer und leicht durch Eisensulfat ersetzbar. Dies ist nicht so stark hygroskopisch und bleibt schüttfähig. Es muß durch Chlorzugabe in die dreiwertige Form übergeführt werden. Auf 7,8 Teile Eisensulfat gibt man 1 Teil Chlor. Benutzt wird eine normale Chlorgasanlage. Das Verfahren ist billig und arbeitet betriebsstabil.

Das Ansetzen von *Kalkmilch* erfolgt mit 20 bis 50 kg/m³ CaO in den bereits dargestellten Ansetzgefäßen. Der eingebaute Mischer muß ständig laufen, um die sich leicht absetzende Aufschwemmung in konstanter Konzentration zu halten. Kalkmilch wird nur vor Grobaufbereitungsanlagen benutzt, da bei der Zugabe vor Filtern durch unlösliche Bestandteile eine zusätzliche Belastung und Verbackungsgefahr des Filtermaterials besteht. Bild 5.126 zeigt im Schema eine komplette Kalkhydratanlage. Heute wird fast ausschließlich der Kalk in Form des pulverförmigen Kalkhydrats angeliefert.

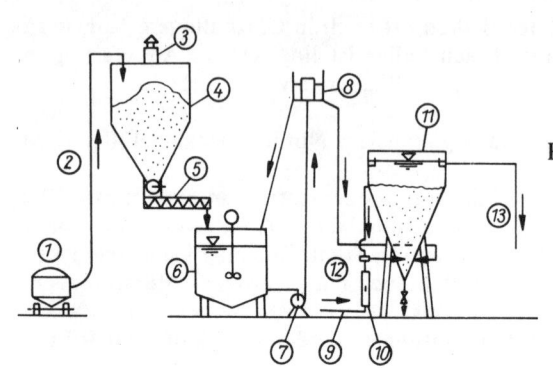

Bild 5.126 Kalkhydratanlage
1 Silofahrzeug; *2* pneumatische Förderung; *3* Staubabscheider; *4* Kalkbunker; *5* Förderschnecke; *6* Kalkmilchansetzgerät; *7* Dickstoffkreiselpumpe; *8* Verteilergefäß; *9* Lösewasser; *10* Strömungswasser; *11* Kalksättiger; *12* Injektor für Kalkschlammkreislauf; *13* Kalkwasser

Wird *Kalkwasser* benötigt, so wird diese Lösung mit etwa 1,0 kg/m³ CaO in sogenannten *Kalksättigern* durch Verdünnen von Kalkmilch hergestellt. Durch Ausnutzung des Schlammkontaktverfahrens und Zugabe von Polymeren beim Ansetzen der Kalkmilch mit etwa 100 g/m³ Kalkmilch sind Kalksättiger bis 3,5 m/h im zylindrischen Teil belastbar. Dieses Prinzip ist im Bild 5.126 erkennbar. Die Dosierung der Kalkmilch in die Grobaufbereitung und in die Kalksättiger bereitet gelegentlich Schwierigkeiten durch starke Verschleißerscheinungen bei Kolbendosierpumpen. Am besten sind hubzahl- oder hubweggeregelte Membranpumpen für solche stark schmirgelnde Aufschwemmungen geeignet. Im Bild 5.126 ist eine Variante mit Dickstoffkreiselpumpe und Überlaufgefäß dargestellt. Diese Lösung ist für eine Regelung des Kalkwasserdurchsatzes wenig geeignet. Als Rohrleitungen haben sich Plastleitungen mit v > 1,5 m/s gut bewährt. Im Betrieb ist außerdem auf regelmäßiges Spülen zu achten. In gewissem Umfang wird die *Naßdosierung* fester Chemikalien jetzt durch die *Trockendosierung* ersetzt. Man spart dabei die aufwendigen Ansetzgefäße.

Die festen Chemikalien, z. B. Kalkhydrat oder Aluminiumsulfat, werden direkt aus dem Bunker oder über ein Tagessilo kontinuierlich entnommen, dosiert, in Wasser aufgelöst oder aufgeschwemmt und zur Zugabestelle gefördert. Entscheidend ist der gleichmäßige Zulauf der Chemikalien zur Dosiereinrichtung. Dies wird meist sicher durch Rüttler realisiert. Die Dosierung selbst übernehmen Zellradschleusen, Bandwaagen oder sogenannte Tellerdosierer. Bild 5.127 zeigt das Schema der Dosierung mit Zellradschleuse. Wichtig ist, daß die Chemikalien in dem

5.2. Anlagen zur Wasseraufbereitung

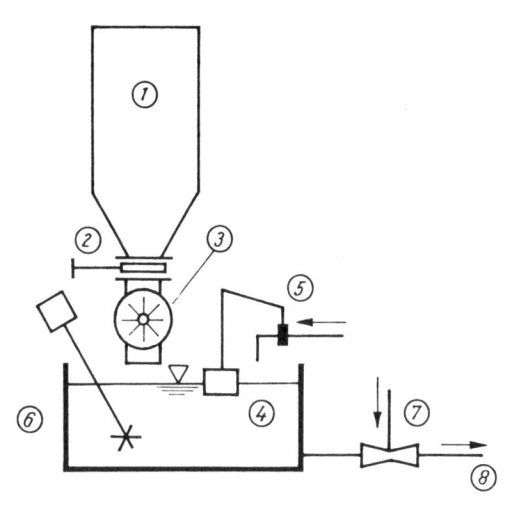

Bild 5.127 Trockendosierung mit Zellradschleuse
1 Bunker; *2* Plattenschieber; *3* Zellradschleuse; *4* Ansetzgefäß; *5* Ansetzwasser mit Schwimmersteuerung; *6* Rührer; *7* Strahlapparat; *8* Zugabestelle

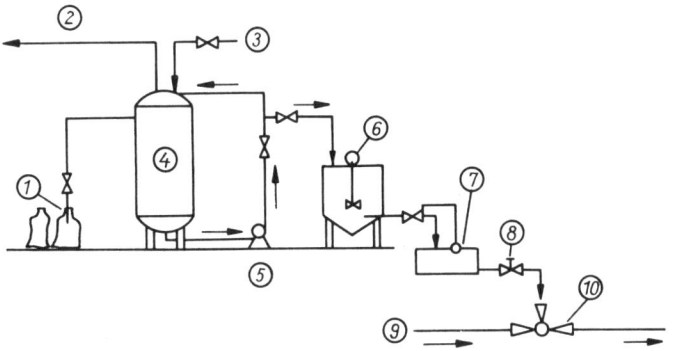

Bild 5.128 Anlage für Aktiv-Kohlepulver
1 Sauglanze; *2* zur Vakuumanlage; *3* Wasser; *4* Vakuumgefäß; *5* Umwälzpumpe; *6* Ansetzgefäß mit Umwälzmischer; *7* Niveaugefäß; *8* Einstellventil; *9* Treibwasser; *10* Strahlapparat

Ansetzgefäß ausreichend gelöst bzw. aufgeschwemmt werden. Die Regelung der Dosierung muß zuverlässig und automatisierbar sein.

Der hohe Ausrüstungs- und Wartungsaufwand beim Betrieb von Kalkaufbereitungsanlagen rechtfertigt in bestimmten Fällen die bevorzugte Anwendung der *Natronlauge*, obwohl die Chemikalienkosten wesentlich höher liegen. Trotzdem werden, besonders bei Anlagen mit großem Bedarf an Entsäuerungschemikalien, Kalkmilchaufbereitungsanlagen auch weiterhin ökonomischer bleiben.

Pulverförmige Aktivkohle wird meist als 5%ige Aufschwemmung angesetzt. Bild 5.128 zeigt eine komplette Aufbereitungsanlage im Schema. Da der Umgang mit pulverförmiger Aktivkohle mit starker Staubentwicklung verbunden ist, macht sich eine besondere Technologie notwendig. Das Kohlepulver wird mittels Sauglanze in einen Vakuumbehälter gesaugt, der vorher teilweise mit Wasser gefüllt wurde. Die meist 15%ige Aufschwemmung wird durch eine Umwälzpumpe vermischt. In dem nachgeschalteten Ansetzgefäß wird auf 5 % verdünnt und mit Hilfe von Niveaugefäß, Einstellventil und Strahlapparat dosiert. Selbstverständlich sind hier auch Membranpumpen zum Dosieren geeignet. Der Übergang zum Containertransport wird in diesem Falle zu weiteren Verbesserungen im Betriebsablauf führen.

5.2.11.4. Dosierung von Chemikalien

Die für den Einzelfall notwendige Chemikalienkombination und -dosis ist, soweit dies möglich ist, zu berechnen oder im Versuch zu ermitteln. Dies ist besonders bei der schnell wechselnden

Wasserqualität von Oberflächenwässern wichtig und aufwendig. Lösungen werden zuverlässig mit bewährten *Kolbendosierpumpen* dosiert. Die Förderleistung kann von Hand oder mit Verstellmotor automatisch auch während des Betriebes verändert werden. Bei der Benutzung von *Strahlapparaten* ist nur eine konstante Dosierung und eine Start-Stopp-Kopplung mit den Rohwasserpumpem möglich. Für Aufschwemmungen haben sich hubzahlregelbare *Membrandosierpumpen* bewährt. Teilweise werden auch speziell für Aufschwemmungen eingerichtete Kolbendosierpumpen angewendet. In diesem Zusammenhang ist noch auf die *Trockendosierung* pulverförmiger Chemikalien hinzuweisen. Es gibt hier eine Reihe entsprechender Anlagenlösungen, bei denen die Chemikalien über Bandwaagen, Tellerdosierer oder Schneckendosierer zugegeben werden. Das Hauptproblem ist im allgemeinen das störungsfreie Zufließen der Chemikalien zur Dosiereinrichtung. Dies zwingt meist zur Zwischenschaltung von kleineren Zwischensilos. Die dosierten pulverförmigen Chemikalien, z. B. Kalkhydratmehl, werden anschließend mit Wasser vermischt und meist mit Strahlapparaten zur Einsatzstelle gefördert. Eine häufigere Anwendung der Trockendosierung ist in Zukunft zu erwarten.

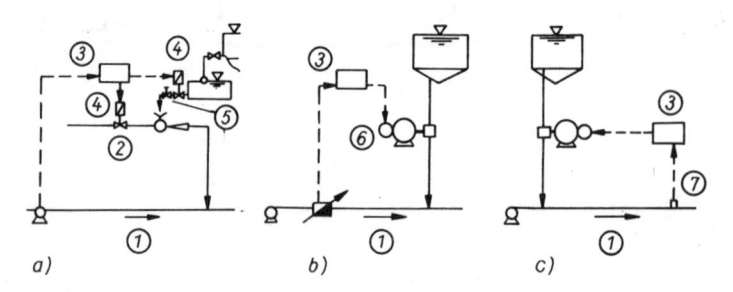

Bild 5.129 Automatisierungsmöglichkeiten bei der Chemikaliendosierung
a) Start-Stopp-Kupplung; b) durchsatzproportionale Dosierung; c) Regelkreis mit Ist-Wert-Rückkopplung
1 zu behandelndes Wasser; *2* Treibwasser; *3* Regler; *4* Magnetventil; *5* Handeinstellung; *6* Dosierpumpe; *7* pH-Wert-Messung

Bild 5.129 zeigt einige *Automatisierungsmöglichkeiten* bei der Chemikaliendosierung. In diesem Zusammenhang wird auch auf die Ausführungen in den Abschnitten 6.1.1.6. und 6.2.5.5. verwiesen. Im Bildteil a ist die einfachste Möglichkeit dargestellt. Die Dosis wird mit der Förderleistung der Rohwasserpumpe abgestimmt und von Hand eingestellt. Bei Betrieb der Rohwasserpumpe wird mit Hilfe von zwei Magnetventilen das Treibwasser auf den Strahlapparat gegeben und die Chemikalienzuleitung geöffnet.
Im Bildteil b ist die durchsatzproportionale Dosierung zu sehen. Dazu ist ein Durchflußmesser über einen Regelkreis mit der Dosierpumpe verbunden. Diese Lösung setzt eine möglichst konstante Rohwassergüte voraus. Der letzte Fall, Bildteil c, stellt die beste Regelungsmöglichkeit dar. In Abhängigkeit von einem vorgegebenen optimalen Wassergütewert, z. B. dem pH-Wert, wird durch Rückkopplung die Dosis eingestellt. Voraussetzung ist natürlich ein zuverlässig arbeitendes pH-Wert-Meßgerät. Durch Verschmutzung der Elektroden gibt es teilweise erhebliche Probleme im praktischen Betrieb der pH-Wert-Messung, so daß oft auf die durchsatzproportionale Dosierung zurückgegriffen wird.
In diesem Zusammenhang sind unterschiedliche Entwicklungen bei der Automatisierung von Wasserwerken erkennbar. Versuche, große Wasseraufbereitungsanlagen mit komplizierter Technologie voll zu automatisieren, sind vielfach gescheitert. Auch die Einschaltung von Prozeßrechnern hat nicht immer zur Stabilisierung und Kostensenkung geführt. Erst wenn die notwendigen Primärdaten, vor allem die Wassergütewerte, absolut zuverlässig zur Verfügung stehen, ist mit erfolgreichen Vollautomatisierungen zu rechnen. Für die nächsten Jahre sollte die Automatisierung nur soweit wie nötig und wirtschaftlich getrieben werden.
Weitere Hinweise zur Chemikalienaufbereitung bringen die im Abschn. 10. aufgeführten Standards.

5.2.12. Schlammbehandlungsanlagen

Die Behandlung von Wasserwerksschlämmen ist in vielen Fällen schwierig, da, abhängig von der Rohwasserqualität und dem Aufbereitungsverfahren, sowohl schwankende Schlammengen als auch unterschiedliche Schlammarten anfallen. Allgemeingültige Behandlungsgrundsätze für alle Schlammarten sind deshalb nicht aufstellbar. Liegen im Einzelfall keine ausreichenden Erfahrungen vor, so sind gezielte Untersuchungen immer zu empfehlen.

In Tafel 5.11 sind die verschiedenen Wasserwerksschlämme mit Ausnahme der meist nur zu neutralisierenden Schlämme aus Ionenaustauscheranlagen zusammengestellt. Die Menge des anfallenden *Filterspülabwassers* kann aus den Faktoren Filterlaufzeit, Filterfläche, Spülgeschwindigkeit und Spüldauer errechnet werden. Das gleiche gilt für die Berechnung des *Spülabwassers von Siebanlagen*. Auch die Schlammwässer aus Chemikalienstationen sind entspre-

Tafel 5.11. Übersicht der anfallenden Wasserwerksschlämme

Schlamm aus	Hauptbestandteile	Feststoffgehalt in %	Schlammenge in % des Durchsatzes
Chemikalienanlagen	eingesetzte Chemikalien	unterschiedlich	–
Grobaufbereitungsanlagen			
– Grundwasser	Eisenoxidhydrat, Kalk und Manganoxidhydrat	1,0 bis 3,0	0,5 bis 3
– Oberflächenwasser und Uferfiltrat	Aluminiumoxidhydrat, wenig organ. Stoffe, Eisenoxidhydrat und Manganoxidhydrat	0,1 bis 0,5	0,5 bis 2
– Oberflächenwasser	Aluminiumoxidhydrat und mäßig organ. Stoffe	0,1 bis 0,8	0,5 bis 3
– Oberflächenwasser	Aluminiumoxidhydrat oder Eisenoxidhydrat, viel organische und grobdisp. Stoffe	1,0 bis 5,0	0,5 bis 3
– Oberflächenwasser und Grundwasser (Entkarbonisierung)	Kalk	5,0 bis 20,0	0,1 bis 2
Filteranlagen	sehr unterschiedlich	0,05 bis 0,2	0,2 bis 5

chend der Größe, Anlagenauslegung und Betriebsweise mengenmäßig und auch qualitativ einschätzbar. Wesentlich problematischer ist die Berechnung der Schlammwässer aus Flockungs- und Fällungsanlagen. Überschlägliche Einschätzungen sind bei Fehlen eigener Erfahrungen aus Laborversuchen ableitbar, obwohl das Alterungsverhalten in der Großanlage immer etwas anders ablaufen wird.

Die Aufsichtsorgane der Wasserwirtschaft stellen detaillierte Güteanforderungen bei der Einleitung von Abwasser in die Vorfluter, so daß eine Behandlung auch der Wasserwerksschlämme unumgänglich ist. Bild 5.130 zeigt zwei Möglichkeiten der Filterspülabwasser- und Schlammwasserbehandlung.

Im Bildteil a wird eine sehr einfache Lösung dargestellt. Die Abwässer werden in einem Pufferbecken aufgefangen und *unbehandelt* in die *öffentliche Kanalisation* eingeleitet oder zur *Schlammdeponie* abgeleitet. Die gemeinsame Behandlung in der Kläranlage ist meist möglich und in der Regel wirtschaftlicher als eine getrennte Behandlung. Dazu sind selbstverständlich genaue örtliche Untersuchungen notwendig. Eine weitere Möglichkeit besteht in der geordneten Deponie in aufgelassenen Kiesgruben, Steinbrüchen, Tagebaurestlöchern usw. Auch hier ist eine Abstimmung mit allen verantwortlichen Organen unumgänglich. Bei Großanlagen und günstigen Deponieverhältnissen sind Entfernungen von 10 bis 15 km der Schlammbehandlung

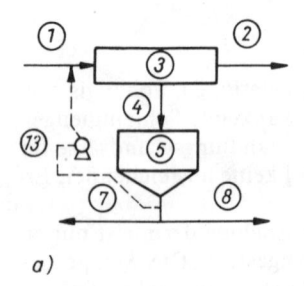

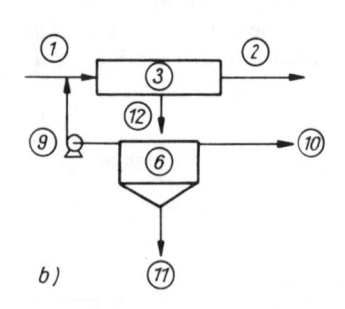

Bild 5.130 Filterspülwasser- und Schlammwasserbehandlung
a) Pufferbecken; b) Absetzbecken
1 Rohwasser; *2* Reinwasser; *3* Aufbereitung; *4* Filterspülabwasser und Schlammwasser; *5* Pufferbecken; *6* Absetzbecken; *7* zur Kanalisation; *8* zur Schlammdeponie; *9* Klarwasserrückführung; *10* Klarwasser zum Vorfluter oder zur Kanalisation; *11* Schlamm; *12* Abwasser; *13* Filterspülabwasserrückführung

im Wasserwerk meist überlegen. Die Zwischenschaltung eines Pufferbeckens ist notwendig, um eine wirtschaftliche Förderung zu erreichen. Bewährt haben sich für die Transportleitung Plastrohre, die wenig zu Inkrustationen neigen. Trotzdem sind Spül- und Reinigungsmöglichkeiten vorzusehen. Bei dieser Variante ist die Rückführung speziell des Filterspülabwassers in eine vorhandene Grobaufbereitung in der Regel wirtschaftlich. Im Bildteil b ist in einem Absetzbecken die weitestgehende Abtrennung des Schlammes aus dem Abwasser dargestellt. Das Klarwasser wird entweder in die Aufbereitung zurückgeführt oder in den Vorfluter eingeleitet. Die Rückführung ist vor Großaufbereitungsanlagen meist problemlos. Sind nur Schnellfilter vorhanden, so muß nicht nur mit der größeren Schmutzstoffbelastung gerechnet werden. Gelegentlich ergeben sich auch ungünstige Filtriereigenschaften des rückgeführten Klarwassers. Schlammwasser aus Grobaufbereitungsanlagen wird meist direkt der weiteren Schlammbehandlung zugeführt. Die Zugabe von Flockungsmitteln und Flockulanten vor den Absetzbecken führt gelegentlich zu einer deutlichen Feststoffanreicherung des Schlammes und damit zu einer besseren Endbehandlung.

Die Absetzbecken für das Filterspülabwasserbecken werden kontinuierlich oder diskontinuierlich beschickt. Im zweiten Fall wird nach dem Absetzen das Becken soweit geleert, daß die nächste Filterspülung aufgenommen werden kann. Entscheidend für die Bemessung und Gestaltung derartiger Absetzbecken ist die Absetzzeit zwischen Beschickung und Klarwasserabzug. Sie sollte etwa 3 Stunden betragen. Nur bei kleinen Kapazitäten werden gelegentlich noch trichterförmige Absetzbecken ähnlich den sogenannten Dortmundbrunnen zur Abwasserreinigung eingesetzt. Meist benutzt man rechteckige Absetzbecken entsprechend Bild 5.131. Rechteckbecken mit Längsräumer sind betriebssicherer und deshalb auch wirtschaftlicher.

Die weitere Schlammbehandlung wird durch den hohen Wassergehalt von 97 bis 99,5 % erschwert. Da die meisten Schlämme Gelstruktur aufweisen, entwässern sie nur sehr langsam. Wesentlich günstiger zu entwässern sind Kalkschlämme aus Chemikalienanlagen und Entkarbonisierungen.

Folgende Behandlungs- und Beseitigungsverfahren bieten sich an:
- Einleitung in die Kanalisation
  Voraussetzung dafür ist eine ausreichende Bemessung der Kanalisation und ein störungsfreier Ablauf der Abwasserreinigung.
- Abtransport von Naßschlamm bei kleinen Schlammengen mit Saugkesselwagen zur Deponie oder Kläranlage,
- hydraulischer Transport von Naßschlamm durch Rohrleitungen zu Deponieplätzen,

5.3. Gesamtkonzeption einer Wasseraufbereitungsanlage

- Schlammentwässerung im Wasserwerk und Abtransport zur endgültigen Beseitigung auf Halde.

Für die *Schlammentwässerung* im Wasserwerk stehen folgende Verfahren und Anlagen zur Auswahl:

- *Trockenbeete* mit Füllhöhen bis 0,5 m
  Für die Bemessung haben sich Belastungen von 10 bis 20 l/m²d bewährt. Der Flächenbedarf ist erheblich, so daß bei Neuanlagen ohne spezifische Erfahrungen nur ein Teilausbau vorgeschlagen wird. Die Beräumung erfolgt mit mobilen Ladegeräten. Nur bei großen Anlagen sind stationäre Räumerbrücken gerechtfertigt.
- *Erdbecken* mit Füllhöhen bis 2,0 m
  Bei diesen Anlagen sind mindestens drei Einheiten vorzusehen. Jedes Becken ist für etwa 50 % des jährlichen Schlammanfalls zu bemessen. Das zweite Becken entwässert den Schlamm, und die dritte Einheit wird maschinell geräumt.
- Die *maschinelle Entwässerung* mit Vakuumfiltern, Filterpressen und Zentrifugen ist noch in der Entwicklung. Hier sind Versuche zur Einschätzung der Wirtschaftlichkeit unumgänglich. Die maschinellen Verfahren werden z. Z. nur sehr selten angewendet. Es ist aber durchaus mit ökonomisch besseren Verfahren zu rechnen.

Wegen detaillierter Bemessungshinweise wird auf die komplexe Bearbeitung dieser Problematik durch *Fritzsche* [5.19] hingewiesen.

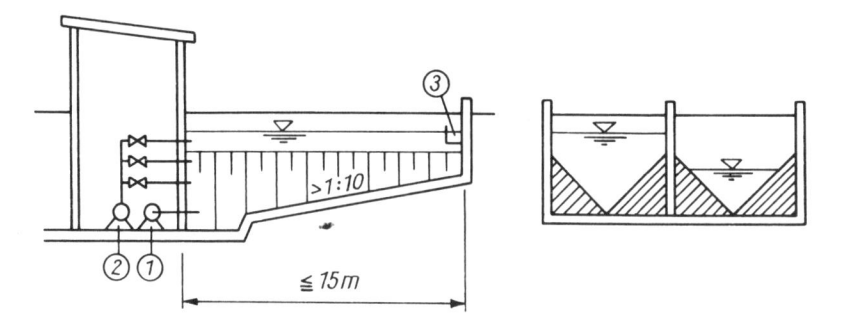

Bild 5.131 Rechteckiges Absetzbecken und Pufferbecken
1 Pumpen für Schlammförderung und Rückführung; *2* Pumpen für Klarwasserförderung; *3* Überlauf

5.3. Gesamtkonzeption einer Wasseraufbereitungsanlage

Die Verfahren und Anlagen zur Wasseraufbereitung wurden in den Abschnitten 5.1. und 5.2. als jeweils separate Stufe behandelt. Jetzt soll die zweckmäßigste Kombination erörtert und auch kurz auf die Standortwahl eingegangen werden.

Es ist Aufgabe der Perspektivplanung, über die richtige Einordnung von Wasserwerken in ein Territorium zu entscheiden. In diesem Zusammenhang wird nochmals auf die Ausführungen im Abschn. 1. verwiesen.

Im Prinzip bieten sich folgende Lösungen an:
- *Ortswasserwerke* zur Versorgung einzelner Gemeinden,
- *Gruppenwasserwerke* für mehrere Gemeinden mit längeren Transportleistungen,
- *Großwasserwerke* für die Fernwasserversorgung größerer Gebiete oder die Versorgung eines in der Nähe liegenden Ballungsgebiets, z. B. einer Großstadt.

Bei diesen Entscheidungen sind eine Vielzahl von Einflußfaktoren zu beachten. An erster Stelle stehen natürlich die Betriebskosten und die Versorgungssicherheit der gewählten Lösung. Solche Entscheidungen können heute nur noch auf der Grundlage mathematisch-ökonomischer Modellierungen vorgenommen werden. Dabei ist es oft schwierig, die Fragen der Betriebssicherheit und auch der Quantifizierung der jeweils erreichbaren Wassergüte richtig einzuschätzen.

Im allgemeinen ist ein *Großwasserwerk* zur Versorgung eines *großen Gebietes* weniger geeignet, wenn das dort anstehende Rohwasser nur durch Hintereinanderschaltung vieler Verfahrensschritte befriedigend aufbereitbar ist; denn zu den hohen Aufbereitungskosten kommen dann noch die erheblichen Kosten für die Wasserverteilung. Die Errichtung *vieler Ortswasserwerke* erhöht im allgemeinen die Wartung und Überwachung. In diesem Falle sollten möglichst wartungsarme Aufbereitungsverfahren angewendet werden. In diesem Zusammenhang wird nochmals auf die stärkere Nutzung der *Grundwasseranreicherung* im Zentrum von größeren Verbrauchergebieten hingewiesen, da damit sowohl die Betriebskosten sinken als auch die Betriebssicherheit erhöht wird.

Tafel 5.12. *Charakterisierung verschiedener Rohwasserarten*
1 erhöht; 2 sehr stark erhöht; (1) zeitweise erhöht

Gütekriterien	Talsperrenwasser	Grundwasser	Uferfilter	Flußwasser
Trübung	1	–	–	1 bis 2
organ. Substanz	1	–	1	2
Farbgrad	1	–	1	2
Übersch. Kohlensäure	(1)	1 bis 2	1	(1)
Eisen	(1)	1 bis 2	1	1
Mangan	(1)	1 bis 2	1 bis 2	1
Geruch und Geschmack	(1)	–	1	1 bis 2
Keime	1	–	1	2
Meist angewendete Aufbereitungstechnologie für die Trinkwasseraufbereitung	Mikrosiebe Flockungsfiltr. zeitweise A-Kohle Desinfektion	Gasaustausch Grobaufbereitung und Filtration oder nur Filtration	Gasaustausch Grobaufbereitung und Filtration oder nur Filtration zeitweise A-Kohle Desinfektion	Grundwasseranreicherung und Filtration A-Kohle Desinfektion

Zur Übersicht werden in der Tafel 5.12 die verschiedenen Rohwasserarten noch einmal charakterisiert und die am häufigsten angewendeten Aufbereitungstechnologien für die Trinkwasseraufbereitung angegeben.

In den meisten Fällen wird die Wasseraufbereitungsanlage in unmittelbare Nähe der Rohwasserfassung angeordnet. Dies kann bei größerer Entfernung von Ortschaften und Verkehrswegen zu unnötigen Kosten und Betriebserschwernissen führen. Es ist oft günstiger, das Rohwasser an vorteilhafter gelegene Standorte heranzuführen. Oft lassen sich dadurch auch neue Anlagen mit bestehenden Wasserwerken betriebsgünstig verbinden. Selbstverständlich sind bei langen Rohwasserleitungen Probleme der Inkrustation, Verschlammung und Korrosion besonders zu beachten.

Auf die *Bemessungsmöglichkeiten* der einzelnen Verfahren und Anlagen wurde bereits hingewiesen. In jedem Falle ist eine kritische Einschätzung des Analysenmaterials vorzunehmen. Für die meisten Verfahren stehen zuverlässige Bemessungsmethoden nicht zur Verfügung, so daß *gewissenhafte Vorarbeiten* unumgänglich sind. Dazu gehören vor allem Flockungsversuche und Filterversuche. Besonders langwierig sind Versuche mit Aktivkohlefiltern, da deren „Beladbarkeit" nur im Langzeitversuch über Monate zuverlässig feststellbar ist. Es sollte unbedingt darauf geachtet werden, daß derartige Versuche möglichst unter einheitlichen Bedingungen durchgeführt werden. Die Benutzung moderner Verfahren der Versuchsplanung ist zu empfehlen. Die Ergebnisse derartiger Versuchsarbeiten werden häufig veröffentlicht [5.53]. Sie sollten ausgewertet und auf ihre Anwendbarkeit für den zu untersuchenden Fall überprüft werden.

Die zu *wählende Aufbereitungstechnologie* stellt die Gesamtheit der eingesetzten Verfahren und Anlagen dar. Dabei sind die einzelnen Verfahren und Anlagen in sich optimiert. „Rezepte" für eine optimale Aufbereitungstechnologie kann es selbstverständlich nicht geben, da z. B. die

5.3. Gesamtkonzeption einer Wasseraufbereitungsanlage

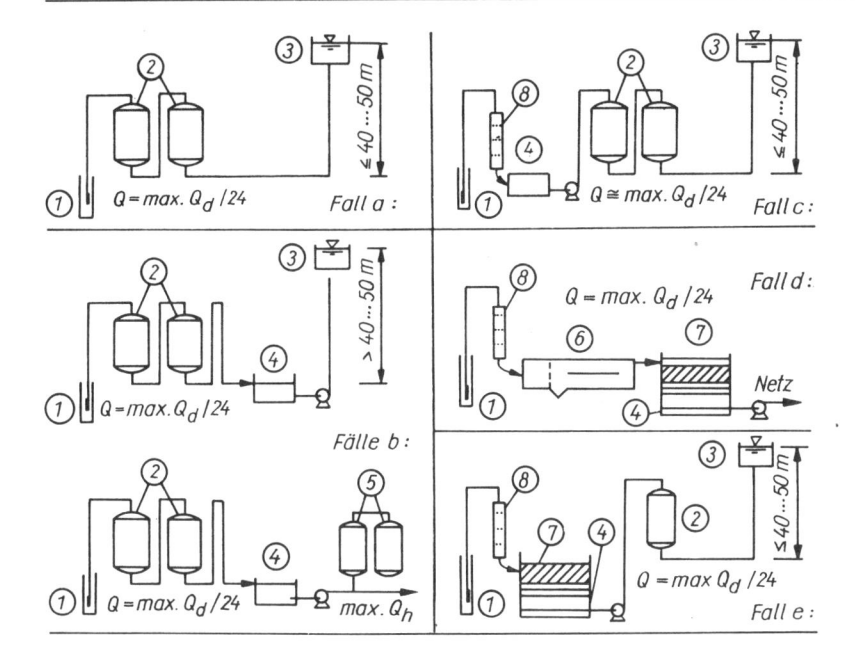

Bild 5.132 Varianten für Aufbereitungstechnologien
1 Brunnen; *2* Druckfilter; *3* Hochbehälter; *4* Tiefbehälter; *5* Druckwindkessel; *6* Etagenbecken bzw. andere Grobaufbereitung; *7* offene Schnellfilter; *8* Rohrgitterkaskade

Einordnung in das gesamte Wasserwerk und in das anschließende Versorgungssystem, die Terminstellung, die Kapazität der Anlage und weitere Randbedingungen die Auslegung stark beeinflussen können. Hier ist eine sehr verantwortungsvolle Arbeit zu leisten. Auf der anderen Seite sollten im Interesse der Realisierung, Kosten und Betriebsführung möglichst bewährte und weitestgehend „standardisierte" Aufbereitungstechnologien bevorzugt werden. Nicht immer sind neue und „individuelle" Lösungen besser als bewährte alte Konstruktionen.
Im Bild 5.132 sind fünf Hauptvarianten schematisch skizziert:

- *Einstufige Förderung durch geschlossene Anlagen in einen Hochbehälter* (Fall a).
  Der Vorteil ist der einstufige Pumpbetrieb. Bei hohen Drücken sind Druckfilter nicht mehr lieferbar, so daß dann ein Zwischenbehälter im Wasserwerk angeordnet werden muß. Das Filterspülwasser wird aus der Reinwasserleitung entnommen.
- *Zweistufige Förderung durch geschlossene Anlagen über einen Tiefbehälter* (Fall b)
  Dies ist bei zu hohen Drücken für den Einstufenbetrieb notwendig. Der Tiefbehälter ist auch dann anzuordnen, wenn die Förderung über Druckkessel geschieht, da dadurch eine gleichmäßige Belastung der Aufbereitungsanlage möglich ist und deren Kapazität um etwa 50 % sinkt. Die Druckunterbrechung erhöht die Förderhöhe um etwa 4 bis 7 m.
- *Zweistufige Förderung mit Tiefbehälter vor der Druckfilterstufe* (Fall c)
  Die Einschaltung einer offenen Belüftung zwingt im allgemeinen zu einem Zwischenbehälter als Pumpenvorlage. In Extremfällen kann eine dritte Pumpenstufe nach den Druckfiltern notwendig werden.
- *Zweistufige Förderung mit Grobaufbereitungsanlage, offenen Schnellfiltern und Tiefbehälter* (Fall d)
  Grobaufbereitungsanlagen sind in der Regel offene Anlagen, so daß eine zweistufige Förderung notwendig wird. Sie werden höhenmäßig so angelegt, daß das Wasser im freien Gefälle bis in den Tiefbehälter läuft.
- *Zweistufige Förderung mit offenen Schnellfiltern und Druckfiltern* (Fall e)
  Diese Technologie bietet sich eventuell an, wenn für die Entmanganung gesonderte Filter notwendig sind oder Aktivkohlefilter nachgeschaltet werden müssen.

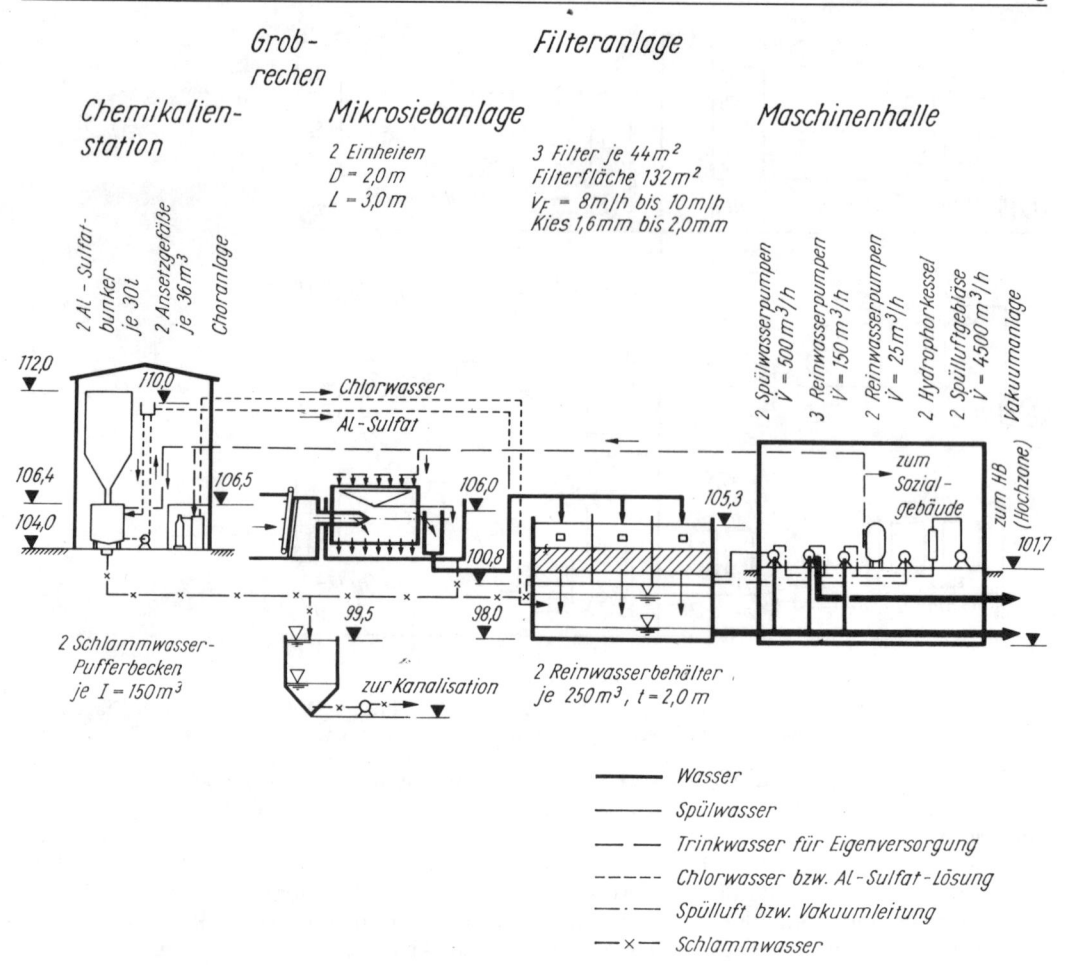

Bild 5.133 Technologischer Längsschnitt eines Talsperrenwasserwerkes mit $\dot{V} = 25\,000$ m³/d

Außer den hier dargestellten Varianten gibt es selbstverständlich noch andere Kombinationen dieser Varianten und auch Sonderlösungen, die aus den verschiedensten Gründen notwendig werden können. Mit Hilfe eines *technologischen Längsschnitts* wird die Verknüpfung der einzelnen Anlagen erkennbar. Im Bild 5.133 ist als Beispiel ein derartiger technologischer Längsschnitt für die Aufbereitung eines Talsperrenwassers dargestellt.

Bei der *baulichen Gesamtkonzeption* sind die zusätzlichen Räume für die Fördereinrichtungen, die elektrischen Anlagen, für Lager, Werkstätten und Sozialanlagen betriebsgünstig einzuordnen. Die aufgelockerte Bauweise wird heute immer mehr vom *Kompaktbau* verdrängt, der meist den geringsten Unterhaltungsaufwand bedingt. Selbstverständlich soll sich dabei das Wasserwerk gut in die Umgebung einfügen. Nicht in jedem Falle ist der Kompaktbau die beste Lösung. Bei der baulichen Gestaltung ist auf gute Zugänglichkeit bei der Bedienung und Demontage zu achten. Besondere Maßnahmen sind in den Naßräumen mit hoher relativer Luftfeuchtigkeit bis 95 % zu treffen. Problematisch ist oft die Entscheidung, welche Räume beheizt werden müssen. Dies ist nicht für alle Räume notwendig. Oft genügt eine örtliche Beheizung frostempfindlicher Ausrüstungen. Besondere Sorgfalt ist bei der Größenfestlegung und Gestaltung von Schaltwarten zu empfehlen. Sie sollen gut klimatisiert und geräuschgeschützt ausgelegt werden.

5.4. Beispiel für die Auslegung einer Wasseraufbereitungsanlage

Eine wichtige Lösungsvariante ist die *Freibauweise* gewisser Anlagenteile. Gute Erfahrungen liegen mit Druckfiltern und Kalkbunkern vor. Diese Entwicklung ist sorgfältig zu verfolgen. Spitzenwasserwerke, die im Winter außer Betrieb gehen und deren Anlagen entleert werden können, bieten sich für die Freibauweise von vornherein an.

5.4. Beispiel für die Auslegung einer Wasseraufbereitungsanlage

In diesem Rahmen kann nur eine einfache Aufgabenstellung erörtert werden. Grundlage für das ausgewählte Beispiel ist [5.13].

Für die Versorgung einiger Gemeinden mit Trinkwasser steht ein relativ einfach aufzubereitendes Grundwasser zur Verfügung.

Die Kapazität beträgt im 24-Stunden-Betrieb 375 m³/h.

Rohwasserqualität

pH-Wert	7,0
freies CO_2	45 mg/l
KH	112 mg/l CaO
Ca^{2+}	290 mg/l CaO
GH	420 mg/l CaO
Fe^{2+}	2,0 mg/l
Mn^{2+}	0,05 mg/l
O_2	n. n.

Alle übrigen Güteparameter entsprechend Trinkwasserqualität. Im Wasserwerk ist ein Tiefbehälter mit 1000 m³ Inhalt zur Zwischenspeicherung vor der anschließenden Direktversorgung mit Druckkessel anzuordnen.

Das Rohwasser ist zu enteisen und zu entsäuern. Außerdem ist der notwendige Sauerstoffgehalt für die Enteisenung und die Schutzschichtbildung auf etwa 5 mg/l O_2 anzuheben. Da für $Fe^{2+} = 2,0$ mg/l keine Grobaufbereitung notwendig ist, stehen folgende Verfahren zur Diskussion:

Variante *1* Druckbelüftung – Filter mit halbgebranntem Dolomit zur Entsäuerung und Enteisenung
Variante *2* Rohrgitterkaskade – Kiesfilter zur Enteisenung
Variante *3* Druckbelüftung – Kiesfilter zur Enteisenung – Rohrgitterkaskade
Variante *4* Druckbelüftung – Kiesfilter zur Enteisenung – Entsäuerung mit Natronlauge oder Kalk.

Variante 1
Druckbelüftung
Bemessung erfolgt nach Bemessungsverfahren des Bildes 5.56. Auf Einzelheiten wird wegen des geringen technologischen Aufwands in diesem Zusammenhang verzichtet.
Druckfilter mit halbgebranntem Dolomit
Diese Filter sind für die Enteisenung und Entsäuerung getrennt zu bemessen. Der langsamere Vorgang bestimmt die erforderliche Filterfläche.
Berechnung der Entsäuerungsgeschwindigkeit
Die chemische Entsäuerung führt zur Aufhärtung des Wassers und damit zum Anstieg der zugehörigen Kohlensäure. Nach Gl. (4.4) ergibt sich für das entsäuerte Wasser ein $C_{zug} = 32$ mg/l freies CO_2. Da nach Abschn. 4.2.2. bei Wässern mit einer Karbonathärte > 60 mg/l maximal 4 mg/l überschüssige Kohlensäure zugelassen sind, können im Filtrat $32 + 4 = 36$ mg/l CO_2 auftreten. Die Berechnung erfolgt nach Gl. (5.24) mit $A = 70$ für gealtertes Decarbolith und einer Körnung von 0,5 bis 3,0 mm; das entspricht einem d_w von 1,7 mm. Bei diesem harten Wasser wird zur Vermeidung von Verbackungen an den Filterdüsen eine Stützschicht aus Rohdolomit von 0,1 m Dicke eingebaut. Daraus ergeben sich die folgenden Verfahrensparameter:

L	L_N	v_{CO_2}	$A_{erf} = \dfrac{\dot{V}}{v_{CO_2}}$	Gewählt	v_{vorh}
m	m	m/h	m²		m/h
2,5	2,15	7,7	49	7 Druckfilter 3000 × 3000	7,7
3,0	2,60	9,6	36	6 Druckfilter 3000 × 3500	8,9

Berechnung der Enteisenungsgeschwindigkeit nach Gl. (5.19)
Gefordert wird im Filtrat $Fe_L = 0{,}1$ mg/l. Um die Sicherheit der Analysenaussage zu erhöhen, wird im Filterzulauf mit pH $= 6{,}9$ gerechnet.

L	L_N	v_{Fe}	A_{erf}
m	m	m/h	m²
2,5	2,15	14,2	26,4
3,0	2,60	18,0	21,0

Das Ergebnis zeigt im Vergleich mit der Entsäuerung, daß die Enteisenung schneller verläuft.

Variante 2
Bei diesem harten Wasser ist eine mechanische Entsäuerung bis zum gewünschten Kalk-Kohlensäure-Gleichgewicht möglich. Danach schließt sich die Filtration über Kies an.

Rohrgitterkaskade, einstufig $\eta = 40\%$
Verkürzte Bauhöhe von 2,0 m
Flächenbelastung 250 m³/m² · h
Erforderliche Grundfläche $\dfrac{375}{250} = 1{,}5$ m²

Gewählt werden zwei Einheiten je 1 m² Grundfläche.
CO_2-Gehalt nach Kaskade ≈ 30 mg/l
Der pH-Wert ist dann etwa 7,1.

Kiesfilter: Es kann hier mit einer Fe^{2+}-Filtration gerechnet werden.
Damit kann nach Bemessungsgleichung (5.19) gerechnet werden. Wegen der Ermittlung von v_H s. auch Bild 5.32.

L	Kies	d_w	v_E	v_H	$v_{zul} = v_E$ bzw. 1,0 v_H
m	mm	mm	m/h	m/h	m/h
2,5	0,8 ... 1,25	1,0	19,0	21,6	19,0
	1,0 ... 1,6	1,3	13,6	31,6	13,6
3,0	0,8 ... 1,25	1,0	24,8	19,0	19,0
	1,0 ... 1,6	1,3	17,1	28,0	17,1

Filterabmessungen
Unabhängig von L ergeben sich praktisch gleiche maximale Filtergeschwindigkeiten von 19 m/h.

$$A_{erf} = \frac{375}{19} = 19{,}8 \text{ m}^2$$

gewählt: 3 Druckfilter 3000 × 3000

5.4. Beispiel für die Auslegung einer Wasseraufbereitungsanlage

Es sind zwei Varianten möglich:
2 a mit zusätzlicher Pumpstufe
2 b ohne zusätzliche Pumpstufe und Aufständerung der Rohrgitterkaskade.

Variante 3
Druckbelüftung: wie Variante *1*.
Kiesfilter
Gegenüber Variante *2* liegt der pH-Wert im Filterzulauf bei 7,0. Zur Sicherheit der Analysenaussage wird nach Gl. (5.18) mit 6,9 gerechnet.

L	Kies	d_w	v_E	v_H	$v_{zul} = v_E$ bzw. $1,0\, v_H$
m	mm	mm	m/h	m/h	m/h
2,5	0,8 ... 1,25	1,0	14,3	23,0	14,3
3,0	0,8 ... 1,25	1,0	17,5	20,5	17,5

Filterabmessungen

$L = 2{,}5$ m, Kies 0,8 bis 1,25 mm, $A_{erf} = \dfrac{375}{14{,}3} = 26{,}2$ m²

gewählt: 4 Druckfilter 3000 × 3000

$L = 3{,}0$ m, Kies 0,8 bis 1,25 mm, $A_{erf} = \dfrac{375}{17{,}5} = 21{,}4$ m²

gewählt: 3 Druckfilter 3000 × 3000
Rohrgitterkaskade: wie bei Variante *2*.

Variante 4
Diese Variante scheidet aus, da sie nur im Einstufenbetrieb, also ohne Zwischenbehälter, praktisch von Interesse ist.

Gegenüberstellung der Varianten
Im Bild 5.134 ist die Anordnung der Anlagen skizziert. Die Vor- und Nachteile lassen sich folgendermaßen zusammenfassen:

Variante	Vorteile	Nachteile
1	Entsäuerung und Enteisenung in einer Anlage, keine zusätzliche Pumpstufe	größte Filteranzahl, Aufhärtung und Verbackungsgefahr des Decaroliths bei diesem harten Wasser
2a	kleinste Filterabmessungen	zusätzliche Pumpstufe
2b	kleinste Filterabmessungen	sehr große Höhenentwicklung durch Aufständerung der Kaskade
3	keine zusätzliche Pumpstufe, geringster Energiebedarf	zusätzliche Druckbelüftung, größere Filterabmessungen als bei Variante *2*

Variante *1* ist aufwendiger als die beiden anderen Varianten. Zusätzlich ist die Verbackungsgefahr nicht zu unterschätzen. Die Varianten *2* und *3* werden nur zu unwesentlichen Unterschieden bei den Betriebskosten führen. Für die Variante *3* spricht zudem die einfache Betriebsweise. Trotz dieser zunächst ungewöhnlichen Lösung, die mechanische Entsäuerung hinter den Enteisenungsfiltern anzuordnen, sollte man dieser Variante hier den Vorzug geben.

Var. 1 : 7 Filter 3000 × 3000
6 Filter 3000 × 3500

Var. 2a :
3 Filter 3000 × 3000

Var. 3 : 4 Filter 3000 × 3000
3 Filter 3000 × 3500

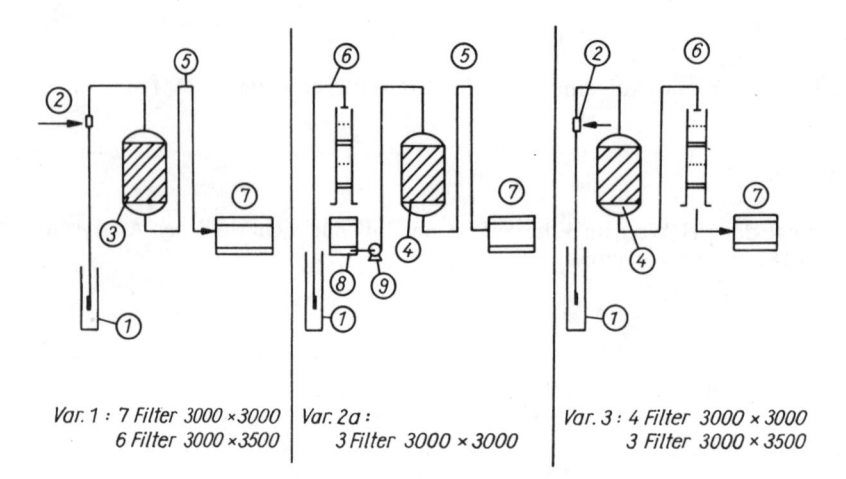

Bild 5.134 Varianten von Wasseraufbereitungsanlagen
1 Brunnen; *2* Druckbelüftung; *3* Filter mit halbgebr. Dolomit; *4* Filter mit Kies; *5* Rohrschleife; *6* einst. Rohrgitterkaskade; *7* Reinwasserbehälter; *8* Zwischenbehälter; *9* Zwischenpumpe

5.5. Betrieb von Wasseraufbereitungsanlagen

Es wird in diesem Zusammenhang auf die bereits erwähnte Wichtigkeit ausreichender Vorarbeiten hingewiesen, die zur richtigen Bemessung von Aufbereitungsanlagen notwendig sind. Es hat sich bei Neuanlagen immer wieder gezeigt, daß die Mitarbeit von Betriebskräften bereits beim Aufbau der Anlage von großem Vorteil ist. Nach Fertigstellung durch den Spezialbetrieb ist eine Abnahmeprüfung durchzuführen, um Leistung und betriebliches Verhalten feststellen zu können. Dabei ist zu beachten, daß nur die volle Belastung der Anlage bei gleichzeitig ungünstigen Betriebsbedingungen zu eindeutigen Ergebnissen führt. In diesem Zusammenhang ist der große Einfluß tiefer Temperaturen auf Flockungs-, Sedimentations- und Filtervorgänge zu erwähnen. Vom Spezialbetrieb sind außerdem eindeutige Betriebsanweisungen dem Betrieb zu übergeben. Es hat sich außerdem gezeigt, daß die Führung von Betriebsbüchern für jede Einzelanlage notwendig ist, um laufend eine Übersicht über Abmessungen, Leistungen, Laufzeiten, Reparaturen und andere Kennwerte zu haben. Vor Ablauf der Garantiezeit empfiehlt sich nochmals die Durchführung eines Leistungsversuchs der Gesamtanlage.

5.5.1. Allgemeine Überwachungsarbeiten

Nur eine ständige Kontrolle der einzelnen Anlagen garantiert die Einhaltung der geforderten Wasserqualität, einen wirtschaftlichen Betrieb und die Betriebssicherheit der Gesamtanlage. Entsprechend Größe und Art der Aufbereitung sind deshalb die Verantwortungsbereiche und Überwachungsarbeiten festzulegen.

Hierzu gehören u. a. bei Chemikalienanlagen die Kontrolle der gebunkerten Chemikalien hinsichtlich Menge und gegebenenfalls Qualität sowie die Überprüfung des Betriebszustands von Dosieranlagen, Lösegefäßen, Rohrleitungen und Armaturen. Die verbrauchten Chemikalien- und Lösewassermengen sind festzuhalten und in bestimmten Abständen auszuwerten.

Gleiche Gesichtspunkte gelten auch für Filteranlagen. Durch eingehende Betriebsstudien ist die wirtschaftlichste Betriebsweise zu ermitteln, die z. B. bei schwankenden Rohwasserqualitäten auçn variabel sein kann. Hier sind genaue Kenntnisse über die Qualität des Zu- und Ablaufs, der Filterbelastung, der Laufzeit, der Filterwiderstände und der Rückspülung notwendig. Um Filterverbackungen und Düsendefekte schnell erkennen zu können, sind die Rückspülung, der Anfangsfilterwiderstand und das eventuelle Austragen von Filterkies genau zu beobachten.

5.5. Betrieb von Wasseraufbereitungsanlagen

Grobaufbereitungsanlagen sind in etwa jährlichen Abständen zu entleeren, um die ordnungsgemäße Entschlammung zu überwachen. Auch für die übrigen Anlagen, wie Schlammbehandlung, Spülwasserrückführung und Entwässerungsnetz, sind derartige Kontrollen in etwa jährlichen Abständen notwendig. Die wichtigsten Betriebsergebnisse der Gesamtanlage sind in Betriebsbüchern festzuhalten und mindestens jährlich auszuwerten. Lässigkeiten werden sonst oft nicht erkannt und können den Betrieb erheblich belasten.

5.5.2. Mechanisierung und Automatisierung

In der Wasseraufbereitung hat in den letzten Jahren eine stürmische Weiterentwicklung begonnen. In diesem Zusammenhang sind Verbesserungen bei der mechanischen Entsäuerung, Filterung und Grobaufbereitung an erster Stelle zu nennen. Aber auch verbesserte Einzelkonstruktionen, z. B. bei Dosierpumpen und beim Transport von Chemikalien und Kies, gehören mit zu dieser Weiterentwicklung.

Es ist deshalb für den Betriebsingenieur besonders wichtig, sich laufend mit dieser Entwicklung vertraut zu machen; denn nur dadurch kann im Einzelfall erkannt werden, ob Veränderungen an bestehenden Anlagen notwendig und zweckmäßig sind. Zu einer solchen, z. T. einfachen Mechanisierung gehören z. B. die Förderung von Kalkhydratmehl mit Druckluft, die Benutzung von Silofahrzeugen und die hydraulische Förderung von Filterkies. Aber auch der veränderte Einbau des Filtermaterials in bezug auf Schütthöhe und Korndurchmesser kann auf Grund neuer Erkenntnisse zu erheblichen Vorteilen führen. Die Naßbunkerung einzelner Chemikalien und auch die Trockendosierung sind in diesem Zusammenhang zu erwähnen. Klärung und Rückführung des Spülwassers bei größeren Anlagen sind ebenfalls in vielen Fällen zweckmäßig. Eine wesentliche Senkung des Lohnanteils läßt sich außerdem durch eine automatische Überwachung vieler Betriebsvorgänge erreichen. Man sollte deshalb bei allen Anlagen den Einbau weiterer automatischer Überwachungen und die *Einführung der Automation* einzelner Aufbereitungsverfahren oder ganzer Anlagen überprüfen. Natürlich ist dies nicht in allen Fällen notwendig und wirtschaftlich. Es werden aber auch auf diesem Gebiet immer mehr betriebssichere und wirtschaftlichere Verfahren entwickelt.

Für die *Wassergüteüberwachung* stehen bereits bewährte automatische Registriergeräte für pH-Wert, Trübung, Temperatur, Eisengehalt, Härte, Kieselsäure, Chlor und andere Inhaltsstoffe zur Verfügung. Die Messung der einzelnen Durchflüsse ist heute mit bewährten Meßgeräten, wie Meßblenden, Venturimessern und Wasserzählern, möglich.

Der Betriebszustand der Gesamtanlage läßt sich durch die Übertragung vieler Betriebsdaten zu einer zentralen Überwachungsstelle zuverlässig feststellen. Dazu gehört auch die Ermittlung der Stellungsanzeige von Armaturen aller Art, der Wasserstände von Behältern, der Druckverhältnisse an bestimmten Betriebspunkten, des Betriebszustands von Pumpen, Gebläsen und Rührwerken sowie die bereits erwähnte Feststellung des Durchflusses bzw. der Wassergütewerte. Durch Licht- und Hupsignale können bestimmte Grenzzustände bekanntgegeben werden; dazu gehören das Anspringen von Überläufen, das Erreichen von bestimmten Grenzwasserständen, die Übertragung bestimmter Gütefaktoren, das Erreichen des Grenzfilterwiderstands usw. Von dieser zentralen Überwachungsstelle aus kann dann von Hand in das Betriebsgeschehen eingegriffen werden. In vielen Fällen ist man heute bereits in der Lage, einzelne Betriebsvorgänge in Aufbereitungsanlagen voll zu automatisieren. Ein relativ einfacher Fall ist dabei z. B. das automatische Spülen der Filter nach Erreichen eines bestimmten Filterwiderstands. Der Spülvorgang wird dabei in einzelne Etappen aufgeteilt und läuft teilweise frei programmierbar vollautomatisch ab.

Literaturverzeichnis

[5.1] *Arden, T. V.:* Wasserreinigung durch Ionenaustausch. Essen: Vulkan-Verlag 1973.
[5.2] Autorenkollektiv: Degrémont Handbuch – Wasseraufbereitung/Abwasserreinigung. Wiesbaden, Berlin: Bauverlag GmbH 1974.
[5.3] Autorenkollektiv: Grundkonzeption einer Ozonanlage. Dresden: VEB Prowa 1968.

[5.4] Autorenkollektiv: Hochleistungsverfahren Mehrschichtfiltration. Dresden: Forschungszentrum Wassertechnik 1980.
[5.5] Autorenkollektiv: Information Typung 1973. Halle: VEB Projektierung Wasserwirtschaft.
[5.6] Autorenkollektiv: Technisches Handbuch Wasseraufbereitungsanlagen. Berlin: VEB Verlag Technik 1966.
[5.7] Autorenkollektiv: Water Quality and Treatment. New York: McGraw-Hill Book Comp. 1971.
[5.8] Autorenkollektiv: Wissensspeicher Kraftwerksbetrieb. Leipzig: VEB Deutscher Verlag für Grundstoffindustrie 1971.
[5.9] *Axt, G.:* Möglichkeiten und Grenzen der Wasserbelüftung, insbesondere zum Zwecke der Entsäuerung. Jahrbuch vom Wasser Bd. 35 (1968) S. 356.
[5.10] *Bartzsch, W.:* Versuche zur Vorreinigung von Oberflächenwasser mittels Mikrosiebfilters. WWT 11 (1961) S. 425.
[5.11] *Bayerl, V.; Quarg, M.:* Taschenbuch der Chemietechnologen. Leipzig: VEB Deutscher Verlag für Grundstoffindustrie 1965.
[5.12] *Boucher, P. L.:* A new Measure of the Filtrability of Fluids with Applications to Water Engineering. Journ. Instit. of Civil Engineers, Vol. 27 (1947) Nr. 4, S. 415.
[5.13] *Böhler, E.; Kittner, H.:* Wasserversorgung 2. und 3. Lehrbrief für das Hochschulfernstudium. Berlin: VEB Verlag Technik 1972.
[5.14] *Claus, E.:* Untersuchungen zur optimalen Vermischung von Chemikalien in der Wasseraufbereitung und zur Kontaktfiltration. Teil A: Vermischung. Forschungsbericht TU Dresden, Sektion Wasserwesen 1968.
[5.15] *Claus, E.; Kittner, H.; May, R.:* Methoden der statistischen Versuchsplanung zur Bestimmung funktioneller Zusammenhänge bei Prozessen der Wasseraufbereitung. WWT 29 (1979) S. 134–138.
[5.16] *Fair, G.; Geyer, J.; Okun, D.:* Elements of water supply and waste water disposul. New York: John Wiley and Sons, Inc. 1971.
[5.17] *Fair, G.; Geyer, J.:* Wasserversorgung und Abwasserbeseitigung. Berlin: VEB Verlag für Bauwesen 1961.
[5.18] *Fischer, G.:* Wirkungsweise des Schwebefilterverfahrens bei der Enteisenung von Grundwasser. WWT 17 (1967) H. 4, S. 127.
[5.19] *Fritzsche, V.:* Wasserwerksschlämme. Forschungsbericht TU Dresden, Sektion Wasserwesen 1971.
[5.20] *Görbing, F.; Kittner, H.; Weigelt, R.:* Bemessung und Betrieb von Anlagen zur Flokkungsfiltration. WWT 26 (1976) H. 5. S. 161.
[5.21] *Hässelbarth, N.; Lüdemann, D.:* Die biologische Enteisenung und Entmanganung. Vom Wasser, Weinheim (1971) S. 235.
[5.22] *Haney, P.:* Theoretische Grundsätze der Belüftung. Journ. AWWA 46 (1954) H. 4, S. 353–376.
[5.23] *Hopf, W.:* Zur Wasseraufbereitung mit Ozon und Aktivkohle (Düsseldorfer Verfahren). GWF 11 (1970) S. 83.
[5.24] *Kittner, H.:* Die Bemessung von Enteisenungsfiltern. WWT 18 (1968) H. 6, S. 190.
[5.25] *Kittner, H.; Rebohle, P.:* Untersuchungen zum Wasseraufbereitungskomplex Enteisenung und Entmanganung. Wissenschaftliche Zeitschrift der Technischen Universität Dresden 26 (1977) H. 1.
[5.26] *Kittner, H.; Heldt, B.:* Der Einfluß des Magnetfeldes auf die Inkrustationsbildung bei thermisch zu behandelndem Wasser. WWT 21 (1971) H. 7, S. 240.
[5.27] *Kleinert, W.:* Vorteile, Möglichkeiten und Grenzen der thermischen Wasseraufbereitung. WWT 18 (1968), H. 6, S. 212.
[5.28] *Lamm, G.:* Erfahrungen bei der Entmanganung von Trink- und Betriebswasser mittels eingearbeitetem Filtermaterial. WWT 21 (1971) H. 4, S. 119.
[5.29] *Lewis, W. M.:* Development in Water Treatment. London: Applied Science Publishers LTD 1980.

[5.30] *Löffler, H.:* Technologie und Wassergüteverbesserung bei der Grundwasseranreicherung. WWT 17 (1967) H. 10, S., 351.
[5.31] *Löffler, H.:* Zur Technologie und Bemessung offener Infiltrationsanlagen für die Grundwasseranreicherung. Dissertation TU Dresden, Sektion Wasserwesen, 1969.
[5.32] *Mankel, W.:* Beitrag zur Bemessung von Fe^{3+}-Filteranlagen. Dissertation TU Dresden, Sektion Wasserwesen, 1973.
[5.33] *Mau, B.:* Aufbereitung von Wasser mit hohen Eisengehalten. Studie Forschungszentrum Wassertechnik Dresden, unveröffentlicht, 1980.
[5.34] *Merkel, W.:* Einrichtung zur Grobaufbereitung von Rohwässern nach dem Schwebefilterprinzip. Patentschrift der DDR. 49279 Kl.: 85b, 1/01. Int.Cl.: C 02 b, 1/00.
[5.35] *Mintz, D. M.:* Moderne Filtertheorien. AWWA-Spezialbericht 10. Barcelona 1966.
[5.36] *Nowack, Z.:* Verwendung von sortierten Filtrationsstoffen. Vodni Hospodarstvi (1961) S. 105.
[5.37] *Popp, P.; Walther, H.-J.; Böhler, E.:* Die physikalisch-chemischen Grundlagen der Wasserbehandlung durch Flockung. WWT 23 (1973) H. 2, S. 42.
[5.38] *Pöpel, F.; Hartmann, H.:* Der neue belüftete Sandfang auf der biologischen Reinigungsanlage der Stadt Heilbronn. GWF 49 (1958) S. 535–542.
[5.39] *Rebohle, P.:* Optimale Bemessung und Auswahl von Verfahren zur Enteisenung und Entmanganung. Dissertation TU Dresden, Sektion Wasserwesen 1977.
[5.40] *Salinger, Chr.-M.:* Kraftwerkschemie. Leipzig: VEB Deutscher Verlag für Grundstoffindustrie, 1971.
[5.41] *Scholze, C.; Stolz, L.; Wissel, D.; Wiegleb, K.:* Die Nitrateliminierung in der Trinkwasseraufbereitung. Acta hydrochim.hydrobiol. 6 (1978) H. 5, S. 451.
[5.42] *Seyfferth, L.:* Untersuchungen zum optimalen Einsatz pulverförmiger Aktivkohle in der Trinkwasseraufbereitung. Dissertation TU Dresden, Sektion Wasserwesen, Juli 1980.
[5.43] Technische Universität Karlsruhe: Moderne Probleme der Wassergüte und Wasserverteilung. Veröffentlichung der Abteilung und des Lehrstuhles für Wasserchemie (1969) H. 4.
[5.44] Technische Universität Karlsruhe: Vortragsreihe mit Erfahrungsaustausch über spezielle Fragen der Wassertechnologie: Entsäuerung, Enteisenung und Entmanganung. Veröffentlichung der Abteilung und des Lehrstuhles für Wasserchemie (1966) H. 1.
[5.45] *Walther, H.-J.; Winkler, F.:* Wasserbehandlung durch Flockungsprozesse. Berlin: Akademie-Verlag 1981.
[5.46] *Weidner, J.:* Zufluß, Durchfluß und Absetzwirkung zweckmäßig gestalteter Absetzbecken. Stuttgarter Berichte zur Siedlungswasserwirtschaft, H. 30. München: Verlag Oldenbourg 1967.
[5.47] *Wiegleb, K.:* Beitrag zur Bemessung von Schnellfiltern mit halbgebrannten Dolomiten zur Entsäuerung und Enteisenung. Forschungsbericht TU Dresden, Sektion Wasserwesen, 1969.
[5.48] *Wiegleb, K.:* Beitrag zur Bemessung von Schnellfiltern mit halbgebrannten Dolomiten zur Entsäuerung. WWT 20 (1970) H. 7, S. 230.
[5.49] *Wiegleb, K.; Baeck, H.:* Das Ionenaustauschverfahren zur Nitrateliminierung aus Trinkwasser und die Beseitigung der Abwässer. Acta hydrochim.hydrobiol. 9 (1981) H. 1, S. 81.
[5.50] *Wiegleb, K.; Kittner, H.:* Die Regenerierung von Ionenaustauschern im Gleich- und Gegenstromverfahren. Acta hydrochim. hydrobiol. 8 (1980) H. 6, S. 615.
[5.51] *Wingrich, H.:* Die Verfahren der offenen Belüftung von Rohwasser und ihre Wirtschaftlichkeit. WWT 18 (1968) H. 8, S. 267.
[5.52] *Wingrich, H.:* Untersuchungen am Luftzumischer zum Sauerstoffeintrag im Wasser. WWT 23 (1973) H. 12, S. 407.
[5.53] *Wurster, E.; Werner, G.:* Die Leipheimer Versuche zur Aufbereitung von Donauwasser. GWF 112 (1971) H. 2, S. 81–90.

6. Förderung von Flüssigkeiten und Gasen

Das Wasser kann in den seltensten Fällen vom Gewinnungsort bis zum Verbraucher im eigenen, natürlich vorhandenen Gefälle geleitet werden. Meist ist ein künstliches Heben, d. h. in diesem Sinne „Fördern", notwendig.

Im Wasserwerksbetrieb sind außer dem Wasser auch die verschiedensten Hilfsstoffe, z. B. Luft zur Filterspülung, Chemikalien zur Wasseraufbereitung, und Abfallstoffe zu fördern. Entsprechend diesen verschiedenen Medien sind auch die Fördergeräte sehr unterschiedlich.

6.1. Pumpen

Für die richtige Wahl einer Pumpe sind Grundkenntnisse über deren Konstruktion erforderlich. Je nach Fördermedium, Förderstrom, Förderhöhe, Antriebsart und wirtschaftlichen Gesichtspunkten kann dann die zweckmäßigste Pumpenbauart und -größe aus dem vielfältigen Lieferangebot ausgesucht werden.

Die Klassifizierung der Pumpen nach Funktionsprinzip und Bauart ist aus Tafel 6.1 ersichtlich.

6.1.1. Hubkolbenpumpen

Hubkolbenpumpen arbeiten nach dem Verdrängerprinzip. Durch einen hin- und hergehenden Kolben (Kolbenbauart) oder eine hin- und herschwingende Membran (Membranbauart) wird der Pumpenarbeitsraum abwechselnd vergrößert und verkleinert und durch Ventile das Fördermittel angesaugt und hinausgedrückt.

6.1.1.1. Bauarten

Die Bauarten der Kolbenpumpen werden nach der Wirkungsweise und Form des Verdrängers, der Lage und Anzahl des Pumpenzylinders oder Verdrängers, der Antriebsart und dem Verwendungszweck bezeichnet.

In der Wasserversorgung werden, soweit überhaupt Kolbenpumpen in Frage kommen, fast ausschließlich Hubkolbenpumpen in Kolbenbauart verwendet und schlechthin als „Kolbenpumpen" bezeichnet. Ihre Untergliederung erfolgt im wesentlichen nach der Zylinderanzahl und Wirkungsweise der Kolben. Sie werden als Einzylinderpumpen, Zweizylinderpumpen (Zwillingspumpen), Dreizylinderpumpen (Drillingspumpen) sowie als einfach- oder doppeltwirkende Kolbenpumpen und Differentialkolbenpumpen bezeichnet.

Bei der *einfachwirkenden Kolbenpumpe* (Bild 6.1) wird beim Saughub der Pumpenarbeitsraum vergrößert. Entsprechend der Volumenvergrößerung strömt das Fördermittel durch das geöffnete Saugventil in den Arbeitsraum, d. h., die Pumpe saugt an. Beim Druckhub wird der Pumpenarbeitsraum verkleinert und das Fördermittel durch das Druckventil verdrängt. Eine effektive Förderung geschieht also nur beim Kolbenrückgang.

Im Gegensatz hierzu saugen und fördern die *doppeltwirkenden Kolbenpumpen* beim Hin- und Rückgang wechselseitig (Bild 6.2). Es sind dementsprechend je zwei Saug- und Druckventile erforderlich.

Die *Differentialkolbenpumpe* (Bild 6.3) arbeitet saugseitig einfachwirkend und druckseitig doppeltwirkend. Dies wird durch einen stufenförmig abgesetzten Kolben (Stufenkolben) oder einen Gegenkolben mit kleinerem Durchmesser als dem des Arbeitskolbens erreicht. Beim Druckhub fließt ein Teilstrom des verdrängten Fördermediums durch eine Umgehungsleitung

6.1. Pumpen

Tafel 6.1. Klassifizierung der Pumpen (Auszug)

Verdrängerpumpen	Hubkolbenpumpen	Kolbenpumpen
		Membranpumpen
	Umlaufkolbenpumpen	Schneckenpumpen
		Schraubenspindelpumpen
		Zahnradpumpen
		Kreiskolbenpumpen
		Schlauchpumpen
Kreiselradpumpen (Strömungspumpen)	Kreiselpumpen	Kreiselpumpen radial
		Kreiselpumpen diagonal
		Kreiselpumpen axial
	Seitenkanalpumpen	Sternradpumpen
		Peripheralpumpen
		Freistrompumpen
sonstige Pumpen	Strahlpumpen	
	Gasmischheber	
	Hydraulische Widder	

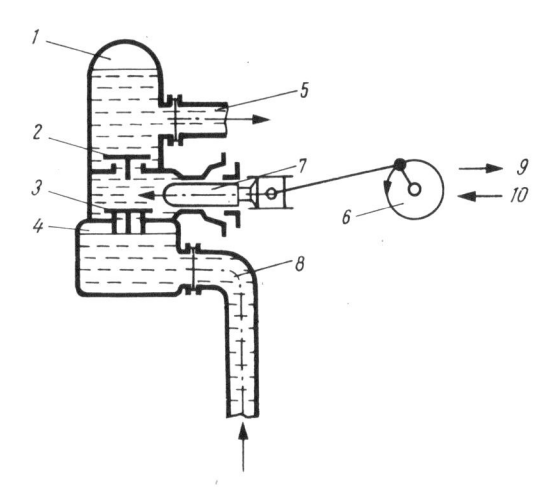

Bild 6.1 Schema einer einfachwirkenden Kolbenpumpe mit Tauchkolben (Plunger)
1 Druckwindkessel; *2* Druckventil; *3* Saugventil; *4* Saugwindkessel; *5* Druckstutzen; *6* Kurbel; *7* Plunger; *8* Saugleitung; *9* Saughub; *10* Druckhub

in den sich vergrößernden Raum auf der Kolbenrückseite und wird beim Saughub daraus wieder verdrängt.

Einfachwirkende Einzylinderkolbenpumpen werden nur für kleine Förderströme verwendet, bei denen die sehr ungleichförmige Förderung und der geringe Wirkungsgrad keine Rolle spielen, z. B. als Handpumpen und Dosierpumpen.

Differentialkolbenpumpen kommen für kleine Förderströme in Frage, wenn im Gegensatz zu einfachwirkenden Einzylinderpumpen der Energiebedarf beim Kolbenhingang und -rückgang annähernd gleich sein soll. Dies spielt besonders bei großen Druckhöhen und bei Handantrieb eine Rolle.

Im übrigen werden für mittlere Förderströme einfachwirkende Mehrzylinderpumpen und für größere Förderströme doppeltwirkende Ein- oder Mehrzylinderpumpen bevorzugt. Diese Pumpen haben in einfacher Konstruktion beim Kolbenhingang und -rückgang weitgehend ausgeglichene effektive Förderströme und annähernd gleichen Energiebedarf.

6.1.1.2. Antrieb

Kolbenpumpen eignen sich für alle Antriebsarten. Der Handbetrieb erfolgt sehr einfach durch einen hin- und herzubewegenden Schwengel über entsprechende Gelenke (Bild 6.4). Der vorzugsweise verwendete elektrische Antrieb bedingt die Reduzierung der Motordrehzahl durch

304   6.   Förderung von Flüssigkeiten und Gasen

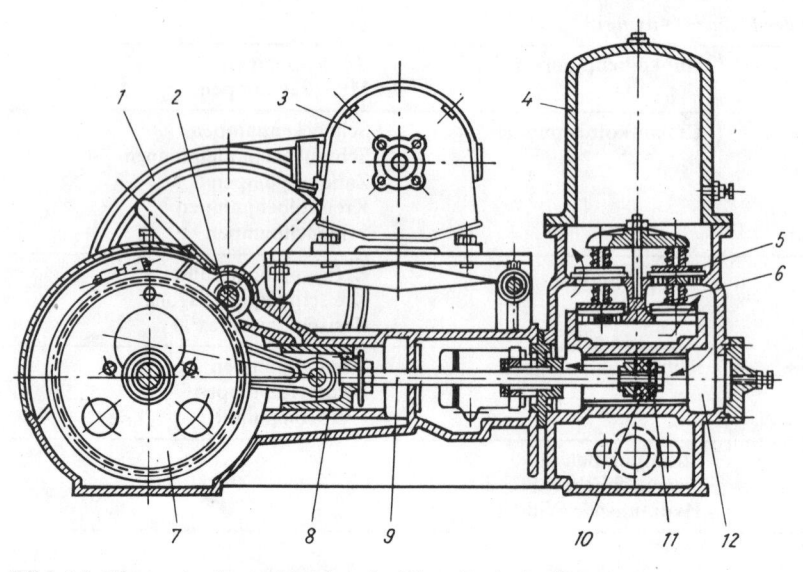

Bild 6.2 Liegende doppeltwirkende Einzylinderkolbenpumpe
1 Pumpenkeilriemenscheibe; *2* Ritzel; *3* Elektromotor; *4* Druckwindkessel; *5* Druckventile; *6* Saugventile; *7* Kurbelscheibe; *8* Kreuzkopf; *9* Kolbenstange; *10* Kolbenmanschette; *11* Scheibenkolben; *12* Zylindergehäuse; *13* Saugstutzen

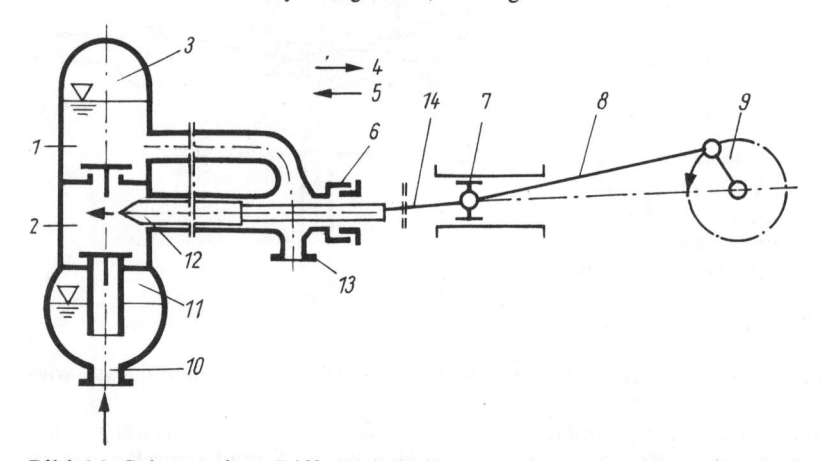

Bild 6.3 Schema einer Differentialkolbenpumpe
1 Druckventil; *2* Saugventil; *3* Druckwindkessel; *4* Saughub; *5* Druckhub; *6* Stopfbuchse; *7* Kreuzkopf; *8* Schubstange; *9* Kurbel; *10* Saugstutzen; *11* Saugwindkessel; *12* Stufenkolben; *13* Druckstutzen; *14* Kolbenstange

entsprechende Übersetzung und die Umsetzung der Drehbewegung in eine hin- und hergehende Bewegung. Dies geschieht durch eine Schubkurbel mit der ihr eigentümlichen unharmonischen Bewegung [6.1], die sich auf das Fördermedium fortpflanzt. Beim üblichen Verhältnis von Kurbelradius zu Pleuel von 1:5 beträgt die maximale Kolbengeschwindigkeit und damit Fließgeschwindigkeit des Fördermediums das 1,6fache der mittleren Kolben- bzw. Fließgeschwindigkeit. Bei einer einfachwirkenden Kolbenpumpe wird die unharmonische Bewegung noch durch den Wechsel von „Saugen" und „Drücken" überlagert, so daß die maximale Fließgeschwindigkeit das 3,2fache der mittleren Fließgeschwindigkeit beträgt.

Mit zunehmender Drehzahl arbeiten die Ventile der Kolbenpumpen ungenauer. Üblich sind Drehzahlen von 40 bis 300 min^{-1}.

6.1. Pumpen

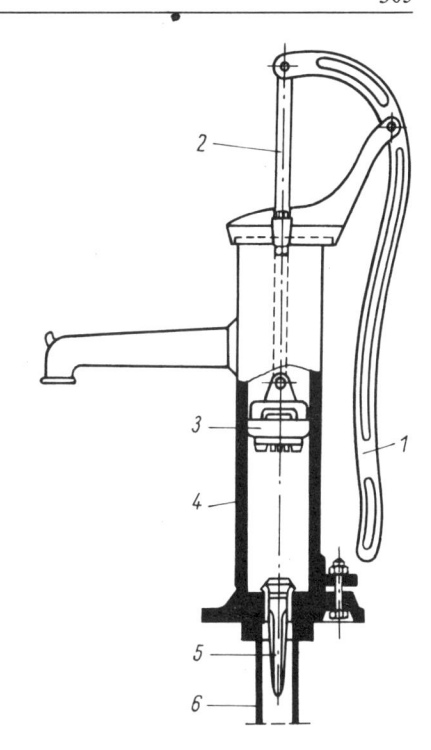

Bild 6.4 Kolbenhandpumpe für flache Brunnen
1 Schwengel; *2* Kolbenstange; *3* Ventilkolben mit Kolbenmanschette; *4* Zylinder; *5* Saugventil (Stechventil); *6* Saugrohr

6.1.1.3. Förderstrom, spezifische Förderarbeit und Förderhöhe

Der Förderstrom $\dot{V}$ der Kolbenpumpen ergibt sich aus Kolbenfläche A mal Kolbenweg s, Hubzahl f und Liefergrad λ und beträgt bei der einfachwirkenden Kolbenpumpe je Zylinder

$$\dot{V} = A \cdot s \cdot f \cdot \lambda \tag{6.1}$$

Der Liefergrad λ berücksichtigt dabei die Undichtigkeiten des Kolbens, der Stopfbuchse sowie der Ventile und beträgt bei guten Pumpen 0,90 bis 0,99.

Bei der doppeltwirkenden Kolbenpumpe ist auf der Kolbenrückseite nur die Kolbenfläche abzüglich des Kolbenstangenquerschnitts A' wirksam. Es ist dann je Zylinder

$$\dot{V} = s \cdot f \cdot \lambda \cdot (2A - A') \tag{6.2}$$

Der Stufenkolben der Differentialkolbenpumpe verteilt nur die während des Kolbenhingangs angesaugte Menge druckseitig auf Kolbenhingang und -rückgang. Der Förderstrom ist also der gleiche wie bei einer einfachwirkenden Kolbenpumpe.

Der angesaugte und geförderte Flüssigkeitsstrom während eines Hubes ist bei Kolbenpumpen mit Kurbelantrieb direkt proportional der Kolbengeschwindigkeit. Bei Mehrkolbenpumpen überlagern sich die Förderkurven der versetzt angeordneten Kolben und gleichen so die Schwankungen teilweise aus. Ein völlig konstanter Förderstrom wird aber weder bei Mehrkolbenpumpen noch bei Differentialkolbenpumpen erreicht.

Durch Anordnung von Saug- und Druckwindkesseln, wie sie bei den meisten Pumpen im Pumpengehäuse selbst angeordnet sind, werden die Förderschwankungen z. T. ausgeglichen.

Der Förderstrom einer Kolbenpumpe ist dem Kolbenquerschnitt, dem Kolbenweg und der Hubzahl (Drehzahl) direkt proportional und kann dementsprechend verändert werden. Eine Förderstromregelung ohne Pumpenumbau ist dabei durch Drehzahlregelung des Antriebs oder bei besonderen Konstruktionen auch durch Kolbenwegveränderung möglich, s. Dosierpumpen.

Die von der Pumpe zwischen Saug- und Druckstutzen an die Förderflüssigkeit übertragene nutzbare mechanische Arbeit wird auf die Masse bezogen als spezifische Förderarbeit bezeichnet. Sie ist meßbar als

$$Y = g\,(z_D - z_S) + \frac{p_D - p_S}{\rho} + \frac{v_D^2 - v_S^2}{2} \qquad (6.3)$$

Y spezifische Förderarbeit in m²/s²
g Erdbeschleunigung in m/s²
ρ Dichte der Förderflüssigkeit in kg/m³
$z_D - z_S$ geodätischer Höhenunterschied zwischen den Meßstellen am Druck- und Saugstutzen in m
$p_D - p_S$ Druckunterschied zwischen Druck- und Saugstutzen in Pa
$v_D^2 - v_S^2$ Differenz zwischen den Quadraten der Strömungsgeschwindigkeiten im Druck- und Saugstutzen in m²/s²

In der Praxis ist meist noch der Begriff Förderhöhe üblich. Die Förderhöhe wird definiert als spezifische Förderarbeit, geteilt durch die Erdbeschleunigung.

$$H = \frac{Y}{g} \qquad (6.4)$$

Die Förderhöhe hat die Einheit Meter und entspricht dem Druck, den eine Flüssigkeitssäule des jeweiligen Fördermediums mit der Höhe H ausübt.

$$H = z_D - z_S + \frac{p_D - p_S}{\rho \cdot g} + \frac{v_D^2 - v_S^2}{2\,g} \qquad (6.5)$$

Der Förderstrom einer Kolbenpumpe ist nahezu unabhängig von der spezifischen Förderarbeit bzw. Förderhöhe. Lediglich die Undichtigkeiten nehmen mit steigendem Druck geringfügig zu, und damit wird der Liefergrad schlechter (Bild 6.5). Der Förderstrom ist als Volumenstrom ausgedrückt, unabhängig von der Dichte des Fördermediums.

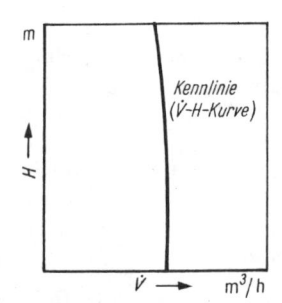

Bild 6.5 Kennlinie ($\dot{V}$-H-Kurve) einer Kolbenpumpe

Die Saughöhe einer Kolbenpumpe ist, wie die Saughöhe jeder anderen Flüssigkeitspumpe, vom Dampfdruck des Fördermediums abhängig. Die Druckhöhe dagegen ist theoretisch unendlich groß und wird nach oben durch die Festigkeit der Pumpe und all ihrer Einzelteile und die Antriebsleistung begrenzt. Das Verdrängerprinzip der Kolbenpumpe und die Tatsache, daß die in Frage kommenden Fördermedien nahezu inkompressibel sind, haben zur Folge, daß bei geschlossener Druckleitung die Förderung sehr schnell zu einem enormen Druckanstieg führt, bis das schwächste Glied zerstört wird. Dies können die Rohrleitung, die Pumpe oder der Antrieb sein. Entsprechende Sicherheitsvorkehrungen (Sicherheitsventil in der Druckrohrleitung) sind unerläßlich. Über die Berechnung der erforderlichen Förderhöhe s. Abschn. 6.2.2.

6.1.1.4. Windkessel

Die Förderschwankungen der Kolbenpumpen mit Kurbelantrieb führen in den Saug- und Druckrohrleitungen zu extrem hohen Reibungsverlusten bei maximalem Förderstrom und großen Beschleunigungen bzw. Verzögerungen des Fördermediums in den Rohrleitungen bei Kolbenumkehr in den Totpunkten. Daraus resultieren große Druckschwankungen und Druckstöße in den Rohrleitungen und stark schwankender Leistungsbedarf der Pumpe.

Durch Saug- und Druckwindkessel werden diese Förderschwankungen weitgehend ausgegli-

6.1. Pumpen

chen. Die Windkessel sind teils mit Luft, teils mit dem Fördermedium gefüllt. Das Volumen des Luftpolsters ändert sich umgekehrt proportional zum Druck. Die Volumenänderung soll weitgehend gleich der Fluktuation zwischen konstantem Förderstrom in der Rohrleitung und dem schwankenden Förderstrom der Pumpe selbst sein.

Der völlige Ausgleich der Förderschwankungen der Pumpe würde einen unendlich großen Windkessel erfordern. Daraus resultiert, daß bei Kolbenpumpen mit Kurbelantrieb, auch bei Anordnung von Windkesseln, nie ein völlig konstanter Förderstrom erreicht werden kann. Das Pulsieren des Förderstroms kann jedoch auf ein erträgliches Maß reduziert werden.

Zwischen Windkessel und Pumpe bleiben die ursprünglichen Förderschwankungen bestehen. Die Windkessel werden deshalb so nah wie möglich am Pumpenzylinder, meist im Pumpengehäuse selbst, angeordnet (s. Bild 6.3).

Die in der Pumpe eingebauten Windkessel werden durch die Herstellerwerke nicht für den speziellen Förderfall bemessen, sondern generell für den Pumpentyp nach Erfahrungswerten als Vielfaches des Hubvolumens. Der Einfluß des in der Rohrleitung schwingenden Fördermediums ist also nicht berücksichtigt. Bei langen Druckleitungen kommt deshalb gegebenenfalls noch ein zusätzlicher Druckwindkessel außerhalb der Pumpe in Frage.

Die Windkessel haben – besonders bei langen Druckrohrleitungen – außer dem Ausgleich der Förderschwankungen während einer Kurbelumdrehung noch eine weitere Aufgabe. Beim Anfahren einer Kolbenpumpe tritt, auch wenn es sich um eine doppeltwirkende oder Mehrzylinderpumpe oder sogar Differentialkolbenpumpe handelt, infolge der sofort einsetzenden vollen Förderung eine starke Beschleunigung des in der Rohrleitung stehenden Fördermediums auf. Die Energie für diese Beschleunigung muß entweder durch einen entsprechend bemessenen Antriebsmotor geliefert oder die Beschleunigung durch einen Druckwindkessel verringert werden.

Die exakte Bemessung der Windkessel ist nach [6.24] möglich.

6.1.1.5. Wirkungsgrad

Der Wirkungsgrad einer Kolbenpumpe setzt sich wie folgt zusammen:

$$\eta = \lambda \cdot \eta_h \cdot \eta_m \tag{6.6}$$

η Gesamtwirkungsgrad der Pumpe selbst und der Einrichtungen zur Kraftübertragung (Übersetzungen usw.). Er beträgt normalerweise 0,65 bis 0,80. Bei kleinen einfachwirkenden Einzylinderpumpen sinkt der Gesamtwirkungsgrad bis 0,30, und große Kolbenpumpen mit direktem Antrieb durch Dampfmaschinen haben Gesamtwirkungsgrade bis 0,90.

λ Liefergrad, d. h. Verhältnis zwischen dem tatsächlichen und dem theoretischen Förderstrom. Die Differenz entsteht durch Undichtigkeiten der Kolbendichtung, verzögertes Schließen der Ventile und die durch Gasgehalt des Fördermediums entstehende Kompressibilität. Der Liefergrad guter Pumpen beträgt 0,90 bis 0,99, wobei der höhere Wert für große Pumpen gilt.

η_h hydraulischer Wirkungsgrad. Er berücksichtigt die hydraulischen Reibungsverluste in der Pumpe und beträgt je nach Ausbildung der durchflossenen Kanäle und Ventile 0,85 bis 0,98.

η_m mechanischer Wirkungsgrad. Er umfaßt die mechanischen Reibungswiderstände der Pumpe sowie Kraftübertragung und liegt bei 0,85 bis 0,90 bzw. bei direktem Antrieb durch Dampfmaschinen bis 0,96.

6.1.1.6. Dosierpumpen

Der Förderstrom von Kolbenpumpen ändert sich linear mit dem Hubweg und der Hubzahl und ist weitgehend unabhängig von der Förderhöhe. Kolbenpumpen eignen sich somit vorzüglich zum Dosieren von Flüssigkeiten. Die Dosierungstoleranz beträgt etwa ± 1 % innerhalb eines Förderstrombereichs 1:10. Der Förderstrom wird stufenlos geregelt durch
- Veränderung des Hubwegs mit Hilfe eines speziell ausgebildeten Antriebs
- Veränderung der Hubzahl mit Hilfe eines vorgeschalteten Getriebes bei konstanter Motordrehzahl oder eines drehzahlgeregelten Motors.

Die Verstellung kann bei den meisten Pumpen sowohl im Betrieb als auch bei Stillstand durchgeführt werden, und zwar von Hand, elektrisch oder pneumatisch.

Kolbendosierpumpen werden einfachwirkend und oft ohne Windkessel gebaut – letzteres, um unerwünschte chemische Reaktionen zwischen Fördermedium und Luft zu vermeiden. Dies hat zur Folge, daß sich die pulsierende Kolbengeschwindigkeit voll auf den Förderstrom überträgt. Der maximale Förderstrom beträgt dabei etwa das 3,2fache des mittleren Förderstroms. Für die unterschiedlichen Fördermedien werden die verschiedensten Pumpenwerkstoffe und Sonderkonstruktionen eingesetzt. Besondere Vorkehrungen sind bei der Dosierung von Suspensionen, z. B. Kalkmilch, und giftigen oder explosiblen Flüssigkeiten, z. B. Chlorlösungen, notwendig.

Durch eine Spüllaterne im Stopfbuchsraum (Bild 6.6) kann eine Sperrflüssigkeit in die Stopfbuchse gepreßt werden. Dadurch wird die Gleitfläche zwischen Plunger und Stopfbuchspackung gespült, und es können keine schmirgelnden Feststoffe eindringen. Es ist auch möglich,

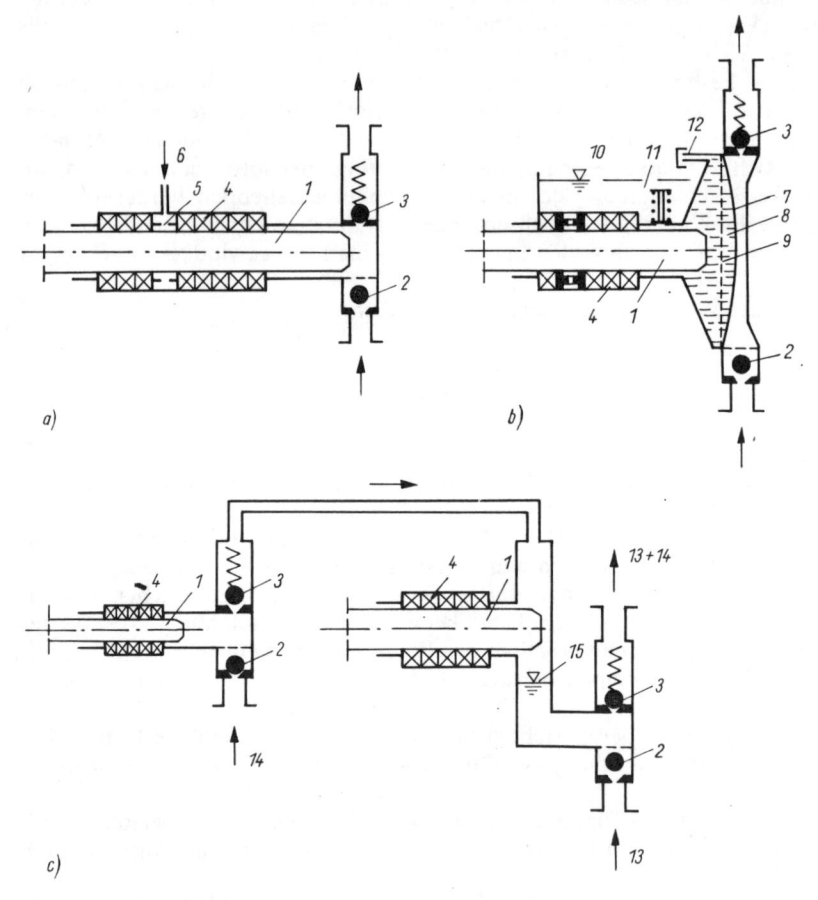

Bild 6.6 Dosierpumpen mit Schutz der Stopfbuchse gegen Feststoffe oder gefährliche Leckverluste
a) Kolbendosierpumpe mit Spüllaterne im Stopfbuchsraum; b) Membrandosierpumpe; c) Zwillings-Kolbendosierpumpe mit Freihaltung der Stopfbuchse vom Fördermedium durch Gegenstrom beim Saughub
1 Plunger; *2* Saugventil; *3* federbelastetes Druckventil; *4* Stopfbuchse; *5* Spüllaterne; *6* Sperrflüssigkeit; *7* Membran; *8* Hydraulikmedium; *9* Lochplatte; *10* Leckverluste des Hydraulikmediums; *11* Sicherheitsventil; *12* Entlüftungsschraube; *13* Fördermedium; *14* Verdrängungsflüssigkeit; *15* höchster Stand des Fördermediums

6.1. Pumpen

die Leckverluste gefährlicher Fördermedien durch die Sperrflüssigkeit chemisch zu binden. Die in den Pumpenraum eindringende Sperrflüssigkeit beeinflußt die Dosiergenauigkeit.

Absolute Dichtigkeit garantiert die stopfbuchslose Förderung der Membrandosierpumpen (Bild 6.6). Bei dieser Pumpe wird die Bewegung des Plungers durch eine Hydraulikflüssigkeit auf eine Membran übertragen. Der Hydraulikraum muß einwandfrei entlüftet werden. Die Leckverluste der Hydraulikflüssigkeit sind laufend zu kontrollieren und zu ergänzen. Die Membran unterliegt hohem Verschleiß und muß turnusgemäß, etwa halbjährlich, ausgewechselt werden. Der Totraum ist bei Membrandosierpumpen größer als bei Kolbendosierpumpen. Dadurch ist der Liefergrad stärker druckabhängig und die Dosiergenauigkeit etwas geringer.

Für stark schleißende Suspensionen kann durch den zweiten Kolben einer Zwillings-Kolbendosierpumpe ein Verdrängerstrom beim Saughub des ersten Kolbens in dessen Arbeitsraum gedrückt werden (Bild 6.6c). Der Verdrängerstrom ist so groß, daß der höchste Flüssigkeitsspiegel der Suspension unterhalb der Stopfbuchse liegt. Als Verdrängungsflüssigkeit wird zweckmäßig die Trägerflüssigkeit der Suspension verwendet, bei Kalkmilch z. B. Reinwasser.

Um die richtige Konstruktion anbieten zu können, sind dem Pumpenlieferwerk die Einsatzbedingungen der Pumpen und Eigenschaften des Fördermediums ausführlich zu nennen. Besonders wichtig sind solche Eigenschaften wie gasend, giftig, explosibel, auskristallisierend, feste Beimengungen enthaltend, temperaturempfindlich und aggressiv gegen bestimmte Werkstoffe.

Im Interesse der Dosierungsgenauigkeit sind bei der Pumpenauswahl, der Konstruktion und dem Betrieb der Anlage folgende Forderungen zu beachten:
– Die Ventile in der Pumpe müssen einwandfrei arbeiten. Deshalb sollen Saug- oder Zulaufhöhe möglichst klein sein. Am besten steht die Pumpe niveaugleich mit der anzusaugenden Flüssigkeit; bei zähflüssigen Fördermedien muß Zulauf vorhanden sein. Die Förderhöhe soll nicht negativ, sondern mindestens 1/3 größer als der Zulaufdruck sein. Gegebenenfalls ist dies durch eine belüftete Rohrschleife oder ein Druckminderventil in der Druckleitung zu erzwingen. Gewichts- oder federbelastete Pumpenventile schließen besser als unbelastete Ventile.
– Die Pumpe darf in ihrem Förderstrom nicht überbemessen werden. Die Dosiergenauigkeit ist im obersten Drittel des Regelbereichs am besten.
– Der Totraum der Pumpe soll möglichst konstant sein. Dies wird erreicht, wenn der Hubweg nur im hinteren Totpunkt verändert oder durch Hubzahlregelung dosiert wird.
– Saug- und Druckleitung möglichst kurz halten.

6.1.1.7. Membran- und Flügelpumpen

Membran- oder Diaphragmapumpen haben an Stelle eines Kolbens eine hin- und herschwingende elastische Membran. Sie werden durch Hand oder auch elektrisch über eine Kurbel angetrieben. Die Kraft wird entweder direkt über die mit der Membran verbundene „Kolbenstange" (Bild 6.7) oder durch einen in einer Hydraulikflüssigkeit arbeitenden Kolben übertragen, der seine Bewegung durch die Flüssigkeit auf die Membran überträgt. Membranpumpen werden für verschmutzte und sandhaltige Fördermedien bei meist geringen Förderhöhen und Saughöhen bis 6 m verwendet, besonders zur Wasserhaltung in Baugruben.

Flügelpumpen haben hin- und herschwingende Ventilkolben (Bild 6.8). Sie werden als Handpumpen für kleine Förderströme und Förderhöhen zur Einzelwasserversorgung und Entwässerung von Bauwerken benutzt. Die Saughöhe beträgt bis 7 m, nimmt aber durch Abnutzung stark ab.

6.1.1.8. Vorteile, Nachteile und Verwendung von Hubkolbenpumpen

Die Vorteile einer Hubkolbenpumpe sind
– guter Wirkungsgrad auch bei kleinen Pumpen
– Handantrieb möglich
– konstanter Förderstrom bei jeder Förderhöhe
– keine Überlastung des Motors bei sinkender Förderhöhe
– große Saughöhe.

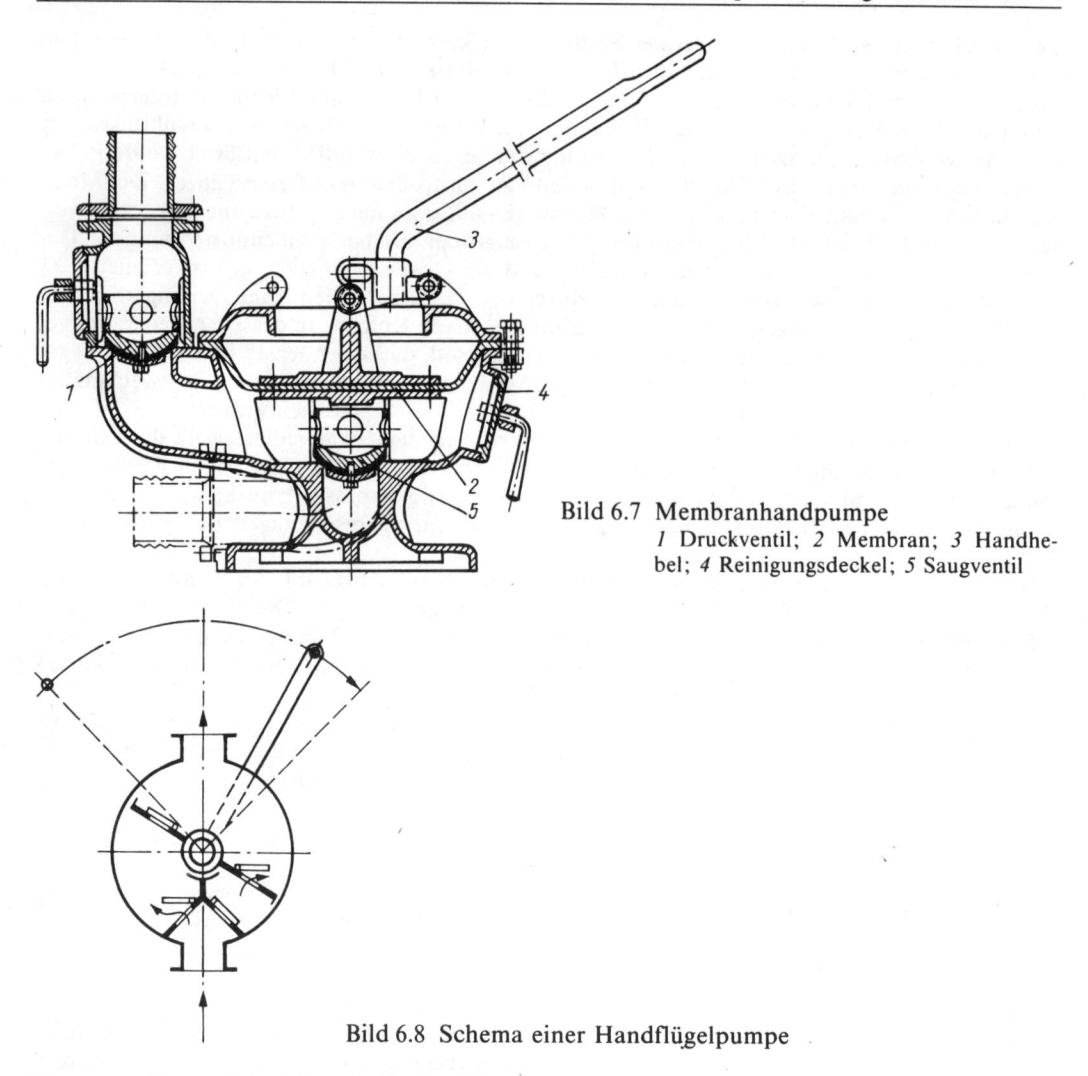

Bild 6.7 Membranhandpumpe
1 Druckventil; *2* Membran; *3* Handhebel; *4* Reinigungsdeckel; *5* Saugventil

Bild 6.8 Schema einer Handflügelpumpe

Demgegenüber stehen folgende Nachteile:
- Bei elektrischem Antrieb muß die Drehzahl des Motors reduziert und die Drehbewegung in eine hin- und hergehende Bewegung umgesetzt werden. Dabei entstehen mechanische Reibungsverluste, die den Gesamtwirkungsgrad herabsetzen.
- pulsierende Förderung, die auch durch Windkessel nicht völlig beseitigt werden kann
- schwerer Anlauf wegen der großen Beschleunigung
- meist größerer Platzbedarf als Kreiselpumpen
- Anfälligkeit der Ventile
- Verschleiß der Kolbendichtung und Zylinder, besonders bei Verunreinigungen im Fördermedium
- Die große Beschleunigung des Fördermediums beim Anfahren und die Verzögerung beim Abschalten können empfindliche Druckstöße hervorrufen.

Seitdem der Elektromotor die vorherrschende Antriebsart ist und durch den hohen Entwicklungsstand der Kreiselpumpen, sind die Kolbenpumpen in der Wasserversorgung bis auf Sonderfälle verdrängt worden.

Sie werden im wesentlichen heute nur noch verwendet:
- bei kleinen bis mittleren Förderströmen und im Verhältnis dazu großen Förderhöhen

6.1. Pumpen

- bei kleinen bis mittleren Förderströmen und stark schwankenden Förderhöhen, z. B. bei Hydrophoranlagen
- als Handpumpen in der Einzelwasserversorgung und zur Entwässerung von Bauwerken bei Förderströmen bis 4 m^3/h und Förderhöhen bis 30 m
- als Dosierpumpen.

Doch auch in diesen Anwendungsbereichen wird man, mit Ausnahme der Hand- und Dosierpumpen, zuerst die einfachere Kreiselradpumpe mit Elektromotor in Betracht ziehen und erst dann eine Kolbenpumpe wählen, wenn deren Vorteile im speziellen Fall eindeutig überwiegen.

6.1.2. Umlaufkolbenpumpen

Umlaufkolbenpumpen, auch Kapselpumpen genannt, haben rotierende Verdränger, die den Saugraum stetig vergrößern und den Druckraum stetig verkleinern, so daß sie ohne Ventile das Fördermedium ansaugen und verdrängen (Bild 6.9).

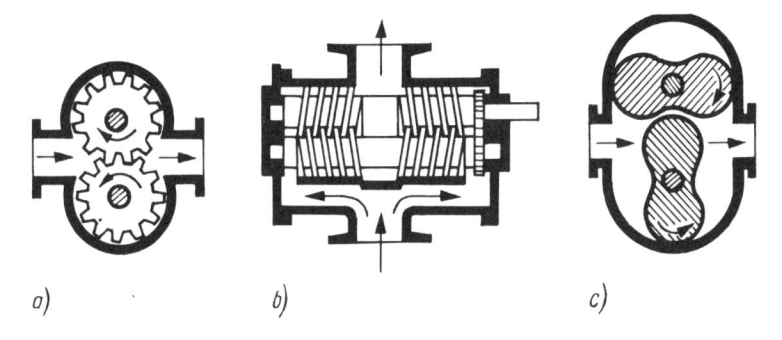

Bild 6.9 Umlaufkolbenpumpen
  a) Zahnradpumpe; b) Schrauben- oder Spindelpumpe; c) Kreiskolbenpumpe

Die einfachste Konstruktion ist die *Zahnradpumpe*. Zwei gegeneinanderlaufende Zahnräder stellen dabei den Verdränger dar. Die Dichtung zwischen Saug- und Druckraum erfolgt durch die Berührungsflächen der Zahnräder. Zahnradpumpen sind einfach im Aufbau und betriebssicher. Der Gesamtwirkungsgrad beträgt jedoch nur 0,45 bis maximal 0,70 und der Liefergrad etwa 0,9. Zahnradpumpen werden für sehr kleine bis mittlere Förderströme und hohe Drücke gebaut. Sie eignen sich für fast alle Fördermedien ohne mechanische Verunreinigungen und werden besonders zur Schmiermittelförderung und für Ölhydraulikanlagen verwendet.

Schrauben- oder Spindelpumpen und *Kreiskolbenpumpen* werden besonders für zähflüssige Fördermedien verwendet.

Infolge der rotierenden Arbeitsweise eignen sich die Umlaufkolbenpumpen besser als die Hubkolbenpumpen für den elektromotorischen Antrieb. Der Förderstrom der Umlaufpumpen ist stetig. Durch den Schlupf zwischen den Verdrängern nehmen Liefergrad und damit Förderstrom mit steigendem Druck stärker ab als bei Hubkolbenpumpen. Die Förderhöhe ist theoretisch unendlich groß; es sind also auch hier Sicherheitsventile notwendig. Der Verschleiß der Umlaufkolben setzt den Liefergrad stark herab.

Umlaufkolbenpumpen kommen, außer zur Schmiermittelförderung, in der Wasserversorgung gegebenenfalls zur Förderung von flüssigen Chemikalien in Frage.

Umlaufkolbenpumpen arbeiten selbstansaugend; bei zähflüssigen Fördermedien ist jedoch Zulauf zur Pumpe erforderlich.

6.1.3. Kreiselradpumpen

Das Funktionsprinzip einer Kreiselradpumpe ist umgekehrt dem einer Turbine. Im Arbeitsraum der Pumpe sind auf einer Welle ein oder mehrere rotierende Laufräder angeordnet. Durch sie wird dem im Laufrad befindlichen Fördermedium, zwischen Laufradeintritt und -austritt, eine Beschleunigung erteilt. Am Laufradeintritt entsteht hierdurch ein Unterdruck, so daß die Förderflüssigkeit nachströmt, d. h., die Pumpe saugt an. Am Laufradaustritt wird die dem Fördermedium innewohnende Geschwindigkeitsenergie zum größten Teil in Druckenergie umgesetzt.

6.1.3.1. Bauarten
Die Bauarten werden nach den verschiedensten Merkmalen und Gesichtspunkten gegliedert, am typischsten jedoch nach Anzahl, Form und Anordnung der Laufräder:
a) nach Anzahl der Laufräder (= Stufenzahl) in einstufige, zweistufige, dreistufige Kreiselradpumpen usw.
b) nach Strömungsrichtung am Laufradaustritt, die radial, diagonal oder axial sein kann (s. Abschn. 6.1.3.3.)
c) nach ein- oder zweiseitigem Zufluß zum Laufrad in einflutige oder zweiflutige Pumpen
d) nach Anordnung der Welle, die die Laufräder trägt, in horizontale und vertikale Kreiselpumpen.

Zu den Kreiselradpumpen zählen außer den üblichen Kreiselpumpen noch die Seitenkanalpumpen. Bei diesen Pumpen kommt zu dem bereits beschriebenen Funktionsprinzip noch eine Impulswirkung durch Turbulenz des Fördermediums zwischen dem Laufrad und den in den Stirnseiten des Pumpengehäuses eingelassenen Seitenkanälen (s. Abschn. 6.1.3.7.).

6.1.3.2. Förderstrom, spezifische Förderarbeit und Förderhöhe
Die spezifische Förderarbeit bzw. die Förderhöhe haben für Kreisradpumpen die gleiche Definition wie für Kolbenpumpen (s. Abschn. 6.1.1.3.). Förderstrom und Förderhöhe sind jedoch nach einer speziellen Funktion, der sogenannten *Pumpenhauptgleichung*, miteinander verknüpft. Maßgebend hierfür sind die Strömungsverhältnisse im Laufrad.

Das Fördermedium erhält durch die Rotation des mit Schaufeln besetzten Laufrads eine Umlaufgeschwindigkeit und durch die Fliehkraft eine radiale Geschwindigkeitskomponente. Die Flüssigkeitsteilchen bewegen sich nach Richtung und Größe auf der Resultierenden dieser beiden Geschwindigkeitsvektoren und beschreiben eine Bahn zwischen Laufradeintritt und -austritt, wie in Bild 6.10 dargestellt.

Bezeichnet man mit
u die Umlaufgeschwindigkeit
w die auf das Laufrad bezogene relative Geschwindigkeit der Flüssigkeitsteilchen
c die absolute Geschwindigkeit der Flüssigkeitsteilchen als Resultierende aus u und w
und mit den Indizes
1 den Laufradeintritt
2 den Laufradaustritt,

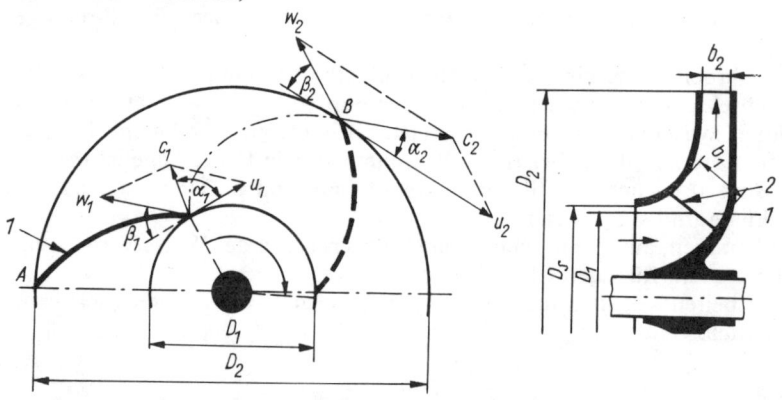

Bild 6.10 Geschwindigkeitsverhältnisse im Laufrad
-.- Bahn des Fördermediums bei Bewegung der Laufradschaufel von A nach B
1 Laufradschaufel; *2* Einlaufkante der Laufradschaufel

6.1. Pumpen

so ergeben sich die in Bild 6.10 dargestellten Geschwindigkeitsparallelogramme am Laufradeintritt und -austritt.

Die Energiezufuhr, die das Fördermedium erhält, beträgt als Förderhöhe in Meter Flüssigkeitssäule ausgedrückt [6.14]:

a) Druckhöhe durch Fliehkraft

$$H_u = \frac{u_2^2 - u_1^2}{2g} \tag{6.7}$$

b) Druckhöhe durch Geschwindigkeitsabnahme infolge Querschnittserweiterung zwischen Laufradeintritt und -austritt

$$H_w = \frac{w_1^2 - w_2^2}{2g} \tag{6.8}$$

c) Geschwindigkeitshöhe durch Steigerung der absoluten Strömungsgeschwindigkeit

$$H_c = \frac{c_2^2 - c_1^2}{2g} \tag{6.9}$$

Damit alle Flüssigkeitsteilchen die gleiche Bahn beschreiben, wäre die Führung der Flüssigkeitsteilchen durch unendlich viele Schaufeln erforderlich. Unter dieser Voraussetzung und ohne Reibungsverluste beträgt die gesamte Energiezunahme theoretisch

$$H_{th\infty} = \frac{u_2^2 - u_1^2 + w_1^2 - w_2^2 + c_2^2 - c_1^2}{2g} \tag{6.10}$$

Berücksichtigt man die endliche Schaufelzahl durch den Faktor $k < 1$ und die Reibungsverluste durch den hydraulischen Wirkungsgrad η_h, so ergibt sich die tatsächliche Förderhöhe H zu

$$H = k \cdot \eta_h \cdot H_{th} \tag{6.11}$$

Für $\alpha_1 = 90°$ gemäß Bild 6.10, was für die meisten Kreiselpumpen zutrifft, wird nach Umformung der Gln. (6.10) und (6.11)

$$H = k \cdot \eta_h \cdot \frac{u_2 \cdot \cos\alpha_2 \cdot c_2}{g} \tag{6.12}$$

Diese *Pumpenhauptgleichung* ist die Grundlage für die Konstruktion von Kreiselpumpen.

Die nach der Hauptgleichung errechnete Förderhöhe bezieht sich auf das Flüssigkeitsteilchen. Der Förderstrom wird bei gegebener Drehzahl und Laufradform und damit entsprechend Geschwindigkeitsparallelogramm festliegender Absolutgeschwindigkeit durch den Durchflußquerschnitt bestimmt. Nach Einsetzen des Durchflußstroms dividiert durch Durchflußquerschnitt an Stelle der Absolutgeschwindigkeit ergibt sich die *Pumpenhauptgleichung*

$$H = k \cdot \eta_h \cdot \frac{u_2}{g} \left(u_2 - \frac{\dot{V} \cdot \cot\beta_2}{D_2 \cdot \pi \cdot b_2} \right) \tag{6.13}$$

Die Hauptgleichung bezieht sich auf die von einem Laufrad erzeugte Förderhöhe. Durch Hintereinanderschalten von n Laufrädern zu einer n-stufigen Pumpe wird die n-fache Förderhöhe erreicht.

Die möglichst verlustarme Umsetzung der Geschwindigkeitsenergie nach Gl. (6.9) in Druckenergie erfolgt durch Querschnittserweiterung nach dem Austritt des Fördermediums aus dem Laufrad (s. Abschn. 6.1.3.4.).

Nach der Pumpenhauptgleichung ergibt sich für konstante Drehzahl – ausgedrückt durch die Umlaufgeschwindigkeit u_2 – unter Vernachlässigung des Faktors k für die Schaufelzahl und des hydraulischen Wirkungsgrads die in Bild 6.11 dargestellte Beziehung zwischen Förderhöhe H

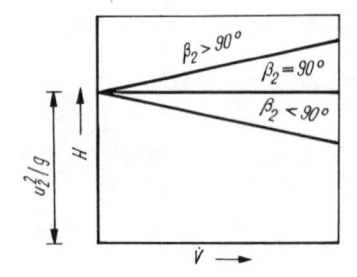

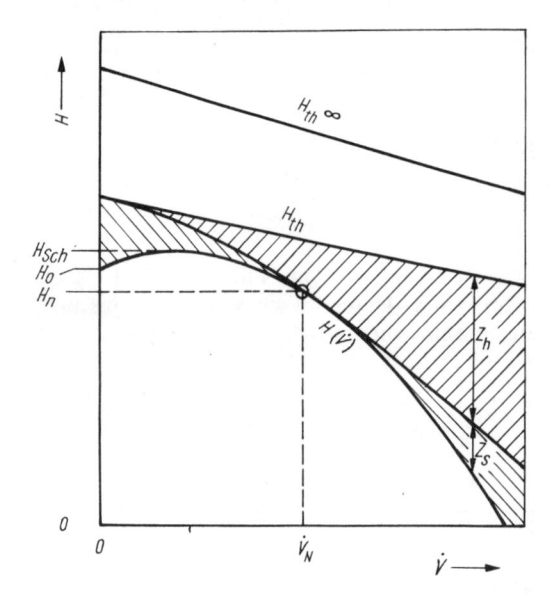

Bild 6.11 Theoretische Drosselkurve für vorwärtsgekrümmte Laufradschaufel $\beta_2 > 90°$; für senkrecht endende Laufradschaufel $\beta_2 = 90°$; für rückwärtsgekrümmte Laufradschaufel $\beta_2 < 90°$

Bild 6.12 Theoretische und praktische Drosselkurve einer Kreisradpumpe mit rückwärtsgekrümmten Laufradschaufeln
$\dot V$ Förderstrom
H Förderhöhe
$\dot V_n$ Nennförderstrom ⎫ Arbeitspunkt
                        mit bestem
H_n Nennförderhöhe ⎭ Wirkungsgrad
H_0 Nullförderhöhe, Förderhöhe beim Förderstrom = 0
H_{Sch} Scheitelförderhöhe
$H_{th \infty}$ theoretische Förderhöhe bei unendlicher Schaufelanzahl
H_{th} theoretische Förderhöhe bei endlicher Schaufelanzahl
Z_h Reibungsverlust in der Pumpe
Z_s Stoßverluste am Laufradein- und -austritt
$H(\dot V)$ praktische Drosselkurve (Pumpenkennlinie)

und Förderstrom $\dot V$ für senkrechtes Schaufelende ($\beta_2 = 90°$), vorwärtsgekrümmte Laufradschaufel ($\beta_2 > 90°$) und rückwärtsgekrümmte Laufradschaufel ($\beta_2 < 90°$).

Für die fast ausschließlich verwendete rückwärtsgekrümmte Laufradschaufel fällt die Förderhöhe mit steigendem Förderstrom. Nach Berücksichtigung aller einflußnehmenden Faktoren ergibt sich im Prinzip die in Bild 6.12 dargestellte tatsächliche $H(\dot V)$-Kurve, auch Drosselkurve oder Pumpenkennlinie genannt. Bei konstanter Drehzahl liegen alle Arbeitspunkte einer Kreiselpumpe auf ihrer Kennlinie, d. h., zu jedem Förderstrom gehört eine bestimmte Förderhöhe und umgekehrt.

Die Differenzen zwischen der theoretischen Kennlinie für unendlich viele Laufradschaufeln und der tatsächlichen Kennlinie entstehen durch

a) die endliche Laufradschaufelzahl. Sie hat zur Folge, daß nicht alle Flüssigkeitsteilchen die ideale Bahn, geführt durch die Schaufelkrümmung, beschreiben. Der dies berücksichtigende Faktor k in der Pumpenhauptgleichung ist nicht nur von der Schaufelzahl, sondern auch der Schaufelform abhängig und muß experimentell ermittelt werden.

b) die Reibungsverluste in der Pumpe, die mit der Fließgeschwindigkeit, d. h. auch mit dem Förderstrom, etwa quadratisch wachsen

c) die sogenannten Stoßverluste am Laufradeintritt und -austritt, die dadurch entstehen, daß die festgelegte Schaufelkrümmung an Eintritt und Austritt (β_1 und β_2) nur für eine bestimmte Eintritts- und Austrittsgeschwindigkeit — also auch nur für einen bestimmten Förderstrom (Nennförderstrom) — ideal ist. Bei kleineren oder größeren Förderströmen entspricht die Schaufelkrümmung nicht mehr genau der relativen Strömungsrichtung, und es entstehen Energieverluste. Diese Verluste wachsen, je mehr der jeweilige Förderstrom vom Nennförderstrom nach oben oder unten abweicht.

6.1. Pumpen

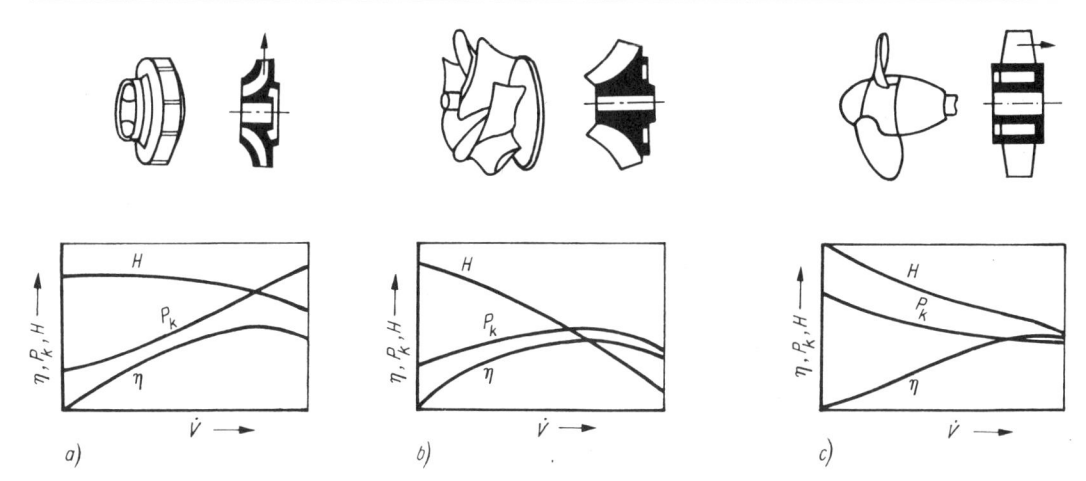

Bild 6.13 Laufradformen und deren Kennlinien
$\dot{V}$ Förderstrom; H Förderhöhe; P_K Kupplungsleistung; η Wirkungsgrad
a) Radialrad; b) Diagonal- oder Schraubenrad; c) Axialrad oder Propeller

Die Drosselkurve ist, wenn man die Förderhöhe in Meter Flüssigkeitssäule und den Förderstrom als Volumenstrom in l/s oder m³/h darstellt, unabhängig von der Dichte des Fördermediums. Sie gilt also für Wasser genauso wie für die „schwerere" Schwefelsäure oder das „leichtere" Benzin. Die Zähigkeit des Fördermediums beeinflußt jedoch den Kennlinienverlauf. Mit zunehmender kinematischer Zähigkeit nimmt die Reynoldszahl ab und damit der Reibungsverlust in der Pumpe zu. Von praktischer Bedeutung ist dies jedoch nur für Fördermedien mit kinematischen Zähigkeiten $> 5 \cdot 10^{-5}$ m²/s [6.2].

Die in Bild 6.12 dargestellte tatsächliche $H(\dot{V})$-Kurve steigt von der Nullförderhöhe H_0 mit wachsendem Förderstrom bis zu einem Maximum schwach an und fällt dann wieder ab. Zu einer Förderhöhe $\geq H_0$ gehören jeweils zwei verschiedene Förderströme. In diesem labilen Bereich kann der Förderstrom somit nicht garantiert werden. Pumpen mit labilen Kennlinien sollen nur mit Förderhöhen $< H_0$ gefahren werden. Dies schränkt die Möglichkeit der Pumpendrosselung und des Parallelfahrens mehrerer Pumpen (s. Abschn. 6.2.4.) stark ein. Es werden deshalb weitgehend stabile Kennlinien, d. h. von H_0 an fallende Kennlinien, angestrebt. Sie werden durch stark rückwärtsgekrümmte Schaufeln, also kleine β_2, und Kleinhaltung der Stoßverluste erreicht. Der kleine Winkel β_2 hat nach Bild 6.11 eine steile theoretische Drosselkurve zur Folge, so daß die Stoßverluste bei $\dot{V} = 0$ keinen labilen Kennlinienverlauf mehr hervorrufen können.

Auch mehrstufige Pumpen ergeben steile Drosselkurven, da die zu den jeweiligen Förderströmen gehörenden Förderhöhen einer Stufe, mit der Stufenzahl multipliziert, eine steilere Neigung der Kennlinie ergeben.

Steile Drosselkurven sind bei schwankenden Förderhöhen, z. B. für Hydrophoranlagen und Parallellauf mehrerer Pumpen, vorteilhaft. Flache Drosselkurven sind bei der Drosselung von Pumpen und schwankendem Förderstrom, z. B. für direkte Wasserförderung in das Rohrnetz ohne Behälter, günstiger.

Aus der Drosselkurve und den mit dem Förderstrom veränderlichen Verlusten in einer Kreiselpumpe – dargestellt als Wirkungsgrad – ergibt sich der Leistungsbedarf der Pumpe als Funktion des Förderstroms (s. Abschn. 6.5.1.). Diese Leistungsbedarfskurve verläuft in einer für die verschiedenen Laufräder typischen Form (Bild 6.13).

6.1.3.3. Laufrad und spezifische Drehzahl

Das Laufrad als wesentlichster Bestandteil einer Kreiselpumpe überträgt seine Bewegung auf das Fördermedium und verrichtet damit die Förderarbeit. Außerdem soll es so gestaltet sein, daß die Strömung vom Laufradeintritt zum Laufradaustritt möglichst wenig Reibungsverluste

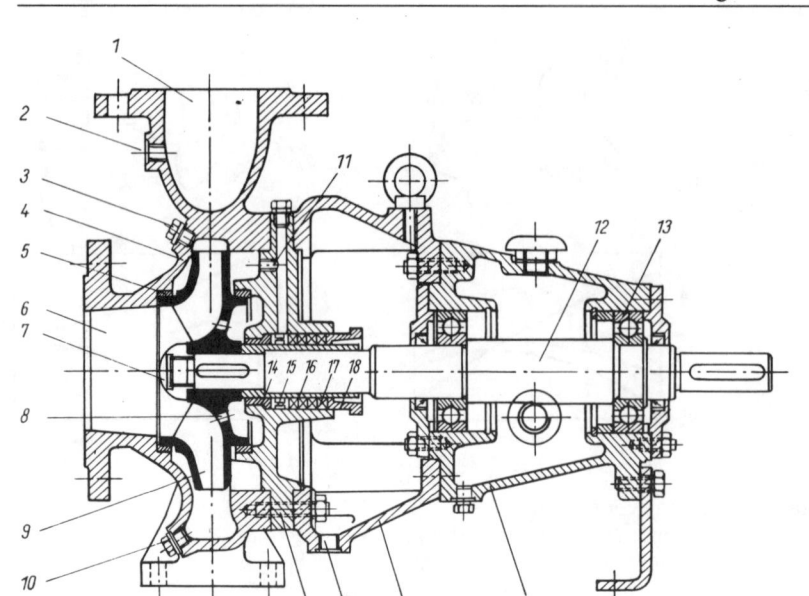

Bild 6.14 Schnitt durch eine einstufige Kreiselradpumpe mit Radialrad in Kompaktbauweise
1 Druckstutzen; *2* Anschluß für Manometer; *3* Entlüftungsschraube; *4* Spiralgehäuse; *5* Dichtungsring[1]; *6* Saugstutzen; *7* Laufradmutter; *8* Bohrung in der Laufradwand; *9* Laufrad (Francisrad)[1]; *10* Entleerungsschraube; *11* Sperrschloßleitung; *12* Welle[1]; *13* Rillenkugellager[1]; *14* Grundbuchse[1]; *15* Grundring; *16* Stopfbuchshülse[1]; *17* Stopfbuchspackung[1]; *18* Stopfbuchsbrille; *19* Wellenabdichtungsgehäuse; *20* Anschluß für Tropfwasser; *21* Lagermulde; *22* Lagerkörper

[1] Verschleißteile

erfährt. Die Schaufeln werden deshalb ein- und zweidimensional gekrümmt ausgeführt, so daß Strömungsrichtung und Strömungsgeschwindigkeit möglichst stetig verändert werden. Die Tangenten der Schaufelkrümmung an Schaufelradeintritt und Schaufelradaustritt entsprechen dabei im Idealfall der relativen Eintrittsgeschwindigkeit w_1 und der relativen Austrittsgeschwindigkeit w_2.

Nach Gl. (6.13) wächst die Förderhöhe mit β_2. Theoretisch müßten vorwärtsgekrümmte Schaufeln $\beta_2 > 90°$ somit die größten Förderhöhen ergeben. Bei dieser Schaufelform entsteht jedoch die theoretische Förderhöhe zum großen Teil aus Geschwindigkeitsenergie nach Gl.(6.10). Diese muß erst in Druckenergie umgesetzt werden, wobei die größten Reibungsverluste entstehen und große Durchflußquerschnitte im Pumpengehäuse erforderlich sind. Es werden deshalb fast ausschließlich rückwärtsgekrümmte Schaufeln mit $\beta_2 = 15°$ bis $50°$ angewendet.

Maßgebend für die prinzipielle Laufradform sind Förderstrom und Förderhöhe und deren Verhältnis zueinander. Große Förderströme bedingen große Durchflußquerschnitte, also großes D_s und b_2. Große Förderhöhen dagegen erfordern nach der Pumpenhauptgleichung (6.13) große Umlaufgeschwindigkeiten u_2, die bei konstanter Drehzahl durch große Laufraddurchmesser D_2 erreicht werden. Bei gleichbleibendem Förderstrom und abnehmender Förderhöhe, als zunehmendem Verhältnis $\dot{V}/H$, wird D_2 kleiner und erreicht schließlich D_s, so daß eine weitere Verkleinerung von D_2 nur noch durch Schrägstellung der Schaufelaustrittskante möglich ist, was an Stelle des radialen den diagonalen und schließlich axialen Laufradaustritt zur Folge hat. Daraus entstehen die in Bild 6.13 dargestellten Laufradformen. Mit abnehmendem D_2 muß auch die Schaufeleintrittskante immer mehr nach dem Laufradeinlauf rücken, damit die das Fördermedium „tragende" Schaufelfläche nicht zu klein wird. Das Einrücken ergibt die ausgeprägte zweidimensionale Krümmung der Schaufeln bei Laufrädern mit diagonalem Austritt (Schraubenradpumpe).

6.1. Pumpen

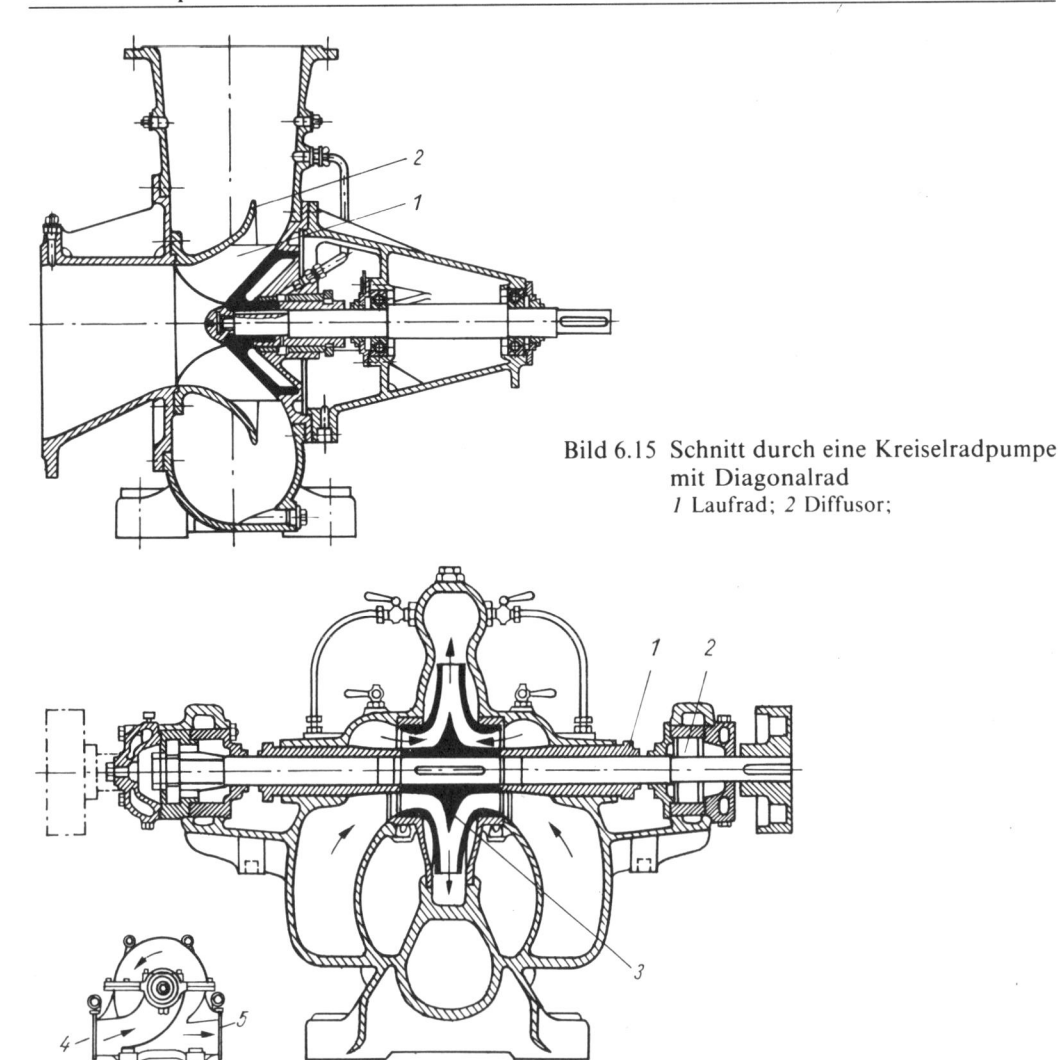

Bild 6.15 Schnitt durch eine Kreiselradpumpe mit Diagonalrad
1 Laufrad; *2* Diffusor;

Bild 6.16 Schnitt durch eine zweiflutige Kreiselradpumpe
1 Welle; *2* Kugellager; *3* Laufrad; *4* Saugstutzen; *5* Druckstutzen

Die vier prinzipiellen Laufradformen haben folgende Merkmale und Anwendungsbereiche hinsichtlich Förderstrom und Förderhöhe:
a) Radialrad, Laufradaustritt radial,
   Laufradeintritt axial → kleiner Förderstrom, große Förderhöhe
   Laufradeintritt diagonal (sogenanntes Francisrad) → mittlerer Förderstrom, mittlere Förderhöhe
b) Diagonalrad (Schraubenrad), Laufradaustritt und -eintritt diagonal („halbaxial") → großer Förderstrom, kleine Förderhöhe
c) Axialrad (Propeller), Laufradaustritt und -eintritt axial → sehr großer Förderstrom, sehr kleine Förderhöhe.

Beim Radialrad sind größere Förderströme durch zweiseitigen Zufluß zum Laufrad (zweiflutige Beaufschlagung) nach Bild 6.16 sowie durch Parallelschalten mehrerer Laufräder möglich. Die Förderhöhe wird durch Hintereinanderschalten mehrerer Laufräder zu mehrstufigen Pumpen erhöht (Bild 6.17).

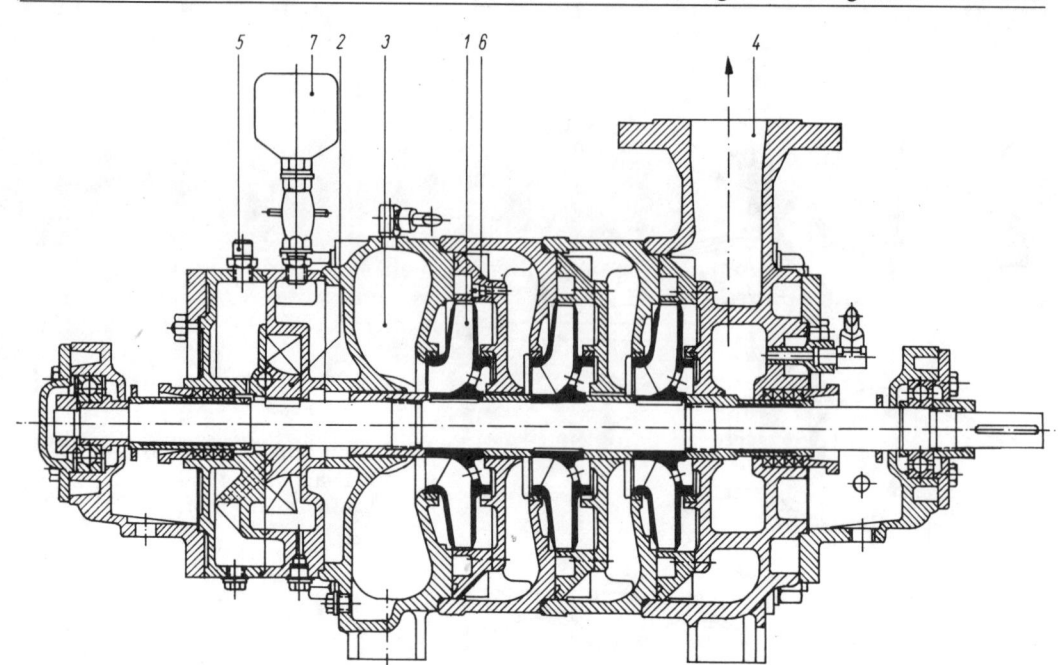

Bild 6.17 Schnitt durch eine dreistufige Kreiselradpumpe mit Ansaugstufe (mittelbar selbstansaugende Kreiselradpumpe)
1 Laufrad; *2* Ansauglaufrad; *3* Saugstutzen (verdeckt); *4* Druckstutzen; *5* Druckstutzen der Ansaugstufe; *6* Leitrad; *7* Auffülltrichter

Das Radialrad und das Diagonalrad können mit ein oder zwei Seitenwänden ausgeführt werden. Die erste Form, bei der auf der Einlaufseite die Seitenwand fehlt, wird als offenes Laufrad bezeichnet und vorwiegend beim Diagonalrad verwendet (s. Bild 6.13b).
Die verschiedenen Laufradformen und deren Fördereigenschaften werden durch die spezifische Drehzahl gekennzeichnet. Dabei versteht man unter spezifischer Drehzahl n_q die Drehzahl eines dem tatsächlichen Laufrad geometrisch ähnlichen Laufrads, das 1 m³/s Förderstrom auf 1 m Förderhöhe bringt. Aus der Pumpenhauptgleichung (6.13) kann abgeleitet werden [6.14]

$$n_q = n \cdot \dot{V}^{0,5} \cdot H^{-0,75} \qquad (6.14)$$

n_q spezifische Drehzahl in min^{-1}
n Drehzahl in min^{-1}
$\dot{V}$ Förderstrom in m³/s
H Förderhöhe in m

Die Förderhöhe wächst mit der Umfangsgeschwindigkeit, also auch mit der Drehzahl. Um für 1 m³/s Förderstrom eine Förderhöhe von 1 m zu erreichen, benötigt das große Förderhöhen erzeugende Radialrad somit die geringste spezifische Drehzahl. Die einzelnen Laufradformen bewegen sich zwischen folgenden spezifischen Drehzahlen:

a) Radialrad   Langsamläufer $n_q =$ 10 bis 40 min^{-1}
                      Mittelläufer $n_q =$ 40 bis 80 min^{-1}
b) Diagonalrad   Schnelläufer $n_q =$ 80 bis 160 min^{-1}
c) Axialrad   Schnellstläufer $n_q =$ 100 bis 500 min^{-1}.

Die Schnelläufigkeit einer Kreiselpumpe bezieht sich auf die spezifische Drehzahl und kennzeichnet damit die Laufradform; sie ist jedoch kein Maßstab für die tatsächliche Drehzahl. Sind gewünschter Förderstrom, Förderhöhe und tatsächliche Drehzahl gegeben, so ergibt sich aus der daraus zu errechnenden spezifischen Drehzahl die in Frage kommende Laufradform. Für

6.1. Pumpen

mehrstufige Pumpen ist die spezifische Drehzahl jedoch nicht ohne weiteres anwendbar, da sie auf die Förderhöhe eines Laufrads bezogen wird.

6.1.3.4. Pumpengehäuse und Leitapparate

Das Pumpengehäuse und die darin angeordneten Leitapparate sollen die möglichst verlustarme Umsetzung der am Laufradaustritt dem Fördermedium innewohnenden Geschwindigkeitsenergie in Druckenergie durch entsprechende Erweiterung des Durchflußquerschnitts bewirken. Dies ist auf verschiedene Weise möglich und nicht nur von der Größe der Austrittsgeschwindigkeit c_2 (s. Bild 6.10), sondern auch von deren Richtung abhängig. Die einfachste Form ist die Querschnittserweiterung im Druckstutzen der Pumpe. Das Laufrad ist dabei in einem konzentrischen Gehäuse angeordnet. Zur Vermeidung von Reibungsverlusten durch Richtungsänderung der Strömung muß jedoch die absolute Austrittsgeschwindigkeit c_2 möglichst tangential zum Laufrad verlaufen, d. h. $\beta_2 \approx 90°$. Diese Laufradform erzeugt wenig Druckenergie und viel Geschwindigkeitsenergie. Gerade diese muß jedoch wegen der Energieverluste bei der Umsetzung in Druck klein gehalten werden. Die Energieumwandlung durch Erweiterung des Druckstutzens kommt somit nur für kleine Förderhöhen in Frage.

Strömungsgünstiger erfolgt die Energieumwandlung durch Querschnittserweiterung in Form eines Spiralgehäuses. Einstufige Pumpen bis etwa 60 m Förderhöhe werden vorwiegend mit Spiralgehäusen ausgeführt (Bild 6.18).

Bild 6.18 Kreiselradpumpe mit Spiralgehäuse

Bei größeren Austrittsgeschwindigkeiten c_2 und damit größeren Förderhöhen erfolgt die strömungsgünstige Querschnittserweiterung meist durch einen um das rotierende Laufrad starr angeordneten Leitring (Bild 6.19), seltener durch ein aus Leitschaufeln bestehendes Leitrad (Bild 6.20). Bei einstufigen Pumpen wird meist das Pumpengehäuse trotzdem noch als Spiralgehäuse ausgebildet.

Mehrstufige Pumpen haben Leitapparate, durch die das Fördermedium gleichzeitig zum Umführungskanal und durch diesen zum nächsten Laufrad geführt wird. Das Pumpengehäuse ist hierbei rund (s. Bild 6.17). Lediglich die letzte Pumpenstufe erhält mitunter ein Spiralgehäuse.

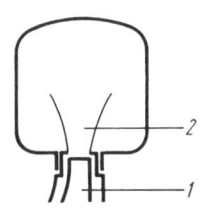

Bild 6.19 Kreiselradpumpe mit Leitring
1 Laufrad; *2* Leitring

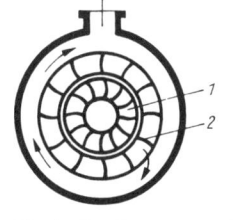

Bild 6.20 Kreiselradpumpe mit Leitschaufeln
1 Laufrad; *2* Leitschaufeln

6.1.3.5. Axialschub, Lager, Stopfbuchse

In die seitlichen Spalten zwischen Laufrad und Gehäuse gelangt vom Laufradaustritt her die unter Druck stehende Förderflüssigkeit und erzeugt den Spaltdruck. Die dem Spaltdruck ausgesetzte Laufradfläche ist auf der dem Einlauf gegenüberliegenden Seite größer als auf der Einlaufseite und erzeugt dadurch eine Kraft in Richtung auf den Einlauf: den Axialschub (Bild 6.21). Diese Kraft ist bestrebt, das Laufrad einschließlich Welle zum Einlauf hin zu verschieben.

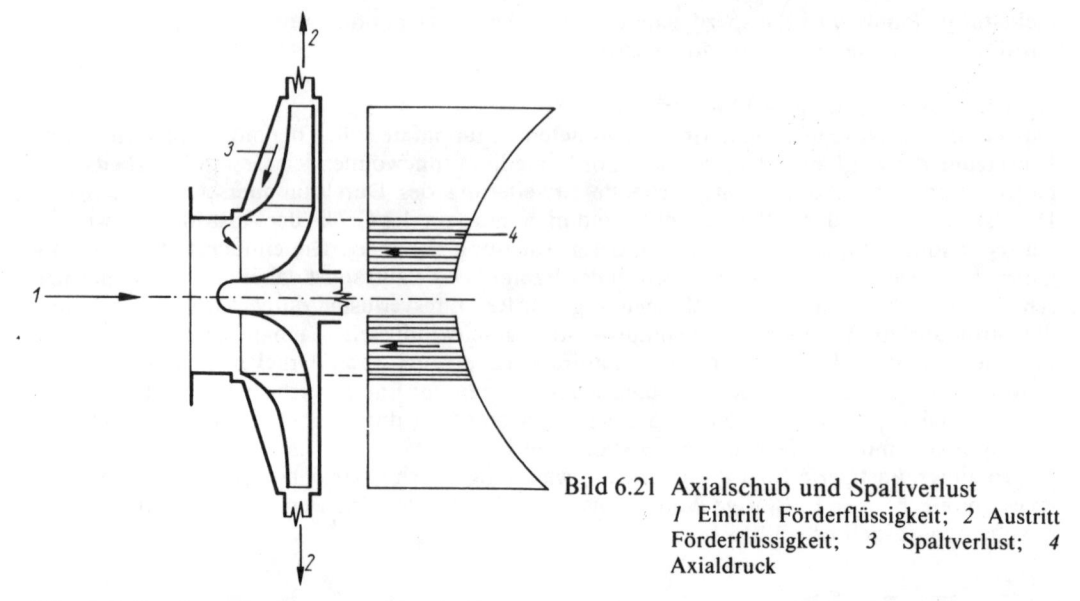

Bild 6.21 Axialschub und Spaltverlust
1 Eintritt Förderflüssigkeit; *2* Austritt Förderflüssigkeit; *3* Spaltverlust; *4* Axialdruck

Die Axialkraft muß entweder ausgeglichen oder durch ein entsprechend ausgebildetes Lager aufgenommen werden. Der Axialschub wird bei der zweiflutigen Pumpe vollkommen ausgeglichen, (s. Bild 6.16). Einflutige Pumpen haben zum Ausgleich des Axialschubs meist Dichtringe zur Abdichtung des Laufrads gegen das Gehäuse und Bohrungen in der Laufradwand (s. Bild 6.14). Der dann noch verbleibende geringe Axialschub wird vom Lager aufgenommen. Die Dichtringe beeinflussen den mechanischen Wirkungsgrad nachteilig und sollen wegen ihres Verschleißes leicht auswechselbar sein.

Bei sehr großen Förderhöhen wird der Axialschub hydraulisch über Entlastungsscheiben hinter der letzten Druckstufe ausgeglichen [6.14] und die Entlastungsflüssigkeit in die Saugleitung zurückgeleitet.

Die Pumpenwelle wird ein- oder zweiseitig gelagert. Einstufige einflutige Pumpen werden meist nur druckseitig gelagert, so daß das Laufrad „fliegend" angeordnet ist. Zur Aufnahme des Axialschubs werden sogenannte Spurlager verwendet.

Die Stopfbuchse dichtet die Welle gegen das Gehäuse ab. Zur Schmierung der Stopfbuchspackung und Kühlung der Welle wird der Stopfbuchse ein Sperrmittel zugeführt. Bei Förderung von reinem Wasser wird das Fördermedium als Sperrmittel durch eine Bohrung von der Druckseite der Pumpe entnommen (Sperrschloßleitung).

Bei Förderung von verschmutzten Flüssigkeiten (Schlammwasser, sandhaltigem Rohwasser u. a.) ist ein fremdes Sperrmittel, vorwiegend Reinwasser, anzuschließen. Für nicht Trinkwasser fördernde Pumpen darf aus hygienischen Gründen das Sperrwasser nicht direkt dem Trinkwassernetz entnommen werden. Es können auch dem Fördermedium angepaßte Fette verwendet werden. Bei saugseitigen Stopfbuchsen verhindert das Sperrmittel gleichzeitig das Ansaugen von Luft durch die Stopfbuchse. Die aus den Stopfbuchsen austretende Flüssigkeit wird durch am Pumpengehäuse befindliche Schalen aufgefangen und ist von dort abzuleiten.

6.1.3.6. Wirkungsgrad

Der Wirkungsgrad einer Kreiselradpumpe beträgt

$$\eta = \lambda \cdot \eta_h \cdot \eta_m$$

η Gesamtwirkungsgrad der Pumpe und der Einrichtungen zur Kraftübertragung. Er beträgt im günstigsten Arbeitspunkt der Pumpe etwa 0,60 bis 0,85. Bei kleinen Pumpen sinkt er bis 0,40; sehr gute Pumpen haben Wirkungsgrade bis über 0,90. Allgemein haben große Pumpen die größeren Wirkungsgrade. Auch mit der spezifischen Drehzahl steigt der Wirkungs-

6.1. Pumpen

grad. Vertikale Pumpen mit Kraftübertragung durch eine zwischen Motor und Pumpe zusätzliche Welle haben geringere Wirkungsgrade. Die obigen Werte sind dabei je nach Wellenlänge mit 0,90 bis 0,95 zu multiplizieren. Selbstansaugende Kreiselradpumpen haben ebenfalls geringe Wirkungsgrade.

λ Liefergrad, d. h. das Verhältnis zwischen dem theoretischen und dem tatsächlichen Förderstrom. Die Differenz entsteht durch den Spaltverlust. Das ist die Menge des Fördermediums, die infolge des Druckunterschieds und der Undichtigkeit zwischen Laufrad und Pumpengehäuse vom Laufradaustritt zum Laufradeintritt wieder zurückfließt (s. Bild 6.21). Der Liefergrad guter Pumpen liegt über 0,90 bis 0,98.

η_h hydraulischer Wirkungsgrad. Er hat die hydraulischen Reibungsverluste in der Pumpe zum Inhalt und ist von Laufrad-, Leitrad- und Gehäuseform abhängig. Er liegt bei rückwärtsgekrümmten Schaufeln zwischen 0,70 und 0,95.

η_m mechanischer Wirkungsgrad. Hierin werden die mechanischen Reibungsverluste in den Lagern, Stopfbuchsen usw. berücksichtigt. Maßgebend für seine Größe sind u. a. die Lagerart und die Aufnahme des Axialschubs. Bei vertikalen Pumpen kommen noch die Reibungsverluste bei der Kraftübertragung hinzu. Gute Pumpen haben mechanische Wirkungsgrade über 0,90 bis 0,98

6.1.3.7. Selbstansaugende Kreiselradpumpen

Kreiselradpumpen erzeugen saugseitig einen Unterdruck und können somit Flüssigkeiten „saugen". Sie sind normalerweise aber nicht in der Lage, Luft oder andere Gase aus der Saugleitung abzusaugen, bis die Flüssigkeit nachströmt. Die Saugleitungen und Pumpengehäuse müssen deshalb bei jeder Inbetriebnahme mit Flüssigkeit aufgefüllt bzw. evakuiert werden.

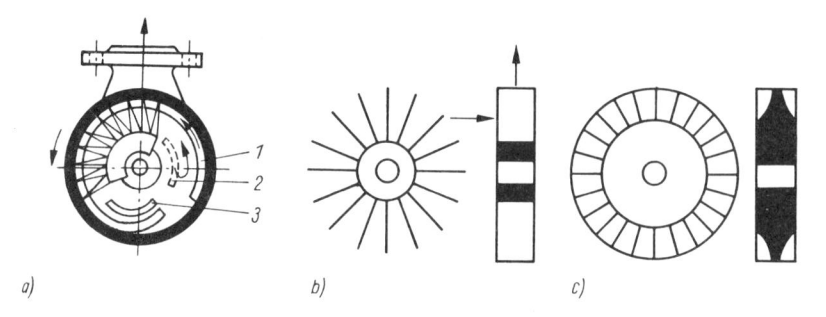

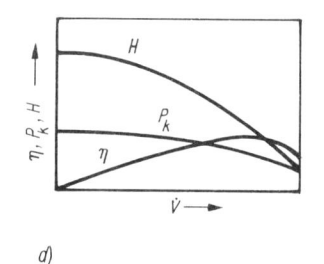

Bild 6.22 Seitenkanalpumpe
a) Querschnitt durch die Pumpe
1 Seitenkanal; *2* Saugöffnung; *3* Drucköffnung
b) Sternrad; c) Peripheralrad; d) Kennlinien
$\dot{V}$ Förderstrom; H Förderhöhe; P_K Kupplungsleistung; η Wirkungsgrad

Im Gegensatz dazu sind *Seitenkanalpumpen* unmittelbar selbstansaugende Kreiselradpumpen. Sie haben ein sternförmiges Laufrad, das konzentrisch im zylindrischen Gehäuse angeordnet ist (Bild 6.22). In der seitlichen Gehäusewand ist am Radumfang ein offener Kanal, der Seitenkanal *1*, eingelassen. Er beginnt über der Saugöffnung *2* mit zunehmendem Querschnitt und verjüngt sich wieder bis zur Drucköffnung *3*. Das Pumpengehäuse wird vor der ersten Inbetriebnahme mit Förderflüssigkeit aufgefüllt. Diese Flüssigkeit bildet durch die Fliehkraft einen Flüssigkeitsring (Wasserring), der den Seitenkanal mit ausfüllt. Wie bei der Wasserringluftpumpe (siehe Bild 6.66) entsteht um die Laufradnabe ein sichelförmiger Hohlraum in der Förderflüssigkeit, der von der Saugöffnung her zunimmt und nach der Drucköffnung hin wieder abnimmt. Während bei der Wasserringluftpumpe der sichelförmige Hohlraum durch die exzentrische Anordnung des Laufrads im Gehäuse entsteht, bewirkt dies in der Seitenkanalpumpe mit ihrem konzentrisch eingebauten Laufrad der veränderliche Querschnitt des Seitenkanals. Sofern saugseitig Luft ansteht, strömt diese in den genannten Hohlraum und wird zwischen den Laufradschaufeln durch die Verjüngung des Hohlraums verdichtet und in den Druckstutzen der Pumpe gefördert.

Bei Flüssigkeitsförderung, also nach dem Absaugen der Luft aus der Saugleitung, mischt sich die im Laufrad mit sehr großer Geschwindigkeit strömende Förderflüssigkeit unter starker Turbulenz mit der im Seitenkanal strömenden Flüssigkeit und gibt durch Impulswirkung Geschwindigkeitsenergie an letztere ab. Seitenkanalpumpen erreichen deshalb größere Förderhöhen als andere Kreiselradpumpen mit gleicher Umfangsgeschwindigkeit. Der Leistungsbedarf nimmt mit zunehmendem Förderstrom ab.

Seitenkanalpumpen werden für kleine Förderströme mit Wirkungsgraden von 0,35 bis 0,50 gebaut. Sie sind in der Lage, bis etwa 7 m WS Saughöhe zu entlüften, und können die angesaugte Luft auch verdichten (Luftauffüllung von Hydrophorkesseln). Bei mehrstufiger Ausführung braucht nur die letzte Stufe mit Seitenkanal ausgebildet zu werden. Hierdurch werden bessere Wirkungsgrade erzielt.

Sofern die Seitenkanalpumpe nur kurzfristig Gase zu fördern braucht, ist keine besondere Kühlwasserzuführung notwendig (vgl. Wasserringluftpumpen in Abschn. 6.3.4).

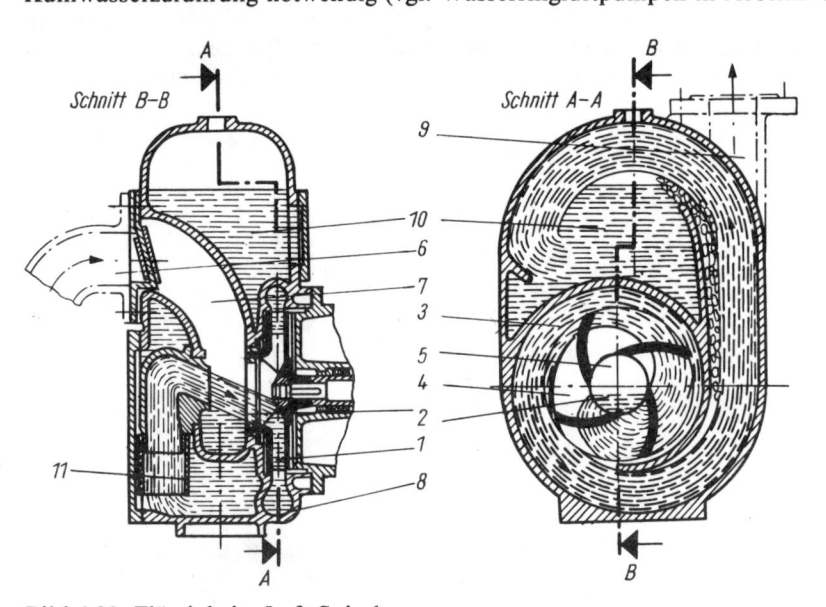

Bild 6.23 Flüssigkeits-Luft-Spiralpumpe
1 Laufrad; *2* Flüssigkeitsstrahl; *3* Flüssigkeitsspirale; *4* Luftspirale; *5* Saugteil; *6* Saugleitung; *7* Kanal; *8* Spiralgehäuse; *9* Druckleitung; *10* Entspannungsraum; *11* Schlauchventil

Kreiselradpumpen mit Laufradzellenspülung [6.14] und *Flüssigkeits-Luft-Spiralpumpen* nach Bild 6.23 sind Kreiselradpumpen mit Radialrad und Spiralgehäuse, bei denen durch besondere Einbauten ebenfalls ein Wasserring entsteht, der die Laufradzellen abdichtet. In der sichelförmigen Luftspirale um die Laufradnabe wird die Luft verdichtet und durch den Druckstutzen der Pumpe gefördert. Diese Pumpen erreichen Saughöhen von 6 bis 7 m WS und z. T. darüber und eignen sich auch zur Förderung verschmutzter Wässer und anderer Flüssigkeiten. Der Wirkungsgrad liegt bei 70 %. Wegen ihrer robusten Bauweise werden diese Pumpen besonders als Feuerlöschpumpen eingesetzt. Unter *mittelbar selbstansaugenden Kreiselpumpen* (s. Bild 6.17) versteht man normale Kreiselpumpen, die zur Entlüftung mit einer eingebauten Seitenkanal-,

6.1. Pumpen

Wasserring- oder auch Umlaufkolbenpumpe kombiniert sind. Die Ansaugstufe hat, da sie ihren Teilförderstrom nicht ausreichend verdichten kann, einen separaten Druckstutzen, durch den die abgesaugte Luft ins Freie austritt. Nach der Entlüftung der Saugleitung tritt hier ständig ein Wasserstrom als Verlust aus. Auch bei diesen Pumpen wird der Wirkungsgrad durch die Selbstansaugfähigkeit beeinträchtigt. Sie werden deshalb meist nur für kleine bis mittlere Förderströme angewendet und haben dabei Wirkungsgrade etwa zwischen 0,35 und 0,65. Für größere Förderströme ist die Verwendung nichtselbstansaugender Kreiselpumpen und die Anordnung einer separaten Vakuumanlage wirtschaftlicher.

6.1.3.8. Kreiselpumpen für spezielle Fördermedien

Durch entsprechende Werkstoffwahl und Konstruktionsdetails für die mit dem Fördermedium in Berührung kommenden Teile können Kreiselpumpen praktisch für alle Flüssigkeiten und fließfähigen Feststoff-Flüssigkeits-Gemische gebaut werden. Eine ausführliche Übersicht der Flüssigkeitspumpen für spezielle Fördermedien gibt [6.1].

Zur Förderung von Säuren, Laugen und anderen aggressiven Flüssigkeiten werden sogenannte *Säurekreiselpumpen* u. a. aus Siliziumguß, Hartporzellan, Plast, Glas und säurefestem Steinzeug hergestellt bzw. damit ausgekleidet. Auch Überzüge aus Hartgummi, Plast und Emaille werden angewendet.

Entsprechend der Bearbeitbarkeit des verwendeten Werkstoffs weichen die Konstruktionen teilweise von normalen Kreiselpumpen ab. Das Packungsmaterial muß dem Fördermedium speziell angepaßt werden. Das Laufrad ist meist fliegend angeordnet, so daß nur einseitig die Welle durch das Pumpengehäuse durchzuführen ist. Säurekreiselpumpen haben sehr oft keine Saughöhe; das Fördermedium muß also der Pumpe zulaufen. Besonderes Augenmerk ist der Ableitung der Leckflüssigkeit zu widmen.

In den Chemikalienstationen der Wasserwerke kommen u. a. folgende Werkstoffe in Frage:
– Hartporzellan und Steinzeug für alle Säuren außer Flußsäure und für Alkalien bei normalen Temperaturen. Sie sind besonders verschleißfest gegenüber schleifenden Beimengungen.
– Siliziumguß ist u. a. beständig gegenüber Schwefelsäure, Ammoniak, Aluminiumsulfat, Eisensulfat, Natriumchlorid.

Für die Förderung von Feststoff-Flüssigkeits-Gemischen sind große Durchflußquerschnitte in der Pumpe erforderlich, um Verstopfungen zu vermeiden.

Schmutzwasser- und Dickstoffkreiselpumpen werden deshalb möglichst einstufig, ohne Leitring oder Leitrad, und die Laufräder mit geringer Schaufelzahl vorgesehen. Zum Schutz gegen Verschleiß und Umwicklung der Welle mit fasrigen Bestandteilen werden einseitig beaufschlagte, fliegend angeordnete Laufräder benutzt. Das Laufrad wird gegen das Gehäuse abgedichtet, so daß das Fördermedium nicht mit der Welle in Berührung kommt (Bilder 6.24 und 6.25).

Für besonders große und stark schleißende Feststoffbeimengungen werden *Freistrompumpen* eingesetzt (s. Bild 6.24b). Deren Laufrad ist als Wirbelrad ausgebildet und soweit im Pumpengehäuse zurückgesetzt, daß der Förderstrom am Laufrad vorbei vom Saug- zum Druckstutzen gelangt. Das Wirbelrad überträgt durch Austauscheffekte die Energie auf das Fördermedium. Zwischen Wirbelrad und Pumpenraum bildet sich eine Zirkulationsströmung aus, und nach mehrmaligem Umlauf im Pumpengehäuse fließt das Fördermedium nach dem Druckstutzen. Freistrompumpen können je nach Baugröße Feststoffe bis 100 mm Durchmesser und darüber fördern.

Schmutzwasserpumpen werden auch wie Säurekreiselpumpen gegen aggressive Fördermedien mit Hartgummi ausgekleidet und bei schmirgelnden Bestandteilen gepanzert. Bei der Pumpenwahl ist die Größe der im Fördermedium enthaltenen Feststoffe zu berücksichtigen. Der Stopfbuchse ist reines Wasser oder Fett als Sperrmittel zuzuführen.

Obwohl die meisten Schmutzwasserpumpen eine gewisse Saughöhe haben, ist im Interesse der Betriebssicherheit der Zulauf des Fördermediums zur Pumpe zu empfehlen.

Schmutzwasserpumpen werden auch in vertikaler Form für Trocken- und Naßaufstellung der Pumpe gebaut. Die Welle läuft dabei nicht wie bei den Tiefbrunnenkreiselpumpen im Druckrohr, sondern in einem Hülsrohr. Die Druckleitung wird separat hochgeführt.

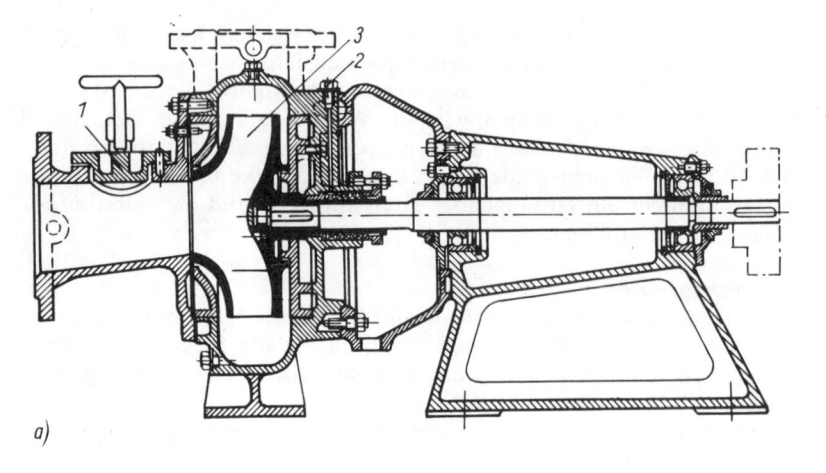

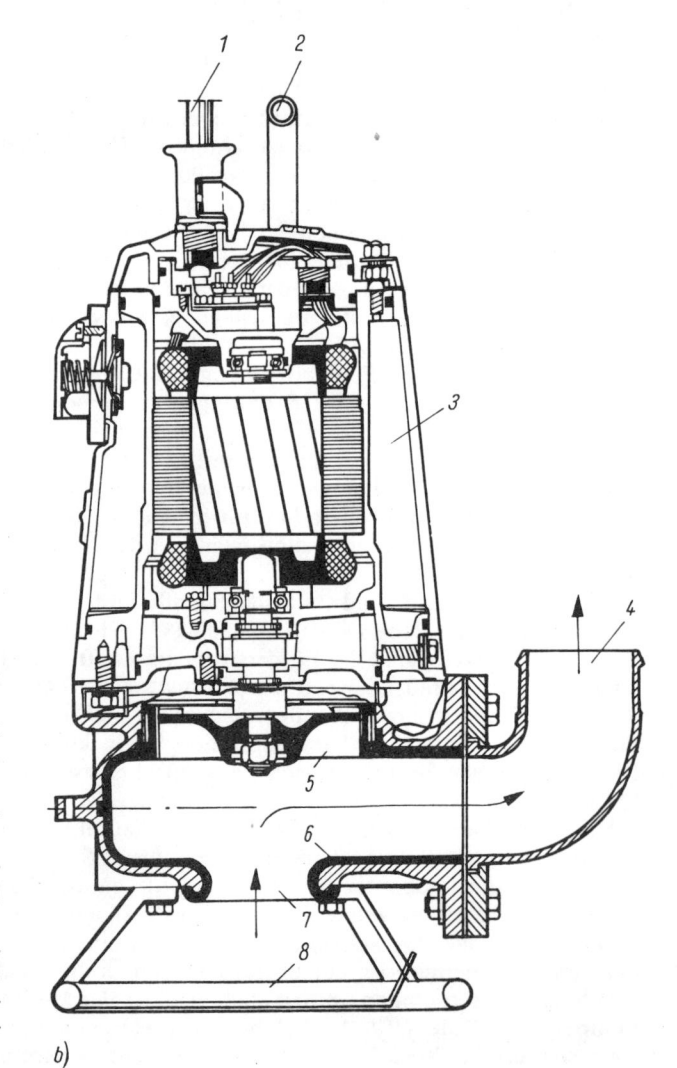

Bild 6.24
Schmutzwasser- und Dickstoffkreiselpumpen
a) horizontale Kreiselpumpe mit Radialrad als Ein- oder Mehrkanalrad
1 Reinigungsdeckel; *2* Stopfbuchssperrwasseranschluß; *3* Laufrad
b) vertikale, transportable Freistrompumpe mit Wirbelrad („Flygt"-Pumpe)
1 Unterwasserkabel; *2* Griff; *3* wasserdicht gekapselter Motor; *4* Druckstutzen für Schlauchanschluß; *5* Laufrad (Wirbelrad); *6* Gummiauskleidung; *7* Saugstutzen; *8* Fuß

6.1. Pumpen

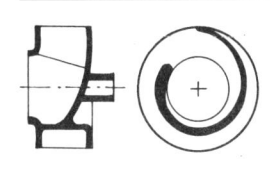

Geschlossenes Einkanalrad
Für große Korngrößen und langfasrige Bestandteile; kleine Förderhöhe

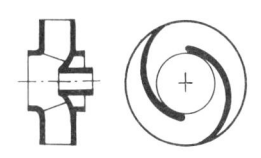

Geschlossenes Zweikanalrad
Für körniges Gut, schlammige Flüssigkeiten, die nicht gasen und keine zopfbildenden Bestandteile enthalten, Stoffsuspensionen; steile Drosselkurve

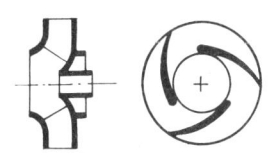

Geschlossenes Dreikanalrad
Für Fördermedien wie Zweikanalrad; sehr flache Drosselkurve

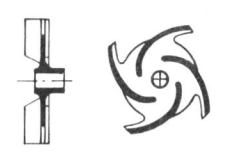

Offenes Laufrad mit drei oder vier einfach gekrümmten Schaufeln
Für breiige, gashaltige und leicht zum Absetzen neigende Fördermedien

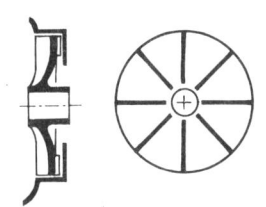

Freistromrad
Für breiige, gashaltige und leicht zum Verstopfen neigende Fördermedien, große und abrasiv wirkende Feststoffe; große Förderhöhe

Bild 6.25 Laufradformen für Pumpen zur Förderung von Feststoff-Flüssigkeits-Gemischen

6.1.3.9. Vertikale Pumpen und Unterwassermotorpumpen

Kreiselpumpen mit vertikaler Welle, meist auch mit vertikalen Motoren gekuppelt, finden vorwiegend für besondere Einsatzbedingungen Verwendung, z. T. aber auch nur um Platz zu sparen. Sie werden für Trocken- und Naßaufstellung, letztere auch mit Unterwassermotoren, gefertigt.

Typische Anwendungsgebiete sind Brunnen mit tiefliegendem Wasserspiegel – Tiefbrunnenkreiselpumpen und Unterwassermotorpumpen – und Rohwasserpumpwerke ähnlich Bild 6.62e für große Förderströme und geringe Förderhöhen. Dem Vorteil des geringen Platzbedarfs stehen erschwerte Montagebedingungen, oft auch größerer Verschleiß und geringerer Wirkungsgrad der Gesamtanlage gegenüber.

Als transportable Pumpen (Bild 6.24b) eignen sich vertikale Maschinen besonders zur Entleerung von Behältern und Becken sowie zur Entwässerung von Baugruben.

Tiefbrunnenkreiselpumpen nach Bild 6.26 sind vertikale ein- oder mehrstufige Pumpen, die am Steigrohr frei hängen. Letzteres hängt an einer Traglaterne, auf der auch der Motor sitzt. Die Welle ist am Austritt aus dem Steigrohr in die Traglaterne durch eine Stopfbuchse abgedichtet.

Die gesamte Welle mit den Laufrädern hängt in einem Lager, ebenfalls innerhalb der Traglaterne. Diese sowie das Steigrohr gehören also unmittelbar zur Pumpe. Die Lagerungen der Welle innerhalb des Steigrohrs werden durch das Fördermedium selbst geschmiert.

Tiefbrunnenkreiselpumpen werden bis 50 m Einbautiefe, von der Traglaterne aus gemessen,

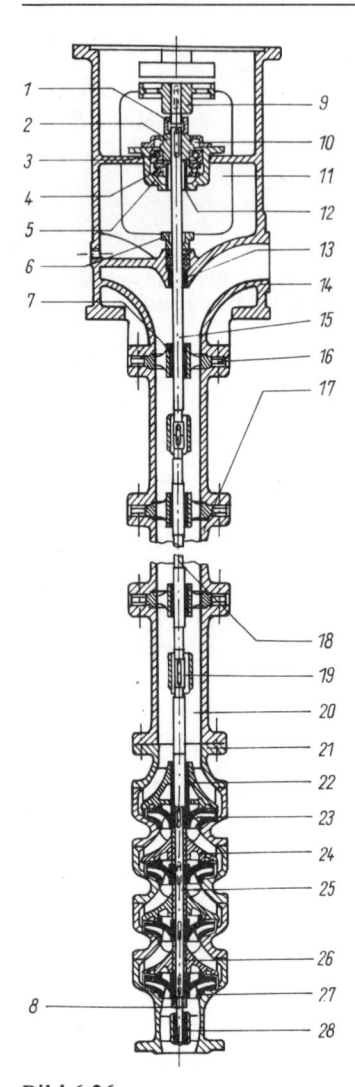

Bild 6.26
Schnitt durch eine Tiefbrunnenkreiselpumpe

1 Einstellmutter mit Sicherung; *2* Kugellagerzapfen; *3* Querkugellager; *4* Längskugellager; *5* Kugellagergehäuse; *6* Stopfbuchsbrille zur Traglaterne; *7* Führungsbuchse im Steigrohr; *8* Wellenmutter; *9* elastische Kupplung; *10* Kugellagerdeckel; *11* Zwischenring zum Kugellager; *12* Hülse zum Kugellager; *13* Grundbuchse in der Traglaterne; *14* Traglaterne; *15* Traglaternenwelle; *16* Führungslager im Steigrohr; *17* langes Steigrohr; *18* Steigrohrwelle; *19* komplette Hülsenkupplung; *20* kurzes Steigrohr; *21* Druckstück; *22* Führungsbuchse im Druckstück; *23* Laufrad; *24* Mittelstück; *25* Pumpenwelle; *26* Distanzhülse; *27* Saugstück; *28* Führungsbuchse im Saugstück

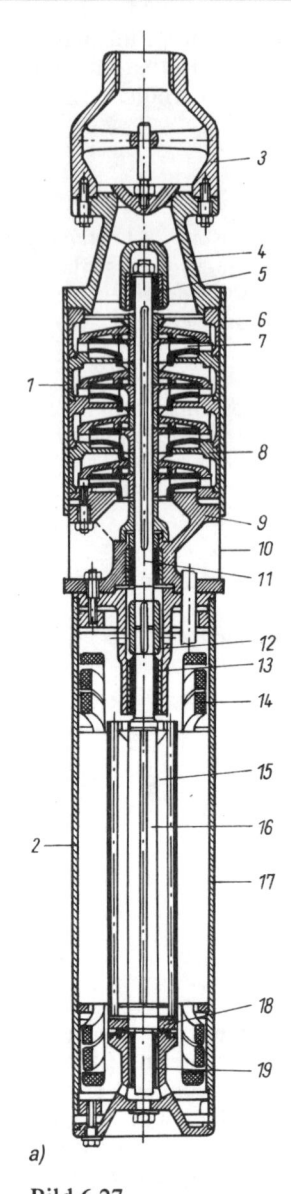

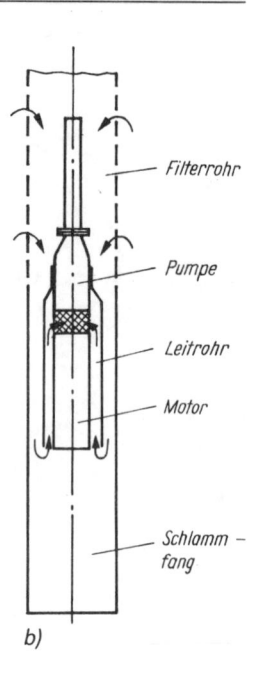

Bild 6.27
Unterwassermotorpumpe
a) Schnitt durch die Pumpe
1 Pumpe; *2* Motor; *3* Rückschlagventil; *4* Druckstutzen; *5* Lager; *6* Mantelrohr; *7* Laufrad; *8* Glied; *9* Einlaufstutzen; *10* Einlaufsieb; *11* Pumpenwelle; *12* Kupplung; *13* Lager; *14* Statorwicklung; *15* Rotor; *16* Motorwelle; *17* Mantelrohr; *18* Spurteller; *19* Lager
b) Einbau der Pumpe unterhalb der Brunnenfilter
1 Filterrohr; *2* Pumpe; *3* Leitrohr; *4* Motor; *5* Schlammfang

6.1. Pumpen

gebaut. Mit zunehmender Tiefe läßt jedoch der Wirkungsgrad nach. Er beträgt je nach Pumpengröße und Einbautiefe 0,40 bis 0,75.

Bei Tiefbrunnenkreiselpumpen ist der trockenstehende, leicht zugängige Antriebsmotor vorteilhaft. Sie können deshalb auch mit Dieselmotoren angetrieben werden. Der Ein- und Ausbau der Pumpe ist jedoch umständlich und erfordert große Raumhöhe bzw. eine Montageöffnung in der Decke der Überbauten.

Man hängt meist die Pumpe so tief ins Wasser, daß dieses der Pumpe zufließt. Tiefbrunnenkreiselpumpen können aber auch entsprechend ihrer Saughöhe von etwa 6 m mit einem Saugrohr versehen werden. Wird mit Saughöhe angefahren, so müssen Saugrohr und Pumpe selbst – wie bei jeder anderen nichtselbstansaugenden Kreiselpumpe – vorher aufgefüllt werden. Durch Anordnung eines Fußventils am Saugrohr bzw. Saugstutzen wird das Leerlaufen der Steigleitung vermieden, so daß auch beim Anfahren die Welle im Steigrohr nicht trocken läuft.

Bei der Berechnung der Förderhöhe einer Tiefbrunnenkreiselpumpe sind die Reibungsverluste im Steigrohr zu berücksichtigen.

Ab 12 m Einbautiefe gelten heute Unterwassermotorpumpen als wirtschaftlicher [6.14]. Mit der Verbesserung der Unterwassermotoren sind in den letzten Jahren die Tiefbrunnenkreiselpumpen auch bei geringeren Einbautiefen immer mehr durch die einfacheren Unterwassermotorpumpen verdrängt worden.

Unterwassermotorpumpen (U-Pumpen) werden ein- oder mehrstufig hergestellt und mit dem Motor unmittelbar zu einem Aggregat zusammengeflanscht (Bild 6.27). Der Motor ist meist ein unterhalb der Pumpe angeordneter Naßläufer, d. h., die besonders isolierte Wicklung wird direkt vom Wasser umspült. Die Qualität dieser Isolierung ist das wesentlichste Kriterium der U-Pumpen und ausschlaggebend für deren Lebensdauer. Pumpe und Motor laufen in wassergeschmierten Gleitlagern.

Das ganze Aggregat wird unterhalb des tiefsten Wasserspiegels eingebaut, so daß das Wasser immer der Pumpe zuläuft. Der Motor ist vor Einbau des Aggregats mit Reinwasser aufzufüllen. Es ist zu gewährleisten, daß der Motormantel von außen durch das umgebende bzw. vorbeifließende Wasser gekühlt wird, da die Kunststoffisolierung der Motorwicklungen wärmeempfindlich ist. Beim Einbau von U-Pumpen in Rohrfilterbrunnen unterhalb des Filters im sogenannten Schlammfang besteht die Gefahr, daß der Motor durch Sand- und Schlammablagerungen umhüllt und die Oberflächenkühlung gehemmt wird. Durch ein Leitrohr nach Bild 6.27b kann die kühlende Wasserströmung zwangsweise am Motormantel vorbeigeführt werden, wobei sie Sand- und Schlammablagerungen mitreißt. Diese Konstruktion setzt allerdings entsprechend große Filterrohrdurchmesser voraus. Setzt sich das Leitrohr trotzdem mit Sand und Schlamm zu, so kann in Abhängigkeit von der ausbleibenden Förderung die Pumpe automatisch schutzabgeschaltet werden.

Die Pumpe wird an der besonders abzufangenden Steigleitung angeflanscht. Der elektrische Strom wird durch ein am Steigrohr zu befestigendes Gummikabel zugeführt.

Die Einbautiefe von U-Pumpen ist praktisch unbegrenzt. Das Steigrohr muß für die bei größeren Einbautiefen erheblichen Lasten aus Eigenmasse und Wasserfüllung der gesamten Steigleitung statisch bemessen werden. Der Wirkungsgrad der Pumpe beträgt, unabhängig von der Einbautiefe, je nach Pumpengröße 0,40 bis 0,75, bei sehr guten Pumpen bis 0,80.

U-Pumpen werden sehr schlank gebaut und können deshalb auch in Brunnen mit geringem Durchmesser gehängt werden. Die von den Pumpenwerken angegebenen Mindestlichtweiten sollten jedoch mit Rücksicht auf eine leichte Montage, Toleranzen beim Brunnenbau (nicht genau senkrecht), notwendige Wasserstandsmeßeinrichtungen und auch, um die Brunnenrohre vor Beschädigungen zu schützen, möglichst überschritten werden.

U-Pumpen werden auch zur Schmutzwasserförderung gebaut. Der Motor sitzt dabei über der Pumpe und die Saugöffnung am tiefsten Punkt der Pumpe. Diese Ausführung eignet sich dadurch zum Entleeren von Sammelbrunnen u. dgl. Die Pumpen werden als transportable Aggregate gebaut. Sie werden an Ketten oder Seilen aufgehängt. Das Steigrohr wird neben dem Motor hochgeführt.

Als sogenannte *Rohrpumpen* oder *In-line-Pumpen* werden auch Unterwassermotorpumpen mit horizontaler oder vertikaler Welle zur Trockenaufstellung gefertigt. Diese Pumpen werden mit saug- und druckseitigen Flanschen direkt in die Rohrleitung eingebaut. Sie finden in Schöpfwerken und als Druckerhöhungspumpen Verwendung, sind wartungsarm und können auch in Rohrleitungsschächten angeordnet werden.

6.1.3.10. Vorteile, Nachteile und Verwendung von Kreiselradpumpen

Kreiselpumpen werden praktisch für alle in der Wasserversorgung vorkommenden Förderströme, Förderhöhen und Fördermedien gebaut und hier wie auf anderen Gebieten eindeutig bevorzugt (s. Bild 6.30). Ihre besonderen Vorteile sind:
- kleiner, leichter und meist billiger als Kolbenpumpen
- direkte Kupplung mit Elektromotoren und anderen schnellaufenden Antrieben, leichtes Anlaufen
- gleichmäßige, stoßfreie Förderung mit nach oben begrenzter Förderhöhe, also keine besonderen Sicherheitsvorkehrungen wie bei Kolbenpumpen
- geringer Verschleiß, bei entsprechender Werkstoffwahl und Konstruktion auch bei verschmutzten Fördermedien mit schmirgelnden, fasrigen und sperrigen Beimengungen einsetzbar
- betriebssicher und einfach in der Wartung, durch Drosselung auf einfache Art regelbar.

Demgegenüber stehen folgende Nachteile:
- besonders bei kleinen Förderströmen geringerer Wirkungsgrad als Kolbenpumpen, der jedoch durch den direkten Antrieb weitgehend ausgeglichen wird
- Abhängigkeit des Förderstroms von der Förderhöhe
- meist etwas geringere Saughöhe und ohne besondere Einrichtungen nicht selbstansaugend bzw. dabei geringerer Wirkungsgrad.

Die Nachteile wiegen die Vorteile nicht auf, so daß Kolbenpumpen nur noch in einigen genannten Sonderfällen in den Abschnitten 6.1.1.8. und 6.1.2. benutzt werden.

6.1.4. Strahlpumpen

Strahlapparate, ähnlich Bild 6.28, dienen zur Förderung von Gasen, Flüssigkeiten und auch Feststoffen. Ein unter höherem Druck als die erforderliche Förderhöhe stehendes Treibmittel (Gas, Flüssigkeit) tritt mit hoher Geschwindigkeit aus einer Treibdüse in eine größere Fangdüse und reißt dabei das den Strahl umgebende Medium mit.

In der Wasserversorgung kommen vorwiegend Wasserstrahlpumpen zum Einsatz, d. h., als

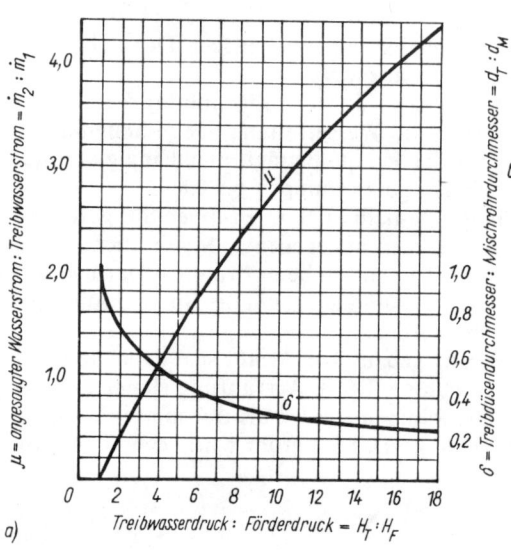

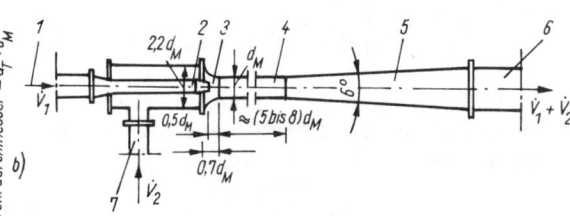

Bild 6.28 Strahlpumpe /6.20/
a) Förderverhältnisse; b) Hauptabmessungen
1 Treibwasser, *2* Treibdüse; *3* Fangdüse; *4* Mischrohr; *5* Diffusor; *6* Druckleitung; *7* Saugleitung

6.1. Pumpen

Treibmittel dient Druckwasser. Sie werden für Förderhöhen bis etwa 30 m und Saughöhen bis 6 m verwendet.

Zur Entwässerung von Kellern, Schächten usw. eignen sich Wasserstrahlpumpen bei kleinen Förderströmen besonders gut, da sie keine elektrische Energie und besondere Wartung benötigen. Das Treibwasser muß aus dem Trinkwassernetz so entnommen werden, daß kein Schmutzwasser zurückgesaugt werden kann. In der Treibwasserleitung sind hierzu ein Rückflußverhinderer und eine Rohrschleife mit Belüftungsventil einzubauen (Bild 6.29).

Filterkies wird in die Filter und aus den Filtern vorwiegend hydraulisch mit Hilfe von Wasserstrahlpumpen gefördert und dabei gleichzeitig gewaschen. Die Fließgeschwindigkeit in der Förderleitung soll, um die erforderliche Schleppspannung zu erreichen, mindestens 1,50 m/s, besser 2 m/s betragen. Für 1 m³ Kies sind etwa 2 bis 2,5 m³ Wasser zum Anfeuchten des Kieses und je nach Förderhöhe und Treibwasserdruck etwa 2 bis 6 m³ Treibwasser erforderlich. Nähere Angaben [6.18].

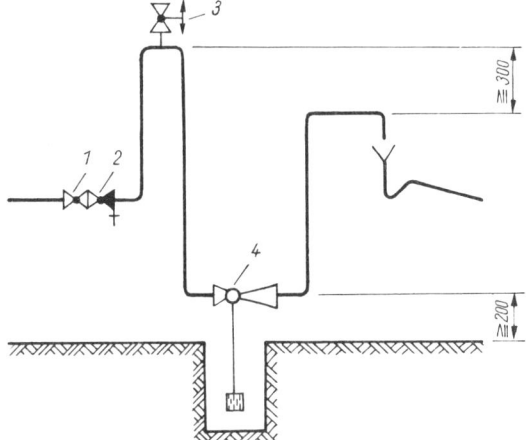

Bild 6.29 Mit Trinkwasser betriebene Wasserstrahlpumpe zur Entwässerung
1 Absperrventil; *2* Rückschlagventil mit Entleerung; *3* Belüftungsventil; *4* Wasserstrahlpumpe

Die Bemessung von Wasserstrahlpumpen ist in Bild 6.28 nach *Steinwender* [6.23] für optimale Bedingungen angegeben.

Es sei

$\dot{m}_1$	Treibwasser als Massestrom	in t/s
$\dot{m}_2$	Fördermedium als Massestrom	in t/s
H_T	Treibwasserdruck ⎱ auf Saugwasserstand bezogen	in m
H_F	Förderhöhe ⎰	in m
d_T	Treibdüsendurchmesser	in m
d_M	Mischrohrdurchmesser	in m
μ_T	Ausflußbeiwert der Treibdüse, überschläglich	$\mu_T \approx 0{,}95$
η	Wirkungsgrad	
μ	$\dot{V}_2 : \dot{V}_1$	
δ	$d_T : d_M$	

Der Treibdüsendurchmesser wird so ausgewählt, daß der Treibwasserdruck in Geschwindigkeit umgesetzt wird.

Aus Gl. (9.141) ergibt sich

$$d_T = \sqrt{\frac{4\,\dot{m}_1}{\pi \cdot \mu_T \sqrt{2\,g\,H_T}}} \tag{6.15}$$

Die weiteren Abhängigkeiten sind aus Bild 6.28 zu entnehmen. Zur Ermittlung der Förderhöhe bzw. der Reibungsverluste muß der Treibwasserstrom vorerst aufgenommen werden. Bei größeren Abweichungen ist die Rechnung zu wiederholen. Die in Bild 6.28 dargestellten Beziehungen gelten für optimale Abmessungen. Dabei werden Wirkungsgrade von etwa 25 bis 35 % erreicht. Die Anwendungsgrenze von Wasserstrahlpumpen wird durch den Wirkungsgrad wie folgt charakterisiert:

$$\eta = \frac{\dot{m}_2 \, H_F}{m_1 \, (H_T - H_F)} \leq 0{,}35 \tag{6.16}$$

Wasserstrahlpumpen werden serienmäßig hergestellt. Die Leistungsdaten hierfür geben die Lieferwerke an. Für Sonderzwecke können die Pumpen als Stahlkonstruktion in den speziellen Abmessungen verhältnismäßig einfach angefertigt werden.

Die Treibdüse muß genau auf die Fangdüse zentriert sein. Andernfalls läßt die Leistung stark nach.

6.2. Entwurf und Betrieb von Pumpenanlagen

6.2.1. Grundlagen

Betriebssicherheit und Wirtschaftlichkeit einer Pumpenanlage hängen von der Betriebsweise, der richtigen Pumpenbauart, dem Pumpentyp und der Baugröße ab. Ob Kreisel- oder Kolbenpumpe, horizontale oder vertikale Bauart, ist meist durch den Verwendungszweck und die baulichen Gegebenheiten bestimmt bzw. nach den in den Abschnitten 6.1.1.8. und 6.1.3.10. genannten Kriterien oder durch Variantenvergleich zu ermitteln. Dabei sind nicht nur vordergründig Preis und Platzbedarf, sondern auch insbesondere Betriebskosten, Betriebssicherheit und Wartungsaufwand zu betrachten. Die Betriebskosten werden durch den Energieverbrauch und damit durch den Wirkungsgrad des kompletten Aggregats – Pumpe, Antriebsmaschine und Übertragung des Kraftmoments zwischen beiden Maschinen – bestimmt. Betriebssicherheit und Wartungsaufwand werden durch viele Faktoren beeinflußt. Zweckmäßige Werkstoffe und konstruktive Details entsprechend dem Fördermedium spielen dabei eine besondere Rolle. Unterwassermotorpumpen, Tiefbrunnenkreiselpumpen, vertikale Kreiselpumpen in Naß- und Trockenaufstellung sind für besondere Einbaubedingungen konstruiert, was meist mit Zugeständnissen an deren Lebensdauer, Störanfälligkeit und Wartungsaufwand erkauft werden muß.

Dies ist zu bedenken, wenn solche Pumpen nur wegen des geringeren Platzbedarfs eingesetzt werden. Pumpen mit vertikaler Welle haben oft einen schnelleren Lagerverschleiß oder bedingen besondere Schmierung; die Pumpen sind bei Reparaturen schwerer zugängig. Unterwassermotoren sind für den Einbau in Bohrbrunnen so eng konstruiert, daß die konstruktiven Sicherheiten und damit die Lebensdauer meist geringer sind als bei Motoren für Trockenaufstellung.

Für die Effektivität einer kompletten Pumpenanlage spielt außer der zweckmäßigen Auswahl der einzelnen Maschinen die Betriebsweise der Anlage eine ausschlaggebende Rolle. Sie ist bereits im Entwurfsstadium zu ermitteln und sollte im praktischen Betrieb laufend optimiert werden. Zielfunktion ist dabei die Minimierung der Betriebskosten bei ausreichender Versorgungssicherheit für die gesamte Wasserversorgungsanlage.

Die Betriebskosten werden im wesentlichen durch die Abschreibungs- und Unterhaltungskosten, Energiekosten und Löhne bestimmt. Beim heutigen Stand der Automatisierungstechnik verlieren die Löhne als variable Größe bei Variantenvergleichen an Bedeutung; hingegen wird die Energieeinsparung volkswirtschaftlich immer wichtiger. Entsprechend den Energietarifen mit erhöhtem Preis während der Energiespitzenzeiten ist jedoch das Minimum an Energiebedarf nicht immer identisch mit dem Minimum an Energiekosten. Setzt man voraus, daß die Energietarife die volkswirtschaftlichen Interessen richtig widerspiegeln, so muß das Ziel die Einsparung von Energiekosten sein. Unter diesem Aspekt ist die wirtschaftliche Pumpzeit je Tag, die Staffelung und Regelung der Pumpen festzulegen. Als Faustregel gilt: Je länger die Transportwege (Rohrleitungen) sind und damit die Abschreibungskosten für die Rohrleitungen und die Rohrreibungsverluste steigen, desto näher liegt das Optimum einer Wasserförderanlage beim gleichmäßigen Betrieb über 24 Stunden am Tag bei jedem Wasserbedarf. Als Randbedingungen sind zu beachten:

– Förderzeiten < 24 h/d bei maximalem Tageswasserbedarf bedingen größere Leistungsfähig-

6.2. Entwurf und Betrieb von Pumpenanlagen

keit der Wassergewinnungsanlage oder entsprechende Wasserspeicherung zwischen Roh- und Reinwasserförderung.
- Wasseraufbereitungsanlagen können aus verfahrenstechnischen Gründen nicht beliebig intermittierend gefahren werden.
- Die Spitzenzeiten für den Energiebedarf und den Wasserbedarf sind z. T. identisch.

Die vorstehenden Hinweise lassen erkennen, daß verbindliche Richtlinien für die Wahl der Pumpen, deren Staffelung, Regelung und Betriebsweise nicht möglich sind. Optimale Lösungen sind durch Variantenvergleiche zu ermitteln. Dazu müssen im Entwurfsstadium Annahmen bzw. Prognosen getroffen werden über
- die Wasserbedarfsschwankungen und die Häufigkeitsverteilung der Bedarfswerte während der voraussichtlichen Lebensdauer der Anlage
- die Entwicklung der Energiepreise.

Auf dieser Grundlage ist die günstigste Variante für Betriebsweise, stufenweisen Ausbau und konstruktive Lösungen zu suchen. Die Unsicherheiten in den getroffenen Annahmen zwingen zu deren Überprüfung im praktischen Betrieb. Durch Optimierung der Pumpzeiten und des Einsatzes der einzelnen Pumpen können die Betriebskosten gesenkt werden. Gestaffelter oder paralleler Betrieb von Pumpen und deren eventuelle Drehzahlregelung sind der Rohrleitungskennlinie so anzupassen, daß jederzeit die bestmöglichen Wirkungsgrade erreicht werden. Für größere Anlagen lohnen sich hierzu ständig arbeitende mathematische Modelle bis zur automatischen Prozeßführung [6.7; 6.8].

Bis auf Sonderfälle (s. Abschn. 6.1.1.8.) sind in der Wasserversorgung Kreiselpumpen zu bevorzugen. Die Hauptmerkmale der in Frage kommenden Kreiselpumpen — Bauart, Laufradform, ein- oder mehrstufig, ein- oder zweiflutig — können aus Bild 6.30 entnommen werden. Da-

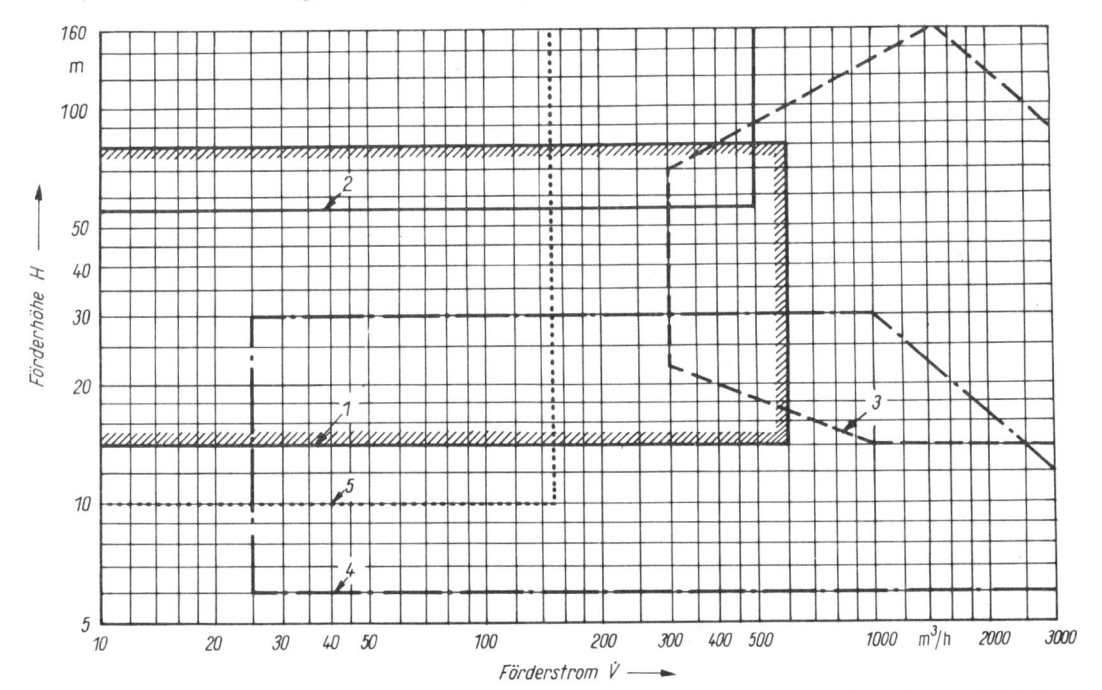

Bild 6.30 Leistungsbereiche von serienmäßig gebauten Kreiselradpumpen für reine und leicht verschmutzte Flüssigkeiten
  1 Radialrad-Kreiselpumpen, einstufig, einflutig
  2 Radialrad-Kreiselpumpen, mehrstufig, einflutig
  3 Radialrad-Kreiselpumpen, einstufig, zweiflutig
  4 Diagonalrad-Kreiselpumpen
  5 selbstansaugende Kreiselpumpen mit Stern- oder Radialrad, ein- und mehrstufig

mit sind aus der Vielzahl der von der Industrie angebotenen Pumpen die für den jeweiligen Fall möglichen Pumpentypen bereits stark eingegrenzt und können einer näheren Kritik unterzogen werden.

Die serienmäßig produzierten Pumpentypen sind meist in Baugrößenreihen untergliedert. Förderstrom und Förderhöhe sind dabei nach einer geometrischen Reihe gestaffelt. Die Kennlinien der Baugrößen eines Pumpentyps werden als Übersichts-Leistungsschaubilder in den Prospekten der Lieferfirmen vorwiegend in doppeltlogarithmischem Maßstab dargestellt (s. Bild 6.34). Für jede Baugröße wird der zugelassene Arbeitsbereich des größten – und manchmal auch noch des kleinsten – Laufraddurchmessers als Drosselkurve angegeben. Für andere Laufraddurchmesser der gleichen Pumpe sind die Drosselkurven kongruent, und die Punkte gleichen Stoßzustands (s. Bild 6.12) liegen im doppeltlogarithmischen Maßstab auf einer Geraden. Parallel zu dieser Geraden verschiebt sich die Drosselkurve bei der Wahl kleinerer Laufraddurchmesser. Aus dem Übersichts-Leistungsschaubild kann die geeignete Baugröße eines Pumpentyps ausgesucht werden. Für die so gefundene Pumpe wird der hydraulische Nachweis mit Hilfe der Drosselkurve und Rohrleitungskennlinie geführt und die Einhaltung des erforderlichen Haltedruckes in der Pumpe bei der berechneten Saughöhe kontrolliert.

Die Drosselkurven der Kreiselpumpen sind oft vom Hersteller theoretisch berechnet und nur teilweise auf dem Prüfstand ermittelt worden. Garantiert werden in der Regel die Nennförderdaten mit einer vereinbarten zulässigen Toleranz.

Je weiter ein beliebiger Arbeitspunkt von diesen Nenndaten entfernt liegt, desto größere Abweichungen von der theoretischen Drosselkurve sind möglich. Übertriebene Genauigkeit bei der hydraulischen Berechnung der Rohrleitungskennlinie ist deshalb wertlos. Wichtiger ist die Erfassung des möglichen Arbeitsbereichs.

Die Förderhöhe einer Pumpenanlage schwankt oft infolge veränderlicher saug- und druckseitiger Flüssigkeitsspiegel, veränderlicher Drücke auf diesen Flüssigkeitsspiegeln und durch Beeinflussung parallel in die gleiche Rohrleitung fördernder Pumpen. Der Rauhigkeitsbeiwert der Rohrleitung ist meist nicht bekannt und wird nach Erfahrungswerten geschätzt. Der Fehlerbereich dieser Schätzung und der mit der Zeit eventuell steigende Rauhigkeitsbeiwert beeinflussen ebenfalls die Förderhöhe.

Der Förderstrom einer Kolbenpumpe wird durch die Förderhöhenschwankungen praktisch nicht beeinflußt. Es genügt deshalb, die größte Förder- und Saughöhe zu berechnen und danach die Pumpe und den Motor auszulegen. Bei Kreiselpumpen muß jedoch der Schwankungsbereich der Förderhöhe erfaßt und daraus der Arbeitsbereich der Pumpe ermittelt werden. Der Arbeitsbereich muß bekannt sein, da Kreiselpumpen nur auf einem vom Lieferwerk anzugebenden Abschnitt der Drosselkurve im Dauerbetrieb fahren sollen. Andernfalls ist mit Teillast- bzw. Überlastkavitation und vorzeitigem Verschleiß zu rechnen. Aus dem Arbeitsbereich ergibt sich auch der für die Antriebsbemessung maßgebende Arbeitspunkt des größten Leistungsbedarfes an der Pumpenwelle.

Die Reibungsverluste und Einzelwiderstände in den Saug- und Druckrohrleitungen werden nach Abschn. 9.3.2. berechnet. Die Saughöhe muß wegen ihres geringeren absoluten Wertes genauer ermittelt werden als die Förderhöhe. In der Saugleitung werden deshalb alle Einzelverluste für Formstücke und Armaturen erfaßt; in der Druckleitung können deren Druckverluste jedoch pauschal im Reibungsbeiwert berücksichtigt werden.

6.2.2. Berechnung der Förderhöhe

Die von einer Pumpe zu verrichtende nutzbare Arbeit wird aus der Definition
  Arbeit = Masse · Beschleunigung · Weg
abgeleitet. Dabei entspricht die Beschleunigung der Erdbeschleunigung g und der Weg der Förderhöhe H.

$$W = m \cdot g \cdot H$$

Bezieht man die Arbeit auf die Masseeinheit, so erhält man die spezifische Förderarbeit Y.

$$Y = g \cdot H$$

6.2. Entwurf und Betrieb von Pumpenanlagen

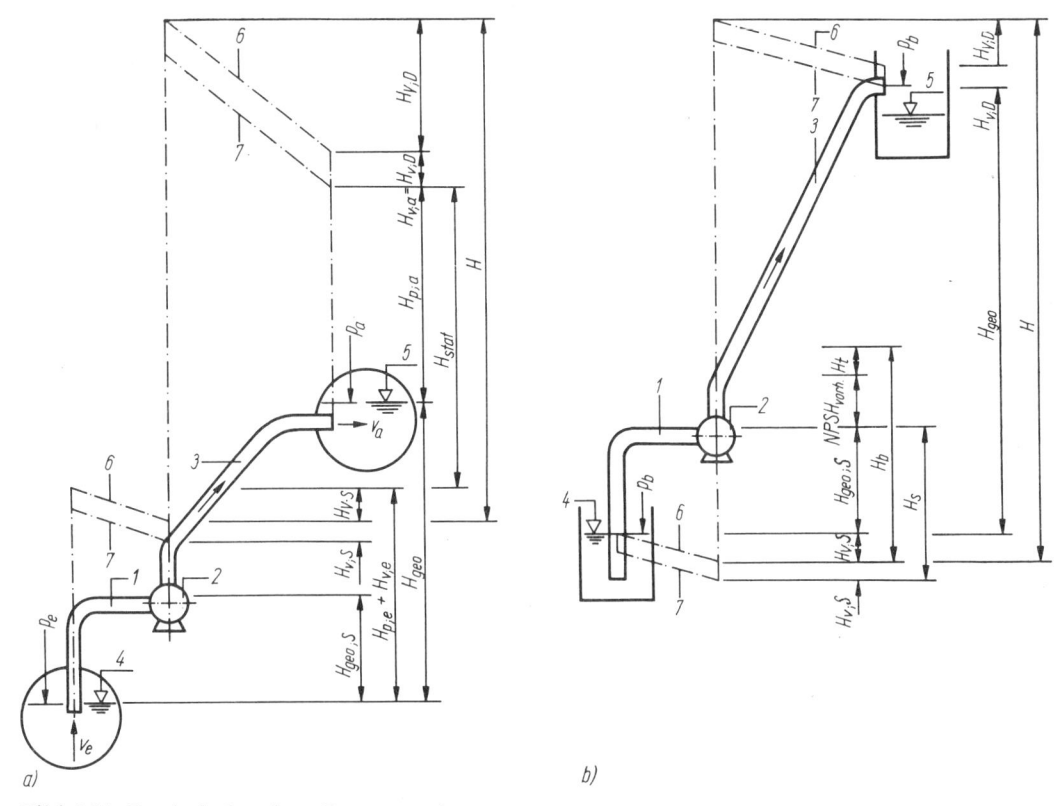

Bild 6.31 Förderhöhe einer Pumpenanlage
  a) Ein- und Austritt der Anlage für beliebige Drücke, Darstellung der Druck- und Energielinien für Absolutdrücke
  b) Ein- und Austritt der Anlage unter Atmosphärendruck, Darstellung der Druck- und Energielinie für Überdrücke
  1 Saugleitung; *2* Pumpe; *3* Druckleitung; *4* saugseitiger Flüssigkeitsspiegel; *5* druckseitiger Flüssigkeitsspiegel; *6* Energielinie; *7* Drucklinie
  H_p Druckhöhe; H_t Verdampfungsdruckhöhe; H_b atmosphärische Druckhöhe; *NPSH* Haltedruckhöhe; P_b atmosphärischer Luftdruck; P_t Verdampfungsdruck
  Indizes: *e* am Eintritt in die Anlage; *a* am Austritt aus der Anlage; *S* in der Saugleitung; *D* in der Druckleitung

Die Förderhöhe H ist der Zuwachs an potentieller und kinetischer Energiehöhe zwischen Saug- und Druckstutzen der Pumpe. Die erforderliche Förderhöhe setzt sich nach Bild 6.31a zusammen aus
- geodätischem Höhenunterschied zwischen saug- und druckseitigem Flüssigkeitsspiegel; H_{geo}
- Differenz zwischen den Druckhöhen, die auf dem druck- und saugseitigen Flüssigkeitsspiegel ruhen; $H_a - H_e$
- Reibungsverlusthöhen in der Saug- und Druckleitung einschließlich aller Einzelwiderstandshöhen; $H_V = H_{V;S} + H_{V;D}$
- Zunahme an Geschwindigkeitshöhe zwischen dem Eintritt in die und dem Austritt aus der Anlage; $H_{v;a} - H_{v;e}$.

Die Förderhöhe wird in Meter Flüssigkeitssäule angegeben. Drücke p und Geschwindigkeiten v werden wie folgt in Energiehöhen H umgerechnet:

$$H_p = \frac{p}{\rho \cdot g} \qquad\qquad H_v = \frac{v^2}{2g}$$

Die erforderliche Förderhöhe einer Pumpenanlage beträgt somit allgemein:

$$H = H_{geo} + \frac{p_a - p_e}{\rho \cdot g} + H_V + \frac{v_a^2 - v_e^2}{2g}$$

$$H = H_{geo} + H_{p;a} - H_{p;e} + H_V + H_{v;a} - H_{v;e} \qquad (6.17)$$

In vielen praktischen Fällen sind die Drücke auf dem saug- und druckseitigen Flüssigkeitsspiegel gleich dem atmosphärischen Luftdruck: $p_e = p_a = p_b$; die Eintrittsgeschwindigkeit in die Anlage ist Null: $v_e = 0$, und die Austrittsgeschwindigkeit aus der Anlage entspricht der Fließgeschwindigkeit in der Druckrohrleitung: $v_a = v_D$. Damit vereinfacht sich Gl. (6.17) nach Bild 6.31b zu

$$H = H_{geo} + H_v + H_{v;D} \qquad (6.18)$$

Dabei ist $H_{v;D}$ meist vernachlässigbar klein.

Als statische Förderhöhe H_{stat} bezeichnet man deren Anteil an potentieller Energie

$$H_{stat} = H_{geo} + H_{p;a} - H_{p;e}$$

In der Praxis wird die Förderhöhe mitunter noch in der Druckeinheit Meter Wassersäule (mWS) angegeben und als *manometrische Förderhöhe* bezeichnet.

$$H_{man} = H \frac{\varrho_{Fl}}{\varrho_w}$$

H_{man} manometrische Förderhöhe in m WS
H Förderhöhe in m Flüssigkeitssäule
ϱ_{Fl} Dichte der Förderflüssigkeit in kg/m³
ϱ_w Dichte des Wassers bei 4 °C, $\varrho_w = 1000$ kg/m³

Saughöhe
Zur Bemessung einer Pumpenanlage muß außer der gesamten Förderhöhe auch der Anteil der Saughöhe bekannt sein. Der Bezugspunkt für die Saughöhe ist die Stelle des geringsten Druckes in der Pumpe. Dies ist
— bei Kreiselradpumpen der höchste Punkt der Einlaufkante der Laufradschaufeln der ersten Stufe
— bei Umlaufkolbenpumpen der höchste Punkt des Saugkanals beim Eintritt in das Pumpengehäuse
— bei Hubkolbenpumpen die Unterkante der Dichtungsfläche des Druckventils.
Für praktische Berechnungen kann bei horizontalen Pumpen näherungsweise die Oberkante Saugstutzen als Bezugspunkt für die Saughöhe angenommen werden.

Am vorstehend definierten Bezugspunkt der Saughöhe in der Pumpe muß noch ein absoluter Druck vorhanden sein, der gleich oder größer ist als der Dampfdruck der Förderflüssigkeit, damit diese nicht verdampft, und zusätzlich
— bei Kreiselradpumpen der Haltedruck, der verhindert, daß sich der Flüssigkeitsstrahl vom rotierenden Laufrad löst und Kavitation eintritt,
— bei Hubkolbenpumpen der Druckverlust des Saugventils.
Die Saughöhe wird als Unterdruckhöhe gegenüber der Luftdruckhöhe angegeben. Negative Saughöhe bedeutet somit Überdruck am Pumpeneintritt und wird als Zulaufhöhe bezeichnet.

In vielen Fällen ruht auf dem saugseitigen Flüssigkeitsspiegel der atmosphärische Luftdruck. Er schwankt in Meeresspiegelhöhe zwischen 95 000 und 104 000 Pa und beträgt im Mittel 101 324 Pa = 760 Torr. Der Einfluß der Höhenlage auf den Luftdruck und den Verdampfungsdruck für Wasser kann Abschn. 11. entnommen werden.

Saughöhe einer Kreiselradpumpe
Die erforderliche Saughöhe beträgt nach Bild 6.31

6.2. Entwurf und Betrieb von Pumpenanlagen

$$H_{S;erf} = H_{geo;S} + H_{V;S} + \frac{v_S^2}{2g} - \frac{p_e - p_b}{\rho \cdot g} \qquad (6.19)$$

Sie wird begrenzt durch die am höchsten Punkt der Einlaufkante der Laufradschaufeln erforderliche Dampfdruckhöhe H_t und die erforderliche Haltedruckhöhe $NPSH_{erf}$ (Net Positiv Suction Head).

$$H_{S;zul} \leqq \frac{p_c - p_t}{\rho \cdot g} - NPSH_{erf} + \frac{v_S^2}{2g} \qquad (6.20)$$

Für offen saugseitigen Wasserspiegel mit $p_e = p_b$, mittleren Laufdruck und Kaltwasser kann überschläglich

$$H_{S;zul} \approx 9{,}5 - NPSH_{erf} \text{ in m}$$

angenommen werden.

Der erforderliche Haltedruck ist von der Laufradform abhängig. Gut geformte Radialräder erfordern Haltedruckhöhen von etwa 2 m. Der erforderliche Haltedruck steigt mit der spezifischen Drehzahl der Laufräder und für gegebene Laufradform mit der absoluten Drehzahl und mit dem Förderstrom. Er kann bis über 10 m ansteigen und ist ausschlaggebend für die mögliche höhenmäßige Aufstellung der Pumpe in bezug auf den saugseitigen Flüssigkeitsspiegel. Zum Teil erfordert der Haltedruck Zulauf zur Pumpe (negative Saughöhe).

Die *erforderliche* Haltedruckhöhe einer Pumpe ist als Funktion des Förderstroms nach [6.6] zu berechnen oder vom Pumpenhersteller zu erfragen. Aus dem gegebenen Haltedruck bei einem bestimmten Förderstrom und einer bestimmten Drehzahl einer Pumpe kann deren Kavitationszahl K und daraus der erforderliche Haltedruck für andere Förderströme und Drehzahlen näherungsweise bestimmt werden [6.14]:

$$K = n^2 \cdot \frac{\dot{V}_n}{NPSH_{erf;n}^{3/2}} \qquad (6.21)$$

$$NPSH_{erf;x} = n_x^{4/3} \cdot \left(\frac{\dot{V}_x}{K}\right)^{2/3} \qquad (6.22)$$

K Kavitationszahl
n Drehzahl in s^{-1}
$\dot{V}$ Förderstrom in m^3/s
$NPSH_{erf}$ erforderliche Haltedruckhöhe in m

Die vorhandene Haltedruckhöhe errechnet sich zu

$$NPSH_{vorh} = \frac{p_e - p_t}{\rho \cdot g} - H_{geo;S} - H_{V;S} \qquad (6.23)$$

Bei Unterschreitung des erforderlichen Haltedrucks muß im Laufrad mit Kavitationserscheinungen gerechnet werden. Sie führen zum Abfall der Drosselkurve der Pumpe und können im Dauerbetrieb Werkstoffzerstörungen im Laufrad, an der Welle und an den Lagern hervorrufen. Durch entsprechende Werkstoffwahl kann diese Gefahr verringert werden. International lassen deshalb zahlreiche Pumpenhersteller für kleine und mittlere Pumpen bis 1000 m^3/h Kavitation in dem Maße zu, daß die Förderhöhe bis 3 % abnimmt [6.6]. Der erforderliche Haltedruck verringert sich dadurch wesentlich.

Saughöhe einer Hubkolbenpumpe
Die erforderliche Saughöhe einer Hubkolbenpumpe ohne Saugwindkessel weicht wesentlich von der erforderlichen Saughöhe einer gleichförmig fördernden Kreiselrad- oder Umlaufkolbenpumpe ab. Dies muß bei der Aufstellung von Kolbendosierpumpen, die oft ohne Saugwindkessel gebaut werden, unbedingt beachtet werden. Andernfalls arbeiten die Saugventile der Pumpen verzögert, und die Dosiergenauigkeit wird schlecht.

Entsprechend dem instationären, pulsierenden Förderstrom einer Hubkolbenpumpe schwanken auch die Verlusthöhe $H_{V;S}$ und die Geschwindigkeitshöhe $H_{v;S}$ während eines Kolbenhubs. Zu Beginn des Saughubs muß die Flüssigkeitssäule in der Saugleitung außerdem beschleunigt werden. Die Druckhöhe zur Beschleunigung der Förderflüssigkeit beträgt nach dem Impulssatz [6.16]

$$a = a_K \cdot \frac{A_K}{A_S} \qquad H_a = l \cdot \frac{a}{g} \qquad (6.24)$$

H_a	Beschleunigungshöhe in m
a	Beschleunigung der Förderflüssigkeit in m/s²
a_K	Beschleunigung des Pumpenkolbens in m/s²
g	Erdbeschleunigung in m/s²
l	Länge der Saugleitung in m
A_K	Querschnittsfläche des Pumpenkolbens in m²
A_S	Querschnittsfläche der Saugleitung in m²

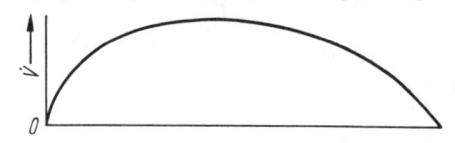

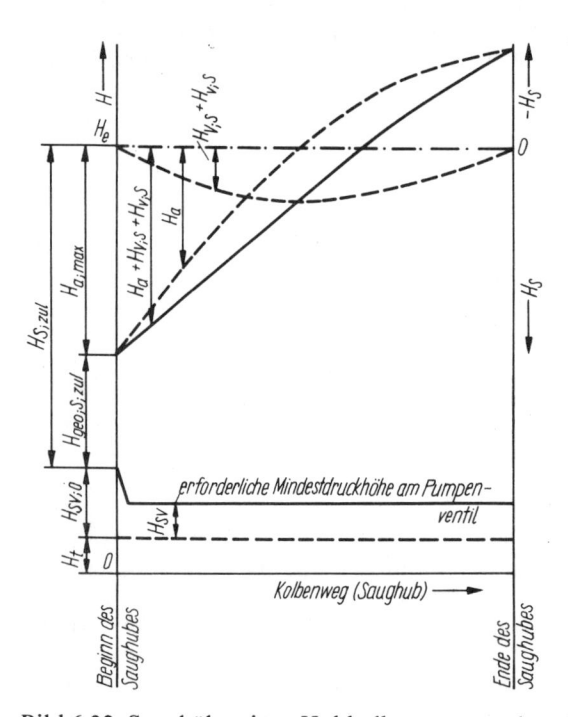

Bild 6.32 Saughöhe einer Hubkolbenpumpe ohne Saugwindkessel während eines Saughubs

$\dot{V}$	Förderstrom		$H_{V;S}$	Verlusthöhe in der Saugleitung
H	Druckhöhe		H_a	Beschleunigungshöhe
H_S	Saughöhe		$H_{v;S}$	Geschwindigkeitshöhe am Saugstutzen
H_e	Druckhöhe auf dem saugseitigen Flüssigkeitsspiegel		H_{SV}	Widerstandshöhe des Saugventils
$H_{geo;S}$	geodätische Saughöhe		$H_{SV;O}$	Öffnungswiderstand des Saugventils
H_t	Verdampfungsdruckhöhe der Förderflüssigkeit			

6.2. Entwurf und Betrieb von Pumpenanlagen

Der Druckverlust des Saugventils ist zu Beginn des Saughubs am größten (Öffnungswiderstand) und bleibt dann annähernd konstant. Der Öffnungswiderstand kann überschläglich mit 1 m angenommen werden.

Die Schwankungen und Überlagerungen der einzelnen Druckverluste einer Hubkolbenpumpe ohne Saugwindkessel sind in Bild 6.32 dargestellt. Danach ist die Saughöhe zu Beginn des Saughubs ein Maximum und beträgt

$$H_S = H_{geo;S} + H_{a;max} \leq \frac{p_e - p_t}{\rho \cdot g} - H_{SV;O} = H_{S;zul} \tag{6.25}$$

H_S Saughöhe in m
$H_{geo;S}$ geodätische Saughöhe in m
$H_{a;max}$ maximale Beschleunigungshöhe zu Beginn des Saughubs in m
$H_{SV;O}$ Öffnungswiderstand des Saugventils in m
p_e Druck auf den saugseitigen Flüssigkeitsspiegel in Pa
p_t Verdampfungsdruck der Förderflüssigkeit in Pa
ρ Dichte der Förderflüssigkeit in kg/m³
g Erdbeschleunigung in m/s²

Die maximal mögliche geodätische Saughöhe wird somit

$$H_{geo;S;zul} = \frac{p_e - p_t}{\rho \cdot g} - H_{SV;O} - H_{a;max} \tag{6.26}$$

Wird der Förderstrom in der Saugleitung durch einen Saugwindkessel konstant gehalten, so sind auch die Verlust- und Geschwindigkeitshöhe gleichbleibend, und die Beschleunigungshöhe wird Null. Dies gilt exakt jedoch nur für einen unendlich großen Saugwindkessel unmittelbar am Saugventil.

Saughöhe einer Hubkolbenpumpe mit Saugwindkessel

$$H_S = H_{geo;S} + H_{V;S} + H_{v;S} + H_x \leq \frac{p_e - p_t}{\rho \cdot g} - H_{SV;O} \tag{6.27}$$

H_x Zuschlag für die trotz Saugwindkessel noch schwach pulsierende Förderung in m, überschläglich $H_x = 1$ m

Damit wird

$$H_{geo;S;zul} = \frac{p_e - p_t}{\rho \cdot g} - H_{SV;O} - H_{V;S} - H_{v;S} - H_x \tag{6.28}$$

Beispiel
Die in Bild 6.33 dargestellte Kreiselpumpenanlage soll mindestens 200 m³/h Wasser aus einem Tiefbehälter in einen Hochbehälter fördern. Auf den Wasserspiegeln des Tief- und Hochbehälters ruht der gleiche Luftdruck von minimal $p_b = 97$ kPa. Das Wasser hat eine maximale Temperatur von 20 °C.

Um den gesamten möglichen Arbeitsbereich der Pumpe zu ermitteln, werden zwei Rohrleitungskennlinien berechnet:
- maximale Rohrleitungskennlinie *1* für
  maximale geodätische Förderhöhe $H_{geo;max} = 174,0$ m NN − 133,0 m NN = 41,0 m
  maximale Rohrrauhigkeit $k_{max} = 2,0$ mm
- minimale Rohrleitungskennlinie *2* für
  minimale geodätische Förderhöhe $H_{geo;min} = 170,0$ m NN − 135,0 m NN = 35,0 m
  minimale Rohrrauhigkeit $k_{min} = 0,4$ mm.

Zum Nachweis der erforderlichen Saughöhe ist außerdem der maximale Förderstrom bei maximaler geodätischer Saughöhe von Interesse. Hierzu dient
- Rohrleitungskennlinie *3* für maximale Saughöhe, bei maximaler geodätischer Saughöhe und minimaler geodätischer Druckhöhe $H_{geo;krit} = 170,0$ m NN − 133,0 m NN = 37,0 m
  minimale Rohrrauhigkeit $k_{min} = 0,4$ mm.

Die Rohrreibungsverluste werden nach Gl. (9.42), die Einzelverluste nach Gl. (9.44) berechnet.

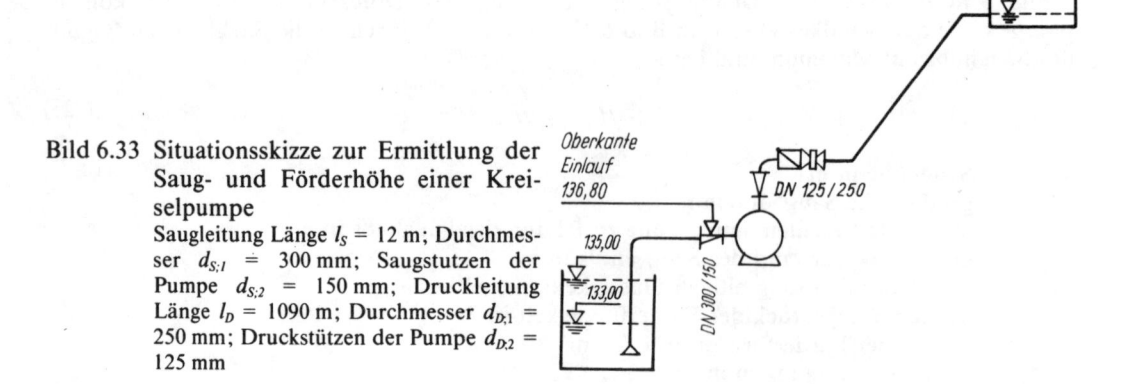

Bild 6.33 Situationsskizze zur Ermittlung der Saug- und Förderhöhe einer Kreiselpumpe
Saugleitung Länge l_S = 12 m; Durchmesser $d_{S;1}$ = 300 mm; Saugstutzen der Pumpe $d_{S;2}$ = 150 mm; Druckleitung Länge l_D = 1090 m; Durchmesser $d_{D;1}$ = 250 mm; Druckstützen der Pumpe $d_{D;2}$ = 125 mm

Setzt man dabei die verschiedenen Fließgeschwindigkeiten $v_n = \dot{V}/A_n$ ein, läßt sich die Rohrleitungskennlinie als Funktion des Förderstroms ausdrücken:

Saugleitung
Einzelverluste DN 300

$$H = \sum \zeta_{S;300} \cdot \frac{\dot{V}^2}{A_{300}^2 \cdot 2g} = 0{,}85 \cdot \frac{\dot{V}^2}{0{,}0707^2 \cdot 19{,}62} = 8{,}7 \cdot \dot{V}^2$$

Einzelverluste DN 150 und Geschwindigkeitshöhe

$$H = (1 + \sum \zeta_{S;150}) \cdot \frac{\dot{V}^2}{A_{150}^2 \cdot 2g} = 1{,}4 \cdot \frac{\dot{V}^2}{0{,}0177^2 \cdot 19{,}62} = 227{,}8 \cdot \dot{V}^2$$

Rohrreibung für k = 2 mm
$$H_r = \alpha_{2,0} \cdot l \cdot \dot{V}^2 = 1{,}14 \cdot 12 \cdot \dot{V}^2 \qquad\qquad = 13{,}7 \cdot \dot{V}^2$$
$$H_{V;S;max} = 250{,}2 \cdot \dot{V}^2$$

Rohrreibung für k = 0,4 mm
$$H_r = \alpha_{0,4} \cdot l \cdot \dot{V}^2 = 0{,}754 \cdot 12 \cdot \dot{V}^2 \qquad\qquad = 9{,}0 \cdot \dot{V}^2$$
$$H_{V;S;min} = 245{,}5 \cdot \dot{V}^2$$

Druckleitung
Einzelverluste DN 125

$$H = \Sigma \zeta_{D;125} \cdot \frac{\dot{V}^2}{A_{125}^2 \cdot 2g} = 0{,}3 \frac{\dot{V}^2}{0{,}0123^2 \cdot 19{,}62} \qquad = 101{,}1 \cdot \dot{V}^2$$

Einzelverluste DN 250

$$H = \Sigma \zeta_{D;250} \cdot \frac{\dot{V}^2}{A_{250}^2 \cdot 2g} = 5{,}4 \frac{\dot{V}^2}{0{,}0491^2 \cdot 19{,}62} \qquad = 114{,}2 \cdot \dot{V}^2$$

Rohrreibung für k = 2 mm

$$H_r = \alpha_{2,0} \cdot l \cdot \dot{V}^2 = 3{,}17 \cdot 1090 \cdot \dot{V}^2 \qquad\qquad = 3455{,}3 \cdot \dot{V}^2$$
$$H_{V;D;max} = 3670{,}6 \cdot \dot{V}^2$$

6.2. Entwurf und Betrieb von Pumpenanlagen

Rohrreibung für $k = 0,4$ mm

$$H_r = \alpha_{0,4} \cdot l \cdot \dot{V}^2 = 1,96 \cdot 1090 \cdot \dot{V}^2 = 2136,4 \cdot \dot{V}^2$$

$$H_{V;D;\min} = 2351,7 \cdot \dot{V}^2$$

Somit lauten die Funktionen der drei gesuchten Rohrleitungskennlinien:

$H_1 = H_{\text{geo;max}} + H_{V;S;\max} + H_{V;D;\max}$
$H_1 = 41,0 + 250,2 \cdot \dot{V}^2 + 3670,6 \cdot \dot{V}^2 = 41,0 + 3920,8 \cdot \dot{V}^2$
$H_2 = H_{\text{geo;min}} + H_{V;S;\min} + H_{V;D;\min}$
$H_2 = 35,0 + 245,5 \cdot \dot{V}^2 + 2351,7 \cdot \dot{V}^2 = 35,0 + 2597,2 \cdot \dot{V}^2$
$H_3 = H_{\text{geo;krit}} + H_{V;S;\min} + H_{V;D;\min}$
$H_3 = 37,0 + 245,5 \cdot \dot{V}^2 + 2351,7 \cdot \dot{V}^2 = 37,0 + 2597,2 \cdot \dot{V}^2$

Die maximale Förderhöhe beim gewünschten Förderstrom von $\dot{V}_n = 200$ m³/h $= 0,056$ m³/s beträgt

$$H_n = 41,0 + 3920,8 \cdot 0,056^2 = 53,3 \text{ m}$$

Nach Bild 6.30 kommt hierfür eine einstufige, einflutige Kreiselpumpe mit Radialrad in Frage. Ein Pumpenwerk bietet eine Baureihe mit den in Bild 6.34 dargestellten Baugrößen an. Daraus wird die Baugröße 125/225 gewählt, deren Kennlinien für verschiedene Laufraddurchmesser in Bild 6.35 enthalten sind. Die Drosselkurve H_2 für das Laufrad Nr. 2 erfüllt die geforderten Leistungsdaten $\dot{V} \geqq 200$ m³/h bei $H_n = 53,3$ m.

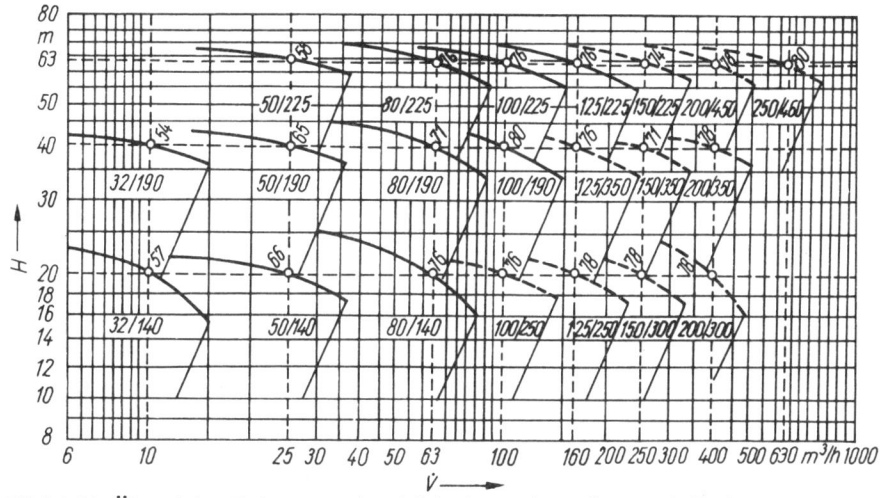

Bild 6.34 Übersichts-Leistungsschaubild eines einstufigen, einflutigen Radialrad-Kreiselpumpentyps
32/190 Baugröße (32 DN des Druckstutzens; 190 Laufraddurchmesser)
⌐ Drosselkurve
/ Gerade gleichen Stoßzustands
°54 bester Wirkungsgrad in Prozent
----- geometrische Reihe der Förderströme und Förderhöhen

Zur Ermittlung des Arbeitsbereichs der Pumpenanlage werden die Rohrleitungskennlinien *1* und *2* nach obigen Funktionen graphisch aufgetragen und mit der Drosselkurve H_2 der Pumpe aus Bild 6.35 zum Schnitt gebracht (s. Bild 6.36a). Der Arbeitsbereich der Pumpe ergibt sich zu $\dot{V} = 201,5$ bis $239,5$ m³/h und liegt im zulässigen Arbeitsbereich nach Bild 6.35. Die maximale Kupplungsleistung der Pumpe tritt beim maximalem Förderstrom $\dot{V}_{\max} = 239,5$ m³/h auf und wird aus Bild 6.35 mit $P_K = 39$ kW abgelesen.

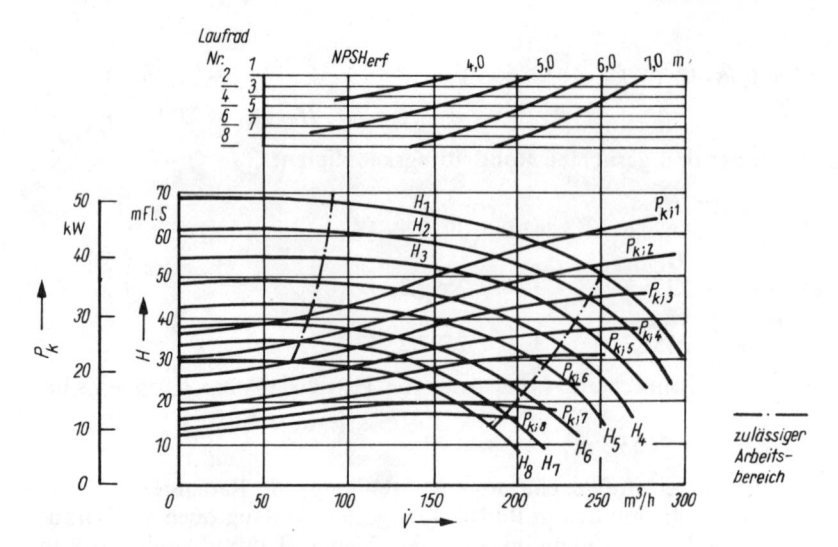

Bild 6.35 Kennlinien einer einstufigen, einflutigen Radialrad-Kreiselpumpe (Baugröße 125/225 nach Bild 6.34)
— · — zulässiger Arbeitsbereich

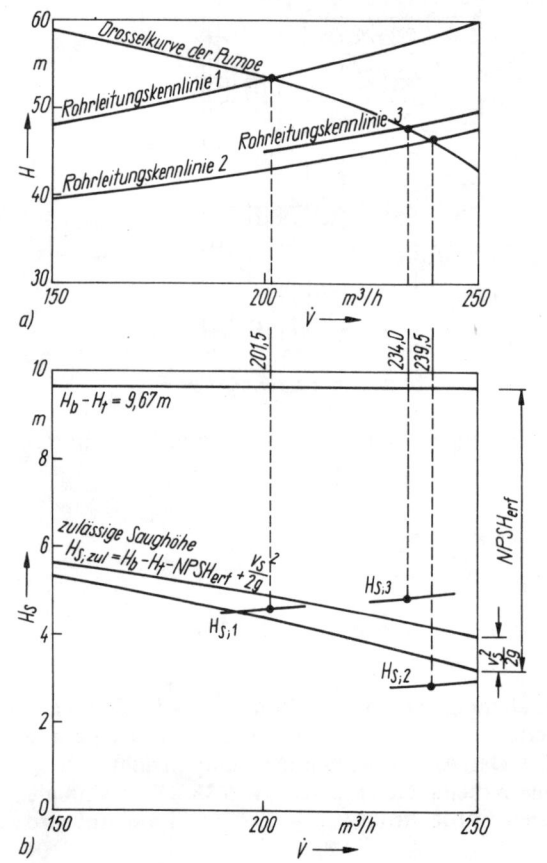

Bild 6.36 Kennlinien zum Beispiel 6.33
a) Nachweis des Arbeitsbereichs der Pumpe
b) Nachweis der Saughöhe

6.2. Entwurf und Betrieb von Pumpenanlagen

Für die gewählte Pumpe und den ermittelten Arbeitsbereich muß noch die Einhaltung der erforderlichen Haltedruckhöhe $NPSH_{erf}$ überprüft werden. Hierzu werden in Bild 6.36b aufgetragen:

Luftdruckhöhe − Dampfdruckhöhe $\dfrac{p_b - p_t}{\varrho \cdot g} = \dfrac{97\,000\text{ Pa} - 2340\text{ Pa}}{998,2\text{ kg/m}^3 \cdot 9,81\text{ m/s}^2} = 9{,}67\text{ m}$

Von diesem Druckhöhenhorizont wird die erforderliche Haltedruckhöhe $NPSH_{erf}$ aus Bild 6.35 für das Laufrad Nr. 2 abgetragen, und auf diese Kurve die Geschwindigkeitshöhe im Saugstutzen der Pumpe $H_{v,S} = v_S^2/2g$ aufgetragen. Das Ergebnis ist die zulässige Saughöhe als Funktion des Förderstroms gemäß Gl. (6.23). Diese wird mit der erforderlichen Saughöhe verglichen, die als Bestandteil der Gesamtförderhöhe eingangs als Funktion des Förderstroms ermittelt wurde. Betrachtet werden die eventuell kritischen Punkte des Arbeitsbereichs der Anlage:

− minimaler Förderstrom $\dot V_{min} = 201{,}5\text{ m}^3/\text{h}$ bei maximaler Förderhöhe

$H_{S;1} = H_{geo;S;max} + H_{V;S;max} = 136{,}8 - 133{,}0 + 250{,}2 \cdot \dot V^2$

$H_{S;1} = 3{,}8 + 250{,}2 \cdot 0{,}056^2 = 4{,}58\text{ m} < 4{,}9\text{ m} = H_{S;zul}$

− maximaler Förderstrom $\dot V_{max} = 239{,}5\text{ m}^3/\text{h}$ bei minimaler Förderhöhe

$H_{S;2} = H_{geo;S;min} + H_{V;S;min} = 136{,}8 - 135{,}0 + 245{,}5 \cdot \dot V^2$

$H_{S;2} = 1{,}8 + 245{,}5 \cdot 0{,}066^2 = 2{,}87\text{ m} < 4{,}2\text{ m} = H_{S;zul}$

− maximaler Förderstrom bei maximaler Saughöhe.

Hierzu wird in Bild 6.36a die Rohrleitungskennlinie 3 aufgetragen. Sie ergibt mit der Drosselkurve der Pumpe den Arbeitspunkt $\dot V = 234{,}0\text{ m}^3/\text{h}$.

$H_{S;3} = H_{geo;S;max} + H_{V;S;min} = 136{,}8 - 133{,}0 + 245{,}5 \cdot \dot V^2$

$H_{S;3} = 3{,}8 + 245{,}5 \cdot 0{,}065^2 = 4{,}83\text{ m} > 4{,}3\text{ m} = H_{S;zul}$

Das bedeutet, daß für diesen kritischen Punkt die zulässige Saughöhe überschritten wird. Die Pumpe muß $4{,}83 - 4{,}3 \approx 0{,}6\text{ m}$ tiefer gesetzt werden, wenn über den gesamten möglichen Arbeitsbereich Kavitation vermieden werden soll.

6.2.3. Regelung von Kreiselpumpen

6.2.3.1. Drosseln

Wird der Schieber oder ein anderes Absperrorgan in der Druckleitung einer Kreiselpumpe teilweise geschlossen (gedrosselt), so entsteht ein zusätzlicher Reibungsverlust. Dieser bedingt für die Pumpe eine größere Förderhöhe, wobei entsprechend der Drosselkurve $H(\dot V)$ der Förderstrom zurückgeht. Die Drosselung gestattet somit, den Förderstrom zu reduzieren und den Druck zwischen der Pumpe und dem Drosselorgan zu erhöhen. Da beim Radialrad die Leistungsaufnahme mit dem Förderstrom steigt (s. Bild 6.13), kann durch das Drosseln die Leistungsaufnahme des Motors reduziert werden.

Durch Drosseln wird die Förderhöhendifferenz zwischen der Rohrleitungskennlinie und der Drosselkurve als Reibung im gedrosselten Absperrorgan vernichtet (Bild 6.37). Diese Energievernichtung hat trotz Abnahme des Leistungsbedarfs einen erhöhten spezifischen Energiebedarf, auf den Förderstrom bezogen, zur Folge (s. W'-Kurve in Bild 6.37).

Besonders deutlich wird dies durch die Darstellung des effektiven Wirkungsgrads

$$\eta' = \frac{\dot V \cdot \varrho \cdot H' \cdot g}{P_K}$$

η' tatsächlicher (effektiver) Wirkungsgrad der gedrosselten Pumpe einschließlich des Drosselorgans
$\dot V$ Förderstrom in m³/s
H erforderliche Förderhöhe, entsprechend der Rohrleitungskennlinie in m
P_K Leistungsbedarf an der Pumpenwelle in W
ϱ Dichte des Fördermediums in kg/m³
g Erdbeschleunigung in m/s²

Drosselt man die in Bild 6.37 dargestellte Pumpe bis auf $\dot V = 70\text{ m}^3/\text{h}$, d. h. bis auf den besten Wirkungsgrad der Pumpe selbst ($\eta = 0{,}82$), so sinkt der effektive Wirkungsgrad auf $\eta' = 0{,}42$ ab.

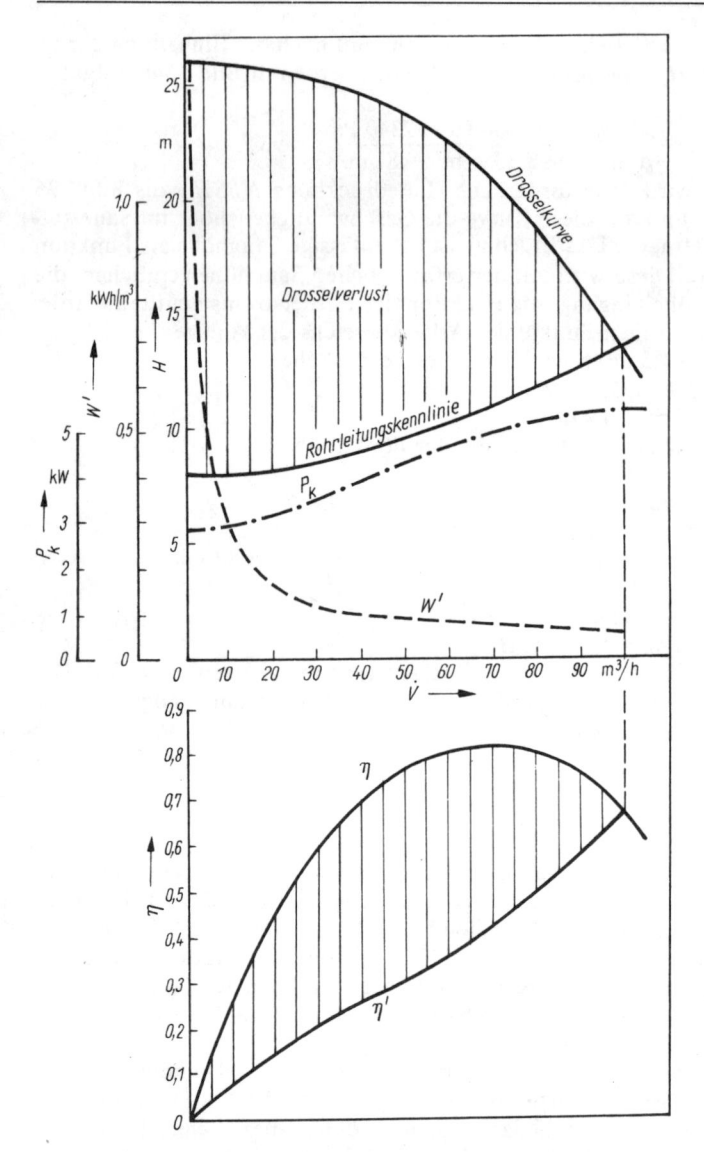

Bild 6.37 Kennlinie beim Drosseln einer Kreiselradpumpe
$\dot{V}$ Förderstrom; H Förderhöhe; P_K Leistungsbedarf an der Pumpenwelle (Kupplungsleistung); W'' erforderliche Arbeit, um 1 m³ zu fördern; η Wirkungsgrad der Pumpe; η' effektiver Wirkungsgrad beim Drosseln für die gegebene Rohrleitungskennlinie

Der Energieverlust ist um so größer, je steiler die Drosselkurve verläuft, da hierbei die meiste Förderhöhe vernichtet wird.

Das Drosseln ist somit immer eine unwirtschaftliche Methode zur Regelung einer Kreiselpumpe. Es ist wirtschaftlicher, eine andere Pumpe bzw. ein anderes Laufrad oder eine andere Drehzahl anzuwenden, so daß die Drosselkurve den gewünschten Förderstrom bei der erforderlichen Förderhöhe erbringt. Das Drosseln ist zu vertreten, wenn es sich nicht um eine ständige, sondern nur vorübergehende Regelung handelt.

Beim Drosseln einer Kreiselpumpe ist die Charakteristik der P_K-Kurve zu beachten, damit keine Überlastung des Motors eintritt. Axialpumpen dürfen in der Regel nicht gedrosselt wer-

6.2. Entwurf und Betrieb von Pumpenanlagen

den, da hierbei der Leistungsbedarf steigt (s. Bild 6.13). Das gleiche gilt für Sternradpumpen. Auch bei Diagonalradpumpen steigt innerhalb eines gewissen Arbeitsbereichs der Leistungsbedarf beim Drosseln.

Pumpen mit labiler Kennlinie dürfen nur im stabilen Bereich, d. h. unterhalb der Förderhöhe H_0, gedrosselt werden; andernfalls ist der gewünschte Förderstrom nicht garantiert (s. Bild 6.12).

Beim Drosseln ist darauf zu achten, daß eine Kreiselpumpe nur innerhalb eines bestimmten Bereiches der Drosselkurve einwandfrei arbeitet. Zu starke Drosselung kann im Laufe der Zeit zur Werkstoffzerstörung führen.

Unmittelbar selbstansaugende Kreiselpumpen sind erst nach dem Entlüften der Saugleitung zu drosseln. Seitenkanalpumpen sollten bei Bedarf nur bis zu ihrem Nennarbeitspunkt gedrosselt werden. Darüber hinaus kann die Förderleistung durch Abschlagen eines geregelten Teilstroms verringert werden.

6.2.3.2. Drehzahlregelung

Mit der Drehzahl und damit der Umfangsgeschwindigkeit des Laufrads ändern sich Förderstrom und Förderhöhe entsprechend den Strömungsverhältnissen im Laufrad wie folgt:

$$\frac{\dot{V}_1}{\dot{V}_2} = \frac{n_1}{n_2} \tag{6.29}$$

$$\frac{H_1}{H_2} = \frac{n_1^2}{n_2^2} \tag{6.30}$$

Dabei bedeuten $\dot{V}_1$ und H_1 den Förderstrom bzw. die Förderhöhe bei der Drehzahl n_1, und $\dot{V}_2$ und H_2 entsprechen der Drehzahl n_2. Der Leistungsbedarf als Funktion des Förderstroms und der Förderhöhe verhält sich dabei

$$\frac{P_{K;1}}{P_{K;2}} = \frac{\eta_2}{\eta_1} \cdot \frac{n_1^3}{n_2^3} \tag{6.31}$$

Die $H(\dot{V})$-Kurven für verschiedene Drehzahlen sind, soweit keine Kavitation in der Pumpe auftritt, untereinander kongruent. Jeder Punkt der $H(\dot{V})$-Kurve verlagert sich bei Drehzahländerung auf einer Parabel, die ihren Scheitel bei $\dot{V} = 0$ und $H = 0$ hat (Bild 6.38). Auch der Wirkungsgrad der Pumpe bleibt längs dieser Parabeln in einem gewissen Bereich annähernd konstant, so daß obige Formel vereinfacht werden kann zu

$$\frac{P_{K;1}}{P_{K;2}} \approx \frac{n_1^3}{n_2^3}. \tag{6.32}$$

Der genaue Verlauf des Wirkungsgrads über einen großen Drehzahlbereich ist in Bild 6.39 dargestellt.

In Bild 6.38 sind die Kurven für verschiedene Drehzahlen unter obiger Vereinfachung für die gleiche Pumpe und Rohrleitungskennlinie dargestellt wie in Bild 6.37 für die Pumpendrosselung. Die Vorteile der Drehzahlregelung gegenüber der Drosselung sind eindeutig. Obwohl die Pumpe mit ihrer ursprünglichen Drehzahl $n_1 = 2900 \text{ min}^{-1}$ bei der gegebenen Rohrleitungskennlinie zu groß ist, wird über einen weiten Drehzahlbereich ein guter Wirkungsgrad erreicht: für $n = 3200 \text{ min}^{-1}$ $\eta = 0{,}63$; für $n = 2000 \text{ min}^{-1}$ $\eta = 0{,}81$. Der Arbeitsaufwand für 1 m³ gefördertes Wasser bleibt über den gesamten dargestellten Drehzahlbereich niedrig.

Wollte man im dargestellten Beispiel die Drehzahl weiter reduzieren bis unter 1600 min⁻¹, so würde die $H(\dot{V})$-Kurve der Pumpe nicht mehr die Rohrleitungskennlinie erreichen. Die Pumpe würde „abschnappen", d. h., sie fördert nicht mehr, sondern läuft im stehenden Wasser „tot". Dieser Zustand ist unbedingt zu vermeiden, da sich dabei das Fördermedium schnell erwärmt und die Pumpe heißläuft.

Der Rechengang zur Ermittlung der $H(\dot{V})$- und P_K-Kurven für verschiedene Drehzahlen zu Bild 6.38 ist in Tafel 6.2 dargestellt. Voraussetzung ist, daß für eine Drehzahl die $H(\dot{V})$- und $P_K(\dot{V})$-Kurve gegeben sind.

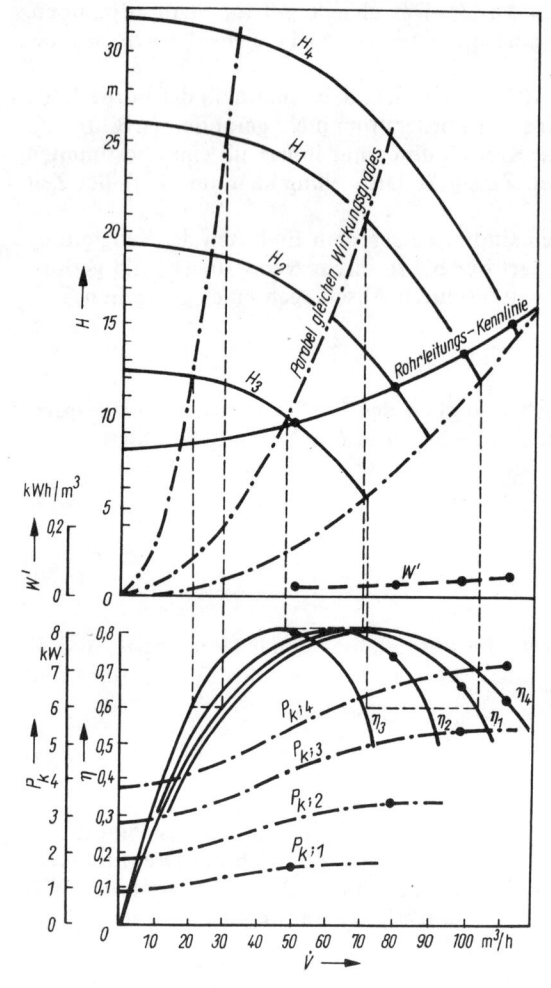

Bild 6.38 Kennlinien bei Drehzahlregelung einer Kreiselradpumpe gemäß den Gln. (6.29) bis (6.35)
$\dot{V}$ Förderstrom; H Förderhöhe; P_K Leistungsbedarf an der Pumpenwelle; W'' erforderliche Arbeit, um 1 m³ zu fördern; η Wirkungsgrad der Pumpe
Index 1 bezieht sich auf $n = 2900$ min^{-1}
Index 2 bezieht sich auf $n = 2500$ min^{-1}
Index 3 bezieht sich auf $n = 2000$ min^{-1}
Index 4 bezieht sich auf $n = 3200$ min^{-1}

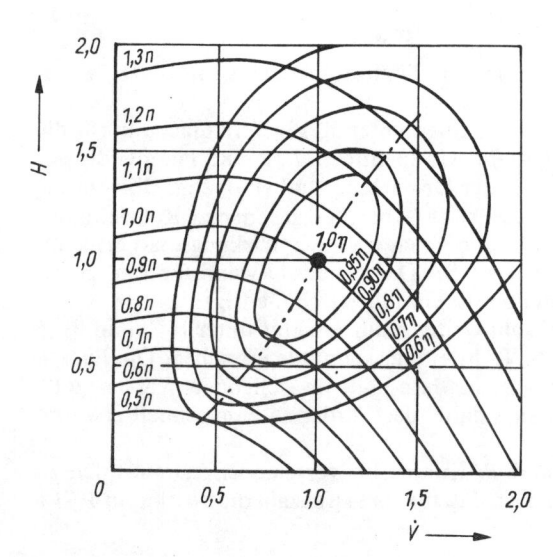

Bild 6.39 Kennfeld oder Muschelschaubild einer Kreiselradpumpe; Drosselkurven für verschiedene Drehzahlen und Linien gleichen Wirkungsgrads
1,0 n = normale Drehzahl

6.2. Entwurf und Betrieb von Pumpenanlagen

Tafel 6.2. Kennlinienberechnung bei Drehzahlregelung zu Bild 6.38 nach den Gln. (6.29), (6.30) und (6.32)

$n_1 = 2900 \text{ min}^{-1}$ $\dot{V}_1$ H_1 gegeben $P_{K;1}$			$n_2 = 2500 \text{ min}^{-1}$ $\dot{V}_2 = 0{,}862\ \dot{V}_1$ $H_2 = 0{,}743\ H_1$ $P_{K;2} = 0{,}641\ P_{K;1}$			$n_3 = 2000 \text{ min}^{-1}$ $\dot{V}_3 = 0{,}690\ \dot{V}_1$ $H_3 = 0{,}476\ H_1$ $P_{K;3} = 0{,}328\ P_{K;1}$			$n_4 = 3200 \text{ min}^{-1}$ $\dot{V}_4 = 1{,}103\ \dot{V}_1$ $H_4 = 1{,}218\ H_1$ $P_{K;4} = 1{,}344\ P_{K;1}$		
$\dot{V}_1$ m³/h	H_1 m	$P_{K;1}$ kW	$\dot{V}_2$ m³/h	H_2 m	$P_{K;2}$ kW	$\dot{V}_3$ m³/h	H_3 m	$P_{K;3}$ kW	$\dot{V}_4$ m³/h	H_4 m	$P_{K;4}$ kW
0	26,0	2,8	0	19,3	1,8	0	12,4	0,9	0	31,7	3,8
10	25,8	2,9	8,6	19,2	1,9	6,9	12,3	1,0	11,0	31,4	3,9
20	25,5	3,2	17,2	18,9	2,0	13,8	12,1	1,0	22,1	31,1	4,3
30	25,2	3,5	25,9	18,7	2,2	20,7	12,0	1,1	33,1	30,7	4,7
40	24,6	3,8	34,5	18,3	2,4	27,6	11,7	1,2	44,1	30,0	5,1
50	23,7	4,3	43,1	17,6	2,8	34,5	11,3	1,4	55,2	28,9	5,8
60	22,6	4,6	51,7	16,8	2,9	41,4	10,7	1,5	66,2	27,5	6,2
70	20,9	4,9	60,3	15,5	3,1	48,3	9,9	1,6	77,2	25,5	6,6
80	18,8	5,1	69,0	14,0	3,3	55,2	8,9	1,7	88,2	22,9	6,8
90	16,5	5,3	77,6	12,3	3,4	62,1	7,8	1,7	99,3	20,1	7,1
100	13,4	5,4	86,2	10,0	3,5	69,0	6,4	1,8	110,3	16,3	7,3
104,5	12,0	5,4	90,1	8,9	3,5	72,1	5,7	1,8	115,3	14,6	7,3

Die Drehzahlregelung bietet nur dann wirtschaftliche Vorteile, wenn sie mit geringen Energieverlusten betrieben wird. Eine solche verlustarme Regelung ist mit erhöhtem Anlagen- und Wartungsaufwand verbunden (s. Abschn. 6.5.5.). Generell kann gesagt werden, daß sich dieser Aufwand lohnt, wenn
- eine stufenlose Regelung des Förderstroms und der Förderhöhe verfahrenstechnisch oder technologisch erforderlich ist
- der gestaffelte Betrieb mehrerer Pumpen, zu große Stufen oder eine nicht vertretbare Anzahl von Pumpen mit sich bringt.

Im Zweifelsfalle sind ökonomische Variantenvergleiche erforderlich. Sie setzen ausreichende Kenntnisse über die zu erwartende Häufigkeit der einzelnen Förderfälle voraus.

6.2.3.3. Abdrehen des Laufrads

Wird der Außendurchmesser D_2 des Laufrads durch Abdrehen auf D_2' verkleinert, so verringern sich die äußere Umlaufgeschwindigkeit und damit das gesamte Geschwindigkeitsparallelogramm am Laufradaustritt (s. Abschn. 6.1.3.2.).

Förderstrom, Förderhöhe und Leistungsbedarf verhalten sich dabei theoretisch nach folgenden Ähnlichkeitsgesetzen:

$$\frac{\dot{V}}{\dot{V}'} = \frac{D_2}{D_2'} \tag{6.33}$$

$$\frac{H}{H'} = \frac{D_2^2}{D_2'^2} \tag{6.34}$$

$$\frac{P_K}{P_K'} = \frac{\eta'}{\eta} \cdot \frac{D_2^3}{D_2'^3} \tag{6.35}$$

Mit D_2 ändern sich $\dot{V}$ und H nach unterschiedlichen Funktionen. Der abzudrehende Laufraddurchmesser D_2' kann deshalb für einen gewünschten Arbeitspunkt $\dot{V}'$ und H' nur iterativ ermittelt werden. Hinzu kommt, daß durch das Abdrehen auch die tragende Schaufelfläche kleiner wird und deshalb nur etwa 75 % der theoretisch ermittelten Laufraddifferenz $(D_2 - D_2')$ abgedreht werden dürfen.

$$\Delta D \approx 0{,}75\ (D_2 - D_2') \tag{6.36}$$

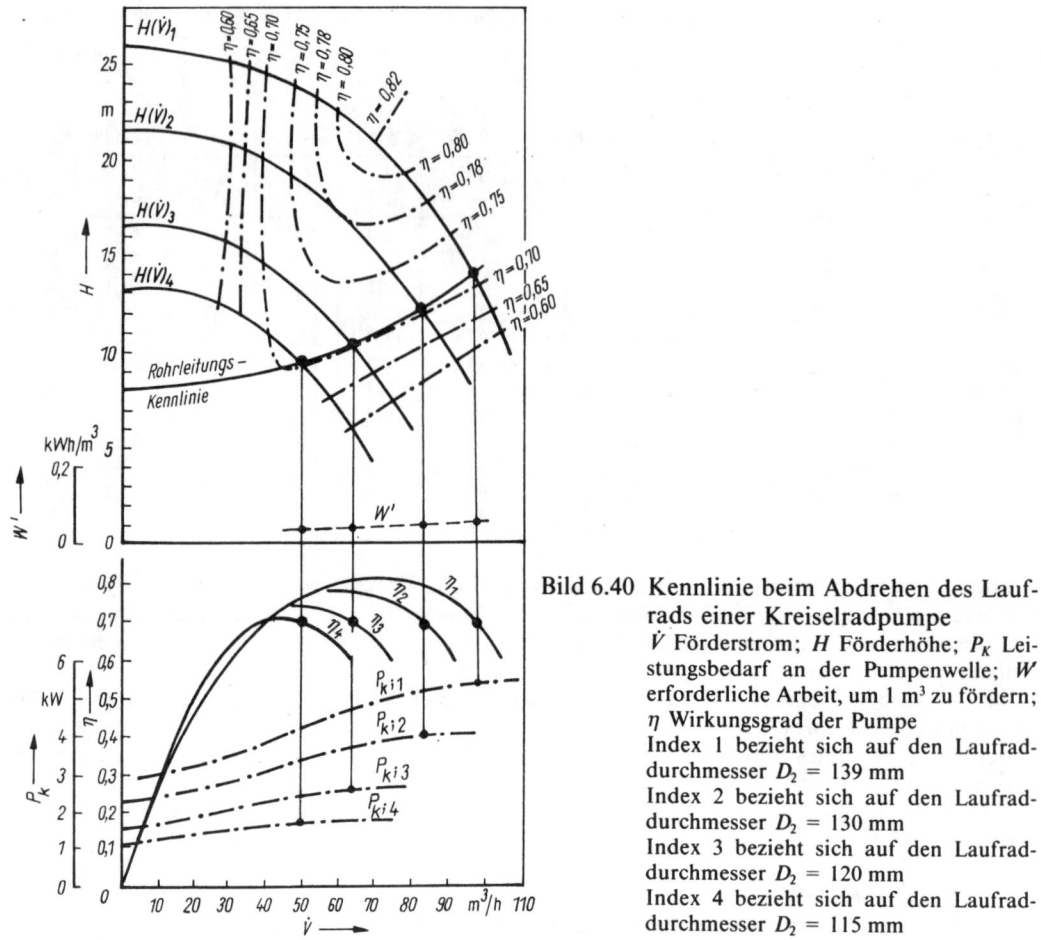

Bild 6.40 Kennlinie beim Abdrehen des Laufrads einer Kreiselradpumpe
$\dot{V}$ Förderstrom; H Förderhöhe; P_K Leistungsbedarf an der Pumpenwelle; W erforderliche Arbeit, um 1 m³ zu fördern; η Wirkungsgrad der Pumpe
Index 1 bezieht sich auf den Laufraddurchmesser $D_2 = 139$ mm
Index 2 bezieht sich auf den Laufraddurchmesser $D_2 = 130$ mm
Index 3 bezieht sich auf den Laufraddurchmesser $D_2 = 120$ mm
Index 4 bezieht sich auf den Laufraddurchmesser $D_2 = 115$ mm

Wegen dieses theoretisch nicht exakt zu erfassenden Einflusses sollte die Berechnung des abzudrehenden Laufrads dem Pumpenhersteller überlassen werden.

Die Kennlinien für abgedrehte Laufräder der gleichen Pumpe wie in Bild 6.37 für die Drosselung und in Bild 6.38 für die Drehzahlregelung sind in Bild 6.40 dargestellt.

Das Abdrehen des Laufrads ist keine Regelung im eigentlichen Sinne, sondern eine einmalige feste Änderung der Förderleistung. Man benutzt diese „Regelung" sehr oft zur Anpassung von serienmäßig produzierten Pumpen an die im Einzelfalle geforderten Leistungsdaten. Das Abdrehen des Laufrads ist nur bis zu einer bestimmten Grenze möglich. Im Bedarfsfalle sind hierfür sowie für die Veränderung des Wirkungsgrads vom Lieferwerk entsprechende Angaben einzuholen. Der Wirkungsgrad nimmt beim Abdrehen allgemein ab.

Je nach Verlauf der Rohrleitungskennlinie werden für die tatsächlichen Arbeitspunkte (Schnittpunkte zwischen Rohrleitungskennlinie und den Drosselkurven) doch noch günstige Wirkungsgrade erzielt, die sogar bei flachen Rohrleitungskennlinien mit abnehmendem D_2 steigen können. Der wirtschaftliche Vorteil des Abdrehens eines Laufrads gegenüber einer ständigen Pumpendrosselung ist eindeutig (vgl. hierzu Bilder 6.40 und 6.37).

6.2.4. Parallel- und Hintereinanderschalten von Pumpen

Das Zusammenwirken mehrerer Pumpen in einem Rohrleitungssystem wird vorzugsweise graphisch dargestellt. Dies ist anschaulicher als ein analytischer Lösungsweg und auch einfacher,

6.2. Entwurf und Betrieb von Pumpenanlagen

da die Drosselkurven der Pumpen nur annähernd durch eine Funktion ausgedrückt werden können.

Die graphische Lösung geschieht durch Überlagerung der Drosselkurven der Pumpen und Rohrleitungskennlinien. Dieser Superposition der Kurven liegen das Kontinuitätsgesetz [s. Gl. (9.15)] und die Bernoulli-Gleichung [s. Gl. (9.17)] zugrunde. Deren logische Anwendung führt zu folgenden Prinzipien:
– Bei Parallelbetrieb mehrerer Pumpen sind die zu gleichen Förderhöhen gehörenden Förderströme zu addieren, d. h., die Drosselkurven werden in Richtung $\dot{V}$ überlagert. Voraussetzung ist, daß die Drosselkurven auf den gleichen Punkt des Rohrleitungssystems und den gleichen Energiehorizont bezogen sind.
– Beim Hintereinanderschalten mehrerer Pumpen sind die zu gleichen Förderströmen gehörenden Förderhöhen zu addieren, d. h., die Drosselkurven werden in Richtung H überlagert. Auch hier sind die Drosselkurven auf den gleichen Punkt des Rohrleitungssystems zu beziehen.
– Die eigentliche Drosselkurve einer Pumpe kann auf einem beliebigen Punkt des Rohrleitungssystems bezogen werden, indem die zu jedem Fördersystem gehörende Verlusthöhe H_V (Rohrleitungskennlinie) bis zu diesem Punkt von der Drosselkurve abgezogen bzw. abgetragen wird, d. h. negative Überlagerung der Drosselkurve und Rohrleitungskennlinie in Richtung H.
– Basieren die Förderhöhen der Pumpen saugseitig auf unterschiedlichen Energiehorizonten, z. B. unterschiedlichen Wasserständen, so sind die Drosselkurven auf einen gemeinsamen Energiehorizont zu beziehen, z. B. m NN.

Sind die Pumpen erst festzulegen, die Drosselkurven also noch nicht bekannt, so geschieht die Vorauswahl der Pumpen nach Berechnung eines gewünschten Arbeitspunktes. Welche Kurven in welcher Reihenfolge zu überlagern sind, verdeutlicht am besten die schematische Darstellung des Drucklinienplans (vgl. hierzu auch Abschn. 9.3.3.6.).

Parallelbetrieb von Kreiselpumpen

Als Parallelbetrieb bezeichnet man das Fördern mehrerer Pumpen in das gleiche Druckrohrsystem, wobei die Pumpen nicht am selben Ort zu stehen brauchen. Da die hydraulischen Verluste in einer Rohrleitung mit dem Durchfluß zunehmen, fördern mehrere Pumpen im Parallelbetrieb weniger, als die Summe der Förderströme bei Solobetrieb der Pumpen ergeben würde. Die Abweichung ist um so größer, je steiler die Rohrleitungskennlinie verläuft. Damit sind auch der Wirtschaftlichkeit des Parallelbetriebs Grenzen gesetzt.

In Bild 6.41 ist der *Parallelbetrieb von zwei gleichen Kreiselpumpen* mit gemeinsamem Standort und gleichen Saug- und Druckrohrleitungen dargestellt. Unter der vereinfachenden Annahme eines quadratischen Widerstandsgesetzes nach Gl. (9.42) ergeben sich folgende Beziehungen:

$$\dot{V}_1 + \dot{V}_2 = \dot{V}_3 \qquad\qquad \dot{V}_1 = \dot{V}_2 = \dot{V}_3/2$$

$$\sum H_V = \alpha_1 \cdot l_1 \cdot \left(\frac{\dot{V}_3}{2}\right)^2 + \alpha_2 \cdot l_2 \cdot \left(\frac{\dot{V}_3}{2}\right)^2 + \alpha_3 \cdot l_3 \cdot \dot{V}_3^2$$

$$\sum H_V = \dot{V}_3^2 \cdot \left(\frac{\alpha_1 \cdot l_1}{4} + \frac{\alpha_2 \cdot l_2}{4} + \alpha_3 \cdot l_3\right)$$

Die Drosselkurve für den Solobetrieb einer Pumpe und die Kurve für den Wirkungsgrad η und den Leistungsbedarf P_K werden nach Angaben des Pumpenlieferwerks aufgetragen; der Schnittpunkt zwischen Drosselkurve und Rohrleitungskennlinie ergibt den Arbeitspunkt der Pumpe bei Solobetrieb und die senkrechte Projektion auf die η- und P_K-Kurve den hierbei auftretenden Wirkungsgrad und Leistungsbedarf. Die Drosselkurve für Parallelbetrieb von zwei gleichen Pumpen erhält man durch Verdoppelung der $\dot{V}$-Werte der einfachen Drosselkurve für jeden H-Wert. Der Schnittpunkt der gewonnenen Drosselkurve für zwei Pumpen mit der Rohrleitungskennlinie ergibt den Gesamtförderstrom und die Förderhöhe. Durch die horizontale Projektion

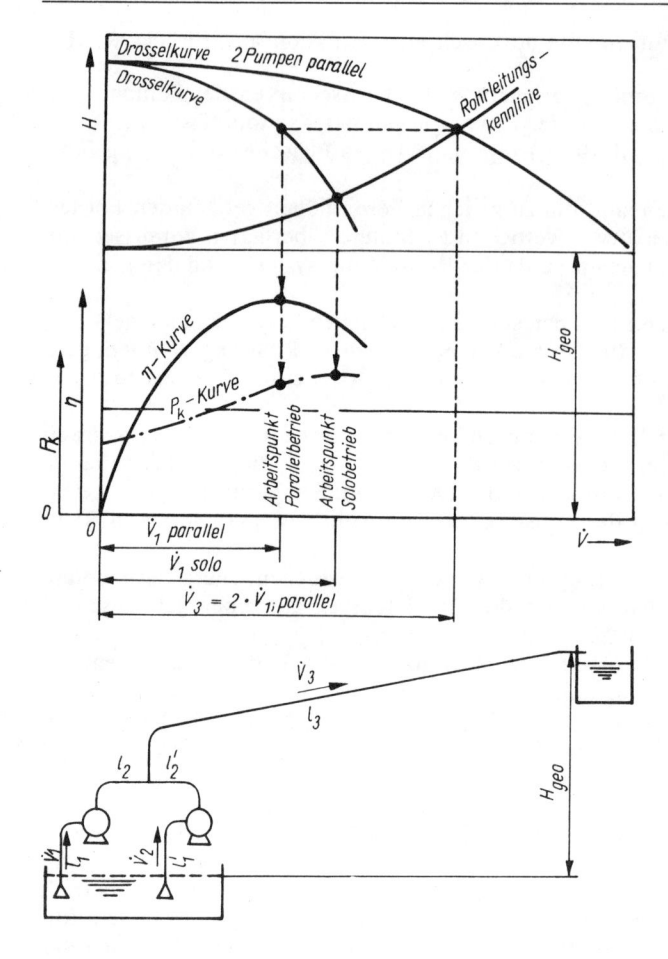

Bild 6.41
Parallelbetrieb von zwei gleichen Kreiselradpumpen; $\dot{V}_1 = \dot{V}_2$

dieses Schnittpunktes auf die einfache Drosselkurve erhält man den Arbeitspunkt der einzelnen Pumpe bei Parallelbetrieb und durch vertikale Projektion hiervon wiederum den Wirkungsgrad und Leistungsbedarf jeder Pumpe. Die gegenseitige Beeinflussung der Pumpen bei Parallelbetrieb, d. h. die Abnahme des Förderstroms einer Pumpe bei Parallelbetrieb gegenüber dem Solobetrieb, ist deutlich zu erkennen:

$$\dot{V}_{1;parallel} < \dot{V}_{1;solo}$$
$$\dot{V}_3 < 2 \cdot \dot{V}_{1;solo}$$

Der *Parallelbetrieb von zwei unterschiedlichen Kreiselpumpen* ist in Bild 6.42 dargestellt. Die Pumpen sind in ähnlicher Weise wie in Bild 6.41 angeordnet. Die Druckverluste in den Saug- und Druckrohrleitungen bis zur Zusammenführung der Druckleitungen sollen vernachlässigbar klein sein, so daß die Rohrleitungskennlinie nur für die gemeinsame Druckrohrleitung aufgetragen wird. Anderenfalls ist nach dem nächsten Beispiel zu verfahren.

Die Drosselkurve für Parallelbetrieb beider Pumpen erhält man durch Addition der zu einem H-Wert gehörenden $\dot{V}$-Werte der einzelnen Pumpen. In Bild 6.42a ist der Parallelbetrieb einer Pumpe mit labiler Drosselkurve dargestellt. Die Addition der $\dot{V}$-Werte ergibt im labilen Bereich der Drosselkurve *1* auch einen labilen Verlauf der gemeinsamen Drosselkurve (*1 + 2*). In diesem Bereich ist, genauso wie beim Solobetrieb einer Pumpe mit labiler Drosselkurve, der Förderstrom gemäß graphisch ermitteltem Arbeitspunkt nicht gewährleistet. Bei Druckschwankungen, z. B. schon bei sehr geringen Druckstößen, kann der Arbeitspunkt über den Scheitel der labilen Drosselkurve hinwegschnappen und ein Pendeln des Förderstroms zur Folge haben. Der

6.2. Entwurf und Betrieb von Pumpenanlagen

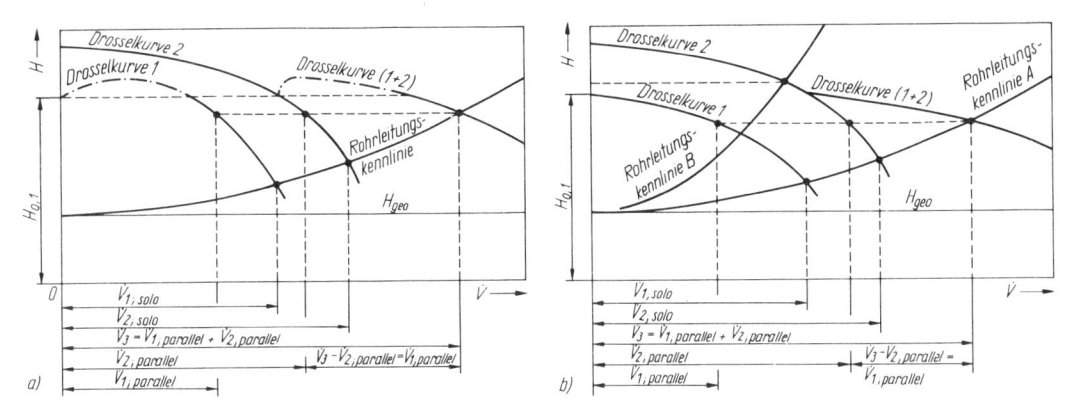

Bild 6.42 Parallelbetrieb von zwei verschiedenen Kreiselpumpen
a) mit labiler Drosselkurve;
–·– labiler Bereich
b) mit stabilen Drosselkurven

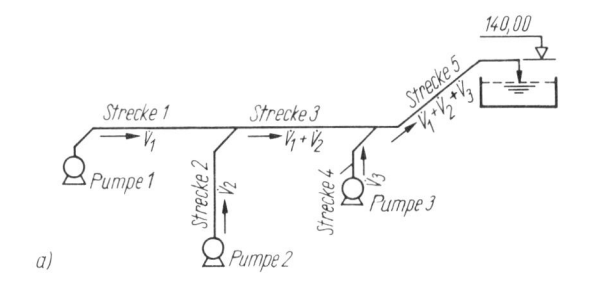

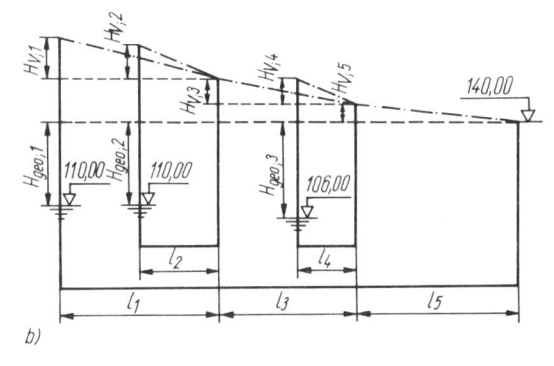

Bild 6.43 Parallelbetrieb von drei Kreiselradpumpen mit verschiedenem Standort
a) Situationsskizze; b) Drucklinienplan

Arbeitspunkt der Pumpe soll deshalb beim Solo- wie auch Parallelbetrieb unterhalb H_0 der labilen Drosselkurve liegen.

Zwei Pumpen sehr unterschiedlicher Leistung sind in Bild 6.42b parallelgeschaltet. Infolge der steilen Rohrleitungskennlinie A bringt der Parallelbetrieb nur eine geringe Steigerung des Förderstroms gegenüber dem Solobetrieb der Pumpe 2 mit sich. Bei der noch steileren Rohrleitungskennlinie B kann die Pumpe 1 im Parallelbetrieb überhaupt nicht mehr fördern; sie wird durch die größere Pumpe 2 „abgewürgt". Wenn die Pumpe 1 nicht mit einer Rückschlagklappe ausgerüstet ist, fördert die Pumpe 2 rückwärts durch die Pumpe 1. Ist eine Rückschlagklappe vorhanden, so läuft die Pumpe 1 im Fördermedium „tot", was eine starke Erwärmung und schließlich Lagerschäden zur Folge hat.

Der Parallelbetrieb mehrerer Kreiselpumpen mit verschiedenem Standort ist für drei Pumpen in den Bildern 6.43 und 6.44 dargestellt. Im Prinzip gilt dieses Beispiel nicht nur für räumlich ge-

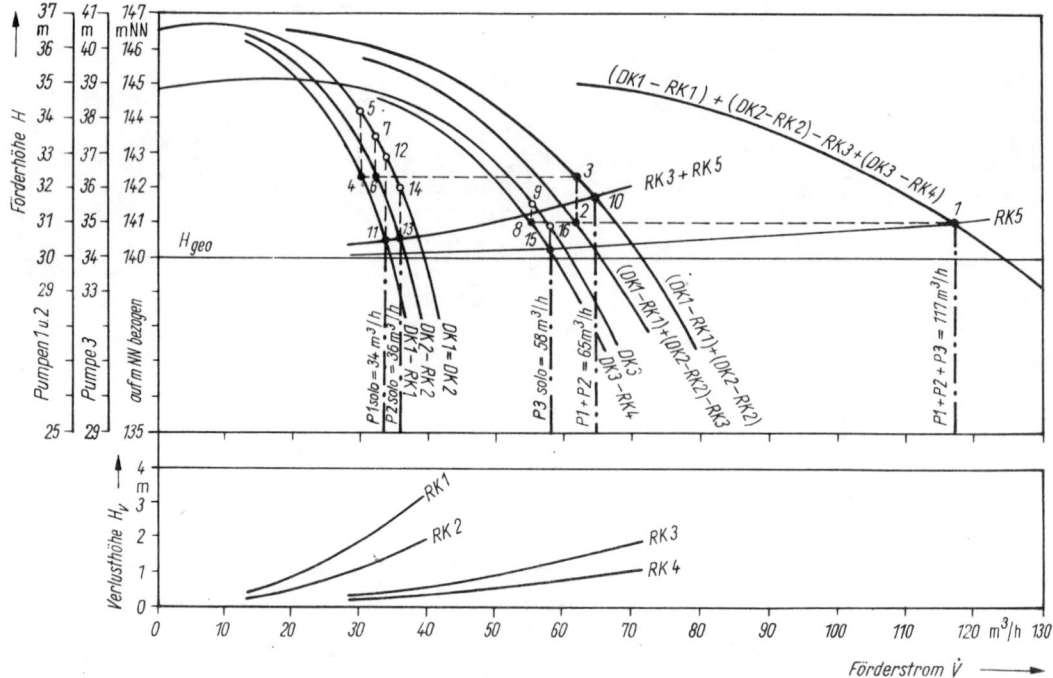

Bild 6.44 Überlagerung von Drosselkurven und Rohrleitungskennlinien im Beispiel Bild 6.43
○ Arbeitspunkte auf den Drosselkurven; ● Konstruktionsschnittpunkte
Parallelbetrieb Pumpen *1*, *2* und *3*: $\Sigma \dot{V} \triangleq$ Punkt *1*
Konstruktion Anteil Pumpe *1*: Punkte *1-2-3-4-5-*; $(\dot{V}; H) \triangleq$ Punkt *5*
Konstruktion Anteil Pumpe *2*: Punkte *1-2-3-6-7-*; $(\dot{V}; H) \triangleq$ Punkt *7*
Konstruktion Anteil Pumpe *3*: Punkte *1-8-9*; $(\dot{V}; H) \triangleq$ Punkt *9*
Parallelbetrieb
Pumpen *1* und *2*: $\Sigma \dot{V} \triangleq$ Punkt *10*
Solobetrieb:
Pumpe *1* Konstruktion: Punkte *11–12*; $(\dot{V}; H) \triangleq$ Punkt *12*
Pumpe *2* Konstruktion: Punkte *13–14*; $(\dot{V}; H) \triangleq$ Punkt *14*
Pumpe *3* Konstruktion; Punkte *15–16*; $(\dot{V}; H) \triangleq$ Punkt *16*
Arbeitsbereich Pumpe *1*: Punkte *5* bis *12*; Pumpe *2*: Punkte *7* bis *14*; Pumpe *3*: Punkte *9* bis *16*

trennt aufgestellte Pumpen, sondern für alle parallelbetriebenen Pumpen, deren Verlusthöhen H_V in den Saug- und Druckleitungen der einzelnen Pumpen bis zur Zusammenführung unterschiedlich sind. Diese Aufgabenstellung ist typisch für den Parallelbetrieb mehrerer Brunnen mit Unterwassermotorpumpen. Nach Bild 6.43a sollen die Pumpen *1*, *2* und *3* in eine gemeinsame Druckleitung fördern, die in einen Behälter über dem Flüssigkeitsspiegel mündet. Der saugseitige Flüssigkeitsspiegel der Pumpen *1* und *2* liegt auf 110 m NN, der der Pumpe *3* auf 106 m NN und die Rohrachse an der Ausmündung auf 140 m NN. Bei Parallelbetrieb aller drei Pumpen sollen die Pumpen *1* und *2* je 30 m³/h, die Pumpe *3* 55 m³/h fördern.

Für die genannten Sollförderströme werden für die Teilstrecken *1* bis *5* die Rohrdurchmesser gewählt und danach die Verlusthöhen $H_{V;1}$ bis $H_{V;5}$ berechnet. Sie ergeben den in Bild 6.43b schematisch dargestellten Drucklinienplan. Die erforderlichen Förderhöhen betragen bei den Soll-Förderströmen für

Pumpe *1*: $H_1 = H_{geo;1} + H_{V;1} + H_{V;3} + H_{V;5}$
Pumpe *2*: $H_2 = H_{geo;2} + H_{V;2} + H_{V;3} + H_{V;5}$
Pumpe *3*: $H_3 = H_{geo;3} + H_{V;4} + H_{V;5}$

6.2. Entwurf und Betrieb von Pumpenanlagen

Für diese Förderhöhen und die Soll-Förderströme werden die passenden Pumpentypen ausgewählt. Da $H_2 \approx H_1$, wird Pumpe 2 = Pumpe 1 gewählt. Anschließend werden die vom Lieferwerk angegebenen Drosselkurven DK1 bis DK3 aufgetragen (Bild 6.44). Wegen der unterschiedlichen geodätischen Förderhöhen erfolgt dies am übersichtlichsten auf m NN bezogen. Der Förderhöhennullpunkt der Pumpen ist dabei gleich dem saugseitigen Flüssigkeitsspiegel in m NN. Für die Teilstrecken 1 bis 5 werden die Rohrleitungskennlinien RK1 bis RK5 getrennt berechnet und aufgetragen. Auf die geodätische Förderhöhe 140 m NN wird nur die Rohrleitungskennlinie der letzten, allen Pumpen gemeinsamen Teilstrecke 5 aufgetragen. Die übrigen Rohrleitungskennlinien werden darunter getrennt dargestellt.

Die nunmehr vorliegenden Drosselkurven und Rohrleitungskennlinien werden nach einfachen, logischen Überlegungen kombiniert. Während die eigentliche Drosselkurve den zu jedem Förderstrom an der Pumpe herrschenden Druck angibt, kann durch Abzug der Reibungsverluste einer bestimmten Rohrleitungsstrecke die Drosselkurve auch für einen anderen Punkt als an der Pumpe selbst dargestellt werden. So erhält man durch Abtragen der Rohrleitungskennlinie RK1 von der Drosselkurve DK1 die auf den Schnittpunkt der Strecken 1 und 2 bezogene Drosselkurve der Pumpe 1, die Kurve (DK1 − RK1). Das gleiche geschieht mit der Drosselkurve DK2 durch Abtragen der Rohrleitungskennlinie RK2, so daß die auf den gleichen Punkt bezogene Drosselkurve der Pumpe 2 entsteht, die Kurve (DK2 − RK2).

Nachdem die Drosselkurven der Pumpen 1 und 2 auf den gleichen Punkt der Rohrleitung bezogen wurden, können sie überlagert werden. Hierzu werden die zur gleichen Förderhöhe in m NN gehörenden Förderströme der Kurven (DK1 − RK1) und (DK2 − RK2) addiert. Wird von dieser Kurve wiederum die Rohrleitungskennlinie RK3 abgetragen, so entsteht die auf den Schnittpunkt der Rohrleitungsstrecken 3 und 4 bezogene Drosselkurve für Parallelbetrieb der Pumpen 1 und 2, die Kurve (DK1 − RK1) + (DK2 − RK2) − RK3.

Nachdem auch die Drosselkurve der Pumpe 3 auf diesen Punkt bezogen ist (DK3 − RK4), können die nunmehr alle auf den gleichen Punkt bezogenen Drosselkurven überlagert werden zu (DK1 − RK1) + (DK2 − RK2) − RK3 + (DK3 − RK4). Diese Kurve mit der Rohrleitungskennlinie RK5 zum Schnitt gebracht, ergibt bei Punkt 1 den Förderstrom bei Parallelbetrieb aller drei Pumpen, nämlich 117 m³/h.

Den Anteil der einzelnen Pumpen an diesem Gesamtförderstrom erhält man durch rückwärtige Verfolgung der durchgeführten Kurvenüberlagerungen. So findet man den Arbeitspunkt der Pumpe 1 bei Parallelbetrieb aller drei Pumpen wie folgt: Der zuletzt gefundene Arbeitspunkt 1 für alle drei Pumpen (117 m³/h) wird horizontal auf die Kurve (DK1 − RK1) + (DK2 − RK2) − RK3 projiziert, dieser Punkt 2 vertikal auf (DK1 − RK1) + (DK2 − RK2) bezogen, Punkt 3, dieser wieder horizontal auf (DK1 − RK1) zu Punkt 4 und schließlich wieder vertikal auf die eigentliche Drosselkurve DK1 zu Punkt 5 projiziert. Nachdem die gleichen Ermittlungen für die anderen Pumpen durchgeführt wurden, erhält man die Einzelförderströme bei Parallelbetrieb aller drei Pumpen

Pumpe 1: $\dot{V}_1 = 30$ m³/h $H_1 = 34{,}20$ m
Pumpe 2: $\dot{V}_2 = 32$ m³/h $H_2 = 33{,}55$ m
Pumpe 3: $\dot{V}_3 = 55$ m³/h $H_3 = 35{,}70$ m
$\dot{V}_1 + \dot{V}_2 + \dot{V}_3 = 117$ m³/h

Der Förderstrom der Pumpe 2 weicht von dem anfangs genannten Soll-Förderstrom 30 m³/h ab, da die Pumpe nicht genau für diesen Arbeitspunkt, sondern gleich der Pumpe 1 gewählt wurde.

Die Arbeitspunkte bei Solobetrieb der Pumpen werden ebenfalls mit Hilfe der bereits ermittelten Kurven gefunden. Für Pumpe 2 z. B. müssen die Verlusthöhen der Strecken 2, 3 und 5 addiert werden. So ergibt die Überlagerung der Rohrleitungskennlinien RK3 und RK5 (Addition der H-Werte zu jedem gemeinsamen $\dot{V}$-Wert), mit der Kurve (DK2 − RK2) zum Schnitt gebracht, den Förderstrom der Pumpe 2 bei Solobetrieb und die vertikale Projektion dieses Schnittpunktes auf die eigentliche Drosselkurve DK2 die zugehörige Förderhöhe. Das gleiche Ergebnis würde man auch durch Addition der Rohrleitungskennlinien RK2, RK3 und RK5 und deren Schnittpunkt mit DK2 erhalten. Auf diese Weise erhält man bei Solobetrieb der Pumpen für

Pumpe *1:* $\dot{V}_1 = 34 \text{ m}^3/\text{h}$ $H_1 = 32{,}80 \text{ m}$
Pumpe *2:* $\dot{V}_2 = 36 \text{ m}^3/\text{h}$ $H_2 = 32{,}00 \text{ m}$
Pumpe *3:* $\dot{V}_3 = 58 \text{ m}^3/\text{h}$ $H_3 = 34{,}90 \text{ m}$

Die Werte bei Solobetrieb und bei Parallelbetrieb aller drei Pumpen begrenzen den Arbeitsbereich der Pumpen. Die Arbeitspunkte bei Parallelbetrieb von nur zwei Pumpen müssen zwischen diesen Werten liegen. In Bild 6.44 ist als Beispiel der Parallelbetrieb der Pumpen *1* und *2* mit dargestellt.

Aus den Beispielen ist ersichtlich, daß Kreiselpumpen nicht beliebig parallel gefahren werden können. Ob ein Parallelbetrieb möglich, hinsichtlich des Förderstroms sinnvoll und entsprechend dem Wirkungsgrad wirtschaftlich ist, kann erst nach Ermittlung des Arbeitsbereichs der Pumpen festgestellt werden. Grundsätzlich sind flache Rohrleitungskennlinien und steile Drosselkurven für den Parallelbetrieb von Vorteil. Sie ergeben einen engen Arbeitsbereich für die einzelnen Pumpen zwischen Solo- und Parallelbetrieb und bei richtiger Pumpenauslegung damit auch nur geringe Abweichungen vom besten Wirkungsgrad der Pumpe.

Die weitgehende Einschränkung des Arbeitsbereichs und damit ständige Fahrweise bei bestem Wirkungsgrad werden durch separate Aufstellung von Pumpen für jeden erforderlichen Förderstrom mit zugehöriger Förderhöhe erreicht. Dies bedeutet bei räumlich getrennt aufgestellten Pumpen und deren Parallelbetrieb die Installation von speziellen Pumpen für Solobetrieb, für Parallelbetrieb zu zweit, zu dritt usw. Der wirtschaftlicheren Fahrweise einer derartigen Pumpenstaffelung steht die größere Anzahl der aufzustellenden Pumpen gegenüber. Das Optimum muß von Fall zu Fall ermittelt werden. Dabei ist auch die Anpassung der Pumpen an die verschiedenen Förderfälle durch Drehzahlregelung (s. Abschn. 6.2.3.2.) in Betracht zu ziehen.

Parallelbetrieb von Kolbenpumpen
Beim Parallelfahren von Kolbenpumpen addieren sich die Förderströme der einzelnen Pumpen. Eine gegenseitige Beeinflussung wie bei den Kreiselpumpen findet nicht statt, da der Förderstrom annähernd bei jeder Förderhöhe konstant ist. Die Pumpen und Antriebsmotoren müssen lediglich für die bei Parallellauf größere Förderhöhe ausgelegt werden.

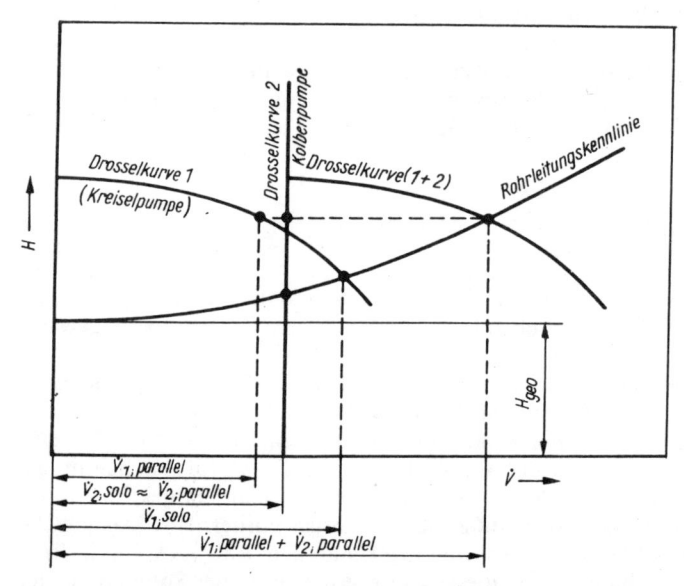

Parallelbetrieb von Kolben- und Kreiselpumpen
Beim Parallellauf von Kolben- und Kreiselpumpen bleibt der Förderstrom der Kolbenpumpen

Bild 6.45 Parallelbetrieb von Kolben- und Kreiselpumpen

6.2. Entwurf und Betrieb von Pumpenanlagen

konstant, der der Kreiselpumpe nimmt entsprechend der Rohrleitungskennlinie ab. Die Kurve für Parallellauf erhält man durch Addition der zur gleichen Förderhöhe gehörenden Förderströme der einzelnen Pumpen. Es muß auch beim Parallelbetrieb von Kreiselpumpen mit Kolbenpumpen überprüft werden, ob dies für die Kreiselpumpe möglich und sinnvoll ist (Bild 6.45).

Insbesondere ist darauf zu achten, daß der Förderstrom der Kolbenpumpe nicht pulsiert, da sonst die Kreiselpumpe „unruhig" läuft und die Lager schnell verschleißen.

Hintereinanderschalten von Pumpen
Unter Hintereinanderschaltung versteht man die Anordnung mehrerer Pumpen im gleichen Förderstrom, so daß eine Pumpe in den Saugstutzen der nächsten Pumpe fördert. Die Pumpen können dabei unmittelbar hintereinander oder auch räumlich getrennt stehen, wobei zwischen den Pumpen auch ein Teilstrom entnommen werden kann.

Bei sehr großen Förderhöhen kann man Kreiselpumpen räumlich getrennt hintereinanderschalten, um dadurch den Betriebsdruck der einzelnen Rohrleitungsabschnitte zu verringern. Am häufigsten wird das Hintereinanderschalten in der Wasserversorgung angewendet, um vom Gesamtförderstrom eines Pumpwerks einen Teilstrom in ein höheres Versorgungsgebiet zu drücken (Druckerhöhungsstation).

In Bild 6.46a ist ein solcher Fall im Längsschnitt dargestellt. Vom Gesamtförderstrom der Kreiselpumpe *1* wird am Ende der Strecke *1* der Teilstrom $\dot{V}_x$ an ein Versorgungsgebiet abgegeben, der Rest bei Bedarf durch die Kreiselpumpe *2* in den Hochbehälter gedrückt. Hierfür gilt die strichpunktierte Drucklinie. Die Pumpen werden für einen gewünschten Betriebspunkt, d. h. den Soll-Förderstrom und die dazu errechnete Förderhöhe, ausgewählt, und danach wird der Arbeitsbereich graphisch ermittelt. Für eine bestimmte geodätische Förderhöhe und abzuzweigenden Wasserstrom $\dot{V}_x$ ist dies in Bild 6.46b dargestellt. Um den gesamten Arbeitsbereich der Pumpen zu erfassen, muß diese Ermittlung für die den Arbeitsbereich begrenzenden Extremfälle erfolgen (max $\dot{V}_x$, min $\dot{V}_x$, max H_{geo}, min H_{geo}).

Der Arbeitsgang zu Bild 6.46 ist folgender: Als erstes werden die Drosselkurven der vorgewählten Pumpen *1* und *2* sowie die geodätische Gesamtförderhöhe H_{geo} aufgetragen. Die Rohrleitungskennlinien werden für die Strecken *1* bis *3* getrennt ermittelt und die Kennlinien der letzten Strecke, *RK 3*, auf die geodätische Förderhöhe aufgetragen. Zwischen den Durchflußströmen der Strecken *1* und *2* besteht immer die Differenz $\dot{V}_x$. Um die Kennlinien *RK 1* und *RK 2* kombinieren zu können, müssen sie um das Maß $\dot{V}_x$ verschoben dargestellt werden. Die übereinanderstehenden $\dot{V}_1$- und $\dot{V}_2$-Werte entsprechen dann immer einander.

Das gleiche gilt auch beim Auftragen der Drosselkurven. Die Überlagerung dieser Kurven wird beim Hintereinanderschalten immer in Richtung *H* vor sich gehen. Genauso wie beim Parallelbetrieb müssen die Drosselkurven, ehe sie überlagert werden, auf einen gemeinsamen Punkt bezogen werden. Die Rohrleitungskennlinie der Strecken *1* und *2* entsteht durch Addition von *RK 1* und *RK 2*. *RK 2* beginnt erst bei $\dot{V}_1 = \dot{V}_x$; bis dahin fließt noch kein Wasser in der Strecke *2*. Wird von *DK 1* die Kennlinie (*RK 1* + *RK 2*) abgetragen, so entsteht die auf das Ende der Strecke *2* bezogene Drosselkurve der Pumpe *1*, die gleichzeitig den Vordruck der Pumpe *2* darstellt. Zu diesem Vordruck *DK 1* − (*RK 1* + *RK 2*) wird die Drosselkurve *DK 2* addiert. Die daraus entstehende Kurve der hintereinandergeschalteten Pumpen *DK 1* − (*RK 1* + *RK 2*) + *DK 2* wird mit *RK 3* zum Schnitt gebracht. Die vertikale Projektion des Schnittpunktes auf *DK 1* und *DK 2* ergibt die genauen Arbeitspunkte der beiden Pumpen.

Da im gewählten Beispiel auch *DK 1* − (*RK 1* + *RK 2*) mit *RK 3* zum Schnitt gebracht werden kann, erfolgt bei Solobetrieb der Pumpe *1* noch eine, wenn auch geringe Förderung in den Behälter am Ende der Strecke *3* (an der Pumpe *2* wird eine Umgehungsleitung vorausgesetzt).

Ein Solobetrieb der Pumpe *2* ist nicht möglich, da saugseitig das Fördermedium nicht nachgeliefert wird.

Beim Hintereinanderschalten von Kreiselpumpen stellt sich, sofern die den jeweiligen Förderströmen entsprechende mögliche Saughöhe nicht überschritten wird, immer ein „Synchronlauf" selbsttätig ein, d. h., die Förderströme der einzelnen Pumpen spielen sich entsprechend den Drosselkurven aufeinander ein. Aus Sicherheitsgründen sollte man am Saugstutzen der nachgeschalteten Pumpen immer einen Mindestvordruck von etwa 5 m Druckhöhe einhalten.

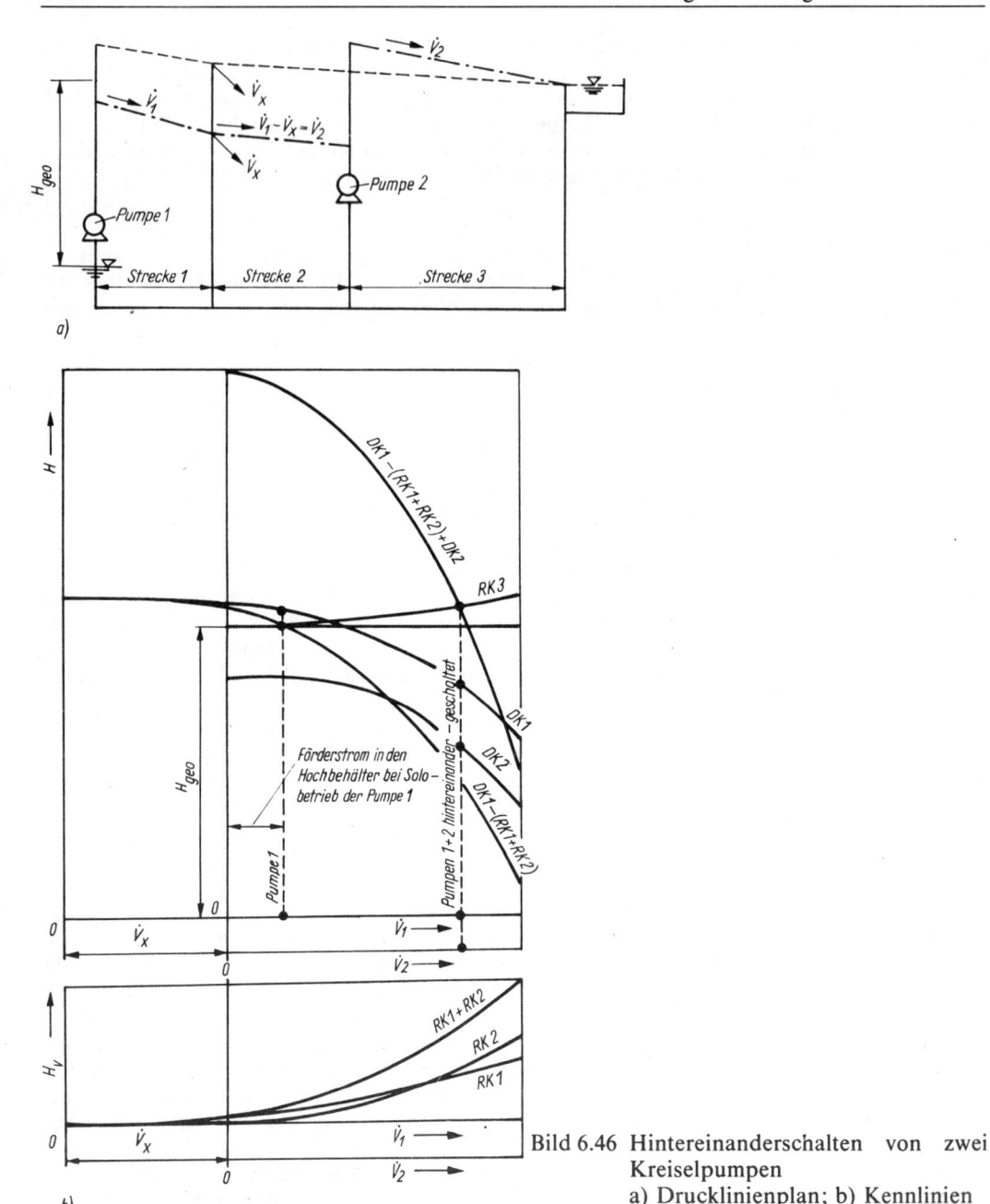

Bild 6.46 Hintereinanderschalten von zwei Kreiselpumpen
a) Drucklinienplan; b) Kennlinien

Unterliegt der Vordruck der nachgeschalteten Pumpen größeren Schwankungen, so ergibt sich zwangsläufig auch ein großer Arbeitsbereich der nachgeschalteten Pumpen. Dies stellt die wirtschaftliche Fahrweise bzw. den Betrieb der nachgeschalteten Pumpe überhaupt in Frage. In solchen Fällen ist es oft besser, auf der Saugseite der zweiten Pumpe einen Unterbrechungsbehälter anzuordnen. Dadurch kann zwar kein Vordruck der ersten Pumpe genutzt werden; es ermöglicht aber die technisch einwandfreie Auslegung der Pumpen bei guten Wirkungsgraden, gestaltet also letztlich den Betrieb wirtschaftlicher. Direkt nachgeschaltete Pumpen, also ohne Unterbrechungsbehälter, sind gegen Trockenlaufen wegen des ausbleibenden Zuflusses auf der Saug-

6.2. Entwurf und Betrieb von Pumpenanlagen

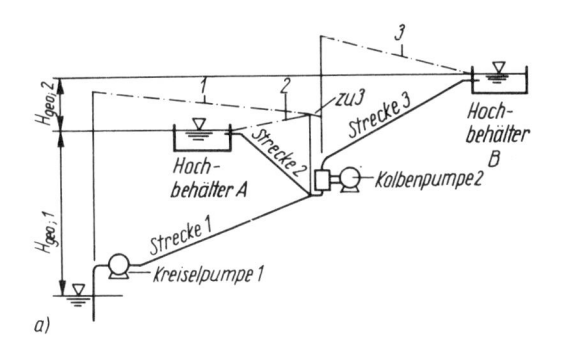

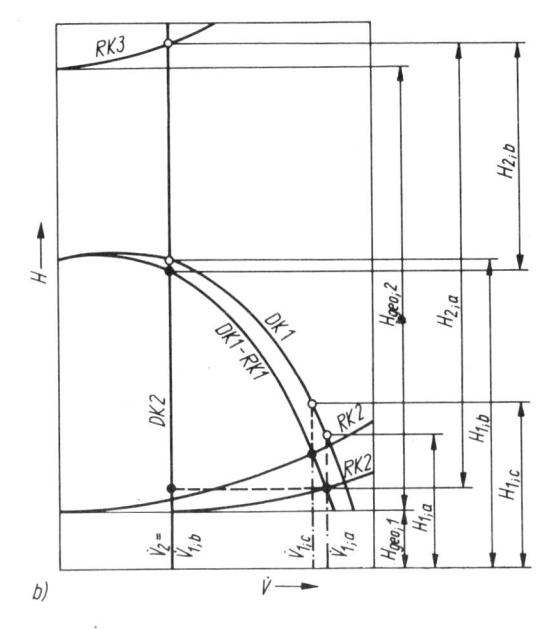

Bild 6.47 Hintereinanderschalten einer Kreisel- und einer Kolbenpumpe
a) Drucklinienplan; b) Kennlinien
1 bis *3* Drucklinien der Strecken *1* bis *3*
Index 1 Pumpe *1*
Index 2 Pumpe *2*
Index a Betriebsfall *a*
Index b Betriebsfall *b*
Index c Betriebsfall *c*
● Konstruktionspunkte
○ Arbeitspunkte der Pumpen

seite besonders zu schützen, am besten durch automatische Abschaltung bei Unterschreitung eines Mindestvordrucks. Das direkte Hintereinanderschalten von Kolbenpumpen ohne Unterbrechungsbehälter oder größere Windkessel ist nicht möglich, da der Synchronlauf, d. h. gleiche Förderströme aller Pumpen, nicht gewährleistet ist.

Das Hintereinanderschalten von Kreisel- und Kolbenpumpen ist in beiden Reihenfolgen möglich, kommt aber selten vor. Da der Förderstrom einer Kolbenpumpe, unabhängig von der Förderhöhe, konstant ist, muß sich die Kreiselpumpe zwangsläufig auf den gleichen Förderstrom einstellen. Ebenso stellt sich die Förderhöhe der Kolbenpumpe auf das erforderliche Maß ein. Die Förderhöhen müssen somit für konstanten Förderstrom der Kolbenpumpe bemessen werden. Es muß jedoch gewährleistet sein, daß der Kolbenpumpe immer der Förderstrom saugseitig zur Verfügung steht. Saug- bzw. Druckwindkessel der Kolbenpumpe müssen ausreichend groß sein, damit sich die pulsierende Förderung der Kolbenpumpe nicht auf die Kreiselpumpe überträgt.

In Bild 6.47 ist eine Kreiselpumpe dargestellt, die in den Hochbehälter *A* fördert. Von diesem Hochbehälter entnimmt eine Kolbenpumpe am Ende der Strecke *1* einen Teilstrom und fördert ihn unter Ausnutzung des Vordrucks der Kreiselpumpe in den Hochbehälter *B* (Betriebsfall a). Der Zufluß zum Hochbehälter *A* kann abgesperrt werden, so daß in diesem Fall die hintereinandergeschalteten Pumpen nur in den Hochbehälter *B* fördern (Betriebsfall b). Ebenso kann bei Stillstand der Kolbenpumpe die Kreiselpumpe nur in den Hochbehälter *A* fördern

(Betriebsfall c). Alle drei Betriebsfälle sind in Bild 6.47 dargestellt. Bei Förderung in beide Hochbehälter wird die Rohrleitungskennlinie für die Strecke 2 nur für den über der Leistung der Kolbenpumpe liegenden Förderstrom der Kreiselpumpe aufgetragen.

6.2.5. Pumpensteuerung und -staffelung

6.2.5.1. Anfahren und Abschalten von Pumpen

Die beim Anfahren von Pumpen auftretenden Antriebsprobleme werden im Abschn. 6.5.3. behandelt. Sie sind bereits bei der Konstruktion der Pumpenanlage zu beachten.

Gegen geschlossenes Absperrorgan in der Pumpendruckrohrleitung sind alle nicht unmittelbar selbstansaugenden Kreiselpumpen anzufahren, deren Kupplungsleitung mit dem Förderstrom zunimmt. Dies trifft für Radialrad- und Diagonalradpumpen zu. Von dieser Regel kann abgewichen werden, wenn die Antriebsmaschine für den höheren Leistungsbedarf beim Anfahren gegen offene Druckrohrleitung ausgelegt ist.

Bei offener Pumpendruckrohrleitung sind anzufahren
– unmittelbar selbstansaugende Kreiselpumpen und die Ansaugstufen mittelbar ansaugender Kreiselpumpen
– Kreiselpumpen mit Axialrad
– Verdrängerpumpen.

Bei letzteren kann sogar zur Entlastung der Antriebsmaschine das Abschlagen des Förderstroms während des Anfahrens notwendig sein.

Das Anfahren nichtselbstansaugender Pumpen setzt voraus, daß den Pumpen die Förderflüssigkeit saugseitig zuläuft oder Saugleitung und Pumpengehäuse vorher aufgefüllt werden. Hat die Saugleitung eine Leerlaufsicherung, z. B. ein Fußventil, so kann sie aus einer Druckleitung oder einem Gefäß aufgefüllt werden. Andernfalls wird die Förderflüssigkeit mit Hilfe einer Vakuumanlage angesaugt (s. Abschn. 6.4.5.). Auch bei selbstansaugenden Kreiselpumpen sind die Gehäuse vor der Erstinbetriebnahme mit Flüssigkeit zu füllen (s. Abschn. 6.1.3.7.).

Hydraulische Probleme können beim Anfahren langer Saugleitungen und schneller Beschleunigung in dieser auftreten. Elektrisch angetriebene Kreiselpumpen erreichen sehr schnell – etwa innerhalb von 3 Sekunden – ihre volle Drehzahl. Werden sie bei offenem Druckschieber angefahren und ist in der Druckleitung keine nennenswerte Beschleunigungshöhe zu überwinden, wird die Förderflüssigkeit in der Saugleitung eventuell so schnell beschleunigt, saß saugseitig kurzfristig ein hoher Druckabfall eintritt. Ein typisches Beispiel hierfür sind Druckerhöhungspumpen mit Hydrophorkessel. Infolge kurzer Druckrohrleitung bis zum Hydrophorkessel ist die Beschleunigungsenergie für die Druckleitung sehr klein, und der volle Förderstrom wird fast gleichzeitig mit der vollen Drehzahl der Pumpe erreicht. Überlagert wird dieser Vorgang durch die Drosselkurve der Kreiselpumpe. Da der saugseitige Druckabfall gleichzeitig eine Erhöhung der Förderhöhe bedeutet, nimmt der Förderstrom der Pumpe ab, und der saugseitige Druckabfall wird gedämpft. Setzt man überschläglich voraus, daß die Beschleunigung der Förderflüssigkeit linear über die Anlaufzeit der Pumpe erfolgt, so läßt sich die Beschleunigungshöhe H_a einfach aus Gl.(6.24) und der Anlaufzeit t ermitteln:

$$a \approx \frac{v}{t} = \frac{\dot{V}}{A \cdot t}$$

$$H_a = \frac{l \cdot \dot{V}}{g \cdot A \cdot t} \tag{6.37}$$

Damit kann der Anfahrzustand analog zum stationären Pumpbetrieb durch Kennlinien wie in Bild 6.48 dargestellt werden. Ausgangswerte sind die Drosselkurve der Pumpe, die Rohrleitungskennlinie der Saugleitung und die Beschleunigungshöhe der Saugleitung nach Gl.(6.37), dargestellt in Bild 6.48b. Die Drosselkurve wird in Bild 6.48a über der Kurve des Vordrucks bei stationärem Pumpbetrieb aufgetragen. Ihre Schnittpunkte mit dem Ein- und Ausschaltdruck ergeben den normalen Arbeitsbereich der Pumpe. Durch vertikale Projektion der Schnittpunkte auf die Kurve des Vordrucks bei stationärem Pumpbetrieb wird der zugehörige Vordruck der Pumpe er-

6.2. Entwurf und Betrieb von Pumpenanlagen

Bild 6.48 Druckabfall beim Einschalten einer Druckerhöhungspumpe
a) Überlagerung der Kennlinien für stationären Pumpbetrieb und den Anfahrzustand
1 Vordruckhöhe bei Pumpenstillstand
2 Vordruckhöhe bei stationärem Pumpbetrieb (Kurve 2) $\triangleq$ (Kurve 1) − (RK_s)
3 Drosselkurve der Pumpe auf Vordruckhöhe bei stationärem Pumpbetrieb bezogen (Kurve 3) $\triangleq$ (Kurve 2) + (DK)
4 Einschaltdruckhöhe der Pumpe
5 Ausschaltdruckhöhe der Pumpe
6 auf Anfahrzustand reduzierte Drosselkurve (Kurve 6) $\triangleq$ (Kurve 3) − ($H_{a;s}$)
7 Vordruckhöhe im Anfahrzustand (Kurve 7) $\triangleq$ (Kurve 2) − ($H_{a;s}$)
b) Ausgangskennlinien

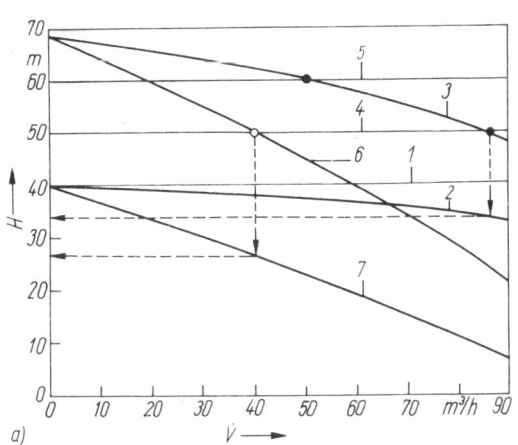

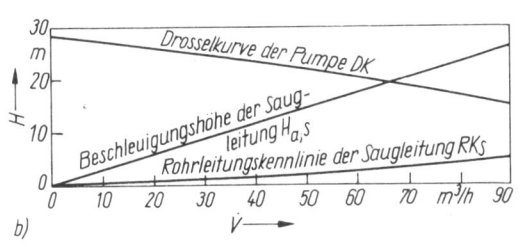

mittelt. Trägt man von der auf stationärem Pumpbetrieb bezogenen Drosselkurve der Pumpe noch die Beschleunigungshöhe ab, so erhält man die reduzierte Drosselkurve des instationären Anfahrbetriebs. Deren Schnittpunkt mit dem Einschaltdruck stellt den kritischen Arbeitspunkt beim Anfahren dar. Vom Vordruck bei stationärem Pumpbetrieb wird ebenfalls die Beschleunigungshöhe abgetragen; es entsteht die Kennlinie des Vordrucks während des Anfahrens der Pumpe. Die vertikale Projektion des kritischen Anfahrpunktes auf diese Vordruckkurve ergibt den beim Anfahren abgesunkenen Vordruck.

Das Abschalten von Pumpen ist mit einem hydraulischen Problem verbunden. Bei den meisten Pumpen setzt die Förderung beim Abschalten fast schlagartig aus. Die Förderflüssigkeit in der Rohrleitung befindet sich jedoch noch in Bewegung und erzeugt an der Pumpe einen starken Druckabfall, der in der Rohrleitung mit Wellenfortpflanzungsgeschwindigkeit weiterwandert und am Rohrleitungsende reflektiert wird. Die Flüssigkeit schwingt in der Rohrleitung unter abklingenden Druckänderungen so lange hin und her, bis die ihr innewohnende Bewegungsenergie in Reibung umgesetzt ist. Die Schwingungen können zu unzulässigen sowohl Unter- als auch Überdrücken in der Pumpendruckrohrleitung führen (zur Berechnung s. Abschn. 9.3.7.). Die Schwingungen werden weitgehend vermieden, wenn die Druckrohrleitung vor dem Abschalten der Pumpe langsam abgesperrt wird. Bei plötzlichen Störungen in der Energieversorgung setzt die Förderung jedoch aus, ohne daß vorher die Druckrohrleitung abgesperrt werden kann. Für diesen extremen Fall sind eventuell besondere Maßnahmen zur Dämpfung der Druckschwingungen – z. B. Druckkessel – notwendig (s. Abschn. 9.3.7.).

Das Anfahren einer Pumpe gegen geschlossene Rohrleitung und Abschalten bei geschlossener Rohrleitung kann leicht automatisiert und gegen Schaltfehler verriegelt werden. Hierzu wird am Druckstutzen der Pumpe ein Absperrorgan mit Elektroantrieb angeordnet und dessen Betätigung entsprechend den obigen Forderungen mit dem Pumpenmotor gekoppelt.

Automatische Schutzabschaltungen sind bei außergewöhnlichen Betriebsfällen notwendig, um an den Motoren, Pumpen oder anschließenden Rohrleitungen Schäden zu verhüten. Vorbeugende, bereits auf die Ursachen einer drohenden Gefahr ansprechende Schutzabschaltungen, z. B. bei zulässigem Tiefstwasserstand im Saugbehälter, sind weniger riskant, aber auch nicht so vielseitig wirksam wie eine erst auf die Auswirkung ansprechende Schutzabschaltung, z. B. bei zu hoher Erwärmung der Pumpenlager infolge Trockenlauf der Pumpen. Die erst auf eine Auswirkung reagierenden Schutzabschaltungen sind wegen ihrer Vielseitigkeit dort vorzuziehen, wo noch ausreichend Sicherheit bis zum Eintreten eines Schadens besteht [6.22].

Die Pumpen sind in erster Linie vor Trockenlauf zu schützen. Die automatische Schutzabschaltung bei Wassermangel kann in Abhängigkeit vom Tiefstwasserstand im Saugbehälter oder Brunnen bzw. bei Unterschreitung des erforderlichen Vakuums oder Zulaufdrucks geschehen. Sicherer ist ein Überflutungsmelder („Pumpenwart") im Saugstutzen jeder Pumpe.

Gegen zu kleinen Förderstrom (Teillastkavitation), zu großen Förderstrom (Überlastkavitation und Motorüberlastung) und bei Rohrbruch können die Pumpen bei Kenntnis der Drosselkurve und Rohrleitungskennlinie in Abhängigkeit vom Durchfluß oder vom Druck abgeschaltet werden.

Eine sehr vielseitige Schutzabschaltung kann in Abhängigkeit von der Rückschlagklappe am Pumpendruckstutzen erfolgen. Sie spricht an, wenn sich in einer festgelegten Zeit nach dem Einschalten der Pumpe die Rückschlagklappe nicht öffnet. Damit werden die verschiedensten Störungen (Wassermangel, geschlossene Schieber) erfaßt. Gleichzeitig kann in Abhängigkeit von der Rückschlagklappe der Betriebszustand des Aggregats angezeigt werden. Der Geber für diese Meldung wird an der aus dem Gehäuse der Rückschlagklappe geführten Welle angebracht.

6.2.5.2. Förderung in Speicherbehälter

Speicherbehälter gleichen die Verbrauchsschwankungen eines gewählten Zeitraums – meist eines Tages oder mehrere Tage – aus und enthalten außerdem Störreserven. Diese Ausgleichsfunktion gestattet, Wasserförderung und Wasserspeicherung als Komplex gemäß Abschn. 6.2.1. zu optimieren. Zu ermitteln sind die wirtschaftliche Förderdauer und Tageszeit, die Staffelung bzw. der Parallelbetrieb mehrerer Pumpen und eventuell noch deren Regelung. Sind die Wasserbedarfsschwankungen einschließlich der Wasserbedarfszuwachsrate bekannt, so können sie nach den Methoden der Statistik [6.8] ausgewertet und ökonomischen Betrachtungen zugrunde gelegt werden. In der Praxis sind die Bedarfsschwankungen und vor allem die Zuwachsrate jedoch meist ungenügend bekannt, bzw. sie sind Schätzwerte. Berücksichtigt man weiter die bei der Wasserbedarfsermittlung und hydraulischen Berechnung getroffenen Annahmen, so erkennt man den großen Fehlerbereich derartiger Untersuchungen für neuzuerrichtende Pumpenanlagen. Bei der Umrüstung vorhandener Pumpwerke und vorliegenden mehrjährigen Meßwertreihen können solche Untersuchungen jedoch zu wesentlich besseren ökonomischen Betriebsergebnissen führen. Für Neuanlagen mit unsicherer Bedarfsentwicklung gilt der Grundsatz, in der ersten Ausbaustufe besser Pumpen mit zu kleinem als mit zu großem Förderstrom zu installieren und eine frühere Pumpenauswechselung als geplant in Kauf zu nehmen.

Für den größten, nicht durch Zuschußwasser aus einem Hochbehälter abzudeckenden Wasserbedarf ist für die Betriebssicherheit 100%ige Pumpenreserve erforderlich. Ein möglichst guter Wirkungsgrad spielt die größte Rolle beim häufigsten Förderfall. Die Häufigkeitsverteilung des Tageswasserbedarfs innerhalb eines Jahres weicht oft von der Gaußschen Normalverteilung [6.12] ab, d. h., der mittlere Wasserbedarf ist nicht gleich dem häufigsten Wasserbedarf.

Ausgeprägte hohe und seltene Bedarfsspitzen beeinflussen den Mittelwert stärker als das Häufigkeitsmaximum. Die Wasserbedarfszuwachsrate hat ebenfalls zur Folge, daß der häufigste Tagesbedarf kleiner ist als der mittlere Tagesbedarf am Ende des betrachteten Zeitraums, z. B. nach 15 Jahren.

Für kleine und mittlere Pumpwerke mit Tagesausgleich im Speicherbehälter ist im Regelfall folgende Pumpenstaffelung vertretbar. Dabei bedeuten

$\dot{V}$ Förderstrom der Pumpe in m³/h
$V_{d;max}$ maximaler Wasserbedarf in m³/d
$V_{d;m}$ mittlerer Wasserbedarf in m³/d
$V_{d;h}$ häufigster Wasserbedarf in m³/d
n wirtschaftlichste Pumpdauer in h/d

6.2. Entwurf und Betrieb von Pumpenanlagen

a) Pumpwerke für $V_{d;max} \leqq 300$ m^3/d

1 Pumpe $\dot{V} = \dfrac{1}{n} \cdot V_{d;max}$

1 Pumpe wie vor als Reserve installiert

b) Pumpwerke für 300 m$_3$/d $< V_{d;max} \leqq 5000$ m^3/d

2 Pumpen $\dot{V} = \dfrac{1}{2 \cdot n} \cdot V_{d;max}$ für Solo- und Parallelbetrieb, sofern letzterer hydraulisch möglich und der Anteil der Reibungsverluste an der Förderhöhe < 30 % ist

1 Pumpe wie vor als Reserve installiert

oder

1 Pumpe $\dot{V} = \dfrac{1}{n_1} \cdot V_{d;max}$

1 Pumpe wie vor als Reserve installiert

1 Pumpe $\dot{V} = \dfrac{1}{n_2} \cdot V_{d;h} \approx \dfrac{1}{n_2} \cdot (0{,}7$ bis $0{,}9) \cdot V_{d;m}$

1 Pumpe wie vor als Reserve auf Lager gehalten

c) Pumpwerke für $V_{d;max} > 5000$ m^3/d

1 Pumpe $\dot{V} = \dfrac{1}{n_1} \cdot V_{d;max}$

1 Pumpe wie vor als Reserve installiert
2 Pumpen mit gestaffelter Leistung, entsprechend der Häufigkeitsverteilung des Tageswasserbedarfs
2 Pumpen wie vor als Reserve auf Lager gehalten.

Die wirtschaftlichste tägliche Pumpdauer einer Anlage kann auch mit dem Wasserbedarf variieren. Häufig liegt das Optimum bei $n_1 = 24$ h/d für maximalen Wasserbedarf und bei $n_2 < 24$ h/d für den häufigsten Wasserbedarf. Wesentlichen Einfluß auf die wirtschaftlichste Pumpdauer hat der jeweilige Energietarif.

Für Versorgungsgebiete mit mehreren einspeisenden Pumpwerken sind individuelle Untersuchungen notwendig. Dabei kann der vorrangige Betrieb einzelner Pumpwerke wirtschaftliche Vorteile bringen. Die Energiekosten eines Pumpwerks sind meist ein Mehrfaches der aus dem Anlagevermögen entstehenden Abschreibungskosten. Deshalb macht der bessere Wirkungsgrad die zusätzliche Aufstellung einer Pumpe oft in kurzer Zeit bezahlt.

Pumpen, die in Speicherbehälter fördern, werden vorwiegend wasserstandsabhängig von Hand oder automatisch geschaltet. Die Automatik ist bei kleinem Speicherraum und damit größerer Schalthäufigkeit und bei nicht ständig besetzten Anlagen notwendig. Die Handschaltung vor Ort oder als Fernsteuerung gestattet besser als die automatische wasserstandsabhängige Pumpensteuerung die Berücksichtigung der Energiespitzenzeiten, die Reduzierung des Energiebedarfs, insbesondere der Energiespitzen, und die maximale Ausnutzung des Speicherraums.

Die Festlegung der Ein- und Ausschaltwasserstände im Speicherbehälter muß mit den Annahmen der Behälterinhaltsermittlung übereinstimmen. Bei nur für die fluktuierende Wassermenge bemessenen Behältern kann die der Berechnung zugrunde liegende Pumpzeit nicht durch eine automatische wasserstandsabhängige Schaltung allein garantiert werden. Hierfür ist die Kombination mit einer zeitabhängigen Schaltung notwendig.

Wird nur wasserstandsabhängig geschaltet, so ist die der Speicherbemessung zugrunde liegende fluktuierende Wassermenge unterhalb des tiefsten Einschaltwasserstands zu speichern. Das gleiche gilt für Feuerlösch- und Betriebsreserven.

Der Mindestabstand der Ein- und Ausschaltwasserstände einer automatischen wasserstandsabhängigen Steuerung wird aus der Schalthäufigkeit bestimmt. Es sei

V Speichervolumen zwischen Ein- und Ausschaltwasserstand in m^3
$\dot{V}_P$ Förderstrom der zu schaltenden Pumpen in m^3/h
$\dot{V}_V$ Wasserverbrauch in m^3/h
f Schalthäufigkeit in h^{-1}

$$V = \frac{\dot{V}_P \cdot \dot{V}_V - \dot{V}_V^2}{f \cdot \dot{V}_P} \qquad (6.38)$$

V bzw. f wird ein Maximum, wenn $\dot{V}_V = \dot{V}_P/2$

$$V_{max} = \frac{\dot{V}_P}{4 \cdot f} \qquad (6.39)$$

Ist $\dot{V}_V$ konstant, z. B. bei Überpumpwerken, so wird nach Gl. (6.38) gerechnet. Bei schwankendem $\dot{V}_V$ muß für den ungünstigsten Fall V_{max} nach Gl. (6.39) ermittelt werden.

Bei gestaffelter Schaltung mehrerer Pumpen nach Bild 6.49 wird

$$V_n = \frac{\left(\sum_{1}^{n} \dot{V}_P - \dot{V}_V\right)\left(\dot{V}_V - \sum_{1}^{n-1} \dot{V}_P\right)}{f\left(\sum_{1}^{n} \dot{V}_P - \sum_{1}^{n-1} \dot{V}_P\right)} \qquad (6.40)$$

$$\sum_{1}^{n} \dot{V}_P - \sum_{1}^{n-1} \dot{V}_P = \Delta \dot{V}_{P;n}$$

$\Delta V_{P;n}$ Förderstromzuwachs von der vorhergehenden Pumpenstaffel zur Pumpenstaffel n.

$$V_{n;max} = \frac{\Delta \dot{V}_{P;n}}{4 \cdot f} \qquad (6.41)$$

Als Mindestabstand zwischen den einzelnen Schaltwasserständen wählt man etwa 20 cm, als Schalthäufigkeit f = (1 bis 3) Schaltungen je Stunde, bei kleinen Pumpen auch mehr.

Dabei ergibt sich
für f = 1 $V_{max} \triangleq$ 15 Minuten Förderstrom
für f = 3 $V_{max} \triangleq$ 5 Minuten Förderstrom.
Für die Schaltung von Pumpen in Abhängigkeit vom Wasserstand in einem saugseitigen Speicherbehälter gelten die Gln. (6.38) bis (6.41) ebenfalls. $\dot{V}_V$ ist dabei der Zufluß zum Saugbehälter.

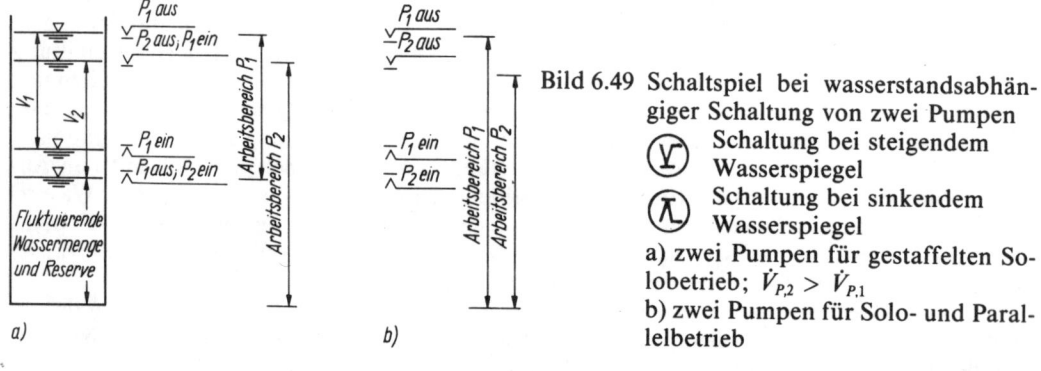

Bild 6.49 Schaltspiel bei wasserstandsabhängiger Schaltung von zwei Pumpen
Ⓥ Schaltung bei steigendem Wasserspiegel
Ⓐ Schaltung bei sinkendem Wasserspiegel
a) zwei Pumpen für gestaffelten Solobetrieb; $\dot{V}_{P,2} > \dot{V}_{P,1}$
b) zwei Pumpen für Solo- und Parallelbetrieb

Doppelt wasserstandsabhängige Schaltungen sind notwendig, wenn saug- und druckseitig gewisse Wasserstandsbereiche eingehalten werden sollen, z. B. bei Überpumpwerken, wie in Bild 6.50 dargestellt. Hier ist die Schaltung primär vom Wasserstand der Saug- oder Druckseite abhängig zu machen und jeweils auf der anderen Seite eine Verriegelung vorzusehen. Soll eine der beiden Pumpstufen kontinuierlich fördern, z. B. zur gleichmäßigen Belastung der Wassergewinnungs- und -aufbereitungsanlage, so ist ihr Förderstrom gegenüber der anderen Pumpstufe kleiner auszulegen.

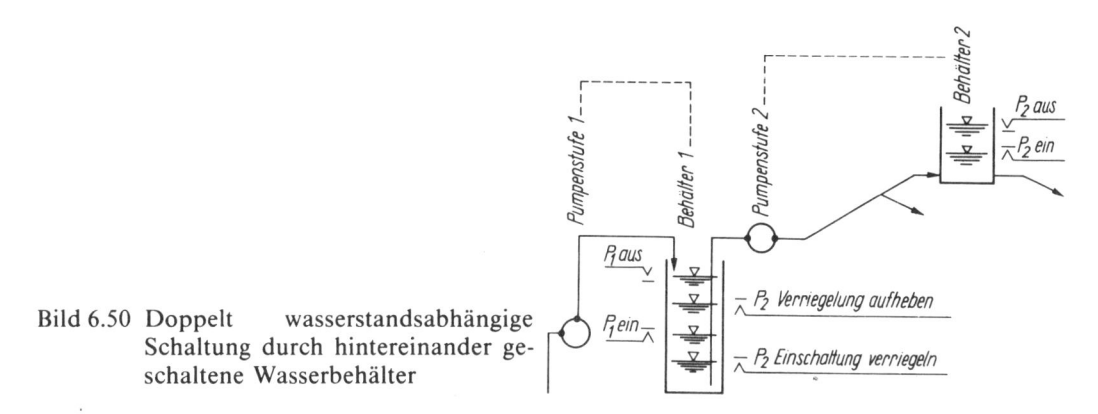

6.2. Entwurf und Betrieb von Pumpenanlagen   361

Bild 6.50 Doppelt wasserstandsabhängige Schaltung durch hintereinander geschaltete Wasserbehälter

Die wasserstandsabhängige Schaltung bedingt die Wasserstandsmessung im Speicherbehälter und Fernübertragung der Meßwerte zur Pumpstation. Bei Kleinanlagen mit hydraulisch eindeutigen Verhältnissen kann statt dessen auch eine kombinierte zeit- und druckabhängige Steuerung ohne Meßwertfernübertragung erfolgen. Die Pumpe wird dabei durch eine Schaltuhr zu festgelegten Zeiten eingeschaltet. Abgeschaltet wird sie, wenn im gefüllten Speicherbehälter der Zulauf durch ein Schwimmerauslaufventil geschlossen wird und dadurch der Druck, entsprechend der Pumpenkennlinie, auf einen Maximalwert steigt. Bei nennenswerter Wasserentnahme zwischen Pumpe und Hochbehälter ist diese Steuerung nicht möglich, da der erwähnte Druckanstieg zum Abschalten der Pumpe nicht gewährleistet ist. Unbedingte Voraussetzung ist ferner das einwandfreie Funktionieren des Schwimmerauslaufventils.

6.2.5.3. Förderung mit Druckkessel (Hydrophoranlagen)

Hydrophorkessel stellen infolge ihres sehr kleinen Wasserinhalts keine Speicher im Sinne einer Wasserreserve dar, sondern nur Schaltorgane. Die Kessel sind etwa zu 1/3 mit Wasser und zu 2/3 mit komprimierter Luft gefüllt. Dieses „Luftpolster" drückt das Wasser aus dem Kessel durch die Rohrleitung zum Verbraucher. Mit abnehmendem Wasserinhalt im Kessel dehnt sich das Luftpolster um das gleiche Volumen aus, wobei der Druck nach dem *Boyle-Mariotteschen* Gesetz abnimmt. Bei Erreichen eines festgelegten Mindestdrucks wird die Pumpe eingeschaltet. Der über dem Wasserverbrauch liegende Förderstrom füllt den Druckkessel unter gleichzeitiger

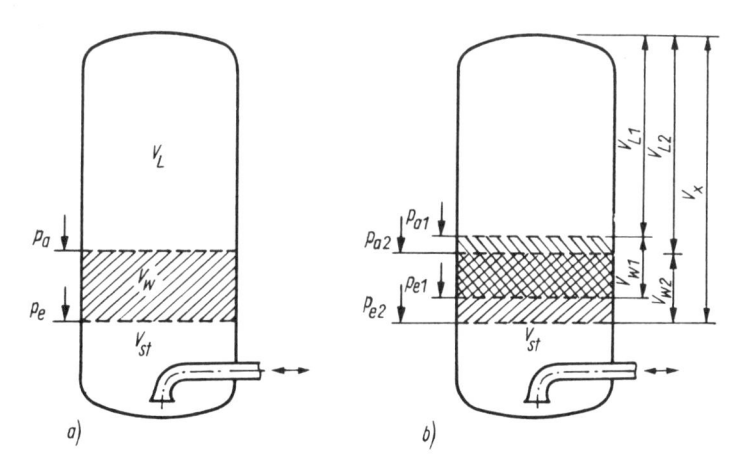

Bild 6.51 Gliederung des Druckkesselinhalts
  a) bei Schaltung einer Pumpe
  b) bei Schaltung von zwei Pumpen im Parallelbetrieb

Verdichtung des Luftpolsters wieder auf, wobei der Druck bis zu einem ebenfalls festgelegten Maximalwert steigt, bei dem die Pumpe wieder ausgeschaltet wird. Dieses Spiel wiederholt sich laufend.

Der Kesselinhalt wird nach Bild 6.51 zu seiner Berechnung in drei Zonen unterteilt:

V_W fluktuierende Wassermenge. Um das gleiche Volumen dehnt sich das Luftpolster aus und wird wieder verdichtet. Der Oberwasserspiegel entspricht dem Ausschaltdruck, der Unterwasserspiegel dem Einschaltdruck.

V_L Luftpolster bei Ausschaltdruck

V_{st} ständiger, nicht nutzbarer Wasserinhalt. Er ist zum Überstauen der Entnahmeleitung notwendig, damit keine Luft mitgerissen wird.

Die *fluktuierende Wassermenge* V_W ist bei gegebenem Pumpenförderstrom $\dot{V}_P$ und Schaltzeit t_s nach Bild 6.52 ein Maximum, wenn $\dot{V}_V = \dot{V}_P/2$ und damit $t_1 = t_2 = t_S/2$; $t_S = 1/f$.

$$V_W = \frac{1}{2 \cdot f} \left(\dot{V}_P - \frac{1}{2} \dot{V}_P \right)$$

$$V_W = \frac{\dot{V}_P}{4 \cdot f} \tag{6.42}$$

Dabei wird mit zulässiger Vereinfachung angenommen, daß während einer Schaltperiode die Summenlinien des Wasserverbrauchs und der Pumpenförderung linear verlaufen.

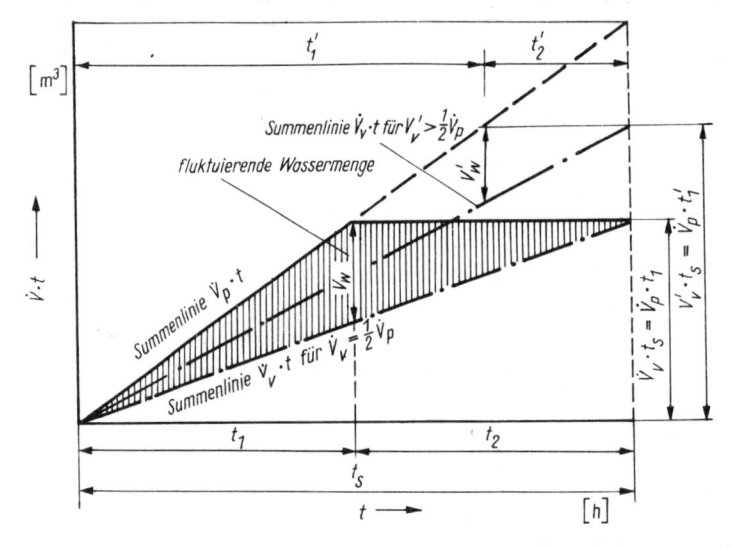

Bild 6.52 Fluktuierende Wassermenge im Druckkessel
$\dot{V}_P$ Förderstrom der Pumpe in m³/h; $\dot{V}_V$ Wasserverbrauch in m³/h; V_W maximale fluktuierende Wassermenge in m³; t_s Schaltzeit $1/i$ in h; i Schalthäufigkeit in h^{-1}; t_1 Förderperiode der Pumpe innerhalb der Schaltzeit in h; t_2 Pumpenstillstandszeit innerhalb der Schaltzeit in h

Für Kreiselpumpen wird mit hinreichender Genauigkeit der mittlere Förderstrom zwischen Ein- und Ausschaltdruck eingesetzt. Das *Luftpolster* V_L wird unter der Annahme konstanter Temperatur (isothermische Druckänderung) nach dem *Boyle-Mariotteschen* Gesetz berechnet, wonach

Volumen · Druck = konst.

$$V_{L;1} \cdot p_1 = V_{L;2} \cdot p_2 \tag{6.43}$$

Hierbei ist der absolute Druck im Druckkessel, nicht der Überdruck (Betriebsdruck) einzusetzen. Gemäß Bild 6.53 gilt

6.2. Entwurf und Betrieb von Pumpenanlagen

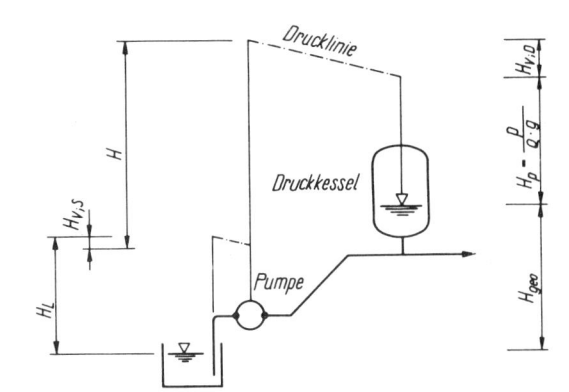

Bild 6.53 Drucklinienplan zu Gl. (6.44)

$$p = p_L - p_{V;1} - p_{V;2} + (H - H_{geo}) \cdot \varrho \cdot g \qquad (6.44)$$

p absoluter Druck im Druckkessel in Pa
p_L Druck auf dem saugseitigen Flüssigkeitsspiegel, z. B. der atmosphärische Luftdruck, in Pa
p_V Druckverlust in der Saug- bzw. Druckrohrleitung in Pa
H Förderhöhe der Pumpe in m
H_{geo} geodätische Förderhöhe in m
ϱ Dichte der Förderflüssigkeit in kg/m³
g Erdbeschleunigung in m/s²

Zwischen Druck und Druckhöhe besteht die Beziehung

$$p = H \cdot \varrho \cdot g$$

Bezeichnet man mit
p_e den Einschaltdruck absolut
p_a den Ausschaltdruck absolut
Δp die Druckdifferenz $p_a - p_e$,
so wird nach Bild 6.51

$$V_L (p_e + \Delta p) = (V_W + V_L) p_e$$
$$V_L = V_W \cdot \frac{p_e}{\Delta p} \qquad (6.45)$$

Der nutzbare Inhalt des Druckkessels (fluktuierender Wasserinhalt und Druckluftvolumen) beträgt nach den Gln. (6.43) und (6.45) für die einzelne Pumpe bei $\dot{V}_P$ in m³/h und f in h⁻¹

$$V_W + V_L = \frac{\dot{V}_P}{4 \cdot f} \left(1 + \frac{p_e}{\Delta p} \right) \qquad (6.46)$$

Bei gestaffelter Schaltung mehrerer Pumpen im Solo- oder Parallelbetrieb analog Bild 6.49 wird die nächstgrößere Pumpenstaffel erst eingeschaltet, wenn der Wasserverbrauch $\dot{V}_V$ größer ist als die vorhergehende Pumpenstaffel. Das erforderliche Kesselvolumen für die einzelnen Pumpenstaffeln braucht deshalb nur für den Förderstromzuwachs $\Delta \dot{V}_P$ zur vorhergehenden Pumpenstaffel ermittelt zu werden:

$$V_{W;n} = \frac{\sum_1^n \dot{V}_P - \sum_1^{n-1} \dot{V}_P}{4 \cdot f_n} = \frac{\Delta \dot{V}_{P;n}}{4 \cdot f_n} \qquad (6.47)$$

Welche Pumpenstaffel den größten Kesselinhalt erfordert und somit maßgebend für die Bemessung ist, kann nicht in jedem Falle von vornherein gesagt werden. Es muß deshalb $(V_W + V_L) p_e$ für jede Pumpenstaffel berechnet werden:

$$(V_{W;n} + V_{L;n})\, p_{e;n} = \frac{\Delta \dot{V}_{P;n}}{4 \cdot f_n} \left(1 + \frac{p_{e;n}}{\Delta p_n}\right) p_{e;n} \qquad (6.48)$$

Der maßgebende nutzbare Kesselinhalt V_x nach Bild 6.51 ergibt sich nach dem *Boyle-Mariotteschen* Gesetz aus dem Maximalwert für $(V_W + V_L)\, p_e$ dividiert durch den kleinsten Einschaltdruck, d. h. den der letzten Pumpenstaffel:

$$V_x = \frac{[(V_W + V_L)\, p_e]_{max}}{p_{e;min}} \qquad (6.49)$$

Wenn der Wasserbedarf sich nicht zu sprunghaft verändert und Kreiselpumpen verwendet werden, deren Kennlinien schon teilweisen Ausgleich der Wasserbedarfsschwankungen gewährleisten, können auch mehrere Pumpen im Solo- oder Parallellauf mit gleichen Ein- und Ausschaltdrücken und einer besonderen Programmschaltung („Zentralschalter") gefahren werden. Dadurch verringern sich das erforderliche Kesselvolumen und der normale Arbeitsbereich der Pumpen; der Betrieb wird also wirtschaftlicher. Es wird dabei vorausgesetzt, daß normalerweise erst dann ein größerer Förderstrom notwendig ist, wenn vorher schon die nächstkleinere Pumpe fördert und umgekehrt der Verbrauch $\dot{V}_V$ innerhalb einer Schaltperiode stets im Rahmen nur einer Pumpenstufe schwankt. Mit dem „Zentralschalter" ergibt sich dann bei steigendem Wasserbedarf folgendes Schaltspiel:

$0 < \dot{V}_V < \dot{V}_{P;1}$ Der Druck sinkt auf p_e; es wird Pumpe *1* eingeschaltet; der Druck steigt.

$\dot{V}_{P;1} < \dot{V}_V < \dot{V}_{P;2}$ Der Druck sinkt wieder auf p_e; es wird Pumpe *2* eingeschaltet; der Druck steigt.

$\dot{V}_{P;n} < \dot{V}_V < \dot{V}_{P;n+1}$ Der Druck sinkt wieder auf p_e; es wird Pumpe *n + 1* eingeschaltet; der Druck steigt.

Das Abschalten der Pumpen geschieht in umgekehrter Reihenfolge jeweils bei p_a. Der Zentralschalter verriegelt also den Ein- bzw. Ausschaltkontakt jeder Pumpe, solange nicht die nächstkleinere Pumpe arbeitet bzw. die nächstgrößere Pumpe abgeschaltet ist. Wenn die verschiedenen Programmstufen nicht durch parallelfahrende, sondern verschieden große solo laufende Pumpen gefahren werden, ist mit jedem Einschalten das Abschalten und jedem Abschalten das Einschalten der nächstkleineren Pumpe zu koppeln.

Für extreme Bedarfsschwankungen, z. B. bei plötzlichem Feuerlöschwasserbedarf, muß die geschilderte Zentralschaltung noch besondere automatische, am besten zeit- und druckabhängige Schutzab- und -zuschaltungen erhalten. Bei normalen Verbrauchsschwankungen wird das Zu- und Abschalten einer Pumpe einen Druckanstieg über p_e bzw. einen Druckabfall unter p_a zur Folge haben, die durch ein Zeitrelais kontrolliert werden. Wird in der festgelegten Zeit p_e nicht über- bzw. p_a nicht unterschritten, so wird die nächste Pumpenstufe zu- bzw. abgeschaltet. Bei mehr als drei Pumpen ist die „Zentralschaltung" grundsätzlich der Staffelschaltung vorzuziehen.

Der *ständige Wasserinhalt* V_{st} ist konstruktiv bedingt. Er soll so groß sein, daß der Stau über dem Entnahmerohr mit Sicherheit das Entweichen von Druckluft aus dem Kessel in die Entnahmeleitung verhindert. Außerdem ist ein gewisser Wasserstand über der Achse des Druckluftsperrventils notwendig, um dessen einwandfreie Arbeitsweise zu gewährleisten. Damit ergibt sich für V_{st} ein Volumen von im Durchschnitt 30 % $\cdot (V_W + V_L)$.

Schaltet die Pumpe nicht rechtzeitig ein (ungenaue Einstellung der Automatik) oder wird zuviel Druckluft aufgefüllt, so sinkt der Oberwasserspiegel des ständigen Wasserinhalts V_{st} unter das festgelegte Maß ab. Die Wasserabgabe aus dem Druckkessel kann dadurch zeitweilig unterbrochen werden. Durch einen Sicherheitszuschlag zu V_{st} in Höhe von 10 bis 20 cm höherem Wasserspiegel kann dem begegnet werden. V_{st} wird dann etwa 40 % $\cdot (V_W + V_L)$.

Das erforderliche Kesselvolumen kann auf mehrere parallel zu betreibende Druckkessel verteilt werden. Dabei kann an Kesselvolumen gespart bzw. die Schalthäufigkeit verringert werden, indem jeder zweite Kessel nur mit Luft betrieben wird, so daß der ständige Wasserinhalt V_{st} in diesem Kessel entfällt. Die nur mit Luft betriebenen Kessel werden mit den übrigen Kesseln im

6.2. Entwurf und Betrieb von Pumpenanlagen

Bild 6.54 Schema einer Hydrophoranlage als Druckerhöhungsstation
1 Druckkessel mit Luft- und Wasserfüllung; *2* Druckkessel nur mit Luftfüllung; *3* Druckluftsperrventil; *4* Wasserstandsschauglas; *5* Kontaktmanometer; *6* Betriebsmanometer; *7* Sicherheitsventil; *8* Be- und Entlüftung; *9* Entleerung; *10* Kreiselpumpe; *11* Verdichter; *12* Zulauf aus Niederdruckzone; *13* Umgehungsleitung; *14* Ablauf in Hochdruckzone

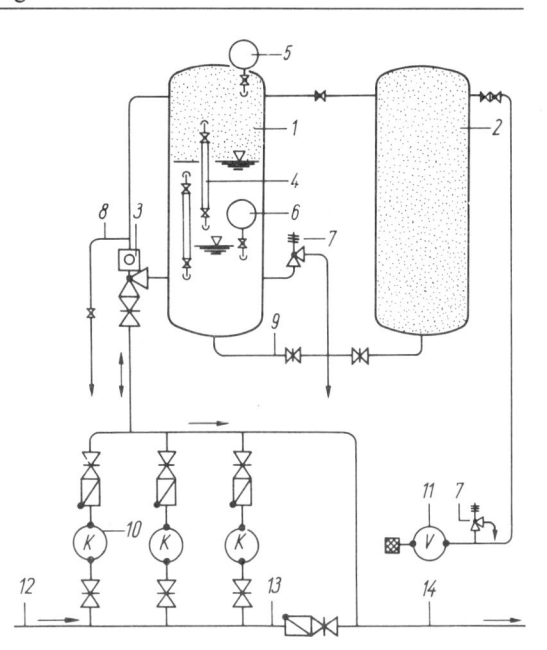

Druckluftraum querverbunden (Bild 6.54). Als Reserve können sie einen Anschluß an die Wasserförderleitung erhalten, der jedoch im Normalbetrieb geschlossen bleibt. Bei der Bemessung der Druckkessel ist darauf zu achten, daß der wechselnde Wasserinhalt V_W nicht bis in den nur für Druckluft vorgesehenen Kessel gedrückt wird.

Ob für ein bestimmtes Volumen ($V_W + V_L$) ein oder mehrere Druckkessel aufgestellt werden, ist nach ökonomischen Gesichtspunkten zu entscheiden (ein Kessel – geringe Grundfläche, weniger Rohre und Armaturen, große Raumhöhe, größere Einzellasten, eventuell größere Kesselblechdicken). Die Betriebssicherheit wird durch die Kesselanzahl kaum beeinflußt, da bei den vorwiegend verwendeten Kreiselpumpen notfalls auch ohne Druckkessel direkt mit Handschaltung ins Rohrnetz gefahren werden kann.

Der gesamte Kesselinhalt V_{ges} beträgt
– bei Anordnung einer Betriebspumpe
$V_{ges} = V_W + V_L + (V_{st}$ je Kessel mit Wasserfüllung)
– bei Anordnung mehrerer, gestaffelter Betriebspumpen
$V_{ges} = V_x + (V_{st}$ je Kessel mit Wasserfüllung)

Entsprechend dem ermittelten ($V_W + V_L$) bei einer Pumpe bzw. V_x bei mehreren Pumpen werden der nächstgrößere genormte Kessel oder auch mehrere Kessel gewählt. Das sich dabei ergebende Mehrvolumen gegenüber dem errechneten wird zur Verringerung der Druckdifferenz Δp auf Δp_{vorh} oder der Schalthäufigkeit f auf f_{vorh} genutzt:

$$\Delta p_{vorh} = \frac{p_e}{\dfrac{(V_W + V_L) 4 \cdot f}{\dot{V}_P} - 1} \tag{6.50}$$

$$f_{vorh} = \frac{\dot{V}_P}{4 \cdot (V_W + V_L)} \left(1 + \frac{p_e}{\Delta p}\right) \tag{6.51}$$

Es ist zweckmäßig, nach der Wahl des Kessels die tatsächlichen V_W für jede Pumpenstaffel zu ermitteln und die entsprechenden Schaltwasserstände am Kessel neben dem Wasserstandsschauglas zu markieren. Außerdem kann ein Pegel mit den zu verschiedenen Drücken gehörenden Wasserständen auf den Kessel gemalt werden. Dadurch wird die Kontrolle des Luftpolsters erleichtert.

Der Nutzinhalt eines Druckkessels ist nach Gl. (6.46) eine Funktion der Schalthäufigkeit f, der mittleren Pumpenförderung $\dot{V}_P$, des Einschaltdrucks p_e und der Schaltdifferenz Δp. Die Festlegung dieser Faktoren geschieht nach den folgenden Grundsätzen:

Die *Schalthäufigkeit* f wird im Mittel mit 6 bis 8, maximal 10 Schaltungen je Stunde gewählt. Große Schalthäufigkeiten benötigen zwar nur kleine Druckkessel, führen jedoch zu stärkerer Beanspruchung der elektrischen Schaltgeräte und erhöhen den Energiebedarf durch den häufigen Anlaufstrom der Motoren. In der Praxis ergibt sich z. T. eine etwas größere Schalthäufigkeit als der Berechnung zugrunde liegt, da die zu Gl. (6.42) getroffene Vereinfachung „konstanter Förder- und Verbrauchsstrom während einer Schaltperiode" in Wirklichkeit nicht eingehalten wird.

Bei gestaffeltem Betrieb mehrerer Pumpen ist es zweckmäßig, die für die Grundlast bestimmten Pumpen mit geringerer Schalthäufigkeit zu betreiben als die selten beanspruchten Pumpen für den Feuerlöschbedarf oder auch den maximalen Stundenbedarf.

Der *Einschaltdruck* p_e, bei gestaffeltem Betrieb der niedrigste Einschaltdruck, wird durch den im Versorgungsnetz erforderlichen Mindestdruck und die vom Druckkessel bis zum Verbraucher auftretenden Reibungsverluste laut Rohrnetzberechnung bestimmt. Er ist der auf dem Einschaltwasserspiegel ruhende *absolute* Druck und nicht identisch mit der Förderhöhe der Pumpe. Der erforderliche Einschaltdruck und damit der erforderliche Kesselinhalt können durch erhöhte Aufstellung des Druckkessels, z. B. Druckerhöhungsanlagen in Hochhäusern, durch seine Anordnung nahe dem Verbraucher oder als „Gegenbehälter" reduziert werden (Bild 6.55). Letzteres bedingt jedoch ein längeres Steuerkabel zwischen Kessel und Pumpen. Bei gestaffeltem Betrieb mehrerer Pumpen wird zwischen den einzelnen Schaltkontakten, entsprechend der Meßgenauigkeit der Manometer, ein Abstand von mindestens 3 % des Manometerskalen-Endwerts gewählt.

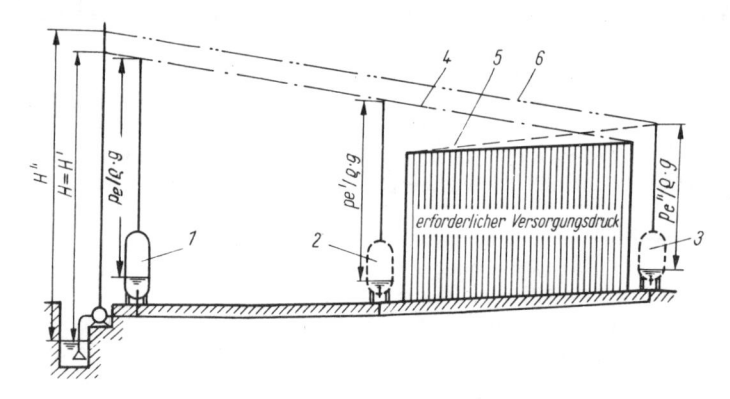

Bild 6.55 Anordnung des Druckkessels
1 nahe der Pumpe; *2* nahe dem Verbraucher; *3* als Gegenbehälter H Förderhöhe der Pumpe bei Einschaltdruck; p_e Einschaltdruck, als Überdruck dargestellt; *4* Drucklinie zu *1* und *2*; *5* Drucklinie zu *3* bei Pumpenstillstand; *6* Drucklinie zu *3* bei Pumpbetrieb

Die Festlegung der *Druckdifferenz* Δp zwischen Ein- und Ausschaltdruck der einzelnen Pumpen ist eine Frage der Wirtschaftlichkeit. Große Druckdifferenzen Δp benötigen zwar nur kleine Druckkessel; der Energiebedarf steigt jedoch wesentlich. Große Druckdifferenzen und damit hoher Ausschaltdruck bedingen eine größere mittlere Förderhöhe und somit größeren Leistungsbedarf. Bei Kreiselpumpen ergibt der größere Arbeitsbereich auch z. T. schlechtere Wirkungsgrade. Die Druckdifferenz Δp zwischen höchstem Ausschalt- und niedrigstem Einschaltdruck sollte deshalb nicht über 0,1 MPa gewählt werden; dadurch werden auch zu hohe Druckschwankungen im Versorgungsnetz vermieden.

Der mittlere Förderstrom $\dot{V}_P$ der einzelnen Pumpen kann durch gestaffelte Schaltung mehrerer Pumpen, die mit steigendem Wasserverbrauch und dadurch sinkendem Druck zugeschaltet

6.2. Entwurf und Betrieb von Pumpenanlagen

werden, auf $\Delta \dot{V}_P$ reduziert werden; dem damit kleiner werdenden Kesselinhalt steht der für die Schaltdifferenz zwischen den Pumpen erforderliche Kesselinhalt entgegen. Es ist deshalb nicht sinnvoll, über drei Betriebspumpen hinauszugehen, oder es ist dann der bereits erwähnte Zentralschalter anzuwenden.

Beim Einschaltdruck der letzten Pumpe muß der Gesamtförderstrom mindestens gleich dem größten Wasserverbrauch sein. Da im Druckkessel keine nennenswerte Wassermenge gespeichert wird, müssen die Pumpen alle Bedarfsspitzen direkt abdecken. Dabei ist zu beachten, daß kurzfristig Bedarfsspitzen auftreten können, die noch über dem „maximalen Stundenbedarf" laut Wasserbedarfsermittlung liegen. Es ist deshalb notwendig, die Pumpen in ihrem Förderstrom mit einem Sicherheitszuschlag gegenüber dem theoretischen maximalen Wasserbedarf zu bemessen. Während für die Kesselbemessung der mittlere Förderstrom eingesetzt wird, ist für die Bedarfsdeckung der Förderstrom beim Einschaltdruck, bei Kreiselpumpen also der maximale Förderstrom, maßgebend.

Bei Aufstellung der Druckkessel nahe den Pumpen nach Bild 6.55 besteht die Gesamtförderhöhe vorwiegend aus statischer Förderhöhe, und die Rohrleitungskennlinie verläuft sehr flach. Derartige Hydrophoranlagen eignen sich deshalb gut für den Parallelbetrieb von Kreiselpumpen. Wegen der betrieblichen Vorteile und im Interesse möglichst kleiner Druckkessel werden meist Pumpen mit gleichem Förderstrom und gleicher Förderhöhe gewählt, deren Schaltfolge gewechselt werden kann.

Durch die Druckdifferenz Δp ergibt sich für die Pumpen ein weiter Arbeitsbereich. Es sind deshalb steile Pumpenkennlinien erwünscht. Die größtmögliche Förderhöhe (Scheitelförderhöhe) der zu verwendenden Pumpen soll mindestens 5 m über dem Ausschaltdruck liegen. Außerdem muß man sich vergewissern, daß die Pumpen im gesamten Arbeitsbereich kavitationsfrei laufen. Bei Kreiselradpumpen mit labiler Kennlinie muß der Arbeitsbereich im stabilen Bereich der Kennlinie liegen.

Die Pumpen werden bei Hydrophoranlagen wegen der großen Schalthäufigkeit, auch bei ständig gewarteten Anlagen, vollautomatisch geschaltet. Die druckabhängige Schaltung mittels Kontaktmanometers oder spezieller Druckschalter hat gegenüber der wasserstandsabhängigen Schaltung den Vorteil, daß auch bei nachlassendem Luftpolster der Versorgungsdruck zu Lasten der Schalthäufigkeit gewährleistet bleibt.

Das Luftpolster muß zur Inbetriebnahme der Anlage aufgefüllt und während des Betriebes hin und wieder um die vom Wasser absorbierte Luftmenge nachgefüllt werden. Hierzu wird am besten ein kleiner Kompressor aufgestellt, der im Rahmen der Wartung und Betriebskontrolle auch bei nicht ständig besetzten Anlagen von Hand betätigt werden kann. Der Kompressor soll in etwa 8 Stunden die Auffüllung des gesamten Luftinhalts ermöglichen.

Bei der automatischen Kompressorschaltung wird mit Hilfe einer Wasserstandselektrode beim Überschreiten des errechneten höchsten Ausschaltwasserstands der Kompressor eingeschaltet und nach 10 Minuten, jedoch nicht vor Unterschreitung des errechneten Ausschaltwasserstands, wieder abgeschaltet.

Zur Kontrolle der richtigen Luftkompression wird zweckmäßigerweise auf dem Kessel ein Druck-Wasserstands-Pegel angebracht, der den zu jedem Wasserstand gehörenden Druck laut Berechnung angibt.

Hydrophorkessel werden am einfachsten im Nebenschluß zur Pumpendruckleitung angeordnet. Die Anschlußleitung erhält ein Druckluftsperrventil, das bei mangelndem Förderstrom der Pumpe das Austreten von Druckluft in die Rohrleitung verhindert, indem es bei einem Tiefstwasserstand im Druckkessel die Anschlußleitung absperrt. Die Anschlußleitung wird mit Rücksicht auf das Druckluftsperrventil für maximal 2 m/s Fließgeschwindigkeit bemessen.

Druckkessel sind zulassungs- und überwachungspflichtig. Sie müssen deshalb allseitig leicht zugänglich aufgestellt werden. Gegen unzulässigen Überdruck werden sie durch ein Sicherheitsventil geschützt. Zur Kontrolle der Wasserfüllung werden Wasserstandsgläser, zur Drucküberwachung ein Manometer angebracht.

Hydrophoranlagen werden dort angewendet, wo die Geländegestaltung die Anordnung von Hochbehältern nicht gestattet. Gegenüber Wassertürmen erfordern sie wesentlich geringere Anlagekosten. Die Betriebskosten können jedoch durch den größeren Energiebedarf, besonders bei großen Druckdifferenzen Δp, höher liegen.

Die Betriebssicherheit bei Hydrophoranlagen hängt weitgehend von der Sicherheit der Energieversorgung und der Wartung der elektrischen Schaltgeräte ab. Die Aufstellung von Dieselaggregaten als Reserve bei Stromausfall ist nur sinnvoll, wenn deren kurzfristige Inbetriebnahme gewährleistet ist. Die automatische druckabhängige Schaltung von Pumpen mit direktem Dieselantrieb scheidet wegen der großen Schalthäufigkeit aus.

Die automatische druckabhängige Schaltung der Pumpen mit Hilfe einer Hydrophoranlage ist nur bis zu einem gewissen Wasserbedarf wirtschaftlich. Bei den in kommunalen Trinkwasserversorgungsanlagen üblichen Wasserverbrauchsschwankungen kommt ab etwa 2000 m³ Tagesbedarf, bei ausgeglichenem Wasserverbrauch auch schon darunter, eine direkte Förderung ins Verbrauchernetz in Frage. Mit der Weiterentwicklung der verlustarmen Drehzahlregelung von Pumpen werden die Hydrophoranlagen immer mehr verdrängt.

Der wesentlichste Nachteil der Hydrophoranlagen ist außer der geringen Betriebssicherheit die Tatsache, daß wegen des erforderlichen Schaltspiels meist mit größerer Förderhöhe gepumpt werden muß, als es verbraucherseitig notwendig ist.

Dieser Nachteil kann durch eine druck- und durchflußabhängige Schaltung weitgehend vermieden werden [6.11]. In Bild 6.56 sind für den gleichen Versorgungsfall die druckabhängige und die druck- und durchflußabhängige Schaltung dargestellt.

Bei ausschließlich *druckabhängiger* Schaltung nach Bild 6.56a wird der niedrigste Einschaltdruck durch die erforderliche Förderhöhe bei maximalem Wasserbedarf bestimmt. Bei gestaffeltem Betrieb mehrerer Pumpen muß der Einschaltdruck der kleineren Pumpen höher liegen als der Einschaltdruck der größten Pumpe, obwohl bei geringerem Wasserverbrauch geringere Förderhöhen ausreichen würden. Hierdurch entsteht ein großer Förderhöhenbereich, der für

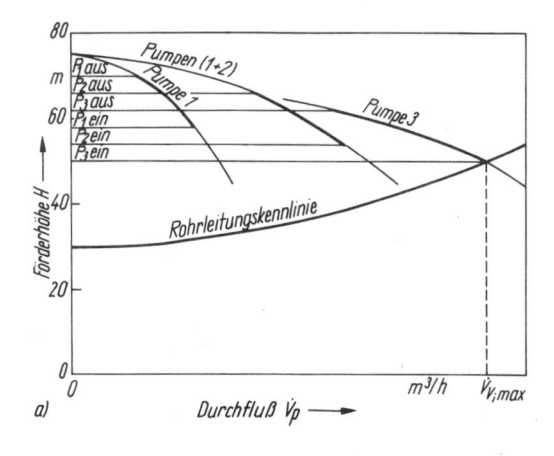

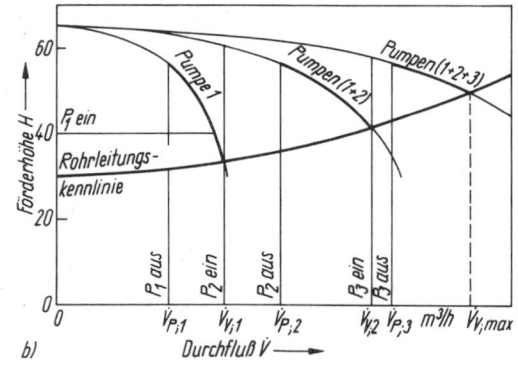

Bild 6.56 Kennlinien einer Hydrophoranlage
a) mit druckabhängiger Schaltung
b) mit druck- und durchflußabhängiger Schaltung
$\dot{V}_p$ Förderstrom der Pumpen
$\dot{V}_V$ Wasserverbrauch

6.2. Entwurf und Betrieb von Pumpenanlagen

den Parallelbetrieb mehrerer Pumpen nachteilig ist bzw. diesen unmöglich macht, wenn die Drosselkurven der Pumpen nicht steil genug sind.

Bei der *druck- und durchflußabhängigen* Schaltung nach Bild 6.56b muß außer dem Kontaktmanometer oder Druckschalter am Hydrophorkessel je eine Momentandurchflußmessung für die Pumpenförderung, also zwischen den Pumpen und dem Hydrophorkessel, und für den Wasserverbrauch, also zwischen Hydrophorkessel und den Verbrauchern, als Schaltwertgeber vorhanden sein.

Die erste Pumpe wird druckabhängig eingeschaltet. Die Einschaltdruckhöhe liegt nur wenig über der Rohrleitungskennlinie. Steigt der Wasserverbrauch über $\dot{V}_{V;1}$ an, wird die zweite Pumpe zugeschaltet. Steigt der Wasserverbrauch weiter über $\dot{V}_{V;2}$, wird die dritte Pumpe zugeschaltet. Das Abschalten der Pumpen geschieht, wenn die Wasser*förderung* unter die jeweiligen Grenzwerte $\dot{V}_{P;3}$ bzw. $\dot{V}_{P;2}$ bzw. $\dot{V}_{P;1}$ sinkt. Die Arbeitsbereiche der Pumpen liegen wesentlich näher der Rohrleitungskennlinie als bei der druckabhängigen Schaltung. Die Förderhöhen und damit der Energiebedarf sind geringer. Die durchflußabhängige Schaltung der Pumpen setzt zuverlässige Meßgeräte für den Momentandurchfluß voraus.

Der geringere Förderhöhenbereich bei der durchflußabhängigen Schaltung gestattet besser als bei der druckabhängigen Schaltung den Parallelbetrieb mehrerer Pumpen. Bei beiden Schaltungen brauchen sich die Arbeitsbereiche der Pumpen nicht zu überschneiden, da der Hydrophorkessel den Ausgleich während der Schaltperioden übernimmt. Die Berechnung der Hydrophorkessel geschieht für beide Schaltungen nach den Gln. (6.42) bis (6.49).

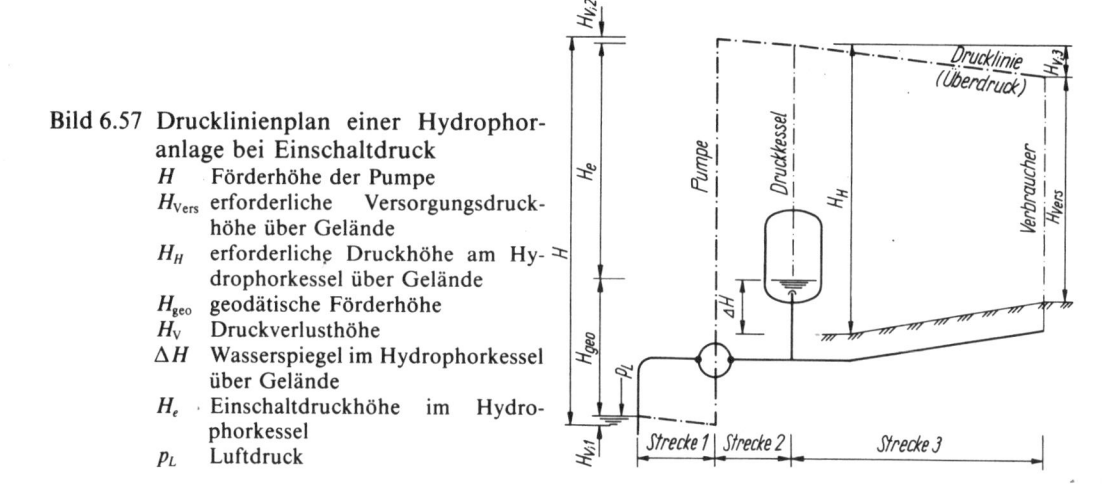

Bild 6.57 Drucklinienplan einer Hydrophoranlage bei Einschaltdruck
- H Förderhöhe der Pumpe
- H_{Vers} erforderliche Versorgungsdruckhöhe über Gelände
- H_H erforderliche Druckhöhe am Hydrophorkessel über Gelände
- H_{geo} geodätische Förderhöhe
- H_V Druckverlusthöhe
- ΔH Wasserspiegel im Hydrophorkessel über Gelände
- H_e Einschaltdruckhöhe im Hydrophorkessel
- p_L Luftdruck

Beispiel
Gegeben sind gemäß Bild 6.57 für eine druckabhängige Schaltung

mittlerer Wasserbedarf	$\dot{V}_m = 50 \text{ m}^3/\text{h}$
maximaler Wasserbedarf	$\dot{V}_{max} = 200 \text{ m}^3/\text{h}$
erforderliche Druckhöhe am Hydrophorkessel	$H_H = 43$ m über Gelände
erforderliche Förderhöhe der Pumpe	$H_{erf} = 46$ m
minimaler Wasserstand im Hydrophorkessel	$\Delta H = 3$ m über Gelände
geodätische Förderhöhe	$H_{geo} = 5$ m
Luftdruck	$p_b \approx 0{,}1$ MPa

Gewählt werden zwei gleiche Kreiselpumpen für Solo- und Parallelbetrieb und eine dritte Pumpe als Reserve, jeweils für

Förderstrom	$\dot{V}_P = 110 \text{ m}^3/\text{h}$
Förderhöhe	$H = 46$ m

Druck- und Förderhöhen werden für die Praxis ausreichend genau in Drücke umgerechnet mit $\varrho \approx 1000$ kg/m³ und $g \approx 10$ m/s², und damit entspricht $H = 1$ m dem Druck $p = 0{,}01$ MPa. Für

die gewählte druckabhängige Schaltung muß der Einschaltdruck der zweiten Pumpe der erforderlichen Druckhöhe am Hydrophorkessel entsprechen. Somit
absoluter Einschaltdruck
$$p_{e;2} = (H_H - \Delta H) \cdot \varrho \cdot g + p_b$$
$$= 0{,}43 - 0{,}03 + 0{,}1 = 0{,}50 \text{ MPa}$$
absoluter Einschaltdruck der ersten Pumpe gewählt
$$p_{e;1} = p_{e;2} + 0{,}03 = 0{,}50 + 0{,}03$$
$$= 0{,}53 \text{ MPa}$$
Schaltdifferenz zwischen Ein- und Ausschaltdruck jeder Pumpe gewählt $\Delta p = 0{,}1$ MPa.
absoluter Ausschaltdruck
$$p_{a;2} = p_{e;2} + \Delta p = 0{,}50 + 0{,}10$$
$$= 0{,}60 \text{ MPa}$$
$$p_{a;1} = p_{e;1} + \Delta p = 0{,}53 + 0{,}10$$
$$= 0{,}63 \text{ MPa}$$
Schalthäufigkeit gewählt:
für Pumpe *1* $\qquad f_1 = 8 \text{ h}^{-1}$
für Pumpe *2* $\qquad f_2 = 10 \text{ h}^{-1}$
Dem absoluten Druck im Hydrophorkessel entspricht eine Förderhöhe der Pumpe
$$H = \frac{p - p_L}{\varrho \cdot g} + H_{geo} + H_{V;1} + H_{V;2}$$
Unter der Voraussetzung, daß die Druckverluste in den Rohrleitungsstrecken *1* und *2* klein gegenüber der Gesamtförderhöhe sind, werden sie als konstant angenommen. Sie betragen im Beispiel
$$H_{V;1} + H_{V;2} = 1{,}0 \text{ m}$$
Aus der Drosselkurve der gewählten Pumpe werden zu den verschiedenen Förderhöhen die zugehörigen Förderströme abgelesen:
$p_{e;2} = 0{,}50$ MPa $\triangleq H = 50 - 10 + 5 + 1 = 46$ m $\rightarrow \dot{V}_P = 110$ m³/h
$p_{e;1} = 0{,}53$ MPa $\triangleq H = 53 - 10 + 5 + 1 = 49$ m $\rightarrow \dot{V}_P = 105$ m³/h
$p_{a;2} = 0{,}60$ MPa $\triangleq H = 60 - 10 + 5 + 1 = 56$ m $\rightarrow \dot{V}_P = 89$ m³/h
$p_{a;1} = 0{,}63$ MPa $\triangleq H = 63 - 10 + 5 + 1 = 59$ m $\rightarrow \dot{V}_P = 78$ m³/h
Dabei sind die Wasserspiegelschwankungen im Hydrophorkessel vernachlässigt.

Die mittleren Förderströme je Pumpe zwischen Ein- und Ausschaltdruck betragen
$\dot{V}_{P1;m} = (105 + 78) : 2 = 91{,}5$ m³/h $= \Delta \dot{V}_{P;1}$
$\dot{V}_{P2;m} = (110 + 89) : 2 = 99{,}5$ m³/h
Der Förderstromzuwachs durch die zweite Pumpe beträgt
$\Delta \dot{V}_{P2} = 2 \cdot \dot{V}_{P2;m} - \dot{V}_{P1;m} = 2 \cdot 99{,}5 - 91{,}5 = 107{,}5$ m³/h
Nach Gl. (6.48):

$$(V_{W;n} + V_{L;n}) \cdot p_{e;n} = \frac{\Delta \dot{V}_n}{4 \cdot f_n} \left(1 + \frac{p_{e;n}}{\Delta p_n}\right) \cdot p_{e;n}$$

$$(V_{W;1} + V_{L;1}) \cdot p_{e;1} = \frac{91{,}5}{4 \cdot 8} \left(1 + \frac{0{,}53}{0{,}10}\right) \cdot 0{,}53 = 9{,}55 \; MPa \cdot m^3$$

$$(V_{W;2} + V_{L;2}) \cdot p_{e;2} = \frac{107{,}5}{4 \cdot 10} \left(1 + \frac{0{,}50}{0{,}10}\right) \cdot 0{,}50 = 8{,}06 \; MPa \cdot m^3 < 9{,}55 \; MPa \cdot m^3$$

Für die Bemessung des Hydrophorkessels ist somit die erste Pumpenstaffel maßgebend, und nach Gl. (6.49) wird

$$V_x = \frac{[(V_W + V_L) \cdot p_e]_{max}}{p_{e;min}} = \frac{9{,}55}{0{,}50} = 19{,}1 \text{ m}^3$$

Gewählt werden aus dem Lieferprogramm zwei Kessel je 12,6 m³ Gesamtvolumen nach Bild 6.58. Ein Kessel wird mit Luft und Wasser, der andere nur mit Luft betrieben. Somit wird

6.2. Entwurf und Betrieb von Pumpenanlagen

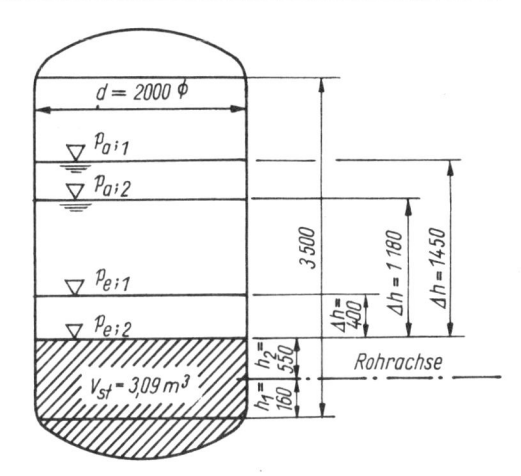

Bild 6.58 Skizze zur Berechnung der Wasserstände im Druckkessel
h_1 und h_2 sind konstruktiv festliegende Maße für jede Kesselgröße.

$(V_W + V_L)_{\text{vorh}} = 2 \cdot V_{\text{ges}} - V_{st} = 2 \cdot 12{,}6 - 3{,}09 = 22{,}11 \text{ m}^3$
$> 19{,}1 \text{ m}^3$

Die Wasserstände bei verschiedenen Drücken ergeben sich aus dem *Boyle-Mariotteschen* Gesetz. Beim Druck $p_{e;2} = 0{,}5$ MPa absolut beträgt das Luftvolumen in den Kesseln $V_L = 22{,}11 \text{ m}^3$. Somit

Konstante $\quad k = p \cdot V_L = 0{,}5 \cdot 22{,}11 = 11{,}055 \text{ MPa} \cdot \text{m}^3$
Luftvolumen $\quad V_{L;x} = k/p_x$

In Tafel 6.3 sind danach die Wasserstände zu verschiedenen Drücken ermittelt.

Das Mehrvolumen der gewählten Kessel gegenüber dem erforderlichen Kesselvolumen verringert die Schalthäufigkeit der Pumpen nach Gl. (6.51):

$$f_{1;\text{vorh}} = \frac{\Delta \dot{V}_{P1}}{4\,(V_{W;1} + V_{L;1})} \left(1 + \frac{p_{e;1}}{\Delta p_1}\right) = \frac{91{,}5}{4 \cdot 20{,}9}\left(1 + \frac{0{,}53}{0{,}10}\right) = 6{,}9 \text{ h}^{-1}$$

$$f_{2;\text{vorh}} = \frac{\Delta \dot{V}_{P2}}{4\,(V_{W;2} + V_{L;2})} \left(1 + \frac{p_{e;2}}{\Delta p_2}\right) = \frac{107{,}5}{4 \cdot 22{,}11}\left(1 + \frac{0{,}50}{0{,}10}\right) = 7{,}3 \text{ h}^{-1}$$

Tafel 6.3. Berechnung der Wasserstände im Druckkessel, Bild 6.56

p_x absolut	in MPa	$p_{e2} = 0{,}50$	$p_{e1} = 0{,}53$	$p_{a2} = 0{,}60$	$p_{a1} = 0{,}63$
$V_{L;x} = k:p_x = 11{,}055:p_x$	in m³	22,11	20,86	18,42	17,55
$V_{W;x} = V_{L;05} - V_{L;x}$	in m³	0	1,25	3,69	4,56
$\triangle h = V_{W;x}:A = V_{W;x}:3{,}14$	in m	0	0,40	1,18	1,45

6.2.5.4. Förderung ins Versorgungsnetz

Unter Förderung ins Versorgungsnetz soll hier das direkte Pumpen in eine Rohrleitung oder ein Rohrnetz bis zu den Verbrauchern ohne ausgleichenden Speicherbehälter oder Hydrophorkessel verstanden werden. Bei annähernd gleichmäßiger Wasserentnahme aus der Rohrleitung und Einsatz von Kreiselpumpen bestehen keine besonderen Probleme. Meist unterliegt der Wasserverbrauch je Zeiteinheit jedoch mehr oder weniger großen Schwankungen. Da bei der Direktförderung zum Verbraucher kein Speicherbehälter oder Hydrophorkessel die Fluktuation zwischen Wasserförderung und Wasserverbrauch aufnimmt, übertragen sich die Wasserverbrauchsschwankungen in vollem Umfange auf die Pumpen. Kolbenpumpen scheiden wegen ihres konstanten Förderstroms für diese Einsatzbedingungen aus. Kreiselpumpen können jedoch entsprechend ihrer Drosselkurve einen gewissen Schwankungsbereich aufnehmen.

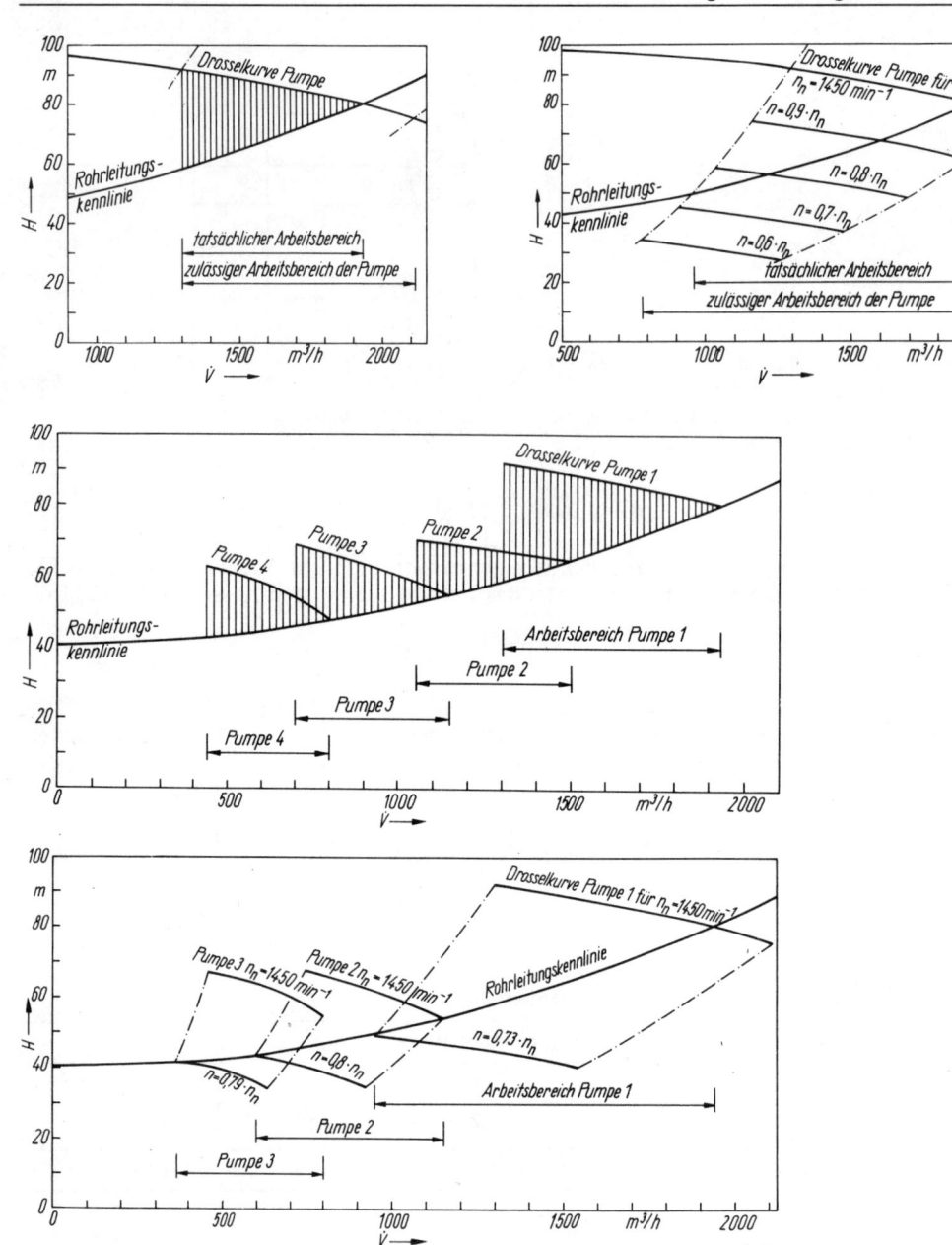

Bild 6.59 Kennlinien bei direkter Förderung ins Versorgungsnetz
  – · –   Begrenzung des kavitationsfreien Arbeitsbereichs der Pumpe auf ihrer Drosselkurve
  |||||| „Energievernichtung" durch Drosselung an der Pumpe oder seitens der Verbraucher
  H Förderhöhe
  $\dot{V}$ Förderstrom
  n Drehzahl
  a) Förderung einer Pumpe mit Nenndrehzahl
  b) Förderung einer Pumpe mit Drehzahlregelung
  c) gestaffelter Betrieb von vier Pumpen mit Nenndrehzahl
  d) gestaffelter Betrieb von drei Pumpen mit Drehzahlregelung

6.2. Entwurf und Betrieb von Pumpenanlagen

In Bild 6.59a sind die Kennlinien für die Direktförderung einer Kreiselpumpe zu den Verbrauchern dargestellt. Entsprechend dem zulässigen Arbeitsbereich der Pumpe und der Rohrleitungskennlinie ergibt sich der tatsächliche Arbeitsbereich der Anlage. Der Förderhöhenüberschuß von der Rohrleitungskennlinie bis zur Drosselkurve wird durch die Verbraucher gedrosselt und führt zu einem höheren Versorgungsdruck als erforderlich. Soll dieser vermieden werden, so muß hinter der Pumpe die Rohrleitung gedrosselt oder ein Teilstrom abgeschlagen werden. Beides stellt eine Energievernichtung dar. Der zulässige (kavitationsfreie) Arbeitsbereich der Kreiselpumpen liegt in der Größenordnung von 60 bis 100 % des maximal zulässigen Förderstroms.

Durch verlustarme Drehzahlregelung läßt sich der Energieverlust weitgehend vermeiden und der zulässige Arbeitsbereich auf etwa 40 bis 100 %, bezogen auf den Förderstrom, erweitern (Bild 6.59b). Größere Wasserverbrauchsschwankungen können nur durch den gestaffelten Betrieb mehrerer Pumpen, in Solo- oder Parallelbetrieb, mit oder ohne Drehzahlregelung, abgedeckt werden. Das Prinzip ist in den Bildern 6.59c und d dargestellt. Auch hier bietet die Drehzahlregelung erhebliche energetische Vorteile; die Anzahl der erforderlichen Pumpen ist geringer als bei konstanten Drehzahlen.

In kommunalen Trinkwasserversorgungsanlagen liegen die Verbrauchsschwankungen bei 1:20 und darüber. Besonders der geringe Wasserverbrauch in den Nachtstunden bedingt diese große Spanne. Sie kann selbst durch gestaffelten Betrieb drehzahlgeregelter Pumpen oftmals nicht mit einer vertretbaren Anzahl von Pumpen erreicht werden. In diesen Fällen ist die Direktförderung gestaffelter Pumpen mit einer Hydrophoranlage für geringen Wasserbedarf zu koppeln.

Die direkte Wasserförderung in Versorgungsnetze setzt sichere Kenntnisse über die Wasserverbrauchsschwankungen und die damit verbundenen Förderhöhenschwankungen voraus. Beim gestaffelten Betrieb mehrerer Pumpen müssen sich deren Arbeitsbereiche überschneiden, damit zu große Schalthäufigkeit bei einem um den Umschaltpunkt schwankenden Wasserverbrauch vermieden wird. Die Größe des erforderlichen Überschneidungsbereichs wird durch die Frequenz der Verbrauchsschwankungen bestimmt. Als Richtwert können für kommunale Wasserversorgungsanlagen etwa 10 % des Durchflusses angenommen werden. Kurzfristige Schwankungen der als Steuergröße dienenden Meßwerte sind durch Dämpfungsglieder zu unterdrücken. Unsicherheiten und Schwankungen in der Rohrleitungskennlinie, z. B. bei Entnahme von Feuerlöschwasser, sind durch minimale und maximale Rohrleitungskennlinien einzugrenzen. Die Rohrleitungskennlinien sind auf das gesamte Versorgungsgebiet zu beziehen.

Außer sorgfältigen hydraulischen Untersuchungen bedingt die Direktförderung ins Versorgungsnetz gründliche Überlegungen zur Steuerung und Regelung der Pumpen. Ziel ist, den jeweiligen Arbeitspunkt der Pumpen auf ihren Drosselkurven möglichst genau auf die erforderliche Rohrleitungskennlinie einzustellen. Liegt der Arbeitspunkt der Pumpen unterhalb der erforderlichen Rohrleitungskennlinie, so wird der angestrebte Versorgungsdruck unterschritten; liegt er oberhalb der erforderlichen Rohrleitungskennlinie, wird Energie durch Drosselung verschwendet. Als Führungsgröße für die Steuerung und Regelung der Pumpen können Durchfluß oder Druck oder beide Werte dienen. Dabei sind Druckmessungen im Versorgungsgebiet meist aussagekräftiger als solche an der Pumpstation. Genauigkeit und Zuverlässigkeit der Meßgeräte sowie kurzfristige Schwankungen der Meßwerte sind in die Betrachtungen einzubeziehen. Druckschwingungen sind durch Dämpfungsglieder zu unterdrücken oder durch träge arbeitende Schaltungen zu kompensieren. Speisen mehrere örtlich getrennte Pumpstationen in das Versorgungssystem ein, so ist deren Betrieb abzustimmen, damit nicht eine Anlage die andere „überdrückt".

Bei weitgehend ausgeglichenem Wasserverbrauch und somit geringer Schalthäufigkeit sowie Kenntnis des zeitlichen Verlaufs der Verbrauchsschwankungen, z. B. in Industriebetrieben und Großstädten, können die Pumpen von Hand geschaltet und geregelt werden, sofern eine ständige Überwachung gegeben ist. Stochastische Verbrauchsschwankungen bedingen vollautomatische Pumpstationen.

Für die Staffelung, Steuerung und Regelung direkt zum Verbraucher fördernder Pumpanla-

gen kann kein Rezept gegeben werden. Der Entscheidungsfindung können jedoch außer dem ökonomischen Variantenvergleich folgende Argumente dienen:
- Die Versorgungssicherheit der Direktförderung ist wesentlich geringer als bei Anordnung eines ausreichend großen Hochbehälters. Letzterem ist, sofern es die Geländeverhältnisse gestatten, unbedingt der Vorzug zu geben.
- Gegenüber Hydrophoranlagen und Wassertürmen, die nur für die fluktuierende Wassermenge bemessen sind, ist die Betriebssicherheit der Direktförderung gleich, die Steuerung aber komplizierter.
- Die Direktförderung mit verlustarmer Drehzahlregelung erfordert den geringsten Energiebedarf. Bei Überschneidung der Wasserverbrauchsspitzen mit den Energiespitzenzeiten und dem während dieser Zeiten erhöhten Energiepreis sind die Energiekosten jedoch höher als bei Versorgung aus einem Hochbehälter.
- Je größer das Versorgungsgebiet ist und je größer die Anteile industrieller Wasserverbraucher in einem kommunalen Wasserversorgungssystem sind, desto ausgeglichener ist in der Regel der Wasserverbrauch. Damit wird die Staffelung und Steuerung direkt ins Netz fördernder Pumpen einfacher.
- Flache Drosselkurven der Pumpen und flache Rohrleitungskennlinien sind für eine *durchflußabhängige* Steuerung günstiger; steile Kurven erleichtern *druckabhängige* Schaltungen.

6.2.5.5. Steuerung und Regelung von Dosierpumpen

Die automatische Steuerung oder Regelung der Chemikaliendosierung setzt voraus, daß die für die Chemikalienzugabe maßgebenden Werte (Führungsgrößen) bekannt und automatisch meßbar sind. Können die verfahrenstechnischen Zusammenhänge als mathematische Funktionen der Führungsgröße ausgedrückt werden, so genügt in vielen Fällen eine einfache *Steuerung* der Chemikaliendosis, z. B. durchflußproportionale Dosierung. Ist die Chemikaliendosis von mehreren veränderlichen Werten abhängig, z. B. pH-Wert als Führungsgröße, oder nicht als mathematische Funktion der Führungsgröße bekannt, z. B. Trübung als Führungsgröße, so muß die Dosis *geregelt* werden.

Ein geschlossener Regelkreis ist teuer und wartungsintensiver als eine einfache Steuerung. Deshalb ist immer zu prüfen, ob die Störgrößen, z. B. Qualitätsschwankungen des Rohwassers, eventuell rechtzeitig erkennbar und durch manuelle Veränderung der spezifischen Dosis ausgeglichen werden können. Außerdem ist zu bedenken, daß die Dosierung nicht genauer bzw. besser sein kann als die Messung bzw. Aussagekraft der gewählten Führungsgröße.

In Wasseraufbereitungsanlagen sind die häufigsten Führungsgrößen die Wassermenge je Zeiteinheit und chemische Analysenwerte des Roh- oder Reinwassers, besonders der pH-Wert. Aus der Vielzahl der Steuerungen und Regelungen [6.11] sind drei häufige Technologien in Bild 6.60 dargestellt.

Die *durchflußabhängig gesteuerte Dosierung* ist die einfachste und häufigste Lösung (Bild 6.60a). Von einem Durchflußgeber in der Roh- oder Reinwasserleitung kann die Dosierung mehrerer Chemikalien gesteuert werden. Beim dargestellten Beispiel wird die spezifische Dosis von zwei Chemikalien durch den Hubweg von Hand eingestellt. Die Drehzahl des gemeinsamen Antriebsmotors wird vom Durchfluß als Führungsgröße gesteuert. Das System arbeitet trägheitslos (ohne Zeitverzögerung) und eignet sich somit auch für stark schwankende Durchflüsse. Qualitätsschwankungen in der Wasser- oder Chemikalienbeschaffenheit müssen jedoch von Hand durch Hublängenänderung ausgeglichen werden.

Die *qualitätsabhängig geregelte Dosierung* nach Bild 6.60b wird vielfach zur Neutralisation in Abhängigkeit vom pH-Wert eingesetzt. Sie ist jedoch auch für alle anderen automatisch meßbaren Analysenwerte als Führungsgröße möglich. Der pH-Wert wird nach der Zugabe des Neutralisationsmittels gemessen und auf den vorgegebenen Soll-Wert durch Änderung des Hubwegs der Dosierpumpen geregelt. In diesem Falle wird der billigere Drehstrommotor mit konstanter Drehzahl als Pumpenantrieb verwendet. Diese Technologie kompensiert sowohl Schwankungen der Wasser- als auch der Chemikalienqualität, z. B. unterschiedliche Konzentration des Kalkwassers. Zwischen Chemikalienzugabe und pH-Wert-Messung muß eine ausreichende Reaktionszeit vorhanden sein. Dadurch arbeitet das System träge, und die Frequenz der Qualitäts-

6.2. Entwurf und Betrieb von Pumpenanlagen

schwankungen darf nicht größer als die Zeitverzögerung sein. Die sonst eintretende Überregelung wird durch Zwischenschalten eines Pufferbehälters im Wasserzufluß verhindert. Größeren Förderschwankungen paßt sich die Dosierung nur langsam an.

Bild 6.60
Steuerung und Regelung von Dosierpumpen
a) durchflußabhängig gesteuerte Chemikaliendosierung
b) pH-Wert-abhängig geregelte Chemikaliendosierung
c) durchflußabhängig gesteuerte und pH-Wert-abhängig geregelte Chemikaliendosierung

1 Rohwasserleitung; *2* Wirkdruckgeber (z. B. Meßblende); *3* Wirkdruckmesser mit Fernsender; *4* Drosselverstärker; *5a* Dosiermaschine mit zwei Kolben, Hublänge von Hand einzeln verstellbar, Antrieb durch Gleichstrommotor mit durchflußabhängig gesteuerter Drehzahl; *5b* Dosierpumpe, Antrieb durch Drehstrommotor, Hublänge durch Stellmotor pH-Wert-abhängig geregelt; *5c* Dosierpumpe, Antrieb durch Gleichstrommotor mit durchflußabhängig gesteuerter Drehzahl, Hublänge durch Stellmotor pH-Wert-abhängig geregelt; *6* Chemikalienbehälter; *7* pH-Wert-Meßelektroden im Nebenschlußdurchfluß; *8* pH-Wert-Meßgerät; *9* Regler

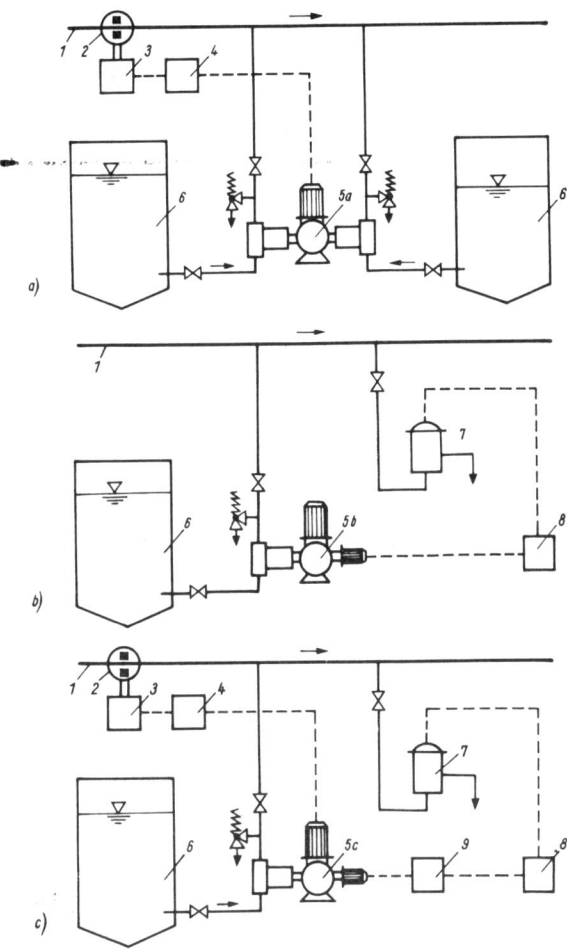

Die *durchflußabhängig gesteuerte und pH-Wert-abhängig geregelte Dosierung* (Bild 6.60c) eignet sich für gleichzeitige Durchfluß- und Qualitätsschwankungen. Sie stellt eine Kombination der beiden vorgenannten Verfahren dar. Die Durchflußänderungen werden ohne Zeitverzögerung durch Drehzahländerung der Dosierpumpe berücksichtigt, und die pH-Wert-Regelung braucht nur noch die Qualitätsschwankungen auszugleichen.

6.2.6. Bestellangaben für Pumpen

Die richtige und zweckentsprechende Lieferung einer Pumpe durch das Herstellerwerk setzt richtige und ausführliche Bestellangaben voraus. Je gründlicher und ausführlicher die Bestellangaben gemacht werden, desto besser kann das Pumpenlieferwerk auf Grund seiner Kenntnisse und Erfahrungen den Kunden beraten und beliefern.

Fördermedium. Bezeichnung der zu fördernden Flüssigkeit. Sofern es sich nicht um reines, kaltes Wasser handelt, sind ausführliche Angaben zur chemischen und physikalischen Zusammensetzung und Beschaffenheit notwendig. Besonders wichtig sind pH-Wert, Karbonathärte, hoher Gehalt an Eisen, Mangan, Chloriden und Sulfaten; bei Säuren und Laugen deren Konzentration, Dichte, Temperatur, kinematische Zähigkeit, Dampfdruck, Feststoffgehalt nach Menge und Größe; besondere Eigenschaften wie aggressiv gegen bestimmte Werkstoffe, gasend, explosibel, kristallisierend beim Austritt aus Stopfbuchsen usw. Sofern bereits Erfahrungen mit bestimmten Werkstoffen vorliegen, sind diese zu nennen.

Förderstrom und Förderhöhe. Der Förderstrom kann als Volumenstrom (m³/h) oder Massestrom (kg/h) angegeben werden. Die Förderhöhe und der Anteil der Saug- bzw. Zulaufhöhe sind einschließlich deren Schwankungen in Abhängigkeit vom Förderstrom darzustellen, am besten als Rohrleitungskennlinie $H = f(\dot{V})$ und Saughöhekennlinie $H_S = f(\dot{V})$. Es ist falsch, Sicherheitszuschläge zur Förderhöhe zu machen, da sich hierdurch bei Kreiselpumpen der Arbeitspunkt der Pumpe auf der Drosselkurve unkontrollierbar verschiebt. Bestehen Unsicherheiten in der Berechnung der Förderhöhe – z. B. durch nicht bekannte Rohrrauhigkeit –, so sind die möglichen Extremwerte zu ermitteln und als Schwankungsbereich darzustellen.

Antrieb. Die Antriebsart ist zu nennen. Es ist ratsam, die Antriebsmaschine vom Pumpenwerk mitliefern zu lassen. Die Antriebsbemessung und das Zusammenpassen der beiden Maschinen werden dann vom Pumpenwerk fachgemäß vorgenommen. Zur Antriebsmessung sind zu nennen: Schalthäufigkeit in h^{-1} oder d^{-1}, Laufzeit in h/d, Anfahrbedingungen (offener oder geschlossener Schieber druckseitig; bei offenem Schieber statischer Gegendruck); für Elektroantriebe Stromart, Spannung, Frequenz, erforderlicher Schutzgrad, Schaltung direkt oder Sterndreieck, eventuelle Forderungen zur Läuferbauart des Motors.

Besondere Betriebsbedingungen. Dies sind z. B. Besonderheiten des Aufstellungsorts (Freiluftbauweise), der Einbauart (vertikale Pumpen) und der klimatischen Bedingungen. Auch der Parallelbetrieb mehrerer Pumpen, das Fördern in geschlossene Rohrnetze ohne Behälter oder in Hydrophorkessel sollten dem Lieferwerk angegeben werden. Bei Kolbenpumpen sind Länge und Durchmesser der Saug- und Druckrohrleitung zur Windkesselbemessung zu nennen.

Abnahmeprüfung. Wird eine Abnahmeprüfung in Anwesenheit des Bestellers verlangt, so ist dies im Liefervertrag besonders zu verankern.

6.2.7 Konstruktion von Pumpenanlagen

Pumpwerke sind das Herz einer Wasserversorgungsanlage. Sie müssen turnusmäßig gewartet, Verschleißteile erneuert und Pumpen sowie Motore ausgewechselt werden. Dies muß meist schnell, oft unter Aufrechterhaltung des Betriebes und unbedingt unter Einhaltung aller Arbeitsschutzanordnungen geschehen. Hierzu muß ausreichend Platz zum Montieren und Abstellen von Montageteilen vorhanden sein. Für die schweren Einzelteile, Pumpen, Motore oder kompletten Aggregate ist ein Hebezeug erforderlich, das den gesamten Montagebereich bestreichen kann und die Lasten von der Entladestelle aufnimmt. In großen Maschinenhallen wird ein Brückenkran angeordnet, unter den die Transportfahrzeuge fahren können; in Kleinanlagen genügt eventuell ein Laufkatzenträger über den Maschinen.

Die Bedienungswege zu den Maschinen und Armaturen sind in Abhängigkeit vom Automatisierungsgrad zu gestalten. In handgesteuerten Pumpwerken sind durchgehende Bedienungswege ohne Höhenunterschiede anzustreben; in ferngesteuerten oder automatisierten Pumpenanlagen sind Bedienungsstege und -brücken sowie Leitern statt Treppen vertretbar.

Bei der Konstruktion von Pumpenanlagen sind gestalterische Gesichtspunkte zu beachten, jedoch der Technologie und Betriebsführung unterzuordnen. Eine klare, übersichtliche technologische Lösung bringt meist auch eine günstige Innengestaltung mit sich. Auch die Details, wie Fußbodenentwässerung, Ableitung des Tropfwassers von den Stopfbuchsen der Pumpen, Kabelzuführung zu den Motoren sowie Meß- und Signalwertgebern, Beleuchtung, Lüftung und Schallschutz, sind von vornherein zu berücksichtigen. Die elektrischen Schalt- und Meßeinrichtungen werden nur bei kleinen Pumpwerken im Pumpenraum selbst angeordnet.

Die Entwicklung des Wasserbedarfs bringt bei den meisten Pumpwerken deren Umrüstung im Laufe der Jahre mit sich. Die Pumpentypen und -anzahl können dann anders sein. Der Gebäudegrundriß ist deshalb nicht zu sparsam zu bemessen.

6.2. Entwurf und Betrieb von Pumpenanlagen

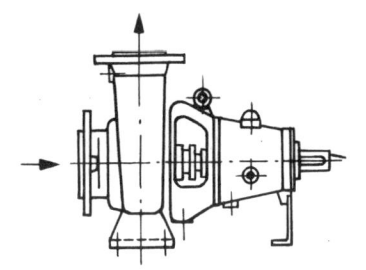

Einstufige, einflutige Kreiselpumpe mit Radial- oder Diagonalrad
Saugstutzen axial; Druckstutzen radial, vorzugsweise nach oben

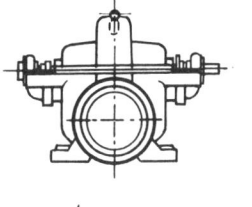

Einstufige, zweiflutige Kreiselpumpe
Saug- und Druckstutzen radial; vorzugsweise seitlich

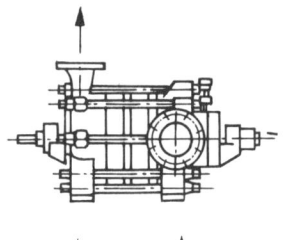

Mehrstufige Kreiselpumpe
Saugstutzen radial seitlich; Druckstutzen radial, vorzugsweise nach oben

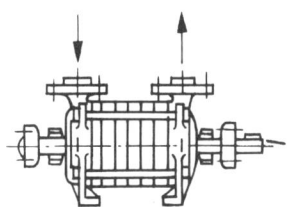

Selbstansaugende Kreiselpumpe mit Sternrad
Saug- und Druckstutzen radial nach oben

Bild 6.61 Vorzugsweise Stutzenstellung horizontaler Kreiselpumpen

Anordnung der Pumpen und Rohrführung
Die Anordnung der Pumpen und die Rohrführung hängen wesentlich von der Stutzenstellung der Pumpen (Bild 6.61) und von der höhenmäßigen Aufstellung gegenüber dem saugseitigen Wasserspiegel ab. Die Rohrführung soll kurz, übersichtlich und strömungsgünstig sein. Sie darf die Montage von Pumpen und Motoren nicht behindern. Bei Demontage einer Pumpe muß der Betrieb der anderen Aggregate gewährleistet bleiben.

In Pumpwerken werden vorzugsweise Stahlrohre eingesetzt, bis NW 50 verzinkte Gewinderohre, darüber bituminierte Stahlrohre mit Flanschverbindungen. An Zwangspunkten erleichtern Dehnungsausgleicher und Vorschweißbunde mit losem Flansch die spannungsfreie Montage und Ausrichtung von Armaturen.

Die Rohrleitungen können in Rohrkanälen, einem Rohrkeller unter den Pumpen oder im Pumpenraum selbst verlegt werden. Rohrkanäle erschweren die Montagearbeiten und sind schlecht sauberzuhalten. Rohrkeller sind gestalterisch vorteilhaft, aber teuer; die im Pumpenraum vorhandenen Hebezeuge können nur im Bereich der Montageöffnungen genutzt werden. Die Rohrführung im Pumpenraum versperrt teilweise die Bedienungswege. Für ferngesteuerte oder automatisch betriebene Pumpwerke ist dieser Nachteil jedoch in Kauf zu nehmen. Die Rohrleitungen werden möglichst an der Wand entlang geführt oder durch Stege überbrückt. Kurze Rohrleitungen, kleiner Grundriß und günstige Montagebedingungen auch für die Rohrleitungen und Armaturen sind entscheidende Vorteile dieser Variante.

6. Förderung von Flüssigkeiten und Gasen

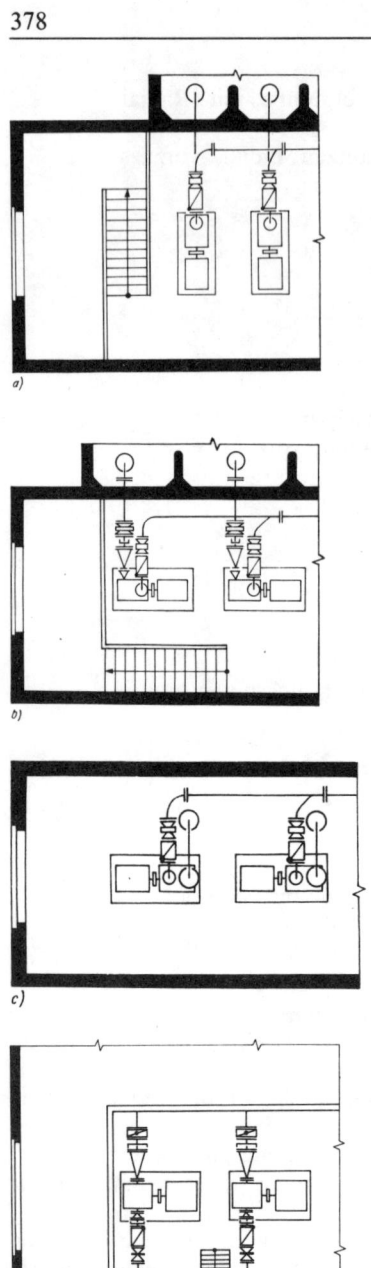

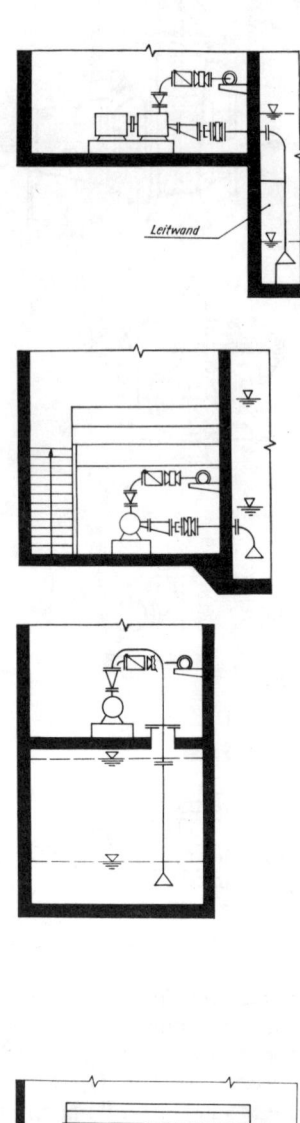

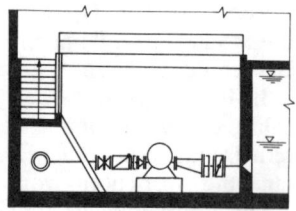

Leitwand

6.2. Entwurf und Betrieb von Pumpenanlagen

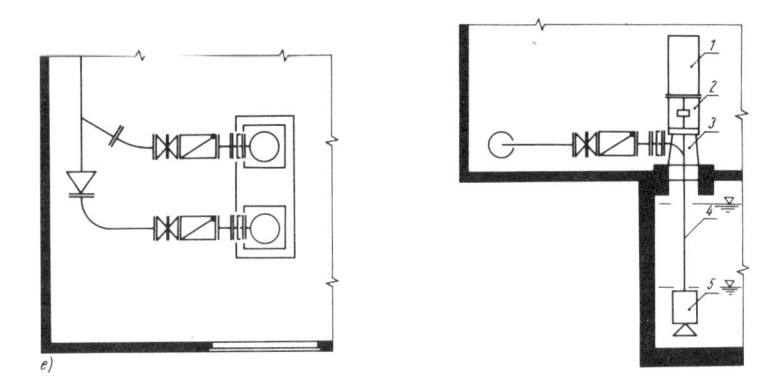

Bild 6.62 Beispiele für die Anordnung von Pumpen und die Rohrführung
    a) einstufige, einflutige Kreiselpumpen; Saugstutzen axial, Druckstutzen radial nach oben; saugseitig zeitweise Zulauf
    b) mehrstufige Kreiselpumpen; Saugstutzen radial seitlich, Druckstutzen radial nach oben; Zulauf zur Pumpe
    c) selbstansaugende Kreiselpumpen; Saug- und Druckstutzen radial nach oben
    d) einstufige, zweiflutige Kreiselpumpen, Saug- und Druckstutzen radial seitlich gegenüber; Zulauf zur Pumpe
    e) vertikale Kreiselpumpen in Naßaufstellung; Zulauf zur Pumpe

Die Aufstellung der Pumpen ober- oder unterhalb des tiefsten saugseitigen Wasserspiegels hängt unmittelbar mit der Pumpenbauart und Betriebssicherheit der Anlage zusammen. Tief stehende, mit Zulauf arbeitende horizontale Kreiselpumpen gewährleisten einfache und sichere Betriebsverhältnisse. Diese Lösung wird auch bei Pumpen mit ausreichender Saughöhe vorzugsweise angewendet.

Wegen der Überflutungsgefahr bei Rohrbruch in der Pumpstation sind besondere Sicherheitsvorkehrungen bei der Wahl und Prüfung der Werkstoffe, durch Störsignale und Rückflußsicherung angebracht.

Vertikale Kreiselpumpen sind besonders platzsparend (Bild 6.62e). Nachteilig ist die schlechte Zugänglichkeit der Pumpe bei Reparaturen. Die Lager unterliegen meist einem höheren Verschleiß als bei horizontalen Pumpen. Im Steigrohr geführte Wellen erhöhen die hydraulischen Verluste. Die Montagetechnologie der Maschinen kann größere Raumhöhen erfordern als bei horizontalen Pumpen.

Oberhalb des Wasserspiegels aufgestellte nichtselbstansaugende Pumpen erfordern zusätzliche Einrichtungen zum Anfahren (Vakuumanlagen oder Auffüllung der Saugleitung), die den automatischen oder ferngesteuerten Betrieb komplizieren, und besondere Sicherheitsvorkehrungen gegen Trockenlauf der Pumpe (Verriegelung der Einschaltung bei fehlender Wasserfüllung der Saugleitung und Pumpe).

Selbstansaugende Kreiselpumpen sind zwar sehr betriebssicher; der Wirkungsgrad ist aber meist schlechter und der Verschleiß größer als bei nichtselbstansaugenden Pumpen. Ihr Einsatz beschränkt sich deshalb vorzugsweise auf Kleinanlagen und kurze Laufzeiten. Für den Dauerbetrieb sind nichtselbstansaugende Pumpen wirtschaftlicher.

In Bild 6.62 sind einige Beispiele für Pumpenanlagen dargestellt. Die Aufstellung mehrerer

Pumpen in einer Achsenflucht ist besonders bei seitlichem Anschlußstutzen günstig. Als Hebezeug genügt eine Laufkatze über den Aggregaten. Die gesamte Anlage wird lang und schmal. Die parallele Anordnung der Pumpen ist bei axialen Saugstutzen günstiger. Die Anlage wird kürzer; das Hebezeug muß aber einen breiteren Bereich bestreichen können.

Zur einwandfreien Montage und Wartung der Pumpen werden folgende Maße empfohlen [6.5]:

Hauptbedienungswege	1 500 bis 2 000 mm
schmale Bedienungswege	800 bis 1 000 mm
freier Durchgang zwischen Pumpen	$\geq$ 800 mm
Abstand Pumpe–Wand	$\geq$ 600 mm
Platz vor einer zu bedienenden Armatur	$\geq$ 800 mm
maximale Bedienungshöhe von Handrädern	$\geq$ 1 800 mm
Pumpenfundamenthöhe Druckstutzen bis DN 65	$\geq$ 400 mm
$\geq$ DN 80	$\geq$ 200 mm.

Die Pumpenfundamente sollen so hoch sein, daß die Armaturen bedient werden können. Zu hohe Fundamente wirken unschön. Die rotierenden und hin- und hergehenden Maschinenteile erzeugen – je nachdem, wie gut die Maschine dynamisch ausgewuchtet ist – durch die Unwucht periodisch wiederkehrende Kräfte. Diese freien Massenkräfte versetzen die Maschine und das Maschinenfundament in Schwingungen. Die Erregerkräfte wachsen allgemein mit dem Quadrat der Maschinendrehzahl. Durch Übertragung der Schwingungen vom Pumpenfundament auf das Bauwerk wird dieses zusätzlich belastet und kann Schaden erleiden. Die Schwingungsübertragung wird im einfachsten Fall durch vom Gebäude getrennte Gründung des Pumpenfundamentes vermieden. Die Trennungsfuge muß dabei einwandfrei elastisch sein. Die getrennte Gründung ist nicht immer möglich (Pumpenfundamente auf Geschoßdecken) und auch nicht immer ausreichend. So können die Fundamentschwingungen durch den Baugrund wieder auf das Bauwerk übertragen werden oder auch zu Baugrundsetzungen führen. Gegebenenfalls können die Maschinen auf elastische Schwingungsisolatoren gesetzt werden. Die Anschlußrohrleitungen müssen dann möglichst nahe der Pumpe mit flexiblen Verbindungsstücken versehen und anschließend durch Festpunkte verankert werden.

Die Kabelanschlüsse zu den Pumpenmotoren werden auf Kabelpritschen im Rohrkeller, in den Rohrkanälen oder besonderen Kabelkanälen verlegt. Sie können auch im Fußboden in ein Sandbett gelegt und mit besonders gekennzeichneten Fußbodenplatten abgedeckt werden.

Das aus den Stopfbuchsen der Pumpen austretende Leckwasser wird möglichst direkt von der Pumpe weg durch eine kleine Entwässerungsleitung abgeführt.

Saugleitung und Saugkanal
Die Saugleitungen der Pumpen sollen möglichst kurz, strömungsgünstig in ihrer Linienführung und absolut dicht sein. Die Saugleitungen sollen zur Pumpe steigen. Sind Hochpunkte nicht zu vermeiden, so sind diese besonders zu entlüften. Absperrorgane sind in der Saugleitung nur bei Zulauf des Fördermediums oder gemeinsamer Saugleitung für mehrere Pumpen erforderlich. Liegend eingebaute Schieber verhindern Luftansammlungen im Schieberdom und das Austrocknen sowie Undichtwerden der Stopfbuchspackung.

Bei der Bemessung von Saugleitungen und der Konstruktion von Pumpensaugkammern oder -kanälen sind zu beachten:
– die zulässige Saughöhe der Pumpe, die sich aus dem erforderlichen Haltedruck ergibt
– die Anströmverhältnisse der Pumpe, die deren Leistung beeinflussen können
– die Vermeidung von luftsaugenden Strudeln.

Die Saughöhe kann gemäß Abschn. 6.2.2. rechnerisch ermittelt werden. Dabei sind die hydraulischen Verlusthöhen für Formstücke und Armaturen meist ausschlaggebender als die Rohrreibungsverluste. Besonders Fußventile und Einlaufseiher rufen große Einzelverluste hervor und sollten nur bei zwingender Notwendigkeit eingebaut werden.

Die Anströmung der Pumpen spielt bei Laufrädern hoher spezifischer Drehzahl, also Axialrad- oder Propellerpumpen, eine besondere Rolle. Bei asymmetrischer Anströmung dieser Laufräder kann die Förderleistung der Pumpen wesentlich unter den Nennwerten liegen; die Lager können durch unruhigen Lauf stark verschleißen. Die Saugkammern dieser Pumpen sind so zu gestalten, daß das Wasser den Einlaufstutzen der Pumpen möglichst symmetrisch, ohne plötzliche Richtungsänderung und mit zunehmender Fließgeschwindigkeit zufließt. Die Bemessung ist nur empirisch oder nach Modellversuchen möglich [6.4; 6.17].

Luftsaugende Strudel entstehen durch plötzliche Änderung der Fließrichtung, Einbauten, plötzliche Querschnittserweiterungen u. dgl., wenn dem Wasser ein Drehimpuls verliehen wird [6.16]. Bei geringem Wasserstand über dem Saugrohreinlauf und hoher Fließgeschwindigkeit in diesem kann sich der Wirbelkern bis zum Saugrohreinlauf fortsetzen, Luftblasen von der Wasseroberfläche mitreißen oder gar in einem Luftschlauch ständig Luft ansaugen (Hohlsog). Die mitgeförderte Luft mindert die Förderleistung der Pumpe erheblich, verursacht Kavitation in der Pumpe und Störungen in der Rohrleitung.

Die strömungsgünstige Gestaltung von Pumpensaugkammern und -kanälen ist aufwendig. Da auch noch verschiedene Betriebszustände zu berücksichtigen sind, muß zwischen theoretischem Ideal und praktischen Möglichkeiten ein Kompromiß getroffen werden. Anzustreben sind Durchflußquerschnitte ohne plötzliche Richtungsänderung, ohne Toträume, mit zur Pumpe zunehmender Fließgeschwindigkeit. Die Saugrohreinläufe sollen wandnah enden, bei horizontalen Einläufen bündig mit der Wand; bei vertikalen Einläufen sind einseitige Leitwände zwischen Saugrohr und Kanalwand von Vorteil (s. Bild 6.62a). Bei Beachtung dieser Forderungen und Fließgeschwindigkeiten im Saugrohreinlauf $v_E \leq 1,3$ m/s kann der erforderliche Mindestüberstau über dem Saugrohreinlauf angenommen werden mit

$$\Delta h \geq 0{,}2\, D_S + 0{,}3 > \frac{v_S^2}{2\,g}(1 + \zeta_E) \tag{6.52}$$

Δh minimaler Wasserstand über der Einlaufkante der Saugleitung in m
D_S Durchmesser der Saugleitung in m
v_S Fließgeschwindigkeit in der Saugleitung in m/s
g Erdbeschleunigung in m/s^2
ζ_E Verlustbeiwert für den Einlauf (s. Abschn. 11.).

Gemeinsame Saugleitungen mehrerer Pumpen sind wegen der unvermeidlich gegenseitigen Beeinflussung der Pumpen für Axialradpumpen abzulehnen. Bei Kreiselpumpen geringerer spezifischer Drehzahl, also Radialrad- und Diagonalradpumpen, sind sie möglich, aber nicht zu empfehlen, da Toträume entstehen, die mit unter Vakuum gehalten werden müssen. Gemeinsame Zulaufleitungen mehrerer Pumpen sind möglich, wenn bei allen Betriebszuständen der erforderliche Haltedruck gewährleistet ist.

Das Zu- und Abschalten von Pumpen erzeugt in gemeinsamen Saug- oder Zulaufleitungen Druckänderungen durch veränderte Reibungsverluste und durch Beschleunigung bzw. Abbremsung der Fließgeschwindigkeit, die sich auf alle angeschlossenen Pumpen auswirken. Durch Anfahren und Abschalten bei geschlossener Pumpendruckleitung und deren langsames Öffnen bzw. Schließen werden die Druckänderungen verringert.

Druckleitung

Die an die Pumpe anschließende Druckleitung wird aus ökonomischen und hydraulischen Gründen im Bereich der Armaturen für 2 bis 3 m/s Fließgeschwindigkeit, jedoch nicht kleiner als der Pumpendruckstutzen bemessen. In der Regel ist ein Absperrorgan und ein Rückflußverhinderer erforderlich. Das Absperrorgan dient dem dichten Abschluß der Druckrohrleitung bei Demontage der Pumpe, und, soweit erforderlich, zum Anfahren und Abschalten der Pumpe bei geschlossener Druckrohrleitung. Verwendet werden vorzugsweise Keilschieber und Klappen. Soll mit dem Absperrorgan die Pumpe auch gedrosselt werden, so ist ein zur Regelung geeignetes Absperrorgan, z. B. ein Ringkolbenventil, zu verwenden. Die Schließzeit des Absperrorgans ist so zu bemessen, daß die entstehenden Druckschwingungen in der Rohrleitung in vertretbaren Grenzen bleiben (s. Abschn. 9.3.8.).

Trotz Absperrorgan sind immer Betriebsfälle möglich, bei denen die Pumpe außer Betrieb geht, ohne daß vorher das Absperrorgan geschlossen wurde. Durch den in der Regel vorhandenen Gegendruck fließt dann Wasser rückwärts durch die Pumpe und kann das Laufrad, besonders bei rückwärtsgekrümmten Schaufeln, in sehr hohe Drehzahlen versetzen und Lagerschaden verursachen. Der Rückfluß des Fördermediums wird durch selbsttätige Rückflußverhinderer unterbunden. Sie sollen schneller schließen als die Strömungsumkehr eintritt, da sonst ein Druckstoß durch „Klappenschlag" entstehen kann (s. Abschn. 8.5.2.).

Bei parallel fördernden Pumpen und Ausfall einer Pumpe kann in dieser Pumpe die Strömungsumkehr in weniger als einer Sekunde eintreten!

Pumpenrückschlagorgane sind Absperrarmaturen (Ringkolbenventile, Absperrklappen), die mit einem Fallgewicht ausgerüstet sind, das die Armatur schließt, sobald der Pumpenmotor stromlos wird. Sie erfüllen somit gleichzeitig die Funktion des Rückflußverhinderers, sofern sie schnell genug schließen.

Durch die Pumpendruckrohrleitungen sollen keine nennenswerten Kräfte auf die Pumpe übertragen werden. Die an Krümmern und Abzweigungen auftretenden Axialkräfte sind deshalb auf Festpunkte zu übertragen. Für den Ein- und Ausbau der Pumpen werden die Rohrleitungen vorzugsweise mit Ausbaustopfbuchsen angeschlossen.

Meß- und Signaleinrichtungen

Die ordnungsgemäße Betriebsüberwachung verlangt eine Reihe stationärer Meß- und Signalanlagen. Ferngesteuerte, automatische oder nicht ständig gewartete Anlagen – letzteres gilt strenggenommen für fast alle Pumpenanlagen – bedingen außerdem verschiedene automatische Schutzmaßnahmen.

Jede Pumpe ist druck- und saugseitig mit einem Manometer bzw. Vakuummeter zu versehen. In vielen Fällen ist außerdem zur laufenden Betriebskontrolle ein Druckschreiber in der abgehenden Rohrleitung angebracht, z. B. in Druckerhöhungsstationen und bei direkter Förderung ins Netz.

Der Förderstrom ist zur Kontrolle der Pumpleistung und aus betriebswirtschaftlichen Gründen zu messen. Je nach Betriebsbedingungen und Meßgerät kommen Momentandurchflußmessung, Zählen und Schreiben des Meßergebnisses in Frage.

Zum Schutz der Pumpe gegen Trockenlauf ist der Wasserstand im Saugbehälter zu messen und anzuzeigen, beim zulässigen Tiefstand optisches und akustisches Signal zu geben und die Pumpe automatisch abzuschalten.

Die Pumpenlaufzeit kann durch elektrische Betriebsstundenzähler automatisch registriert werden. Die Drehzahl braucht nur bei Pumpen mit Drehzahlregelung gemessen zu werden. Die Leistungsaufnahme jedes Pumpenmotors ist durch ein Amperemeter möglichst am Schaltort anzuzeigen. Außerdem sind der Leistungsfaktor $\cos\varphi$ und die Betriebsspannung zu messen. Inwieweit die genannten Betriebsdaten fernübertragen, registriert und zur automatischen Regelung genutzt werden, hängt von den jeweiligen Betriebsverhältnissen ab. Bei größeren Anlagen ist zur Übersicht und Kontrolle die Anordnung einer zentralen Meß- und Schaltwarte meist unerläßlich. Hier werden die genannten Meßwerte angezeigt und registriert. Elektrische und hydraulische Meßwerte können getrennt oder auch gemeinsam in einem Blindschaltbild zusammengefaßt werden.

6.2.8. Betriebsüberwachung

Die Betriebsüberwachung einer Pumpenanlage beginnt bereits mit der Montageüberwachung und Gebrauchsabnahme. Die Antriebsmaschine wird am besten auch vom Pumpenlieferwerk bezogen und von diesem mit der Pumpe zusammengepaßt. Größere Maschinen werden vom Lieferwerk selbst montiert. Einzelheiten und Besonderheiten gehen aus den Montage- und Betriebsanweisungen hervor, die zu jeder Pumpe mitgeliefert werden. Sie sind bereits bei der Projektierung einer Pumpenanlage zu beachten.

Pumpe und Antriebsmaschine müssen in ihren Achsen waagerecht bzw. senkrecht stehen, genau aufeinander zentriert und fest verankert sein. Sie sollen sich von Hand leicht durchdrehen lassen, ruhig und gleichmäßig laufen. Die Stopfbuchsen dürfen nicht zu fest angezogen sein und trotzdem nur tropfen.

Bei der Gebrauchsabnahme sind außer dem einwandfreien Lauf die geforderten Leistungsda-

6.2. Entwurf und Betrieb von Pumpenanlagen

ten (Förderstrom, Förderhöhe, Leistungsaufnahme) zu überprüfen. Für größere Pumpen ist eine exakte Abnahmeprüfung auf dem Prüfstand des Lieferwerks in Anwesenheit des Bestellers durchzuführen. Entsprechende Forderungen sind im Liefervertrag zu vereinbaren.

Hebezeuge und Druckkessel sind nach den einschlägigen Arbeitsschutzbestimmungen abzunehmen bzw. laufend zu überwachen.

Der Förderstrom, die Förderhöhe und Leistungsaufnahme der Maschinen sind, soweit keine laufende Registrierung erfolgt, regelmäßig festzustellen und in einem Betriebsbuch einzutragen. Die Laufzeiten der Pumpen sind dort ebenfalls festzuhalten. Mit Hilfe dieser Daten und ihrem Vergleich zu den ursprünglichen Werten werden der Wirkungsgrad und der Verschleiß der Maschinen kontrolliert und die rechtzeitige Auswechslung der Pumpen bzw. der Verschleißteile veranlaßt. Sämtliche Reparaturen sind im Betriebsbuch zu vermerken. Aus den erreichten Laufzeiten, z. B. für die Laufräder, ergeben sich Rückschlüsse auf den einwandfreien Betrieb, die zweckmäßige Werkstoffwahl usw.

Sämtliche maschinellen und elektrischen Anlagen sowie Armaturen sind monatlich auf ihre Funktionstüchtigkeit zu überprüfen. Dies gilt auch für die Absperrschieber und besonders für Reservemaschinen und Notstromaggregate. Pumpen sollen alle 2 bis 3 Jahre geöffnet und innen in Augenschein genommen und gereinigt werden. Nach längeren Stillstandszeiten, was eigentlich gar nicht vorkommen soll, sind Pumpen vor dem Einschalten von Hand auf leichte Gängigkeit zu prüfen; denn Laufräder können, besonders bei geringen Spaltbreiten, festrosten.

Betriebsanweisung und Betriebsschema sollen in jeder Pumpstation aushängen. Das Reinigen und Streichen der Anlagen gehört genauso wie das Abschmieren der Maschinen zur Betriebsüberwachung und erfolgt auch im Interesse der Betriebssicherheit.

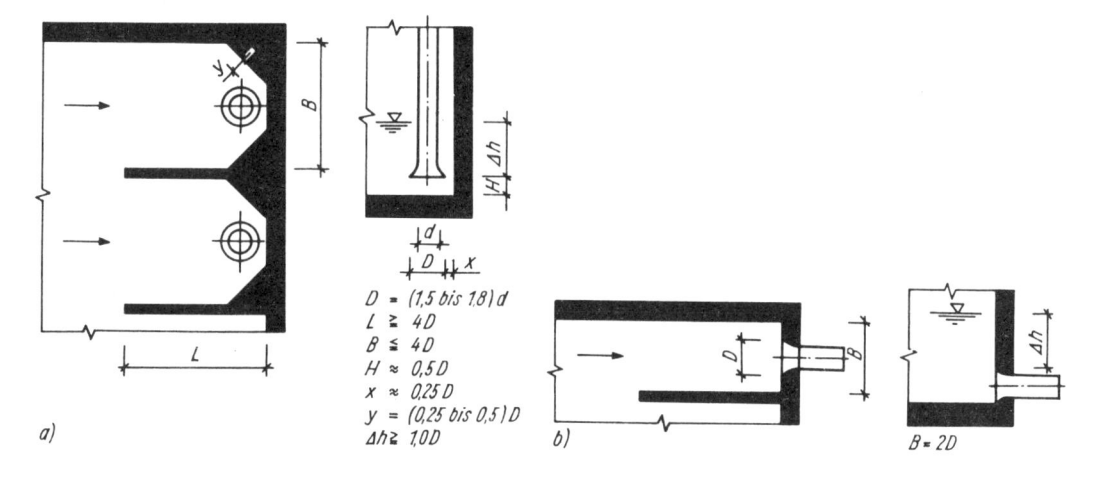

$D = (1{,}5 \text{ bis } 1{,}8)\, d$
$L \geq 4D$
$B \leq 4D$
$H \approx 0{,}5D$
$x \approx 0{,}25D$
$y = (0{,}25 \text{ bis } 0{,}5)D$
$\Delta h \geq 1{,}0D$

$B = 2D$

Bild 6.63 Hydraulisch günstige Pumpeneinlaufbauwerke /6.17/
a) vertikale Saugleitung
b) horizontale Saugleitung

Druckkessel sind auf ihren Luftinhalt regelmäßig zu überprüfen und notfalls nachzufüllen. Dies gilt auch für die eingebauten Druckwindkessel in Kolbenpumpen. Saugwindkessel müssen hin und wieder etwas entlüftet werden, da sich Gasausscheidungen aus dem Fördermedium ansammeln.

Besonderes Augenmerk gilt den Pumpensaugleitungen, da das Trockenlaufen der Pumpen binnen kurzer Zeit zu schweren Maschinenschäden führt. Pumpe und Saugleitung, letzteres gilt nicht für selbstansaugende Pumpen, müssen vor dem Anfahren entlüftet und aufgefüllt sein. Der saugseitige Förderstrom darf während des Betriebes nicht abreißen. Entsprechende automatische Sicherheitsvorkehrungen sind besonders bei nicht ständig unmittelbar gewarteten Pumpenanlagen unerläßlich.

6.3. Verdichter und Vakuumpumpen

Im Wasserwerksbetrieb muß zu den verschiedensten Zwecken Luft gefördert werden:
- zur Rohwasserbelüftung
- zur Filterspülung
- zur Evakuierung von Saug- und Heberleitungen
- zur Auffüllung von Druckkesseln
- zur pneumatischen Förderung und Auflockerung von Chemikalien
- zur Ozonerzeugung
- zur Spülung von Rohrleitungen
- zur pneumatischen Steuerung und Betätigung von Armaturen.

Die in Wasserwerken eingesetzten technischen Gase, z. B. Chlor und Ammoniak, werden in der Regel in Druckbehältern geliefert und können ohne weitere Verdichtung gefördert werden.

Die Maschinen zum Verdichten von Luft oder anderen Gasen werden unter dem Sammelbegriff „Verdichter" zusammengefaßt. Im engeren Sinne werden unter Verdichtern jedoch nur Maschinen für Ansaugdrücke um 0,1 MPa und Verdichtungsdrücke über 0,3 MPa verstanden. Bei geringeren Verdichtungsdrücken spricht man von Gebläsen (Tafel 6.4).

Die Verdichter haben grundsätzlich den gleichen Aufbau wie Pumpen und werden auch analog hierzu klassifiziert (Tafel 6.5).

Tafel 6.4. Einteilung der Verdichter nach dem Druck

Vakuumverdichter	Druck im Saugstutzen < 0,1013 MPa (1,013 bar) und Ausstoß gegen Atmosphärendruck
Ventilator Gebläse Verdichter	Verhältnis Druck im Druckstutzen/Druck im Saugstutzen: $\leq 1{,}1$ $> 1{,}1$ bis ≤ 3 > 3

Tafel 6.5. Klassifizierung der Verdichter (Auszug)

Verdrängungsverdichter	Hubkolbenverdichter	Kolbenverdichter
	Umlaufkolbenverdichter	Zellen-Gebläse Zellen-Verdichter Flüssigkeitsring-Gebläse Flüssigkeitsring-Verdichter Kreiskolben-Gebläse Kreiskolben-Verdichter
Strömungsverdichter	Kreiselradverdichter	Kreisel-Gebläse Kreisel-Verdichter Seitenkanal-Gebläse
	Strahlverdichter	Strahlgebläse

Das Funktionsprinzip der Hubkolben-, Umlaufkolben- und Kreiselradverdichter ist das gleiche wie bei den entsprechenden Pumpenbauarten (s. Abschn. 6.1.). Eine Übersicht über den Verwendungsbereich hinsichtlich Förderstrom und erzielbarem Verdichungsenddruck ist in Bild 6.64 gegeben. Für die Auswahl eines Verdichters spielen außerdem noch eine Rolle:
a) Wirkungsgrad
b) Größe und Masse
c) Kühlung der Maschine
d) Ölgehalt der Förderluft
e) Maschinengeräusche
f) Betriebsdauer (intermittierender oder Dauerbetrieb)
g) Wartung der Maschine.

6.3. Verdichter und Vakuumpumpen

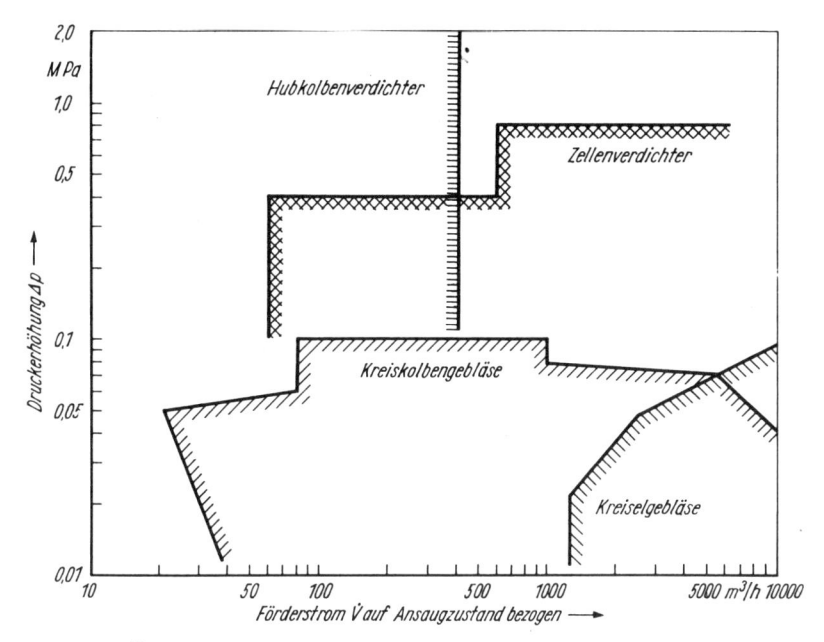

Bild 6.64 Üblicher Einsatzbereich der Verdichterbauarten in der Wasserversorgung
Förderstrom $\dot{V}$, auf Ansaugzustand bezogen

6.3.1. Hubkolbenverdichter

Von Interesse sind hier nur die Kolbenverdichter im engeren Sinne. Ihre Arbeitsweise entspricht der von Kolbenpumpen. Sie werden bei kleinen bis mittleren Förderströmen für hohe bis höchste Drücke verwendet. Wegen der großen Erwärmung und des dabei steigenden Arbeitsbedarfs wird nur bei kleinen Leistungen und Verdichtungsenddrücken in einer Stufe verdichtet. Die obere Grenze liegt bei 1,0 bis 1,6 MPa Verdichtungsenddruck. Bei größeren Leistungen werden bereits ab 0,8 MPa Verdichtungsenddruck zweistufige Verdichter verwendet.

Nur bei kleinen Enddrücken genügt die Luftkühlung des Zylindermantels. Bei größeren Enddrücken wird der Zylindermantel wassergekühlt, und zwischen den einzelnen Stufen erfolgt nochmals eine Zwischenkühlung. Der Wirkungsgrad liegt bei 0,4 bis 0,7. Luftgekühlte Verdichter eignen sich meist nicht für den Dauerbetrieb. Gegebenenfalls sind zwei Maschinen wechselweise zu betreiben.

Im Wasserwerksbetrieb werden Kolbenverdichter zum Auffüllen von Druckkesseln und zur Rohwasserbelüftung in geschlossenen Aufbereitungsanlagen verwendet. Dabei liegen die Enddrücke bei 0,6 bis 1,6 MPa. Hierfür kommen noch luftgekühlte ein- oder zweistufige Kleinverdichter bis etwa 35 m³/h Ansaugstrom in Frage. Diese langsamlaufenden Maschinen werden über Treibriemen angetrieben. Die Riemenscheibe kann zur Kühlung noch mit Ventilatorflügeln versehen werden.

Zur pneumatischen Förderung von Chemikalien, speziell Kalkhydratmehl, eignen sich wassergekühlte einstufige Niederdruckkolbenverdichter. Sie sind mit einem Ansaugfilter zum Schutz des Verdichters und druckseitig mit einem Nachkühler, Grobfilter mit Kondensatabscheidung und Ölfilter auszurüsten, um weitgehend trockene und ölfreie Druckluft zu erhalten. Zur Regelung des Druckluftstroms oder Betriebsdrucks, z. B. für mehrere Druckluftverbraucher (pneumatische Chemikalienförderung, Auflockerung, Spülung), wird ein Druckluftbehälter angeschlossen, der vom Verdichter intermittierend gefüllt wird.

Größere Kolbenverdichter werden als fahrbare Aggregate bis etwa 500 m³/h Ansaugstrom bei 0,9 MPa Enddruck zum Antrieb von Preßluftwerkzeugen auf Baustellen verwendet. Auch hierfür werden noch luftgekühlte ein- bis zweistufige Maschinen eingesetzt.

Hubkolbenverdichter und die nachgeschalteten Anlagen sind grundsätzlich durch Sicherheitsventile gegen unzulässigen Überdruck zu schützen.

6.3.2. Umlaufkolbenverdichter

Von Interesse sind für den Wasserwerksbetrieb die Zellenverdichter und Kreiskolbengebläse. Die nach dem Verdrängerprinzip arbeitenden Maschinen sind druckseitig mit Sicherheitsventilen auszurüsten.

Zellenverdichter nach Bild 6.65 haben einen im Gehäuse exzentrisch gelagerten Rotor. In den Schlitzen des Rotors gleiten Scheiben aus dünnen Stahlplatten, die durch die Fliehkraft nach außen geschleudert werden. Der um den Rotor vorhandene sichelförmige Raum wird durch diese Schieber in Zellen unterteilt, die sich saugseitig stetig vergrößern und druckseitig stetig verkleinern und somit die Förderung erzeugen. Die Schieber schleifen nicht an der Gehäusewand selbst, sondern legen sich gegen bewegliche Laufringe und versetzen diese in Drehbewegung. Zwischen den Schiebern und den Laufringen entsteht somit nur eine geringe Relativbewegung und damit geringer Verschleiß.

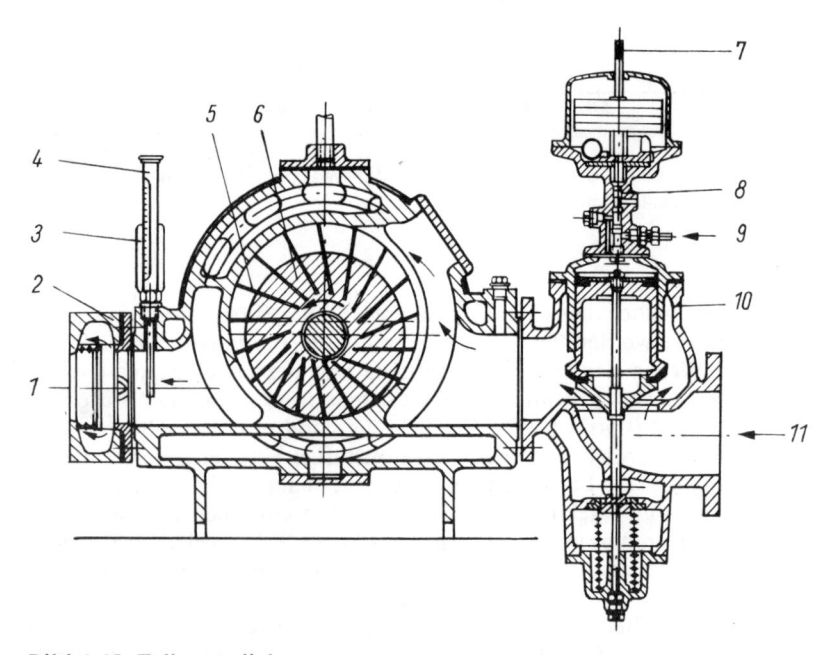

Bild 6.65 Zellenverdichter
1 Luftaustritt; *2* Rückschlagventil; *3* Manometer; *4* Thermometer; *5* Arbeitsschieber; *6* Rotor; *7* zum Anheben des Reglerkolbens; *8* Reglerkolben; *9* Steuerleitung vom Druckluftkessel; *10* Luftstromregler mit Entlüftungsventil; *11* Lufteintritt

Zellenverdichter werden bis 0,4 MPa Enddruck einstufig, darüber zweistufig mit Zwischenkühler gebaut. Für den Dauerbetrieb sind wassergekühlte Maschinen erforderlich. Zellenverdichter werden direkt mit dem Elektromotor gekoppelt. Ihr Platzbedarf ist verhältnismäßig gering. Der Wirkungsgrad liegt bei 0,55 bis 0,62. Bei schwankender Druckluftentnahme ist saugseitig ein Regelventil erforderlich.

Zellenverdichter kommen für die Druckluftförderung trockener Chemikalien (Kalkhydratmehl) und deren Auflockerung in Vorratsbunkern in Frage. Auf weitgehend ölfreie, abgekühlte und kondensatfreie Druckluft ist hierbei besonders zu achten. Dazu dienen die gleichen Zusatzeinrichtungen wie bei den Hubkolbenverdichtern. Zellengebläse sind auch schon zur Filterspülung eingesetzt worden.

6.3. Verdichter und Vakuumpumpen

Kreiskolbengebläse werden vorwiegend nach dem System „Roots" gebaut, analog Bild 6.9c. Durch den Umlauf zweier sich gegenseitig abwälzender Drehkolben wird abwechselnd der sich bildende Arbeitsraum mit der Saug- und Druckleitung verbunden. Die Luft wird ohne Veränderung des Volumens von der Saug- zur Druckseite gefördert. Erst nachdem der Arbeitsraum mit der Druckleitung in Verbindung steht, findet ein Druckausgleich statt, und die Luft wird mit Druckerhöhung in die Druckleitung verdrängt. Die Antriebswelle dreht den einen Kolben, dessen Bewegung durch zwei Zahnräder auf den anderen übertragen wird. Die Drehzahlen sind meist nicht größer als 1450 min^{-1}.

Die Drehkolben arbeiten berührungsfrei, so daß keine Schmierung erforderlich ist und absolut ölfreie Luft gefördert wird. Ausführungen mit außerhalb des Gehäuses liegenden Lagern verhindern selbst bei schadhaften Dichtungen den Eintritt von Schmiermitteln aus den Lagern in die Förderluft. Kreiskolbengebläse werden für Förderdrücke bis etwa 0,1 MPa mit Wirkungsgraden um 0,6 gebaut. Sie eignen sich wegen der garantiert ölfreien Luft besonders zur Filterspülung. Der Förderstrom wird durch Abblasen eines Teilstroms ins Freie oder in die Saugleitung geregelt. Die angesaugte Luft muß weitgehend staubfrei sein; andernfalls ist ein Luftfilter vorzuschalten. Infolge der geringen Verdichtung der Luft ist keine besondere Kühlung erforderlich. Kreiskolbengebläse erzeugen erhebliche Arbeitsgeräusche, die durch Rohrschalldämpfer auf der Saug- und Druckseite gemindert werden.

6.3.3. Kreiselradverdichter

Kreiselradverdichter entsprechen in Aufbau und Wirkungsweise den Kreiselpumpen. Sie werden wie diese ein- und mehrstufig gebaut und für große Förderströme bei kleinen bis mittleren Drücken eingesetzt. In der Wasserversorgung interessieren allgemein nur die Kreiselgebläse mit Radialrad zur Filterspülung.

Die Drosselkurven von Kreiselgebläsen ähneln denen der Kreiselpumpen (s. Bild 6.12). Wie bei diesen darf die Drosselkurve nur in einem bestimmten Bereich im Dauerbetrieb gefahren werden. Die untere Grenze des Förderstroms eines Kreiselradverdichters wird als „Pumpgrenze" bezeichnet. Wird dieser minimale Förderstrom unterschritten, tritt infolge Strömungsablösung und Rückströmung von der Druckleitung zum Verdichter in den Lauf- und Leiteinrichtungen eine unstetige Förderung mit periodischen Schwingungen auf. Diese führen zu hohem Lagerverschleiß bis zur totalen Havarie der Maschine. Das „Pumpen" ist akustisch wahrnehmbar. Die Innenteile der Kreiselradverdichter werden nicht geschmiert; die Maschinen fördern somit ölfreie Luft. Kreiselgebläse für Kurzzeitbetrieb (Filterspülung) und Drehzahlen bis 2900 min^{-1} werden mit Wälzlagern ausgerüstet. Für Dauerbetrieb oder höhere Drehzahlen – einstufige Kreiselgebläse werden bis 20 000 Umdrehungen je Minute betrieben – sind Gleitlager mit gekühltem Ölkreislauf erforderlich.

Radialradgebläse werden vorzugsweise durch Drosselung auf der Saugseite geregelt, da hierbei der geringste Energiebedarf erreicht wird. Die druckseitige Drosselung und das Abschlagen eines Teilstroms sind ebenfalls möglich. Kreiselgebläse werden bei großen Förderströmen den Kreiskolbengebläsen vorgezogen, da sie einen besseren Wirkungsgrad erreichen, bis 70 %, kleiner und leichter sind. Die hohen Drehzahlen erzeugen Geräusche, die besonderen Schallschutz erfordern, z. B. saug- und druckseitige Rohrschalldämpfer.

6.3.4. Vakuumpumpen

Die nach der Klassifizierung (s. Tafel 6.5) zu den Umlaufkolbenverdichtern gehörenden Flüssigkeitsringgebläse werden in der Praxis meist als Wasserringluftpumpen oder ihrem Einsatz entsprechend einfach als Vakuumpumpen bezeichnet. Der Drehkolben hat die Form eines Sternrads, das exzentrisch in einem zylindrischen Gehäuse angeordnet ist. Das im Gehäuse befindliche Wasser bildet durch die Fliehkraft im Gehäuse einen Wasserring (Bild 6.66). Zwischen diesem Wasserring und der exzentrisch angeordneten Laufradnabe entsteht ein sichelförmiger Luftraum, der durch die Laufradschaufeln in Kammern geteilt wird. Saug- und Drucköffnung sind nahe der Laufradnabe im Bereich des Sichelraums angeordnet. Die Luftkammern vergrö-

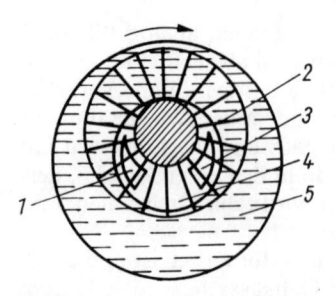

Bild 6.66 Schematischer Schnitt durch eine Wasserringluftpumpe
1 Drucköffnung; *2* Laufrad (Sternrad); *3* Saugöffnung; *4* sichelförmiger Luftraum; *5* Wasserring

ßern sich, von der Saugöffnung beginnend, und verkleinern sich wieder zur Drucköffnung hin. Durch die Volumenveränderung erfolgt das Ansaugen und Verdichten, d. h. Fördern der Luft. Der Wasserring sorgt für die Abdichtung zwischen Laufradumfang und Gehäuse.

Wasserringluftpumpen werden zum Evakuieren von Gasen, in der Wasserversorgung speziell zum Evakuieren von Saugleitungen und Heberleitungen, verwendet. Sie erzeugen bei 0,1 MPa Luftdruck ein Vakuum von maximal 90 bis 95 %. Wasserringluftpumpen benötigen eine Betriebsflüssigkeit, die den Wasserring bildet und die Pumpe kühlt und deshalb laufend erneuert werden muß. In der Wasserversorgung wird ausschließlich Kaltwasser benutzt, das entweder als „Frischwasser" aus dem Druckrohrnetz ständig zugeführt oder im Kreislauf einem Wasserkasten entnommen wird. Die Betriebsflüssigkeit wird mit der Luft am Druckstutzen ausgestoßen und bei Kreislaufförderung wieder in den Wasserkasten geführt (Bild 6.67). Der Wasserkasten muß so groß sein, daß die Abkühlung des Kreislaufwassers auf etwa 18 °C gewährleistet ist. Dies ist in der Regel nur bei intermittierendem Betrieb der Vakuumpumpen möglich.

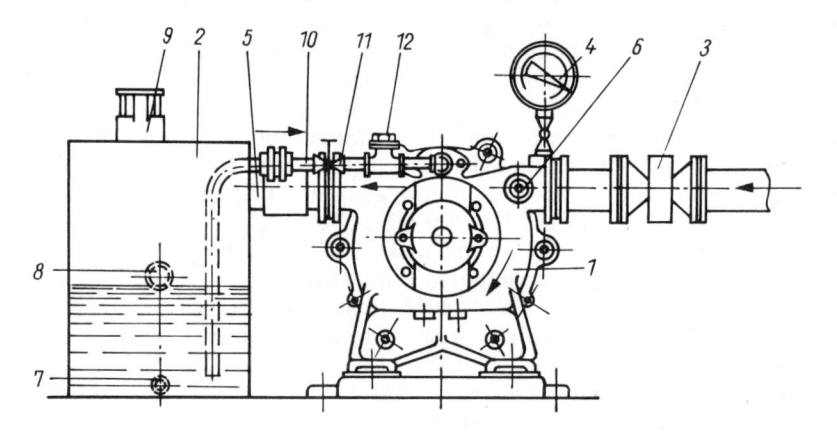

Bild 6.67 Wasserringluftpumpe mit Wasserkasten
1 Wasserringluftpumpe; *2* Wasserkasten; *3* Absperrschieber in der Saugleitung; *4* Vakuummeter; *5* Druckleitung; *6* Anschluß für Hilfslufteinlaßschieber; *7* Entleerung des Wasserkastens; *8* Überlauf des Wasserkastens; *9* Lufthaube; *10* Betriebswassersaugleitung; *11* Absperrventil; *12* Anfüllvorrichtung

Der Antriebsmotor wird, außer der Betriebsflüssigkeit, nur für Luftförderung bemessen. Die Wasserförderung ist deshalb zu verhindern oder auf ein Minimum zu begrenzen. Dies geschieht durch den Einbau einer Drosselscheibe in der Saugleitung, die bei Luftförderung einen unbedeutenden, bei Wasserförderung aber wesentlichen Druckverlust hervorruft und damit die Wasserförderung stark reduziert. Sofern Platz vorhanden ist, kann die Saugleitung der Wasserringluftpumpe auch über die höchstmögliche Saughöhe der Betriebsflüssigkeit, bei Kaltwasser also etwa 10 m, in einer Schleife hochgeführt werden.

Das Rücksaugen von Luft bei Stillstand der Wasserringluftpumpe wird durch ein Rückschlagventil in deren Saugleitung verhindert (s. Abschn. 6.4.6.).

6.4. Entwurf und Betrieb von Verdichteranlagen

6.4.1. Thermodynamische Grundlagen

Die Dynamik der Gase unterliegt den gleichen Grundgesetzen der Strömungslehre wie die Dynamik der Flüssigkeiten (s. Abschnitte 9.3.1. und 9.3.2.). Zusätzlich müssen die Zustandsänderungen (Druck, Volumen und Temperatur) berücksichtigt werden.

Die nachfolgend genannten Gesetzmäßigkeiten gelten strenggenommen nur für *ideale Gase*, d. h. Gase, deren Moleküle keinen gegenseitigen Anziehungskräften unterliegen und die sich völlig frei im Raum bewegen. Die Abweichungen zu den praktisch auftretenden *realen Gasen* sind bei Drücken < 5 MPa und Temperaturen < 100 °C unbedeutend.

Bei der Angabe von Gasvolumen müssen zur eindeutigen Kennzeichnung immer Zustandsgrößen Druck und Temperatur mit angegeben werden. Drücke sind in den Gasgesetzen immer Absolutdrücke. Temperaturen werden in Kelvin eingesetzt ($T_K = t_C + 273{,}15$).

Normzustand. Volumen eines Gases bei einer Temperatur $T = 273{,}15$ K $\triangleq 0$ °C und einem absoluten Druck $p = 101\,325$ Pa $= 1013{,}25$ mbar. Bezugsbasis für zahlreiche Größenangaben und Umrechnungen.

Adiabatische Zustandsänderung. Zustandsänderung ohne Ableitung oder Zuführung von Wärmeenergie. Theoretisch „obere" Grenze der Zustandsänderung, die 100%ige Wärmeisolierung voraussetzt.

Isotherme Zustandsänderung. Zustandsänderung bei konstanter Temperatur. Theoretische „untere" Grenze der Zustandsänderung, die 100%ige Wärmeableitung bzw. -zuführung voraussetzt. Wird in der Praxis bei geringen Druckänderungen oft näherungsweise angenommen.

Polytrope Zustandsänderung. Zustandsänderung unter teilweisem Wärmeaustausch mit der Umgebung und Temperaturänderung. Entspricht der Wirklichkeit, ist aber nur mit empirischen Beiwerten zu erfassen.

Isobare Zustandsänderung. Zustandsänderung bei konstantem Druck.
Isochore Zustandsänderung. Zustandsänderung bei konstantem Volumen.
Vakuum. Drücke kleiner als der umgebende Luftdruck werden oftmals als Unterdruck, Vakuum oder Saughöhe angegeben.

Unterdruck = Luftdruck der umgebenden Atmosphäre abzüglich Absolutdruck in der Anlage
% Vakuum = Unterdruck in Prozent des normalen Luftdruckes von $1{,}013 \cdot 10^5$ Pa

Allgemeine Zustandsgleichung für ideale Gase

$$p \cdot V = m \cdot R \cdot T \tag{6.53}$$

Daraus abgeleitet

$$\rho = \frac{p}{R \cdot T} \tag{6.54}$$

$$\rho_2 = \rho_1 \cdot \frac{p_2 \cdot T_1}{p_1 \cdot T_2} = \rho_n \cdot \frac{273{,}15 \cdot p_2}{1{,}013 \cdot 10^5 \cdot T_2} = 2{,}696 \cdot 10^{-3} \frac{\rho_n \cdot p_2}{T_2} \tag{6.55}$$

$$V = \frac{m \cdot R \cdot T}{p} \tag{6.56}$$

$$V_2 = V_1 \cdot \frac{p_1 \cdot T_2}{p_2 \cdot T_1} = V_n \cdot \frac{1{,}013 \cdot 10^5 \cdot T_2}{p_2 \cdot 273{,}15} = 370{,}95 \frac{V_n \cdot T_2}{p_2} \tag{6.57}$$

Für den Sonderfall gleichbleibender Temperatur, *isotherme Zustandsänderung*, ergibt sich das *Boyle-Mariottesche Gesetz*
$p_1 \cdot V_1 = p_2 \cdot V_2$ Bedingung: $T = $ konst.

$$p_2 = p_1 \frac{V_1}{V_2} = p_n \frac{V_n}{V_2} \tag{6.58}$$

Für den Grenzfall der *adiabatischen Zustandsänderung* gilt die *Poissonsche* Gleichung

$$p_1 \cdot V_1^{\varkappa} = p_2 \cdot V_2^{\varkappa} \quad \text{Bedingung: } dQ = konst. \tag{6.59}$$

$$T_2 = T_1 \left(\frac{p_2}{p_1}\right)^{\frac{\varkappa-1}{\varkappa}} = T_1 \left(\frac{V_1}{V_2}\right)^{\varkappa-1} = 273{,}15 \left(\frac{V_n}{V_2}\right)^{\varkappa-1} \tag{6.60}$$

und für konstanten Druck bzw. konstantes Volumen nach dem *Gay-Lussacschen* Gesetz, d. h. *isobare* bzw. *isochore Zustandsänderung*

$$V_2 = V_1 \frac{T_2}{T_1} = V_n \frac{T_2}{273{,}15} \quad \text{Bedingung: } p = konst. \tag{6.61}$$

$$p_2 = p_1 \frac{T_2}{T_1} = p_n \frac{T_2}{273{,}15} \quad \text{Bedingung: } V = konst. \tag{6.62}$$

d. h., je 1 Grad Temperaturerhöhung nehmen Druck oder Volumen eines Gases um 1/273,15 gegenüber dem Normzustand zu.

Für die in der Praxis eintretende *polytropische Zustandsänderung* gilt

$$p_1 \cdot V_1^n = p_2 \cdot V_2^n \tag{6.63}$$

V Volumen des Gases in m³
p absoluter Druck des Gases in Pa
T Temperatur des Gases in K
m Masse des Gases in kg
ϱ Dichte des Gases in kg/m³
R Gaskonstante in J/(kg · grd), für Luft $R \approx 287$ J/(kg · grd)
$\varkappa$ Exponent der adiabatischen Zustandsänderung = Verhältnis der spezifischen Wärmen, für Luft 1,40
n Exponent der polytropischen Zustandsänderung, $\varkappa > n > 1$
dQ zugeführte Wärme
Index 1 bei Zustand *1*
Index 2 bei Zustand *2*
Index n bei Normzustand

Physikalische Eigenschaften der Luft
Die Dichte trockener Gase steigt linear mit dem Druck und sinkt linear mit der Temperatur. Die Luftfeuchtigkeit vermindert die Dichte [6.13].

$$\rho_{tr} = \frac{p}{R \cdot T} = \frac{p}{287 \cdot T} \tag{6.64}$$

$$\rho_f = \rho_{tr} - \frac{1{,}320 \cdot 10^{-3} \cdot \varphi \cdot p_t}{T} = \frac{3{,}484 \cdot p - 1{,}320 \cdot \varphi \cdot p_t}{10^3 \cdot T} \tag{6.65}$$

Die dynamische Zähigkeit der Gase steigt mit der Temperatur. Sie ist bei idealen Gasen unabhängig vom Druck [6.9].

$$\eta = \eta_n \frac{273{,}15 + C}{T + C} \left(\frac{T}{273{,}15}\right)^{3/2} = \frac{6{,}8 \cdot 10^{-3}}{T + 122} \left(\frac{T}{273{,}15}\right)^{3/2} \tag{6.66}$$

Die kinematische Zähigkeit der Gase ist stark temperaturabhängig und umgekehrt proportional dem Druck. Sie kann aus der dynamischen Zähigkeit und Dichte ermittelt werden.

$$v = \frac{\eta}{\rho} \tag{6.67}$$

ϱ_{tr} Dichte trockener Gase (Luft) in kg/m³

6.4. Entwurf und Betrieb von Verdichteranlagen

ϱ_f Dichte feuchter Luft in kg/m³
g Erdbeschleunigung in m/s²
v kinematische Zähigkeit der Gase in m²/s
η dynamische Zähigkeit der Gase in Pa · s
p absoluter Druck in Pa
T Temperatur in K
φ relative Luftfeuchtigkeit
p_t Verdampfungsdruck in Pa (s. Abschn. 11.)
R Gaskonstante in J/kg · K, für Luft $R \approx 287$ J/kg · K
C Konstante, für Luft $C = 122$
Index n bei Normzustand
(s. auch Abschn. 11.)

6.4.2. Bemessung von Luftleitungen, Druckverluste und Förderdruck

Rohrdurchmesser
Luftleitungen werden in der Regel für die in Abschn. 11. genannten mittleren Fließgeschwindigkeiten – auf den Rohrquerschnitt bezogen – bemessen.

Die Fließgeschwindigkeit ist auf den tatsächlichen Gaszustand zu beziehen. Dabei ist

$$v_R = \frac{4 \cdot \dot{V}_x \cdot p_x \cdot T_R}{\pi \cdot d^2 \cdot p_R \cdot T_x} = 472{,}2 \frac{\dot{V}_n \cdot T_R}{d^2 \cdot p_R} \qquad (6.68)$$

v Fließgeschwindigkeit in m/s
$\dot{V}$ Volumenstrom in m³/s
p absoluter Druck in Pa
T Temperatur in K
d Rohrdurchmesser in m
Index R auf die Rohrleitung bezogen.
Index x auf einen beliebig gegebenen Zustand bezogen
Index n auf Normzustand bezogen

Die Druckverluste für Rohrreibung, Armaturen, Formstücke und der geodätische Druckunterschied sind in Luftleitungen wasserwirtschaftlicher Anlagen meist < 4,9 kPa ≙ 0,5 m WS. Ein exakter Nachweis ist deshalb nur bei geringen Förderdrücken, z. B. Lüftern bzw. Rohrleitungen länger als 50 m erforderlich und kann nach folgenden Gleichungen durchgeführt werden.
Der Förderstrom wird für andere Drücke und Temperaturen nach Gl. (6.57) umgerechnet:

$$\dot{V}_2 = \dot{V}_1 \frac{p_1 \cdot T_2}{p_2 \cdot T_1} \qquad (6.69)$$

$$\dot{V}_n = 2{,}696 \cdot 10^{-3} \cdot \dot{V}_x \frac{p_x}{T_x} \qquad (6.70)$$

und die Fließgeschwindigkeit

$$v_2 = v_1 \frac{p_1 \cdot T_2}{p_2 \cdot T_1} \qquad (6.71)$$

Druckverluste nach der Hochdruckformel
Bei den kompressiblen Gasen nimmt der Volumenstrom in einer Rohrleitung entsprechend der Druckabnahme infolge von Reibungsverlusten zu. Diese Zustandsänderung verläuft annähernd isothermisch. Für die isothermische, raumveränderliche, stationäre Strömung in Kreisrohren gilt die sogenannte Hochdruckformel zur Ermittlung der Rohrreibungsverluste.

$$\frac{p_1^2 - p_2^2}{2 p_x} = \lambda \cdot \rho_x \cdot \frac{v_x^2 \cdot l}{2 \cdot d} \qquad (6.72)$$

Je nach den gegebenen Werten kann die Gleichung wie folgt aufgelöst werden:
Druck am Anfang der Rohrleitung bekannt

$$\Delta p = p_1 \left(1 - \sqrt{1 - \frac{\lambda \cdot \rho_1 \cdot v_1^2 \cdot l}{p_1 \cdot d}} \right) \tag{6.73}$$

$$\Delta p = p_1 \left(1 - \sqrt{1 - 1{,}621 \frac{\lambda \cdot \rho_1 \dot{V}_1^2 \cdot l}{p_1 \cdot d^5}} \right) \tag{6.74}$$

$$\Delta p = p_1 \left(1 - \sqrt{1 - 1{,}621 \frac{\lambda \cdot \dot{m}^2 \cdot l}{p_1 \cdot \rho_1^2 \cdot d^5}} \right) \tag{6.75}$$

Druck am Ende der Rohrleitung bekannt

$$\Delta p = p_2 \left(\sqrt{1 + \frac{\lambda \cdot \rho_2 \cdot v_2^2 \cdot l}{p_2 \cdot d}} - 1 \right) \tag{6.76}$$

$$\Delta p = p_2 \left(\sqrt{1 + 1{,}621 \frac{\lambda \cdot \rho_2 \cdot \dot{V}_2^2 \cdot l}{p_1 \cdot d^5}} - 1 \right) \tag{6.77}$$

$$\Delta p = p_2 \left(\sqrt{1 + 1{,}621 \frac{\lambda \cdot \dot{m}^2 \cdot l}{p_1 \cdot \rho_1^2 \cdot d^5}} - 1 \right) \tag{6.78}$$

Dabei ist $\lambda = f(\mathrm{Re}, k/d)$ nach Abschn. 11.

wobei $\quad \mathrm{Re} = \dfrac{v \cdot d}{v} = \dfrac{v \cdot d \cdot \rho}{\eta} = \dfrac{v_n \cdot d \cdot \rho_n}{\eta} \tag{6.79}$

Für Luft auf Normzustand bezogen wird mit

$$v_n = \frac{\dot{V}_n \cdot 4}{\pi \cdot d^2}$$

$$\mathrm{Re} = 1{,}293 \frac{v_n \cdot d}{\eta} = 1{,}646 \frac{\dot{V}_n^2}{d \cdot \eta} \tag{6.80}$$

$\dot{V}$ Durchfluß als Volumenstrom in m³/s
$\dot{m}$ Durchfluß als Massestrom in kg/s
v   Durchflußgeschwindigkeit in m/s
p   Druck absolut in Pa
Δp Druckverlust in Pa
ϱ Dichte in kg/m³
g   Erdbeschleunigung in m/s²
v kinematische Zähigkeit in m²/s (s. Abschn. 11.)
η dynamische Zähigkeit in Pa·s (s. Abschn. 11.)
d   Rohrdurchmesser in m
l   Rohrleitungslänge in m
k   Rohrrauhigkeit in m (s. Abschn. 11.)
λ Rohrreibungsbeiwert (s. Abschn. 11.)
Re   Reynoldszahl
Index *1* am Rohrleitungsanfang
Index *2* am Rohrleitungsende
Index *x* an einem beliebig gewählten Rohrleitungspunkt
Index *n* auf Normzustand bezogen

6.4. Entwurf und Betrieb von Verdichteranlagen

Druckverluste nach der Niederdruckformel
Für Druckverluste $\leq 2\%$ des Absolutdrucks p_1 in der Rohrleitung kann die Zustandsänderung über die Rohrleitungslänge vernachlässigt und analog dem Widerstandsgesetz für inkompressible Flüssigkeiten nach der sogenannten Niederdruckformel gerechnet werden. Dies gilt für die meisten Luftleitungen in Wasserversorgungsanlagen.

$$\Delta p \approx \lambda \cdot \rho_m \cdot \frac{v_m^2 \cdot l}{2 \cdot d} \tag{6.81}$$

Die Mittelwerte ϱ_m und v_m sind von vornherein nicht exakt bekannt. Setzt man zur Sicherheit Dichte ϱ und Geschwindigkeit v für den Zustand p_2 ein, so ergibt sich ein etwas zu großer Druckverlust.

Druckverluste in Armaturen und Formstücken

$$\Delta p_E = \zeta \cdot \rho \cdot \frac{v^2}{2} \tag{6.82}$$

Für Luft auf Normzustand bezogen wird

$$\Delta p_E = 1{,}048 \cdot \zeta \cdot \frac{V_n^2}{d^4} \tag{6.83}$$

Δp_E Einzeldruckverlust in Pa

Förderdruck
Der Förderdruck eines Verdichters setzt sich analog der Förderhöhe einer Pumpe zusammen, wobei die geodätische Förderhöhe infolge der geringen Dichte vernachlässigbar klein ist.

$$\Delta p_{ges} = \Delta p_{stat} + \Delta p_{dyn} \tag{6.84}$$
$$\Delta p_{stat} \approx p_a - p_e$$
$$\Delta p_{dyn} = \Delta p + \Sigma \Delta p_E + \Delta p_v$$
$$\Delta p_v = \frac{v_a^2 \cdot \rho_a - v_e^2 \cdot \rho_e}{2}$$

p	absoluter Druck in Pa
Δp_{ges}	Gesamtförderdruck in Pa
Δp_{stat}	statischer Förderdruck in Pa
Δp_{dyn}	dynamischer Förderdruck in Pa
Δp	Rohrreibungsdruckverlust in Pa nach Gl. (6.72) oder Gl. (6.81)
$\Sigma \Delta p_E$	Summe der Einzeldruckverluste in Pa nach Gl. (6.82)
Δp_v	Zuwachs an Geschwindigkeitsdruck zwischen Ein- und Austritt der Anlage in Pa
v	Fließgeschwindigkeit in m/s
ρ	Dichte in kg/m³

Index e am Eintritt in die Anlage
Index a am Austritt aus der Anlage

Beispiel
Eine Filteranlage mit $A_F = 64$ m² Fläche je Filter soll mit $v_F = 70$ m/h Luft auf Ansaugzustand bezogen gespült werden. Unter dem Filterboden herrscht beim Spülen eine Druckhöhe von 3,5 m Wassersäule. Zu berechnen sind die Druckverluste in der Spülluftleitung und der erforderliche Förderdruck des Spülluftgebläses.
Spülluftleitung: Länge $l = 120$ m; Rohrrauhigkeit $k = 0{,}4$ mm; Saugleitung vernachlässigbar kurz.
Ausgangsdruck $\triangleq$ Luftdruck $p = p_L \approx 101{,}3$ kPa
Ansaugtemperatur minimal $T_e = 253$ K $\triangleq -20\,°C$
Ansaugvolumenstrom des Gebläses $\dot{V}_G = A_F \cdot v_F = 64 \cdot 70 = 4480$ m³/h $= 1{,}244$ m³/s
Absolutdruck am Ende der Rohrleitung (unter dem Filterboden)
$p_2 = p_L + 3{,}5 \cdot 9{,}81 \cdot 10^3 = 101{,}3 \cdot 10^3 + 34{,}3 \cdot 10^3 = 135{,}6 \cdot 10^3$ Pa

Volumenstrom auf Normzustand bezogen nach Gl. (6.70)

$$\dot{V}_n = 2{,}696 \cdot 10^{-3} \cdot \dot{V}_G \cdot \frac{p_e}{T_e} = 2{,}696 \cdot 10^{-3} \cdot 1{,}244 \cdot \frac{101{,}3 \cdot 10^3}{253} = 1{,}343 \text{ m}^3/\text{s}$$

Druckrohrleitung gewählt DN 200 mit Fließgeschwindigkeit

$$v_{R;2} = \frac{\dot{V}_G \cdot p_e}{A_R \cdot p_2} = \frac{1{,}244 \cdot 101{,}3 \cdot 10^3}{0{,}0314 \cdot 135{,}6 \cdot 10^3} = 29{,}6 \text{ m/s}$$

Dichte der Spülluft am Rohrleitungsende unter Vernachlässigung der Luftfeuchtigkeit nach Gl. (6.64)

$$\rho_2 = \frac{p_2}{R \cdot T_2} = \frac{135{,}6 \cdot 10^3}{287 \cdot 253} = 1{,}867 \text{ kg/m}^3$$

*Reynolds*zahl nach Gl. (6.80) mit $\eta = 1{,}62 \cdot 10^{-5}$ Pa (s. Abschn. 11.)

$$\text{Re}_2 = 1{,}646 \frac{\dot{V}_n}{d \cdot \eta} = 1{,}646 \frac{1{,}343}{0{,}2 \cdot 1{,}62 \cdot 10^{-5}} = 6{,}8 \cdot 10^5$$

Reibungszahl λ nach Abschn. 11. für $\frac{k}{d} = \frac{0{,}4}{200} = 2 \cdot 10^{-3}$ und Re = $6{,}8 \cdot 10^5$
$\lambda = 0{,}0235$
Vorerst wird angenommen, daß die Rohrreibungsverluste im Gültigkeitsbereich der „Niederdruckformel" Gl. (6.81) liegen:

$$\Delta p = \lambda \cdot \rho_2 \cdot \frac{v_2^2 \cdot l}{2 \cdot d} = 0{,}0235 \cdot 1{,}867 \cdot \frac{29{,}6^2 \cdot 120}{2 \cdot 0{,}2} = 11{,}532 \cdot 10^3 \text{ Pa}$$

Die Gültigkeitsgrenze der Niederdruckformel
$\Delta p_{zul} \leq 2\% \cdot p_1 = 2\% \cdot (p_2 + \Delta p) = 2\% \cdot (135{,}6 \cdot 10^3 + 11{,}5 \cdot 10^3) = 2{,}9 \cdot 10^3$ Pa
ist nicht eingehalten. Die Berechnung der Rohrreibungsverluste wird nach der Hochdruckformel für gegebenes p_2 wiederholt.
Nach Gl. (6.76)

$$\Delta p = p_2 \left(\sqrt{1 + \frac{\lambda \cdot \rho_2 \cdot v_2^2 \cdot l}{p_2 \cdot d}} - 1 \right)$$

$$= 135\,643 \left(\sqrt{1 + \frac{0{,}0235 \cdot 1{,}868 \cdot 29{,}6^2 \cdot 120}{135\,643 \cdot 0{,}2}} - 1 \right)$$

$\Delta p = 11{,}1 \cdot 10^3$ Pa
Druckverluste in Armaturen und Formstücken nach Gl. (6.82) für $\Sigma \zeta = 4{,}5$; ermittelt aus Abschn. 11.

$$\sum \Delta p_E = \sum \zeta \cdot \rho_2 \cdot \frac{v_2^2}{2} = 4{,}5 \cdot 1{,}868 \cdot \frac{29{,}6^2}{2} = 3{,}7 \cdot 10^3 \text{ Pa}$$

Erforderlicher Förderdruck des Verdichters nach Gl. (6.84) mit $v_e = 0$

$$\Delta p_{ges} = p_2 - p_e + \Delta p + \sum \Delta p_E + \rho_2 \frac{v_2^2}{2}$$

$$= 135{,}6 \cdot 10^3 - 101{,}3 \cdot 10^3 + 11{,}1 \cdot 10^3 + 3{,}7 \cdot 10^3 + 1{,}867 \frac{29{,}6^2}{2}$$

$\Delta p_{ges} = 49{,}9 \cdot 10^3$ Pa $\cong 5{,}0$ m WS
Druck am Druckstutzen des Gebläses
$p_D = p_2 + \Delta p_{ges} = 101{,}3 \cdot 10^3 + 49{,}9 \cdot 10^3 = 151{,}2 \cdot 10^3$ Pa

6.4. Entwurf und Betrieb von Verdichteranlagen

6.4.3. Anfahren, Abschalten, Steuern und Regeln von Verdichtern

Das Anfahren von Verdichtern ist vorwiegend ein Antriebsproblem. Die Art der zweckmäßigsten Motorentlastung beim Anfahren eines Verdichters bis zu dessen Arbeitsdrehzahl hängt von der Verdichterbauart ab.

Hubkolbenverdichter werden entlastet angefahren, indem das Saugventil offengehalten wird (Leerlaufsteuerung) oder druckseitig die Förderluft ins Freie oder in die Saugleitung abgelassen wird. Auch bei Umlaufkolbenverdichtern (Kreiskolbengebläse, Zellenverdichter) ist das Abblasen des Förderstroms die einfachste Motorentlastung während des Anfahrens. Die Leistungsaufnahme der Kreiselradverdichter ist am geringsten, wenn sie bei geschlossenem Saugschieber angefahren werden.

Die Hochlaufzeit der hochtourigen Kreiselradgebläse ist größer als bei den meist mit geringeren Drehzahlen betriebenen Kreiselpumpen. Dies ist bei der Steuerung, z. B. durch zeitweilige Überbrückung von Schutzabschaltungen, zu beachten. Hochtourige Kreiselgebläse benötigen z. T. 10 Sekunden und mehr, bis sie die Arbeitsdrehzahl erreicht haben.

Beim Abschalten von Verdichtern treten, im Gegensatz zu den Pumpen, keine dynamischen Probleme auf, da das Fördermedium kompressibel ist. Kreiselgebläse sind jedoch gegen rückläufige Beaufschlagung durch die expandierende Druckluft mittels Rückflußverhinderer zu schützen.

Die Steuerung der Verdichter hängt vom Einsatzgebiet ab. Zur Rohwasserbelüftung wird der Verdichter entweder parallel mit der Rohwasserpumpe geschaltet oder druckabhängig von einem zwischengeschalteten Druckluftkessel intermittierend ein- und ausgeschaltet. Diese Technologie wird auch bei der Drucklufterzeugung für die pneumatische Armaturensteuerung und -betätigung eingesetzt. Zur automatischen Filterspülung kann der Verdichter durch entsprechende Impulse einer Programmsteuerung ein- und ausgeschaltet werden.

Außer den elektrischen Anfahrbedingungen sind die bei verschiedenen Verdichtern notwendige Wasserkühlung und Schmiermittelkreisläufe bei der Steuerung zu beachten.

Der Förderstrom von Verdichtern kann je nach der Bauart verschieden geregelt werden [6.15]. Die Drehzahlregelung ist grundsätzlich bei allen Bauarten möglich, erfordert aber teure Antriebe.

Kreiselradverdichter werden, wenn es sich nur um kurzzeitige Regelung des Förderstroms handelt, am einfachsten saug- oder druckseitig gedrosselt. Die druckseitige Drosselung mit einem Absperrorgan ist jedoch thermisch ungünstiger. Im Dauerbetrieb ist die Drosselung als reine Verlustregelung unwirtschaftlich. Dies gilt auch für das Abblasen eines Teilstroms. In diesen Fällen ist die Drehzahlregelung oder Verstellung von Leit- oder Laufradschaufeln besser.

Hubkolbenverdichter dürfen nur in der Saugleitung teilweise gedrosselt werden, wobei der Regeleffekt gering ist. Für die im Wasserwerksbetrieb meist kleinen Förderströme ist der intermittierende Betrieb über Druckluftkessel die beste Lösung. Der Verdichter wird hierbei vom Druckluftkessel druckabhängig ein- und ausgeschaltet und die Luftentnahme aus dem Kessel mittels Ventils geregelt. Der intermittierende Betrieb verhindert gleichzeitig die zu starke Erwärmung luftgekühlter Maschinen.

Kreiskolbengebläse werden meist über ein Übersetzungsgetriebe angetrieben, das im Bedarfsfall für die Drehzahlregelung ausgebildet werden kann. Für kurzzeitige Regelung wird am einfachsten ein Teilstrom abgeblasen.

Zellenverdichter sind am Saugstutzen mit einem Regelventil ausgerüstet, das druckabhängig von der Druckluftleitung oder einem Druckluftkessel gesteuert wird (Leerlaufsteuerung).

6.4.4. Bemessung von Schaltkesseln

Zum Ausgleich von Verbrauchsschwankungen und Fluktuation zwischen Luftförderung und Luftbedarf bzw. von Luftanfall bei Vakuumanlagen werden Luftkessel zur Steuerung des intermittierenden Betriebes von Verdichtern und Vakuumpumpen eingesetzt. In Druckluftanlagen steigt die Temperatur im Kessel mit zunehmender Kompression. Die obere Grenze ergibt sich bei adiabatischer Zustandsänderung nach Gl. (6.60).

In Vakuumanlagen bis 80 % Vakuum können die Temperaturänderungen vernachlässigt werden und isothermische Zustandsänderung angenommen werden.

Das Kesselvolumen wird ein Maximum, wenn die Luftentnahme aus dem Druckluftkessel bzw. der Luftzustrom zum Vakuumkessel halb so groß sind wie der Förderstrom des Verdichters bzw. der Vakuumpumpe.

Aus den in Abschn. 6.4.1. genannten Gesetzmäßigkeiten läßt sich ableiten:

Druckluftkessel

$$V_B = \frac{\dot{V}_s \cdot p_s \cdot T_B}{f \cdot \Delta p \cdot T_s} \tag{6.85}$$

Überschläglich kann das Kesselvolumen V_B in m³ mit 1 bis 1,5 % des Förderstroms $\dot{V}_s$ in m³/h angenommen werden.

Vakuumkessel ohne Wasserfüllung

$$V_B \approx \frac{2 \cdot \dot{V}_s}{f \left(\ln \frac{p_1}{p_2} + \frac{2 \cdot \Delta p}{p_1 + p_2} \right)} \tag{6.86}$$

Vakuumkessel mit Wasserfüllung
Bei wasserstandsabhängiger Schaltung und Anordnung der Wasserstandsgeber knapp über dem Kesselboden und knapp unter dem Kesseldeckel einschließlich 50 % Zuschlag für Totraum

$$\dot{V}_B \approx \frac{3 \cdot \dot{V}_s}{f \left(2 + \ln \frac{p_1}{p_2} \right)} \tag{6.87}$$

V_B	Behältervolumen in m³
$\dot{V}_s$	Förderstrom des Verdichters ansaugseitig in m³/h
p_s	Druck ansaugseitig absolut in Pa
p_1	maximaler Druck im Behälter absolut in Pa
p_2	minimaler Druck im Behälter absolut in Pa
Δp	Druckdifferenz im Behälter $p = p_1 - p_2$ in Pa
f	maximale Schalthäufigkeit des Verdichters in h^{-1}
T_B	Temperatur im Behälter in K
T_s	Temperatur ansaugseitig in K

Die Schalthäufigkeit f kann mit 10 Schaltungen/h angesetzt werden.

6.4.5. Vakuumanlagen

Heberleitungen und Saugleitungen nichtselbstansaugender Pumpen und die Pumpen selbst müssen zur Inbetriebnahme aufgefüllt oder entlüftet, d. h. evakuiert werden. Auch Chemikalienlösungen werden bei geringen Förderhöhen oftmals nicht gepumpt, sondern angesaugt.

Für die genannten Zwecke können Vakuumanlagen unterschiedlicher Konstruktion verwendet werden. Dabei ist zu unterscheiden, ob ständig ein bestimmtes Vakuum zu halten ist oder nur zur Inbetriebnahme evakuiert werden muß. Auch der erforderliche Automatisierungsgrad spielt eine Rolle.

Entsprechend dem Verdampfungsdruck der anzusaugenden Flüssigkeiten wird im Wasserwerksbetrieb ein Vakuum von höchstens 90 %, entsprechend 10 kPa Absolutdruck ≙ 9 m WS Saughöhe, benötigt. Zur Erzeugung dieses Grobvakuums eignen sich die im Abschn. 6.3.4. beschriebenen Wasserringluftpumpen und die im Absch. 6.1.4. erläuterten Strahlpumpen. Sie können direkt an die zu evakuierende Rohrleitung oder Pumpe angeschlossen und nach Bedarf ein-

6.4. Entwurf und Betrieb von Verdichteranlagen

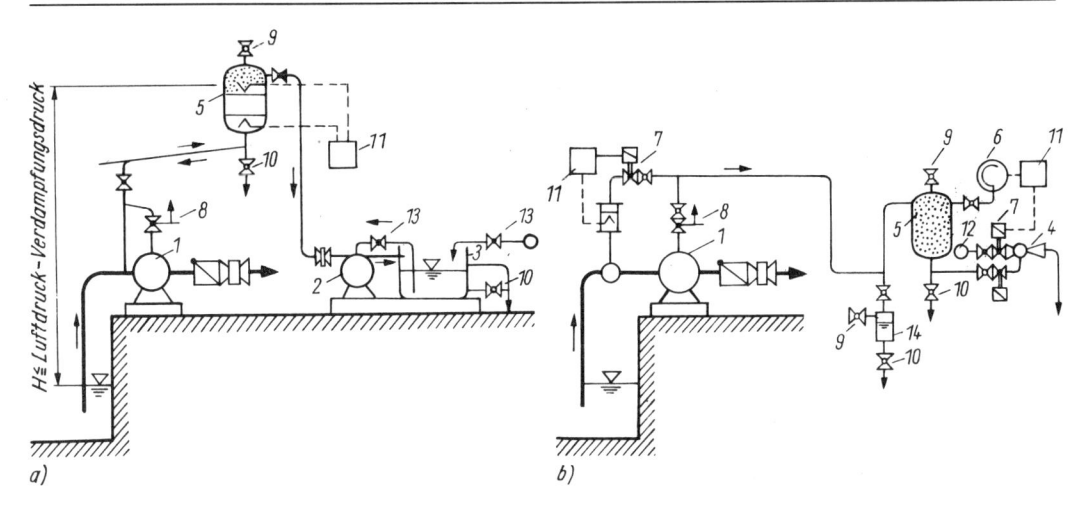

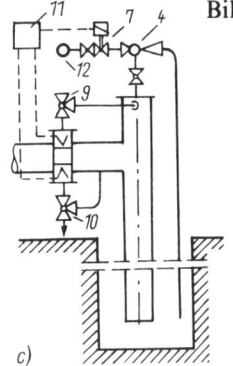

Bild 6.68 Vakuumanlagen
a) mit hochstehendem Vakuumkessel und Wasserringluftpumpe mit Kühlwasserkreislauf
b) mit tiefstehendem Vakuumkessel und Wasserstrahlpumpe
c) direkte Evakuierung einer Heberleitung mit Wasserstrahlpumpe
1 nicht selbstansaugende Kreiselpumpe; *2* Wasserringluftpumpe; *3* Wasserkasten; *4* Wasserstrahlpumpe; *5* Vakuumkessel; *6* Kontakt-Vakuummeter; *7* Magnet- oder Motorventil; *8* Entlüftungsventil; *9* Belüftungshahn; *10* Entleerungshahn; *11* Steuereinrichtung; *12* Treibwasser; *13* Betriebswasser; *14* Entwässerungstopf

und ausgeschaltet werden. Sind jedoch mehrere Rohrleitungen oder Pumpen parallel zu entlüften oder soll ständig ein bestimmtes Vakuum gehalten werden, so empfiehlt sich das Zwischenschalten eines Vakuumkessels. An diesen Kessel werden alle zu evakuierenden Rohrleitungen und Pumpen angeschlossen. Der Kessel selbst wird im Bereich von zwei Grenzwerten – Drücke oder Wasserstände – intermittierend durch Wasserringluftpumpen oder Wasserstrahlpumpen evakuiert. In Bild 6.68 sind drei Varianten von Vakuumanlagen dargestellt. Je nach den örtlichen Verhältnissen können die Elemente dieser Varianten auch anders zusammengestellt werden.

Bild 6.68a zeigt die automatische Vakuumanlage eines Pumpwerks mit mehreren nichtselbstansaugenden Kreiselpumpen und getrennten Saugleitungen. Die Pumpen werden automatisch ein- und ausgeschaltet und sollen deshalb immer betriebsbereit unter Vakuum stehen. Der Vakuumkessel steht höher als die zu evakuierenden Saugleitungen und Pumpen und ist teilweise mit Wasser gefüllt. Entsprechend der in den Vakuumkessel infolge Auftriebs steigenden Luft fließt Wasser aus dem Kessel in die Saugleitung zurück. Bei einem Mindestwasserstand im Vakuumkessel, der höher als der höchste Punkt im Pumpengehäuse liegt, schaltet die Wasserringluftpumpe ein. Sie läuft, bis aus der Saugleitung die Förderflüssigkeit auf den maximalen Wasserstand im Vakuumkessel gestiegen ist. Wenn die Kreiselpumpe läuft, herrscht am höchsten Punkt des Pumpengehäuses Überdruck, und die dort angeschlossene Vakuumleitung muß abgesperrt werden. Hierzu eignen sich selbsttätige Entlüftungsventile oder in die Pumpenschaltung einbezogene Magnetventile. Zur Evakuierung des Vakuumkessels ist im dargestellten Beispiel eine Wasserringluftpumpe mit Kühlwasserkreislauf gewählt worden.

In Bild 6.68b ist die Vakuumanlage für eine Pumpstation mit gemeinsamer Saugleitung für mehrere Pumpen dargestellt. Der Vakuumkessel steht hier tief, so daß kein Wasser aus dem Kessel zurücklaufen kann. Der Kessel wird deshalb gegen Wasserzufluß abgesperrt und nur mit Luft betrieben. Zur Evakuierung des Kessels ist eine Wasserstrahlpumpe vorgesehen. Durch undichte Ventile und Kondensatbildung am Kesselboden angesammeltes Wasser wird durch die Wasserstrahlpumpe mit abgesaugt. Der Treibwasserzufluß zur Wasserstrahlpumpe wird vom Vakuummeter des Kessels gesteuert.

Bild 6.68c zeigt die Evakuierung einer Heberleitung mit selbstentlüftendem Heberkopf (s. Abschn. 8.7.8.). Die im laufenden Betrieb durch Undichtigkeiten und Entgasung des Wassers am Heberkopf sich ansammelnden Gase werden vom Wasserstrom mitgerissen. Die Heberleitung braucht somit nur zum Anfahren entlüftet zu werden. Sofern Druckwasser zur Verfügung steht, eventuell direkt von den Rohwasserpumpen im Sammelbrunnen, ist die einfachste Lösung eine direkt angeschlossene Wasserstrahlpumpe. Der Treibwasseranschluß wird in Abhängigkeit vom Überflutungsgeber im Heberkopf gesteuert.

Die von einer Vakuumanlage abzusaugenden Gasmengen setzen sich zusammen aus
– dem Luftvolumen in den Rohrleitungen, Pumpen und Behältern
– den Undichtigkeiten, besonders an den Stopfbuchsen
– den Gasausscheidungen des Wassers.

Das Luftvolumen der Rohrleitungen, Pumpen und Behälter braucht nur bei der Inbetriebnahme abgesaugt zu werden. Der erforderliche Förderstrom ergibt sich aus der zur Verfügung stehenden bzw. gewählten Entlüftungszeit.

Die Zustandsänderungen der Luft verlaufen annähernd isotherm. Der Förderstrm der Vakuumpumpe kann bis $\approx$ 80 % Vakuum als konstanter Volumenstrom $\dot{V}$ angenommen werden. Der Massestrom $\dot{m}$ nimmt jedoch mit zunehmendem Volumen, d. h. sinkendem Absolutdruck, ab. Steigt mit der Evakuierung das Wasser in die Anlage, so nimmt außerdem das saugseitige Gasvolumen ab. Diese Veränderungen können durch einen Entspannungsfaktor f berücksichtigt werden [6.2].

Evakuierung von Anlagen mit konstantem Luftvolumen, z. B. Vakuumkessel ohne Wasserfüllung

$$\dot{V} = \frac{V_B}{t} \cdot f_c = \frac{V_B}{t} \cdot \ln \frac{p_1}{p_2} \tag{6.88}$$

Evakuierung von Anlagen mit nachfließendem Wasser, z. B. Saugleitungen von Pumpen und Heber

$$\dot{V} = \frac{V_V \cdot f_V + V_H \cdot f_H}{t} \tag{6.89}$$

$\dot{V}$ Förderstrom der Vakuumpumpe in m³/s
V_B Volumen des Behälters in m³
V_V Volumen der vertikalen Rohrleitungen in m³
V_H Volumen der horizontalen Rohrleitungen in m³
f_c Entspannungsfaktor für konstantes Gasvolumen
f_V Entspannungsfaktor für vertikale Rohrleitungen
f_H Entspannungsfaktor für horizontale Rohrleitungen
p_1 Absolutdruck zu Beginn der Evakuierung in Pa
p_2 Absolutdruck am Ende der Evakuierung in Pa
t Zeitdauer der Entlüftung in s

Die Entspannungsfaktoren f_V und f_H können Bild 6.69 entnommen werden. Sie enthalten empirische Zuschläge für die Rohrreibung und Gasausscheidungen aus dem Wasser.

Die Gasausscheidungen aus dem Wasser und aus Undichtigkeiten der Anlage sind auch nach Evakuierung einer Saug- oder Heberleitung weiterhin kontinuierlich abzuführen.

Die ständigen Gasausscheidungen aus dem Wasser betragen nach [6.19]

$$\dot{V}_G \approx \frac{\dot{V} \cdot c \cdot s}{100 - 10 H_s} \tag{6.90}$$

6.4. Entwurf und Betrieb von Verdichteranlagen

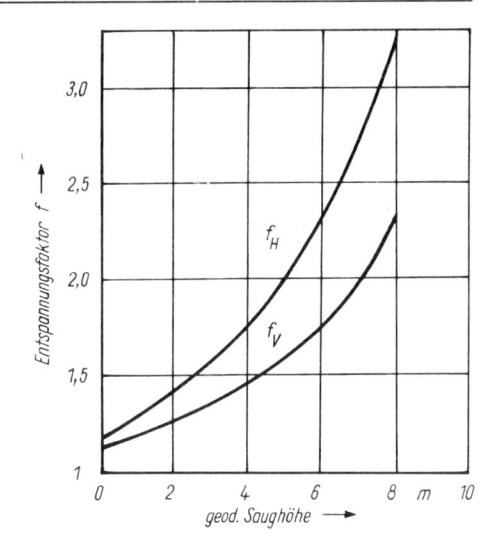

Bild 6.69 Entspannungsfaktor für die Bemessung von Vakuumanlagen für Wasser

$\dot{V}_G$ abzuführender Gasstrom in m³/s
$\dot{V}$ geförderter Wasserstrom in m³/s
c Gasgehalt des Wassers in %, Grundwasser etwa 1,8 bis 2,4 %
s Verhältnis der zur Ausscheidung kommenden Gasmenge, gewöhnlich 0,2 bis 0,5
H_s maximale Saughöhe in m

Die Undichtigkeiten einer Anlage hängen weitgehend von einer sorgfältigen Ausführung und Wartung ab. Bei einwandfreier Arbeit sind sie vernachlässigbar klein.

Vakuumkessel werden nach Abschn. 6.4.4. bemessen.

6.4.6. Druckluftanlagen

In Wasserversorgungsanlagen wird Druckluft für sehr unterschiedliche Zwecke verwendet (s. Abschn. 6.3.). Dementsprechend variieren die einzusetzenden Verdichterbauarten und das notwendige Zubehör zur Aufbereitung, Steuerung und Regelung des Luftstroms. In Bild 6.70 sind einige typische Technologien für Druckluftanlagen der Wasserversorgung dargestellt.

Die angesaugte Luft soll sowohl im Interesse der Trinkwasserhygiene als auch zum Schutze der Laufteile im Verdichter vor Verschleiß weitgehend staubfrei sein. Die kleinen Förderströme der Hubkolbenverdichter werden meist im Raum angesaugt. Größere Förderströme müssen wegen der Gefahr der Unterdruckbildung und Belästigung im Freien entnommen werden. Die Ansaugstelle soll möglichst staubarme Luft garantieren, also hoch und fern von Straßen, Kohle- und Kalkentladeplätzen u. dgl. liegen. Der Ansaugstutzen ist mindestens mit einem Sieb gegen Insekten zu schützen. Für Trinkwasseranlagen sind besondere Ansaugfilter zu empfehlen.

Verdichter, die in wasserführende Rohrleitungen oder Behälter fördern, sind gegen rückläufig eindringendes Wasser durch Rückflußverhinderer, Rohrschleifen und entwässerbare Tiefpunkte zu schützen.

Mit zunehmender Verdichtung steigt die Temperatur der geförderten Luft stark an [s. Gl. (6.60)]. Bei der Abkühlung bis unter den Taupunkt schlägt sich Kondenswasser nieder. Das fördert die Korrosion und kann bei pneumatischer Förderung hygroskopischer Chemikalien zu deren Verbackung führen. Diesen Schwierigkeiten wird durch Luftkühlung und Kondenswasserableitung begegnet.

Ölgeschmierte Laufteile von Verdichtern fördern unweigerlich einen Teil des Schmieröls mit der Luft mit. Durch mechanische Ölabscheider und Aktivkohlefilter in der Luftleitung kann die Ölverschmutzung des Wassers oder der Chemikalien vermieden werden. Zur Steuerung und Betätigung von Armaturen mit Druckluft kann es auch erforderlich sein, die Druckluft in Kieselgelfiltern besonders zu trocknen und mit einem Ölnebel als Schmiermittel zu versetzen.

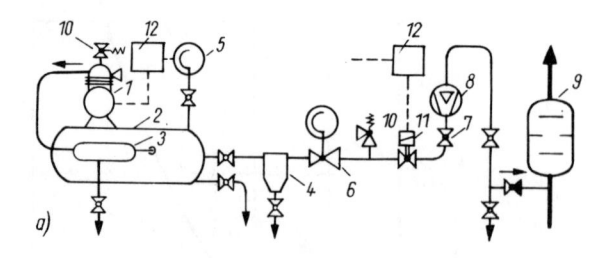

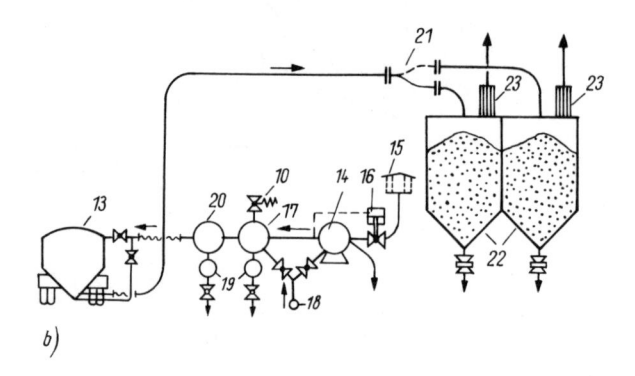

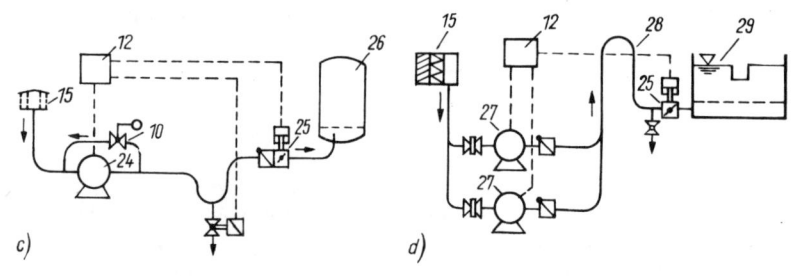

Bild 6.70 Druckluftanlagen
  a) Druckbelüftung von Rohwasser, automatisch gesteuert
  b) pneumatische Kalkförderung, handgesteuert
  c) Spülung von Druckfiltern, automatisch gesteuert
  d) Spülung offener Filter, automatisch gesteuert
  1 Hubkolbenverdichter; *2* Druckluftkessel; *3* Wasserabscheider; *4* Filter; *5* Kontaktmanometer; *6* Druckminderventil; *7* Drosselventil; *8* Strömungsmesser; *9* Luft-Wasser-Mischer; *10* Sicherheitsventil; *11* Magnet- oder Motorventil; *12* Steuereinrichtung; *13* Silofahrzeug; *14* Zellenverdichter; *15* Ansaugfilter; *16* Regelventil, mechanisch gesteuert; *17* Nachkühler; *18* Kühlwasserleitung; *19* Kondensatbehälter; *20* Ölabscheider; *21* Rohrumstellung; *22* Kalkbunker; *23* Trockenstaubabscheider; *24* Kreiskolbengebläse; *25* pneumatisch oder hydraulisch betätigte Absperrklappe; *26* Druckfilter; *27* Kreiselradgebläse; *28* Rohrschleife als Rückflußverhinderer; *29* offener Filter

Druckluft aus Sicherheitsventilen und Abblaseleitungen ist so abzuführen, daß keine Belästigung oder Gefährdung auftritt. Abluft aus pneumatischen Förderanlagen muß entstaubt werden.

Besondere Beachtung ist dem Schallschutz zu schenken. Die Ansaug- und Laufgeräusche von Verdichtern können über größere Entfernungen auch außerhalb der Werke belästigen und beim Bedienungspersonal zu gesundheitlichen Schäden führen. Gegenmaßnahmen sind
– entsprechende Standortwahl

6.5. Leistungsbedarf und elektrische Antriebe für Pumpen und Verdichter

- Verdichter in besonderen Räumen aufstellen oder durch schallschluckende Umkleidung abkapseln
- Schalldämpfer in Saug- und Druckrohrleitung oder schallgedämmte Luftkanäle.

Um die Übertragung von Schwingungen zu vermeiden, sind die Rohrleitungen elastisch zu lagern und bei Decken- und Wanddurchführungen nicht starr einzumauern.

6.4.7. Bestellangaben für Verdichter

Für die Bestellung eines Verdichters sind dem Lieferwerk ausführliche und erschöpfende Angaben zu machen. Andernfalls können durch Unkenntnis beim Besteller oder mangelnde Information des Lieferers schwerwiegende Fehlentscheidungen entstehen.

Die erforderlichen Bestellangaben sind
- Fördermedium: Bezeichnung; Zustandsgrößen, Druck, Dichte und Temperatur auf den Ansaugzustand bezogen, gegebenenfalls mit Schwankungsbereich; relative Luftfeuchtigkeit; eventuell Staubgehalt und besondere Aggressivität
- Förderstrom; Volumen- oder Massestrom, auf den Ansaugzustand bezogen
- Förderdruck, mit eindeutiger Angabe als Druckdifferenz Δp zwischen Saug- und Druckstutzen des Verdichters oder als Absolut- bzw. Überdruck am Saug- und Druckstutzen; Schwankungsbereich
- spezielle Forderungen betreffs Kühlung, Ölgehalt der Luft, Lärmpegel usw.
- Antrieb: Art, Anfahrbedingungen; bei Elektromotoren Stromart, Spannung, Frequenz, Schaltung, Schutzgrad
- Betriebsbedingungen: Verwendung, Aufstellungsort, Schalthäufigkeit, Laufzeit, Solo- oder Parallelbetrieb, Regelung, Fernsteuerung.

Die Betriebs- und Montageanleitungen des Lieferwerks sind bereits der Projektierung der Anlage zugrunde zu legen.

6.5. Leistungsbedarf und elektrische Antriebe für Pumpen und Verdichter

Nutzleistung P auf das Fördermedium von der Pumpe bzw. dem Verdichter übertragene Arbeit in der Zeiteinheit

Kupplungsleistung P_K an der Pumpen- bzw. Verdichterwelle aufgenommene mechanische Leistung; Quotient aus Nutzleistung und Wirkungsgrad der Pumpe bzw. des Verdichters

Antriebsleistung P_{Mot} Nennleistung der Antriebsmaschine (Motor) bei Nenndrehzahl

Die Nutzleistung einer Pumpe bzw. eines Verdichters wird aus der physikalischen Definition

$$\text{Leistung} = \frac{\text{Arbeit}}{\text{Zeit}} = \frac{\text{Kraft} \times \text{Weg}}{\text{Zeit}} = \frac{\text{Masse} \times \text{Beschleunigung} \times \text{Weg}}{\text{Zeit}}$$

abgeleitet.

6.5.1. Kupplungsleistung der Pumpen

Für die praktisch nicht kompressiblen Flüssigkeiten und konstanten Temperaturen während der Förderung gilt

$$P_K = \frac{\dot{V} \cdot \rho \cdot Y}{\eta} = \frac{\dot{V} \cdot \rho \cdot H \cdot g}{\eta} \tag{6.91}$$

P_K Kupplungsleistung in W
$\dot{V}$ Förderstrom in m³/s
ϱ Dichte in kg/m³
Y spezifische Förderarbeit in m²/s² nach Gl. (6.3)

η   Wirkungsgrad der Pumpe
H   Förderhöhe in m
g   Erdbeschleunigung in m/s²

In der Praxis wird oft die zugeschnittene Größengleichung angewendet:

$$P_K = \frac{\dot{V} \cdot \rho \cdot H}{102 \cdot \eta} \qquad (6.92)$$

P_K Kupplungsleistung in kW
$\dot{V}$ Förderstrom in l/s
ϱ Dichte in kg/l
H Förderhöhe in m
η Wirkungsgrad

Bei Hubkolbenpumpen mit Kurbelantrieb pulsieren Förderstrom und damit Förderhöhe während einer Kurbelumdrehung (s. Abschn. 6.1.1.2.). Die hieraus resultierenden Leistungsschwankungen werden durch das Schwungmoment des Antriebs weitgehend ausgeglichen. Zur Berechnung der Kupplungsleistung werden der mittlere (Nenn-)Förderstrom und die zugehörige Förderhöhe eingesetzt. Die Kupplungsleistung einer Kolbenpumpe ist eine lineare Funktion der Förderhöhe.

Die Kupplungsleistung der Kreiselpumpe als Funktion des Förderstroms und der Förderhöhe ergibt die für die verschiedenen Laufradformen typischen Kennlinien (s. Bild 6.13). Radial- und Francisräder haben eine mit dem Förderstrom steigende Kupplungsleistung. Beim Schraubenrad (Diagonalrad, Halbaxialrad) steigt die Kupplungsleistung anfänglich mit dem Förderstrom bis zu einem Maximum und fällt dann wieder ab. Das Axialrad (Propeller) hat eine mit steigendem Förderstrom fallende Kupplungsleistung.

Die von den Pumpenherstellern in Prospekten angegebenen Kupplungsleistungen beziehen sich auf den Nennförderstrom und die Nennförderhöhe. Weicht im praktischen Betrieb der Arbeitspunkt der Pumpe auf der Drosselkurve von diesen Nenndaten ab, so ist auch die Kupplungsleistung eine andere.

6.5.2. Kupplungsleistung der Verdichter

Die von einem Verdichter zu leistende Arbeit ist stark von den Temperaturänderungen in der Maschine abhängig (s. Abschn. 6.4.1.). Für ideale Gase und nicht zu hohe Drücke – beide Voraussetzungen sind in wasserwirtschaftlichen Anlagen ausreichend erfüllt – gelten die Zahlenwertgleichungen [6.15] für isotherme Zustandsänderung

$$P_{K;\text{is}} = \frac{2{,}301 \cdot \dot{V}_S \cdot p_S}{\eta} \cdot \lg \frac{p_D}{p_S} \qquad (6.93)$$

für adiabatische Zustandsänderung

$$P_{K;\text{ad}} = \frac{\dot{V}_S \cdot p_S \cdot \varkappa \left[\left(\frac{p_D}{p_S} \right)^{\frac{\varkappa - 1}{\varkappa}} - 1 \right]}{\eta \cdot (\varkappa - 1)} \qquad (6.94)$$

und mit $\varkappa = 1{,}40$ für Luft

$$P_{K;\text{ad}} = \frac{3{,}5 \cdot \dot{V}_S \cdot p_S \left[\left(\frac{p_D}{p_S} \right)^{0{,}2857} - 1 \right]}{\eta} \qquad (6.95)$$

für polytropische Zustandsänderung

$$P_{K;\text{pol}} = \frac{\dot{V}_S \cdot p_S \cdot n \left[\left(\frac{p_D}{p_S} \right)^{\frac{n-1}{n}} - 1 \right]}{\eta \cdot (n - 1)} \qquad (6.96)$$

6.5. Leistungsbedarf und elektrische Antriebe für Pumpen und Verdichter

und mit $n = 1{,}35$

$$P_{K;\text{pol}} = \frac{3{,}857 \cdot \dot{V}_S \cdot p_S \left[\left(\dfrac{p_D}{p_S} \right)^{0{,}2593} - 1 \right]}{\eta} \tag{6.97}$$

P_K Kupplungsleistung in W
$\dot{V}_S$ Förderstrom ansaugseitig in m³/s
p_S Druck ansaugseitig absolut in Pa
p_D Druck am Druckstutzen absolut in Pa
η Wirkungsgrad des Verdichters
$\varkappa$ Exponent der adiabatischen Zustandsänderung, für Luft 1,40
n Exponent der polytropischen Zustandsänderung $\varkappa > n > 1$

Mit zunehmendem Druck, Förderstrom und Drehzahl nähert sich die Temperaturzunahme der adiabatischen Zustandsänderung. In der Regel wird mit ausreichender Sicherheit polytropische Zustandsänderung mit $n = 1{,}35$ für Luft angenommen. Bei extrem schnellaufenden Kreiselverdichtern kann jedoch $n > \varkappa$ werden. Für die Evakuierung kann man isothermische Zustandsänderung voraussetzen. Diagramm zur Ermittlung der Nutzleistung s. Abschn. 11.

Beispiel
Zur Filterspülung wird ein Gebläse mit folgenden Förderdaten eingesetzt (vgl. Beispiel Abschn. 6.4.2.):
Ansaugstrom $\dot{V}_n = 1{,}244$ m³/s
Ansaugdruck $p_S = 101{,}3$ kPa
Druck am Druckstutzen $p_D = 151{,}2$ kPa.
Das Gebläse hat einen Wirkungsgrad $\eta = 0{,}65$; die Zustandsänderung kann als polytropisch mit $n = 1{,}35$ angenommen werden.
$p_D : p_S = 151{,}2 : 101{,}3 = 1{,}49$
Nach Abschn. 11. spezifisch $P = 42{,}6$ kW

$$P_K = \frac{1{,}244 \cdot 101{,}3}{0{,}65 \cdot 101{,}3} \cdot 42{,}6 = 81{,}5 \text{ kW}$$

6.5.3. Anfahren der Pumpen und Verdichter

Beim Einschalten einer Maschine muß deren Haftreibung überwunden und die Masse der bewegten Teile vom Stillstand auf die Betriebsgeschwindigkeit beschleunigt werden. Das Lastmo-

Bild 6.71 Anlaufmoment einer Kreiselradpumpe
Indizes
A Anfahrzustand
N bei Nenndrehzahl
O bei Leerlauf
R Rückflußverhinderer öffnet
a) Anfahren ohne statischen Gegendruck, nur Widerstandshöhe
b) Anfahren gegen geschlossenen Schieber am Druckstutzen
c) Anfahren gegen Rückschlagklappe mit statischem Gegendruck

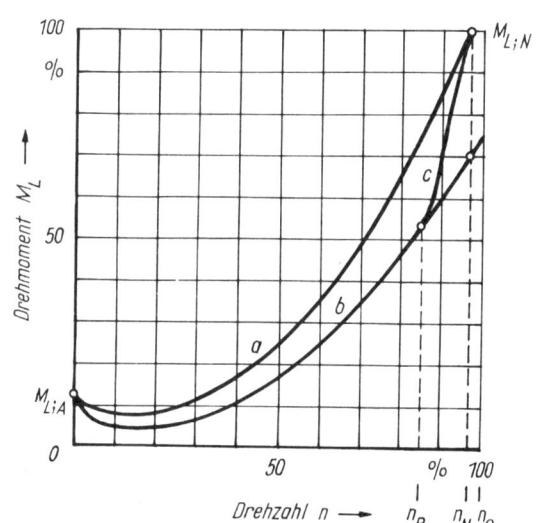

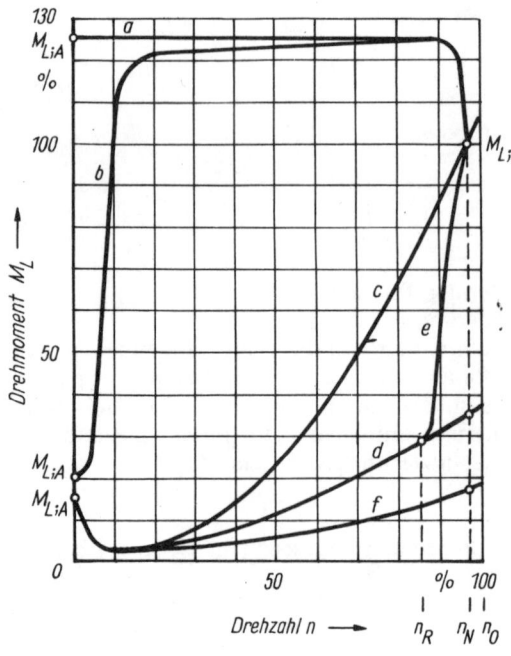

Bild 6.72 Anlaufmoment von Verdichtern
a) Kreiskolbengebläse
b) Zellenverdichter
c) Kreiselradgebläse, Anfahren bei offenen Schiebern ohne statischen Gegendruck, nur Widerstandshöhe
d) Kreiselradgebläse, Anfahren gegen geschlossenen Schieber am Druckstutzen
e) Kreiselradgebläse, Anfahren gegen Rückschlagklappe mit statischem Gegendruck
f) Kreiselradgebläse, Anfahren bei geschlossenem Schieber am Saugstutzen

ment (Drehmoment) während des Anlaufens ist eine von der Konstrukion der Maschine und deren Belastung beim Anfahren (Anfahrbedingungen) abhängige Funktion der Drehzahl. Typische Anlaufkurven sind in den Bildern 6.71 und 6.72 dargestellt.

Die nach dem Verdrängungsprinzip arbeitenden Hub- und Drehkolbenmaschinen laufen infolge der sofort und unabhängig vom Gegendruck einsetzenden Förderung schwer an. Kolbenpumpen benötigen zur Überwindung der Haftreibung ein Anfahrmoment $M_{L;A}$ größer als das Betriebsdrehmoment $M_{L;N}$. Nach Überwindung der Haftreibung, etwa 10 % der Nenndrehzahl,

Tafel 6.6. Anfahren von Pumpen und Verdichtern

Arbeitsmaschine	Anfahrbedingungen	Schaltung des Motors
Kreiselradpumpe – mit Radialrad – mit Diagonalrad	vorzugsweise geschlossener Druckschieber oder Rückschlagkappe mit statischem Gegendruck	direkt oder ⊥ △
– mit Axialrad – selbstansaugend	offener Druckschieber	direkt
Kreiselradverdichter mit Radialrad	vorzugsweise geschlossener Saugschieber und offener Druckschieber (entlastet)	direkt oder ⊥ △
	oder Rückschlagklappe mit statischem Gegendruck (Halblast)	direkt
	offener Saug- und Druckschieber, kein statischer Gegendruck (Vollast)	direkt, sofern Anlaufmoment ausreicht; sonst Schleifringläufer
Kolbenpumpen und -Verdichter	vorzugsweise Druckleitung entspannen	direkt ⊥ △ möglich
	statischer Gegendruck (Vollast)	direkt, sofern Anlaufmoment ausreicht; sonst Schleifringläufer

6.5. Leistungsbedarf und elektrische Antriebe für Pumpen und Verdichter

bleibt das Lastmoment nahezu konstant, d. h. unabhängig von der Drehzahl. Das Anlaufmoment und damit die Kupplungsleistung werden verringert, indem die Pumpen mit minimaler Förderhöhe angefahren werden, z. B. durch Abschlagen des Förderstroms.

Kolbenverdichter haben ebenfalls von der Drehzahl weitgegend unabhängige Anlaufmomente, die über dem Betriebsdruckmoment liegen. Entlastet werden die Maschinen durch Abschlagen des Förderstroms ins Freie oder in die Saugleitung. Letzteres ist bei Gasen notwendig, bei Luft mindert es die Geräuschbelästigung. Hubkolbenverdichter besitzen teilweise auch automatische Leerlaufvorrichtungen. Dabei wird das Saugventil offengehalten, wodurch der Förderstrom Null ist und die Kupplungsleistung nur etwa 20 % beträgt.

Kreiselpumpen und -verdichter benötigen zur Überwindung der Haftreibung etwa 10 % des Betriebsdrehmoments als Anfahrmoment. Danach steigt das Lastmoment mit dem Quadrat der Drehzahl

$$\frac{M_{L;1}}{M_{L;2}} \approx \left(\frac{n_1}{n_2}\right)^2 \tag{6.98}$$

Kreiselmaschinen laufen deshalb leichter an als Verdrängermaschinen. Das Lastmoment ist proportional der Kupplungsleistung der Arbeitsmaschine und somit ein Minimum, wenn die Pumpe bzw. der Verdichter auf dem Arbeitspunkt mit dem geringsten Leistungsbedarf angefahren wird (s. Bilder 6.13 und 6.22). Zwischen Drehmoment und Kupplungsleistung rotierender Maschinen besteht die Beziehung

$$M_L = \frac{P_K}{\omega} = P_K \frac{dt}{d\varphi} = \frac{P_K}{2\pi \cdot n} \tag{6.99}$$

M_L Lastmoment (Drehmoment) in $kg \cdot m^2 \cdot s^{-2} = N \cdot m$
P_K Kupplungsleistung in $W = kg \cdot m^2 \cdot s^{-3} = J/s$
ω Winkelgeschwindigkeit in $rad/s = 1/s$
t Zeit in s
φ Drehwinkel in $rad = 1$; $360° = 6{,}283\ rad = 2\pi$
n Drehzahl in $1/s$

Das Drehmoment ist nicht identisch mit dem Schwungmoment [s. Gl. (6.102)].

Kreiselpumpen und -verdichter mit Radial- und Diagonalrad haben die kleinste Kupplungsleistung und damit das geringste Anlaufmoment beim Förderstrom Null. Radialrad- und Diagonalradpumpen werden deshalb vorzugsweise bei geschlossener Druckrohrleitung (geschlossener „Druckschieber") angefahren. Bei großem Anteil statischer Förderhöhe an der Gesamtförderhöhe genügt oft auch das Anfahren gegen den auf dem Rückflußverhinderer ruhenden statischen Gegendruck. Die Drehzahl, bei der das Rückschlagorgan geöffnet wird, beträgt unter der Annahme eines quadratischen Widerstandsgesetzes für die Reibungsverluste in der Rohrleitung

$$n_R = n_N \cdot \sqrt{\frac{H_{\text{stat}}}{H_N}} \tag{6.100}$$

n_R Drehzahl, bei der der Rückflußverhinderer öffnet
n_N Nenndrehzahl
H_{stat} statische Druckhöhe
H_N Nenndruckhöhe

Bei $n_R \geq 0{,}8\ n_N$ bringt das Anfahren gegen geschlossene Druckleitung nur noch unbedeutende energetische Vorteile.

Bei Kreiselverdichtern wird wegen des kompressiblen Fördermediums der Förderstrom bei geschlossener Saugleitung Null. Kreiselgebläse werden deshalb bei geschlossenem „Saugschieber" am besten entlastet angefahren.

Kreiselpumpen und -verdichter mit Axialrad (Propeller) sowie Sternrad (Seitenkanalpumpen) benötigen beim Förderstrom Null die größte Kupplungsleistung und damit ein hohes Anlaufmoment. Sie sind deshalb grundsätzlich bei offener Saug- und Druckleitung anzufahren. Entlastung ist, sofern notwendig, durch Senkung des Gegendrucks möglich.

6.5.4. Elektrische Antriebe

Pumpen und Verdichter werden vorwiegend durch Elektromotoren und hier wieder durch Drehstrom-Asynchronmotoren angetrieben. Die Betriebsdrehzahl n_N bei Belastung des Asynchronmotors ist um 3 bis 5 % Schlupf kleiner als die Leerlaufdrehzahl n_0. Die Drehzahl wird durch die Anzahl der Polpaare des Motors bestimmt (Tafel 6.7).

Tafel 6.7. Drehzahlen von Drehstrommotoren bei Frequenz $f = 50$ Hz

Pole St.	Synchrondrehzahl (Leerlaufdrehzahl des Asynchronmotors) n_0 in min^{-1}	Asynchrondrehzahl[1] (Betriebsdrehzahl des Asynchronmotors bei Belastung) n_N in min^{-1}
2	3 000	2 750 ... 2 950
4	1 500	1 350 ... 1 470
6	1 000	890 ... 975
8	750	680 ... 725

[1]) kleinere Zahl für kleinere Motoren, größere Zahl für große Motoren

Die vom Motor abgegebene Antriebsleistung wird um 10 bis 20 % größer als die größte zu erwartende Kupplungsleistung der Arbeitsmaschine gewählt.

$$P_{Mot} = (1{,}1 \text{ bis } 1{,}2)\, P_K$$

Mit diesem Sicherheitszuschlag werden Abweichungen von den theoretisch ermittelten Daten berücksichtigt. Allgemein gilt: Je größer die Motorleistung, desto genauer den Arbeitsbereich der Pumpe bzw. des Verdichters ermitteln, um so kleiner der erforderliche Sicherheitszuschlag.
Während des Anlaufens einer Pumpe bzw. eines Verdichters muß das Drehmoment des Motors stets größer als das Lastmoment der Arbeitsmaschine sein. Andernfalls wird die Maschine nicht beschleunigt. Das Motordrehmoment als Funktion der Drehzahl wird durch das Anzugsmoment und das sogenannte Kippmoment gekennzeichnet. Die Stromaufnahme des Motors ist beim Anlaufen unabhängig von der Belastung ein Vielfaches des Nennstroms. Dieser Anlaufstrom beeinflußt die Größe der Umspannstation und die am gleichen Netz angeschlossenen Stromverbraucher.
Wegen der einfachen und robusten Konstruktion, niedrigen Kosten und Betriebssicherheit werden bei den Drehstrom-Asynchronmotoren die Kurzschlußläufer bevorzugt.
In Bild 6.73 ist das Anlaufen eines Drehstrom-Asynchronmotors mit Kurzschlußläufer für direktes Einschalten und Stern-Dreieck-Schaltung dargestellt. Die Beschleunigung der Maschine auf die Nenndrehzahl geschieht durch das Überschußmoment, die Differenz zwischen Motordrehmoment und Lastmoment. Das Überschußmoment ist bei direkter Schaltung am größten; die Maschine läuft schnell hoch.
Bei der Stern-Dreieck-Schaltung wird der Motor in Sternschaltung angelassen. Anlaufstrom und Motordrehmoment haben dabei 1/3 der Werte bei direkter Schaltung. Nachdem der Schnittpunkt zwischen Motordrehmoment in Sternschaltung und Lastmoment erreicht ist, wird auf Dreieck umgeschaltet. Das Überschußmoment ist bei dieser Schaltung kleiner, die Anlaufzeit entsprechend länger. Stern-Dreieck-Schaltung ist nur bei kleinen Lastmomenten möglich.
Die Stern-Dreieck-Schaltung wird oft von den Energieversorgungsbetrieben verlangt, um den durch den Anlaufstrom hervorgerufenen Spannungsabfall im Energienetz zu mildern. Die Stern-Dreieck-Schaltung ist jedoch störanfälliger; der Anlaufstrom wird länger benötigt, und es treten zwei kleinere Stromstöße auf: beim Einschalten und beim Umschalten.
Anlaufstrom und Motordrehmoment können auch durch die Wahl einer entsprechenden Kurzschlußläuferbauart beeinflußt werden (Tafel 6.8).
Für Schwerlastanlauf großer Maschinen werden vereinzelt Drehstrom-Asynchronmotoren mit Schleifringläufer eingesetzt. Durch stufenweise vorgeschaltete Anlaßwiderstände wird der Anlaufstrom verringert und von jeder Anlaßstufe nur der obere Teil der Drehmomentenkurve

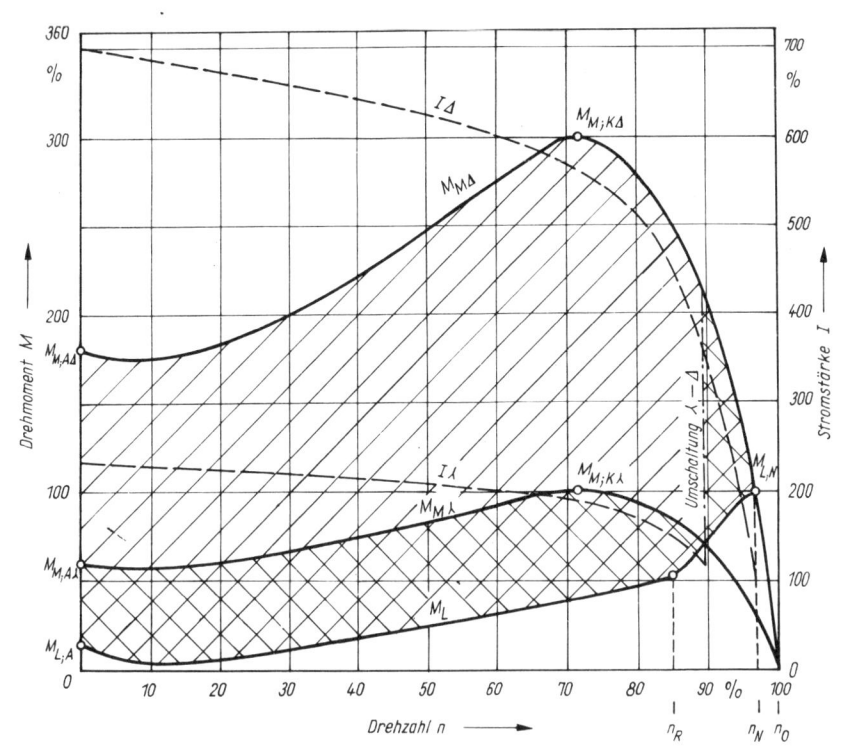

6.5. Leistungsbedarf und elektrische Antriebe für Pumpen und Verdichter 407

Bild 6.73 Anlaufkurven einer Kreiselradpumpe mit Drehstrom-Kurzschlußläufermotor; Anfahren gegen Rückschlagklappe mit statischem Gegendruck
  a) direkte Schaltung des Motors
   $I \triangle$ Stromaufnahme
   $M_M \triangle$ Drehmoment
   $M_{M;A} \triangle$ Anzugsmoment   } des Motors
   $M_{M;K} \triangle$ Kippmoment
   /////// Überschuß- oder Beschleunigungsmoment
  b) Stern-Dreieck-Schaltung des Motors
   $I \curlywedge$ Stromaufnahme
   $M_M \curlywedge$ Drehmoment
   $M_{M;A} \curlywedge$ Anzugsmoment   } des Motors
   $M_{M;K} \curlywedge$ Kippmoment
   /////// Überschuß- oder Beschleunigungsmoment

genutzt (Bild 6.74). Zuletzt wird der Läufer kurzgeschlossen. Schleifringläufermotoren sind teurer und störanfälliger als Kurzschlußläufer.

Beim Anlaufen erwärmt sich ein Motor durch die erhöhte Stromaufnahme stärker als im Dauerbetrieb. Ist die Anlaufzeit zu lang oder reicht die Pause zwischen den Einschaltungen nicht zum Abkühlen aus, heizt sich der Motor weiter auf, so daß schließlich die Isolation der Wicklungen durchbrennt. Bei normaler Umgebungstemperatur ($t < 40\,°C$) sind Anlaufzeit und Schalthäufigkeit die wesentlichsten Faktoren für zu hohe Motortemperaturen.

Die Anlaufzeit ist bei gegebenen Maschinendaten eine Funktion des Überschußmomentes.

$$M_{\ddot{U}} = M_M - M_L = I \frac{d\omega}{dt} \tag{6.101}$$

$$t_a = \int \frac{I}{M_{\ddot{U}}} d\omega = 2\pi I \int \frac{dn}{M_{\ddot{U}}} = \frac{\pi}{2} m D^2 \int \frac{dn}{M_{\ddot{U}}} \tag{6.102}$$

Tafel 6.8. Drehstrom-Asynchromotore mit Kurzschlußläufer

Läufer	Leistung P_{Mot} kW	Schaltung	Direktes Einschalten Einschaltstrom I_A % I_N	Anzugsmoment $M_{M:A}$ % $M_{M:N}$	Bemerkungen
Käfigläufer Rundstabläufer	sehr kleine Leistungen	direkt und $\curlyvee\triangle$	$\approx 500\ldots 800$	$\approx 150\ldots 250$	sehr großer Einschaltstrom
Stromdämpfungsläufer	≤ 15		$\approx 360\ldots 600$	$\approx 180\ldots 280$	
Stromverdrängungsläufer Hochstabläufer (Wirbelstromläufer) mit Rechteck- oder Keilstäben	≥ 125 z. T. auch darunter	direkt	$\approx 300\ldots 500$	$\approx 80\ldots 180$	weiches Anlaufmoment, für direkte Schaltung bevorzugt; wegen niedrigem Anzugsmoment für $\curlyvee\triangle$-Schaltung kaum geeignet
Doppelstabläufer (Doppelnutläufer)	≥ 17	direkt und besonders $\curlyvee\triangle$	$\approx 420\ldots 540$	$\approx 280\ldots 240$	sehr hohes Anzugsmoment, im Extremfall größer als Kippmoment; besonders für $\curlyvee\triangle$-Schaltung geeignet

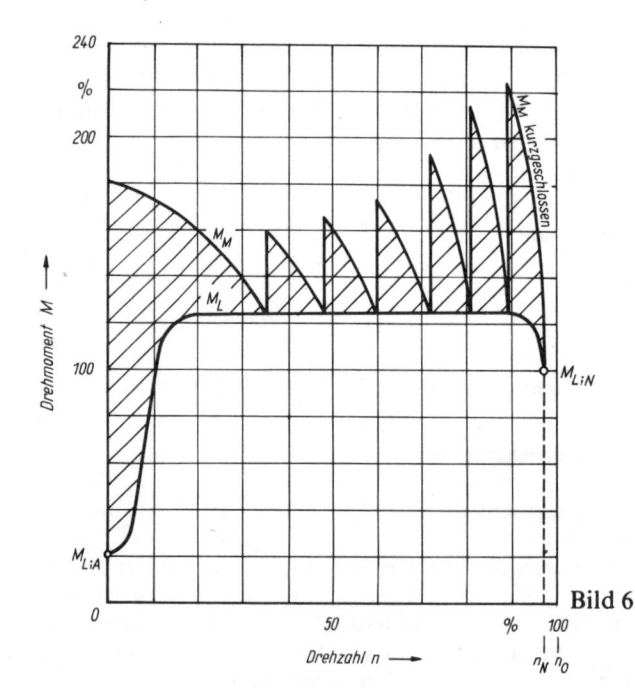

Bild 6.74 Anlaufkurven eines Zellenverdichters mit Schleifringläufermotor bei sechsstufigem Anlasser

$$t_a \approx \frac{\pi}{2} m D^2 \sum \frac{\Delta n}{M_{\ddot{u}}} \quad (Bild\ 6.75) \tag{6.103}$$

$M_{\ddot{U}}$ Überschußmoment in kg · m² · s⁻² = N · m
M_M Antriebsmoment des Motors in kg · m² · s⁻² = N · m
M_L Lastmoment der Arbeitsmaschine in kg · m² · s⁻² = N · m
t_a Anlaufzeit in s

6.5. Leistungsbedarf und elektrische Antriebe für Pumpen und Verdichter

I Massenträgheitsmoment der rotierenden Teile der Arbeitsmaschine und des Motors einschließlich Kupplung und Getriebe in $kg \cdot m^2$; $I = m \cdot D^2/4$
$m \cdot D^2$ Schwungmoment, auch mit GD^2 bezeichnet, in $kg \cdot m^2$
ω Winkelgeschwindigkeit in rad/s = 1/s
n Drehzahl in 1/s

Schwungmoment und Drehmoment = $f(n)$ werden von den Lieferwerken der Arbeitsmaschinen und Motoren angegeben. Für die Praxis genügt die näherungsweise Berechnung der Anlaufzeit nach Gl. (6.103).

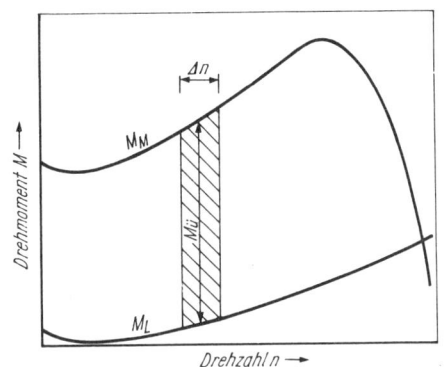

Bild 6.75 Näherungsweise Ermittlung des Überschußmoments und der Anlaufzeit nach Gl. (6.103)

Die im Wasserwerksbetrieb vorwiegend eingesetzten Kreiselradpumpen sind leicht anlaufende Maschinen. Sie erreichen die volle Drehzahl bei direkter Schaltung in etwa 1 Sekunde, bei Stern-Dreieck-Schaltung in etwa 3 Sekunden. Die Schalthäufigkeit wird bei kleinen Motoren meist kleiner als $10 \, h^{-1}$, bei großen Motoren höchstens $4 \, h^{-1}$ gewählt. In diesen Fällen genügt es, die Motoren nach der Kupplungsleistung Gl. (6.71) zu bemessen.

Bei Kreiselverdichtern mit Drehzahlen $n \geq 3000 \, min^{-1}$ kann die Anlaufzeit bis etwa 10 Sekunden betragen. Hier spielt die zulässige Motorerwärmung bereits eine Rolle. Sofern keine Berechnung der Anlaufzeit und des thermischen Verhaltens des Motors durchgeführt wird, ist zwischen Kupplungsleistung nach Gl. (6.96) und Motorleistung eine Sicherheit $\geq 20\%$ zu empfehlen.

Für hochtourige Maschinen, schwer anlaufende Kolbenpumpen und -verdichter und extrem hohe Schalthäufigkeiten sind Anlauf und Erwärmung zu untersuchen. Hierzu müssen die Anlaufdrehmomente der Arbeitsmaschinen und Motoren unter Berücksichtigung der Toleranzen, die Betriebsspannung am Motor und die thermischen Daten des Motors bekannt sein. Derartige Untersuchungen sollten wegen der Garantieansprüche dem Lieferwerk der Maschinen überlassen werden.

6.5.5. Drehzahlregelung

Elektromotoren lassen sich durch verschiedene zusätzliche Einrichtungen in ihrer Drehzahl regeln. Dabei muß grundsätzlich zwischen *Verlustregelung* und *verlustarmer Regelung* unterschieden werden. Die *Verlustregelung* kann einfach durch Vorschalten von Widerständen geschehen, wobei überschüssige Energie in Wärme umgewandelt wird. Die *verlustarme* Regelung größerer Motoren erfordert komplizierte und sehr teure elektrische Einrichtungen.

Soll eine Arbeitsmaschine aus ökonomischen Gründen drehzahlgeregelt werden, z. B. Kreiselpumpen zur direkten Förderung ins Versorgungsnetz, so ist nur eine verlustarme Regelung sinnvoll. Die Drehzahlregelung von Motoren kleiner Leistung oder selten betriebener Maschinen aus rein technischen Gründen kann jedoch mit einer einfachen Verlustregelung geschehen.

Gleichstrom-Nebenschlußmotoren können durch Vorwiderstände im Erregerkreis über einen großen Stellbereich mit hoher Genauigkeit verlustarm geregelt werden. Für kleine Leistungen können diese Motoren über Umformer gespeist werden. Für große Leistungen sind jedoch kompliziertere rotierende Umformer oder statische Stromrichter auf Halbleiterbasis notwendig.

Drehstrom-Schleifringläufermotoren werden durch Vorschaltwiderstände in ihrer Drehzahl geregelt. Hierbei handelt es sich um eine Verlustregelung. Die Motoren sind störanfälliger und wartungsintensiver als Kurzschlußläufer.

Drehstrom-Kurzschlußläufermotoren können durch Polumschaltung in ihrer Drehzahl zwar in großen Stufen (s. Tafel 6.7) verändert, aber nicht stufenlos geregelt werden. Die verlustarme, stufenlos regelbare Drehzahländerung von Drehstrommotoren erfordert Spezialmotoren mit aufwendigen Zusatzeinrichtungen. In Frage kommen hauptsächlich

– Drehstrom-Asynchronmotoren mit Käfigläufer; Drehzahlregelung durch statische Frequenzumformung mittels Halbleiter. International werden derartige Frequenzumformer für 1 bis 1250 kW gebaut. Da die gesamte Leistung umgeformt werden muß, steigt der Aufwand mit der Leistung jedoch beträchtlich an. Die obere Einsatzgrenze liegt deshalb meist unter 200 kW.

– Drehstrom-Schleifringläufermotoren; untersynchrone Drehzahlregelung mit Rückspeisung der Schlupfleistung über Stromrichterkaskade und Umspannung zur Netzeinspeisung. Der Aufwand für Stromrichterkaskade je Motor und Umspanner ist beträchtlich, jedoch weniger von der Leistung abhängig, da nur die Schlupfleistung über diese Anlagen geleitet wird. Diese Drehzahlregelung wird meist für Leistungen $\geq$ 200 kW eingesetzt und erlaubt Drehzahlbereiche von 50 bis 100 % der Nenndrehzahl.

Die verlustarme Drehzahlregelung von Pumpen zur Wasserversorgung bringt bei stark schwankenden Förderströmen und Förderhöhen erhebliche energetische Einsparungen, da mit einem Minimum an Pumpen der erforderliche Arbeitsbreich ohne Drosselung der Pumpen (Energievernichtung) bei guten Wirkungsgraden gefahren werden kann (s. Abschn. 6.2.5.4.). Dies gilt besonders für die direkte Förderung von Wasser in die Versorgungsnetze und hintereinander geschaltete Pumpwerke mit schwankendem Vordruck. Durch die „weiche" Fahrweise stufenlos drehzahlgeregelter Pumpen lassen sich auch hydraulische und verfahrenstechnische Probleme gut lösen, z. B. bei Überhebepumpen innerhalb von Wasseraufbereitungsanlagen durch synchrone Anpassung an die Rohwasserförderung. Selbst für kleine Druckerhöhungsanlagen im Versorgungsnetz beginnen drehzahlgeregelte Pumpen die Hydrophoranlagen zu verdrängen [6.3; 6.21].

Die elektrischen Anlagen zur verlustarmen Drehzahlregelung sind sehr teuer und benötigen meist mehr Platz als die Maschinen selbst. Die Motoren und Elektroanlagen sind störanfälliger und wartungsintensiver als einfache Drehstrom-Kurzschlußläufermotoren. Drehzahlgeregelte Maschinen sind nur zu empfehlen, wenn jederzeit geschultes Personal für die Wartung bereitsteht.

Literaturverzeichnis

[6.1] Autorenkollektiv: Das Grundwissen des Ingenieurs. Leipzig: VEB Fachbuchverlag 1960.

[6.2] Autorenkollektiv: Technisches Handbuch Pumpen. Berlin: VEB Verlag Technik 1972.

[6.3] *Baumgärtel, Ch.:* Betriebliche und wirtschaftliche Gesichtspunkte für die Drehzahlregelung von Pumpen in der Wasserversorgung. Neue DELIWA-Zeitschrift (1979) H. 10, S. 422–424.

[6.4] *Blau, E.:* Modellmäßige Untersuchung von Pumpensümpfen. WWT 7 (1957) H. 11, S. 423–428.

[6.5] *Georke, H.:* Pumpenanlagen. München: Carl Hauser Verlag 1965.

[6.6] *Hanagarth, W.:* Bemessung und Betrieb von Förderpumpen. Berichte aus Wassergüterwirtschaft und Gesundheitsingenieurwesen Technische Universität München (1980) Nr. 27.

[6.7] *Hummel, J.:* Wirtschaftliche Auslegung und Betriebsweise von Systemen der Wasserverteilung. Dissertation TU Dresden, 1979.

[6.8] *Kaiser, G.; Saretz, J.:* Optimierung von Systemen der Wasserverteilung. Dissertation TU Dresden, 1974.

[6.9] *Kassatkin, A. G.:* Chemische Verfahrenstechnik, Bd. I. Leipzig: VEB Deutscher Verlag für Grundstoffindustrie 1961.

[6.10] *Leuschner, G.:* Gesichtspunkte bei der Auswahl von Flüssigkeitspumpen (insbesondere

6.5. Leistungsbedarf und elektrische Antriebe für Pumpen und Verdichter

von Kreiselpumpen) für die Verfahrenstechnik. Aufbereitungstechnik 11 (1970) H. 5, S. 286–298.

[6.11] *Nagel, G.:* Der Einsatz von Windkesseln für den Druck- und Verbrauchsausgleich in Wasserversorgungsnetzen. Neue DELIWA-Zeitschrift (1979) H. 6, S. 223–224.

[6.12] *Ose, G.,* u.a.: Ausgewählte Kapitel der Mathematik. Leipzig: VEB Fachbuchverlag 1974.

[6.13] *Osten:* Nomogramm zur schnellen Berechnung der Dichte der Luft. Technische Gemeinschaft 14 (1966) H. 1, S. 31–33.

[6.14] *Pfleiderer, C.:* Die Kreiselpumpen für Flüssigkeiten und Gase. Berlin, Göttingen, Heidelberg: Springer-Verlag 1961.

[6.15] *Plötner, W.:* Technisches Handbuch Verdichter. Berlin: VEB Verlag Technik 1966.

[6.16] *Preißler, G.; Bollrich, G.:* Technische Hydromechanik, Bd. 1. Berlin: VEB Verlag für Bauwesen 1980.

[6.17] *Prosser, M. J.:* The hydraulic design oft pump sumps and intaktes. British Hydromechanics Research Association, Cranfield; Juli 1977, S. 1–48 (Übersetzung Ü 2793 beim VEB Kombinat Pumpen und Verdichter, Halle).

[6.18] *Randolf, R.; Schnaak, M.:* Versuche über den hydraulischen Sandtransport im Wasserwerksbetrieb. WWT 11 (1961) H. 6, S. 267–270.

[6.19] *Schneider/Thiele/Truelsen:* Die Wassererschließung. Essen. Vulkanverlag 1952.

[6.20] *Schulz, F.; Fasol, K. H.:* Wasserstrahlpumpen zur Förderung von Flüssigkeiten. Wien: Springer-Verlag 1958.

[6.21] *Spengler, H.; Surek, D.:* Drehzahlverstellbare Elektromotorenantriebe für Pumpen und Verdichter. Pumpen und Verdichter Informationen (1980) H. 2, S. 18–23.

[6.22] *Starke, W.:* Technologische Belange bei der Automatisierung von Pumpanlagen. WWT 14 (1964) H. 7, S. 201–204; H. 8, S. 238–240; H. 11, S. 350.

[6.23] *Steinwender, A.:* Die Wasserstrahlpumpe und ihre Dimensionierung. GWF 99 (1958) H. 48, S. 1228–1231.

[6.24] *Vetter, G.; Fritsch, H.:* Auslegung von Pulsationsdämpfern für oszillierende Verdrängerpumpen. Chemie-Ing.-Techn. 42 (1970) H. 9/10, S. 609–616.

7. Wasserspeicherung

Wasserspeicher haben die Aufgabe,
- den Unterschied zwischen Wasserzulauf und -entnahme auszugleichen
- in vielen Anlagen den im Rohrnetz erforderlichen Druck zu erzeugen
- bei Störungen im Zulauf und im Brandfall einen Vorrat bereitzuhalten.

Nur in Ausnahmefällen, besonders bei Wasserversorgungsanlagen kleiner Kapazität, wird in Einzelfällen auf Wasserspeicher verzichtet.

Da bekanntlich erhebliche Schwankungen des Wasserverbrauchs auftreten, ist der mengenmäßige Ausgleich zur Wasserlieferung, besonders aus wirtschaftlicher Sicht, unumgänglich. Dies wirkt sich günstig auf die Bemessung und den Betrieb der Wassergewinnung, der Aufbereitung, Förderung und Zuleitung aus.

Andere Wasserspeicher sind an langen Zuleitungen als Zwischenbehälter für Überpumpwerke erforderlich oder arbeiten als Übergabebehälter für angeschlossene Gemeinden. Bei Zuleitungen und Versorgungsgebieten mit größeren Höhenunterschieden ist eine Druckunterbrechung notwendig, die durch Zwischenschaltung von Wasserspeichern vorgenommen werden kann. In vielen Wasserwerken dienen Wasserspeicher vor den Reinwasserpumpen dem Ausgleich zwischen Roh- und Reinwasserförderung. In Versorgungsgebieten unter 3000 Einwohnern übernehmen in der Regel Löschwasserbehälter die Speicherung des im Brandfall notwendigen Löschwassers, da die direkte Bereitstellung des Löschwassers aus dem Rohrnetz unwirtschaftliche Rohrdurchmesser bedingen würde.

Wasserbehälter sind bereits vor unserer Zeitrechnung in hoher Qualität gebaut worden. Bekannt sind besonders die Königszisterne in Jerusalem mit 30 000 m^3 Speichervolumen, ein 25 000-m^3-Behälter in Istanbul aus dem 6. Jahrhundert und ein 1874 in Paris gebauter 200 000-m^3-Behälter [7.1].

7.1. Art der Wasserspeicher

Hochbehälter sind die wichtigste Form der Wasserspeicherung. Ihr Wasserspiegel liegt über der Versorgungsdruckhöhe, so daß das Wasser im freien Gefälle dem Verbraucher zulaufen kann. Die wirtschaftlichste Form stellt dabei der *Erdhochbehälter* dar. Sein Standort soll möglichst nahe am Versorgungsgebiet an einem höhen- und lagemäßig günstigen Platz liegen.

Ist kein geeigneter Standort für die Anlage eines Erdhochbehälters zu finden, so kann der Bau eines *Wasserturms* neben der direkten Pumpenversorgung erwogen werden. Die fehlende natürliche Geländehöhe wird dabei durch einen turmartigen Aufbau ersetzt, in dessen oberem Teil das Wasser gespeichert wird. Da die Kosten von Wassertürmen etwa 5- bis 10mal so hoch liegen wie die von Erdhochbehältern, bedarf eine solche Entscheidung und auch die Größenfestlegung genauer Untersuchungen.

Bei *Tiefbehältern* liegt der Wasserspiegel unter der Versorgungsdruckhöhe; es ist also noch eine Förderung mittels Pumpen notwendig. Sie sind fast immer im Wasserwerk zu finden, dienen dort dem Ausgleich zwischen Roh- und Reinwasserförderung und gleichzeitig als Pumpenvorlage für die Reinwasserpumpen. Tiefbehälter können aber auch als Pumpenvorlage für Zwischenpumpwerke eingesetzt werden.

Bei kleinen Versorgungsgebieten wird das Löschwasser aus wirtschaftlichen Gründen nicht aus dem zentralen Wasserversorgungsnetz zur Verfügung gestellt. In solchen Fällen werden Tiefbehälter als *Löschwasserbehälter* im Versorgungsgebiet angeordnet, die durch Oberflächenwasser oder auch durch das zentrale Wasserversorgungsnetz gespeist werden können. Am geeignetsten sind geschlossene Löschwasserbehälter; es können aber auch natürliche Teiche oder künstlich angelegte offene Löschwasserbecken vorteilhaft sein.

Zu den *Sonderformen der Wasserspeicherung* gehören u. a. Talsperren und Untergrundspeicher. In den Talsperren wird Oberflächenwasser und in den Untergrundspeichern natürlich oder künstlich angereichertes Grundwasser gespeichert.

7.2. Lage der Wasserspeicher

Hochbehälter
Am günstigsten ist die *zentrale Lage des Hochbehälters* im Versorgungsgebiet, da bei dieser Lösung die Versorgungsleitungen entsprechend kurz sind und der Druckverlust bis zum Verbraucher klein bleibt. Bei Rohrbrüchen zwischen Hochbehälter und Verbraucher treten in diesem Falle die geringsten Störungen auf. Diese zentrale Lage im Versorgungsgebiet ist aber nur in Ausnahmefällen und bei Wassertürmen möglich, so daß meist an der Peripherie ein geeigneter Platz gesucht werden muß.

Man muß zwei grundsätzliche Anordnungen, den Durchgangs- und den Gegenbehälter, unterscheiden (Bild 7.1).

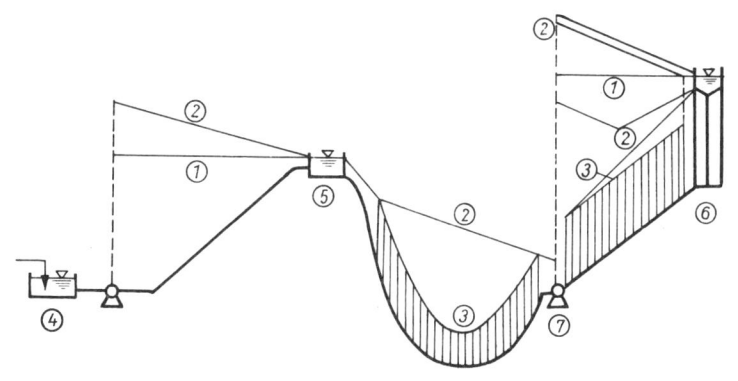

Bild 7.1. Wasserbehältersysteme
1 hydrostatische Drucklinie; *2* hydrodynamische Drucklinie; *3* erforderlicher Versorgungsdruck; *4* Tiefbehälter; *5* Hochbehälter als Erdhochbehälter; *6* Hochbehälter als Wasserturm und Gegenbehälter; *7* Überpumpwerk

Der *Durchgangsbehälter* liegt zwischen dem Pumpwerk und dem Versorgungsgebiet. Bei dieser Anordnung ergeben sich klare Betriebsverhältnisse. Die Förderhöhe der Reinwasserpumpen ist praktisch unabhängig vom Verbrauch. Der Versorgungsdruck ist unabhängig von der Pumpenförderung, und das gespeicherte Wasser wird laufend erneuert.

Beim *Gegenbehälter* liegt das Versorgungsgebiet zwischen dem Pumpwerk und dem Hochbehälter. In verbrauchsarmen Zeiten erfolgt die Versorgung durch das Pumpwerk; das Überschußwasser gelangt in den Hochbehälter. Während der Verbrauchsspitze speisen sowohl Pumpwerk als auch Hochbehälter ein; zwangsläufig sind damit größere Druckschwankungen im Netz verbunden. Bei dieser Lösung können Stromkosten eingespart werden, da nicht das gesamte Wasser auf die Höhenlage des Hochbehälters gepumpt werden muß.

Das Wasser im Gegenbehälter wird nicht laufend erneuert; dies ist aber nicht von allzu großer Bedeutung.

Der *Durchgangsbehälter* ist so hoch über dem Versorgungsgebiet anzuordnen, daß bei tiefstem Wasserstand und größtem Verbrauch der Versorgungsdruck noch erreicht wird. Dabei können zwei extreme Fälle auftreten: zum einen der maximale Stundenverbrauch und zum anderen der Brandfall. Versorgungsdrücke über etwa 60 bis 80 m sind zu vermeiden, da hierdurch besonders Armaturen und Hausinstallationen überbeansprucht werden. In solchen Fällen ist die Unterteilung in verschiedene Versorgungszonen notwendig. Normalerweise soll der Versorgungsdruck bei zweigeschossiger Bebauung mindestens 24 m und bei fünfgeschossiger Bebauung 36 m über Gelände liegen. Hochhäuser sind durch eigene Drucksteigerungsanlagen zu versorgen.

Bild 7.1 zeigt auch Lage und Druckverhältnisse beim *Gegenbehälter*. Die hydrodynamischen Drucklinien zeigen die Versorgung vom Pumpwerk aus bei verschiedenen Wasserverbrauchssituationen ohne Mitwirkung des Hochbehälters, die beiderseitige Einspeisung und die Versorgung nur durch den Hochbehälter. Unter der Voraussetzung, daß nicht allein durch den Hochbehälter voll versorgt werden soll, kann man beim Gegenbehälter gegenüber dem Durchgangsbehälter mit einer geringeren Höhenlage auskommen und damit Energie einsparen. Bild 7.1 zeigt außerdem die stark schwankende Förderhöhe im Überpumpwerk; hier müssen also die Pumpen an diese wechselnden Förderhöhen gut angepaßt werden.

In großen Versorgungsgebieten werden oft mehrere Behälter an verschiedenen Stellen angeordnet. Dabei sind umfassende hydraulische Untersuchungen des betreffenden Versorgungsgebiets sowie der Größe und der Höhenlage der Einzelbehälter notwendig, sonst kann es im Betrieb zur Nichtauslastung einzelner Behälter und zu Versorgungsschwierigkeiten kommen.

Tiefbehälter
Die Lage der *Tiefbehälter* ist durch örtliche Bedingungen meist vorgeschrieben. Sie stehen entweder im Wasserwerk, an Überpumpstationen, an Übergabepunkten oder als Löschwasserbehälter im Versorgungsgebiet. Komplexe technologisch-ökonomische Untersuchungen sind bei Tiefbehältern notwendig, die im Versorgungsgebiet liegen. Diese Lösungen treten besonders bei sehr großen Versorgungsanlagen auf, da hier oft, besonders bei flachem Gelände, Hochbehälter nicht anwendbar sind und Wassertürme aus wirtschaftlichen Gründen ausscheiden. Die zentrale Lage solcher Tiefbehälter mit verbrauchsabhängig arbeitenden Pumpstationen ist besonders vorteilhaft.

7.3. Bemessung der Größe der Wasserspeicher

Die Bemessung eines Wasserspeichers ist entsprechend der unterschiedlichen Aufgaben durchzuführen. Um die Wirtschaftlichkeit im Behälterbau zu erhöhen, wurden in vielen Ländern besonders bei den Erdhoch- und Erdtiefbehältern einheitliche Bauformen und gestaffelte Speichergrößen entwickelt. Diese Typenreihen sind bei der endgültigen Bemessung zu berücksichtigen.

Die *Behältergröße* ist von dem Unterschied zwischen Zulauf und Ablauf (Fluktuation), eventuell von der Löschwassermenge und von der Störreserve abhängig. Normalerweise soll der mengenmäßige Ausgleich zwischen Zu- und Ablauf innerhalb 24 Stunden stattfinden. Bei größeren Abgaben an die Industrie kann in Ausnahmefällen aber auch die Speicherung des am Wochenende frei werdenden Wassers für die folgende Woche Vorteile bringen. Erste Angaben zu den Verbrauchsschwankungen sind im Abschn. 2.3.2. zu finden. Größere Aussagekraft haben selbstverständlich Messungen und Auswertungen am betreffenden Versorgungssystem. In Zukunft sind bei der Größenfestlegung von Behältern besonders auch die Fragen der Energieeinsparung zu beachten. In einigen Fällen wird eine Reduzierung der Pumpenleistungen in den Spitzenzeiten des Energieverbrauchs zu Kostensenkungen führen. Dies zwingt dann zur Vergrößerung des Speichervolumens.

Umfassende hydraulisch-ökonomische Untersuchungen zu diesem Fragenkomplex sind damit unumgänglich geworden [7.2].

Grundsätzlich soll die Behälterbemessung großzügig durchgeführt werden, da erfahrungsgemäß viele bestehende Behälter in der Vergangenheit oft mehrfach erheblich erweitert wurden. Bisher wurde meist nach der sogenannten fluktuierenden Wassermenge bemessen. Diesem Ergebnis wurden die Löschwassermenge und eine in der Regel zu geringe Störreserve zugeschlagen.

Die *Störreserve* wird maßgeblich beeinflußt durch
- Art, Größe und Lage des Versorgungsgebiets
- die territoriale Entwicklung im Versorgungsgebiet

7.3. Bemessung der Größe der Wasserspeicher

- Anteil der Industrie am täglichen Wasserbedarf
- Anzahl und Lage der Wasserwerke sowie deren Betriebsweise
- Zustand und Länge der Zuleitungen
- Dauer der Beseitigung einer Havarie in den Zuleitungen.

Es ist in Einzelfällen möglich, daß die Beseitigung von Rohrbrüchen in einer Zuleitung bei hohem Grundwasserstand mehr als einen Tag dauern kann.

Die Größe der *Löschwassermenge* ist im Abschn. 2.4. zu finden. Sie ergibt sich aus dem Löschwasserbedarf und der in der Regel geforderten 3stündigen Brandbekämpfung.

Tafel 7.1. Richtwerte für die Bemessung von Erdhochbehältern

Art des Versorgungsgebiets	Behälterinhalt einschließlich Feuerlösch- und Störreserve
Versorgungsgebiet mit max. $V_d \leq 1000$ m³	$1,0 \ldots 1,5$ max. V_d
Versorgungsgebiet mit max. $V_d = 1000$ bis $20\,000$ m³	$0,8 \ldots 1,0$ max. V_d
Versorgungsgebiet mit max. $V_d > 20\,000$ m³	$0,5 \ldots 0,8$ max. V_d

Im allgemeinen haben sich für die Bemessung von *Erdhochbehältern* die in Tafel 7.1 zusammengestellten Richtwerte bewährt. Größere Abweichungen treten bei großen Störreserven auf.

Für *Wassertürme* und andere Sonderfälle ist jedoch auch weiterhin die Ermittlung des kleinstmöglichen Behälterinhalts notwendig. Dies ist sowohl graphisch als auch rechnerisch möglich.

An einem einfachen Beispiel werden beide Verfahren erläutert. Es handelt sich um die *Bemessung eines Wasserturms* für ein Versorgungsgebiet mit max. $V_d = 3000$ m³. Der Löschwasserbedarf aus dem zentralen Versorgungsnetz beträgt 20 l/s. Der Zulauf ist über 24 Stunden fast gleichmäßig und beträgt damit 1/24 von max. V_d, das sind etwa 4 %.

Beim *graphischen Verfahren* sind in Bild 7.2 oben die Ganglinien für Zu- und Abfluß dargestellt. Die Zuflußganglinie hängt von der Größe und zeitlichen Verteilung des Zuflusses ab, die Abflußganglinie von den Lebensgewohnheiten der Einwohner, dem Anteil der Industrie und der Größe des Versorgungsgebiets. Im vorliegenden Falle haben die Großabnehmer keinen wesentlichen Einfluß auf die Abflußganglinie; es treten ausgeprägte Spitzenzeiten durch verhältnismäßig einheitliche Lebensgewohnheiten auf. Der niedrigste Verbrauch liegt bei 0,5 % und der höchste bei 10,5 % von max. V_d. In diesem Zusammenhang wird auf Bild 2.1 hingewiesen.

Die *fluktuierende Wassermenge* bezeichnet die Wassermenge, die während des Zuflusses gespeichert werden muß, um bei größerem Abfluß zur Bedarfsdeckung zur Verfügung zu stehen. Die graphische Ermittlung des erforderlichen Behälterinhalts nur aus den Ganglinien ist nicht zu empfehlen. Übersichtlicher wird das Verfahren bei Verwendung der Summenlinien des Zu- und Abflusses. Man erhält sie durch summierendes Auftragen der Zu- und Abflüsse. Um den erforderlichen Behälterinhalt feststellen zu können, muß die aufgetragene Zuflußsummenlinie parallel nach oben verschoben werden, bis sie die Abflußsummenlinie von oben berührt. Die jetzt feststellbare größte Ordinatendifferenz zwischen den Summenlinien ist der erforderliche Behälterinhalt; im vorliegenden Falle beträgt er 24,3 % von max. V_d. Da max. $V_d = 3000$ m³ beträgt, sind $0,243 \cdot 3000 = 729$ m³ zu speichern. Hinzu kommen in diesem Fall noch 20 l/s Löschwasser. Das sind bei einer 3stündigen Brandbekämpfung 216 m³. Die Störreserve wird lediglich mit 255 m³ festgelegt. Der Gesamtinhalt des Wasserturms beträgt damit $729 + 216 + 255 = 1200$ m³.

In Bild 7.2 wurde unten noch die *Ganglinie des Behälterinhalts* aufgetragen, die Ordinaten entsprechen der Differenz zwischen Abflußsummenlinie und verschobener Zuflußsummenlinie. Da der 24stündige Pumpbetrieb den Normalfall darstellt, ist das gefundene Ergebnis auf viele Anlagen übertragbar. Ab und zu sind auch noch kürzere Pumpzeiten erforderlich. Hier sind die Energiespitzen zu berücksichtigen und die Pumpzeiten entsprechend zu wählen. Auch der Einfluß der Überlagerung mehrerer Pumpwerke kann auf diesem Wege ohne weiteres ermittelt werden; zum Einfluß der Pumpenstaffelung s. auch Abschn. 6.2.5.

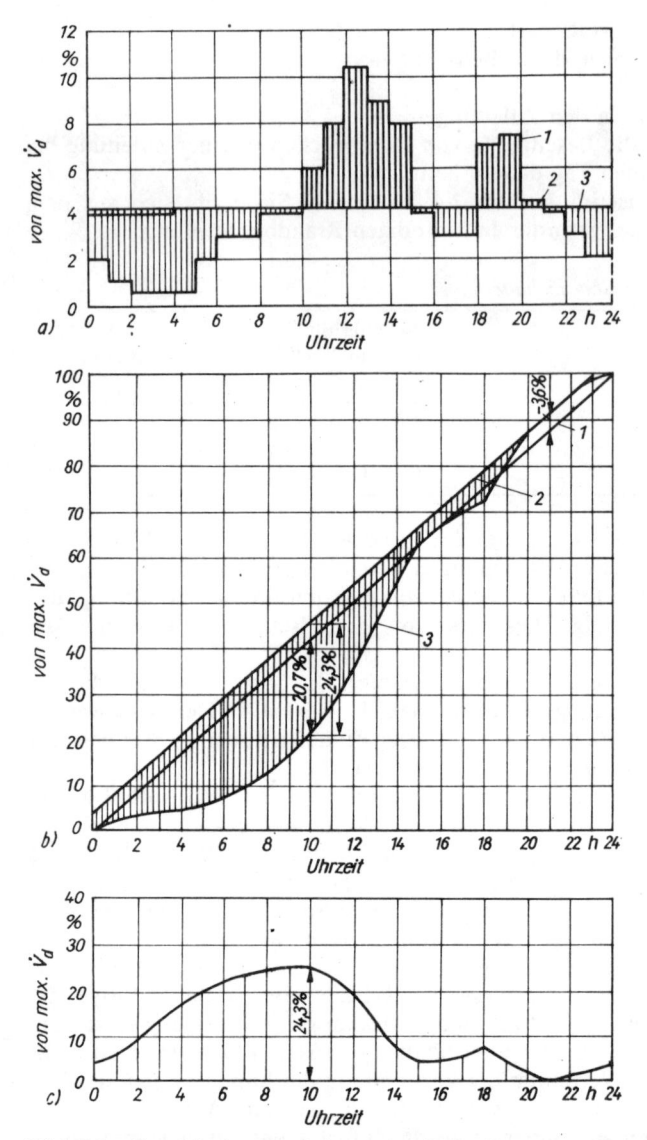

Bild 7.2 Graphische Ermittlung der fluktuierenden Wassermenge
a) Ganglinie für Zu- und Abfluß
   1 Abflußganglinie; *2* Zuflußganglinie; *3* fluktuierende Wassermenge
b) Zu- und Abflußsummenlinie
   1 Zuflußsummenlinie; *2* verschobene Zuflußsummenlinie; *3* Abflußsummenlinie
c) Ganglinie des Behälterinhalts

Tafel 7.2 zeigt die *analytische Berechnung* des fluktuierenden Behälterinhalts für das gewählte Beispiel. Spalte 2 und 3 enthalten die Ordinaten der Ganglinien für Zu- und Abfluß. Die Größe des fluktuierenden Behälterinhalts erhält man durch Addition der absoluten Beträge der größten negativen und positiven Zahl der Spalte 5 (20,7 + 3,6 = 24,3 %). Sie sind in Bild 7.2 als Ordinatendifferenz zwischen Abflußsummenlinie und unverschobener Zuflußsummenlinie zu finden.

Entsprechend der Aufgabe des einzelnen *Tiefbehälters* müssen bei der Bemessung die verschiedenen Betriebsbedingungen berücksichtigt werden. Es kann sowohl die Bemessung nach

7.4. Bau und Ausrüstung von Erdhochbehältern

Tafel 7.2. Analytische Behälterinhaltsbemessung

Uhrzeit	Verbrauch von max. V_d	Zufluß von max. V_d	Zufluß – Abfluß von max. V_d	Behälterinhaltsbewegung von max. V_d; Summe der Spalte 4
1	2	3	4	5
0…1	2	4	2	2
1…2	1	4	3	5
2…3	0,5	4	3,5	8,5
3…4	0,5	4	3,5	12
4…5	0,5	4,2	3,7	15,7
5…6	2	4,2	2,2	17,9
6…7	3	4,2	1,2	19,1
7…8	3	4,2	1,2	20,3
8…9	4	4,2	0,2	20,5
9…10	4	4,2	0,2	20,7
10…11	6	4,2	– 1,8	18,9
11…12	8	4,2	– 3,8	15,1
12…13	10,5	4,2	– 6,3	8,8
13…14	9	4,2	– 4,8	4,0
14…15	8	4,2	– 3,8	0,2
15…16	4	4,2	0,2	0,4
16…17	3	4,2	1,2	1,6
17…18	3	4,2	1,2	2,8
18…19	7	4,2	– 2,8	0,0
19…20	7,5	4,2	– 3,3	– 3,3
20…21	4,5	4,2	– 0,3	– 3,6
21…22	4	4,2	0,2	– 3,4
22…23	3	4,2	1,2	– 2,2
23…24	2	4,2	2,2	0,0
	100,0	100,0	0,0	

der fluktuierenden Wassermenge als auch die nach den Richtwerten der Tafel 7.1 in Frage kommen.

Eine Sonderstellung nehmen die *Löschwasserbehälter* ein. In Orten unter 3000 Einwohnern wird das Löschwasser in der Regel nicht aus dem Versorgungsnetz bereitgestellt, sondern aus im Versorgungsgebiet verteilten Löschwasserbehältern. Die gespeicherte Löschwassermenge soll dabei insgesamt mindestens 200 m³ betragen; die Größe des Einzelbehälters, mindestens 50 m³, und der Standort hängen von den örtlichen Bedingungen ab.

Der Frage der *Mehrtagesspeicher* ist besondere Aufmerksamkeit bei Versorgungsgebieten mit deutlichen Spitzen in der Wochenganglinie zu schenken. In diesen Fällen ermöglicht die Einrichtung von Mehrtagesspeichern eine ausgeglichenere Fahrweise der Gewinnungs- und Aufbereitungsanlagen. Sowohl diese Einrichtungen als auch die Zuleitungen bis zum Speicher können dann für eine geringere Kapazität als max. V_d ausgelegt werden. Die Inhaltsbemessung muß unter Berücksichtigung mehrtägiger Verbrauchsganglinien von Perioden maximalen Wasserbedarfs und gleichzeitigem Minimum an Wasserdargebot vorgenommen werden. Die Behältergröße ergibt sich dann aus einer Optimierungsrechnung für das Gesamtsystem.

7.4. Bau und Ausrüstung von Erdhochbehältern

Der Erdhochbehälter ist die wirtschaftlichste und älteste Form des Reinwasserspeichers. Man trifft in der Praxis noch die verschiedensten Bauformen und Bauweisen an. Es werden rechteckige Behälter aus Stampfbeton und aus Stahlbeton gebaut. Der runde Behälter hat an Bedeutung gewonnen, da er durch seine statischen Vorteile den Aufwand an Baustoffen reduziert. Er verlangt aber spezielle Erfahrungen und ist nicht immer ökonomisch überlegen. An bestimmten Standorten ist auch der damit meist verbundene größere Flächenbedarf nicht zu realisieren. Im Großbehälterbau hat sich inzwischen die vorgespannte Behälterkonstruktion weitestgehend durchgesetzt.

Bis auf kleine Speicher sind immer zumindest zwei Wasserkammern anzuordnen, um bei Montagen und Reinigungen ausweichen zu können. Die Zurückhaltung der Löschwassermenge und Störreserve durch gestaffelte Abläufe kommt nur noch in Sonderfällen in Frage, da durch Fernübertragung und Ablaufsicherung eine laufende Behälterüberwachung möglich ist.

Vor der Wahl des Behälterstandorts sind eingehende Baugrunduntersuchungen notwendig, die besonders bei großen Behältern einen erheblichen Umfang annehmen können. Bild 7.3 zeigt einige Grundrißformen rechteckiger und runder Behälter als Durchlaufbehälter. Die rechtek-

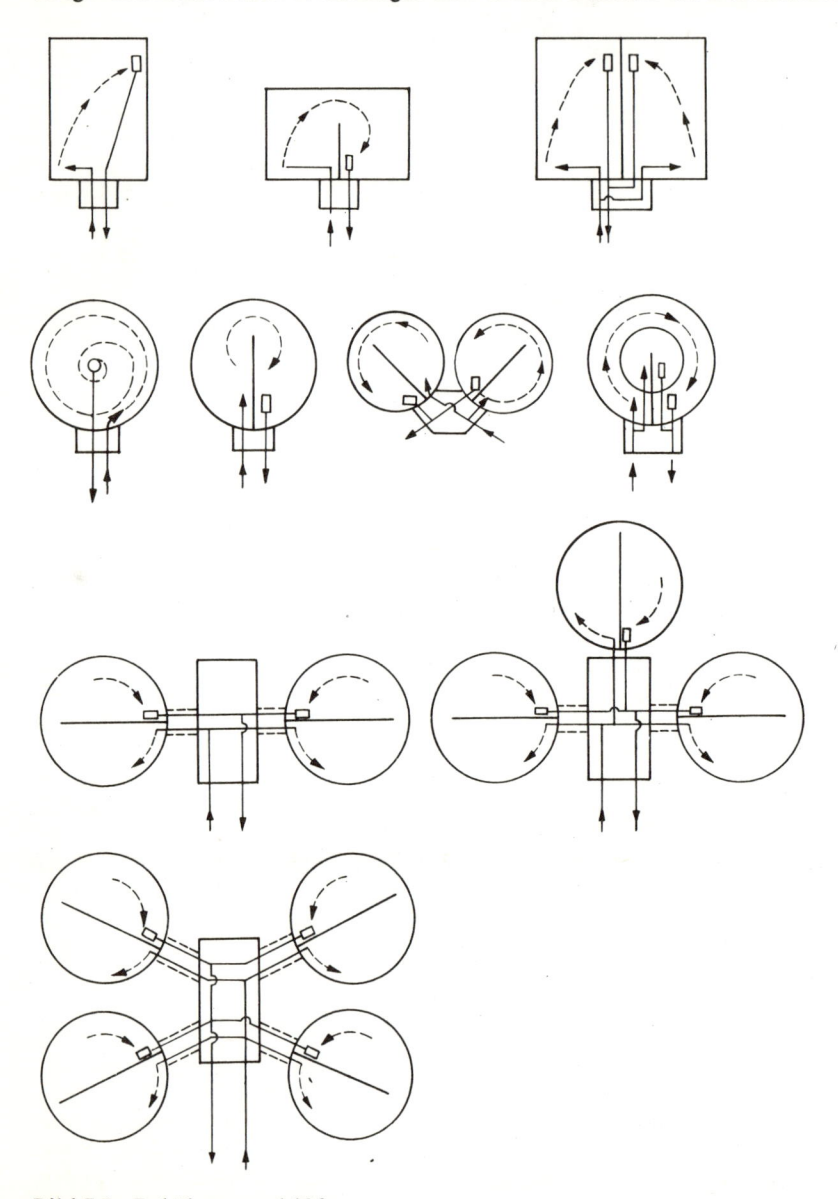

Bild 7.3   Behältergrundrißformen

7.4. Bau und Ausrüstung von Erdhochbehältern

kige Behälterform hat ebene Flächen; damit ist ein niedriger Schalungsaufwand verbunden. Das wirtschaftlichste Seitenverhältnis rechteckiger Behälter ist bei zwei Kammern etwa 1,5:1; es steigt bei vier Kammern auf 1:1,6 an. Statisch ist diese Form allerdings ungünstig, da erhebliche Biegemomente auftreten. Bei der Kreisform wird die Schalung kompliziert; die statischen Kräfte werden jedoch günstiger. Bis auf die Auflagerstörungen treten nur Zugspannungen in der Wandschale auf. Die Kreisform mit eingespannter Mittelwand ist abzulehnen, da erhebliche Einspannmomente in der Wandschale aufgenommen werden müssen. Die Anordnung von zwei ineinandergestellten Kreisbehältern bringt keine wesentlichen Vorteile infolge hohen Schalungsaufwands und schwieriger Rohrführung. In Bild 7.3 sind unten drei Behälterkombinationen dargestellt, bei denen die Schieberkammer, getrennt von den Behältern, zentral angeordnet wurde. Der Behältereinstieg erfolgt von der Behälterdecke aus, während die Rohrleitungen durch begehbare Rohrkanäle an die Behälter herangeführt werden. Diese Bauweise eignet sich besonders für große Behälter in Montagebauweise.

Im Bild 7.5 wurde als Beispiel dieser Entwicklung ein zweikammeriger Erdhochbehälter (2×2800 m³) in Fertigteilbauweise dargestellt. Die Anordnung entspricht dem Schema in Bild 7.3 unten. Von der zentralen Schieberkammer aus werden zwei, drei oder vier getrennt ste-

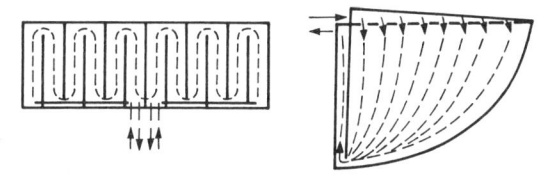

Bild 7.4 Grundrißformen von Großbehältern zur Verhinderung von Stagnationen

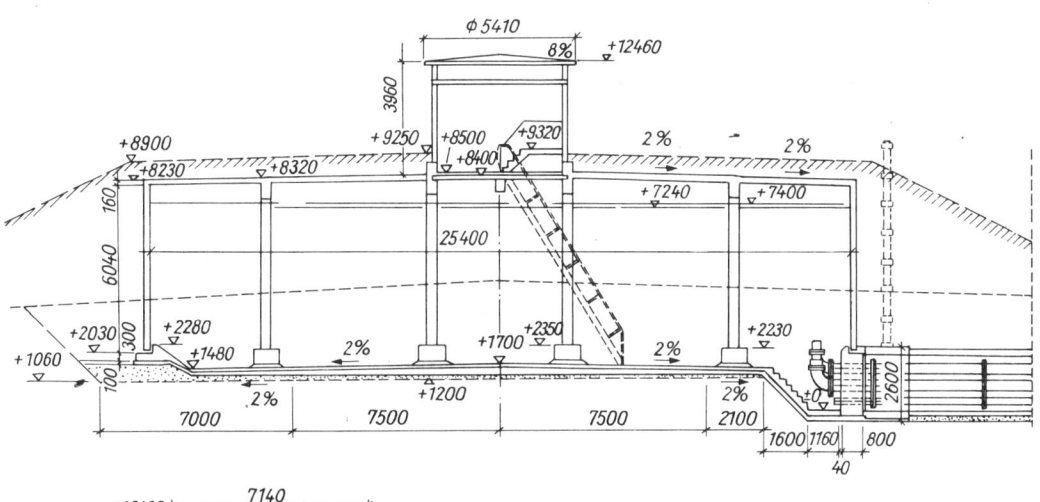

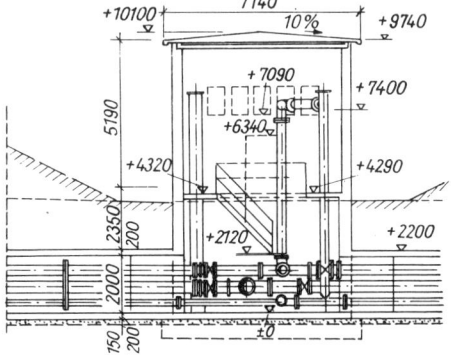

Bild 7.5
Erdhochbehälter (2×2800 m³)
in Fertigteilbauweise

hende Behälter über begehbare Rohrleitungskanäle, die aber ausreichende Montagemöglichkeiten gestatten müssen, angeschlossen. Der Überlauf befindet sich in der Schieberkammer. Sämtliche Rohrleitungen werden durch das Wandfundament der Behälter geführt. Bis auf wenige Konstruktionsteile kann alles montiert werden. Der Behältereinstieg und die Behälterbelüftung sind auf der Behälterdecke in hygienisch einwandfreier Form angeordnet.

Bei *Reinwasserbehältern* ist unter allen Umständen darauf zu achten, daß die *Qualität des ablaufenden Wassers* den Güteanforderungen an das Trinkwasser genügen.

Darauf haben die folgenden Faktoren Einfluß:
- Qualität des zulaufenden Wassers
- Vermeidung von Stagnationen im Behälter
- Verunreinigungen durch die Be- und Entlüftung der Behälter infolge verschmutzter Umgebungsluft
- Qualitätsminderungen durch Reaktion des gespeicherten Wassers mit den Behälterbaustoffen.

Güteprobleme bei Reinwasserbehältern sind immer aus dieser komplexen Sicht zu beurteilen. Oft liegen die Qualitätsprobleme bereits bei der nicht richtig eingestellten *Zulaufgüte*. Dies bezieht sich vor allem auf die wirksame Reduzierung der Trübstoffe und der organischen Substanzen. Am wichtigsten ist selbstverständlich eine nachhaltig wirkende Desinfektion.

Stagnationsprobleme sind in Wasserspeichern in großem Umfange untersucht worden. Bei den im Bild 7.3 dargestellten Grundrißformen gibt es derartige Probleme nicht, wenn die übrigen Einflußfaktoren ohne negative Wirkung bleiben. Bei sehr großen Behältern und instabilen Güteverhältnissen nimmt dieser Einfluß an Bedeutung zu. Bild 7.4 zeigt zwei Lösungen für Großbehälter, die Stagnationen weitestgehend ausschließen.

Verschmutzungen durch *belastete Umgebungsluft* sind am wirkungsvollsten mittels zentraler Be- und Entlüftungseinrichtungen, die gegebenenfalls eine künstliche Luftreinigung einschließen, auszuschalten.

Güteverschlechterungen durch *Reaktionen mit den Baustoffen* sind unbedingt zu vermeiden. Am besten bewährt hat sich Beton mit glatter Oberfläche. Zusätzliche Anstriche verschiedener Zusammensetzung haben in Einzelfällen zu Gütebelastungen geführt. Besonders sorgfältig sind Kunststoffe zu testen. Der teilweise Einsatz von Stahlbehältern verlangt in diesem Zusammenhang besondere Sorgfalt.

Die *Wassertiefe* ist von der Bauform, der gewählten Konstruktion und der Behältergröße abhängig. Sie beträgt bei kleinen Behältern etwa 2,50 m und steigt bis zu etwa 8 m bei sehr großen Speichervolumen an. Große Wassertiefen belasten die Förderkosten, werden aber trotzdem beim Bau, z. B. durch die Verringerung des Felsausbruchs, bevorzugt. Da bei normalen Baugrundverhältnissen oft Massenausgleich angestrebt wird, liegt der Wasserspiegel etwa in Geländehöhe; nur bei großen Behältern liegt er darüber. Der Abstand zwischen dem höchsten Wasserstand und der Deckenkonstruktion beträgt meist 0,30 m; aus wirtschaftlichen Gründen werden teilweise die Unterzüge bei Plattenbalkendecken mit eingestaut.

Die *Erdüberdeckung* der Behälter zur Verhinderung größerer Temperaturänderungen des gespeicherten Wassers betrug bisher fast überall etwa 1 m; es hat sich aber herausgestellt, daß Eindeckungen von 0,40 bis 0,60 m für die klimatischen Bedingungen in Mitteleuropa durchaus genügen. Die Böschungsneigung von Behälteranschüttungen soll nicht steiler als 1:2 sein, um diese Flächen ohne Schwierigkeiten unterhalten zu können. Speziell für die Begrünung der Erdanschüttung auf der Behälterdecke sind besonders geeignete Grasmischungen zu verwenden. In einigen Fällen wurde auf eine Erdüberdeckung ganz verzichtet. Für größere Behälter liegen inzwischen ausreichende positive Erfahrungen vor.

Auf eine gute Eingrünung der Gesamtanlage sollte besonderer Wert gelegt werden, da solche weithin sichtbaren Baukörper das Landschaftsbild entscheidend beeinflussen können. Außerdem sind Reinwasserbehälter zuverlässig gegen Beschädigungen und Verunreinigungen durch Zäune und Fenstersicherungen zu schützen.

7.4. Bau und Ausrüstung von Erdhochbehältern

7.4.1. Konstruktionsgrundlagen

Besonders beim Bau großer Hochbehälter wurde seit Jahren eine starke Weiterentwicklung eingeleitet, die zweifellos noch zu vielen neuen Konstruktionen führen wird [7.1]. Nachfolgend werden einige Grundsätze dargestellt.
    Die Bauindustrie fordert im Behälterbau immer mehr die totale Anwendung der Montagebauweise. Daraus resultieren eine Reihe wichtiger technischer und ökonomischer Probleme. Die Fertigteilmontage muß mit ökonomischen Vorteilen verbunden sein, und sie soll sich technisch bei entsprechenden Musterobjekten in jeder Beziehung bewährt haben.

Ausbildung der Sohle
Da Stampfbetonbehälter praktisch kaum noch ausgeführt werden, besteht die Behältersohle normalerweise aus einer 15 bis 20 cm dicken wasserdichten Stahlbetonsohle, die leicht kreuzweise bewehrt wird und unter der in der Regel eine Magerbetonschicht von 10 cm angeordnet ist. Zur Entleerung des Behälters ist ein Sohlengefälle von etwa 0,5 bis 1 % üblich, das normalerweise durch Aufbringen eines Gefällebetons erzielt wird. Bei großen Behältern wird ab und zu die gesamte Behältersohle geneigt angeordnet. Wichtig ist bei größeren Behältern die Unterteilung der Sohle in nicht zu große Einzelfelder, die durch Fugenbänder oder Bitumenfugen verbunden werden und damit gewisse Bewegungen aufnehmen können. Dünne Behältersohlen haben gegenüber dickeren konstruktiv den Vorteil der größeren Elastizität. Zumindest bei kleinen Behältern wird die Stahlbetonsohle starr mit dem Wandfundament durch Verstärkung in diesem Bereich verbunden. Auf der wasserundurchlässigen Stahlbetonsohle oder dem Gefällebeton liegt ein 2 bis 3 cm dicker wasserdichter Estrich. Wenn der Gefällebeton gegenüber dem Estrich von schlechterer Qualität ist, kann es zu Estrichschäden kommen, da die auftretenden Schwindspannungen dann im Estrich nicht aufgenommen werden.

Ausbildung der Behälterwände
Bei *kleineren Behältern* wurde die Behälterwand bisher oft noch aus Stampf- oder Stahlbeton in Rechteckform hergestellt. Diese Ausführungsart ist aber bereits weitestgehend von dem aus Wandfertigteilen hergestellten Rundbehälter verdrängt worden. Diese Lösung hat den Vorteil, daß die gesamte Wandschalung entfällt. Die Wandfertigteile bestehen z. B. aus 15 cm dicken Stampfbetonsteinen, die im Verband vermauert werden und in den horizontalen Fugen mit Aussparungen für Bewehrungseisen versehen sind. Außerdem kann durch vertikale Aussparungen in den Stampfbetonsteinen, die vermörtelt werden, eine senkrechte Verteilungsbewehrung zum Einbau kommen. Die Stampfbetonsteine müssen aus wasserundurchlässigem Beton bestehen; ähnliche Anforderungen sind an den Zementmörtel zu stellen. Bei kleinen Behälterdurchmessern werden Radialsteine vermauert, bei größeren sind sie gerade. Bild 7.6 zeigt einen derartigen Behälter mit 50 m^3 Inhalt. In dieser Wandausführung sind Behältergrößen bis etwa 300 m^3 zuverlässig ausführbar. Trotz des größeren Flächenbedarfs für diese kleinen runden Behälter sind sie wirtschaftlicher als die rechteckigen Stahlbetonhälter.
    Wandfertigteile werden auch bei *großen Behältern* verwendet. Man nimmt dazu meist etwa 1 m breite wandhohe Stahlbetonelemente. Die oft 20 cm breiten vertikalen Fugen betoniert man mit Hilfe einer Vakuumschalung zuverlässig aus. Voraussetzung dieser Bauweise ist die Anwendung des Spannbetons durch nachträgliche Umspannung des Behälters, oder der kraftschlüssigen Verbindung der Rundbewehrung der Fertigteile bei den kleineren und mittleren Behältern durch Verschweißen.
    Ist genügend Platz beim Bau eines neuen Hochbehälters vorhanden, so wird heute oft die runde Behälterform bevorzugt. In den letzten Jahren sind unabhängig davon einige sehr große Rechteckbehälter mit ökonomisch beachtlichen Ergebnissen ausgeführt worden. Unter offenen Schnellfiltern läßt sich z. B. nur ein rechteckiger Behälter anordnen.
    Da bei rechteckigen Behältern erhebliche Wandmomente auftreten, wird die Wand in die Sohle bzw. in das verstärkte Wandfundament eingespannt. Die Dicke solcher schlaffbewehrter Behälterwände schwankt oben zwischen 25 und 30 cm und unten zwischen 30 und 50 cm. Die Wirtschaftlichkeit hängt erheblich von diesen Wandabmessungen ab. Zur Kostensenkung sind

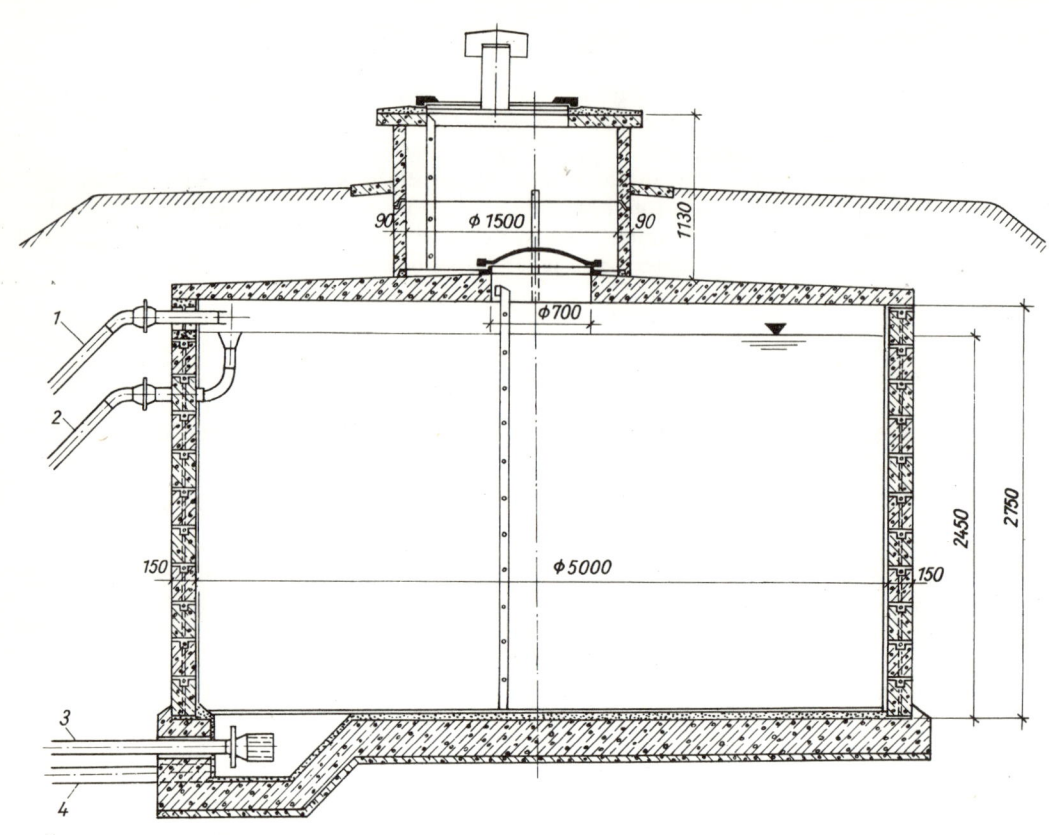

Bild 7.6 50-m³-Behälter mit Formsteinwand
1 Zulauf; *2* Überlauf; *3* Entnahme; *4* Entleerung

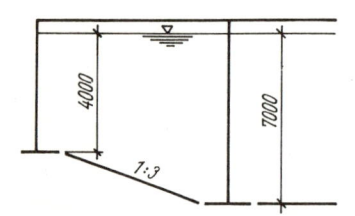

Bild 7.7 Geböschte Behältersohle

Behälter in Rechteckform auch mit vorgespannten Wänden, Decken und Sohlen ausgeführt worden. Bei sehr großen Behältern ist vereinzelt zur Einsparung bei den Umfassungswänden die Sohle (Bild 7.7) zur Wand hochgezogen worden.

Die schlaffe Bewehrung runder Behälter ist nur etwa bis 2000 m³ Behälterinhalt wirtschaftlich, da dann der Spannbeton bei dieser Behälterform überlegen ist. Beim runden Behälter ist, bis auf kleine Durchmesser, zur Einsparung bei der Wandbewehrung eine weitgehende Trennung zwischen Wand und Sohle notwendig. Hier treten bis auf die Randstörungen aus den Auflagerbedingungen an der Sohle und Decke nur Zugkräfte durch den Wasserdruck auf. Die Zugspannungen im Beton sind nachzuweisen. Aus konstruktiven Gründen und wegen der besseren Betonverdichtung werden Wanddicken unter 20 cm vermieden.

Die *Wasserundurchlässigkeit* der Behälterwand wird heute eindeutig dem Wandbeton zugeordnet. Der gelegentlich noch aufzubringende Innenputz unterstützt die Dichtung und dient in erster Linie der Herstellung einer glatten Wandfläche, um die Reinigung des Behälters zu erleichtern. Bei der Anordnung der Bewehrung ist auf eine mindestens 3 cm dicke Betonüberdek-

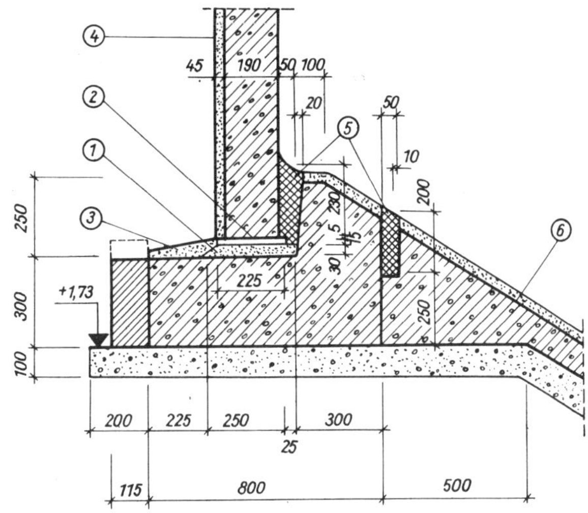

7.4. Bau und Ausrüstung von Erdhochbehältern

Bild 7.8
Vorgespannter Wasserbehälter in Montagebauweise – Fugendetails
1 Ausgleichestrich, 30 mm dick; *2* Gleitfuge – Bitumen und Aluminium; *3* Gefälleestrich; *4* wasserundurchlässiger Torkretputz; *5* phenolfreie Bitumenvergußmasse; *6* wasserundurchlässiger Estrich, 25 mm dick

kung zu achten, um Korrosionen unter allen Umständen auszuschließen.

Wand und Ringfundament werden normalerweise durch eine Gleitfuge verbunden. Teilweise werden noch eingelegte Fugenbänder zur Dichtung herangezogen. Bild 7.8 zeigt die einfache Ausbildung einer Gleitfuge. Das bituminöse Fugenmaterial muß phenolfrei sein und einen möglichst kleinen Reibungskoeffizienten haben, damit die bei Bewegung der Wandschale entstehenden Reibungsmomente klein bleiben. Das Fugematerial muß außerdem in der Lage sein, die auftretenden Kräfte und Verformungen sicher aufzunehmen. Durch Kombination von Bitumen und Aluminiumstreifen läßt sich die Gleitfähigkeit weiter erhöhen.

Bei Rundbehältern über etwa 2000 m³ wird heute fast ausschließlich der *Spannbetonbehälter* gewählt. Man kann sowohl bei der Verwendung von Fertigteilen als auch bei Ortbeton vorspannen. Das führt zu geringeren Wanddicken und vor allem zu einem völlig rissefreien Beton.

Die *Vorspannverfahren* für Behälter lassen sich in vier Gruppen aufteilen. Die Entwicklung geht aber weiter, so daß eine eindeutige Einschätzung der einzelnen Verfahren z. Z. noch schwierig ist. Die einfachste Form ist das Vorspannen nach dem *System Bauer–Leonhardt* (Faßreifenprinzip). Die Außenwand ist bei diesem Verfahren im Verhältnis 15:1 konisch ausgebildet, d. h., der äußere Durchmesser nimmt von oben nach unten zu. Die Vorspannbewehrung wird schlaff auf einbetonierten Gleiteisen aufgelegt und um ein bestimmtes Maß mit einfachen Hilfsmitteln nach unten geschlagen, bis die notwendige Vorspannung durch Dehnung erreicht wird. Trotz dieser einfachen Ausführungsart hat dieses Verfahren keine große Verbreitung gefunden, was u. a. an der schwierigen Außenschalung der Behälterwand liegen kann.

Die zweite Form ist die *Spreizmethode*. Die schlaff an der Außenwand angebrachten Spanndrähte werden durch Spreizen gedehnt, festgelegt, und damit wird die Wandschale vorgespannt. Mit dieser Methode sind bereits auch größere Behälter gebaut worden.

Sehr verbreitet ist das *Wickelverfahren*. Es gilt dabei zwei verschiedene Methoden der Drahtspannung zu unterscheiden. Beiden gemeinsam ist das Aufwickeln des Spanndrahts mit einer Spannmaschine in endlosen Spiralen. Der Spannwagen hängt an einem auf der oberen Behälterwand laufenden Fahrgestell. Er zieht sich an einer um die Behälterwand gelegten endlosen Kette vorwärts. Beim Preload-Verfahren wird durch Verjüngung des Spanndrahtdurchmessers in einer Ziehdüse vorgespannt. Die Kontrolle der Vorspannung ist einfach durch Feststellung der Durchmesserdifferenz des Drahtes möglich. Beim zweiten Verfahren, der BBRV-Methode, ist der Energieaufwand für das Spannen wesentlich geringer. Das gleiche gilt auch für den Umfang der notwendigen Geräteausrüstung. Ein bestimmtes System von Drahtzuführungsrollen sorgt dafür, daß durch entsprechende Übersetzung nur soviel Draht freigegeben wird, wie es dem Fahrweg abzüglich des durch die geforderte Vorspannung bedienten Dehnwegs entspricht. Das BBRV-Verfahren setzt sich immer mehr durch. Steigt die Zahl der Wicklungen, besonders im unteren Wandbereich, auf etwa 80 je m Wandhöhe an, so wird in zwei Lagen gewickelt, nachdem ein etwa 2 cm dicker Torkretputz auf die erste Lage aufgebracht wurde.

Als viertes Vorspannverfahren ist die Verwendung von Spanngliedern zu nennen. Dieses Verfahren zeigt einige weitere Vorteile. Entsprechend der Zugkraft in der Behälterwand werden die Einzelspannglieder, die aus gebündelten Spanndrähten bestehen, in verschiedenen Abständen angesetzt. Je nach der Größe des Behälterdurchmessers wird die Länge der einzelnen Spannglieder festgelegt. Weit verbreitet ist das Viertelkreisspannglied mit acht Lisenen auf dem gesamten Behälterumfang. Die Spannglieder werden in Spannkanäle eingezogen, gegen die Lisenen abgestützt, vorgespannt und nachträglich mit Betonmörtel ausgepreßt. Die Spannkanäle bestehen aus Rohrhülsen, die im Betonquerschnitt angelegt werden. Die Spannglieder werden versetzt angeordnet und überschneiden sich. Das Spannen geht stufenweise mit verhältnismäßig geringem Aufwand vor sich, da kein größeres Gerät notwendig ist. Die Vorspannung kann sehr gleichmäßig aufgebracht werden, so daß keine wesentlichen Vorspannmomente in der Wandschale auftreten. Vorteilhaft ist außerdem der zuverlässige Korrosionsschutz der in den Rohrhülsen eingebetteten Spannglieder. Nachteilig ist bei diesem Verfahren der hohe Aufwand für die Montage der Rohrhülsen. Mit Wandfertigteilen ist diese Vorspannmethode schwierig anzuwenden und deshalb nicht üblich. In Bild 7.9 ist das Spanngliedverfahren an einem Behälter schematisch dargestellt.

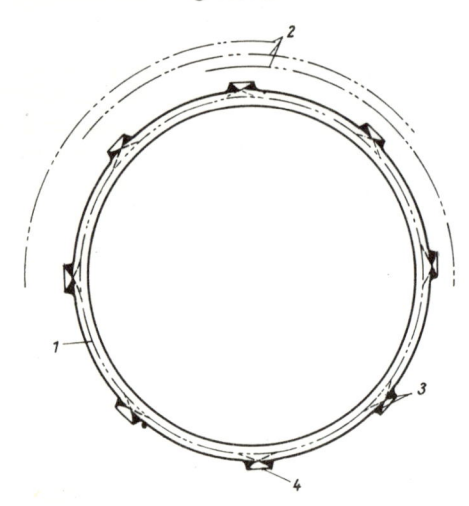

Bild 7.9 Spanngliedverfahren
1 Spanndrähte, in Spannkanälen verlegt; *2* Viertelkreisspannglieder; *3* Spanndrahtverankerung; *4* Lisene

Besonders bei großen Behältern treten durch ungleichmäßige Vorspannungen und durch die Behinderung der Dehnung am Wandfuß Wandmomente auf, die oft eine zusätzliche vertikale Bewehrung erforderlich machen. Es werden in solchen Fällen meist Einzelspannglieder in Rohrhülsen mit nachträglicher Verpressung eingebaut. Um auf diese vertikale Bewehrung verzichten zu können oder sie einzuschränken, sind verschiedene Möglichkeiten gegeben. Dazu gehört, daß die Vorspannkraft gleichmäßig aufzubringen ist. Gute Voraussetzungen hierfür bringen alle Verfahren, die mit Einzelspanngliedern arbeiten. Eine weitere Verbesserung tritt durch Anbringen von Gummilagern unter der Wandschale auf. Bei bituminösen Gleitfugen sind erhebliche Kräfte zu überwinden, um eine Bewegung des Behälters durch die Vorspannung und Betriebsbelastungen zu ermöglichen. Der Reibungskoeffizient solcher Gleitfugen liegt meist über 0,5. Bild 7.10 zeigt die Verwendung von Gummilagern unter einem Ringfundament für die Kuppelschale und unter der Wandschale. Zur zusätzlichen Dichtung werden teilweise noch Fugenbänder eingelegt. Der Verformungswinkel der Gummilager soll maximal 45° betragen; die Momente durch Reibung gehen bei dieser Ausbildung auf etwa 30 % der Gleitfugenmomente zurück. Die Verwendung derartiger Gummilager verlangt außerordentlich alterungsbeständige, hochwertige Gummiqualitäten.

Wird bei vorgespannten Rundbehältern die Wand im Fundament gelenkig gelagert, sitzt sie dann in der Regel nur mit etwa 1/3 der Wanddicke direkt auf dem Fundament auf und ist mit diesem durch Gelenkeisen verbunden. Neben diesem Auflager werden unter der Wand bitumi-

7.4. Bau und Ausrüstung von Erdhochbehältern

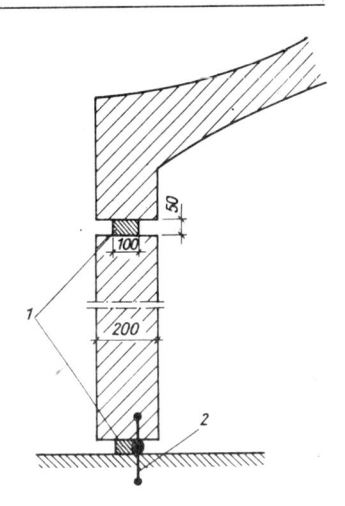

Bild 7.10 Gummilagerung der Decke und der
Wand eines Behälters
1 Gummilager; *2* Fugenband

nöse Dichtungsplatten angeordnet, die die notwendige Wandbewegung zulassen.

Zur Kostensenkung und Verbesserung der Betongüte wird bei der Herstellung der Wandschale an Ort und Stelle vorwiegend Stahlschalung oder mit Kunststoffbelägen versehene Tafelschalung aus Holz verwendet. Für die Betonierung der in Wandsegmente unterteilten Behälterwand ist die Benutzung verfahrbarer Segmentschalung vorteilhaft, eine Standardisierung der Behälterdurchmesser damit aber unumgänglich.

Betonierung und Verdichtung hoher Behälterwände erfordern besonders große Erfahrungen. Eine weitere interessante Methode der Wandherstellung ist das Torkretieren der gesamten Wandschale, der Sohle und der Behälterkuppel. Es wird dabei gegen die äußere Wandschalung in mehreren Lagern bis zu einer Gesamtdicke von 10 bis 15 cm torkretiert. In der Vergangenheit wurde der Anordnung von Leitwänden in Wasserbehältern zur Vermeidung von Stagnationen zu große Bedeutung beigemessen. Heute begnügt man sich z. B. bei runden Behältern mit einer einzigen Leitwand oder arbeitet nur mit tangentialem Zulauf und mittiger Entnahme.

Ausbildung der Behälterdecke
Die einfachste Form ist die örtlich hergestellte Stahlbetondecke als Platten- oder Plattenbalken-

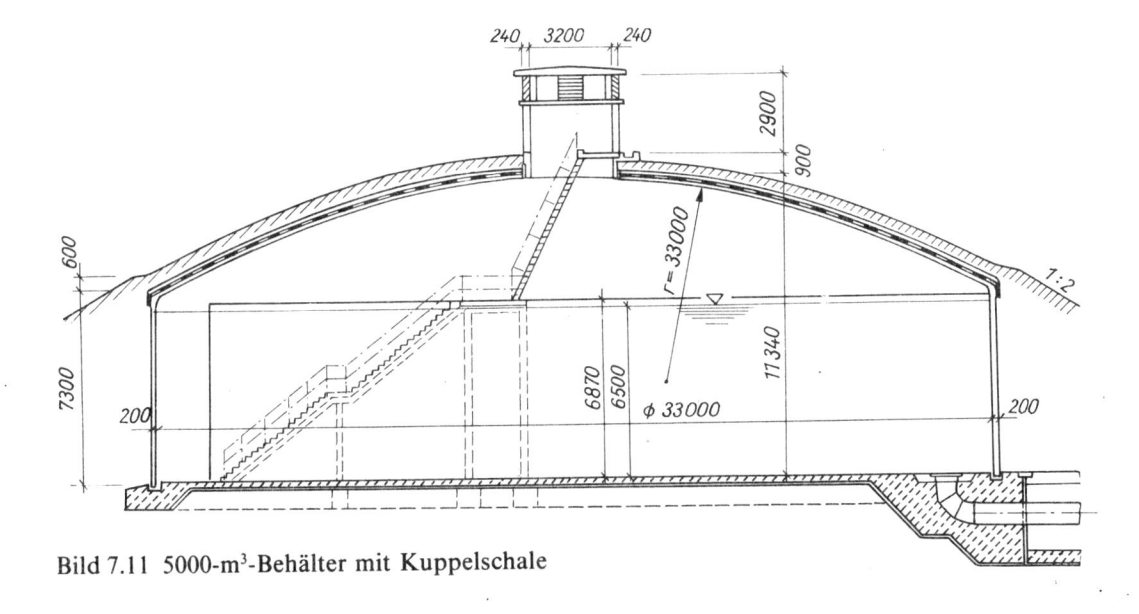

Bild 7.11 5000-m³-Behälter mit Kuppelschale

decke. Die Pilzdecke kommt nur für größere Behälter und in Ausnahmefällen in Betracht. Die Decke wird auf der Behälterwand, auf Leitwänden oder Stützen gelagert. Da Stützen von der Behältersohle getrennt zu gründen sind und diese Ausführung besondere Sorgfalt verlangt, wird ihre Anzahl weitestgehend eingeschränkt oder bei größeren Behälterdurchmessern auf Kuppelschalen zurückgegriffen. Bei Kuppelschalen wird der Seitenschub nicht auf die Behälterwände übertragen, sondern durch vorgespannte Ringträger aufgenommen. Die Dicke der Kuppelschalen schwankt zwischen 10 und 15 cm; die Stichhöhe beträgt etwa 1/8 des Behälterdurchmessers. Größere Stichhöhen machen eine teilweise zweiseitige Einschalung der Kuppelschale notwendig. Bild 7.11 zeigt einen runden 5000-m³-Behälter mit Kuppelschale. Die Verwendung von Fertigteilen für ebene Decken und Kuppelschalen ist ebenfalls möglich und teilweise verbreitet. Nur eingehende Untersuchungen einzelner Varianten führen zur optimalen Lösung.

Behälter in Leichtbauweise
Zur Senkung der Baukosten und der Baukapazität sind in den letzten Jahren foliegedichtete Erdbehälter entwickelt worden. Voraussetzung für die Verwendung von Kunststofffolien zur Abdichtung ist die Entwicklung physiologisch einwandfreier Folien. Teilweise wird unter die Dichtungsfolie noch eine Weichfolie aus Weich-PVC mit Rippen als Polsterfolie eingebaut, um Setzungen des Untergrunds auszugleichen.

Als Variante hierzu wird auch eine Stampfbetonschicht angeordnet, die natürlich wieder die Kosten erhöht. Besonders sorgfältig sind die Anschlüsse der Kunststofffolien an das Betonbauwerk auszubilden. Man rechnet mit einer Lebensdauer dieser Foliendichtung von über 20 Jahren. Bild 7.12 zeigt einen foliegedichteten Erdhochbehälter mit Polsterfolie und ebener Stahlbetonfertigteildecke. Im Bild 7.13 ist eine Variante mit einer Stampfbetonunterschicht und einer tonnenförmigen Dachabdeckung aus Aluminium dargestellt. Die erhofften Kosteneinsparungen sind meist nicht eingetreten, da z.B. die Ansprüche an die Verdichtung des Bodens und die Korrosionssicherheit metallischer Deckenkonstruktionen unterschätzt wurden. Es gibt eine Reihe weiterer unbefriedigender konstruktiver Details. Auch die gelegentliche Anwendung *glasfaser-*

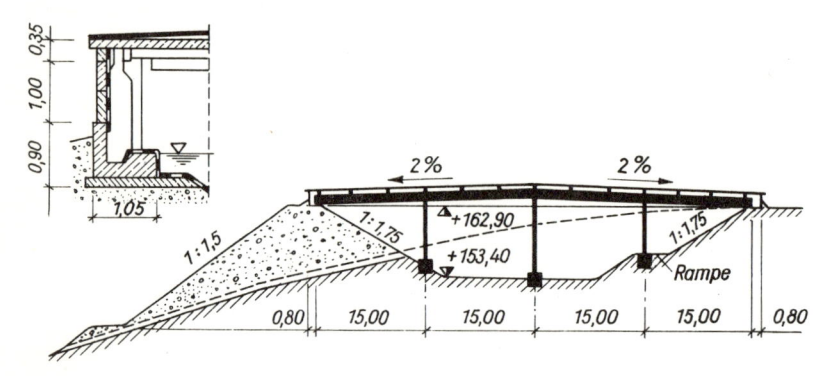

Bild 7.12 Foliegedichteter Erdhochbehälter

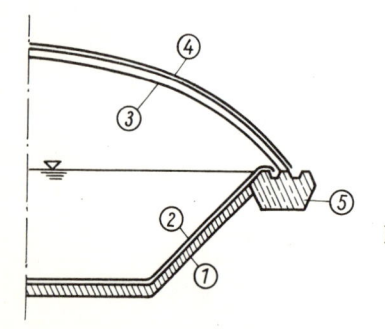

Bild 7.13 Foliegedichteter Erdhochbehälter
1 Stampfbeton; 2 Dichtungsfolie; 3 Dachbinder; 4 Aluminium; 5 Ringanker aus Stahlbeton

7.4. Bau und Ausrüstung von Erdhochbehältern

verstärkter Kunststoffkonstruktionen für den Behälterbau wird kaum eine Breitenanwendung erfahren, da ähnliche Probleme noch nicht befriedigend geklärt sind.

Der Einsatz von *Stahlbehältern* senkt die Bauzeit. Gegen diese Konstruktion sprechen neben dem hohen Stahlbedarf vor allem die Korrosionsprobleme. Eine zuverlässige Nachkonservierung im Betrieb ist praktisch kaum zu realisieren. Der Einsatz ist deshalb abzulehnen.

Isolierung und Anstriche
Ebene Decken wurden bisher oft durch Aufbringen von Gefällebeton entwässert; wirtschaftlicher ist jedoch die schräg angelegte Decke mit Steigung zum Entlüftungspunkt (2 bis 3 %). Zum Schutz gegen Sickerwasser werden zwei Papplagen aufgeklebt, die gegen mechanische Beschädigungen durch Ziegelflachschichten, Schutzbeton oder Feinsand geschützt werden. Aber auch eine wasserundurchlässige Behälterdecke mit einem Schutzstrich und einem zweifachen Isolieranstrich wird den Behälter zuverlässig gegen Sickerwasser schützen. Die Betonüberdeckung an der Unterseite der Decke ist mit etwa 3 bis 4 cm anzunehmen, da es sonst zur Korrosion der unteren Bewehrungseisen kommen kann.

Behälterwände erhalten außen einen zweifachen Isolieranstrich ohne Unterputz bei glatter Betonoberfläche.

Innenanstriche von Behältern sind bei einwandfrei geglättetem Innenputz nicht erforderlich und deshalb abzulehnen.

Schieberkammer
Die Schieberkammer hat die Aufgabe, die Rohrleitungen und Armaturen für den Behälterbetrieb aufzunehmen sowie die Bedienung und Wartung zu erleichtern. Dazu gehören noch ein einwandfreier Zugang und die Be- und Entlüftung der Wasserkammern bei den meisten Behälterlösungen.

Nur bei kleinen Behältern bis etwa 100 m³ Inhalt verzichtet man gelegentlich auf die Anordnung einer Schieberkammer. Für diese Fälle kommen erdverlegte Rohrführung und Einstieg über einen Schacht durch die Behälterdecke in Frage. Solche Lösungen sind zweifellos betrieb-

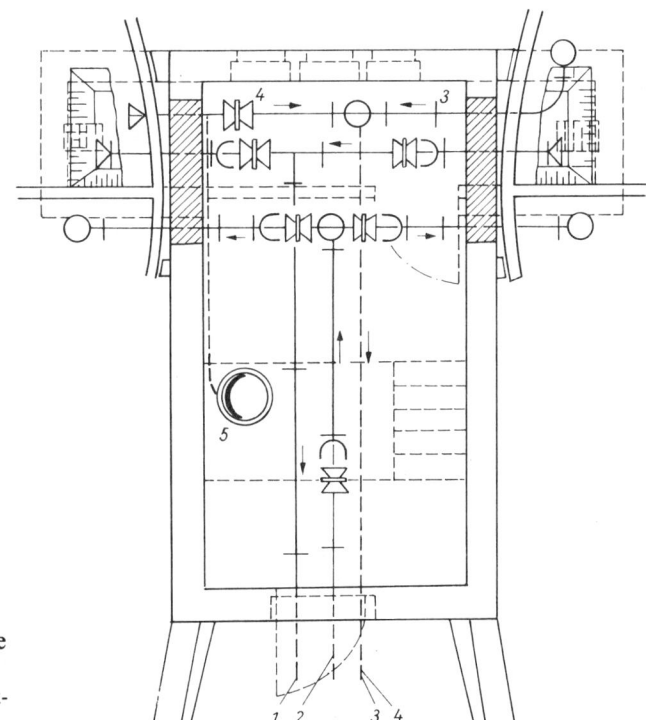

Bild 7.14
Schieberkammer für zwei runde 300-m³-Behälter
1 Ablauf; *2* Zulauf; *3* Überlauf; *4* Entleerung; *5* Pegelrohr

lich mit gewissen Nachteilen verbunden, werden aber trotzdem wegen der Kostensenkung bei diesen kleinen Behältern bevorzugt (s. Bild 7.6).

Bild 7.14 zeigt den Schnitt durch eine Schieberkammer für zwei runde Behälter von 300 m³ Inhalt. Die Schieberkammer liegt zwischen den Behältern; nur für die Einstiege sind zwei T-förmige Auskragungen über der Behälterdecke angeordnet.

Die Schieberkammer soll über eine doppelwandige isolierte Stahltür Zugang haben; das Heranfahren eines LKWs sollte zur Aufnahme von Ausrüstungsteilen möglich sein. Der Zugang zum Rohrkeller ist bei kleinen Behältern über Stahlleitern, sonst über eine Stahlbetontreppe möglich. Ausreichend große Montageöffnungen sollen den Transport der Ausrüstungsteile nach oben ermöglichen; ein unter der Schieberkammerdecke angeordneter Träger erleichtert diese Arbeiten. Der Behältereinstieg wird durch eine Zwischenwand mit dicht schließender Zugangstür von der übrigen Schieberkammer abgetrennt. Die Behälter sollten so be- und entlüftet werden, daß keine Feuchtigkeitsbelastung der Schieberkammer eintritt. Eine Filterung der Luft ist bei extremen Standortbedingungen einzuplanen. Die Einzelentlüftung durch die Behälterdecke wird abgelehnt, da sie oft hygienisch nicht zuverlässig ist. Bei größeren Behältern wird eine Kuppelschale als Behälterdecke benutzt. Bei dieser Konstruktion sind der Zugang und die Be- und Entlüftung über ein entsprechendes Bauwerk in der Kuppelmitte möglich. Gerade oder gewendelte Treppen führen von der Mitte der Kuppelschale bis zur Behältersohle hinab (s. Bild 7.11).

Wichtig ist noch die ausreichende Be- und Entlüftung der Schieberkammer selbst, da mit einer hohen Luftfeuchtigkeit gerechnet werden muß. Sie geschieht am besten durch Belüftungsrohre oder Kamine, die die Zuluft kurz über der Sohle einleiten, während die Entlüftung durch gesicherte Luftöffnungen unter der Decke möglich ist.

Bei der zwischen den Behältern liegenden Schieberkammer sind immer Böschungsmauern erforderlich; aus diesem Grunde ist eine gestreckte Bauform der Schieberkammer zweckmäßig.

Bei Schieberkammern für große Behälter mit großen Rohrdurchmessern und schweren Einzelformstücken und Armaturen sind viele Sonderlösungen notwendig. Oft sind noch Regelorgane, Meßstellen, gesonderte Betriebsräume und eine Krananlage einzubauen.

Schäden an massiven Wasserbehältern

Bei diesen Konstruktionen treten die unterschiedlichsten Schäden auf. Sie sind teilweise mit erheblichen Betriebsstörungen und hohen Kosten zu ihrer Beseitigung verbunden [7.5]. Es handelt sich u. a. um
- Risse
- Ablösungen
- Korrosionen
- Undichtigkeiten an Fugen und Rohrdurchführungen.

Besonders häufig sind *Risse* die Schadensursache. Sie treten als Folge von Setzungen, Schwindspannungen, Temperatureinflüssen und anderen Fehlern auf. Eine genaue Ursachenuntersuchung ist unumgänglich, um eine sichere Reparatur zu garantieren.

Die Beseitigung solcher Risse in zementgebundenen Werkstoffen wurde bisher oft unabhängig von der Ursache mit Zementmörtel vorgenommen. Dies hat sich nicht immer bewährt, besonders dann, wenn Kräfte zu übertragen sind oder für längere Zeit mit weiteren Bewegungen gerechnet werden muß. Geeignete Expoxidharze sind in solchen Fällen zuverlässiger. Sie werden eingepreßt oder gespachtelt. Andere Schäden können durch Kunststoffbeschichtungen beseitigt werden. Selbstverständlich sind die meisten Schäden durch solide Konstruktion und Bauausführung weitestgehend vermeidbar.

7.4.2. Ausrüstung

Bild 7.15 zeigt zwei schematische Lösungen für die Ausrüstung von Schieberkammern für rechteckige Behälter. Für jede Wasserkammer sind eine Zulauf-, eine Entnahme-, eine Entleerungs- und eine Überlaufleitung notwendig. Außerdem ist die Schieberkammer zu entwässern und an die Entleerungsleitung anzuschließen. Die Anordnung einer Notverbindung zwischen Zulauf

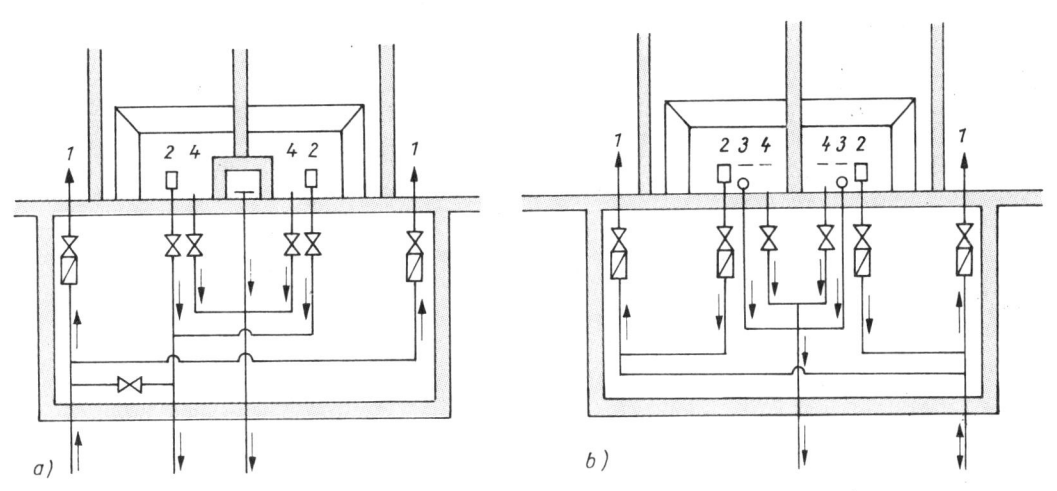

7.4. Bau und Ausrüstung von Erdhochbehältern 429

Bild 7.15 Schieberkammerausrüstung für Rechteckbehälter mit zwei Wasserkammern
a) Durchgangsbehälter; b) Gegenbehälter
1 Zulauf; *2* Entnahme; *3* Überlauf; *4* Entleerung

und Entnahmeleitung bei Durchgangsbehältern ist in der Regel bei zwei Wasserkammern nicht notwendig. Beim Gegenbehälter ist der Einbau von Rückschlagklappen erforderlich, um einen Wasserdurchlauf zu erreichen. Die Zulaufleitung endet oft über dem Wasserspiegel; eine tiefere Lage ist dagegen mit der Einsparung von Förderkosten beim teilgefüllten Behälter verbunden. Bei der letzten Lösung ist die Zulaufleitung auch beim Durchgangsbehälter durch Rückschlagklappen gegen Rücklauf zu sichern. Normalerweise werden Zulauf- und Entnahmeleitung durch eine Leitwand getrennt, so daß ein Wasserdurchlauf im Behälter gewährleistet ist. Das automatische Absperren der Zulaufleitung bei gefülltem Behälter mit Schwimmerventil verliert immer mehr an Bedeutung, da die Behälterwasserstände in der Regel automatisch im Wasserwerk überwacht werden. Ist aber der Einbau von Schwimmerventilen nicht zu umgehen, so müssen einwandfreie Wartung und Demontage möglich sein. Das notwendige ruckfreie Schließen der Schwimmerventile bedingt oft eine zusätzliche Entlüftung am Hochpunkt vor dem Ventil und einen Schwallschutz des Schwimmerkörpers.

Die Entnahmeleitung muß so angeordnet werden, daß eine volle Nutzung des Behälterinhalts möglich ist. Zu diesem Zweck wird im Behälter ein entsprechend tiefer Entnahmesumpf, in den auch die Behälterentleerung eingebunden wird, angeordnet.

Der Behälterüberlauf kann durch Überlaufrohre im Behälter und auch durch Schachtüberläufe aus dem Behälter oder mit Hilfe einer in der Schieberkammer an die Entnahmeleitung angeschlossenen Überlaufleitung erfolgen. Die Überlauf- und Entleerungsleitungen werden am zweckmäßigsten zusammengefaßt und innerhalb der Schieberkammer in die Sohle verlegt; damit wird an Bauwerkstiefe gespart und eine bessere Zugänglichkeit geschaffen. Die Überlaufleitung darf nicht absperrbar sein.

Die Schieber werden in der Regel durch Hand vom Boden der Schieberkammer aus bedient. Nur in Einzelfällen werden einige wichtige Schieberantriebe nach oben bis zur Zwischendecke gezogen. Bei großen Armaturen geschieht die Bedienung auch elektrisch.

Die Messung des Zulaufs bzw. der Entnahme ist nicht bei jeder Anlage notwendig; dies muß von Fall zu Fall entschieden werden. Das gleiche gilt für Ablaufsicherungen gegen Rohrbruch, die in der Regel nur bei großen Behältern einzubauen sind. Die Ablaufsicherung wird automatisch nach Überschreitung einer maximal zugelassenen Entnahme oder durch Fernbetätigung gesteuert. Zur Übertragung des Behälterwasserstands ist am zweckmäßigsten ein Pegelrohr in der Schieberkammer anzuordnen, das mit beiden Wasserkammern verbunden ist und in das die Wasserstandselektroden eingehängt werden.

Zur wasserchemischen und bakteriologischen Überwachung werden gelegentlich, besonders bei großen Behältern, Entnahmerohre für Wasserproben in verschiedenen Höhen eingebaut.

Montagearbeiten in der Schieberkammer können durch Ausbaustopfbuchsen erheblich erleichtert werden; sie sind deshalb an den entsprechenden Stellen einzubauen.

Die Verbindung zwischen den Rohrleitungen in der Schieberkammer und den Wasserkammern erfordert eine Anzahl Wanddurchbrüche. Bei unsachgemäßer Ausführung sind diese Stellen häufig undicht. Bei kleinen Behältern mit nicht zu großen Wasserständen werden die Durchführungsrohre mit Mauerflanschen versehen und direkt einbetoniert. Anhaftende Isolierung ist vom Rohr zu entfernen. Das Einbetonieren kann auch nach Freilassen einer nicht zu kleinen Wandöffnung nachträglich sorgfältig ausgeführt werden. Der Verbund zwischen dem Wandbeton und dem Dichtungsbeton wird durch dreieckige Aussparungen verbessert. Diese Art der Wanddurchführung ist starr; es empfiehlt sich deshalb, eine bewegliche Verbindung in der Schieberkammer anzuordnen.

Besonders bei großen Behältern bevorzugt man den zusätzlichen Einbau von Schutzrohren; der Raum zwischen Schutzrohr und Wasserrohr wird durch Verstemmen oder durch eine Stopfbuchse abgedichtet. Diese Durchführung erfordert bei einer Auswechslung des Wasserrohrs keine Stemmarbeiten an der Behälterwand. Spannbetonbehälter schließen normalerweise Wanddurchbrüche aus; deshalb wird die Schieberkammer vertieft, und die notwendigen Rohrdurchführungen werden im Wandfundament angeordnet. Diese Ausführungsart ist auch bei schlaffbewehrten größeren Behältern immer häufiger zu finden. Bild 7.16 zeigt zwei Möglichkeiten von Rohrdurchführungen. Links ist eine starre Behälterwanddurchführung und rechts eine elastische Ausführung für eine Schieberkammeraußenwand dargestellt. In das Schutzrohr wurde ein Rundeisen eingeschweißt und der Zwischenraum locker mit getränktem Hanf verstemmt. Müssen Rohrleitungen Doppelwände kreuzen, z. B. die aneinanderstoßenden Behälter- und Schieberkammerwände, so ist die Rohrleitung nur fest in die Behälterwand einzudichten, und in der Schieberkammerwand sind große Aussparungen vorzusehen, um Bauwerkssetzungen zu ermöglichen, Rohrbrüche an dieser Stelle zu vermeiden und eventuelle Dichtungsarbeiten an der Behälterwand zu erleichtern.

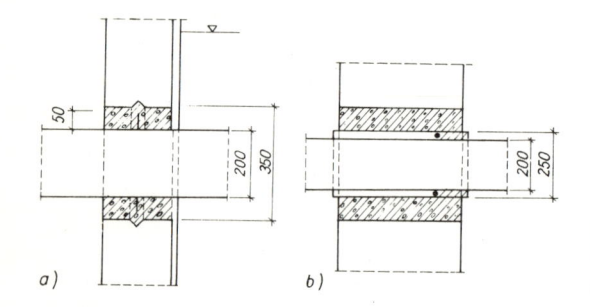

Bild 7.16
Rohrdurchführungen
a) Behälterwand; b) Schieberkammerwand

Bisher wurden in den Schieberkammern vorwiegend Gußrohre verwendet, was den Vorteil der größeren Beständigkeit gegen Korrosion, aber den Nachteil großer Masse und oft schwieriger Rohrführung hat. Deshalb werden in letzter Zeit verstärkt gutisolierte Stahlrohre eingebaut. Die Rohrführung soll übersichtlich sein; es dürfen keine Montagebehinderungen entstehen. Der Abstand zwischen Flanschen und Wänden bzw. der Schieberkammersohle darf nicht weniger als 20 cm betragen. In vielen Fällen wird der Behälterentleerung und dem Behälterüberlauf zuwenig Beachtung geschenkt. Das abzuführende Wasser muß schadlos dem nächsten Vorfluter zugeführt werden. Erhebliche Schwierigkeiten bringt dabei oft die große Überlaufwassermenge. Trotz Überwachung kann bei Störungen der Überlauf ansprechen, so daß die volle Förderung abgeschlagen werden muß. Wenn der Vorfluter diese große Wassermenge nicht aufnimmt, kann die Zwischenschaltung eines Speicherbeckens im Gelände notwendig werden. Das zerstörungsfreie Einleiten verlangt Einlaufbauwerke mit Energievernichtern. Der Auslauf ist durch Gitter oder Froschklappen zu schützen. Der Einbau eines Siphons verhindert Geruchsbelästigungen und das Eindringen von Tieren.

7.5. Bau und Ausrüstung von Tief- und Löschwasserbehältern

Für diese zwei Sonderformen gelten sinngemäß die in Abschn. 7.4. erörterten Grundsätze. Da der Tiefbehälter meist zusätzlich die Aufgabe einer Pumpenvorlage übernehmen muß, ist die Entnahmeleitung so auszubilden, daß es auch bei extrem niedrigen Wasserständen zu keinem Lufteintritt in die Saugleitung kommt. Wegen der unzuverlässigen Wirkung von Fußventilen geht man immer mehr auf die automatische Evakuierung der Saugleitung oder zu tiefstehenden Pumpen über. Die Betriebssicherheit wächst mit der Anordnung von zwei getrennten Wasserkammern und zwei Saugleitungen.

Als Löschwasserbehälter werden heute fast ausschließlich runde Formsteinbehälter in den Größen 50, 100 und 200 m^3 (s. Bild 7.6) bevorzugt. Die Rohrführung ist einfacher; auf Schieberkammern wird verzichtet, und über einen oberirdischen Sauganschluß wird die Löschwasserpumpe angekoppelt. Lage und Größe dieser Löschwasserbehälter sind mit den Organen des Brandschutzes abzustimmen.

7.6. Bau und Ausrüstung von Wassertürmen

Fehlt die notwendige natürliche Geländehöhe für den Bau eines Erdhochbehälters in wirtschaftlicher Entfernung vom Versorgungsgebiet, so ist neben der Versorgung über Druckkessel, der direkten verbrauchsabhängigen Versorgung mit Pumpen auch der Bau eines Wasserturms zu überprüfen.

Die günstigste Lage für einen Wasserturm ist das Zentrum des Versorgungsgebiets. Bei großem Wasserbedarf scheidet er meist aus, da die Speicherung sehr großer Wassermengen im Wasserturm teuer ist. Aber auch bei kleinen und mittleren Versorgungsgebieten kann man z. Z. sowohl den Bau von Wassertürmen als auch die direkte verbrauchsabhängige Versorgung mit Pumpen beobachten. Oft sprechen bestimmte örtliche Verhältnisse für die Bevorzugung des einen oder des anderen Systems. In den nächsten Jahren ist durch Anwendung moderner Bauverfahren mit einer Kostensenkung beim Wasserturmbau zu rechnen, so daß er in bestimmten Fällen bevorzugt werden wird. Auf der anderen Seite werden durch den Bau und Betrieb neuer moderner Förderanlagen zur direkten Versorgung zweifellos auch nachahmenswerte Beispiele für einen sicheren und wirtschaftlichen Betrieb geschaffen [7.3].

7.6.1. Bauliche Grundsätze

Normalerweise verzichtet man auf die Anordnung von zwei Wasserkammern. In Einzelfällen werden auch zwei übereinanderstehende Behälter zur Versorgung von zwei verschiedenen Versorgungszonen oder für Großabnehmer mit gesonderter Zuleitung vorgesehen.

Zur Verringerung der Baukosten einerseits werden hohe Wasserstände bevorzugt; sie schwanken etwa zwischen 5 und 10 m. Dies bedeutet andererseits erhöhte Förderkosten, da der notwendige Versorgungsdruck nur den tiefsten Wasserstand im Behälter erforderlich macht.

Die Gestaltung von Wassertürmen verlangt besondere Sorgfalt, da diese großen Baukörper weithin sichtbar sind und einen entscheidenden Einfluß auf das Stadtbild ausüben können. Besonders bei großen Wassertürmen verbindet man in Sonderfällen diese Bauaufgabe mit der Unterbringung noch anderer Bedarfsträger. Derartige Kombinationen verlangen eine eindeutige Trennung der Betriebsräume für den Speicherbetrieb von den übrigen Räumlichkeiten, erschweren aber meist die Einführung einheitlicher und rationeller Bauformen und Baumethoden.

Beim Bau von Wassertürmen sind große Lasten konzentriert in den Untergrund zu übertragen. Deshalb erfordert ein solches Bauwerk eingehende und sorgfältige Baugrunduntersuchungen.

Bei der Untersuchung der bis jetzt gebauten Wassertürme kann man zwei verschiedene Gruppen unterscheiden. Zu der ersten Gruppe gehören Wassertürme für die Industrie. Hier hat man praktisch kaum Wert auf eine gute gestalterische Lösung gelegt, sondern lediglich die Wirtschaftlichkeit in den Vordergrund gestellt. Als Baustoff einschließlich des Untergerüstes wurde

432   7. Wasserspeicherung

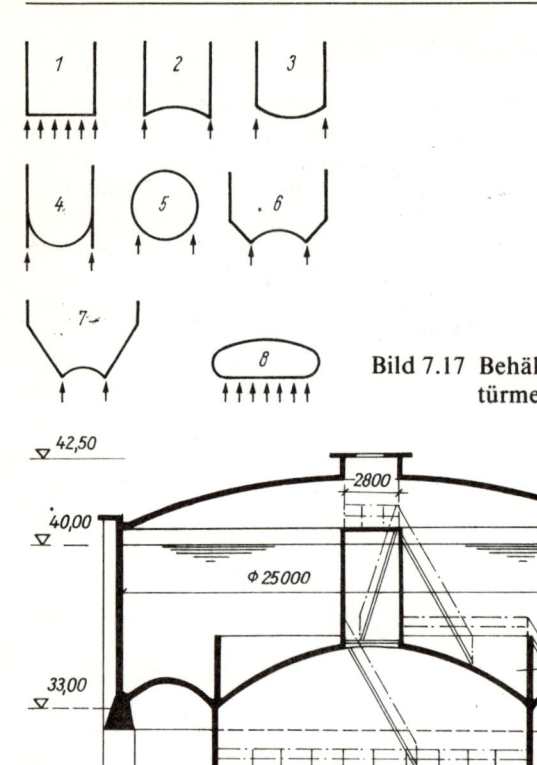

Bild 7.17 Behälterquerschnitte für Wassertürme

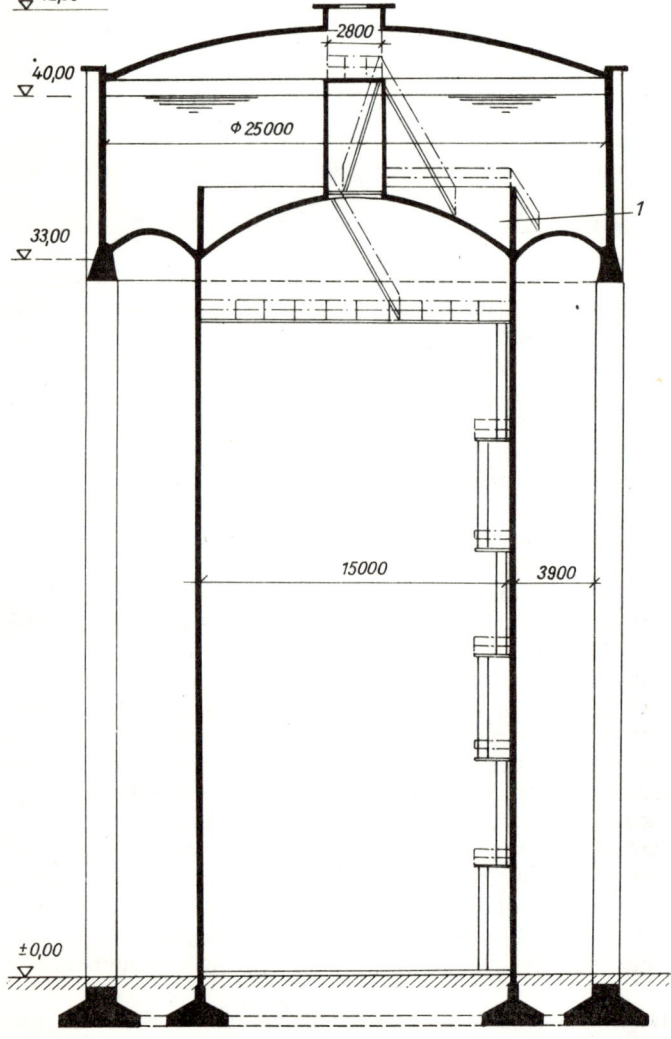

Bild 7.18 3300-m³-Wasserturm
1 Innenbehälter als Feuerlöschreserve

7.6. Bau und Ausrüstung von Wassertürmen

bevorzugt Stahl verwendet. Aber auch bei Stahlbetonkonstruktionen verfolgt man oft ähnliche Gesichtspunkte. Zur zweiten Gruppe gehören die Wassertürme für die Trinkwasserspeicherung. Als Baustoff wurden Mauerwerk, Beton und Stahlbeton verwendet. Die Gestaltung auch dieser Wassertürme ist nicht in jedem Falle als gelungen zu bezeichnen.

Durch die modernen Bauweisen im Stahlbeton-, Spannbeton- und Stahlbau ist eine starke Weiterentwicklung erkennbar, die die Konstruktion und Gestaltung der Wassertürme für beide Abnehmergruppen weiter zusammenführt. Der kreisförmige Behältergrundriß ist bei Wassertürmen besonders angebracht, um eine optimale Materialausnutzung zu erreichen. In Bild 7.17 wurden einige charakteristische Behälterquerschnitte zusammengestellt. Damit ist aber die Vielzahl der möglichen Konstruktionsvarianten keineswegs erschöpft. Der zylinderförmige Querschnitt *1* wird viel als Stahlbeton- und Spannbetonkonstruktion ausgeführt. Die Auflagerung erfolgt auf einer ebenen Decke über dem gesamten Behältergrundriß. Die Querschnittsformen *2* und *3* zeigen kugelförmige Hänge- und Stützböden, zwei bekannte Ausführungen in Stahl. Die Konstruktion *4* zeigt einen halbkugelförmigen Hängeboden. Diese Form hat den Vorteil, daß bei bestimmten Abmessungen nur Zugspannungen auftreten. Da aber der Wasserstand in den Behältern dauernd schwankt, können solche idealen Spannungszustände der Bemessung allein nicht zugrunde gelegt werden. Auch die Kugelform *5* mit verschiedenen Abstützungsvarianten ist besonders als Stahlkonstruktion ausgeführt worden. Die Querschnittsform *6* zeigt den bekannten Intzebehälter. Bei Einhaltung bestimmter Abmessungen tritt hier kein Seitenschub auf. Die Konstruktion *7* ist in Stahlbeton ausgeführt worden, während der tropfenförmige Querschnitt *8* dem Stahlbau vorbehalten bleibt.

Bild 7.18 zeigt einen modernen 3300-m³-Wasserturm aus Stahlbeton. Bei dieser Konstruktion wurden keine zusätzlichen Schutzmaßnahmen gegen extreme Temperaturen vorgesehen, was bei großem Speichervolumen, laufender Wassererneuerung und nicht zu extremen Temperaturen des zulaufenden Wassers durchaus möglich ist. Teilweise steht man heute auf dem Stand-

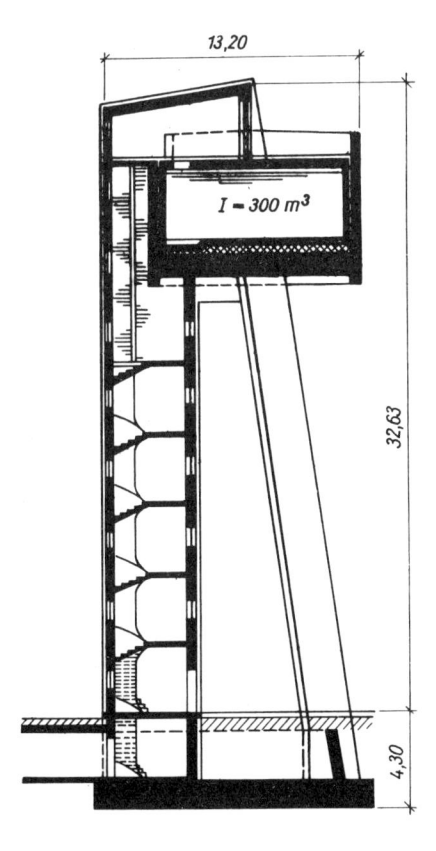

Bild 7.19 300-m³-Wasserturm

28 Wasserversorgung

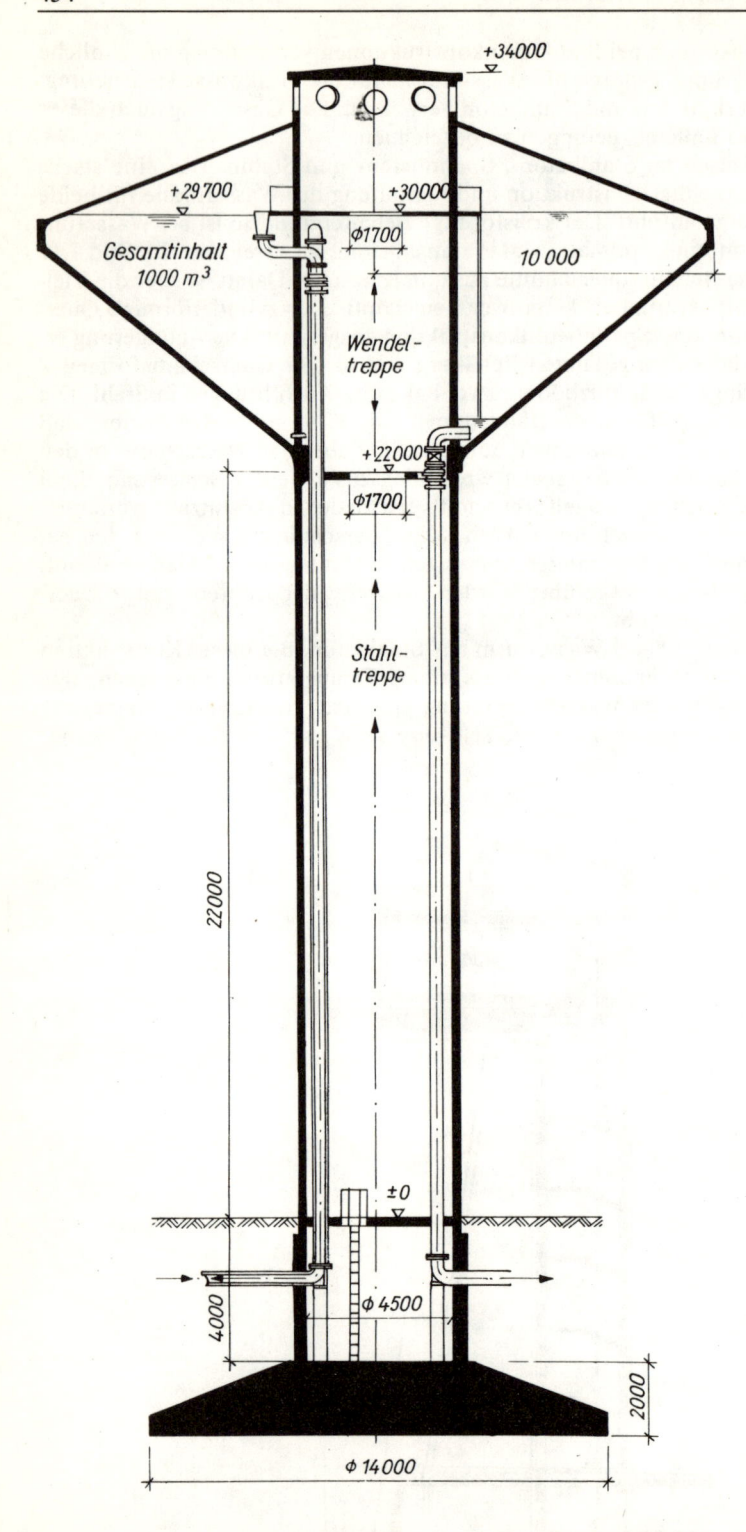

Bild 7.20 Wasserturm mit 1000 m³ Inhalt

7.6. Bau und Ausrüstung von Wassertürmen

punkt, daß Temperaturen unter 5 °C und auch über 15 °C dem Verbraucher durchaus zumutbar sind, da Trinkwasser praktisch kaum mehr direkt aus dem Zapfhahn entnommen und getrunken wird. Deshalb verzichtet man z. T. auch bei kleinen Speichervolumen auf den Einbau eines besonderen Wärmeschutzes. Der dargestellte Behälter ist über einen inneren Stahlbetonzylinder und acht Außensäulen auf zwei getrennte Ringfundamente abgestützt. Es wurde ein besonderer Innenbehälter als Feuerlöschreserve vorgesehen; diese Lösung macht jedoch im Brandfall die Öffnung des Entnahmeschiebers für die Feuerlöschreserve notwendig.

Im Bild 7.19 ist ebenfalls eine moderne Wasserturmkonstruktion für 300 m³ Behälterinhalt dargestellt. Diese architektonisch sehr ansprechende Stützkonstruktion ist allerdings relativ teuer. Die Verwendung einer Gleitschalung bei der Ausführung des Stahlbetonschafts bringt dagegen erhebliche Vorteile. Ähnliches gilt für die Anwendung von Fertigteilen.

Bild 7.20 zeigt eine Konstruktion für 1000 m³, bei der der Behälter am Boden betoniert wird. Im Zuge der Schaftherstellung wird dann der Behälter hochgezogen oder hochgedrückt.

Richtungweisend für diesen Konstruktionstyp wurde der in Örebro in Schweden errichtete 9000-m³-Wasserturm [7.4].

Eine derartige Konstruktion verlangt neben der einwandfreien statischen und konstruktiven Bearbeitung vor allem größte Sorgfalt bei der Bauausführung.

Auf eine *montagefähige Wasserturmkonstruktion aus Ungarn* ist noch hinzuweisen. Es handelt sich um kugelförmige Wasserbehälter aus Stahl, die sich auf einen geschweißten runden Schaft abstützen. Der Wasserbehälter selbst hat eine Wärmedämmschicht aus Glaswolle und eine Aluminiumblechhülle. Es gibt zwei verschiedene Typen. Der Hydroglobus (Bild 7.21) besitzt als Verbindung zum Fundament ein Kugelgelenk und ist seitlich mit Seilen abgespannt. Der Aquaglobus hat einen frei stehenden am unteren Teil kegelstumpfförmig verstärkten

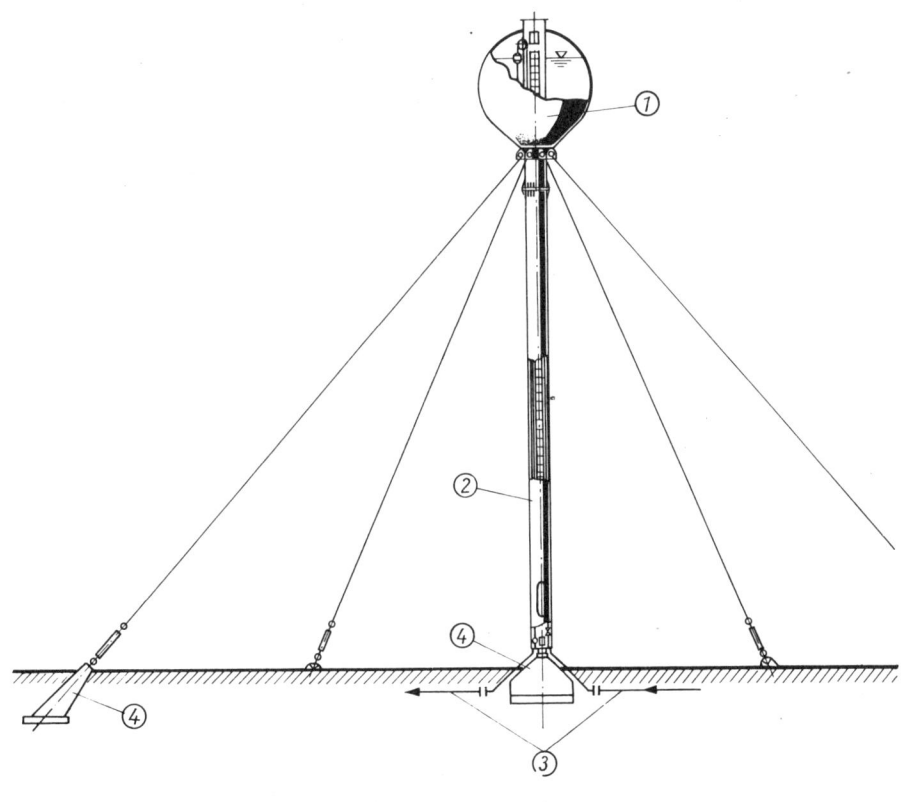

Bild 7.21 Hydroglobus mit 200 m³ Inhalt
   1 Kugelbehälter; *2* Stütze; *3* Zu- und Ableitung; *4* Fundament

Schaft, der im Stahlbetonfundament verankert ist. Die vorgefertigten Teile werden auf der Baustelle zum Turmbehälter zusammengesetzt, und dieser wird dann auf dem vorbereiteten Fundament aufgerichtet. Die gesamte Montagezeit beträgt etwa 4 Wochen. Es gibt verschiedene Größen von 50 bis 300 m³ Inhalt. Die abgespannte Konstruktion des Hydroglobus benötigt eine große Fläche und verlangt eine ständige Justierung. Der Hydroglobus wird deshalb nicht mehr gefertigt. Auf einen besonders zuverlässigen Korrosionsschutz ist bei derartigen Stahlkonstruktionen zu achten, da sonst nicht nur ein hoher Unterhaltungsaufwand notwendig wird, sondern auch Betriebsunterbrechungen in Kauf genommen werden müssen.

Bei Wassertürmen ist besonders auf eine noch zumutbare Zugänglichkeit für die notwendigen Unterhaltungsarbeiten am Bauwerk und an den Ausrüstungen zu achten. Dies betrifft z. B. auch die Begehung und Unterhaltung der Behälterabdeckung.

Der Bau von Wassertürmen verlangt in jedem Falle eingehende Variantenuntersuchungen, da auf diesem Gebiet keine abgeschlossene Entwicklung vorliegt und durch Veränderung der Konstruktion und der Bauweise oft Kostensenkungen zu erreichen sind.

7.6.2. Ausrüstung

Bei Wassertürmen werden zur Masseverminderung bevorzugt Stahlrohre verwendet. Sonst gelten sinngemäß die in Abschn. 7.4.2. erörterten Gesichtspunkte über die Ausrüstung von Behältern. Das unter dem Behälter liegende Geschoß, der Tropfboden, dient als Schieberkammer. Hier werden die Rohrleitungen zusammengefaßt, die notwendigen Armaturen eingebaut und die Bedienung durchgeführt. Besonders wichtig sind Hilfseinrichtungen für Montagearbeiten. Hierfür genügen oft schon einfache Lasthaken oder Träger für die Aufnahme von Hebezeugen. Der Einbau von Ausbaustopfbuchsen und Dehnungsstopfbuchsen ist besonders wichtig. Die großen Rohrlasten sind auf ausreichende Rohrfundamente abzusetzen. Bei kleinen Rohrdurchmessern und Stagnieren des Wassers kann es zu Frostschäden an Rohrleitungen und Armaturen kommen. Deshalb sind in solchen Sonderfällen Rohrleitungen und Armaturen besonders zu isolieren.

7.7. Abnahme und Betrieb von Wasserspeichern

Neben der für Bauwerke aller Art erforderlichen allgemeinen Bauabnahme ist bei Wasserspeichern eine sorgfältige Dichtheitsprüfung durchzuführen. Nachlässigkeiten können hier zu großen Schäden führen. Die zu prüfende Wasserkammer soll in 24 Stunden keine größeren Wasserverluste als 1,2 l/m² benetzte Behälterfläche aufweisen. Sind mehrere Kammern vorhanden, so sind die Nachbarkammern zu entleeren. Damit der Beton sich ausreichend mit Wasser sättigen kann, soll der Behälter bereits vor der Prüfung etwa eine Woche lang unter Wasser stehen. Undichte Abschlußschieber führen oft zu Überraschungen. Wird ein Wasserverlust festgestellt, so sind Rohrdurchführungen, Putz, Beton sowie Wand- und Sohlenfugen auf Durchlässigkeit zu untersuchen.

Die Erdhoch- und -tiefbehälter sollten ohne Erdanschüttungen geprüft werden, um eventuelle Wasserverluste auch von außen feststellen und beheben zu können. Dies stößt aber in der Regel auf Schwierigkeiten bei der Bauausführung, da es bei diesem Verfahren zu Arbeitsverzögerungen kommen kann. Das zu lange Offenhalten der Baugrube kann außerdem zu einem starken Austrocknen des Betons und damit zu Schwindrissen führen. Es empfehlen sich deshalb hierüber eindeutige Vereinbarungen zwischen Auftraggeber und ausführendem Baubetrieb.

Auch Wasserspeicher erfordern in bestimmten Abständen Unterhaltungsarbeiten. Dazu gehören Anstriche für Rohrleitungen und Armaturen, das Reinigen der Zugänge, die ausreichende Be- und Entlüftung des Behälterraums und nicht zuletzt die Reinigung der Wasserkammern selbst. In vielen Fällen muß auch die Behälterdecke in die Reinigung einbezogen werden. Die Reinigungsarbeiten werden erleichtert, wenn dafür Druckwasser zur Verfügung steht. In den meisten Fällen genügt ein Sauganschluß an der Entnahmeleitung, um eine transportable Druckerhöhungspumpe anschließen zu können. Bei dieser Gelegenheit ist besonders auf Undichtig-

7.6. Bau und Ausrüstung von Wassertürmen

keiten und Risse am Behälter zu achten. Nach dem Reinigen ist der Behälter ausreichend zu desinfizieren. Zu den Unterhaltungsarbeiten gehören auch die Begrünung und die Umzäunung.

Literaturverzeichnis

[7.1] Autorenkollektiv: Behälter-, Hydrophor-, Direktförderung – Wirtschaftlicher Anwendungsbereich. Halle: VEB Kombinat Wassertechnik und Projektierung Wasserwirtschaft. Wapro 1.18., 1971.
[7.2] Autorenkollektiv: Wasserspeicherung – 2. Wassertechnisches Seminar. München: Technische Universität München. Wassergütewirtschaft und Gesundheitsingenieurwesen 1978.
[7.3] *Eriksohn, K.:* Der Wasserturm in Örebro, Schweden. Bauwelt (1958) 2. Halbjahr.
[7.4] *Hampe, E.:* Flüssigkeitsbehälter. Berlin: VEB Verlag für Bauwesen 1979.
[7.5] *Hummel, J.; Kittner, H.; Saretz, J.:* Probleme und wissenschaftlich-technische Ergebnisse zur Optimierung in der Wasserverteilung. WWT (1979) S. 207–210.

8. Wasserverteilung

Unter Wasserverteilung wird im erweiterten Sinne die Förderung, der Transport und die Speicherung des Wassers zwischen den Anlagen zur Wassergewinnung bis zu den Wassernutzern verstanden. Im folgenden Abschnitt wird der Begriff Wasserverteilung nur im engeren Sinn für den Transport des Wassers benutzt. Hierzu werden in der Wasserversorgung fast ausschließlich Rohrleitungen eingesetzt.

Die Rohrleitungen beanspruchen meist 75 % und mehr der Anlagekosten einer kompletten Wasserversorgungsanlage. Deshalb wird eine lange Lebensdauer der Rohrleitungen angestrebt, was deren vorausschauende Anordnung und Bemessung bedingt.

Wirtschaftlichkeit und Sicherheit einer Wasserversorgungsanlage hängen in starkem Maße von den Rohrleitungen ab. Sie sollen nicht nur die quantitative Versorgung nach Menge und Druck, sondern auch die weitgehende Beibehaltung der vom Wasserwerk gelieferten Qualität des Wassers gewährleisten. Rohrwerkstoff und Rohrverbindungen müssen deshalb sorgfältig unter Beachtung der örtlichen Gegebenheiten ausgewählt werden. Die billigste Lösung ist nicht immer die wirtschaftlichste. Letztere ergibt sich aus den Abschreibungs- und Unterhaltungskosten, so daß die Lebensdauer der Rohrleitung einen großen Einfluß hat. Oft muß auch die Betriebssicherheit über die in Zahlen auszudrückende Wirtschaftlichkeit gestellt werden.

8.1. Grundbegriffe

8.1.1. Rohrleitungsarten

Die Rohrleitungen werden nach versorgungstechnischen Aufgaben gegliedert in
a) *Zubringer- oder Transportleitungen*. Dies sind Rohrleitungen, die ohne Entnahme längs der Strecke das Wasser zur Aufbereitungsanlage, zum Speicherbehälter oder zum Verteilungsnetz führen.

Als Fernwasserleitung bezeichnet man Zubringer- oder Transportleitungen großer Länge. Der Begriff ist nicht verbindlich definiert. Es ist üblich, ab 30 km Länge von Fernwasserleitungen zu sprechen. Dabei handelt es sich vorwiegend um die Überleitung von Wasser aus anderen Einzugsgebieten.
b) *Hauptleitungen*. Von ihnen zweigen die Versorgungsleitungen, aber in der Regel keine Anschlußleitungen ab. Sie sind nur in größeren Rohrnetzen erforderlich.
c) *Versorgungsleitungen*. Sie bilden das eigentliche Versorgungsnetz. Von ihnen zweigen die Anschlußleitungen zu den einzelnen Grundstücken ab.
d) *Anschlußleitungen oder Hausanschlüsse*. Dies sind die Wasserleitungen von der Versorgungsleitung bis zum Wasserzähler oder Hauptabsperrorgan im Grundstück.
c) *Verbrauchsleitungen*. Sie stellen die Hausinstallation zu den einzelnen Zapfstellen dar.

Nach hydraulischen Gesichtspunkten sind *Freispiegel-* und *Druckrohrleitungen* zu unterscheiden. Während Freispiegelleitungen (Leitungen mit teilgefülltem Profil) grundsätzlich mit natürlichem Gefälle verlaufen, können Druckrohrleitungen als *Gravitationsleitungen* oder *Pumpendruckleitungen* arbeiten. Häufig treten Gravitationsleitungen als Kombination von Freispiegel- und Druckrohrleitungen auf. *Düker* sind Druckrohrleitungen zur Unterführung von Wasserläufen u. dgl. Sie sind durch die tiefere Lage gegenüber den anschließenden Rohrstrecken gekennzeichnet. Im hydraulischen Sinne werden nur Unterführungen im Zuge von Freispiegelleitungen als Düker bezeichnet. Jedoch ist der gleiche Begriff auch für die konstruktiv ähnliche Lösung bei Unterführungen im Rahmen von Druckrohrleitungen üblich. *Heber* sind Rohrlei-

8.1. Grundbegriffe

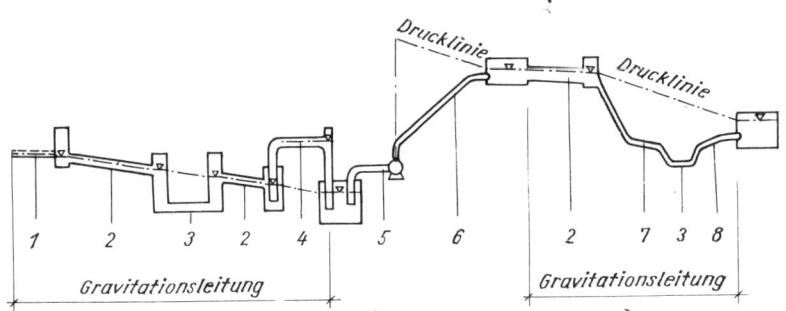

Bild 8.1 Rohrleitungsarten
1 Sickerleitung; *2* Freispiegelleitung; *3* Düker; *4* Heber; *5* Saugleitung; *6* Pumpendruckleitung; *7* und *8* Druckleitungen als Gravitationsleitungen

tungen, in denen Unterdruck herrscht und die mit Hilfe des Luftdrucks einen Hochpunkt überwinden (Bild 8.1).

Die ohne inneren Überdruck laufenden Freispiegelleitungen stellen wesentlich geringere Anforderungen an das Rohrmaterial. Je nach den Geländeverhältnissen sind jedoch längere Rohrtrassen und Übertiefen erforderlich. Freispiegelleitungen kommen vornehmlich als Zubringerleitungen von der Wasserfassung zur Aufbereitungsanlage oder zum Speicherbehälter in Frage. Ihre wirtschaftliche Anwendung hängt weitgehend von den Geländeverhältnissen ab und ist von Fall zu Fall gegenüber einer Druckrohrleitung einschließlich der Förderanlage abzuwägen. Druckrohrleitungen haben den Vorteil, daß ihre Leistungsfähigkeit durch Zwischenschalten von Pumpen in gewissen Grenzen erhöht werden kann.

8.1.2. Rohrnetzformen

Die der Wasserverteilung im Verbrauchergebiet dienenden Rohrnetze (Bild 8.2) werden nach ihrer Form und den dadurch bedingten hydraulischen Verhältnissen als Verästelungs-, Umlauf- und Ringnetze bezeichnet.

Verästelungsnetze bestehen aus sich verzweigenden Rohrleitungen. Den einfach zu erfassenden hydraulischen Verhältnissen stehen wesentliche betriebliche Nachteile gegenüber. Bei Unterbrechung eines Rohrstrangs infolge Rohrbruchs oder wegen Reparaturen ist das gesamte hinter der Störstelle liegende Versorgungsgebiet ohne Wasser. Durch Stagnation in den Endsträngen leidet die Wasserqualität und steigt die Frostgefährdung. Bei direkter Löschwasserversorgung aus dem Rohrnetz sind oft größere Rohrnennweiten erforderlich, da der Zufluß nur von einer Seite erfolgt. Verästelungsnetze sollten nur noch angewendet werden, wenn infolge weitläufiger Bebauung ein vermaschtes Rohrnetz zu aufwendig wird, und bei kleinen Versorgungsgebieten, bei denen die Betriebssicherheit nicht diese Rolle spielt.

Vermaschte Rohrnetze entstehen durch Verbindung der Endstränge eines Verästelungsnetzes. Dadurch wächst die Länge und steigen oft auch die Kosten eines Rohrnetzes. Die Kontrolle des Rohrnetzes auf Wasserverluste gestaltet sich schwieriger, da die Fließrichtung wechselt. Vermaschte Rohrnetze sind trotzdem wegen der betrieblichen Vorteile dem Verästelungsnetz vorzuziehen. In ihnen wird das Stagnieren des Wassers weitgehend verhindert; die Druckverhältnisse sind ausgeglichener, und im Brandfall fließt das Löschwasser von zwei Seiten zu, so daß oft an Rohrnennweite gespart werden kann. Bei Absperrung von Teilstrecken kann das dahinterliegende Verbrauchergebiet mit verringertem Druck weiterversorgt werden.

Vermaschte Rohrnetze kann man hydraulisch in *Umlauf- und Ringnetze* unterscheiden. Während beim Umlaufnetz die Endstränge mit meist geringen Rohrdurchmessern einfach verbunden sind, hat das Ringnetz geschlossene Ringleitungen größeren Durchmessers. Das Umlaufnetz ähnelt in der Fließrichtung weitgehend dem Verästelungsnetz. Das Ringnetz gewährt die größte Betriebssicherheit und den besten Druckausgleich im gesamten Versorgungsnetz. Erweiterungen sind am leichtesten und mit geringstem Aufwand möglich. Ringnetze sind bevorzugt anzuwenden, auch wenn sie anfangs teurer sind. Bei späteren Erweiterungen machen sie sich

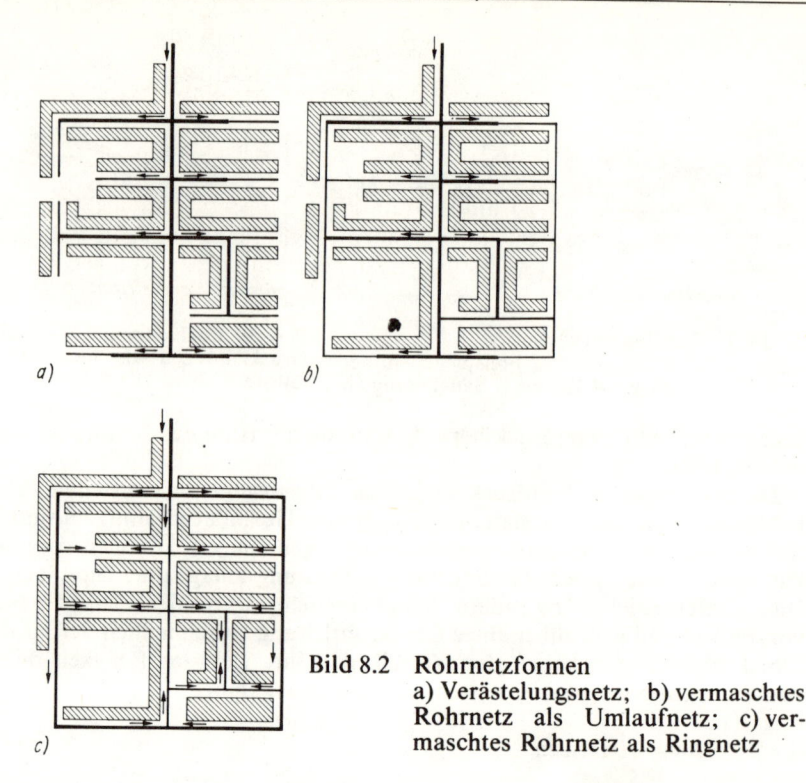

Bild 8.2 Rohrnetzformen
a) Verästelungsnetz; b) vermaschtes Rohrnetz als Umlaufnetz; c) vermaschtes Rohrnetz als Ringnetz

mehrfach bezahlt. Ringleitungen an oder nahe der Peripherie des Versorgungsgebiets schaffen gute Druckverhältnisse auch in den Randgebieten und gestatten Erweiterungen des Bebauungsgebiets mit geringem Aufwand. Bei größeren Versorgungsgebieten sind außerdem Ringleitungen um und im Versorgungszentrum hydraulisch von Vorteil. Durch nachträgliche Anordnung von Ringleitungen sind Wasserbedarfssteigerungen am leichtesten aufzunehmen.

8.1.3. Nennweiten und Druckstufen

Die Anschlußdurchmesser von Rohren, Formstücken, Flanschen, Rohrverschraubungen sowie die Rohranschlüsse an Behältern, Maschinen und Apparaten werden durch die Nennweite gekennzeichnet. Als Kurzzeichen für die Nennweite war bisher im deutschen Sprachgebiet NW genormt. Die im Gange befindliche internationale Normung sieht als Kurzzeichen DN (diameter nominal) vor. Der Zahlenwert der Nennweiten entspricht annähernd dem Innendurchmesser in Millimeter. Teile gleicher Nennweite passen zueinander, unabhängig davon, ob sie nach dem Zoll- oder Metrischen System bemessen sind. Die handelsüblichen Nennweiten sind gestaffelt (s. Abschn. 11.).

Rohre und Formstücke aus Gußeisen, Stahl und Plast werden, bedingt durch die Herstellungsverfahren, mit konstantem Außendurchmesser innerhalb einer Nennweite produziert. Der Innendurchmesser variiert mit der Wanddicke und weicht entsprechend von der Nennweite ab.

Der Innendruck in Rohrleitungen wird entsprechend den praktischen Erfordernissen der Hydraulik allgemein als Überdruck gegenüber dem Luftdruck angegeben. Als Einheit für den Druck war bisher Kilopond je Quadratzentimeter (kp/cm^2) üblich. Mit Einführung des Internationalen Einheitensystems (SI) ist das Pascal (Pa) die verbindliche Druckeinheit. Um zwischen alten und neuen Druckeinheiten annähernde Zahlengleichheit zu erreichen, werden vielfach Drücke in 10^5 Pa angegeben:

$$1 \text{ kp/cm}^2 \approx 10^5 \text{ Pa} = 1 \text{ bar}$$

Als *maximalen Betriebsdruck* bezeichnet man den unter normalen Betriebsverhältnissen in einer Rohrleitung, einem Behälter u. dgl. auftretenden Überdruck. Zu den normalen Betriebsverhältnissen zählen auch Druckstöße beim Abschalten von Pumpen und Schließen von Armaturen. Druckstöße infolge von Betriebsstörungen, z. B. Stromausfall an den Pumpen, sind nicht als normale Betriebsbedingungen zu betrachten. Diese Druckstöße sollten jedoch noch im Bereich des Prüfdrucks der Rohrleitung liegen.

Der *Nenndruck* ist ein Kennwert für die zulässige Innendruckbelastung der Rohre, Formstücke, Armaturen und Behälter im Dauerbetrieb. Im alten Einheitensystem wurde die Abkürzung ND benutzt, wobei der Zahlenwert in der Einheit kp/cm² angegeben wurde, ohne die Einheit mitzuschreiben:

ND 10 = Nenndruck 10 kp/cm²

Im Internationalen Einheitensystem (SI) wird die Abkürzung PN (pressure nominal) benutzt. Solange sich international jedoch noch keine einheitliche Einheit durchgesetzt hat, wird empfohlen, diese mitzuschreiben, z. B. PN 10 · 10^5 Pa oder PN 1,0 MPa. Für Kaltwasser- und Luftleitungen ist der Nenndruck gleich dem maximal zulässigen Betriebsdruck. Für hohe Temperaturen, gefährliche Fördermedien oder solche, gegen die die verwendeten Werkstoffe nur bedingt beständig sind, ist der zulässige maximale Betriebsdruck kleiner als der Nenndruck. Entsprechende Festlegungen sind in den Normen für Rohre und Armaturen getroffen.

Die Bauelemente für Rohrleitungen werden für genormte Nenndrücke gefertigt (s. Abschn. 11.).

Der *Probedruck* ist der bei der Festigkeits- und Dichtigkeitsprüfung von Rohrleitungsteilen im Herstellerwerk anzuwendende Überdruck. Er beträgt allgemein etwa das 1,5fache des Nenndrucks. Bei Absperrarmaturen wird jedoch nur das Gehäuse mit dem Probedruck bei geöffnetem Absperrorgan geprüft. Das Abschlußorgan wird bei der Prüfung nur dem einseitigen zulässigen Betriebsdruck ausgesetzt.

Der *Prüfdruck* ist der bei der Druckprobe einer fertigen Rohrleitung auf der Baustelle anzuwendende Druck. Er richtet sich nach dem Betriebsdruck, dem Rohrmaterial, der Bedeutung und den Betriebsverhältnissen einer Rohrleitung (s. Abschn. 8.9.3.). Er kann über dem Nenndruck liegen.

8.2. Rohre

8.2.1. Gußeiserne Rohre

Gußeisen ist eine Eisen-Kohlenstoff-Legierung, der durch verschiedene Technologien und Zusätze unterschiedliche Werkstoffeigenschaften verliehen werden.

Grauguß (Gußeisen mit Lamellengraphit) enthält 3,5 bis 3,7 % Kohlenstoff, der durch langsames Abkühlen als Graphit in Lamellenform ausgeschieden wird und durch seine Kerbwirkung den Werkstoff verhältnismäßig spröde macht. Grauguß war jahrhundertelang bevorzugter Rohrwerkstoff.

Duktiles Gußeisen (Gußeisen mit Kugelgraphit) enthält bis zu 4 % Kohlenstoff. Durch geringe Zusätze, z. B. Magnesium, in das flüssige Eisen wird der Kohlenstoff als kugelförmiges Graphit ausgeschieden. Weitere Zusätze sind Silizium, Phosphor, Schwefel und Mangan. Die gegenüber dem Grauguß veränderte Struktur verleiht dem Werkstoff wesentlich höhere Zugfestigkeit. In den letzten 20 Jahren hat das duktile Gußeisen den Grauguß im Rohrleitungsbau fast völlig verdrängt [8.3].

Temperguß entsteht durch schnelles Abkühlen des schmelzflüssigen Gußeisens. In den weiß erstarrten (graphitfreien) Gußformstücken ist der Kohlenstoff als Zementit (Fe_3C) gebunden und wird erst durch längeres Glühen (Tempern) als Graphit ausgeschieden. Temperguß ist weicher als Grauguß, leicht bearbeitbar und wird deshalb zur Herstellung von Fittings verwendet.

Gußeiserne Rohre wurden früher in senkrecht stehenden Sandformen gegossen (Sandgußrohre). Seit Jahrzehnten wurde diese Technologie durch liegende sandausgekleidete oder nichtausgekleidete wassergekühlte Metalldrehformen (Schleudergußrohre) ersetzt.

Schleudergußrohre haben infolge des Herstellungsverfahrens und der schnelleren Erstarrung ein gleichmäßigeres und dichteres Gefüge als die stehend gegossenen Sandgußrohre. Der in der metallischen Grundmasse eingelagerte Kohlenstoff ist in Schleudergußrohren gleichmäßiger und feinkörniger verteilt. Gasförmige und feste Verunreinigungen (Schlacke) werden beim Schleudern infolge geringerer Dichte ausgeschieden. Auf Grund des besseren Gefüges wird eine höhere Werkstoffgüte erreicht.

Gußeiserne Rohre sind in den Nennweiten 50 bis 1200 handelsüblich (s. Abschn. 11.). Während Graugußrohre mit unterschiedlichen Wanddicken für Nenndrücke $10 \cdot 10^5$ und $16 \cdot 10^5$ Pa hergestellt werden, erreichen die duktilen Gußrohre mit ihrer Mindestwanddicke je nach Nennweite Nenndrücke von $16 \cdot 10^5$ bis $40 \cdot 10^5$ Pa. Die Baulänge beträgt bis 6 m.

Gußeiserne Rohre zeichnen sich durch ihre hohe Korrosionsbeständigkeit und damit lange Lebensdauer aus. Die Widerstandsfähigkeit beruht auf der chemischen Zusammensetzung, dem Werkstoffgefüge und der Oberflächenbeschaffenheit der Gußrohre. Bei feinkörnigem, homogenem Gefüge erfolgt die Rostbildung gleichmäßig auf der Oberfläche und bildet so bei entsprechender Wasserbeschaffenheit eine festhaftende, dichte Schutzschicht gegen weitere Werkstoffzerstörung. Auf Sandgußrohren entsteht bei der Erstarrung des Eisens durch Aufnahme von Bestandteilen des Formsands eine aus Eisensilikaten und Oxiden bestehende Gußhaut. Schleudergußrohre aus nichtausgekleideten Metallformen bilden bei der anschließenden Wärmebehandlung eine Glühhaut aus Eisenoxid. Die Glühhaut und besonders die Gußhaut stellen einen sehr guten Schutz gegen chemische Angriffe dar. Eine weitere Sicherheit ist bei Gußrohren durch die größere Wanddicke und die geringere elektrische Leitfähigkeit gegenüber Stahlrohren gegeben.

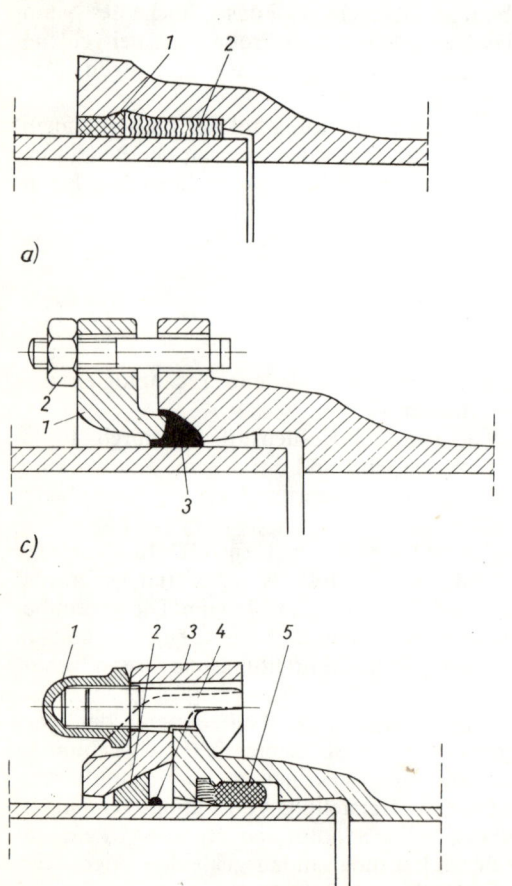

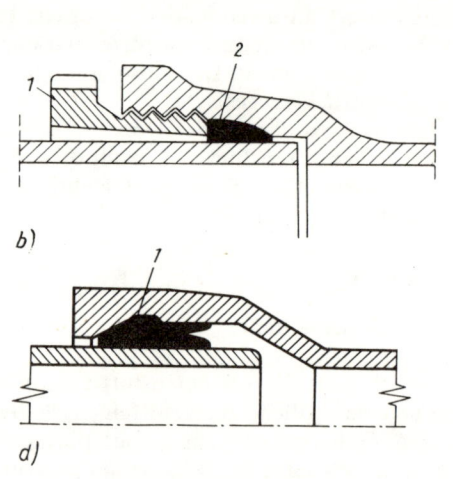

Bild 8.3 Rohrverbindungen für gußeiserne Rohre
a) Stemmuffe
1 verstemmte Bleivorlage; *2* Weißstrick
b) Schraubmuffe
1 Schraubring; *2* Gummiring mit Hartgummikanten
c) Stopfbuchsmuffe
1 Stopfbuchsring; *2* Hammerkopfschraube; *3* Gummiring
d) LKH-Steckmuffe
1 Gummigleitring (Lippendichtung)
e) kraftschlüssige Tytonmuffe
1 Schraube mit Hutmutter; *2* Haltering, geschlitzt; *3* Schubsicherungsring; *4* Schweißraupe, werksseitig aufgebracht; *5* Gummigleitring mit Hartgummikappe ohne Teile *1* und *4* als nichtkraftschlüssige Tytonmuffe

8.2. Rohre

Stark aggressive Wässer können besonders bei ungenügendem Sauerstoffgehalt, genauso wie vagabundierende Ströme, trotzdem zur Werkstoffzerstörung führen. Dies gilt vor allem bei einem schlechten Gußgefüge. Durch Herauslösen des Eisens verbleibt dann nur noch das Graphitgerüst, dessen Zwischenräume mit weichen Oxiden gefüllt sind. Aus dem Gußeisen wird so eine mit dem Messer schneidbare Masse. Dieser Vorgang wird als Graphitierung oder Spongiose bezeichnet.

Gußeiserne Rohre werden außen durch einen Bitumenüberzug und z. T. zusätzlich durch lose anliegende PE-Schlauchfolie gegen Korrosion geschützt. Innen wird je nach Aggressivität des Fördermediums eine Bitumenschicht aufgebracht oder das Rohr mit Zementmörtel ausgeschleudert.

Gußeiserne Rohre sind infolge der großen Wanddicke unempfindlich gegen Unterdruckbildung. Bei einwandfreier Lagerung können sie große äußere ruhende Lasten aufnehmen, sofern diese gleichmäßig angreifen. Graugußrohre sind empfindlich gegen Stoß, Schlag, Biegung und punktweise Lagerung. Durch innere oder äußere Überlastung entstehende Risse führen durch den Innendruck zu Schalenbrüchen.

Gußeiserne Rohre sind verhältnismäßig schwer. Sie sind durch Bohren, Drehen, Sägen und Brennschneiden zu bearbeiten. Duktile Gußrohre können auch warm gebogen werden. Das Schweißen ist autogen und elektrisch möglich, erfordert aber eine nachträgliche Wärmebehandlung und ist deshalb auf der Baustelle nicht üblich. Graugußrohre sind seit über 500 Jahren bekannt, zahlreiche Rohrleitungen über 100 Jahre in Betrieb. Der größte Teil der Wasserversorgungsnetze besteht aus gußeisernen Rohren. Durch die hohe Korrosionsbeständigkeit gilt auch heute noch das Gußrohr als ein besonders sicheres und solides Rohrmaterial, zumal die Festigkeitseigenschaften durch das duktile Gußeisen wesentlich verbessert und einfache gummidichtende Rohrverbindungen entwickelt wurden (Bild 8.3).

8.2.2. Stahlrohre

Stahlrohre für die Wasserversorgung werden vorwiegend aus unlegiertem Stahl (Kohlenstoffstahl) hergestellt. Er wird nach seiner Zugfestigkeit in der alten Maßeinheit kp/mm² (1 kp/mm² = 10^7 Pa) bezeichnet, z. B. St 38. Nach dem Grad der Desoxydation bei der metallischen Reaktion FeO + C $\rightleftarrows$ Fe + CO beim Erkalten des flüssigen Stahles wird zwischen beruhigt (b), unberuhigt (u) und halbberuhigt (hb) vergossenem Stahl unterschieden. Beim unberuhigt vergossenen, d. h. mit wenig Desoxydationsmitteln versehenen Stahl versetzen die beim Erkalten frei werdenden Gase den Stahl in wallende Bewegung, und es könen Hohlräume im Stahlblock entstehen, die beim Walzen meist verschweißt werden. Unberuhigt vergossene Stähle eignen sich deshalb nicht für besondere statische Beanspruchungen; ihre Schweißbarkeit ist begrenzt.

Für besondere Festigkeits- und chemische Eigenschaften werden die verschiedensten legierten Stähle verwendet, z. B. Manganstähle für große Rohrdurchmesser und Betriebsdrücke und Chromnickelstähle wegen ihrer Korrosionsbeständigkeit.

Wichtigste Voraussetzung für den Einsatz aller Stähle im Rohrleitungsbau ist deren Schweißbarkeit unter Baustellenbedingungen. Einzelheiten zu den Stahlsorten sind den einschlägigen Standards zu entnehmen.

Nahtlose Stahlrohre werden fast ausschließlich im Warmformgebungsverfahren hergestellt. Runde oder eckige Stahlblöcke werden auf Walztemperatur erwärmt, mit einem Dorn gelocht und in mehreren Arbeitsgängen nach verschiedenen Technologien auf die gewünschten Maße gewalzt oder gezogen. Die Rohre werden bis 500 mm Nennweite und in Herstellungslängen von 4 bis 12 m als glatte Rohre mit Schweißfase oder mit angeformten Muffen geliefert (Bild 8.4). Flansche werden angeschweißt oder aufgeschraubt. Nahtlose Rohre sind, bedingt durch das Herstellungsverfahren, besonders maßhaltig und verhältnismäßig dickwandig.

Geschweißte Stahlrohre sind aus Bandstahl oder Blechen geformte und nach verschiedenen Verfahren längs- oder spiralgeschweißte Rohre. Sie sind von den kleinsten bis zu den größten, noch transportfähigen Nennweiten lieferbar und billiger als nahtlose Rohre. Sie werden als glatte Rohre mit Schweißfase oder mit Muffen in Handelslängen von 6 bis 16 m geliefert.

Gewinderohre sind längsgeschweißte oder nahtlose Rohre, deren Außendurchmesser und

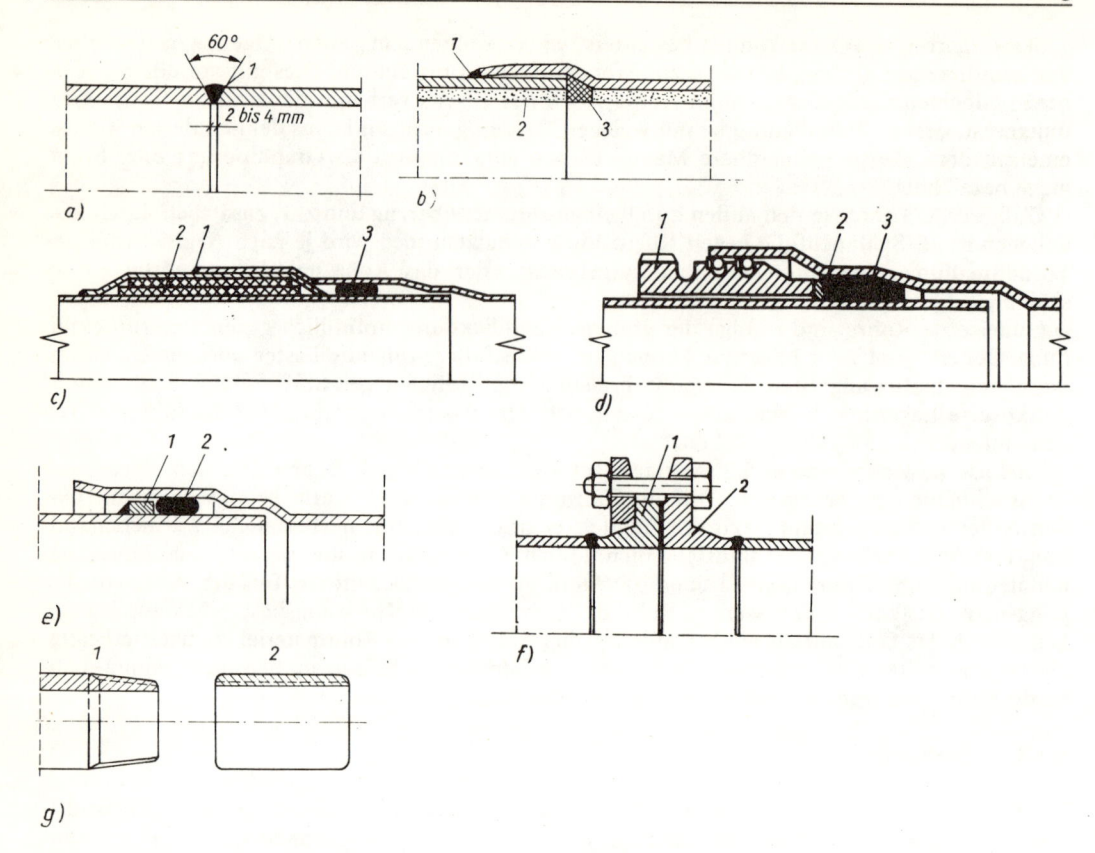

Bild 8.4 Rohrverbindungen für Stahlrohre

a) Stumpfschweißung
1 V-Naht
b) Schweißmuffe für zementmörtelausgeschleuderte Rohre
1 Kehlnaht; *2* Zementmörtelausschleuderung; *3* Zementkittausspachtelung
c) Schweißmuffe für innenbituminierte Rohre
1 Baustellenschweißnaht; *2* Asbestwärmedämmung; *3* Gummirollring

d) Schraubmuffe
1 Schraubring; *2* Druckring; *3* Gummiring
e) Steckmuffe (Sigurmuffe)
1 aufgeschweißter Stahlring; *2* Gummirollring
f) Flanschverbindung
1 Vorschweißbund mit Losflansch; *2* Vorschweißflansch
g) Gewindemuffe
1 Gewinderohr mit aufgeschnittenem kegeligem Gewinde; *2* Tempergußmuffe mit zylindrischem Innengewinde

Wanddicken zum Aufschneiden genormter Gewinde bemessen sind. Die Rohre werden mit glatten Enden oder bereits aufgeschnittenem Whitworth-Gewinde in den Nennweiten bis DN 150, im internationalen Maßstab bis DN 500, in Handelslängen von 4 bis 8 m – nahtlos bis 12 m – geliefert und vorwiegend für DN $\leq$ 50 eingesetzt.

Stahlrohre zeichnen sich durch geringe Masse, leichte Verarbeitung und hohe mechanische Festigkeiten aus, sind weitgehend unempfindlich gegen Stoß, Schlag und Erschütterungen und können große Biegemomente aufnehmen. Die großen Handelslängen der Rohre ermöglichen eine schnelle Verlegung. Mit Hilfe geschweißter Sonderformstücke kann die Rohrtrasse leicht örtlich angepaßt werden. Stahlrohre lassen sich nach den vielfältigsten Technologien bearbeiten. Schweißen, Bohren, Schneiden, Schmieden, kalt Biegen sind auf der Baustelle möglich. Diesen Vorteilen steht ein wesentlicher Nachteil gegenüber, die geringe Korrosionsbeständigkeit. Die Rohre müssen außen und für Wasser auch innen einen sorgfältig aufgebrachten, lückenlosen Korrosionsschutz erhalten. Beschädigungen müssen auf der Baustelle ausgebessert werden. Dies gilt besonders für die Schweißnähte (s. Abschn. 8.3.).

8.2. Rohre

Wasserleitungsrohre erhielten bisher innen und außen einen mehrere Millimeter dicken Überzug aus Bitumen, der außen noch durch bituminierte Gewebebandagen gegen mechanische Beschädigungen geschützt wird. Seit einigen Jahren werden Stahlrohre für die Wasserversorgung in zunehmendem Maße innen mit Zementmörtel ausgeschleudert. Diese ZM-Stahlrohre werden im internationalen Maßstab ab DN 80 geliefert und stellen einen wesentlichen Fortschritt dar [8.26]. Als Außenschutz werden seit einigen Jahren Plastbeschichtungen aus Polyvinylchlorid (PVC) und Polyäthylen (PE) eingesetzt. Auch als Innenschutz werden bei besonders aggressiven Fördermedien PVC- oder Gummiauskleidungen verwendet.

Stahlrohre werden vorwiegend innerhalb von Bauwerken, Maschinenhallen, Aufbereitungsanlagen u. dgl. sowie erdverlegt für wenig aggressive Medien verwendet. Stahl ist der bevorzugte Werkstoff bei hohen statischen und dynamischen Belastungen und komplizierten Rohrführungen.

8.2.3. Asbestzementrohre

Asbestzementrohre sind vor allem unter der Markenbezeichnung Eternit bekannt geworden [8.19]. Sie werden nach einer speziellen Technologie aus Zement, vorwiegend Portlandzement, und Asbestfasern hergestellt. Das breiige Asbestzementgemisch wird durch ein Filzband in dünnen Schichten von etwa 0,1 mm unter hohem Druck auf einen Stahlkern nahtlos aufgewickelt, bis die gewünschte Wanddicke erreicht ist. Die Rohrenden werden nach dem Abbinden des Asbestbetons abgedreht.

Asbestzementrohre werden international in den Nennweiten 50 bis 2000 mm bis PN $15 \cdot 10^5$ Pa in Längen von 4 und 5 m hergestellt. Sie zeichnen sich durch sehr geringe Masse, leichte Verlegung und weitgehende Korrosionsbeständigkeit aus. Korrosionsgefährdet ist praktisch nur der Zement durch kalkaggressive Wässer oder Böden. Das durch den Herstellungsprozeß be-

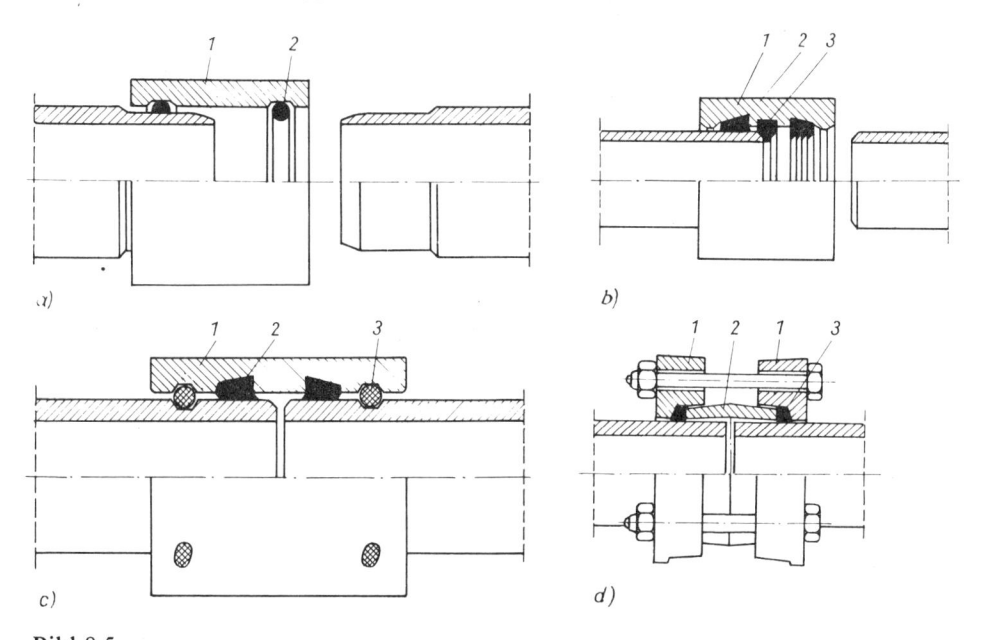

Bild 8.5
Rohrverbindungen für Asbestzementrohre
a) Kuas-Kupplung
 1 Asbestzementkupplung; *2* Gummigleitring
b) Reka-Kupplung
 1 Asbestzementkupplung; *2* gezahnter Gummigleitring; *3* Distanzring aus Gummi

c) kraftschlüssige Reka-Kupplung
 1 Asbestzementkupplung; *2* gezahnter Gummigleitring; *3* Stahlseil durch tangentiale Bohrung eingezogen
d) Gibault-Kupplung
 1 Losflansch; *2* Zwischenring; *3* Gummiring

dingte sehr dichte Materialgefüge stellt einen ausgezeichneten Schutz dar. Gegen starke Kalkaggressivität können die Rohre innen und außen durch Bitumenüberzüge geschützt werden. Der äußere Bitumenüberzug bedingt jedoch absolut wasserundurchlässige Rohre und sollte deshalb nur bei innen bituminierten Rohren aufgebracht werden. Inkrustationen treten bei Asbestzementrohren kaum auf.

Von Nachteil ist die Empfindlichkeit gegen Stoß und Schlag sowie die geringe Biegezugfestigkeit. Bei entsprechender Vorsicht während des Transports und einwandfreier Rohrbettung haben sich Asbestzementrohre jedoch als Fernleitungen, Ortsnetze und auch für besondere Belastungen ausgezeichnet bewährt [8.53]. Hohe Ansprüche sind an die Produktion der Rohre zu stellen.

Asbestzementrohre lassen sich sägen, schneiden und bohren; sie können auf der Baustelle mit der Handsäge, bei größeren Nennweiten mit einem Schneidapparat gekürzt werden.

Asbestzementrohre werden auf Grund ihres Herstellungsverfahrens grundsätzlich ohne Muffen produziert und durch besondere Kupplungen mit Gummidichtung verbunden (Bild 8.5). Zum Übergang auf andere Rohrmaterialien und Flanschen werden Spezialkupplungen – sogenannte Übergangskupplungen – oder gußeiserne Formstücke verwendet.

Asbeststaub ist sehr gesundheitsgefährdend! Nicht nur bei der Herstellung der Rohre, sondern auch bei deren Bearbeitung auf der Baustelle sind besondere Schutzmaßnahmen erforderlich.

8.2.4. Beton-, Stahlbeton- und Spannbetonrohre

Für drucklose Rohrleitungen werden Betonrohre in den Nennweiten DN 100 bis 1200 mit 1 m Baulänge hergestellt, für die Nennweiten DN 800 bis 2000 auch Stahlbetonrohre größerer Baulängen. Die Rohrverbindung besteht aus Nut und Falz oder auch Muffen und wird mit Mörtel, besser aber mit elastischem Fugenband gedichtet.

Für Druckrohrleitungen wurde Stahlbeton ursprünglich als Ersatzmaterial eingesetzt. Verbesserte Betontechnologie und Preiswürdigkeit der Stahlbetondruckrohre ermöglichten und rechtfertigten die Produktion von schlaffbewehrten Stahlbetondruckrohren in den Nennweiten 100 bis etwa 1000 mm. Die Rohre wurden im Schleuderverfahren bis 5 m Baulänge für Betriebsdrücke bis $8 \cdot 10^5$ Pa hergestellt. Als Rohrverbindungen dienten Glockenmuffen oder gußeiserne Kupplungen mit Rollgummidichtung. Stahlbetondruckrohre sind schwer, können nicht bearbeitet werden und sind auch bei hoher Betongüte infolge mangelnder Zugfestigkeit und Zähigkeit des Werkstoffs Beton empfindlich gegen Stoß, Schlag und punktförmige Lagerung. Bei einwandfreier Produktion und Verlegung wurden jedoch durchaus betriebssichere und sehr preiswerte Rohrleitungen gebaut. Als Zubringer- und Fernleitungen sind viele Kilometer Stahlbetondruckrohre seit Jahrzehnten in Betrieb; heute gelten sie als überholt.

Die Anwendung von Spannbeton im Rohrleitungsbau hat vor etwa 30 Jahren begonnen und in den letzten Jahren einen großen Aufschwung beim Bau von Rohrleitungen mit großen Durchmessern genommen. Maßgebend waren dabei die ökonomischen Vorteile. Von den zahlreichen Herstellungsverfahren und Konstruktionen sind einige zu einer hohen technischen Vollendung gelangt. An die Betontechnologie werden sehr hohe Anforderungen gestellt. Besondere Probleme bringen der Schutz des hochwertigen und korrosionsempfindlichen Spannstahls sowie die Gestaltung der Rohrverbindungen mit sich. Der Formgebung der Rohrverbindungen sind durch den Werkstoff Beton und die Vorspannverfahren Grenzen gesetzt. Nicht alle bisherigen Entwicklungen haben sich bewährt. Vor der Anwendung neuer Konstruktionen ist deshalb eine sehr sorgfältige und kritische Prüfung notwendig.

Im internationalen Maßstab werden Spannbetonrohre ab Nennweite 500 aufwärts bis zu 8 m Baulänge und Betriebsdrücken bis $35 \cdot 10^5$ Pa hergestellt. Weit verbreitet sind einschichtig hergestellte Glockenmuffenrohre, die unter dem Firmenzeichen Sentab bekannt wurden [8.37]. Der einschichtig gegossene Betonkörper wird sorgfältig verdichtet und vor Abbindebeginn die eingelagerte Ringbewehrung durch Beaufschlagung der elastischen inneren Form mit Druckwasser vorgespannt. Die Längsbewehrung wird vorher in der Form vorgespannt. Bei diesem Verfahren wird ein homogener Werkstoff über den ganzen Rohrquerschnitt erzielt. Auch die äußere, für

8.2. Rohre

den Korrosionsschutz des Spannstahls wichtige Betonschicht wird vorgespannt und bleibt dadurch bei der im Betrieb erfolgenden Innendruckbeanspruchung der Rohre rissefrei (Bild 8.6a). Die sehr maßhaltig herzustellenden Glockenmuffen werden durch einen Gummiring gedichtet. Verwendet werden Rollgummidichtungen, die auf das Spitzende des Rohres aufgezogen werden und beim Einschieben in die Muffe unter starker Verformung abrollen, oder Lippendichtungen, die in eine Kammer eingelegt und durch den Wasserdruck in den Rohren gegen den Beton gepreßt werden (Gleitgummidichtung).

Bei den meisten anderen Herstellungsverfahren für Spannbetonrohre wird zuerst ein Kernrohr mit vorgespannter Längsbewehrung betoniert und nach dem Abbinden die Ringbewehrung unter Vorspannung aufgewickelt. Der äußere Schutzbeton wird in einem getrennten Arbeitsgang aufgebracht. Sofern der Schutzbeton nicht bei Innendruckbeaufschlagung des Rohres hergestellt wird, erhält er keine Vorspannung und kann bei der späteren Zugbeanspruchung reißen.

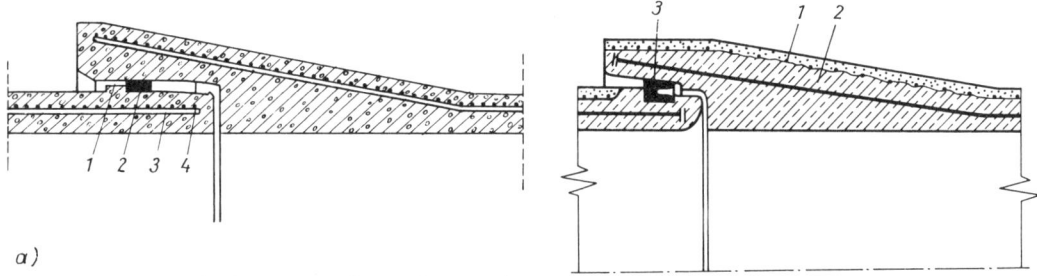

Bild 8.6 Rohrverbindungen für Spannbetonrohre
a) Glockenmuffe mit Rollgummidichtung
  1 Anschlagleiste; 2 Gummirollring; 3 Längsbewehrung; 4 Ringbewehrung
b) Glockenmuffe mit Gleitgummidichtung
  1 Ringbewehrung; 2 Längsbewehrung; 3 Gummigleitring (Lippendichtung)

Eine der bekanntesten Konstruktionen mit getrennter Herstellung von Kernrohr und Schutzbeton stellt das Socoman-Spannbetonrohr dar [8.55]. Das Kernrohr wird im Schleuderverfahren hergestellt, der Schutzbeton höchster Qualität weitgehend porenfrei verdichtet (Bild 8.6 b).

In verschiedenen Ländern, besonders in den USA, werden Spannbetonrohre mit einem inneren Blechmantel hergestellt. Das Blechrohr sorgt für die absolute Dichtigkeit; der darüberliegende Spannbeton sorgt für die Festigkeit und schützt das Blechrohr gegen Außenkorrosion. Innen werden die Rohre mit Beton ausgeschleudert. Die Rohrverbindung wird oft durch Verschweißen des Blechrohrs hergestellt und mit bewehrtem Beton umhüllt. Auch verschiedene Gummigleitverbindungen sind üblich.

Spannbetonrohre werden aus wirtschaftlichen Erwägungen oft für Fernwasserleitungen eingesetzt. Für sehr große Bauvorhaben lohnen sich mitunter objektgebundene Betonwerke. Spannbetonrohre mit Blechmantel wurden für solche Fälle bereits bis 5 m Innendurchmesser produziert und mit Spezialfahrzeugen verlegt [8.4].

8.2.5. Plastrohre

Von der Vielzahl der Plaste, die in den letzten Jahren fast alle Gebiete der Technik erobert haben, kommen aus technischen und ökonomischen Gründen z. Z. im wesentlichen zwei Plaste für den Bau von Kaltwasser-Druckrohrleitungen in Frage: Polyvinylchlorid (PVC) und Polyäthylen (PE) [8.8; 8.34]. Beides sind Thermoplaste, d. h., sie sind durch Erwärmen wiederholt verformbar. Ihr Zustand ist stark temperaturabhängig. Sie können deshalb im Rohrleitungsbau je nach Fördermedium nur bis zu Temperaturen von 20 bis 60 °C eingesetzt werden. Bei diesen Temperaturen sind sie noch fest bzw. spröde bis zähhart und können spanabhebend bearbeitet werden (Feilen, Sägen, Bohren, Drehen, Fräsen, Schleifen). Bei höheren Temperaturen nehmen sie einen thermoelastischen, kautschukartigen Zustand an und können spanlos durch Biegen, Tiefziehen usw. verformt werden. Steigert man die Temperaturen weiter, so beginnt das Material zu fließen. Es wird thermoplastisch, d.h. zähviskos bis flüssig. In diesen Zustand wird es beim Schweißen, Walzen, Spritzgießen und -pressen versetzt.

Noch höhere Temperaturen führen zum chemischen Zerfall und müssen bei der Verarbeitung unbedingt vermieden werden. Entsprechend diesen Zustandsformen, die von Veränderungen der Molekülbindungen hervorgerufen werden, nehmen Festigkeit und Elastizitätsmodul der Thermoplaste mit steigender Temperatur stark ab.

Eine weitere Besonderheit der Thermoplaste ist ihre Festigkeitsabnahme mit zunehmender Zeit. Die im Kurzzeitversuch ermittelten Festigkeitswerte müssen deshalb ein Vielfaches der im praktischen Betrieb über Jahrzehnte geforderten Festigkeit betragen.

Das *Hooke*sche Gesetz gilt für Thermoplaste nur bei sehr geringen Beanspruchungen. Höhere Belastungen verursachen eine sehr langsam verlaufende Verformung. Dieses Kriechen oder „kalte Fließen" kann schließlich zum Bruch führen.

Die standardisierten PVC- und PE-Rohre sind für eine 50jährige Lebensdauer bei 20 °C bemessen. Wegen der Alterung werden in manchen Ländern für die Erdverlegung nur Rohre mit Nenndrücken PN $\geq 10 \cdot 10^5$ Pa verwendet.

Die Vorteile der Plastrohre sind die Korrosionsbeständigkeit gegen aggressive Wässer und Böden; Beständigkeit gegenüber den meisten alkalischen und sauren Fördermedien; sehr hoher spezifischer elektrischer Widerstand und damit Unempfindlichkeit gegenüber elektrischer Korrosion; sehr geringe Wandrauhigkeit, die kaum durch Inkrustation beeinflußt wird; schlechter Wärmeleiter und dadurch wenig Schwitzwasserbildung; Geräusche dämmend, was für Hausinstallationen wichtig ist; infolge hoher Kurzzeitfestigkeit wenig empfindlich gegenüber Druckstößen; geringe Masse.

Nachteilig sind die temperatur- und zeitabhängige Festigkeitsabnahme, Kerbempfindlichkeit und verhältnismäßig große Wärmeausdehnung.

PVC-Rohre

Aus Azetylen und Salzsäure wird Vinylchlorid hergestellt. Durch Polymerisation gewinnt man daraus pulverförmiges Polyvinylchlorid (PVC), das in Schneckenpressen (Extruder) zu nahtlosen Rohren verarbeitet wird (PVC-hart). Außerdem werden geringe Mengen an Stabilisatoren, Gleitmitteln und Farbstoffen zugegeben.

PVC-weich entsteht durch Zugabe von flüssigen Weichmachern, die das Material flexibel gestalten, aber die Festigkeit stark herabsetzen. PVC-weich ist teuer; die Weichmacher sind z. T. hygienisch bedenklich. PVC-weich-Rohre werden deshalb in der Wasserversorgung nicht mehr verwendet.

PVC-hart-Rohre werden im Extruder endlos in Wanddicken bis 40 mm produziert, auf Handelslängen von 6 und 12 m geschnitten, und bei Bedarf werden Muffen warm angeformt. Die extrudierbare Wanddicke begrenzen Nennweite und Nenndruck der Rohre. Für Nenndruck $16 \cdot 10^5$ Pa werden die Rohre bis DN 300, für Nenndruck $10 \cdot 10^5$ Pa bis DN 400 hergestellt. Entsprechend der zulässigen Ringzugspannung bei Innendruck werden die Rohrtypen 60 und 100 unterschieden. Für erdverlegte Druckrohrleitungen werden nur Rohre vom Typ 100 eingesetzt.

PVC-hart ist gegen alle Wässer und in der Wasseraufbereitung übliche Chemikalien, mit Ausnahme von verflüssigtem Chlorgas, beständig. Gegen gasförmiges Chlor und gesättigte Chlorlösungen ist PVC-hart bis 20 °C bedingt beständig. Öle und Fette greifen PVC nicht an.

Der Erweichungspunkt liegt bei 80 °C. Bei tiefen Temperaturen wird es spröde. Der Anwendungsbereich liegt je nach statischer und chemischer Beanspruchung bei −15 bis +60 °C. PVC-hart brennt nicht allein weiter und ist gasdicht. Für die Trinkwasserversorgung dürfen nur Fabrikate verwendet werden, deren physiologische und toxikologische Unbedenklichkeit durch entsprechende Prüfatteste nachgewiesen ist. Die Rohre sollen soweit lichtundurchlässig sein, daß Algenbildung und Bakterienwachstum nicht begünstigt werden. Die früher erhobene Forderung, für erdverlegte Rohre nur Druckstufen PN $\geq 10 \cdot 10^5$ Pa und für die Gebäudeinstallation nur Rohre der Reihe „extra schwer" zu verwenden, kann bei der heutigen Rohstoff- und Energiesituation nicht mehr aufrechterhalten werden und erscheint nach den bisherigen Erfahrungen auch nicht erforderlich (Maße s. Abschn. 11.).

PVC-hart-Rohre können bei etwa 130 °C gebogen werden. Sie sind hierzu gleichmäßig mit

8.2. Rohre

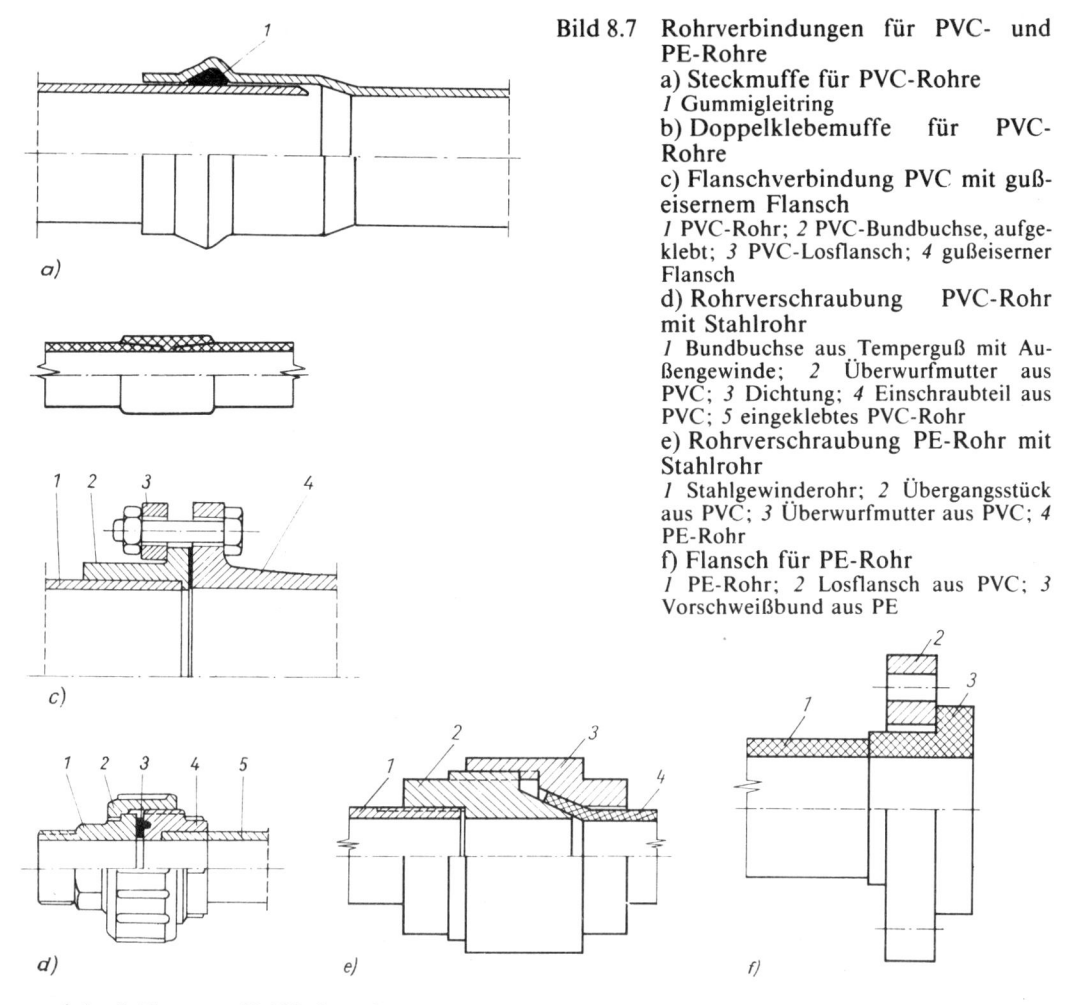

Bild 8.7 Rohrverbindungen für PVC- und PE-Rohre
a) Steckmuffe für PVC-Rohre
1 Gummigleitring
b) Doppelklebemuffe für PVC-Rohre
c) Flanschverbindung PVC mit gußeisernem Flansch
1 PVC-Rohr; *2* PVC-Bundbuchse, aufgeklebt; *3* PVC-Losflansch; *4* gußeiserner Flansch
d) Rohrverschraubung PVC-Rohr mit Stahlrohr
1 Bundbuchse aus Temperguß mit Außengewinde; *2* Überwurfmutter aus PVC; *3* Dichtung; *4* Einschraubteil aus PVC; *5* eingeklebtes PVC-Rohr
e) Rohrverschraubung PE-Rohr mit Stahlrohr
1 Stahlgewinderohr; *2* Übergangsstück aus PVC; *3* Überwurfmutter aus PVC; *4* PE-Rohr
f) Flansch für PE-Rohr
1 PE-Rohr; *2* Losflansch aus PVC; *3* Vorschweißbund aus PE

„weicher" Flamme, Heißluft, Infrarotstrahlen oder im Glyzerinbad zu erwärmen. Zum Biegen ist das Rohr zur Vermeidung von Falten mit heißem Sand von 80 bis 90 °C zu füllen oder eine Schraubenfeder oder ein aufgeblasener Schlauch einzulegen. Der Biegeradius soll $\geq$ 4 DN sein. Nach dem Biegen ist das Rohr bis zum Erkalten, z. B. durch Übergießen mit kaltem Wasser, in seiner Lage festzuhalten.

PVC-hart läßt sich schneiden und kann mit normalen, nicht zu groben Holz- und Metallsägen bearbeitet werden. Bohren, Fräsen und Drehen ist wie bei Leichtmetall möglich. Dabei ist für eine gute Kühlung mit Wasser, Emulsion oder Druckluft zu sorgen, damit das Material nicht weich wird. Gewinde soll auf Druckrohre nicht geschnitten werden, da PVC kerbempfindlich ist und es durch die Verringerung der Wanddicke bei Innendruckbelastung zum kalten Fließen kommen kann. Schraubfittings aus PVC-hart werden mit entsprechend verstärkten Wanddicken und Rundgewinde geliefert.

Lösbare Rohrverbindungen werden mit Rohrverschraubungen aus PVC-hart oder Flanschen hergestellt, unlösbare Verbindungen geklebt oder geschweißt (Bild 8.7).

PE-Rohre

Durch direkte Polymerisation von Äthen wird festes Polyäthylen (PE) gewonnen.

PE-weich stellt man durch Polymerisation bei sehr hohen Drücken her (Hochdruck-PE). Es enthält verzweigte Molekülketten und hat die geringe Dichte von etwa 0,92 g/cm^3.

PE-hart wird durch Polymerisation bei niederen Drücken unter Verwendung spezieller Katalysatoren gewonnen (Niederdruck-PE). Die Molekülketten sind nicht verzweigt und dadurch enger gelagert, so daß die etwas höhere Dichte von etwa 0,95 g/cm^3 erreicht wird. PE-hart ist temperaturbeständiger und hat eine höhere Festigkeit als PE-weich.

PE-Rohre werden aus Polyäthylengranulat und Rußzusatz zum Schutz gegen ultraviolette Strahlen in Schneckenpressen endlos hergestellt. Das Herstellungsverfahren gestattet Wanddicken bis 40 mm. Aus wirtschaftlichen Gründen werden im internationalen Maßstab bisher aber nur Rohre bis etwa 20 mm Wanddicke und 120 mm Innendurchmesser für Wasserleitungen hergestellt. Diese Rohre eignen sich bis zum Nenndruck $10 \cdot 10^5$ Pa. Geliefert werden die Rohre je nach Durchmesser auf Kabeltrommeln bis 1000 m Länge, in Ringbunden bis 300 m und als Stangen 6 bis 12 m lang mit glatten Rohrenden.

PE ist brennbar. Gase, insbesondere Wasserstoff und Kohlendioxid, diffundieren durch PE. Artverwandte Stoffe, wie Öle, Paraffin und Wachse, können PE erweichen. PE ist nicht beständig gegen verflüssigtes oder feuchtes Chlorgas, bedingt beständig gegen Chlorbleichlauge, Natriumhypochlorit und Schwefelsäure über 50%ig, beständig gegen die übrigen Säuren und Laugen zur Wasseraufbereitung und Wässer aller Art. Gegen Druckstöße ist PE noch weniger empfindlich als PVC. PE behält bis etwa $-30\,°C$ die gleiche Festigkeit und bleibt flexibel. Das Einfrieren von PE-Leitungen schadet dem Rohrmaterial nicht. Gegen höhere Temperaturen ist es empfindlicher als PVC. Ultraviolette Strahlen führen durch photochemische Prozesse zu Alterungserscheinungen. PE ist allgemein physiologisch und toxikologisch unbedenklich; für Trinkwasserleitungen muß der Nachweis für das verwendete Material durch Prüfatteste erbracht sein. Der Schmelzpunkt liegt bei 105 bis 132 °C; ab 290 °C beginnt die thermische Zersetzung.

PE-Rohre lassen sich mit dem Messer bzw. der Säge schneiden, kalt und warm biegen sowie schweißen. Beim vorwiegend angewendeten Stumpfschweißen werden die angeglichenen Rohrenden mit Heizelementen (Schweißspiegel) erwärmt und aneinandergepreßt.

PE-Rohre sind auf Grund ihrer großen Lieferlängen und Biegsamkeit ideal für die Erdverlegung. Für die Hausinstallation sind sie aus brandschutztechnischen Gründen abzulehnen.

Glasfaserverstärkte Kunststoffrohre

Glasfaserverstärkte Kunststoffe (GFK) sind Kunstharze, deren Festigkeit durch eingebettete Glasfaservliese wesentlich erhöht wird. Für die Rohrherstellung eignen sich besonders Polyester- und Epoxidharze. Beides sind Duroplaste, also nach der ursprünglichen Formgebung nicht wieder zu erweichen. Die Rohre werden vorwiegend im Wickelverfahren, seltener im Schleuderverfahren hergestellt [8.27]. Glasfaserverstärkte ungesättigte Polyesterharze sind unter dem Kurzzeichen GUP bekannt.

Die Glasfasern liegen in der äußeren Schicht der Rohrwand. Wegen der Mikroporosität der Duroplaste werden die Rohre, besonders bei Drücken $> 10 \cdot 10^5$ Pa, innen mit einem thermoplastischen „Liner" ausgekleidet. Hierzu eignet sich u. a. PVC, das mit den Kunstharzen einen chemischen Verbund eingeht. Verbunden werden die Rohre durch stumpf gestoßene Rohenden oder Muffen mit äußerer Laminierung (Umwicklung mit Glasseidengewebe in Kunstharz getränkt) oder durch Muffen mit Gummidichtung. Für die Formstücke wird PVC, außen ebenfalls laminiert, eingesetzt.

Derartige Rohrleitungen werden im Weltmaßstab bis DN 3000 gebaut, wegen des hohen Preises jedoch nur für besondere chemische Beanspruchungen. In der Trinkwasserversorgung wird die Laminiertechnik mit Erfolg zur Rohrschadenbeseitigung verwendet [8.12].

8.2.6. Steinzeugrohre

Steinzeugrohre werden aus Ton unter Zusatz von Quarz und Feldspat gebrannt. Sie werden in den Nennweiten 50 bis 500 mm, z. T. bis 1200 mm mit 1 m Baulänge als glatte oder Muffenrohre hergestellt. Sie werden ausschließlich für Freispiegelleitungen, gelochte Rohre für Sickerleitungen, verwendet und dürfen bis etwa $0,5 \cdot 10^5$ Pa Innendruck belastet werden.

8.3. Rohrverbindungen

Die Rohrverbindungen haben entscheidenden Einfluß auf die Dichtigkeit und Betriebssicherheit von Rohrleitungen. Die Verbindungen sollen nicht nur dicht sein, sie müssen teilweise auch geringe Bewegungen (Setzungen, Temperaturspannungen) ausgleichen oder Axialkräfte übertragen. Eine Übersicht geben Tafel 8.1 und die Bilder 8.3 bis 8.7.

Schweißverbindungen sind nichtlösbare kraftschlüssige Rohrverbindungen. Stumpfschweißungen stellen dabei die statisch und hydraulisch günstigste Form dar. Sie werden bei Rohren aus Stahl und Thermoplasten angewendet, setzen aber maßhaltige runde Rohrenden voraus.

Stahlrohre werden für alle Nennweiten und Nenndrücke autogen oder elektrisch stumpf geschweißt (s. Bild 8.4a). Bei dünnwandigen großkalibrigen Rohren sind einwandfreie runde Rohrenden nicht immer vom Lieferwerk her gewährleistet. Die Rohrenden müssen dann auf der Baustelle kalibriert werden. Einfacher sind Schweißmuffen zu schweißen. Die Muffen können an die eingesteckten Rohrenden warm angerichtet werden. Die Kehlnaht ist leichter zu legen als eine Stumpfschweißnaht. Schweißmuffen werden bis DN 1000 angewendet, wenn nur weniger ausgebildete Schweißer zur Verfügung stehen und nicht das Letzte an Festigkeit gefordert wird. Schweißmuffen sind vorteilhaft für zementmörtelausgekleidete Stahlrohre kleiner als DN 800, die nicht bekriechbar sind. Der Muffengrund wird hierbei mit einem Spezialmörtel ausgespachtelt, das Rohrende eingeschoben und ein Molch im Rohr nachgezogen, der den überschüssigen herausgepreßten Mörtel abstreift und den Muffenspalt glättet (s. Bild 8.4b). Zementmörtelausgekleidete Stahlrohre sollen möglichst elektrisch geschweißt werden, da hierbei weniger Wärme entsteht. Bei innenbituminierten Rohren, die nicht bekriechbar sind, ist eine einwandfreie Nachisolierung der Schweißstellen nicht gewährleistet. Für diese Fälle wurden Muffenrohre mit wärmegedämmten Schweißstellen entwickelt (s. Bild 8.4c).

PVC-hart-Rohre können mit Heißluft und PVC-Draht stumpf geschweißt werden. Auf der Baustelle hat sich diese Rohrverbindung jedoch nicht durchgesetzt. Zur Formstückherstellung in der Werkstatt wird die Schweißtechnik häufig eingesetzt.

PE-Rohre werden ohne Schweißmittel mit Hilfe von Heizelementen stumpf oder mit Muffen verbunden.

Das Schweißen von Thermoplasten setzt eine spezielle Ausbildung voraus.

Geklebte Verbindungen sind für PVC-hart-Rohre üblich. Die Klebeflächen müssen wesentlich größer sein als die Stirnflächen der Rohre. Es sind deshalb lange Klebmuffen erforderlich (s. Bild 8.7b). Klebelacke erfordern „satte" Passung der Klebeflächen. Im Rohrleitungsbau werden deshalb besser *spaltfüllende Klebstoffe* eingesetzt.

Die Metallklebetechnik hat in den letzten Jahren erhebliche Fortschritte gemacht. Geklebte Rohrverbindungen für Stahl und Gußeisen sind jedoch noch nicht praxisreif.

Flanschverbindungen sind kraftschlüssige und lösbare Verbindungen für alle Nennweiten und Nenndrücke. Rohre aus Gußeisen, Stahl und PVC-hart werden direkt als Flanschenrohre geliefert oder nachträglich mit Flanschen versehen. Für alle anderen Rohrwerkstoffe werden Übergangsformstücke auf Flansche gehandelt.

Flansche dienen zum lösbaren Anschluß an Armaturen, Behälter und Maschinen und als kraftschlüssige Verbindung, vorwiegend innerhalb von Gebäuden. Bei erdverlegten Flanschverbindungen sind die Stahlbolzen korrosionsgefährdet. Sie müssen deshalb aus nichtrostendem Stahl hergestellt oder sehr sorgfältig isoliert werden. Für Wasserleitungen werden fast ausschließlich Flansche mit glatten Dichtflächen und Flachgummidichtungen verwendet (s. Bilder 8.4f, 8.7c und f).

Stemmuffen mit Weißstrick als Dichtung und verstemmtem Riffelblei, Bleiwolle oder Gießblei als feste Vorlage waren jahrzehntelang für Gußeisen, z. T. auch für Stahl, die häufigsten Rohrverbindungen für erdverlegte Rohrleitungen und sind noch in großem Umfange in Betrieb. Sie erfordern aufwendige Handarbeit und werden heute nur noch bei Reparaturen, z. B. Überschieber bei Rohrbrüchen, angewendet (s. Bild 8.3a).

Schraubverbindungen sind in zahlreichen Variationen für metallische und plastische Rohrwerkstoffe im Gebrauch.

Mit Rohrverschraubungen werden glatte Metallrohre kleinerer Nennweiten, vorwiegend bis

Tafel 8.1. Auswahl üblicher Rohrverbindungen für Druckrohre der Wasserversorgung

Rohrwerkstoff	Gußeisen	Stahl	Asbestzement	Stahl- und Spannbeton	Polyvinylchlorid hart	Polyäthylen
Schweißverbindungen		Stumpfschweißung, Schweißmuffen, elektrisch oder autogen geschweißt		nur für Blechmantel	Stumpfschweißung mit Heißluft	Stumpf- und Muffenschweißung mit Heizelementen
Geklebte Verbindungen					Klebemuffen	
Flanschverbindungen	angegossene oder aufgeschraubte Flansche	Vorschweißflansche, Vorschweißbunde mit Losflansch, Gewindeflansche	Flanschkupplungen	gußeiserne Übergangsstücke mit Flansch	geklebte Bundbuchsen mit Losflansch	Vorschweißbunde mit PVC-Losflansch
Stemmverbindungen	Stemm-Muffen mit Weißstrick und Blei verstemmt					
Schraubverbindungen		Rohrverschraubungen mit Schneidring und Schweißkugelbuchse bis DN 40				
	Gewindemuffen metall- oder mit Hanf dichtend bis DN 50, z. T. darüber; Schraubmuffen gummidichtend DN 80 bis 600	Schraubmuffen gummidichtend DN 50 bis 500				
	Stopfbuchsmuffen gummidichtend DN > 600					
	mehrteilige Kupplungen gummidichtend mit Schraubbolzen, z. B. Gibault-Kupplungen					
Steckverbindungen mit Rollgummidichtung	Rollgummimuffe	Sigurmuffe DN ≦ 800	Simplex-Kupplung			
Steckverbindungen mit Gummigleitdichtung	Tyton-Muffe DN 80 bis DN 600 LKH-Muffe DN 80 bis 400		Reka-Kupplung; Kuas-Kupplung, Magnani-Kupplung u. a.	Glockenmuffe	Steckmuffe	

DN 40, verbunden und an Armaturen, Behälter u. dgl. angeschlossen. Die Rohrenden werden über Schneidring oder Schweißkugelbuchse von einer Überwurfmutter festgehalten und gegen einen Gewindestutzen verschraubt. Rohrverschraubungen eignen sich für sehr hohe Drücke und werden u. a. in Hydraulikanlagen eingesetzt. Schlauch- und Plastleitungen werden durch spezielle Rohrverschraubungen an Armaturen oder Metallrohre angeschlossen (s. Bilder 8.7d und e).

Gewinderohre aus Stahl oder Gußeisen bis Nennweite 50 mm, z. T. auch darüber, haben aufgeschnittene Whitworth-Rohrgewinde und werden mit Gewindemuffen verbunden, die Metall auf Metall oder durch Hanfstrick dichten, und in der Hausinstallation eingesetzt (s. Bild 8.4g).

Schraubmuffen mit Gummidichtungen, die durch einen Schraubring eingepreßt werden, sind nicht-kraftschlüssige Verbindungen für Stahlrohre DN 50 bis 500 und gußeiserne Rohre DN 80 bis 600 (s. Bilder 8.3b und 8.4d). Gußeiserne Rohre DN > 600 werden mit Stopfbuchsmuffen nach Bild 8.3c geliefert. Der Schraubring ist hier durch einen Stopfbuchsring ersetzt, der durch korrosionsfeste Hammerkopfschrauben mit der Muffe verbunden wird.

Kupplungen mit Schraubenbolzen, z. B. die Gibault-Kupplung (s. Bild 8.5d), eignen sich für glatte Rohrenden aus Stahl, Gußeisen und Asbestzement. Sie werden vorwiegend bis DN 300 und PN $16 \cdot 10^5$ Pa bei Reparaturen eingesetzt. Die Schraubenbolzen müssen gut gegen Korrosion geschützt werden.

Steckverbindungen haben durch Verbesserung der Gummiqualität in den letzten Jahren wesentlich an Bedeutung gewonnen. Sie sind einfach und schnell zu verlegen und beschädigen nicht die Innenisolierung. Die Muffen gestatten geringe Abwinklungen und Längsbewegungen. Sie gestalten dadurch die Rohrleitung elastisch und vermeiden Spannungen. Muffen und Rohrenden müssen jedoch sehr maßhaltig sein.

Anfangs wurden vorwiegend Rollgummidichtungen verwendet, so die Sigurmuffe für Stahlrohre (s. Bild 8.4e) und Glockenmuffen für große Nennweiten (s. Bild 8.6a). Der Gummiring wird mit etwa 10 % Vorspannung auf das Rohrende aufgezogen und dieses in die Muffe gesteckt, wobei der Gummiring bis in seine endgültige Lage abrollt. Der Gummiring wird dabei stark beansprucht und um 30 bis 40 % verformt. Es besteht die Gefahr, daß er nicht gleichmäßig abrollt, dadurch nicht seine vorgesehene Endlage erreicht und bei Innendruck herausgedrückt wird.

Diese Nachteile werden bei Gleitgummidichtungen vermieden. Der Gummiring wird in eine Nut in der Muffe oder Kupplung eingelegt und das Rohrende eingeschoben. Der Gummiring wird dabei weniger beansprucht und liegt fest. Verwendet werden Rundgummiringe, z. B. bei der Kuas-Kupplung für Asbestzementrohre (s. Bild 8.5a), und besonders profilierte Gummiringe, z. B. Lippendichtungen bei den Socoman-Spannbetonrohren (s. Bild 8.6b), und gezahnte Dichtungen bei den Reka-Kupplungen für Asbestzementrohre (s. Bild 8.5b).

Spezielle Rohrverbindungen werden für setzungsgefährdete Rohrleitungen, z. B. Bergsenkungsgebiete, hergestellt. Hierzu eignen sich u. a. Steckverbindungen mit besonders langen Muffen. Für Düker oder um Widerlager einzusparen, können Steckverbindungen auch kraftschlüssig ausgebildet werden (s. Bild 8.3e).

8.4. Formstücke

Richtungsänderungen in Rohrleitungen können in geringem Umfang durch „Ziehen" in den Muffen und Kupplungen, bei Rohrleitungen aus Stahl, duktilem Gußeisen und Plast auch durch Kaltbiegen der Rohre hergestellt werden. Für Richtungsänderungen $\geq 11\,^1/_4^\circ$ und kleine Krümmungsradien, für Abzweige, Wechsel der Nennweiten, des Rohrwerkstoffs und Übergang auf andere Rohrverbindungen – vorwiegend Flansche – werden besondere Formstücke industriell gefertigt.

Von der Formgebung her eignet sich Gußeisen besonders gut für die Herstellung von Formstücken. Gußeiserne Formstücke werden deshalb nicht nur für Rohrleitungen aus dem gleichen Werkstoff, sondern auch für Asbestzement-, Stahlbeton-, Spannbeton- und PVC-Rohrleitungen und für verschiedene Verbindungsarten eingesetzt (Bild 8.8b). Die üblichen Formen sind standardisiert und werden mit Buchstaben bezeichnet (s. Abschn. 11.).

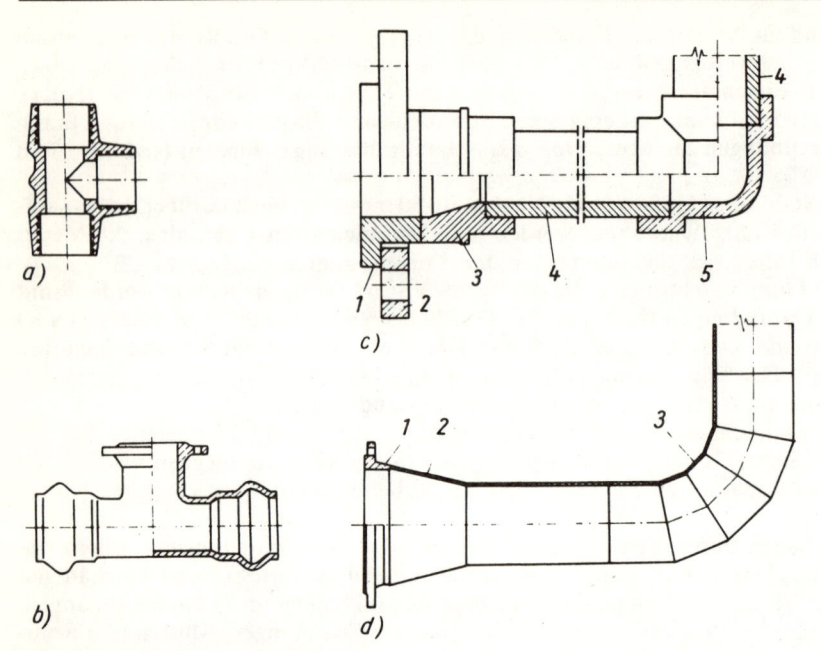

Bild 8.8 Beispiel für Formstücke
a) T-Stück aus PE zum elektrischen Einschweißen von PE-Rohren
b) gußeisernes MMA-Stück für PVC-Rohre mit Einsteckmuffe
c) PE-Fittings
   1 Vorschweißbund aus PE; *2* Losflansch aus PVC; *3* Reduzierstück aus PE; *4* PE-Rohr, eingeschweißt; *5* Winkel aus PE
d) Stahlrohrformstücke
   1 Vorschweißflansch; *2* Rohreinziehung; *3* Segmentkrümmer

Stahlrohrformstücke eignen sich außer für die industrielle Fertigung auch zur Herstellung in der Werkstatt oder auf der Baustelle. Die leichte Bearbeitung des Werkstoffs gestattet die Anfertigung nichthandelsüblicher Sonderformstücke, soweit dies schweißtechnisch möglich ist. Stahlrohrformstücke werden deshalb außer in Stahlrohrleitungen auch dort eingesetzt, wo abnorme Formgebung notwendig ist. Handelsüblich sind kalt oder warm gezogene Bogen, geschweißte Segmentkrümmer, Reduktionsstücke und Abzweigstücke zum Einschweißen in die Rohrleitung oder mit Flanschen (Bild 8.8d).

Aus PVC werden ähnliche Formstücke wie aus Stahlrohr hergestellt, für erdverlegte Druckrohrleitungen jedoch oft die statisch höher zu beanspruchenden gußeisernen Formstücke mit speziellen Muffen zum Anschluß an PVC-Rohre bevorzugt.

Aus Asbestzement, Stahl- und Spannbeton werden, soweit das Herstellungsverfahren es zuläßt, auch verschiedene Formstücke, z. B. Bogen- und Reduzierstücke, hergestellt, ansonsten gußeiserne und Stahlformstücke eingesetzt.

Formstücke mit Gewindeanschluß oder Schweißverbindung für kleinkalibrige eiserne Gewinderohre oder PE-Rohre werden mit dem englischen Begriff „fittings" bezeichnet. Für Wasserleitungen aus Gewinderohren werden Fittings aus Temperguß verwendet.

Für PE-hart- und PE-weich-Rohre werden Fittings aus dem gleichen Material mit Muffen zur Heizelementschweißung hergestellt. Bei den Elektroschweißfittings für PE-hart sind Widerstandsdrähte in den Muffen eingebettet (Bild 8.8a). Die Drähte und damit die Muffen werden durch eine Stromquelle erhitzt, so daß kein besonderer Schweißspiegel mit Dorn und Muffe erforderlich ist.

8.5. Armaturen

8.5.1. Absperr- und Regelarmaturen

Absperrorgane werden nach den prinzipiellen Grundformen in Hähne, Ventile, Schieber und Klappen gegliedert (Bild 8.9). Sie dienen außer zur Absperrung auch teilweise zur Regelung des Durchflusses und Druckes. Dominierend sind in der Wasserversorgung die Schieber, speziell die Keilschieber. Eine umfassende Übersicht ist in [8.1] enthalten.

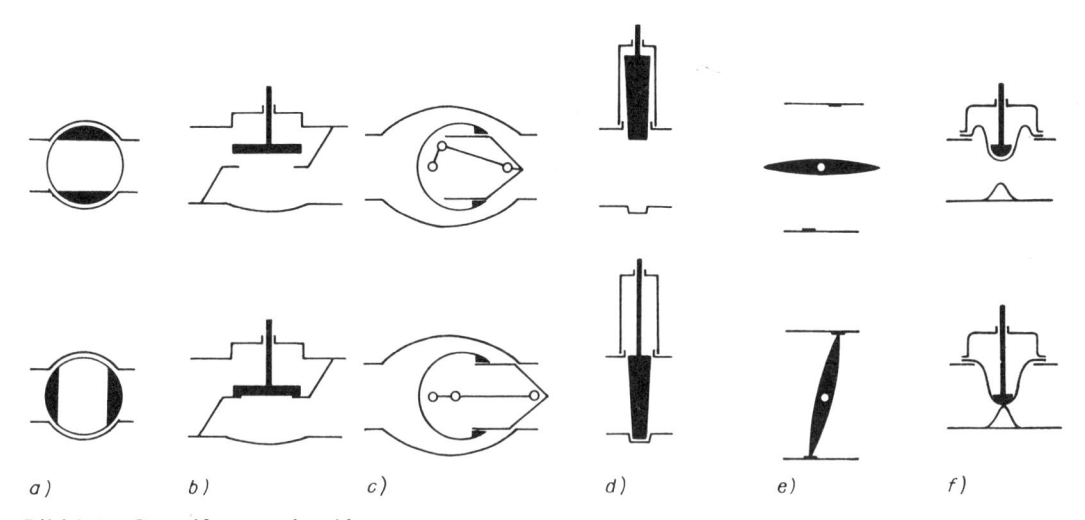

Bild 8.9 Grundformen der Absperrarmaturen
a) Hahn; b) Ventil; c) Ringkolbenventil; d) Schieber; e) Klappe; f) Membran-Absperrarmatur

8.5.1.1. Hähne

Sie stellen die einfachste Form eines Absperrorgans dar. Der Durchfluß wird durch einen um 90° drehbaren, meist konischen Absperrkörper mit einer Bohrung, das sogenannte „Küken", freigegeben bzw. abgesperrt. Bei der einfachsten Konstruktion wird mit Hilfe einer Mutter abgedichtet, die das Küken gegen die Dichtflächen des Gehäuses preßt. Bei Packhähnen erfolgt die Abdichtung nach außen durch eine Stopfbuchspackung. Wird diese noch mit einem Sicherheitsflansch zur Entlastung versehen, so ist die Bezeichnung Stopfbuchshahn üblich (Bild 8.10).

Einfache Hähne werden nur für niedrige Drücke verwendet, Packhähne bis PN $10 \cdot 10^5$ Pa, Stopfbuchshähne bis PN $16 \cdot 10^5$ Pa und für DN ≤ 100.

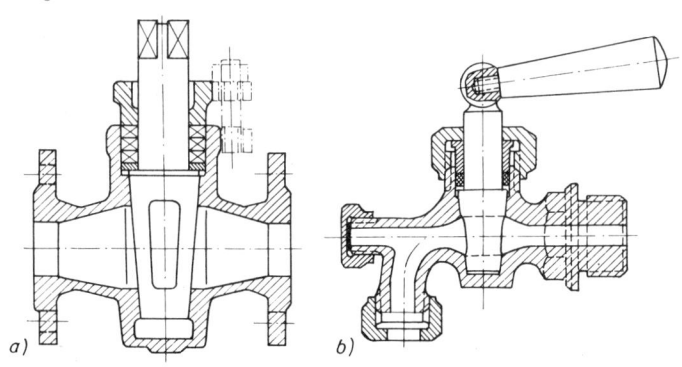

Bild 8.10 Hähne
a) Packhahn in Durchgangsform; b) Stopfbuchshahn als Ablaßhahn

Hähne haben eine einfache und robuste Konstruktion; die Öffnungs- und Schließzeit ist sehr kurz. Sie eignen sich nicht zum Regeln, können Druckstöße erzeugen, sind empfindlich gegen Ablagerungen und klemmen leicht. In der Wasserversorgung werden Hähne für untergeordnete Zwecke, z. B. als Entleerung oder Probeentnahme, und in Luftleitungen eingesetzt. Sie eignen sich nicht für den Erdeinbau.

8.5.1.2. Ventile
Beim Ventil wird durch einen – in oder gegen die Fließrichtung im Absperrbereich – verstellbaren Absperrkörper der Durchflußquerschnitt geöffnet oder geschlossen. Der Absperrkörper in Form eines Tellers, Kegels oder Kolbens berührt nur in Schließstellung den Ventilsitz. Die Dichtflächen werden somit nicht auf Reibung beansprucht, so daß der Verschleiß gering ist.

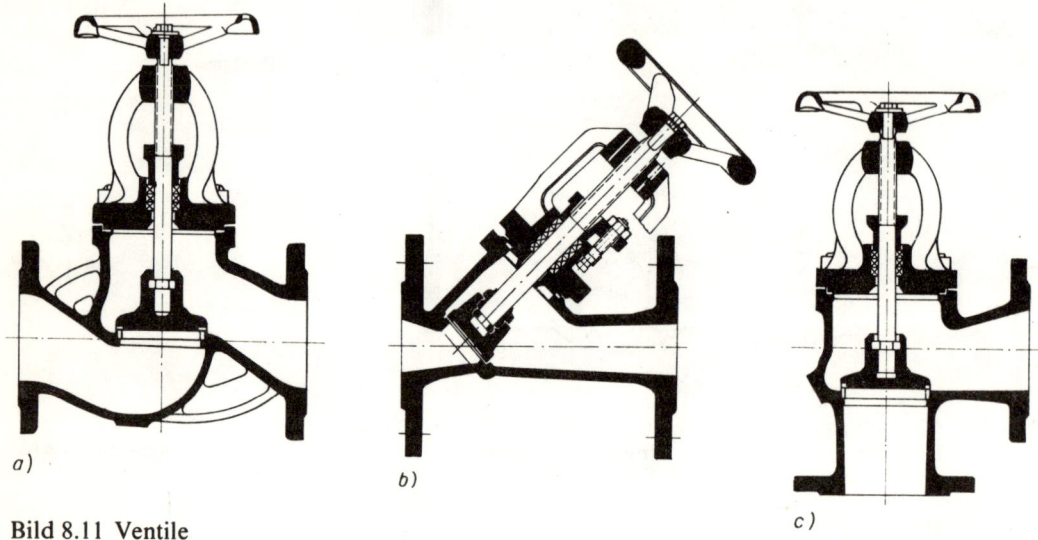

Bild 8.11 Ventile
a) Geradsitzventil; b) Schrägsitzventil; c) Eckventil

Ventile werden in den verschiedensten Bauformen bis DN 400 und z. T. darüber hergestellt (Bild 8.11). Die Baulänge ist relativ groß (s. Abschn. 11.). Ventile eignen sich zum Regeln des Durchflusses, sind jedoch hyraulisch ungünstiger als Schieber. In Wasserleitungen werden sie als Absperrventile meist nur bis DN 50 mit Flanschen und Gewindemuffen eingesetzt. Darüber hinaus findet das Ventilprinzip bei vielen Spezialarmaturen Anwendung (s. Abschnitte 8.5.2. bis 8.5.5.).

Für ferngesteuerte und automatisch arbeitende Anlagen werden Ventile durch Elektromotoren und Magnete betätigt. Für die Regelung wird der Absperrkörper als Drosselkegel ausgebildet.

8.5.1.3. Ringkolbenventile
Der Abschlußkörper besteht aus einem Kolben, der parallel zur Fließrichtung in der Rohrachse bewegt wird. Somit handelt es sich um ein Ventil (Bild 8.12). Trotzdem ist der Begriff „Ringkolbenschieber" weit verbreitet. Das als Führungsschale dienende Innengehäuse hält die Anströmkräfte vom Abschlußkörper ab. Die Vorderseite des Abschlußkolbens ist offen oder mit Öffnungen versehen, so daß zwischen dem Innenraum und dem Strömungsraum Druckausgleich herrscht. Auf der Abströmseite ist das Gehäuse bei sehr kleinem Öffnungsgrad des Ringkolbens durch Kavitation gefährdet. Anstelle der bisher üblichen konischen Abschlußkolben und diffusorförmigen Gehäuse werden neuerdings Kolben- und Gehäuseformen gewählt, die in dieser Hinsicht strömungsgünstiger sind (Bild 8.12b) [8.17].

Ringkolbenventile werden mit mehrteiligem Gehäuse aus Gußeisen oder Stahlguß hergestellt.

8.5. Armaturen

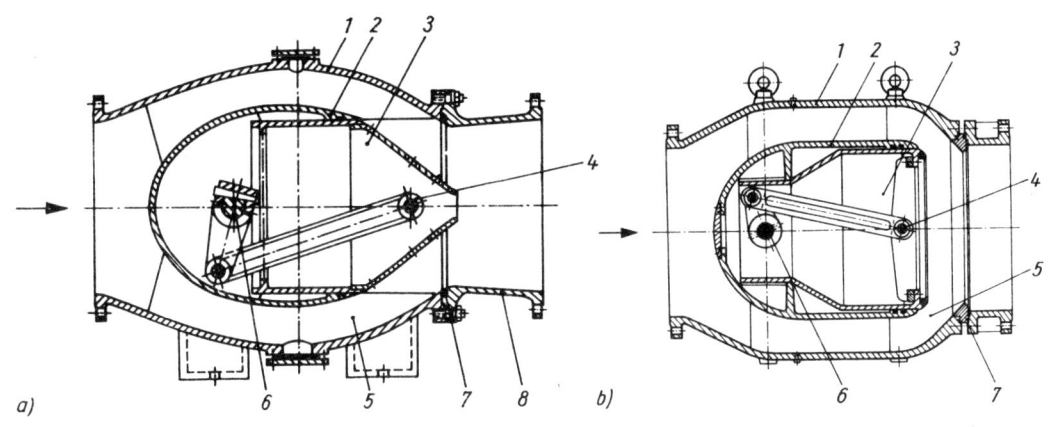

Bild 8.12 Ringkolbenventil
a) mit konischem Kolben und Diffusor; b) mit Zylinderkolben und sprungartiger Querschnittserweiterung hinter dem Sitzring
1 Gehäuse; *2* Innengehäuse; *3* Abschlußkörper (Kolben); *4* Kurbelgetriebe; *5* Ringkanal; *6* Antriebswelle; *7* Sitzring; *8* Diffusor

Die eigentliche Abdichtung wird durch einen Dichtungsring, meist aus Gummi, der am zylindrischen Teil des Abschlußkolbens befestigt ist, gegen einen Messingsitzring im Gehäuse vorgenommen.

Ringkolbenventile werden mit Handrad, elektromotorisch, durch hydraulische oder pneumatische Kraftkolben oder auch Fallgewichte mit Öldruckbremse betätigt. Zur Kraftübertragung wird meist ein Kurbelantrieb, teilweise auch eine Spindel mit Kegelrad benutzt.

Ringkolbenventile sind leicht und schnell zu schließen und dichten sehr gut ab. Der in allen Schließstellungen kreisringförmige Durchflußquerschnitt ist besonders strömungsgünstig. Bei Verwendung des Kurbelantriebs nimmt der Durchflußquerschnitt annähernd linear mit der Schließzeit ab. Ringkolbenventile eignen sich deshalb besonders gut zur Durchflußregelung und werden hierfür bei mittleren bis großen Nennweiten bis zu den höchsten Drücken eingesetzt.

Ringkolbenventile als sogenanntes Pumpenrückschlagorgan erfüllen gleichzeitig die Funktion eines Absperr-, Regel- und Rückschlagorgans. Das Öffnen und Einstellen von Zwischenstellungen (Regeln) geschieht mittels Elektromotors, das Schließen durch ein Fallgewicht. Die Schließzeit kann durch eine regulierbare Öldruckbremse eingestellt werden. Das Fallgewicht wird im Betrieb durch einen Dauerstrom-Hubmagnet verriegelt, so daß bei Stromausfall das Absperrorgan selbsttätig schließt.

Zur Durchflußregelung bei gleichzeitiger großer Energievernichtung, z. B. Talsperrenablässe und Behälterzuläufe, werden die Ringkolbenventile mit besonderen Drosselschlitzen ausgerüstet.

Ringkolbenventile sind sehr teuer und haben große Baulängen. Oft werden sie als Absperrarmatur eingesetzt, nur um beim Öffnen bzw. Schließen die Druckschwingungen in der Rohrleitung klein zu halten. Diese Aufgabe erfüllen meist auch die billigeren Schieber und Klappen, wenn sie intermittierend geöffnet bzw. geschlossen werden.

8.5.1.4. Schieber

Der Abschlußkörper besteht aus einem Keil oder aus Platten und wird rechtwinklig zur Fließrichtung durch eine Spindel bewegt. Der Abschlußkörper befindet sich in Offenstellung im Schieberdom und gibt den Durchflußquerschnitt völlig frei.

Die Schiebergehäuse und Abschlußkörper werden aus Gußeisen oder Stahlguß, die Spindeln aus Messing, Bronze oder nichtrostendem Stahl hergestellt.

Im Abschlußkörper sind meist besondere Dichtringe und im Gehäuse Sitzringe, für Kaltwasser aus Messing, eingesetzt. Moderne Schieberkonstruktionen enthalten statt dessen Absperrkörper mit elastischen Gummidichtungen (Bild 8.14). Die Schieberspindel wird durch eine Stopfbuchse (Bild 8.14b), elastische Rundschnurringe (Bild 8.14a) oder Lippendichtungen gegen das Schiebergehäuse abgedichtet. Stopfbuchslose Absperrschieber besitzen einen elastischen Balg, der den Absperrkörper direkt gegen das Schiebergehäuse dichtet (Bild 8.14c).

Die Antriebsspindel liegt bei der Normalausführung im Gehäuse und schraubt sich beim Öffnen in den Abschlußkörper. Für aggressive und verschmutzte Flüssigkeiten werden außenliegende Spindeln verwendet, die durch einen Bockaufsatz geführt werden (Bild 8.13d).

Keilschieber besitzen als Absperrkörper einen massiven und starren oder einen aufgelösten elastischen Keil, der seitlich geführt und in Schließstellung in den konischen Sitz gepreßt wird. Zum Lösen des Keiles vom Sitz ist erhöhter Kraftaufwand erforderlich.

Plattenschieber haben statt eines Keiles meist zwei parallel angeordnete Platten als Abschlußkörper, die durch einen besonderen Mechanismus gegen die Sitzringe im Gehäuse gepreßt werden. Sie dichten infolge ihrer Beweglichkeit sehr gut ab und erfordern geringere Kräfte zum Lösen des geschlossenen Abschlußkörpers.

Entsprechend den Betriebsdrücken und den sich daraus ergebenden Gehäuseformen werden Flach-, Oval- und Rundschieber unterschieden.

Schieber sind in Offenstellung hydraulisch günstig, eignen sich aber schlecht zur Durchfluß-

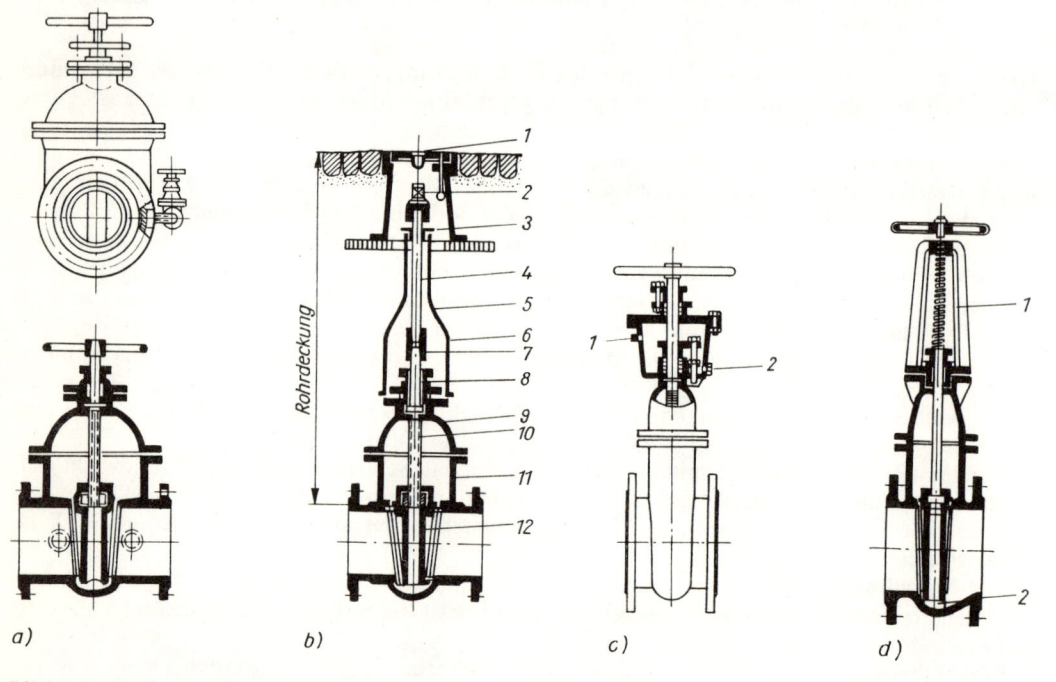

Bild 8.13 Keil- und Plattenschieber
    a) Keilrundschieber mit Handrand und Umführung
    b) Keilovalschieber mit Einbaugarnitur
    1 Straßenkappe; *2* Vierkantschoner; *3* Hülsrohrdeckel; *4* Schlüsselstange; *5* Hülsrohr; *6* Hülsrohrglocke; *7* Kuppelmuffe; *8* Stopfbuchse; *9* Gehäuseoberteil; *10* Spindel; *11* Gehäuseunterteil; *12* Keil
    c) Schieber mit Wassertasse
    1 Wasseranschluß; *2* Entleerung
    d) Keilflachschieber mit Schlammkanal und außenliegender Spindel
    1 Bockaufsatz; *2* Schlammkanal
    e) Keilplattenschieber mit außenliegender Spindel und Elektroantrieb
    f) Parallelplatten-Flachschieber mit hydraulischem Antrieb
    1 Anschluß für Steuerflüssigkeit; *2* Kolbenzylinder; *3* Kolbenstange; *4* Kolben; *5* Zwischenlaterne; *6* Parallelplatten; *7* Spreizmechanismus

8.5. Armaturen

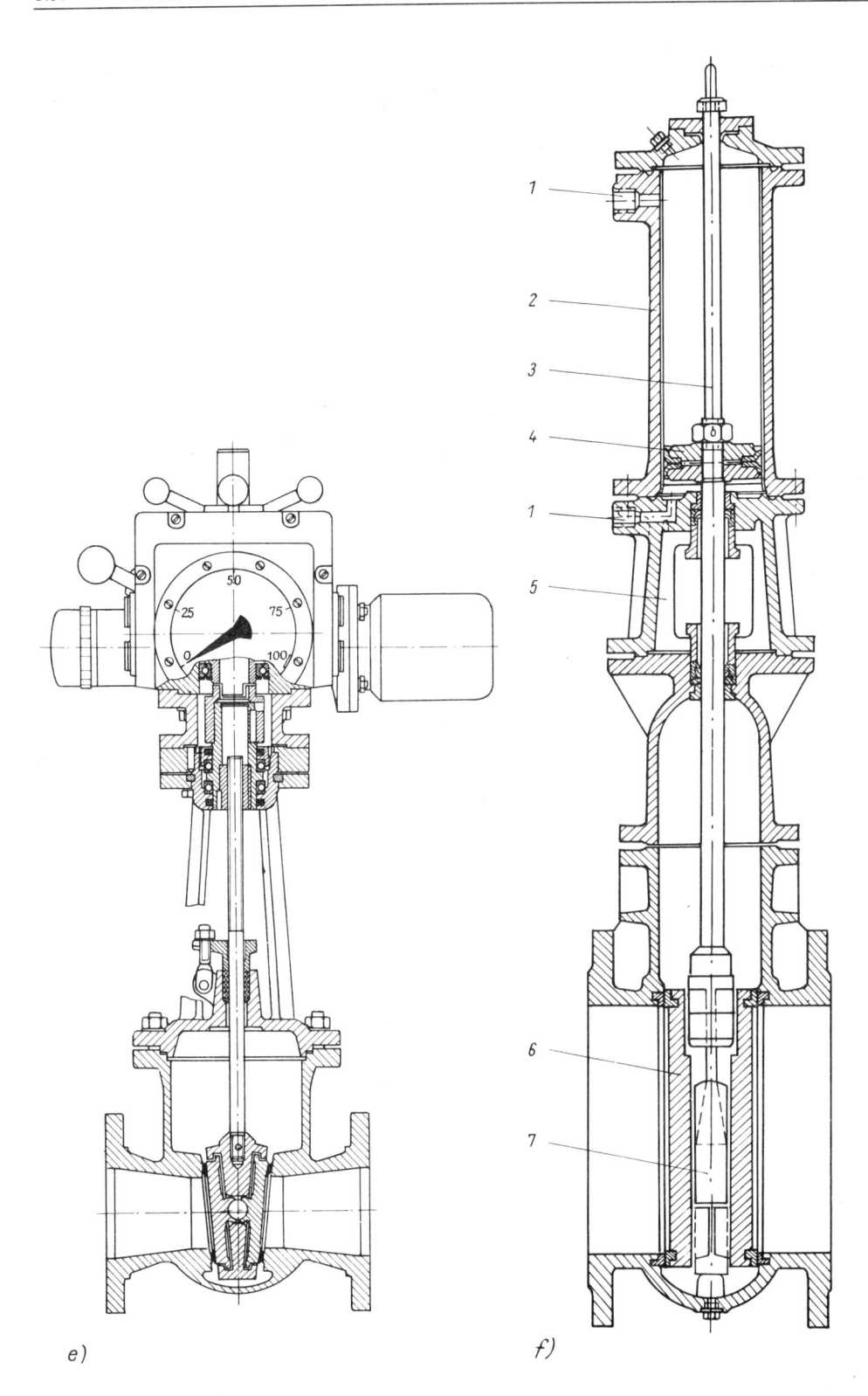

e)

f)

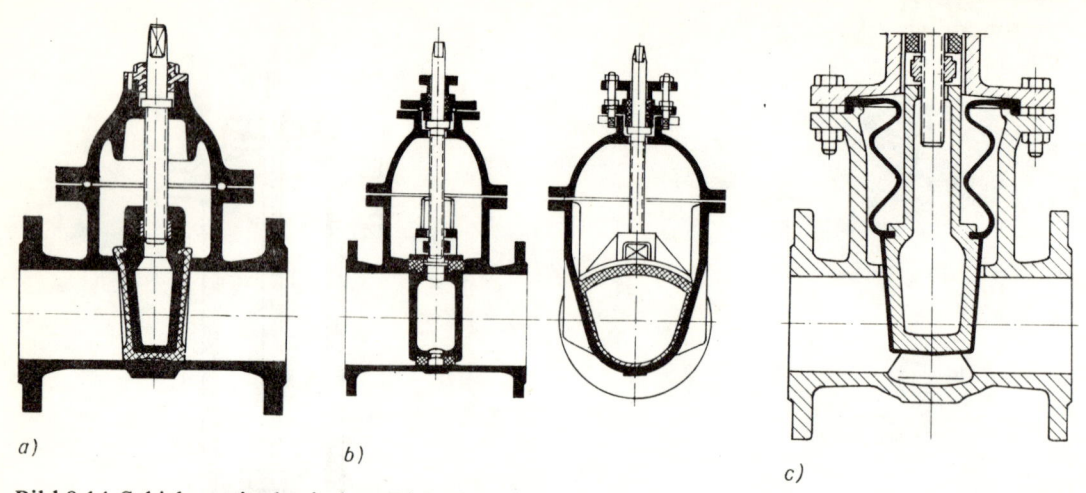

Bild 8.14 Schieber mit elastischen Dichtelementen
a) Schieber mit aufvulkanisierter elastischer Dichtung am Absperrkörper, Spindelabdichtung mit elastischen Rundschnurringen; b) Schieber mit elastischen Dichtringen am Absperrkörper, Spindelabdichtung mit Stopfbuchse; c) stopfbuchsloser Absperrschieber

oder Druckregelung. Eine nennenswerte Drosselung wird erst bei den letzten 10 % des Schließwegs erreicht.

In dieser Stellung flattert der Absperrkörper leicht, und es tritt Kavitation auf. Schieber sind deshalb zur ständigen Drosselung nicht geeignet.

Keilschieber sind die in Wasserversorgungsanlagen bevorzugt eingesetzten Absperrorgane. Für den Erdeinbau werden Einbaugarnituren aufgesetzt (Bild 8.13b). Bei größeren Nennweiten und einseitigen Drücken sind kleinere Umführungsleitungen ratsam, um durch Druckentlastung die Verstellkräfte beim Öffnen zu verringern. Für Saug- und Heberleitungen können die Stopfbuchsen durch Sperrwasser oder besondere „Wassertassen" luftdicht abgesperrt werden (Bild 8.13c).

Keilschieber sind empfindlich gegen Ablagerungen auf Dichtflächen, in der Keilführung und im sogenannten „Schiebersack". Bei hohem einseitigem Druck oder horizontaler Spindellage verschleißen die Dichtflächen stark. Keilschieber schließen deshalb nach einiger Betriebszeit meist nicht mehr tropfdicht.

Seit einigen Jahren werden zunehmend Schieber mit elastischen Dichtelementen verschiedener Konstruktion eingesetzt (Bild 8.14). Sie sind weniger empfindlich gegen Ablagerungen; die Dichtflächen werden gar nicht oder nur gering auf Reibung beansprucht, und die Verstellkräfte sind dadurch kleiner. Problematisch ist bei diesen Schiebern die nicht an allen Abdichtstellen gleich große Flächenpressung. Die elastischen Dichtungen, meist Gummi, müssen höchste Qualität besitzen und fest mit dem Absperrkörper verbunden sein.

Schieber werden vorzugsweise von Hand oder mit Elektromotor direkt oder über die verschiedensten Übertragungselemente, wie Stirnräder, Kegelräder, Gestänge usw., angetrieben. Dabei muß durch eine Weg- oder Drehmomentbegrenzung verhindert werden, daß der Schieber durch zu große Kräfte zerstört wird. Die Schließfunktion über die Zeit kann durch intermittierendes Schließen dem gewünschten Verlauf angenähert werden (s. Abschn. 9.3.8.).

In Wasseraufbereitungsanlagen werden vielfach Schieber hydraulisch oder pneumatisch über Kraftkolben angetrieben. Wegen der geringen Verstellkräfte und guten Dichtungen verwendet man hierzu vorzugsweise die teureren Parallelplattenschieber.

Nachteilig bei allen Schiebern ist die große Bauhöhe. Bei Erdeinbau zwingt der frostgefährdete Schieberdom zu größeren Verlegetiefen, oder die Schieber müssen liegend in Schächten angeordnet werden.

8.5. Armaturen

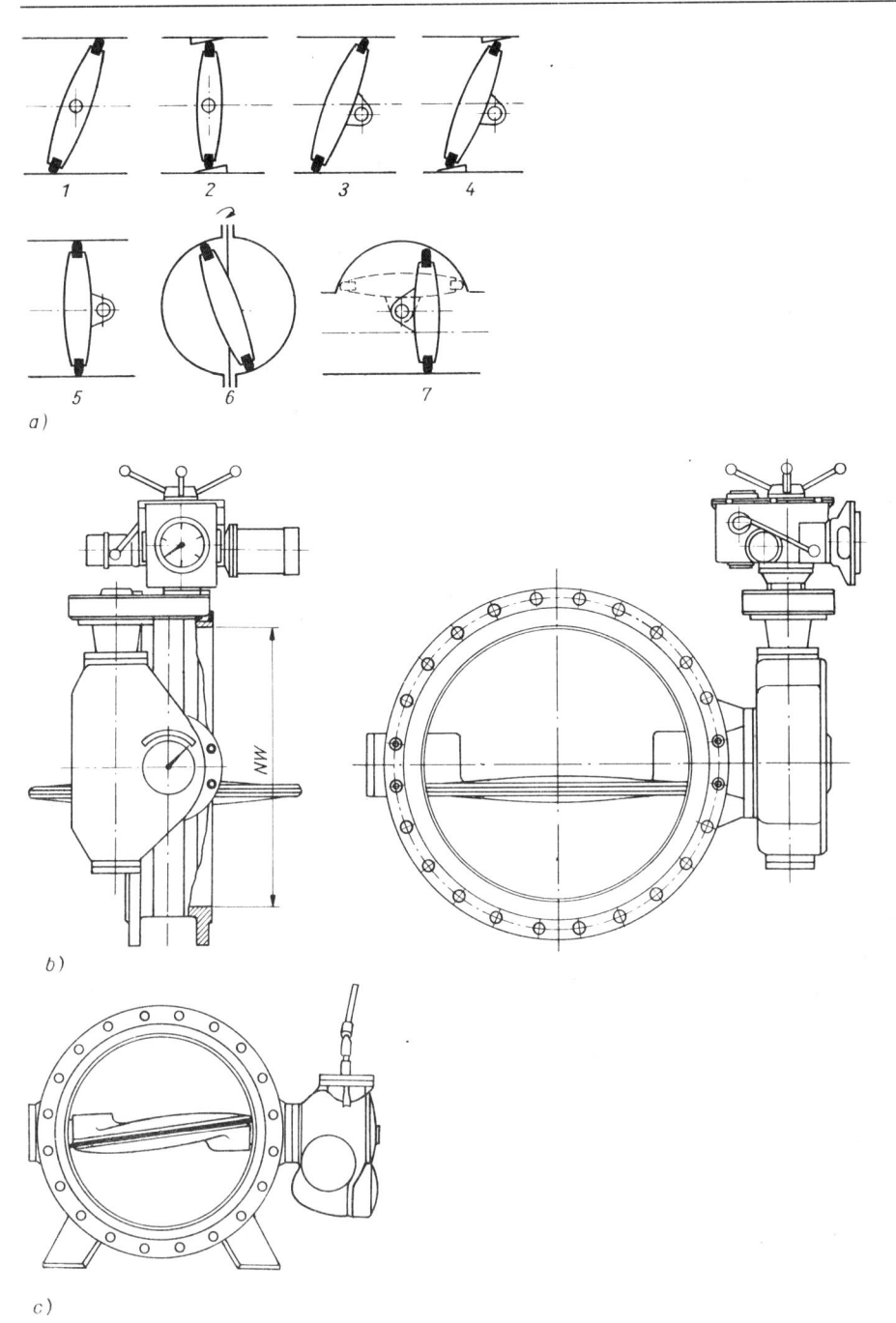

Bild 8.15 Absperrklappen
  a) Bauformen
  1 zentrisch gelagerte elliptische Scheibe; *2* zentrisch gelagerte runde Scheibe; *3* exzentrisch gelagerte elliptische Scheibe; *4* exzentrisch gelagerte runde Scheibe; *5* exzentrisch gelagerte radial dichtende Scheibe; *6* runde Scheibe in Schräglage (Taumelscheibe); *7* ausschwenkbare Scheibe
  b) Absperrklappe, exzentrisch gelagert, mit Elektroantrieb
  c) Absperrklappe mit Taumelscheibe

8.5.1.5. Absperrklappen

Absperrklappen werden in verschiedenen Bauformen hergestellt (Bild 8.15). Als Abschluß dienen um 80° bis 90° schwenkbare, kreisrunde oder elliptische Scheiben, die zentrisch oder exzentrisch gelagert sind. Die Klappen können von Hand, mit Elektromotor, Fallgewicht, hydraulisch oder pneumatisch angetrieben werden. Sie zeichnen sich durch geringe Baulängen, Bauhöhen und Verstellkräfte aus. Nachteilig ist die in Offenstellung im Strömungsquerschnitt liegende Klappenscheibe. Sie erzeugt höhere Fließwiderstände als ein Schieber und behindert die Rohrreinigung. In Zwischenstellungen entsteht auf der Abströmseite Unterdruck, der ein Drehmoment in Schließrichtung hervorruft und die Klappenscheibe zum Flattern bringen kann.

Zum Regeln sind Klappen nur in sehr kräftiger Ausführung und mit besonderen Gehäuseeinschnürungen geeignet. Als Absperrorgane werden jedoch Klappen besonders ab DN 400 zunehmend an Stelle von Schiebern sowohl im Rohrnetz als auch in Wasserwerken, Pumpstationen usw. eingesetzt. Beim Erdeinbau ist besonders die geringe Bauhöhe von Vorteil, beim Handan-

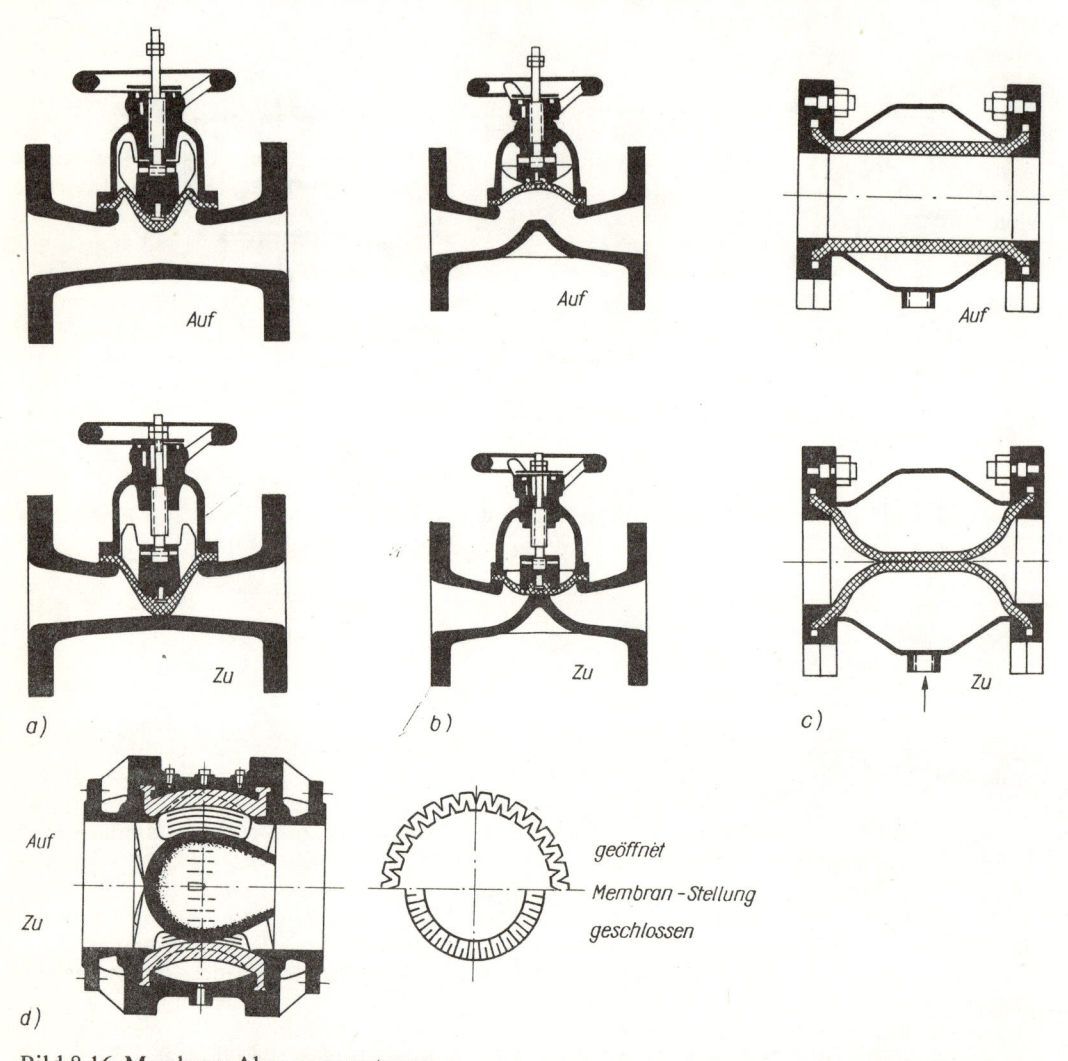

Bild 8.16 Membran-Absperrarmaturen
a) Membranarmatur in Schieberbauart; b) Membranarmatur in Ventilbauart; c) Membran-Quetscharmatur, hydraulisch betätigt; d) Membranarmatur mit Ringmembran, hydraulisch betätigt

trieb die leichte Bedienung. Im Gegensatz zu Schiebern können selbst sehr große Klappen noch von einem Mann betätigt werden.

Bevorzugt werden Klappen mit horizontaler Welle und elastischer Dichtung eingesetzt. Die Dichtung muß sehr sorgfältig und aus bestem Material, meist Gummi, hergestellt sein. Nach den Tragzapfen der Welle zu nimmt der Anpreßdruck der Dichtung ab; bei zentrischer Lagerung ist der Dichtungsring außerdem an den Tragzapfen unterbrochen. Durch besonders profilierte Dichtungen, Vorspanneinrichtungen und sehr maßhaltige Arbeit können die Klappen jedoch tropfdicht hergestellt werden.

Mit Fallgewichtantrieb können Absperrklappen auch als Pumpenrückschlagorgane und Rohrbruchsicherungen verwendet werden. In Aufbereitungsanlagen werden sie mit hydraulischem oder pneumatischem Antrieb wegen ihres geringen Platz- und Kräftebedarfs auch bei kleinen Nennweiten bevorzugt.

8.5.1.6. Membran-Absperrarmaturen

Membran-Absperrarmaturen besitzen mechanisch, hydraulisch oder pneumatisch verstellbare Membranen an Stelle von Absperrkörpern. Die Membranen sind einseitig, zweiseitig oder als Ringmembran ausgebildet. Die Konstruktionen sind sehr vielfältig (Bild 8.16). Sie ähneln im Prinzip den Schiebern, Ventilen oder Ringventilen.

Membran-Absperrarmaturen sind unempfindlich gegen Ablagerungen; die Antriebselemente kommen nicht mit dem Fördermedium in Berührung und brauchen nicht durch Stopfbuchsen abgedichtet zu werden. Die Armaturen haben geringe Bauhöhen und sind strömungsgünstig. Die Membranen dürfen wegen der erforderlichen Elastizität nicht zu dick sein und eignen sich deshalb nicht für hohe Drücke. Wegen des Verschleißes muß die Membran leicht auswechselbar sein. Membran-Absperrarmaturen eignen sich besonders für aggressive und zu Ablagerungen neigende Fördermedien bei kleinen bis mittleren Nennweiten und Nenndrücken bis $10 \cdot 10^5$ Pa.

8.5.2. Rückflußverhinderer

Rückflußverhinderer werden eingesetzt
- am Druckstutzen von Pumpen, um bei deren Außerbetriebnahme die rückläufige Beaufschlagung der Pumpe und Entleerung der Pumpendruckleitung zu verhindern
- am Einlauf von Saugleitungen, um bei Pumpenstillstand deren Entleerung zu vermeiden
- in einseitig durchflossenen Rohrleitungen zur Verhinderung des rückläufigen Ausflusses bei Rohrbruch
- zur Dämpfung von Druckschwingungen
- am Auslauf von Rohrleitungen in Vorfluter, um das Eindringen von Tieren in die Rohrleitung zu verhindern.

Selbsttätige Rückflußverhinderer werden als Rückschlagventile, Rückschlagklappen, Rückschlagflügel und Membran-Rückflußverhinderer in verschiedenen Konstruktionen gebaut [8.22], (Bild 8.17). Sie schließen bei aussetzender Strömung durch die Schwerkraft ihrer eigenen Masse oder eines Gewichtshebels, durch Federkraft oder die Elastizität einer Gummimembran. Die Rückschlagorgane werden in Fließrichtung durch den Druckunterschied zwischen Zu- und Ablaufseite geöffnet. Sie erzeugen einen dementsprechend hohen Druckverlust.

Der Öffnungsgrad der Abschlußorgane wächst mit der Fließgeschwindigkeit und erreicht erst bei hohen Fließgeschwindigkeiten, bei Rückschlagklappen etwa 4 m/s, die Endstellung.

Rückschlagorgane sollen tropfdicht schließen. Für Kaltwasser werden deshalb vorwiegend Weichdichtungen, Gummi auf Metall, eingesetzt. Der mechanische Anpreßdruck durch Eigenmasse, Gewichtshebel oder Feder kann jedoch nicht sehr groß gewählt werden, weil sonst der Öffnungswiderstand, d. h. Druckverlust, unwirtschaftlich steigt. In der Praxis schließen deshalb selbsttätige Rückflußverhinderer mitunter nicht tropfdicht, besonders bei geringem hydrostatischem Gegendruck.

Zwangsbetätigte Rückflußverhinderer sind Absperrorgane, vorwiegend Ringkolbenventile

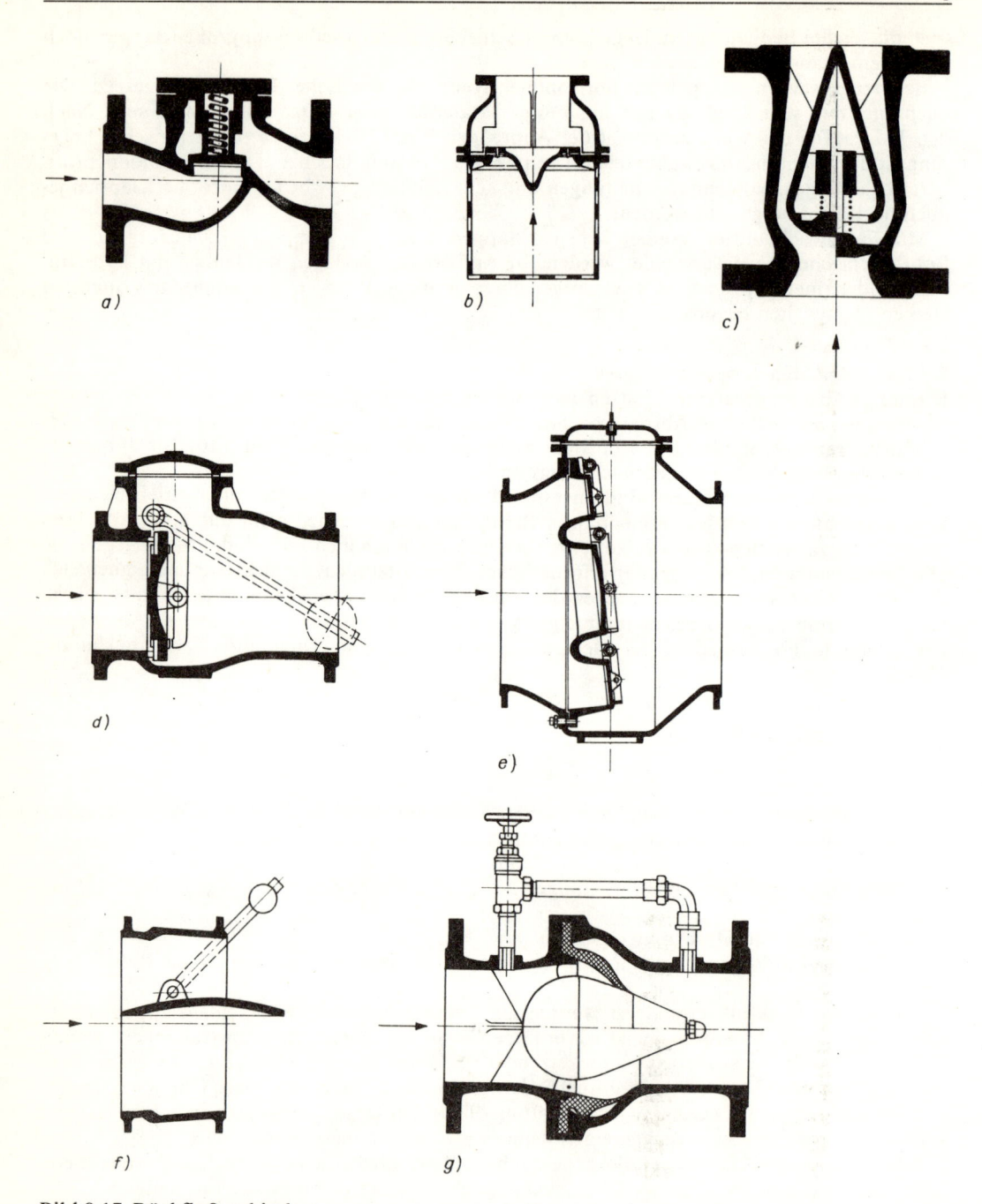

Bild 8.17 Rückflußverhinderer
    a) Rückschlagventil, federbelastet; b) Fußventil mit Einlaufseiher; c) Düsen-Rückschlagventil; d) Rückschlagklappe mit Gewichthebel; e) Gruppenrückschlagklappe; f) Rückschlagflügel mit Gewichthebel; g) Membran-Rückflußverhinderer mit Umführung

8.5. Armaturen

und Absperrklappen, die mit Hilfe eines gesteuerten Fallgewichtsantriebs gleichzeitig die Funktion eines Rückflußverhinderers übernehmen. Sie werden besonders als sogenannte Pumpenrückschlagorgane eingesetzt. Dabei wird das im Normalbetrieb verriegelte Fallgewicht ausgelöst, sobald der Pumpenmotor stromlos wird.

Ausschlaggebend für die Wahl des richtigen Rückflußverhinderers ist dessen Schließzeit, die von der Konstruktion der Armatur und dem hydraulischen Verhalten der Anlage bestimmt wird. Bei Aussetzen der Strömung, z. B. Pumpenausfall, wirken Eigenmasse, Masse- oder Federbelastung des Rückflußverhinderers schließend. Gebremst wird dieser Vorgang durch die noch vorhandene Vorwärtsströmung, den Widerstand des zu verdrängenden Wassers und Reibungswiderstände in der Armatur, z. B. Lagerreibung bei Rückschlagklappen. Setzt die Umkehr der Fließrichtung schneller ein, als die Rückschlagklappe schließt, so wird bei frei schwingenden Klappen diese zugeschlagen; bei gebremsten Rückflußverhinderern wird die Pumpe kurzzeitig rückwärts durchströmt. Der „Klappenschlag" erzeugt hohe Druckstöße und kann zur Zerstörung der Armatur führen. Bei rücklaufenden Pumpen können sich die Laufräder lockern und die Lager überbeansprucht werden. Die Gegenmaßnahmen sind:
– Einsatz von Rückflußverhinderern, die schneller schließen, als die Strömungsumkehr in der Rohrleitung eintritt. Zur Berechnung s. [8.28]. Frei schwingende Rückschlagklappen mit geringer Lagerreibung schließen in etwa 2 bis 3 Sekunden, federbelastete Düsenrückschlagventile z. T. in weniger als 0,5 Sekunden. Schnelle Strömungsumkehr tritt ein bei Pumpen mit geringer Schwungmasse, großer Förderhöhe und kurzer Rohrleitung bis zum Reflektionspunkt der Druckschwingungen (Rohrleitungsende oder Druckkessel). Extrem kurze Zeiten, d. h. kleiner als 0,5 Sekunden, können bei parallel auf eine Druckleitung fördernden Pumpen eintreten, wenn nur eine der Pumpen ausfällt.
– gebremste Rückflußverhinderer, z. B. Rückschlagklappen mit Öldruckbremse, und besonders gesicherte Pumpen, die einen Rückwärtslauf zulassen. Die Saugleitung darf kein Fußventil enthalten.

In Saugleitungen ist der Einsatz von Rückflußverhinderern wegen des hohen Druckverlustes kritisch zu prüfen. Es muß immer einkalkuliert werden, daß das Rückschlagorgan nicht dicht schließt. Überdruck kann sich rückläufig über Rückflußverhinderer fortpflanzen und in der Saugleitung einer Pumpe aufbauen, wenn diese mit einem dicht schließenden Fußventil ausgerüstet ist.

Rückschlagventile werden meist nur bis DN 50, Kugel-, Düsen- und Fußventile für senkrechte Rohrleitungen bis DN 300 eingesetzt. Bei größeren Nennweiten sind Klappen, Flügel und Membran-Rückflußverhinderer strömungsgünstiger. Ab DN 600 werden die Klappen als Doppelklappen oder in Gruppenanordnung ausgeführt. Sie werden dadurch kürzer, leichter und schließen „weicher" als einfache Klappen. Membranen können nur bis etwa PN $10 \cdot 10^5$ Pa eingesetzt werden. Darüber werden die Membranen zu steif bzw. besteht die Gefahr, daß sie umgestülpt werden. Rückschlagflügel eignen sich wegen ihrer leichten Bauweise und kurzen Baulänge besonders für mittlere und große Nennweiten.

8.5.3. Druckregler

Druckregler sind Armaturen, die automatisch einen Druckverlust erzeugen, um
a) den Druck hinter der Armatur zu regeln. Sie werden als *Hinterdruckregler* oder *Druckminderer* bezeichnet und in Wasserversorgungsnetzen eingesetzt, um z. B. den Versorgungsdruck einer bestimmten Druckzone zu begrenzen.
b) den Druck vor der Armatur zu regeln. Diese Vordruck- oder *Überströmregler* werden z. B. verwendet, wenn ein Tiefbehälter aus einem Versorgungsnetz gespeist werden soll, ohne daß ein bestimmter Versorgungsdruck im Rohrnetz unterschritten wird.
c) die Druckdifferenz zwischen zwei Punkten einer Druckrohrleitung zu regeln. Solche *Differenzdruckregler* können z. B. zur Durchflußbegrenzung eingesetzt werden. Gemäß Bild 8.18c wird dabei dem Druckregler ein Wirkdruckgeber (Meßblende) vorgeschaltet. Die Membran des Druckreglers wird durch die beiden Wirkdruckleitungen beaufschlagt und vergleicht den tatsächlichen Wirkdruck mit dem durch Federkraft eingestellten Soll-Wert.

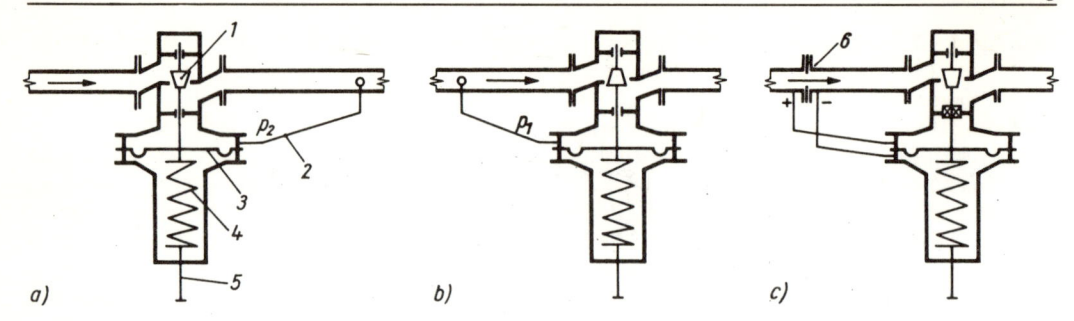

Bild 8.18 Selbsttätige Druckregler, direkt wirkend
a) Druckminderer; b) Überströmregler; c) Differenzdruckregler zur Durchflußbegrenzung
1 Stellglied (Ventil); *2* Impulsleitung; *3* Meßglied (Membran); *4* Druckfeder; *5* Einstellschraube; *6* Wirkdruckgeber

Selbsttätige Druckregler halten ohne Hilfsenergie einen einstellbaren Hinter-, Vor- oder Differenzdruck in bestimmten Grenzen konstant. Verwendet werden hierzu ein- und zweiseitige Ventile bis DN 200, z. T. auch darüber. Die Wirkungsweise ist in Bild 8.18 dargestellt. Als *Meßglied* dient eine Membran oder ein Kolben. Der in einer Richtung durch den zu regelnden Druck, in der entgegengesetzten Richtung durch eine einstellbare Kraft (Druckfeder, Druckluft, Massebelastung) belastet wird. Auf diese Weise werden der Ist-Wert und der Soll-Wert miteinander verglichen und über eine Spindel das *Stellglied* (Ventil) verstellt. Die Bemessung dieser direkt wirkenden Druckregler ist nach den Kriterien in Tafel 8.2 möglich. Für die zu regelnden Grenzwerte des Druckes und Durchflusses werden die Ventilkennwerte k_V ermittelt und mit dem zulässigen k_{VS}-Wert der lieferbaren Druckregler nach Prospekten der Lieferwerke oder nach Standards verglichen.

Der maximale Druckabbau durch selbsttätige Druckregler ist je nach Bauweise und Nennweite begrenzt. Er liegt allgemein bei 0,6 bis 1,6 MPa. Die Regelungenauigkeit beträgt etwa

Tafel 8.2. Bemessung selbsttätiger Druckregler (Proportional-Regler)

		Flüssigkeiten	Gase	
			$p_2 > p_1/2$	$p_2 < p_1/2$
v_{max}	in m/s	2,5	.	30
k_V	in m³/h	$\dfrac{\dot{V}}{100}\sqrt{\dfrac{\varrho}{\Delta p}}$	$\dfrac{\dot{V}_n}{5140}\sqrt{\dfrac{\varrho_n \cdot T}{\Delta p \cdot p_2}}$	$\dfrac{\dot{V}_n}{2570 \cdot p_1}\sqrt{\varrho_n \cdot T}$
$k_{V\,max}$	in m³/h	$0{,}65\,k_{VS} \ldots 1{,}0\,k_{VS}$		
$k_{V\,mittl}$	in m³/h	$0{,}4\,k_{VS} \ldots 0{,}8\,k_{VS}$		
$k_{V\,min}$	in m³/h	$\geq 0{,}1\,k_{VS}$		

p_1 absoluter Druck vor dem Druckregler in MPa
p_2 absoluter Druck hinter dem Druckregler in MPa
Δp Druckdifferenz $p_1 - p_2$ in MPa
k_V Ventilkennwert; Durchfluß von Wasser der Temperatur 20 °C in m³/h bei einem Druckverlust von 0,1 MPa im Regler
k_{VS} maximal einstellbarer Ventilkennwert nach Angaben des Lieferwerks oder in Standards, in m³/h
$\dot{V}$ Durchfluß von Flüssigkeiten in m³/h
$\dot{V}_n$ Durchfluß von Gasen, auf Normzustand (Druck p_n = 101 325 Pa; Temperatur T_n = 273,15 K) bezogen, in m³/h
ϱ Dichte von Flüssigkeiten in kg/m³
ϱ_n Dichte von Gasen, auf Normzustand bezogen, in kg/m³
T Temperatur in K

8.5. Armaturen

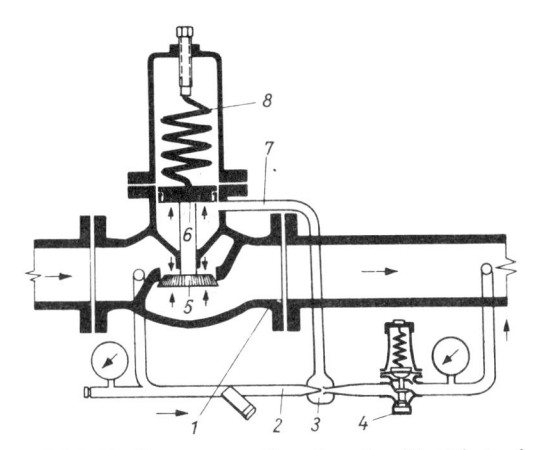

Bild 8.19 Gesteuerter Druckregler für Hinterdruck
 1 Hauptventil; *2* Nebenschlußleitung; *3* Wasserstrahlpumpe; *4* Nebenschlußventil; *5* Kegel; *6* Gegenkolben; *7* Steuerleitung; *8* Druckfeder

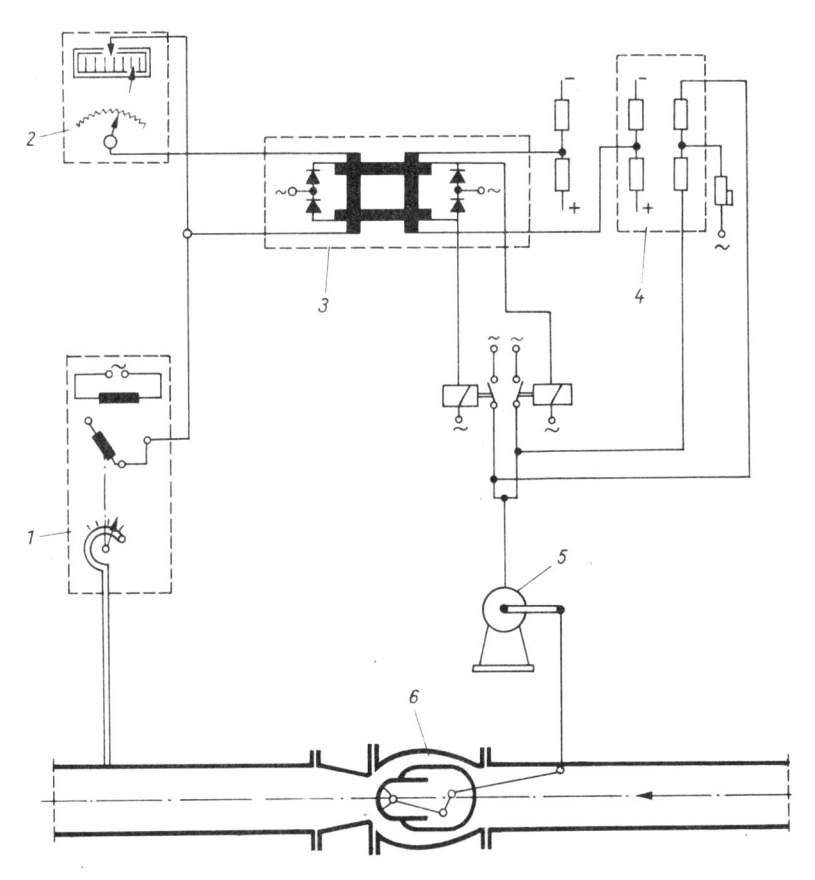

Bild 8.20 Elektrisch gesteuertes Ringkolbenventil als Druckregler mit Hilfsenergie
 1 Ist-Wert-Geber; *2* Meßwertanzeiger mit einstellbarem Soll-Wert; *3* Magnetkippverstärker; *4* Impulsgeber; *5* Elektroantrieb; *6* Ringkolbenventil

± 10 bis ± 15 % des Soll-Wertes. Bei Durchflußschwankungen größer als 1:10 arbeiten die direkt wirkenden Proportionalregler unbefriedigend. Hierfür werden besser gesteuerte Druckregler eingesetzt. Bild 8.19 zeigt einen solchen Proportional-Integral-Regler für Hinterdruck. Zum Haupt-Druckminderventil ist ein kleinerer Druckminderer parallelgeschaltet. Er öffnet früher als das Haupt-Druckminderventil und wirkt mit steigendem Durchfluß über eine Wasserstrahlpumpe als Steuerventil öffnend auf das Hauptventil [8.23].

Selbsttätige Druckregler sind in horizontale Rohrleitungsstrecken einzubauen. Vor den Reglern soll eine störungsfreie Einlaufstrecke $\geq 5 \cdot$ Rohrdurchmesser vorhanden sein. Hinter Druckminderern sind $15 \cdot$ Rohrdurchmesser, hinter Überströmreglern $5 \cdot$ Rohrdurchmesser als störungsfreie Rohrleitungen erforderlich. Die Druckregler schließen oft nicht dicht und können auch völlig versagen. Dementsprechend sind Absperrarmaturen und Sicherheitsventile zusätzlich anzuordnen. Da Verunreinigungen im Wasser nie auszuschließen sind, empfiehlt sich das Vorschalten eines Siebes.

Das Parallel- und Hintereinanderschalten mehrerer Druckregler ist grundsätzlich möglich, aber mit folgenden Problemen verbunden:

Parallel arbeitende Druckregler müssen für gestaffelte Regeldrücke eingestellt werden: die parallelen Rohrstränge müssen strömungsgünstig zusammengeführt werden, um gegenseitige Beeinflussungen zu vermeiden. Hintereinander angeordnete Druckregler können sich gegenseitig zum Pendeln anregen. Durch Drosselung der Impulsleitungen und zwischen die Regler geschaltete größere Rohrvolumen oder Druckkessel kann diese Erscheinung beseitigt werden.

Für größere Nennweiten und Regelbereiche werden Druckregler mit Hilfsenergie eingesetzt. Als Stellglied eignen sich besonders Ringkolbenventile. Gegenüber mechanisch wirkenden Druckreglern, z. B. hydraulische Steuerung mit dem Fördermedium selbst, sind elektrische Steuerungen zuverlässiger (Bild 8.20).

8.5.4. Schwimmerventile

Es ist zwischen schwimmerbetätigten und schwimmergesteuerten Ventilen zu unterscheiden.

Schwimmerauslaufventile (Bild 8.21a) werden direkt durch einen Schwimmer über einen Hebelarm betätigt. Sie dienen der Absperrung des Zuflusses bei einem bestimmten Behälterwasserstand. Der Durchfluß wird lediglich im Bereich des Oberwasserspiegels im Behälter bis zum völligen Abschluß gedrosselt. Schwimmerauslaufventile werden als Durchgangs- und Eckventile bis DN 300 gebaut. Für größere Nennweiten kommen andere Absperrorgane mit elektrischer wasserstandsabhängiger Steuerung in Frage. Zur Wartung sind Schwimmerauslaufventile in Behältern leicht zugänglich anzuordnen. Die großen Ausbaumaße des Hebelarms in Länge und Höhe sind zu beachten.

Schwimmergesteuerte Ventile werden als Abflußregler für offene Filterbecken benutzt (Bild 8.21b). Der Schwimmer betätigt ein Ventil, das den Preßwasserzufluß zum eigentlichen Abflußregler regelt. Das Preßwasser ist die Hilfsenergie, die den Abflußregler über einen Kolben öffnet. Eine verstellbare Feder wirkt dem Preßwasserdruck entgegen. Bei sinkendem Wasserspiegel im Filter wird durch den Schwimmer das Preßwassersteuerventil gedrosselt und der Abflußregler durch die Feder in Schließrichtung bewegt. Der schwimmergesteuerte Abflußregler sorgt damit für einen annähernd konstanten Wasserspiegel über dem Filter und verhindert dessen Leerlauf. Eine Filterleistungsregelung im eigentlichen Sinne (gleichmäßige Beaufschlagung der parallelgeschalteten Filter) erfolgt nicht.

8.5.5. Sicherheitsventile

Sicherheitsventile werden zum automatischen Ablassen des Fördermediums bei unzulässig hohen Drücken in Behältern und Rohrleitungen angeordnet und vorwiegend an Druckkesseln, hinter Kolbenpumpen, Kolbenverdichtern und Druckminderventilen verwendet. Zur Verhütung von Druckstößen sind sie wegen ihrer Trägheit jedoch nicht geeignet.

Für Flüssigkeiten und die in Wasserversorgungsanlagen abzuschlagenden, verhältnismäßig kleinen Luftmengen werden Niederhub-Sicherheitsventile eingesetzt. Sie öffnen proportional

8.5. Armaturen

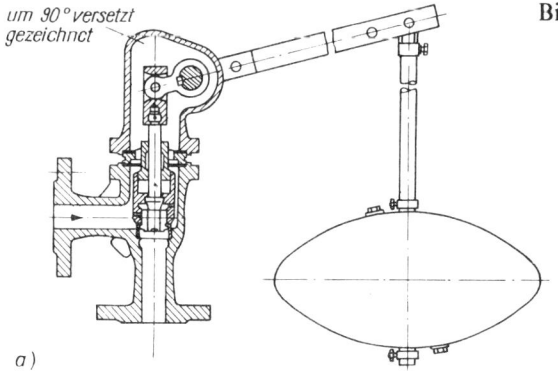

Bild 8.21 Schwimmerventile
a) schwimmerbetätigtes Eckventil;
b) schwimmergesteuertes Doppelsitzventil als Filterablaufregler
1 schwimmerbetätigtes Steuerventil; *2* Rohwasser; *3* Filterschicht; *4* Filterboden; *5* Düsenventil, von Hand einstellbar; *6* Umschalthahn; *7* Steuerpult; *8* Abflußrinne; *9* Steuerwasserleitung; *10* Manometer; *11* Steuerkolben; *12* Doppelsitzventil; *13* Reinwasserablauf

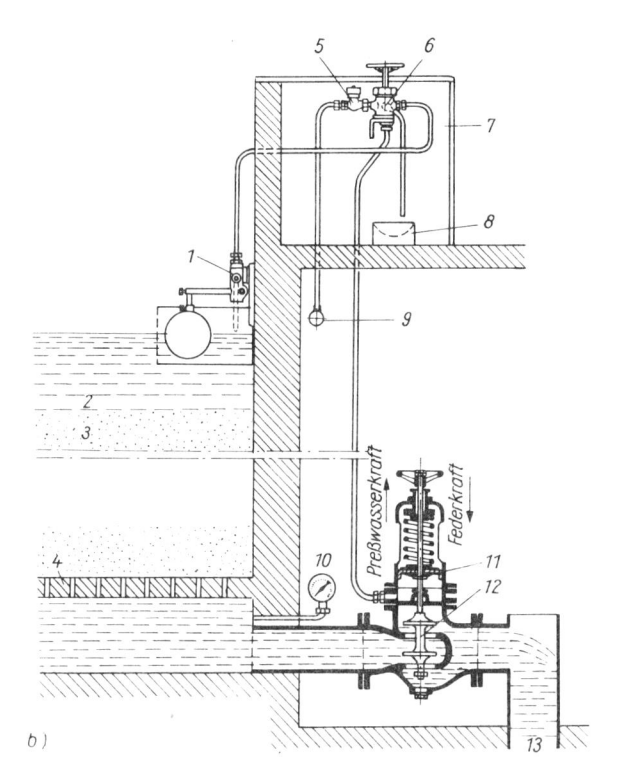

mit dem Druck (Bild 8.22). Vom eingestellten Ansprechdruck (Abblasedruck) p_o steigt der Druck noch um etwa 10 %, bis beim Öffnungsdruck $p_ö$ das Ventil völlig geöffnet ist. Der Hub beträgt etwa 1/10 des Ventildurchmessers. Das Ventil schließt mit sinkendem Druck, wobei bis zum völligen Abschluß der Druck etwa 10 % unter den Ansprechdruck bis zum Schließdruck p_s sinkt. Dieses „weiche" Öffnen und Schließen der Proportional-Sicherheitsventile vermeidet plötzliche Druckänderungen (Druckstöße) beim Ansprechen der Ventile. Die von den Herstellern bzw. in Standards angegebenen Abflußleistungen beziehen sich auf den Öffnungsdruck $p_ö$. Der Druckanstieg bis auf diesen Wert ist in den Anlagen zu berücksichtigen.

Die Ventile werden masse- und federbelastend vorwiegend in Eckform ausgeführt (Bild 8.23) und auf entsprechenden Rohrleitungsstutzen im Nebenschluß angeordnet. Auf eine schadlose Ableitung des abzuschlagenden Wassers ist zu achten.

Die Belastungsmasse bzw. die Feder sind verstellbar und im Interesse des Arbeitsschutzes und der Betriebssicherheit zu plombieren. Die Ventile werden für einen Ansprechdruck einge-

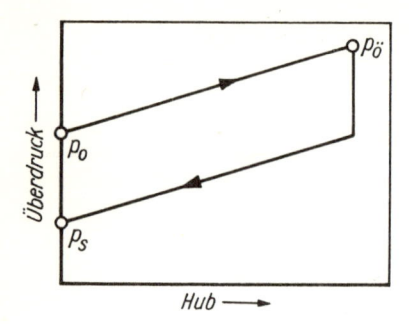

Bild 8.22 Öffnungscharakteristik eines Niederhub- (Proportional-)Sicherheitsventils
p_o Ansprechdruck; $p_ö$ Öffnungsdruck; p_s Schließdruck

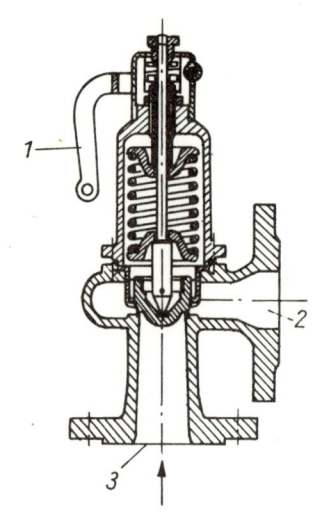

Bild 8.23 Niederhub-Sicherheitsventil in Eckbauform, mit Federbelastung, in geschlossener Bauart
1 Anlüfthebel; *2* Anschluß für Abschlagleitung; *3* Anschluß an zu sichernde Rohrleitung

stellt, der mindestens 10 % über dem einzuhaltenden Betriebsdruck liegt. Hinter Druckminderern sind Sicherheitsventile wegen der Regelabweichungen für einen Ansprechdruck 30 %, mindestens jedoch 0,1 MPa, über dem Soll-Hinterdruck des Druckminderers einzustellen.

8.5.6. Be- und Entlüftungsventile

Selbsttätige Be- und Entlüftungsventile haben die Aufgabe, die sich in Druckrohrleitungen und Druckbehältern an Hochpunkten ansammelnden geringen Gasmengen unter Druck abzulassen und beim Entleeren und Anfüllen der Leitungen, also im drucklosen Zustand, große Luftmengen ein- bzw. auszulassen. Hinter Absperrorganen und an Hochpunkten sind sie z. T. notwendig, um Unterdruckbildung zu vermeiden.

Die Ventile werden durch Schwimmerkugeln betätigt, oder die Schwimmer dienen selbst als Kugelventile. Zur Wartung und eventuellen Auswechselung der Ventile empfiehlt es sich, ein Absperrorgan davor anzuordnen. Die Funktionstüchtigkeit der selbsttätigen Entlüftung kann durch eine Handentlüftung kontrolliert werden. Bei der Entlüftung wird meist etwas Spritzwasser mitgeführt. Verschiedene Ventile haben eine besondere Ableitung hierfür.

Zu beachten ist, daß die Luftein- und -austrittsquerschnitte der Ventile nicht mit der Anschlußnennweite identisch sind. Schwimmerkugelventile nach Bild 8.24a werden im Normalbetrieb gegen die Dichtung gepreßt; sie „kleben" an dieser und fallen oft erst ab, wenn der Druck in der Rohrleitung um 100 bis 500 kPa unter den Atmosphärendruck absinkt. Die Entlüftungsleistung des Kugelventils wird dadurch stark eingeschränkt, daß je nach Kugelmasse bereits bei 20 bis 100 kPa Überdruck in der Rohrleitung die Kugel hochgerissen wird und damit die Entlüftung unterbricht bzw. auf das kleine Nadelventil *1* begrenzt. Bei der Bemessung der Ventile sind diese Erscheinungen zu beachten.

8.5. Armaturen

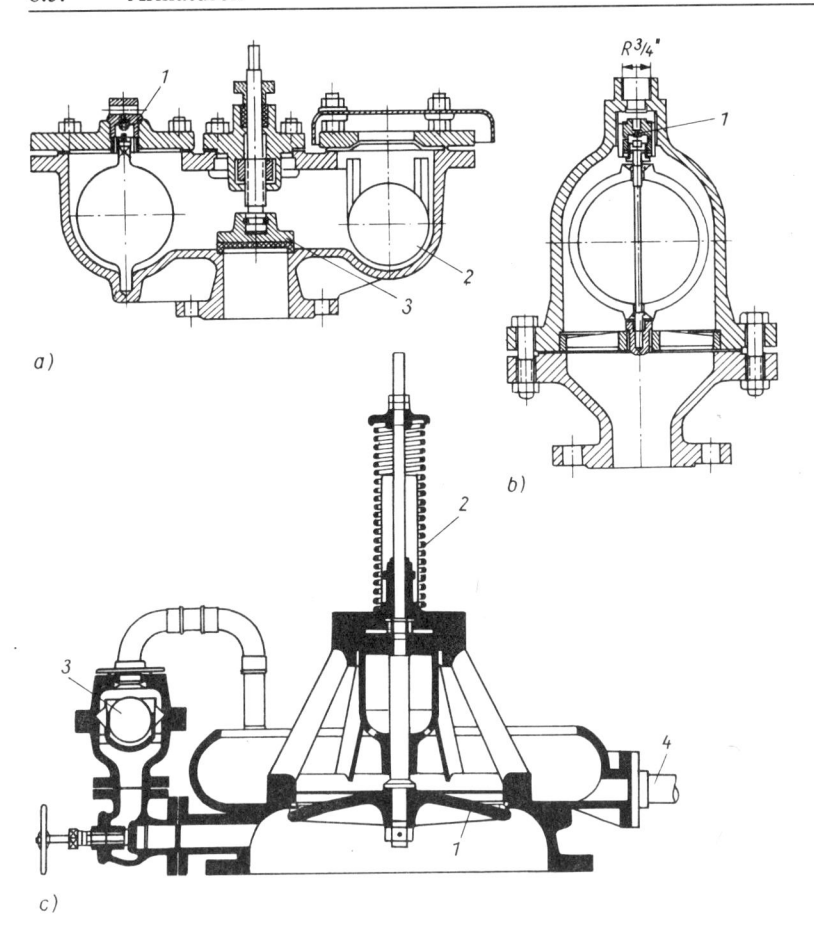

Bild 8.24 Be- und Entlüftungsventile
a) Doppelventil
 1 schwimmerbetätigtes Stöpselventil zur Entlüftung unter Überdruck; *2* Schwimmerkugelventil zur Be- und Entlüftung der drucklosen Rohrleitung; *3* Absperrventil
b) Ventil mit Doppelhubabsperrung
 1 Vorhubkegel mit Düsenbohrung 2 mm ⌀
c) Tellerventil zur Belüftung
 1 Ventilteller; *2* Schließfeder; *3* Schwimmerkugelventil zur Entlüftung bei entspannter Rohrleitung; *4* Spritzwasserableitung

Das Be- und Entlüftungsventil nach Bild 8.24b hat einen Vorhubkegel mit Düsenbohrung. Bei Überdruck in der Rohrleitung wird der Vorhubkegel hochgedrückt, und Gasausscheidungen können nur durch die Düsenbohrung entweichen, die durch ein schwimmerbetätigtes Ventil geöffnet und geschlossen wird. Im drucklosen Zustand fällt der Vorhubkegel und gibt einen größeren Querschnitt zur Be- und Entlüftung frei. Das Tellerventil Bild 8.24c dient zur Belüftung für große Luftströme, speziell hinter Rohrbruchsicherungen.

Inkrustationen und Verunreinigungen beeinträchtigen den dichten Abschluß der Ventile erheblich. Für Roh- und Schmutzwasserleitungen eignen sie sich nicht. Auch auf Druckfiltern treten Störungen durch mitgerissenes Filtermaterial auf. In diesen Fällen sind turnusmäßig manuell zu öffnende Ventile oder Hydranten, also sogenannte Handentlüftungen, vorzuziehen. Bei ständigen Gasabscheidungen, z. B. auf Druckfiltern mit vorgeschalteter Druckbelüftung, sind ständig geöffnete Entlüftungsleitungen (Dauerentlüftungen) trotz der Wasserverluste die sicherste Lösung.

8.5.7. Druckluftsperrventile

Druckluftsperrventile werden in der Entnahmeleitung von Druckwindkesseln angeordnet, um bei Wassermangel im Kessel das Entweichen der Druckluft in die Rohrleitung zu verhindern. Verwendet werden Eckventile, in denen ein Schwimmer angeordnet ist, der bei sinkendem Wasserstand das Ventil schließt (Bild 8.25).

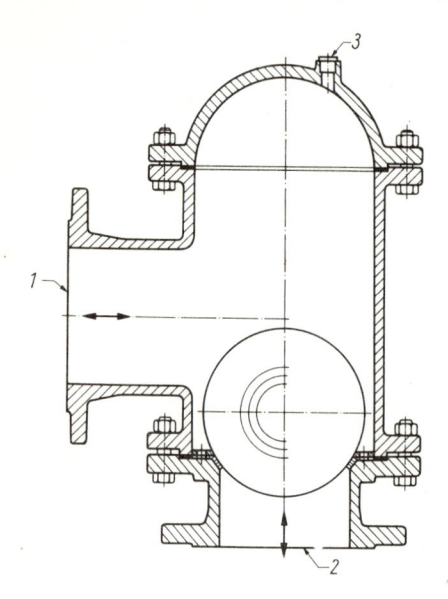

Bild 8.25 Druckluftsperrventil
1 Anschluß an Druckkessel; *2* Anschluß an Rohrleitung; *3* Anschluß an Druckluftraum des Druckkessels

8.5.8. Hydranten

Hydranten werden außer zur Löschwasserversorgung zum Spülen kleiner Rohrleitungen und zum Be- und Entlüften von Hand beim Entleeren und Auffüllen von Rohrleitungen benutzt. Sie dienen gleichzeitig zur Wasserentnahme für öffentliche Zwecke (Straßenreinigung usw.).

Für den Brandschutz sind Überflurhydranten unbedingt vorzuziehen. Sie sind leichter auffindbar und schneller betriebsbereit. Bei enger Bebauung, verkehrsreicher Lage und damit Gefahr des Umfahrens müssen jedoch Unterflurhydranten verwendet werden.

Mit Ausnahme untergeordneter Rohrleitungen werden die Hydranten neben der Leitung, mit einem Absperrschieber dazwischen, aufgestellt, so daß Reparaturen ohne Absperrung des gesamten Rohrstrangs möglich sind. Zur Be- und Entlüftung dienende Hydranten an Hochpunkten werden oben an die Rohrleitung angeschlossen.

Das am Fuß der Hydranten befindliche Kolbenventil wird durch Steckschlüssel betätigt. Im geschlossenen Zustand gibt es eine Öffnung frei, die die selbsttätige Entwässerung des Mantelrohrs ermöglicht. Durch eine Sickerpackung ist die Ableitung des Entwässerungswassers zu sichern. Im Grundwasser kann diese Öffnung verschlossen werden. Der Hydrant muß dann nach jeder Benutzung, vor allem vor Einbruch der Frostperiode, leer gepumpt werden. Über die Leistungsfähigkeit von Hydranten s. Abschn. 11.

8.5.9. Ausbau- und Dehnungsstücke

Zur Erleichterung des Ein- und Ausbaus von Armaturen werden in starren Rohrleitungen Ausbaustopfbuchsen angeordnet (Bild 8.27a). Mit Hilfe der Schraubenbolzen und Muttern kann das Degenrohr im Hülsrohr bewegt oder auch kraftschlüssig verbunden werden. Diese Ausbaustopfbuchsen eignen sich jedoch nicht zum selbsttätigen Ausgleich von Längenänderungen. Hierzu werden Dehnungsstopfbuchsen eingebaut, die ein wesentlich längeres Degenrohr haben,

8.5. Armaturen

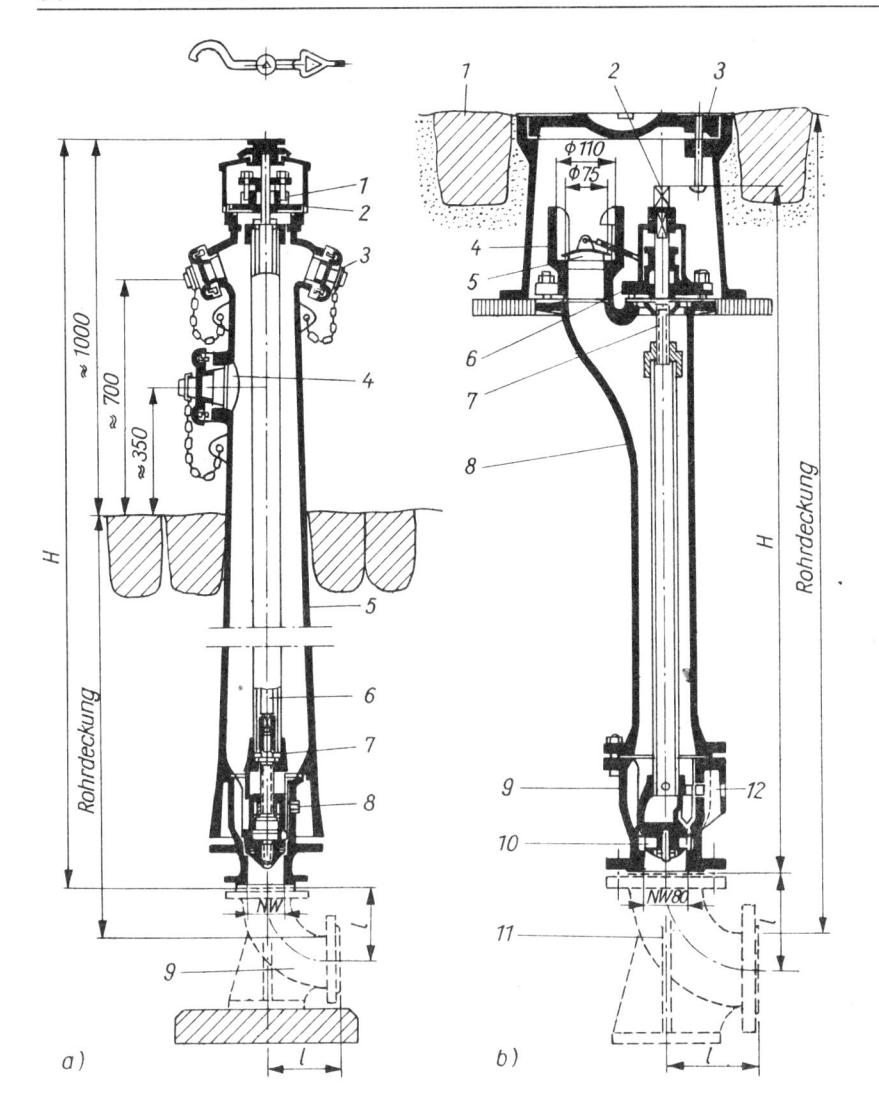

Bild 8.26 Hydranten
a) Überflurhydrant
1 Stopfbuchse; *2* Haube; *3* Abgang für Schlauchanschluß, C-Schlauch bei Hydrant DN 80, B-Schlauch bei Hydrant DN 100; *4* Abgang für Schlauchanschluß, B-Schlauch bei Hydrant DN 80, A-Schlauch bei Hydrant DN 100; *5* Mantelrohr; *6* Spindel; *7* Kolbenventil; *8* Entwässerungsöffnung; *9* Fußkrümmer DN 80 oder 100
b) Unterflurhydrant
1 Straßenoberfläche; *2* Vierkantschoner; *3* Straßenkappe; *4* Klaue für C-Schlauch-Kupplung; *5* Klauendeckel; *6* Stopfbuchse mit Schutzglocke; *7* Spindel; *8* Mantelrohr; *9* Ventilgehäuse; *10* Kolbenventil; *11* Fußkrümmer; *12* Entwässerungsöffnung

das nicht mit dem Hülsrohr starr verbunden wird. Ausbau- und Dehnungsstopfbuchsen gestatten nur axiale Bewegungen.

Wellrohrkompensatoren nach Bild 8.27b ermöglichen außer der Längenänderung auch geringe seitliche Verschiebungen der Rohrachse. Sie werden mit halber Vorspannung eingebaut und können auch zur Montageerleichterung für Armaturen verwendet werden. Die Beweglichkeit und entstehenden Axialkräfte sind den Angaben der Lieferwerke zu entnehmen und bei der Rohrleitungskonstruktion zu berücksichtigen. Die geradlinige Rohrführung muß durch Fest-

Bild 8.27 Ausbau- und Dehnungsstücke
a) Ausbaustopfbuchse; b) Wellrohrkompensator zum Einschweißen

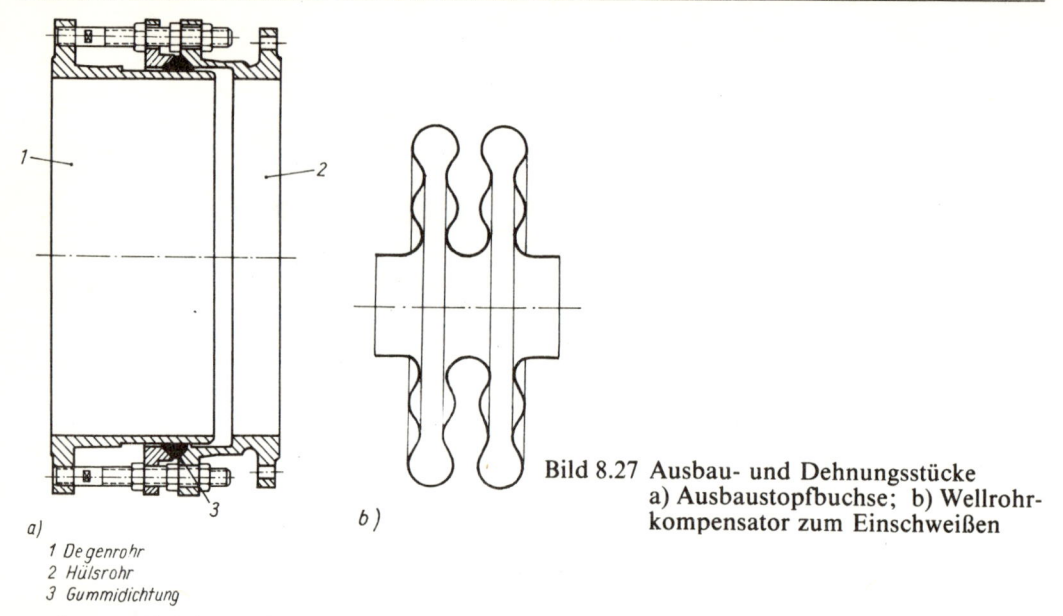

1 Degenrohr
2 Hülsrohr
3 Gummidichtung

punkte gewährleistet sein, da die Leitung sonst ausknicken kann. Von Nachteil sind das im unteren Teil der Wellen stagnierende Wasser und die sich im oberen Teil ansammelnde Luft. Entleerungs- und Entlüftungsschrauben sind zu empfehlen. Die aus Stahl gefertigten Wellrohre können eingeschweißt oder mit Flanschen versehen werden. Sie sind wesentlich korrosionsempfindlicher als die gußeisernen Ausbau- und Dehnungsstopfbuchsen. Zum Ausgleich von Maschinenschwingungen werden vorzugsweise Gummikompensatoren in die Rohrleitungen eingebaut.

In erdverlegten Kaltwasserleitungen sind Dehnungsstücke normalerweise nicht erforderlich; zum leichteren Ausbau von Armaturen werden Muffenformstücke benutzt.

8.5.10. Anbohrschellen und -brücken

Hausanschlußleitungen bis DN 50 werden an Versorgungsleitungen aus Gußeisen, Stahl und Asbestzement, z. T. auch Plast, bis DN 350 durch Anbohrschellen oder -brücken angeschlossen (Bild 8.28). Größere Abgänge sind durch Formstücke herzustellen. Angebohrt wird mit besonderen Anbohrapparaten unter Leitungsdruck, wobei gleichzeitig die Rohrspäne durch den Abzweig herausgespült werden. Bei Anbohrschellen mit Absperrung ist die Anschluß- und Absperrarmatur in sich vereint und sitzt auf der Versorgungsleitung. Einfache Anbohrschellen gestatten obere und seitliche Anbohrung. Wird unter Druck gebohrt, so muß zwischen der Anbohrschelle und dem Anbohrgerät ein Anbohrhahn oder -schieber angeordnet werden. Der Anbohrschieber kann als endgültiges Absperrorgan verbleiben. Anbohrschellen mit Anbohrhahn sind dort angebracht, wo das endgültige Absperrorgan nicht direkt neben der Versorgungsleitung angeordnet werden soll, z. B. in Fahrbahnen.

8.6. Meßgeräte

Für die Betriebskontrolle, Steuerung und Regelung werden in Rohrleitungen die verschiedensten Meßgeräte eingesetzt. Die wesentlichsten zu erfassenden Meßwerte sind der Durchfluß bzw. die Wassermenge und der Betriebsdruck.

8.6.1. Wassermesser

Wassermesser erfassen den momentanen Durchfluß (m^3/h) oder die summierte Wassermenge

8.6. Meßgeräte

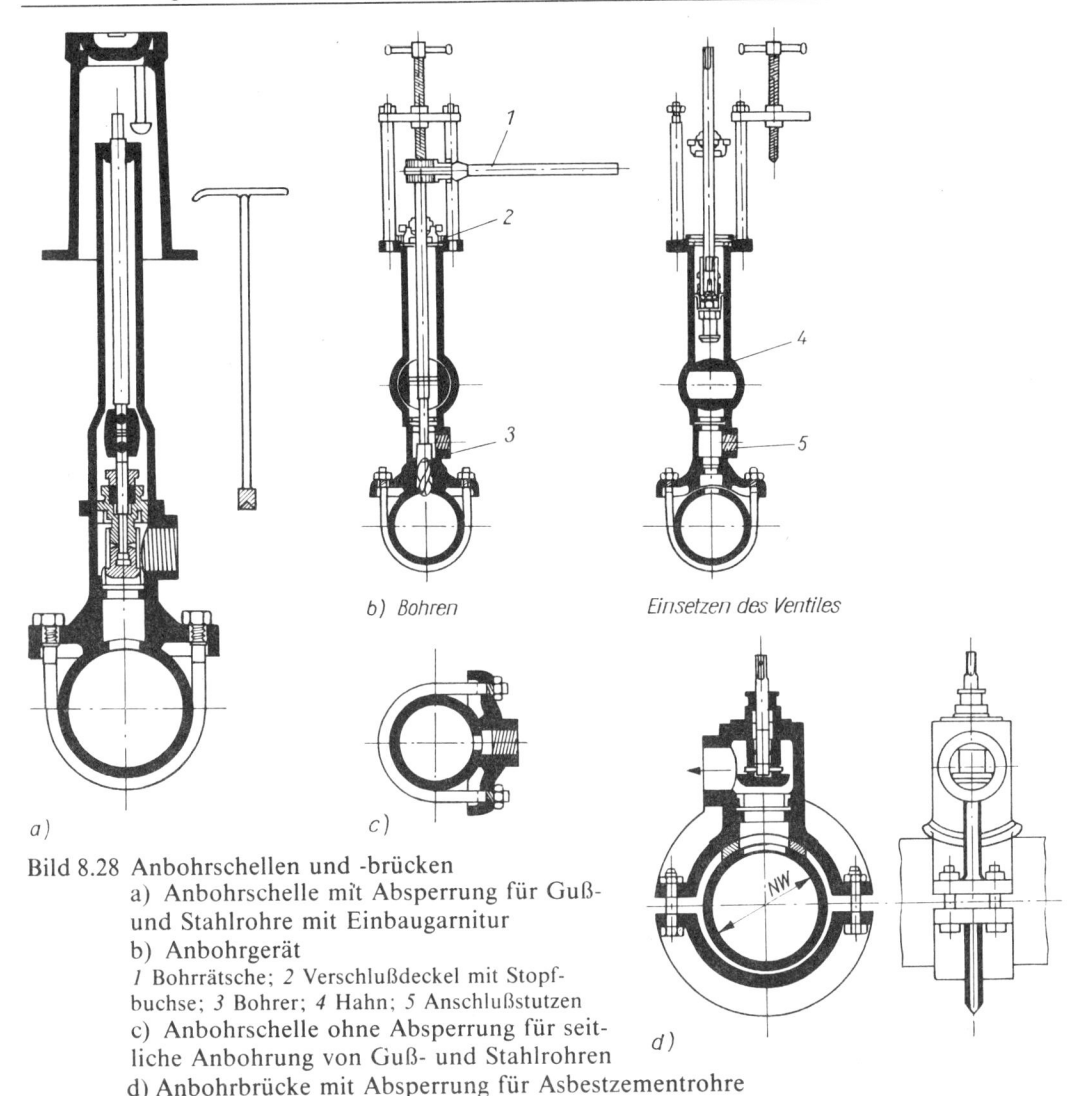

Bild 8.28 Anbohrschellen und -brücken
    a) Anbohrschelle mit Absperrung für Guß- und Stahlrohre mit Einbaugarnitur
    b) Anbohrgerät
        1 Bohrrätsche; *2* Verschlußdeckel mit Stopfbuchse; *3* Bohrer; *4* Hahn; *5* Anschlußstutzen
    c) Anbohrschelle ohne Absperrung für seitliche Anbohrung von Guß- und Stahlrohren
    d) Anbohrbrücke mit Absperrung für Asbestzementrohre

(m³). Nachstehend werden nur die im praktischen Betrieb von Druckrohrleitungen üblichen Meßmethoden und Geräte beschrieben.

Die theoretisch möglichen Meßgenauigkeiten dieser Geräte werden in der Praxis oft nicht erreicht und erschweren die Auswertung von Betriebsergebnissen erheblich. Neben mangelhafter Wartung ist die fehlende Eichung der Geräte, besonders bei größeren Nennweiten, die Hauptursache für diesen Mißstand. Gute Montagebedingungen und Umgehungsleitungen sind als Voraussetzung für die Wartung der Wassermesser unerläßlich. Fehlende Eichanlagen stellen die Genauigkeit jeder Meßanlage in Frage.

8.6.1.1. Wasserzähler

Wasserzähler sind mechanische (motorische) Wassermesser, die die durchgeflossene Wassermenge (m³) summierend zählen. Bei den Kolbenzählern (Volumenmessern) wird vom durchfließenden Wasser ein Kolben verdrängt (Ringkolbenzähler), bei den Turbinenzählern (Geschwindigkeitsmessern) ein tangential angeströmtes Flügelrad (Flügelradzähler) oder ein axial angeströmtes Flügelrad (Woltmann-Zähler) in Drehbewegung versetzt. Bei allen Bauarten werden die Umdrehungen der Wasserzählerwelle über entsprechende Übersetzungen auf ein Zählwerk übertragen. Die Anzahl der Umdrehungen ist proportional der durchgeflossenen Wassermenge.

Der Leistungsfähigkeit nach wird in Hauswasserzähler und Großwasserzähler unterschieden. Hauswasserzähler bezeichnet man nach der Nennbelastung als 3-, 5-, 7-, 10-, 20- oder 30-m³-Zähler, Großwasserzähler nach der Nennweite.

Der Meßbereich liegt zwischen der unteren Meßbereichsgrenze (Meßempfindlichkeit) und der kurzzeitigen Spitzenbelastung (Nennbelastung). Er wird durch die Trenngrenze unterteilt. Der Meßfehler darf unterhalb der Trenngrenze ± 5 % und oberhalb ± 2 %, bezogen auf den jeweiligen Durchfluß, nicht überschreiten. Zusatzgeräte sind dabei nicht inbegriffen. Der *Durchlaßwert* ist der Durchfluß in m³/h, bei dem Hauswasserzähler eine Druckverlusthöhe von 10 m und Großwasserzähler eine von 1 m erzeugen. Der Durchlaßwert entspricht annähernd der Nennbelastung; bei strömungsgünstigen Fabrikaten liegt er höher. Die genormten Leistungsdaten sind Abschn. 11. zu entnehmen.

Die Wasserzähler dürfen nur kurzfristig mit der Nennbelastung beaufschlagt werden. Anderenfalls ist der Verschleiß sehr groß. Die zulässigen Dauerbelastungen liegen wesentlich tiefer.

Hauswasserzähler sind so zu bemessen, daß bei maximalem Durchfluß unter normalen Betriebsverhältnissen die Druckverlusthöhe etwa 5 m beträgt. Dabei ist der kurzzeitig auftretende maximale Durchfluß nicht mit dem maximalen Stundenbedarf laut Wasserbedarfsermittlung identisch, sondern aus den Belastungswerten nach Abschn. 9.3.3.5.1. zu ermitteln bzw. durch den Förderstrom der Pumpe oder andere begrenzende Faktoren gegeben. Außerdem sind die zulässigen Dauerbelastungen je Tag und Monat einzuhalten.

Großwasserzähler sind so zu wählen, daß der unter normalen Betriebsverhältnissen zu erwartende maximale Durchfluß, z. B. der maximale Stundenbedarf oder der maximale Pumpenförderstrom, nicht größer als der Durchlaßwert und kleiner als die Nennbelastung ist. Außerdem ist die zulässige Dauerbelastung je Tag einzuhalten.

Wasserzähler dürfen nicht zu groß gewählt werden, damit auch die kleinen Durchflüsse noch erfaßt werden. Dies spielt besonders bei der Messung für kleine Versorgungsgebiete, in extremer Form für Hausanschlüsse, eine Rolle. Nach Messungen der Dresdner Wasserwerke werden Hauswasserzähler nur während 4 Stunden am Tag mit nennenswerten Durchflüssen beaufschlagt. Innerhalb der übrigen 20 Stunden ist der Durchfluß sehr klein und wird oft vom Wasserzähler nicht erfaßt. Die „unechten" Wasserverluste steigen dadurch erheblich. Größere Versorgungsgebiete sind meßtechnisch besser zu beherrschen.

Das Zählwerk ist entweder im wassergefüllten Teil des Wasserzählers angeordnet (Naßläufer) oder durch eine Zwischenplatte getrennt (Trockenläufer). Die Antriebswelle für das Zählwerk ist bei letzteren durch eine Stopfbuchse abgedichtet, oder die Kraft wird durch eine Magnetkupplung übertragen. Hauswasserzähler kommen vorwiegend als Naßläufer, Großwasserzähler hauptsächlich als Trockenläufer zum Einsatz. Für eisenhaltige Wässer sind Trockenläufer besser. Trockenläufer haben bei Stopfbuchsabdichtung einen schweren Anlauf und dadurch geringere Meßempfindlichkeit.

Nach dem heutigen Stand der Technik sind für Hauswasserzähler vorzugsweise Ringkolbenzähler als Naßläufer mit Zeigerzählwerk und für Großwasserzähler ausschließlich Woltmann-Zähler als Trockenläufer mit Zeigerzählwerk einzusetzen [8.10].

Ringkolbenzähler

Ringkolbenzähler sind Volumenmesser, die nur als Hauswasserzähler üblich sind. Durch ihre wesentlich tiefere untere Meßbereichsgrenze sind sie meßtechnisch den Flügelradzählern überlegen. Schmirgelnde Verunreinigungen müssen jedoch ferngehalten werden.

Die Arbeitsweise eines Ringkolbenzählers ist in Bild 8.29a dargestellt. In der zylindrischen Meßkammer *1* bewegt sich exzentrisch der Ringkolben *2*. Die Meßkammer ist durch die Trennwand *3* halbiert, der Ringkolben horizontal durch eine gelochte Platte *4* geteilt; im Boden der Meßkammer befindet sich die Eintrittsöffnung *5*, im Deckel die Austrittsöffnung *6*. In der Phase *I* tritt durch die Öffnung *5* das Wasser in die Räume *A* und *C* ein; durch die Öffnung *6* fließt das Wasser aus den Räumen *B* und *D* aus. Der Wasserüberdruck auf der Zulaufseite be-

8.6. Meßgeräte

Bild 8.29
Wasserzähler
a) Ringkolbenzähler als Naßläufer
1 Meßkammer; *2* Ringkolben; *3* Trennwand; *4* gelochte Platte; *5* Eintrittsöffnung; *6* Austrittsöffnung; *7* Ringkolbenachse; *8* Meßkammerachse; *9* Zählwerk
b) Mehrstrahl-Flügelradzähler als Naßläufer
1 Reguliervorrichtung; *2* Abdichtplatte aus Glas; *3* Zählwerk; *4* Rohrsieb; *5* Flügelrad; *6* Meßraum; *7* tangential gerichtete Kanäle
c) Woltmann-Zähler mit Meßflügel parallel zur Rohrachse, als Trockenläufer
d) Verbundwasserzähler
1 Hauptzähler; *2* Nebenzähler; *3* Umschaltventil

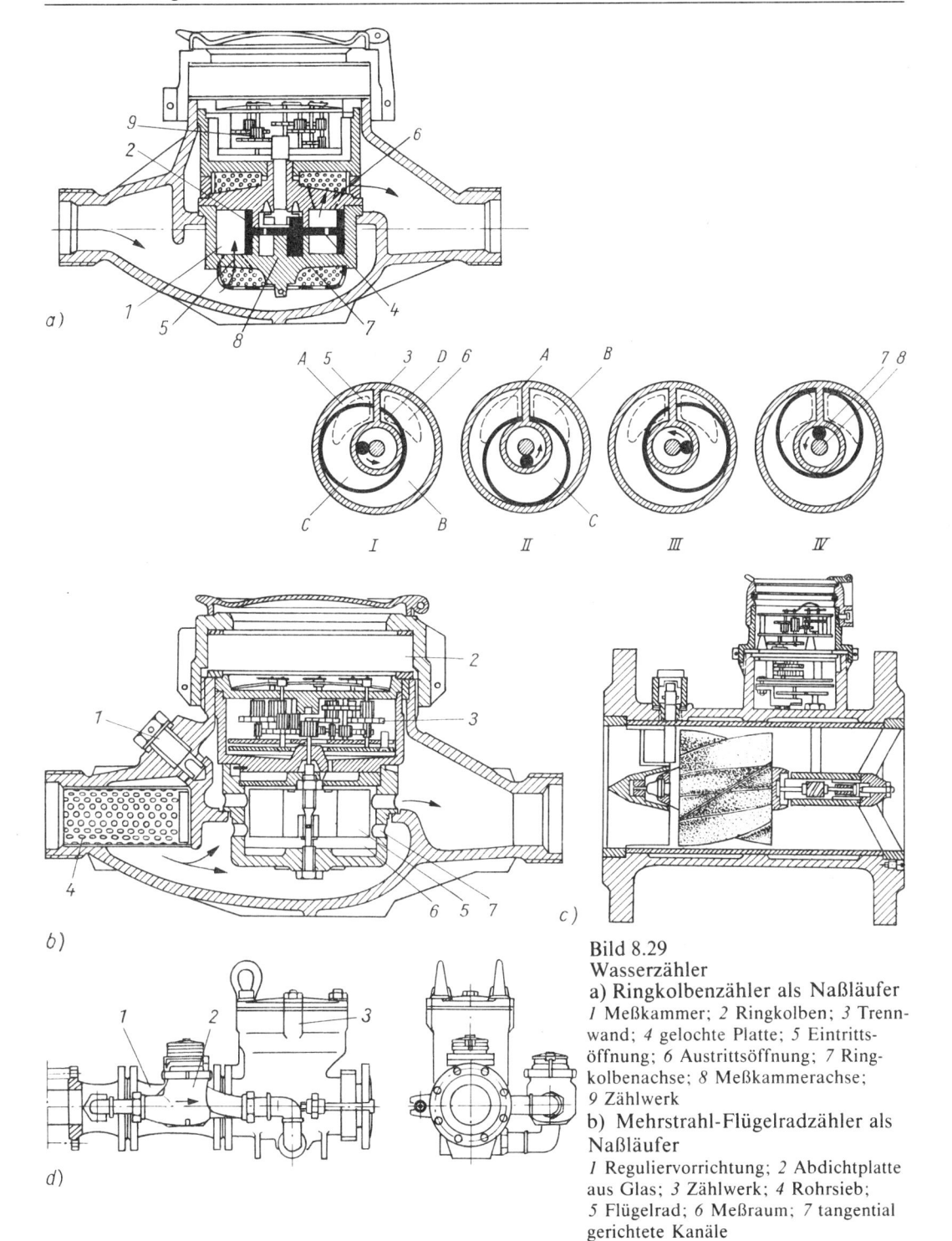

wegt den Ringkolben entgegen dem Uhrzeigersinn. In Phase *II* ist nur der Raum *A* mit der Eintrittsöffnung *5* verbunden und nur der Raum *B* mit der Austrittsöffnung *6*. Der Raum *C* im Ringkolben ist abgeschlossen. Auch in dieser „Totlage" bewegt der Zulaufüberdruck den Ringkolben weiter. Der Vorgang in den Phasen *III* und *IV* ist analog. Der Ringkolben dreht sich nicht um seine Achse *7*, sondern diese kreist um die Achse *8* der Meßkammer, und der Ringkolben gleitet dabei an der Trennwand *3* auf und nieder.

Flügelradzähler
Flügelradzähler wurden bisher als Haus- und Großwasserzähler gebaut. Das sternförmige Flügelrad sitzt in einem Meßraum und wird durch einen oder mehrere Kanäle tangential beaufschlagt (Einstrahl- und Mehrstrahl-Flügelradzähler). Das Wasser tritt in ähnlicher Weise aus. Die Flügelradwelle ist grundsätzlich senkrecht angeordnet (Bild 8.29b).
Trotz der besseren Meßempfindlichkeit gegenüber Woltmann-Zählern kommen sie wegen der größeren Druckverluste als Großwasserzähler nicht mehr in Frage. Als Hauswasserzähler werden fast ausschließlich Naßläufer benutzt.

Woltmann-Zähler
Woltmann-Zähler (Bild 8.29c) haben als Meßorgan einen hydrometrischen Flügel, der axial (parallel zur Flügelwelle) beaufschlagt wird. Der Meßflügel kann senkrecht und parallel zur Rohrachse angeordnet sein. Die Zähler sind gegen geringe Verunreinigungen unempfindlich. Die untere Meßbereichsgrenze liegt höher als bei anderen Zählern. Der Druckverlust ist jedoch sehr gering. Sie werden deshalb ausschließlich als Großwasserzähler bis DN 500 verwendet und haben die anderen Zählertypen weitgehend verdrängt. Bei senkrechter Meßflügelwelle ist zwar der Druckverlust etwas höher, jedoch werden dabei noch bessere Meßgenauigkeit, tiefere Meßbereichsgrenze und längere Lebensdauer erreicht. Woltmann-Zähler werden auch in Eckform als Brunnenwasserzähler verwendet.

Verbundwasserzähler
Verbundwasserzähler (Bild 8.29d) bestehen aus einem Großwasserzähler (Woltmann-Zähler) und einem parallel angeordneten Hauswasserzähler, meist Flügelradzähler. Durch ein Umschaltventil hinter dem Großwasserzähler wird bei geringen Beaufschlagungen der Durchfluß durch den Hauswasserzähler geleitet. Hierdurch werden Meßbereiche bis 1:10 000 erreicht. Das Umschaltventil ist meist ein mechanisch entlastetes Klappenventil. Im unterhalb der Trenngrenze liegenden Umschaltbereich sinkt die Meßgenauigkeit. Platzbedarf und Kosten sind höher; die Unterhaltung setzt größere Erfahrungen voraus und ist aufwendiger als bei einfachen Wasserzählern. Durch die in den letzten Jahren erfolgte Weiterentwicklung der Woltmann-Zähler sind Verbundzähler in vielen Fällen entbehrlich geworden. Bei im Laufe der Jahre steigendem Wasserbedarf ist es besser, von Zeit zu Zeit den Verhältnissen angepaßte einfache Woltmann-Zäher einzubauen.

Einbaubedingungen für Wasserzähler
Wasserzähler sind leicht zugänglich anzuordnen und turnusmäßig zu eichen. Das bedingt in den meisten Fällen deren Ausbau. Teilweise werden auch transportable Prüfeinrichtungen eingesetzt [8.10].
Vor und hinter dem Wasserzähler ist je ein Absperrorgan und hinter dem Wasserzähler eine Entleerung einzubauen. In starren Rohrleitungen sind zur Montageerleichterung Ausbau- oder Dehnungsstopfbuchsen notwendig. Wo keine zweite Einspeisung vorhanden und keine Betriebsunterbrechung vertretbar ist, wird eine Umgebungsleitung kleinerer Nennweite angeordnet.
In den Wasserzählern soll sich keine Luft ansammeln. Sie sind deshalb nicht an Hochpunkten einzubauen. Gegebenenfalls ist davor für eine einwandfreie Entlüftung der Leitung zu sorgen. Die Rohrleitung muß auf alle Fälle als Druckleitung laufen. Bei freiem Ausfluß, z. B. in Behälter, muß der Wasserzähler tiefer als die Rohrausmündung angeordnet werden. Woltmann-

8.6. Meßgeräte

Wasserzähler erfordern zur Einhaltung der Meßgenauigkeit eine gerade Rohrstrecke L vor dem Wasserzähler.
Sie soll betragen
- bei Einbau des Wasserzählers hinter einem Krümmer, T-Stück oder nicht gedrosselten Schieber $L \geqq 5 \cdot DN$,
- bei Einbau des Wasserzählers hinter mehreren Krümmern oder T-Stücken, Drosselorganen, Rückschlagklappen oder Pumpen $L \geqq 20 \cdot DN$.

Sind diese Strecken kürzer, so muß mit einem größeren Meßfehler gerechnet werden. Die gerade Strecke kann durch einen besonderen Strahlrichter ersetzt werden. Er besteht aus einem Paßrohr, in das ein Bündel kleiner Rohre eingesetzt ist. Diese sollen ein Verhältnis Durchmesser zu Länge von 1:15 haben.

Wasserzähler sind im allgemeinen nur für den Einbau in horizontale Rohrleitungen geeignet. Woltmann-Zähler mit einem Meßflügel parallel zur Rohrachse können, sofern sie keine Magnetkupplung haben, in beliebiger Lage eingebaut werden.

Wasserzähler messen auch bei rückläufigem Durchfluß, allerdings meist mit einem größeren Meßfehler als vorwärts. Das Zählwerk läuft dabei ebenfalls rückwärts, kann jedoch auch mit einer Rücklaufsperre versehen werden. Bei Verbundwasserzählern verhindert das Umschaltventil den Rückfluß durch den Hauptzähler.

Wasserzähler sind erst einzubauen, wenn die Rohrleitung gespült ist.

Zusatzgeräte für Wasserzähler
Wasserzähler als Trockenläufer können mit verschiedenen Zusatzgeräten ausgerüstet werden. *Kontaktgeber* signalisieren eine bestimmte, einstellbare Wassermenge und werden zur Dosierung und Steuerung eingesetzt. *Rückstellbare Zeiger* werden bei der Dosierung von Chargen verwendet. *Impulsgeber* melden jede Zeigerumdrehung durch einen elektrischen Impuls und eignen sich zur Fernzählung.

Meßgeneratoren werden von der Welle des Wasserzählers angetrieben. Der erzeugte elektrische Strom ist dem Momentandurchfluß proportional und kann vor Ort angezeigt und fernüber-

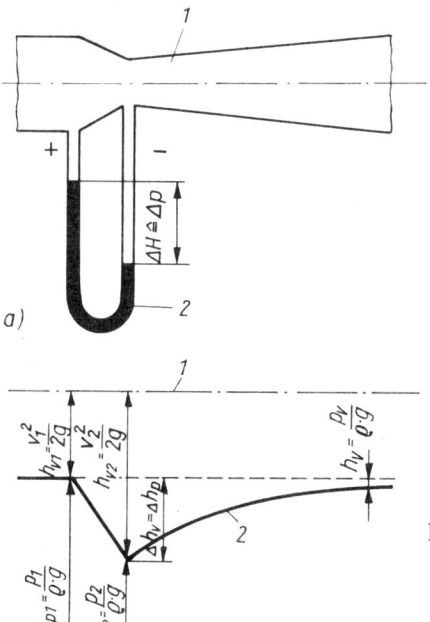

Bild 8.30 Durchflußmessung nach dem Wirkdruckprinzip
a) Venturidüse mit U-Rohr-Manometer, schematisch
1 Venturidüse; *2* U-Rohr mit Sperrflüssigkeit
b) Drucklinienverlauf
1 Energielinie; *2* Drucklinie; *3* Energiehorizont

tragen werden. Dieses Verfahren gestattet auch, kurzzeitige Durchflußschwankungen zu registrieren.

8.6.1.2. Durchflußmesser nach dem Wirkdruckprinzip

Durch eine Verengung im Querschnitt einer Druckrohrleitung mit Hilfe eines Drosselgeräts (Wirkdruckgeber) wird die Fließgeschwindigkeit von v_1 auf v_2 erhöht. Mit der zunehmenden Geschwindigkeitshöhe $\Delta h_v = (v_2^2 - v_1^2)/2\,g$ nimmt nach der *Bernoulli*-Gleichung (9.17) die Druckhöhe um das gleiche Maß $\Delta h_p = h_{p1} - h_{p2} = (p_1 - p_2)/(\varrho \cdot g)$ ab (Bild 8.30). Bei gegebenem Durchflußquerschnitt kann aus der gemessenen Druckdifferenz $\Delta p = p_1 - p_2$ der Durchfluß abgeleitet werden:

$$\dot{V} = \alpha \cdot A_d \cdot \sqrt{2\,\Delta p/\varrho}$$

$\dot{V}$	Durchflußzahl in m³/s
α_{erf}	Durchflußzahl nach Bild 8.31
A_d	Durchflußquerschnitt $\pi \cdot d^2/4$ in m²
d	eingeschnürter Rohrdurchmesser in m
D	Rohrdurchmesser vor der Einschnürung in m
m	Einschnürungsverhältnis d^2/D^2
Δp	Wirkdruck in Pa
p_V	Druckverlust durch den Wirkdruckgeber in Pa
ϱ	Dichte der Förderflüssigkeit in kg/m³

Hinter dem Wirkdruckgeber wird der Durchflußquerschnitt wieder auf den ursprünglichen Rohrquerschnitt erweitert und ein Teil der Geschwindigkeitshöhe in Druckhöhe umgesetzt. Als Druckverlust des Wirkdruckgebers verbleibt somit nur $p_V < \Delta p$ nach Bild 8.31.

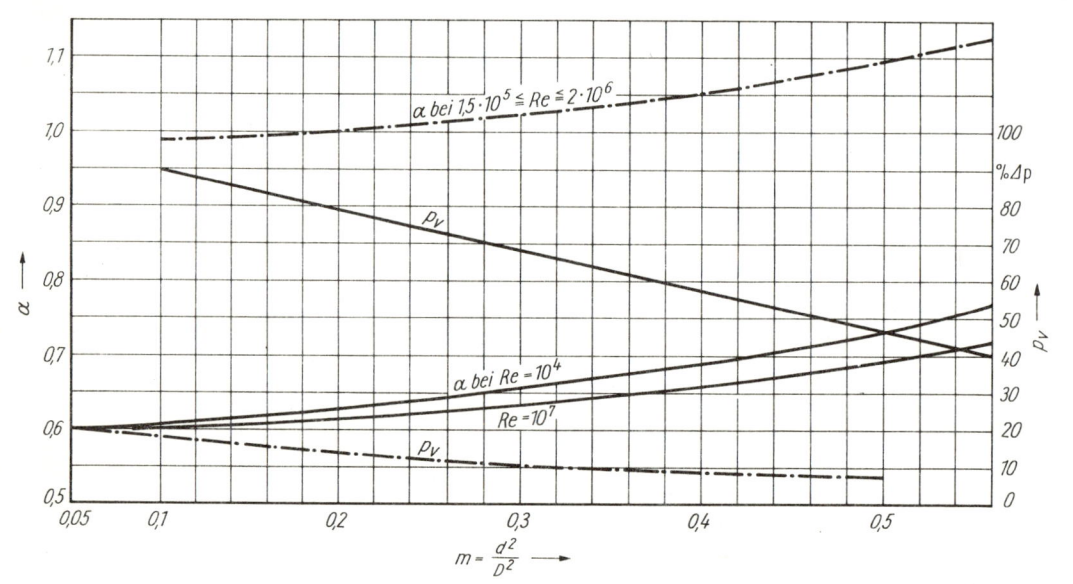

Bild 8.31 Durchflußzahl α und Druckverlust p_v für Wirkdruckgeber
——— Normblende (Meßblende)
—·— Normventuridüse (Kurzventurirohr)

Zur exakten Berechnung des Durchflusses als Funktion des Wirkdrucks sind z. T. noch Korrekturfaktoren und bei kompressiblen Durchflußmedien die Expansionszahl zu berücksichtigen (vgl. hierzu die standardisierten „Durchflußmeßregeln" nach Abschn. 10.).

Der Meßbereich von Wirkdruckmeßgeräten ist wesentlich kleiner als der von Wasserzählern; denn die quadratische Funktion Gl. (8.1) bedingt bei Durchflußschwankungen 1:10 die Mes-

8.6. Meßgeräte

sung von Wirkdrücken 1:100. Meßfehler $\leq 2\%$ werden erreicht
bei Normblenden im Meßbereich   1:6
bei Normdüsen im Meßbereich   1:8
bei Normventuridüsen im Meßbereich   1:10.

Größere Meßbereiche sind durch hohe Wirkdrücke zu erreichen, jedoch steigt damit auch der Druckverlust.

Die Nennwirkdrücke, das sind die Skalenendwerte der Meßgeräte, sind genormt. Zur Wassermessung wird als Sperrflüssigkeit fast ausschließlich Quecksilber verwendet. Das Austreten des Quecksilbers aus dem Meßgerät in die Rohrleitung infolge Überlastung oder Druckschwingungen kann durch besondere Durchschlag- und Überlastsicherungen verhindert werden.

Als Wirkdruckgeber kommen vorwiegend Normblenden, Normdüsen und Normventuridüsen kurzer und langer Bauart zum Einsatz (Bild 8.32). Der Wirkdruck wird durch Einzelanbohrung oder Ringkammern entnommen – letztere in Form eines durchgehenden Spaltes oder mehrerer Bohrungen, die durch einen Ringkanal verbunden sind. Die Wirkdruckentnahme durch Ringkammern ist aufwendiger als die durch Einzelanbohrung, aber weniger anfällig gegen Verstopfung. Sie erfordert geringere gerade Rohrleitungsstrecken vor dem Wirkdruckgeber.

Normblenden sind einfach in der Herstellung, dementsprechend billig, haben aber einen relativ hohen bleibenden Druckverlust. Inkrustationen an der Blendenkante verursachen eine zu niedrige Anzeige. Für verschmutzte Fördermedien stehen Segmentblenden zur Verfügung, die an der Rohrsohle einen glatten Durchgang haben und keine Schlammablagerungen verursachen.

Normdüsen (Düseneinsätze ohne Diffusor) sind weniger empfindlich gegen Verschmutzung, haben fast den gleichen Druckverlust wie eine Blende und werden wegen des größeren Aufwands selten eingesetzt. Inkrustationen führen zu größerer Durchflußanzeige. Durch Anschluß eines Diffusors an die Düse sind die *Normventuridüsen* entstanden, die den Vorteil eines wesentlich geringer bleibenden Druckverlustes haben und deshalb bevorzugt werden.

Die lange Bauart besitzt einen Diffusor bis zur Erweiterung auf die volle Nennweite. Fast der gleiche Energierückgewinn wird jedoch bereits bei der kurzen Bauart mit dem unvollkommenen Diffusor erreicht (Bild 8.32b).

Den geringsten Druckverlust erzeugen *Doppeldüsenrohre* [8.41]. Dies sind Kurzventurirohre, in denen zwei düsenförmige Einschnürungen hintereinander angeordnet sind.

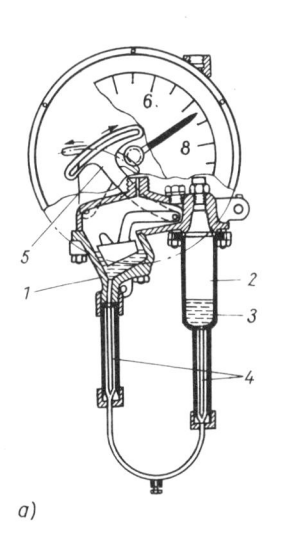

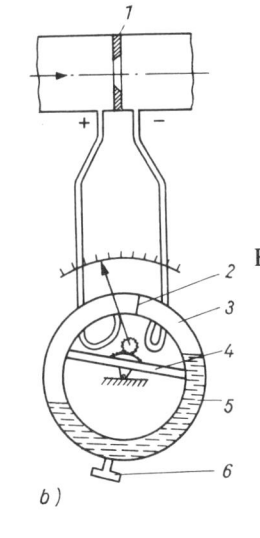

Bild 8.32 Wirkdruckmeßgeräte
a) Schwimmermesser
1 Schwimmergefäß; *2* Wirkdruckgefäß; *3* Sperrflüssigkeit; *4* Durchschlagsperre für Sperrflüssigkeit; *5* Radiziereinrichtung
b) Meßblende mit Ringwaage, schematisch ohne Radiziereinrichtung
1 Meßblende; *2* Trennwand; *3* Ringrohr; *4* Waagebalken; *5* Sperrflüssigkeit; *6* Gegengewicht

Wirkdruckmeßgeräte
Der zu messende Wirkdruck ist ein Differenzdruck. Das einfachste Meßgerät mit hoher Genauigkeit ist hierfür das *U-Rohr-Manometer* nach Bild 8.30. Es läßt sich sehr leicht aus Glasrohr herstellen und wird vorwiegend im Labor und bei Versuchen angewendet. Aus der abgelesenen Druckhöhendifferenz ΔH wird nach Gl. (8.1) der Durchfluß berechnet.

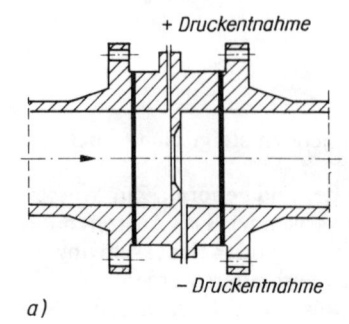

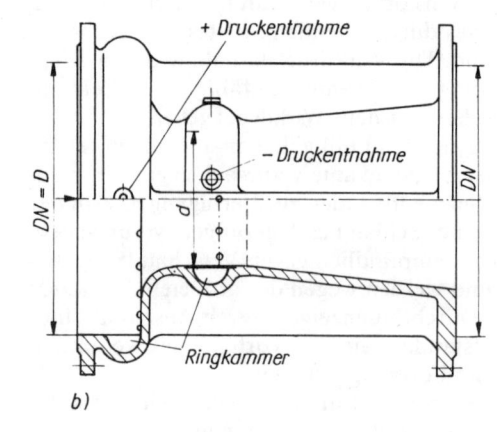

Bild 8.33 Wirkdruckgeber
a) Normblende (Meßblende) mit Einzelanbohrung zum Einspannen zwischen Flansche; b) Normventuridüse kurzer Bauart (Kurzventurirohr) mit Ringkammer

Der Wirkdruck Δp wird durch die Spiegeldifferenz einer Sperrflüssigkeit sichtbar gemacht. Je nach Größe des Wirkdrucks werden Sperrflüssigkeiten verschiedener Dichte, vornehmlich Quecksilber, verwendet.

$$\Delta p = \Delta H \cdot g \cdot (\varrho_{sp} - \varrho_m) \qquad (8.2)$$

Δp Wirkdruck in Pa
ΔH Spiegeldifferenz der Sperrflüssigkeit in m
g Erdbeschleunigung in m/s²
ϱ_{sp} Dichte der Sperrflüssigkeit in kg/m³
ϱ_M Dichte des Durchflußmediums in kg/m³

Für Betriebsmessungen werden Meßgeräte bevorzugt, die den Wirkdruck selbsttätig in eine Durchflußanzeige umformen. Beim *Schwimmermesser* (Schwimmermanometer) ist ein U-Rohr auf der Plusseite zu einem Wirkdruckgefäß, auf der Minusseite zu einem Schwimmergefäß erweitert. Der darin angeordnete Schwimmer überträgt die Bewegung des Sperrflüssigkeitsspiegels auf einen Zeiger. Durch eine mechanische Radiziereinrichtung (Kurvenscheibe) wird die quadratische Funktion des Wirkdrucks in eine lineare Durchflußanzeige umgesetzt (Bild 8.32). Schwimmermesser werden für Wirkdrücke $\Delta p \geq 12{,}5$ kPa, zur Wassermessung mit Quecksilber als Sperrflüssigkeit, bei Betriebsdrücken $\geq 10^5$ Pa verwendet.

Die *Ringwaage* besteht aus einem drehbaren Ringrohr, das zur Hälfte mit einer Sperrflüssigkeit gefüllt ist. Eine Trennwand teilt das Ringrohr in zwei Kammern, in die durch flexible Anschlüsse der Plusdruck bzw. der Minusdruck übertragen wird. Der Druckunterschied verschiebt die Sperrflüssigkeitsfüllung, wodurch sich das Ringrohr dreht (Bild 8.32b). Die Drehbewegung wird ebenfalls über eine Radiziervorrichtung auf den Zeiger übertragen, der Durchfluß somit linear angezeigt. Ringwaagen kommen für kleine Wirkdrücke, bei Quecksilberfüllung für $\Delta p = 4$ bis 36 kPa, bei anderen Sperrflüssigkeiten für $\Delta p > 160$ Pa, bei Betriebsdrücken $> 10^4$ Pa in Frage.

Membrandurchflußmesser bestehen aus einem U-Rohr, dessen Plus- und dessen Minusseite

8.6. Meßgeräte

durch eine Membran getrennt sind, so daß keine Sperrflüssigkeit erforderlich ist. Die Druckdifferenz Δp verstellt die Membran, und deren Bewegung wird über eine mechanische Radiziereinrichtung als Durchfluß angezeigt. Membrandurchflußmesser sind absolut überlastungssicher; es kann keine Sperrflüssigkeit in das Fördermedium geraten. Sie werden für Wirkdrücke $\Delta p \geq 25$ kPa und Betriebsdrücke $> 10^5$ Pa eingesetzt.

Einbaubedingungen
Das Wirkdruckprinzip findet zur Durchflußmessung der verschiedensten Flüssigkeiten, Gase und Dämpfe Anwendung. Das Meßgerät soll zur Flüssigkeitsmessung möglichst tiefer als der Wirkdruckgeber mit nach dort fallenden Wirkdruckleitungen und einem Spülabzweig angeordnet werden. Muß das Meßgerät höher als der Wirkdruckgeber montiert werden, so sind Entlüftungsgefäße an den Hochpunkten erforderlich (Bild 8.34). Die Wirkdruckleitungen sollen möglichst kurz, höchstens 30 m lang, sein. Größere Entfernungen werden durch elektrische Meßwertübertragungen (Meßgerät mit Fernsender) überbrückt. Es können Schreiber und Zählwerke angeschlossen werden.

Zur Vermeidung von Vakuum muß der Betriebsdruck in der Rohrleitung größer als der maximale Wirkdruck sein; die Strömung darf nicht pulsieren.

Die erforderliche gerade, störungsfreie Rohrstrecke L_E vor dem Wirkdruckgeber ist von der Art der Störung, dem Wirkdruckgeber und dem Einschnürungsverhältnis abhängig und beträgt $L_E \approx (5$ bis $70) \cdot$ DN. Hinter dem Wirkdruckgeber soll eine störfreie Strecke $L_A \geq 5 \cdot$ DN vorhanden sein. Die genauen Werte sind den Standards zu entnehmen. Die Verkürzung der Ein- und Auslaufstrecken um die Hälfte erhöht den Meßfehler um etwa 0,5 %.

Die Wirkdruckgeber können in horizontale und vertikale Rohrleitungen eingebaut werden. Bei letzteren ist der geodätische Höhenunterschied zwischen den Wirkdruckentnahmen zu berücksichtigen.

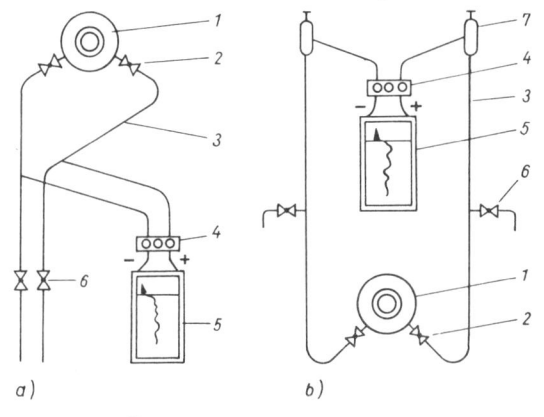

Bild 8.34 Anordnung des Wirkdruckmeßgeräts für Flüssigkeiten
a) Meßgerät unterhalb des Wirkdruckgebers; b) Meßgerät oberhalb des Wirkdruckgebers
1 Wirkdruckgeber; *2* Absperrventile; *3* Wirkdruck-Leitungen; *4* Ventilbatterie; *5* Durchflußmeßgerät; *6* Ausblaseventile; *7* Entlüftungsgefäße

8.6.1.3. Strömungsmesser mit Schwebekegel

Strömungsmesser mit Schwebekegel bestehen aus einem senkrechten, von unten nach oben durchflossenen und sich konisch erweiternden Glasrohr, indem ein kreiselförmiger Körper durch die Strömung in Schwebe gehalten wird. Mit zunehmendem Durchfluß steigt der Schwebekegel nach oben und zeigt so an einer Skale den momentanen Durchfluß an. Mit Hilfe schräger Kerben im Schwebekegel wird dieser in Rotation versetzt (Rotamesser). Der Meßbereich beträgt normal 1:6, in Sonderausführungen 1:10, der Meßfehler ± 2 %, die Druckverlusthöhe ≤ 10 cm. Die Glasrohre sind bis etwa 600 mm lang, maximaler Anschlußdurchmesser etwa DN 100. Das Glasrohr muß mit größter Präzision hergestellt werden.

Rotaströmungsmesser werden bis etwa 20 m³/h Durchfluß für Drücke bis 1 MPa und darüber vorwiegend in Laboratorien und in den Chemikalienstationen der Wasserwerke verwendet. Sie sind auch für aggressive Medien und Gase geeignet und zeichnen sich durch einfachsten Aufbau und leichte Wartung aus.

Das Meßergebnis ist von der Dichte des Durchflußmediums abhängig. Das Gerät muß entsprechend geeicht sein, oder das Meßergebnis ist nach Angaben des Lieferwerks umzurechnen.

8.6.1.4. Induktive Durchflußmesser

Induktive Durchflußmesser (Bild 8.35) bestehen aus einem elektrisch isolierten Rohrstück, das durch einen Erregermagneten umklammert wird, der ein Magnetfeld erzeugt. Im elektrisch leitfähigen Durchflußmedium entsteht nach dem Induktionsprinzip eine Meßspannung, die der Durchflußgeschwindigkeit proportional ist. Die Meßspannung wird an zwei Elektroden abgegriffen und über Verstärker auf das Anzeigegerät übertragen [8.20].

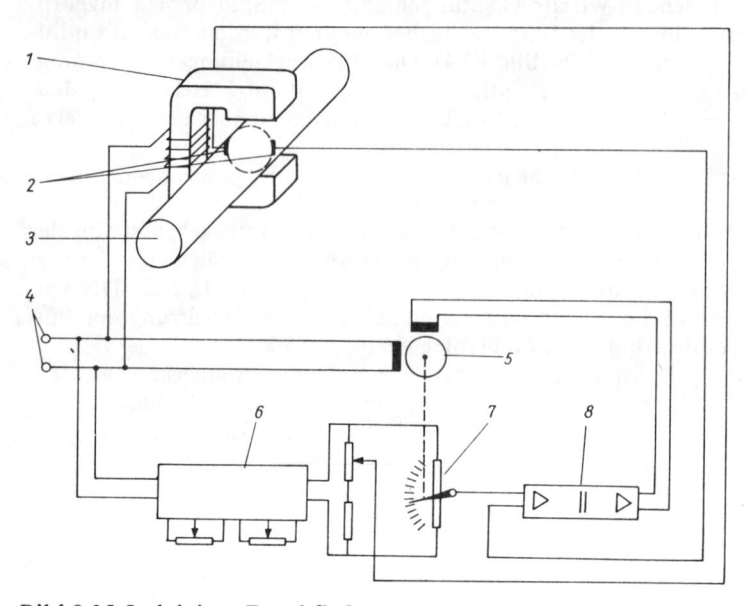

Bild 8.35 Induktiver Durchflußmesser
1 Erregermagnet; *2* Elektroden; *3* elektrisch isoliertes Rohr; *4* elektrisches Netz; *5* Nachlaufsystem; *6* Netzanschlußgerät; *7* Meßgerät; *8* Verstärker

Induktive Durchflußmesser eignen sich für alle elektrisch leitfähigen Flüssigkeiten und nichtpulsierende Strömung. Sie erfordern keine störungsfreien Ein- und Auslaufstrecken und erzeugen keinen zusätzlichen Druckverlust zur Rohrreibung. Die Durchflußgeschwindigkeit soll $v \geq 0{,}6$ m/s sein. Das Anzeigegerät kann je nach Leitfähigkeit des Fördermediums 10 bis 100 m vom Geber entfernt angeordnet werden.

Induktive Durchflußmesser werden von DN 10 bis zu den größten Nennweiten gebaut. Innerhalb eines Meßbereichs 1:30 beträgt der Meßfehler $\leq \pm 2\%$. Die Geräte sind an das 220-V-Netz anzuschließen; die maximale Leistungsaufnahme beträgt je nach Nennweite 400 bis 600 VA und darüber. Es können Zählwerke, Schreiber und Kontaktgeber angeschlossen werden.

Induktive Durchflußmesser sind kürzer als andere Durchflußmesser. Sie werden besonders bei verunreinigten Flüssigkeiten und Schlämmen eingesetzt. Dichte und Viskosität des Fördermediums sind beim Eichen des Meßgeräts zu berücksichtigen.

8.6.2. Druckmesser

Für den Wasserwerksbetrieb werden fast ausschließlich Manometer verwendet. Sie messen keine absoluten Drücke, sondern den Druckunterschied zum atmosphärischen Luftdruck. Manometer im engeren Sinne messen den Überdruck, Vakuummeter den Unterdruck, Manovakuummeter Über- und Unterdruck.

8.7. Entwurf von Rohrleitungen

Metallrohrfedermanometer besitzen als Meßorgan ein kreisförmig gebogenes Rohr, das von innen mit dem zu messenden Medium beaufschlagt wird und sich mit zunehmendem Druck streckt. Diese Bewegung wird auf einen Zeiger übertragen. Die Rohrfeder wird für Überdrücke bis 10 MPa aus einer Kupferlegierung, darüber aus Stahl hergestellt.

Plattenfedermanometer haben als Meßorgan eine Membran, auf die das Fördermedium wirkt. Sie werden bis 4 MPa Überdruck eingesetzt, sind weniger empfindlich gegen Erschütterungen und besonders für aggressive Medien herstellbar.

Manometer werden nach Klassen gegliedert, deren Zahlenwert dem zulässigen Meßfehler in Prozent des Skalenendwerts entspricht. Feinmeßmanometer der Klasse 0,6, d. h. zulässiger Meßfehler ± 0,6 % des Skalenendwerts, werden für Labor- und Prüfzwecke eingesetzt. Für Betriebsmanometer werden vorwiegend die Klassen 1 und 1,6 verwendet.

Bei Drücken < 10 % des Skalenendwerts ist die Meßgenauigkeit gering; denn 1 % Meßfehler entspricht 10 % des anstehenden Druckes. Manometer sollen deshalb nicht für unnötig große Anzeigebereiche ausgewählt werden. Andererseits dürfen manche Manometer bei schwankender Belastung nur bis 2/3 des Skalenendwerts beaufschlagt werden.

Manometer, besonders solche mit elektrischen Zusatzeinrichtungen, sollen erschütterungsfrei montiert werden. Vor den Manometern ist ein spezieller Absperrhahn oder ein Ventil mit Entlüftungsöffnung anzuordnen. Zweckmäßig sind Manometer-Absperrorgane mit Anschlußstutzen für ein Prüfmanometer. Gegen Druckschwingungen können Manometer durch dämpfend wirkende Drosselschrauben oder -ventile geschützt werden. Bei feststoffhaltigen oder zähflüssigen Medien wird dem Rohrfedermanometer ein Druckmittler vorgeschaltet. Er besteht aus einer Membran, die den Druck über eine Flüssigkeitsfüllung auf das Meßsystem überträgt.

Der vom Manometer angezeigte Druck bezieht sich auf dessen Höhenlage. Der Druck an der Anschlußstelle beträgt

$$p = p_{\text{man}} \pm \Delta H \cdot \varrho \cdot g \tag{8.3}$$

p Druck an der Anschlußstelle in Pa
p_{man} vom Manometer angezeigter Druck in Pa
ΔH Höhendifferenz zwischen Anschlußstelle und Manometer in m
        $+ \Delta H$ bei Manometer oberhalb der Anschlußstelle
        $- \Delta H$ bei Manometer unterhalb der Anschlußstelle
ϱ Dichte des Druckmittels in kg/m³
g   Erdbeschleunigung in m/s²

Manometer arbeiten träge und eignen sich nicht zur Messung von Druckschwingungen. Sie können mit einem Potentiometer zur elektrischen Fernübertragung des Meßwerts und mit Kontaktvorrichtungen zur Signalisierung bestimmter Grenzwerte oder zur druckabhängigen Steuerung von Prozessen ausgerüstet werden.

Die in Abschn. 8.6.1.2. beschriebenen U-Rohr-Manometer werden zur Messung kleiner Unter-, Über- und Differenzdrücke besonders bei Versuchen, Schwimmermesser und Ringwaagen ohne Radizierung zur Messung von Differenzdrücken verwendet.

8.7. Entwurf von Rohrleitungen

8.7.1. Trassierung und Lagepläne

Bei der Trassenfestlegung für eine Rohrleitung sind außer den technologischen Gesichtspunkten die Bauausführung und spätere Wartung zu berücksichtigen. Die Trasse soll möglichst zügig verlaufen, starke Gefällewechsel meiden, grundwasserreiches Gelände und schlechte Baugrundverhältnisse nach Möglichkeit umgehen und für den Bau und die spätere Wartung gut zugänglich sein. Besonders für große Rohrnennweiten ist bereits bei der Trassierung an den Antransport des Rohrmaterials zu denken. Mehrkosten für Umwege sind mit den Vorteilen abzuwägen. Die Trasse wird unter obigen Gesichtspunkten an Hand von Meßtischblättern oder sonstigen Übersichtsplänen in groben Zügen, gegebenenfalls mit mehreren Varianten, vorgewählt. Verbindlich wird die Trasse bei Begehungen unter Einbeziehung der verschiedenen Interessenten (Baubetrieb, Rechtsträger vorhandener Anlagen, Grundstückseigentümer, Behörden) festgelegt. Die Mühen bei der Geländeerkundung machen sich beim Bau mehrfach bezahlt.

Für baureife Zeichnungen liegen von vornherein meist keine ausreichenden Vermessungsunterlagen vor. Sie sind nach der Trassenbegehung zu erstellen. Im gleichen Zuge oder vorher sollen die notwendigen Baugrunduntersuchungen stattfinden. Sie können mitunter zu Trassenänderungen führen. Auch während der Projektierung sind oft noch gewisse Trassenänderungen notwendig. Die endgültige Trasse sollte zur Kontrolle mit den fertigen Plänen nochmals begangen werden.

Für baureife Unterlagen sind Lagepläne 1:1000 bis 1:2000 im freien Gelände und 1:200 bis 1:500 innerhalb der Bebauung erforderlich. Knotenpunkte, z. B. Bahnkreuzungen u. ä., sind 1:100 bis 1:200 darzustellen. Die Lagepläne sollen alle ober- und unterirdischen Anlagen etwa 10 bis 20 m zu beiden Seiten der Trasse und alle anzuschließenden Gebäude enthalten. Die eingetragene Trasse soll eindeutig auf Festpunkte, z. B. Grenzsteine, Masten, Gebäudeecken u. ä., bezogen sein. Im freien Gelände ohne derartige Bezugspunkte sind Festpunkte zu schaffen oder Polygonzüge zu legen. Auf alle Fälle muß die Trasse nach den Lageplänen abgesteckt werden können.

Fernleitungen werden unter Umgehung der Ortschaften möglichst auf dem kürzesten Weg querfeldein, unter weitgehender Anlehnung an vorhandene Straßen und Wege, geführt.

Innerhalb von Ortschaften ist die Abstimmung mit den übrigen Versorgungsleitungen notwendig. Nach Möglichkeit sind Regelprofile zu entwerfen, in denen die Wasserleitungen, Entwässerungsleitungen, Gasleitungen, Kabel für Energieversorgung, Fernmeldewesen und Feuerwehr, Heizkanäle und Straßenbeleuchtung einen bestimmten Raum zugeteilt bekommen. Diese Festlegung hat zwischen den verschiedenen Versorgungsbetrieben unter Federführung des jeweiligen Bauamtes zu erfolgen.

Die Rohrleitungen in Ortschaften sollen möglichst im öffentlichen Verkehrsraum, am besten im Fußweg oder Grünstreifen liegen. Die Vorgärten der Grundstücke sind nur im Notfall zu benutzen. In Großstädten werden teilweise begehbare Kanäle für sämtliche Versorgungsleitungen gebaut. Für Reparaturen, Rohrauswechslungen und Wartung sind derartige Kanäle zwar günstig, die Baukosten jedoch sehr hoch.

Rohrnetze sind nach den in Abschn. 8.1.2. genannten Gesichtspunkten zu wählen. Den Ringnetzen ist wegen der betrieblichen und hydraulischen Vorteile der Vorzug zu geben. Dabei ist auf künftige Bebauungsgebiete Rücksicht zu nehmen.

Rohrleitungen und deren Zubehör werden auf Plänen und Zeichnungen durch Sinnbilder nach Abschn. 11. dargestellt und gekennzeichnet, sofern keine bildliche Darstellung erfolgt.

8.7.2. Rohrgrabentiefe, Gefälle, Längsschnitt

Die erforderliche Verlegetiefe erdverlegter Kaltwasserleitungen wird bestimmt durch
– vorhandene Anlagen
– Nutzung des Geländes
– Baugrundverhältnisse
– Frosteindringtiefe in den Boden.

Die vorhandenen Anlagen und Geländenutzungen sind überschaubar, die sich hieraus ergebenden Forderungen entsprechend zu lösen. Die Baugrundverhältnisse sind durch Schürfen, Bohrungen oder aus vorhandenen Bodenaufschlüssen zu ermitteln und daraus Tragfähigkeit und erforderliche Gründungstiefe sowie Rohrlagerung und Ummantelung zu bestimmen.

Die Frosteindringtiefe in den Boden hat doppelte Bedeutung, zum einen wegen der Gefahr von Eisbildung in der Rohrleitung, zum anderen wegen der Bodenbewegungen und -spannungen durch Frost und Auftauen. Eisbildung in der Rohrleitung mindert die Durchflußleistung und macht direkt oder durch sich lösende Eisschalen Armaturen funktionsunfähig. Kleinere Rohrleitungen und Armaturen können völlig einfrieren und durch den Eisdruck zerstört werden. Frostgefährdet sind insbesondere Rohrleitungen DN < 400 bei längerer Stagnation des Wassers. Bei größeren Nennweiten können die Schieberdome und Armaturen im Nebenschluß

8.7. Entwurf von Rohrleitungen

(Luftventile) einfrieren. Die temperaturbedingten Mindestüberdeckungen für Rohrleitungen bzw. die zulässigen Stagnationszeiten können durch Wärmehaushaltsberechnungen ermittelt werden [8.45; 8.46]. Richtwerte für die Mindestüberdeckungen sind in Abschn. 11. enthalten.

Mit Nachdruck wird davor gewarnt, die Verlegetiefe zur Einsparung von Investitionen nur auf der Grundlage von Wärmehaushaltsbetrachtungen festzulegen. Abgesehen von den hierbei zu treffenden unsicheren Annahmen muß immer berücksichtigt werden, daß Rohrleitungen Ingenieurbauwerke mit nicht exakt erfaßbarem Spannungszustand sind. Nichtberechenbare Einflußgrößen sind u. a.
— Bodenbewegungen und -spannungen durch Gefrieren und Auftauen, unterschiedliche Frosteindringtiefen, Geländegestaltung (Böschungen)
— veränderlicher Wassergehalt des Bodens und dadurch Schrumpfen bindiger Böden
— Kältebrücken, z. B. durch Hydranten und Einbaugarnituren
— Belastungen durch instationäre Strömung in den Rohrleitungen.

Wie groß diese Einflüsse sind, zeigen die Rohrschadenstatistiken [8.25]. Danach tritt eine Häufung von Rohrschäden auf,
— im Dezember und Januar, besonders beim ersten strengen Frost
— im Spätsommer, wenn infolge Wasserentzug im Leitungsbereich der Boden schrumpft
— in bindigen Böden
— bei schneller Zunahme des Durchflusses.

Bei frostveränderlichen Böden ist deshalb unbedingt die Frosttiefe mit zu berücksichtigen. Auf dem Gebiet der DDR betragen die größten in den letzten Jahrzehnten gemessenen Frosttiefen in natürlichen Böden ohne künstliche Schneeberäumung 1,40 m und bei künstlicher Schneeberäumung 1,60 m. Lediglich in Geröll- und Schotterböden sowie Kiesauffüllungen mit großem Porenvolumen wurden 1,70 m gemessen. Die zahlreichen vorliegenden Meßergebnisse lassen keine Abhängigkeit von der geographischen und Höhenlage erkennen. Maßgebend ist offensichtlich in erster Linie das schwer zu erfassende Mikroklima [8.29].

Die Kriterien, ob ein Boden als frostveränderlich zu betrachten ist, sind von *Schaible* [8.40] definiert worden. Danach sind Böden mit weniger als 30 % Feinbodenanteil ≤ 2 mm Korndurchmesser unbedingt frostbeständig. Bei mehr als 30 % Feinboden ist dieser weiter zu klassieren. Sind 20 % oder mehr $< 0,1$ mm Korndurchmesser, so ist der Boden frostempfindlich.

Bei der praktischen Anwendung dieser Kriterien im Rohrleitungsbau ist zu beachten, daß die untersuchten Bodenproben jeweils nur einen Punkt der Rohrtrasse charakterisieren und keinesfalls für eine längere Strecke allgemeingültig zu sein brauchen. Die Aussagekraft exakter Bodenuntersuchungen sollte deshalb nicht überbewertet werden. In vielen Fällen wird eine visuelle Bodenbeurteilung ausreichen. Bindige Böden, Lehm, Ton, sandiger Lehm und auch Schluff, sind infolge ihres hohen Feinkornanteils von vornherein als frostveränderlich anzusprechen. In solchen Böden sollten starre und halbstarre Rohre (Grauguß-, Asbestzement-, Beton-, PVC-Rohre) mit der Rohrachse gleich oder tiefer als die Frosteindringtiefe liegen.

Für Versorgungsleitungen wird die Mindestüberdeckung oft durch die Hausanschlußleitungen bestimmt, die bei Verwendung von Ventilanbohrschellen oder -brücken etwa 100 bis 150 mm oberhalb des Rohrscheitels der Versorgungsleitung abzweigen und zum Verbraucher steigend verlegt werden sollen.

Bei schwierigen Baugrundverhältnissen, insbesondere hohen Grundwasserständen, werden mitunter auch Rohrleitungen sehr flach (Rohrscheitel gleich Gelände) verlegt und die fehlende Erdüberdeckung angeschüttet. Trotz der damit eventuell erreichbaren Kosteneinsparung ist eine derartige Lösung nur als Notbehelf zu betrachten. Der entstehende Erddamm muß erhalten, d. h. gepflegt werden. Er stört die land- und forstwirtschaftliche Nutzung und behindert die Oberflächenentwässerung. Der relativ schmale Damm muß höher geschüttet werden, als die Mindestüberdeckung beträgt, um die gleiche Wärmedämmung zu erreichen.

Die Trasse wird im Längsschnitt weitgehend dem Gelände angepaßt, wobei die Anzahl der Hoch- und Tiefpunkte nicht zu groß sein soll, da an den Hochpunkten Be- und Entlüftungseinrichtungen erforderlich sind und größere Rohrleitungen an den Tiefpunkten Entleerungen erhalten möchten. Im Interesse einer einwandfreien Entlüftung werden eindeutige Gefälle nicht

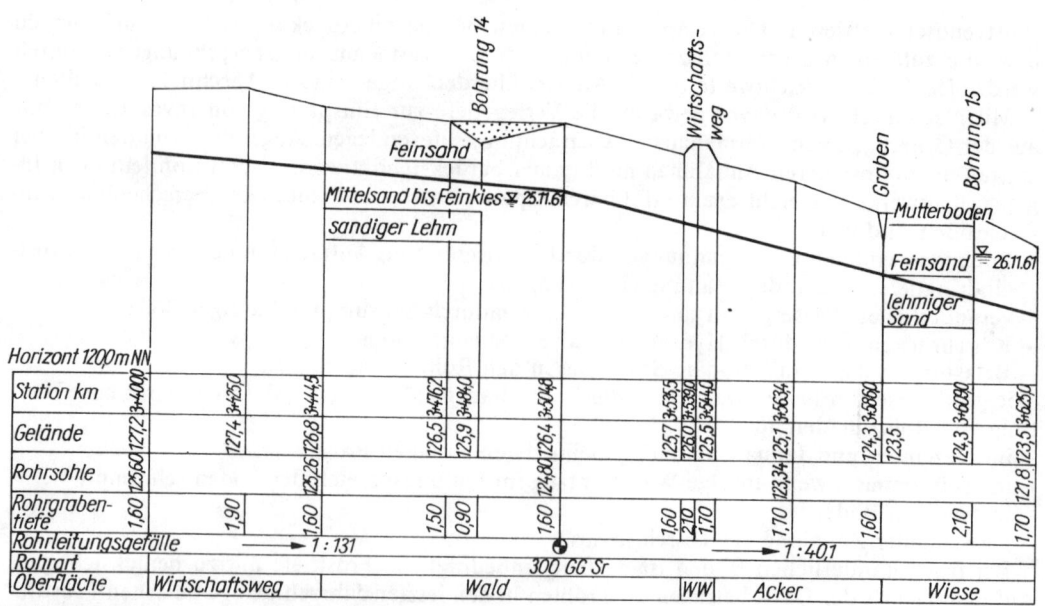

Bild 8.36 Längsschnitt einer Rohrleitung

flacher als 1 ‰ angestrebt. Durch Zwangspunkte bedingte horizontale Rohrstrecken sind so kurz wie möglich (< 300 m) zu halten.
  Der höhenmäßige Verlauf der Rohrleitungen wird mit Ausnahme kleinerer Versorgungs- und Hausanschlußleitungen für baureife Unterlagen in Längsschnitten oder Profilplänen dargestellt. Zweckmäßig werden Blatteilung und Längenmaßstab wie bei den Lageplänen gewählt und die Höhen im Verhältnis 1:10 zu den Längen verzerrt gezeichnet (Bild 8.36).
  Im Längsschnitt werden außer dem Gelände- und Rohrleitungsverlauf das Rohrleitungsgefälle, Grundwasserstände mit Angabe des Meßtages, Bodenverhältnisse, Nennweite und Material der Rohrleitung und oft auch die Oberflächenart (Wald, Acker, Straße) dargestellt. Die hydraulischen Daten werden bei Druckrohrleitungen in besonderen Drucklinienplänen eingetragen.

8.7.3. Be- und Entlüftung

Die vom Wasser mitgeförderte Luft und die aus dem Wasser ausgeschiedenen Gase können sich an charakteristischen Punkten des Längsschnitts ansammeln und größere Gasblasen bilden. Diese Blasen erzeugen durch Einschnürung des Durchflußquerschnitts nennenswerte Druckverluste und können durch ihr elastisches Verhalten und die Bewegung in der Rohrleitung Druckschwingungen hervorrufen. Es ist deshalb notwendig, die Rohrleitungen an den Punkten, wo solche Gasansammlungen zu erwarten sind, kontinuierlich oder zumindest turnusmäßig zu entlüften.
  Gasansammlungen treten entsprechend dem Auftrieb an solchen Punkten der Rohrleitung auf, wo niedrigere Betriebsdrücke herrschen als in den anschließenden Rohrstrecken, d. h. an geodätischen und hydraulischen Hochpunkten. Ein hydraulischer Hochpunkt entsteht dort, wo die Drucklinie, auf die Rohrleitung bezogen, ein Minimum darstellt (Bild 8.37). Mit zunehmender Fließgeschwindigkeit und Blasengröße und abnehmendem Rohrgefälle hinter dem Hochpunkt wird jedoch die Luftblase an den Hochpunkten in Fließrichtung gezogen und schließlich mitgerissen. Ausführliche Untersuchungen über das Verhalten von Luft in Rohrleitungen sind in [8.15] beschrieben. Vgl. hierzu Bild 8.37b.
  In Versorgungsleitungen sind keine besonderen Be- und Entlüftungseinrichtungen erforderlich; sie werden ausreichend durch die Hausanschlüsse be- und entlüftet. Auch in Haupt- und

8.7. Entwurf von Rohrleitungen

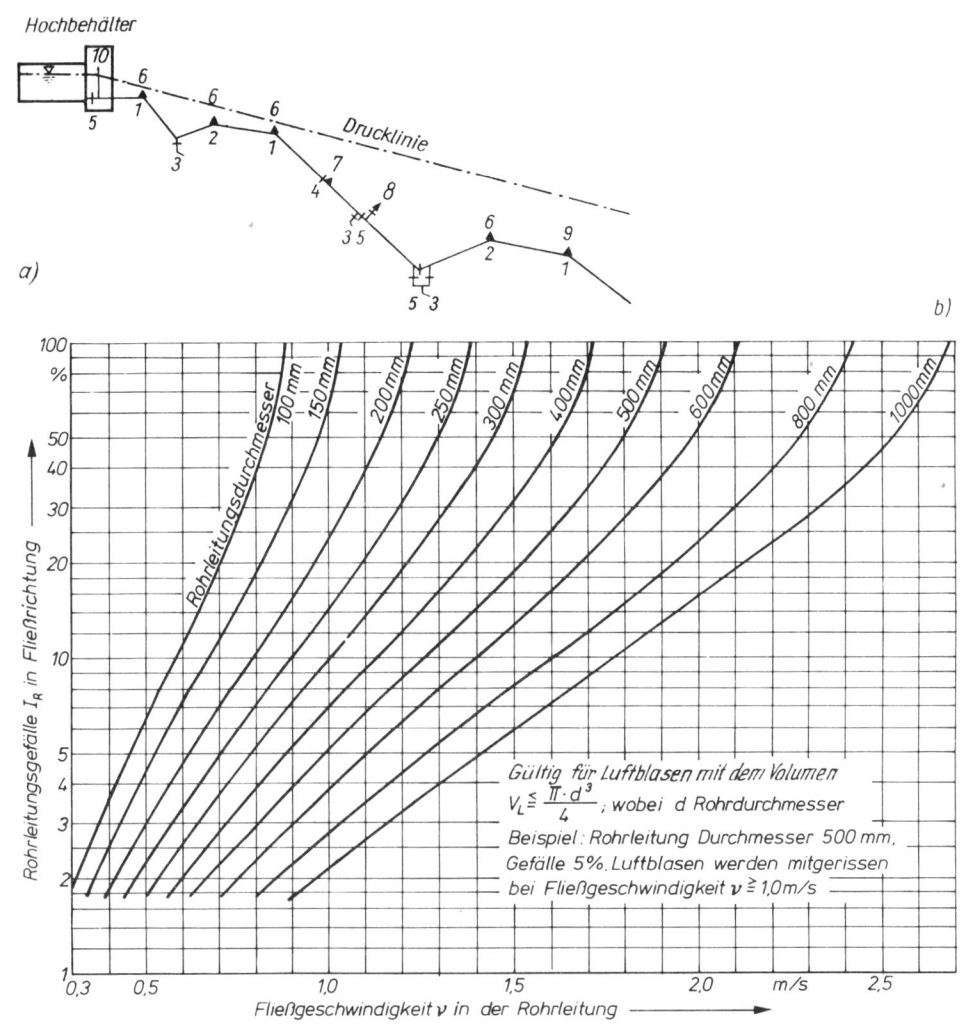

Bild 8.37 Anordnung von Luftventilen
a) Rohrleitungslängsschnitt

1 hydraulischer Hochpunkt; *2* geodätischer Hochpunkt; *3* Entleerung; *4* automatische Rohrbruchsicherung; *5* Streckenabsperrorgan, handbetätigt; *6* selbsttätige Luftventile zur kontinuierlichen Entlüftung und Belüftung gegen Unterdruckbildung; *7* selbsttätige Luftventile zur Belüftung gegen Unterdruckbildung mit anschließender langsamer Entlüftung; *8* handbetätigte Be- und Entlüftung; *9* selbsttätiges Luftventil zur kontinuierlichen Entlüftung, keine Unterdruckbildung möglich; *10* Standrohr

b) Minimale Fließgeschwindigkeit v und maximales Rohrleitungsgefälle I_R, bei dem Luftblasen mitgerissen werden

Transportleitungen, bei denen die in Bild 8.37b dargestellte Fließgeschwindigkeit täglich überschritten wird, ist mit keinen störenden Luftansammlungen an den Hochpunkten zu rechnen. Geodätische Hochpunkte sollten zum Auffüllen und Entleeren der Rohrleitung jedoch zumindest eine handbetätigte Be- und Entlüftungsmöglichkeit, z. B. einen Hydranten, erhalten. Solche „Hand-Ent- und -Belüftungen" genügen auch bei turnusmäßig gewarteten Rohrleitungen, wenn die Kriterien für eine selbsttätige Luftmitführung nicht gegeben sind. Bei nicht regelmäßig entlüfteten Rohrleitungen und hinter Rohrbruchsicherungen grundsätzlich werden an den Hochpunkten selbsttätige Luftventile angeordnet.

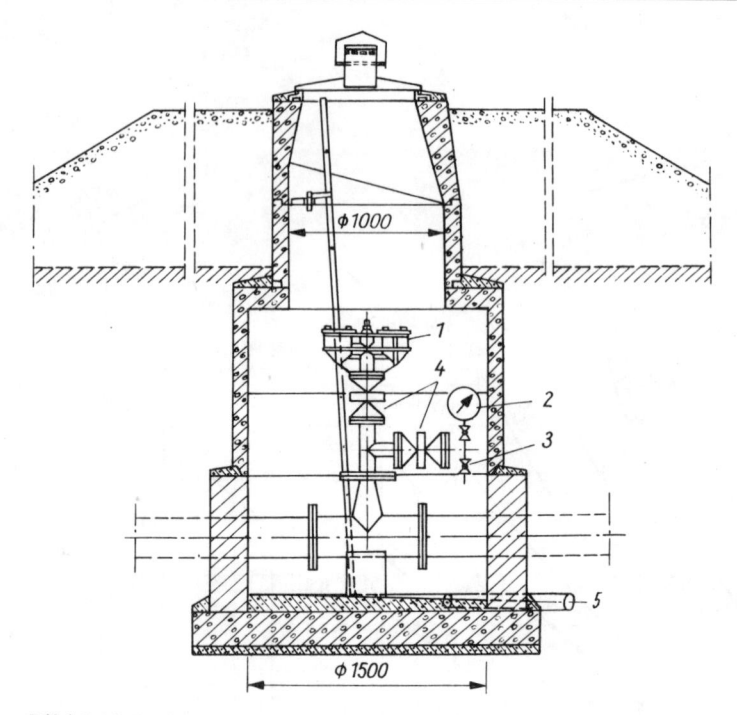

Bild 8.38 Luftventilschacht
1 Be- und Entlüftungsventil; *2* Manometer; *3* Handentlüftung und Wasserprobenentnahme; *4* Absperrschieber; *5* Entwässerung

Zur kontinuierlichen *Entlüftung* der Druckleitungen genügen relativ kleine Luftventile. Der zur Entlüftung erforderliche Austrittsquerschnitt kann nach [8.30] berechnet werden aus

$$\dot{V}_i = A_L \cdot \mu_E \sqrt{\frac{2\varkappa}{\varkappa - 1} \cdot \frac{p_i}{\varrho_a} \left[\left(\frac{p_a}{p_i}\right)^{\frac{3}{\varkappa}} - \left(\frac{p_a}{p_i}\right)^{\frac{\varkappa - 2}{\varkappa}} \right]} \quad (8.4)$$

$\dot{V}_i$ Luftstrom, auf den Innendruck der Rohrleitung bezogen in m³/s
A_L kleinster Strömungsquerschnitt im Luftventil in m²
μ_E Kontraktionsbeiwert beim Entlüften
     für Nadel- und Stöpselventile $\mu_E \approx 0{,}9$
     für Kugelventile $\mu_E \approx 0{,}6$
$\varkappa$ Exponent für adiabatische Zustandsänderung, für Luft $\approx 1{,}4$
p_i Druck in der Rohrleitung absolut in Pa
p_a Luftdruck außerhalb der Rohrleitung absolut in Pa
ϱ_a Dichte der Luft außerhalb der Rohrleitung in kg/m³

Die Entlüftungsleistung nach Gl. (8.4) wird begrenzt
— bei Nadel- oder Stöpselventilen durch die Schallgeschwindigkeit auf
    $p_i/p_a < 2{,}1$
— bei Kugelventilen mit 2/3 Eintauchtiefe der Schwimmerkugel auf
    $p_i/p_a < 1{,}1$. Darüber kann die Kugel durch die Luftströmung hochgerissen werden.

Zur kontinuierlichen Entlüftung von Druckrohrleitungen sind etwa $\dot{V}_i = 1$ bis 3 % des Wasserstroms abzuführen. Hierzu reichen bei Fließgeschwindigkeiten in der Rohrleitung v $\leq$ 1,5 m/s Nadel- oder Stöpselventile mit einem Austrittsquerschnitt

$$A_L \geqq 4 \cdot 10^{-5} \cdot A_R \quad (8.5)$$

8.7. Entwurf von Rohrleitungen

A_L Austrittsquerschnitt des Entlüftungsventils in m²
A_R Rohrleitungsquerschnitt in m²

Beispiel
Rohrleitung DN 300, Fließgeschwindigkeit des Wassers v = 1,5 m/s
Erforderlicher Entlüftungsquerschnitt

$$A_L = 4 \cdot 10^{-5} \cdot 0{,}0707 \text{ m}^2 = 2{,}828 \cdot 10^{-6} \text{ m}^2$$

gewählt Entlüftungsventil mit Stöpselventil 2 mm ⌀

$$A_{L;\text{vorh.}} = 3{,}14 \cdot 10^{-6} \text{ m}^2 > 2{,}828 \cdot 10^{-6} \text{ m}^2$$

Das Abführen großer Luftmengen aus entspannten Rohrleitungen ist problematisch, da die Kugelventile für großen Austrittsquerschnitt bereits bei sehr geringen Überdrücken in der Rohrleitung schließen. Beim Auffüllen von Rohrleitungen werden deshalb besser Hand-Entlüftungen benutzt, oder es muß sehr langsam aufgefüllt werden. Für das Ablassen eingeströmter Luft bei Druckschwingungen sind spezielle Untersuchungen notwendig [8.15; 8.30].

Eine intensive *Belüftung* der Rohrleitungen ist zur Vermeidung von Unterdruckbildung notwendig, da hierbei Schmutzwasser durch Undichtigkeiten angesaugt, dünnwandige Stahlrohre eingebeult und als Reflexion der Unterdruckwellen Druckstöße auftreten können. Die Gefahr der Unterdruckbildung besteht an Hochpunkten und hinter geschlossenen Absperrorganen beim Entleeren von Rohrleitungen, bei Rohrbrüchen, bei plötzlicher Senkung des Förderstromes (Pumpenabschaltung, Schließen von Absperrorganen). Entsprechend der abfließenden Wassermenge muß Luft einströmen können. Da hierzu ein Strömungswiderstand überwunden werden muß, ist ein gewisser Unterdruck in der Rohrleitung unvermeidlich.

Die Belüftungsleistung eines Luftventils beträgt nach [8.30]:

$$\dot{V}_i = A_L \cdot \mu_B \sqrt{\frac{2\varkappa}{\varkappa-1} \cdot \frac{p_a}{\rho_a}\left[1 - \left(\frac{p_i}{p_a}\right)^{\frac{\varkappa-1}{\varkappa}}\right]} \qquad (8.6)$$

μ_B Kontraktions- und Reibungsbeiwert beim Belüften
  für Nadel- und Stöpselventile μ_B 0,9
  für Kugelventile μ_B 0,25

Für die übrigen Formelzeichen gelten die Erläuterungen zur Gl.(8.4). Der geringe μ_B-Wert für Kugelventile entsteht durch Flattern nichtgeführter Kugeln. Die Belüftungsleistung nach Gl.(8.6) wird durch die Schallgeschwindigkeit begrenzt, die sich bei $p_i/p_a \leq \mu_B \cdot 0{,}528$ einstellt. Kugelventile „kleben" nach längerer Schließstellung am Ventilsitz und fallen je nach Wartung erst bei Druckdifferenzen $p_a - p_i \geq 10$ bis 50 kPa. Bei einem Luftdruck von $p_a = 100$ kPa muß der Druck in der Rohrleitung u. U. auf 50 kPa Unterdruck abfallen, bevor das Belüftungsventil öffnet.

Die Bemessung eines Belüftungsventils geht vom maximal möglichen Ausfluß der Rohrleitung bei deren Entleerung oder Rohrbruch aus. Sie beträgt

$$\dot{V}_R = A_R \cdot \mu_a \sqrt{\frac{H_{\text{geo}} - H_L + H_i}{\beta \cdot l + \frac{1}{2}g}} \qquad (8.7)$$

$\dot{V}_R$ Ausfluß aus der Rohrleitung in m³/s
A_R Querschnitt der Rohrleitung in m²
μ_a Ausflußbeiwert der Rohrleitung; bei freiem Ausfluß $\mu_a = 1$
  bei Rohrbruch $\mu_a \leq 0{,}6$ geschätzt
H_{geo} geodätischer Höhenunterschied in m zwischen Belüftungs- und Ausflußstelle der Rohrleitung
H_L Luftdruckhöhe in m
H_i absolute Druckhöhe in der Rohrleitung am Belüftungsventil in m

β Konstante für die Rohrreibungsverluste in s²/m² nach Abschn. 11.
l Länge der Rohrleitung zwischen Belüftungs- und Ausflußstelle in m
g Erdbeschleunigung in m/s²

Die einströmende Luft muß den gleichen Volumenstrom wie das ausfließende Wasser, bezogen auf den absoluten Druck in der Rohrleitung, haben.

$$\dot{V}_i = v_i \cdot A_L = \dot{V}_R$$

$$A_L \geq \frac{\dot{V}_R}{v_i} \tag{8.8}$$

A_L kleinster Strömungsquerschnitt im Luftventil in m²
v_i Geschwindigkeit der einströmenden Luft, auf den absoluten Druck in der Rohrleitung bezogen

In Tafel 8.3 ist Gl. (8.6) nach der Lufteintrittsgeschwindigkeit v_i umgestellt als Funktion des *Druckverhältnisse* p_i/p_a für $\varkappa = 1{,}4$ zusammengestellt.

Tafel 8.3. Bemessung von Belüftungsventilen nach Gl. (8.6) bei Luftdruck p_a = 101,325 kPa (Normdruck) und Dichte der atmosphärischen Luft ϱ_a = 1,3 kg/m³

p_i in kPa	90	80	70	60	50	40	30	20
v_i in m/s für $\mu_B = 0{,}9$	121	170	211	248	284			
für $\mu_B = 0{,}25$	34	47	58	69	79	89	100	112

p_i absoluter Druck in der Rohrleitung in kPa
v_i Geschwindigkeit der einströmenden Luft in m/s, auf den absoluten Druck in der Rohrleitung bezogen

Beispiel
Rohrleitung DN 300; l = 300 m; H_{geo} = 60 m; Rohrrauhigkeit k = 1,0 mm. Es wird ein Schalenbruch mit μ_a = 0,6 angenommen; in der Rohrleitung soll ein absoluter Druck p_i = 50 kPa nicht unterschritten werden. Aus Abschn. 11. $\beta = 4{,}67 \cdot 10^{-3}$ s²/m²

Nach Gl. (8.7)

$$\dot{V}_R = 0{,}0707 \cdot 0{,}6 \sqrt{\frac{60 - 10 + 5}{4{,}67 \cdot 10^{-3} \cdot 300 + \frac{1}{19{,}62}}} = 0{,}26 \text{ m}$$

Nach Tafel 8.3 für p_i = 50 kPa bei einem Kugelventil mit $\mu_B = 0{,}25 \rightarrow v_i$ = 79 m/s. Erforderlich nach Gl. (8.8)

$$A_L = \frac{0{,}26}{79} = 0{,}00329 \text{ m}^2 \rightarrow d = 65 \text{ mm}$$

Für diesen Querschnitt, der nicht mit der Anschlußnennweite identisch ist, wird ein Belüftungsventil aus dem Lieferangebot der Armaturenindustrie gewählt, z. B. ein Ventil DN 100 nach Bild 8.24a, das gleichzeitig der kontinuierlichen Entlüftung dient.

Weitere Daten zur Be- und Entlüftung s. [8.30; 8.50].

Be- und Entlüftungsventile werden in Schächten angeordnet, die man bei kleinen Rohrnennweiten über die Leitung, bei großen Nennweiten daneben baut. Die Ventile sind durch Isolierung oder entsprechende Erdüberschüttung der Schächte gegen Einfrieren zu schützen. Die Schächte müssen mit dem 1,5fachen Querschnitt des Luftventils be- und entlüftet werden und eine Entwässerung erhalten.

Zur Entlüftung werden die Luftventile über einen Stutzen (Luftdom) angeschlossen, der mindestens 1/3 der Rohrleitungsnennweite haben soll, um mit Sicherheit die am Rohrscheitel gleitenden Gase zu erfassen. Die Funktionstüchtigkeit der Luftventile kann durch kleine Hand-Entlüftungen kontrolliert werden. Die Luftventilschächte bieten sich auch gleichzeitig für hydrauli-

8.7.4. Entleerung und Spülung

Rohrleitungen der Wasserversorgung werden selten entleert, normalerweise nur bei Reparaturen oder längerer Außerbetriebnahme. Spülungen können in Rohwasserleitungen, bei mangelhafter Aufbereitung auch in Reinwasserleitungen und in Endsträngen von Versorgungsnetzen wesentlich häufiger notwendig sein. Die Spülgeschwindigkeit in der Rohrleitung soll $v \geq 1{,}0$ m/s betragen, um Ablagerungen aufzuwirbeln. Der Spülwasserbedarf kann durch kombinierte Luft-Wasser-Spülung verringert werden [8.9].

Sofern in der Nähe der Rohrleitung freie Vorflut vorhanden ist, sollten grundsätzlich an allen Tiefpunkten Entleerungsleitungen vorgesehen werden. Ansonsten sind Entleerungsbauwerke nur bei Rohrleitungen gerechtfertigt, die häufig entleert oder gereinigt werden müssen. Hierzu zählen alle frostgefährdeten und die meisten Rohwasserleitungen.

Spülmöglichkeiten sind in allen Rohrleitungen erwünscht, jedoch nicht überall hydraulisch

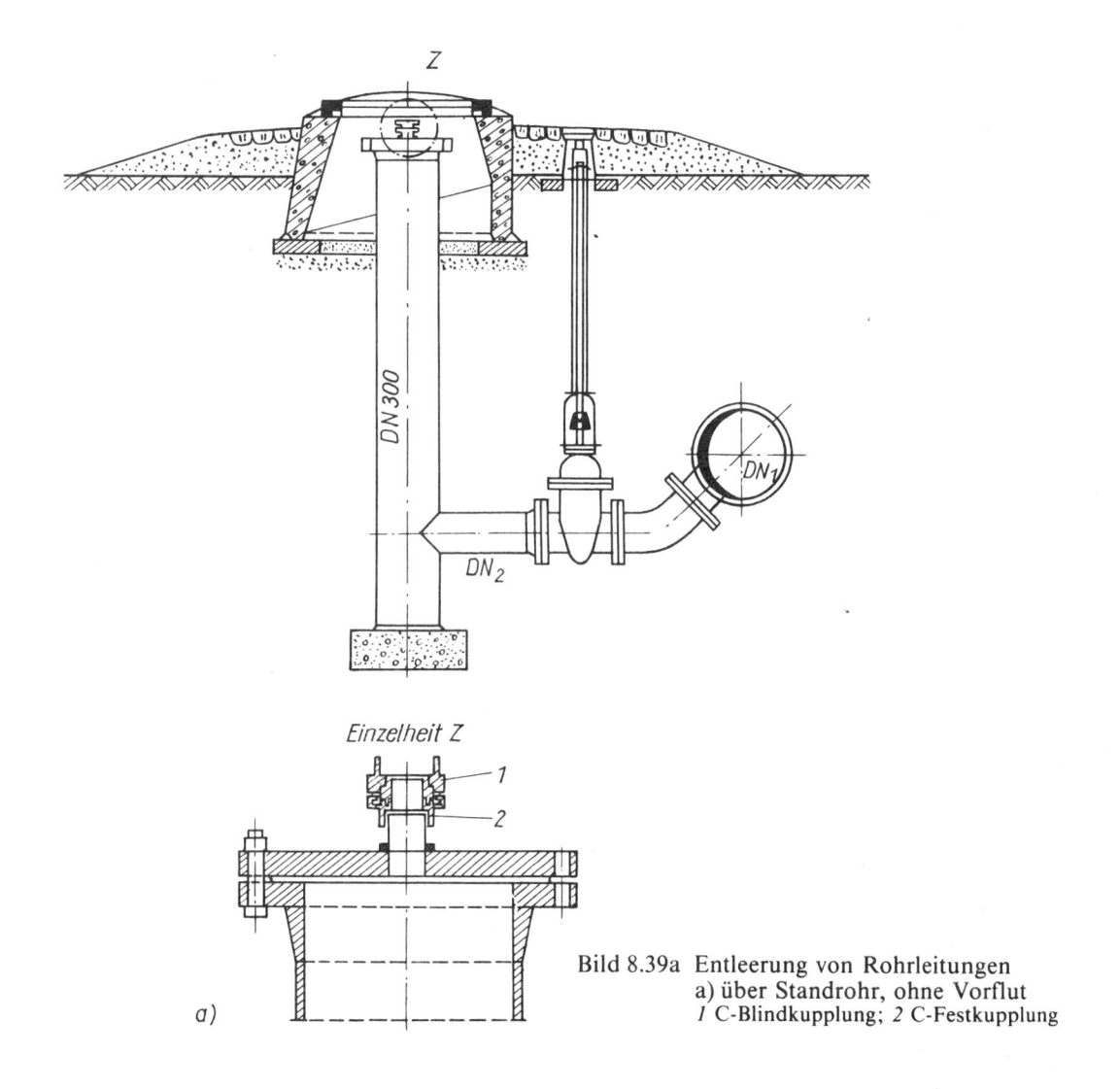

Bild 8.39a Entleerung von Rohrleitungen
a) über Standrohr, ohne Vorflut
1 C-Blindkupplung; *2* C-Festkupplung

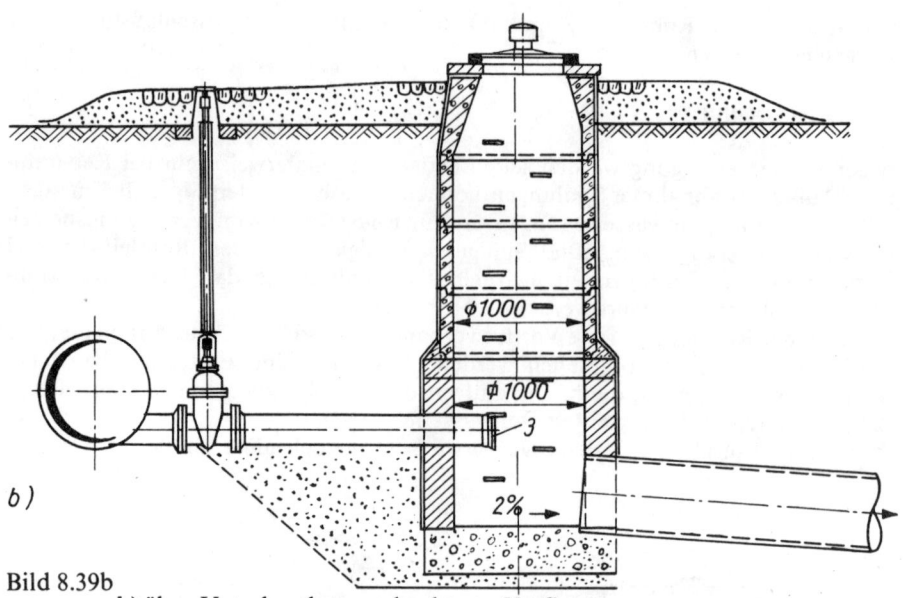

Bild 8.39b
b) über Unterbrechungsschacht zur Vorflut
3 Blindflansch

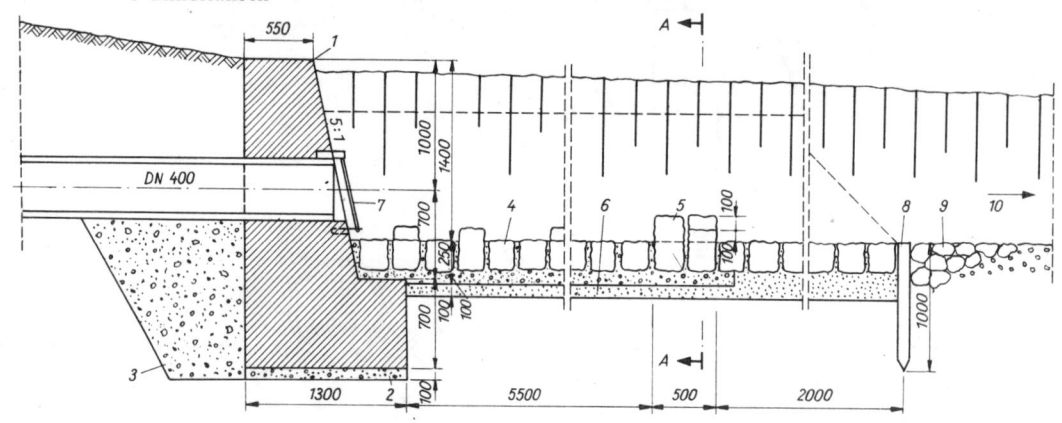

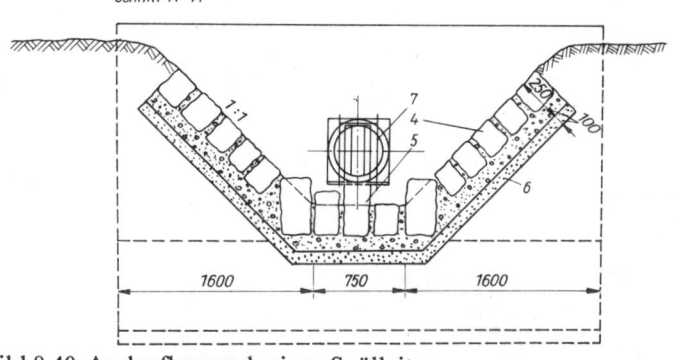

Bild 8.40 Auslaufbauwerk einer Spülleitung
1 Bruchsteinmauerwerk; *2* Unterbeton Bk 10; *3* Magerbeton; *4* Wasserbaupflaster, in MG III versetzt; *5* Zahnschwelle; *6* Kiesbett; *7* Schutzgitter; *8* Pfahlreihe; *9* Steinpackung; *10* Stichgraben zur Vorflut

möglich. Für Rohrleitungen großen Durchmessers stehen oft die zu einer wirksamen Spülung erforderlichen Wassermengen und Vorfluter nicht zur Verfügung.

Die Entleerungs- und Spülleitungen müssen so ausgebildet werden, daß mit Sicherheit die Trinkwasserverschmutzung durch Rückstau oder Rücksaugen von Fremdwasser vermieden wird. Die Einmündung in Entwässerungsleitungen oder -schächte ist untersagt. Soll das Entleerungswasser in die Kanalisation abgeschlagen werden, so ist ein Entleerungsstandrohr wie in Bild 8.39 oder auch -schacht anzuordnen, aus dem in die Kanalisation übergepumpt wird. Entleerungsstandrohre werden auch überall dort angewendet, wo keine ausreichend tiefe Vorflut vorhanden oder der Aufwand für eine stationäre Entleerungsleitung bis zur Vorflut nicht gerechtfertigt ist. Das unter Überdruck stehende Wasser wird mittels fliegender Leitung oder Feuerwehrschlauch direkt abgeschlagen, der Rest ausgepumpt.

Stationäre Entleerungsleitungen für Trinkwasserleitungen sollen grundsätzlich durch einen Entleerungsschacht unterbrochen und zur Sicherheit gegen Verunreinigungen und Vermeidung von Wasserverlusten blindgeflanscht werden (Bild 8.39b).

Aus den gleichen Gründen sollten auch die oft bis zur Vorflut als Druckleitung ausgebildeten Spülauslässe im normalen Betriebszustand durch einen Blindflansch unterbrochen werden. Gegen Rücksaugen aus der Vorflut sind sie außerdem durch entsprechend hohe Ausmündung oder Rohrbelüftung zu sichern.

Die Nennweite der Entleerungsleitungen richtet sich nach Nennweite und Länge der zu entleerenden Rohrstrecke und nach dem Abflußvermögen der Vorflut. Meist sind sie nicht größer als DN 300.

Zum Spülen von Rohrleitungen bis Nennweite 200 können Hydranten benutzt werden. Bei größeren Nennweiten sind besondere Spülrohrleitungen notwendig. Sie sind vorzugsweise an Rohrleitungstiefpunkten anzuordnen, an der Rohrsohle anzuschließen und können auch steigend verlegt werden. Die Ausmündung ist zu befestigen und durch Klappe oder Gitter zu sichern (Bild 8.40). Die Nennweite der Spülauslässe beträgt etwa 2/3 der zu spülenden Leitung, sofern nicht der hydraulische Nachweis größere Werte ergibt.

8.7.5. Anordnung von Absperrorganen und Hydranten im Rohrnetz

Wegen der erforderlichen Wartung sind nicht mehr Armaturen im Rohrnetz anzuordnen als wirklich notwendig. Versorgungsnetze sind so durch Absperrorgane in Teilstrecken zu gliedern, daß bei Rohrbrüchen, Rohrreinigungen und Reparaturen möglichst wenige Anlieger von der Rohrleitungsabsperrung betroffen werden (Bild 8.41). Dies bedingt an Abzweigen zwei, an Kreuzungen drei Absperrorgane. Die weitere Unterteilung in absperrbare Strecken ist bei besonders wichtigen Abnehmern und dichtbesiedelten Hauptstraßen notwendig.

Bei Zubringer- und Fernwasserleitungen bestimmen die Geländeverhältnisse den Abstand der Absperrorgane. Meist wird an den Tiefpunkten der Rohrleitung ein Schieber oder eine Absperrklappe eingebaut, um die beiderseits ansteigenden Rohrstrecken getrennt entleeren zu können. Empfohlen werden Absperrmöglichkeiten mindestens alle 3 bis 5 km.

Die Feuerlöschhydranten sind im Einvernehmen mit der Feuerwehr festzulegen. Allgemein soll der Abstand zwischen den Hydranten in der bebauten Ortslage 80 bis 100 m betragen. Sie sollen möglichst außerhalb des Trümmerbereichs der Gebäude stehen. Bei einzelstehenden Gebäuden sind sie in mindestens 25 m Abstand, bei offener Bebauung zwischen den Gebäuden anzuordnen. Der Mindestabstand von Gebäuden, Mauern und Zäunen beträgt 0,50 m. Hydranten in der Fahrbahn und nahe von Böschungen sind wegen Verkehrsbehinderung bzw. Frostgefahr zu vermeiden.

Die Hydranten werden in der Regel seitlich an die Rohrleitung angeschlossen. Dienen sie gleichzeitig der Belüftung, so ist der Anschluß oben. Auf frostfreie Lage der Anschlußleitung ist in diesem Falle besonders zu achten. Zwischen Rohrleitung und Hydrant wird mit Ausnahme untergeordneter Rohrleitungen ein Absperrschieber angeordnet.

Ob Unter- oder Überflurhydranten aufgestellt werden, richtet sich nach der Örtlichkeit. Überflurhydranten sind brandschutztechnisch vorzuziehen.

Erdeingebaute Armaturen sind mit nichtbindigen Böden zu umhüllen. Hydranten erhalten

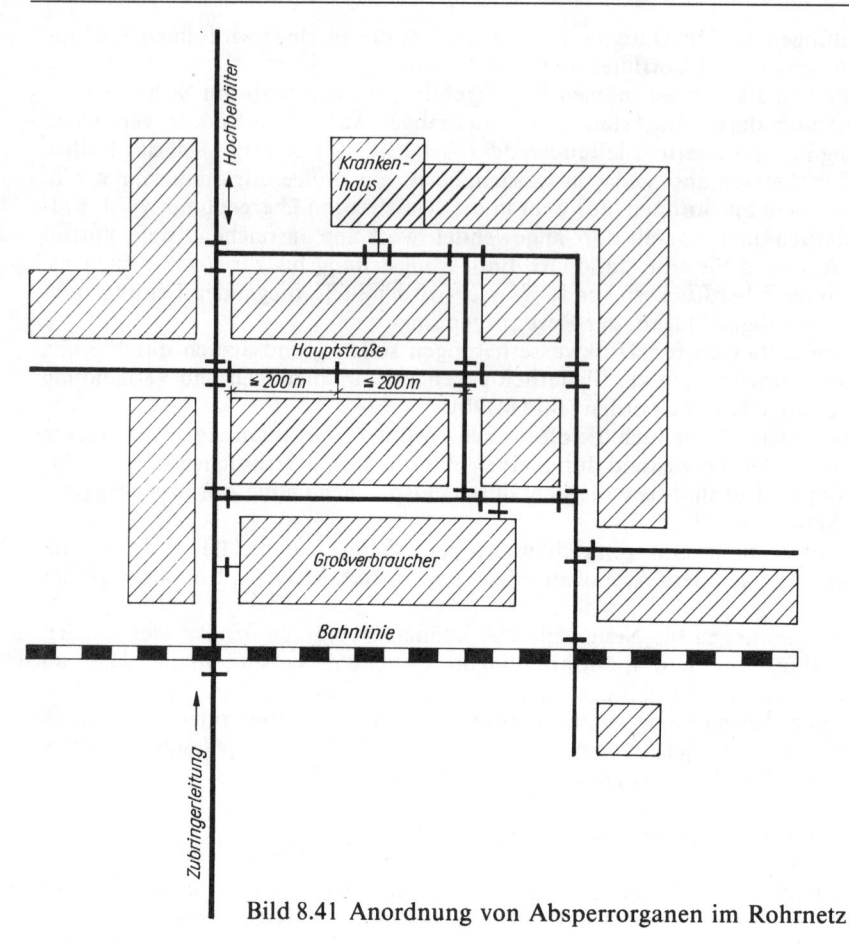

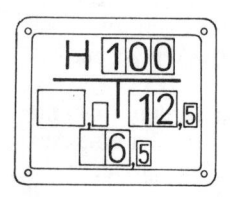

Bild 8.41 Anordnung von Absperrorganen im Rohrnetz

Bild 8.42 Hinweisschild für Unterflurhydrant
auf einer Rohrleitung DN 100
Der Hydrant steht 6,5 m rechtwinklig vor
und 12,5 m seitlich rechts vom Schild.

zusätzlich eine Sickerpackung um die Entwässerungsöffnung. Hydrantenfußkrümmer und Absperrarmaturen sind auf Platten oder Sockeln zu lagern.

Straßenkappen für Unterflurhydranten und Absperrorgane werden auf eine Betonplatte aufgesetzt und umpflastert. Durch Hinweisschilder, die gut sichtbar an Gebäuden, Mauern oder besonderen Säulen befestigt werden, ist die genaue Lage der Straßenkappen zu kennzeichnen (Bild 8.42). Mehrere Straßenkappen dicht nebeneinander sind in Fahrbahnen zu vermeiden. Gegebenenfalls sind die Armaturen durch Paßstücke auseinanderzurücken.

8.7.6. Hausanschlußleitungen

Hausanschlüsse bis DN 50 werden, sofern sie nicht größer als 1/3 der Nennweite der Versorgungsleitung sind, vorwiegend durch Anbohrschellen angeschlossen. Anderenfalls werden Formstücke eingebaut oder zwei Anbohrungen miteinander verbunden. Gußeiserne Rohre sind im Abstand von mindestens 0,40 m vom Spitzende anzubohren.

8.7. Entwurf von Rohrleitungen

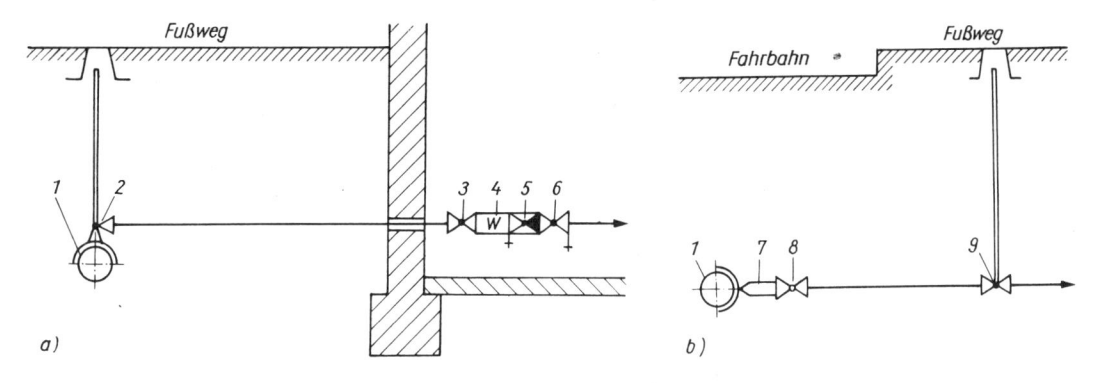

Bild 8.43 Hausanschlußleitung
a) mit Ventilanbohrschelle; b) mit Anbohrschelle und Anbohrhahn
1 Versorgungsleitung; *2* Ventilanbohrschelle; *3* Hauptventil; *4* Wasserzähler; *5* Rückschlagventil mit Entleerung; *6* Privatventil mit Entleerung; *7* Anbohrschelle; *8* Anbohrhahn; *9* Absperrventil

Es wird von oben oder seitlich angebohrt. Verwendet werden die in Abschn. 8.5.10. aufgeführten Anbohrschellen und -geräte. Ventilanbohrschellen vereinigen Anbohrgarnitur und Absperrorgan in sich. Das Absperrorgan in Form eines Eckventils sitzt direkt über der Versorgungsleitung. Stört die Straßenkappe an dieser Stelle, z. B. in der Fahrbahn, so wird unter Leitungsdruck mit Hilfe eines Anbohrhahns oder -schiebers angebohrt. Das eigentliche Absperrorgan mit Einbaugarnitur wird an geeigneter Stelle angeordnet (Bild 8.43).

Die Hausanschlußleitungen werden in der Regel, zum Verbraucher steigend, mit 1,50 m Rohrdeckung verlegt. Die frostbeständigen PE-weich-Rohre werden z. T. nur mit Rohrüberdeckungen $\geq$ 1,0 m eingebaut. Dabei kann jedoch die Rohrleitung einfrieren. Die Armaturen sind unbedingt frostsicher zu verlegen. Fallende Anschlußleitungen sind grundsätzlich durch seitliche Anbohrung anzuschließen. Die Mindestnennweite beträgt 25 mm. Verwendet werden vorzugsweise PE- und Stahlrohre.

Nach Möglichkeit erhält jedes Grundstück einen getrennten Anschluß; bei Neubaugebieten werden Häuserblöcke zusammengeschlossen. Auf alle Fälle muß jedes Haus einzeln absperrbar sein.

Die Hauswasserzähler werden im Grundstückskeller oder einem anderen geeigneten Raum, bei nichtunterkellerten Gebäuden oder großen Entfernungen von der Versorgungsleitung in einem Schacht angeordnet und beiderseitig mit Absperrventilen versehen. Zur Sicherheit gegen Rücksaugen ist ein Rückschlagventil einzubauen. Die Wasserzähler sind frostfrei und leicht zugänglich anzuordnen. Die Unterbringung im Keller ist für alle Fälle besser als in einem Schacht und sollte deshalb auch bei längeren Anschlußleitungen vorgezogen werden. Allgemein werden die Hausanschlüsse bis zum Wasserzähler vom örtlichen Wasserwirtschaftsbetrieb selbst hergestellt. Zumindest ist nach dessen Anweisung zu verfahren. Über die Bemessung der Hausanschlußleitungen s. Abschn. 9.3.3.7. Durchbrüche durch Umfassungsmauern müssen mittels Schutzrohr vorgenommen werden.

8.7.7. Kreuzung von Bahnen und Straßen

Bahnanlagen, Autobahnen und Straßen dürfen nur mit Genehmigung der zuständigen Verwaltungen gekreuzt werden. In der Regel werden vor der Bauausführung Nutzungsverträge zwischen den Betreibern der sich kreuzenden Anlagen abgeschlossen, in denen die technischen Bedingungen, Bauzeit und Gewährleistungen zu vereinbaren sind.

Bahnen und Straßen sollen möglichst rechtwinklig gekreuzt werden, vorhandene Brücken und Durchlässe sind vorzugsweise zu nutzen.

Bahnen und wichtige Straßen dürfen meist nicht in offener Baugrube gekreuzt werden, sondern sind zu durchörtern. Hierzu werden Schutzrohre aus Stahl, Stahlbeton oder Asbestzement hydraulich durch den Boden gepreßt und gleichzeitig im Schutzrohrquerschnitt der Boden durch Horizontalbohrung, ab DN 800 von Hand vor Ort, gelöst und aus der Durchörterung gefördert. Für lange Durchörterungen können die Reibungskräfte beim Pressen durch teleskopartig abgesetzte Schutzrohre oder thixotrope Gleitmittel herabgesetzt werden. Zum Teil werden verstellbare Schneidringe am Schutzrohrkopf zur Richtungskorrektur während der Durchörterung benutzt. Zulässige Höhentoleranzen sind von vornherein mit dem Ausführungsbetrieb zu vereinbaren und bei der Projektierung zu berücksichtigen.

Kleine Rohrleitungen bis etwa DN 200 werden bei geeigneten Bodenverhältnissen auch durch den Boden geschossen oder gespült. Beim „Bodendurchschlaggerät" wird das Rohr durch Rückstoß durch den Boden getrieben; es verdrängt den Erdstoff seitlich. Beim hydromechanischen Verfahren wird eine Spüllanze durch den Boden geschoben, wobei der hydraulisch gelöste Erdstoff teils rückwärts ausgespült, teils seitlich verdichtet wird. Beim Rückziehen der Spüllanze wird die Rohrleitung in den entstandenen Hohlraum eingezogen [8.35]. Diese Verfahren der grabenlosen Rohrverlegung werden besonders zur Kreuzung von Straßen mit Anschlußleitungen eingesetzt.

Äußere Korrosionsschutzüberzüge auf Durchpreßrohren sind mit Ausnahme aufgeschmolzener Kunststoffüberzüge zwecklos, da sie beim Vortrieb zerstört, zumindest aber unkontrollier-

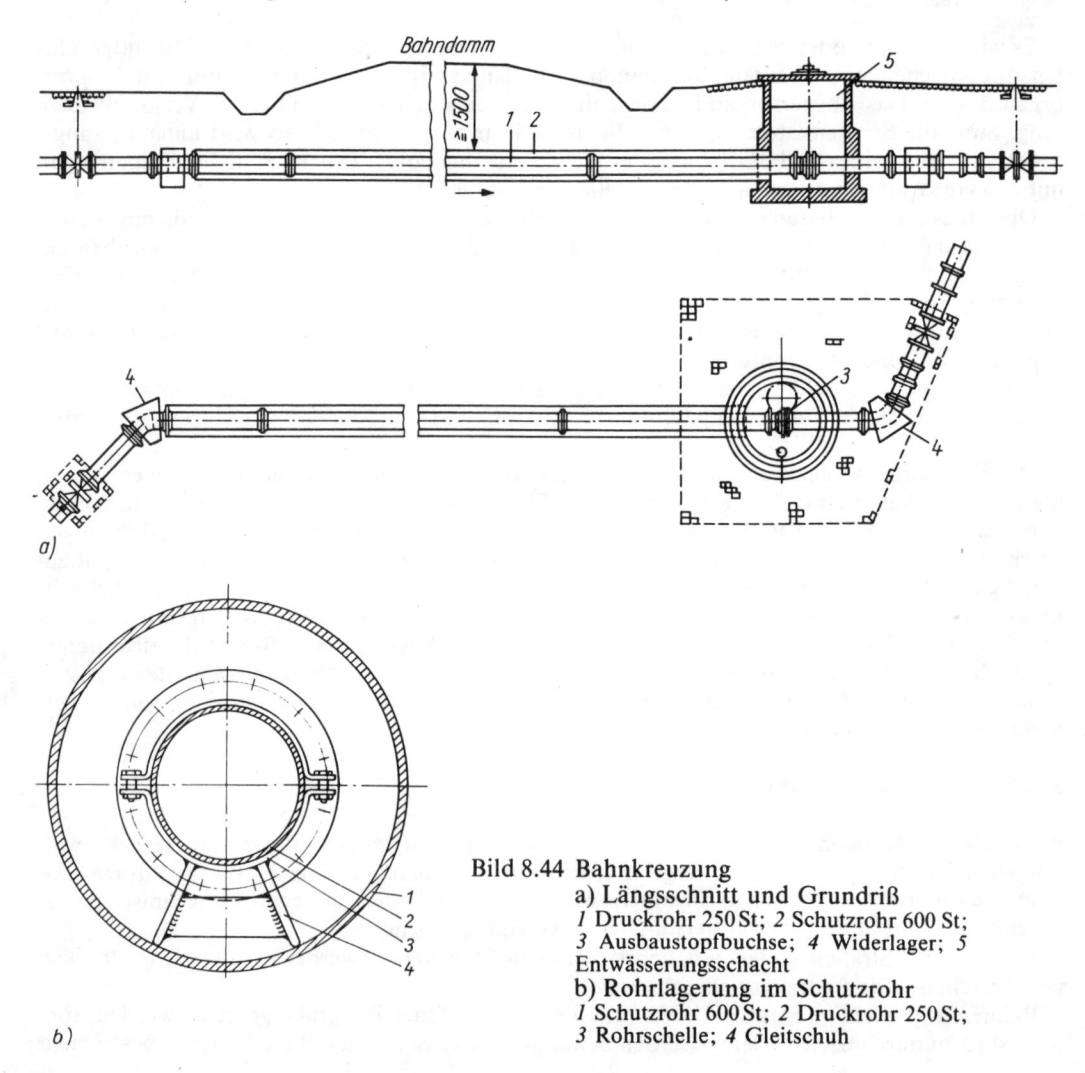

Bild 8.44 Bahnkreuzung
a) Längsschnitt und Grundriß
 1 Druckrohr 250 St; 2 Schutzrohr 600 St;
 3 Ausbaustopfbuchse; 4 Widerlager; 5 Entwässerungsschacht
b) Rohrlagerung im Schutzrohr
 1 Schutzrohr 600 St; 2 Druckrohr 250 St;
 3 Rohrschelle; 4 Gleitschuh

8.7. Entwurf von Rohrleitungen

bar verletzt werden können. Besser sind korrosionsfeste Werkstoffe für das Schutzrohr. Stahlrohre können katodisch geschützt werden. Notfalls ist zur statisch erforderlichen Wanddicke ein Korrosionszuschlag zu machen.

Für große oder mehrere parallel verlaufende Rohrleitungen werden mitunter auch Rohrleitungstunnel bergmännisch aufgefahren. Für untergeordnete Bahnen, wie z. B. Anschlußgleise, ist trotz des einzurichtenden Langsamfahrverkehrs die offene Durchschachtung mitunter billiger als die Durchörterung. Die Gleise sind hierzu mit Trägern abzufangen, der Rohrgraben auszusteifen und äußerst sorgfältig wieder zu verfüllen. Ähnlich verhält es sich bei Straßen, die zeitweilig ganz oder halbseitig gesperrt werden können.

Innerhalb des Schutzrohrs ist die eigentliche Rohrleitung kraftschlüssig zu verbinden. Wegen ihrer hohen Bruchfestigkeit werden Stahlrohre bevorzugt. Die ins Schutzrohr einzuziehende Rohrleitung erhält Gleitschuhe, z. B. nach Bild 8.44b, die gleichzeitig als bleibendes Auflager dienen.

8.7.8. Düker, Rohrbrücken, Rohrleitungsaufhängungen an Brücken

Düker zur Kreuzung von Wasserläufen sind stark von den örtlichen Gegebenheiten abhängig. Beim Bau können die verschiedensten Überraschungen auftreten. Von Vorteil ist die frostsichere Lage, keine Behinderung des Abflußprofils, kein sichtbarer Eingriff in die Landschaft. Nachteilig sind die oft nicht vollständig zu übersehenden Schwierigkeiten beim Bau und die schlechte Kontrolle der Rohrleitung. Sofern keine besonderen Umstände mitsprechen, ist nach der Wirtschaftlichkeit zu entscheiden, ob Düker oder Rohrbrücken in Frage kommen.

Kleine Gräben und Bäche werden einfach mit entsprechender Übertiefe der Rohrleitung mit mindestens 60 cm Rohrdeckung gekreuzt. Bei nicht ständig wasserführenden Vorflutern ist auf die Frostsicherheit der Rohrleitung zu achten. Der Vorfluter kann hierzu im Kreuzungsbereich verrohrt und angeschüttet werden. Bei größeren Vorflutern oder tiefen Einschnitten ergibt sich die typische Dükerform mit beiderseitigen „Schwanenhälsen".

Bei Gräben und Bächen werden die Düker oft „im Trocknen" verlegt. Der Wasserlauf wird ober- und unterhalb durch Kastenfangedamm abgesperrt, der Zufluß durch eine Rohrleitung, Holzrinne oder einen Umleitungsgraben abgeführt, das Sickerwasser mit offener Wasserhaltung abgepumpt.

Die Kreuzung größerer Gewässer erfordert spezielle, der Verlegetechnologie des Dükers angepaßte Konstruktionen. In der Regel werden die Düker in die Gewässersohle mit einer schützenden Überdeckung eingelassen. Das Dükerbett wird unter Wasser ausgebaggert, durch Schrapper geschürft oder ausgesprengt. Vor dem Einbringen des Dükers ist dieser „Rohrgraben" durch Peilungen oder Taucher zu kontrollieren. Durch Geschiebeführung des Gewässers kann die geschaffene Rinne sehr schnell wieder zugespült werden.

Die verschiedenen Verlegetechnologien lassen sich nach der Art des Dükereinbringens in zwei Methoden gliedern:
– Beim *Einziehverfahren* wird der Düker an Land auf einer Slipbahn montiert und durch Winden, Zugmaschinen od. dgl. an einem Seil in die vorher geschaffene Rinne gezogen. Dabei ist die Rohrleitung durch Fluten und zusätzlichen Ballast zu beschweren. Die Rohrleitung ist gegen die mechanischen Beanspruchungen durch Umhüllung mit Holzlatten od. dgl. zu schützen [8.36].
– Bei den *Absenkverfahren* wird der Düker an Land montiert, zu Wasser gelassen, an die Einbaustelle geschwommen und durch Fluten abgesenkt oder direkt von Schiffen aus montiert und laufend abgesenkt.

Zahlreiche spezielle Lösungen wurden im Zuge der Weiterentwicklung von Rohrwerkstoffen und Rohrverbindungen ausgeführt, um örtlichen Bedingungen, wie Schiffahrt und Geschiebeführung, gerecht zu werden. So wurde z. B. ein Bündel elastischer Plasterohre an Stelle eines großen Rohres vom Schiff aus in den Gewässergrund eingespült. Zur Wasserversorgung von Inseln wurden Plastrohrleitungen auf dem Festland endlos hergestellt und auf den Meeresboden versenkt.

Die Verlegetechnologie, Auflagerung und Anpassung des Dükers an seinen Längsschnitt

(Durchbiegung) bringen hohe mechanische und statische Beanspruchungen der Rohrleitung mit sich. Rohrwerkstoff und Rohrverbindungen müssen deshalb sehr sorgfältig gewählt und geprüft werden. Die Rohrverbindungen müssen zugfest sein; Rohre oder Rohrverbindungen müssen die Durchbiegung des Rohrstrangs ermöglichen. Außer den elastischen Stahl- und Plastrohren haben sich auch Asbestzementrohre für diese Belastungen bewährt [8.32].

Bei der Dükerung größerer Gewässer werden wegen des besonderen Aufwands oft mehrere Versorgungsaufgaben gemeinsam gelöst und Rohrleitungen für verschiedene Medien sowie Kabel zu Mehrfachdükern vereinigt. Die einzelnen Rohrleitungen und Kabel werden dabei durch Traversen miteinander verbunden und gemeinsam eingebaut.

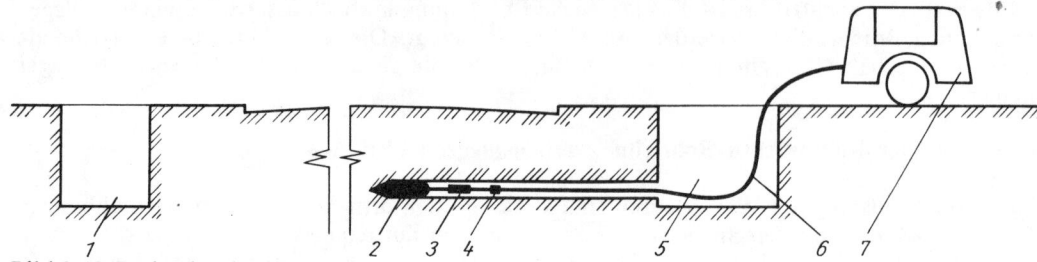

Bild 8.45 Bodendurchschlaggerät
1 Zielgrube; *2* Bohrkopf; *3* Druckluftregler; *4* Schlauchkupplung; *5* Startgrube; *6* Druckluftschlauch; *7* Kompressor

Die Dükerrinnen werden nach der Rohrverlegung und Kontrolle der Rohrlage mit Kies verfüllt. Die Befestigung der Gewässersohle richtet sich nach den örtlichen Verhältnissen. Meist ist eine Steinschüttung, die zusätzlich durch das natürliche Geschiebe eingeschwemmt wird, für die Sicherung des Dükers und der Gewässersohle die beste Lösung.

Die Entleerung der Düker ist vielfach mit vertretbarem Aufwand nicht möglich. Statt dessen sind Spülauslässe anzuordnen. Ablagerungen können auch durch kleineren Rohrdurchmesser und damit größere Fließgeschwindigkeit als in der anschließenden Leitung vermieden werden.

Rohrbrücken sind oft billiger als Düker, besonders wenn die wasserführende Rohrleitung selbst als Tragkonstruktion benutzt wird. Bei geringen Spannweiten kann die Rohrleitung ohne weitere Aussteifung selbsttragend über Pfeiler oder Widerlager geführt werden.

Das Anhängen der Rohrleitungen an vorhandene Brücken ist die billigste Lösung. Zum Teil sind in Stahlbetonbrücken besondere Rohrkanäle vorgesehen. Die zusätzliche Belastung der Brücke und die Rohraufhängung selbst sind statisch nachzuweisen. Beim Rechtsträger der Brücke ist die Zustimmung einzuholen.

Schwingungen durch Verkehrsbelastung der Brücke und Temperaturspannungen können durch Dehnungsstücke aufgenommen werden.

Die durch Wärmeaustausch mit der umgebenden Luft eintretenden Temperaturänderungen spielen bei ständig durchflossenen Wasserversorgungsleitungen kaum eine Rolle. Kritisch sind die meist unvermeidlichen Stagnationszeiten bei Frost. Sofern die frei verlegten Rohrleitungen in diesen Fällen nicht entleert werden können, ist eine entsprechende Wärmedämmung erforderlich. Verwendet werden vorzugsweise Schaumstoffe, z. B. Polyurethan, Mineral- und Glasfasermatten. Sie sind durch einen Blechmantel zu schützen. Zu beachten ist, daß sich auf Kaltwasserleitungen bei höheren Lufttemperaturen Kondenswasser niederschlägt, das die Wärmedämmschicht durchnässen und wirkungslos machen kann. Wärmedämmschichten auf Kaltwasserleitungen müssen deshalb durch eine Diffusionssperre abgedichtet werden. Bei Schaumstoffen versiegelt sich die Oberfläche beim Ausschäumen z. T. selbst.

Dämmschichten verzögern den Wärmeaustausch, können ihn aber nicht verhindern. Entsprechend der zu erwartenden Stagnationszeit und zulässigen Abkühlung des Wassers kann die Dicke der Dämmschicht nach [8.47] berechnet werden. Für Standardannahmen können die Werte Bild 8.46 entnommen werden. Im Havariefall läßt man meist eine Abkühlung des Wassers auf 0 °C zu. Das Einfrieren der Rohrleitungen dauert wesentlich länger als die Abkühlung auf 0 °C, da zur Eisbildung große Wärmemengen abgegeben werden müssen und die sich bildende Eisschicht selbst wärmedämmend wirkt [8.46].

8.7. Entwurf von Rohrleitungen

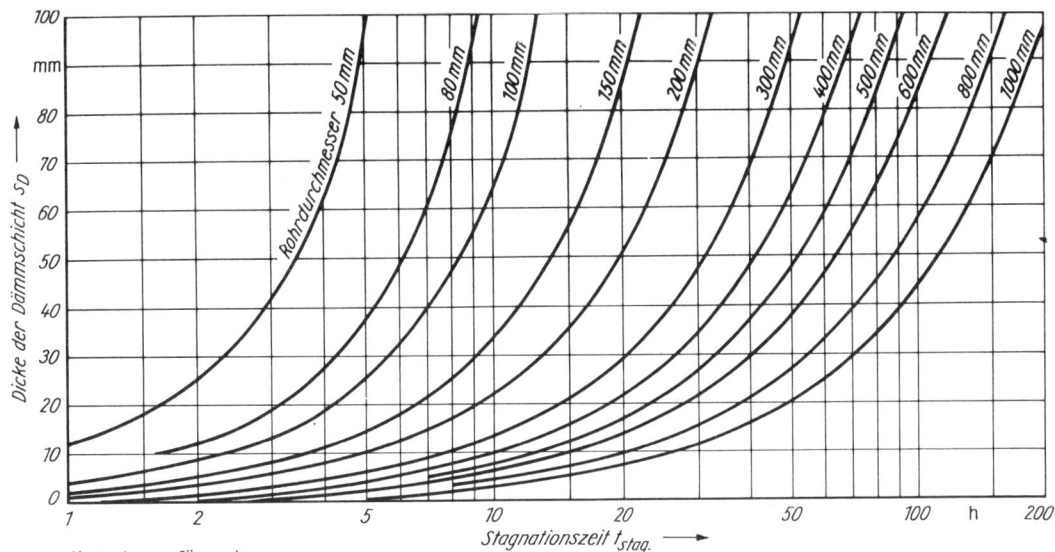

Umrechnung für andere Wassertemperaturen zu Beginn der Stagnation

$t_{stag.; xK} = t_{stag.} \cdot Z$

Wassertemperatur		Z
K	°C	
274	1	0,140
275	2	0,277
276	3	0,406
277	4	0,532
278	5	0,655
279	6	0,773
280	7	0,888
281	8	1,000
282	9	1,104
283	10	1,209
288	15	1,691
293	20	2,115

Bild 8.46 Stagnationszeit für die Abkühlung von Wasser von 281 K (8 °C) auf 273 K (0 °C) in frei verlegten Stahlrohrleitungen nach [8.47]
gültig für Umgebungstemperatur $T_u = 248$ K (-25 °C); Windgeschwindigkeit $v_w = 5$ m/s; Wärmeleitfähigkeit des Dämmstoffs $\lambda = 0,04$ W/m · K

8.7.9. Heberleitungen

Unter einem Heber wird eine Rohrleitung verstanden, die von einem höheren nach einem tieferen Wasserspiegel fördert, wobei die Rohrleitung teilweise höher liegt als der obere Wasserspiegel (Bild 8.47). Der Druck in der Hebeleitung ist somit geringer als der auf dem oberen und unteren Wasserspiegel ruhende Luftdruck. Der Absolutdruck in der Heberleitung muß jedoch größer sein als der Dampfdruck der Förderflüssigkeit (s. Abschn. 11.). Für Kaltwasserheber sollten mit Rücksicht auf die Betriebssicherheit 8 m Saughöhe nicht überschritten werden. In der Wasserversorgung werden Heber vorwiegend zur Rohwasserförderung aus Brunnenreihen in einen Sammelbrunnen benutzt.

Durch Unterdruck im Heber scheidet das Wasser Gase aus, und Luft kann durch Undichtigkeiten eindringen. Die Gase bewegen sich als Blasen in der turbulenten Rohrströmung eingeschlossen oder entlang des Rohrscheitels (Zweiphasenströmung) oder bilden einen durchgehenden Luftraum am Rohrscheitel (Freispiegelleitung mit Unterdruck); s. Bild 8.47a. Diese Erscheinung kann in der hydraulischen Berechnung mit hinreichender Genauigkeit durch einen Sicherheitszuschlag berücksichtigt werden, z. B. indem der Durchfluß nur mit 98 % seines theoretischen Wertes bei voll gefülltem Rohrquerschnitt angesetzt wird.

Die *Laufleitung* eines Hebers kann steigend oder fallend verlegt werden (s. Bild 8.47). Maßgebend hierfür ist die Geländegestaltung. Der fallenden Laufleitung ist im Zusammenhang mit einem selbstentlüftenden Heberkopf der Vorzug zu geben.

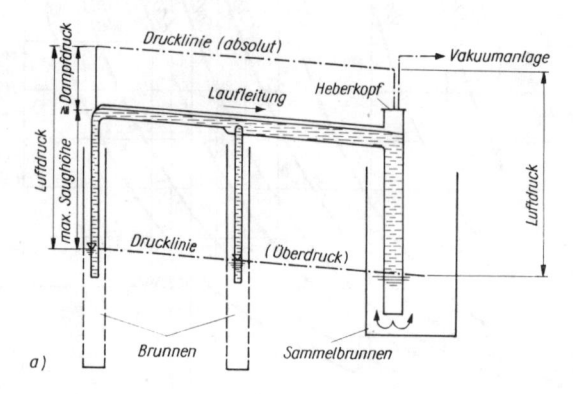

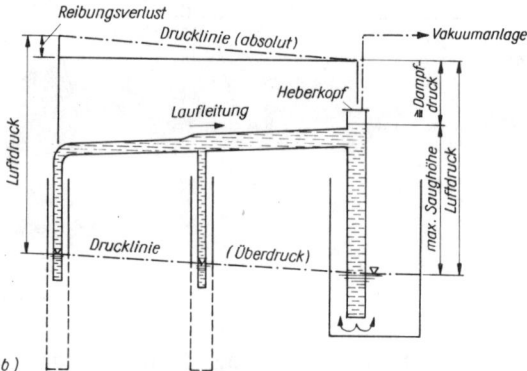

Bild 8.47 Heberleitung
a) mit fallender Laufleitung; b) mit steigender Laufleitung

Durch Auftrieb und Wasserströmung werden Luft und sonstige Gase in der Laufleitung zum *Heberkopf* transportiert und dort durch eine Vakuumanlage gemäß Abschn. 6.4.5. abgesaugt oder durch das *Fallrohr* des Hebers mitgerissen. Letzteres kann durch einen besonders ausgebildeten *selbstentlüftenden Heberkopf* unterstützt werden.

Steinwender [8.43; 8.44] hat verschiedene selbstentlüftende Heberköpfe entwickelt. Sie zeichnen sich dadurch aus, daß bereits bei relativ kleinen Fließgeschwindigkeiten im Fallschenkel die Luft mitgerissen wird. Durch Anordnung eines kleineren Hilfsfallschenkels, der bei Inbetriebnahme des Hebers früher als der Hauptfallschenkel und bei geringer Belastung allein durchflossen wird, ist die Selbstentlüftung auch bei außerordentlich kleinen Durchflüssen gewährleistet. Zur Inbetriebnahme eines abgerissenen Hebers ist jedoch auch hier eine „künstliche" Entlüftung mittels einer Vakuumpumpe oder Wasserstrahlpumpe notwendig.

In Bild 8.48 ist ein optimierter selbstentlüftender Heberkopf dargestellt. Im Hauptfallrohr werden bei Fließgeschwindigkeiten $v \geq 0{,}4$ m/s Gasblasen mitgerissen. Ordnet man parallel noch ein kleineres Hilfsfallrohr an, so saugt dieses bereits bei Fließgeschwindigkeiten im Hilfsfallrohr $v \geq 0{,}26$ m/s die Gase aus dem Heberkopf ab. Bei Inbetriebnahme einer Heberanlage mit fallender Laufleitung und derart gestaltetem selbstentlüftendem Heberkopf braucht die Vakuumanlage nur so lange betrieben zu werden, bis die teilgefüllte Laufleitung soviel Wasser führt, daß im Hilfsfallrohr mit $v = 0{,}26$ m/s die Selbstentlüftung einsetzt. Entsprechend dieser Teilfüllung der Laufleitung wird zwischen Hilfs- und Hauptfallrohr eine Stauschwelle eingesetzt (s. Bild 8.48).

Die Drucklinie der Heberleitung fällt in Fließrichtung. Bei Brunnengalerien nimmt das Energiegefälle zwischen den Brunnen und der Heberleitung somit zum Sammelbrunnen hin zu, und die Brunnen werden stärker beansprucht. Damit überlagern sich die Reibungsverluste in der

8.7. Entwurf von Rohrleitungen

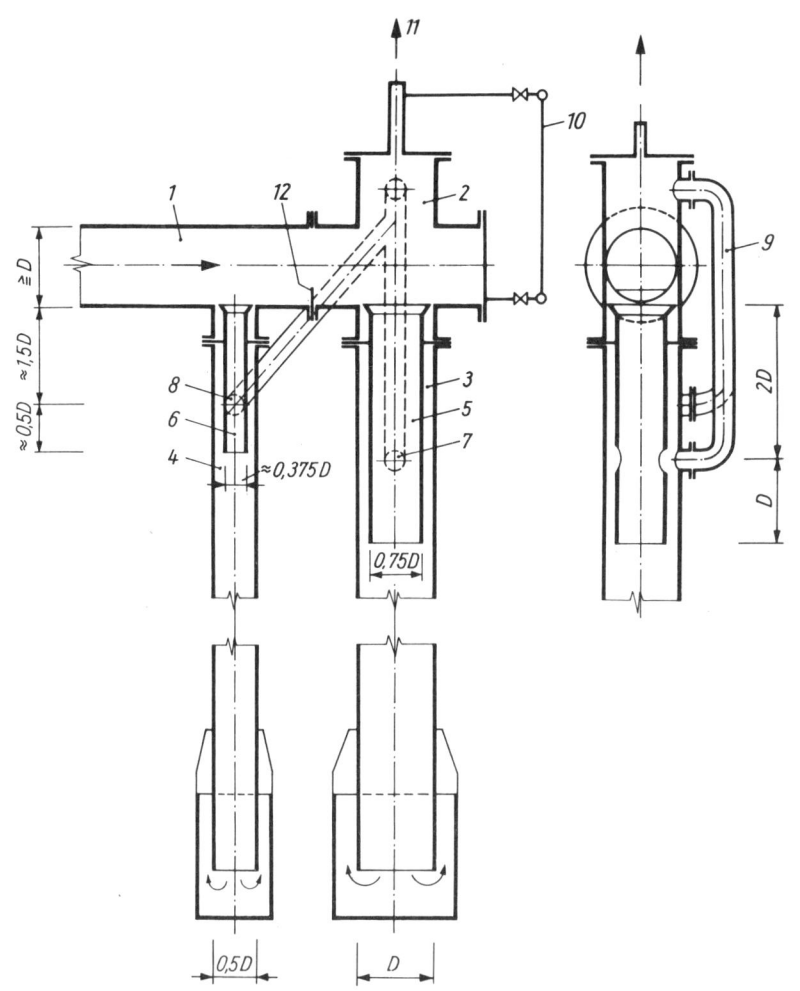

Bild 8.48 Selbstentlüftender Heberkopf nach *Steinwender* [8.44]
1 Laufleitung; *2* Heberkopf; *3* Hauptfallrohr; *4* Hilfsfallrohr; *5* Hauptstrahlrohr; *6* Hilfsstrahlrohr; *7* Bohrung, Durchmesser ≈ 0,25 D; *8* Bohrung, Durchmesser ≈ 0,17 D; *9* Umlaufleitung, Durchmesser ≈ 0,2 D; *10* Wasserstandsschauglas; *11* Anschluß Vakuumanlage; *12* Stauschwelle

Laufleitung, die Wasserspiegelabsenkungen in den Brunnen und die gegenseitige Beeinflussung der Brunnen. Dieses hydraulisch unbestimmte System kann mit Iterationsverfahren berechnet werden [8.18]. Wegen der meist ungenügend bekannten hydrogeologischen Daten – der Grundwasserleiter ist selten völlig homogen – ist der Wert derartiger Berechnungen begrenzt. In der Praxis begnügt man sich meist mit der Annahme gleichmäßiger Belastung aller Brunnen, die durch Schieberdrosselung auch annähernd erzwungen werden kann.

Heberleitungen sollen weitgehend vakuumdicht sein. Es sind deshalb nur bewährte Rohrverbindungen zu verwenden und mit größter Sorgfalt herzustellen. Ungeeignet sind Dichtungen, die mit Hilfe eines Überdrucks im Rohr dichten, z. B. Lippendichtungen. Schieber werden wie in Saugleitungen liegend eingebaut oder erhalten eine Wasservorlage.

Heberleitungen sind vor der Verfüllung des Rohrgrabens auf Vakuumdichtigkeit zu prüfen. Die Heberleitung wird hierzu an den Enden und die Brunnenanschlußleitungen in den Brunnenvorschächten blindgeflanscht. In der Heberleitung soll noch kein Wasser stehen. Mit einer Vakuumpumpe wird ein Unterdruck von 80 kPa, d. h. ein Absolutdruck von 20 kPa, erzeugt und der Druckanstieg bzw. Vakuumabfall innerhalb 12 Stunden gemessen. Bei Beginn und am Ende der Vakuumprüfung soll etwa gleiche Lufttemperatur herrschen und während der Prüfung keine direkte Sonneneinstrahlung auf die Rohrleitung erfolgen. Zur Druckmessung ist ein geprüftes Feinmeß-Vakuummeter mit 500 Pa Ablesegenauigkeit zu verwenden.

Nach [8.49] soll der Druckanstieg innerhalb 12 Stunden nicht mehr als 500 bis 1000 Pa betragen. Diese Forderung ist sehr hoch gestellt und wird in der Praxis oftmals nicht erreicht, ohne daß deshalb die Funktionstüchtigkeit der Heberleitung gefährdet ist. Besonders bei selbstentlüftenden Heberleitungen erscheint ein Druckanstieg bis etwa 3000 Pa vertretbar. Allgemein gelten Heberleitungen bis 5 m Rohrgrabentiefe und für eine größere Brunnenanzahl als wirtschaftlich. Gegenüber der Einzelbestückung der Brunnen mit Pumpen haben sie den Vorteil der gleichmäßigeren Belastung aller Brunnen auch bei geringem Förderstrom. Durch das Speichervolumen im Sammelbrunnen werden die Brunnen beim Anfahren der Pumpen langsamer belastet. Die Baukosten für einen Sammelbrunnen sind zwar hoch, jedoch entfallen hierfür eine Vielzahl Pumpen und Energieanschlüsse einschließlich deren Wartung.

8.7.10. Sammelkanäle

In Neubaugebieten und bei der komplexen Rekonstruktion städtischer Versorgungsleitungen werden z. T. mehrere oder alle unterirdischen Versorgungsleitungen in gemeinsamen begehbaren Sammelkanälen (Kollektoren) verlegt (Bild 8.49). Den hohen Investitionskosten derartiger Kanäle stehen betriebliche Vorteile bei der Wartung der Leitungen, geringer Platzbedarf und die Tatsache gegenüber, daß bei Reparaturen und Erweiterungen der Straßenverkehr nicht gestört wird. Sammelkanäle erfordern die Koordinierung verschiedener Interessen und zwingen meist zu Kompromissen. Für Trinkwasserleitungen muß gefordert werden, daß sie nicht über warmgehende Leitungen verlegt werden und von außen absperrbar sind. Die aus dem Innendruck resultierenden Axialkräfte sind durch Widerlager und Festpunkte aufzunehmen, Temperaturspannungen durch Dehnungsstopfbuchsen auszugleichen. Besondere Abstimmungen sind mit den Betreibern der Leitungen hinsichtlich Wartung der Anlagen und Gewährleistung des Arbeitsschutzes zu treffen. Schwierigkeiten treten besonders bei den Details auf, z. B. Hausanschlüsse der Versorgungsleitungen, Gefälle und Kontrollschächte der Entwässerung usw.

Der Projektierung von Sammelkanälen sind Variantenuntersuchungen und ökonomische Vergleiche voranzustellen [8.7; 8.52].

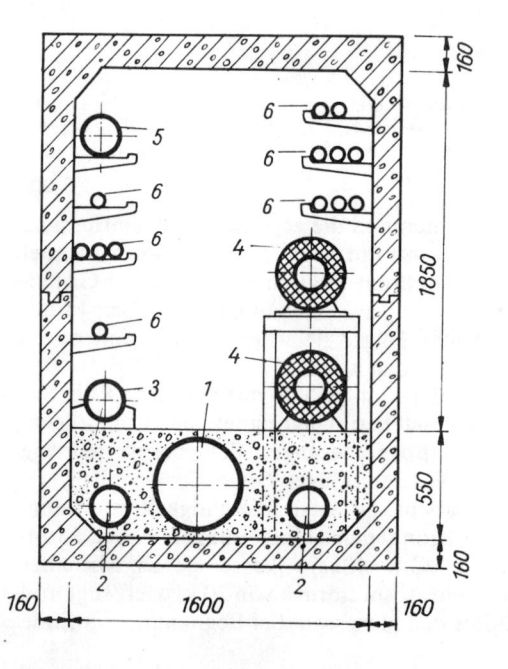

Bild 8.49 Sammelkanal
1 Regenwasserleitung; *2* Schmutzwasserleitung; *3* Trinkwasserleitung; *4* Fernwärmeleitung; *5* Gasleitung; *6* Kabel für Starkstrom, Straßenbeleuchtung, Post

8.7. Entwurf von Rohrleitungen

8.7.11. Rohrbruchsicherungen

Automatische Rohrbruchsicherungen sind notwendig, wenn durch Rohrbrüche Menschenleben oder hohe Sachwerte gefährdet sind. Dies trifft z. B. bei Rohrleitungen großen Durchmessers an Steilhängen zu, wenn die Talsohle besiedelt ist oder Hauptverkehrswege entlang führen.

In *einer* Richtung durchflossene Rohrleitungen können gegen Rückfluß bei Rohrbrüchen einfach durch Rückflußverhinderer geschützt werden. In allen anderen Fällen müssen den Rohrbruch charakterisierende Meßwerte erfaßt und in deren Abhängigkeit Absperrorgane geschlossen und Pumpen abgeschaltet werden.

In Einzelobjekten, wie tiefliegenden Maschinenhallen, Schutzrohren unter Bahnkreuzungen u. dgl., können Rohrbrüche sehr einfach durch ein Überflutungssignal gemeldet werden. Schwieriger sind Rohrbrüche in erdverlegten Rohrleitungen zu erfassen. Die sogenannte *Maximalauslösung* besteht aus einem Durchflußmesser, der beim Überschreiten eines eingestellten Maximaldurchflusses den Schließvorgang eines Absperrorgans auslöst. Derartige Rohrbruchsicherungen sind nur in Rohrleitungen mit konstantem Durchfluß sinnvoll, z. B. in Pumpendruckrohrleitungen. Der Maximalwert ist dabei entsprechend der jeweils fördernden Pumpe einzustellen. Unter hydraulisch eindeutigen Verhältnissen kann auch der fallende Betriebsdruck zur Kennzeichnung eines Rohrbruchs dienen. Bei zeitlich unbestimmten Durchflußschwankungen ist die aufwendigere *Durchflußdifferenzmessung* zu empfehlen. Dabei werden die Zu- und Abflüsse der zu schützenden Rohrstrecke gemessen und verglichen. Ist die Differenz größer als der einzukalkulierende Meßfehler, muß ein Rohrbruch angenommen werden. Die Meßgeräte müssen genau und zuverlässig arbeiten, kurzfristige Durchfluß- oder Druckschwankungen gedämpft oder die Rohrbruchmeldung verzögert werden.

Zur Rohrbruchsicherung werden Absperrorgane bevorzugt, die geringe Schließkräfte erfordern. Die Armaturen brauchen jedoch nicht unbedingt tropfdicht zu schließen. Die Schließenergie muß absolut sicher zur Verfügung stehen. Elektroenergie scheidet somit aus.

Als Absperrarmaturen werden bevorzugt Drossel- oder Absperrklappen und Ringkolbenventile eingesetzt. Die sicherste Schließenergie ist der Fallgewichtsantrieb. Er wird durch Elektromagneten in Offenstellung gehalten und fällt bei Stromunterbrechung. Meßgeräte mit großen Verstellkräften können das Fallgewicht auch über ein kleineres Hilfsfallgewicht mechanisch auslösen.

Hinter Absperrorganen zur Rohrbruchsicherung sind selbsttätige Belüftungsventile anzuordnen, um unzulässige Unterdrücke in der Rohrleitung zu vermeiden. Die Schließzeit der Absperrorgane ist mit Rücksicht auf die entstehenden Druckschwingungen zu berechnen (s. Abschn. 9.3.8.) und die Öldruckbremse am Fallgewichtsantrieb entsprechend einzustellen. In großkalibrigen Rohrleitungen sind schnellschließende Absperrklappen mit einer kleineren Umführung günstig, die durch ein Ringkolbenventil verzögert geschlossen wird.

8.7.12. Korrosionsschutz

Obwohl bekannt ist, daß jährlich enorme Werte durch Korrosion vernichtet werden, wird dem Korrosionsschutz, von den Herstellern der Rohre und Armaturen angefangen bis zu den Monteuren und dem Wartungspersonal der Anlagen, oft nicht die gebührende Beachtung geschenkt.

Wasserversorgungsanlagen werden durch entsprechende Wasseraufbereitung, geeignete Werkstoffauswahl, Schutzüberzüge auf den Werkstoffen und Katodenschutz gegen Korrosion geschützt. Über Ursachen und Formen der Korrosion sowie Korrosionsschutz liegen zahlreiche Standards und Spezialliteratur vor [8.16; 8.33]. Nachstehend werden nur einige Hinweise gegeben.

Rohre und Formstücke aus Stahl und Gußeisen werden innen und außen mit Schutzüberzügen versehen. Neben dem klassischen Bituminieren der Rohre werden zunehmend Schutzschichten aus Zementmörtel und Plast eingesetzt. Für den Außenschutz frei verlegter Rohrleitungen stehen zahlreiche Anstrichsysteme zur Verfügung.

Bitumenüberzüge sind auf sauberen, trockenen und einwandfrei entrosteten Untergrund aufzubringen. Der erforderliche Säuberungsgrad wird durch Sandstrahlen oder andere Strahlmittel erreicht. Schichtdicken von mehreren Millimetern werden mit Heißbitumen durch Tauchen, Ausschleudern oder mehrmaliges Streichen hergestellt. Kaltbitumen (Bitumen mit Lösungsmittel) ergibt nur Schichtdicken von etwa 40 μm je Anstrich. Es eignet sich als Haftgrund für Heißbitumen, sofern dieses auf kalte Flächen aufgebracht werden muß, und für Anstriche, die turnusmäßig erneuert werden können.

Je nach Aggressivität des Wassers werden gußeiserne Rohre innen mit 0,1 bis 2 mm dicken Bitumenschichten, Stahlrohre mit 2 bis 3 mm dickem Bitumenüberzug geschützt. Für Trinkwasserleitungen muß das Bitumen phenolfrei sein und darf keine Geruchs-, Geschmacks- oder sonstige gesundheitsschädliche Stoffe an das Wasser abgeben.

Als Außenschutz für erdverlegte gußeiserne und Stahlrohre sind je nach Korrosivität des Bodens und Grundwassers Bitumenschichten mit bitumengetränkten Gewebeeinlagen bis 5 mm Dicke üblich, die durch Kalkanstriche gegen das Zusammenkleben der gestapelten Rohre bei Sonneneinstrahlung geschützt werden.

Schadhafte Stellen in inneren und äußeren Bitumenschutzschichten, Schweißnähte und Flanschverbindungen sind auf der Baustelle sorgfältig nachzuisolieren. Schäden in äußeren Bitumenüberzügen werden durch Prüfung der Durchschlagfestigkeit erkannt, die durch Abtasten mit einem Funkeninduktor mit 10 bis 15 kV Wechselspannung vorgenommen wird. An ungenügend isolierten Stellen entsteht ein sicht- und hörbarer Funkenüberschlag. Stahlrohre für die Erdverlegung sollten prinzipiell damit geprüft werden.

International geht der Trend für den inneren Schutz von Stahl- und gußeisernen Rohren zur Ausschleuderung mit Zementmörtel [8.26]. Üblich sind Schichtdicken $s \geq 0{,}01 \, DN + 2$ mm. Sie ergeben durch ihr dichtes Gefüge und die chemischen Eigenschaften des Zements auch gegen aggressive Wässer einen ausgezeichneten Schutz. Aus der Rohrwand eventuell gelöstes Eisen verbindet sich mit dem Kalkgehalt des Zements zu einer wirksamen Kalk-Rost-Schutzschicht.

Die Auskleidung mit Zementmörtel eignet sich auch zur Sanierung korrodierter Rohrleitungen [8.39] und kann zur Erhöhung der Tragfähigkeit der Rohre sogar statisch genutzt werden [8.38].

Plastbeschichtung auf metallischen Rohren ergibt innen wie außen einen ausgezeichneten Korrosionsschutz, wird wegen der hohen Kosten als Innenschutz jedoch nur angewendet, wenn eine Zementmörtelausschleuderung nicht korrosionsbeständig genug ist. Das gleiche gilt für gummierte Rohre.

Das Verzinken von Stahl- und gußeisernen Rohren verzögert den Angriff auf Eisen, stellt aber keinesfalls den dauerhaften Schutz dar, für den es oft gehalten wird [8.16]. Mit zusätzlichen Anstrichen, z. B. Kaltbitumen, ergibt es jedoch ein Duplexsystem, das 10 Jahre und länger hält und somit als Außenschutz für frei verlegte Rohrleitungen, Stahleinbauten unter Wasser u. dgl. gut geeignet ist.

Eine Vielzahl der im Handel befindlichen Farben und Lacke zum Schutz metallischer Werkstoffe eignen sich nur für Anstriche, die in gewissen Zeitabständen erneuert werden können. Neben ihrer Haltbarkeit sind bei der Auswahl die Verarbeitungsmöglichkeit auf der Baustelle und bei Berührung mit Trinkwasser die hygienischen Belange zu beachten.

Beton-, Stahlbeton-, Spannbeton- und Asbestzementrohre sind besonders durch kalkaggressive Böden und Wässer gefährdet, d. h. durch hohe Kohlensäure- und Sulfatgehalte. Den besten Schutz gewährt eine möglichst dichte Betonoberfläche. Zusätzliche Schutzmaßnahmen sind nur bei stark betonaggressiven Böden und Wässern erforderlich, z. B. die Verwendung sulfatresistenter Zemente. Äußere Anstriche auf Druckrohren haben nur bei völlig wasserdichten Rohren Sinn. Andernfalls werden sie losgedrückt.

Im Gegensatz zum *passiven* Korrosionsschutz durch Anstriche und Überzüge können Stahlrohre auch *aktiv* gegen äußere Angriffe katodisch geschützt werden. Das Verfahren besteht darin, den beim Korrosionsvorgang fließenden elektrischen Strom durch einen entgegengesetzt gerichteten Strom zu kompensieren. Der Schutzstrom wird galvanisch durch Opferanoden oder durch Fremdeinspeisung von Gleichstrom geliefert [8.21; 8.33].

Die Opferanoden für den *galvanischen katodischen Schutz* bestehen aus einem in der elektrochemischen Spannungsreihe „unedlerem" Metall, für Stahlrohre vorwiegend aus einer Magnesiumlegierung. Die Anode wird elektrisch leitend mit dem Stahlrohr (Katode) verbunden.

8.7. Entwurf von Rohrleitungen

Durch den Potentialunterschied beider Metalle wird der Schutzstrom erzeugt, der die Anode allmählich aufzehrt. Die Lebensdauer der Anoden beträgt allgemein 10 bis 15 Jahre. Das Verfahren eignet sich zum Schutz von Einzelobjekten und kurzen Rohrstrecken (etwa 30 m). Opferanoden werden auch in Stahlrohrleitungen zum Schutz nicht bituminierter Schweißnähte eingesetzt [8.33]. Als Elektrolyt zwischen Anode und Katode (Schweißnaht) dient dabei das Wasser im Rohr.

Beim *fremdgespeisten katodischen Schutz* wird Gleichstrom eingespeist, der über einen Gleichrichter dem Wechselstromnetz entnommen werden kann. Die neben der Rohrleitung im Erdreich angeordneten Schutzanoden bestehen aus Graphit oder Eisen und sind meist zur Herabsetzung des Übergangswiderstands in Kohle- und Graphitgranulat gebettet. Die Schutzanoden werden mit dem positiven Pol, die Rohrleitung (Katode) mit dem negativen Pol der Gleichspannungsquelle verbunden. Der eingespeiste Schutzstrom ist regelbar; die Schutzanoden verzehren sich nicht. Das Verfahren eignet sich somit auch für große Rohrleitungsstrecken bis etwa 15 km. Dabei braucht der Strom nicht ununterbrochen eingespeist zu werden.

Der galvanisch oder fremd eingespeiste Schutzstrom liegt nur dann in wirtschaftlich vertretbaren Grenzen, wenn die Rohrleitung einen guten passiven Korrosionsschutz besitzt, der elektrische Katodenschutz somit nur die unvermeidlichen Fehlstellen zu schützen braucht. Hauptanwendungsgebiet ist der äußere Schutz erdverlegter Stahlrohrleitungen gegen Boden- und Streustromkorrosion. Letztere wird besonders durch Gleichstrombahnen verursacht.

Der katodische Schutz muß durch Meßgeräte überwacht werden. Auf benachbarte Anlagen ist Rücksicht zu nehmen, da diese eventuell zerstört werden können. Die zu schützenden Rohrleitungen sind durchgehend elektrisch gut leitend auszubilden; Flansche sind mit Kabel zu überbrücken.

Die Bemessung und Ausführung von Katodenschutzanlagen ist entsprechenden Spezialisten zu überlassen. Die wesentlichsten Kriterien für die Notwendigkeit eines Katodenschutzes bei erdverlegten Rohrleitungen sind der elektrische Bodenwiderstand sowie chemische Bodenanalysen. Als Richtwert für den sinnvollen Einsatz eines elektrischen Katodenschutzes kann ein spezifischer elektrischer Bodenwiderstand $< 100\ \Omega \cdot m$ angenommen werden. Besonders korrosionsgefährdet sind Stahlrohrleitungen in bindigen Böden, bei denen der Bodenwiderstand $< 25\ \Omega \cdot m$ sein kann. Zur Bemessung der Anlagen sind Messungen an der fertig verlegten Rohrleitung nach Verfüllung des Rohrgrabens erforderlich.

8.7.13. Versorgungsdruck und Druckzonen

Der in den Versorgungsleitungen zur einwandfreien Versorgung der angeschlossenen Verbraucher erforderliche Druck wird, auf die Straßen- oder Geländeoberkante bezogen, als Versorgungsdruck bezeichnet und nach Abschn. 9.3.3.7. ermittelt. Überschläglich können die in Tafel 8.4 zusammengestellten Werte angenommen werden. Sie gewährleisten bei Anschlußleitungen von etwa 10 m Länge eine Druckhöhe von 11 m an der höchsten Zapfstelle. Damit können die heute üblichen Waschmaschinen, Badeöfen usw. betrieben werden. Für Druckspüler und spezielle Geräte können größere Versorgungsdruckhöhen erforderlich werden; für einfache Auslaufventile genügen 5 m Druckhöhe an der Zapfstelle.

Tafel 8.4. Erforderlicher Versorgungsdruck;
Richtwerte bei 11 m Druckhöhe an der höchsten
Zapfstelle

Bebauung	Versorgungsdruckhöhe m
1geschossig	26
2geschossig	30
3geschossig	34
4geschossig	38
5geschossig	42

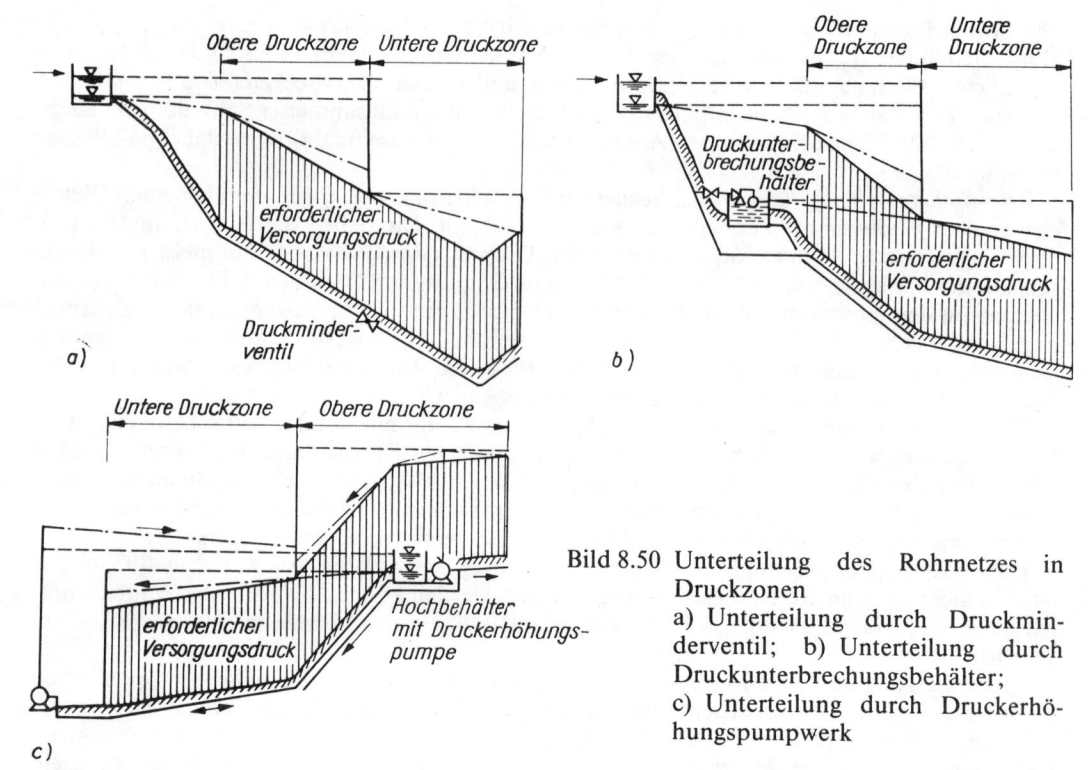

Bild 8.50 Unterteilung des Rohrnetzes in Druckzonen
a) Unterteilung durch Druckminderventil; b) Unterteilung durch Druckunterbrechungsbehälter;
c) Unterteilung durch Druckerhöhungspumpwerk

Die maximale Druckhöhe im Versorgungsnetz soll 70 m nicht überschreiten, da sonst die Hausinstallationen unzulässig hoch beansprucht werden. Gegebenenfalls ist das Rohrnetz in verschiedene Druckzonen zu teilen. Hierzu werden für kleine Anlagen Druckminderventile benutzt. Für größere Rohrnetze sind Druckunterbrechungsbehälter betriebssicherer. Sie bedingen jedoch teilweise doppelte Rohrleitungen. Die wirtschaftlichste Lösung wird meist erreicht, wenn das Wasser nur auf die für jede Druckzone notwendige Höhe gefördert wird (Bild 8.50c). Hochhäuser und einzelne Großverbraucher, die eine Versorgungsdruckhöhe größer als 70 m erfordern, erhalten Druckerhöhungspumpwerke.

8.8. Statische Berechnung von Rohrleitungen

Rohrleitungen sind Ingenieurbauwerke und als solche für die jeweiligen Belastungsfälle zu berechnen (Tafel 8.5). Die unterschiedlichen Festigkeiten und Eigenschaften der Rohrwerkstoffe und vorhandenen Belastungen sind bei der Wahl der zweckmäßigsten Rohre und Rohrverbindungen zu beachten (s. [8.24; 8.51] und Abschn. 11.).

Für die statische Berechnung von Rohrleitungen gelten die Grundlagen der Festigkeitslehre, Baustatik und Bodenmechanik, die der entsprechenden Fachliteratur [8.51; 8.54] und den einschlägigen Standards (s. Abschn. 10.) zu entnehmen sind. Nachstehend werden nur die wesentlichen auf die Rohrleitungen wirkenden Kräfte behandelt.

8.8.1. Axialkräfte infolge Innendrucks

Entsprechend den Gesetzen der Hydrostatik pflanzt sich der Druck in einer Rohrleitung allseitig fort. Der vorhandene Überdruck erzeugt in jeder Achsrichtung eine Kraft gleich dem Produkt aus Angriffsfläche mal Überdruck. Nicht kraftschlüssige Rohrverbindungen werden durch diese Kräfte auseinander gezogen, wenn sie nicht durch Festpunkte (Widerlager), Mantelrei-

8.8. Statische Berechnung von Rohrleitungen

Tafel 8.5. Die wichtigsten statischen Berechnungsfälle für Kaltwasserleitungen

Belastung durch	Rohrleitung erdverlegt	freiverlegt	Maßgebend für
Innendruck	×	×	axiale Beanspruchung → Festpunkte radiale Beanspruchung → Wanddicke, Werkstoff
Erddruck, Verkehrslasten	×		Wanddicke, Rohrlagerungsart
Eigenmasse		×	Stützweite
Temperaturänderungen		×	Dehnungsstücke
Durchbiegung	Düker	×	Werkstoffwahl, Stützweite

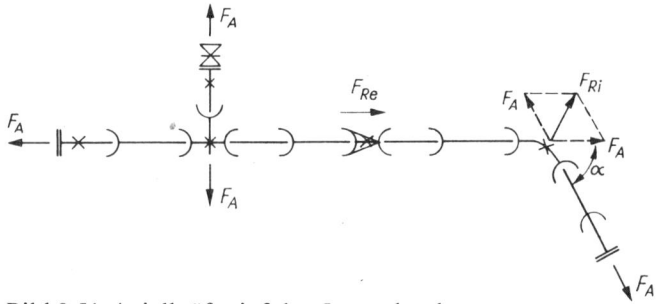

Bild 8.51 Axialkräfte infolge Innendrucks
F_A Axialkraft; F_{Re} Axialkraft infolge Reduzierung des Rohrdurchmessers; F_{Ri} resultierende Axialkraft infolge Richtungsänderung; x Festpunkt

bung zwischen Rohrwand und umgebendem Erdreich oder passiven Erddruck der Rohrhinterfüllung direkt aufgenommen werden.

Die Kräfte betragen nach Bild 8.51

$$F_A = \frac{\pi \cdot d_a^2}{4} \cdot p_i \tag{8.9}$$

$$F_{Re} = \frac{\pi}{4} \cdot p_i \left(d_{a;1}^2 - d_{a;2}^2 \right) \tag{8.10}$$

$$F_{Ri} = 2 \cdot \frac{\pi \cdot d_a^2}{4} \cdot p_i \cdot \sin \frac{\alpha}{2} \tag{8.11}$$

F_A Axialkraft in N
F_{Re} Axialkraft bei Reduzierung des Rohrdurchmessers in N
F_{Ri} resultierende Axialkraft bei Richtungsänderung in N
d_a Rohraußendurchmesser als Näherungswert für die Angriffsfläche in den Rohrverbindungen in m
p_i innerer Überdruck der Rohrleitung in Pa
α Winkel der Richtungsänderung

Wie die Praxis beweist, können in sorgfältig verfüllten und verdichteten Rohrgräben nennenswerte Kräfte ohne besondere Widerleger direkt von der Rohrleitung auf das Erdreich übertragen bzw. durch die Rohrleitung selbst aufgenommen werden. Für horizontale Axialkräfte aus geschlossenen Schiebern und Rohrleitungsreduzierungen bis DN 300 und PN $10 \cdot 10^5$ Pa erübrigen sich deshalb Längskraftwiderleger. Auch horizontale Kräfte an Rohrkrümmern und Abzweigen bis DN 200 und PN $10 \cdot 10^5$ Pa werden durch hinterstampften Kies oder Beton aufgenommen.

a)

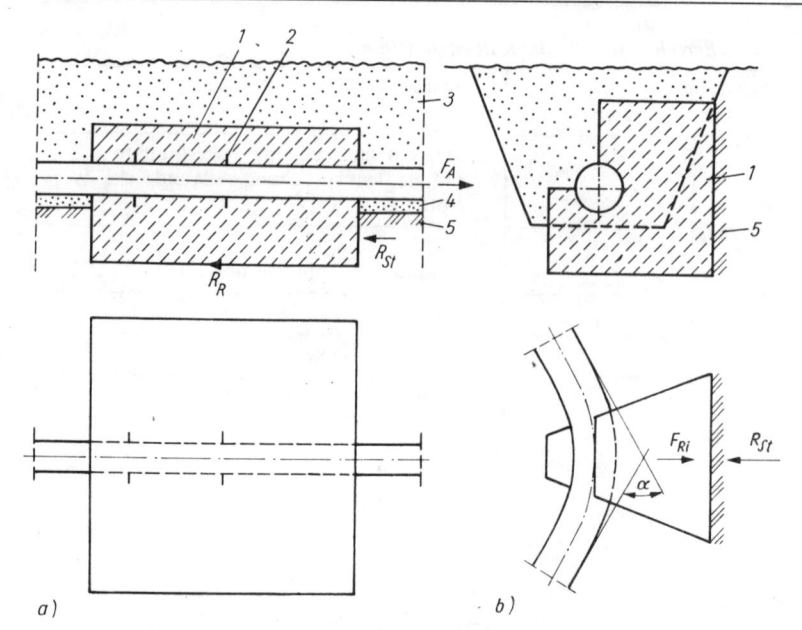

b)

Bild 8.52 Rohrleitungswiderlager
a) zur Aufnahme axialer Kräfte durch Reibung und Stirndruck; b) zur Aufnahme der resultierenden Axialkraft bei horizontaler Richtungsänderung durch Stirndruck
F_A Axialkraft; F_{Ri} resultierende Axialkraft infolge Richtungsänderung; R_R Reibungskraft; R_{St} horizontale Reaktionskraft durch Erddruck
1 Betonwiderlager; *2* Mauerflansch; *3* Rohrgrabenverfüllung; *4* Sandbett; *5* gewachsener Boden

Für größere Kräfte sind statisch berechnete Widerleger erforderlich; sie übertragen durch Sohlreibung oder Stirndruck horizontale Kräfte auf das Erdreich (Bild 8.52).

Axialkräfte werden auch durch Rohrleitungsteilstrecken aufgenommen, die kraftschlüssig verbunden sind. Deren erforderliche Länge beträgt bei 1,2facher Sicherheit

$$l_{erf} = \frac{1{,}2 \cdot F_A}{\mu \cdot (m/l) \cdot g} \qquad (8.12)$$

l_{erf} erforderliche kraftschlüssig verbundene Rohrstrecke in m
F_A Axialkraft in N
m/l Masse der gefüllten Rohrleitung und Erdauflast in kg/m
g Erdbeschleunigung in m/s²
μ Reibungswert Rohr–Erdstoff, als sicherer Wert kann $\mu = 0{,}25$ eingesetzt werden.

Bei vertikalen Richtungsänderungen sind nach oben gerichtete Kräfte durch die Masse des gefüllten Rohres und erforderlichenfalls durch beschwerende Betonklötze aufzunehmen, die um das Rohr betoniert werden. Zur Bemessung wird 1,2fache Sicherheit empfohlen.

$$m_{erf} = \frac{1{,}2 \cdot F_{Ri}}{g} \qquad (8.13)$$

m_{erf} erforderliche Masse des Rohres mit Widerlager in kg
F_{Ri} senkrechte resultierende Kraft aus der Richtungsänderung in N
g Erdbeschleunigung in m/s²

Vertikale Kräfte aus Richtungsänderungen in den Muffen oder Kupplungen der Rohre $\leq 3°$ werden bereits bei der Druckprüfung durch aufgeschüttete „Erdbrücken" aufgenommen.

Nach unten gerichtete resultierende Kräfte werden durch die zulässige Bodenpressung direkt aufgenommen oder über Betonwiderlager auf die Gründungssohle übertragen.

8.8. Statische Berechnung von Rohrleitungen

Die Axialspannung in kraftschlüssig verbundenen Rohrleitungen, z. B. stumpf geschweißten Rohren, infolge inneren Überdrucks beträgt

$$\sigma_A = \frac{F_A}{A_{RW}} = \frac{p \cdot d_i^2}{d_a^2 - d_i^2} \tag{8.14}$$

σ_A Axialspannung in Pa
d_i innerer Rohrdurchmesser in m
d_a äußerer Rohrdurchmesser in m
p Druck in der Rohrleitung in Pa
F_A Axialkraft in N
A_{RW} Fläche der Rohrwand in m²

Für die Bemessung von Rohren spielt die Axialspannung nur bei Überlagerung mit anderen Kräften und Spannungen eine Rolle, z. B. bei sehr langen Steigleitungen, an denen eine Unterwassermotorpumpe hängt, und bei der Durchbiegung von Rohren.

8.8.2. Radialkräfte infolge Innen- oder Außendrucks

Überdruck in einer Rohrleitung erzeugt in der Rohrwand durch radial gerichtete Kräfte tangential die Ringzugspannung. Sie beträgt unter der Annahme konstanter Spannungsverteilung über die Wanddicke, was nur für dünnwandige Rohre zutrifft,

$$\sigma = \frac{p_i \cdot d_m}{2\,s} \tag{8.15}$$

s Wanddicke in mm
p_i Überdruck in der Rohrleitung in Pa
d_m mittlerer Rohrdurchmesser in mm, für dünnwandige Stahlrohre wird d_m gleich dem Außendurchmesser d_a gesetzt, sonst $d_m = d_a - s$
σ Ringzugspannung in N/mm²

Zum exakten Spannungsverlauf infolge Innendruck s. [8.54].

Die zulässige Ringzugspannung ist für die meisten Rohrwerkstoffe in Normen festgelegt bzw. vom Rohrlieferer anzugeben. Zur statisch erforderlichen Wanddicke sind Wanddickentoleranzen und erforderlichenfalls Korrosionszuschläge zu addieren.

Die Berechnung der Wanddicke auf inneren Überdruck erübrigt sich bei Rohren, deren Nenndruck genormt ist. Erforderliche Wanddicken für Stahlrohre s. Abschn. 11.

Herrscht in einer Rohrleitung ein geringerer Druck als außerhalb der Rohrleitung, z. B. bei Saugleitungen, plötzlicher Rohrleitungsentleerung oder unter Wasser verlegten Rohrleitungen, so besteht bei dünnwandigen großkalibrigen Rohren die Gefahr des Einbeulens. Sofern keine anderen äußeren Kräfte auf die Rohrleitung wirken, kann die erforderliche Wanddicke für Außendruckbelastung nach [8.54] gegen elastisches Einbeulen berechnet werden:

Für $l < 0{,}77 \cdot d_m \cdot \sqrt{d_m/s_0}$ wird

$$s_o = 1{,}12 \cdot d_m \cdot (p/E)^{0{,}4} \cdot (l/d_m)^{0{,}4} \tag{8.16}$$

Für $l \geq 0{,}77 \cdot d_m \cdot \sqrt{d_m/s_0}$ wird

$$s_o = 1{,}01 \cdot d_m \cdot \sqrt[3]{p/E} \tag{8.17}$$

l Rohrleitungslänge zwischen zwei Versteifungen (Flansche oder Aussteifungsringe) in m
d_m mittlerer Rohrdurchmesser (Mittel zwischen innerem und äußerem Rohrdurchmesser) in m
s_o statisch erforderliche Wanddicke, ohne Korrosionszuschlag, ohne Wanddickentoleranz, in m
p äußerer Überdruck in Pa
E Elastizitätsmodul, für Stahl $E = 20{,}6 \cdot 10^{10}$ Pa

Den Gleichungen liegt 2,25fache Sicherheit zugrunde.

8.8.3. Beanspruchung erdverlegter Rohrleitungen

Erdverlegte Rohrleitungen werden durch Erdauflast, aktiven und passiven Erddruck, Verkehrs- und andere Oberflächenlasten beansprucht. Das Rohr überträgt diese Kräfte unter teilweiser Verformung auf den Baugrund, wodurch neue Kräfte hervorgerufen werden. Die exakte Berechnung der Kräfte und des Spannungsverlaufs in den Rohren ist sehr kompliziert. Für praktische Belange müssen Annahmen und Vereinfachungen getroffen werden, die zu unterschiedlichen Berechnungsmethoden geführt haben. Die speziellen Probleme der Verformung hat *Drescher* [8.13] zusammengestellt. In Auswertung dieser Ergebnisse sind praxisreife Berechnungsmethoden in [8.54] und in den Standards (s. Abschn. 10.) zusammengestellt.

Bei den Berechnungen sind folgende Kriterien zu berücksichtigen:

Elastizität der Rohre [8.54]
- starre Rohre   Der Werkstoff gestattet keine Querschnittsdeformierung > 0,1 %.
Hierzu zählen Beton, Stahlbeton, Steinzeug.
- halbstarre Rohre   Der Werkstoff gestattet Querschnittsdeformierung $\geq$ 0,1 bis 3 %.
Trifft für Gußeisen und Asbestzement zu.
- biegsame Rohre   Der Werkstoff gestattet Querschnittsdeformierung > 3 %. Gilt für Stahl und Plast.

Rohrgrabenform (s. Bild 8.52)
- Grabenbedingungen   Der Rohrgraben ist in Scheitelhöhe des Rohres schmal im Verhältnis zur Rohrüberdeckung, überschläglich, $H/B_G > 1,5$.

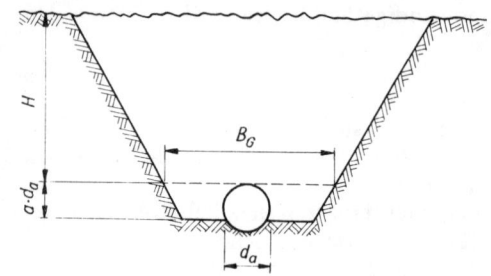

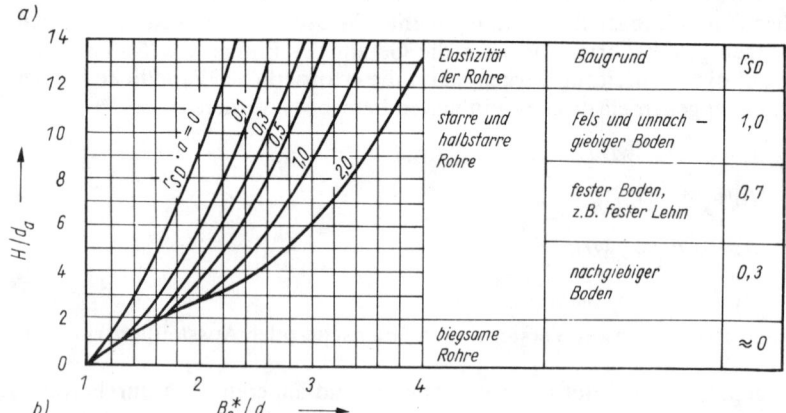

Bild 8.53 Rohrgrabenform
a) Geometrie; b) Grenzgrabenbreite zwischen Graben und Dammbedingungen für kiesig-sandige Rohrgrabenverfüllung [8.54]
H Rohrüberdeckung; B_G Rohrgrabenbreite in Höhe des Rohrscheitels; B_G^* Grenzwert der Rohrgrabenbreite zwischen Graben- und Dammbedingungen; d_a Rohraußendurchmesser; a Ausladungszahl; r_{SD} Setzungs-Durchbiegungszahl

8.8. Statische Berechnung von Rohrleitungen

– Dammbedingungen Die Rohrleitung ist oberirdisch verlegt und durch einen Damm überschüttet, oder der Rohrgraben ist in Scheitelhöhe des Rohres breit im Verhältnis zur Rohrüberdeckung, überschläglich $H/B_G < 1{,}5$.

Die exakte Grenze zwischen Graben- und Dammbedingungen ist von der Ausladungszahl a, dem Baugrund und in geringem Umfang von der Erdstoffart der Grabenverfüllung abhängig. Mit Hilfe von Bild 8.53 wird die Grenze zwischen Graben- und Dammbedingungen wie folgt ermittelt:

Gegeben sind H; B_G; d_a; $a \cdot d_a$

$$a = \frac{a \cdot d_a}{d_a}$$

r_{SD} nach Bild 8.52 wählen
B_G^*/d_a aus Bild 8.52 entnehmen

$$B_G^* = \frac{B_G^*}{d_a} \cdot d_a$$

Grabenbedingungen $B_G < B_G^* < B_G$ Dammbedingungen

Für die starren Rohre aus Beton, Stahlbeton und Steinzeug ist die Scheiteldruckfestigkeit maßgebend, und die erforderliche Rohrlagerungsart ist nachzuweisen.

Die halbstarren Rohre aus Gußeisen und die Asbestzementrohre haben fertigungstechnisch bzw. durch den Innendruck bedingte große Wanddicken, die im Zusammenhang mit den hohen Werkstoffestigkeiten sehr große Auflasten aufnehmen können. Ein rechnerischer Nachweis für Auflasten ist deshalb normalerweise nicht erforderlich. Das gleiche gilt für Stahlrohre DN < 400.

Bei Stahlrohren DN ≥ 400 ist meist nicht der Innendruck für die erforderliche Wanddicke maßgebend, sondern die Belastung aus Erdüberschüttung und Verkehrslasten.

Erdauflast

Die Erdauflast nimmt mit zunehmender Rohrüberdeckung zu. Das Berechnungsverfahren wurde von *Marston* und *Marquardt* [8.31] für starre Rohre entwickelt. Danach wird unter Grabenbedingungen die Erdauflast über dem Rohrscheitel durch die Scherspannung zwischen dem sich setzenden Erdreich und der Grabenwand verringert. Biegsame Rohre erzeugen durch Verformung zusätzliche innere Reibungskräfte im Boden und seitlich passiven Erddruck, der entlastend wirkt. Bei Dammleitungen greift seitlich bei starren Rohren aktiver Erddruck, bei biegsamen Rohren der wesentlich größere passive Erddruck an und entlastet das Rohr.

Oberflächenlasten

Die Theorie der Spannungsverteilung aus Verkehrs- und anderen Oberflächenlasten im Erdreich wurde von *Boussinesq* [8.11] entwickelt. Danach werden Auflasten im Erdreich mit zunehmender Tiefe pyramidenförmig verteilt. Der Druck nimmt somit mit der Tiefe ab. Die entlastende Wirkung von Grabenbedingungen ist dabei nicht berücksichtigt.

Nach neueren Forschungen nimmt die wirksame Verkehrsbelastung über die Tiefe stärker ab. Hierbei spielt besonders die Straßenbefestigung eine große Rolle.

Lagerung und Bettung der Rohre

Bei der Beanspruchung erdverlegter Rohrleitungen wird vorausgesetzt, daß sie nicht punkt-, sondern linienförmig im Rohrgraben aufliegen. Durch geformte Rohrgrabensohle, teilweise oder vollständige Einbetonierung der Rohre ergibt sich eine günstigere Spannungsverteilung in der Rohrwand. Hiervon wird besonders bei starren Rohren, die so gut wie keine Querschnittsdeformierung vertragen, Gebrauch gemacht. Die Belastbarkeit der Rohre läßt sich dadurch um den Faktor der Einbauziffer Ez erhöhen (Bild 8.54).

8.8.4. Temperaturspannungen – Längenänderung

Durch Temperaturänderungen entstehen in Rohrleitungen Längenänderungen oder, wenn diese durch Festpunkte verhindert werden, Temperaturspannungen. Bei erdverlegten Rohrleitungen sind die Temperaturänderungen ≪ 10 K und die hieraus resultierenden Spannungen bedeutungslos. In frei verlegten Rohrleitungen können jedoch nennenswerte Temperaturschwankungen auftreten. Sie werden in der Regel durch Längenausgleich in Dehnungsstopfbuchsen, Wellrohren oder Rohrbogen zwischen zwei Festpunkten aufgenommen.

$$\sigma_T = a \cdot E \cdot \Delta T \tag{8.18}$$

$$\Delta l_T = a \cdot \Delta T \cdot l \tag{8.19}$$

σ_T Längsspannung aus verhinderter Wärmedehnung in Pa
a linearer Wärmeausdehnungsbeiwert in K^{-1} nach Abschn. 11.
E Elastizitätsmodul des Rohrwerkstoffs in Pa nach Abschn. 11.
ΔT Temperaturänderung des Rohres in K
Δl_T Längenänderung infolge Temperaturänderung bei beweglicher Rohrleitung in m
l Länge der Rohrleitung vor der Temperaturänderung in m

In Plastrohrleitungen sind die temperaturbedingten Längenänderungen erheblich. Der Längenausgleich kann in frei beweglichen Bogen und durch seitliches Ausweichen auf Gleitlagern erfolgen.

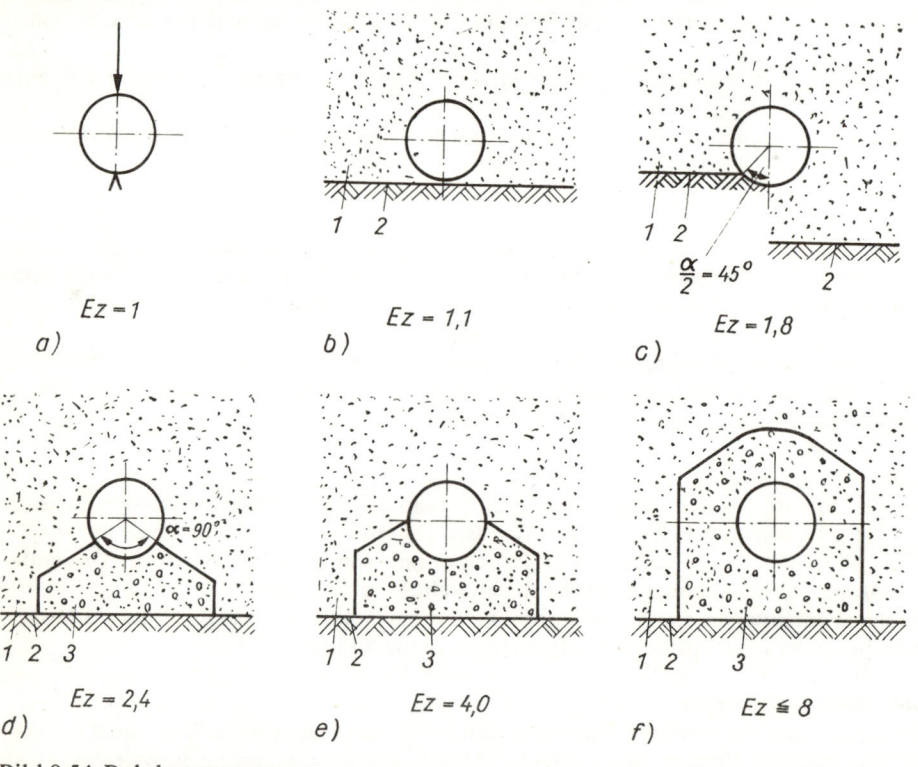

Bild 8.54 Rohrlagerungsarten
a) Prüfbedingung für Scheiteldruckfestigkeit; b) Linienlagerung; c) geformte oder verdichtete Rohrgrabensohle in steinfreiem Erdstoff; d) Betonbettung bis zum unteren Hüftpunkt; e) Betonbettung bis zum Kämpfer; f) Betonummantelung
1 verdichtete, steinfreie Erdstoffe bis mindestens 300 mm über Rohrscheitel; *2* gewachsener Boden; *3* Beton

8.8.5. Biegespannungen gebogener Rohrleitungen

Große Düker werden häufig als gerade Rohrstränge vormontiert und passen sich durch bewegliche zugfeste Rohrverbindungen oder bei starr verbundenen Rohren durch deren Durchbiegung beim Absenken im Fluß dem Flußprofil an. Letztere Lösung ist besonders bei stumpf geschweißten Stahlrohrdükern und Plastrohren üblich. Die Biegezugbeanspruchung aus dem Innendruck der Rohrleitung und der Durchbiegung beträgt

$$\sigma_{ges} = \sigma_A + \sigma_B$$

$$\sigma_{ges} = \frac{p_i \cdot d_i^2}{4 s (d_i + s)} + \frac{E \cdot d_a}{2 \cdot R} \tag{8.20}$$

σ_{ges} gesamte Biegezugspannung in Pa
σ_A Axialspannung infolge Innendruck in Pa
σ_B Biegespannung aus Durchbiegung des Rohrstrangs in Pa
p_i Überdruck in der Rohrleitung in Pa
d_i innerer Rohrdurchmesser in m
d_a äußerer Rohrdurchmesser in m
s Wanddicke in m
E Elastizitätsmodul des Rohrwerkstoffs in Pa
R Biegeradius in m

Durch Wanddickenverstärkung kann nur die Axialspannung aus Innendruck verringert werden, jedoch nicht die Biegebeanspruchung. Es empfiehlt sich deshalb oft, Stähle mit größerer zulässiger Biegezugspannung einzusetzen.

8.8.6. Freitragende Rohrleitungen

Auf Stützen verlegte starr verbundene Rohrleitungen gleichen einem Durchlaufträger. Als Belastungen wirken die Masse der Rohrleitung und deren Füllung, im Freien zusätzlich Wind- und Schneelast und bei erdverlegten Rohrleitungen auf Pfahljochen u. dgl. die Erdauflast. Überlagert werden diese Belastungen durch inneren oder äußeren Überdruck, eventuell auch durch Auftrieb. Die zulässige Stützweite ist von der zugelassenen Formänderung (Durchbiegung) und Materialbeanspruchung abhängig. Die Stützweite ist für beide Kriterien zu ermitteln; der kleinere Wert ist maßgebend.

Als zulässige Durchbiegung gilt:
– bei Flüssigkeiten $2 \text{ mm} \leq f_{zul} \leq d_a/60 \leq 10 \text{ mm}$
– bei Gasen $2 \text{ mm} \leq f_{zul} \leq d_a/120$
 f_{zul} zulässige Durchbiegung in mm
 d_a äußerer Rohrdurchmesser in mm

Die maximale mögliche Stützweite wird außerdem durch die Knicksicherheit der Rohrleitung begrenzt:

$$L_{grenz} = 250 \cdot \sqrt{I \cdot A}$$

L_{grenz} Grenzwert für die Stützweite in cm
I Trägheitsmoment des Rohres in cm^4
A Querschnittsfläche der Rohrwand in cm^2

Unter Einhaltung dieser Grenzwerte wird die zulässige Stütztweite für die Durchbiegung nach [8.54] berechnet bzw. Diagrammen entnommen.

Die Stützweiten in Abhängigkeit von der zulässigen Spannung im Feld eines Einfeld- oder Durchlaufträgers kann nach den Formeln der Stabstatik berechnet werden, wobei die Axial- und Ringzugspannungen zu berücksichtigen sind [8.54]. Schwierig ist die Ermittlung der Spannungen im Auflagerbereich. Sie spielen besonders bei großen und dünnwandigen Rohren eine Rolle und können bei halbgefüllten Rohren zu beträchtlichen Spannungsspitzen führen. Eine exakte Lösung dieses Problems liegt noch nicht vor; ein praxisreifes Näherungsverfahren ist in [8.5] enthalten.

Räumliche Systeme freitragender Rohrleitungen lassen sich mit Iterationsverfahren berechnen, wobei der Aufwand die Benutzung elektronischer Datenverarbeitungsanlagen erfordert. Entsprechende Programme liegen vor [8.54]. Für kaltgehende Rohrleitungen, die gleitend gelagert sind, besteht in der Regel nicht die Notwendigkeit, derartige Elastizitäts- und Festigkeitsberechnungen durchzuführen.

8.9. Bau von Rohrleitungen

8.9.1. Rohrgraben

Das Rohrgrabenprofil richtet sich nach dem Außendurchmesser der Rohre, der Verlegeart, der Rohrgrabentiefe und den Bodenverhältnissen. Die Mindestbreite beträgt 0,60 bzw. 0,80 m bei Rohrgrabentiefen über 1,75 m. Allgemein sind zur Rohrverlegung Sohlbreiten entsprechend Rohraußendurchmesser plus 0,40 bis 0,60 m erforderlich. An den Rohrverbindungen sind besondere Kopflöcher notwendig. Entsprechend den Bodenverhältnissen und der Tiefe ist der Rohrgraben abzuböschen oder auszusteifen. Unnötig breite Rohrgräben sind zu vermeiden, da hiermit die äußere Belastung der Rohre zunimmt. Auf alle Fälle sind jedoch die Belange des Arbeitsschutzes zu beachten.

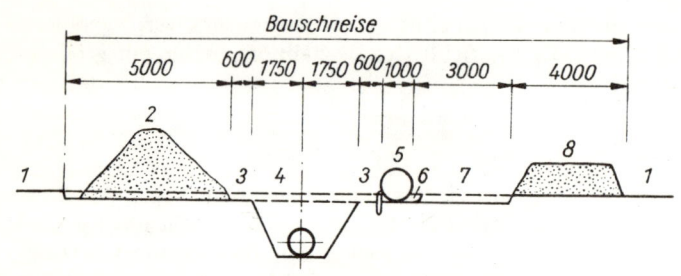

Bild 8.55 Regelprofil für eine Rohrverlegung DN 600
1 Acker; *2* Aushubmassen; *3* Sicherheitsstreifen; *4* Rohrgraben; *5* ausgelegte Rohre; *6* abgezogener Mutterboden; *7* Fahrspur; *8* Mutterboden

Die Rohrgrabentiefe richtet sich nach den vorgeschriebenen Längsschnitten. An den Gefällebrechpunkten der Rohrleitung sind Höhenpfähle zu schlagen und einzunivellieren. Von ihnen werden die Rohrgrabentiefen entnommen und mit der Visierscheibe durchgefluchtet.
Der Boden wird vorwiegend mit Grabenbaggern, bei großen Rohrdurchmessern auch mit Tieflöffel- und Greifbaggern ausgehoben. Handschachtung ist allerdings bei besonderen Schwierigkeiten, wie beengtem Arbeitsraum, Kreuzung vorhandener Leitungen usw., nicht zu umgehen. Die erforderliche Bauschneise ist je nach Rohrdimension, Maschineneinsatz, Grabentiefe und Bodenverhältnissen 6 bis 20 m breit. Sie ist durch ein Regelprofil (Bild 8.55) bereits im Zuge der Vorarbeiten, gegebenenfalls für verschiedene Streckenabschnitte unterschiedlich, entsprechend dem geplanten Bauablauf festzulegen. Abgezogener Mutterboden, Rasen und aufgenommene Straßenbefestigung sind getrennt von den Aushubmassen zu lagern. Zwischen Grabenrand und Aushubmassen sowie ausgelegten Rohren ist ein 60 cm breiter Streifen frei zu halten. Die Rohre sind gegen Abrollen zu sichern. Gegebenenfalls ist noch Raum für die Wasserhaltung vorzusehen. Bei Platzmangel müssen die Aushubmassen eventuell abgefahren und bis zur Verfüllung zwischengelagert werden.
In felsigem und steinigem Untergrund ist die Grabensohle mindestens 0,15 m tiefer auszuheben und der Aushub durch eine steinfreie Schicht aus Sand, Feinkies oder gesiebtem neutralem Boden zu ersetzen, die gut abzustampfen ist. Bindige Böden eignen sich, sofern sie steinfrei und trocken sind, durchaus als Baugrund für Rohrleitungen. Weichen Sie durch Grund- oder Regenwasser auf, so ist ebenfalls eine mindestens 15 cm dicke Sand- oder Kiesbettung erforderlich. Bei längeren Bauzeiten muß der letztere Fall immer einkalkuliert werden.

8.9. Bau von Rohrleitungen

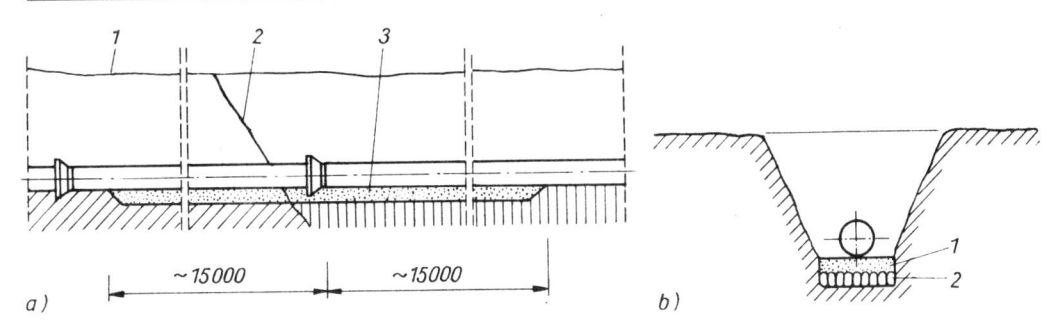

Bild 8.56 Befestigung der Rohrgrabensohle
a) bei Wechsel der Tragfähigkeit des Baugrunds
1 Gelände; *2* Wechsel der Erdstoffart und Tragfähigkeit; *3* 150 mm bis 300 mm dicke verdichtete Sand- oder Feinkiesschicht
b) bei wenig tragfähiger und aufgeweichter Grabensohle
1 150 mm dicke Sand- oder Feinkiesschicht; *2* 200 mm dicke Steinpackung

Bei wenig tragfähiger und stark wasserhaltiger Grabensohle ist die Leitung auf eine Steinvorlage mit Feinkiesschüttung zu legen (Bild 8.56b). Die Sohlbefestigung ist etwa 15 m in die tragfähige Strecke weiterzuführen. Bei starkem Wechsel der Bodenarten werden unterschiedliche Setzungen durch ein mindestens 15 cm dickes Sand- oder Kiesbett verteilt (Bild 8.56a).

Der Graben wird bei Wasserandrang am günstigsten entgegen dem Rohrgrabengefälle ausgehoben. Das dadurch bedingte Umsetzen der Baumaschinen macht sich meist durch die bessere Entwässerung bezahlt. Gegebenenfalls kann in die Grabensohle noch eine Dränung eingebaut werden. Bei geringem Wasserandrang und bindigen Böden erfolgt eine offene Wasserhaltung an den Tiefpunkten und Kopflöchern, bei starkem Wasserandrang eine regelrechte Grundwasserabsenkung mit Bohrbrunnen längs der Rohrtrasse (geschlossene Wasserhaltung).

Im wesentlichen werden die Baugrund- und Grundwasserverhältnisse vor Baubeginn im Rahmen der Projektierung durch Schürfen und Bohrungen bis etwa 1 m unter Grabensohle ermittelt. Häufig treten jedoch zwischen den durchgeführten Schürfen wechselnde Bodenverhältnisse auf, die erst beim Grabenaushub erkennbar sind und zusätzliche Sicherungsmaßnahmen erfordern.

Vor der Rohrverlegung hat der damit beauftragte Betrieb die Maßhaltigkeit und Tragfähigkeit der Grabensohle zu prüfen und gegebenenfalls zu beanstanden. Dies ist wegen der Gewährleistungspflicht besonders wichtig, wenn verschiedene Betriebe für die Erdarbeiten und die Rohrverlegung eingesetzt werden.

Beim Verfüllen des Rohrgrabens ist zunächst die Leitung auf der ganzen Länge unter Auslassung der Rohrverbindungen mit steinfreien, nichtaggressiven Bodenmassen zu unterstopfen, seitlich zu umstopfen und bis 30 cm über Rohrscheitel am besten von Hand zu verfüllen und abzustampfen. Das Unterstopfen soll ohne Beschädigung des Rohrschutzes mit hölzernen Stampfern geschehen. Besteht durch das Grundwasser Auftriebsgefahr, z. B. bei Ausfall der Wasserhaltung, so sind die Rohre unter Auslassung der Rohrverbindungen durch aufgeworfene „Erdbrücken" zu beschweren.

Erst nach Abnahme der Druckprüfung und ausdrücklicher Freigabe durch den Auftraggeber wird weiter verfüllt. Große Steine, Stubben u. dgl. sind nicht mit einzubringen. Die Verfüllung darf nur in so dicken Lagen erfolgen, daß die notwendige Verdichtung noch möglich ist. Das Verkippen der Massen in unter Wasser stehende Rohrgräben ist nur bei gut durchlässigen Böden vertretbar, da sonst ein Verdichten unmöglich und der Rohrgraben zum Morast wird. Größte Sorgfalt ist beim Verdichten der Verfüllung unter Verkehrswegen notwendig. Das Einschlämmen der Verfüllung ist nicht zulässig. Am besten sind kleine Vibrationsbodenverdichter. Explosionsrammen („Frösche") können die Rohrleitung zerstören und sind abzulehnen.

Ein großer Teil aller Rohrleitungsgräben wird in der Praxis nicht vorschriftsmäßig lagenweise verfüllt und verdichtet, und zwar meist nicht aus ökonomischen Gründen, sondern im Interesse eines schnelleren Bauablaufs unter weitgehendem Maschineneinsatz. Dabei ist jedoch zu beachten, daß die Rohre wesentlich größere äußere Belastung erfahren und die Nutzung der Grabenoberfläche für längere Zeit beeinträchtigt wird.

Bei starkem Rohrgrabengefälle kann der Graben zur Dränung werden und dadurch die Rohrleitung unterspülen. Es sind dementsprechend etwa 50 cm dicke Querriegel aus Lehm, Ton oder auch Beton mit Einbindung in die Grabensohle und -böschung im Abstand von 30 bis 50 m anzuordnen.

Mutterboden und Rasen sind wieder anzudecken, Straßendecken sorgfältig wieder herzustellen.

8.9.2. Rohrverlegung

Die angelieferten Rohre, Formstücke und Armaturen sind auf Einhaltung der Lieferbedingungen und Transportschäden, entsprechend den gültigen Vorschriften und Normen, zu prüfen; gegebenenfalls ist die Abnahme zu verweigern. Beanstandungen haben umgehend schriftlich zu erfolgen.

Entladen wird mit Hebezeugen oder durch langsames Abrollen auf einer schiefen Ebene aus Holzbohlen. Die Rohre sind dabei durch Gurte zu halten. Sie dürfen keinesfalls abgeworfen oder frei abgerollt werden und aufeinanderprallen. Beschädigungen der Isolierung sind zu vermeiden. Zwischengelagert wird auf Kanthölzer, die auf den Boden und zwischen mehrere Rohrlagen zu legen sind. Die Rohre müssen gegen Abrollen gesichert sein.

Der Transport zur Einbaustelle erfolgt je nach Geländeverhältnissen mit den verschiedensten Kraftfahrzeugen oder auch Schleifschlitten. Die Rohre sind keinesfalls selbst auf dem Boden zu schleifen. Meist werden die Rohre vor der Verlegung längs des Rohrgrabens ausgelegt.

Rohre mit kraftschlüssigen Verbindungen können neben oder über dem Rohrgraben zu beliebig langen Strecken montiert und mit einer Reihe mobiler Hebezeuge, bei kleinen Nennweiten auch mit Dreiböcken, in den Rohrgraben abgelassen werden. Im Fernleitungsbau werden z. T. speziell entwickelte Fahr- und Hebezeuge eingesetzt [8.4].

Die Rohre werden in den Rohrgraben mit umgelegten Gurten bei kleinen Nennweiten von Hand, bei mittleren Nennweiten mittels Dreiböcken, bei großen Nennweiten mit Kranwagen oder Portalkranen herabgelassen. Die Rohre sind vorher zu säubern, Beschädigungen des Rohrschutzes auszubessern. Seile und Ketten eignen sich nicht als Anschlagmittel, da sie den Korrosionsschutz bzw. die Rohroberfläche verletzen können.

Rohrverlegung und -verbindung richten sich nach dem Material und der Verbindungsart, den Verlegerichtlinien der Lieferwerke und den vorliegenden Normen.

Längsgeschweißte Stahlrohre sind so zu verlegen, daß die Längsnaht im oberen Drittel des Rohres liegt, jedoch nicht im Rohrscheitel. Die Nähte zweier aneinanderstoßender Rohre sind bei Schweißverbindungen zu versetzen.

Tiefe und Gefälle der Rohrleitung sind im Längsschnitt vorgeschrieben und einzuhalten. Die Höhenlage der einzelnen Rohre wird mit der Visierscheibe zwischen den an den Gefällebrechpunkten eingeschlagenen Pfählen mit einnivellierter, horizontaler Latte durchgefluchtet. Bei geringen Gefällen ist jedes Rohr einzunivellieren. Richtungsänderungen in den Rohrverbindungen durch Ziehen der Muffen dürfen erst nach deren Herstellung und nur nach der Verlegeanweisung des Lieferwerks vorgenommen werden. Schweiß- und Stemmmuffen sind bei starkem Gefälle leichter zu verbinden, wenn die Rohre mit den Muffen nach oben verlegt werden.

Bei Arbeitsunterbrechungen sind alle Öffnungen durch möglichst dichtschließende Stopfen, Deckel oder Blindflansche zu schließen. In der Rohrleitung soll eine dicht anliegende Rohrbürste sitzen, die beim Versetzen weiterer Rohre nachzuziehen ist. Große Rohre sind auszukehren. Gegen diese simple Forderung wird häufig verstoßen. Verschlammung der Rohrleitung bei Starkniederschlägen während der Arbeitsunterbrechungen, Schwierigkeiten bei der Desinfektion der Rohrleitungen und hohe Druckverluste durch Fremdkörper (Werkzeuge) in der Rohrleitung sind die Folge.

Schweißnähte sind innen einwandfrei nachzuisolieren. Der äußere Rohrschutz an den Rohrverbindungen ist erst nach erfolgter Dichtigkeitsprüfung aufzubringen. Die Schweißnähte sind zumindest stichprobenweise mit Röntgen- oder Gammastrahlen oder mit Ultraschall zu prüfen.

Das Unter- und Umstopfen der Rohre ist von den Rohrlegern oder unter deren Kontrolle vorzunehmen. Druckrohrleitungen sollen grundsätzlich nur durch Spezialbetriebe verlegt werden, die über geschulte Handwerker und technisches Personal mit entsprechenden Erfahrungen verfügen und die notwendigen Ausrüstungen für Verlegung und Druckprüfung haben. Der Auftraggeber sollte sich hiervon überzeugen.

Die Gewährleistungspflicht des Rohrlieferwerks, des Erdbaubetriebs und des Rohrverlegungsbetriebs ist vertraglich eindeutig festzulegen.

8.9.3. Druckprüfung

Rohre, Formstücke und Armaturen werden vom Lieferwerk nach den genormten technischen Lieferbedingungen auf Festigkeit und Dichtigkeit geprüft. Unabhängig davon sind die fertig verlegten Rohrleitungen einer Innendruckprüfung zu unterziehen, wobei die Dichtigkeit und Festigkeit des „Bauwerks" Rohrleitung nachgewiesen wird. Die detaillierten Prüfbedingungen hängen von den Rohrwerkstoffen ab und sind in Normen festgelegt. Dabei wird zwischen Vor-, Haupt- und Gesamtprüfung unterschieden. Vor- und Hauptprüfungen beziehen sich auf eine Rohrleitungsteilstrecke. Der Kontrollierbarkeit wegen sollte sie nicht wesentlich länger als 500 m sein.

Die *Vorprüfung* dient der einwandfreien Entlüftung der Rohrleitung, der Wassersättigung von wasseraufnahmefähigen Rohrwerkstoffen (Beton, Asbestzement), dem weitgehenden Spannungsausgleich in der Rohrleitung und der Überprüfung der Rohrleitungsverankerungen.

Die *Hauptprüfung* ist der eigentliche Nachweis der Dichtigkeit und Festigkeit einer Rohrleitungsteilstrecke gegenüber dem Auftraggeber. Bei ordnungsgemäßer Vorprüfung treten hierbei kaum noch Mängel auf.

Die *Gesamtprüfung* umfaßt die komplette funktionsfähige Rohrleitung. Dabei werden die Verbindungsstellen der einzelnen Abschnitte der Hauptprüfungen einschließlich der nachträglich eingebauten Armaturen und Meßgeräte kontrolliert.

Gußeiserne und Stahlrohrleitungen können absolut dicht hergestellt werden. Unter den üblichen Prüfdrücken sind sie bei konstanter Temperatur praktisch volumenbeständig. In vollkommen dichten und luftfreien Rohrleitungen steigt der Druck linear mit der eingepumpten Wassermenge an. Es empfiehlt sich, die zur Drucksteigerung erforderliche Wassermenge zu messen und die lineare Abhängigkeit zu prüfen. Stahl- und gußeiserne Druckrohrleitungen können als dicht betrachtet werden, wenn der Prüfdruck ohne Nachpumpen von Wasser innerhalb der Prüfdauer nicht mehr als 10 kPa abfällt. Zementmörtelauskleidungen nehmen Wasser auf und müssen vor der Druckprüfung unter Druck gewässert werden.

Stahlbeton-, Spannbeton- und Asbestzementrohre nehmen Wasser auf und sind nicht völlig wasserdicht. Die Durchlässigkeit beträgt, auf die benetzte Fläche bezogen, bei

Stahlbetonrohren $< 0{,}15\ l/m^2 \cdot h$
Spannbetonrohren $< 0{,}02\ l/m^2 \cdot h$
Asbestzementrohren $< 0{,}05\ l/m^2 \cdot h$

und nimmt mit der Zeit stark ab. Bei guten Rohren werden die obengenannten Werte bereits zu Beginn der Druckprüfung weit unterschritten, besonders bei großen Nennweiten und damit großen Wanddicken. Bei der Prüfung gering durchlässiger Rohre wird stündlich der Druckabfall festgestellt und Wasser bis zum vorgegebenen Prüfdruck nachgepumpt. Die Wassermenge wird gemessen und daraus die Durchlässigkeit der Rohrleitung je m^2 und Stunde berechnet.

Plastrohre dehnen sich unter Innendruckbelastung aus, insbesondere PE-weich-Rohre. Die Volumenzunahme hängt von zahlreichen Randbedingungen ab. Druckabfall und nachgepumpte Wassermenge sind kein eindeutiges Kriterium für die Dichtigkeit. Plastrohre müssen deshalb während der Druckprüfung besonders sorgfältig visuell auf Undichtigkeiten abgesucht werden. Die Prüfbedingungen, insbesondere die Volumenzunahmen, sollten mit dem Rohrlieferwerk abgestimmt werden. Wegen der plastischen Verformung, besonders der PE-Rohre, vermeidet man lange Prüfzeiten mit hohem Druck. Da die Rohre für gealterten Zustand in 50 Jahren bemessen sind, können neue Rohre kurzfristig (etwa 2 Stunden) mit dem 1,5fachen Nenndruck belastet werden. Der zulässige Druckabfall liegt bei 20 kPa/h.

Zur *Vorbereitung der Druckprüfung* sind die Rohrleitungen, soweit die Rohre nicht kraftschlüssig verbunden sind, an Krümmern, Abzweigen, Rohrenden und Einschnürungen entsprechend den auftretenden Axialkräften durch Hinterstopfen, Betonwiderlager oder Aussteifungen festzulegen. Die Rohre selbst werden unter Freilassung der Rohrverbindungen umstopft und mit Erdbrücken beschwert.

Die zu prüfende Strecke wird möglichst vom Tiefpunkt aus langsam, bei etwa 0,05 m/s Fließgeschwindigkeit, mit Wasser gefüllt. An den Hochpunkten soll das Wasser längere Zeit überlaufen, damit die Rohrleitung gründlich entlüftet wird. Eingeschlossene Luftblasen verfälschen nicht nur die Meßergebnisse, sondern stellen bei Rohrbrüchen durch ihre Expansion eine ernste Gefährdung für die Prüfenden dar. Die Rohrleitung wird mindestens einen Tag unter Betriebsdruck gewässert, damit restliche Luftblasen zu den Hochpunkten steigen und die Rohrwandungen mit Wasser gesättigt werden. Danach wird die Rohrleitung nochmals von Hand entlüftet.

Absperrarmaturen schließen selten absolut dicht. Sie bleiben während der Druckprüfung in Offenstellung, und die Prüfstrecke wird mit Blindflanschen verschlossen. Während der Druckprüfung ist am tiefsten und möglichst auch am höchsten Punkt der Rohrleitung der Druck mit einem Prüfmanometer mit 10 kPa Ablesegenauigkeit, besser mit einem schreibenden Druckmesser, zu messen. Zum „Hochdrücken" werden Kolbenpumpen verwendet. Die eingepumpte Wassermenge wird mittels Meßkastens oder Wasserzählers festgestellt.

Prüfdruck und Prüfdauer sind bereits bei der Projektierung der Rohrleitung festzulegen. Der Prüfdruck soll nicht unnötig hoch sein, also nicht vom Nenndruck, sondern vom maximalen Betriebsdruck der Rohrleitung ausgehen, muß aber alle im Betrieb möglichen Belastungen, auch Druckstöße bei extremen Betriebsbedingungen, erfassen. Erdverlegte Rohrleitungen werden, mit Ausnahme von Hausanschlüssen, meist mit 0,5 MPa über dem höchsten zu erwartenden Betriebsdruck geprüft. Für untergeordnete oder leicht kontrollierbare Rohrleitungen sowie Betriebsdrücke ≦ 0,1 MPa genügt die Prüfung mit dem höchsten unter extremen Betriebsbedingungen zu erwartenden Druck. Die Prüfdauer muß so lang sein, daß auch ein langsames Kriechen der Rohrleitungen durch nachgebende Widerlager, austreibende Muffen u. dgl. erkannt wird. Hausanschlüsse und untergeordnete Rohrleitungen sollten mindestens 0,5 bis 2 Stunden, Hauptleitungen mindestens 5 Stunden, große Transport- und Fernwasserleitungen 12 bis 24 Stunden geprüft werden. Zu Prüfungsanfang und -ende möchte möglichst die gleiche Temperatur herrschen.

Die Rohrleitung ist während der Prüfung abzugehen und sorgfältig auf Undichtigkeiten abzusuchen. Reparaturen, Nachziehen von Schrauben, Nachstemmen von Muffen usw. dürfen erst nach Ablassen des Druckes erfolgen.

Geschweißte Stahlrohrleitungen für Luft, ausnahmsweise auch für Wasser, können mit Druckluft, aus Sicherheitsgründen mit maximal 0,2 MPa Druck, auf Dichtigkeit geprüft werden. Die Schweißnähte werden dabei mit Schaumbildner bestrichen. Undichtigkeiten sind durch Blasenbildung erkennbar.

Bei besonderem Sicherheitsbedürfnis (Überflutungsgefahr) und dort, wo eine Wasserdruckprüfung nicht möglich oder nicht kontrollierbar ist (Düker), werden die Schweißnähte 100%ig zerstörungsfrei geprüft. Unter Baustellenbedingungen eignet sich die Prüfung mit Ultraschall sehr gut.

Freispiegelleitungen brauchen nur auf Dichtigkeit geprüft zu werden. Es genügt ein Prüfdruck von 20 bis 50 kPa, d. h. das Füllen der Rohrleitungen bis Oberkante Kontrollschächte. Zum Teil werden auch nur die Rohrverbindungen mit besonderen Vorrichtungen auf Wasserdichtigkeit geprüft.

Über die Druckprüfung ist ein Protokoll anzufertigen und von Auftraggeber und Auftragnehmer zu unterzeichnen (Tafel 8.6).

8.9.4. Spülung und Desinfektion

Vor Inbetriebnahme sind die Rohrleitungen zu spülen, Trinkwasserleitungen zusätzlich zu desinfizieren. Bei letzterem muß mit hygienisch einwandfreiem Wasser gespült werden. Die Spülgeschwindigkeit muß ≧ 1,5 m/s sein, wenn Ablagerungen ausgespült werden sollen; zudem muß

8.9. Bau von Rohrleitungen

Tafel 8.6. Druckprüfungsprotokoll

Auftraggeber: Auftragnehmer:
Objekt:
Niederschrift Nr.   über die Durchführung der Druckprüfung der nachgenannten Wasserleitung
am

1. Beschreibung der Leitung
Bezeichnung der Leitung (Art und Lage):
Prüfstrecke Nr.:   von Station   bis Station
Gesamtlänge der Prüfstrecke:
Rohrlieferwerk:
Werkstoff: Nennweite:
Wanddicke: Nenndruck:
Anzahl und Art der Rohrverbindungen:
Nach der Prüfung noch einzubauende Armaturen, Paßstücke und herzustellende Verbindungen:

2. Prüfdaten
Einbaustelle des geeichten Druckmessers bei Station:
Höhe: m NN.
Höchster Punkt der Prüfstrecke: m NN.
Tiefster Punkt der Prüfstrecke: m NN.
Höchster künftiger Betriebsdruck an der Einbaustelle des
Druckmessers: MPa
Vorgeschriebene Prüfdrücke an der Einbaustelle des Druckmessers
a) für die Vorprüfung während   Std.:   MPa
b) für die verbindliche Hauptprüfung während   Std.:   MPa

3. Durchführung der Druckprüfung
3.1. Vorprüfung
Füllen der Leitung   Beginn: Ende:
Prüfbeginn: Druck: MPa
Lufttemperatur   °C   Wassertemperatur   °C
Prüfende: Druck: MPa
Lufttemperatur   °C   Wassertemperatur   °C
Ergebnis der Vorprüfung

(Etwa nötige Wiederholungen der Vorprüfung sind anzugeben, und zwar mit den jeweiligen Ergebnissen und den anschließend durchgeführten Verbesserungen der Leitung.)
3.2. Hauptprüfung
Feststellung des Wasserbedarfs der völlig gefüllten Leitung zur Erzeugung des Prüfdrucks
Drucksteigerungsbeginn: Drucksteigerungsende:

Druck	Wasser	Druck	Wasser	Druck	Wasser
MPa	l	MPa	l	MPa	l
0 …0,1		0,5…0,6		1,0…1,1	
0,1…0,2		0,6…0,7		1,1…1,2	
0,2…0,3		0,7…0,8		1,2…1,3	
0,3…0,4		0,8…0,9		1,3…1,4	
0,4…0,5		0,9…1,0		1,4…1,5	

Angaben der verbindlichen Druckprüfung
Verbindlicher, geeichter Druckmesser Nr.:
Kontrollmesser Nr.:
Prüfbeginn: Druck   MPa
Lufttemperatur   °C   Wassertemperatur   °C
Prüfende: Druck   MPa
Lufttemperatur   °C   Wassertemperatur   °C
Wassernachfüllung während der Druckprüfung [1]
Druckabfall   Wassernachfüllung zur
   MPa   Erreichung des Prüfdrucks in l
nach 1,0 Stunden
nach 2,0 Stunden
nach 3,0 Stunden

nach 4,0 Stunden
nach 5,0 Stunden
[1]) gilt nicht für gußeiserne und Stahlrohrleitungen
Ergebnis der Hauptprüfung
Weitere Feststellungen an
Druckmessern: Rohren, Armaturen:
Rohrverbindungen: Sonstiges:

4. Abnahmevermerk
Die Rohrleitung wird – nicht – zur Verfüllung freigegeben. Noch zu erfüllende Auflagen:

Die Niederschrift erkennen an:
Für den Auftraggeber   Für den Auftragnehmer:
                    , den   , den
(Ort)   (Datum)   (Ort)   (Datum)
(Unterschrift)   (Unterschrift)

---

die Spülwassermenge mindestens das Zweifache des Rohrleitungsvolumens betragen. Bei großen Rohrleitungen ist dies oft unmöglich, was zu erhöhter Sauberkeit bei der Verlegung zwingt oder den Einsatz von Rohrreinigungsgeräten erfordert. Empfindliche Armaturen, wie Wasserzähler und Wirkdruckgeber, sind erst nach dem Spülen einzubauen. Eine wirksame Spülung ist auch mit geringeren Wassermengen durch kombinierte Luft-Wasser-Spülung möglich [8.9].

Desinfiziert werden die Rohrleitungen mit stark gechlortem Wasser. Der freie Chlorüberschuß soll mindestens 10 g/m³ Cl_2, die Einwirkzeit mindestens 3 Stunden, besser jedoch 12 Stunden betragen. Zur Chlorung wird vorwiegend Natriumhypochloritlauge (Chlorbleichlauge) mit 15 bis 16 % wirksamem Chlorgehalt benutzt; 10 g Chlor entsprechen 67 g oder 0,054 l 15%iger Natriumhypochloritlauge. Die Lauge ist etwa 4 Wochen haltbar und dissoziiert dann zu Kochsalzlösung. Es ist deshalb frische Lauge zum Desinfizieren zu verwenden. Schwierigkeiten bereitet oft das Ablassen des stark gechlorten Wassers, da auch nach 12 Stunden Einwirkzeit der freie Chlorgehalt noch erheblich ist und in die Vorfluter meist nur Konzentrationen bis 0,2 g/m³ Cl_2 eingeleitet werden dürfen. Am einfachsten ist die Versickerung des gechlorten Wassers außerhalb landwirtschaftlicher Kulturen. In Pflanzungen sollte nur Wasser mit maximal 0,5 g/m³ Cl_2 geleitet werden. Wenn keine andere Möglichkeit besteht, ist das abzulassende Wasser mit einem Reduktionsmittel, z. B. Natriumthiosulfat ($Na_2S_2O_3 \cdot 5 H_2O$), zu entchloren. Die dabei freiwerdende Säure senkt den pH-Wert. Die Entchlorung ist unter Anleitung und Kontrolle eines Chemikers durchzuführen.

Einzelobjekte können auch mit dem einfach zu handhabenden Silberpräparat CUMASINA-aktiv desinfiziert werden. Erforderlich sind 100 bis 200 mg je m³ Wasser und 1 bis 2 Tage Einwirkzeit.

Nach dem Desinfizieren wird die Rohrleitung mit Frischwasser gespült, eine Wasserprobe bakteriologisch untersucht und nach Zustimmung der Hygienebehörde die Leitung zum Betrieb freigegeben. Falls die vorschriftsmäßige Desinfektion nicht möglich ist, sind in der ersten Betriebszeit erhöhte Chlorzugaben und laufende Überwachung der Wassergüte notwendig.

8.9.5. Bestandspläne

Exakte Bestandspläne sind für die Wartung der Rohrleitungen, Erweiterungen u. dgl. unerläßlich. Während der Baudurchführung sind unmaßstäbliche Ausführungsskizzen anzufertigen. In ihnen werden die genaue Lage und Höhe der Rohrleitung und der anderen angetroffenen unterirdischen Anlagen vermaßt. Rohrmaterial, Nennweite, Rohrverbindungen und Formstücke werden dargestellt, Armaturen eingemessen und Verlegezeit und -betrieb vermerkt.

Nach den Ausführungsskizzen werden Bestandspläne im Maßstab 1:1000 oder 1:500 angefertigt. Sie enthalten die genaue Lage der Rohrleitung einschließlich der Hausanschlüsse, alle Armaturen, die Nennweite, Rohrmaterial und Verbindungsart. Die Höhenlage wird an besonderen Schwerpunkten, ansonsten im ebenen Gelände die mittlere Erdüberdeckung angegeben. Von Fernleitungen sind Längsschnitte anzufertigen bzw. diejenigen des Projekts zu ergänzen.

8.10. Betrieb von Rohrleitungen

8.10.1. Wartung

Rohrleitungen bedürfen, genauso wie alle anderen Anlagen, einer regelmäßigen Wartung. Die in vielen kleinen Anlagen noch vorhandene Tendenz, so lange nichts zu unternehmen, wie nichts passiert, kann schwere Folgen haben. Seuchen durch im Rohrnetz verunreinigtes Wasser, Ausfall der Wasserversorgung durch Rohrbruch, Wassermangel infolge hoher Wasserverluste, nicht einsatzbereite Hydranten im Brandfall usw. sind zum großen Teil auf mangelnde Wartung zurückzuführen.

Die Vernachlässigung des Rohrnetzes als teuerster Anlageteil zentraler Wasserversorgungen führt frühzeitig zu hohen Neuinvestitionen.

Die ordnungsgemäße Wartung erfordert nicht nur entsprechendes Personal, sondern gute Organisation und planmäßigen Arbeitseinsatz. Besonders in größeren Rohrnetzen ist der Arbeitsanfall nur mit modernen technischen Ausrüstungen zu bewältigen. Speziell eingerichtete Fahrzeuge, Schieberdrehgeräte, fahrbare Prüfanlagen, Schadensuchgeräte, fahrbare Pumpen, Kompressoren und Dieselaggregate, spezielle Einrichtungen zur Rohrreinigung, kleine Baumaschinen usw. sind unerläßlich.

Wichtige Grundlage für die Betriebsorganisation sind die bereits genannten Bestandspläne mit Eintragung wichtiger Großverbraucher, statistische Erfassung der eingebauten Rohre und Armaturen, Registratur der aufgetretenen Schäden und durchgeführten Reparaturen, Einsatzpläne für Havarien. Zur schnellen Behebung von Schäden müssen ausreichend Ersatzteile übersichtlich bevorratet werden. Dies wird erleichtert, wenn über die Normung der Lieferindustrie hinaus innerhalb des Wasserversorgungsbetriebs eine Sortimentseinschränkung für die Rohrleitungsteile erfolgt.

Die wesentlichsten turnusmäßigen Wartungsarbeiten sind
- Überprüfung der Funktionstüchtigkeit sämtlicher Armaturen: Absperrorgane mindestens einmal im Jahr bewegen; Hydranten vor Einbruch der Frostperiode auf einwandfreie Entwässerung kontrollieren, notfalls leer pumpen; bei obigen Arbeiten Straßenkappen frei halten; Hinweisschilder überprüfen; Druckminderventile und Rohrbruchsicherungen monatlich, Luftventile vierteljährlich auf einwandfreie Arbeitsweise kontrollieren
- Rohrleitungsbegehungen: Rohrleitungen außerhalb der Ortschaften, die nicht einer gewissen Kontrolle durch die Öffentlichkeit unterliegen, sind mindestens zweimal im Jahr zu begehen. Dabei ist die Trasse auf Wasseraustritte und Setzungen zu betrachten; die Rohrleitungsschächte sind zu inspizieren und notfalls zu entwässern und zu reinigen.
- Entlüften und Spülen der Rohrleitung: Nichtselbsttätige Entlüftungen sind zu betätigen, Endstränge und Rohwasserleitungen zu spülen. Die Zeitabstände richten sich nach den jeweiligen Betriebserfahrungen.
- Ablesen, Prüfen und Eichen der Wasserzähler: Die Wasserzähler werden entsprechend der Abrechnung gewöhnlich vierteljährlich abgelesen. Hauswasserzähler sind etwa alle 3 Jahre zu eichen. Die Zähler werden hierzu ausgebaut und in besonderen Eichstationen geprüft oder mit transportablen, geeichten Meßanlagen verglichen. Die Zähler sind gleichzeitig zu reinigen und auf ihre richtige Bemessung zu prüfen.
- Frostschutz: Erfahrungsgemäß besonders frostgefährdete Rohrleitungsteile und Armaturen sind rechtzeitig mit Stroh, Glaswollmatten u. dgl. zu umpacken. Frostläufe in nicht ständig ausreichend durchflossenen Rohrstrecken mit ungenügender Wärmeisolierung, z. B. Rohrbrücken, sind zu öffnen bzw. verschiedene Rohrleitungen zu entleeren.
- Anstriche: Frei verlegte Rohrleitungsteile sind nach Bedarf alle 2 bis 3 Jahre zu streichen.
- Überprüfung auf Korrosion, Inkrustation und Leistungsfähigkeit: Transport- und Fernleitungen, nach Möglichkeit auch sonstige Hauptleitungen, sollten bei Inbetriebnahme und jährlich auf ihre Förderleistung hinsichtlich Durchfluß und Druckverlust überprüft werden. Rückgehende Förderleistungen und damit Wassermangel oder erhöhte Förderkosten können ihre Ursache in Inkrustationen, Schlammablagerungen, Fremdkörpern in der Rohrleitung, Luftansammlungen und nicht voll geöffneten Absperrorganen haben. Nach Möglichkeit ist bei ver-

schiedenen Durchflüssen durch Druckmessungen an verschiedenen Stellen die Drucklinie zu ermitteln, aufzutragen und mit den theoretischen Werten zu vergleichen. Der innere Zustand der Rohrleitungen ist bei allen sich ergebenden Gelegenheiten, bei besonders wichtigen Hauptrohrleitungen auch im Abstand von 1 bis 5 Jahren durch Öffnen von Kontrollstutzen zu kontrollieren und das Ergebnis festzuhalten.

Vor allen Arbeiten im Rohrnetz sind die davon betroffenen Verbraucher zu ermitteln und zu benachrichtigen. Die Wiederinbetriebnahme abgesperrter Rohrstränge ist ebenfalls bekanntzugeben; die Anschlußleitungen sind zu entlüften.

8.10.2. Rohrreinigung

Ablagerungen und Inkrustationen in Rohrleitungen entstehen durch fehlende oder unzureichende Wasseraufbereitung und mangelhafte Rohrinnenisolierung. Sie sind nicht völlig auszuschalten und erfordern nach Jahrzehnten, mitunter auch jährlich, die Rohrreinigung. Unter Ablagerungen werden abgesetzte Stoffe verstanden, die nicht fest an der Rohrleitung haften. Inkrustationen sind fest mit der Rohrwand verbundene Eisen-, Mangan- und Kalkausscheidungen, vorwiegend Karbonate und Oxide, die mit dem Rohrwerkstoff chemische Verbindungen eingegangen sind; sie treten in Form von Knollen, Pusteln und durchgehenden Schichten auf. Die Rohrreinigung hat nur dann bleibenden Wert, wenn die Ursachen der Ablagerungen und Inkrustationen beseitigt werden. Die Inkrustierung tritt nach der Rohrreinigung sehr rasch wieder auf, wird aber durch einwandfreie Rohrinnenisolierung verhindert. Rohrablagerungen können vielfach durch Spülen beseitigt werden. Durch gleichzeitiges Durchziehen von Ketten o. dgl. werden die Ablagerungen aufgewirbelt. Besonders wirkungsvoll ist das Spülen mit Luft und Wasser [8.9].

Mit speziellen Drahtbürsten, die an einem Seil durch die Rohrleitung gezogen werden, können unter gleichzeitigem oder anschließendem Spülen Ablagerungen und weiche Inkrustationen in kleinen und mittleren Rohrnennweiten beseitigt werden.

Zugschaber und Gliederkratzer werden einzeln oder mehrere hintereinander an zwei Drahtseilen durch Winden in der Rohrleitung hin- und hergezogen. Turbinenschaber sind mit rotierenden Schneidmessern besetzt und werden durch den Wasserdruck durch die Rohrleitung getrieben. Ein besonderer Führungskörper dichtet gegen die Rohrwand ab und preßt durch kleine Öffnungen einen gerichteten Wasserstrahl, der das gelöste Material vor der Turbine aufwirbelt. Das Gerät wird rückwärts durch ein Seil geführt, um es bei Verklemmungen zurückziehen zu können. Reinigungsgeräte ohne Seilführung sind mit einem hydraulisch betätigten Klopfmechanismus ausgerüstet, so daß der Standort des Gerätes durch Abhorchen festgestellt und die Rohrleitung notfalls aufgegraben werden kann.

Die Rohrleitungen werden je nach Dicke und Härte der Inkrustierung und Rohrtrasse in Abschnitten von 200 m bis > 1 km gereinigt. Am Anfang und am Ende der Strecke werden besondere Reinigungskästen in die Rohrleitung eingebaut und nach der Reinigung mit Blinddeckeln versehen oder wieder ausgebaut. Reinigungskästen von vornherein in neue Rohrleitungen einzusetzen ist nur in Sonderfällen gerechtfertigt, z. B. in jährlich zu reinigende Rohrwasserleitungen. Die Reinigungskästen sind dann sogar in einen Schacht zu setzen.

Für Großrohrleitungen sind besondere mehrteilige Reinigungswagen zu konstruieren. Sie werden durch T-Stücke ≥ DN 800 in die Rohrleitung eingesetzt und fahren in dieser oft mehrere Kilometer mit Hilfe des Wasserdrucks entlang. Vor der Rohrreinigung sind sämtliche Meßgeräte und empfindlichen Armaturen abzusperren oder auszubauen, Hausanschlüsse zu sperren. Keilschieber werden bei geeigneter Führung des Reinigungsgeräts durchfahren. Reinigungsgeräte ohne Zugseil passieren auch Krümmer bis 30°.

Zug- und Turbinenschaber zerstören die Innenisolierung der Rohre, soweit noch vorhanden, vollständig. Sie werden zur gründlichen Reinigung vor der Sanierung von Rohrleitungen eingesetzt [8.14].

Eine schonendere Rohrreinigung ist mit Schaumplastpfropfen möglich [8.2]. Die zusammendrückbaren Pfropfen sind 1,1- bis 1,5mal so dick und 1,5- bis 3,5mal so lang wie der Rohrdurchmesser oder auch kugelförmig und werden bei einer Fließgeschwindigkeit größer als 0,3 m/s

8.10. Betrieb von Rohrleitungen

vom Wasser durch die Rohrleitung gedrückt. Bei nicht zu harten Ablagerungen und Inkrustationen wurde das Verfahren bereits mit Erfolg bei Rohrdurchmessern von 10 bis 900 mm angewendet. Die Pfropfen passieren Krümmer und schlanke Einschnürungen bis 0,5 DN. Es können mehrere Pfropfen hintereinander mit zunehmender Härte eingesetzt werden. Es wird empfohlen, zuerst versuchsweise Strecken von 150 bis 500 m Länge zu reinigen. Bei geringem Verschleiß des Pfropfens können mehrere Kilometer lange Strecken in einem Zuge durchfahren werden.

Die chemische Rohrreinigung ist prinzipiell möglich, aber sehr problematisch. Die Chemikalien müssen die Inkrustierungen lösen, dürfen aber die Werkstoffe der Rohrleitung und Armaturen nicht angreifen. Die Ableitung der Chemikalienlösung, arbeitsschutztechnische und hygienische Belange müssen gesichert sein.

8.10.3. Schadensuche

Außer den turnusmäßigen Rohrleitungsbegehungen und Kontrollen der Armaturen ist die spezielle Schadensuche erforderlich, wenn die Gesamtwasserverluste einschließlich der Meßfehler und nicht gemessenen Entnahmen den Normalwert von 8 bis 12 % übersteigen. Voraussetzung hierfür ist die Messung der Förderströme und weitgehende Messung aller Entnahmen. Nachdem durch Durchflußmessung die Schadenstellen soweit wie möglich eingekreist sind, erfolgt die eigentliche Suche. Rohrbrüche und Undichtigkeiten werden vorwiegend akustisch festgestellt. Mit einem Hörrohr mit Verstärker (Elektronenrohr) wird die Rohrleitung auf die Geräusche des austretenden Wassers abgehorcht. Verkehrsgeräusche stören dabei sehr. Das Abhören ist deshalb oft nur nachts erfolgreich. Es gehört auch eine gewisse Übung dazu. Bei Rohrleitungen mit hydraulisch eindeutigen Verhältnissen können größere Wasseraustritte auch durch Messung und Auftragung der Drucklinie und deren Vergleich mit den theoretischen Werten geortet werden. Außerdem sind „unechte" Wasserverluste durch unzweckmäßig bemessene Wasserzähler und unerlaubte Abzweige möglich.

Die weitestgehende Beseitigung der echten und unechten Wasserverluste ist eine Voraussetzung bei meßtechnischen Untersuchungen von Rohrleitungen, z. B. zur Ermittlung des Reibungsbeiwerts.

8.10.4. Reparatur und Sanierung

Die hohe Lebensdauer von Rohrleitungen und der Aufschwung der zentralen Wasserversorgung zu Beginn dieses Jahrhunderts führte dazu, daß ein großer Teil der heutigen Rohrnetze 50 Jahre und älter ist. Diese Rohrleitungen stellen trotzdem noch einen beträchtlichen Wert dar; ihre Auswechselung bereitet in dicht bebauten Städten enorme Schwierigkeiten. Die Beseitigung von Einzelschäden und die Sanierung kompletter Rohrleitungen gewinnt deshalb an Bedeutung.

Reparaturen sind wegen der Vielzahl von Schadensformen (Rohrbruch, Risse, undichte Muffen), Rohrwerkstoffen und Rohrverbindungen, die z. T. heute nicht mehr üblich sind, von Fall zu Fall zu analysieren. Neben der einfachen Auswechslung von Teilen sind die verschiedensten Sonderlösungen notwendig. Neben „maßgeschneiderten" Überschiebern bietet besonders die Laminiertechnik [8.12] vielfältige Möglichkeiten.

Bei der kompletten Sanierung einer Rohrleitung wird diese gereinigt oder sogar aufgebort [8.14] und anschließend mit Zementmörtel ausgekleidet oder ein Plastschlauch bzw. -rohr eingezogen.

Den Hauptanteil der zu sanierenden Rohrleitungen bilden solche aus Gußeisen und Stahl in den Nennweiten 100 bis 200 mm. Für diese Rohrleitungen hat sich das Auspressen mit Zementmörtel bewährt [8.42]. In den gereinigten Rohrstrecken von etwa 50 m Länge wird eine Schlauchschalung eingezogen und aufgeblasen und der Zwischenraum zwischen Schlauch und Rohr mit Zementmörtel ausgepreßt. Der Zementmörtel überbrückt auch Lochfraß bis einige Zentimeter Durchmesser und stellt mit dem Rohrwerkstoff einen Verbund her, der die Tragfähigkeit der Rohre erhöht. Größere Rohrdurchmesser werden mit Zementmörtel torkretiert (Mörtelspritzverfahren) [8.39].

Druckrohrleitungen aus beliebigen Rohrwerkstoffen können durch das Einziehen eines PE-Folie-Schlauches saniert werden [8.48]. Dabei werden in Teilstrecken von 200 m Länge ein oder auch zwei Schläuche von 0,8 bis 2 mm Wanddicke eingezogen. Das Verfahren eignet sich auch für aggressive Wässer, überbrückt Lochfraß und andere Undichtigkeiten, erhöht aber nicht die Festigkeit der Rohrleitung und setzt Überdruck in der Rohrleitung voraus.

Beim sogenannten „Relining" werden Plastrohre in eine alte Rohrleitung eingezogen. Hierbei ersetzt die alte Rohrleitung lediglich das Aufgraben zur Verlegung der neuen Rohrleitung; der Rohrdurchmesser wird durch die neueingezogene Plastrohrleitung verringert. Mit diesem Verfahren können Rohrleitungen aus allen Werkstoffen ersetzt und Freispiegelleitungen zu Druckrohrleitungen umgestaltet werden. Relining wurde bereits mit PE-hart-Rohren bis DN 1000 durchgeführt [8.6].

Die Beseitigung von Schäden an Rohrleitungen setzt außer den technischen und handwerklichen Fähigkeiten auch eine eingespielte Organisation voraus. Rohrnetzbereitschaften mit entsprechender personeller und materieller Ausstattung, insbesondere speziell ausgerüstete Fahrzeuge, universelle Kleingeräte und Baumaschinen und eine ausreichende Lagerhaltung entsprechend dem zu betreuenden Rohrnetz sind die Voraussetzung für schnelle und sachgemäße Beseitigung der Schäden und ihrer Folgen.

Die vorbeugende Wartung des Rohrnetzes und die rasche Beseitigung von Schäden sind wichtige Voraussetzungen für die Versorgungssicherheit und die Senkung der Wasserverluste. Jede Nachlässigkeit auf diesem Gebiet erhöht den Aufwand. Die statistische Erfassung der Schäden gibt wichtige Hinweise für die rechtzeitige Sanierung bzw. Ersatzinvestitionen und besonders zu beachtende Probleme bei Neuanlagen.

Literaturverzeichnis

[8.1] Anonym: DVGW – Arbeitsblatt W 332: Hinweise und Richtlinien für Absperr- und Regelarmaturen in der Wasserversorgung. Frankfurt (Main): ZfGW-Verlag GmbH 1968.
[8.2] Anonym: Ervaringen met het reinigen van waterleidingnetten met behulp van proppen van schuimplastic. Samenvatting van Mededeling No. 28 van het Keuringsinstituut voor Waterleiding-Artikelen KIWA N. V., März 1967.
[8.3] Anonym: Gußrohr-Handbuch II: Duktile Gußrohre und Formstücke. Essen: Vulkan-Verlag Dr. W. Classen 1969.
[8.4] Anonym: Großrohrleitung in Kalifornien. Tiefbau 12 (1970) H. 2, S. 109.
[8.5] Anonym: Richtlinienkatalog Festigkeitsberechnungen, Apparate und Behälter Teil 3. Dresden: VEB Komplette Chemieanlagen 1981.
[8.6] Anonym: Kunststoff-Rohrleitungen. wasser, luft und betrieb 20 (1976) H. 9, S. 469–470.
[8.7] Anonym: Verlegung von Versorgungsleitungen in Sammelgräben und Kollektoren. Normen-Vorschriften-Richtlinien. Oesterreichisches Institut für Bauforschung, Forschungsbericht 57 (1968).
[8.8] *Bartzsch, W.:* Zum Einsatz von Plast-Rohrleitungen in der Wasserversorgung und Abwasserbehandlung. WWT 20 (1970) H. 10, S. 328–332, 21 (1971) H. 11, S. 369–373.
[8.9] *Böhler, E.:* Zur Luft-Wasser-Spülung von Rohrnetzen. WWT 13 (1963) H. 2, S. 82–83.
[8.10] *Böhler, J.; Rathke, H.:* Handbuch der Wassermessung. Berlin: VEB Verlag Technik 1965.
[8.11] *Boussinesq:* Application des Potentiels à l'étude de l'equilibre et du Mouvement des solides elastiques. Paris 1885.
[8.12] *Clausnitzer, R.; Condereit, M.:* Zur Anwendung von Laminaten bei der Rohrschadenbeseitigung. WWT 30 (1980) H. 2, S. 57–59.
[8.13] *Drescher, G.:* Das im Erdreich eingebettete Rohr. Oesterreichische Ingenieur-Zeitschrift 8 (1965) H. 3, S. 89–98.
[8.14] *Findeisen, M.; Degen, G.:* Die Reinigung von Wasserversorgungsleitungen. WWT 24 (1974) H. 11, S. 382–384.
[8.15] *Gandenberger, W.:* Über die wirtschaftliche und betriebssichere Gestaltung von Fernwasserleitungen. München: Verlag Oldenbourg 1957.

8.10. Betrieb von Rohrleitungen

[8.16] *Haase, L. W.:* Werkstoffzerstörung und Schutzschichtbildung im Wasserfach. Weinheim/Bergstraße: Verlag Chemie GmbH 1951.
[8.17] *Heiler, R.:* Betriebsgrenzen von Schiebern, Klappen und Ringkolbenventilen in Anlagen der Wasserversorgung. Rohre, Rohrleitungsbau, Rohrleitungstransport (1972) H. 3, S. 166–174.
[8.18] *Hummel, H. G.:* Methode zur Berechnung einer Gruppe sich gegenseitig beeinflussender Brunnen nebst Heberleitung. WWT 8 (1958) H. 7, S. 316–325.
[8.19] *Hünerberg, K.; Tessendorf, H.:* Handbuch für Asbestzement-Rohre. Berlin, Heidelberg, New York: Springer-Verlag 1977.
[8.20] *Kiene, W.:* Der magnetisch-induktive Durchflußmesser mit automatischem Nullpunkt und geringem Energieverbrauch. GWF 117 (1976) H. 7, S. 308–312.
[8.21] *Klas, H.:* Die Grundlagen der Elektrochemie der Korrosion und des elektrochemischen Korrosionsschutzes. GWF 102 (1961) H. 15, S. 393–399.
[8.22] *Kleinschmidt, P.:* Gestaltung und Verwendung von Rückschlagorganen. Magdeburg: MAW Technische Informationen Armaturen 5 (1970) H. 1, S. 7–18.
[8.23] *Köppl, H.:* Gesteuerte Druckminderer, Funktion, Dimensionierung, Wartung, Mindestdruckverhalten. Wasserfachliche Aussprachetagung des DVGW und VGW, 19. bis 21. März 1969 in Essen.
[8.24] *Kottmann, A.:* Die technischen Eigenschaften der wichtigsten Werkstoffe zur Herstellung von erdverlegten Druckrohrleitungen. GWF 105 (1964) H. 6, S. 134–140.
[8.25] *Kottmann, A.:* Ergebnisse aus Rohrschadens-Untersuchungen. DVGW-Schriftenreihe Wasser Nr. 13. Frankfurt (Main): ZfGW-Verlag GmbH 1977.
[8.26] *Kottmann, A.; Kraut, E.:* Großrohre als Verbundkonstruktion aus metallischem Mantel und Zementmörtelausschleuderung. GWF 111 (1970) H. 4, S. 232–237.
[8.27] *Laufenberg, F.:* Glasfaserverstärkte Kunststoffrohre. Kunststoff-Rundschau 15 (1968) H. 8, S. 429–435.
[8.28] *Lewinsky-Kesslitz, H. P.:* Über die Dynamik der Rückschlagklappe. Oesterreichische Ingenieur-Zeitschrift 110 (1965) H. 6, S. 185–191.
[8.29] *Löffler, H.:* Neue Gesichtspunkte zur frostsicheren Verlegetiefe von Wasserleitungen. WWT 15 (1965) H. 10, S. 333–337; H. 11, S. 377–380.
[8.30] *Löffler, H.:* Beitrag zur Bemessung und zum Einsatz von Be- und Entlüftungsventilen in der Wasserwirtschaft. WWT 16 (1966) H. 12, S. 405–413.
[8.31] *Marston, A.; Anderson, A. O.:* The Theory of Loads on Pipes in Ditches and Tests of Cement and Clay Drain Tile and Sewer Pipe. Jowa Engineering Experiment Station Bulletin Nr. 31, 1913.
[8.32] *Matthiesen, P. K.:* Düker aus Asbestzementrohren. Rohre, Rohrleitungsbau, Rohrleitungstransport 10 (1971) H. 2, S. 98–99; H. 3, S. 175–178.
[8.33] *Mörbe, K.; Morenz, W.; Pohlmann, H.-W.; Werner, H.:* Praktischer Korrosionsschutz wasserführender Anlagen. Berlin: VEB Verlag für Bauwesen 1980.
[8.34] *Mühlenberg, E.; Wimmershoff, H.:* Rohre aus PVC hart und Polyäthylen hart in der Trinkwasserversorgung. Erdverlegte Rohrleitungen. Brunnenbau, Bau von Wasserwerken, Rohrleitungsbau 28 (1977) H. 5, S. 186–192.
[8.35] *Oelsner, K.-H.:* Hydromechanisches Preßgerät HNP I – ein Gerät zum aufgrabungsfreien Verlegen von PE-Rohrleitungen. WWT 30 (1980) H. 2, S. 60–61.
[8.36] *Oertling, G.:* Verlegung von Dükern nach neuen Methoden. WWT 12 (1962) H. 6, S. 272–278.
[8.37] *Pöffniger, W.:* Sentab-Spannbetonrohre für Druckleitungen. GWF 103 (1962) H. 8, S. 185–190.
[8.38] *Röder, W.; Heinrich, H.:* Tragverhalten von Stahl- und Graugußrohren mit Zementmörtelauskleidung bei äußerer Belastung. Wissenschaftliche Zeitschrift der Technischen Hochschule Leipzig 4 (1980) H. 3, S. 179–186.
[8.39] *Röder, W.; Heinrich, H.:* Rekonstruktion erdverlegter Stahl- und Gußrohrleitungen NW 300–1200 mm durch Zementmörtel-Ausschleuderung. WWT (1981) H. 1, S. 18–19.

[8.40] *Schaible, L.:* Über einfache Bestimmung der Frostgefahr im Boden. Straßenbau-Technik 14 (1961) H. 18, S. 885–889.

[8.41] *Schröder, E.:* Das Doppeldüsenrohr, ein neues Durchfluß-Meßgerät. Zeitschrift des Vereins Deutscher Ingenieure 96 (1954) H. 11/12, S. 347–348.

[8.42] *Sommer, K.; Möller:* Organisation der Arbeit sowie Arbeits- und Lebensbedingungen der Spezialbrigade für Zementmörtelauspressung im VEB WAB Dresden. WWT 24 (1974) H. 11, S. 373–375.

[8.43] *Steinwender, A.:* Neuzeitliches über Heberleitungen. GWF 97 (1956) H. 4, S. 125.

[8.44] *Steinwender, A.:* Heber und Strahlpumpen in der Wassertechnik. Wien: Gas, Wasser, Wärme 11 (1957) H. 8, S. 169–181; H. 9, S. 199–206; H. 10, S. 236–245.

[8.45] *Teschke, W.; Neff, R.:* Beitrag zur wärmetechnischen Berechnung von erdverlegten Wasserversorgungsleitungen. WWT 25 (1975) H. 7, S. 243–247.

[8.46] *Teschke, W.:* Zeitdauer für das teilweise oder vollständige Einfrieren von Wasserversorgungsleitungen. WWT 27 (1977) H. 4, S. 122–124.

[8.47] *Teschke, W.:* Bemessung der Wärmedämmung frei verlegter Wasserversorgungsleitungen nach der Stagnationsdauer. WWT 29 (1979) H. 2, S. 55–58.

[8.48] *Thiel, A.; Melzer, U.; Weckel, R.:* Sanierung von Wasserversorgungsleitungen durch Auskleiden mit Plastfolie. WWT 24 (1974) H. 11, S. 378–381.

[8.49] *Truelsen, Ch.:* Grundlagen für Entwurf und Bau von Heberleitungen. GWF 88 (1974) H. 4, S. 113.

[8.50] *Volk, W.:* Belüftungs- und Entlüftungsventile, ihre Wirkungsweise und Bemessung. Die Wasserwirtschaft 56 (1966) H. 10, S. 324–328.

[8.51] *Werner, D., u. a.:* Verkehrs- und Tiefbau, B. 2: Stadttechnische Versorgungsnetze. Berlin: VEB Verlag für Bauwesen 1980.

[8.52] *Winkler, M.; Wissing, K.; Thriemer, S.:* Sammelkanäle, Grundsätze für Planung, Projektierung und Bau. Berlin: Schriftenreihe der Bauforschung, Reihe Ingenieur- und Tiefbau (1970) H. 34.

[8.53] *Wolff, K.:* Eternitrohre in vielseitiger Anwendung. Bohrtechnik, Brunnenbau, Rohrleitungsbau 22 (1971) H. 3, S. 83–88.

[8.54] *Wossog, G.; Manns, W.; Nötzold, G.:* Handbuch für den Rohrleitungsbau Berlin: VEB Verlag Technik 1981.

[8.55] *Wurz, F.:* Vorgespannter Stahlbeton als Baustoff für Großrohrleitungen. GWF 98 (1957) H. 34, S. 857–859.

9. Hydraulische Berechnungen

Die angewandte Hydromechanik (Hydraulik) gliedert sich in die Hydrostatik, die Lehre vom Gleichgewicht der in den Flüssigkeiten und auf die Flüssigkeiten wirkenden Kräfte, und die Hydrodynamik, die Lehre von der Bewegung der Flüssigkeiten.

Die Lösung hydrodynamischer Aufgaben bedingt vereinfachende Annahmen und die Anwendung empirisch gefundener Beiwerte oder ganzer Formeln. Mit vielen hydraulischen Berechnungen kann deshalb die Wirklichkeit nur annähernd erfaßt werden, was den praktischen Belangen auch meist genügt. Die Unsicherheiten in der Berechnung müssen gegebenfalls durch Sicherheitszuschläge in der jeweiligen Konstruktion aufgenommen werden. Dies ist wichtiger, als durch übertriebene Rechengenauigkeit ein vermeintlich „genaueres" Ergebnis anzustreben.

Nachstehend werden die in der Wasserversorgung häufigen Berechnungen aufgeführt. Sie entsprechen den derzeitig üblichen Verfahren und genügen allgemein den Erfordernissen der Praxis. Neue wissenschaftliche Erkenntnisse führen immer mehr zu exakteren, aber meist auch komplizierten Berechnungsverfahren, die nur noch mit Hilfe der modernen Rechentechnik zu lösen sind.

9.1. Stoffeigenschaften

Im Rahmen der Hydraulik interessieren besonders zwei physikalische Eigenschaften, die für Flüssigkeiten typisch sind:
- Flüssigkeiten setzen einer Volumenänderung durch Druck- oder Temperatureinfluß sehr großen Widerstand entgegen; sie sind praktisch inkompressibel. Das Volumen von Wasser wird durch 0,1 MPa Druckzunahme um etwa 0,005 % verringert. Dies gilt natürlich nur, wenn in den Flüssigkeiten keine Luft- oder Gasblasen enthalten sind.
- Die Flüssigkeitsteilchen sind gegeneinander sehr leicht verschiebbar, d. h., die Schubspannung zwischen den Teilchen oder die „innere Reibung" und auch die „äußere Reibung" an den festen Wandbegrenzungen sind gering. Flüssigkeiten setzen deshalb einer Formänderung nur sehr wenig Widerstand entgegen.

Werden beide Eigenschaften vollkommen erfüllt, so spricht man von einer *idealen Flüssigkeit* im Gegensatz von den wirklich vorkommenden *realen Flüssigkeiten*.

Bei den Aufgaben der Hydrostatik können beide Eigenschaften als vollkommen erfüllt, also ideale Flüssigkeiten vorausgesetzt werden. In der Hydrodynamik kann zwar meist mit inkompressiblen Flüssigkeiten gerechnet werden – Ausnahmen bilden z. B. Druckschwingungen –, die innere und äußere Reibung hat aber nennenswerten Einfluß. Sie wird durch die dynamische Zähigkeit η dargestellt. Dividiert durch die Dichte ϱ ergibt sie die kinematische Zähigkeit ν.

$$\nu = \frac{\eta}{\varrho}$$

η dynamische Zähigkeit (Viskosität) in Pa·s = kg/m·s
ν kinematische Zähigkeit (Viskosität) in m^2/s
ϱ Dichte in kg/m^3

Die Zähigkeit ist stark temperaturabhängig. Geringe Beimengungen im Wasser beeinflussen die Zähigkeit nur unbedeutend.

Die Dichte des Wassers wird durch die Temperatur in dem in der Wasserversorgung interessierenden Bereich nur gering beeinflußt. Sie kann als praktisch konstant mit rund 1000 kg/m^3 angesetzt werden. Die genauen physikalischen Daten des Wassers s. Abschn. 11.

9.2. Hydrostatik

9.2.1. Hydrostatischer Druck

In einer idealen Flüssigkeit pflanzen sich die auf die Flüssigkeitsteilchen wirkenden äußeren Kräfte in allen Richtungen gleichmäßig fort. Der hydrostatische Druck ist somit eine richtungslose Größe (Skalar). Auf jede beliebige Schnittfläche, also auch auf Wandungen, die die Flüssigkeit begrenzen, wirkt der hydrostatische Druck senkrecht. Erzeugt wird der hydrostatische Druck durch die Schwerkraft (Erdanziehung), auf die Flüssigkeit wirkende äußere Kräfte (Preßdruck, Druckluft) und Massenkräfte bei gleichmäßiger Beschleunigung z. B. in rotierenden Gefäßen. Die Schwerkraft wächst linear mit der Flüssigkeitstiefe. Die Druckintensität (Druckzunahme mit der Tiefe) beträgt rund 10 kPa/m.

Die auf eine waagerechte Bodenfläche wirkende hydrostatische Druckkraft (Bodendruckkraft) entspricht der Masse einer Flüssigkeitssäule, die den Boden zur Grundfläche und den lotrechten Abstand des Bodens vom Flüssigkeitsspiegel zur Höhe hat, mal der Erdbeschleunigung. Die Ausbildung der Seitenwände hat keinen Einfluß. Die hydrostatische Druckkraft kann also größer oder kleiner sein als der Masse der Flüssigkeit im Gefäß entspricht (hydrostatisches Paradoxon). Nach Bild 9.1 ist

$$p = h \cdot \varrho \cdot g \qquad (9.1)$$

$$F = p \cdot A \qquad (9.2)$$

p	Bodendruck in Pa = kg/m · s²
F	Druckkraft in N
ϱ	Dichte der Flüssigkeit in kg/m³
h	Flüssigkeitshöhe in m
A	Bodenfläche in m²
g	Erdbeschleunigung in m/s²

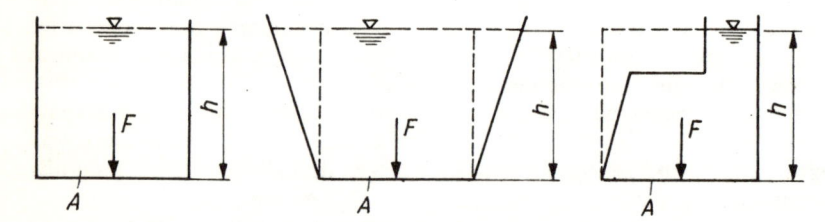

Bild 9.1 Bodendruck

Ruht auf dem Flüssigkeitsspiegel noch ein Druck p_0, so wird

$$p = h \cdot \varrho \cdot g + p_0 \qquad (9.3)$$

Wirkt auf das betrachtete System allseitig der atmosphärische Luftdruck, was für die meisten praktischen Aufgaben zutrifft, wird dieser als Bezugsdruck verwendet und mit p als Überdruck gerechnet.

Die auf eine Seitenwand wirkende hydrostatische Druckkraft (Seitendruckkraft) entspricht der Masse einer Flüssigkeitssäule, die die Seitenwand zur Grundfläche und den lotrechten Abstand zwischen dem Schwerpunkt und dem Flüssigkeitsspiegel zur Höhe hat, mal der Erdbeschleunigung. Mit den Bezeichnungen in Bild 9.2 ist

$$\begin{aligned} dF &= dA \cdot h \cdot \varrho \cdot g \\ F &= A \cdot h_s \cdot \varrho \cdot g \end{aligned} \qquad (9.4)$$

F	Seitendruckkraft in N
h_s	Abstand des Flächenschwerpunktes vom Flüssigkeitsspiegel in m
A	gedrückte Fläche in m²

Ruht auf dem Flüssigkeitsspiegel noch ein Druck p_0, so wird

9.2. Hydrostatik

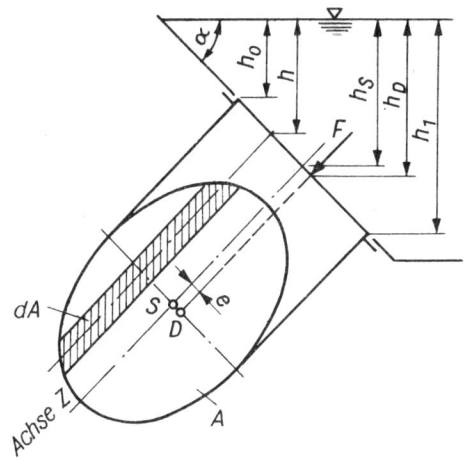

Bild 9.2 Seitendruck
S Schwerpunkt der Fläche A; Z horizontale Schwerpunktachse der Fläche A; F Druckkraft auf die Fläche A; D Druckpunkt, Angriffspunkt der Kraft F

$$F = (h_s \cdot \varrho \cdot g + p_0) \cdot A \tag{9.5}$$

Der Angriffspunkt D der Seitendruckkraft liegt wegen der mit der Tiefe zunehmenden Schwerkraft tiefer als der Flächenschwerpunkt S. Bei Flächen, die zu einer vertikalen Achse symmetrisch sind, liegt der Druckpunkt D auf dieser Achse unter dem Schwerpunkt S. Für die in Bild 9.2 eingetragenen Bezeichnungen gilt

$$e = \frac{I_s \cdot \sin \alpha}{h_s \cdot A} \tag{9.6}$$

$$h_D = h_s + \frac{I_s \cdot \sin^2 \alpha}{h_s \cdot A} \tag{9.7}$$

Dabei ist I_s das Trägheitsmoment in m^4 der Fläche A, auf die horizontale Schwerpunktachse Z bezogen.

Ruht auf dem Flüssigkeitsspiegel noch ein Druck p_0, so ist dieser bei der Berechnung von e und h_D in Meter Flüssigkeitssäule umgerechnet zu h_s zu addieren:

$$\sum h_s = h_s + \frac{p_0}{\rho \cdot g} \tag{9.8}$$

Die Trägheitsmomente und Schwerpunkte der verschiedenen Flächenformen sind einschlägigen statischen Tabellen zu entnehmen. Einige Regelfälle sind in Bild 9.3 dargestellt.

Beim Druck auf gekrümmte Flächen erfolgt die Berechnung der Druckkraft F durch getrennte Ermittlung der horizontalen Komponente F_H und vertikalen Komponente F_V (Bild 9.4).

Die horizontale Druckkraft F_H entspricht der Masse einer Flüssigkeitssäule, die die horizontale Projektion der gedrückten Fläche auf eine vertikale Ebene zur Grundfläche und den lotrechten Abstand zwischen dem Schwerpunkt der projizierten Flächen und dem Flüssigkeitsspiegel zur Höhe hat, mal der Erdbeschleunigung. Der Angriffspunkt (Druckpunkt D_H) der horizontalen Komponente wird wie beim Seitendruck ermittelt. Nach Bild 9.4 ist

$$dF_H = dA_H \cdot h_H \cdot \varrho \cdot g$$
$$F_H = A_H \cdot h_s \cdot \varrho \cdot g \tag{9.9}$$

Die vertikale Druckkraft F_V entspricht der Masse der Flüssigkeitssäule, die senkrecht über der gedrückten Fläche steht, mal der Erdbeschleunigung. Der Angriffspunkt (Druckpunkt D_V) der vertikalen Komponente liegt im Schwerpunkt dieser Flüssigkeitssäule:

$$dF_V = p \cdot g \cdot h_V \cdot dA_V$$
$$F_V = \rho \cdot g \cdot \int_{h_1}^{h_2} h \cdot dA_V$$

a)

$$A = b \cdot h$$
$$h_S = \frac{h}{2}$$
$$F = \frac{\varrho \cdot g \cdot h^2 \cdot b}{2}$$
$$e = \frac{h}{6}$$
$$h_D = \frac{2}{3} h$$

b)

$$A = b \cdot a$$
$$h_S = h_1 + \frac{a}{2}$$
$$F = \varrho \cdot g \cdot b \cdot a \left(h_1 + \frac{a}{2}\right)$$
$$e = \frac{a^2}{12 h_1 + 6a}$$

c)

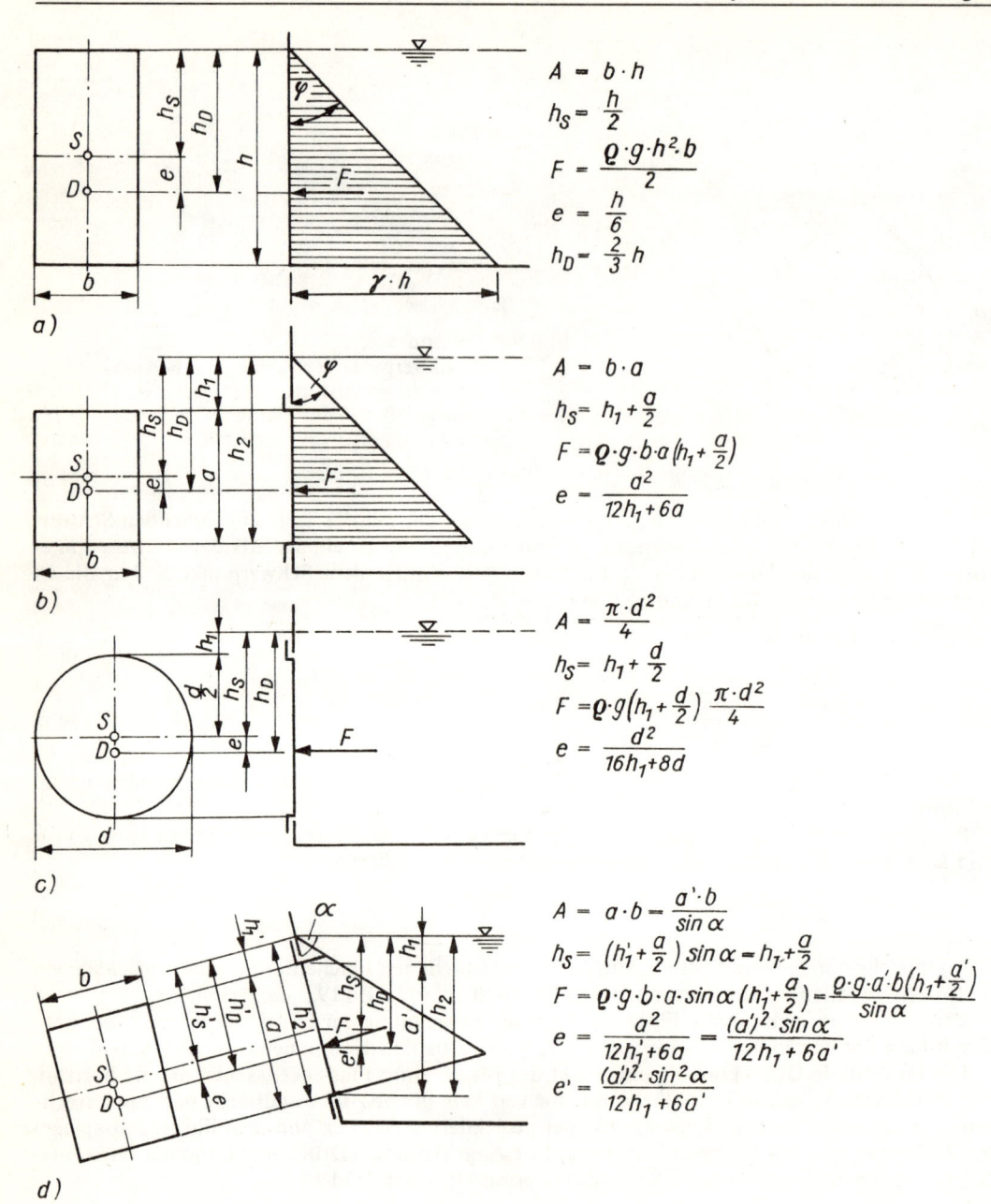

$$A = \frac{\pi \cdot d^2}{4}$$
$$h_S = h_1 + \frac{d}{2}$$
$$F = \varrho \cdot g \left(h_1 + \frac{d}{2}\right) \frac{\pi \cdot d^2}{4}$$
$$e = \frac{d^2}{16 h_1 + 8d}$$

d)

$$A = a \cdot b = \frac{a' \cdot b}{\sin \alpha}$$
$$h_S = \left(h_1' + \frac{a}{2}\right) \sin \alpha = h_1 + \frac{a}{2}$$
$$F = \varrho \cdot g \cdot b \cdot a \cdot \sin \alpha \left(h_1' + \frac{a}{2}\right) = \frac{\varrho \cdot g \cdot a' \cdot b \left(h_1 + \frac{a'}{2}\right)}{\sin \alpha}$$
$$e = \frac{a^2}{12 h_1' + 6a} = \frac{(a')^2 \cdot \sin \alpha}{12 h_1 + 6a'}$$
$$e' = \frac{(a')^2 \cdot \sin^2 \alpha}{12 h_1 + 6a'}$$

Bild 9.3 Seitendruck
    a) auf rechteckige, senkrechte Wand; b) auf rechteckigen, senkrechten Wandabschnitt; c) auf runden, senkrechten Wandabschnitt; d) auf rechteckigen, schrägen Wandabschnitt

$$F_V = \rho \cdot g \cdot V_V \quad (9.10)$$

Die resultierende Druckkraft F ist die geometrische Summe der Horizontal- und Vertikalkomponente.

$$F = \sqrt{F_H^2 + F_V^2} \quad (9.11)$$

9.2. Hydrostatik

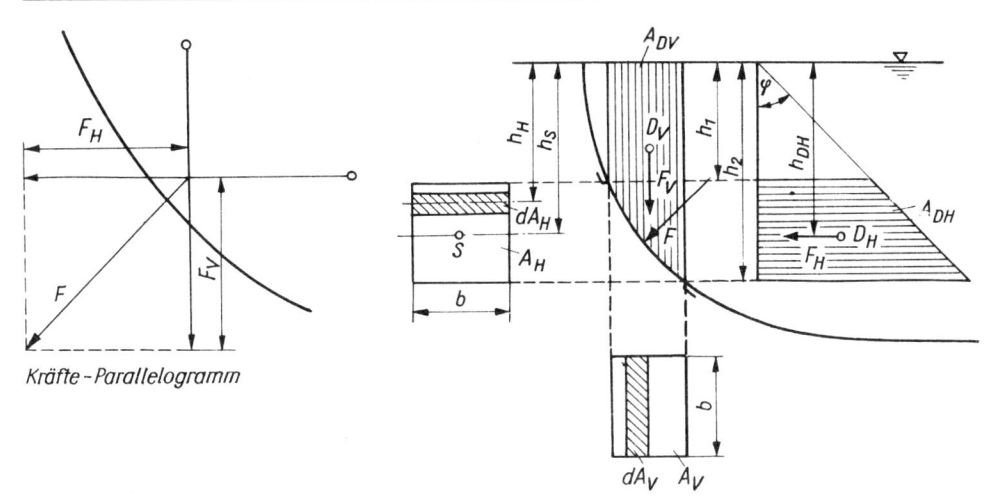

Bild 9.4 Druck auf eine einfach gekrümmte Wand
F resultierende Druckkraft; F_V vertikale Komponente der Druckkraft; F_H horizontale Komponente der Druckkraft; A_H horizontale Projektion der Fläche A auf eine vertikale Ebene; A_V vertikale Projektion der Fläche A auf eine horizontale Ebene; A_{DV} vertikale Druckfläche, ergibt mal Breite b den vertikalen Druckkörper V_V; A_{DH} horizontale Druckfläche, ergibt mal Breite b den horizontalen Druckkörper V_H; S Schwerpunkt der Fläche A_{DH}; D_H Druckpunkt der Kraft F_H, Schwerpunkt des Druckkörpers V_H; D_V Druckpunkt der Kraft F_V, Schwerpunkt des Druckkörpers V_V

Die Richtung der resultierenden Druckkraft ergibt sich aus dem Kräfteparallelogramm (Bild 9.4).

Bei zweifach gekrümmten Wandungen wird im Prinzip in gleicher Weise verfahren wie bei einfach gekrümmten Wandungen. Die Horizontalkraft F_H wird dabei ebenfalls mit der horizontalen Projektion der gedrückten Fläche auf eine Vertikalebene ermittelt. Wenn sich die beiden Kraftkomponenten F_H und F_V nicht schneiden, entsteht außer der resultierenden Kraft F ein Drehmoment.

Der *Aufdruck* ist der infolge des Druckfortpflanzungsgesetzes entgegen der Schwerkraft nach oben wirkende hydrostatische Druck. Er tritt auf, wenn die Flüssigkeit gegen eine obere Begrenzungswand drückt (Bild 9.5).

Der Aufdruck entspricht der Masse einer Flüssigkeitssäule, die die gedrückte Fläche zur Grundfläche und den lotrechten Abstand des Schwerpunktes dieser Fläche zum Flüssigkeitsspiegel zur Höhe hat, mal der Erdbeschleunigung.

Der Aufdruck und Angriffspunkt der Druckkraft werden je nach Flächengestaltung, analog wie vorher beschrieben, ermittelt.

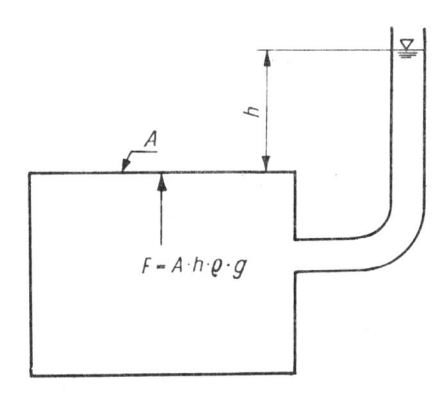

Bild 9.5 Aufdruck

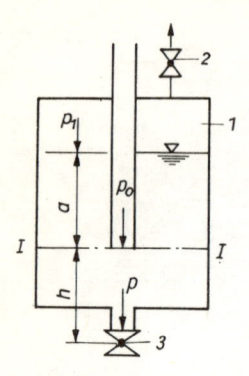

Bild 9.6 Mariottesches Gefäß
1 Luft unter Unterdruck; *2* Entlüftungsventil, wird beim Füllen des Gefäßes geöffnet; *3* Regelventil

Das *Mariottesche Gefäß* dient der Dosierung von Flüssigkeiten. Während der Abfluß aus einem normalen Gefäß infolge des hydrostatischen Druckes auf die Ausflußöffnung mit sinkendem Flüssigkeitsspiegel abnimmt (s. Abschn. 9.3.6.), wird im Mariotteschen Gefäß der hydrostatische Druck auf die Ausflußöffnung und damit der Ausfluß konstant gehalten.

Im Bild 9.6 sind die Gleichgewichtsbedingungen im Querschnitt I–I

$$p_0 = \varrho \cdot g \cdot a + p_1$$

und am Abflußventil

$$p = \varrho \cdot g \cdot h + p_0$$

Für $a > 0$ ist p konstant und somit der Abfluß konstant. Der Luftdruck p_1 im Gefäß muß dabei kleiner sein als der atmosphärische Druck p_0, und zwar ist

$$p_1 = p_0 - \varrho \cdot g \cdot a$$

9.2.2. Auftrieb

Taucht ein Körper in eine Flüssigkeit ein, so sind seine Wandungen dem hydrostatischen Druck ausgesetzt. Die Horizontalkräfte heben sich sämtlich gegenseitig auf. Die Resultierende aus den Vertikalkräften ergibt eine nach oben gerichtete Kraft, den Auftrieb.

Nach *Archimedes* entspricht der Auftrieb dem Gewicht der vom eingetauchten Körper verdrängten Flüssigkeit. Der Auftrieb greift im Schwerpunkt der verdrängten Flüssigkeit an und wirkt senkrecht nach oben. Der eingetauchte Körper dreht sich so, daß sein Schwerpunkt mit dem Schwerpunkt der verdrängten Flüssigkeit auf einer vertikalen Achse liegt (Bild 9.7).

Ist die mittlere Dichte des eingetauchten Körpers kleiner als die der Flüssigkeit, so schwimmt der Körper. Sind beide Dichten gleich, so schwebt er in jeder beliebigen Tiefe. Ist die mittlere Dichte des Körpers größer als die der Flüssigkeit, so sinkt der Körper zu Boden. Zur Stabilität schwimmender Körper (kentern) s. [9.32].

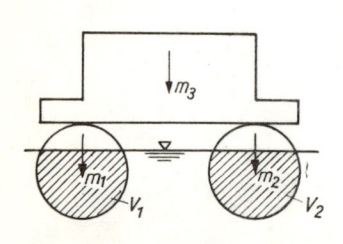

Bild 9.7 Auftrieb eines Floßes
$F_A = (V_1 + V_2) \cdot \varrho \cdot g = (m_1 + m_2 + m_3) \cdot g$
F_A Auftrieb in N
V Volumen der verdrängten Flüssigkeit in m^3
m Masse des Floßes in kg
ϱ Dichte der verdrängten Flüssigkeit in kg/m^3
g Erdbeschleunigung in m/s^2

9.3. Hydrodynamik

9.3.1. Allgemeine Grundlagen

9.3.1.1. Bewegungsarten

Die Bewegung eines Flüssigkeitsteilchens ist allgemein durch die drei Raumkoordinaten und die Zeit bestimmt. In der praktischen Hydraulik wird, um die Aufgaben mit vertretbarem Aufwand überhaupt lösen zu können, fast ausschließlich zweidimensionale Bewegung angenommen, und zwar eine Raumkoordinate und die Zeitkoordinate. Die tatsächlichen Abweichungen davon werden durch empirische Beiwerte oder Formeln berücksichtigt.

Folgende Bewegungsarten werden unterschieden:

Stationäre Strömung. Die mittlere Fließgeschwindigkeit v im Querschnitt A ist an jeder Stelle unabhängig von der Zeit t konstant, $dv/dt = 0$.

Instationäre Strömung. Die mittlere Fließgeschwindigkeit v im Querschnitt A ändert sich mit der Zeit t, z. B. Entleeren eines Behälters.

Gleichförmige Bewegung. Die mittlere Fließgeschwindigkeit v ist zum Zeitpunkt t auf dem Fließweg s konstant, $dv/ds = 0$.

Ungleichförmige Bewegung. Die mittlere Fließgeschwindigkeit v im Querschnitt A ändert sich mit dem Ort, weil sich der Durchfluß $\dot{V}$ oder der Durchflußquerschnitt A oder beides mit dem Ort ändern. Es ergibt sich beschleunigte, z. B. Absenkung, oder verzögerte Bewegung, z. B. Rückstau.

Stürzen. Freie Bewegung im leeren oder gasgefüllten Raum, z. B. Wasserfall.

Fließen. Bewegung einer Flüssigkeit, die von Wandungen begrenzt ist.

9.3.1.2. Fließformen, Reynoldszahl

Die zwei grundsätzlichen Fließformen sind das laminare und das turbulente Fließen.

Laminares Fließen (Gleiten). Alle Flüssigkeitsteilchen bewegen sich in nebeneinanderliegenden Schichten, ohne sich zu durchsetzen oder zu vermischen.

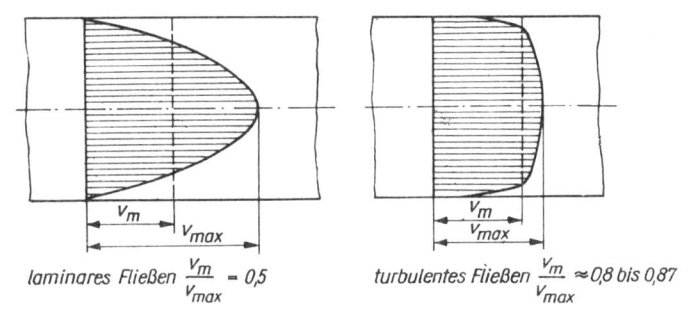

laminares Fließen $\frac{v_m}{v_{max}} = 0{,}5$ turbulentes Fließen $\frac{v_m}{v_{max}} \approx 0{,}8$ bis $0{,}87$

Bild 9.8 Geschwindigkeitsverteilung im Kreisquerschnitt bei laminarem und bei turbulentem Fließen

Turbulentes Fließen. Durch Querkomponenten der Bewegung tritt ein Durchdringen und Vermischen der Flüssigkeitsteilchen ein (Turbulenz).

Die Geschwindigkeitsverteilung im Durchflußquerschnitt ist bei laminarem und bei turbulentem Fließen grundsätzlich verschieden (Bild 9.8). Der Reibungsverlust ist bei laminarem Fließen ein Minimum und bei turbulentem Fließen wesentlich höher.

Nachstehend ist mit Fließgeschwindigkeit v jeweils die mittlere Fließgeschwindigkeit im Durchflußquerschnitt gemeint.

Ob laminares oder turbulentes Fließen herrscht, wird von drei Faktoren bestimmt: Fließgeschwindigkeit v, kinematische Zähigkeit der Flüssigkeit ν und Größe und Form des Durchflußquerschnitts. Alle drei Faktoren sind in der dimensionslosen *Reynolds*zahl zusammengefaßt. Größe und Form des Durchflußquerschnittes werden durch den hydraulischen Radius R charakterisiert. R ist dabei ein gewähltes typisches Längenmaß für den Querschnitt. Allgemein setzt man hierfür das Verhältnis Durchflußquerschnitt zu benetztem Umfang ein. Beim Kreisquerschnitt wird meist $R = d$ gesetzt.

$$R = \frac{A}{U} \quad \text{oder} \quad R = d \tag{9.12}$$

$$\text{Re} = \frac{v \cdot R}{\nu} \quad \text{bzw.} \quad \text{Re} = \frac{v \cdot d}{\nu} \tag{9.13}$$

R hydraulischer Radius in m
A Durchflußquerschnitt in m²
U benetzter Umfang des Durchflußquerschnitts in m
Re   *Reynolds*zahl
v   mittlere Fließgeschwindigkeit in m/s
ν kinematische Zähigkeit in m²/s
d Rohrdurchmesser in m

Die untere Grenze zwischen dem laminaren und dem turbulenten Fließen liegt in Rohrleitungen bei der kritischen *Reynolds*zahl

$\text{Re}_{krit} \approx 580$, bezogen auf $R = A/U$
$\text{Re}_{krit} \approx 2320$, bezogen auf $R = d$
laminares Fließen $\text{Re} < \text{Re}_{krit} < \text{Re}$ turbulentes Fließen.

Unterhalb Re_{krit} herrscht mit Sicherheit laminares Fließen. Oberhalb Re_{krit} kann unter günstigen Voraussetzungen noch laminares Fließen auftreten; jedoch sind diese Voraussetzungen in technischen Anlagen kaum gegeben.

Das turbulente Fließen wird außerdem nach dem Einfluß der spezifischen Wandrauhigkeit $\varepsilon = k/d$ und der *Reynolds*zahl auf den Reibungsbeiwert λ in drei Bereiche untergliedert (s. Abschn. 9.3.2.3.):

Glatter Bereich. $\lambda = f(\text{Re})$, die spezifische Rauhigkeit der Wand hat keinen Einfluß auf den Reibungsverlust.

Rauher Bereich. $\lambda = f(\varepsilon)$, die *Reynolds*zahl hat keinen Einfluß auf den Reibungsverlust.

Übergangsbereich zwischen hydraulisch glatt und rauh, $\lambda = f(\text{Re}, \varepsilon)$. Der Reibungsverlust hängt von der *Reynolds*zahl und der spezifischen Rauhigkeit ab.

In offenen Gerinnen wird das turbulente Fließen noch unterschieden in Strömen und Schießen (s. Abschn. 9.3.7.).

Strömen. Die mittlere Fließgeschwindigkeit v ist kleiner als die Wellenschnelligkeit w. Dadurch können sich Störungen (Wellen, Stau, Absenkung) nur stromaufwärts fortpflanzen, nicht stromabwärts. Die hydraulische Berechnung muß deshalb stromaufwärts erfolgen.

Schießen. Die mittlere Fließgeschwindigkeit v ist größer als die Wellengeschwindigkeit w, so daß sich Störungen nicht stromaufwärts, sondern nur stromabwärts auswirken können. Die hydraulische Berechnung muß dementsprechend stromabwärts vorgenommen werden.

9.3.1.3. Kontinuitätsgleichung

In einer Stromröhre, z. B. Rohrleitung, muß bei stationärer Strömung nach dem Gesetz von der Erhaltung der Masse durch jeden Querschnitt die gleiche Masse je Zeiteinheit (Massenstrom) fließen. Mathematisch ausgedrückt, ergibt dies die Kontinuitätsgleichung

$$\frac{m}{t} = \varrho \cdot A \cdot v = \text{konst.} \tag{9.14}$$

Für $\varrho = \text{konst.}$ wird

$$\dot{V} = A \cdot v = \text{konst.} \tag{9.15}$$

m Masse in kg
t Zeit in s
ϱ Dichte in kg/m³

9.3. Hydrodynamik

A Durchflußquerschnitt in m²
v Durchflußgeschwindigkeit in m/s
$\dot{V}$ Durchfluß in m³/s

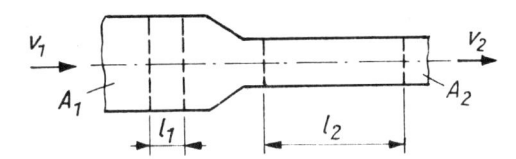

Bild 9.9 Stromröhre

Nach Bild 9.9. ist $A_1 \cdot v_1 = A_2 \cdot v_2$

$$\frac{v_1}{v_2} = \frac{A_2}{A_1} = \frac{l_1}{l_2} \tag{9.16}$$

Die mittleren Durchflußgeschwindigkeiten ändern sich umgekehrt proportional zu den Durchflußquerschnitten.

9.3.1.4. Bernoulli-Gleichung, Druck- und Energielinie

Den Satz von der Erhaltung der Energie auf die Hydrodynamik angewendet, ergibt die sogenannte *Bernoulli*-Gleichung. Am Beispiel einer Rohrleitung (Bild 9.10) dargestellt, ist

$$H_{geo} + \frac{p}{\rho \cdot g} + \frac{v^2}{2g} + H_V = \text{konst.} \tag{9.17}$$

H_{geo} geodätische Höhe über einem Bezugshorizont in m
p Druck in der Flüssigkeit in Pa
ϱ Dichte der Flüssigkeit in kg/m³
v mittlere Fließgeschwindigkeit im betrachteten Querschnitt in m/s
g Erdbeschleunigung in m/s²
H_V Verlusthöhe für Reibungswiderstände in m

Die Energien werden dabei als Höhe in m der Flüssigkeitssäule – also als potentielle Energie oder Energie der Lage – dargestellt.

Die Summe aus potentieller Energie (geodätische Höhe H_{geo}), Druckenergie (Druckhöhe

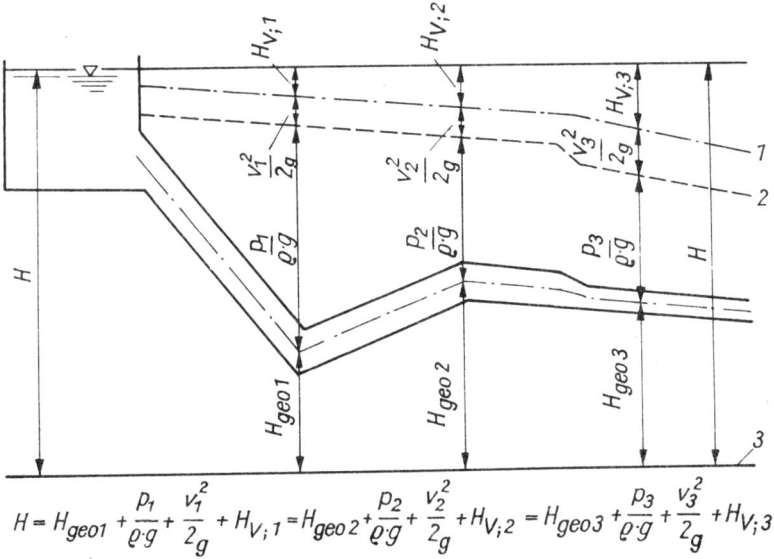

$$H = H_{geo1} + \frac{p_1}{\varrho \cdot g} + \frac{v_1^2}{2g} + H_{V;1} = H_{geo2} + \frac{p_2}{\varrho \cdot g} + \frac{v_2^2}{2g} + H_{V;2} = H_{geo3} + \frac{p_3}{\varrho \cdot g} + \frac{v_3^2}{2g} + H_{V;3}$$

Bild 9.10 Die Bernoulli-Gleichung, dargestellt an einer Druckrohrleitung
1 Energielinie; *2* Druck- oder Piezometerlinie; *3* Bezugshorizont

$p/[\varrho \cdot g])$, kinetischer Energie (Geschwindigkeitshöhe $h_v = v^2/2\,g$) und Reibungsenergie (Verlusthöhe H_v) ist bei stationärer Strömung in jedem Punkt konstant.

Die geodätische Höhe H_{geo} wird auf einen beliebigen Horizont, z. B. m NN, bezogen. Die Druckhöhe $h_d = p/(\varrho \cdot g)$ stellt die auf die Rohrachse bezogene Druckhöhe dar. Setzt man auf die betrachtete Rohrleitung Wasserstandsrohre (Piezometerrohre) auf, so steigt darin der Wasserspiegel um die Druckhöhe h_d bis zur Drucklinie an. Die Geschwindigkeitshöhe $h_v = v^2/2\,g$ stellt die Höhe dar, die ein Körper (hier Flüssigkeitsteilchen) im freien Fall zurücklegen muß, um die Geschwindigkeit v zu erlangen. Die Geschwindigkeitshöhe, zur Drucklinie addiert, ergibt die Energielinie. Sie stellt die im Sinne der Hydraulik nutzbare Energie dar. Die Reibungshöhe oder die Verlusthöhe H_v stellt die Energie dar, die durch innere Reibung in der Flüssigkeit und Reibung zwischen Flüssigkeit und Wandungen (Rohrwand, Grabenwand, Einbauten) in hydrodynamisch nicht mehr erscheinende Energieformen, z. B. Wärme und Schall, umgesetzt wird.

Die *Bernoulli*-Gleichung ist neben der Kontinuitätsgleichung die wichtigste Grundlage aller hydraulischen Berechnungen bei stationärer Strömung. Ihre graphische Darstellung mit Druck- und Energielinie verdeutlicht und charakterisiert die hydraulischen Vorgänge.

Eine Flüssigkeitsbewegung ist nur möglich, wenn ein Energiegefälle vorhanden ist. Die Bewegung kann nur in der Richtung des Energiegefälles erfolgen. Das Gefälle der Drucklinie ist dabei nicht maßgebend.

Bei Rohrnetzberechnungen in der Wasserversorgung ist die Geschwindigkeitshöhe meist gegenüber der Druckhöhe und Reibungshöhe vernachlässigbar klein. Druck- und Energielinie fallen dann praktisch zusammen. In offenen Gerinnen entsprechen die Drucklinie dem Wasserspiegel und die Druckhöhe der Wassertiefe.

Die Berechnung der Reibungsverluste ist die Hauptaufgabe der hydraulischen Berechnungen für Wasserversorgungsanlagen. Die ermittelten Reibungsverluste, in die *Bernoulli*-Gleichung eingesetzt, ergeben die Druckhöhen im Rohrnetz, die Förderhöhen der Pumpen bzw. die erforderlichen Rohrdurchmesser usw.

9.3.1.5. Allgemeine Fließformel von Brahms und de Chezy

Für die gleichförmige Bewegung fanden *Brahms* und *de Chezy* auf Grund mathematisch-physikalischer Überlegungen [9.32] die allgemeine Fließformel

$$v = c \sqrt{R \cdot I} \qquad (9.18)$$

aus der sich der Rohrreibungsverlust ergibt:

$$h_r = \frac{v^2 \cdot l}{c^2 \cdot R} \qquad (9.19)$$

v   mittlere Fließgeschwindigkeit in m/s
c   Geschwindigkeitsbeiwert in $m^{0,5}/s$
R   hydraulischer Radius nach Gl. (9.13) in m
I   Gefälle der Energielinie = h_r/l
h_r Rohrreibungsverlust in m
l   Länge der betrachteten Fließstrecke in m

Für den Geschwindigkeitsbeiwert c in den Gln (9.18) und (9.19) wurden von vielen Forschern empirische Formeln nach entsprechenden Versuchen und Messungen aufgestellt [9.32]. Die Ergebnisse weichen z. T. stark voneinander ab, ohne daß man die Formeln als falsch bezeichnen kann. Entsprechend den Versuchsbedingungen, aus denen sie ermittelt wurden, sind sie jedoch nur in einem bestimmten Bereich gültig. Ihre Übertragbarkeit auf andere Verhältnisse scheitert daran, daß in diesen Formeln die Ähnlichkeitsgesetze, insbesondere die *Reynolds*zahl und damit die Fließformen, nicht oder nur ungenügend berücksichtigt sind. Exaktere Berechnungsmethoden liegen für das vollaufende Kreisprofil vor (s. Abschn. 9.3.2.3.).

Für künstliche, nicht geschiebeführende Gerinne fanden *Manning*, *Gauckler* und *Strickler* aus Versuchen:

$$c = k_m \cdot R^{1/6} \qquad (9.20)$$

9.3. Hydrodynamik

In Gl. (9.18) eingesetzt, ergibt sich

$$v = k_m \cdot R^{2/3} \cdot I^{1/2} \tag{9.21}$$

k_m Rauhigkeitsbeiwert nach Abschn. 11. in $m^{1/3}/s$
R hydraulischer Radius nach Gl. (9.12)
v mittlere Fließgeschwindigkeit in m/s
I Gefälle der Energielinie = h_r/l

Die Formel von *Manning, Gauckler* und *Strickler* wird auch für natürliche Gerinne angewendet; jedoch ist dabei die richtige Wahl des Rauhigkeitsbeiwerts k_m noch problematischer als bei künstlichen Gerinnen. Sie ist die z. Z. in der Praxis am meisten verwendete Formel für offene Gerinne.

9.3.2. Stationäre Strömung in Druckrohrleitungen
9.3.2.1. Rohrreibungsverluste

Die aus der allgemeinen Fließformel von *Brahms* und *de Chezy* [s. Gl. (9.18)] abgeleitete Gl. (9.19) für den Rohrreibungsverlust ergibt für das Kreisprofil mit dem hydraulischen Radius $R = d/4$

$$h_r = \frac{4 \cdot v^2 \cdot l}{c^2 \cdot d} \tag{9.22}$$

Setzt man für $4/c^2 = \lambda/2g$, so wird der Rohrreibungsverlust eine Funktion der Geschwindigkeitshöhe, und man erhält das Widerstandsgesetz von *Darcy*:

$$h_r = \lambda \frac{v^2}{2g} \cdot \frac{l}{d} = \lambda \frac{8 \cdot \dot{V}^2 \cdot l}{\pi^2 \cdot d^5 \cdot g} \tag{9.23}$$

$$v = \frac{1}{\sqrt{\lambda}} \sqrt{2g \cdot I \cdot d} \tag{9.24}$$

h_r Rohrreibungsverlust als Druckhöhe der Flüssigkeitssäule in m
λ Reibungsbeiwert, dimensionslos
v mittlere Fließgeschwindigkeit in m/s
g Erdbeschleunigung in m/s^2
l Länge der betrachteten Rohrleitung in m
d Durchmesser der Rohrleitung in m
I Gefälle der Energielinie = h_r/l

Der Reibungsbeiwert λ ist dabei nach den klassischen Formeln

$$\lambda = \frac{8g}{c^2} \tag{9.25}$$

wobei der Rauhigkeitsbeiwert [s. Gl. (9.20)] nach *Manning, Gauckler, Strickler* u. a. (s. [9.32]) ermittelt werden kann. Diese Formeln berücksichtigen jedoch nicht die Fließform und ergeben z. T. stark von der Wirklichkeit abweichende Ergebnisse, die keinesfalls immer auf der „sicheren Seite" liegen.

Für das voll gefüllte Kreisprofil werden deshalb fast ausschließlich nur noch die den Fließzustand berücksichtigenden Formeln für den Reibungsbeiwert verwendet [9.16].

Laminares Fließen. Re > 2320, $\lambda = f(\text{Re})$
Gesetz von *Poiseuille* und *Hagen*

$$\lambda_{lam} = \frac{64}{\text{Re}} \tag{9.26}$$

$$h_r = \frac{32 \cdot v \cdot v \cdot l}{g \cdot d^2} \tag{9.27}$$

$$v = \frac{g}{32 v} \cdot I \cdot d^2 \tag{9.28}$$

Turbulentes Fließen. Re > 2320
a) hydraulisch glattes Verhalten des Rohres, $\lambda_0 = f(\text{Re})$
Formel (1) von *Prandtl* und *v. Kàrmàn*

$$\frac{1}{\sqrt{\lambda_0}} = 2 \lg \left(\frac{\text{Re} \cdot \sqrt{\lambda_0}}{2{,}51} \right) \tag{9.29}$$

b) hydraulisch rauhes Verhalten des Rohres, $\lambda = f(k/d)$
Formel (2) von *Prandtl* und *v. Kàrmàn*

$$\frac{1}{\sqrt{\lambda}} = 2 \lg \left(\frac{3{,}71 \cdot d}{k} \right) \tag{9.30}$$

$$\lambda = \frac{1}{\left[2 \lg \left(\frac{3{,}71\, d}{k} \right) \right]^2} \tag{9.31}$$

$$h_r = \frac{1}{\left[2 \lg \left(\frac{3{,}71\, d}{k} \right) \right]^2} \cdot \frac{v^2}{2g} \cdot \frac{l}{d} \tag{9.32}$$

$$v = \sqrt{2g \cdot I \cdot d} \cdot 2 \lg \left(\frac{3{,}71\, d}{k} \right) \tag{9.33}$$

c) Übergangsbereich zwischen dem hydraulisch glatten und rauhen Verhalten des Rohres, $\lambda = f(\text{Re}, k/d)$. Formel von *Colebrook*

$$\frac{1}{\sqrt{\lambda}} = -2 \lg \left(\frac{2{,}51}{\text{Re}\, \sqrt{\lambda}} + \frac{k}{3{,}71\, d} \right) \tag{9.34}$$

$$v = -2 \lg \left[\frac{2{,}51 \cdot v}{d\, \sqrt{2g \cdot I \cdot d}} + \frac{k}{3{,}71\, d} \right] \cdot \sqrt{2g \cdot I \cdot d} \tag{9.35}$$

Die Formel von *Colebrook* gilt nicht nur für den Übergangsbereich, sondern grundsätzlich für turbulentes Fließen. Sie vereinfacht sich jedoch im glatten Bereich, da $k \to 0$, und im rauhen Bereich, da $\text{Re} \to \infty$, zu den exakten Formeln von *Prandtl* und *v. Kàrmàn* [s. Gln. (9.29) und (9.33)]. Die Anwendung der *Colebrook*schen Formel (9.35) im rauhen Bereich bringt nur völlig unbedeutende Differenzen mit sich.

In den Gln. (9.26) bis (9.35) ist
Re *Reynolds*zahl nach Gl. (9.13), auf den Durchmesser d bezogen
v kinematische Zähigkeit in m²/s
k Rauhigkeitsbeiwert in m, s. Abschn. 11.
Übrige Formelzeichen siehe Gl. (9.24). Reibungsbeiwert λ kann aus Diagrammen, s. Abschn. 11, oder iterativ ermittelt werden.

9.3.2.1.1. Fließformen

Die Grenzen zwischen den einzelnen Fließformen sind in Abschn. 11. als Bild dargestellt. Laminares Fließen herrscht bei $\text{Re} = v \cdot d/v < 2320$; es kann jedoch bis etwa $\text{Re} = 4000$ auftreten. Der Bereich um $\text{Re} = 2320$ ist somit instabil und wird zur Sicherheit nach den Formeln für turbulentes Fließen berechnet. Turbulentes Fließen mit hydraulisch glattem Verhalten des Rohres ergibt nur eine λ-Kurve, da λ_0 eine Funktion der *Reynolds*zahl ist. Im Übergangsbereich und bei hydraulisch rauhem Verhalten des Rohres ergibt sich für λ eine Kurvenschar, da hier λ von Re und k/d abhängig ist. Zwischen hydraulisch rauhem Bereich und Übergangsbereich besteht keine scharfe Grenze; beide Bereiche gehen ineinander über. Die theoretische Grenze liegt dort,

9.3. Hydrodynamik

wo die λ-Kurven von der horizontalen Geraden in eine Kurve übergehen. Dies geschieht etwa bei

$$\mathrm{Re}\sqrt{\lambda}\frac{k}{d} = 200 \tag{9.36}$$

Für die hydraulische Berechnung von Wasserversorgungsanlagen kommt praktisch nur turbulentes Fließen im Übergangsbereich und im „hydraulisch rauhen" Bereich in Frage, wofür die Formel von *Colebrook* [s. Gl. (9.34) bzw. (9.35)] gültig ist.

9.3.2.1.2. Kinematische Zähigkeit v

In der Wasserversorgung wird bei Rohrleitungsberechnungen die kinematische Zähigkeit allgemein für „reines, kaltes Wasser" als konstant mit

$$v = 1{,}206 \cdot 10^{-6} \mathrm{~m^2/s}$$

angenommen. Dies entspricht chemisch reinem, luftfreiem Wasser bei 13 °C Temperatur und 101,3 kPa Druck. Die Schwankungen der kinematischen Zähigkeit natürlicher Wässer infolge anderer Temperaturen oder anderer Dichte bei verunreinigten Wässern haben auf den Reibungsverlust nur einen geringen Einfluß. Sie können weitgehend vernachlässigt werden. Viel wichtiger und einflußreicher ist die richtige Wahl des Rauhigkeitsbeiwerts k. Auch für gewöhnliche Abwässer mit einer mittleren kinematischen Zähigkeit $v_m = 1{,}4 \cdot 10^{-6} \mathrm{~m^2/s}$ können deshalb die in der Wasserversorgung üblichen Hilfstafeln ohne nennenswerten Fehler verwendet werden.

Wesentlichen Einfluß hat die kinematische Zähigkeit jedoch bei zähflüssigen Chemikalien.

Für genauere Berechnungen, z. B. zähflüssige Chemikalien, können die für eine bestimmte kinematische Zähigkeit v_t vorliegenden Tabellen wie folgt umgerechnet werden [9.15].

Gegeben:
$\dot{V}$ tatsächlicher Durchfluß
v tatsächliche kinematische Zähigkeit
v_t kinematische Zähigkeit nach der benutzten Tabelle, meist $1{,}206 \cdot 10^{-6} \mathrm{~m^2/s}$

Gesucht:
I tatsächliche Druckgefälle

Rechengang:

$$\dot{V}' = \dot{V}\frac{v_t}{v} \tag{9.37}$$

Für $\dot{V}'$ wird I' aus der Tebelle entnommen:

$$I = I'\left(\frac{v}{v_t}\right)^2 \tag{9.38}$$

Ist I gegeben und $\dot{V}$ gesucht, so wird I' aus Gl. (9.38) ermittelt, hierfür $\dot{V}'$ in der Tabelle gesucht und $\dot{V}$ aus Gl. (9.37) errechnet.

9.3.2.1.3. Rauhigkeitsbeiwert

Der Rauhigkeitsbeiwert k in den Formeln von *Prandtl, v. Kàrmàn* und *Colebrook,* auch absolute Rauhigkeit genannt, ist ein Längenmaß, das die Unebenheiten auf der Rohrinnenwand in ihrer Größe, Art und Verteilung kennzeichnet. Maßgebend für die Rohrreibung ist nicht die absolute Rauhigkeit direkt, sondern deren Verhältnis zum Rohrdurchmesser, die *relative Rauhigkeit* $\varepsilon = k/d$. Die absolute Rauhigkeit k hat deshalb bei kleinen Rohrdurchmessern einen größeren Einfluß als bei großen Rohrdurchmessern (Bild 9.11).

Der Rauhigkeitsbeiwert ist der wichtigste und zugleich am schwierigsten zu bestimmende Faktor bei der Berechnung des Reibungsverlustes. Seine richtige Wahl ist eine sehr verantwortungsvolle Aufgabe, die nicht durch starre Richtlinien ersetzt werden kann. So sind auch die in Abschn. 11. zusammengestellten Daten nur als Richtwerte zu betrachten. Bei den an vielen Stellen veröffentlichten k-Werten ist zu unterscheiden, ob es sich um Meßwerte an neuen, geraden

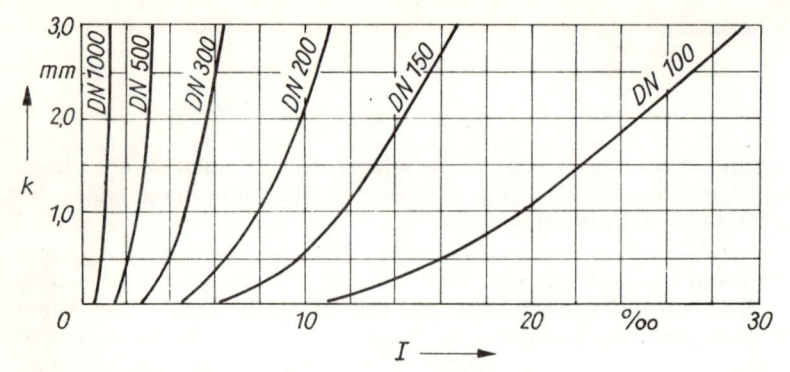

Bild 9.11 Einfluß der absoluten Rauhigkeit auf den Druckverlust bei 1 m/s Fließgeschwindigkeit

Rohren ohne Einzelverluste oder um Praxiswerte an gebrauchten Rohrleitungen einschließlich Formstücke handelt.

Durch Inkrustierung können die Rauhigkeitsbeiwerte sehr stark ansteigen: zum einen durch die Rauhigkeit selbst und zum anderen durch den kleiner werdenden lichten Durchmesser. Ein jährlicher Rauhigkeitszuwachs um 0,5 mm und mehr ist bereits wiederholt gemessen worden [9.16].

In alten Rohrnetzen ergeben Druck- und Durchflußmessungen mitunter Rauhigkeiten $k > 10$ bis 40 mm. Manchmal ist der Rauhigkeitswert größer als der Rohrradius. Für derart extreme Inkrustierungen oder Verschlammungen sind die Formeln von *Prandtl*, *v. Kàrmàn* und *Colebrook* nicht mehr gültig. In diesen Fällen sollte man nur den Reibungswert λ im Widerstandsgesetz von *Darcy* nach Gl. (9.23) ermitteln. Mit zunehmender Rauhigkeit k wird der lichte Rohrdurchmesser d kleiner. Obwohl d in Gl. (9.23) in fünfter Potenz eingeht und k nur in zweiter logarithmischer Potenz, lohnt sich nach [9.40] für praktische Berechnungen nicht die Korrektur von d. Es ist auch nicht wirtschaftlich vertretbar, bei der Erweiterung und Rekonstruktion vorhandener Rohrnetze rechnerisch auf derart extreme Rauhigkeits- bzw. Reibungsbeiwerte Rücksicht zu nehmen. Vielmehr müssen durch geeignete Maßnahmen, wie Rohrreinigung, Rohrisolierung, Wasseraufbereitung, Rauhigkeitsbeiwerte $k > 3$ mm vermieden werden.

Auf der anderen Seite muß vor der praktischen Verwertung extrem niedriger Rauhigkeitswerte $k < 0{,}1$ mm bei der Bemessung von Versorgungsnetzen gewarnt werden. Plastrohre haben zwar derart geringe Rauhigkeiten, doch im Rohrnetz sind eine Vielzahl von Einzelwiderständen – Abzweige, Richtungsänderungen, Armaturen, Schweißnahtwülste usw. – vorhanden, die nicht berechnet werden, sondern im k-Wert enthalten sein sollen. Es wird auch der Ansicht widersprochen, Plastrohre blieben neuwertig glatt. Wenn das Lösungsgleichgewicht im Wasser gestört wird, fallen Metallsalze und Härtebildner aus. Besonders letztere können auch auf Plastrohren einen festen Belag bilden.

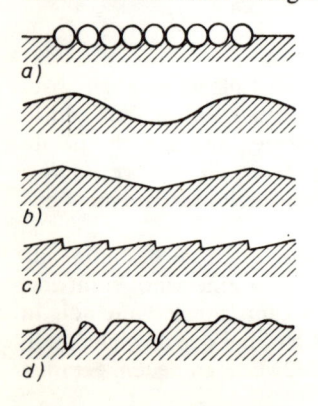

Bild 9.12 Formen der Rauhigkeit [9.16]
a) Sandrauhigkeit nach *Nikuradse*;
b) Welligkeit nach *Hopf* und *Fromm*; c) Riffelrauhigkeit; d) „natürliche" Rauhigkeit nach *Colebrook*

9.3. Hydrodynamik

Einen großen Einfluß auf den k-Wert hat die Form der Rauhigkeit (Bild 9.12). Die Riffelrauhigkeit, die durch Ablagerungen und Fabrikationsmängel entstehen kann, ergibt enorm hohe k-Werte [9.5]. Wiederholt wurde auch festgestellt, daß bei verschiedenen Rauhigkeitsformen – insbesondere bei Riffelrauhigkeit und starker Inkrustierung – der k-Wert gar keine Konstante in den Formeln von *Colebrook, Prandtl* und *v. Kàrmàn* ist, sondern sich mit der Fließgeschwindigkeit ändert [9.5; 9.16]. Das bedeutet, daß auch diese Formeln nicht für alle Fälle gültig sind.

Der Anteil der Sonderverluste für Formstücke und Armaturen an den Gesamtreibungsverlusten ist in längeren Rohrleitungen und Rohrnetzen allgemein gering und in den k-Werten (s. Abschn. 11.) inbegriffen. Größere Einzelverluste für Wasserzähler, Meßblenden usw. sind jedoch getrennt zu erfassen. Bei kurzen Rohrleitungen mit einem größeren Anteil an Formstücken und Armaturen sind die Einzelverluste besonders zu ermitteln (s. Abschn. 9.3.2.2.). Besondere Vorsicht bzw. Sicherheit ist bei den mit geringem Absolutgefälle arbeitenden Gravitationsleitungen erforderlich, wie sie zwischen den einzelnen Anlagenteilen von Wasseraufbereitungsanlagen vorkommen. Die Wasserbeschaffenheit als maßgebender Faktor für Inkrustation und Korrosion ist bei der Wahl des k-Wertes zu beachten.

Die vorhandenen Tabellen zur Berechnung der Rohrreibungsverluste können für darin nicht enthaltene k-Werte wie folgt umgerechnet werden [9.15].

Gegeben:
$\dot{V}$ tatsächlicher Durchfluß
k tatsächliche absolute Rauhigkeit
k_t absolute Rauhigkeit nach der benutzten Tabelle
d tatsächlicher Rohrdurchmesser

Gesucht:
I tatsächliches Druckgefälle

Rechengang:

$$d' = d \frac{k_t}{k} \tag{9.39}$$

$$\dot{V}_t = \dot{V} \frac{k_t}{k} \tag{9.40}$$

Für d' und $\dot{V}'$ wird aus der Tabelle I' entnommen:

$$I = I' \left(\frac{k_t}{k}\right)^3 \tag{9.41}$$

9.3.2.1.4. Vereinfachte Berechnung von Rohrreibungsverlusten

Im Widerstandsgesetz von *Darcy* Gl. (9.23) ist der Reibungsbeiwert λ nach den „klassischen" Formeln, z. B. Gl. (9.20), für den jeweiligen Rohrdurchmesser und Rauhigkeitsbeiwert konstant. Das Widerstandsgesetz ist somit eine quadratische Funktion der Durchflußgeschwindigkeit v bzw. nach dem Kontinuitätsgesetz Gl. (9.15) auch des Durchflusses $\dot{V}$. Somit kann Gl. (9.23) vereinfacht geschrieben werden.

$$h_r = I \cdot l = \alpha \cdot l \cdot \dot{V}^2 \tag{9.42}$$

$$h_r = I \cdot l = \beta \cdot l \cdot v^2 \tag{9.43}$$

h_r Rohrreibungsverlusthöhe in m
α Konstante für den jeweiligen Rohrdurchmesser und Rauhigkeitswert in s^2/m^6
β Konstante für den jeweiligen Rohrdurchmesser und Rauhigkeitsbeiwert in s^2/m^2
l Länge der betrachteten Rohrleitungsstecke in m
$\dot{V}$ Durchfluß in m^3/s
v Durchflußgeschwindigkeit in m/s
I Druckliniengefälle

Nach den Formeln von *Prandtl, v. Kàrmàn* und *Colebrook* [s. Gl. (9.26) bis (9.35)] gilt diese Vereinfachung nur für den hydraulisch rauhen Bereich des turbulenten Fließens. In den übrigen

Bereichen ist der Reibungsbeiwert λ von der *Reynolds*zahl und damit von der Fließgeschwindigkeit abhängig. Bei den in Wasserversorgungsleitungen vorherrschenden Fließgeschwindigkeiten v = 0,5 bis 2 m/s und Rohrrauhigkeiten $k \geq 0,4$ mm ergeben sich für die Rohrdurchmesser d = 80 bis 1000 mm

*Reynolds*zahlen Re $\geq 3 \cdot 10^4$

relative Rohrrauhigkeiten $\varepsilon = k/d \geq 4 \cdot 10^{-4}$.

In diesen Rohrleitungen herrscht somit turbulentes Fließen im hydraulischen Übergangs- oder rauhen Bereich. Die Anwendung des quadratischen Widerstandsgesetzes Gl. (9.42) oder Gl. (9.43) ergibt in den obengenannten Grenzen Fehler $-\Delta I < 5\%$, wobei die größten Abweichungen von der exakten Berechnung bei kleinen Fließgeschwindigkeiten und Rohrrauhigkeiten auftreten, also bei kleinen Reibungsverlusten.

Für die meisten praktischen Rohrleitungsberechnungen reicht diese Genauigkeit in Anbetracht der zahlreichen Annahmen für den Durchfluß (Wasserbedarf), die Rohrrauhigkeit, die Drosselkurven der Pumpen usw. völlig aus. Für kleine Rohrdurchmesser, extreme Fließgeschwindigkeiten und besonders für Versuchsauswertungen ist jedoch mit den exakten Formeln zu rechnen. Beim heutigen Stand der Rechentechnik und mit den vorliegenden Tabellen und Diagrammen, z. B. in [9.36; 9.38], bereitet dies keine Schwierigkeiten mehr.

In Abschn. 11. sind die Konstanten α und β zu den Gln. (9.42) und (9.43) für die näherungsweise Berechnung nach *Colebrook* zusammengestellt. Sie sind mit der kinematischen Zähigkeit ν = 1,206 · 10^{-6} m²/s für t = 13 °C ermittelt und gelten exakt für 1 m/s Fließgeschwindigkeit.

Die Schreibweise für den Rohrquerschnitt A als Vielfaches von 10^{-3} m² ermöglicht die bequeme Berechnung von v in m/s, wenn $\dot V$ in l/s = 10^{-3} m³/s eingesetzt wird.

9.3.2.2. Einzelverluste in vollaufenden Kreisprofilen

Einzelverluste in Rohrleitungen, die durch Formstücke und Armaturen hervorgerufen werden, berechnet man allgemein als Vielfaches der Geschwindigkeitshöhe

$$h_s = \zeta \cdot \frac{v^2}{2g} \qquad (9.44)$$

h_s Druckhöhenverlust an der Stelle (spot) s in m
ζ Widerstandsbeiwert, dimensionslos
v   mittlere Fließgeschwindigkeit im ungestörten Querschnitt in m/s
g   Erdbeschleunigung in m/s²

Die mittlere Fließgeschwindigkeit v wird meist auf den Querschnitt in Fließrichtung hinter der Störung bezogen. Der Widerstandsbeiwert ζ ist nicht nur von der Art und Größe des Hindernisses abhängig, sondern auch von der *Reynolds*zahl Re und damit der Fließgeschwindigkeit v. Meist wird der ζ-Wert jedoch näherungsweise als konstant angenommen, und der Druckhöhenverlust h_s wird nach Gl. (9.44) damit eine quadratische Funktion von v.

Bei Formstücken ist, wenn nicht besonders erwähnt, die Rohrreibung im ζ-Wert nicht mit enthalten, sondern nur der zusätzliche Verlust infolge Richtungs- und Querschnittsänderung.

Bei Veränderung der mittleren Fließgeschwindigkeit, z. B. bei Einläufen und Querschnittsänderungen, verändert sich auch die Geschwindigkeitshöhe. Diese Umsetzung von potentieller in kinetische Energie und umgekehrt ist in den Widerstandsbeiwerten ζ nicht enthalten und daher getrennt zu erfassen.

Die Geschwindigkeitshöhe h_v in m ist die Höhe, die ein Körper im freien Fall zurücklegen muß, um die Geschwindigkeit v in m/s zu erreichen:

$$h_v = \frac{v^2}{2g} \qquad (9.45)$$

Ändert sich die Fließgeschwindigkeit von v_1 auf v_2, so beträgt die entstehende Druckverlusthöhe

$$\Delta h_v = \frac{v_2^2 - v_1^2}{2g} \qquad (9.46)$$

9.3. Hydrodynamik

Für $v_2 < v_1$ wird Δh_v negativ; es entsteht ein Druckhöhenanstieg. Dabei steigt nur die Drucklinie, nicht die Energielinie.

Einzelverluste brauchen bei praktischen Rohrleitungsberechnungen nur berücksichtigt zu werden, wenn ihr Anteil an den gesamten Druckverlusten der entsprechenden Rohrleitung nennenswert ist. Mit zunehmender Rohrrauhigkeit nimmt der Einfluß der Einzelwiderstände am gesamten Druckverlust ab.

Einzelwiderstände können auch zur Vereinfachung hydraulischer Berechnungen durch eine *äquivalente Rohrlänge* ausgedrückt werden, d. h., bei der Berechnung der Rohrreibungsverluste wird die tatsächliche Rohrleitungslänge durch einen gewissen Betrag – die äquivalente Rohrlänge – erhöht. Dabei ist die relative Rohrrauhigkeit k/d zu berücksichtigen.

Nach *Mostkov* [9.29] ist

$$l_{\text{äquiv}} = K \cdot \zeta \cdot d \tag{9.47}$$

$l_{\text{äquiv}}$ äquivalente Rohrlänge in m
ζ Widerstandsbeiwert
K Umrechnungsfaktor nach Tafel 9.1
d Rohrdurchmesser in m

Die Wahl des Widerstandsbeiwerts ζ ist genauso problematisch wie die des Rauhigkeitsbeiwerts. Die hydraulischen Verluste an den Unstetigkeitsstellen der Rohrleitungen entstehen vorwiegend durch Ablösung der Strömung von der Rohrwand und die dadurch entstehenden „Toträume" (s. [9.32]). Während die durch Versuche ermittelten ζ-Werte für die einzelne Störstelle mit ungestörtem Zu- und Ablauf gelten, sind in der Praxis oftmals mehrere Störstellen (Formstücke und Armaturen) hintereinander angeordnet. Der hierdurch verursachte gesamte hydraulische Verlust kann wesentlich von der Summe der Einzelverluste abweichen. In der praktischen Rohrhydraulik kann die Berechnung der Einzelverluste somit nur als Überschlagsrechnung betrachtet werden. Übertriebene Genauigkeit ist sinnlos; vielmehr sind an kritischen Punkten, z. B. Rückstau aus Druckrohrleitungen in offene Gerinne, Sicherheitszuschläge angebracht.

Für verschiedene Formstücke und Armaturen sind in Abschn. 11. ζ-Werte zusammengestellt.

Die Widerstandsbeiwerte der Armaturen unterliegen, entsprechend den verschiedenen Bauarten und Fabrikaten, großen Schwankungen. Dies macht sich besonders bei den sogenannten „Schließkurven", d. h. den ζ-Werten in Abhängigkeit von der Schließstellung, bemerkbar. Die in Abschn. 11. dargestellten Schließkurven charakterisieren die verschiedenen Absperrorgane, ohne für die Absolutwerte allgemeingültig zu sein. Im Bedarfsfalle sind diese Werte von den Lieferwerken zu erfragen bzw. durch Versuche zu ermitteln.

Tafel 9.1. Umrechnungsfaktoren für die äquivalente Rohrlänge von Einzelwiderständen nach Gl. (9.47)

Relative Rauhigkeit $\varepsilon = k/d$	0,002	0,00222	0,0025	0,00286	0,00333	0,004	0,005	0,00667	0,01
Faktor K	45,35	44,13	42,77	41,26	39,58	37,60	35,26	32,36	28,48

Der Druckverlust in Wasserzählern kann aus dem Durchlaßwert $\dot{V}_D$ ermittelt werden. Dies ist der Durchfluß in m³/h, bei dem eine Druckverlusthöhe von 10 m bei Hauswasserzählern bzw. von 1 m bei Großwasserzählern entsteht. Hauswasserzähler werden nach dem Durchlaßwert als 5-, 7-, 10-m³-Wasserzähler usw. bezeichnet. Für Großwasserzähler ist der Durchlaßwert Abschn. 11. zu entnehmen. Für beliebige Durchflüsse $\dot{V}_D$ ist der Druckverlust

$$h_x = h_D \left(\frac{\dot{V}_x}{\dot{V}_D}\right)^2 \tag{9.48}$$

h_x Druckhöhenverlust in m
h_D 10 m bei Hauswasserzählern bzw. 1 m bei Großwasserzählern
$\dot{V}_D$ Durchlaßwert in m³/h

Der Druckverlust von Meßblenden, -düsen und Venturidüsen ist vom Wirkdruck und vom Einschnürungsverhältnis abhängig (s. Abschn. 8.6.1.2.) und Bild 8.31. als Prozentsatz des Wirkdrucks in Abhängigkeit vom Einschnürungsverhältnis m dargestellt.

Beim Austritt eines Wasserstrahls unter Wasser erfolgt eine Umsetzung der kinetischen Energie (Fließgeschwindigkeit) in potentielle Energie. Die Energieumwandlung ist mit starken Verlusten behaftet. Dieser Austrittsverlust vermindert die Druckrückgewinnung beträchtlich. Man kann deshalb in grober Annäherung den Austrittsverlust gleich der Geschwindigkeitshöhe setzen und diese ohne besondere Berechnung eines Austrittsverlustes genauso wie beim Austritt eines Strahles ins Freie als „verloren" betrachten.

9.3.2.3. Reibungsverluste in Schlauchleitungen

Schlauchleitungen dehnen sich bei Innendruck infolge des elastischen Materials in Längs- und Querrichtung aus, während die starren Kupplungen ihren Durchmesser beibehalten. Auf Grund der Längsdehnung nehmen gerade ausgelegte Schlauchleitungen eine Schlangenlinie ein. Für die Berechnung der Reibungsverluste in Schlauchleitungen sind deshalb besondere Formeln üblich.

Die lichten Durchmesser der Feuerwehrschläuche betragen:
A-Schlauch = 110 mm Durchmesser
B-Schlauch = 75 mm Durchmesser
C-Schlauch = 52 mm Durchmesser.
Nach *Herterich* ist der Reibungsbeiwert λ im Widerstandsgesetz von *Darcy* Gl. (9.23)

$$\lambda = 0{,}006 + b \cdot \mathrm{Re}^{-0{,}3} \tag{9.49}$$

Re *Reynolds*zahl nach Gl. (9.14) mit $R = d$
b 0,4 bis 0,45 für Plastschläuche
 $\approx 0{,}55$ für gummierte Köperhanfschläuche

Für das „Schlängeln" der Schlauchleitung wird zum Druckverlust ein Zuschlag von 5 bis 8 % gemacht. Die Einzelverluste in den Schlauchkupplungen werden nach Gl. (9.44) mit
$\zeta \approx 0{,}16$ für B-Schlauchkupplungen
$\zeta \approx 0{,}33$ für C-Schlauchkupplungen
berücksichtigt.

Nach *Sander* [9.20] gilt für Fließgeschwindigkeiten zwischen 0,5 und 1,0 m/s

$$\lambda = 0{,}0351 - \frac{0{,}0104}{v} \text{ für gummierten Hanfschlauch} \tag{9.50}$$

$$\lambda = 0{,}0558 \, \frac{0{,}0027}{v} \text{ für nichtgummierten Hanfschlauch} \tag{9.51}$$

9.3.3. Hydraulische Berechnung von Druckrohrleitungen und -netzen

Für die praktischen Belange der Wasserversorgung genügt bei allen Berechnungen grundsätzlich Rechenschiebergenauigkeit. Für die Druckverlustberechnungen in Versorgungsnetzen ist Dezimetergenauigkeit ausreichend. „Genaueres" Rechnen mit mehr Dezimalstellen erhöht nicht den Wert des Ergebnisses, wenn die Grundlagen — Wasserbedarf, Rohrrauhigkeit, empirische Beiwerte usw. — nicht exakter bekannt sind.

Aufgaben mit zwei Unbekannten werden mit Hilfe der Kontinuitätsgleichung (9.16) und der *Bernoulli*-Gleichung (9.17) gelöst. Für hydraulisch unbestimmte Systeme werden Iterationsverfahren und graphische Methoden angewendet. Mit Iterationsverfahren werden besonders Ringleitungen und vermaschte Rohrnetze berechnet, bei denen die Wasserscheiden nicht von vornherein festliegen. Graphische Methoden mit Hilfe von Kennlinien werden vorzugsweise bei schwankenden Randbedingungen, z. B. schwankenden Förderströmen und Förderhöhen bei Kreiselpumpen, schwankenden Behälterwasserständen usw., eingesetzt.

Die hydraulische Berechnung von Rohrleitungen und Rohrnetzen erstreckt sich vorwiegend

9.3. Hydrodynamik

auf die Ermittlung der Reibungsverluste, wobei die Fragestellung verschieden ist. Als Ergebnis wird meist entweder der Druckverlust, der Durchfluß oder der Rohrleitungsdurchmesser gesucht, wobei die übrigen Daten jeweils bekannt sind. Sind zwei dieser Werte offen, z. B. Druckverlust und Rohrdurchmesser, so wird eine Unbekannte, z. B. Rohrdurchmesser, geschätzt, die zweite berechnet und das Ergebnis auf Brauchbarkeit überprüft. Gegebenenfalls wird die Rechnung mit neuen Annahmen wiederholt.

In zunehmendem Maße werden für langwierige Berechnungen, insbesondere Iterationsverfahren und sich laufend wiederholende Rechengänge, Computer eingesetzt. Dabei ist der Lösungsweg der gestellten Aufgabe im Prinzip der gleiche wie bei manueller Berechnung. Bei der maschinellen Rechenweise können jedoch mehr Randbedingungen und Berechnungsfälle sowie komplizierte Gleichungen berücksichtigt werden, als es „von Hand" mit vertretbarem Aufwand möglich ist.

Im folgenden werden die Rohrreibungsverluste nach den Näherungsformeln Gln. (9.42) und (9.43) berechnet. Die Anwendung der exakten Formel von *Colebrook* [s. Gl. (9.37)] kompliziert viele Berechnungen derart, daß nur schrittweise Proberechnungen, Iterations- oder graphische Verfahren zum Ziel führen.

Nachstehend wird die Berechnungsweise für einige typische Aufgabenstellungen dargestellt. Andere spezielle Aufgaben sind sinngemäß zu lösen, wobei immer von der Kontinuitätsgleichung und der *Bernoulli*-Gleichung auszugehen ist.

9.3.3.1. Berechnungen von Rohrleitungen mit gleichförmiger Bewegung

Gleichförmige Bewegung herrscht bei gleichbleibendem Rohrdurchmesser und gleichbleibendem Durchfluß auf der betrachteten Strecke. Sind keine Einzelverluste zu berücksichtigen, so wird Gl. (9.42) oder (9.43) nach der jeweiligen Unbekannten aufgelöst. Ist der Rohrdurchmesser die gesuchte Unbekannte, so wird nach α bzw. β aufgelöst und aus den Tafeln Abschn. 11. der nächstgrößere, genormte Rohrdurchmesser d gewählt. An Stelle der Berechnung können auch die gesuchten Werte entsprechenden Zahlentafeln und Diagrammen bzw. Nomogrammen entnommen werden, z. B. [9.32; 9.36; 9.38]

Einzelverluste werden nach Gl. (9.44) berechnet. Sie können mit den Rohrreibungsverlusten nach Gl. (9.43) wie folgt zur gesamten Druckverlusthöhe H_V zusammengefaßt werden:

$$H_V = \beta \cdot l \cdot v^2 + \sum \zeta \cdot \frac{v^2}{2g} = v^2 \left(\beta \cdot l + \frac{\sum \zeta}{2g} \right) \tag{9.52}$$

$$H_V = \dot{V}^2 \frac{\beta \cdot l + \dfrac{\sum \zeta}{2g}}{A^2} \tag{9.53}$$

Soll die Geschwindigkeitshöhe $h_v = v^2/2g$ berücksichtigt werden, so ist statt $\Sigma \zeta$ einzusetzen $1 + \Sigma \zeta$.

Gl. (9.53) ist nach $\dot{V}$ ohne weiteres lösbar. Wird der Rohrdurchmesser d gesucht, so sind schrittweise Proberechnungen mit gewähltem d erforderlich.

Beispiel
Durch eine 850 m lange Rohrleitung sollen 70 l/s bei einem zur Verfügung stehenden Druckhöhenunterschied von 4,70 m abgeführt werden. Wie groß muß der Rohrdurchmesser bei einem Rauhigkeitsbeiwert $k = 1$ mm nach *Colebrook* sein, wenn keine Einzelverluste zu berücksichtigen sind?

Nach Gl. (9.42) ist

$$\alpha = \frac{h_r}{l \cdot \dot{V}^2} = \frac{4,70}{850 \cdot 0,07^2}$$

$$\alpha = 1,13$$

Nach Abschn. 11. liegt $\alpha = 1,13$ für $k = 1$ mm zwischen DN 250 und 300. Gewählt werden muß die größere Nennweite 300 mm.

Der tatsächliche Druckverlust beträgt für $\dot{V} = 70$ l/s nach Gl. (9.42)
$h_r = \alpha \cdot l \cdot \dot{V}^2 = 0{,}930 \cdot 850 \cdot 0{,}07^2$
$h_r = 3{,}87$ m

oder der tatsächliche Durchfluß bei gegebener Druckverlusthöhe $h_r = 4{,}70$ m

$$\dot{V} = \sqrt{\frac{h_r}{l \cdot \alpha}} = \sqrt{\frac{4{,}70}{850 \cdot 0{,}930}}$$

$\dot{V} = 0{,}077$ m³/s

9.3.3.2. Berechnung von Rohrleitungen mit ungleichförmiger Bewegung infolge wechselnden Rohrdurchmessers

Die ungleichförmige Bewegung kann ihre Ursache in wechselnden Rohrdurchmessern oder wechselnden Durchflüssen haben. Wechselnde Durchflüsse sind nach dem Kontinuitätsgesetz nur möglich, wenn Abzweige mit Zufluß oder Abfluß auf der betrachteten Strecke vorhanden sind (s. Abschnitte 9.3.3.5. und 9.3.3.6.). Nachstehend werden Rohrleitungen mit konstantem Durchfluß und wechselndem Rohrdurchmesser betrachtet.

Wird die Druckverlusthöhe H_V gesucht, so kann die Berechnung der Rohrreibungsverluste für die einzelnen Teilstrecken gemäß Gl. (9.42) oder Gl. (9.43) und die der Einzelverluste nach den Gln. (9.44) bis (9.46) erfolgen.

Zur Ermittlung der Rohrleitungskennlinie (Druckverlust für verschiedene Durchflüsse) oder des Durchflusses werden die obengenannten Gleichungen zusammengefaßt. Sind Einzelverluste

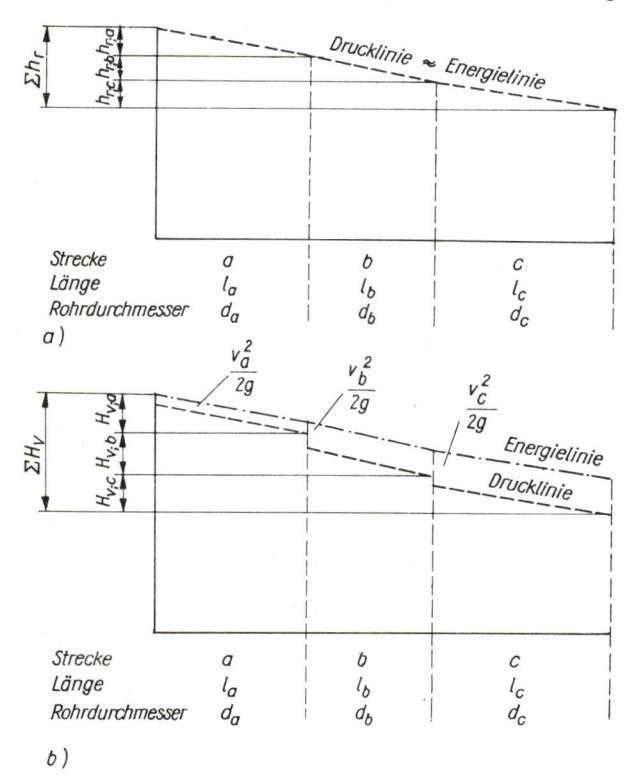

Bild 9.13 Drucklinienplan einer Rohrleitung mit verschiedenen Rohrdurchmessern, zu Gln. (9.55) bis (9.65)
    a) nur Rohrreibungsverlusthöhen h_r berücksichtigt
    b) unter Berücksichtigung der gesamten Druckverlusthöhen H_V

9.3. Hydrodynamik

zu berücksichtigen, so wird die Rohrreibung am günstigsten nach Gl. (9.43), andernfalls einfacher nach Gl. (9.42) berechnet.

Nach Bild 9.13 ist die Berechnung einer aus den Teilstrecken *a, b, c* usw. zusammengesetzten Rohrleitung mit den Rohrdurchmessern d_a, d_b, d_c usw. bei konstantem Durchfluß $\dot{V}$ wie folgt möglich:

a) ohne Berücksichtigung von Einzelverlusten und Geschwindigkeitshöhen

$$\sum h_r = h_{r;a} + h_{r;b} + h_{r;c} \tag{9.54}$$

$$\sum h_r = \alpha_a \cdot l_a \cdot \dot{V}^2 + \alpha_b \cdot l_b \cdot \dot{V}^2 + \alpha_c \cdot l_c \cdot \dot{V}^2 \tag{9.55}$$

$$\sum h_r = \sum (\alpha \cdot l) \dot{V}^2$$

$$\dot{V} = \sqrt{\frac{\sum h_r}{\sum (\alpha \cdot l)}} \tag{9.56}$$

Soll h_r als Funktion der Fließgeschwindigkeit v_n in der Teilstrecke n mit dem Durchflußquerschnitt A_n ausgedrückt werden, so ist

$$\sum h_r = \sum (\alpha \cdot l) \cdot v_n^2 \cdot A_n^2 ; \tag{9.57}$$

$$v_n = \sqrt{\frac{\sum h_r}{\sum (\alpha \cdot l) \cdot A_n^2}} \tag{9.58}$$

b) mit Berücksichtigung der Einzelverluste

$$\sum H_V = H_{V;a} + H_{V;b} + H_{V;c} \tag{9.59}$$

$$H_{V;a} = \beta_a \cdot l_a \cdot v_a^2 + \frac{v_a^2}{2g} + \sum \zeta_a \cdot \frac{v_a^2}{2g} \tag{9.60}$$

$$H_{V;b} = \beta_b \cdot l_b \cdot v_b^2 + \frac{v_b^2 - v_a^2}{2g} + \sum \zeta_b \cdot \frac{v_b^2}{2g} \tag{9.61}$$

$$H_{V;c} = \beta_c \cdot l_c \cdot v_c^2 + \frac{v_c^2 - v_b^2}{2g} + \sum \zeta_c \cdot \frac{v_c^2}{2g} \tag{9.62}$$

Die Energiehöhen für die Erzeugung und Veränderung der Geschwindigkeit werden zusammengefaßt zu

$$\frac{v_a^2}{2g} + \frac{v_b^2 - v_a^2}{2g} + \frac{v_c^2 - v_b^2}{2g} = \frac{v_c^2}{2g} \tag{9.63}$$

Die drei Unbekannten v_a, v_b und v_c werden nach der Kontinuitätsgleichung (9.16) zu einer Unbekannten, z. B. v_a, umgerechnet:

$$\dot{V} = v_a \cdot A_a = v_b \cdot A_b = v_c \cdot A_c = v_n \cdot A_n$$

$$v_n = v_a \frac{A_a}{A_n} = v_a \cdot \frac{\pi d_a^2 \cdot 4}{4\pi \cdot d_n^2} = v_a \cdot \frac{d_a^2}{d_n^2}$$

$$v_n^2 = v_a^2 \cdot \frac{d_a^4}{d_n^4} \tag{9.64}$$

Die Gln. (9.60) bis (9.64) ergeben, in Gl. (9.59) eingesetzt,

$$\sum H_V = v_a^2 \left(\beta_a \cdot l_a + \frac{\sum \zeta_a}{2g} + \beta_b \cdot l_b \cdot \frac{d_a^4}{d_b^4} + \frac{\sum \zeta_b \cdot d_a^4}{2g \cdot d_b^4} \right.$$

$$\left. + \beta_c \cdot l_c \frac{d_a^4}{d_c^4} + \frac{\sum \zeta_c \cdot d_a^4}{2g \cdot d_c^4} + \frac{d_a^4}{2g \cdot d_c^4} \right) \tag{9.65}$$

Der gesamte Klammerausdruck sei Z:

$$\sum H_V = v_a^2 \cdot Z$$

$$v_a = \sqrt{\frac{\sum H_V}{Z}}, \qquad \frac{\dot V}{A_a} = \sqrt{\frac{\sum H_V}{Z}}.$$

$$\dot V = \sqrt{\frac{\sum H_V}{Z}} \cdot A_a \hspace{6cm} (9.66)$$

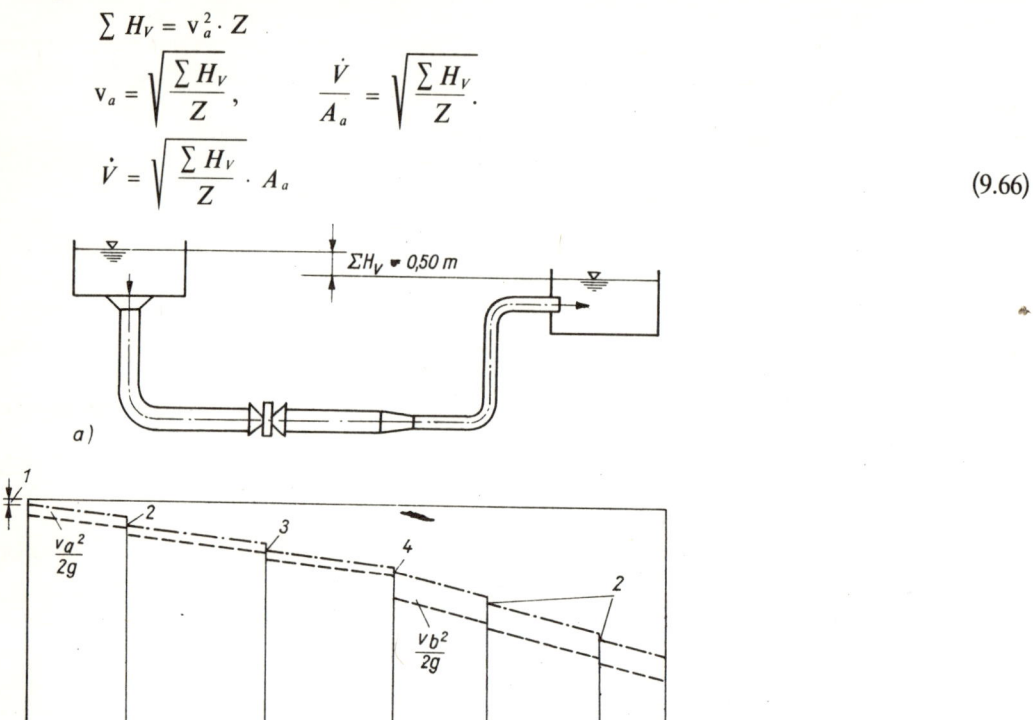

Bild 9.14 Beispiel einer Rohrleitung mit verschiedenen Rohrdurchmessern unter Berücksichtigung der Einzelverluste
  a) Rohrleitungsschema; b) Energie- und Drucklinienplan
  1 Einlaufverlusthöhe; *2* Krümmerverlusthöhe; *3* Schieberverlusthöhe; *4* Einschnürungsverlusthöhe

Beispiel:
Für die in Bild 9.14 dargestellte Rohrleitung ist bei den gegebenen Behälterwasserständen der Durchfluß zu berechnen. Die Rohrrauhigkeit nach *Colebrook* sei $k = 1$ mm. Die ζ-Werte für die Einzelverluste und die β-Werte sind Abschn. 11. entnommen. Die Berechnung erfolgt nach den Gln. (9.65) und (9.66).
Beiwerte für Strecke a
Einlauf $\zeta = 0{,}21$; Krümmer 90° bei $r/d = 3$ und $k/d > 10^{-3}$, $\zeta = 0{,}25$
Keilschieber DN 400 $\zeta = 0{,}14$
$\Sigma \zeta_a = 0{,}21 + 0{,}25 + 0{,}14 = 0{,}60$
Rohrreibungsbeiwert $\beta = 3{,}25 \cdot 10^{-3}$
Beiwerte für Strecke b
Einschnürung $\zeta = 0{,}04$; Krümmer 90°, $\zeta = 0{,}25$
$\Sigma \zeta_b = 0{,}04 + 2 \cdot 0{,}25 = 0{,}54$
Rohrreibungsbeiwert $\beta = 4{,}67 \cdot 10^{-3}$

$$Z = \beta_a \cdot l_a + \frac{\sum \zeta_a}{\cdot 2g} + \beta_b \cdot l_b \cdot \frac{d_a^4}{d_b^4} + \frac{\sum \zeta_b \cdot d_a^4}{2g \cdot d_b^4} + \frac{d_a^4}{2g \cdot d_b^4}$$

9.3. Hydrodynamik

$$Z = \frac{3{,}25 \cdot 8{,}0}{10^3} + \frac{0{,}60}{19{,}62} + \frac{4{,}67 \cdot 5{,}0 \cdot 0{,}4^4}{10^3 \cdot 0{,}3^4} + \frac{0{,}54 \cdot 0{,}4^4}{19{,}62 \cdot 0{,}3^4} + \frac{0{,}4^4}{19{,}62 \cdot 0{,}3^4}$$

$$Z = 0{,}378$$

$$\dot{V} = \sqrt{\frac{\Sigma H_V}{Z}} \cdot A_a$$

$$\dot{V} = \sqrt{\frac{0{,}50}{0{,}378}} \cdot 0{,}126$$

$$\dot{V} = 0{,}145 \, \text{m}^3/\text{s}$$

9.3.3.3. Berechnung einfacher Ringleitungen

Das Naturgesetz von der Erhaltung der Masse und Energie ergibt analog zu den *Kirchhoffschen Verzweigungsregeln* der Elektrotechnik [9.1] auf die Hydraulik übertragen folgende Bedingungen:

a) *Knotenpunktbedingung* $\Sigma \dot{V} = 0$, d. h, die algebraische Summe aller Zu- und Abflüsse ist in jedem Punkt eines Rohrleitungssystems gleich Null.

b) *Maschenbedingung* $\Sigma H_V = 0$, d. h., die algebraische Summe aller Druckverluste längs eines geschlossenen Weges (Ring der Masche) ist in jedem Punkt eines Rohrsystems gleich Null.

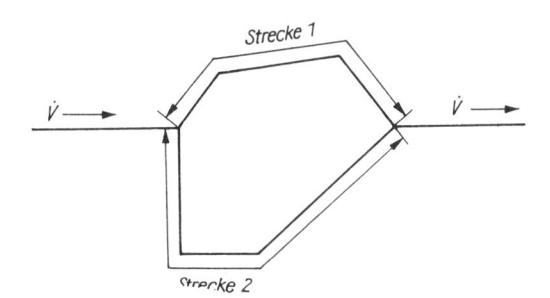

Bild 9.15 Schema einer einfachen Ringleitung

Auf eine einfache Ringleitung nach Bild 9.15 angewendet, bedeutet dies:

$$\dot{V}_1 + \dot{V}_2 - \dot{V} = 0 \tag{9.67}$$
$$\dot{V}_1 + \dot{V}_2 = \dot{V} \tag{9.68}$$
$$H_{V;1} - H_{V;2} = 0 \tag{9.69}$$
$$H_{V;1} = H_{V;2} \tag{9.70}$$

Berechnet man den Druckverlust H_V nach Gl. (9.42), so ergibt sich nach Gl. (9.70)

$$\alpha_1 \cdot l_1 \cdot \dot{V}_1^2 = \alpha_2 \cdot l_2 \cdot \dot{V}_2^2$$

$$\frac{\dot{V}_1}{\dot{V}_2} = \frac{\sqrt{\alpha_2 \cdot l_2}}{\sqrt{\alpha_1 \cdot l_1}} \tag{9.71}$$

$$\frac{\dot{V}_1}{\sqrt{\alpha_2 \cdot l_2}} = \frac{\dot{V}_2}{\sqrt{\alpha_1 \cdot l_1}} = \frac{\dot{V}_1 + \dot{V}_2}{\sqrt{\alpha_2 \cdot l_2} + \sqrt{\alpha_1 \cdot l_1}}$$

$$\dot{V}_1 = \frac{\dot{V} \cdot \sqrt{\alpha_1 \cdot l_1}}{\sqrt{\alpha_1 \cdot l_1} + \sqrt{\alpha_2 \cdot l_2}} \tag{9.72}$$

$$\dot{V}_2 = \frac{\dot{V} \cdot \sqrt{\alpha_1 \cdot l_1}}{\sqrt{\alpha_1 \cdot l_1} + \sqrt{\alpha_2 \cdot l_2}} \tag{9.73}$$

Setzen sich die Strecken *1* und *2* aus Teilstrecken *1a, 1b, 1c* usw. und *2a, 2b, 2c* usw. zusammen, so wird nach Gl. (9.55):

$$\dot{V}_1 = \frac{\dot{V} \cdot \sqrt{\sum (\alpha_2 \cdot l_2)}}{\sqrt{\sum (\alpha_1 \cdot l_1)} + \sqrt{\sum (\alpha_2 \cdot l_2)}} \qquad (9.74)$$

$$\dot{V}_2 = \frac{\dot{V} \cdot \sqrt{\sum (\alpha_1 \cdot l_1)}}{\sqrt{\sum (\alpha_1 \cdot l_1)} + \sqrt{\sum (\alpha_2 \cdot l_2)}} \qquad (9.75)$$

Sind in einer Ringleitung noch Einzelverluste zu berücksichtigen, so wird, ausgehend von Gl. (9.44), für v nach der Kontinuitätsgleichung (9.15) $\dot{V}/A$ eingesetzt, und es ergibt sich als Einzelverlust

$$h = \zeta \cdot \frac{v^2}{2g}$$

$$h = \frac{\zeta \cdot \dot{V}^2}{2g \cdot A^2} \qquad (9.76)$$

Der Gesamtverlust der Strecke *n* wird

$$H_{V;n} = \alpha_n \cdot l_n \cdot \dot{V}_n^2 + \frac{\zeta_n}{2g \cdot A_n^2} \cdot \dot{V}_n^2 \qquad (9.77)$$

In die Gl. (9.72) eingesetzt, wird schließlich

$$\dot{V}_1 = \frac{\dot{V} \cdot \sqrt{\alpha_2 \cdot l_2 + \frac{\sum \zeta_2}{2g \cdot A_2^2}}}{\sqrt{\alpha_1 \cdot l_1 + \frac{\sum \zeta_1}{2g \cdot A_1^2}} + \sqrt{\alpha_2 \cdot l_2 + \frac{\sum \zeta_2}{2g \cdot A_2^2}}} \qquad (9.78)$$

$\dot{V}_2$ kann analog nach Gl. (9.73) ermittelt werden.

Sind auf den Strecken *1* und *2* noch Zuflüsse oder Abflüsse vorhanden, so wird die Berechnung so kompliziert, daß Iterationsverfahren (s. Abschn. 9.3.3.6.) oder graphische Methoden erforderlich werden.

Der Druckverlust in den Strecken *1* und *2* beträgt nach den Gln. (9.42) und (9.74) ohne Berücksichtigung von Einzelverlusten:

$$h_{r;1} = h_{r;2} = \sum (\alpha_1 \cdot l_1) \cdot \left[\frac{\dot{V} \cdot \sqrt{\sum (\alpha_2 \cdot l_2)}}{\sqrt{\sum (\alpha_1 \cdot l_1)} + \sqrt{\sum (\alpha_2 \cdot l_2)}} \right]^2 \qquad (9.79)$$

Sollen Einzelverluste berücksichtigt werden, so wird in Gl. (9.77) $\dot{V}_n$ nach Gl. (9.78) eingesetzt.

Beispiel.
Für die in Bild 9.16 dargestellte Ringleitung mit einem Gesamtdurchfluß $\dot{V} = 39$ l/s sind die Aufteilung in $\dot{V}_1$ und $\dot{V}_2$ zu ermitteln und der Druckverlust zu bestimmen. Der Rauhigkeitsbeiwert ist in allen Strecken $k = 1$ mm.

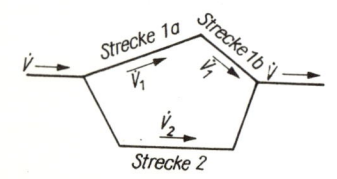

Strecke 1a = 280 m DN 150
Strecke 1b = 150 m DN 125
Strecke 2 = 400 m DN 200

Bild 9.16 Beispiel für die Berechnung einer Ringleitung

9.3. Hydrodynamik

Nach Gl. (9.74) ist

$$\dot{V}_1 = \frac{\dot{V} \cdot \sqrt{\sum(\alpha_2 \cdot l_2)}}{\sqrt{\sum(\alpha_1 \cdot l_1)} + \sqrt{\sum(\alpha_2 \cdot l_2)}}$$

$$\dot{V}_1 = \frac{0{,}039 \cdot \sqrt{7{,}96 \cdot 400}}{\sqrt{37{,}8 \cdot 280 + 97{,}5 \cdot 150} + \sqrt{7{,}96 \cdot 400}}$$

$$\dot{V}_1 = 0{,}0103 \text{ m}^3/\text{s}$$

$$\dot{V}_2 = \dot{V} - \dot{V}_1$$

$$\dot{V}_2 = 0{,}039 - 0{,}0103$$

$$\dot{V}_2 = 0{,}0287 \text{ m}^3/\text{s}$$

Kontrollrechnung

$$\dot{V}_2 = \frac{\dot{V} \cdot \sqrt{\sum(\alpha_1 \cdot l_1)}}{\sqrt{\sum(\alpha_1 \cdot l_1)} + \sqrt{\sum(\alpha_2 \cdot l_2)}}$$

$$\dot{V}_2 = \frac{0{,}039 \cdot \sqrt{37{,}1 \cdot 280 + 97{,}5 \cdot 150}}{\sqrt{37{,}8 \cdot 280 + 97{,}5 \cdot 150} + \sqrt{7{,}96 \cdot 400}}$$

$$\dot{V}_2 = 0{,}0287 \text{ m}^3/\text{s}$$

Nach Gl. (9.42) ist

$$h_{r;2} = \alpha_2 \cdot l_2 \cdot \dot{V}_2^2$$
$$h_{r;2} = 7{,}96 \cdot 400 \cdot 0{,}0287^2$$
$$h_{r;2} = 2{,}62 \text{ m}$$

Kontrollrechnung nach Gl. (9.55)

$$\Sigma h_{r;1} = \Sigma(\alpha_1 \cdot l_1) \cdot \dot{V}_1^2$$
$$\Sigma h_{r;1} = (36{,}8 \cdot 280 + 97{,}5 \cdot 150) \cdot 0{,}0103^2$$
$$\Sigma h_{r;1} = 2{,}64 \text{ m}$$

Die Differenz von 0,02 m ergibt sich aus der Anwendung der „Näherungsformel" Gl.(9.42) und der ebenfalls daraus abgeleiteten Gl.(9.55).

9.3.3.4. Berechnung paralleler Rohrleitungen

Unter parallelen Rohrleitungen seien hier parallelgeschaltete Rohrleitungen gleicher Länge und gleichbleibenden Durchmessers verstanden, wie sie z. B. bei Rohrnetzverstärkungen häufig vorkommen.

Bild 9.17 Schema zweier paralleler Rohrleitungen

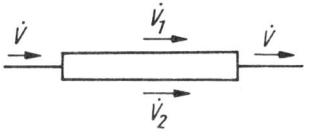

Hydraulisch handelt es sich dabei um einen Sonderfall „einfacher Ringleitungen" gemäß Abschn. 9.3.3.3. Da $l_1 = l_2$, entfällt in den Gln. (9.71) bis (9.73) und (9.78) jeweils l_1 und l_2. Nach Bild 9.17 wird

$$\frac{\dot{V}_1}{\dot{V}_2} = \frac{\sqrt{\alpha_2}}{\sqrt{\alpha_1}} \qquad (9.80)$$

$$\dot{V}_1 = \frac{\dot{V} \cdot \sqrt{\alpha_2}}{\sqrt{\alpha_1} + \sqrt{\alpha_2}} \qquad (9.81)$$

$$\dot{V}_2 = \frac{\dot{V} \cdot \sqrt{\alpha_1}}{\sqrt{\alpha_1} + \sqrt{\alpha_2}} \qquad (9.82)$$

Die Rohrreibungs-Verlusthöhe h_r beträgt in beiden Strängen:

$$h_r = h_{r;1} = h_{r;2} = \alpha_1 \cdot l_1 \cdot \left(\frac{\dot{V} \cdot \sqrt{\alpha_2}}{\sqrt{\alpha_1} + \sqrt{\alpha_2}}\right)^2 \qquad (9.83)$$

Beide Stränge können auch durch einen äquivalenten Strang dargestellt werden. Das ist bei Parallelleitungen innerhalb von Ringnetzen angebracht.

$$h_r = \alpha_{\text{äquiv}} \cdot l \cdot \dot{V}^2 \qquad (9.84)$$

wobei

$$\alpha_{\text{äquiv}} = \frac{\alpha_1 \cdot \alpha_2}{(\sqrt{\alpha_1} + \sqrt{\alpha_2})^2} \qquad (9.85)$$

Für den Sonderfall von zwei parallelen Leitungen mit gleicher Nennweite und gleicher Rauhigkeit wird

$$\alpha_{\text{äquiv}} = \frac{\alpha}{4} \qquad (9.86)$$

Beispiel
Eine bestehende, 240 m lange Rohrleitung DN 125 mit der Rauhigkeit $k = 3$ mm soll durch eine parallele Rohrleitung DN 150 mit der Rauhigkeit $k = 1$ mm verstärkt werden. Beide Rohrleitungen sollen zusammen 30 l/s abführen. Wie teilt sich dieser Durchfluß auf die Einzelstränge auf, und wie groß ist der Druckverlust? DN 125 ≙ Strecke *1*.

Nach Gl. (9.81) ist

$$\dot{V}_1 = \frac{\dot{V} \cdot \sqrt{\alpha_2}}{\sqrt{\alpha_1} + \sqrt{\alpha_2}}$$

$$\dot{V}_1 = \frac{0{,}030 \cdot \sqrt{36{,}8}}{\sqrt{142} + \sqrt{36{,}8}}$$

$$\dot{V}_1 = 0{,}0101 \text{ m}^3/\text{s}$$

$$\dot{V}_2 = \dot{V} - \dot{V}_1$$

$$\dot{V}_2 = 0{,}030 - 0{,}0101$$

$$\dot{V}_2 = 0{,}0199 \text{ m}^3/\text{s}$$

Kontrollrechnung

$$\dot{V}_2 = \frac{\dot{V} \cdot \sqrt{\alpha_1}}{\sqrt{\alpha_1} + \sqrt{\alpha_2}}$$

$$\dot{V}_2 = \frac{0{,}030 \cdot \sqrt{142}}{\sqrt{142} + \sqrt{36{,}8}}$$

$$\dot{V}_2 = 0{,}0199 \text{ m}^3/\text{s}$$

Die Rohrreibungs-Verlusthöhe $h_r = h_{r;1} = h_{r;2}$ kann nach Gl. (9.42) für Strecke *1* oder *2* berechnet werden. Die umständlichere Gl. (9.83) wird man nur anwenden, wenn zuvor nicht $\dot{V}_1$ und $\dot{V}_2$ ermittelt wurden.

$$h_{r;1} = \alpha_1 \cdot l \cdot \dot{V}_1^2$$
$$h_{r;1} = 142 \cdot 240 \cdot 0{,}0101^2$$
$$h_{r;1} = 3{,}48 \text{ m}$$

9.3. Hydrodynamik

Kontrollrechnung

$$h_{r;2} = \alpha_2 \cdot l \cdot \dot{V}_2^2$$
$$h_{r;2} = 36{,}8 \cdot 240 \cdot 0{,}0199^2$$
$$h_{r;2} = 3{,}50 \text{ m} \approx 3{,}48 \text{ m}$$

Das gleiche Beispiel auf einen äquivalenten Strang umgerechnet, ergibt nach Gl. (9.85):

$$\alpha_{\text{äquiv}} = \frac{\alpha_1 \cdot \alpha_2}{(\sqrt{\alpha_1} + \sqrt{\alpha_2})^2}$$

$$\alpha_{\text{äquiv}} = \frac{142 \cdot 36{,}8}{(\sqrt{142} + \sqrt{36{,}8})^2}$$

$$\alpha_{\text{äquiv}} = 16{,}16$$

und nach Gl. (9.84):

$$h_r = \alpha_{\text{äquiv}} \cdot l \cdot \dot{V}^2$$
$$h_r = 16{,}2 \cdot 240 \cdot 0{,}030^2$$
$$h_r = 3{,}49 \text{ m}$$

9.3.3.5. Berechnung von Versorgungsnetzen

9.3.3.5.1. Berechnungsannahmen

Entsprechend den Wasserverbrauchsschwankungen herrschen in einer Versorgungsleitung bzw. einem Versorgungsnetz unterschiedliche Betriebszustände hinsichtlich Größe und z. T. auch hinsichtlich Richtung des Durchflusses und damit des Betriebsdrucks. Berechnet werden die maßgebenden Betriebszustände. Dies sind in der Regel
- der Nachweis des erforderlichen Versorgungsdrucks bei maximalem Wasserverbrauch
- der Nachweis eines Mindestdrucks bei Entnahme von Feuerlöschwasser (Brandfall)
- bei großen und wichtigen Versorgungsgebieten der Nachweis einer Notversorgung bei Havarien. Dies können sein: Ausfall eines Pumpwerks, Rohrbruch einer Hauptleitung, Ausfall eines Hochbehälters usw.

Maximaler Wasserbedarf
Der maximale Wasserbedarf je Tag und je Stunde des gesamten Versorgungsgebiets wird in der Wasserbedarfsermittlung gemäß Abschn. 2.3.2. ausgewiesen. Für die Rohrnetzberechnung ist jedoch der maximale Momentanwert $\dot{V}_{\max} = dV/dt$ maßgebend. Für größere Versorgungsgebiete kann der maximale Stundenbedarf max. $\dot{V}_h$ dem maximalen Momentanwert gleichgesetzt werden. Je kleiner das Versorgungsgebiet und damit der absolute Wasserbedarf wird, desto größer ist jedoch der sogenannte Spitzenfaktor $z = \dot{V}_{\max} / \dot{V}_{\text{mittl.}}$.

Für Hausinstallationen als kleinstes Versorgungsgebiet wird allgemein nach *Feurich* [9.8] mit Belastungswerten (BW) gerechnet und eine Gleichzeitigkeit von $\sqrt{\Sigma BW}$ angenommen. Ein Belastungswert entspricht dabei der Zapfleistung eines Auslaufventiles DN 10 bei 5 m Druckhöhe von $\dot{V}_z = 0{,}25$ l/s.

$$\dot{V}_{\max} = 0{,}25 \cdot \sqrt{\Sigma BW} \tag{9.87}$$

$$BW = \left(\frac{\dot{V}_z}{0{,}25}\right)^2 = 16 \cdot \dot{V}_z \tag{9.88}$$

$\dot{V}_{\max}$ maximale gleichzeitige Wasserentnahme in l/s
$\dot{V}_z$ Zapfleistung (Ausfluß) einer Zapfstelle in l/s
BW   Belastungswert einer Zapfstelle, dimensionslos

Zapfleistungen und Belastungswerte verschiedener Armaturen s. Abschn. 11.

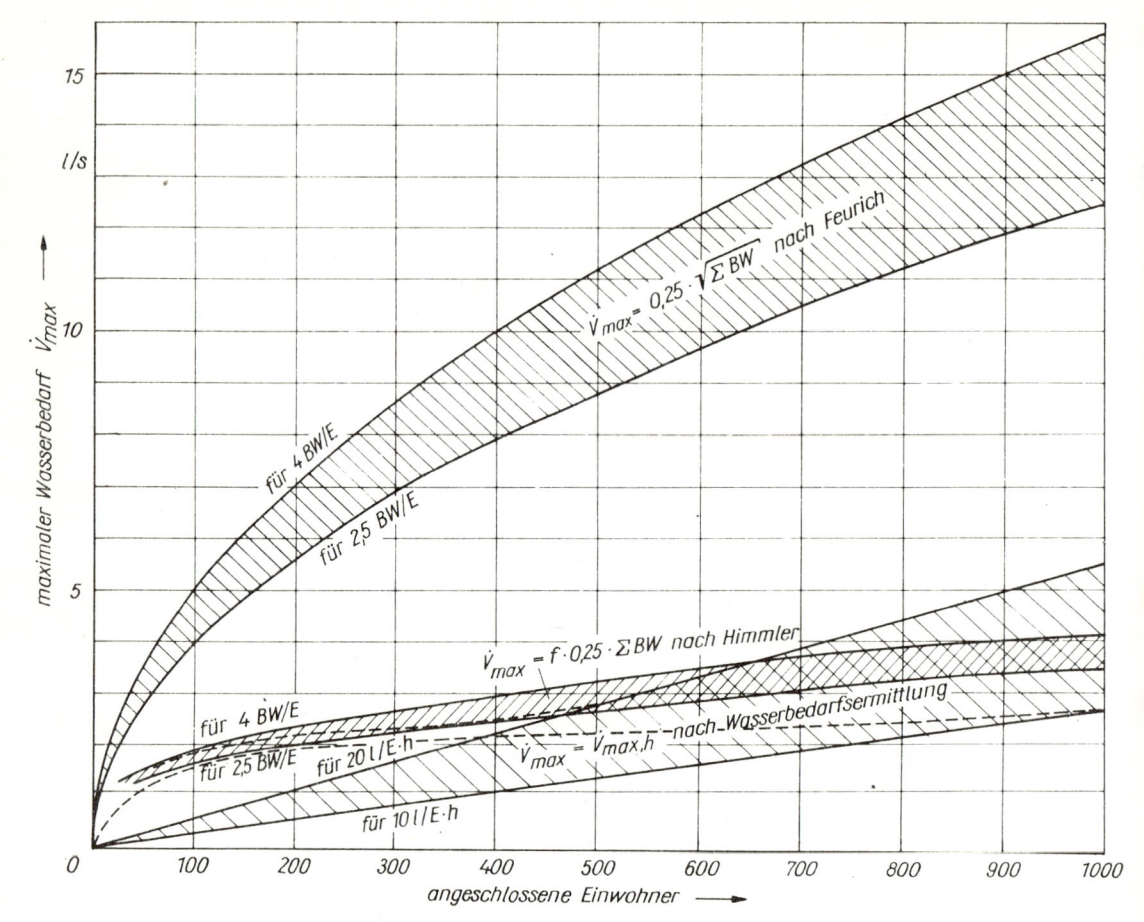

Bild 9.18 Gegenüberstellung des maximalen Wasserbedarfs kleiner Versorgungsgebiete nach *Feurich* [9.8] und *Himmler* [9.19] mit dem maximalen stündlichen Wasserbedarf nach Abschn. 2.3.2.
------- korrigierte Werte für $V_{max,h}$ nach Bild 9.19

Nach den Messungen von *Himmler* [9.19] ist der maximale Durchfluß ab 100 Belastungswerten [9.19] geringer als nach Gl. (9.87) und beträgt

$$\dot{V}_{max} = f \cdot 0{,}25 \cdot \Sigma \, BW \tag{9.89}$$

f Gleichzeitigkeitsfaktor nach Abschn. 11.

Wie groß die Unterschiede zwischen den verschiedenen Annahmen für den maximalen Durchfluß sind, zeigt Bild 9.18. Bei der vielfach üblichen Regel, Versorgungsleitungen nicht kleiner als DN 100 zu bemessen, spielen Fehler bei Durchflüssen < 3 l/s keine wesentliche Rolle. Die Tendenz, Plastrohre DN < 80 mm als Versorgungsleitungen für kleine Versorgungsgebiete einzusetzen, zwingt jedoch zur genaueren Ermittlung des maximalen Durchflusses. Für Endstränge und kleine Versorgungsgebiete mit einem maximalen Stundenbedarf < 10,8 m³/h = 3 l/s ist deshalb für die Rohrnetzberechnung als maximaler Durchfluß der nach Bild 9.19 korrigierte maximale Wasserbedarf je Stunde einzusetzen.

Eine Sonderstellung nehmen Anlagen mit Zapfstellen für längere Benutzungsdauer oder arbeitsbedingte gleichzeitige Nutzung ein, z. B. Reihenwaschanlagen. Hierfür gilt

$$\dot{V}_{max} = \varphi \cdot \Sigma \dot{V}_Z \tag{9.90}$$

9.3. Hydrodynamik 557

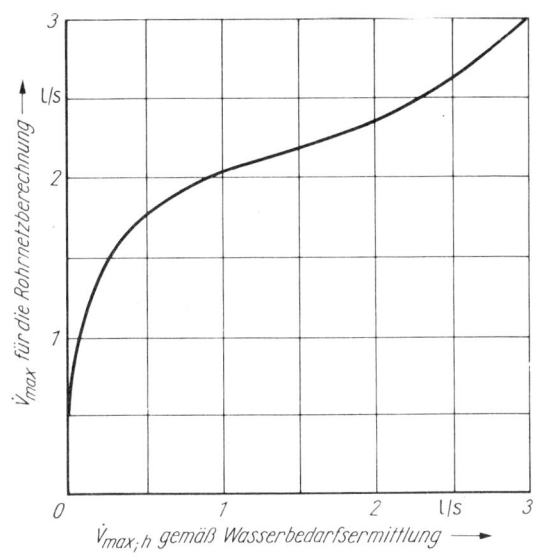

Bild 9.19 Korrektur des maximalen Wasserbedarfs für kleine Versorgungsgebiete

$\Sigma \dot{V}_Z$ Summe der Zapfleistungen aller Zapfstellen in l/s
φ Gleichzeitigkeitsfaktor nach [9.17], (s. Abschn. 11.)

Wasserverteilung
Der Wasserbedarf eines Versorgungsgebiets wird meist durch eine Vielzahl von Hausanschlüssen den Versorgungsleitungen entnommen. Dies zwingt zu vereinfachenden Annahmen.
Der für ein Gebiet mit annähernd gleicher Bebauung ermittelte Wasserbedarf wird gleichmäßig auf die Länge der Rohrleitung bezogen:

$$\dot{V}_l = \frac{\Sigma \dot{V}}{\Sigma l} \tag{9.91}$$

$\dot{V}_l$ spezifischer Wasserbedarf je Meter Versorgungsleitung in $l/(s \cdot m)$
$\Sigma \dot{V}$ Wasserbedarf des Gebietes in l/s
Σl Länge der Versorgungsrohrleitungen, soweit diese in bebauten Straßenzügen liegen, in m

Größere Bebauungslücken werden dabei in der Rohrleitungslänge ausgelassen.
Bebauungsunterschiede werden durch Faktoren berücksichtigt, z. B.
einseitige, eingeschossige Bebauung $C_1 = 1$
einseitige, zweigeschossige Bebauung $C_2 = 2$
zweiseitige, zweigeschossige Bebauung $C_3 = 4$.
Gl. (9.89) wird dann zu

$$\dot{V}_l = \frac{\Sigma \dot{V}}{\Sigma (C \cdot l)} \tag{9.92}$$

wobei C der Bebauungsfaktor entsprechend dem Wasserbedarf ist. Der spezifische Wasserbedarf für die verschiedenen Bebauungen ist

$$\dot{V}_{l;n} = \dot{V}_l \cdot C_n \tag{9.93}$$

und die Wasserentnahme $\dot{V}_n$ auf einer Teilstrecke der Länge l_n

$$\dot{V}_n = \dot{V}_{l;n} \cdot C_n \tag{9.94}$$

Die Entnahme des Wasserbedarfs $\dot{V}_n$ auf einer Teilstrecke l_n wird als gleichmäßig über die ganze Länge verteilt angenommen. Der Durchfluß nimmt somit in Fließrichtung mit der Länge

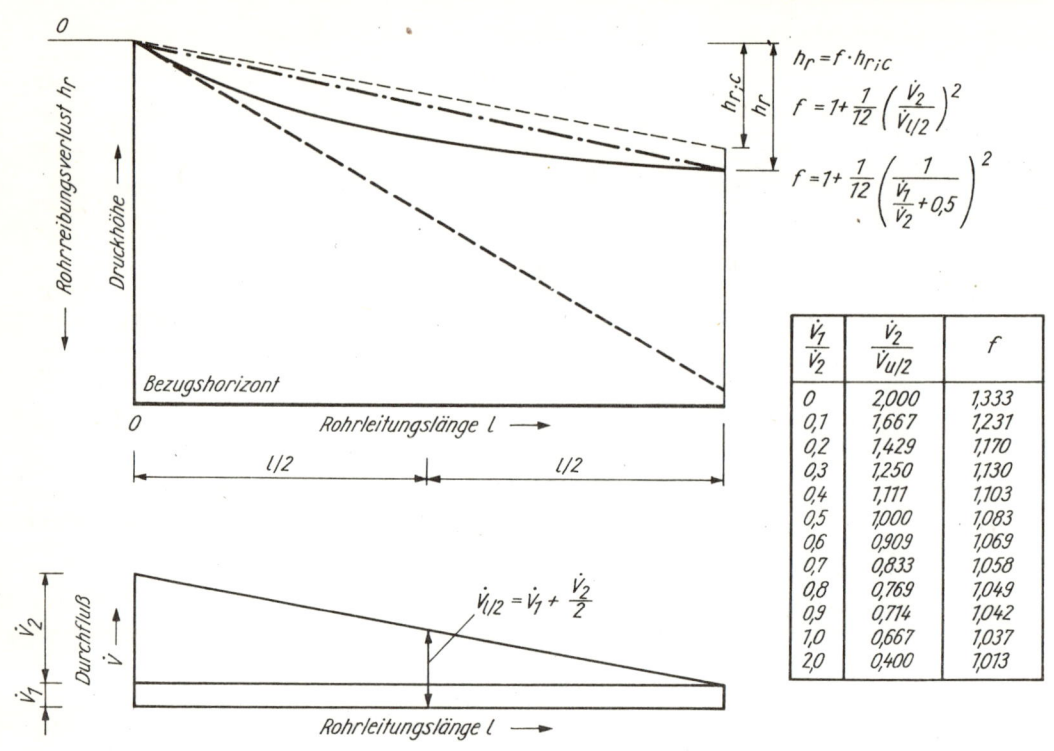

558   9.   Hydraulische Berechnungen

$$h_r = f \cdot h_{r;c}$$

$$f = 1 + \frac{1}{12}\left(\frac{\dot{V}_2}{\dot{V}_{l/2}}\right)^2$$

$$f = 1 + \frac{1}{12}\left(\frac{1}{\frac{\dot{V}_1}{\dot{V}_2}+0{,}5}\right)^2$$

$\dfrac{\dot{V}_1}{\dot{V}_2}$	$\dfrac{\dot{V}_2}{\dot{V}_{u/2}}$	f
0	2,000	1,333
0,1	1,667	1,231
0,2	1,429	1,170
0,3	1,250	1,130
0,4	1,111	1,103
0,5	1,000	1,083
0,6	0,909	1,069
0,7	0,833	1,058
0,8	0,769	1,049
0,9	0,714	1,042
1,0	0,667	1,037
2,0	0,400	1,013

$$\dot{V}_{l/2} = \dot{V}_1 + \frac{\dot{V}_2}{2}$$

Bild 9.20 Berechnung der Rohrreibungsverluste für gleichmäßige Wasserentnahme längs der Rohrleitung [9.32]

h_r Rohrreibungsverlust für die Strecke l

$h_{r;c}$ Rohrreibungsverlust für die Strecke l, berechnet für $\dot{V}_{L/2} = \dot{V}_1 + \dfrac{\dot{V}_2}{2}$

f Korrekturfaktor

1 wahre Drucklinie; 2 angenäherte Drucklinie; 3 Drucklinie für $\dot{V} = \dot{V}_{L/2}$; 4 Drucklinie für $\dot{V} = \dot{V}_1 + \dot{V}_2$

gleichförmig ab, was einer ungleichförmigen Bewegung entspricht. Der Druckverlust wird vereinfachend für gleichförmige Bewegung, also konstanten Durchfluß, berechnet. Bei den in Verteilernetzen üblichen kurzen Teilstrecken wird der Wasserbedarf $\dot{V}_n$ der Teilstrecke in der Berechnung erst am Ende der Teilstrecke abgeschlagen, der Druckverlust der Teilstrecke also für den Durchfluß am Anfang der Strecke ermittelt. Diese Berechnung liegt auf der sicheren Seite.

Bei langen Strecken mit gleichförmiger Entnahme auf der ganzen Länge kann die ungleichförmige Bewegung näherungsweise dadurch berücksichtigt werden, daß die Rohrreibungs-Verlusthöhe für den Durchfluß am Beginn der Rohrstrecke berechnet und mit dem Faktor f korrigiert wird [9.31]:

$$f = 1 + \frac{1}{12} \cdot \left(\frac{1}{\frac{\dot{V}_1}{\dot{V}_2}+0{,}5}\right)^2 \tag{9.95}$$

(s. Bild 9.20).

Brandfall
Bei Entnahme von Feuerlöschwasser aus dem Trinkwassernetz wird aus wirtschaftlichen Erwägungen auf die gleichzeitige Bereitstellung des maximalen Trinkwasserbedarfs verzichtet. Für die Landgemeinde oder den Stadtteil, in dem der Brandfall angenommen wird, sollen in der Re-

9.3. Hydrodynamik

gel zusätzlich zum Löschwasser 50 % des maximalen Trinkwasserbedarfs geliefert werden. In ländlichen Gruppenwasserversorgungen kann angenommen werden, daß bei n angeschlossenen Gemeinden in $\sqrt{n}$ Gemeinden gleichzeitig Löschwasser benötigt wird. Für größere Städte gilt diese Annahme nicht; jedoch ist für deren Hauptleitungen der Brandfall auch nicht ausschlaggebend für die Bemessung. Die Versorgung industrieller Großabnehmer während eines Brandfalls ist individuell zu regeln.

Der Löschwasserbedarf und der am Hydranten erforderliche Druck sind im Einvernehmen mit der Feuerwehr festzulegen. Allgemein wird für die Löschwasserentnahme am Hydranten eine Druckhöhe von 15 m, mindestens aber von 5 m, als Vordruck für die anzuschließende Feuerlöschpumpe verlangt. Die direkte Brandbekämpfung aus dem Rohrnetz ohne zwischengeschaltete Feuerlöschpumpe ist selten möglich, da am Strahlrohr eine Vordruckhöhe von mindestens 30 m erforderlich ist. Einschließlich Reibungsverlusten im Feuerwehrschlauch und geodätischem Höhenunterschied bis zur Brandbekämpfungsstelle würde dies Versorgungsdruckhöhen von mindestens 60 m bedingen.

Bei der Berechnung eines Verästelungsnetzes wird der Löschwasserbedarf in jedem Rohrstrang eingesetzt, in den Hauptleitungen aber nur einmal berücksichtigt. Auf diese Weise wird in *einem* Rechengang der Brandfall an *allen* Punkten des Rohrnetzes nachgewiesen.

In Ringnetzen kann die Knotenpunktbedingung $\Sigma \dot{V} = 0$ nach Abschn. 9.3.3.3. nur eingehalten werden, wenn der Brandfall örtlich fixiert wird. Mit entsprechendem Einfühlungsvermögen sind die hydraulisch ungünstigen Punkte des Rohrnetzes auszusuchen und für jeden dieser Punkte der Brandfall *getrennt* nachzuweisen.

Bei größerem Löschwasserbedarf ist zu beachten, daß dieser nicht aus *einem* Hydranten entnommen werden kann. 20 l/s Löschwasser werden aus zwei Hydranten, 25 l/s aus zwei oder drei Hydranten entnommen.

Wirtschaftliche Bemessung
Während die hydraulische Berechnung vorhandener Rohrnetze eine eindeutige lösbare Aufgabe darstellt, läßt die Bemessung eines neuzubauenden Rohrnetzes eine Vielzahl von Lösungen zu. Selbst bei gegebenen Randbedingungen, z. B. Höhenlage des Hochbehälters und daraus resultierende zulässige Druckverlusthöhe, sind viele Varianten möglich. Damit kommt zum technischen Problem die ökonomische Aufgabe, die wirtschaftlichste Lösung zu finden [9.12].

Die erste, allgemeingültige Aufgabe besteht darin, das Wasser auf dem kürzesten Weg zum Bestimmungsort zu führen. Sofern Einspeisungspunkte und -ströme feststehen, ist dies ohne besondere Schwierigkeiten möglich. Andernfalls sind die wirtschaftlichsten Einspeisungen (wirtschaftlichste Lastverteilung) als Voraussetzung für die hydraulische Berechnung des Rohrnetzes zu ermitteln [9.14].

Die so vom planenden Ingenieur vorgegebene Wasserverteilung liefert für das Rohrnetz ein Schema, in dem zu gegebenen Durchflüssen die wirtschaftlichsten Rohrdurchmesser zu suchen sind, entweder mit vorgegebenem zulässigem Gesamtdruckhöhenverlust oder frei wählbar.

Zielgröße für den wirtschaftlichsten Rohrdurchmesser ist, von vordergründigen Investitionseinsparungen abgesehen, die Minimierung der Aufwendungen während der Nutzungsdauer der Rohrleitungen. Diese Aufwendungen werden maßgeblich beeinflußt durch
– die Investitionskosten, die für die verschiedenen Rohrwerkstoffe und örtlichen Bedingungen (Bodenarten usw.) jeweils eine Funktion des Rohrdurchmessers sind
– den Durchfluß durch die Rohrleitung während deren Nutzungsdauer, der entsprechend dem steigenden Wasserbedarf eine Funktion der Zeit ist und entsprechend dem Wasserverbrauch periodischen Schwankungen unterliegt (Auslastung der Rohrleitung)
– die Energiekosten, die eine Funktion des Durchflussses und der Energiepreisentwicklung sind.

Sofern diese über Jahrzehnte wirkenden Einflüsse einschätzbar sind, können mathematische Modelle für die optimale Bemessung kompletter Rohrnetze aufgestellt werden. Sie sind nur mit Hilfe elektronischer Datenverarbeitungsanlagen lösbar, z. B. nach *Phan* [9.30].

In grober Annäherung kann der wirtschaftlichste Rohrdurchmesser nach der *wirtschaftlichsten Fließgeschwindigkeit* eingeschätzt werden. Da bei gleicher Fließgeschwindigkeit der Druckverlust mit steigendem Rohrdurchmesser abnimmt, steigt die wirtschaftliche Fließgeschwindigkeit in einer Rohrleitung mit dem Durchmesser. Richtwerte entsprechend den derzeitigen Preisen enthält Tafel 9.2.

Tafel 9.2. Richtwerte für die wirtschaftliche Fließgeschwindigkeit

Rohrdurchmesser in mm	100	200	300	400	500	600	800	1000
Maximale Fließgeschwindigkeit in m/s								
bei $\gamma = 0{,}3$	0,9	1,0	1,2	1,2	1,3	1,5	1,5	1,6
$\gamma = 0{,}7$	0,6	0,7	0,8	0,9	0,9	1,0	1,1	1,1
$\gamma = 1{,}0$	0,5	0,6	0,75	0,8	0,8	0,85	1,0	1,0

$$\gamma = \frac{\text{Energiekosten während der Nutzungsdauer der Rohrleitung}}{\text{Energiekosten bei maximaler Wasserförderung während der gesamten Nutzungsdauer}}$$

nach [9.30]
$\gamma = 0{,}1$ bis $0{,}5$ für direkte Förderung zum Verbraucher
$\gamma = 0{,}5$ bis $0{,}9$ für Förderung über Durchgangsbehälter
$\gamma = 1{,}0$ für konstante Förderung im Dauerbetrieb

9.3.3.5.2. Verästelungsrohrnetze

Verästelungsrohrnetze, ähnlich Bild 9.21, kommen häufig als Versorgungsnetze für Landgemeinden und städtische Randgebiete vor. Größe und Form dieser Versorgungsgebiete rechtfertigen oft nicht, ein sicheres Ringnetz anzuordnen.

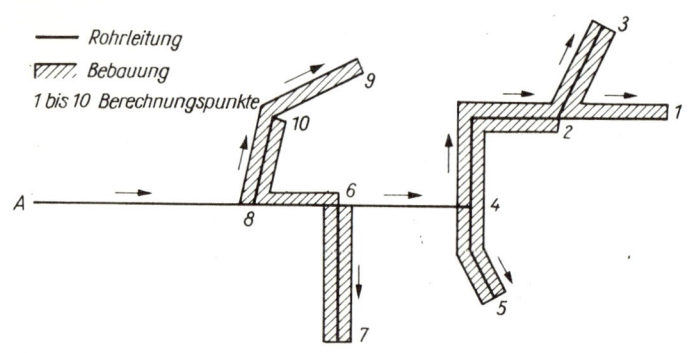

Bild 9.21 Schematischer Lageplan für die Berechnung eines Verästelungsrohrnetzes

Zur hydraulischen Berechnung wird das Verästelungsnetz in Teilstrecken untergliedert, deren Rohrdurchmesser und Durchfluß konstant sind. Damit wird stationäre, gleichförmige Strömung in den Teilstrecken angenommen, und die Rohrreibungsverluste der Teilstrecken können gemäß Abschn. 9.3.2.1. berechnet werden. Zuerst muß der Wasserbedarf des Gebietes entsprechend Abschn. 9.3.3.5.1. auf die Rohrstrecken aufgeteilt werden. Die weitere Berechnung geschieht tabellarisch, für größere Rohrnetze meist auf programmierbaren elektronischen Rechnern. Je nach den gegebenen Randbedingungen wird der Rohrdurchmesser frei gewählt, z. B. nach der wirtschaftlichen Fließgeschwindigkeit, und der Rohrreibungsverlust berechnet oder für vorgegebene zulässige Rohrreibungsverluste der geeignete Rohrdurchmesser gesucht. Für manuelle Berechnungen benutzt man Gl. (9.42) oder die vorliegenden Tabellen, z. B. in [9.36; 9.38]. Die verschiedenen Rechenprogramme arbeiten meist mit der Formel von *Colebrook*, Gl. (9.35), wobei der Reibungsbeiwert λ durch ein Unterprogramm iterativ ermittelt wird.

Am vermutlich ungünstigsten Punkt des Rohrnetzes wird die erforderliche Druckhöhe festgelegt und von da aus die Drucklinie berechnet, indem in Fließrichtung die Rohrreibungsverluste der Teilstrecken subtrahiert, entgegen der Fließrichtung addiert werden. Am Einspeisepunkt ins Ortsnetz erhält man so die Druckhöhe, die durch den Hochbehälter oder das Pumpwerk garantiert werden muß.

Ist die Ausgangsdruckhöhe gegeben, z. B. bei Anschluß an einen vorhandenen Hochbehälter, so wird in Fließrichtung mit geschätzten Rohrdurchmessern gerechnet und die Einhaltung des

9.3. Hydrodynamik

geforderten Versorgungsdrucks an allen Punkten des Rohrnetzes nachgewiesen. Gegebenenfalls müssen die geschätzten Rohrdurchmesser verändert und die Rechnung wiederholt werden.

Beispiel
Das in Bild 9.21 dargestellte Rohrnetz ist zu berechnen. Die Bebauung ist annähernd gleichmäßig, der Wasserbedarf im gesamten Gebiet 21 l/s, wovon 12 l/s auf einen Großverbraucher am Punkt *4* entfallen. Die Versorgungsdruckhöhe soll überall mindestens 33 m über Gelände betragen. Wie groß muß der Druck am Punkt *A* sein? Der Rauhigkeitsbeiwert wird mit $k = 0{,}4$ mm für Asbestzementrohre gewählt.

Einseitig bebaute Rohrleitungsstrecken

1 bis *2*	$l = 200$ m
6 bis *8*	$l = 295$ m
9 bis *10*	$l = 165$ m
	$l_1 = 660$ m

Zweiseitig bebaute Rohrleitungsstrecken

3 bis *2*	$l = 105$ m
2 bis *4*	$l = 178$ m
5 bis *4*	$l = 153$ m
7 bis *6*	$l = 280$ m
10 bis *8*	$l = 120$ m
	$l_2 = 836$ m

Nach Gl. (9.92) ist

$$\dot{V}_l = \frac{\sum \dot{V}}{\sum (C \cdot l)} = \frac{21 - 12}{1 \cdot 660 + 2 \cdot 836} = 0{,}00386 \; \text{l/(s} \cdot \text{m)}$$

einseitige Bebauung $C_1 = 1 \cdot \dot{V}_l = 0{,}00386$ l/(s · m)
zweiseitige Bebauung $C_2 = 2 \cdot \dot{V}_l = 0{,}00772$ l/(s · m).

Tafel 9.3. Berechnung des Verästelungsrohrnetzes Bild 9.21

Strecke von Knoten bis Knoten	Länge	Spez. Wasserbedarf	Wasserbedarf Strecke	Wasserbedarf insgesamt	Korrigierter Durchfluß	Nennweite	Fließgeschw.	Rohrrauhigkeit	Druckhöhenverlust	Druckhöhe am Anfang der Strecke	Druckhöhe am Ende der Strecke	Gelände am Anfang der Strecke	Versorgungsdruckhöhe am Anfang der Strecke
	l m	$\dot{V}_l$ l/(sm)	$\dot{V}_s$ l/s	$\sum \dot{V}_s$ l/s	$\dot{V}$ l/s	DN mm	v m/s	k mm	h_r m	m NN	m NN	m NN	m
1 bis *2*	200	0,00386	0,77	0,77	1,9	80	0,38	0,4	0,6	149,9	150,5	115,7	34,2
3 bis *2*	105	0,00772	0,81	0,81	2,0	80	0,40	0,4	0,3	150,2	150,5	117,2	33,0
2 bis *4*	178	0,00772	1,37	2,95	3,0	80	0,60	0,4	1,3	150,5	151,8	115,0	35,5
5 bis *4*	153	0,00772	1,18	1,18	2,1	80	0,42	0,4	0,5	151,3	151,8	112,8	38,5
Großabnehmer *4*				12,0									
4 bis *6*	310	0	0	16,13	16,1	150	0,91	0,4	2,3	151,8	154,1	114,5	37,3
7 bis *6*	280	0,00772	2,16	2,16	2,4	80	0,48	0,4	1,3	152,8	154,1	111,3	41,5
6 bis *8*	295	0,00386	1,14	19,43	19,4	150	1,10	0,4	3,2	154,1	157,3	114,8	39,3
9 bis *10*	165	0,00386	0,64	0,64	1,9	80	0,38	0,4	0,5	156,3	156,8	118,0	38,3
10 bis *8*	120	0,00772	0,93	1,57	2,2	80	0,44	0,4	0,5	156,8	157,3	117,6	39,2
8 bis *A*	2 140	0	0	21,00	21,0	200	0,67	0,4	5,9	157,3	163,2	115,0	42,3

In Tafel 9.3 wird der Wasserbedarf der einzelnen Strecken aus diesen spezifischen Wasserbedarfswerten berechnet mit $\dot{V}_s = \dot{V}_l \cdot l$ und entgegen der Fließrichtung kumulativ addiert zu $\Sigma \dot{V}_s$. Für $\Sigma \dot{V}_s < 3 \text{ l/s}$ wird der maximale Wasserbedarf nach Bild 9.19 korrigiert und für diesen Durchfluß die weitere Berechnung durchgeführt. Der Rohrdurchmesser wird für eine Fließgeschwindigkeit nach Tafel 9.2 gewählt und für die einzelnen Strecken der Druckhöhenverlust berechnet nach Gl. (9.42).

Aus den Geländehöhen und der Entfernung vom Einspeisepunkt A kann geschlossen werden, daß Punkt 3 hydraulisch der ungünstigste Versorgungspunkt ist. Die erforderliche Versorgungsdruckhöhe von 33 m wird zur Geländehöhe 117,2 m NN addiert und ergibt die Drucklinie am Punkt 3 mit 150,2 m NN. Die weitere Berechnung der Drucklinie geschieht wie bereits beschrieben; entgegen der Fließrichtung werden die Rohrreibungsverluste der Strecken zur Drucklinie addiert, bei seitlichen Abzweigen in Fließrichtung subtrahiert.

Abschließend wird der vorhandene Versorgungsdruck aus der Differenz Drucklinie minus Geländehöhe ermittelt und mit der erforderlichen Druckhöhe verglichen. Gegebenenfalls sind die Rohrdurchmesser zu verändern.

9.3.3.5.3. Vermaschte Rohrnetze

Größere Rohrnetze werden wegen der hydraulischen und betrieblichen Vorteile vorzugsweise als Ringnetze ausgebildet. Größe und Richtung der Durchflüsse in den einzelnen Strängen sind dabei nicht von vornherein erkennbar. Für ein gegebenes Rohrnetz, festgelegte Zufluß- und Entnahmestellen und gegebene Funktionen für die Zu- und Abflüsse kann es nach den *Kirchhoff*schen Regeln (s. Abschn. 9.3.3.3.) für die Durchflußverteilung jedoch nur *eine* Lösung geben. Da das vermaschte Rohrnetz ein nichtlineares Gleichungssystem darstellt, ist die Aufgabe rechnerisch nur iterativ zu lösen. Von den verschiedenen Iterationsverfahren [9.27; 9.40] hat sich in der Praxis besonders das Verfahren von *Cross* [9.6] mit Druckverlusthöhenausgleich in den Maschen und Durchflußkorrektur durchgesetzt. Bei diesem Verfahren wird der Durchfluß $\dot{V}$ durch die einzelnen Stränge unter Beachtung der Knotenpunktbedingung $\Sigma \dot{V} = 0$ geschätzt. Mit diesen Schätzwerten werden die Druckhöhenverluste H_V der Stränge berechnet und je Masche ΣH_V gebildet. Aus der Abweichung dieser Summe zur Maschenbedingung $\Sigma H_V = 0$ wird die Durchflußkorrektur $\Delta \dot{V}$ berechnet und mit den korrigierten Durchflüssen die Rechnung wiederholt, bis die gewünschte Genauigkeit erreicht ist. Das Verfahren konvergiert meist innerhalb von fünf bis acht Iterationen bis zu einem Fehler $\Delta \dot{V} \leq \pm 0,1 \text{ l/s}$.

Für manuelle Berechnungen kann vereinfachend der Rohrreibungsverlust nach dem quadratischen Widerstandsgesetz Gl. (9.42) ermittelt werden. Meist werden in Rohrnetzen die Einzelverluste vernachlässigt bzw. im Rauhigkeitsbeiwert berücksichtigt und somit

$$H_V \approx h_r = a \cdot \dot{V}^2 \tag{9.96}$$

mit

$$a = \alpha \cdot l \tag{9.97}$$

Sollen Einzelverluste berücksichtigt werden, so ist zu setzen

$$a = \alpha \cdot l + \frac{\Sigma \zeta}{A^2 \cdot 2g} \tag{9.98}$$

H_V hydraulische Verlusthöhe in m
h_r Rohrreibungsverlusthöhe in m
a Konstante des Rohrstrangs in s^2/m^5
α Konstante in Gl. (9.42) (s. Abschn. 11.) in s^2/m^6
l Länge des Rohrstrangs in m
$\Sigma \zeta$ Summe der Einzelverlustbeiwerte
A Rohrquerschnittsfläche in m^2
g Erdbeschleunigung in m/s^2

Die *Maschenregel* für einen einfachen Ring (Masche), wie in Bild 9.15 dargestellt, lautet:
$\Sigma H_V = H_{V;1} - H_{V;2} = 0$

9.3. Hydrodynamik

$a_1(\dot{V}_1 + \Delta\dot{V})^2 - a_2(\dot{V}_2 - \Delta\dot{V})^2 = 0$

$a_1(\dot{V}_1^2 + 2\Delta\dot{V} \cdot \dot{V}_1 + \Delta\dot{V}^2) - a_2(\dot{V}_2^2 - 2\Delta\dot{V} \cdot \dot{V}_2 + \Delta\dot{V}^2) = 0$

Unter der Voraussetzung $\Delta\dot{V} \ll (\dot{V}_1$ bzw. $\dot{V}_2)$ wird $\Delta\dot{V}^2$ vernachlässigt. Für n Stränge gilt dann allgemein

$$\sum(a_n \cdot \dot{V}_n^2) + 2\Delta\dot{V}\sum(a_n \cdot \dot{V}_n) = 0$$

$$\Delta\dot{V} = -\frac{\sum(a_n \cdot \dot{V}_n^2)}{2\sum(a_n \cdot \dot{V}_n)}$$

Zur praktischen Anwendung des Verfahrens muß die Fließrichtung definiert werden. Man bezeichnet z. B. Fließrichtung innerhalb einer Masche im Uhrzeigersinn mit + und entgegen dem Uhrzeigersinn mit − und setzt diese Vorzeichen vor die Durchflüsse $\dot{V}$. Die Durchflußkorrektur muß dann heißen

$$\Delta\dot{V} = -\frac{\sum(|a \cdot \dot{V}| \cdot \dot{V})}{2\sum|a \cdot \dot{V}|} \tag{9.99}$$

$|a \cdot \dot{V}|$ Betrag für $a \cdot \dot{V}$ ohne Berücksichtigung negativer Vorzeichen.

Der Rechenaufwand steigt mit der Anzahl der Stränge und besonders der Maschen erheblich. Die Wasserentnahmen werden deshalb theoretisch auf sowieso vorhandene Knotenpunkte, wie Berührungspunkte mit anderen Maschen und Wechsel der Rohrnennweiten, verteilt. Stränge mit wechselndem Rohrdurchmesser können nach Gl. (9.55), parallele Stränge nach Gl. (9.84) zusammengefaßt werden. Die Anzahl der Maschen wird in der Berechnung verringert, indem Stränge mit kleinem Rohrdurchmesser gedanklich getrennt und als Verästelungsleitungen betrachtet werden.

Der Wasserbedarf des Versorgungsgebiets wird als „gedachte" Entnahmen auf die Knotenpunkte verteilt. Da die Fließrichtungen nicht bekannt sind, werden die nach Gl. (9.94) ermittelten Wasserentnahmen längs eines Stranges auf die beiden begrenzenden Knoten je zur Hälfte aufgeteilt. Die Einhaltung der Knotenpunktbedingung $\Sigma\dot{V} = 0$ schließt jedoch aus, daß mit kleiner werdendem Teilversorgungsgebiet der Gleichzeitigkeitsfaktor größer angenommen wird, wie dies für Verästelungsnetze nach den Gln. (9.87) und (9.89) sowie Bild 9.19 möglich ist. Beschränkt man die Berechnung als vermaschtes Netz auf die Hauptringe und betrachtet die kleineren Versorgungsleitungen wie ein von den Ringleitungen abgehendes Verästelungsnetz, so können diese Stränge mit Durchflüssen nach Gl. (9.87) oder Gl. (9.88) unter Vernachlässigung der Knotenpunktsbedingung $\Sigma\dot{V} = 0$ berechnet werden. Dies ist für Versorgungsleitungen DN < 80 unbedingt erforderlich, in großkalibrigen Rohrnetzen für DN < 200 zur Senkung des Rechenaufwands zu empfehlen. Die festgelegten Entnahmen werden zur besseren Übersicht in einem schematischen Rohrnetzplan eingetragen (Bild 9.22).

Die Schätzung der Strangdurchflüsse geht von den festgelegten Entnahmen unter Einhaltung der Knotenpunktbedingung $\Sigma\dot{V} = 0$ aus. Dabei wird an einem beliebigen Knotenpunkt begonnen und das Rohrnetz in beliebiger Richtung verfolgt. Die Schätzwerte trägt man ebenfalls in den vorgenannten schematischen Rohrnetzplan ein. Es ist nicht sinnvoll, durch „genaue" Schätzung der Berechnung vorgreifen zu wollen, da große Fehler sehr schnell konvergieren. Bei der Bemessung neuzuverlegender Ringnetze sind konstruktive Gesichtspunkte, z. B. die Bebauung, für die Wahl der Hauptleitungen im vermaschten Netz dominierend. Die Schätzung der Wasserverteilung geschieht dementsprechend und ist Grundlage für die wirtschaftliche Bemessung der Stränge. Bei der Berechnung gegebener Rohrnetze wird die Schätzung vereinfacht, indem man für möglichst viele Stränge den Durchfluß gleich Null setzt, natürlich unter Einhaltung der Knotenpunktsbedingung $\Sigma\dot{V} = 0$.

Der Rechengang beim Iterationsverfahren nach *Cross* wird an Hand eines Beispiels erläutert (s. auch den Programmablaufplan Bild 9.23).

Das in Bild 9.22 dargestellte Rohrnetz besteht aus vier Maschen (Ringen). Der Strang *7a* wird wegen seiner geringen Nennweite in der Ringberechnung vernachlässigt, so daß rechnerisch nur drei Maschen vorhanden sind. Die Zuflüsse *A* und *B* und der Abfluß *C* des Rohrnetzes sind ge-

564   9. Hydraulische Berechnungen

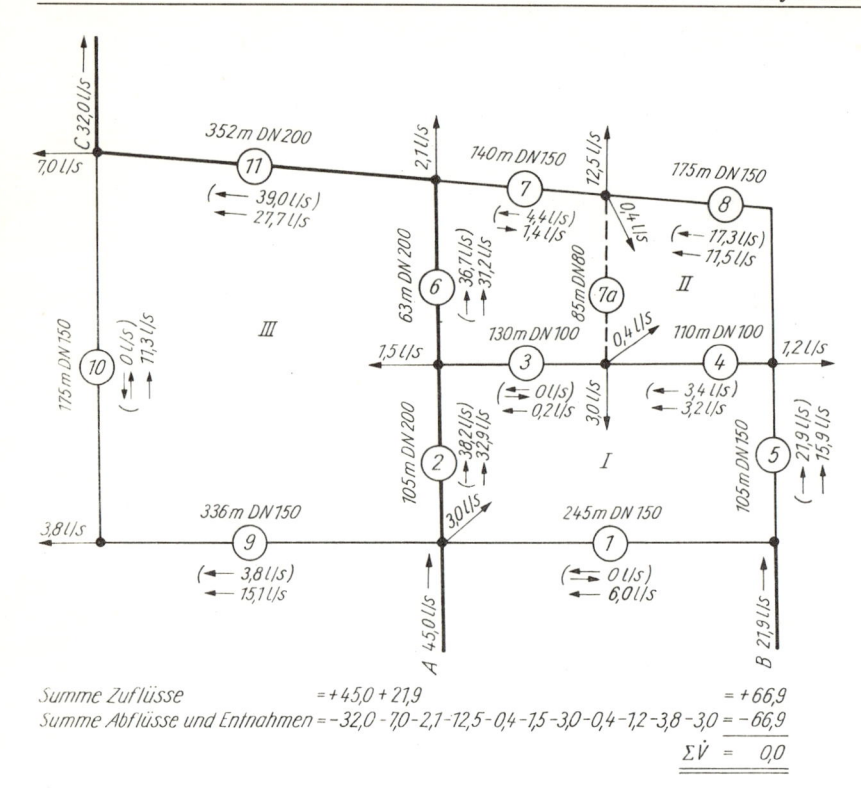

Summe Zuflüsse   = +45,0 + 21,9   = +66,9
Summe Abflüsse und Entnahmen = −32,0 −7,0 −2,1 −12,5 −0,4 −1,5 −3,0 −0,4 −1,2 −3,8 −3,0 = −66,9
                                                                    $\Sigma \dot V$ =   0,0

—①—   Strang mit Strang-Nr.

I bis III   Maschen-Nr.

• 2,5 l/s → Knoten mit Wasserentnahme

(← 5,0 l/s) geschätzter Durchfluß

→ 2,8 l/s   berechneter Durchfluß

Bild 9.22 Schema eines vermaschten Rohrnetzes. Berechnung s. Tafel 9.4

gebene Werte. Der Wasserbedarf innerhalb des Rohrnetzes wird auf die Knotenpunkte verteilt und in Bild 9.22 als Abgaben eingetragen. Der Durchfluß durch die Stränge wird unter Einhaltung der Knotenpunktsbedingung $\Sigma \dot V = 0$ geschätzt. Begonnen wird z. B. am Knotenpunkt der Stränge *10* und *11*. Hier werden 32,0 l/s + 7,0 l/s = 39,0 l/s entnommen. Geschätzt wird, daß davon 0 l/s im Strang *10* und 39 l/s im Strang *11* zufließen. Am Knotenpunkt der Stränge *9* und *10* werden 3,8 l/s entnommen; 0 l/s fließen in Strang *10*. Somit müssen im Strang *9* 3,8 l/s zufließen. In dieser Weise werden alle Durchflüsse geschätzt und in Klammern mit Fließrichtung in Bild 9.22 eingetragen.

In Tafel 9.4 werden die Spalten 1 bis 7a ausgefüllt. Die geschätzte Durchflußrichtung wird in Spalte 7.1 durch Vorzeichen entsprechend dem Uhrzeigersinn definiert. Strang *6* z. B. hat in Masche *II* positive, in Masche *III* negative Fließrichtung. Zur Rechenerleichterung wird $\dot V$ in l/s = 10^{-3} m³/s eingesetzt und dementsprechend *a* in 10^{-3} s²/m⁵. Die α-Werte sind für die Rohrrauhigkeit $k = 3$ mm entnommen.

Für Masche *I* werden die Spalten 8.1 und 9.1 berechnet, deren Summen gebildet und daraus $\Delta \dot V = 4,7$ l/s nach Gl. (9.99) ermittelt. Dieser Korrekturwert wird für alle Stränge der Masche *I* in Spalte 10.1 eingesetzt. In den Nachbarmaschen sind gemeinsame Stränge mit Masche *I* um

9.3. Hydrodynamik

Tafel 9.4. *Berechnung des vermaschten Rohrnetzes Bild 9.22 nach dem Iterationsverfahren von Cross*

Ma-schen-Nr.	Strang-Nr.	Konstante Strangwerte				1. Iteration				2. Iteration				3. Iteration				Ergebnis	
		Rohr-durch-messer DN mm	Länge l m	Rei-bungs-bei-wert α s²/m⁶	Strang-konstante $a = \alpha \cdot l$ 10^{-3} s²/m⁵	Durchfluß $\dot{V}$ 10^{-3} m³/s	$\lvert a \cdot \dot{V} \rvert$ s/m²	Druck-höhen-verlust $h_r = a \cdot \dot{V}\lvert\dot{V}\rvert$ m	Durchfluß-korrektur $\Delta\dot{V}$ 10^{-3} m³/s	$\dot{V}$	$\lvert a \cdot \dot{V} \rvert$	h_r	$\Delta\dot{V}$	$\dot{V}$	$\lvert a \cdot \dot{V} \rvert$	h_r	$\Delta\dot{V}$	Durch-fluß $\dot{V}$ 10^{-3} m³/s	Druck-höhen-verlust h_r m
1	2	3	4	5	6	7.1	8.1	9.1	10.1	7.2	8.2	9.2	10.2	7.3	8.3	9.3	10.3	11	12
I	1	150	245	53,1	13,00	± 0,0	0,0	±0,00	+ 4,7	+ 4,7	61,1	+0,29	+0,5	+ 5,2	67,6	+0,35	+0,8	+ 6,0	+0,47
	2	200	105	11,3	1,19	+38,2	45,5	+0,05	+ 4,7 − 15,1	+27,8	33,1	+0,92	+0,5 + 3,8	+32,1	38,2	+1,23	+0,8	+32,9	+1,29
	3	100	130	476	61,88	± 0,0	0,0	±0,00	+ 4,7 − 3,0	+ 1,7	105,2	+0,18	+0,5 − 2,4	− 0,2	12,4	±0,00	+0,8 − 0,4	+ 0,2	±0,00
	4	100	110	476	52,36	− 3,4	178,0	−0,61	+ 4,7 − 3,0	− 1,7	89,0	−0,15	+0,5 − 2,4	− 3,6	188,5	−0,68	+0,8 − 0,4	− 3,2	−0,54
	5	150	105	53,1	5,58	−21,9	122,2	−2,68	+ 4,7	−17,2	96,0	−1,65	+0,5	−16,7	93,2	−1,56	+0,8	−15,9	−1,41
						Σ =	345,7	−3,24			381,4	−0,41	+0,5		399,9	−0,66	+0,8		−0,19

$$\Delta\dot{V} = -\frac{\Sigma h_r}{2 \cdot \Sigma \lvert a \cdot \dot{V}\rvert} = -\frac{-3,24}{2 \cdot 345,7} = +4,7 \cdot 10^{-3}$$

II	6	200	63	11,3	0,71	+36,7	26,1	+0,96	+ 3,0 − 15,1	+24,6	17,5	+0,43	+2,4 + 3,8	+30,8	21,9	+0,67	+0,4	+31,2	+0,69
	7	150	140	53,1	7,43	− 4,4	32,7	−0,14	+ 3,0	− 1,4	10,4	−0,01	+2,4	+ 1,0	7,4	+0,01	+0,4	+ 1,4	+0,01
	8	150	175	53,1	9,29	−17,3	160,7	−2,78	+ 3,0	−14,3	132,8	−1,90	+2,4	−11,9	110,6	−1,32	+0,4	−11,5	−1,23
	4	100	110	476	52,36	+ 3,4 − 4,7	68,1	−0,09	+ 3,0 − 0,5	+ 1,2	62,8	+0,08	+2,4 − 0,8	+ 2,8	146,6	+0,41	+0,4	+ 3,2	+0,54
	3	150	130	476	61,88	± 0,0 − 4,7	290,8	−1,37	+ 3,0 − 0,5	− 2,2	136,1	−0,30	+2,4 − 0,8	+ 0,6	37,1	−0,02	+0,4	+ 0,2	±0,00
							578,4	−3,42	+ 3,0		359,6	−1,70	+2,4		323,6	−0,25	+0,4		+0,01

III	9	150	336	53,1	17,84	+ 3,8	67,8	+0,26	+15,1	+18,9	337,2	+6,37	−3,8	+15,1	269,4	+4,07		+15,1	+4,07
	10	150	175	53,1	9,29	± 0,0	0,0	±0,00	+15,1	+15,1	140,3	+2,12	−3,8	+11,3	105,0	+1,19		+11,3	+1,19
	11	200	352	11,3	3,98	−39,0	155,2	−6,05	+15,1	−23,9	95,1	−2,27	−3,8	−27,7	110,2	−3,05		−27,7	−3,05
	6	200	63	11,3	0,71	−36,7 − 3,0	28,2	−1,12	+15,1 − 2,4	−27,0	19,2	−0,52	−3,8 − 0,4	−31,2	22,2	−0,69		−31,2	−0,69
	2	200	105	11,3	1,19	−38,2 − 4,7	51,1	−2,19	+15,1 − 0,5	−28,3	33,7	−0,95	−3,8 − 0,8	−32,9	39,2	−1,29		−32,9	−1,29
							302,3	−9,10	+15,1		625,5	+4,75	−3,8		546,0	+0,23	−0,2 ≈ 0		+0,23

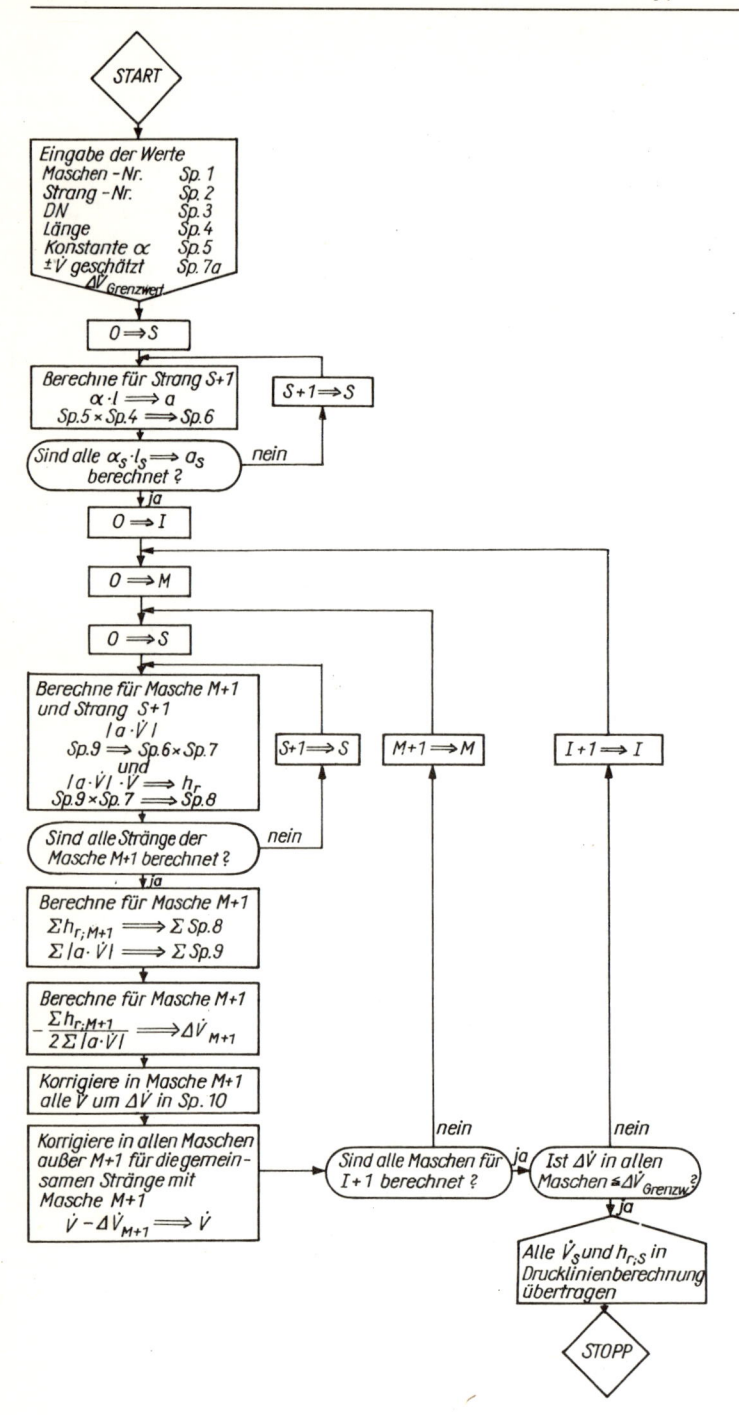

Bild 9.23 Programmablaufplan zum Iterationsverfahren nach *Cross* für die Berechnung vermaschter Rohrnetze
Sp. Spalte im Beispiel Tafel 9.4; *I* Zählschritt für die Iterationen; *M* Zählschritt für die Maschen; *S* Zählschritt für die Stränge

9.3. Hydrodynamik

$-\Delta \dot{V} = -4,7$ l/s zu korrigieren. Im Beispiel sind dies die Stränge *3* und *4* der Masche *II* und Strang *2* in Masche *III*. Die Korrekturen werden in Spalte 7.1 eingetragen. Danach wird die erste Iteration für Masche *II* mit den z. T. korrigierten Durchflüssen berechnet und wie vorgenannt verfahren. Nachdem die erste Iteration für Masche *III* durchgeführt ist, wird die zweite Iteration mit Masche *I* begonnen. Auf diese Weise wird bis zur gewünschten Genauigkeit weitergerechnet.

Bei manueller Berechnung schleichen sich leicht Rechen- und Schreibfehler ein. Es wird deshalb empfohlen, nach jeder Iteration aller Ringe $\Sigma \dot{V} = 0$ an den Knotenpunkten zu kontrollieren. Fehler bei der Berechnung der Rohrreibungsverluste in den Spalten 8 und 9 sollte man nicht mühselig suchen; sie werden bei der nächsten Iteration von allein ausgemerzt.

Mit den entsprechend Tafel 9.4 errechneten Durchflüssen und Druckhöhenverlusten wird die Drucklinie und die vorhandene Versorgungsdruckhöhe wie beim Veräselungsnetz ermittelt. Erweisen sich die gewählten Rohrdurchmesser als zu groß oder zu klein, so ist die Berechnung mit neuen Rohrdurchmessern zu wiederholen. Es empfiehlt sich, bereits nach der ersten oder zweiten Iteration die Zweckmäßigkeit der gewählten Rohrdurchmesser zu überprüfen.

Die Ringnetzberechnung für den Brandfall muß ebenfalls auf die Knotenpunktsbedingung $\Sigma \dot{V} = 0$ Rücksicht nehmen, d. h., es kann nur für *einen* Punkt des Rohrnetzes die Löschwasserentnahme nachgewiesen werden. Hierzu ist der hydraulisch ungünstigste Punkt auszusuchen, d. h. der Punkt, der die schlechtesten Druckverhältnisse ergibt. Ist er nicht eindeutig zu erkennen, so muß der Brandfall zu verschiedenen Punkten untersucht werden.

Die *manuelle* hydraulische Berechnung vermaschter Rohrnetze ist nur noch als Lehrbeispiel üblich. Das geschilderte einfache Verfahren kann selbst auf Kleinrechnern programmiert werden.

Pumpwerke und Hochbehälter können in die Berechnung vermaschter Rohrnetze einbezogen werden, indem ihre Zuflüsse oder Wasserentnahmen als Funktionen eines fiktiven Rohrstrangs ausgedrückt werden. Ein Hochbehälter mit konstant angenommenem Wasserspiegel gleicht einem Rohrstrang mit der Druckverlusthöhe $h_r = a \cdot \dot{V}^2$, wobei $a = 0$ und somit $h_r = 0$. Speisen mehrere Hochbehälter mit unterschiedlichem Wasserspiegel ein oder erhalten Zufluß aus dem Netz, so kann man sich nach [9.40] fiktive Rohrleitungen zwischen den Behältern denken, deren Druckverlusthöhe konstant gleich dem Wasserspiegelunterschied der Hochbehälter ist. Kreiselpumpen entsprechen einem fiktiven Rohrstrang, dessen Rohrleitungskennlinie der Drosselkurve der Pumpe entspricht. Hierzu wird die Drosselkurve näherungsweise als Parabel angenommen (Bild 9.24).

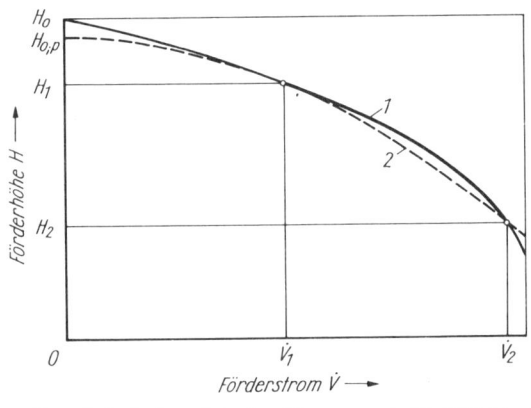

Bild 9.24 Angenäherte Parabel für die Drosselkurve einer Kreiselpumpe
1 gegebene Drosselkurve mit zulässigem Arbeitsbereich; *2* angenäherte Parabel

Der Arbeitsbereich der Pumpe sei $H_1 (\dot{V}_1)$ bis $H_2 (\dot{V}_2)$.
Gleichung der Parabel

$$H = H_{o;P} - a \cdot \dot{V}^2 \qquad (9.100)$$

$$a = \frac{H_1 - H_2}{\dot{V}_2^2 - \dot{V}_1^2} \qquad (9.101)$$

$$H_{o;P} = a \cdot \dot{V}_2^2 + H_2$$
$$H_{o;P} = a \cdot \dot{V}_1^2 + H_1 \qquad (9.102)$$

Zur Berechnung größerer vermaschter Rohrnetze mit Pumpwerken und Hochbehältern werden die einschlägigen Rechenzentren genutzt, denen entsprechende Programme vorliegen. Diese Programme weichen z. T. von dem geschilderten einfachen Iterationsverfahren ab [9.27; 9.43]. Sie benutzen meist das exakte Widerstandsgesetz nach *Colebrook*, Gl. (9.34), in einem Unterprogramm. Zur Verkürzung der Rechenzeit wird dabei in den ersten Iterationsschritten der Reibungsbeiwert λ als konstanter Wert, z. B. $\lambda = f(k/d)$ für den hydraulisch rauhen Bereich, angenommen und erst in den folgenden Schritten als Funktion der Fließgeschwindigkeit korrigiert. Hauptanliegen dieser Iterationsverfahren sind kurze Rechenzeiten bei hoher Konvergenzsicherheit.

Alle Iterationsverfahren beziehen sich auf einen *stationären* Strömungszustand. Verschiedene Betriebszustände sind nach Änderung der Eingabedaten erneut zu berechnen. Vereinzelt werden, wenn über einen längeren Zeitraum eine Vielzahl von Varianten durchzuspielen sind, auch elektrische Analogiemodelle zur Rohrnetzberechnung eingesetzt. Sie sind aufwendiger als die digitalen Rechenverfahren und nur in Sonderfällen gerechtfertigt (s. hierzu [9.2; 9.18 u. a.]).

9.3.3.6. Untersuchung vorhandener Rohrnetze

Die Erweiterung vorhandener Rohrnetze, Analysen und Prognosen zur hydraulischen Leistungsfähigkeit vorhandener Anlagen bedingen deren hydraulischen Nachweis. Ohne Kenntnis des tatsächlichen Rauhigkeitsbeiwerts oder zumindest Reibungsbeiwerts sind solche Berechnungen in ihrer Aussagekraft jedoch äußerst fragwürdig. Dabei handelt es sich oft um viele Jahrzehnte alte Anlagen mit entsprechender Inkrustation, z. T. sind Rohrdurchmesser und Rohrleitungslänge nicht genau bekannt.

Die direkte Messung des „Längenmaßes" Rohrrauhigkeit k in mm ist nicht möglich (s. Abschn. 9.3.2.1.3.). Selbst die Einschätzung des Rauhigkeitsbeiwerts nach Inaugenscheinnahme ist nur qualitativ möglich. Nachstehend werden einige Hinweise zur empirischen Ermittlung des hydraulischen Zustands vorhandener Rohrleitungen genannt.

Einen ausgezeichneten Überblick über den hydraulischen Zustand eines Rohrnetzes gibt die Darstellung von Linien gleicher Druckhöhe im Rohrnetzplan [9.40]. Aus einem solchen Druckhöhenschichtenplan sind Fließrichtungen und Engpässe (enge Druckhöhenlinien) deutlich erkennbar. Voraussetzung ist eine Vielzahl von Druckmessungen zum gleichen Zeitpunkt. Als Meßgeräte eignen sich Druckschreiber mit fixierter Uhrzeit. Die Meßgeräte sind auf eine Bezugshöhe, z. B. m NN, einzumessen. Die Druckhöhenlinien werden ebenfalls auf m NN bezogen dargestellt. Die Druckschreiber ermöglichen die Erfassung verschiedener Versorgungssituationen über einen gewählten Zeitraum.

Die Bestimmung des Rohrrauhigkeitsbeiwerts k am Einzelstrang bedingt die Messung des Durchflusses $\dot{V}$ und des Druckhöhenverlustes H_v. Durchmesser d und Länge l der Rohrleitung müssen bekannt sein. Aus Gl. (9.23) ergibt sich der Reibungsbeiwert

$$\lambda = \frac{H_v \cdot \pi^2 \cdot d^5 \cdot g}{8 \cdot \dot{V}^2 \cdot l} \qquad (9.103)$$

und aus Gl. (9.34) der Rauhigkeitsbeiwert

$$k = 3{,}71 \cdot d \cdot \left(10^{-\frac{1}{2 \cdot \sqrt{\lambda}}} - \frac{2{,}51}{\mathrm{Re} \cdot \sqrt{\lambda}} \right) \qquad (9.104)$$

Der Druckhöhenverlust H_v muß sehr genau gemessen werden, am besten durch ein Differenzdruckmeßgerät, z. B. U-Rohr-Manometer, das über Schlauchleitungen an den Anfang und das Ende der Meßstrecke angeschlossen wird. Schwierigkeiten können Hausanschlüsse an der Meßstrecke bereiten, die abgesperrt werden müssen. Fehler entstehen durch Rohrnetzverluste [9.4]. Die Übertragung der ermittelten k-Werte auf andere Rohrstrecken ist riskant. Durch Mittelwertbildung aus verschiedenen Meßstrecken und Messungen an repräsentativen Rohrsträngen für

9.3. Hydrodynamik

bestimmte Gruppen von Rohrleitungen (gleicher Werkstoff, gleiches Alter) wird der mögliche Fehler eingeschränkt. Der Aufwand für diese Methode ist relativ hoch.

Für Einzelstränge kann unter der Annahme eines quadratischen Widerstandsgesetzes, d. h. turbulentes Fließen in hydraulisch rauhen Rohren, die Konstante der Rohrleitungskennlinie ohne Kenntnis des Rohrdurchmessers und der Rohrleitungslänge ermittelt werden aus

$$a = H_V / \dot{V}^2 \tag{9.105}$$

Dieser Wert gilt nur für den definierten Strang. Hieraus läßt sich aber z. B. sehr gut die erforderliche Förderhöhe für Pumpen bestimmen, die durch diese vorhandene Rohrleitung fördern sollen. Das Verfahren ist auch auf Rohrleitungssysteme anwendbar, wenn außer dem quadratischen Widerstandsgesetz vorausgesetzt werden kann, daß das Verhältnis aller Wasserentnahmen, einschließlich Ausfluß in Behälter, unabhängig vom Gesamtdurchfluß konstant zu diesem ist. Für vermaschte Netze bedeutet dies vom Durchfluß unabhängige Wasserscheiden.

Soll an ein Rohrnetz ein neuer Großverbraucher, ein neues Bebauungsgebiet oder eine Pumpstation angeschlossen werden, besteht die Fragestellung nach dem Druck an der Anschlußstelle, ohne daß das gesamte Rohrnetz nachgerechnet wird. Druckmessungen allein genügen in diesem Falle nicht. Vielmehr müssen an der Anschlußstelle mindestens zwei verschieden große Abflüsse abgeschlagen werden und dabei der Betriebsdruck vor der Abschlagstelle gemessen werden. Ein quadratisches Widerstandsgesetz vorausgesetzt, lautet die Funktion des Vordrucks analog zu Gl. (9.100)

$$p_v = p_{stat} - \frac{p_1 - p_2}{\dot{V}_2^2 - \dot{V}_1^2} \cdot \dot{V}^2 \tag{9.106}$$

p_v Vordruck an der Entnahmestelle
p_{stat} hydrostatischer Vordruck an der Entnahmestelle
$p_1; p_2$ gemessene Vordrücke beim Abschlagen der Abflüsse $\dot{V}_1$ und $\dot{V}_2$
$\dot{V}_1; \dot{V}_2$ abgeschlagene Abflüsse
$\dot{V}$ geplante Wasserentnahme

Die Genauigkeit dieses Verfahrens steigt mit der Differenz $\dot{V}_2 - \dot{V}_1$.

Die Bestimmung des Rauhigkeitsbeiwerts k in Rohrnetzen ohne Differenzdruckmessung an Einzelsträngen ist in [9.11] beschrieben. Bei diesem Verfahren werden die Zuflüsse zum Rohrnetz gemessen, die Drücke an den Einspeisestellen und zeitgleich an ausgewählten Punkten im Rohrnetz. Diese Meßwerte eines momentanen Belastungszustands werden durch die statistische Auswertung des Wasserverbrauchs der Abnehmer ergänzt. Die weitere Auswertung geschieht iterativ. Der zusätzliche meßtechnische Aufwand ist gering, sofern das Rohrnetz einschließlich der Wasserverbraucher mit gut funktionierenden Betriebsmeßgeräten ausgerüstet ist.

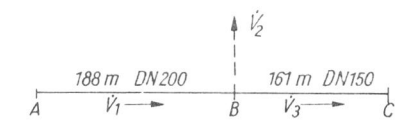

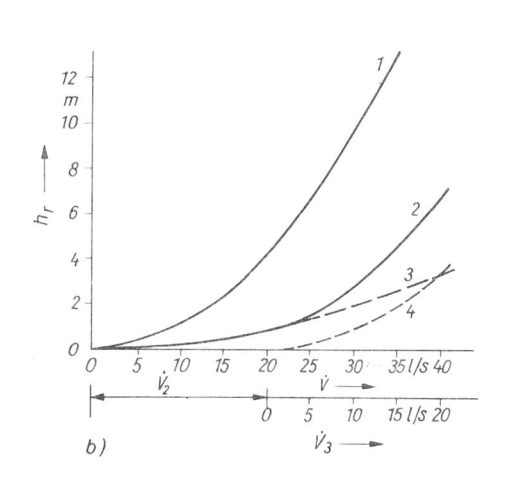

Bild 9.25 Rohrleitungskennlinien für gleichbleibenden und wechselnden Durchfluß längs der Rohrleitung
a) schematischer Lageplan; b) Rohrleitungskennlinien
1 Rohrleitungskennlinie der Strecke *ABC* für $\dot{V}_2 = 0$; *2* Rohrleitungskennlinie der Strecke *ABC* für $\dot{V}_2 = 20$ l/s; *3* Rohrleitungskennlinie der Strecke *AB*; *4* Rohrleitungskennlinie der Strecke *BC* für $\dot{V}_3 = \dot{V}_1 - 20$ l/s

Tafel 9.5. Berechnung der Rohrleitungskennlinien zu Bild 9.25

Rohrleitungskennlinie 1		Rohrleitungskennlinie 3		Rohrleitungskennlinie 4		Rohrleitungskennlinie 2
$\dot{V}_1 = \dot{V}_3$ m^3/s	$h_{r,1+3}$ m	$\dot{V}_1$ m^3/s	$h_{r,1}$ m	$\dot{V}_3 = \dot{V}_1 - \dot{V}_2$ m^3/s	$h_{r,3}$ m	$h_{r,1} + h_{r,3}$ m
0,010	1,07	0,010	0,21	0, da < 0	0,0	0,21
0,015	2,40	0,015	0,48	nicht	0,0	0,48
0,020	4,28	0,020	0,85	möglich	0,0	0,85
0,025	6,68	0,025	1,33	0,005	0,21	1,54
0,030	9,62	0,030	1,92	0,010	0,86	2,78
0,035	13,10	0,035	2,61	0,015	1,92	4,53
		0,040	3,41	0,020	3,42	6,83

9.3.3.7. Graphische Verfahren zur Berechnung hydraulischer Systeme

Graphische Verfahren werden zur Lösung nichtlinearer Gleichungssysteme, also an Stelle von Iterationsverfahren, verwendet. Sie sind besonders anschaulich und gestatten auch die Verarbeitung von Funktionen, die nicht mathematisch formuliert sind. Sie werden deshalb bevorzugt zur Darstellung bzw. Ermittlung des Arbeitsbereiches von Kreiselpumpen eingesetzt.

Grundlage aller graphischen Untersuchungen sind die sogenannten Kennlinien der Rohrleitung (Rohrleitungskennlinie) und Pumpen (Pumpenkennlinie oder Drosselkurve). Sie stellen für einen bestimmten Punkt der Rohrleitung den Druckverlust oder auch den Druck über einer Bezugsebene als Funktion des Durchflusses oder Förderstroms dar.

Die Drosselkurven werden vom Pumpenlieferwerk angegeben. Die Rohrleitungskennlinie kann errechnet werden. Sie bezieht sich auf eine gegebene Rohrleitungslänge, gegebene Rohrdurchmesser und gegebene Rauhigkeit.

Für veränderliche Durchflüsse längs der betrachteten Rohrleitung infolge von Zu- oder Abflüssen muß die Rohrleitungskennlinie schrittweise berechnet werden.

Beispiel
Für die in Bild 9.25a dargestellte Rohrleitung $\overline{ABC}$ ist die Rohrleitungskennlinie für gleichbleibenden Durchfluß und für den Fall, daß am Punkt B 20 l/s abzweigen, zu ermitteln. Die Reibungsverluste werden nach Gl. (9.42) für die Rauhigkeit $k = 3$ mm näherungsweise berechnet (Tafel 9.5).

Für gleichbleibenden Durchfluß, d. h. $\dot{V}_2 = 0$, gilt

$$h_{r,1+3} = (\alpha_1 \cdot l_1 + \alpha_2 \cdot l_2) \dot{V}^2$$
$$h_{r,1+3} = (11,3 \cdot 188 + 53,1 \cdot 161) \dot{V}^2$$
$$h_{r,1+3} = 10\,690 \cdot \dot{V}^2$$

Diese Werte ergeben die in Bild 9.25b dargestellte, stetige Kurve *1*. Das gleiche Beispiel für $\dot{V}_2 = 0,02$ m³/s wird wie folgt berechnet:

$$h_{r,1} = \alpha_1 \cdot l_1 \cdot \dot{V}_1^2$$
$$h_{r,1} = 2130 \cdot \dot{V}_1^2$$

$$h_{r,3} = \alpha_2 \cdot l_2 (\dot{V}_1 - \dot{V}_2)^2$$
$$h_{r,3} = 8560 \cdot (\dot{V}_1 - 0,02)^2$$

Aus diesen Werten entsteht die ebenfalls in Bild 9.25b dargestellte Rohrleitungskennlinie 2 der Gesamtstrecke $\overline{ABC}$ aus der Überlagerung der Rohrleitungskennlinien Strecken $\overline{AB}$ und $\overline{BC}$.

Zur Darstellung des absoluten Druckes über einer Bezugsebene wird die Rohrleitungskennlinie nach oben aufgetragen, wenn der Druck am Anfang der Rohrleitung – in Fließrichtung gesehen – gesucht wird. Nach unten wird die Rohrleitungskennlinie zur Darstellung des Druckes am Ende einer Rohrleitungsstrecke aufgetragen (Bild 9.26).

9.3. Hydrodynamik

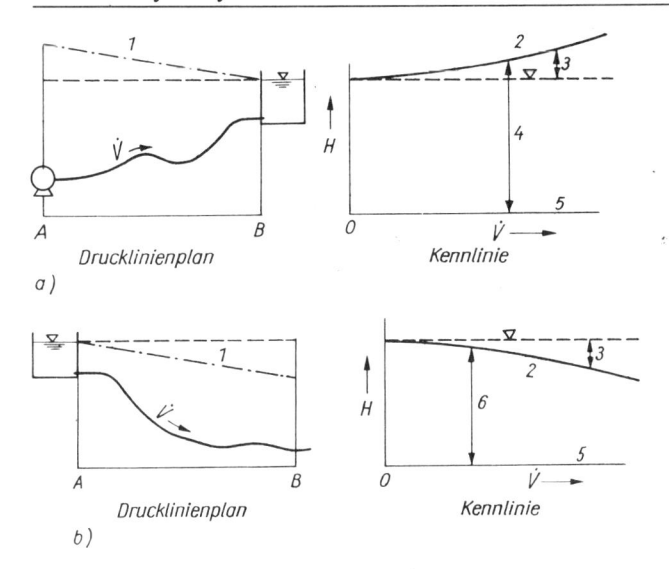

Bild 9.26 Darstellung der Rohrleitungskennlinien
a) auf den Anfang einer Rohrleitung bezogen; b) auf das Ende einer Rohrleitung bezogen
1 Drucklinie; *2* Rohrleitungskennlinie; *3* Druckhöhenverlust; *4* Druck am Punkt *A*; *5* Bezugshorizont; *6* Druck am Punkt *B*

Zur Darstellung der Drosselkurven bei Parallel- und Hintereinanderschaltung mehrerer Pumpen s. Abschn. 6.2.4.

Die vielfältigsten Aufgaben können durch *Überlagerung von Kennlinien* gelöst werden. Der Lösungsweg ist durch einfache logische Überlegungen zu finden, wobei immer die *Bernoulli*-Gleichung (9.17) und die Kontinuitätsgleichung (9.15) bzw. die Knotenpunktsbedingung $\Sigma \dot{V} = 0$ (s. Abschn. 9.3.3.5.3.) einzuhalten sind. Die folgerichtige Anwendung dieser Grundgesetze ergibt die notwendige Darstellung und Kombination (Überlagerung) der Kennlinien.

Sollen die Kennlinien sich vereinigender oder trennender parallelgeschalteter Rohrleitungen kombiniert werden, so sind die Kennlinien dieser Rohrleitungen auf den gemeinsamen Knotenpunkt zu beziehen und die Durchflüsse bei gleichen Druckhöhen zu addieren, d. h., die Kennlinien werden in Richtung $\dot{V}$ überlagert.

Sind die Kennlinien hintereinandergeschalteter Rohrleitungen zu kombinieren, so sind die Druckverluste bei gleichen bzw. zugehörigen Durchflüssen zu addieren, d. h., die Kennlinien werden in Richtung H überlagert.

Die erforderlichen Kombinationen der Kennlinien werden durch die vorherige schematische Darstellung der Drucklinien erleichtert. Nachfolgend werden einige typische Beispiele erläutert.

Förderung einer Kreiselpumpe in zwei Hochbehälter (Bild 9.27)
Eine Kreiselpumpe soll durch eine sich verzweigende Rohrleitung in zwei verschieden hoch gelegene Hochbehälter fördern. Die gegebene Drosselkurve oder Pumpenkennlinie DK wird auf den Wasserspiegel des Tiefbehälters bezogen. Von ihr werden die Rohrreibungsverluste der Strecke 3 abgezogen, so daß sich die Kennlinie (DK − RK 3) ergibt. Sie stellt die Pumpenkennlinie, auf den Knotenpunkt *A* bezogen, dar. Die Wasserspiegel der Hochbehälter I und II werden maßstäblich zum Wasserspiegel des Tiefbehälters eingetragen und auf diese Höhen die Rohrleitungskennlinien der Strecken 1 (RK 1) und 2 (RK 2) aufgetragen. Die Überlagerung der Rohrleitungskennlinien 1 und 2 in Richtung $\dot{V}$ ergibt die Kennlinie (RK 1+ RK 2). Deren Schnittpunkt mit der Kennlinie (DK − RK 3) stellt die Lösung ($\dot{V}_1 + \dot{V}_2$) dar. Die horizontale Projektion dieses Schnittpunktes auf die Rohrleitungskennlinien 1 und 2 ergibt den Anteil der Förderströme $\dot{V}_1$ und $\dot{V}_2$ in die jeweiligen Hochbehälter.

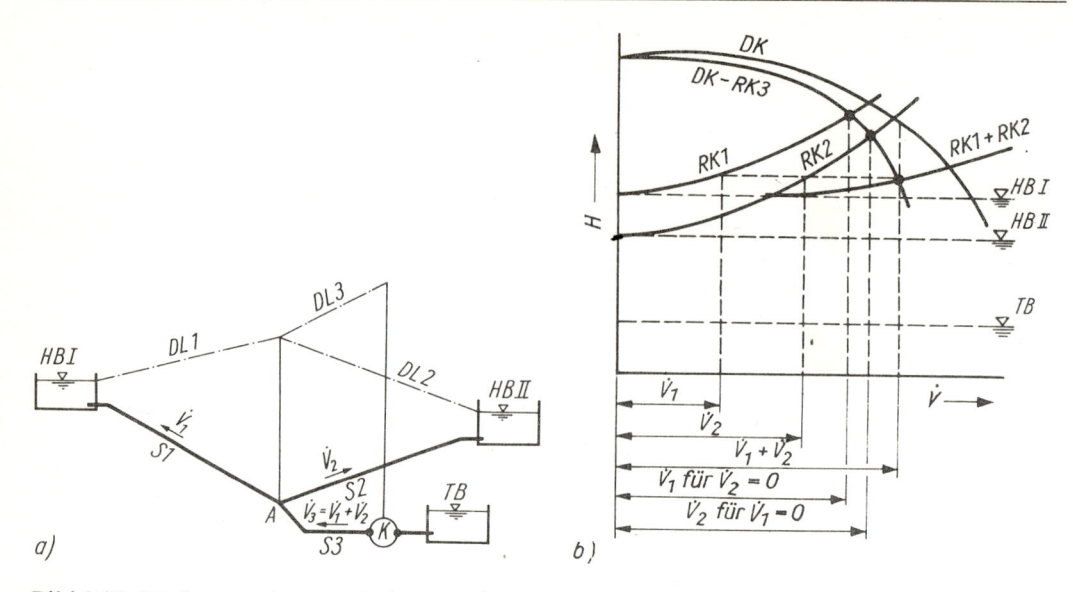

Bild 9.27 Förderung einer Kreiselpumpe in zwei Hochbehälter
a) Drucklinienplan; b) Kennlinien
HB Hochbehälter; *TB* Tiefbehälter; *K* Kreiselpumpe; *A* Rohrleitungsknotenpunkt; *DL* Drucklinie; *S* Rohrleitungsstrecke; *DK* Drosselkurve der Pumpe; *RK* Rohrleitungskennlinie

Im gleichen Kennlinienbild können auch die Förderverhältnisse für den Betriebsfall, daß die Hochbehälter bzw. Rohrleitungen 1 oder 2 abgesperrt sind, abgelesen werden. Sie ergeben sich aus den Schnittpunkten der Rohrleitungskennlinie 1 bzw. 2 mit der Kennlinie (DK − RK 3).

Die Schnittpunkte auf der Kennlinie (DK − RK 3) geben außer den jeweiligen Förderströmen $\dot{V}$ auch die zugehörenden Druckhöhen H am Punkt A an. Der Arbeitspunkt der Pumpe und damit deren Förderhöhe liegt jeweils in der vertikalen Projektion der genannten Schnittpunkte auf die Drosselkurve DK.

Wenn (DK − RK 3) nur RK 2, aber nicht (RK 1 + RK 2) schneidet, d. h. der Schnittpunkt links vom Beginn der Kurve (RK 1 + RK 2) liegt, so fördert die Pumpe nur in den tieferliegenden Hochbehälter II, und es fließt nichts in den Hochbehälter I. Gegebenenfalls fließt sogar Wasser vom Hochbehälter I nach Hochbehälter II (s. nächstes Beispiel).

*Parallele Förderung einer Kreiselpumpe und eines Hochbehälters
in einen zweiten Behälter (Bild 9.28)*
Von der gegebenen Drosselkurve DK, die auf den Wasserspiegel des Tiefbehälters bezogen ist, werden die Reibungsverluste der Strecke 3 abgetragen. Es entsteht so die Kennlinie (DK − RK 3); diese stellt die auf Punkt A bezogene Pumpenkennlinie dar. Die Wasserspiegel der Hochbehälter I und II werden im Maßstab zum Tiefbehälter eingezeichnet. Die Rohrleitungskennlinien der Strecken 1 und 3 sind auf den gemeinsamen Knotenpunkt A zu beziehen. Entsprechend dem schematischen Drucklinienplan wird RK 1 vom Wasserspiegel des Hochbehälters I abgetragen und RK 2 auf den Wasserspiegel des Hochbehälters II aufgetragen. Die zusammenfließenden Förderströme $\dot{V}_1$ und $\dot{V}_3$ werden addiert, indem (DK − RK 3) und RK 1 in Richtung $\dot{V}$ zu [(DK − RK 3) + RK 1] überlagert werden. Der Schnittpunkt der letztgenannten Kurve mit RK 2 ergibt die Lösung ($\dot{V}_1 + \dot{V}_3$) und die horizontale Projektion auf (DK − RK 3) und RK 1 die Teilförderströme $\dot{V}_1$ und $\dot{V}_3$. Die genannten Schnittpunkte geben die Druckhöhe H am Punkt A an. Wird der Schnittpunkt auf (DK − RK 3) vertikal auf DK projiziert, so erhält man den Arbeitspunkt und damit die tatsächliche Förderhöhe der Pumpe.

9.3. Hydrodynamik

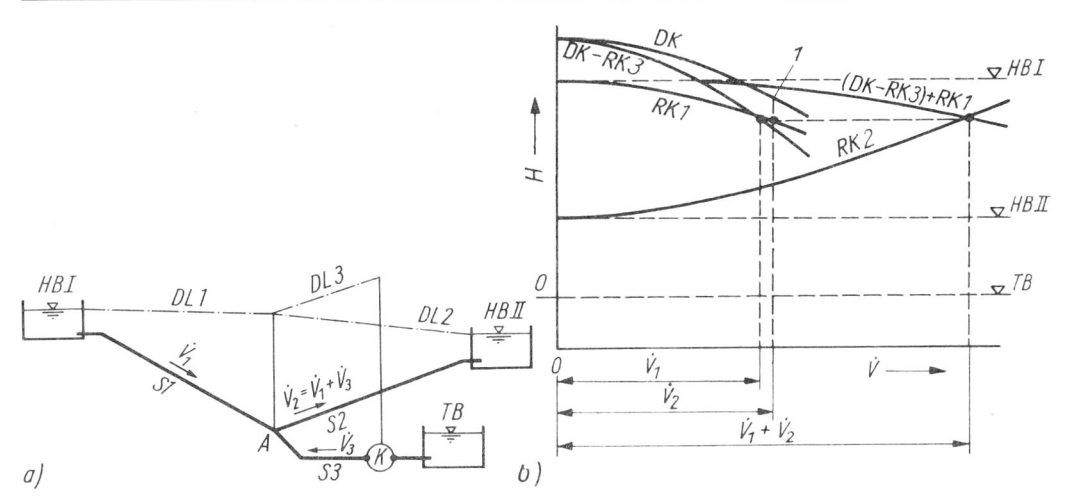

Bild 9.28 Förderung einer Kreiselpumpe und eines Hochbehälters in einen zweiten Hochbehälter
a) Drucklinienplan; b) Kennlinien
Bezeichnungen wie in Bild 9.27

Förderung einer Kreiselpumpe nach einem Gegenhochbehälter (Bild 9.29)
Liegt zwischen Pumpe und Hochbehälter eine Entnahme, d. h., daß es sich um einen Gegenbehälter handelt, so ergeben sich je nach dem Entnahmestrom im Verhältnis zum Pumpenförderstrom die in Bild 9.29a dargestellten zwei Drucklinien.
Ist die Entnahme $\dot{V}_3$ kleiner als der Pumpenförderstrom $\dot{V}_1$, so wird einfach die Rohrleitungskennlinie der Strecken (*1 + 2*) mit der Pumpendrosselkurve zum Schnitt gebracht. Zu beachten ist, daß die Rohrleitungskennlinie RK (1 + 2) nur für eine festgelegte Entnahme $\dot{V}_3$ gültig ist. Für verschiedene $\dot{V}_3$ ergeben sich verschiedene Rohrleitungskennlinien RK (1 + 2). Bei $\dot{V}_3 > \dot{V}_1$ erfolgt Rückfluß vom Hochbehälter, und damit ändert sich auch der Druck- und Kennlinienverlauf. Von der gegebenen, auf den Wasserspiegel des Tiefbehälters bezogenen Drosselkurve DK werden die Reibungsverluste der Strecke *1*, also die Rohrleitungskennlinie RK 1, abgezogen. Es entsteht die auf den Abzweigpunkt *A* bezogene Pumpenkennlinie (DK − RK 1). Vom maßstäblich zum Tiefbehälter eingetragenen Wasserspiegel des Hochbehälters wird die Rohr-

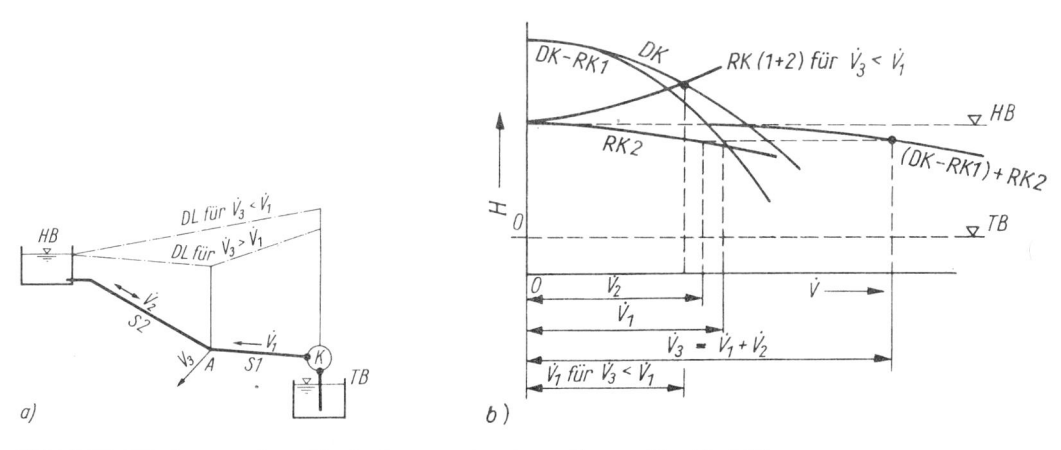

Bild 9.29 Förderung einer Kreiselpumpe in einen Gegen-Hochbehälter
a) Drucklinienplan; b) Kennlinien
Bezeichnungen wie in Bild 9.27

leitungskennlinie RK 2 abgetragen. RK 2 wird mit (DK − RK 1) in Richtung $\dot V$ zu [(DK − RK 1) + RK 2] überlagert. Für die jeweils gewünschte Entnahme $\dot V_3$ gibt die letztgenannte Kurve die Druckhöhe am Punkt *A* an. Die horizontale Projektion von dieser Kurve auf (DK − RK 1) und RK 2 ergibt den Anteil der Pumpenförderung $\dot V_1$ und des Behälterrücklaufs $\dot V_2$.

Der Grenzfall $\dot V_3 = \dot V_1$ und damit $\dot V_2 = 0$ liegt beim Schnittpunkt der Kurve (DK − RK 1) mit dem Wasserspiegel des Hochbehälters. Der Reibungsverlust in der Strecke *2* ist in diesem Falle gleich Null.

Wesentlich schwieriger gestalten sich die Verhältnisse, wenn an Stelle des einen Abzweigs für $\dot V_3$ ein ganzes Ortsnetz zwischen Pumpe und Hochbehälter liegt. Da die Wasserscheide nicht bekannt ist, können auch die Rohrleitungskennlinien zwischen Pumpe bzw. Hochbehälter und Wasserscheide nicht ermittelt werden. Dehnt sich das Ortsnetz nur auf eine kurze Strecke längs der Hauptleitung zwischen Pumpe und Hochbehälter aus, so kann in grober Annäherung die Wasserscheide im Versorgungsschwerpunkt angenommen und dort die gesamte Einspeisung $\dot V_3$ in einem gedachten Einzelabzweig abgeschlagen werden. Die weiteren Berechnungen erfolgen dann wie im Beispiel zu Bild 9.29.

Für größere Rohrnetze zwischen Pumpe und Hochbehälter sind graphische Verfahren allein nicht zweckmäßig. Die Rohrnetze werden besser nach Abschn. 9.3.3.5.2. oder Abschn. 9.3.3.5.3. für mehrere gewählte Pumpenförderströme berechnet, aus den Rechenergebnissen der Druck am Pumpeneinspeisepunkt als *Rohrnetzkennlinie* aufgetragen und mit den Drosselkurven der Pumpen zum Schnitt gebracht.

9.3.3.8. Berechnung von Hausanschluß- und Verbrauchsleitungen

In Hausanschlüssen treten wesentlich größere Bedarfsspitzen auf, als die Wasserbedarfsermittlung nach Abschn. 2. ergibt. Je kleiner der Verbraucherkreis wird, desto größer sind die relativen Maximalwerte. Hausanschlüsse werden deshalb nach den installierten Zapfstellen, unter Berücksichtigung des Gleichzeitigkeitsfaktors, bemessen (s. Abschn. 9.3.3.5.1.).

Die Fließgeschwindigkeit in Hausinstallationen soll, um störende Geräusche zu vermeiden, $v_{max} = 2{,}0$ m/s betragen, höchstens jedoch 3,0 m/s.

Der Mindestdurchmesser für Anschlußleitungen beträgt DN 25, für Steigleitungen DN 20 und für Stockwerksleitungen für eine Zapfstelle DN 15. Stockwerksleitungen für mehrere Zapfstellen sollen mindestens eine Nennweite größer sein als die größte eingebaute Armatur.

Die Reibungsverluste bestehen in Hausinstallationen, den Druckhöhenverlust im Wasserzähler nicht mitgerechnet, zu etwa 50 % aus Einzelverlusten in den Formstücken. Sofern diese Einzelverluste nicht getrennt berechnet werden, wird empfohlen, den Rohrrauhigkeitsbeiwert für Plastrohrleitungen mit $k = 0{,}4$ mm und für Stahlrohrleitungen mit $k = 1{,}0$ mm anzusetzen. Der Reibungsbeiwert λ in Gl. (9.23) liegt bei den kleinen Rohrdurchmessern meist im hydraulischen

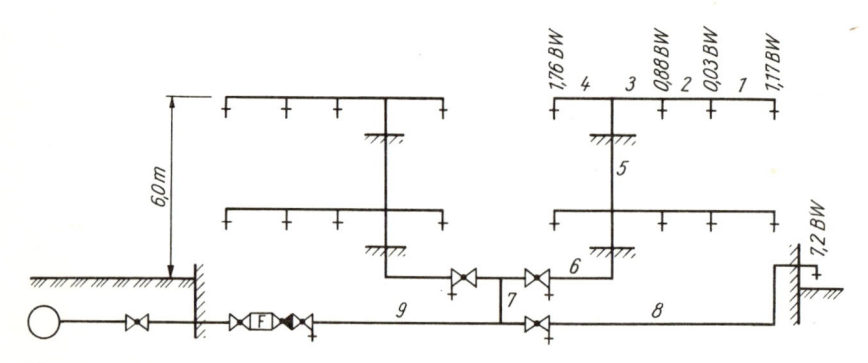

Bild 9.30 Skizze zur Berechnung einer Hausinstallation
1 bis *4* Stockwerksleitung; *5* bis *7* Steigleitung; *8* Anschluß für Einzelzapfstelle; *9* Anschlußleitung
F Wasserzähler

9.3. Hydrodynamik

Übergangsbereich; für die Rohrreibungsverluste ist somit Gl. (9.35) gültig. Diese Gleichung ist in Abschn. 11. für vorgenannte Rauhigkeitsbeiwerte graphisch ausgewertet. Die vereinfachten Gleichungen (9.42) und (9.43) ergeben in diesem Bereich zu geringe hydraulische Verluste.

Beispiel
Für die in Bild 9.30 dargestellte Hausinstallation aus Stahlrohren sind die Rohrdurchmesser und der erforderliche Versorgungsdruck zu bestimmen.
Zapfstellen je Wohnung mit Belastungswerten (BW) nach Abschn. 11.:

1 Auslaufventil DN 10	≙ 0,88 BW
1 Klosettspülkasten	≙ 0,03 BW
1 Kohlebadeofen	≙ 1,17 BW
1 Auslaufventil DN 15	≙ 1,76 BW
je Wohnung	3,84 BW
Für vier Wohnungen 3,84 BW · 4	= 15,36 BW
1 Auslaufventil DN 20	= 7,20 BW
Insgesamt	= 22,56 BW

Wasserbedarf insgesamt nach Gl. (9.87)

$$\dot{V} = \sqrt{\sum BW} \cdot 0{,}25$$

$$\dot{V} = \sqrt{22{,}56} \cdot 0{,}25 = 1{,}2 \, l/s = 4{,}32 \, m^3/h$$

Wasserzähler: gewählt 7-m³-Hauswasserzähler.
Druckverlusthöhe im Wasserzähler nach Gl. (9.48)

$$h = 10 \cdot \left(\frac{4{,}32}{7{,}00}\right)^2 = 3{,}80 \, m$$

Die Berechnung in Tafel 9.6 ergibt eine erforderliche Versorgungsdruckhöhe von 30 m.

Tafel 9.6. Berechnung der Hausinstallation Bild 9.30

Strecke Nr.	Länge m	BW	$\dot{V}$ l/s	NW mm	v m/s	l m/m	H_v m
1	2,7	1,17	0,27	15	1,5	0,64	1,73
2	1,3	1,20	0,27	20	0,9	0,13	0,17
3	2,5	2,08	0,36	20	1,1	0,24	0,60
(4)	2,0	1,76	0,33	15	1,9	0,97	(1,94)
5	3,1	3,84	0,49	20	1,6	0,44	1,36
6	6,5	7,68	0,69	25	1,4	0,27	1,75
7	1,0	15,36	0,98	25	2,0	0,54	0,54
(8)	11,5	7,20	0,67	25	1,4	0,25	(2,88)
9	15,0	22,56	1,19	32	1,5	0,21	3,15
						$\Sigma H_v =$	9,30

Summe der Reibungsverluste H_v = 9,30 m
erforderliche Druckhöhe
an der Zapfstelle = 10,00 m
Druckhöhenverlust im Wasserzähler = 3,80 m
Höchste Zapfstelle über Straße = 6,00 m
  29,10 m
erforderliche Versorgungsdruckhöhe ≈ 30,00 m

9.3.4. Stationäre Strömung in offenen Gerinnen

Unter offenen Gerinnen werden Rohrleitungen und Kanäle mit freiem, d. h. nicht durch eine Wand begrenztem Wasserspiegel verstanden. Die Funktion zwischen Wasserstand h (Abstand zwischen Gerinnesohle und Wasserspiegel) und Durchfluß $\dot{V}$ wird als Füllhöhen- oder Schlüsselkurve bezeichnet. Auch in offenen Gerinnen kann die turbulente Bewegung wie bei den Druckrohrleitungen in die Fließformen hydraulisch glatt, Übergangsbereich und hydraulisch rauh gegliedert werden [9.37]. Die meisten praktischen Aufgaben liegen im Übergangsbereich.

Kaatz [9.21] empfiehlt Gl. (9.35) auch für offene Gerinne anzuwenden. Für nicht kreisförmige Abflußprofile, also auch teilgefüllte Kreisquerschnitte, kann diese Gleichung umgeformt werden zu

$$\dot{V} = -A \cdot \sqrt{32 \cdot g} \cdot \lg\left(\frac{0{,}222 \cdot v}{R\sqrt{g \cdot R \cdot I}} + 0{,}067\,\frac{k}{R}\right) \cdot \sqrt{R \cdot I} \qquad (9.107)$$

$\dot{V}$ Durchfluß in m³/s
A Durchflußquerschnitt in m²
R hydraulischer Radius nach Gl. (9.12) $R = A/U$ in m
U benetzter Umfang in m
I Energiegefälle
k Rauhigkeitsbeiwert in m
v kinematische Zähigkeit in m²/s
g Erdbeschleunigung in m/s²

In der Praxis werden Freispiegelkanäle noch vorzugsweise nach der Formel von *Manning, Gauckler und Strickler* Gl. (9.21) berechnet:

$$v = k_m \cdot R^{2/3} \cdot I^{1/2}$$

$$\dot{V} = k_m \cdot R^{2/3} \cdot I^{1/2} \cdot A \qquad (9.108)$$

$$\dot{V} = k_m \cdot I \cdot A^5 / U^2 \qquad (9.109)$$

$$I = \left(\frac{v}{k_m \cdot R^{2/3}}\right)^2 \qquad (9.110)$$

$$I = \left(\frac{\dot{V}}{k_m}\right)^2 \cdot \sqrt[3]{\frac{U^4}{A^{10}}} \qquad (9.111)$$

k_m Rauhigkeitsbeiwert in m$^{1/3}$/s (s. Abschn. 11.)
Die übrigen Formelzeichen wie zu Gl. (9.107).

Der hydraulische Radius R beschreibt die Form des Abflußquerschnitts nur ungenügend. Besonders deutlich wird dies beim teilgefüllten Kreisquerschnitt. Aus der Geometrie des Kreises ergibt sich für das Produkt $(A \cdot R^{1/2})$ in Gl. (9.107) bzw. $(A \cdot R^{2/3})$ in Gl. (9.108) ein Maximum bei rund 95 % · d Füllhöhe im Kreisprofil.

Bei dieser Füllhöhe ist somit der Abfluß größer als im vollgefüllten Rohr. Dies widerspricht sowohl der logischen Vorstellung als auch den Meßwerten einiger Autoren [9.22]. Allgemein wird deshalb mit korrigierten Schlüsselkurven gerechnet, deren Abflußmaximum beim vollgefüllten Rohr liegt und dem einer Druckrohrleitung entspricht (s. Abschn. 11.).

In den meisten Freispiegelleitungen herrscht eine nicht exakt erfaßbare Zweiphasenströmung; entweder wird Luft durch die Wasserströmung mitgerissen oder steigt durch die Kaminwirkung entgegen der Fließrichtung auf. Bei Füllhöhen $> 50\ \% \cdot d$ kann bei zunehmendem Durchfluß $\dot{V}$ die Füllhöhe plötzlich auf 100 % · d ansteigen; die Rohrleitung „schlägt zu" [9.42]. Bei abnehmendem Durchfluß $\dot{V}$ schlägt die vollgefüllte Rohrleitung wieder auf, jedoch bei kleinerem Durchfluß als das Zuschlagen eintritt. Das Zu- und Aufschlagen von Freispiegelleitungen hängt im wesentlichen vom Energiegefälle und der Be- und Entlüftung der Rohrleitung ab [9.42]. Beim heutigen Stand der Erkenntnisse ist die exakte Berechnung von Füllhöhen $> 50\ \% \cdot d$ nicht möglich. Für Freispiegelleitungen mit anderem Querschnitt gelten diese Aussagen analog.

Bei offenen Gerinnen ist die Drucklinie gleich dem Flüssigkeitsspiegel. Für den einfachsten Fall – die gleichförmige Bewegung – sind Wasserspiegel, Gerinnesohle und Energielinie parallel zueinander, haben also das gleiche Gefälle.

9.3.4.1. Gleichförmige Bewegung

Freispiegelleitungen

Freispiegelleitungen werden ausgehend vom vollaufenden Kreisprofil, also einer Druckrohrleitung, berechnet. Je nach Aufgabenstellung werden die Unbekannten Durchfluß $\dot{V}$, Fließgeschwindigkeit v, Gefälle I oder Rohrdurchmesser d für das vollaufende Kreisprofil nach Abschn. 9.3.2. ermittelt. Mit Hilfe dieser Daten werden die tatsächlichen Werte für das teilge-

9.3. Hydrodynamik

füllte Kreisprofil mittels Umrechnungsfaktoren errechnet, die als „Schlüsselkurven" dargestellt sind. Schlüsselkurven für das Kreisprofil s. Abschn. 11., für andere Profile [9.38].

Beispiel
Für ein gegebenes Gefälle von $I = 5$ ‰ sind eine Betonrohr-Freispiegelleitung zu bemessen, die $\dot{V} = 14{,}5$ l/s abführt, und die Teilfüllung zu bestimmen.
Die Berechnung wird nach der vereinfachten *Colebrook*schen Formel Gl. (9.42) mit der Rauhigkeit $k = 1$ mm durchgeführt.
Nach Gl. (9.42) ist

$$\alpha_{\text{erf}} \leq \frac{I}{\dot{V}^2}$$

$$\alpha = \frac{0{,}005}{0{,}0145^2} = 23{,}8$$

Aus der Tafel der α-Werte (s. Abschn. 11.) wird gewählt $d = 200$ mm mit $\alpha = 7{,}96 < 23{,}8$. Bei Vollfüllung nach Gl. (9.42)

$$\dot{V}_0 = \sqrt{\frac{I}{\alpha}}$$

$$\dot{V}_0 = \sqrt{\frac{0{,}005}{7{,}96}} = 0{,}025 \text{ m}^3/\text{s} = 25 \text{ l/s}$$

$$v_0 = \frac{\dot{V}_0}{A_0} = \frac{25}{31{,}4} = 0{,}80 \text{ m/s}$$

$$\dot{V}_{\text{Teilfüllung}} : \dot{V}_{\text{Vollfüllung}} = 14{,}5 : 25 = 58 \text{ \%}$$

Nach Schlüsselkurven für das teilgefüllte Kreisprofil (s. Abschn. 11.): Füllhöhe $h = 55$ % des Rohrdurchmessers, also $h = 0{,}55 \cdot 200 = 110$ mm, v für Teilfüllung $= 103$ % $\cdot 0{,}80 = 0{,}82$ m/s.

Freispiegelkanäle
In der Wasserversorgung kommen vornehmlich künstliche Freispiegelkanäle vor. Sie werden vorzugsweise nach der einfach aufgebauten Formel von *Manning, Gauckler* und *Strickler*, Gl. (9.21), berechnet, die leicht nach dem Durchfluß $\dot{V}$ und dem Gefälle I lösbar ist [s. Gl. (9.108) bis (9.111)]. Sind der Abflußquerschnitt A oder im gegebenen Abflußprofil die Wassertiefe h gesucht, wird die Lösung iterativ gefunden, am einfachsten durch graphische Darstellung. Für die üblichen Profilformen liegen auch Diagramme vor [9.36].

Beispiel
In einem trapezförmigen Betongerinne nach Bild 9.31 soll bei 0,3 % Sohlgefälle und einem Rauhigkeitsbeiwert $k_m = 90$ ein Durchfluß $\dot{V} = 2{,}2$ m³/s abgeführt werden. Welche Wassertiefe h stellt sich nach *Manning, Gauckler* und *Strickler* ein?
Für die geschätzten Wassertiefen 1 m, 1,30 m und 1,50 m wird $\dot{V}$ nach Gl. (9.108) berechnet; die Ergebnisse werden graphisch aufgetragen. Nach Bild 9.31 ergibt sich für $\dot{V} = 2{,}2$ m³/s, somit $h = 1{,}34$ m.
Ein Minimum an Gefälle I wird erreicht, wenn bei gegebener Fließgeschwindigkeit v und damit gegebenem Durchflußquerschnitt A der hydraulische Radius R ein Maximum bildet. Das ideale Profil ist das Kreis- und Halbkreisprofil. Rechteck- und Trapezprofile ergeben die hydraulisch günstigste Lösung, wenn sie dem Halbkreis weitgehend nahekommen (s. Abschn. 11.).

9.3.4.2. Ungleichförmige Bewegung
Eine ungleichförmige Bewegung liegt vor, wenn die mittlere Fließgeschwindigkeit längs der Fließstrecken nicht konstant ist. Die Ursachen können verschiedene Durchflüsse infolge von Zu- oder Abflüssen, Querschnittsänderungen und Gefällewechsel sowie Einbauten im Durch-

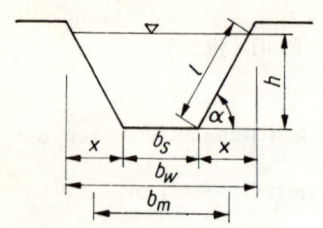

Sohlbreite $s = 0{,}80$ m
Böschungswinkel $\alpha = 60°$
Sohlgefälle $I = 0{,}3\,‰$

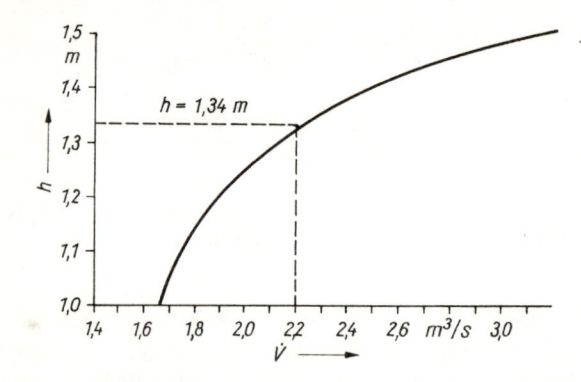

		$h =$	1,0 m	1,3 m	1,5 m
$l = h : \sin\alpha = h : 0{,}866$		=	1,155 m	1,5 m	1,73 m
$x = h : \tan\alpha = h : 1{,}732$		=	0,578 m	0,751 m	1,0 m
$b_m = b_s + x = 0{,}80 + x$		=	1,378 m	1,551 m	1,80 m
$A = b_m \cdot h$		=	1,378 m²	2,02 m²	2,70 m²
$U = b_s + 2l = 0{,}80 + 2l$		=	2,01 m	3,80 m	4,26 m
$R = A : U$		=	0,685 m	0,532 m	0,634 m
$\dot{V} = k_m \cdot I^{1/2} \cdot R^{2/3} \cdot A$					
$\dot{V} = 90 \cdot 0{,}173 \cdot R^{2/3} \cdot A$		=	1,67 m³/s	2,09 m³/s	3,11 m³/s

Bild 9.31
Berechnung eines Freispiegelkanals

flußprofil sein. Bei einem sehr großen Teil der in der Praxis vorkommenden Freispiegelleitungen und -kanäle trifft eine dieser Bedingungen zu, so daß ungleichförmige Bewegung auftritt. Die absolut gleichförmige Bewegung ist fast eine Ausnahme. In vielen Fällen sind die Geschwindigkeitsunterschiede jedoch so gering, daß rechnerisch eine gleichförmige Bewegung angenommen werden kann. Nachstehend werden nur einige in Wasserversorgungsanlagen häufig vorkommende Fälle behandelt. Näheres s. [9.20; 9.32; 9.37].

9.3.4.2.1. Aufstau durch Einbauten

Außer den im Abschn. 9.3.5. behandelten Wehren rufen auch alle anderen Einbauten im Abflußprofil einen Aufstau hervor. In Wasserversorgungsanlagen sind dies besonders Rechen zur mechanischen Vorreinigung.

Der Aufstau durch Rechen kann empirisch als Vielfaches der Geschwindigkeitshöhe berechnet werden.

$$h_s = \zeta \cdot \frac{v_o^2}{2g} \tag{9.112}$$

h_s Aufstau in m
ζ Beiwert
v_o mittlere Fließgeschwindigkeit vor den Rechen in m/s
g Erdbeschleunigung in m/s²

9.3. Hydrodynamik

Der Beiwert ζ richtet sich nach der Rechenform.

Nach *Kirschmer* [9.32] ist

$$\zeta = \beta \left(\frac{s}{b}\right)^{4/3} \cdot \sin \alpha \qquad (9.113)$$

β Beiwert für das Rechenstabprofil, und zwar etwa
- 2,42 für rechteckige Stäbe
- 1,67 für abgerundete Stäbe
- 1,97 für kreisrunde Stäbe
- 0,76 für tropfenförmige Stäbe

s Stabdicke
b lichter Abstand zwischen den Stäben
α Neigungswinkel der Stäbe

Zutreffendere Werte soll für Rechteckprofile die folgende Formel geben [9.20]:

$$\zeta = 1{,}53 \frac{1}{\sin^2 \alpha} \sqrt{\frac{s}{b}} \qquad (9.114)$$

Für die Rechenverstrebungen und Rechenverschmutzung empfiehlt sich ein Sicherheitszuschlag zu h_s von etwa 5 bis 10 cm, je nach Wartung der Anlage.

Für andere Einbauten sind die Berechnungsweisen der speziellen Literatur zu entnehmen [9.20; 9.37]

9.3.4.2.2. Rückstau und Absenkung

Der durch eine Störung des Abflußprofils erzeugte Aufstau bzw. die Absenkung des Wasserspiegels ruft bei strömendem Abfluß stromaufwärts eine Rückstau- bzw. Absenkungskurve hervor. Soweit der Einfluß dieser Rückstau- oder Absenkungskurve reicht, herrscht in jedem Querschnitt eine andere Wassertiefe und damit Fließgeschwindigkeit. Die Berechnung des in einer Kurve verlaufenden Wasserspiegels erfolgt schrittweise. Methodik und Hilfstabellen dazu sind in jedem Hydraulikbuch enthalten [9.20; 9.32; 9.37 u. a.].

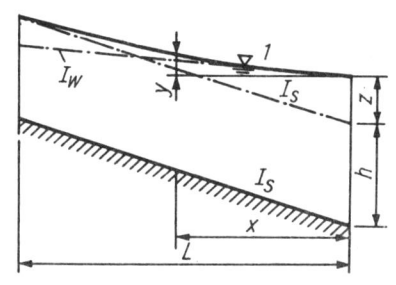

Bild 9.32 Rückstaukurve

In den offenen Gerinnen von Wasserversorgungsanlagen interessieren zu deren Bemessung meist nur die Rückstaukurven. *Streck* [9.39] gibt hierzu folgendes Näherungsverfahren an: Gemäß Bild 9.32 sei

L Stauweite in m
I_s Sohlgefälle gleich Wasserspiegelgefälle im nichtangestauten Profil
I_w Wasserspiegelgefälle im angestauten Profil im Staupunkt, d. h. für die Wassertiefe $t + z$
h Wassertiefe im angestauten Profil in m
z Stauhöhe in m
x beliebiger Abstand vom Staupunkt in m
y Stauhöhe im Abstand x vom Staupunkt in m

Dann wird

$$L \approx \frac{2z}{I_s - I_w} \qquad (9.115)$$

$$y \approx \frac{z}{L^2} \cdot x^2 + I_w \cdot x \tag{9.116}$$

und für $I_w \approx 0$ vereinfachen sich diese Gleichungen zu

$$L \approx \frac{2z}{I_s} \tag{9.117}$$

$$y \approx \frac{z}{L^2} \cdot x^2 \tag{9.118}$$

9.3.4.2.3. Fließwechsel zwischen Strömen und Schießen

Der Einfluß von Störungen im Abfluß (Aufstau, Absenkung) auf das Ober- und Unterwasser ist weitgehend davon abhängig, ob der Abfluß strömend oder schießend vor sich geht. Am Rechteckprofil, das in Wasserversorgungsanlagen für offene Gerinne vorwiegend verwendet wird, sollen beide Fließvorgänge erläutert werden.

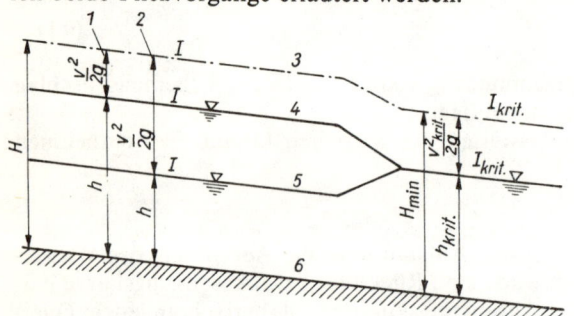

Bild 9.33
Schematische Darstellung der Energielinie und des Wasserspiegels beim Strömen und Schießen
1 Strömen; *2* Schießen; *3* Energielinie; *4* Wasserspiegel beim Strömen; *5* Wasserspiegel beim Schießen; *6* Gerinnesohle

Die in einem offenen Gerinne vorhandene Energiehöhe H (potentielle und kinetische Energie) beträgt nach Bild 9.33

$$H = h + \frac{v^2}{2g} \; ; \quad H = h + \frac{\dot{V}^2}{b^2 h^2 \, 2g} \; ; \quad h^3 - H \cdot h^2 + \frac{\dot{V}^2}{b^2 \, 2g} = 0 \, .$$

Für gegebenes $\dot{V}$ und b ergibt diese kubische Gleichung für h drei reelle Wurzelwerte, von denen der negative physikalisch bedeutungslos ist. Es verbleiben somit zwei mögliche Lösungen bei der gleichen Energiehöhe. Welche Lösung in der Praxis auftritt, hängt vom Gefälle I ab. Die größere Tiefe h und damit geringere Fließgeschwindigkeit v ergibt strömenden Abfluß; die kleinere Tiefe h und damit größere Fließgeschwindigkeit v ergibt schießenden Abfluß. Zwischen beiden Fällen liegt eine scharfe Grenze mit der kritischen Tiefe h_{krit} und der kritischen Fließgeschwindigkeit v_{krit}. Die Geschwindigkeit v_{krit} entspricht der Wellenschnelligkeit (Fortpflanzungsgeschwindigkeit der Wellen). Das kritische Gefälle I_{krit} ergibt die kleinste, überhaupt mögliche Energiehöhe H_{min}.

Die Kriterien für Schießen und Strömen sind folgende:

	Strömen	Schießen
h	$> h_{krit}$	$< h_{krit}$
v	$< v_{krit}$	$> v_{krit}$
I	$< I_{krit}$	$> I_{krit}$
H	immer $\geq H_{min}$	

Der in Bild 9.34 dargestellte Fließwechsel vom Schießen zum Strömen (Wechselsprung oder Wassersprung) ruft eine sehr große Turbulenz hervor, die in der Wasseraufbereitung zur natürlichen Belüftung und Vermischung von Chemikalienzusätzen genutzt werden kann. Durch entsprechende Bemessung des Abflußquerschnitts oder Gefälles kann dieser Wechselsprung künstlich erzeugt werden.

Bei der Berechnung offener Gerinne ist zu beachten:
– Bei strömendem Abfluß ist die Fließgeschwindigkeit kleiner als die Wellenschnelligkeit. Störungen (Aufstau, Absenkung) pflanzen sich stromaufwärts fort. Die hydraulische Berechnung

9.3. Hydrodynamik

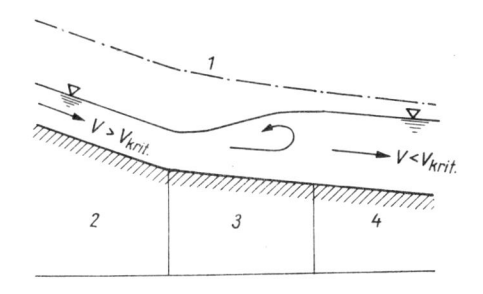

Bild 9.34 Wechselsprung
1 Energielinie; *2* Schießen; *3* Wechselsprung; *4* Strömen

muß deshalb ebenfalls stromauf erfolgen.
– Bei schießendem Abfluß ist die Fließgeschwindigkeit größer als die Wellenschnelligkeit. Störungen pflanzen sich stromab fort. Die hydraulische Berechnung muß ebenfalls stromab erfolgen.

Im Rechteckprofil beträgt

$$\text{Grenztiefe } h_{krit} = \sqrt[3]{\frac{\dot{V}^2}{g \cdot b^2}} \tag{9.119}$$

$$\text{Grenzgeschwindigkeit } v_{krit} = \sqrt{g \cdot h_{krit}} \tag{9.120}$$

$$\text{Grenzgefälle } I_{krit} = \frac{v^2}{k_m^2 \cdot R^{4/3}} \text{ für Reibungsverlust nach Gl. (9.21)} \tag{9.121}$$

$$\text{minimale Energiehöhe } H_{min} = \frac{3}{2} h_{krit}$$

Für andere Abflußprofile s. [9.9; 9.32; 9.37].

9.3.4.2.4. Abzugsrinnen

In Wasseraufbereitungsanlagen werden häufig Gerinne verwendet, denen über ihre Länge gleichmäßig verteilt Wasser zufließt. Hierzu zählen die Klarwasserabzugsrinnen in Absetzbecken, Schwebefiltern usw. und die Spülabwasserrinnen in offenen Filtern. Das Wasser fließt den Rinnen über deren Kante oder Bohrungen mit freiem Überfall oder Ausfluß zu. In den Abzugsrinnen wächst der Durchfluß von $\dot{V} = 0$ auf $\dot{V} = \dot{V}_{max}$; es herrscht also ungleichförmige Bewegung.

Die Wasserspiegellage in den Abzugsrinnen ergibt sich aus der *Bernoulli*-Gleichung (9.17). Die Verlusthöhe H_V entspricht dem Reibungsverlust h_r nach Gln. (9.19) und (9.20). Sie nimmt genauso wie die Geschwindigkeitshöhe $v^2/2g$ über die Rinnenlänge als Funktion des wachsenden Durchflusses $\dot{V}$ zu. Der Abfluß in der Rinne wird außerdem durch den Impuls des zuströmenden Wassers beeinflußt.

Für die praktischen Belange der Wasseraufbereitungsanlagen genügt der näherungsweise hydraulische Nachweis der Abzugsrinnen. Dies kann durch abschnittsweise Berechnung der Rinnen geschehen. Dabei wird innerhalb des Abschnitts gleichförmige Bewegung mit dem Durchfluß am Ende des Abschnitts angenommen. Die Abschnitte brauchen nicht kürzer als 10 m gewählt zu werden.

Meist sind die Reibungsverluste vernachlässigbar klein gegenüber der Geschwindigkeitshöhe. Der Wasserspiegel in den Abzugsrinnen kann dann nach dem Impulssatz [9.32] berechnet werden. Nach Bild 9.35 gilt für Rechteckgerinne bei parabelförmigem Wasserspiegel [9.7]

$$F_0 + F_h - F_u - F_I = 0$$

$$\frac{b \cdot h_o^2 \cdot v \cdot g}{2} + b \cdot l \cdot I \cdot \rho \cdot g \left(\frac{2 h_o}{3} + \frac{I \cdot l}{6} + \frac{h_u}{3} \right) - \frac{b \cdot h_u^2 \cdot \rho \cdot g}{2} - \dot{V}_u \cdot v_u \cdot \rho = 0$$

Durch Umformen und Einsetzen der kritischen Wassertiefe für schießenden Abfluß nach Gl. (9.119) erhält man für $\alpha > 0$ und $h_u > h_{krit}$

$$h_o = \sqrt{\frac{2 h_{krit}^3}{h_u} + \left(h_u - \frac{I \cdot l}{3}\right)^2} - \frac{2 \cdot I \cdot l}{3} \qquad (9.122)$$

für $\alpha = 0$ und $h_u > h_{krit}$

$$h_o = \sqrt{\frac{2 h_{krit}^3}{h_u} + h_u^2} = \sqrt{\frac{2 \dot{V}_u^2}{h_u \cdot g \cdot b^2} + h_u^2} \qquad (9.123)$$

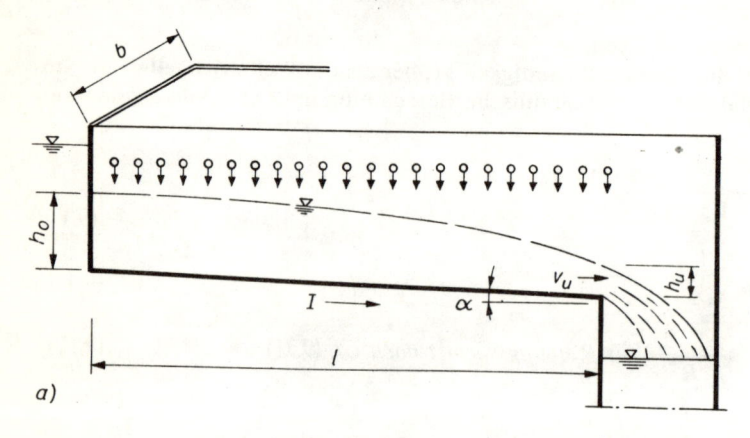

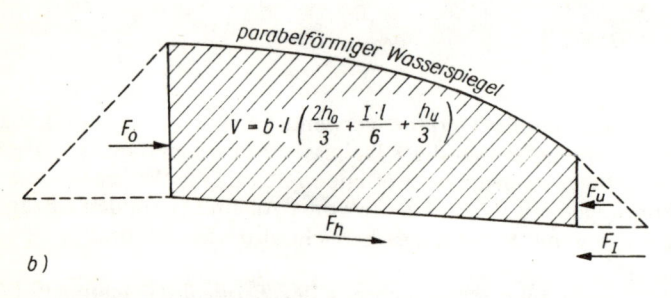

Bild 9.35 Abfluß in einer Abzugsrinne
  a) Geometrie; b) Kräfte
  F_o hydrostatische Druckkraft am Rinnenanfang; F_u hydrostatische Druckkraft am Rinnenende; F_h hydrostatische Druckkraft aus dem absoluten Gefälle $h = I \cdot l$; F_I Impuls- oder Stützkraft des abfließenden Wassers; V Wasservolumen in der Abzugsrinne

Fällt das Wasser am Rinnenende ohne Rückstau frei in einen Schacht oder eine tieferliegende Rinne, so senkt sich der Wasserspiegel am Rinnenende bis zum schießenden Abfluß ab, und es wird $h_u \approx h_{krit}$. Damit vereinfachen sich die Gln. (9.122) und (9.123)
für $\alpha > 0$ und $h_u \approx h_{krit}$

$$h_o = \sqrt{2 h_{krit}^2 + \left(h_{krit} - \frac{I \cdot l}{3}\right)^2} - \frac{2 I \cdot l}{3} \qquad (9.124)$$

$$h_o = \sqrt{3 h_{krit}^2} = 0{,}81 \sqrt[3]{\left(\frac{\dot{V}_u}{b}\right)^2} \qquad (9.125)$$

h_o Wassertiefe am Rinnenanfang in m
h_u Wassertiefe am Rinnenende in m
h_{krit} kritische Wassertiefe in m nach Gl. (9.119)

9.3. Hydrodynamik

I	Rinnengefälle
l	Rinnenlänge in m
b	Rinnenbreite in m
$\dot{V}_u$	Abfluß am Rinnenende in m³/s
g	Erdbeschleunigung in m/s²

Beispiel
Für ein offenes Filterbecken, 4 m breit, 16 m lang, ist eine horizontale Abzugsrinne für das Filterspülabwasser zu bemessen. Der Filter wird mit 12 m³/(h·m²) Spülwasser regeneriert. Am Ende der Abzugsrinne fällt das Wasser rückstaufrei in ein Abflußrohr.
Durchfluß: $\dot{V}_u$ = 4 m · 16 m · 12 m³/(h·m²) = 770 m³/h = 0,213 m³/s
Rinnenbreite: gewählt b = 0,6 m
Nach Gl. (9.119) ist

$$h_u = h_{krit} = \sqrt[3]{\frac{V_u^2}{g \cdot b^2}} = \sqrt[3]{\frac{0,213^2}{9,81 \cdot 0,6^2}} = 0,23 \text{ m}$$

Nach Gl. (9.125) ist

$$h_o = \sqrt{3} \cdot h_{krit} = 1,73 \cdot 0,23 = 0,41 \text{ m}$$

Rinnenhöhe einschließlich Zuschlags für Reibungsverluste und Freibord zur Gewährleistung des freien Überfalls in die Rinne: gewählt h = 0,6 m.

9.3.5. Wehre und Überfälle

Wehre im hydraulischen Sinne kommen in Wasserversorgungsanlagen vornehmlich als Überfallkanten und Überläufe vor. Die exakte hydraulische Berechnung von Wehren bedingt die Untersuchung und Berücksichtigung der Fließzustände. Meist treten bei Wehren Fließwechsel zwischen „Strömen" und „Schießen" ein. Die nachstehend dargestellten „klassischen" Wehrformeln berücksichtigen dies nicht genügend. Für die Bemessung von Überfallkanten u. dgl. in

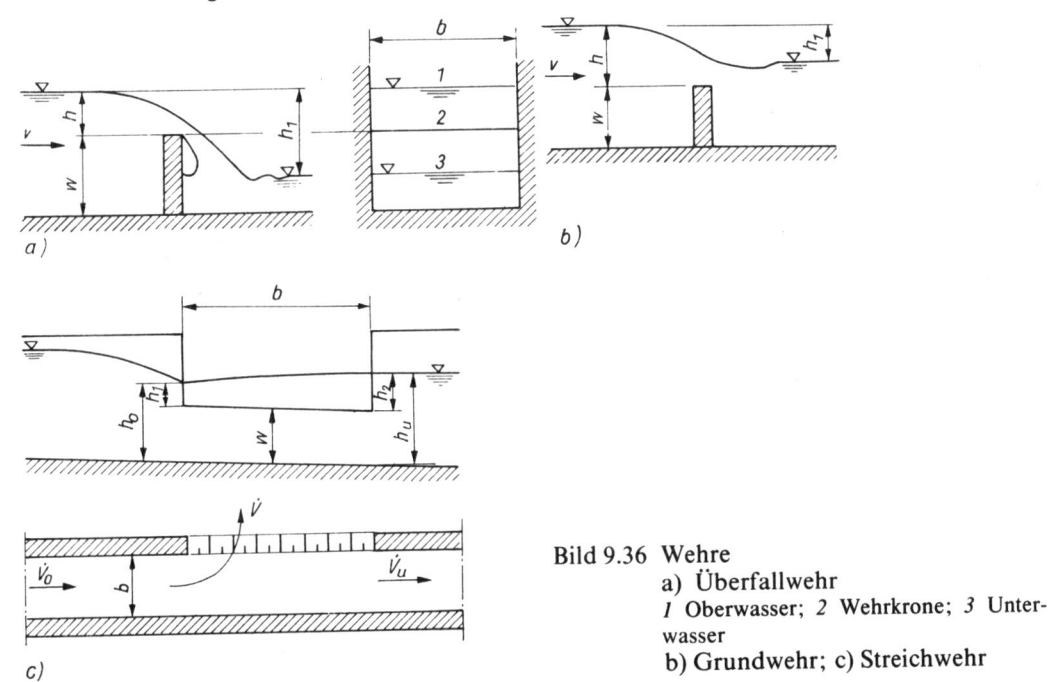

Bild 9.36 Wehre
a) Überfallwehr
1 Oberwasser; *2* Wehrkrone; *3* Unterwasser
b) Grundwehr; c) Streichwehr

Wasserversorgungsanlagen reichen sie jedoch allgemein aus. Für exaktere Untersuchungen wird auf die Spezialliteratur verwiesen, z. B. [9.20; 9.32; 9.37], bzw. sind Modellversuche erforderlich.

Als vollkommener Überfall wird ein solcher bezeichnet, dessen Oberwasserspiegel nicht durch den Unterwasserspiegel beeinflußt wird. Allgemein wird angenommen, daß keine Beeinflussung des Oberwasserspiegels eintritt, solange der Unterwasserspiegel tiefer als die Wehrkrone liegt (Bild 9.36a). Die Praxis hat jedoch gezeigt, daß die Lage des Unterwasserspiegels zur Wehrkrone kein ausreichendes Kriterium für die Abgrenzung zwischen vollkommenem und unvollkommenem Überfall ist. Für exakte Ermittlungen wird auch hier auf die Spezialliteratur verwiesen [9.37].

Als Streichwehre bezeichnet man Überfallkanten, die parallel oder annähernd parallel zur Strömungsrichtung im Gerinne liegen und über die ein Teil des gesamten Durchflusses im Gerinne abfließt. Längs eines Streichwehrs ändert sich somit der Durchfluß im Gerinne. Je nach den dabei auftretenden Fließformen „Strömen" und „Schießen" und deren Wechsel ergeben sich die verschiedensten Wasserspiegellagen längs des Wehres. Die exakte Berechnung von Streichwehren ist deshalb besonders problematisch [9.32; 9.37].

Der Abfluß $\dot{V}$ eines Wehres bei der Länge b der Wehrkrone kann nach folgenden Formeln errechnet werden, wobei nach Bild 9.36

$\dot{V}$ Abfluß über das Wehr in m³/s
v Fließgeschwindigkeit vor dem Wehr in m/s
h Höhe in m
w Wehrhöhe in m
μ Überfallbeiwert
b Breite des Wehres (Länge der Überfallkante) in m

Überfallwehre (vollkommener Überfall) nach Bild 9.36a
Nach *Weißbach* [9.32] gilt:

$$\dot{V} = \frac{2}{3}\mu \cdot b \sqrt{2g} \left[\left(h + \frac{v^2}{2g}\right)^{3/2} - \left(\frac{v^2}{2g}\right)^{3/2} \right] \tag{9.126}$$

$$b = \frac{\dot{V}}{\frac{2}{3}\mu \sqrt{2g} \left[\left(h + \frac{v^2}{2g}\right)^{3/2} - \left(\frac{v^2}{2g}\right)^{3/2} \right]} \tag{9.127}$$

$$h = \sqrt[3]{\frac{\dot{V}}{\frac{2}{3}\cdot \mu \cdot b \sqrt{2g}} + \left(\frac{v^2}{2g}\right)^{3/2}} - \frac{v^2}{2g} \tag{9.128}$$

Für v ≈ 0 vereinfachen sich obige Gleichungen zur Formel von *Poleni* [9.32]:

$$\dot{V} = \frac{2}{3}\mu \cdot b \sqrt{2g} \cdot h^{3/2} \tag{9.129}$$

$$b = \frac{\dot{V}}{\frac{2}{3}\mu \sqrt{2g} \cdot h^{3/2}} \tag{9.130}$$

$$h = \sqrt[3]{\left(\frac{\dot{V}}{\frac{2}{3}\cdot \mu \cdot b \cdot \sqrt{2g}}\right)^2} \tag{9.131}$$

Der Überfallbeiwert μ beträgt etwa [9.39]:
    abgerundete Wehrkrone μ = 0,70 bis 0,85
    eckige Wehrkrone μ = 0,63 bis 0,68
    besonders breite, eckige Wehrkrone μ = 0,57 bis 0,63

9.3. Hydrodynamik

sehr schmale, scharfkantige Wehrkrone
(dünnes, senkrechtes Plattenwehr) nach *Rehbock*

$$\mu = 0{,}605 + \frac{1}{1000\,h - 3} + \frac{0{,}08\,h}{w}$$

Diese Werte gelten für rechteckige Abflußprofile über der Wehrkrone ohne zusätzliche seitliche Einschnürung. Bei seitlicher Einschnürung und damit Seitenkontraktion des überfließenden Strahles sind obige Werte noch zu reduzieren. Weitere Überfallbeiwerte s. [9.32].

Bei Überfallwehren kann zwischen dem Überfallstrahl und dem Wehr selbst durch das herabstürzende Wasser ein Vakuum entstehen. Dadurch wird der Strahl an das Wehr gesaugt, bis er aufreißt und damit belüftet wird. Der Vorgang kann sich pendelnd wiederholen. Durch geeignete Maßnahmen ist der Überfallstrahl bzw. der Hohlraum darunter zu belüften.

Grundwehre (unvollkommener Überfall) nach Bild 9.36b
In Übertragung der Formeln von *Weissbach* und *Poleni* für den vollkommenen Überfall wird vielfach die nachstehende Formel angewendet. Sie ist nur für Überschlagsrechnungen verwendbar:

$$\dot{V} = \frac{2}{3}\mu_1 \cdot b \sqrt{2g}\left[\left(h_1 + \frac{v^2}{2g}\right)^{3/2} - \left(\frac{v^2}{2g}\right)^{3/2}\right] + \mu_2 b\,(h - h_1)\sqrt{2g\cdot h_1 + v^2} \qquad (9.132)$$

Dabei kann schätzungsweise gesetzt werden [9.39]:
abgerundete Wehrkrone $\mu_1 = 0{,}8$ bis $0{,}85$
  $\mu_2 = 0{,}67$
eckige Wehrkrone $\mu_1 = 0{,}68$
  $\mu_2 = 0{,}62$

Richtigere Ergebnisse soll folgende Formel geben [9.37]:

$$\dot{V} = c\,\frac{2}{3}\mu_1 \cdot b\sqrt{2g}\cdot h^{3/2} \qquad (9.133)$$

wobei für $h_1 = (0{,}25$ bis $0{,}75)\,w$

$$c = \left(1{,}05 + 0{,}20\,\frac{h - h_1}{w}\right)\sqrt[3]{1 - \frac{h - h_1}{h}} \qquad (9.134)$$

Streichwehre (vollkommener Überfall) nach Bild 9.36c
Herrscht längs des Streichwehrs strömender Abfluß, so kann nach *Poleni* näherungsweise gesetzt werden [9.32]:

$$\dot{V} = \frac{2}{3}\mu \cdot b \cdot \sqrt{2g}\left(\frac{h_o + h_u}{2}\right)^{3/2} \qquad (9.135)$$

Dabei ist μ mit etwa 95 % der μ-Werte für das Überfallwehr einzusetzen.
Ausführlichere Angaben s. [9.32; 9.37].

Überläufe
Kreisförmige, waagerechte Überläufe werden in Form von Überlaufrohren zur Begrenzung der Füllhöhe in Behältern vielfach angewendet. Die Überlaufrohrleitungen werden meist so bemessen, daß auch bei maximalem Überlauf kein Rückstau über den Überlaufmund eintritt. Es herrscht dann ein vollkommener Überfall (Bild 9.37).

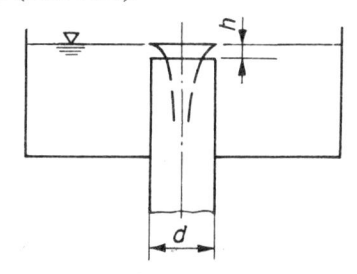

Bild 9.37 Überlauf

Nach *Gourley* [9.20] kann für $h \leq 0{,}2\,d$ gesetzt werden:

$$\dot{V} \approx 1{,}5 \cdot l \cdot h^{1,42} \tag{9.136}$$

$\dot{V}$ Abfluß in m³/s
l Kronenlänge des Überlaufs in m
h Überlaufhöhe in m

Die Formel von *Poleni* für den vollkommenen Überfall Gl. (9.29) gilt ebenfalls nur bis etwa $h < 0{,}22\,d$, wobei $\mu = 0{,}5$ bis $0{,}8$ einzusetzen ist. Für $h > 0{,}3\,d$ kann der Überlauf bei rückstaufreiem Ausfluß wie eine Bodenöffnung nach Gl. (9.142) berechnet werden [9.3]. Staut die anschließende Rohrleitung zurück, so handelt es sich um den Einlauf in eine Druckrohrleitung, wobei für den Einlaufwiderstand Gl. (9.44) gilt.

Beispiel
In einem Hochbehälter mit maximal 70 l/s Zufluß soll ein Überlaufrohr angeordnet werden, das höchstens 10 cm Aufstau über der Überlaufkante erzeugt.
  Nach Gl. (9.136) ist

$$l = \frac{\dot{V}}{1{,}5 \cdot h^{1,42}} = \frac{0{,}070}{1{,}5 \cdot 0{,}1^{1,42}}$$

$l = 1{,}23$ m erforderlich

Dies entspricht einem Überlaufrohr $d = 0{,}4$ m mit $l = \pi \cdot 0{,}4 = 1{,}26$ m. Die Bedingung $h \leq 0{,}2\,d$ ist jedoch nicht eingehalten, so daß $d = 0{,}5$ m gewählt wird.

Meßwehre
An dünnwandigen, scharfkantigen Wehren löst sich der Überfallstrahl von der Wehrwand ab. Wird die Strahlunterseite belüftet, so ergibt sich eine genau definierbare Strahlform. Derartige Wehre eignen sich zur Abflußmessung. Der Abfluß als Funktion der Überfallhöhe kann in einer empirisch gefundenen Eichkurve dargestellt werden. Für einige Wehrformen sind ausreichend genaue empirische Formeln bekannt. Die Überfallhöhe h wird dabei oberhalb der Absenkungskurve gemessen (Bild 9.38a).

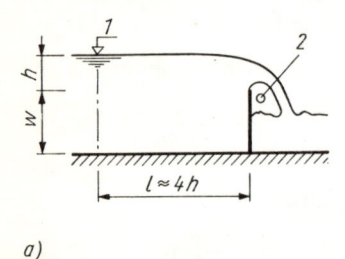

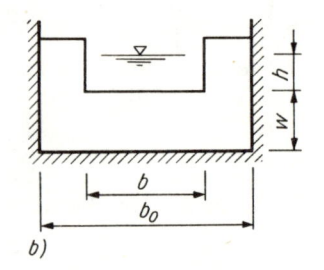

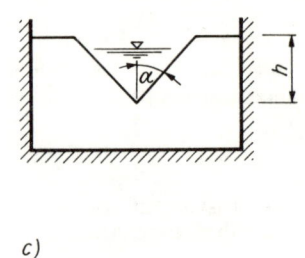

Bild 9.38 Meßwehre
    a) Anordnung
      1 Meßstelle; *2* Belüftung
    b) horizontale Überfallkante; c) Dreiecküberfall

Für horizontale Überfallkanten nach Bild 9.38b gilt Gl. (9.129) von *Poleni* mit folgenden Überfallbeiwerten bei h in m:
– Horizontale Überfallkante ohne Seitenkontraktion, d. h. $b = b_0$
  Nach Versuchen des Schweizerischen Ingenieur- und Architektenvereins [9.32] gilt für $w \geq 0{,}3$ m; $h/w \leq 1$; $0{,}025$ m $\leq h \leq 0{,}80$ m

$$\mu = 0{,}615 \left(1 + \frac{1}{1000 \cdot h + 1{,}6}\right)\left[1 + 0{,}5\left(\frac{h}{h + w}\right)^2\right] \tag{9.137}$$

Nach *Rehbock* [9.42] für $w > 0{,}06$ m und $0{,}01$ m $\leq h \leq 0{,}80$ m gilt

9.3. Hydrodynamik

$$\mu = 0{,}069035 + 0{,}0813 \frac{h + 0{,}0011}{w} \tag{9.138}$$

— Horizontale Überfallkante mit Seitenkontraktion, d. h. $b < b_0$ (*Poncelet*-Überfall)
Nach Versuchen des Schweizerischen Ingenieur- und Architektenvereins [9.32] für $w \geq 0{,}3$ m; $b/w > 1$; $0{,}025 \cdot b_o/b \leq h \leq 0{,}80$ m

$$\mu = \left[0{,}578 + 0{,}037 \cdot \left(\frac{b}{b_o}\right)^2 + \frac{3{,}615 - 3 \cdot (b/b_o)^2}{1000 \cdot h + 1{,}6}\right] \cdot \left[1 + \frac{1}{2}\left(\frac{b}{b_o}\right)^4 \cdot \left(\frac{h}{h+w}\right)^2\right] \tag{9.139}$$

— Dreiecksüberfall nach *Thomson* (Bild 9.38c)
Nach *Gourley* und *Crimp* [9.32]

$$\dot{V} = 1{,}32 \cdot \tan\alpha \cdot h^{2{,}47} \tag{9.140}$$

9.3.6. Ausfluß aus Öffnungen und Gefäßen

Tritt durch eine Bodenöffnung Flüssigkeit frei aus, so ist nach *Torricelli* [9.39] die Ausflußgeschwindigkeit v theoretisch nach dem Gesetz des freien Falles

$$v = \sqrt{2g \cdot h}$$

Berücksichtigt man die Reibungsverluste und Einschnürung (Kontraktion) des austretenden Strahles, so wird

$$v = \mu \cdot \sqrt{2g \cdot h} \tag{9.141}$$

$$\dot{V} = \mu \cdot A \cdot \sqrt{2g \cdot h} \tag{9.142}$$

v   mittlere Ausflußgeschwindigkeit in m/s
$\dot{V}$ Ausfluß in m³/s
μ   Reibungs- und Kontraktionsbeiwert (Ausflußbeiwert), (s. Abschn. 11.)

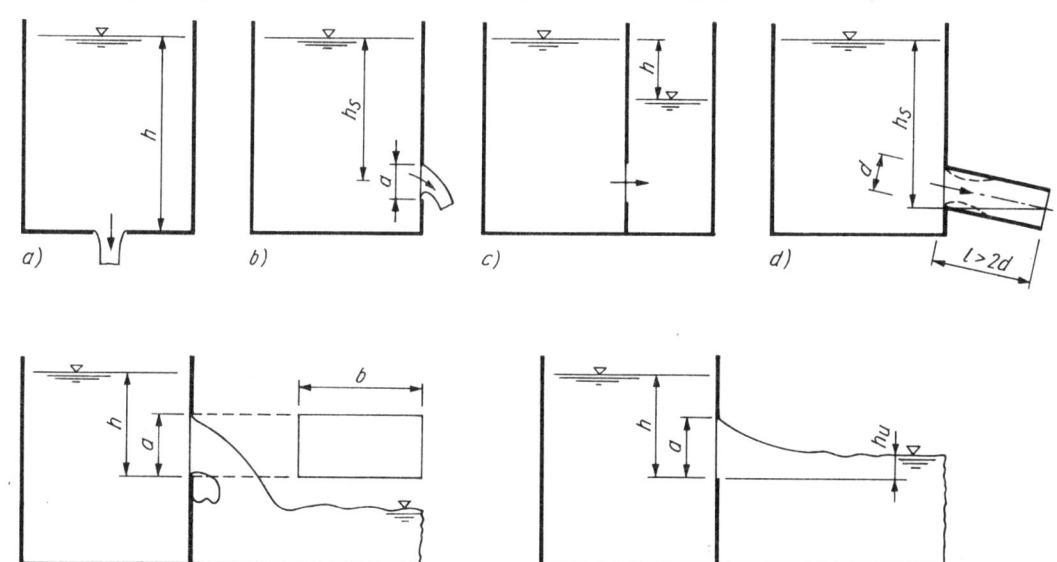

Bild 9.39 Ausfluß aus Gefäßen
a) freier Ausfluß aus Bodenöffnung; b) freier Ausfluß aus kleiner Seitenöffnung; c) vollständig rückgestauter Ausfluß; d) Ausfluß durch Anschlußstutzen; e) freier Ausfluß aus großer Seitenöffnung; f) teilweise rückgestauter Ausfluß aus Seitenöffnung

g   Erdbeschleunigung in m/s²
h   Druckhöhe in m (Bild 9.39)
A   Öffnungsfläche in m²

Für Seitenöffnungen nach Bild 9.39b können die Gln. (9.141) und (9.142) mit ausreichender Genauigkeit verwendet werden, wenn $h_s/a > 3$ ist. Dabei ist h_s die auf den Schwerpunkt der Öffnungsfläche A bezogene Druckhöhe. Auch für vollständig überstaute Boden- und Seitenöffnungen nach Bild 9.39c gelten die Gln. (9.141) und (9.142), wobei als Druckhöhe h die Wasserspiegeldifferenz einzusetzen ist. Die Gleichungen gelten unter der Voraussetzung, daß die Öffnungen mit vernachlässigbar kleiner Fließgeschwindigkeit im Gefäß angeströmt werden. Für genauere Betrachtungen [9.32].

Anschlußstutzen an Boden- und Seitenöffnungen nach Bild 9.39d erhöhen den Ausflußbeiwert μ und den Ausfluß $\dot{V}$. Für kreisrunde Ansatzstutzen kann der μ-Wert auch aus den in Abschn. 11. zu Gl. (9.44) genannten ζ-Werten für den Einlaufwiderstand ermittelt werden. Unter Berücksichtigung der Geschwindigkeitshöhe wird dabei

$$\mu = \sqrt{\frac{1}{1 + \zeta}} \qquad (9.143)$$

Schließt sich an die Austrittsöffnung eine Druckrohrleitung an, so sind deren Reibungsverluste mit zu erfassen. Bei Berechnung der Reibungsverluste nach Gl. (9.43) wird einschließlich der Sonderverluste an der Gefäßöffnung und in der Rohrleitung selbst sowie der Geschwindigkeitshöhe

$$\mu = \sqrt{\frac{1}{\beta \cdot l \cdot 2g + 1 + \sum \zeta}} \qquad (9.144)$$

μ   Beiwert in Gl. (9.142)
β   Rohrreibungsbeiwert nach Abschn. 11. in s²/m²
l   Länge der Rohrleitung in m
g   Erdbeschleunigung in m/s²
Σζ Summe aller Einzelverluste gem. Abschn. 9.3.2.2.

Bei großen Seitenöffnungen im Verhältnis zur Druckhöhe und freiem Ausfluß muß die mit der Tiefe im Quadrat zunehmende Ausflußgeschwindigkeit berücksichtigt werden. Gl. (9.142) ist somit nicht mehr anwendbar. Für freien Ausfluß über dem Unterwasser gilt bei Vernachlässigung der Anströmgeschwindigkeit [9.32]
— für rechteckige Seitenöffnung

$$\dot{V} = \frac{2}{3} \cdot \mu \cdot b \cdot \sqrt{2g} \cdot [h^{3/2} - (h-a)^{3/2}] \qquad (9.145)$$

— für kreisrunde Seitenöffnung

$$\dot{V} = \mu \cdot \left(1 - \frac{r^2}{32\,h_s^2}\right) \cdot \pi \cdot r^2 \cdot \sqrt{2 \cdot g \cdot h_a} \qquad (9.146)$$

V̇   Ausfluß in m³/s
μ   Ausflußbeiwert (s. Abschn. 11.)
g   Erdbeschleunigung in m/s²
h   Druckhöhe über Unterkante Seitenöffnung in m
h_s   Druckhöhe über dem Schwerpunkt (Kreismittelpunkt) der Seitenöffnung in m
a   Höhe der Seitenöffnung in m
b   Breite der Seitenöffnung in m
r   Radius der Seitenöffnung in m

Teilweise rückgestaute Seitenöffnungen können nur in grober Annäherung mit den in Bild 9.39f angegebenen Bezeichnungen berechnet werden [9.32]:

9.3. Hydrodynamik

$$\dot{V} = \mu \cdot a \cdot b \cdot \sqrt{2 \cdot g \cdot h} \cdot \left[\left(1 - \frac{h_u}{a} \right) \cdot \sqrt{1 - \frac{1}{2} \left(\frac{a}{h} + \frac{h_u}{h} \right)} + \frac{h_u}{a} \sqrt{1 - \frac{h_u}{h}} \right]$$

Wird ein Gefäß entleert, nimmt mit sinkendem Wasserspiegel der Ausfluß ab (instationärer Ausfluß aus Gefäßen). Für zylindrische Gefäße beträgt die Entleerungszeit beim Zufluß $\dot{V}_z = 0$

$$t_E = \frac{2 \cdot A_0}{\mu \cdot A \cdot \sqrt{2g}} \cdot \sqrt{h} \qquad (9.147)$$

$$h = \frac{p_1}{\varrho \cdot g} + \Delta h - \frac{p_2}{\varrho \cdot g}$$

$$t_E = \frac{2 \cdot A_{0;1} \cdot A_{0;2}}{\mu \cdot A \cdot \sqrt{2g} \cdot (A_{0;1} + A_{0;2})} \cdot \sqrt{h} \qquad (9.148)$$

$$t_E = \frac{2 \cdot A_0}{\mu \cdot A \cdot \sqrt{2g}} \cdot \left(\sqrt{h_1} - \sqrt{h_2} \right) \qquad (9.149)$$

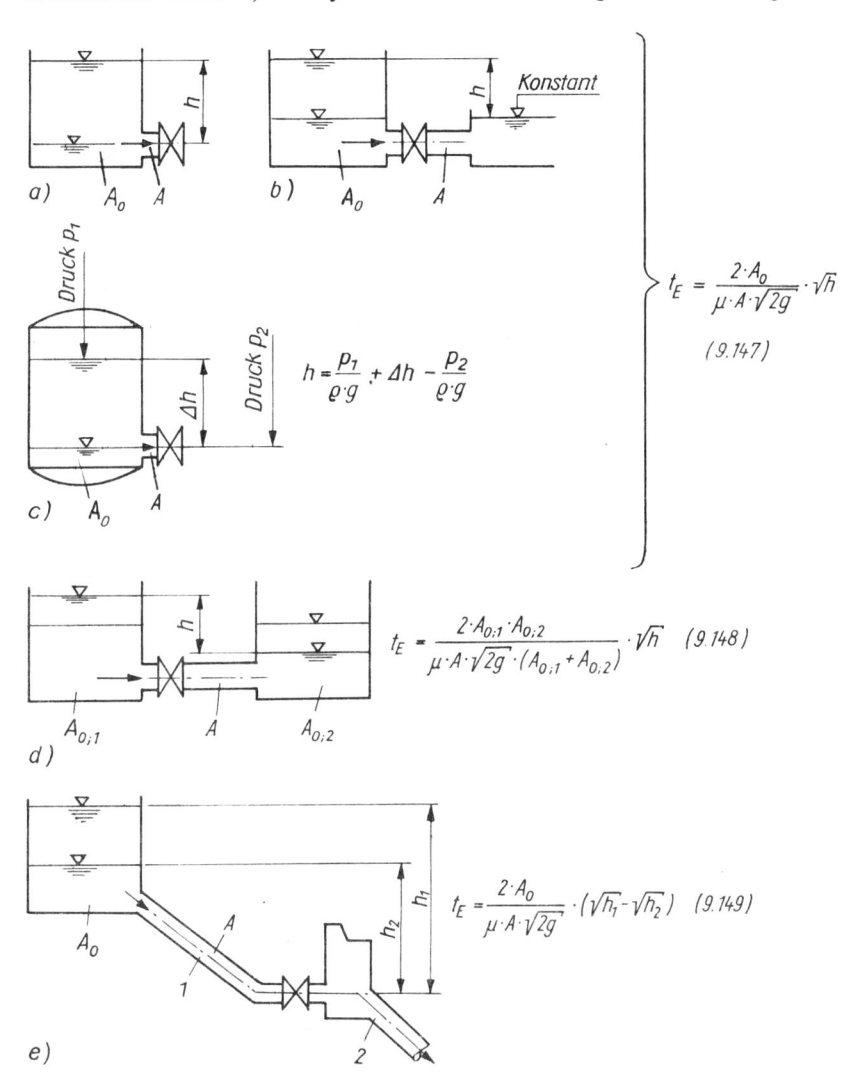

Bild 9.40 Entleerungszeit von Gefäßen [9.39]
 t_E Entleerungszeit in s
 h Druckhöhe in m
 p Druck in Pa
 A_0 Grundfläche des zylindrischen Gefäßes in m^2
 A Querschnittsfläche der Entleerungsleitung in m^2
 μ Ausflußbeiwert nach Gl. (9.43) bzw. Gl. (9.44)

a) freier Ausfluß; b) rückgestauter Ausfluß in konstanten Unterwasserspiegel; c) Ausfluß aus Druckgefäß; d) Ausspiegelung von zwei Gefäßen; e) teilweise Entleerung eines Gefäßes

 1 Druckrohrleitung; *2* Freispiegelleitung

$$t_E = \frac{2 \cdot A_0}{\mu \cdot A \cdot \sqrt{2g}} \cdot \sqrt{h} \qquad (9.147)$$

t_E Entleerungszeit in s
A_0 Grundfläche des Gefäßes in m²
A Öffnungsfläche in m²
g Erdbeschleunigung in m/s²
h Druckhöhe in m (Bild 9.40)

Nach Gl. (9.147) ist die Zeit zur vollständigen Entleerung eines zylindrischen Gefäßes doppelt so lang wie diejenige, die zum Ausfluß der gleichen Wassermenge bei gleichbleibender Druckhöhe benötigt würde [9.32]. Diese Erkenntnis ist in Bild 9.40 für einige spezielle Fälle dargestellt.

$$t_E = \frac{2 \cdot A_{0;1} \cdot A_{0;2}}{\mu \cdot A \cdot \sqrt{2g} \cdot (A_{0;1} + A_{0;2})} \cdot \sqrt{h} \qquad (9.148)$$

$$t_E = \frac{2 \cdot A_0}{\mu \cdot A \cdot \sqrt{2g}} \cdot (\sqrt{h_1} - \sqrt{h_2}) \qquad (9.149)$$

9.3.7. Hinweise zur Druckstoßberechnung

Druckschwingungen sind eine spezielle Erscheinung der instationären Strömung in Druckrohrleitungen. Die plötzliche Änderung der Fließgeschwindigkeit in Druckrohrleitungen durch Öffnen oder Schließen von Absperrorganen und Abschalten von Pumpen führt zu nennenswerten Druckänderungen, da der Wassermasse Druckenergie entnommen oder zugeführt wird.

Diese Druckänderungen pflanzen sich infolge der geringen Elastizität des Wassers und auch der meisten Rohrmaterialien mit großer Schnelligkeit fort und erzeugen große Überdrücke (Druckstoß, Wasserschlag) und auch Unterdrücke, die zu Schäden an den Rohrleitungen führen können: Rohrbruch durch Überdruck, Einbeulen von Stahlrohrleitungen durch Unterdruck, Undichtwerden der Rohrverbindungen durch Über- oder Unterdruck.

Die Druckänderungen pflanzen sich als Druckwellen, ähnlich den Schallwellen, von der Störquelle – das ist der Punkt, wo der Wassermasse Druckenergie zugeführt oder entnommen wird – in und entgegen der Fließrichtung bis zum Ende der Wassermasse fort. Dort werden die Druckwellen reflektiert und laufen im umgekehrten Sinn zurück, d. h., Überdruckwellen werden zu Unterdruckwellen reflektiert und umgekehrt.

Bei Beschleunigung der Wassermasse wird von der Störquelle aus entgegen der Fließrichtung eine Unterdruckwelle, in Fließrichtung eine Überdruckwelle primär hervorgerufen, die nach Reflektion am jeweiligen Ende der Rohrleitung als sekundäre Druckwellen mit umgekehrtem Sinn zurücklaufen. Die sekundären Druckwellen werden am Entstehungsort wiederum reflektiert und laufen nun wieder im ursprünglichen Sinn zum Ende der Rohrleitung. Die in der Rohrleitung befindliche Wassermenge schwingt so lange hin und her, bis die überschüssige Energie in Reibung umgesetzt ist und wieder ein Gleichgewichtszustand herrscht.

Bei Verzögerung der Wassermasse entsteht von der Störquelle aus entgegen der Fließrichtung eine Überdruckwelle, in Fließrichtung eine Unterdruckwelle. Diese primären Druckwellen werden genauso reflektiert, und es entsteht im Prinzip die gleiche Erscheinung wie bei der Beschleunigung.

Die Druckwellen-Fortpflanzungsgeschwindigkeit oder Wellenschnelligkeit beträgt [9.32]

$$c = \frac{\sqrt{E_w/\rho}}{\sqrt{\dfrac{d}{s} \cdot \dfrac{E_w}{E_R} + 1}} \qquad (9.150)$$

c Wellenschnelligkeit in m/s
ϱ Dichte der Flüssigkeit in kg/m³, für Wasser rund 1000 kg/m³

9.3. Hydrodynamik

E_w Elastizitätsmodel der Flüssigkeit in Pa, für Wasser $\approx 2,1 \cdot 10^9$ Pa
d Rohrdurchmesser in m
s Rohrwanddicke in m
E_R Elastizitätsmodel des Rohrmaterials in Pa (s. Abschn. 11.)
Mit der Schallgeschwindigkeit c_w im Wasser

$$c_w = \sqrt{E_w/\rho} \approx 1450 \text{ m/s}$$

wird

$$c = \frac{1450}{\sqrt{\dfrac{d}{s} \cdot \dfrac{E_w}{E_R} + 1}} \tag{9.151}$$

Die Schallgeschwindigkeit im Wasser ist die größtmögliche Wellenschnelligkeit überhaupt. Bei den üblichen Rohrwanddicken von Stahl-, Guß- und Betonrohren ergeben sich meist Wellenschnelligkeiten um 1000 m/s.

Die Zeit, die eine Druckwelle vom Entstehungsort bis zum Reflexionspunkt benötigt, wird als Laufzeit, bis zur Rückkehr zum Entstehungsort als Reflexionszeit bezeichnet:

$$t_l = \frac{l}{c} \tag{9.152}$$

$$t_R = \frac{2 \cdot l}{c} \tag{9.153}$$

t_L Laufzeit der Druckwelle in s
t_R Reflexionszeit der Druckwelle in s
L Länge der Rohrleitung vom Entstehungs- bis zum Reflexionspunkt in m
c Wellenschnelligkeit in m/s

Die Druckstoßhöhe beträgt nach *Allievi* [9.23]

$$\Delta H = \pm \frac{c}{g} \cdot \Delta v \tag{9.154}$$

und der direkte Druckstoß nach *Joukowsky*

$$\Delta H_J = \pm \frac{c}{g} \cdot v_0 \tag{9.155}$$

ΔH Druckhöhenänderung gegenüber der statischen Druckhöhe am Entstehungsort der Druckänderung in m
ΔH_J direkter Druckstoß, maximale Druckhöhenänderung, gegenüber der statischen Druckhöhe am Entstehungsort der Druckänderung in m
Δv Änderung der Durchflußgeschwindigkeit während einer Reflexionszeit in m/s
v_0 Durchflußgeschwindigkeit in m/s zur Zeit $t = 0$

Der direkte Druckstoß ΔH_J kann nur auftreten, wenn die Geschwindigkeitsänderung von v_{max} auf 0 bzw. umgekehrt während einer Reflexionszeit erfolgt. Das bedingt, daß die Schließ- bzw. Öffnungszeit des die Störung hervorrufenden Absperrorgans gleich oder kleiner als eine Reflexionszeit ist. Wird die Störung durch An- oder Abschalten einer Pumpe hervorgerufen, so muß hierzu die volle Förderleistung während einer Reflexionszeit abgedrosselt werden.

In allen anderen Fällen wird ein nennenswerter Teil des direkten Druckstoßes durch Reibung in der Rohrleitung und im Absperrorgan abgebaut.

Die genaue Ermittlung der in einer Rohrleitung bei den verschiedenen Betriebsfällen zu erwartenden Druckschwingungen ist wegen der zu berücksichtigenden Randbedingungen sehr schwierig. Grundlage sind das Gesetz von der Erhaltung der Energie und die Kontinuitätsgleichung. Die Druckschwingungen entstehen durch Umwandlung von kinetischer in potentielle Energie und umgekehrt. Dabei ist das elastische Verhalten des Systems Rohrleitung, Wasser, offene Behälter und gegebenenfalls Druckkessel zu berücksichtigen. Abgebaut werden die

Schwingungen durch Umwandlung von kinetischer Energie in Reibung, d. h. Wärmeenergie. Die Grundlagen hierzu sind u. a. in [9.25] zusammengestellt. Die Berechnung geschieht schrittweise für gewählte Zeitintervalle, vorzugsweise mit Hilfe digitaler Rechenautomaten [9.13; 9.26].

Leichter verständlich, anschaulicher, aber auch wesentlich aufwendiger ist die u. a. von *Gandenberger* [9.10] beschriebene graphische Methode zur Ermittlung der Größe und des zeitlichen Verlaufes der Druckschwingungen längs der Rohrleitung, auf die hiermit verwiesen wird.

Voraussetzung für die Ermittlung von Druckschwingungen ist die Kenntnis folgender Funktionen:
- Rohrleitungskennlinie
- Schließkurve der Absperrorgane in Abhängigkeit von der Zeit und den ζ-Werten für die verschiedenen Schließstellungen
- beim Pumpenabschalten die Pumpenauslaufkurve (die Drehzahl als Funktion der Zeit) und die Drosselkurven der Pumpe für die verschiedenen Drehzahlen.

Zu Überschlagszwecken kann man als erstes den direkten Druckstoß nach Gl. (9.155) errechnen. Ergeben sich bei diesem ungünstigen Fall keine unzulässigen Über- und Unterdrücke, so erübrigen sich genauere Ermittlungen.

Zum Unterdruck ist folgendes zu sagen: Entsprechend dem Dampfdruck des Wassers geht bei etwa 1 m absoluter Druckhöhe, entsprechend 9 m Unterdruckhöhe, Wasser in den gasförmigen Zustand über. Sinkt beim negativen Druckstoß der Druck in einem Punkt der Rohrleitung unter 9 m Unterdruckhöhe, so verdampft hier das Wasser, und die Wassersäule reißt auseinander. Jeder Teil schwingt dann für sich, da ein neuer Reflexionspunkt entstanden ist. Im ungünstigsten Fall prallen von jeder Seite die Überdruckwellen zusammen und erzeugen einen enormen Druckstoß. Durch Anordnung ausreichend großer, selbsttätiger Be- und Entlüftungsventile werden durch Lufteinströmen die Unterdruckbildung und deren Folgen weitgehend vermieden. Beim Zurückschwingen der Wassersäule wird die in die Rohrleitung eingezogene Luft entsprechend dem Strömungswiderstand beim Entweichen durch das Entlüftungsventil komprimiert. Dadurch kann eine Dämpfung der Überdruckwelle wie in einem Windkessel erreicht werden. Die exakte Ermittlung des Schwingungsverlaufs bei dieser Erscheinung wird jedoch besonders bei mehreren belüfteten Hochpunkten sehr schwierig.

Der nach Gl. (9.154) ermittelte Druckstoß tritt in dieser Höhe nur am Entstehungsort selbst auf. Ist der Reflexionspunkt ein druckloser Behälter (Wasserschloß, Hochbehälter, Standrohr), so treten dort nur Druckschwankungen in Höhe der Wasserspiegelschwankungen auf. Bei unendlich großer Wasseroberfläche – eine Bedingung, die näherungsweise schon durch einen Hochbehälter erfüllt wird – sind die Druckschwankungen am Reflexionspunkt gleich Null.

Bei Vernachlässigung der Rohrreibung ergeben sich bei Abschluß einer Falleitung innerhalb einer Reflexionszeit die in Bild 9.41 dargestellten maximalen und minimalen Drücke längs der Leitung als Gerade. Bei Berücksichtigung der Rohrreibung werden die Maximal- und Minimaldrucklinien Kurven. Die einzelnen Punkte dieser Kurven können ebenfalls graphisch nach *Gandenberger* [9.10] ermittelt werden. An Hand der theoretischen Maximal- und Minimaldrucklinieniengeraden kann man sich jedoch schon einen groben Überblick verschaffen.

Bei Schließ- bzw. Öffnungszeiten größer als eine Reflexionszeit werden die Über- und Unterdrücke geringer, sind aber schwieriger zu ermitteln. Außer der Rohrleitungskennlinie müssen hierzu die bereits erwähnten speziellen Kennlinien der Absperrorgane und Pumpen vorliegen.

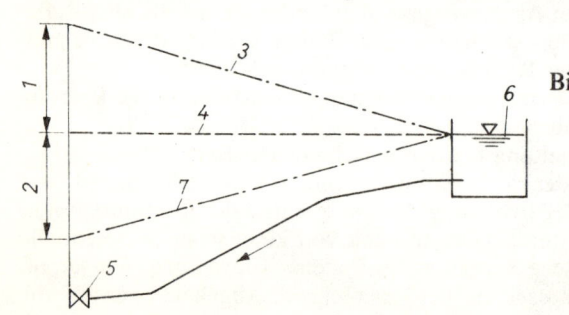

Bild 9.41 Druckstoß bei Abschluß einer Falleitung innerhalb einer Reflexionszeit; Maximal- und Minimaldrücke längs der Rohrleitung bei Vernachlässigung der Rohrreibung
1 Druckstoß positiv; 2 Druckstoß negativ; 3 Maximaldrücke; 4 hydrostatische Drucklinie; 5 Absperrorgan; 6 Hochbehälter; 7 Minimaldrücke

9.3. Hydrodynamik

Zur Vermeidung von Druckstößen bzw. deren Reduzierung gibt es verschiedene Möglichkeiten [9.41]. Es ist immer besser, die Ursachen von Druckstößen zu beseitigen, als auftretende Schwingungen zu dämpfen. Die erforderliche Schließzeit von Absperrorganen ist abhängig von
- der Rohrleitungskennlinie
- dem Schließweg des Absperrkörpers als Funktion der Zeit
- den Reibungsbeiwerten des Absperrorgans als Funktion des Schließwegs.

Die erforderliche Schließzeit wird ein Minimum, wenn die Reibungswiderstände im Absperrorgan *und* der jeweiligen Rohrleitung eine lineare Abnahme der Durchflußgeschwindigkeit über die Zeit in der Rohrleitung bewirken. Da die Verlusthöhe nach Gl. (9.23) mit dem Quadrat der Fließgeschwindigkeit wächst, erfordert die lineare Durchflußänderung, daß
- der Schließvorgang über die Zeit verzögert
- der Öffnungsvorgang über die Zeit beschleunigt

wird. Diese Forderung erfüllen Kurbelantriebe, z. B. bei Ringkolbenventilen, und in sehr guter Annäherung lineare Antriebe, die intermittierend betätigt werden [9.35].

Die letztere Methode ist den jeweiligen Anforderungen leicht anzupassen und für alle Absperrorgane mit Elektroantrieb geeignet.

Werden Absperrorgane mit linearem Schließweg über die Zeit betätigt, so wächst die erforderliche Schließzeit mit der Rohrleitungslänge progressiv. Die Schließzeit kann für diesen Fall überschläglich nach [9.24] berechnet werden.

Eine Verkürzung der Schließzeit bzw. Verringerung der Druckschwingungen ist außerdem möglich
- durch Absperrorgane mit kleinerer Nennweite als die Rohrleitung [9.28]
- durch kleine Umgehungsleitungen um die Absperrorgane, die vor den Hauptabsperrorganen geöffnet, und nach ihnen geschlossen werden.

Beim Einschalten von Kreiselpumpen treten hydraulisch keine Probleme auf. Die zugeführte Energie wird zur Beschleunigung der Wassersäule benötigt. Beim Abschalten der Pumpe wird jedoch kinetische Energie frei. Die in Bewegung befindliche Wassermenge erzeugt an der Pumpe einen starken Druckabfall, der als Unterdruckwelle die Rohrleitung durchläuft, am Rohrende reflektiert wird und als Überdruckwelle zur Pumpe zurückkehrt. Wenn innerhalb der Reflexionszeit die Rückschlagklappe an der Pumpe noch nicht geschlossen hat, wird sie durch die Überdruckwelle zugeschlagen, und es entsteht der gefürchtete „Klappenschlag". Dies gilt auch für Pumpensaugleitungen mit Fußventil. Der „Klappenschlag" kann durch schnell schließende Rückflußverhinderer vermieden werden. Zur Berechnung der erforderlichen Schließzeit von Rückflußverhinderern s. [8.28]. Extrem kurze Zeiten bis zur Strömungsumkehr ergeben sich, wenn von parallel auf eine Druckrohrleitung fördernden Pumpen eine Pumpe ausfällt. In diesen Fällen kann der Klappenschlag nur vermieden werden, wenn der Rückflußverhinderer in weniger als einer halben Sekunde schließt. Mit trägheitsarmen, federbelasteten Ventilen sind solche kurzen Zeiten zu erreichen (s. Abschn. 8.5.2.). Im Normalbetrieb können die Druckschwingungen beim Abschalten von Kreiselpumpen vermieden werden, wenn vorher am Druckstutzen der Pumpe ein Absperrorgan geschlossen wird, dessen Schließfunktion den vorgenannten Bedingungen entspricht.

Das größte Problem tritt auf, wenn die Pumpenförderung bei Stromausfall plötzlich unterbrochen wird, ohne daß vorher das Absperrorgan geschlossen werden kann. Hier kann nur noch eine Dämpfung der auftretenden Schwingungen erfolgen. Mit Hilfe eines Nebenauslaßorgans, das sich bei Stromausfall automatisch öffnet, kann ein gewisser Wasserstrom abgeschlagen und damit der Druckstoß gedämpft werden, wozu jedoch sorgfältige Untersuchungen notwendig sind. Weniger kompliziert ist die Anordnung eines Druckkessels zur Schwingungsdämpfung. Sein Inhalt kann nach *Gandenberger* [9.10] überschläglich ermittelt werden mit

$$\sum V = V_k + V_{st} \tag{9.156}$$

$$V_k \approx 0{,}08\, d^2 \cdot v^2 \cdot l \left(\frac{H}{H_o}\right)^2 \cdot \frac{H_k}{(H - H_k)^2} \tag{9.157}$$

$\sum V$ gesamter Kesselinhalt in m^3

V_{st} ständiger minimaler Wasserinhalt des Druckkessels in m³, damit keine Druckluft entweicht
V_k größter Luftinhalt in m³, also Luftinhalt bei der kleinsten Druckhöhe H_k
d lichte Weite der Rohrleitung in m
v Durchflußgeschwindigkeit in der Rohrleitung in m/s bei stationärem Betriebszustand
H absolute Druckhöhe an der Pumpe in m bei stationärem Betriebszustand
H_0 absolute hydrostatische Druckhöhe an der Pumpe in m bei stationärem Betriebszustand
H_k kleinste zulässige absolute Druckhöhe an der Pumpe in m unter Berücksichtigung der zulässigen minimalen Druckhöhen längs der Rohrleitung
L Länge der Rohrleitung in m

Die Gl. (9.157) hat nur überschläglichen Charakter; die Abweichungen zur exakten Berechnung können erheblich sein. Zur Berechnung der verschiedenen Regelfälle stehen Rechenprogramme zur Verfügung [9.13].

Die Frage, welche Rohrleitung auf Druckstöße zu untersuchen ist, kann nicht eindeutig beantwortet werden. Allgemein wachsen die möglichen Druckstöße mit der Fließgeschwindigkeit und der Rohrleitungslänge. Rohrleitungen mit geringen Betriebsdrücken sind besonders durch Unterdruckbildung gefährdet. Bei kleinen Rohrdurchmessern sind Druckstoßuntersuchungen in der Praxis nicht üblich. Das besagt zwar nicht, daß hier keine oder geringe Druckstöße auftreten, doch haben Rohrbrüche bei kleinen Dimensionen nicht so schwerwiegende Folgen. Auch haben die Rohrwanddicken kleiner Rohrnennweiten aus konstruktiven Gründen meist größere Sicherheiten hinsichtlich der Bruchgrenze.

Eine ausführliche Literaturzusammenstellung zum Problem Druckstoß ist in [9.23]; [9.33] enthalten.

Literaturverzeichnis

[9.1] *Autorenkollektiv:* Das Grundwissen des Ingenieurs. Leipzig: VEB Fachbuchverlag 1960.
[9.2] *Beck, K.; Friedrichs, K.-H.:* Erfahrungen mit dem elektrischen Analogierechner für die Wasserrohrnetz-Berechnung. GWF 99 (1958) H. 42, S. 1071–1078; H. 44, S. 1125–1130.
[9.3] *Bollrich, G.:* Berechnung und Gestaltung der Einläufe von Schachtüberfällen. WWT 15 (1965) H. 3, S. 92–97.
[9.4] *Bornitz, U.:* Beitrag zur Modellierung und Analyse von Wasserverteilungssystemen für die Prozeßführung. Dissertation TU Dresden, 1980.
[9.5] *Braun, W.:* Verringerte Leistung einer Talsperrenwasserleitung infolge riffelförmiger Ablagerungen im Rohrinnern. WWT 8 (1958) H. 5, S. 230–233.
[9.6] *Cross, H.:* Analysis of flow in networks of conduits or conductors. Bulletin University of Illinois. Engng. Experiment Station No. 286 (1936).
[9.7] *Fair, G.; Geyer, J.:* Wasserversorgung und Abwasserbeseitigung. Berlin: VEB Verlag für Bauwesen 1961.
[9.8] *Feurich, H.:* Arbeitsblätter zur Berechnung von Kaltwasserleitungen für Wohnbauten. Gesundheits-Ingenieur 70 (1955) H. 11/12.
[9.9] *Franke, P. G.:* Fließzustand und Grenzverhältnisse im teilgefüllten Rohr. GWF 112 (1971) H. 2, S. 113–116.
[9.10] *Gandenberger, W.:* Grundlagen der graphischen Ermittlung der Druckschwankungen in Wasserversorgungsleitungen. München: Verlag Oldenbourg 1950.
[9.11] *Hartl, M.:* Rohrnetzdiagnose und Rohrnetzprognose durch Rechenzentren. Neue Deliwa-Zeitschrift (1963) S. 329–333.
[9.12] *Hummel, J.; Kittner, H.; Saretz, J.:* Probleme und wissenschaftlich-technische Ergebnisse zur Optimierung in der Wasserverteilung. WWT 29 (1979) H. 6, S. 207–210.
[9.13] *Kahle, F.; Ludewig, D.:* EDV-Programme zur Druckstoßberechnung für Pumpleitungen. WWT 28 (1978) H. 6, S. 202–204.
[9.14] *Kaiser G.; Saretz, J.:* Optimierung von Systemen der Wasserverteilung. Dissertation TU Dresden, 1974.

9.3. Hydrodynamik

[9.15] *Kallwass, G.*: Ein Verfahren zur Verwendung von Druckabfalltafeln nach Prandtl und Colebrook für beliebige Rohrrauhigkeiten und kinematische Zähigkeiten der Durchflußstoffe. GWF 101 (1960) H. 46, S. 1191–1192.

[9.16] *Kirschmer, O.*: Der gegenwärtige Stand unserer Erkenntnisse über die Rohrreibung. GWF 94 (1953) H. 16, S. 459–463; H. 18, S. 517–523.

[9.17] *Knobloch, W.; Lindeke, W.*: Handbuch der Gesundheitstechnik. Berlin: VEB Verlag für Bauwesen 1970.

[9.18] *Korte, J. W.; Bodarwè, H.*: Verwendung und Bedeutung von Netzmodellen und modernen Rechenmaschinen bei Planung und Betrieb großer Wasserversorgungsnetze. GWF 99 (1958) H. 8, S. 177–184.

[9.19] *Kottmann, A.*: Ein Vergleich der Gleichzeitigkeitsfaktoren in der Wasser-, Gas- und Stromversorgung. GWF 112 (1971) H. 12, S. 589–591.

[9.20] *Kozeny, J.*: Hydraulik. Wien: Springer-Verlag 1953.

[9.21] *Kraatz, W.*: Grundlagen der hydraulischen Berechnung von Entwässerungsleitungen. Stadt- und Gebäudetechnik 32 (1978) H. 7, S. 216–220.

[9.22] *Lammers, G.*: Hydraulische Grundlagen zur wirtschaftlichen Bemessung von Entwässerungsleitungen. Dissertation Rheinische Friedrich-Wilhelms-Universität Bonn, 1959.

[9.23] *Ludewig, D.*: Beiträge zur Druckstoßsicherung von Pumpanlagen. Mitteilungen des Institutes für Wasserwirtschaft, H. 25. Berlin: VEB Verlag für Bauwesen 1966.

[9.24] *Ludewig, D.*: Die überschlägliche Schließzeitberechnung für Regelschieber in Fernleitungen. WWT 16 (1966) H. 6, S. 183–185.

[9.25] *Ludewig, D.*: Beitrag zur energetischen Betrachtung der Druckstoßerscheinungen in Rohrleitungen. WWT 19 (1969) H. 6, S. 203–209.

[9.26] *Ludewig, D.*: Druckstoßberechnungen mit Hilfe digitaler Rechenautomaten. WWT 19 (1969) H. 12, S. 397–401.

[9.27] *Ludewig, D.*: Beitrag zur Rohrnetzberechnung mit Digitalautomaten. WWT 21 (1971) H. 5, S. 160–166.

[9.28] *Merkel, W.*: Betrachtungen über die Verwendung von Absperrorganen in der Wasserversorgung. WWT 14 (1964) H. 9, S. 280–284.

[9.29] *Mostkov, N. A.*: Handbuch der Hydraulik. Berlin: VEB Verlag Technik 1956.

[9.30] *Phan, V. C.*: Beitrag zur Durchmesseroptimierung von Rohrnetzen unter Beachtung der dynamischen Entwicklung des Wasserbedarfes und der Energiekosten. Dissertation TU Dresden, 1979.

[9.31] *Preißler, G.*: Verbesserte hydraulische Berechnung von Wasserversorgungsnetzen durch Berücksichtigung des Einflusses der Strangentnahmen auf den Druckverlust. Wissenschaftl. Zeitschrift der Technischen Universität Dresden 26 (1977) H. 1, S. 259–269.

[9.32] *Preißler/Bollrich*: Technische Hydromechanik, Bd. 1. Berlin: VEB Verlag für Bauwesen 1980.

[9.33] *Ried, G.*: Drucksteigerungen in Rohrleitungen. GWF 102 (1961) H. 6, S. 144–146; H. 12, S. 302–303; H. 32, S. 887–888; H. 44, S. 1209–1211; 103 (1962) H. 2, S. 38–40; H. 6, S. 144–145; H. 26, S. 677–680; H. 28, S. 729–731.

[9.34] *Sauerbrey, M.*: Abfluß in Entwässerungsleitungen unter besonderer Berücksichtigung der Fließvorgänge in teilgefüllten Rohren. Bielefeld: Erich Schmidt Verlag 1969

[9.35] *Scharf, M.; Ludewig, D.*: Intermittierendes Schließen von Absperrorganen zur Druckstoßbegrenzung – Anwendung in der Verbundwasserversorgung Nordthüringen. WWT 20 (1970) H. 5, S. 160–168.

[9.36] *Schewior/Press*: Hilfstafeln für die Bearbeitung von wasserbaulichen und wasserwirtschaftlichen Entwürfen und Anlagen. Berlin, Hamburg: Verlag Paul Parey 1958.

[9.37] *Schmidt, M.*: Gerinnehydraulik. Berlin: VEB Verlag Technik; Wiesbaden: Bauverlag GmbH 1957.

[9.38] *Schulz, H.*: Tabellenbuch für die Berechnung von Rohrleitungen und Kanälen im Siedlungswasserbau. Berlin: VEB Verlag Technik 1959.

[9.39] *Streck, O.* Grund- und Wasserbau in praktischen Beispielen, Bd. II. Berlin, Göttingen, Heidelberg: Springer-Verlag 1950.

[9.40] *Vielhaber, H.:* Ein Beitrag zur Untersuchung und Berechnung vermaschter Wasserversorgungsnetze auf der Grundlage der Reibungsbeziehung von Prandtl–Colebrook unter besonderer Berücksichtigung der Anwendungsmöglichkeiten elektronischer Datenverarbeitungsanlagen. Dissertation TH Aachen, 1966.
[9.41] *Volk, W.:* Der Druckstoß und Maßnahmen zu seiner Verhütung. Oesterreichische Ingenieur-Zeitschrift 8 (1965) H. 6, S. 191–201.
[9.42] *Wechmann, A.:* Hydraulik. Berlin: VEB Verlag Technik 1955.
[9.43] *Zielke, W.:* Elektronische Berechnung von Rohr- und Gerinneströmungen. Berlin, Bielefeld, München: Erich Schmidt Verlag 1974.

10. Gesetzliche Bestimmungen und Standards

10.1. Gesetzliche Bestimmungen

Steigender Wasserbedarf, zunehmende Nutzung des natürlichen Wasserdargebotes, Industrialisierung und die vielfältigsten Umweltverschmutzungen erfordern eine staatliche Lenkung und Kontrolle der Wassernutzung und der damit zusammenhängenden Fragen. In Gebieten intensiver Wasserbewirtschaftung sind darüber hinaus internationale Vereinbarungen erforderlich, um die vorhandenen Ressourcen optimal zu nutzen und sich gegenseitig vor Schaden zu schützen.
In der DDR werden die gesetzlichen Festlegungen als
  Gesetz (Ges.)
  Verordnung (VO)
  Anordnung (AO)
  Durchführungsverordnung (DVO)
  Durchführungsbestimmung (DB)
  Bekanntmachung (Bkm)
und die Berichtigungen (Ber.) und Ergänzungen hierzu in den Gesetzblättern (GBl.) und Gesetzblatt-Sonderdrucken (GBl.Sdr.) veröffentlicht. Eine Zusammenfassung aller gültigen Rechtsvorschriften wird turnusmäßig in „DAS GELTENDE RECHT" vom Staatsverlag der DDR herausgegeben.
Nachstehend werden die wesentlichsten, z. Z. gültigen Rechtsvorschriften aufgeführt, die das Gebiet der Wasserversorgung betreffen.

Allgemeines Wasserrecht
– Wassergesetz vom 2. 7. 82; GBl. I 1982 Nr. 26 S. 467
– 1. DVO zum Wassergesetz vom 2. 7. 82; GBl I 1982 Nr. 26 S. 477
– 2. DVO zum Wassergesetz – Abwassergeld und Wassernutzungsentgeld – vom 2. 7. 82; GBl. I 1982 Nr. 26 S. 485
– Bkm. des Abkommens vom 11. März 1965 zwischen der Regierung der DDR und der Regierung der VR Polen über die Zusammenarbeit auf dem Gebiet der Wasserwirtschaft an den Grenzgewässern vom 10. 7. 67; GBl. I 1967 Nr. 11 S. 93; Ber. GBl. II 1967 Nr. 74 S. 534. Zusatzprotokoll zum Abkommen vom 11. 3. 65; GBl. I 1967 Nr. 11 S. 99

Wassernutzung
– AO für die Wasserbereitstellung und Wasserversorgung in extremen Lagen nach Wasserbereitstellungs- und Wasserversorgungsstufen vom 2. 7. 82; GBl. I 1982 Nr. 26 S. 492
– AO zur Gewährleistung der wirtschaftlichen Wassernutzung und zur Auszeichnung wasserwirtschaftlich vorbildlich arbeitender Betriebe vom 1. 12. 76 außer § 3; GBl. I 1977 Nr. 4 S. 22
– AO Nr. 2 zur Gewährleistung der wirtschaftlichen Wassernutzung und zur Auszeichnung wasserwirtschaftlich vorbildlich arbeitender Betriebe vom 21. 1. 80; GBl. I 1980 Nr. 8 S. 66
– AO Nr. Pr. 344 über die Wassernutzungsentgelte für Oberflächen- und Grundwasser vom 8. 5. 80; GBl.Sdr. Nr. 1052 S. 2

Wassergewinnung
– AO über die Berechnung, Bestätigung und Erfassung von Lagerstättenvorräten und ihrer optimalen Nutzung sowie die Berechnung und Bestätigung von Speichervolumina – Lagerstättenwirtschafts-AO – vom 15. 3. 71; GBl. II 1971 Nr. 34 S. 279

— 3. DVO zum Wassergesetz — Schutzgebiete und Vorbehaltsgebiete — vom 2. 7. 82; GBl. I 1982 Nr. 26 S. 487

Wasserlieferung und Abwassereinleitung
— AO über die allgemeinen Bedingungen für den Anschluß von Grundstücken an die öffentlichen Wasserversorgungsanlagen und für die Lieferung und Abnahme von Trink- und Betriebswasser — Wasserversorgungsbedingungen — vom 26. 1. 78; GBl. I 1978 Nr. 6 S. 89
— AO über die allgemeinen Bedingungen für den Anschluß von Grundstücken an und für die Einleitung von Abwasser in die öffentlichen Abwasseranlagen — Abwassereinleitungsbedingungen — vom 20. 7. 78; GBl. I 1978 Nr. 29 S. 324
— AO zur Änd. der Wasserversorgungs- und Abwassereinleitungsbedingungen vom 15. 1. 79; GBl. I 1979 Nr. 6 S. 60
— AO Nr. Pr. 345 über die Preise für Trink- und Betriebswasser und für die Ableitung von Abwasser in Abwasseranlagen vom 8. 5. 80; GBl.Sdr. Nr. 1052 S. 3

Hygiene
— VO über die Staatliche Hygieneinspektion vom 11. 12. 75; GBl. I 1976 Nr. 2 S. 17
— VO über die hygienische Überwachung der zentralen Wasserversorgungsanlagen vom 23. 8. 51; GBl. I 1951 Nr. 102 S. 794
— 2. VO über die hygienische Überwachung der zentralen Wasserversorgungsanlagen vom 2. 2. 65; GBl. II 1965 Nr. 17 S. 129
— 2. DB zur VO über die hygienische Überwachung der zentralen Wasserversorgungsanlagen — hygienische Überwachung der Trinkwasserfluoridierung — vom 30. 11. 79; GBl. II 1979 Nr. 95 S. 659
— VO über die hygienische Überwachung von Wasser und Abwasser vom 23. 7. 53; GBl. I 1953 Nr. 90 S. 913
— VO über die hygienische Überwachung der Brunnen vom 23. 8. 51; GBl. I 1951 Nr. 102 S. 795
  • 1. DB vom 23. 8. 51; GBl. I 1951 Nr. 102 S. 797
  • 2. DB vom 23. 8. 51; GBl. I 1951 Nr. 102 S. 797
  • 3. DB vom 18. 2. 52; GBl. I 1952 Nr. 29 S. 186
— AO über die Gewährung hygienischer Bedingungen auf Campingplätzen vom 10. 5. 1977; GBl.Sdr. Nr. 934
— Ges. über den Verkehr mit Lebensmitteln und Bedarfsgegenständen — Lebensmittelgesetz — vom 30. 11. 62; GBl. I 1962 Nr. 12 S. 111
  1. DB zum Lebensmittelgesetz — Eigenkontrolle und ständige Verbesserung der Hygiene in den Lebensmittelbetrieben vom 30. 4. 63; GBl. II 1963 Nr. 42 S. 278
  2. DB zum Lebensmittelgesetz vom 18. 10. 63; GBl. II 1963 Nr. 106 S. 821
  3. DB zum Lebensmittelgesetz vom 18. 10. 63; GBl. II 1963 Nr. 106 S. 824
  5. DB zum Lebensmittelgesetz vom 12. 6. 68; GBl. II 1968 Nr. 65 S. 431
  6. DB zum Lebensmittelgesetz — Hygienische Voraussetzungen für die Tätigkeit im Lebensmittelverkehr — vom 17. 10. 79; GBl. I 1979 Nr. 40 S. 387
— AO zur Gewährleistung der hygienischen Beschaffenheit des Badewassers in öffentlichen Schwimmbädern vom 17. 6. 76; GBl.Sdr. Nr. 882
— VO über die Erhöhung der Verantwortung der Räte und Gemeinden für Ordnung, Sicherheit und Hygiene im Territorium vom 19. 2. 69; GBl. II 1969 Nr. 22 S. 149

Bauwesen
— AO Nr. 2 über verfahrensrechtliche und bautechnische Bestimmungen im Bauwesen — Deutsche Bauordnung (DBO) — vom 2. 10. 58; GBl.Sdr. Nr. 287
— AO über die Staatliche Bauaufsicht des Ministeriums für Umweltschutz und Wasserwirtschaft vom 28. 11. 72; GBl. II 1972 Nr. 73 S. 851

10.2. Standards

In Standards oder Normen werden Abmessungen, Güte- und Lieferbedingungen von Erzeugnissen sowie Begriffe, technische Vorschriften und Berechnungsverfahren verbindlich festgelegt. Dies erleichtert die Austauschbarkeit von Erzeugnissen, sichert charakteristische Qualitätsanforderungen und schafft technisch eindeutige Definitionen für Handels- und Kooperationspartner.

Zur Zeit ist die Standardisierung noch weitgehend national orientiert. Die zunehmenden internationalen technisch-wissenschaftlichen und wirtschaftlichen Verflechtungen zwingen jedoch zur Abstimmung der nationalen Standards zwischen den Staaten bzw. Vereinbarung von internationalen Standards.

Die Standards der DDR werden als TGL (Technische Güte- und Lieferbedingungen) bezeichnet und im einzelnen durch Nummern gekennzeichnet. Sie werden weitgehend mit den sowjetischen Normen GOST abgestimmt.

Standards, die in allen Mitgliedsländern des Rates für Gegenseitige Wirtschaftshilfe (RGW) gültig sind, tragen die Bezeichnung TGL RGW.

Eine Reihe von Standards sind nach den herausgebenden Fachbereichen geordnet, deren Nummer der laufenden Numerierung vorangestellt ist. Die wichtigsten Fachbereiche für die Wasserversorgung sind:

Fachbereich 17 – Pumpen und Verdichter
             27 – Kraftwerksanlagenbau; hierzu gehören Wasseraufbereitungsanlagen
             31 – Chemieausrüstungen
             44 – Armaturen
             92 – Wasserwirtschaft
           110 –
bis 119 – Bauwesen
           121 – Feuerlöschwesen
           163 – Rohrleitungen und Isolierungen.

DDR-Standards, deren Nummer eine 0 – vorangestellt ist, entsprechen inhaltlich den in der Bundesrepublik Deutschland herausgegebenen Normen (DIN).

Innerhalb von Betrieben und Betriebsvereinigungen werden zusätzlich zu den rechtsverbindlichen Standards zur Rationalisierung der Produktion Werkstandards geschaffen. Sie haben nur innerbetriebliche Verbindlichkeiten, können aber auch zwischen Geschäftspartnern als bindend vereinbart werden.

Für das Fachgebiet Wasserversorgung sind die wichtigsten Werkstandard-Reihen in der DDR
MAN   VEB Magdeburger Armaturenwerke „Karl Marx" – Armaturenkombinat –
RIS   VEB Kombinat Rohrleitungen und Isolierungen, Leipzig
WAPRO VEB Kombinat Wassertechnik und Projektierung Wasserwirtschaft, Halle
WM   VEB Wasseraufbereitungsanlagen Markkleeberg

Standards werden entsprechend der technischen Entwicklung laufend ergänzt und überarbeitet. Gültig ist jeweils die neueste Ausgabe entsprechend der Verbindlichkeitserklärung im Gesetzblatt der DDR, Sonderdruck St, bzw. dem Änderungsdienst der Betriebe für die von ihnen herausgegebenen Werkstandards.

Darüber hinaus veröffentlicht der VEB Kombinat Wassertechnik und Projektierung Wasserwirtschaft turnusmäßige Verzeichnisse, die alle Standards der Wasserwirtschaft und die wesentlichsten Standards anderer Wirtschaftszweige enthalten, die für die Wasserwirtschaft von Bedeutung sind.

Nachstehend sind die wichtigsten Standards für die Projektierung, den Bau und Betrieb von Wasserversorgungsanlagen zusammengestellt. Das Verzeichnis enthält keine Standards für einzelne Erzeugnisse.

10.2.1. Begriffe, Wasserbedarf, Wasserversorgung allgemein

Standard (TGL)	Ausgabe	Titel
10685/05	12.63	Bautechnischer Brandschutz; Löschwasserversorgung
11076	4.62	Wasserversorgung; Begriffe
18233/01	5.79	Druck; Kennzeichnung von Drücken; Überdruck, absoluter Druck
20098	12.74	Wasserversorgung; Einzel-Trinkwasserversorgung, Vorbereitung, Ausführung und Betrieb der Anlagen
22772	4.76	Bedienungsanweisung für öffentliche Wasserversorgungsanlagen; Grundsätze für die Ausarbeitung
25510	7.73	Wasserversorgung; Zentrale Trinkwasserversorgung; Betrieb und Überwachung der Anlagen
26565/01	8.72	Wirtschaftliche Wassernutzung; Normen für Wasserentnahme und -bedarf; Allgemeine Grundsätze
26565/02	12.74	–; –; Bestimmung des Trinkwasserbedarfes der Bevölkerung und gesellschaftlichen Einrichtungen
26565/03	12.77	–; –; Methodik zur Ermittlung in Elektroenergieerzeugungs-, Wärmeerzeugungs- und Wärmeverteilungsanlagen
26565/05	12.76	–; –; Chemische Industrie
26565/08	12.73	–; –; Zellstoff-, Papier-, Pappen- und Faserplattenindustrie
25565/10	12.73	–; –; Lebensmittel- und Nahrungsgüterindustrie
30047	3.75	Gesundheits- und Arbeitsschutz; Brandschutz; Befahren von Behältern und engen Räumen; Allgemeine Forderungen
30461	3.81	Gesundheits- und Arbeitsschutz; Wasserversorgungsanlagen
32418	10.75	Wasserversorgung; Zentrale Trinkwasserversorgung ländlicher Gemeinden; Vorbereitung, Ausführung, Betrieb und Überwachung der Anlagen; Richtlinie
92–006	2.65	Hydromechanik, Fachausdrücke und Begriffserklärungen
92–007	2.66	Gewässerkunde – quantitativ; Fachausdrücke und Begriffserklärungen
92–025	2.65	Gewässerkunde – qualitativ; Fachausdrücke und Begriffserklärungen
WAPRO 0.03./01	1.80	Größen, Kurzzeichen, Einheiten; Vorzugsliste der Größen und Indizes für alle Fachgebiete
WAPRO 0.03./02	1.80	–; –; –; Vorzugsliste für das Fachgebiet Wasserversorgung
WAPRO 0.03./07	1.80	–; –; –; Umrechnungstabellen
WAPRO 1.46.	7.76	Wasserversorgung; Trink- und Betriebswasserbedarf; Grundlagen, Richtwerte, Berechnungsbeispiel

10.2.2. Wassergewinnung

Standard (TGL)	Ausgabe	Titel
23989/01	7.72	Terminologie; unterirdisches Wasser; Übersicht
23989/02	11.71	–; –; Allgemeines

10.2. Standards 601

23989/03	11.71	–; –; Grundwasserleiter
23989/04	11.71	–; –; Erscheinungsformen des unterirdischen Wassers
23989/05	11.71	–; –; Grundwasserhydraulik
23989/06	7.72	–; –; Grundwasseruntersuchung
23989/07	11.71	–; –; Grundwassererschließung
23989/08	11.71	–; –; Grundwasserbewirtschaftung
24348/01	12.79	Schutz der Trinkwassergewinnung; Allgemeine Grundsätze für Wasserschutzgebiete
24348/02	12.79	–; Wasserschutzgebiete für Grundwasser
24348/03	12.79	–; Wasserschutzgebiete für Oberflächenwasser
24348/04	10.71	–; Wasserschutzgebiete; Markierung im Gelände; Kennzeichnung in Karten
36023	1.79	Wasserversorgung; Schutzverfahren gegen Brunnenverockerung; Gammabestrahlung
WAPRO 1.29	10.71	Grundwassergewinnungsanlagen; Bohrbrunnen; Betrieb und Überwachung
WAPRO 1.30	1.71	Wassergewinnung; Fassungsanlagen für Quell-, Fluß- und Seewasser; Grundlagen
WAPRO 1.42/01	2.71	Bemessungsgrundlagen für Brunnen von Grundwassergewinnungsanlagen; Vertikalfilterbrunnen; Grundsätze
WAPRO 1.42/02	2.71	–; –; Geohydraulische Berechnungen
WAPRO 1.42/03	2.71	–; –; Konstruktion und Gestaltung von Brunnenfiltern
WAPRO 1.42/04	2.71	–; –; Verfahrensweg und Berechnungsbeispiele
WAPRO 1.52/01	3.78	Wassergewinnung; Uferfiltratfassungen; Allgemeines und Hinweise zur Erkundung
WAPRO 1.52/02	3.78	–; –; Hinweise zur Projektierung
WAPRO 1.52/03	3.78	–; –; Hinweise zum Betrieb

10.2.3. Wassergüte

Standard (TGL)	Ausgabe	Titel
11462/15	11.80	Baugrundmechanik; Prüfung im Labor; Bestimmung der betonaggressiven Eigenschaften von Wässern und Wässern aus Lockergestein
11465	4.70	Stahl in Wässern und Erdstoffen; Prüfung und Beurteilung der Wässer und Erdstoffe; Korrosionsschutzmaßnahmen
22433	4.71	Trinkwasser; Gütebedingungen
22764	3.81	Nutzung und Schutz der Gewässer; Klassifizierung der Wasserbeschaffenheit von Fließgewässern
27885/01	12.74	Wassergütebewirtschaftung; Seen
27885/02	12.74	–; Phosphatelimination in Vorsperren
37780/01	8.80	Nutzung und Schutz der Gewässer; Badewasser; Hygienische Forderungen
WAPRO 1.44/01	Entw.	Wasseraufbereitung; Kalkkohlensäure-Gleichgewicht; Grundlagen
WAPRO 1.44/02	Entw.	–; –; Berechnungsgrundlagen
WAPRO 1.44/03	Entw.	–; –; Berechnung von Mischwässern
WAPRO 1.44/04	Entw.	–; –; Berechnungsbeispiele

10.2.4. Wasseraufbereitung

Standard (TGL)	Ausgabe	Titel
WAPRO 1.23/01	9.78	Wasseraufbereitung; Prinzipien für die Chemikalienaufbereitung; Übersicht
WAPRO 1.23/02	9.78	–; –; Kalkanlagen
WAPRO 1.23/03	9.78	–; –; Aluminiumsulfatanlagen
WAPRO 1.23/04	9.78	–; –; Eisensulfatanlagen
WAPRO 1.23/05	9.78	–; –; Aktivierte Kieselsäureanlagen
WAPRO 1.23/07	10.69	Prinzipien für die Chemikalienaufbereitung in Wasserversorgungs- und Abwasserbehandlungsanlagen; Fluoranlagen
WAPRO 1.23/08	10.69	–; –; Aktivkohleanlagen
WAPRO 1.23/09	9.78	Wasseraufbereitung; Prinzipien für die Chemikalienaufbereitung; Kaliumpermanganatanlagen
WAPRO 1.23/10	9.78	–; –; Kupfersulfatanlagen
WAPRO 1.23/11	9.78	–; –; Natronlaugeanlagen
WAPRO 1.34/01	12.69	Wasseraufbereitung; Physikalische Entsäuerung und Belüftung; Grundlagen
WAPRO 1.34/03	1.73	–; –; Geschlossene Belüftung und Druckluftmengenregulierung; Bemessung und Anordnung
WAPRO 1.53	7.80	Wasseraufbereitung; Entsäuerung, Enteisenung und Entmanganung; Vorzugstechnologien
WAPRO 1.54/01	5.79	Wasseraufbereitung; Enteisenung und Entsäuerung durch Filtration; Grundlagen
WAPRO 1.54/02	5.79	–; –; Fe^{2+}-Filtration über Sand
WAPRO 1.54/03	5.79	–; –; Fe^{3+}-Filtration über Sand
WAPRO 1.54/04	5.79	–; –; Entsäuerung und Enteisenung über halbgebrannte Dolomite
WAPRO 1.55	11.80	Wasseraufbereitung; Entmanganung durch Filtration; Bemessung und Betrieb

10.2.5. Förderung von Flüssigkeiten und Gasen

Standard (TGL)	Ausgabe	Titel
6267/01	3.80	Pumpen zur Förderung von Flüssigkeiten; Klassifizierung
6267/02	12.80	–; Begriffe, Zeichen, Einheiten
6267/03	4.70	–; Regeln für Messungen
6267/04	4.70	–; Technische Liefer- und Abnahmebedingungen
32092/01	3.75	Pumpen und Verdichter; Aufstellung und Betrieb
32092/02	3.75	–; –; Allgemeine Vorschriften
32092/03	3.75	–; –; Freiluftaufstellung
WAPRO 1.19/01	6.78	Wasserverteilung – Wasserförderung; Druckkesselanlagen; Bemessung
WAPRO 1.19/02	6.78	–; –; Anordnung
WAPRO 1.19/03	12.78	–; –; Berechnung der Nennweite von Sicherheitsventilen
WAPRO 1.22/01	11.78	Wasserverteilung – Wasserförderung; Vakuumanlagen; Grundsätze und Anordnung
WAPRO 1.22/02	11.78	–; –; Inbetriebnahme und Wartung

10.2. Standards

10.2.6. Wasserverteilung (Rohrleitungen, Hydraulik, Rohrleitungsstatik, Speicherung)

Standard (TGL)	Ausgabe	Titel
10697/01	10.81	Gebäudeausrüstung zur Wasserversorgung; Begriffe; Allgemeine Forderungen
10697/02	12.80	–; Bemessung der Rohrleitungen
10697/03	12.80	–; Technische Forderungen
10697/04	10.81	–; Prüfung und Betrieb der Anlagen
12900/01	4.74	Rohrleitungsanlagen; Sinnbilder; Manuelle grafische Darstellung
12900/02	4.74	–; –; Maschinelle grafische Darstellung
18302/01	12.64	Rohrleitungen; Nenn- und Prüfdrücke ab 1 kp/cm² Überdruck
22160/01	11.75	Rohrleitungen aus Stahl; Festigkeitsberechnung; Allgemeine Berechnungsgrundlagen
22160/02	11.75	–; –; Berechnung von Rohren gegen Innendruck
22160/03	11.75	–; –; Berechnung von Rohrleitungsbauteilen gegen Innendruck
22160/04	11.75	–; –; Berechnung gegen äußeren Druck
22160/05	11.75	–; –; Stützweitenberechnung
22160/06	11.75	–; –; Statische Berechnung und Festigkeitsnachweis
22160/07	11.75	–; –; Vereinfachter Festigkeitsnachweis
22769/01	9.78	Druckrohrleitungen der Wasserversorgung; Grundsätze für die Projektierung; Bau und Betrieb, Vorarbeiten
22769/02	9.80	–; –; Festlegung der Trasse im Grundriß
22769/03	10.76	–; –; Rohrwerkstoffe, hydraulische Berechnungen
22769/04	9.80	–; –; Konstruktion
22769/05	10.76	–; –; Rohrleitungsstationen, Funktion und Ausrüstungen
22769/06	6.73	–; –; –; Forderungen an Bauwerke und Außenanlagen
22769/07	6.78	–; –; –; Herstellung und Prüfung erdverlegter Rohrleitungen
22769/08	1.77	–; –; Ortung von Leckstellen an erdverlegten Leitungen
22773	3.76	Wasserversorgung; Instandhaltung des Rohrnetzes
23425/01	9.70	Versorgungsleitungen; Anordnung unterirdischer Leitungen in geschlossenen Ortslagen
23425/02	1.74	–; Verlegung von Warnbändern für erdverlegte Leitungen
24084/01	8.73	Rohrleitungsabstände; Isolierte Rohrleitungen NW 15 bis 800, auf Brücken, Stützen, Sockeln und in Gebäuden
24084/02	8.73	–; –; In begehbaren und nicht begehbaren Kanälen
24084/03	8.73	–; Nicht isolierte Rohrleitungen NW 15 bis 800, auf Brücken, Stützen, Sockeln und in Gebäuden
24084/04	8.73	–; –; In begehbaren und nicht begehbaren Kanälen
26566/01	3.72	Wassermessung; Wassermengenmessung bei Wassernutzern; Allgemeine Grundsätze
31983/01	12.75	Versorgungs- und Informationsleitungen; Kreuzung und Näherung mit Bahnanlagen; Allgemeine Bestimmungen und Schutzmaßnahmen
31983/02	12.75	–; –; Lastannahmen

Standard (TGL)	Ausgabe	Titel
31983/03	12.75	–; –; Berechnungsgrundlagen
31983/04	12.75	–; –; Korrosionsschutz
31983/06	12.75	–; –; Wasserversorgungs- und Entwässerungsleitungen; Schutzmaßnahmen
32044/01	11.75	Markierung von Druckrohrleitungen der Wasserversorgung und Abwasserableitung; Grundlegende Forderungen
32044/02	11.75	–; Hinweisschild
33746/01	8.77	Bestandsdokumentation öffentlicher Wasserverteilungs- und Abwasserleitungsanlagen; Grundlagen
33746/02	8.77	–; Darstellung öffentlicher Wasserverteilungsanlagen
34011	1.77	Wasserversorgung; Rekonstruktion von Rohrleitungen; Sanierungsverfahren
RGW 254–76	12.77	Rohrleitungsverbindungen und Armaturen; Nennweiten
92–046/01	11.65	Rohrwiderlager für erdverlegte Druckrohrleitungen; Allgemeine Grundsätze
92–046/02	11.65	–; Grundwerte
92–046/03	11.65	–; Längswiderlager
92–046/04	11.65	–; Seitenwiderlager
92–046/05	11.65	–; Widerlager für Krümmer in senkrechter Ebene
WAPRO 1.20	1.70	Behälterinhaltsberechnung
WAPRO 1.28	12.78	Wasserverteilung – Wasserleitungen; Hydraulische Berechnung und Rohrleitungen; Grundlagen – Verfahren – Hilfsmittel
WAPRO 1.31/01	10.70	Druckrohrleitungen der Wasserversorgung; Druckstoß; Berechnungsgrundlagen
WAPRO 1.31/02	9.69	–; –; Anwendungsbeispiele
WAPRO 1.38/01	1.70	Wärmehaushaltberechnungen für Apparate und Rohrleitungen; Ungedämmte Druckfilter im Freien
WAPRO 1.38/02	9.80	Wasserversorgung; Wärmetechnische Berechnungen für Apparate und Rohrleitungen; Erdverlegte Wasserleitungen
WAPRO 1.38/03	5.79	–; –; Freiverlegte oder im Bauwerk verlegte Wasserleitungen
WAPRO 1.64	1.80	Wasserverteilung – Wasserleitungen; Druckminderung mit Druckminderventilen
WAPRO 5.30	5.73	Statik der Rohrleitungen; Berechnungsgrundlagen
WAPRO 5.31/01	4.75	Statik der Rohrleitungen; Eingebettete Stahlrohre; Grundlagen; Bemessung für Allgemeinfälle
WAPRO 5.31/02	9.81	–; –; Bemessung für Häufigkeitsfälle
WAPRO 5.32/01	11.68	Statik der Rohrleitungen; Eingebettete starre Rohre; Steinzeug-, Beton- und Spannbetonrohre in offener Baugrube
WAPRO 5.33	9.70	Statik der Rohrleitungen; Frei tragende Rohre
WAPRO 5.37/02	2.80	Statik der Rohrleitungen; Asbestzementrohre; Häufigkeitsfälle
WAPRO 8.04	12.73	Statik der Rohrleitungen; Seitenwiderlager für erdverlegte Druckrohrleitungen

11. Anhang

Nachstehend sind Tafeln und Bilder zusammengestellt, die wichtige Arbeitsmittel darstellen. Sofern es sich um in der DDR standardisierte Daten handelt, ist die TGL angegeben.

Tafel 11.1.	Eigenschaften des reinen Wassers	607
Tafel 11.2.	Ausgewählte physikalische Eigenschaften des Wassers	607
Tafel 11.3.	Löslichkeit von Chemikalien im Wasser	607
Tafel 11.4.	Löslichkeit von Gasen im Wasser	608
Tafel 11.5.	Dichte verschiedener Gase	608
Tafel 11.6.	Löslichkeit von Gasen im Wasser bei normaler Luftzusammensetzung	608
Tafel 11.7.	Die wichtigsten Stoffe in der Hydrochemie	608
Tafel 11.8.	Dichte und Zähigkeit von Luft	610
Tafel 11.9.	Umrechnung von Druckeinheiten und Druckhöhen	610
Tafel 11.10.	Luftdruck in Abhängigkeit von der Höhenlage	611
Tafel 11.11.	Ermittlung der Ionenstärke	611
Tafel 11.12.	Korrekturfaktoren f_T und $\lg f_L$ aus der Ionenstärke	611
Tafel 11.13.	Berechnungswerte K_T und $pk*$	612
Tafel 11.14.	Gütekriterien für Trinkwasser	612
Tafel 11.15.	Kühlwasserbeschaffenheit für Elektroenergie-Erzeugungsanlagen	613
Tafel 11.16.	Wasserrohrdampferzeuger-Speisewasser	614
Tafel 11.17.	Inhaltswasser für Dampferzeuger	614
Tafel 11.18.	Chemikalien zur Wasseraufbereitung	615
Tafel 11.19.	pH-Wert und Konzentration von Lösungen	617
Tafel 11.20.	Normale Zusammensetzung von Meerwasser	617
Tafel 11.21.	Filtersand und Filterkies	618
Tafel 11.22.	Filtersand und Filterkies	618
Tafel 11.23.	Nennweiten für Rohrleitungsverbindungen und Armaturen	618
Tafel 11.24.	Nenndrücke und Prüfdrücke für Rohrleitungen und Armaturen	619
Tafel 11.25.	Baulängen von Armaturen mit Flanschanschluß	619
Tafel 11.26.	Wasserzähler für Kaltwasser	620
Tafel 11.27.	Kurzbezeichnungen für Rohrwerkstoffe und Rohrverbindungen	621
Tafel 11.28.	Mindestüberdeckung erdverlegter Wasserversorgungsleitungen	621
Tafel 11.29.	Stahlrohre	622
Tafel 11.30.	Gußeiserne Rohre	623
Tafel 11.31.	PVC-H-Rohre Typ 100	624
Tafel 11.32.	PE-Rohre	625
Tafel 11.33.	Flansche	626
Tafel 11.34.	Durchflußgeschwindigkeiten	627
Tafel 11.35.	Rohrwerkstoffe	628
Tafel 11.36.	Rauhigkeitsbeiwert k_m in der Formel von *Manning, Gauckler, Strickler*	629
Tafel 11.37.	Rauhigkeitswert k in der Formel von *Prandtl, v. Kàrmàn, Colebrook*	630
Tafel 11.38.	a-Werte für die vereinfachte Berechnung von Rohrreibungsverlusten	631
Tafel 11.39.	β-Werte für die vereinfachte Berechnung von Rohrreibungsverlusten	632
Tafel 11.40.	Widerstandswert ζ für voll geöffnete Absperrarmaturen	633
Tafel 11.41.	Widerstandsbeiwert ζ für Rückflußverhinderer und Einlaufseiher	634

Tafel 11.42. Ausfluß, Belastungswerte und Druckhöhen für Zapfstellen 636
Tafel 11.43. Maximaler Wasserbedarf von Wohnhäusern 637
Tafel 11.44. Gleichzeitigkeitsfaktor φ für die Bemessung von Verteilungsleitungen . . . 637
Tafel 11.45. Hydraulisch günstigste Rechteck- und Trapezprofile für offene Gerinne . . 637

Bild 11.1   Temperatur-Druck-Kurve für Chlorgas 638
Bild 11.2   Leistungsbedarf von Verdichtern zur Luftförderung 639
Bild 11.3   Gußeiserne Formstücke 640
Bild 11.4   Sinnbilder für Rohrnetz-Übersichtspläne 641
Bild 11.5   Sinnbilder für Rohrleitungszeichnungen 642
Bild 11.6   Reibungsbeiwert λ für die Rohrreibungsverluste in vollaufenden Kreisprofilen 643
Bild 11.7   Widerstandsbeiwert ζ für Einläufe 644
Bild 11.8   Widerstandsbeiwert ζ für Bögen, Segmentkrümmer und
            Querschnittsänderungen 645
Bild 11.9   Widerstandsbeiwert ζ für Stromvereinigungen 646
Bild 11.10 Widerstandsbeiwert ζ für Stromtrennungen 647
Bild 11.11 Widerstandsbeiwert ζ für teilgeöffnete Absperrarmaturen 648
Bild 11.12 Widerstandsbeiwert ζ und Ausflußbeiwert μ für teilgeöffnete
            Ringkolbenventile 649
Bild 11.13 Widerstandsbeiwert ζ und Abflußbeiwert μ für teilgeöffnete Drosselklappen 650
Bild 11.14 Druckverlust in Hydranten 650
Bild 11.15 Reibungsverluste in Druckrohrleitungen $d = 15$ mm bis 50 mm 651
Bild 11.16 Spitzen-Wasserbedarf kleiner Versorgungsgebiete 651
Bild 11.17 Füllhöhenkurven für das Kreisprofil 652
Bild 11.18 Ausflußbeiwert μ für Ausfluß aus Gefäßen 653

Die wichtigsten Periodika
Acta hydrochimica et hydrobiologica — Berlin
American Water Works Association — New York
Aqua — London
bbr (Brunnenbau, Bau von Wasserwerken, Rohrleitungsbau) — Köln
Bohrtechnik — Brunnenbau — Rohrleitungsbau — Berlin-W.
Dokumentation Wasser — Berlin-W. (u. a.)
Gas- und Wasserfach — München
Gas, Wasser, Wärme — Wien
Gaz, Woda i Technika Sanitarna — Warszawa
Gesundheitsingenieur — München
L' Eau Pure — Paris
Neue Deliwa-Zeitschrift — Hannover
3 R International — Düsseldorf
Stadt- und Gebäudetechnik — Berlin
Vodni Hospadárstvi — Praha
Vodosnabzenie i Sanitarnaja Technika — Moskwa
Wasser, Luft und Betrieb — Mainz
Wasserwirtschaft — Stuttgart
Wasserwirtschaft—Wassertechnik — Berlin
Water and Sewage Works — Chicago
Water and Waste Treatment Journal — London
Water and Water Engineering — London

11. Anhang

Tafel 11.1. Wichtige Eigenschaften des reinen Wassers

Temperatur t °C	Dichte ϱ kg/m³	Dampfdruck p_t kPa	dynamische Zähigkeit η Pa·s	kinematische Zähigkeit ν m²/s	Ionenprodukt $pk_w = -\lg k_w$ mol²/l²
0	999,84	0,63	$1{,}78 \cdot 10^{-3}$	$1{,}78 \cdot 10^{-6}$	14,97
	916,70 (Eis)				
10	999,70	1,23	$1{,}31 \cdot 10^{-3}$	$1{,}31 \cdot 10^{-6}$	14,52
20	998,20	2,77	$1{,}01 \cdot 10^{-3}$	$1{,}01 \cdot 10^{-6}$	14,11
40	992,21	7,30	$0{,}65 \cdot 10^{-3}$	$0{,}65 \cdot 10^{-6}$	13,47
60	983,21	19,50	$0{,}47 \cdot 10^{-3}$	$0{,}47 \cdot 10^{-6}$	12,90
100	958,35	97,10	$0{,}28 \cdot 10^{-3}$	$0{,}28 \cdot 10^{-6}$	12,23

Tafel 11.2. Ausgewählte physikalische Eigenschaften des Wassers bei einem Druck von 0,1 MPa

Elastizitätsmodul E_W bei 20 °C in MPa	2066
Spezifische Wärmekapazität c_p bei 25 °C in kJ (kg·K)	4,180
Spezifische Oberflächenspannung σ bei 20 °C in N/m	$71{,}97 \cdot 10^{-3}$
Schallgeschwindigkeit bei 25 °C in m/s	1500
Wärmeleitfähigkeit in W (m·K)	0,608

Tafel 11.3. Löslichkeit von Chemikalien im Wasser bei 20 °C

Verbindung (Handelsware)	Löslichkeit (wasserfreie Substanz) g/l
Aluminiumsulfat $Al_2(SO_4)_3 \cdot x\, H_2O$	363
Natriumhydroxid NaOH	1 070
Calciumkarbonat $CaCO_3$	0,015
Calciumhydrogenkarbonat $Ca(HCO_3)_2$	1,100
Calciumsulfat $CaSO_4 \cdot 2\, H_2O$	2,000
Eisenchlorid $FeCl_3 \cdot 6\, H_2O$	919
Natriumchlorid NaCl	358
Trinatriumphosphat $Na_3PO_4 \cdot 10\, H_2O$	110
Soda $Na_2CO_3 \cdot 10\, H_2O$	215
Natriumhydrogenkarbonat $NaHCO_3$	95,7
Kaliumpermanganat $KMnO_4$	63,8
Eisensulfat $FeSO_4 \cdot 7\, H_2O$	266
Chlor Cl_2	7,3

Tafel 11.4. Löslichkeit von Gasen im Wasser. Volumenverhältnis von Gas/Wasser bei einem Druck von 0,1 MPa. [ml/ml (H₂O)]

Gas	Temperatur in °C			
	0	10	20	30
Luft	0,0292	0,0228	0,0187	0,0156
O_2	0,0489	0,0380	0,0310	0,0261
N_2	0,0235	0,0186	0,0155	0,0134
H_2	0,0215	0,0196	0,0182	0,0170
CO_2	1,713	1,194	0,878	0,665
Cl_2	4,54	3,148	2,299	1,799
HN_3	1049	812	654	
SO_2	79,789	56,647	39,374	27,161
H_2S	4,670	3,399	2,299	1,799
O_3	0,65	0,52	0,37	0,23

Tafel 11.5. Dichte verschiedener Gase

Gas	spezifische Dichte im Verhältnis zur Luft	Dichte ϱ bei 0,1 MPa und 0 °C in g/l
Luft	1,000	1,294
O_2	1,105	1,429
N_2	0,967	1,251
H_2	0,069	0,090
CO_2	1,529	1,987
Cl_2	2,491	3,222
NH_3	0,597	0,772
SO_2	2,263	2,927
H_2S	1,189	1,539

Tafel 11.6. Löslichkeit von Gasen im Wasser bei normaler Luftzusammensetzung

Temperatur in °C	Luft in ml/l	O_2 in ml/l	N in ml/l
0	28,64	10,19	18,45
10	22,37	7,87	14,50
20	18,26	6,35	11,91
30	15,39	5,24	10,15
50	11,40	3,85	7,55
80	6,00	1,97	4,03

Tafel 11.7. Die wichtigsten Stoffe in der Hydrochemie

Name	Formel	Molekulargewicht	Äquivalentgewicht	10 mg/l CaO $\triangleq$ mg/l
Ionen				
Ammoniumion	NH_4^+	18	18	6,4
Aluminiumion	Al^{3+}	27	9	3,2
Hydrogenkarbonation	HCO_3^-	61	61	21,8
Chlorion	Cl^-	35,5	35,5	12,7
Eisen(II)-ion	Fe^{2+}	55,8	27,9	10
Eisen(III)-ion	Fe^{3+}	55,8	18,6	6,6
Hydroxylion	OH^-	17	17	6,1
Kalziumion	Ca^{2+}	40,1	20	7,1
Karbonation	CO_3^{2-}	60	30	10,7
Magnesiumion	Mg^{2+}	24,3	12	4,3
Manganion	Mn^{2+}	54,9	27,5	9,8
Natriumion	Na^+	23	23	8,2
Phosphation	PO_4^{3-}	95	31,6	11,3
Sulfation	SO_4^{2-}	96,1	48	17,1
Basen				
Aluminiumoxid	Al_2O_3	102	17	6
Aluminiumhydroxid	$Al(OH)_3$	78	26	9,3
Ammoniak	NH_3	17	17	6

11. Anhang

Name	Formel	Molekulargewicht	Äquivalentgewicht	10 mg/l CaO ≙ mg/l
Eisen(II)-oxid	FeO	71,8	35,9	12,8
Eisen(III)-oxid	Fe_2O_3	159,6	26,6	9,5
Eisen(II,III)-oxid	Fe_3O_4	231,4	–	–
Eisen(II)-hydroxid	$Fe(OH)_2$	89,9	44,9	16
Eisen(III)-hydroxid	$Fe(OH)_3$	106,8	35,5	12,7
Kalziumoxid	CaO	56	28	10
Kalziumhydroxid	$Ca(OH)_2$	74,1	37	13,2
Magnesiumoxid	MgO	40	20	7,1
Magnesiumhydroxid	$Mg(OH)_2$	58,3	29	10,3
Manganoxid	MnO	71	35,5	8,2
Mangandioxid	MnO_2	87	21,7	7,7
Natriumhydroxid	NaOH	40	40	14,3
Säuren				
Kieselsäureanhydrid	SiO_2	60	30	10,7
Kohlensäureanhydrid	CO_2	44	22	7,9
Kohlensäure	H_2CO_3	62	31	11
Salzsäure	HCl	36,5	36,5	13
Schwefelsäure	H_2SO_4	98	49	17,5
Unterchlorige Säure	HClO	52,5	52,5	18,7
Wasser	H_2O	18	9	3,2
Salze				
Eisenhydrogenkarbonat	$Fe(HCO_3)_2$	178	89	31,8
Eisen(II)-chlorid	$FeCl_2$	126,9	63,4	22,6
Eisen(III)-chlorid, wasserfrei	$FeCl_3$	162,4	54,1	19,3
Eisen(III)-chlorid, kristallin	$FeCl_3 \cdot 6\ H_2O$	270,4	90,1	32,2
Eisen(II)-sulfat, wasserfrei	$FeSO_4$	151,8	75,9	27,1
Eisen(II)-sulfat, kristallin	$FeSO_4 \cdot 7\ H_2O$	277,8	130,9	49,7
Eisen(III)-sulfat, wasserfrei	$Fe_2(SO_4)_3$	399,7	66,6	23,8
Kaliumpermanganat	$KMnO_4$	158	31,6 (sauer)	11,3
			52,6 (alkalisch)	18,8
Kalziumhydrogenkarbonat	$Ca(HCO_3)_2$	162,1	81	28,9
Kalziumchlorid	$CaCl_2$	111	55,5	19,8
Kalziumkarbonat	$CaCO_3$	100,4	50,2	17,8
Kalziumsulfat	$CaSO_4$	136,1	68	24,3
Kupfersulfat	$CuSO_4$	159,6	79,8	28,5
Magnesiumhydrogenkarbonat	$Mg(HCO_3)_2$	146,3	73	26,1
Magnesiumchlorid	$MgCl_2$	95,2	47,6	17
Magnesiumkarbonat	$MgCO_3$	84,3	42,1	15
Manganhydrogenkarbonat	$Mn(HCO_3)_2$	177	88,5	31,6
Mangan(II)-hydroxid	$Mn(OH)_2$	89	44,5	15,9
Mangan(IV)-hydroxid	$Mn(OH)_4$	123	30,7	11

Tafel 11.8. Dichte und Zähigkeit von Luft

Temperatur t in °C T in K	−30 243,15	−20 253,15	−10 263,15	$t_n = 0$ 273,15	+10 283,15	+20 293,15	+30 303,15	+40 313,15	+50 323,15
Dichte trockener Luft bei $p_n = 1,013 \cdot 10^5$ Pa ϱ_{tr} in kg/m³	1,453	1,395	1,342	$\varrho_n =$ 1,293	1,247	1,204	1,164	1,128	1,093
Dichte wasserdampfgesättigter Luft bei $p_n = 1,013 \cdot 10^5$ Pa ϱ_w in kg/m³	1,452	1,393	1,340	1,289	1,241	1,189	1,146	1,096	1,042
Sättigungsdampfdruck für $\varphi_s = 1,0$ p_s in Pa	37	103	259	611	1 227	2 337	4 241	7 375	12 335
Dynamische Zähigkeit η in Pa·s	$1,57 \cdot 10^{-5}$	$1,62 \cdot 10^{-5}$	$1,67 \cdot 10^{-5}$	$1,72 \cdot 10^{-5}$	$1,77 \cdot 10^{-5}$	$1,82 \cdot 10^{-5}$	$1,86 \cdot 10^{-5}$	$1,91 \cdot 10^{-5}$	$1,96 \cdot 10^{-5}$

Dichte ϱ_x für beliebigen Druck p_x, beliebige relative Feuchte φ_x und beliebige Temperatur T_x

$$\varrho_x = \varrho_n \frac{p_x \cdot T_n}{p_n \cdot T_x} - \frac{1,3 \cdot 10^{-3} \cdot \varphi_x \cdot p_s}{T_x} = 3,486 \cdot 10^{-3} \cdot \frac{p_x}{T_x} - 1,3 \cdot 10^{-3} \frac{\varphi_x \cdot p_s}{T_x}$$

Kinematische Zähigkeit $v_x = \dfrac{\eta}{\varrho_x}$

Beispiel: Druck $p_x = 0,15$ MPa absolut; Temperatur $t_x = +30$ °C; relative Feuchte $\varphi_x = 0,9$

Dichte $\varrho_x = 3,486 \cdot 10^{-3} \cdot \dfrac{150\,000}{303,15} - 1,3 \cdot 10^{-3} \dfrac{0,9 \cdot 4241}{303,15} = 1,71$ kg/m³

Klimatische Zähigkeit $v_x = 1,86 \cdot 10^{-5}/1,71 = 1,09 \cdot 10^{-5}$ m²/s

Tafel 11.9. Umrechnung von Druckeinheiten und Druckhöhen

Druck	Druck			Druckhöhe	
	Pa = N/m²	bar	kp/cm²	Wasser m	Quecksilber mm = Torr
1 Pa = 1 N/m² =	1	10^{-5}	$1,02 \cdot 10^{-5}$	$1,02 \cdot 10^{-4}$	$7,5 \cdot 10^{-3}$
1 bar =	10^5	1	1,02	10,2	750
1 kp/cm² = 1 at =	$9,81 \cdot 10^4$	0,981	1	10	736
Druckhöhe					
Wasser 1 m =	$9,81 \cdot 10^3$	$9,81 \cdot 10^{-2}$	0,1	1	73,6
Quecksilber 1 mm = 1 Torr =	133	$1,33 \cdot 10^{-3}$	$1,36 \cdot 10^{-3}$	$1,36 \cdot 10^{-2}$	1

Tafel 11.10. Luftdruck in Abhängigkeit von der Höhenlage

Höhe m NN	Luftdruck Pa = N/m²	mbar	Torr	Druckhöhe m Wasser
0	101 324	1 013	760	10,33
100	100 125	1 001	751	10,20
200	98 925	989	742	10,08
300	97 725	977	733	9,97
400	96 525	965	724	9,85
500	95 459	955	716	9,73
600	94 259	943	707	9,62
700	93 059	931	698	9,50
800	91 992	920	690	9,40
900	90 926	909	682	9,30
1 000	89 859	899	674	9,20
1 500	84 550	846	634	8,62
2 000	79 727	797	598	8,10

Tafel 11.11. Ermittlung der Ionenstärke μ aus dem Salzgehalt des Wassers
Berechnung des Kalk-Kohlensäure-Gleichgewichtes nach Gl. (4.5)

Salz	Wertigkeit Kationen, Anionen	1 mval entspricht μ in mol/l	1 mmol entspricht μ in mol/l
$Ca(HCO_3)_2$	2,1	$1,5 \cdot 10^{-3}$	$3 \cdot 10^{-3}$
$Mg(HCO_3)_2$	2,1	$1,5 \cdot 10^{-3}$	$3 \cdot 10^{-3}$
$CaCl_2$	2,1	$1,5 \cdot 10^{-3}$	$3 \cdot 10^{-3}$
$CaSO_4$	2,2	$2,0 \cdot 10^{-3}$	$4 \cdot 10^{-3}$
$MgSO_4$	2,2	$2,0 \cdot 10^{-3}$	$4 \cdot 10^{-3}$
$NaCl$	1,1	$1,0 \cdot 10^{-3}$	$1 \cdot 10^{-3}$
$NaSO_4$	1,1	$1,0 \cdot 10^{-3}$	$1 \cdot 10^{-3}$
$NaNO_3$	1,2	$1,5 \cdot 10^{-3}$	$3 \cdot 10^{-3}$

Tafel 11.12. Ermittlung der Korrekturfaktoren f_T und $\lg f_L$ aus der Ionenstärke

Σ_μ	f_T	$\lg f_L$
$0,5 \cdot 10^{-3}$	1,12	0,05
1,0	1,21	0,07
2,0	1,29	0,09
3,0	1,35	0,10
5,0	1,44	0,13
$7,0 \cdot 10^{-3}$	1,50	0,14
10,0	1,58	0,16
15,0	1,69	0,18
20,0	1,76	0,19
$30,0 \cdot 10^{-3}$	1,88	0,21
40,0	1,96	0,22
50,0	2,02	0,23
60,0	2,08	0,23
70,0	2,13	0,24
80,0	2,16	0,24

Tafel 11.13. Ermittlung der Berechnungswerte K_T und pk^* in Abhängigkeit der Temperatur, auf Konzentrationsangaben in mval/l bezogen

$t\ °C$	K_T	pk^*
0	$0{,}94 \cdot 10^{-2}$	8,90
1	0,97	8,88
2	1,01	8,85
3	1,04	8,83
4	1,08	8,80
5	1,11	8,77
6	$1{,}16 \cdot 10^{-2}$	8,74
7	1,20	8,72
8	1,24	8,70
9	1,29	8,67
10	1,34	8,64
11	$1{,}39 \cdot 10^{-2}$	8,61
12	1,44	8,59
13	1,50	8,57
14	1,55	8,54
15	1,61	8,52
16	$1{,}67 \cdot 10^{-2}$	8,49
17	1,73	8,47
18	1,79	8,45
19	1,86	8,42
20	1,93	8,40
21	$2{,}00 \cdot 10^{-2}$	8,38
22	2,08	8,35
23	2,15	8,33
24	2,23	8,31
25	2,31	8,29
30	$2{,}71 \cdot 10^{-2}$	8,20
40	3,90	8,00
50	5,55	7,84

Tafel 11.14. Gütekriterien für Trinkwasser, Auszug aus TGL 22 433, April 71, wird überarbeitet

Vorbemerkungen: Grenzwert-Überschreitungen, die nicht die organoleptischen, toxikologischen, mikrobiologischen und radiologischen Kriterien betreffen, können durch die zuständige Hygiene-Inspektion im Einvernehmen mit dem Hygiene-Institut des Bezirkes zugelassen werden.
Wasser, dessen Inhaltsstoffe die Konzentration der Grenzwerte überschreiten und für die eine Ausnahme nicht zugelassen werden kann, ist kein Trinkwasser.
Die *Richtwerte* geben die grundsätzlich anzustrebende Konzentration der Inhaltsstoffe für Trinkwasser an.
Die *Grenzwerte* sind in der Konzentration festgelegt, daß selbst dann ein ständiger Genuß des Trinkwassers gesundheitlich unbedenklich ist, wenn gleichzeitig alle Grenzwerte der aufgeführten Inhaltsstoffe erreicht werden.

Kriterium	Einheit	Richtwert	Grenzwert
Geruch	Intensität	0	1
Geschmack	Intensität	0	1
Farbgrad	Pt mg/l	≤ 5	20
Trübungsgrad	SiO_2 mg/l	≤ 5	10
Temperatur	°C	8 bis 12	≥ 3 und ≤ 20
pH-Wert	–	6,8 bis 8,6	≥ 6 und ≤ 9
Kalium-Permanganat-Verbrauch	$KMnO_4$ mg/l	≤ 12	20

Kriterium		Einheit	Richtwert	Grenzwert
Chlorid-Ion	Cl^-	mg/l	≤ 250	350
Fluorid-Ion	F^-	mg/l	1,0	1,3
Sulfat-Ion	SO_4^{2-}	mg/l	≤ 250	400
Phosphat-Ion	PO_4^{3-}	mg/l	n. n.	0,1
Nitrit-Ion	NO_2^-	mg/l	n. n.	0,2
Nitrat-Ion	NO_3^-	mg/l	≤ 20	40
Ammonium-Ion	NH_4^+	mg/l	n. n.	0,1
Kalium-Ion	K^+	mg/l	≤ 10	10
Natrium-Ion	Na^+	mg/l	≤ 80	150
Kalzium-Ion	Ca^{2+}	mg/l	≤ 100	280
Magnesium-Ion	Mg^{2+}	mg/l	≤ 70	125
Gesamthärte	GH	mg/l CaO	20 bis 250	400
Karbonathärte	KH	mg/l CaO	20 bis 250	250
Kalkaggressive Kohlensäure	CO_2	mg/l bei KH	0 bis 2 20 bis 30	–
	CO_2	mg/l bei KH	0 bis 3 30 bis 60	
	CO_2	mg/l bei KH	0 bis 4 > 60	
Sauerstoff, gelöst	O_2	mg/l	6 bis 10	≥ 4 und ≤ 14
Eisen, gesamt	Fe	mg/l	$\leq 0,1$	0,3
Mangan	Mn^{2+}	mg/l	$\leq 0,05$	0,1
Aluminium	Al^{3+}	mg/l	n. n.	0,2
Arsen	As	mg/l	n. n.	0,05
Blei	Pb	mg/l	n. n.	0,1
Kieselsäure	SiO_2	mg/l	≤ 15	40
Abdampfrückstand		mg/l	≤ 1000	1500
Phenole (HSN-Methode)		mg/l	n. n.	0,003
Chlor, freies	Cl_2	Geschmacksintensität	I	II
Detergentien, anionisch		mg/l	n. n.	1,0
Radionuklide	–	–	–	entsprechend Strahlenschutzverordnung
Psychophilen-Keimzahl		Keime/ml	< 50	100
Koloformen-Titer		ml	> 100	> 100
Fäkalkoli-Titer		ml	> 111	> 111
pathogene Bakterien		–	n. n.	n. n.

Bei gleichzeitiger Anwesenheit von Eisen und Mangan darf die Summe beider 0,3 mg/l nicht überschreiten.

Tafel 11.15. Kühlwasserbeschaffenheit für Elektroenergie-Erzeugungsanlagen
Auszug aus TGL 190-74, 1965

pH-Wert	6–8,5
Summe des Eisens und Mangans	$\leq 1,0$ mg/l
Karbonathärte	≤ 60 mg/l CaO
Karbonathärte mit polymeren Phosphaten	≤ 120 mg/l CaO
Nichtkarbonathärte	≤ 700 mg/l CaO

Tafel 11.16. Wasserrohrdampferzeuger–Speisewasser
Auszug aus TGL 190-99, 1975

Dampferzeugerbauart		Naturumlauf- und Zwangsumlaufdampferzeuger				Zwangsumlaufdampferzeuger[1]
tatsächl. Betriebsdruck	MPa	<2,8	2,8–5,5	5,6–8,0	>8,0	≥8,0
Aussehen	–	klar und farblos				
pH-Wert bei 25 °C	–	>8,3				9,0–9,5
Härte	µval/l ≤	35	20	10	4	2
	mg/l CaO ≤	1,0	0,6	0,3	0,1	0,05
Sauerstoff (O_2)	µg/l ≤	50	30	30	20	20
Ges. Kohlensäure	mg/l ≤	–	–	10	1	1
Leitfähigkeit bei 25 °C	µS/cm ≤	nach dem zul. Salzgehalt bzw. der Leitfähigkeit des Dampferzeuger-Inhaltswassers				0,2
Kieselsäure (SiO_2)	µg/l ≤	nach dem zul. Kieselsäuregehalt des Dampferzeuger-Inhaltswassers				20
Eisen (Fe)	µg/l ≤	100	50	50	30	20
Kupfer (Cu)	µg/l ≤	–	10	10	5	5
Öl	mg/l ≤	2	1	1	0,5	0,3
Permanganatverbrauch ($KMnO_4$)	mg/l ≤	–	–	25	10	10
Ammoniak (NH_4)	mg/l ≤	5	3	3	3	2

[1] erhöhte Wärmestromdichte, s. TGL 190-99

Tafel 11.17. Inhaltswasser für Dampferzeuger
Auszug aus TGL 190-99, 1975

Dampferzeugerbauart		Wasserrohrdampferzeuger Naturumlauf- und Zwangsumlaufdampferzeuger						
tatsächl. Betriebsdruck	MPa	<2,0	2,0–3,0	3,1–5,5	5,6–8,0	8,1–10,0	10,1–13,0	>13,0
pH-Wert bei 25 °C	–	>10			>9,5			
p-Wert	mval/l ≤	20	10	6	3	1	0,5	0,2
Kieselsäure (SiO_2)	mg/l ≤	$70+7\cdot p$	$30+3\cdot p$	$30+3\cdot p$	s. Bild 1 in TGL 190-99			
Leitfähigkeit bei 25 °C	µS/cm ≤	s. Bild 2 in TGL 190-99			s. Bild 3 in TGL 190-99			
Ges. Salzgehalt	mg/l ≤				–			
Phosphat (P_2O_5)	mg/l ≤	30	20	20	10	3		

11. Anhang

Tafel 11.18. *Chemikalien zur Wasseraufbereitung*
a) Lieferformen, Konzentration, Werkstoffangriff

Chemikal	Handelsprodukt	Lieferbar als	Verhalten gegen Stahl und Beton	Übliche Konz. der Dosierlösung
$Al_2(SO_4)_3 \cdot xH_2O$	14 bis 18 % Al_2O_3	Granulat, Pulver in 50-kg-Säcken	aggressiv	2 bis 20 % (bezogen auf techn. Produkt)
NH_3	99,5 % NH_3	Flüssiggas in 50-kg-Flaschen	nicht aggressiv	
Cl_2	99,5 % Cl_2	Flüssiggas in 45-kg-Flaschen bzw. 1000-kg-Fässern	als wäßrige Lösung sehr aggressiv	0,1 bis 0,5 %
$FeCl_3 \cdot 6 H_2O$	60 % $FeCl_3$	stückig in Blechtrommeln zu 100 kg	als wäßrige Lösung aggressiv	5 bis 25 % (bezogen auf techn. Produkt)
$FeSO_4 \cdot 7 H_2O$	55 % $FeSO_4$	feinkörnig in Eisenfässern, Blechtrommeln	als wäßrige Lösung aggressiv	5 bis 25 % (bezogen auf techn. Produkt)
$KMnO_4$	98 % $KMnO_4$	feinkörnig in Säcken zu 50 kg, Blechtrommeln zu 100 kg	als wäßrige Lösung aggressiv gegen Stahl	2 %
$Ca(OH)_2$	60 bis 70 % CaO	Papiersäcke zu 50 kg	nicht aggressiv	2 bis 5 % als Kalkmilch, 0,1 % als Kalkwasser (bezogen auf CaO)
NaOH	45 % NaOH	Lauge in Eisenfässern zu 280 kg	nicht aggressiv	2 bis 45 % (bezogen auf NaOH)
NaOCl	10 bis 16 % Cl_2	flüssig in Glasballons zu 60 kg	aggressiv gegen Stahl	10 bis 100 % (bezogen auf Handelsprodukt)
$Na_2O \cdot SiO_2$ (Wasserglas)	24 % SiO_2	zähflüssig in Fässern, Tankwagen	nicht aggressiv	Konz.
Stipix AD	8 % PAA	zähflüssig in Fässern, Tankwagen	nicht aggressiv	0,1 bis 1 % (bezogen auf Stipix AD)
H_2SO_4	94 bis 96 % H_2SO_4	flüssig in Glasballons zu 60 kg, Tankwagen	Konz. nicht aggressiv wäßrige Lösung stark aggressiv	konzentriert
Aktivkohlepulver	–	Pulver in Säcken 20 bis 40 kg	nicht aggressiv	5 %
$CuSO_4 \cdot 5 H_2O$	24,9 % Cu	feinkörnig in Säcken zu 50 kg	nicht aggressiv	5 %
$NaHCO_3$	93 % HCO_3	Pulver in Säcken zu 50 kg	nicht aggressiv	5 %
HCl	29,5 bis 33 %	flüssig in Glasballons zu 50 kg	aggressiv	2 bis 5 %
NaCl	97 % NaCl	feinkörnig, lose	aggressiv	5 bis 20 %

b) Dichte von Kalkmilch und Lösungen von Aluminiumsulfat, Eisensulfat und Eisenchlorid bei 15 °C

Dichte g/cm³	Aluminiumsulfat Al₂O₃		Eisensulfat FeSO₄ · 7 H₂O		Eisenchlorid FeCl₃		Kalkmilch CaO
	g/l	g in 100 g Lösung	g/l	g in 100 g Lösung	g/l	g in 100 g Lösung	g/l
1,007	2,0	0,19	13,1	1,30	10,1	1,00	7,5
1,014	3,7	0,36	26,4	2,60	19,3	1,90	16,5
1,021	5,6	0,55	40,8	4,00	28,5	2,79	26
1,028	7,6	0,74	55,5	5,40	40,0	3,89	36
1,036	9,8	0,95	70,5	6,81	50,5	4,87	46
1,044	12,3	1,18	85,5	8,19	62,5	5,99	56
1,051	14,3	1,36	102	9,71	73,5	6,99	65
1,059	16,8	1,59	116,5	11,0	85,5	8,07	75
1,067	19,2	1,80	132	12,4	98	9,18	84
1,075	21,6	2,01	147	13,7	110	10,2	94
1,083	24,1	2,23	163	15,0	121	11,1	104
1,091	26,4	2,42	179	16,4	133	12,4	115
1,099	28,8	2,62	196	17,8	145	13,2	126
1,108	31,6	2,85	213	19,3	158	14,6	137
1,116	34,1	3,06	230	20,6	171	15,3	148
1,125	37,0	3,29	247	21,9	185	16,4	159
1,134	39,8	3,51	265	23,4	199	17,5	170
1,143	42,7	3,74	284	24,8	212	18,6	181
1,152	45,5	3,95	304	26,4	226	19,6	193
1,161	48,3	4,16	324	27,8	240	20,6	206
1,170	51,1	4,37	344	29,4	253	21,6	218
1,180	54,3	4,60	365	30,9	266	22,6	229
1,190	57,4	4,82	387	32,5	281	23,6	242
1,200	60,8	5,07	408	34,0	295	24,6	255
1,210	64,1	5,30	430	35,6	309	25,6	295
1,230	70,7	5,75	474	38,5	338	27,6	324
1,252	78,4	6,26			369	29,5	339
1,263	81,9	6,48			385	30,5	

c) Dichte von Schwefelsäure, Salzsäure und Natronlauge bei 20 °C

Masse-%	Schwefelsäure H₂SO₄		Salzsäure HCl		Natronlauge NaOH	
	Dichte g/cm³	Konzentration g/l	Dichte g/cm³	Konzentration g/l	Dichte g/cm³	Konzentration g/l
1	1,005	10,05	1,003	10,03	1,009	10,10
2	1,012	20,24	1,008	20,16	1,021	20,41
4	1,025	41,00	1,018	40,72	1,042	41,71
6	1,038	62,31	1,028	61,67	1,065	63,89
8	1,052	84,18	1,038	83,01	1,087	86,95
10	1,066	106,6	1,047	104,7	1,109	110,9
15	1,102	165,3	1,073	160,9	1,164	174,6
20	1,139	227,9	1,098	219,6	1,219	243,8
25	1,178	294,6	1,124	281,0	1,274	318,5
30	1,218	365,6	1,149	344,8	1,328	398,4
35	1,260	441,0	1,174	410,9	1,380	482,9
40	1,302	521,1	1,198	479,2	1,430	572,0
45	1,348	606,4			1,478	665,1
50	1,395	697,6			1,525	762,7
55	1,445	794,9				
60	1,498	899,0				
65	1,553	1010				

11. Anhang

Masse-%	Schwefelsäure H_2SO_4		Salzsäure HCl		Natronlauge NaOH	
	Dichte g/cm³	Konzentration g/l	Dichte g/cm³	Konzentration g/l	Dichte g/cm³	Konzentration g/l
70	1,610	1127				
75	1,669	1252				
80	1,727	1382				
85	1,779	1512				
90	1,814	1633				
95	1,834	1742				
96	1,835	1762				
97	1,836	1781				
98	1,836	1799				

Tafel 11.19. Beziehungen zwischen pH-Wert und Konzentration von Lösungen

Konzentration g/l	$Al_2(SO_4)_3$	$FeCl_3$	$FeSO_4$	HCl	H_2SO_4	NaOH	NH_3	NaOCl
1	4,2	2,95	6,5	1,9	2,0	10,6	10,4	9,3
5	3,8	2,5	6,2	1,2	1,55	11,2	11,1	10,3
10	3,65	2,2	5,9	0,8	1,35	12,8	11,8	11,3
50	3,35	1,6	5,4	–	–	14,0	13,8	11,9
100	3,10	1,3	3,8	–	–	–	13,8	12,3
200	2,95	1,0	3,3	–	–	–	13,9	12,5
300	2,80	0,6	2,9	–	–	–	–	12,6

Tafel 11.20 Normale Zusammensetzung von Meerwasser. Vom Hydrographischen Laboratorium Kopenhagen definiert. Der Gesamtsalzgehalt beträgt 36,07 g/l

Kationen	mg/l	Anionen	mg/l
Na^+	11 035	Cl^-	19 841
Mg^{2+}	1 330	SO_4^{2-}	2 769
Ca^{2+}	418	HCO_3^-	146
K^+	397	Br^-	68
Sr^+	14		

Tafel 11.21. Filtersand und Filterkies für Wassergewinnungsanlagen nach TGL 37 523, Entwurf

Bezeich-nung	Korn-klasse in mm	Quarz-korn-anteil in Masse-prozent	Höchst-zulässiger Anteil in Masse-prozent		$U = \dfrac{d_{60}^{1)}}{d_{10}}$	Mindestdicke der Kiesschüttung in mm		Prüf-masse in kg	ab-schlämm-bare[2)] Bestand-teile in Masse-prozent
			Über-korn	Unter-korn		1. Schüttg.	2. Schüttg.		
Filter-sand	0,5/1	≧85	10	20	1,8			0,5	≦2
	0,8/1,6				1,6				
	1/2				1,6				≦1,5
Filter-kies	1/4		10	15	2,7	≧100	≧60	1,0	
	2/4				1,6				
	2/8				2,8				
	4/8				1,6			5,0	≦1,0
	8/16	≧80			1,7	≧150	≧80		

[1)] unter Berücksichtigung des Unter- und Überkorns als Näherungswert
[2)] organische Bestandteile, wirksamer Eisengehalt Fe^{3+} jeweils = 0,5 Masseprozent
Bezeichnung: Filterkies A 2/4 TGL 37523

Tafel 11.22. Filtersand und Filterkies für Wasseraufbereitungsanlagen nach TGL 37524. Auszug aus Entw. 12/79

Bezeich-nung	Korn-klasse in mm	Quarz-korn-anteil in Masse-%	Höchstzulässiger Anteil in Masse-%		$U = \dfrac{d_{60}^{1)}}{d_{10}}$	ab-schlämm-bare[2)] Bestand-teile in Masse-%	Prüf-masse in kg	Bemer-kun-gen
			Über-korn	Unter-korn				
Filter-sand	0,63/1,0	≧85	≦10	≦10	1,60	≦2,0	0,5	gebroche-nes Korn soll nicht enthalten sein
	0,8/1,25				1,40			
	1,0/1,6				1,40			
	1,4/2,0				1,20	≦1,5		
Filter-kies	2,0/3,15				1,40		1,0	
	3,15/5,0				1,40			

[1)] unter Berücksichtigung des Unter- und Überkorns als Näherungswert
[2)] organische Bestandteile, wirksamer Eisengehalt Fe^{3+}
 jeweils 0,5 Masse-%
Bezeichnung: Filtersand 1,0/1,6 TGL 37524

Tafel 11.23. Nennweiten für Rohrleitungsverbindungen und Armaturen
Auszug aus TGL RGW 254-76, Dez. 1977; Zuordnung der überholten Angaben in Zoll zu den Nennweiten in mm

3	32 = 1¼″	125 = 5″	200	600	2000
6 = ⅛″	40 = 1½″	150 = 6″	250	800	2400
10 = ⅜″	50 = 2″		300	1000	3000
15 = ½″	65 = 2½″		350	1200	3400
20 = ¾″	80 = 3″		400	1400	4000
25 = 1″	100 = 4″		500	1600	

11. Anhang

Tafel 11.24. Nenndrücke und Prüfdrücke für Rohrleitungen und Armaturen
Auszug aus TGL 18302/01, Dez. 1964. Die angegebenen Prüfdrücke sind die zulässigen Maximalwerte bei 20 °C Medientemperatur. Sie gelten nicht für fertig verlegte Rohrleitungen und für die Dichtigkeitsprüfung des Abschlusses von Armaturen.

Nenndruck	in kp/cm²	1	2,5	4	6	10	16	25	40	64
	in MPa	0,1	0,25	0,4	0,6	1	1,6	2,5	4,0	6,4
Prüfdruck	in MPa	0,2	0,4	0,6	0,9	1,5	2,4	3,8	6,0	9,6

Tafel 11.25. Baulängen von Armaturen mit Flanschanschluß
BD maximal zulässiger Betriebsdruck

Nennweite	Absperr- und Rückschlagventile TGL 39060, Reihe 1 BD 0,6 MPa bis 4 MPa		Keilschieber aus Gußeisen GGL TGL 34063						Absperrklappen MAW Magdeburg BD ≤ 1 MPa	Rückschlagklappen MAW Magdeburg	
	Durchgangsf.	Eckform	Gehäuse flach		Gehäuse oval		Gehäuse rund				
DN mm	L mm	L mm	L mm	BD MPa	L mm	BD MPa	L mm	BD MPa	L mm	L mm	BD MPa
10	120	85									
15	130	90									
20	150	95									
25	160	100									
32	180	105									
40	200	115	140				240		180		1,0 und 1,6[1])
50	230	125	150				250		200		
65	290	145	170				270		240		
80	310	155	180	0,63			280	1,6	260		
100	350	175	190		300		330		300		
125	400	200	200		325		360		350		
150	480	225	210		350		390		400		0,8 und 1,0[1])
200	600	275	230		400		460		Klemmbauweise 65	500	
250	730	325	250	0,4	450	1,00	530		65	600	0,8
300	850	375	270		500		630		80	700	
350	980	425	290		550		690			800	
400	1100	475	310	0,25	600		750		110	900	0,6
500			350		700		880		150	1100	
600			390		800		1000		200	200[2])	
800			470		1000		1250		250	250[2])	1,0[1])
1000			550		1200	0,63	1500		300	300[2])	
1200			630		1400		1680	1,0	350	350[2])	
1400			750								
1600			790								

[1]) aus Stahlguß   [2]) Gruppenrückschlagklappen

Tafel 11.26. Wasserzähler für Kaltwasser
a) Hauswasserzähler

Nenn-größe	Untere Meßbereichsgrenze			Trenn-grenze	Nennbe-lastung ≙ Durchlaß-wert bei 10 m Druck-verlusthöhe ≙ kurz-zeitiger Spitzen-belastung		Durch-fluß bei 5 m Druck-ver-lust	Dauer-bean-spru-chung je		An-schluß-Nenn-weite	Ge-winde an-schluß	Bau-länge ohne Ver-schrau-bung
	Flügelrad-zähler		Ring-kolben-zähler									
	Naß-läu-fer	Trok-ken läufer	Naß- u. Trok-ken-läufer									
m³	l/h	l/h	l/h	l/h	m³/h	l/s	l/s	Tag m³	Monat m³	mm	Zoll	mm
3	30	40	10	150	3	0,8	0,6	6	90	20	R 1	190
5	50	60	15	250	5	1,4	1,0	10	150	20	R 1	190
7	65	80	25	350	7	1,9	1,4	14	210	25	R 1¹/₄	260
10	85	105	30	500	10	2,8	2,0	20	300	25	R 1¹/₄	260
20	140	170	45	1000	20	5,5	3,9	40	600	40	R 2	300
30	175	220	–	1500	30	8,3	5,9	60	900	50	Flansch	270

b) Großwasserzähler

Nenn-größe	Untere Meß-bereichs-grenze	Trenn-grenze	Nenn-belastung ≙ kurz-zeitiger Spitzen-belastung	Durch-laßwert bei 1 m Druck-verlust	Dauerbelastung[x]) bei		Baulänge
					10 Be-triebs-stunden/d	24 Be-triebs-stunden/d	
mm	m³/h	m³/h	m³/h	m³/h	m³/d	m³/d	mm
Woltmann-Wasserzähler – Meßflügelachse senkrecht zur Rohrachse (WS), TGL 14586							
50	0,45	1,5	30	18	150	300	270
80	1,50	5	100	40	500	1000	300
100	2,25	7,5	150	60	900	1800	360
150	4,5	15	300	125	2000	4000	430
Woltmann-Wasserzähler – Meßflügelachse parallel zur Rohrachse mit geschlossenem Gehäuse (WPG) oder herausnehmbarem Meßeinsatz (WPH)							WPG / WPH
50	1,6	4	30	20	150	300	200 / –
80	3,0	10	100	65	550	1 100	225 / –
100	4,5	15	150	110	900	1 800	250 / –
150	7,0	30	300	275	2 000	4 000	300 / 500
200	12	60	600	500	3 250	6 500	350 / 550
300	35	150	1500	1250	7 500	15 000	– / 700
400	60	280	2800	3000	15 000	30 000	– / 800
500	70	400	4000	5500	20 000	40 000	– / 900
Woltmann-Brunnenwasserzähler (WB)							
100	0,9	9	150	60	500	1 000	200
150	1,5	15	300	145	1 200	2 400	250
200	4	40	600	250			300

[x]) nicht in der TGL enthalten

11. Anhang

Tafel 11.27 Kurzbezeichnungen für Rohrwerkstoffe und Rohrverbindungen
Auszug aus TGL 33746/02, Aug. 1977

Rohrwerkstoffe		Rohrverbindungen	
GGL	Gußeisen mit Lamellengraphit	M	Muffenverbindungen
GGG	Gußeisen mit Kugelgraphit	Msm	Stemmuffe
St	Stahl	Msr	Schraubmuffe
AZ	Asbestzement	Msb	Stopfbuchsmuffe
B	Beton	Mst	Steckmuffe
StB	Stahlbeton	Mk	Klebmuffe
SpB	Spannbeton	Mgw	Gewindemuffe
Stz	Steinzeug	S	Schweißverbindungen
PEw	Polyäthylen weich	Sst	Stumpfschweißung
PEh	Polyäthylen hart	Sms	Muffenschweißung
PVC	Polyvinylchlorid	K	Kupplungsverbindungen
Cu	Kupfer	F	Flanschverbindungen
Pb	Blei		

Tafel 11.28. Mindestüberdeckung erdverlegter Wasserversorgungsleitungen
Nach TGL 22769/04, Sept. 1980

Bedingt durch die Nutzung der Bodenoberfläche		Temperaturbedingt[1]		
Nutzungsart	Rohrdeckung mm	Nennweite DN mm	günstige[2] Bedingungen Rohrdeckung mm	ungünstige[3] Bedingungen Rohrdeckung mm
Acker	≥ 800	PE-Rohre alle DN	1 100	1 450
sonstige land- und Forstwirtschaft	≥ 600	alle anderen Rohre ≤ 100	1 250	1 450
Autobahnen, Fernverkehrsstraßen	≥ 1 200	> 100 bis 150	1 200	1 450
		> 150 bis 200	1 100	1 400
sonstige Straßen	≥ 1 000	> 200 bis 300	1 000	1 350
Fußwege	≥ 600	> 300 bis 400	1 000	1 300
Reichsbahn	s. TGL 31983 und TGL 18790	> 400 bis 500	800	1 250
		> 500 bis 600	800	1 200
Straßenbahnen	≥ 1 000	> 600 bis 800	700	1 100
Wasserstraßen	≥ 1 500	> 800 bis 1000	700	1 000
sonstige Gewässer	≥ 600	> 1 000	600	900

[1] sofern nicht durch wärmetechnische Berechnungen geringere Rohrdeckung nachgewiesen wird
[2] gültig für ständigen Durchfluß in der Frostperiode, vorhandene Entleerungsmöglichkeiten und keine Häufung von Kältebrücken
[3] gültig, wenn [2] nicht zutrifft

Tafel 11.29. Stahlrohre
Auswahl aus den genannten Standards. Breit umrandet: Vorzugssortiment für Wasseraufbereitungsanlagen

Nennweite mm	alte Bezeichn. Zoll	Geschweißte Stahlrohre (Gewinderohre) Mittelschwere Ausführung TGL 14514, Okt. 1977			Nahtlose Stahlrohre TGL 9012, Aug. 1980			Schmelzgeschweißte Stahlrohre TGL 27603/01, Nov. 1973		
		Außendurchmesser mm	Wanddicke mm	Masse kg/m	Außendurchmesser mm	Wanddicke mm	Masse kg/m	Außendurchmesser mm	Wanddicke mm	Masse kg/m
6	1/8	10,2	2,0	0,407	Stahlmarke St 35b			Stahlmarke St 38b-2 N		
8	1/4	13,5	2,35	0,650	TGL 9413/01, Aug. 1980			TGL 7960, Mai 1975		
10	3/8	17,2	2,35	0,852	TGL 9413/02, Okt. 1979					
15	1/2	21,3	2,8	1,28	20	2,6	1,12	Rohrklassen B und D;		
20	3/4	26,8	2,8	1,66	25	2,6	1,44	längsgeschweißt alle		
25	1	33,5	3,2	2,39	31,8	2,9	2,08	Nennweiten		
32	1 1/4	42,3	3,2	3,09	38	2,9	2,53	spiralgeschweißt		
40	1 1/2	48	3,5	3,84	44,5	2,9	2,99	Nennweiten ≦ 800		
50	2	60	3,5	4,88	57	3,2	4,28			
65	2 1/2	75,5	4,0	7,05	76	3,2	5,74			
80	3	88,5	4,0	8,34	89	3,6	7,58			
100	4	114	4,5	12,2	108	4,0	10,30			
125	5	140	4,5	15,0	133	4,0	12,80			
150					159	4,5	17,10			
200		Stahlmarke St 35b			219	7,0	36,6	219	5	26,4
250		TGL 9413/01, Aug. 1980			273	8,0	52,3	273	5	33,0
300		TGL 9413/02, Okt. 1979			325	9,0	70,1	325	5	39,4
350					377	9,0	81,7	377	5	45,9
400					426	10,0	103,0	426	5	51,9
500					521	11,5	144,0	530	6	77,5
600								620	8	121
800								820	8	160
1 000								1 020	8	200
1 200								1 220	10	298

Tafel 11.30. Gußeiserne Rohre
Druckrohre aus Gußeisen mit Kugelgraphit TGL 35981, Dez. 1980

Nenn-weite	Nenn-druck	Außen-durch-messer	Einschiebmuffen – Druckrohre TGL 37339, Sept. 1980			Aufschraubflansch- Druckrohre TGL 37340, Sept. 1980				
			Länge	Wand-dicke	Masse	Länge	Nenndruck 1,0 MPa und 1,6 MPa		Nenndruck 2,5 MPa	
							Wand-dicke	Masse	Wand-dicke	Masse
mm	MPa	mm	mm	mm	kg/St	mm	mm	kg/St	mm	kg/St
80		98	4 000	6,0	52,0	3 000 4 000	6,8	50,1 64,0	8,1	53,9 70,0
100		118	4 000 5 000	6,1	64,5 79,6	3 000 4 000	7	61,9 79,5	8,4	68,8 89,2
150	1,0 1,6	170	4 000 5 000	6,5	101,0 124,6	3 000 4 000	7,5	95,8 122,6	9,1	109,2 141,6
200	2,5	222	4 000 5 000	7,0	144,0 177,0	3 000 4 000	8,5	144,5 185,6	9,8	155,7 201,8
250		274	4 000 5 000	7,5	191,0 236,0	3 000 4 000	9,3	199,2 254,8	10,5	209,9 271,2
300		326	4 000 5 000	8,0	244,0 300,0	3 000 4 000	9,8	250,6 320,6	11,2	269,7 347,8
400		429	4 000	9,0	364,0					
500	1,0 1,6	532	4 000	10,0	505,0					

Tafel 11.31. PVC-H-Rohre Typ 100
Auswahl aus den genannten Standards. **Vorzugssortiment für Wasseraufbereitungsanlagen**

		PVC-H-Rohre Typ 100; TGL 11689/03, Mai 1974, m. glatten Rohrenden									PVC-Muffendruckrohre Typ 100, TGL 28726/05, Febr. 1980			
Nenn-weite	Außen-durch-messer	An-schluß-gewinde R	Reihe 2		Reihe 3		Reihe 4		Reihe 5		Reihe 3		Reihe 4	
			Wand-dicke	Masse	Wand-dicke	Masse	Wand-dicke	Masse	Wand-dicke	Masse	Wand-dicke	Masse	Wand-dicke	Masse
mm	mm	Zoll	mm	kg/m	mm	kg/m	mm	kg/m	mm	kg/m	mm	kg/m	mm	kg/m
10	16	3/8							1,2	0,087				
15	20	1/2							1,5	0,137				
20	25	3/4							1,9	0,211				
25	32	1					1,5	0,174	2,4	0,342				
32	40	1 1/4			1,8	0,334	1,8	0,264	3,0	0,525				
							2,0	0,366						
40	50	1 1/2			1,8	0,422	2,4	0,551	3,7	0,809	1,9	3,5	3,0	5,5
50	63	2	1,8	0,642	1,9	0,562	3,0	0,854	4,7	1,287	2,2	5,0	3,6	7,5
65	75	2 1/2	1,8	0,774	2,2	0,766	3,6	1,220	5,6	1,820	2,7	7,0	4,3	11,0
80	90	3	2,2	1,135	2,7	1,129	4,3	1,745	6,7	2,605	3,2	10,0	5,3	16,0
100	110		2,8	1,836	3,2	1,616	5,3	2,615	8,2	3,874				
125	140		2,8	2,374	4,1	2,626	6,7	4,175	10,4	6,264				
150	160		3,2	2,374	4,7	3,440	7,7	5,470	11,9	8,164	4,7	22,0	7,7	35,0
	200		4,0	3,700	5,9	5,363	9,6	8,517	14,9	12,800	5,9	35,0	9,6	54,0
200	225		4,5	4,695	6,6	6,759	10,8	10,750	16,7	16,150	6,6	42,0	10,8	68,0
	250		4,9	5,652	7,3	8,310	11,9	13,160	18,6	19,910	7,3	52,0	11,9	83,0
300	315		6,2	8,952	9,2	13,090	15,0	20,850	23,4	31,590	9,2	83,0	15,0	131,0
400	400		7,9	14,470	11,7	21,180	19,1	33,660			11,7	133,0	19,1	214,0

Durchflußstoff	Temperatur >0°C bis	Maximaler Betriebsdruck in MPa			
		Reihe 2	Reihe 3	Reihe 4	Reihe 5
Wasser und alle flüssigen ungefährlichen Durchflußstoffe, gegen die PVC-hart beständig ist	20 °C	0,4	0,6	1,0	1,6
	40 °C	0,25	0,4	0,6	1,0
	60 °C	–	–	0,1	0,25
Alle flüssigen, gefährlichen Durchflußstoffe, gegen die PVC-hart beständig ist	20 °C	0,25	0,4	0,6	1,0
	40 °C	–	0,1	0,25	0,4
	60 °C	–	–	–	0,1

Tafel 11.32. PE – Rohre

Nenndruck	0,25 MPa		PE – weich – Rohre TGL 21581/02, Sept. 1974				PE – hart – Rohre TGL 21581/03, Sept. 1974			
			0,6 MPa		1,0 MPa		0,6 MPa		1,0 MPa	
Außendurch-messer mm	Wand-dicke mm	Masse kg/m	Wand-dicke mm	Masse kg/m	Wand-dicke mm	Masse kg/m	Wand-dicke mm	Masse kg/m	Wand-dicke mm	Masse kg/m
20			2,2	0,124	3,4	0,174			2,0	0,117
25	2,0	0,145	2,7	0,188	4,2	0,269	2,0	0,150	2,3	0,171
32	2,0	0,189	3,5	0,310	5,4	0,439	2,0	0,196	3,0	0,279
40	2,0	0,240	4,3	0,475	6,7	0,679	2,3	0,285	3,7	0,430
50	2,4	0,363	5,4	0,741	8,4	1,06	2,9	0,440	4,6	0,666
63	3,0	0,561	6,8	1,17	10,5	1,67	3,6	0,688	5,8	1,05
75	3,6	0,801	8,1	1,66	12,5	2,36	4,3	0,976	6,9	1,48
90	4,3	1,15	9,7	2,37	15,0	3,40	5,1	1,39	8,2	2,12
110	5,3	1,72	11,8	3,52	18,4	5,09	6,3	2,08	10,0	3,14
125	6,0	2,19	13,4	4,55	20,9	6,56	7,1	2,66	11,4	4,08
140	6,7	2,75					8,0	3,34	12,8	5,11
160	7,7	3,60					9,1	4,35	14,6	6,67
180							10,2	5,48	16,4	8,42
200							11,4	6,79	18,2	10,4
225							12,8	8,55	20,5	13,1
250							14,2	10,6	22,8	16,2

Tafel 11.33. Flansche

DN mm	PN = 6 · 10⁵ Pa = 0,6 MPa				PN = 10 · 10⁵ Pa = 1,0 MPa				PN = 16 · 10⁵ Pa = 1,6 MPa			
	Außen-durch-messer mm	Lochkreis-durch-messer mm	Schrauben Anzahl St.	Schrauben Gewinde	Außen-durch-messer mm	Lochkreis-durch-messer mm	Schrauben Anzahl St.	Schrauben Gewinde	Außen-durch-messer mm	Lochkreis-durch-messer mm	Schrauben Anzahl St.	Schrauben Gewinde
10	75	50	4	M 10					90	60	4	M 12
15	80	55	4	M 10					95	65	4	M 12
20	90	65	4	M 10					105	75	4	M 12
25	100	75	4	M 10					115	85	4	M 12
32	120	90	4	M 12					140	100	4	M 16
40	130	100	4	M 12	–	–	–	–	150	110	4	M 16
50	140	110	4	M 12	–	–	–	–	165	125	4	M 16
65	160	130	4	M 12	–	–	–	–	185	145	4	M 16
80	190	150	4	M 16	200	160	4	M 16	200	160	8	M 16
100	210	170	4	M 16	–	–	–	–	220	180	8	M 16
125	240	200	8	M 16	–	–	–	–	250	210	8	M 16
150	265	225	8	M 16	–	–	–	–	285	240	8	M 20
200	320	280	8	M 16	340	295	8	M 20	315	270	12	M 20
250	375	335	12	M 16	395	350	12	M 20	340	295	12	M 24
300	440	395	12	M 20	445	400	12	M 20	405	355	12	M 24
350	490	445	12	M 20	505	460	16	M 20	460	410	16	M 24
400	540	495	16	M 20	565	515	16	M 24	520	470	16	M 27
500	645	600	20	M 20	670	620	20	M 24	580	525	20	M 30
600	755	705	20	M 24	780	725	20	M 27	715	650	20	M 33
700	860	810	24	M 24	895	840	24	M 27	840	770	24	M 33
800	975	920	24	M 27	1 015	950	24	M 30	910	840	24	M 36
900	1 075	1 020	24	M 27	1 115	1 050	27	M 30	1 025	950	28	M 36
1 000	1 175	1 120	28	M 27	1 230	1 160	27	M 33	1 125	1 050	28	M 39
	Graugußflansche TGL 0-2531				Graugußflansche TGL 0-2532				Graugußflansche TGL 0-2533			
	Vorschweißflansche TGL 0-2631				Vorschweißflansche TGL 0-2632				Vorschweißflansche TGL 0-2633			

11. Anhang

Tafel 11.34. Durchflußgeschwindigkeiten

Die angegebenen Fließgeschwindigkeiten sind unverbindliche Richtwerte. Maßgebend sind im Einzelfall der rechnerische Nachweis der Druckverluste, die gegebenen Randbedingungen, wie z. B. vorhandener Druck, zulässiger Druckabfall und die Wirtschaftlichkeit. S. Tafel 9.2.
Die optimale Fließgeschwindigkeit nimmt zu mit
— zunehmendem Rohrdurchmesser
— zunehmendem Druck
— abnehmender Rohrleitungslänge.
Die Fließgeschwindigkeiten in Luftleitungen beziehen sich auf den jeweiligen Gaszustand; s. Abschnitt 6.4.1.

Medium	Rohrleitungsart	Fließgeschwindigkeit m/s
Wasser	Transport- und Fernleitung	1,0 bis 2,0
	Ortsnetze	0,6 bis 1,5
	Hausanschluß und Verteilungsleitung	≈1,5; max. 2,0 bis 3,0
	Pumpensaugleitung	0,8 bis 1,5
	kurze Pumpendruckleitung (Armaturen)	1,5 bis 3,0
	Heberleitung	0,6 bis 1,0
Wasser-Feststoff-Gemisch	Pumpendruckrohrleitung	>1,5 bis 2,0
Luft	Saugleitung	
	Kolbenverdichter $\dot{V}_{ans} < 20\,000$ m³/h	≤12,0
	$\dot{V}_{ans} > 20\,000$ m³/h	≤20,0
	Gebläse	18,0 bis 23,0
	Vakuumpumpen	10,0 bis 30,0
	Druckleitung	
	Kolbenverdichter $\dot{V}_{ans} < 20\,000$ m³/h	≤20,0
	$\dot{V}_{ans} > 20\,000$ m³/h	≤30,0
	Gebläse	25,0 bis 30,0
	Druckluftnetze	15,0 bis 25,0
Luft-Feststoff-Gemisch		
staubförmig	pneumatische Förderleitung	>15,0
	Entstaubungsleitung	>20,0
körnig	pneumatische Förderleitung	>20,0

Tafel 11.35. Rohrwerkstoffe. Physikalische Eigenschaften
( ) nicht in TGL enthalten, nach [8.24]

Eigenschaft		Stahl		Gußeisen		Beton[1])
		St 35 hb und St 35 b TGL 9413/01, Aug. 1980 TGL 9413/02, Okt. 1979	St 38 TGL 7960, Mai 1975	mit Kugelgraphit TGL 35981, Dez. 1980	mit Lamellengraphit nach [8.24]	nach [8.24]
Dichte	ϱ in kg/m³	$7,85 \cdot 10^3$		$(7,15 \cdot 10^3)$	$7,15 \cdot 10^3$	$(2,3$ bis $2,4) \cdot 10^3$
Streckgrenze	σ_z in Pa	$\geqq 2,2 \cdot 10^8$	$\geqq 2,35 \cdot 10^8$	$(\geqq 3,0 \cdot 10^8)$	keine Bruchdehnung	keine Bruchdehnung
Zugfestigkeit	σ_z in Pa	$\geqq 3,4 \cdot 10^8$	$\geqq 3,73 \cdot 10^8$	$4,9 \cdot 10^8$	$1,8$ bis $2,7 \cdot 10^8$	$(3$ bis $9) \cdot 10^6$
Druckfestigkeit	σ_D in Pa	$(\geqq 3,4 \cdot 10^8)$		$(\leqq 1,0 \cdot 10^9)$	$7,1$ bis $10,6 \cdot 10^8$	$(3$ bis $8) \cdot 10^7$
Bruchdehnung	in %	$\geqq 24$	$\geqq 25$	$\geqq 5$ (bis 20)	< 1	$\approx 0,2$
Elastizitäts-modul bei 20 °C	E in Pa	$2,06 \cdot 10^{11}$		$(1,6$ bis $1,8) \cdot 10^{11}$	$0,6$ bis $1,4 \cdot 10^{11}$	B 300:2,9 · 10¹⁰ B 600:3,9 · 10¹⁰
Wärme-Ausdehnungsbeiwert	a in K⁻¹	$1,11 \cdot 10^{-5}$		$(1,0$ bis $1,4) \cdot 10^{-5}$	$0,9$ bis $1,4 \cdot 10^{-5}$	$(1,1$ bis $1,2) \cdot 10^{-5}$
Wärme-Leitfähigkeit bei 20 °C	λ in W/(m · K)	55		35	64	1,5
spezifischer elektrischer Widerstand	ϱ in Ω · m	$(1,8 \cdot 10^{-7})$		$(5$ bis $7) \cdot 10^{-7}$	$1,0 \cdot 10^{-6}$	35

Eigenschaft		Asbestzement nach [8.24]	PVC nach [8.24]	PE-hart nach [8.24]	PE-weich nach [8.24]
Dichte	ϱ in kg/m³	$2,0 \cdot 10^3$	$(1,38$ bis $1,4) \cdot 10^3$	$(0,95$ bis $0,96) \cdot 10^3$	$0,92 \cdot 10^3$
Streckgrenze		keine Bruchdehnung	bei Dauerbelastung kurzzeitig	keine ausgeprägte kurzzeitig	Streckgrenze kurzzeitig
Zugfestigkeit	σ_z in Pa	$(2$ bis $3) \cdot 10^7$	$(5$ bis $5,5) \cdot 10^7$	$(1,7$ bis $2,1) \cdot 10^7$	$(1$ bis $1,1) \cdot 10^7$
Druckfestigkeit	σ_D in Pa	$(0,9$ bis $1) \cdot 10^8$	$\approx 8 \cdot 10^7$	$\approx 1 \cdot 10^7$	$\approx 1 \cdot 10^7$
Bruchdehnung	in %	$\approx 0,7$	20 bis 50	600	600
Elastizitätsmodul bei 20 °C	E in Pa	$(2$ bis $4) \cdot 10^{10}$	$3 \cdot 10^9$ für kurzzeitige Belastung	$9 \cdot 10^8$	$1,2 \cdot 10^8$
Wärme-Ausdehnungsbeiwert	a in K⁻¹	$\approx 9 \cdot 10^{-6}$	$(5,5$ bis $8) \cdot 10^{-5}$	$(1,5$ bis $2) \cdot 10^{-4}$	$(1,5$ bis $2) \cdot 10^{-4}$
Wärme-Leitfähigkeit bei 20 °C	λ in W/(m · K)	$\approx 0,8$	0,15	0,42	0,35
spezifischer elektrischer Widerstand	ϱ in Ω · m	20 bis 30	10^{13}	10^{13}	10^{13}

[1]) Druckrohre werden aus hochwertigem Beton hergestellt, für den die rechts stehenden Werte gelten.

11. Anhang

Tafel 11.36. *Rauhigkeitsbeiwert k_m in der Formel von Manning, Gauckler, Strickler zu Gl. (9.20), (9.21) und (9.108) bis (9.111); nach [9.7], [9.36], [9.42].*

$$v = k_m \cdot R^{2/3} \cdot I^{1/2}$$

Gerinne	k_m in m$^{1/3}$/s
a) Rohrleitungen und Stollen	
Stahlrohre, neu	90 bis 95
Stahlrohre, mäßig inkrustiert	70 bis 85
Stahlrohre, verzinkt, neu	125 bis 135
Stahlrohre, genietet, leicht bis mäßig inkrustiert	65 bis 80
Gußrohre, neu	85 bis 90
Gußrohre, innen bituminiert, neu	95
Gußrohre, mäßig inkrustiert	70
Holzrohre	80 bis 90
Steinzeugrohre, neu	85
Steinzeugrohre, gebraucht	60
Stahlbetondruckrohre, glatt	85 bis 95
Betonrohre, alt	75
Stollen, einwandfreier Glattputz	85 bis 95
Stollen, einfache Betonauskleidung	70 bis 80
Stollen, rauhe Betonauskleidung	65 bis 75
Stollen, roher Felsausbruch, sehr rauhe Oberfläche	≈ 30
Stollen, roher Felsausbruch, Sohle betoniert	40 bis 50
b) künstliche Gerinne und Kanäle	
Erdkanäle, Sohle Sand oder Kies, Böschung gepflastert	45 bis 50
Erdkanäle in kiesigem Boden	35 bis 45
Erdkanäle in festem, glattem Boden	50 bis 60
Erdkanäle in Sand und Kies, stark bewachsen	20 bis 25
Felskanäle, roher Ausbruch	15 bis 30
gemauerte Kanäle, gefugtes Ziegelmauerwerk	80
gemauerte Kanäle, Bruchsteinmauerwerk	50 bis 70
Betonkanäle, Zementglattstrich	100
Betonkanäle, Stahlschalung	90 bis 100
Betonkanäle, Zementputz oder geglätteter Beton	80 bis 90
Betonkanäle, schalungsrauh (Holzschalung)	65 bis 70
Betonkanäle, ungleiche Betonoberfläche	50
Holzgerinne, gehobelte Bretter, glatt	90 bis 95
Holzgerinne, ungehobelte Bretter	80
Holzgerinne, alte Gerinne	65 bis 70
c) natürliche Wasserläufe	
Flußbett mit fester Sohle, keine Unregelmäßigkeiten	40
Flußbett, mäßig geschiebeführend oder verkrautet	30 bis 35
Flußbett mit Geröll und Unregelmäßigkeiten	30
Wildbäche	20 bis 28

Tafel 11.37. *Rauhigkeitsbeiwert k in den Formeln von Prandtl, v. Karman, Colebrook zu Gl. (9.30) ff.*

a) Gemessene Werte an geraden Rohrleitungen ohne Sonderverluste, nach [9.7], [9.16], [9.36], [9.38].

Rohrwerkstoff	Zustand	k in mm
Gezogene Rohre aus Glas, Kupfer, Messing, Bronze, Aluminium, sonstigen Leichtmetallen, Plaste	neu, technisch glatt	0 (glatt) bis ≈ 0,0015
Gezogene Stahlrohre	neu	0,01 bis 0,05
Geschweißte Stahlrohre	neu	0,05 bis 0,10
	mäßig verrostet, leichte Verkrustung	0,15 bis 0,40
	stärkere Verkrustung	bis 3
Verzinkte Stahlrohre	neu	bis 0,3
Gußeiserne Rohre mit Flanschen- oder Muffenverbindung	neu, nicht ausgekleidet	bis 0,25
	stärkere, Rostnarben Verkrustung	bis 3
	angerostet	bis 1,5
Geschleuderte Zementisolierung		0 bis 0,4
Geschleuderte Bitumenisolierung		0 bis 0,125
Asbestzementrohre	neu	0 (glatt) bis 0,10
Holzrohre	neu, Glätte nimmt im Laufe der Jahre allgemein zu	0,20 bis 1,0
Betonrohre	Spannbeton, neu	0,04 bis 0,25
	Schleuderbeton, neu	0,15 bis 0,80
	Betonrohre, neu	0,4 bis 1,2
	Betonrohre, alt	im Mittel 5
Steinzeugrohre		0,4 bis 1,2

b) Richtwerte für praktische Rohrleitungsberechnungen nach TGL 22 769/03, Okt. 1976. In diesen Werten ist ein Zuschlag für Einzelwiderstände und bei bituminierten Guß- und Stahlrohren für geringe Inkrustierungen enthalten. Druckverluste in Durchflußmessern, Rückschlag- und Drosselorganen sind besonders zu erfassen.

Rohrwerkstoff	Rohwasser k in mm	Reinwasser k in mm
Stahl- und gußeiserne Rohre, bituminiert	2,0 bis 6,0	2,0
Asbestzementrohre	0,4 bis 1,5	0,4
Stahlbetonrohre, geschleudert; Rohre mit Zementmörtel ausgeschleudert	1,0 bis 1,5	1,0
Plasterohre (PE, PVC)	0,1 bis 0,4	0,1

Tafel 11.38. α-Werte für die vereinfachte Berechnung von Rohrreibungsverlusten zu Gl. (9.42)

d	Konstante α in $I = \frac{h_r}{l} = \alpha \cdot \dot{V}^2$				I m/m	h_r m	l m	α s²/m⁶	$\dot{V}$ m³/s
					absolute Rauhigkeit k				
mm	0,1 mm	0,4 mm	1,0 mm	1,5 mm	2,0 mm	3,0 mm	4,0 mm	6,0 mm	
50	7,21·10³	9,74·10³	1,31·10⁴	1,53·10⁴	1,72·10⁴	2,07·10⁴	2,41·10⁴	2,98·10⁴	
80	6,09·10²	8,01·10²	1,05·10³	1,21·10³	1,35·10³	1,60·10³	1,82·10³	2,20·10³	
100	1,88·10²	2,46·10²	3,18·10²	3,65·10²	4,05·10²	4,76·10²	5,37·10²	6,45·10²	
125	5,78·10¹	7,53·10¹	9,75·10¹	1,10·10²	1,22·10²	1,42·10²	1,57·10²	1,89·10²	
150	2,24·10¹	2,88·10¹	3,68·10¹	4,16·10¹	4,39·10¹	5,31·10¹	5,96·10¹	7,03·10¹	
175	9,88	1,28·10¹	1,62·10¹	1,84·10¹	2,00·10¹	2,32·10¹	2,59·10¹	3,04·10¹	
200	4,94	6,30	7,96	8,99	9,87	1,13·10¹	1,26·10¹	1,48·10¹	
240	–	2,42	3,02	3,41	–	4,27	–	–	
250	1,51	1,96	2,44	2,76	3,17	3,42	3,80	4,42	
300	5,94·10⁻¹	7,54·10⁻¹	9,34·10⁻¹	1,04	1,14	1,30	1,43	1,66	
350	2,65·10⁻¹	3,32·10⁻¹	4,12·10⁻¹	4,58·10⁻¹	5,00·10⁻¹	5,68·10⁻¹	6,26·10⁻¹	7,22·10⁻¹	
360	–	2,88·10⁻¹	3,56·10⁻¹	3,95·10⁻¹	–	–	–	–	
380	–	2,16·10⁻¹	2,66·10⁻¹	2,97·10⁻¹	–	–	–	–	
390	–	1,89·10⁻¹	2,34·10⁻¹	2,59·10⁻¹	–	–	–	–	
400	1,32·10⁻¹	1,66·10⁻¹	2,06·10⁻¹	2,28·10⁻¹	2,46·10⁻¹	2,80·10⁻¹	3,07·10⁻¹	3,57·10⁻¹	
450	7,19·10⁻²	8,91·10⁻²	1,10·10⁻¹	1,22·10⁻¹	1,32·10⁻¹	1,49·10⁻¹	1,64·10⁻¹	1,88·10⁻¹	
470	–	7,14·10⁻²	8,69·10⁻²	9,70·10⁻²	–	–	–	–	
500	4,17·10⁻²	5,13·10⁻²	6,27·10⁻²	6,99·10⁻²	7,55·10⁻²	8,52·10⁻²	9,34·10⁻²	1,07·10⁻¹	
520	–	4,22·10⁻²	5,19·10⁻²	5,68·10⁻²	–	–	–	–	
540	–	3,55·10⁻²	4,34·10⁻²	4,84·10⁻²	–	–	–	–	
570	–	2,59·10⁻²	3,16·10⁻²	3,52·10⁻²	–	–	–	–	
600	1,60·10⁻²	1,98·10⁻²	2,40·10⁻²	2,67·10⁻²	2,87·10⁻²	3,24·10⁻²	3,53·10⁻²	4,03·10⁻²	
700	7,22·10⁻³	8,81·10⁻³	1,08·10⁻²	1,18·10⁻²	1,25·10⁻²	1,42·10⁻²	1,56·10⁻²	1,77·10⁻²	
800	3,60·10⁻³	4,39·10⁻³	5,32·10⁻³	5,93·10⁻³	6,31·10⁻³	7,06·10⁻³	7,63·10⁻³	8,70·10⁻³	
900	1,94·10⁻³	2,38·10⁻³	2,88·10⁻³	3,16·10⁻³	3,41·10⁻³	3,80·10⁻³	4,09·10⁻³	4,65·10⁻³	
1 000	1,13·10⁻³	1,37·10⁻³	1,65·10⁻³	1,82·10⁻³	1,95·10⁻³	2,18·10⁻³	2,36·10⁻³	2,66·10⁻³	

Tafel 11.39. β-Werte für die vereinfachte Berechnung von Rohrreibungsverlusten zu Gl. (9.43)

$$I = \frac{h_r}{l} = \beta \cdot v^2$$

				I m/m	h_r m	l m	β s²/m²	v m/s	
d mm	A m²	\multicolumn{8}{c}{Konstante β in $I = \frac{h_r}{l} = \beta \cdot v^2$ — absolute Rauhigkeit k}
		0,1 mm	0,4 mm	1,0 mm	1,5 mm	2,0 mm	3,0 mm	4,0 mm	6,0 mm
50	1,96·10⁻³	2,78·10⁻²	3,75·10⁻²	5,05·10⁻²	5,91·10⁻²	6,63·10⁻²	7,98·10⁻²	9,28·10⁻²	1,15·10⁻¹
80	5,03·10⁻³	1,54·10⁻²	2,02·10⁻²	2,66·10⁻²	3,05·10⁻²	3,41·10⁻²	4,03·10⁻²	4,59·10⁻²	5,55·10⁻²
100	7,85·10⁻³	1,16·10⁻²	1,52·10⁻²	1,97·10⁻²	2,25·10⁻²	2,50·10⁻²	2,93·10⁻²	3,32·10⁻²	3,98·10⁻²
125	12,3·10⁻³	8,70·10⁻³	1,13·10⁻²	1,46·10⁻²	1,66·10⁻²	1,84·10⁻²	2,13·10⁻²	2,36·10⁻²	2,85·10⁻²
150	17,7·10⁻³	7,01·10⁻³	9,06·10⁻³	1,15·10⁻²	1,30·10⁻²	1,43·10⁻²	1,66·10⁻²	1,86·10⁻²	2,20·10⁻²
175	24,0·10⁻³	5,72·10⁻³	7,40·10⁻³	9,38·10⁻³	1,07·10⁻²	1,16·10⁻²	1,34·10⁻²	1,50·10⁻²	1,76·10⁻²
200	31,4·10⁻³	4,88·10⁻³	6,22·10⁻³	7,85·10⁻³	8,87·10⁻³	9,74·10⁻³	1,12·10⁻²	1,24·10⁻²	1,46·10⁻²
240	45,2·10⁻³	–	4,95·10⁻³	6,18·10⁻³	6,97·10⁻³	–	8,73·10⁻³	–	1,07·10⁻²
250	49,1·10⁻³	3,64·10⁻³	4,71·10⁻³	5,88·10⁻³	6,65·10⁻³	7,24·10⁻³	8,24·10⁻³	9,16·10⁻³	–
300	70,7·10⁻³	2,97·10⁻³	3,77·10⁻³	4,67·10⁻³	5,21·10⁻³	5,68·10⁻³	6,48·10⁻³	7,13·10⁻³	8,28·10⁻³
350	96,2·10⁻³	2,45·10⁻³	3,07·10⁻³	3,80·10⁻³	4,24·10⁻³	4,63·10⁻³	5,26·10⁻³	5,80·10⁻³	6,69·10⁻³
360	101,8·10⁻³	–	2,98·10⁻³	3,69·10⁻³	4,10·10⁻³	–	5,07·10⁻³	–	–
380	113,4·10⁻³	–	2,78·10⁻³	3,44·10⁻³	3,82·10⁻³	–	4,71·10⁻³	–	–
390	119,0·10⁻³	–	2,70·10⁻³	3,34·10⁻³	3,70·10⁻³	–	4,56·10⁻³	–	–
400	125,7·10⁻³	2,08·10⁻³	2,62·10⁻³	3,25·10⁻³	3,60·10⁻³	3,89·10⁻³	4,42·10⁻³	4,84·10⁻³	5,64·10⁻³
450	159,0·10⁻³	1,82·10⁻³	2,25·10⁻³	2,77·10⁻³	3,08·10⁻³	3,35·10⁻³	3,77·10⁻³	4,14·10⁻³	4,75·10⁻³
470	173,5·10⁻³	–	2,15·10⁻³	2,61·10⁻³	2,92·10⁻³	–	3,55·10⁻³	–	–
500	196,4·10⁻³	1,61·10⁻³	1,98·10⁻³	2,42·10⁻³	2,69·10⁻³	2,91·10⁻³	3,28·10⁻³	3,60·10⁻³	4,12·10⁻³
520	212·10⁻³	–	1,90·10⁻³	2,30·10⁻³	2,56·10⁻³	–	3,11·10⁻³	–	–
540	229·10⁻³	–	1,86·10⁻³	2,28·10⁻³	2,54·10⁻³	–	3,10·10⁻³	–	–
570	255·10⁻³	–	1,69·10⁻³	2,06·10⁻³	2,29·10⁻³	–	2,77·10⁻³	–	–
600	283·10⁻³	1,28·10⁻³	1,58·10⁻³	1,92·10⁻³	2,13·10⁻³	2,30·10⁻³	2,59·10⁻³	2,82·10⁻³	3,22·10⁻³
700	385·10⁻³	1,07·10⁻³	1,30·10⁻³	1,60·10⁻³	1,74·10⁻³	1,86·10⁻³	2,13·10⁻³	2,31·10⁻³	2,62·10⁻³
800	503·10⁻³	9,10·10⁻⁴	1,11·10⁻³	1,34·10⁻³	1,50·10⁻³	1,60·10⁻³	1,78·10⁻³	1,93·10⁻³	2,20·10⁻³
900	636·10⁻³	7,85·10⁻⁴	9,63·10⁻⁴	1,17·10⁻³	1,28·10⁻³	1,38·10⁻³	1,54·10⁻³	1,66·10⁻³	1,88·10⁻³
1000	785·10⁻³	7,00·10⁻⁴	8,47·10⁻⁴	1,02·10⁻³	1,12·10⁻³	1,20·10⁻³	1,35·10⁻³	1,45·10⁻³	1,64·10⁻³

11. Anhang

Tafel 11.40. Widerstandsbeiwert ζ für voll geöffnete Absperrarmaturen zu Gl. (9.44)

Keilschieber TGL 34063

Nennweite	40	50	65	80	100	125	150	200	250	300	350	400	500	600	800	1000
Nenndruck MPa																
0,25											0,05	0,05	0,05	0,05	0,05	0,05
0,4 ζ									0,06	0,06						
0,63	0,2	0,2	0,15	0,15	0,1	0,1	0,1	0,06							0,05	0,05
1,0				0,2	0,15	0,15	0,1	0,1	0,1	0,1	0,1	0,05	0,05	0,05		
1,6	0,3	0,25	0,25	0,2	0,2	0,15	0,15	0,1	0,1	0,1	0,1	0,1	0,1			

In Anlehnung an [9.32] wird empfohlen $\zeta \geq 0{,}1$ anzusetzen

Ringkolbenventile des MAW Magdeburg für Nenndruck 1,0 MPa, nach [9.32]

Nennweite	150	200	250	300	400	500	600	800	1000	1200	1800	2000
Durchflußquerschnitt zu Nennquerschnitt	0,73	0,72	0,80	0,81	0,64	0,77	0,87	0,87	0,73	0,84	0,54	0,69
$\zeta =$	1,31	1,34	1,11	1,06	1,7	1,18	0,92	0,91	1,31	1,0	2,5	1,47

Absperrklappen (Hydromat) der Fa. *Tröger* und *Entenmann*

Nennweite	200	300	400	500	600	800	1000	1200
$\zeta =$	2,35	1,6	1,2	0,9	0,7	0,4	0,3	0,2

Absperrventile nach [8.54]

Nennweite		25	50	65	80	100	125	150	200
Aufsatzventil	$\zeta =$	5	5	5	5	5	5	5	5
Eckventil		3	3	4	4	4	5	5	5
Schrägsitzventil		9	9	–	6	6	6	3	3
Geradsitzventil		–	8	–	11	8	8	8	8

Tafel 11.41. *Widerstandsbeiwert ζ für Rückflußverhinderer und Einlaufseiher zu Gl. (9.44)*

Rückschlagklappen des MAW Magdeburg a) mit Hebel und Massenbelastung[1]; b) Welle innenliegend; nach [9.32]

Nennweite	40; 65		80		100		150		200; 250		300; 400		500		600	
Fließgeschwindigkeit[2] m/s	a	b	a	b	a	b	a	b	a	b	a	b	a	b	a	b
1,0		3,0	17	2,0		2,8	15	2,0	30	2,9	16	2,9	15	2,8	12	2,7
1,5		2,2	6	1,5		1,9	6	1,3	14	1,9	7,5	1,7	7	1,6	5	1,5
2,0		1,7	3	1,2		1,3	2,8	0,8	4	1,3	2,4	1,3	2,4	1,2	2	1,0
3,0		1,4	1,3	1,1		1,2	1,5	0,6	1,8	0,8	1,4	0,7	1,4	0,7	1,4	0,6
≧ 4,0		1,2	1,1	1,0		1,1	1,3	0,5		0,4		0,4		0,4		0,4

Endklappen des MAW Magdeburg a) mit Ausgleichgewicht[1]; b) ohne Ausgleichgewicht; nach [9.32]

Nennweite/Auslauf	300/400		400/500		500/600		600/800		800/1050		≧ 1000/1000	
Fließgeschwindigkeit[2] m/s	a	b	a	b	a	b	a	b	a	b	a	b
1,0	4	1,1	4,7	1,3	3,7	1,1	4,4	1,2	5	1,4	5,6	2,1
1,5	1,9	0,7	2,3	0,9	1,9	0,7	2,1	0,7	2,4	0,8	3,2	1,5
2,0	1,4	0,6	1,6	0,7	1,3	0,6	1,4	0,6	1,6	0,6	2,4	1,3
≧ 3,0	0,8	0,5	0,9	0,5	0,8	0,5	0,8	0,5	0,7	0,5	1,3	1,0

Fußventile TGL 9245, Juli 1977; a) ohne Saugkorb; b) mit Saugkorb; nach [9.32]

Nennweite	40		100		200		300		400; 500		≧ 600	
Fließgeschwindigkeit[2] m/s	a	b	a	b	a	b	a	b	a	b	a	b
1,0	4	≈ 5,6	3,8	≈ 5,3	3,6	≈ 5,0	3,5	≈ 4,9	3,4	≈ 4,8	3,4	≈ 4,8
1,5	3,2	≈ 4,5	3,0	≈ 4,2	3,0	≈ 4,2	2,9	≈ 4,1	2,9	≈ 4,1	2,8	≈ 3,9
2,0	3,0	≈ 4,2	2,8	≈ 4,0	2,6	≈ 3,6	2,6	≈ 3,6	2,5	≈ 3,5	2,4	≈ 3,4
≧ 3,0	2,8	≈ 4,0	2,6	≈ 3,6	2,4	≈ 3,4	2,3	≈ 3,2	2,2	≈ 3,1	2,1	≈ 2,9

Rückschlagventile, Durchgangsform, Nennweite 25 bis 200: nach [8.54] ζ = 6

11. Anhang

Düsen-Rückschlagventile federbelastet; Typen DRV-Z und DRVg der Fa. DEMAG-MEER

Typ und Nennweite	DRV-Z 50	DRV-Z 100	DRV-Z 150	DRV-Z 200	DRVg 200	DRVg 300	DRVg 600	DRVg 1200
Fließgeschwindigkeit[2] m/s								
1,0	3,3	3,3	1,8	3,0	3,6	3,0	2,9	2,9
1,5	2,1	1,7	1,5	1,2	1,5	1,1	1,1	1,1
2,0	2,1	1,7	1,5	1,2	1,2	0,9	0,9	0,9
3,0	2,0	1,7	1,4	1,2	0,9	0,7	0,7	0,6
≧ 4,0	1,9	1,6	1,4	1,1	0,9	0,7	0,6	0,6

Einlaufseiher des MAW Magdeburg; nach [9.32]

Nennweite	40	100	200	300	400; 500	≧ 600		
Fließgeschwindigkeit[2] m/s								
1,0	1,6	1,5	1,2	1,5	1,4	1,3		
1,5	1,4	1,3	1,2	1,2	1,2	1,1		
2,0	1,3	1,1	1,1	1,1	1,0	0,9		
≧ 3,0	1,2	1,1	1,0	1,0	0,9	0,8		

1) Massebelastung bzw. Gegengewicht mit maximalem Abstand vom Drehpunkt
2) auf Anschlußnennweite bezogen

Tafel 11.42. Ausfluß, Belastungswerte und Druckhöhen für Zapfstellen zu Gl. (9.87) bis (9.89); nach [9.17]

Armatur bzw. Gerät	Nennweite DN mm	Ausfluß $\dot{V}$ l/s	Belastungswerte BW	erforderliche Druckhöhe h_p m
Auslaufventil, voll geöffnet. Bei Zapfstellen für gewerbliche Zwecke anzusetzen	10	0,25	1	5
	15	0,40	2,5	5
	20	1,00	16	5
	25	1,50	36	5
Auslaufventil, übliche Teilöffnung in Wohnungen	10	0,18	0,5	5
	15	0,30	1,5	5
	20	0,70	8	5
	25	1,20	23	5
Badewannen-Mischbatterie	15	0,30	1,5	5
Brause-Mischbatterie mit Brausekopf	15	0,25	1	5
mit Düsenbrause	15	0,25	1	10
für Betriebe		0,18 VII	0,5 VII	
für Wohnungen		0,20 VII	0,6	
für Krankenhäuser usw.		0,25 VII	1	
Spültischbatterien	15	0,30	1,5	5
Kohlebadeofen	15	0,30	1,5	5
Gaswasserheizer mit Mischbatterie				
5 l/min	15	0,25	1,0	12
bis 16 l/min	15	0,30	1,5	12
26 l/min	15	0,43	3	12
Elektro-Überlaufspeicher mit Mischbatterie				
8 l	15	0,07	0,25	12
80 l	15	0,14	0,5	5
Elektro-Durchlauferhitzer mit Mischbatterie				
2,0 kW	15	0,18	0,5	15
4,4 kW	15	0,25	1	15
12 kW	15	0,30	1,5	20
Sprengventil zum Rasensprengen	15	0,30	1,5	15
	20	0,70	8	15
	25	1,20	23	15

Tafel 11.43. **Maximaler Wasserbedarf von Wohnhäusern**
für die Bemessung der Anschlußleitungen; nach *Bazan, A.*: Bemessung von Wasser-Anschlußleitungen GWF 111 (1970) 10, S. 594

		max. Wasserbedarf l/s
Einfamilienhaus	einfache Ausstattung	1,0
	komfortable Ausstattung	1,5
Zweifamilienhaus		1,8
Mehrfamilienhaus mit	4 Wohneinheiten	2,3
	5 Wohneinheiten	2,6
	6 Wohneinheiten	2,8
	7 Wohneinheiten	3,0
	8 Wohneinheiten	3,2
	9 Wohneinheiten	3,4
	10 Wohneinheiten	3,5

Tafel 11.44. Gleichzeitigkeitsfaktor φ für die Bemessung von Verteilungsleitungen zu Gl. (9.90); nach [9.17]

Art der Anlage	φ
Reihenwasch- und -brauseanlagen mit getrennter Rohrführung für Kalt- und Warmwasser sowie Mischventilen	
bis 10 Zapfstellen	1,0
bis 20 Zapfstellen	0,9
bis 60 Zapfstellen	0,75
bis 120 Zapfstellen	0,6
Laboratorien	
Zweigleitungen zu einzelnen Laborräumen	0,7
Hauptzweigleitungen zu mehreren Laborräumen	0,4
Steigleitungen zu mehreren Laboratorien	0,3
Verteilungsleitung zu mehreren Steigleitungen	0,25

Tafel 11.45. Hydraulisch günstigste Rechteck- und Trapezprofile für offene Gerinne

Böschungs-neigung	Böschungs-winkel	Wassertiefe $h = a\sqrt{A}$ a	Hydraulischer Radius $R = b\sqrt{A}$ b	Wasser-spiegelbreite $b_w = c\sqrt{A}$ c	Sohl-breite $b_s = d\sqrt{A}$ d
1:0	90°	0,707	0,354	1,414	1,414
1:0,58	60°	0,760	0,380	1,755	0,877
1:1	45°	0,740	0,370	2,092	0,613
1:1,5	33°41'	0,689	0,345	2,487	0,419
1:2	26°34'	0,636	0,318	2,844	0,300
1:3	18°26'	0,549	0,274	3,502	0,174

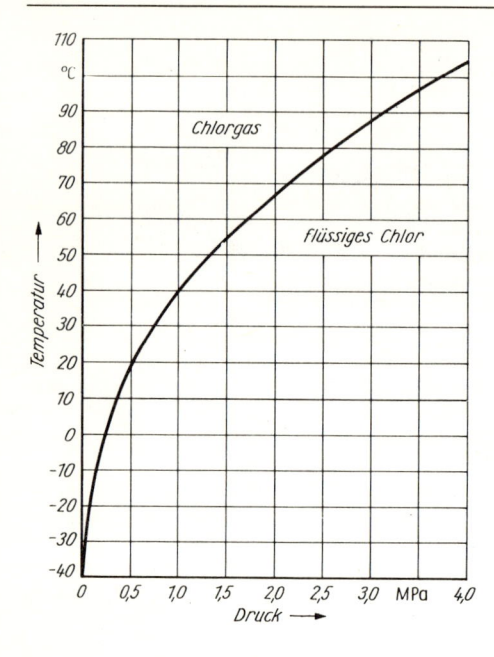

Bild 11.1 Temperatur-Druck-Kurve für Chlorgas

11. Anhang

$$P_k = \frac{\dot{V}_n \cdot p_s}{\eta \cdot p_n} \cdot P_{k;spez.}$$

P_k Kupplungsleistung in kW
$P_{k;spez.}$ spezifische Kupplungsleistung in kW
$\dot{V}_n$ Volumenstrom in m³/s auf Normzustand bezogen
p_s absoluter Druck am Saugstutzen in Pa
p_n Normdruck 101325 Pa
η Wirkungsgrad des Verdichters

Den Kurven liegen folgende Gleichungen zu Grunde |6.75|:

adiabatische Zustandsänderung

$$P_k = \frac{3.5 \cdot \dot{V}_s \cdot p_s \left[\left(\frac{p_D}{p_s}\right)^{0.2857} - 1\right]}{\eta}$$

polytropische Zustandsänderung

$$P_k = \frac{3.857 \cdot \dot{V}_s \cdot p_s \left[\left(\frac{p_D}{p_s}\right)^{0.2593} - 1\right]}{\eta}$$

isotherme Zustandsänderung

$$P_k = \frac{2.301 \cdot \dot{V}_s \cdot p_s}{\eta} \cdot \lg \frac{p_D}{p_s}$$

P_k Kupplungsleistung in kW
$\dot{V}_s$ Volumenstrom in m³/s auf Ansaugzustand bezogen
p_s absoluter Druck am Saugstutzen in Pa
p_D absoluter Druck am Druckstutzen in Pa
η Wirkungsgrad des Verdichters

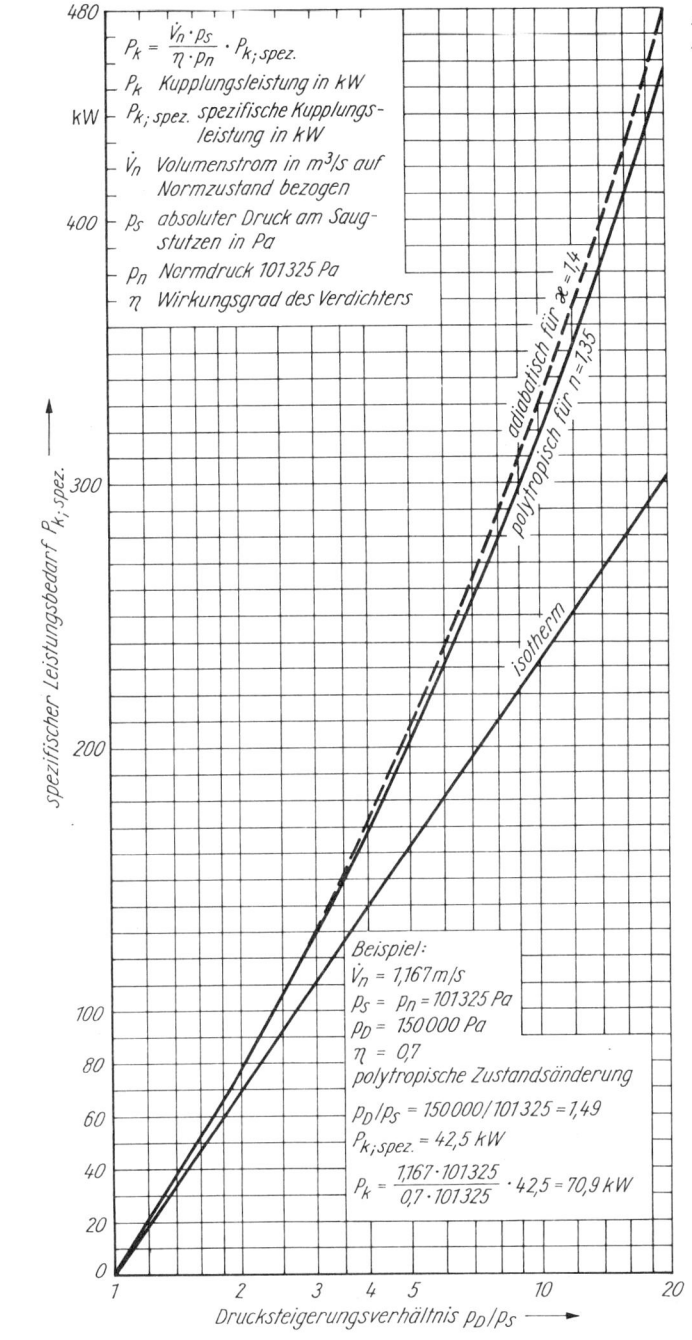

Beispiel:
$\dot{V}_n = 1{,}167 \, m/s$
$p_s = p_n = 101325 \, Pa$
$p_D = 150000 \, Pa$
$\eta = 0{,}7$
polytropische Zustandsänderung
$p_D/p_s = 150000/101325 = 1{,}49$
$P_{k;spez.} = 42{,}5 \, kW$

$$P_k = \frac{1{,}167 \cdot 101325}{0{,}7 \cdot 101325} \cdot 42{,}5 = 70{,}9 \, kW$$

Bild 11.2 Leistungsbedarf von Verdichtern zur Luftförderung

Gußeiserne Rohrleitungen Formstücke TGL 14390, Dez. 1980			Asbestzement-Rohrleitungen Formstücke TGL 14391, Dez. 1980		
Flansch-Paßstücke	FF		Z-Bund-T-Stücke Abzweig mit Flansch	ZA	
Flanschstücke mit Einsteckende	F		Z-Bundbögen 11°15'; 22°30'; 30°; 45°	ZLG	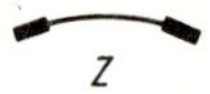
Muffen-T-Stücke, Abzweig mit Flansch	MMA		Z-Bundbögen 90°	ZQ	
Flansch-T-Stücke	T		Z-Bund-Flanschstücke	ZF	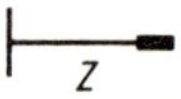
Muffenbögen 11°15'; 22°30'; 30°; 45°	MMK		Z-Bundübergangsstücke	ZRG	
Flanschbögen 11°15'; 22°30'; 30°; 45°	FFK		Z-Flansch-Muffenstücke	ZME	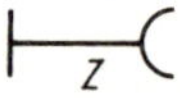
Flanschbögen 90°	Q		Z-Überschiebmuffen	ZU	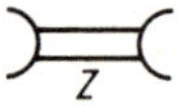
Flanschbögen mit Standfuß	N		Z-Muffenbögen 11°15'; 22°30'; 30°; 45°	ZMMK	
Flansch-Muffenstücke	E		Z-Muffenbögen 90°	ZMMQ	
Flansch-Übergangsstücke	FFR		PVC-H-Rohrleitungen Formstücke TGL 28425, Dez. 1980		
Überschiebmuffenstücke, ungeteilt	U		P-Muffen-T-Stücke Abzweig mit Flansch	PMMA	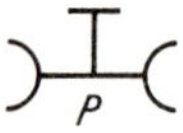
Überschiebmuffenstücke, geteilt	2/2U		P-Flansch-Muffenstücke	PME	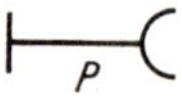
Paßringe	PR				
Blindflansche	X				

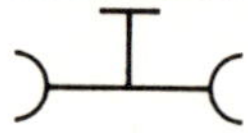

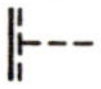

Bild 11.3 Gußeiserne Formstücke

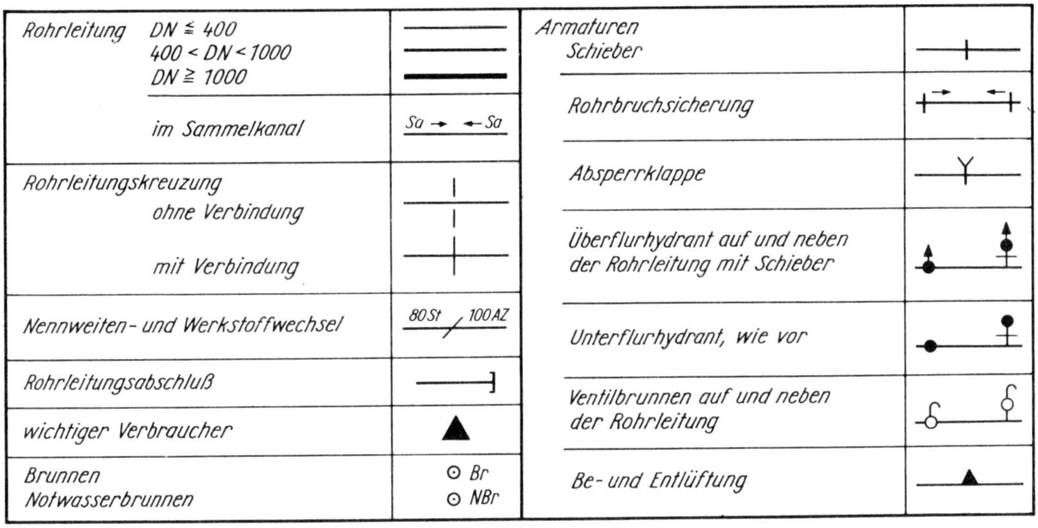

11. Anhang

Rohrleitung DN ≦ 400		Armaturen	
400 < DN < 1000		Schieber	
DN ≧ 1000		Rohrbruchsicherung	
im Sammelkanal	Sa → ← Sa		
Rohrleitungskreuzung		Absperrklappe	
ohne Verbindung		Überflurhydrant auf und neben der Rohrleitung mit Schieber	
mit Verbindung			
Nennweiten- und Werkstoffwechsel	80 St / 100 AZ	Unterflurhydrant, wie vor	
Rohrleitungsabschluß		Ventilbrunnen auf und neben der Rohrleitung	
wichtiger Verbraucher	▲		
Brunnen	⊙ Br	Be- und Entlüftung	
Notwasserbrunnen	⊙ NBr		

Bild 11.4 Sinnbilder für Rohrnetz-Übersichtspläne, Auszug aus TGL 33 746/02, Aug. 1977

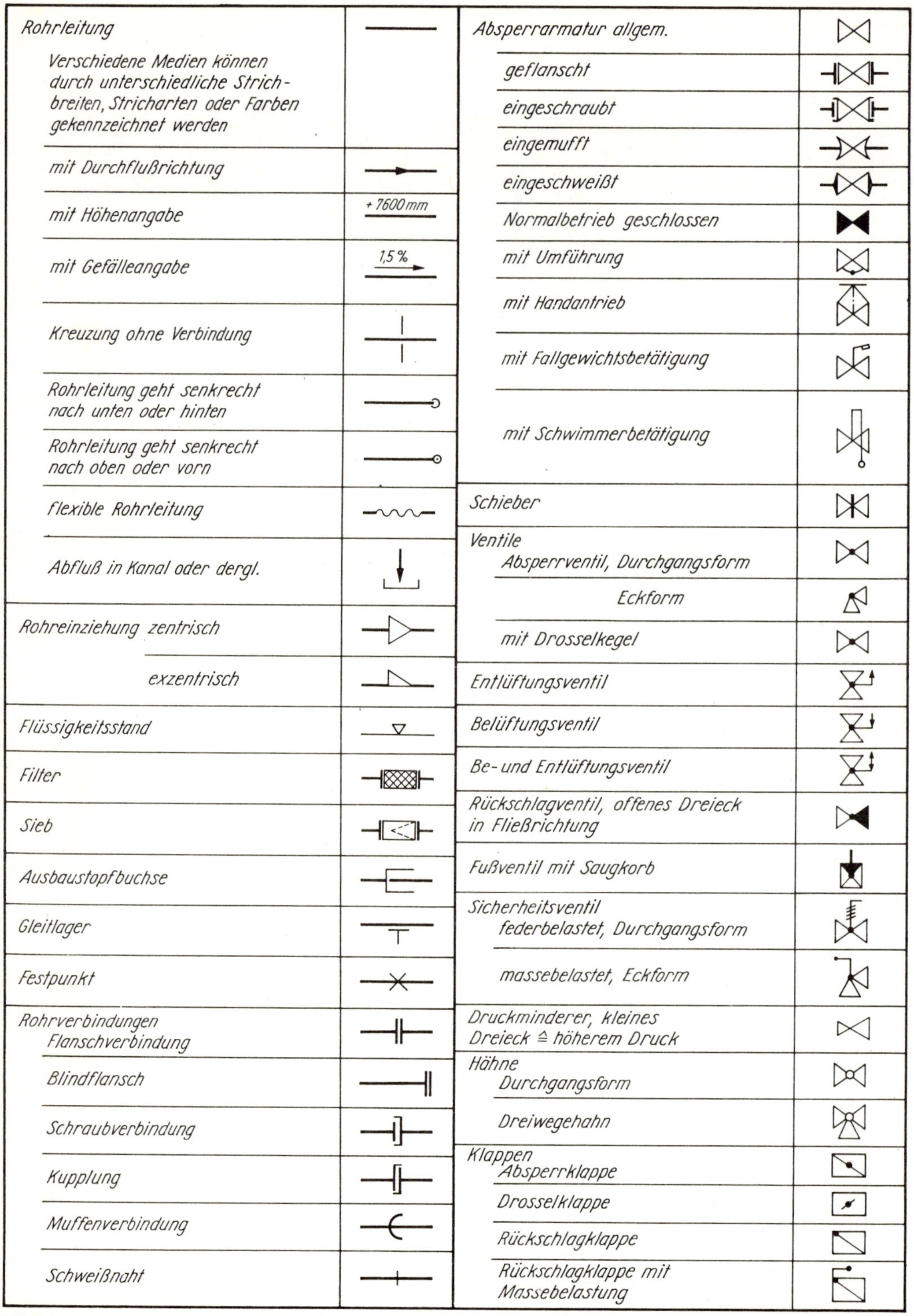

Rohrleitung	———	Absperrarmatur allgem.	⋈
Verschiedene Medien können durch unterschiedliche Strichbreiten, Stricharten oder Farben gekennzeichnet werden		geflanscht	⊢⋈⊣
		eingeschraubt	⊣⋈⊢
		eingemufft	⊃⋈⊂
mit Durchflußrichtung	——→	eingeschweißt	⊣⋈⊢
mit Höhenangabe	+7600 mm	Normalbetrieb geschlossen	▶◀
mit Gefälleangabe	1,5 % →	mit Umführung	⋈
Kreuzung ohne Verbindung		mit Handantrieb	
Rohrleitung geht senkrecht nach unten oder hinten	——○	mit Fallgewichtsbetätigung	
Rohrleitung geht senkrecht nach oben oder vorn	——⊙	mit Schwimmerbetätigung	
flexible Rohrleitung	∿	Schieber	⋈
Abfluß in Kanal oder dergl.	↓	Ventile Absperrventil, Durchgangsform	⋈
		Eckform	
Rohreinziehung zentrisch		mit Drosselkegel	⋈
exzentrisch		Entlüftungsventil	
Flüssigkeitsstand	▽	Belüftungsventil	
Filter		Be- und Entlüftungsventil	
Sieb		Rückschlagventil, offenes Dreieck in Fließrichtung	
Ausbaustopfbuchse		Fußventil mit Saugkorb	
Gleitlager		Sicherheitsventil federbelastet, Durchgangsform	
Festpunkt	✕	massebelastet, Eckform	
Rohrverbindungen Flanschverbindung		Druckminderer, kleines Dreieck ≙ höherem Druck	⋈
Blindflansch		Hähne Durchgangsform	⋈
Schraubverbindung		Dreiwegehahn	
Kupplung		Klappen Absperrklappe	
Muffenverbindung		Drosselklappe	
		Rückschlagklappe	
Schweißnaht		Rückschlagklappe mit Massebelastung	

Bild 11.5 Sinnbilder für Rohrleitungszeichnungen, Auszug aus TGL 12 900/01, April 1974, für Einstrichdarstellung

11. Anhang 643

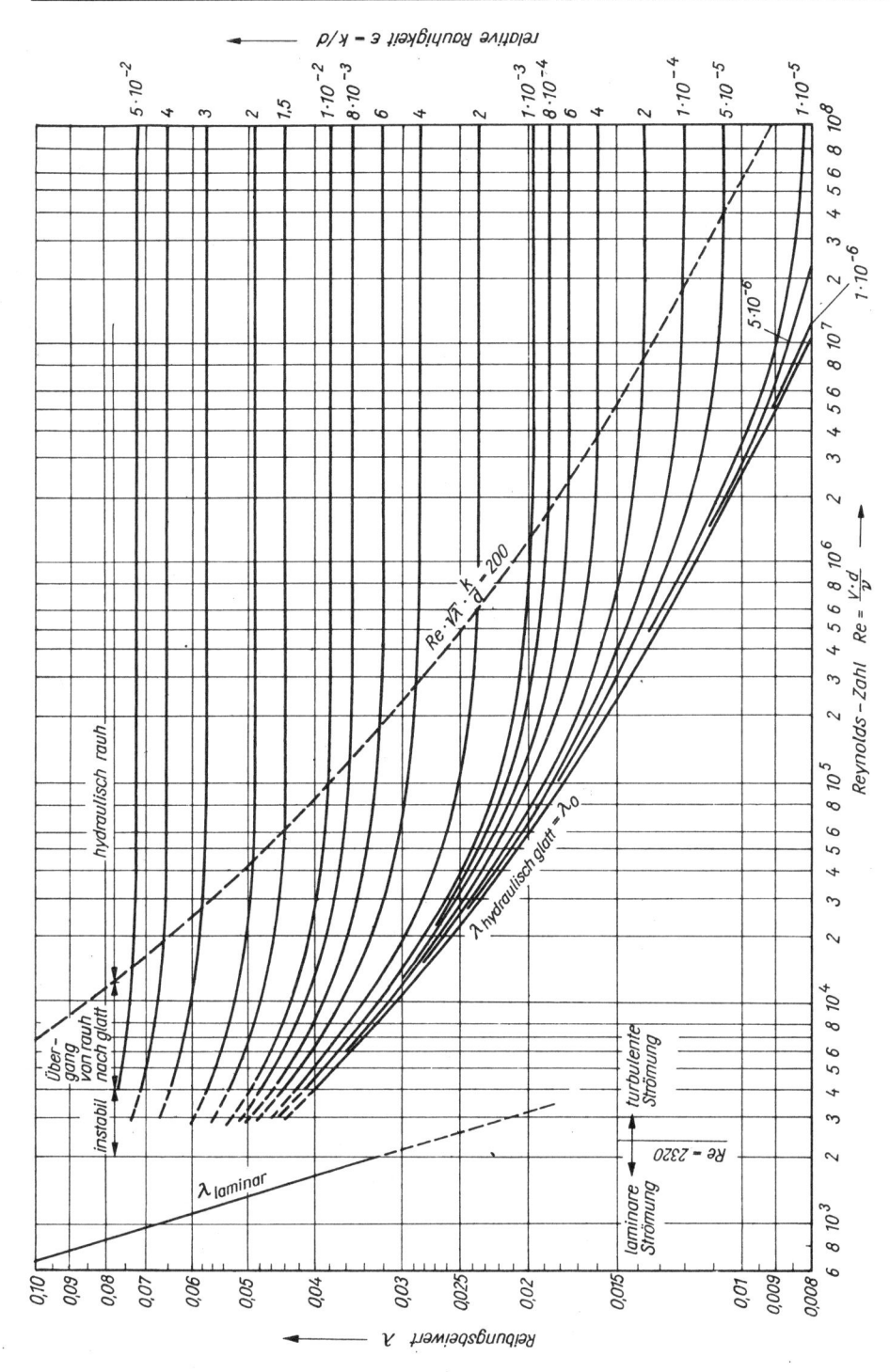

Bild 11.6 Reibungsbeiwert λ für die Rohrreibungsverluste in vollaufenden Kreisprofilen, Gl. (9.23) bis Gl. (9.35)

Trompetenförmiger Einlauf $\xi < 0{,}1$

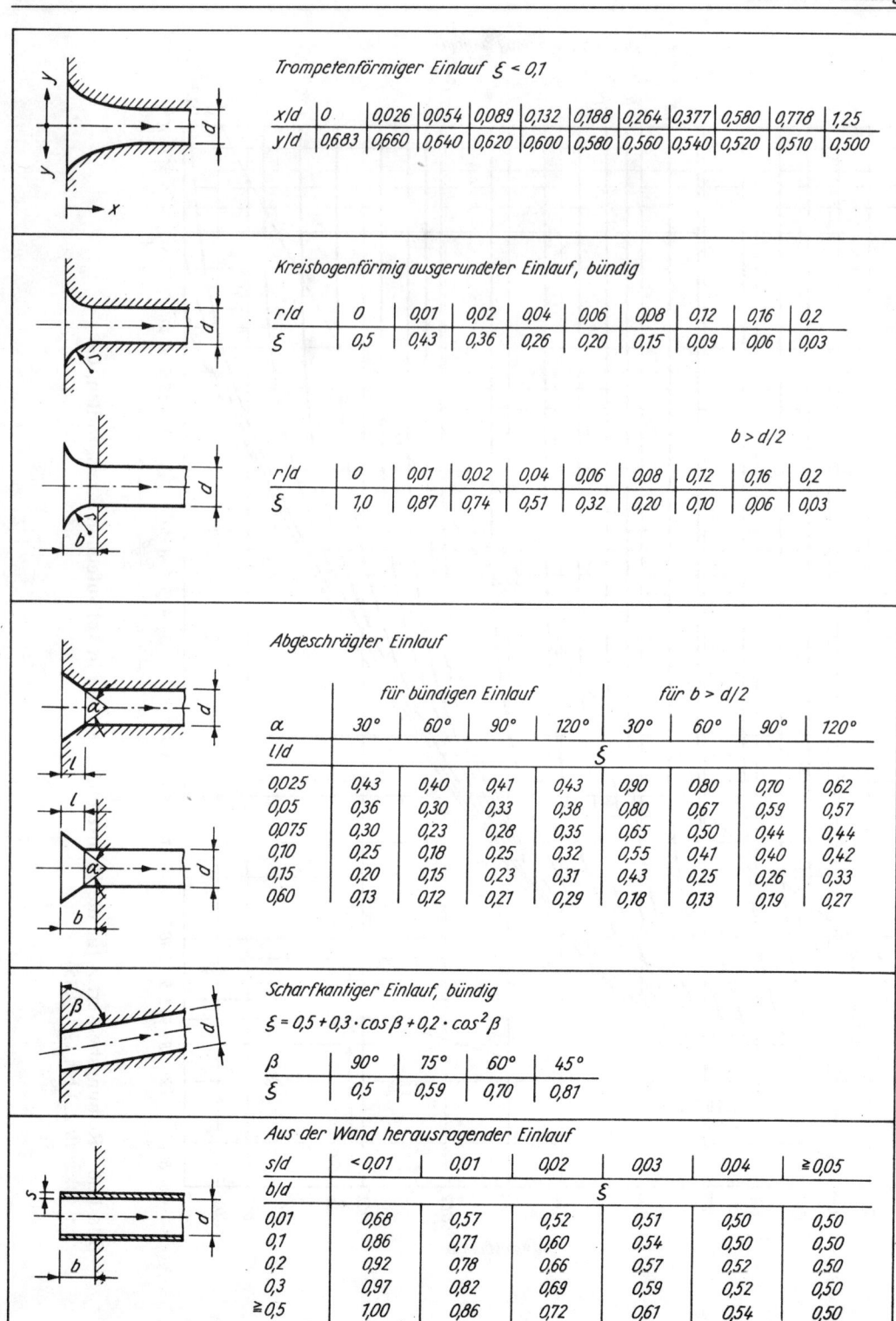

x/d	0	0,026	0,054	0,089	0,132	0,188	0,264	0,377	0,580	0,778	1,25
y/d	0,683	0,660	0,640	0,620	0,600	0,580	0,560	0,540	0,520	0,510	0,500

Kreisbogenförmig ausgerundeter Einlauf, bündig

r/d	0	0,01	0,02	0,04	0,06	0,08	0,12	0,16	0,2
ξ	0,5	0,43	0,36	0,26	0,20	0,15	0,09	0,06	0,03

$b > d/2$

r/d	0	0,01	0,02	0,04	0,06	0,08	0,12	0,16	0,2
ξ	1,0	0,87	0,74	0,51	0,32	0,20	0,10	0,06	0,03

Abgeschrägter Einlauf

	für bündigen Einlauf				für b > d/2			
α	30°	60°	90°	120°	30°	60°	90°	120°
l/d	ξ							
0,025	0,43	0,40	0,41	0,43	0,90	0,80	0,70	0,62
0,05	0,36	0,30	0,33	0,38	0,80	0,67	0,59	0,57
0,075	0,30	0,23	0,28	0,35	0,65	0,50	0,44	0,44
0,10	0,25	0,18	0,25	0,32	0,55	0,41	0,40	0,42
0,15	0,20	0,15	0,23	0,31	0,43	0,25	0,26	0,33
0,60	0,13	0,12	0,21	0,29	0,18	0,13	0,19	0,27

Scharfkantiger Einlauf, bündig

$\xi = 0{,}5 + 0{,}3 \cdot \cos\beta + 0{,}2 \cdot \cos^2\beta$

β	90°	75°	60°	45°
ξ	0,5	0,59	0,70	0,81

Aus der Wand herausragender Einlauf

s/d	<0,01	0,01	0,02	0,03	0,04	≥0,05
b/d	ξ					
0,01	0,68	0,57	0,52	0,51	0,50	0,50
0,1	0,86	0,71	0,60	0,54	0,50	0,50
0,2	0,92	0,78	0,66	0,57	0,52	0,50
0,3	0,97	0,82	0,69	0,59	0,52	0,50
≥0,5	1,00	0,86	0,72	0,61	0,54	0,50

Bild 11.7   Widerstandsbeiwert ζ für Einläufe, gültig für Einläufe in voll gefüllte Rohrleitungen und Kanäle aus Behältern mit Fließgeschwindigkeit im Behälter $v \approx 0$, wirbelfreie Ausströmung, Re > 10^4; Gl. (9.44), nach [9.32]

11. Anhang

Bögen
Verlustbeiwert für die Richtungsänderung (Umlenkverlust)

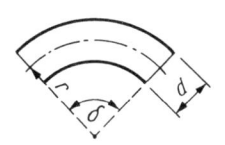

$$\xi_u = \frac{0{,}21}{\sqrt{r/d}}\,(1+10\cdot k/d)\cdot k_\sigma;\ \text{für}\ k/d > 10^{-3}\ \text{ist}\ k/d = 10^{-3}\ \text{einzusetzen}$$

k Rauhigkeitsbeiwert nach Tafel 11.37.

σ	30°	45°	60°	90°	120°	150°	180°
k_σ	0,45	0,63	0,78	1,0	1,17	1,29	1,4

k/d	$4\cdot 10^{-4}$	$6\cdot 10^{-4}$	$8\cdot 10^{-4}$	$\geq 10^{-3}$
r/d	\multicolumn{4}{c}{ξ_u für $k_\sigma = 1{,}0$}			
1,0	0,29	0,34	0,38	0,42
1,5	0,24	0,27	0,31	0,34
3	0,17	0,19	0,22	0,24
4	0,15	0,17	0,19	0,21

Segmentkrümmer TGL 26 8 28
Verlustbeiwert für die Richtungsänderung (Umlenkverlust)
Gültig für $r/d = 1{,}5$ und hydraulisch rauhe Rohre

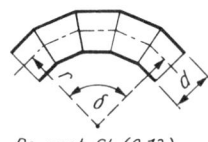

Re nach Gl. (9.13)

σ	$4\cdot 22{,}5°=90°$	$3\cdot 20°=60°$	$2\cdot 22{,}5°=45°$	$2\cdot 15°=30°$
Re	\multicolumn{4}{c}{ξ_u}			
10^4	0,74	0,57	0,44	0,32
$1{,}5\cdot 10^4$	0,56	0,43	0,33	0,24
$\geq 2\cdot 10^5$	0,37	0,28	0,22	0,16

Plötzliche Querschnittserweiterungen
Verlustbeiwert für den "Borda-Carnotschen Stoßverlust"

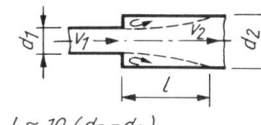

$$\xi_{B;2} = \left(\frac{A_2}{A_1}-1\right)^2 = \left[\left(\frac{d_2}{d_1}\right)^2 - 1\right]^2\quad \text{auf}\ v_2\ \text{bezogen}$$

$$\xi_{B;1} = \left(1-\frac{A_1}{A_2}\right)^2 = \left[1-\left(\frac{d_1}{d_2}\right)^2\right]^2\quad \text{auf}\ v_1\ \text{bezogen}$$

$l \approx 10\,(d_2 - d_1)$

Plötzliche Querschnittsverengungen
Verlustbeiwert auf v_2 bezogen für $Re > 10^4$

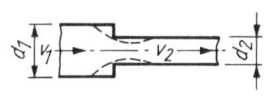

Re nach Gl. (9.13)

A_2/A_1	0,2	0,4	0,6	0,8
ξ_v	0,42	0,34	0,25	0,18

Allmähliche Querschnittserweiterung (Diffusor)
Verlustbeiwert ξ_u für ungestörten Zufluß } auf v_1 bezogen
ξ_g für gestörten Zufluß

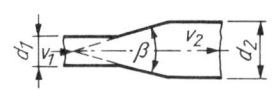

Werte streuen stark!

β	8°		14°		30°		60°	
A_2/A_1	ξ_u	ξ_g	ξ_u	ξ_g	ξ_u	ξ_g	ξ_u	ξ_g
2	0,05	0,09	0,05	0,11	0,12	0,19	0,27	0,34
4	0,09	0,22	0,14	0,30	0,38	0,50	0,56	0,64
6	0,08	0,19	0,14	0,31	0,46	0,59	0,69	0,79

Allmähliche Querschnittsverengung (Konfusor)
Verlustbeiwert auf v_2 bezogen

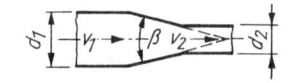

$\beta \leq 15°;\quad \xi \approx 0{,}09$
$15° < \beta < 40°;\quad \xi \approx 0{,}04$
$40° < \beta < 60°;\quad \xi \approx 0{,}06$

Bild 11.8 Widerstandsbeiwert ζ für Bögen, Segmentkrümmer und Querschnittsänderungen, Gl. (9.44), nach [9.32]

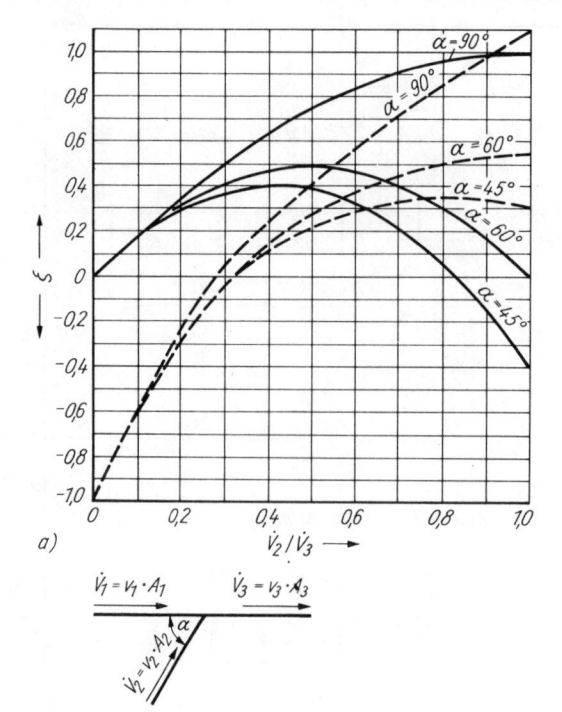

Widerstandsbeiwert ζ bezogen auf v_3

$$\zeta_{1,3} = \left(1 - \frac{A_3}{A_1}\right)^2 - 2 \cdot \frac{A_3}{A_1}\left(\frac{A_3}{A_1} - 2\right) \cdot \frac{\dot{V}_2}{\dot{V}_3} + \frac{A_3}{A_1}\left[\frac{A_3}{A_1} - 2\left(1 + \frac{A_1}{A_2} \cdot \cos\alpha\right)\right] \cdot \left(\frac{\dot{V}_2}{\dot{V}_3}\right)^2$$

$$\zeta_{2,3} = 1 - 2 \cdot \frac{A_3}{A_1} + 4 \frac{A_3}{A_1} \cdot \frac{\dot{V}_2}{\dot{V}_3} + \frac{A_3}{A_2} \cdot \left[\frac{A_3}{A_2} - 2\left(\frac{A_2}{A_1} + \cos\alpha\right)\right] \cdot \left(\frac{\dot{V}_2}{\dot{V}_3}\right)^2$$

——— $\zeta_{1,3}$ für Strecke 1-3

– – – $\zeta_{2,3}$ für Strecke 2-3; positive Werte nach Idelčik mit 0,55 multipliziert [9.32]

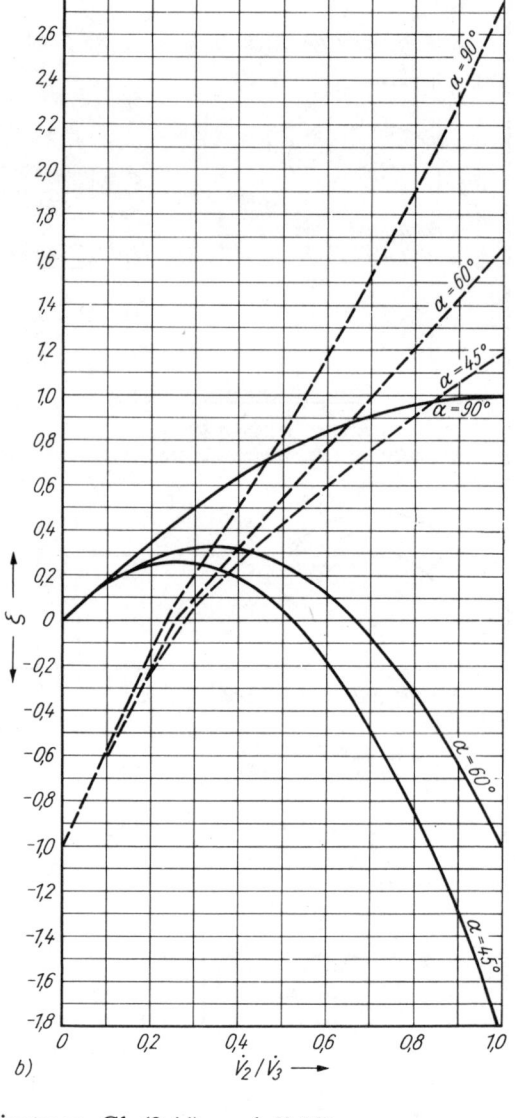

Bild 11.9 Widerstandsbeiwert ζ für Stromvereinigungen, Gl. (9.44), nach [9.32]
  a) für $A_1 = A_2 = A_3$
  b) für $A_1 = A_3$; $A_2 = A_1/2$

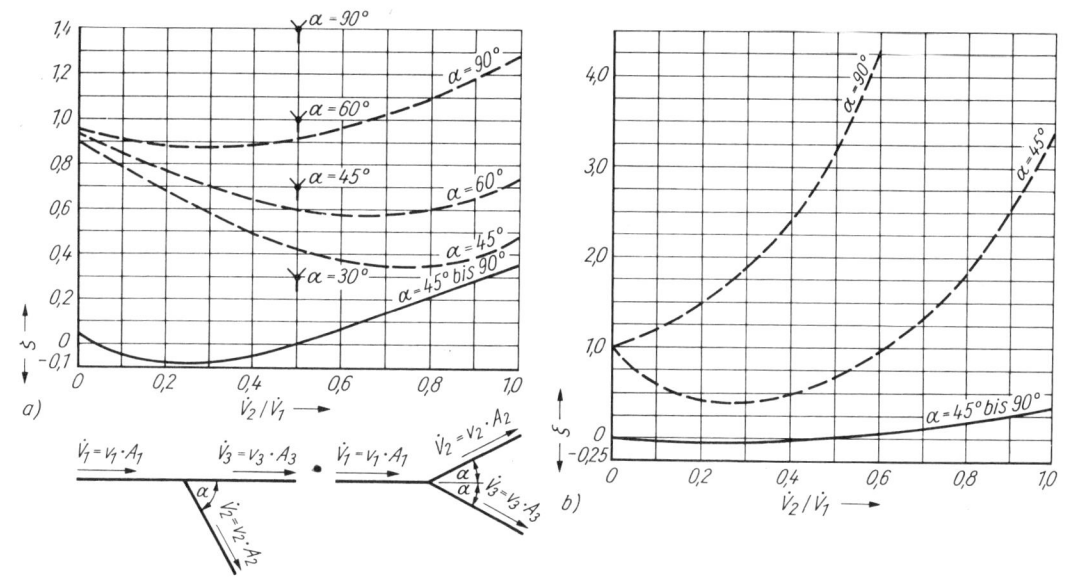

11. Anhang 647

Widerstandsbeiwert ξ bezogen auf v_1
—————— $\xi_{1,3}$ für Strecke 1-3
– – – – $\xi_{1,2}$ für Strecke 1-2
Y ξ für Hosenrohr bzw. T-Stück

Bild 11.10 Widerstandsbeiwert ζ für Stromtrennungen, Gl. (9.44), nach [6.1], [9.32], (9.42)
        a) für $A_1 = A_2 = A_3$
        b) für $A_1 = A_3$; $A_2 = 0{,}34\,A_1$

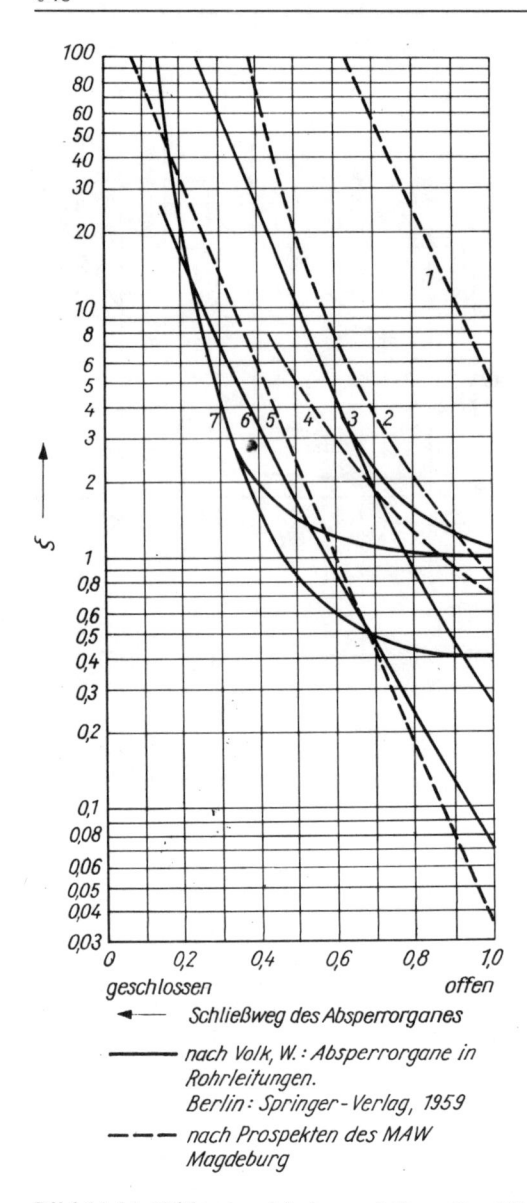

Bild 11.11 Widerstandsbeiwert ζ für teilgeöffnete Absperrarmaturen, Gl. (9.44)
  1 Ringkolbenventil DN 500 mit Drosselschlitzen
  2 Absperrklappe DN 500
  3 Drosselklappe
  4 Ringkolbenventil DN 500
  5 Flachschieber DN 500
  6 Keilovalschieber
  7 Regulier-Ringkolbenventil

11. Anhang

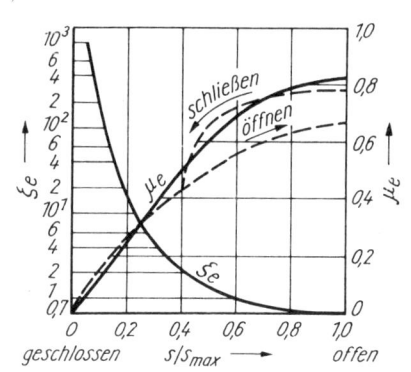

Druckverlusthöhe h für
- Ringkolbenventil in Druckrohrleitung

$$h = \zeta \cdot \frac{v^2}{2g} \quad \text{mit} \quad \zeta = \zeta_e \cdot \frac{1}{m^2}$$

- Ringkolbenventil am Auslauf

$$v = \mu \cdot \sqrt{2g \cdot h}$$

$$h = \frac{v^2}{\mu^2 \cdot 2g} \quad \text{mit} \quad \mu = \mu_e \cdot m$$

—— Ausfluß unter Wasser
--- Ausfluß in Luft

Nennweite DN	150	200	250	300	400	500	600	800	1000	1200	1800	2000
$m = A_{RKV}/A_{DN}$	0,73	0,72	0,80	0,81	0,64	0,77	0,87	0,87	0,73	0,84	0,54	0,69
$1/m^2$	1,87	1,92	1,58	1,52	2,43	1,69	1,32	1,33	1,87	1,42	3,42	2,10

Bild 11.12 Widerstandsbeiwert ζ und Ausflußbeiwert μ für teilgeöffnete Ringkolbenventile, Ausführung ohne Drosselschlitze, mit Kurzdiffusor, Gl. (9.44) bzw. Gl. (9.141), nach [9.32]

h Druckverlusthöhe in m
v Fließgeschwindigkeit in m/s auf die Nennweite bezogen
g Erdbeschleunigung in m/s²
ζ_e Widerstandsbeiwert für $m = 1$
μ_e Ausflußbeiwert für $m = 1$
m Einschnürungsverhältnis des Ringkolbenventiles, für Ringkolbenventile des MAW Magdeburg siehe Tafel
A_{RKV} Fläche des Ringkanales des voll geöffneten Ringkolbenventiles
A_{DN} Fläche der Anschluß-Nennweite
s/s_{max} Öffnungsgrad des Ringkolbens, bezogen auf den Schließweg s

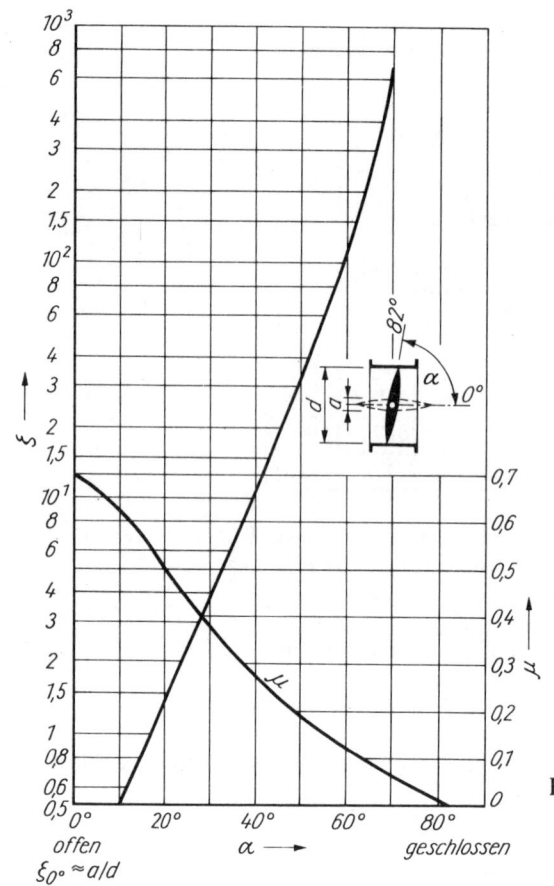

Bild 11.13 Widerstandsbeiwert ζ und Abflußbeiwert μ für teilgeöffnete Drosselklappen, Gl. (9.44) bzw. Gl. (9.141), nach [9.32]

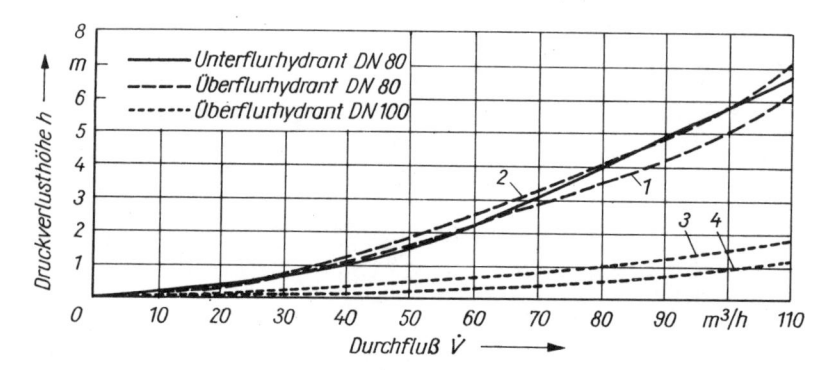

Bild 11.14 Druckverlust in Hydranten, Werte einschließlich des Fußkrümmers
    1 zwei C-Schlauch-Abgänge
    2 B-Schlauch-Abgang
    3 zwei B-Schlauch-Abgänge
    4 A-Schlauch-Abgang

11. Anhang

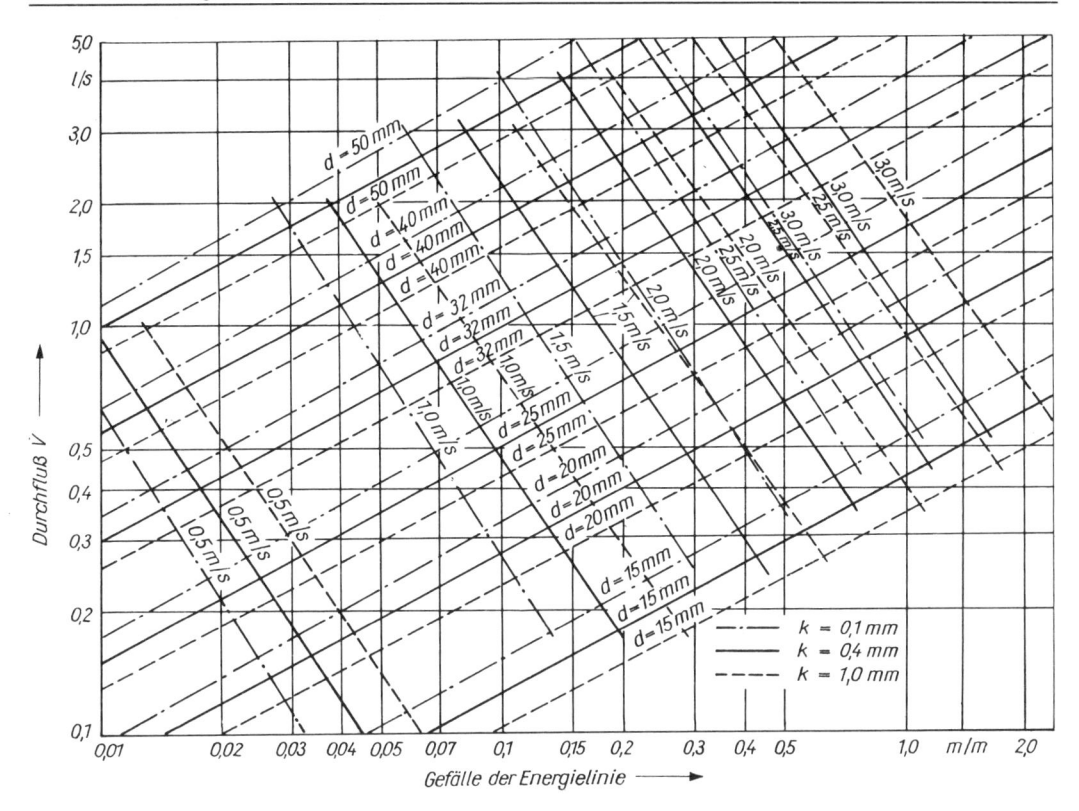

Bild 11.15 Reibungsverluste in Druckrohrleitungen $d = 15$ mm bis 50 mm, nach *Prandtl, v. Karman, Colebrook*, Gl. (9.30) bis Gl. (9.35), für $\nu = 1{,}206 \cdot 10^{-6}$ m²/s

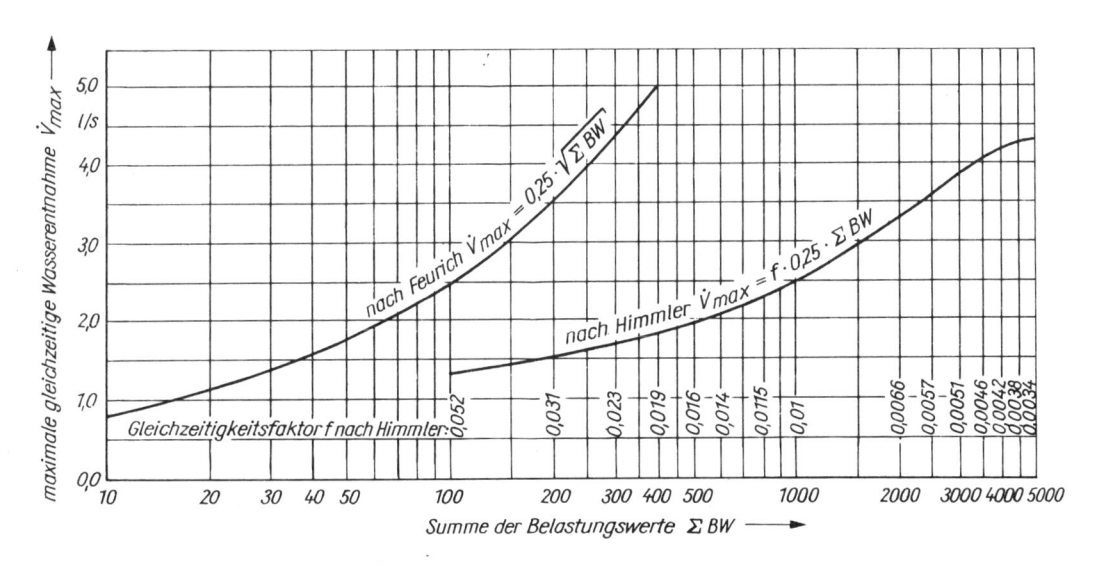

Bild 11.16 Spitzen-Wasserbedarf kleiner Versorgungsgebiete, Grundlage für die Bemessung von Hausanschluß- und Verbrauchsleitungen, nach *Feurich* [9.8], entspricht DVGW Arbeitsblatt W 308, und nach Meßwerten von *Himmler* [9.19], Belastungswerte siehe Tafel 11.42

Für teilgefülltes Kreisprofil

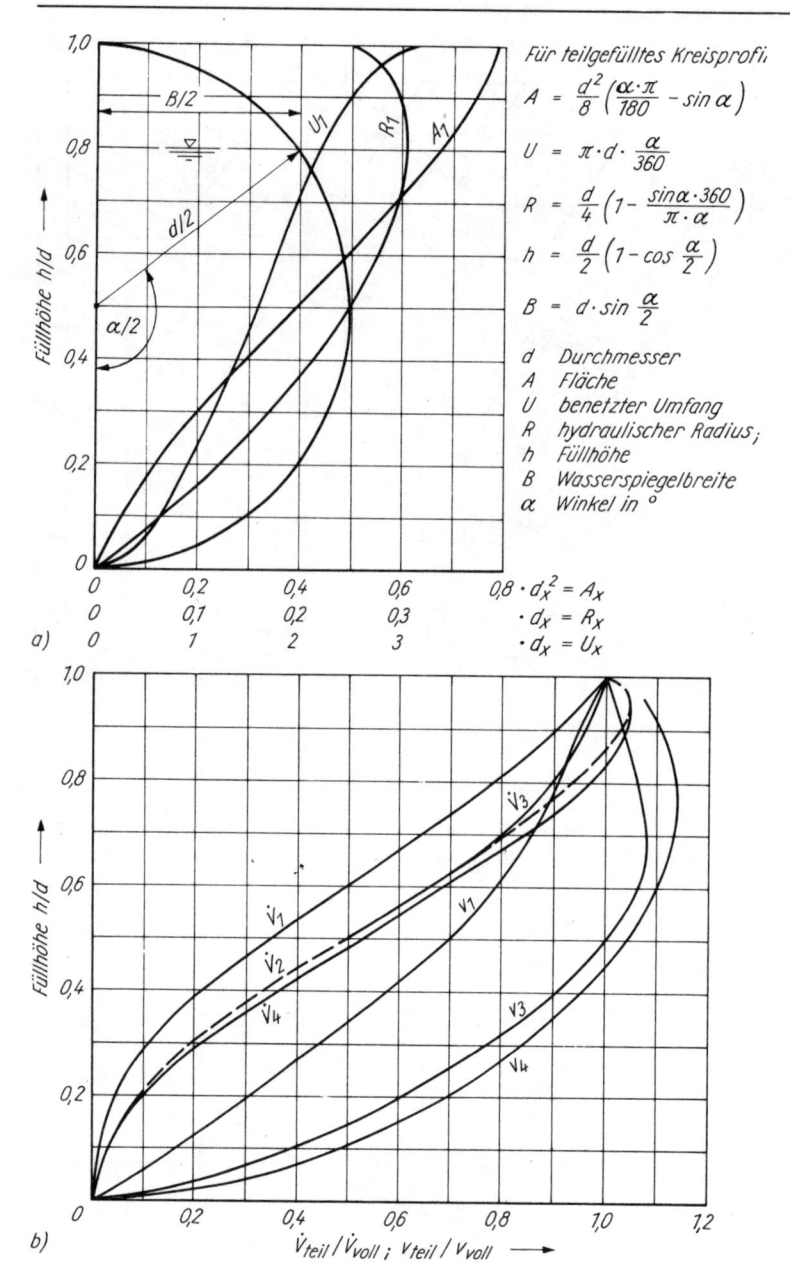

$$A = \frac{d^2}{8}\left(\frac{\alpha \cdot \pi}{180} - \sin \alpha\right)$$

$$U = \pi \cdot d \cdot \frac{\alpha}{360}$$

$$R = \frac{d}{4}\left(1 - \frac{\sin\alpha \cdot 360}{\pi \cdot \alpha}\right)$$

$$h = \frac{d}{2}\left(1 - \cos\frac{\alpha}{2}\right)$$

$$B = d \cdot \sin\frac{\alpha}{2}$$

d   Durchmesser
A   Fläche
U   benetzter Umfang
R   hydraulischer Radius;
h   Füllhöhe
B   Wasserspiegelbreite
α Winkel in °

Bild 11.17 Füllhöhenkurven für das Kreisprofil
   a) Geometrie des teilgefüllten Kreisprofiles,
   b) Durchfluß und Fließgeschwindigkeit (Schlüsselkurven)
   1 gemessene Werte nach [9.52]:
   2 theoretisch nach Gl. (9.35)
   3 korrigierte theoretische Werte nach [9.22]
   4 gemessene Werte an einer Rohrleitung $d = 300$ mm nach [9.34]

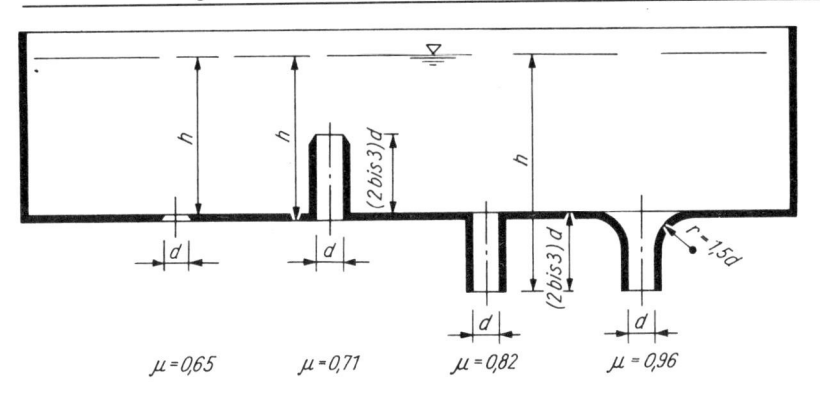

Bild 11.18 Ausflußbeiwert μ für Ausfluß aus Gefäßen, Gl. (9.141), (9.142), (9.145) bis Gl. (9.147), nach [9.32]

Sachwörterverzeichnis

Abdrehen des Laufrades 345
Abfluß 62
Abflußspende 63
Abschalten von Pumpen 356
Abschalten von Verdichtern 395
Absenkung 78, 80
Absperrarmaturen 455, 495
Absperrklappen 461
Abzugsrinnen 581
Accelator 248
Adiabatische Zustandsänderung 389
Adsorption 169
Adsorptionsverfahren 210
Aktivkohle 211, 265, 287, 615
Aluminiumsulfat 186, 615, 616
Ammoniak 150, 615
Anbohrschellen 470
Anfahren von Pumpen 356, 403
Anfahren von Verdichtern 395, 403
Anionenaustausch 205
Anlaufmoment von Pumpen und Verdichtern 403
Anschwemmfilteranlage 174, 260
Ansetzgefäß 285
Äquivalente Rohrlänge 545
Armaturen 455, 619, 633, 648
Asbestzementrohre 445, 628
Aufbereitungsvarianten 295
Aufdruck 533
Aufkochentgaser 282
Aufsatzrohr 101, 103
Aufstau durch Einbauten 578
Auftrieb 534
Ausbaugröße 22
Ausbaustopfbuchsen 472
Ausfluß aus Öffnungen 587
Ausschaltdruck 363, 366
Automatisierung bei Chemikaliendosierung 288
Axialradpumpe 303, 315
Axialschub 319

Bachwasser 46
Bahnkreuzungen 492
Bakteriologische Beschaffenheit 158
Bauweise für Bohrbrunnen 114
Bauweise für Horizontalfilterbrunnen 59, 114
Bedienungs- und Wartungsaufgaben 27, 298, 382, 436
Behältergröße 414
Behältergrundrißformen 418
Belastungswerte 636
Bernoulli-Gleichung 537
Beschaffenheitsklassen 144
Beschleunigungshöhe 336, 356
Bestellangaben für Pumpen 375
Bestellangaben für Verdichter 401
Betonrohre 446
Betriebsdruck 441
Betriebsüberwachung 298, 382
Betriebswasserbedarf 41
Betriebswasserkreisläufe 18, 43
Betriebswasserqualität 159
Betriebswasserversorgung 41
Betrieb von Wasseraufbereitungsanlagen 298
Betrieb von Wasserfassungsanlagen 135
Betrieb von Wasserversorgungsanlagen 25
Be- und Entlüftungsventile 470, 489
Bewegungsarten 535
Blähton 260
Bodenarten 65
Bohrbrunnen 58
Bohrbrunnenausbau 58, 96
Bohrbrunnenberechnung 76
Bohrtechnik, Bohrverfahren 94
*Boyle-Mariotte*sches Gesetz 361, 389
Brahms und *de Chezy* 538
Brechpunktchlorierung 219
Brunnenergiebigkeit 80
Brunnenfassungsvermögen 84
Brunnenfilterrohre 97
Brunnenkopf 100
Brunnenvorschacht 100

12. Sachwörterverzeichnis

Chemikalien 615
Chemikalienaufbereitung 284
Chemikaliendosierung 274, 287
Chemische Entgasung 223
Chemische Entsäuerung 207
Chemische Stabilisierung 169
Chlor 608, 615
Chloraminverfahren 218
Chloranlagen 266
Chlordioxid 267
Chlordioxidanlagen 267
Chlorgas-Verfahren 217
Chlorzehrung 218
Colebrook 540, 549, 630, 651
Colititer 158
Cross 562
Cumasina 220

Dampfdruck der Luft 610
Dampfdruck des Wassers 335, 607
Dampfumformer 222, 282
Darcy 78, 539
Deckschichten 122
Dehnungsstopfbuchsen 472
Desinfektion 165, 217, 265, 520
Destillation 226
Diagonalradpumpe 303, 315, 317
Diaphragmapumpen 309
Dichte der Luft 610
Dichte des Wassers 607
Dichte von Gasen 608
Dickstoff-Kreiselpumpen 323
Differentialkolbenpumpen 304
Direkte Förderung von Pumpen ins Versorgungsnetz 368, 371
Dosierpumpen 307, 374
Drehfilter 240
Drehzahlregelung 343, 373, 374
Drosselkurve 314, 567, 570
Drosseln von Kreiselpumpen 341
Druckabhängige Pumpenschaltung 361, 368
Druckbelüftung 172, 234, 400
Druckdifferenz 366
Druckeinheiten 610
Druckerhöhungsstation 353, 365
Druckfilter 255
Druckkessel 361
Druckleitungen 381, 439, 539
Drucklinie 537
Druckluftanlagen 399
Druckluftkessel 396
Druckluftsperrventil 365, 367, 472
Druckmesser 484
Druckminderer 465

Druckprüfung 519
Druckregler 465
Druckrohrleitungen 381, 439, 539
Druckstoß 590
Druckstoßkessel 593
Druckwindkessel 348, 407
Druckzonen 507
Düker 438, 499
Duktile Gußrohre 441, 623, 689
Durchbiegung von Rohrleitungen 515
Durchflußabhängige Pumpenschaltung 369, 373
Durchflußmeßregeln 480
Durchflußmessung 475, 480
Durchgangsbehälter 413

Einkornfilter 97
Einschaltdruck 363, 366, 412
Einschlußflockung 185
Einstufenfilter 255
Einzelverluste in Rohren 544
Einzugsgebiet 62
Eisenchlorid 615, 616
Eisen im Wasser 150
Eisensulfat 615, 616
Elektrische Antriebe für Pumpen und Verdichter 401
Elektrodialyse 225
Energielinie 537
Entlüftung von Rohrleitungen 488
Entmanganung 198
Entaktivierung 227
Enteisenung 192
Enthärtung 200, 269
Entkarbonisierung 200, 269
Entleerung von Rohrleitungen 493
Entsalzung 203, 224, 273
Entölung 223
Entsandung von Bohrbrunnen 129
Entspannungsfaktor 398
Entwurf 23
Erdhochbehälter 413, 417
Ergiebigkeit von Bohrbrunnen 80
Etagenabsetzbecken 243
Evaporation, Evapotranspiration 71

Farbe des Wassers 147
Fassungsvermögen 84
Fassungszone 121
Fernwasserleitungen 438, 627
Feuerlöschwasser 40, 558
Filterablaufregelung 253, 468
Filteranlagen 250
Filterboden 103, 251, 252
Filtergewebe 100

Filterkerzen 259
Filterkies 100, 178
Filteroptimierung 181
Filterrohre 97
Filterspülabwasser 289
Filterspülung 181, 250, 258
Filtertheorie 179
Filterwiderstand 92, 180
Filtratgüte 181
Filtration 169
Fittings 454
Flansche 451, 626
Fließformen 535, 540
Fließgeschwindigkeiten 560, 627
Fließwechsel 580
Flocker 246
Flockulation 185, 189
Flockung 169, 183
Flockungsbecken 242
Flockungsfiltration 190
Flockungsverfahren 183, 190
Flockungsversuche 189
Flügelpumpen 309
Flügelradzähler 478, 620
Fluktuierende Wassermenge 362, 415
Fluorierung 227
Flüssigkeits-Luft-Spiralpumpen 322
Flüssigkeitsringgebläse 384, 387
Flygt-Pumpen 324
Förderdruck von Verdichtern 384, 391, 393
Förderhöhe 305, 312, 322
Förderung in Speicherbehälter 358, 571
Formstücke 453, 640, 645
Francisrad 317
Freibauweise 256, 295
Freispiegelkanäle 575, 577, 637
Freispiegelleitungen 438, 575, 652
Freistrompumpen 324
Fülleitung 169

Gasaustausch 169, 232
*Gay-Lussac*sches Gesetz 390
Gebietsversorgungsplan 20
Gebläse 384, 403
Gegenbehälter 413, 414, 429
Geruch und Geschmack des Wassers 147, 210
Gesamtkeimzahl 159
Gewebefilter 100
Glasfaserverstärkte Kunststoffrohre 450
Gleichförmige Bewegung 535, 547
Gleichgewichts-pH-Wert 157
Gleichzeitigkeitsfaktor 556, 637
Graphische Verfahren zur Berechnung hydraulischer Systeme 570

Gravitationsleitung 438
Grenzfilterwiderstand 181
Grobfilter 239
Grundwasser 143
Grundwasseranreicherung 119, 214, 267
Grundwasserbeobachtungsrohre 75
Grundwasserbewirtschaftung 62, 135
Grundwasserergiebigkeit 80
Grundwassergeschwindigkeit 63
Grundwasserhöhengleichen 76
Grundwasserneubildung 62
GUP-Rohre 450
Gußeiserne Rohre 441, 623

Hähne 455
Halbgebrannte Dolomite 195, 208
Haltedruck 333, 335
Härte des Wassers 151
Härteschlupf 205
Härteverschmutzung 206
Häufigkeitsverteilung des Wasserbedarfes 39, 358
Hauptleitungen 438
Hausanschlüsse 438, 474, 496, 574, 651
Heberentlüftung 502
Heberleitungen 438, 501, 627
Hintereinanderschalten von Pumpen 353
Hochbehälter 412, 415
Hochdruckformel 391
Horizontalfilterbrunnen 59, 114
Hubkolbenpumpen 302
Hubkolbenverdichter 385
Hydranten 472, 495, 550, 650
Hydraulik 529
Hydraulisch glatt 536, 540
Hydraulisch rauh 536, 540
Hydraulischer Radius 177, 535
Hydraulischer Wirkungsgrad 176
Hydrazin 224
Hydrodynamik 535
Hydrogenkarbonatspaltung 201
Hydroglobus 435
Hydrophoranlagen 361
Hydrostatik 530
Hygienische Anforderungen 161
Hypochloritverfahren 220

Induktive Durchflußmesser 484
Inkrustation von Brunnenfiltern 124
In-line-Pumpen 328
Instationäre Strömung 535, 589, 590, 647
Intensivbelüftung 233
Ionenaustausch 169
Ionenaustauscheranlagen 270

12. Sachwörterverzeichnis

Ionenaustauschermaterial 277
Ionenaustauscherverfahren 204, 224
Ionenprodukt 154, 607
Ionenstärke 156, 611
Isobare Zustandsänderung 389
Isochore Zustandsänderung 389
Isotherme Zustandsänderung 389

Kaliumpermanganat 214, 615
Kalk 615, 616
Kalk-Kohlensäure-Gleichgewicht 155
Kalkmilch 286, 616
Kalksättiger 286
Kalk-Soda-Verfahren 201, 270
Kalkwasser 286
Kanalrad 325
Kapselpumpen 311
Karstquelle 50
Kationenaustausch 204
Kennfeld von Kreiselpumpen 344
Kennlinienüberlagerung 347, 570
Kerzenfilter 259
Kesselspeisewasser 614
Kesselspeisewasserkreislauf 283
Kesselwasser 614
Kiesfilterbrunnen 103
Kinematische Zähigkeit 529, 607, 610
Klappenschlag 465, 593
Koagulation 185
Kohlensäure 148
Kolbenpumpen 302, 335
Kolbenverdichter 384
Kolmation 89, 118
Kompressorschaltung 367
Kontakt-Flocculator 248
Kontinuitätsgleichung 536
Korngrößenanalyse 64
Korngrößenverteilung 65, 179
Korrosion 123, 162
Korrosionsschutz 163, 207, 505
Kreiselradpumpen 311
Kreiselradverdichter 384, 387
Kreiskolbengebläse 384, 387
Kreiskolbenpumpen 311
Kreislaufkühlung 43
Kühlwasser 613
Kühlwasserkreislauf 43
Kupfersulfat 615
Kupplungsleistung der Pumpen 401
Kupplungsleistung der Verdichter 402, 639
Kurzschlußströmung 176
k_f-Wert 63, 78

Lagerungsart erdverlegter Rohre 513

Laminares Fließen 535, 539
Längsschnitte von Rohrleitungen 486
Laufrad 315
Laufradzellenspülung 322
Leistungsbedarf von Pumpen 401
Leistungsbedarf von Verdichtern 402, 639
Leistungsrückgang von Wasserfahrzeugen 124
Leitapparate 319
Leitfähigkeit 148
Liefergrad 305, 321
Löschwasserbedarf 40
Löschwasserbehälter 412, 431
Löslichkeit 170, 675
Luft 390, 610
Luftdruck 611
Luftleitungen 391
Luftventile 470, 488
Luftzumischer 234

Mangan im Wasser 150
Manning, Gauckler, Strickler 538, 576, 577, 629
Manometer 484
*Mariotte*sches Gefäß 534
Meerwasser 143, 617
Meerwasserentsalzung 224
Mehrschichtfilter 182
Mehrschichtfiltration 260
Membran-Absperrarmaturen 463
Membrandurchflußmesser 482
Membranpumpen 309
Meßblenden 481
Meß- und Signaleinrichtungen 382
Meßrohre 586
Mikrosiebanlagen 237
Mikroverunreinigungen 213, 263
Mischbettaustauscher 273
Mischeinrichtungen 268
Motoren 406
Muschelschaubild von Kreiselpumpen 344

Naßbunkerung 284
Natriumbikarbonat 615
Natriumhypochlorit 615
Natriumhypochloritanlagen 266
Natriumsilikat 615
Natronlauge 615, 616
Nenndrücke 441, 619
Nennweiten 440, 618
Niederdruckformel 393
Niederschlag 62
Niederschlagsmessung 142
Nitrateliminierung 228

Normzustand eines Gases 389
NPSH 333, 335

Oberflächenwasser 143
Offene Gerinne 575, 637
Organische Wasserinhaltsstoffe 152
Oxydationsverfahren 212
Ozon 212, 220, 263

Parallelbetrieb von Pumpen 346
Parallelleitungen 553
Peripheralradpumpen 321
PE-Rohre 447, 625
Pflanzenbecken 267
Phosphatimpfung 210
pH-Wert des Wassers 154
pH-Wertregelung 374
Planung, wasserwirtschaftliche 20
Plastrohre 447, 624, 625
Plattenabscheider 177
Pneumatische Kalkförderung 400
Poiseuille und *Hagen* 539
*Poisson*sche Gleichung 390
Polsterrohrdüse 252
Polytropische Zustandsänderung 389, 390
Poncelet-Überfall 587
Porenanteil, Porenraum 73
Porenziffer 90
Prandtl und *v. Kàrmàn* 540, 630, 651, 713
Probedruck 441
Probenentnahme 64, 165
Profildurchlässigkeit 63, 79
Propellerpumpe 315
Prüfdruck 441, 520
Pufferung des Wassers 155
Pulsator 246
Pumpen 302
Pumpenanlagen 330, 376
Pumpenfundamente 380
Pumpengehäuse 319
Pumpenhauptgleichung 313
Pumpenkennlinie 306, 314, 567, 570
Pumpenrückschlagorgane 465
Pumpenstaffelung 356
Pumpensteuerung 356
Pumpenwart 358
Pumpwerke 330, 376
PVC-Rohre 447, 624

Quellfassungen 52
Quellwasser 143

Radialpumpe 317, 331, 373
Rauhigkeitsbeiwert 539, 541, 629, 630, 695

Rechen 236, 578
Rechteckige Absetzbecken 242
Regeln von Kreiselpumpen 341
Regelung von Verdichtern 395
Regenerieren von Wasserfassungen 126
Regenerierung von Ionenaustauschern 206, 271
Regenwassergewinnung 49
Reibungsverluste 539, 543, 651
Reibungsbeiwert λ 536, 539, 643
Reihenrührwerke 189
Rekarbonisierung 203
Reynolds-Zahl 535
Rezirkulator 249
Rieselentgaser 282
Ringkolbenventile 456
Ringkolbenzähler 476, 620
Ringleitungen 551, 562
Ringnetze 439, 562
Ringwaage 482, 485
Rohrabsetzbecken 244
Rohrbruchsicherung 463, 505
Rohrbruchsuche 525
Rohrbrücken 499
Rohrgitterkaskade 232
Rohrgraben 516
Rohrleitungen 438, 485, 516, 523, 541
Rohrleitungsbau 516
Rohrleitungsgefälle 486
Rohrleitungskennlinie 570
Rohrleitungswiderlager 508
Rohrmischung 268
Rohrnetzberechnung 55
Rohrnetze 439
Rohrnetzkennlinie 574
Rohrnetzuntersuchung 568
Rohrpumpen 328
Rohrreinigung 520, 524
Rohrreibungsverluste 543, 651
Rohrüberdeckung 486, 621
Rohrverbindungen 442, 444, 445, 447, 449, 451
Rohrverlegung 518
Rohrwerkstoffe 441, 443, 445, 446, 447, 621, 628
Rohrzwangsmischer 269
Rotamesser 483
Rückflußverhinderer 463
Rückschlagklappen 463, 619
Rückspülung von Filtern 250, 258
Rückstau 579
Rührwerke 242

Salzsäure 615, 616
Sammelkanäle 504

12. Sachwörterverzeichnis

Sandfänge 239
Sanierung von Rohrleitungen 525
Saprobienstufen 158
Sauerstoff 149
Saughöhe 334
Saugkanal 380
Saugleitungen 380, 672
Saugspülbohrungen 95
Saugwindkessel 303, 306
Säureimpfung 270
Säurekreiselpumpen 323
Schachtbrunnen 58
Schallschutz 400
Schalthäufigkeit 359, 366
Schaltkessel 361, 395
Schaltung von Pumpen 356
Schaltwasserstände in Behältern 359
Schichtquelle 50, 53
Schieber 347, 455; 495, 619
Schieberkammer 427
Schießen 536, 580
Schlammbehandlungsanlagen 289
Schlammkontaktanlagen 244, 247
Schlammräumung 242
Schlauchleitungen 546
Schlitzfilterlochung 97
Schmutzwasserpumpen 323
Schnellentkarbonisierung 270
Schnellfilter 250
Schraubenpumpen 311
Schraubenradpumpe 317
Schubkurbel 340
Schutzabschaltungen 357
Schutzschichtbildung 162, 207
Schwebefilter 244
Schwefelsäure 615, 616
Schweißverbindungen 443, 449, 451
Schwerkraftfilter 261
Schwimmermesser 482, 485
Schwimmerventil 468
Schwimmkronfilter 262
Schwimmkörper 534
Schwingungsisolatoren 380
Sedimentation 169, 174
Seewassergewinnung 48
Seitenkanalpumpen 321
Sekundärfilterschicht 178
Selbstansaugende Kreiselradpumpen 321, 331
Selektivität 205
Sicherheitsventile 468
Sickerleitungen 59
Sicherstrecke, geohydraulische 79
Siebanalyse 65, 178
Siebbandanlagen 237

Sieben 169, 173
Siebtrommeln 237
Sinkgeschwindigkeit 175
Sodaspaltung 202
Spaltdruck 319
Spaltverlust 319
Spannbetonrohre 446
Speicherung von Chemikalien 284
Sperrmittel 320
Sperrschloßleitung 316, 320
Spezifische Drehzahl 315
Spezifische Förderarbeit 305
Spindelpumpen 311
Spülbohrverfahren 95
Spülung von Rohrleitungen 493, 520
Stabilität der Strömung 177
Stahlbetonrohre 446
Stahlfilterrohre 97
Stahlrohre 443, 622
Standrohrspiegel 75
Standzylinder 176
Stationäre Strömung 535, 539, 575
Statische Berechnung von Rohrleitungen 508
Stauquelle 50
Steinzeugfilterrohre 97, 103
Steinzeugrohre 450
Sternradpumpen 321
Stickstoffverbindungen im Wasser 150
Stipix 615
Stoßchlorung 218
Stoßverlust 314
Strahlpumpen 328
Straßenkreuzungen 497
Strömen 535, 536, 580
Stürzende Bewegung 535
Stützweite von Rohrleitungen 515
Suffosion 84
Suspensionsfiltration 178

Tauchverdampfer 283
Technologischer Längsschnitt 294
Temperaturspannungen in Rohrleitungen 514
Thermische Entgasung 221, 281
Thermische Wasseraufbereitungsanlagen 281
Thermodynamische Grundlagen 389
Tiefbehälter 413, 414, 416
Tiefbrunnenkreiselpumpen 325
Transpiration, Verdunstung 71
Transportleitungen 438, 627
Trassierung von Rohrleitungen 485
Trinatriumphosphat-Verfahren 202
Trinkwasserbedarf 35
Trinkwassergüte 159, 679
Trinkwasserqualität 159

Trinkwasserschutzgebiete 119, 161
Trockenbeete 291
Trockendosierung 286
Trockenfiltration 295
Trockenlaufschutz 358
Trübung des Wassers 147
Turbulentes Fließen 535, 540

Überfallquelle 49
Überläufe 585
Überpumpwerke 360
Uferfiltration 117
Ultrafiltration 225
Umlaufkolbenpumpen 311
Umlaufkolbenverdichter 386
Umlaufnetze 439
Umlaufverdampfer 283
Ungleichförmige Bewegung 535, 548, 577
Ungleichförmigkeitsgrad 66, 179
Unterchlorige Säure 218
Unterdruck 389
Unterwassermotorpumpen 325
U-Rohrmanometer 481, 485

Vakuum 389
Vakuumanlagen 396
Vakuumpumpen 384, 387
Ventile 455, 456, 619
Venturirohr 481
Verästelungsnetze 439, 560
Verbraucherleitungen 439, 574, 651
Verbrauchsabhängige Pumpenschaltung 369, 373
Verbrauchsschwankungen 37
Verdampfer 221, 282
Verdichter 384, 402
Verdunstung 71
Verkehrslasten 513
Verlegetiefe von Rohrleitungen 486
Verockerung von Brunnen 124
Versandung 124
Versinterung 124
Versorgungsdruck 507
Versorgungsleitungen 438
Vertikale Pumpen 325
$\dot{V}$-H-Kurve 306, 314, 567, 570
Vollentsalzungsanlagen 274
Volumenkapazität 206
Vorspannverfahren im Behälterbau 423

Wanddickenberechnung von Rohren 509, 511, 628

Wärmedehnung von Rohren 514
Wartung, Instandhaltung von Wasserfahrzeugen 123
Wartung von Rohrleitungen 523
Wasseraufbereitung 168
Wasserbedarf 32, 555, 637
Wasserbedarfsberechnung 40
Wassergüte 141
Wasserhaushalt 19, 62
Wasserhaushaltsgleichung 62
Wasserinhaltsstoffe 142
Wasserkreislauf 19, 143
Wassernutzung 16
Wasserringluftpumpen 387
Wasserschutzgebiete 119, 161
Wasserspeicherung 412
Wasserstandsabhängige Pumpenschaltung 359
Wasserstrahlpumpen 328
Wassertemperatur 146
Wasserturm 415, 431
Wasseruntersuchung 164
Wasserversorgung, Grundsätze 17
Wasserwirtschaftliche Aufgaben 15
Wasserzähler 475, 545, 620
Wehre 583
Wellrohrkompensatoren 473
Werkstoffzerstörungen 162
Widerstandsbeiwerte 544, 633, 634, 644, 645, 647, 649
Widerstandsgesetz, geohydraulisch 78
Widerstandsgesetz von *Darcy* 539
Wiederverkeimung 218
Wiederverwendung des Wassers 141
Windkessel 360, 361
Wirbelradpumpen 323
Wirkdruckmessung 480
Wirkungsgrad 307, 320
Wirtschaftliche Fließgeschwindigkeit 560
Wirtschaftlichkeit von Wasserfassungen 132
Wofatite 204, 277
*Woltmann*zähler 478, 620, 686

Zähigkeit der Luft 610
Zähigkeit des Wassers 607
Zahnradpumpen 311
Zellenverdichter 386
Zentralschaltung 364
Zetapotential 184
Zubringerleitung 438
Zustandsgleichung für Gase 389
Zweikammerfilter 255
Zweistufenfilter 255